Reinraumtechnik

Jetzt diesen Titel zusätzlich als E-Book downloaden und 70 % sparen!

Als Käufer dieses Buchtitels haben Sie Anspruch auf ein besonderes Kombi-Angebot: Sie können den Titel zusätzlich zum Ihnen vorliegenden gedruckten Exemplar für nur 30 % des Normalpreises als E-Book beziehen.

Der BESONDERE VORTEIL: Im E-Book recherchieren Sie in Sekundenschnelle die gewünschten Themen und Textpassagen. Denn die E-Book-Variante ist mit einer komfortablen Volltextsuche ausgestattet!

Deshalb: Zögern Sie nicht. Laden Sie sich am besten gleich Ihre persönliche E-Book-Ausgabe dieses Titels herunter.

In 3 einfachen Schritten zum E-Book:

❶ Rufen Sie die Website **www.dinmedia.de/e-book** auf.

❷ Geben Sie hier Ihren persönlichen, nur einmal verwendbaren E-Book-Code ein:

31966C856A368C7

❸ Klicken Sie das „Download-Feld“ an und gehen dann weiter zum Warenkorb. Führen Sie den normalen Bestellprozess aus.

Hinweis: Der E-Book-Code wurde individuell für Sie als Erwerber dieses Buches erzeugt und darf nicht an Dritte weitergegeben werden. Mit Zurückziehung dieses Buches wird auch der damit verbundene E-Book-Code für den Download ungültig.

Normen-Handbuch

Reinraumtechnik

Normen-Handbuch

Reinraumtechnik

Erwin Memmert

4., erweiterte Auflage

Stand der abgedruckten Normen: März 2024

Herausgeber: DIN Deutsches Institut für Normung e. V.

DIN Media GmbH

Herausgeber: DIN Deutsches Institut für Normung e. V.

© 2024 DIN Media GmbH
Am DIN-Platz
Burggrafenstraße 6
10787 Berlin

Telefon: +49 30 588 857 00-70
Internet: www.dinmedia.de
E-Mail: kundenservice@dinmedia.de

Titelbild: © Andrii Zastrozhnov, Nutzung unter Lizenz von adobestock.com
Satz: DIN Media GmbH, Berlin
Druck: Print Group Sp. z.o.o., Szczecin
Gedruckt auf säurefreiem, alterungsbeständigem Papier nach DIN EN ISO 9706

ISBN 978-3-410-31966-5
ISBN (E-Book) 978-3-410-31967-2

Vorwort

Die technischen Regeln für Reinraumtechnik wurden früher als VDI-Richtlinien herausgegeben. Nachdem die internationale und europäische Normung eingesetzt hatte, konnten diese VDI-Richtlinien als Grundlagen mit in dieses Normungsverfahren eingebracht werden. So war die Erstellung der Normen national geprägt von der engen Zusammenarbeit von DIN und VDI. Diese so gewonnenen Erfahrungen und Arbeitsergebnisse konnten in der internationalen Normungsarbeit berücksichtigt werden.

Die Reinraumtechnik ist in vielen technischen Bereichen wie in der Medizin- und Pharmatechnik, Labortechnik, EDV-Technik, Luft- und Raumfahrt sowie Lebensmitteltechnik nicht mehr wegzudenken. Um den Anwendern die derzeit wichtigsten gültigen Normen in einer Zusammenstellung verfügbar zu machen, wurde dieses Normen-Handbuch erstellt.

Die 4. Auflage wurde erforderlich, da einige der bisherigen Normen überarbeitet wurden und die neu herausgegebene Norm DIN EN ISO 14644-18 *„Reinraumtauglichkeit von Verbrauchsmaterialien"* dazugekommen ist.

Überarbeitet wurden die Teile 4, 8, 9 und 10 mit den Themen: *Planung, Klassifizierung der Luftreinheit anhand der Chemikalienkonzentration, Klassifizierung der partikulären Oberflächenreinheit und Klassifizierung der chemischen Oberflächenreinheit.*

DIN EN ISO 14644-4 wurde erweitert auf zusätzliche Reinheitsattribute sowie der gesamte Text redaktionell überarbeitet, um die Anwendung zu erleichtern. Auch bei den Teilen 8 bis 10 dieser Normenreihe wurde der Text redaktionell anwenderfreundlicher gestaltet.

Berlin, im Februar 2024 Dipl.-Ing. Erwin Memmert

Inhalt

Maßgebend für das Anwenden jeder in diesem Normen-Handbuch abgedruckten Norm ist deren Fassung mit dem neuesten Ausgabedatum.
Sie können sich auch über den aktuellen Stand unter der Telefon-Nr. +49 30 588 857 00-70 oder im Internet unter www.dinmedia.de informieren.

Hinweise zur Nutzung von DIN-Taschenbüchern und Normen-Handbüchern

Was sind DIN-Normen?

DIN Deutsches Institut für Normung e. V. erarbeitet Normen und Standards als Dienstleistung für Wirtschaft, Staat und Gesellschaft. Die Hauptaufgabe von DIN besteht darin, gemeinsam mit Vertreterinnen und Vertretern der interessierten Kreise konsensbasierte Normen markt- und zeitgerecht zu erarbeiten. Hierfür bringen rund 35.000 Expertinnen und Experten ihr Fachwissen in die Normungsarbeit ein. Aufgrund eines Vertrages mit der Bundesregierung ist DIN als die nationale Normungsorganisation und als Vertreter deutscher Interessen in den europäischen und internationalen Normungsorganisationen anerkannt. Heute ist die Normungsarbeit von DIN zu fast 90 Prozent international ausgerichtet. DIN-Normen können Nationale Normen, Europäische Normen oder Internationale Normen sein. Welchen Ursprung und damit welchen Wirkungsbereich eine DIN-Norm hat, ist aus deren Bezeichnung zu ersehen:

DIN (plus Zählnummer, z. B. DIN 4701)

Hier handelt es sich um eine Nationale Norm, die ausschließlich oder überwiegend nationale Bedeutung hat oder als Vorstufe zu einem internationalen Dokument veröffentlicht wird (Entwürfe zu DIN-Normen werden zusätzlich mit einem „E“ gekennzeichnet). Die Zählnummer hat keine klassifizierende Bedeutung. Bei Nationalen Normen mit Sicherheitsfestlegungen aus dem Bereich der Elektrotechnik ist neben der Zählnummer des Dokumentes auch die VDE-Klassifikation angegeben (z. B. DIN VDE 0100).

DIN EN (plus Zählnummer, z. B. DIN EN 71)

Hier handelt es sich um die deutsche Ausgabe einer Europäischen Norm, die unverändert von allen Mitgliedern der europäischen Normungsorganisationen CEN/CENELEC/ETSI übernommen wurde. Bei Europäischen Normen der Elektrotechnik ist der Ursprung der Norm aus der Zählnummer ersichtlich: Von CENELEC erarbeitete Normen haben Zählnummern zwischen 50000 und 59999, von CENELEC übernommene Normen, die in der IEC erarbeitet wurden, haben Zählnummern zwischen 60000 und 69999, Europäische Normen des ETSI haben Zählnummern im Bereich 300000.

DIN EN ISO oder DIN EN ISO/IEC (plus Zählnummer, z. B. DIN EN ISO 306)

Hier handelt es sich um die deutsche Ausgabe einer Europäischen Norm, die mit einer Internationalen Norm identisch ist und die unverändert von allen Mitgliedern der europäischen Normungsorganisationen CEN/CENELEC/ETSI übernommen wurde.

DIN ISO, DIN IEC oder DIN ISO/IEC (plus Zählnummer, z. B. DIN ISO 720)

Hier handelt es sich um die unveränderte Übernahme einer Internationalen Norm in das Deutsche Normenwerk.

Weitere Ergebnisse der Normungs- und Standardisierungsarbeit bei DIN können sein:

Technische Spezifikation (DIN/TS)

Eine Technische Spezifikation ist ein normatives Dokument, bei dem die künftige Möglichkeit zur Annahme als Norm gegeben ist, jedoch zurzeit die Veröffentlichung als Norm aus unterschiedlichen Gründen ausgeschlossen ist (z. B. wenn die technische Entwicklung des Normungsgegenstandes noch nicht abgeschlossen ist).

ANMERKUNG: Publikationen bis 2019 wurden unter der Bezeichnung „DIN SPEC (Vornorm)" bzw. „Vornorm" geführt.

ANMERKUNG: Eine Technische Spezifikation von DIN kann auch die Übernahme einer europäischen oder internationalen Technischen Spezifikation beinhalten.

Technischer Report (DIN/TR)

Bei einem Technischen Report handelt es sich um ein informatives Dokument zum technischen Inhalt von Normungsarbeiten (z. B. Daten, die aus einer Umfrage gewonnen wurden, oder Informationen zum „Stand der Technik" auf einem bestimmten Gebiet).

ANMERKUNG: Publikationen bis 2019 wurden unter der Bezeichnung „DIN SPEC (Fachbericht)" bzw. „Fachbericht" geführt.

ANMERKUNG: Ein Technischer Report von DIN kann auch die Übernahme eines europäischen oder internationalen Technischen Reports beinhalten.

DIN SPEC

Eine DIN SPEC ist ein Dokument, das in einem temporär zusammengestellten Gremium unter Beratung von DIN und ohne zwingende Einbeziehung aller interessierten Kreise erarbeitet wird.

ANMERKUNG: Unter dem Produktnamen DIN SPEC wurden auch Publikationen bis 2019 nach den Vornorm- und Fachberichts-Verfahren geführt.

ANMERKUNG: Europäische und internationale Dokumente, die nach dem gleichen Verfahren erarbeitet werden, werden als „Workshop Agreement" bezeichnet und können von DIN als DIN CWA bzw. DIN IWA übernommen werden.

ANMERKUNG: ISO/PAS und IEC/PAS werden als DIN ISO/PAS und DIN IEC/PAS übernommen.

Beiblatt (Bbl)

Ein Beiblatt enthält Informationen zu einer Norm oder Normenreihe, einer DIN/TS oder einem DIN/TR, jedoch keine zusätzlich genormten Festlegungen.

Was sind DIN-Taschenbücher und Normen-Handbücher?

Ein besonders einfacher und preisgünstiger Zugang zu den DIN-Normen führt über die DIN-Taschenbücher bzw. Normen-Handbücher. Sie enthalten die jeweils für ein bestimmtes Fach- oder Anwendungsgebiet relevanten Normen im Originaltext. Die Dokumente sind in der Regel als Originaltextfassungen abgedruckt, verkleinert auf das Format A5.

Was muss ich beachten?

Die Anwendung von DIN-Normen ist freiwillig. Das heißt, man kann sie anwenden, muss es aber nicht. DIN-Normen werden verbindlich durch Bezugnahme, z. B. in einem Vertrag zwischen privaten Parteien oder in Gesetzen und Verordnungen.

Der Vorteil der einzelvertraglich vereinbarten Verbindlichkeit von Normen liegt darin, dass sich Rechtsstreitigkeiten von vornherein vermeiden lassen, weil die Normen eindeutige Festlegungen sind. Die Bezugnahme in Gesetzen und Verordnungen entlastet den Staat und die Bevölkerung von rechtlichen Detailregelungen.

DIN-Taschenbücher und Normen-Handbücher geben den Stand der Normung zum Zeitpunkt ihres Erscheinens wieder. Die Angabe zum Stand der abgedruckten Normen und anderer Regeln des DIN-Taschenbuches bzw. Normen-Handbuches finden Sie auf Seite III. Maßgebend für das Anwenden jeder in einem DIN-Taschenbuch bzw. Normen-Handbuch abgedruckten Norm ist deren Fassung mit dem neuesten Ausgabedatum. Den aktuellen Stand zu jeder in diesem DIN-Taschenbuch bzw. Normen-Handbuch abgedruckten DIN-Norm können Sie im Webshop von DIN Media unter www.dinmedia.de abfragen. Dort finden Sie insbesondere etwaige Berichtigungen und Warnvermerke, welche bei der Anwendung der jeweiligen Norm unbedingt zu beachten sind.

Wie sind DIN-Taschenbücher und Normen-Handbücher aufgebaut?

DIN-Taschenbücher bzw. Normen-Handbücher enthalten die im Abschnitt „Verzeichnis abgedruckter Normen“ jeweils aufgeführten Dokumente in ihrer Originalfassung. Ein DIN-Nummernverzeichnis sowie ein Stichwortverzeichnis am Ende des Buches erleichtern die Orientierung.

Abkürzungsverzeichnis

Die in den Dokumentnummern der Normen verwendeten Abkürzungen bedeuten:

A	Änderung von Europäischen oder Deutschen Normen
Bbl	Beiblatt
Ber	Berichtigung
CWA	CEN Workshop Agreement
DIN	Deutsche Norm
DIN EN	Deutsche Norm auf der Basis einer Europäischen Norm
DIN EN ISO	Deutsche Norm auf der Grundlage einer Europäischen Norm, die auf einer Internationalen Norm der ISO beruht
DIN EN ISO/IEC	Deutsche Norm auf der Grundlage einer Europäischen Norm, die auf einer Internationalen Norm der IEC beruht
DIN IEC	Deutsche Norm auf der Grundlage einer Internationalen Norm der IEC
DIN ISO	Deutsche Norm auf der Grundlage einer Internationalen Norm der ISO
DIN SPEC	DIN-Spezifikation
DIN VDE	Deutsche Norm, die zugleich VDE-Bestimmung oder VDE-Leitlinie ist
DVS	DVS-Richtlinie oder DVS-Merkblatt
E	Entwurf
EN	Europäische Norm
EN ISO	Europäische Norm, in die eine Internationale Norm unverändert übernommen wurde und deren deutsche Fassung den Status einer Deutschen Norm erhalten hat
ENV	Europäische Vornorm, deren deutsche Fassung den Status einer Deutschen Vornorm erhalten hat
IEC	Internationale Norm der IEC
ISO	Internationale Norm der ISO
IWA	International Workshop Agreement
PAS	Publicly Available Specification
TR	Technischer Report (Technical Report)
TS	Technische Spezifikation (Technical Specification)
VDI	VDI-Richtlinie

DIN-Nummernverzeichnis

Hierin bedeutet:

- ● Neu aufgenommen gegenüber der 3. Auflage des Normen-Handbuches Reinraumtechnik
- □ Geändert gegenüber der 3. Auflage des Normen-Handbuches Reinraumtechnik
- (en) Von dieser Norm gibt es auch eine von DIN herausgegebene englische Übersetzung

Verzeichnis abgedruckter Normen

(nach steigenden DIN-Nummern geordnet)

Februar 2021

DIN EN 17141

ICS 13.040.35

Ersatz für
DIN EN ISO 14698-1:2004-04,
DIN EN ISO 14698-2:2004-02 und
DIN EN ISO 14698-2
Berichtigung 1:2010-07

Reinräume und zugehörige Reinraumbereiche – Biokontaminationskontrolle; Deutsche Fassung EN 17141:2020

Cleanrooms and associated controlled environments –
Biocontamination control;
German version EN 17141:2020

Salles propres et environnements maîtrisés apparentés –
Maîtrise de la biocontamination;
Version allemande EN 17141:2020

Gesamtumfang 62 Seiten

DIN-Normenausschuss Heiz- und Raumlufttechnik sowie deren Sicherheit (NHRS)

Nationales Vorwort

Dieses Dokument (EN 17141:2020) wurde vom Technischen Komitee CEN/TC 243 „Reinraumtechnologie" erarbeitet, dessen Sekretariat von BSI (Vereinigtes Königreich) gehalten wird.

Für die deutsche Mitarbeit ist der Arbeitsausschuss NA 041-02-21 AA „Reinraumtechnik (SpA CEN/TC 243 und ISO/TC 209)" im DIN-Normenausschuss Heiz- und Raumlufttechnik sowie deren Sicherheit (NHRS) verantwortlich.

Aktuelle Informationen zu diesem Dokument können über die Internetseiten von DIN (www.din.de) durch eine Suche nach der Dokumentennummer aufgerufen werden.

Für die in diesem Dokument zitierten internationalen Dokumente wird im Folgenden auf die entsprechenden deutschen Dokumente hingewiesen:

ISO 9000	siehe	DIN EN ISO 9000
ISO 14971	siehe	DIN EN ISO 14971
ISO 11139:2018	siehe	DIN EN ISO 11139:2019-05

Änderungen

Gegenüber DIN EN ISO 14698-1:2004-04, DIN EN ISO 14698-2:2004-02 und DIN EN ISO 14698-2 Berichtigung 1:2010-07 wurden folgende Änderungen vorgenommen:

a) Anpassung an EU GMP Annex 1;

b) Anpassung der Anforderungen an verschiedene Anwendungsgebiete;

c) Beschränkung des Anwendungsbereichs auf lebensfähige mikrobiologische Kontamination;

d) Überarbeitung der Messtechnik;

e) Einführung von Handlungsanweisungen in Form von Checklisten, Flussdiagramme und teilweise Warn- und Aktionsgrenzen.

Frühere Ausgaben

DIN EN ISO 14698-1: 2004-04
DIN EN ISO 14698-2: 2004-02
DIN EN ISO 14698-2 Berichtigung 1: 2010-07

2

Nationaler Anhang NA
(informativ)

Literaturhinweise

DIN EN ISO 9000, *Qualitätsmanagementsysteme — Grundlagen und Begriffe*

DIN EN ISO 14971, *Medizinprodukte — Anwendung des Risikomanagements auf Medizinprodukte*

DIN EN ISO 11139:2019-05, *Sterilisation von Produkten für die Gesundheitsfürsorge — Vokabular, das bei der Sterilisation und zugehöriger Ausrüstung sowie in Prozessnormen verwendet wird (ISO 11139:2018); Deutsche und Englische Fassung EN ISO 11139:2018*

3

— Leerseite —

4

EUROPÄISCHE NORM
EUROPEAN STANDARD
NORME EUROPÉENNE

EN 17141

August 2020

ICS 13.040.35

Ersetzt EN ISO 14698-1:2003, EN ISO 14698-2:2003, EN ISO 14698-2:2003/AC:2006

Deutsche Fassung

Reinräume und zugehörige Reinraumbereiche — Biokontaminationskontrolle

Cleanrooms and associated controlled environments — Biocontamination control

Salles propres et environnements maîtrisés apparentés — Maîtrise de la biocontamination

Diese Europäische Norm wurde vom CEN am 4. November 2019 angenommen.

Die CEN-Mitglieder sind gehalten, die CEN/CENELEC-Geschäftsordnung zu erfüllen, in der die Bedingungen festgelegt sind, unter denen dieser Europäischen Norm ohne jede Änderung der Status einer nationalen Norm zu geben ist. Auf dem letzten Stand befindliche Listen dieser nationalen Normen mit ihren bibliographischen Angaben sind beim CEN-CENELEC-Management-Zentrum oder bei jedem CEN-Mitglied auf Anfrage erhältlich.

Diese Europäische Norm besteht in drei offiziellen Fassungen (Deutsch, Englisch, Französisch). Eine Fassung in einer anderen Sprache, die von einem CEN-Mitglied in eigener Verantwortung durch Übersetzung in seine Landessprache gemacht und dem Management-Zentrum mitgeteilt worden ist, hat den gleichen Status wie die offiziellen Fassungen.

CEN-Mitglieder sind die nationalen Normungsinstitute von Belgien, Bulgarien, Dänemark, Deutschland, Estland, Finnland, Frankreich, Griechenland, Irland, Island, Italien, Kroatien, Lettland, Litauen, Luxemburg, Malta, den Niederlanden, Norwegen, Österreich, Polen, Portugal, der Republik Nordmazedonien, Rumänien, Schweden, der Schweiz, Serbien, der Slowakei, Slowenien, Spanien, der Tschechischen Republik, der Türkei, Ungarn, dem Vereinigten Königreich und Zypern.

EUROPÄISCHES KOMITEE FÜR NORMUNG
EUROPEAN COMMITTEE FOR STANDARDIZATION
COMITÉ EUROPÉEN DE NORMALISATION

CEN-CENELEC Management-Zentrum: Rue de la Science 23, B-1040 Brüssel

Ref. Nr. EN 17141 2020 D

Inhalt

Europäisches Vorwort

Dieses Dokument (EN 17141:2020) wurde vom Technischen Komitee CEN/TC 243 „Reinraumtechnologie“ erarbeitet, dessen Sekretariat von BSI gehalten wird.

Diese Europäische Norm muss den Status einer nationalen Norm erhalten, entweder durch Veröffentlichung eines identischen Textes oder durch Anerkennung bis Februar 2021, und etwaige entgegenstehende nationale Normen müssen bis Februar 2021 zurückgezogen werden.

Es wird auf die Möglichkeit hingewiesen, dass einige Elemente dieses Dokuments Patentrechte berühren können. CEN ist nicht dafür verantwortlich, einige oder alle diesbezüglichen Patentrechte zu identifizieren.

Dieses Dokument ersetzt EN ISO 14698-1:2003, EN ISO 14698-2:2003 und EN ISO 14698-2:2003/AC:2006.

Entsprechend der CEN-CENELEC-Geschäftsordnung sind die nationalen Normungsinstitute der folgenden Länder gehalten, diese Europäische Norm zu übernehmen: Belgien, Bulgarien, Dänemark, Deutschland, die Republik Nordmazedonien, Estland, Finnland, Frankreich, Griechenland, Irland, Island, Italien, Kroatien, Lettland, Litauen, Luxemburg, Malta, Niederlande, Norwegen, Österreich, Polen, Portugal, Rumänien, Schweden, Schweiz, Serbien, Slowakei, Slowenien, Spanien, Tschechische Republik, Türkei, Ungarn, Vereinigtes Königreich und Zypern.

Einleitung

Auf Sauberkeit kontrollierte Bereiche werden genutzt, um mikrobiologische Kontamination zu kontrollieren und zu begrenzen, wenn ein Risiko für die Produktqualität, den Patienten oder den Verbraucher besteht.

In diesem Dokument wird der Begriff „auf Sauberkeit kontrollierte Bereiche" für Reinräume, reine Bereiche, kontrollierte Bereiche, reine Flächen und reine Räume verwendet.

Dieses Dokument bietet eine Anleitung zu besten Praktiken für die Erstellung und den Nachweis der Kontrolle luftgetragener und an Oberflächen anhaftender Kontamination in auf Sauberkeit kontrollierten Bereichen. Dieses Dokument beschreibt die Anforderungen an die mikrobiologische Kontaminationskontrolle und bietet eine Anleitung für die Qualifizierung und Verifizierung von auf Sauberkeit kontrollierten Bereichen.

Um eine mikrobiologische Kontrolle festzulegen, ist es wichtig, die Risiken der mikrobiologischen Kontamination zu kennen. Dies wird erreicht, indem die Quellen der mikrobiologischen Kontamination, die damit verbundenen mikrobiologischen Konzentrationen und die Wahrscheinlichkeit der Übertragung und der Auswirkung auf die Produktqualität, den Patienten oder den Verbraucher betrachtet werden.

Ein formales System der mikrobiologischen Kontrolle identifiziert, kontrolliert und überwacht die mikrobiologische Kontamination auf kontinuierlicher Basis. Dies ist ein Prozess der kontinuierlichen Verbesserung und die Grundsätze Planen — Durchführen — Prüfen — Handeln (PDCA) gelten wie in Bild 1 gezeigt.

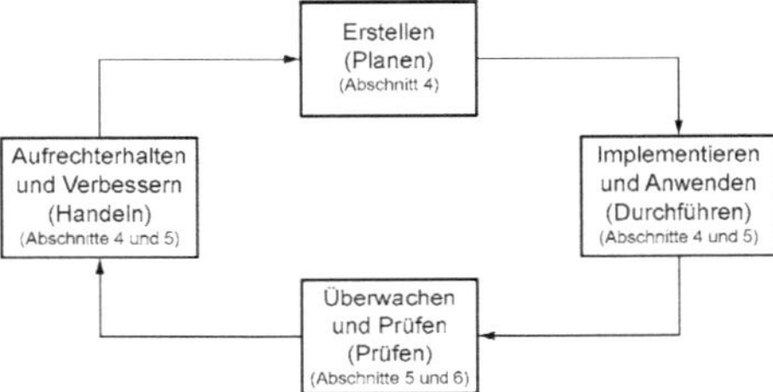

Bild 1 — Anwenden von PDCA als System zur mikrobiologischen Kontrolle

Dieses Dokument bietet eine allgemeine Anleitung und enthält Erwägungen für eine Anzahl verschiedener Anwendungen. Es wird erwartungsgemäß insbesondere in den Pharma-, Biopharma-, Medizinprodukte-Branchen und anderen Life-Science-Branchen wie etwa Gesundheitswesen und Krankenhäusern sowie verwandten Anwendungen, die auf Sauberkeit kontrollierte Bereiche nutzen, eingesetzt werden.

In der regulierten pharmazeutischen und biopharmazeutischen Produktionsindustrie bestehen bereits zahlreiche anzuwendende Normen und verordnungsrechtliche Richtlinien. Hierzu zählen der EU Anhang 1 GMP-Leitfaden zur Herstellung steriler Arzneimittel [31] sowie der FDA-Leitfaden zur aseptischen Herstellung [32]. Die Pharmaverordnungen Europas und der USA enthalten ebenfalls einige Anleitungen zu bestimmten verwandten Themen. Es stehen zahlreiche weitere Dokumente und Fachartikel der Industrieverbände einschließlich der Parenteral Drugs Association (PDA), der International Society of Pharmaceutical Engineering (ISPE) und der Pharmaceutical Healthcare Sciences Society (PHSS) zur Verfügung. Während Verordnungen und Normen zum Risikomanagement von Medizinprodukten wie etwa

EN ISO 14971 [2] verfügbar sind, stehen für die mikrobiologische Kontrolle von auf Sauberkeit kontrollierten Bereichen weniger Anleitungen zur Verfügung.

Im Gesundheitswesen- und Krankenhaussektor sind EU-Richtlinien einschließlich der Gewebe- und Blutrichtlinien für Spezialbereiche und ähnliche auf Sauberkeit kontrollierte Bereiche verfügbar. Es stehen nationale Normen und Richtlinien für spezialisierte Operationsräume, Isolierstationen und Stationen für immungeschwächte Patienten als Teil der Infektionskontrolle zur Verfügung. Darüber hinaus nutzen die aseptischen Bereiche zum Anmischen von Arzneimitteln in Krankenhausapotheken, Radiopharmazie-Apotheken und Speziallabors wie Stammzellenlabors üblicherweise Leitfadendokumente aus der Life-Science-Industrie.

Auch wenn in der Lebensmittelbranche und verwandten Konsumgüterbranchen Verordnungen und Normen beispielsweise zu Lebensmitteln, Getränken und Kosmetika zur Verfügung stehen, sind nur unzureichende Leitfäden zur mikrobiologischen Kontrolle in auf Sauberkeit kontrollierten Bereichen verfügbar.

Dieses Dokument enthält eine Reihe von informativen Anhängen, die weitere Anleitung zur Biokontaminationskontrolle in konkreten Anwendungen geben, zum Beispiel:

— Tabellen zu mikrobiologischen Reinheitsgraden für die Überwachung der mikrobiologischen Kontamination in bestimmten Arten von auf Sauberkeit kontrollierten Bereichen;

— Leitfäden in spezifischen Bereichen der mikrobiologischen Kontrolle in Bezug auf die Auswahl der Probenahmeverfahren für die umweltbezogene Überwachung (en: environmental monitoring, EM), das Management und die Trendanalyse erfasster Daten und die Rolle alternativer mikrobiologischer Echtzeit-Erkennungssysteme;

— geeignete Verfahren für die Erstellung der Kontrolle sowie gegebenenfalls die Auswahl geeigneter Warn- und Aktionsgrenzen;

— die Erstellung eines umweltbezogenen mikrobiologischen Überwachungsplans als Teil des Nachweises der Kontrolle des auf Sauberkeit kontrollierten Bereichs.

1 Anwendungsbereich

Dieses Dokument legt die Anforderungen, Empfehlungen und Methodiken für die mikrobiologische Kontaminationskontrolle in auf Sauberkeit kontrollierten Bereichen fest. Darüber hinaus legt dieses Dokument die Anforderungen an die Erstellung und den Nachweis der mikrobiologischen Kontrolle in auf Sauberkeit kontrollierten Bereichen fest.

Dieses Dokument beschränkt sich auf lebensfähige mikrobiologische Kontamination und schließt alle Betrachtungen endotoxiner, proteinös-infektiöser und viraler Kontamination aus.

Es bestehen spezifische Leitfäden zu gemeinsamen Anwendungen, einschließlich Pharma/Biopharma, Medizinprodukte, Krankenhäuser und Lebensmittel.

2 Normative Verweisungen

Das folgende Dokument wird im Text in solcher Weise in Bezug genommen, dass einige Teile davon oder sein gesamter Inhalt Anforderungen des vorliegenden Dokuments darstellen. Bei datierten Verweisungen gilt nur die in Bezug genommene Ausgabe. Bei undatierten Verweisungen gilt die letzte Ausgabe des in Bezug genommenen Dokuments (einschließlich aller Änderungen).

EN ISO 14644-1:2015, *Reinräume und zugehörige Reinraumbereiche — Teil 1: Klassifizierung der Luftreinheit anhand der Partikelkonzentration (ISO 14644-1:2015)*

3 Begriffe

Für die Zwecke dieses Dokuments haben Biokontaminationskontrolle und mikrobiologische Kontrolle dieselbe Bedeutung, und es gelten die folgenden Begriffe.

ISO und IEC stellen terminologische Datenbanken für die Verwendung in der Normung unter den folgenden Adressen bereit:

— IEC Electropedia: verfügbar unter http://www.electropedia.org/

— ISO Online Browsing Platform: verfügbar unter http://www.iso.org/obp

3.1
Aktionsgrenze
vom Anwender für kontrollierte Bereiche festgelegter mikrobiologischer Grenzwert, bei dessen Überschreitung sofortiges Eingreifen erforderlich wird, wobei Ursachensuche und Behebung eingeschlossen sind

3.2
Warngrenze
vom Anwender für den kontrollierten Bereich festgelegter mikrobiologischer Grenzwert, der eine frühzeitige Warnung über die Abweichung von den normalen Betriebsbedingungen darstellt, und dessen Überschreitung dazu führen sollte, dass der Prozess verstärkt überwacht wird

3.3
auf Sauberkeit kontrollierter Bereich
abgegrenzter Bereich, in welchem die mikrobiologische Kontamination mit festgelegten Mitteln kontrolliert wird

3.4
Reinraum
Raum, in dem die Anzahlkonzentration luftgetragener Partikel geregelt und klassifiziert wird und der zur Regelung der Einschleppung, Entstehung und Ablagerung von Partikeln im Raum entsprechend konstruktiv geplant, baulich ausgeführt und betrieben wird

Anmerkung 1 zum Begriff: Die Klasse der Konzentration luftgetragener Partikel wird festgelegt.

Anmerkung 2 zum Begriff: Die Grade von weiteren Reinheitsmerkmalen, wie z. B. die chemischen Konzentrationen sowie die Konzentrationen von lebensfähigen oder nanoskaligen Partikeln in der Luft, aber auch die Oberflächenreinheit, in Bezug auf Partikel-, Nanopartikel-, chemische Konzentrationen sowie auf Konzentrationen von lebensfähigen Partikeln, könnten festgelegt und geregelt werden.

Anmerkung 3 zum Begriff: Weitere relevante physikalische Parameter könnten auch, falls gefordert, geregelt werden, z. B. Temperatur, Feuchte, Druck, Vibration und Elektrostatik.

[QUELLE: EN ISO 14644-1:2015, 3.1.1, [1]]

3.5
reiner Bereich
festgelegter Bereich, in dem die Konzentration luftgetragener Partikel geregelt wird und klassifiziert ist und der zur Regelung der Einschleppung, Entstehung und Ablagerung von Partikeln im Bereich entsprechend baulich ausgeführt und betrieben wird

Anmerkung 1 zum Begriff: Die Klasse der Konzentration luftgetragener Partikel wird festgelegt.

Anmerkung 2 zum Begriff: Die Grade von weiteren Reinheitsmerkmalen, wie z. B. die chemischen Konzentrationen sowie die Konzentrationen von lebensfähigen oder nanoskaligen Partikeln in der Luft, aber auch die Oberflächenreinheit, in Bezug auf Partikel-, Nanopartikel-, chemische Konzentrationen sowie auf Konzentrationen von lebensfähigen Partikeln, könnten festgelegt und geregelt werden.

Anmerkung 3 zum Begriff: Ein reiner Bereich (reine Bereiche) kann (können) ein festgelegter Bereich (festgelegte Bereiche) in einem Reinraum sein, oder er (sie) könnte(n) mithilfe eines SD-Moduls geschaffen werden. Dieses SD-Modul kann sich im Raum oder außerhalb eines Reinraumes befinden.

Anmerkung 4 zum Begriff: Weitere relevante physikalische Parameter könnten auch, falls gefordert, geregelt werden, z. B. Temperatur, Feuchte, Druck, Vibration und Elektrostatik.

[QUELLE: EN ISO 14644-1:2015, 3.1.2, [1]]

3.6
koloniebildende Einheit
Bildung einer einzelnen makroskopischen Kolonie nach der Einführung eines oder mehrerer Mikroorganismen auf einem mikrobiologischen Wachstumsmedium

Anmerkung 1 zum Begriff: Eine koloniebildende Einheit wird als 1 cfu (en: colony forming units) ausgedrückt.

3.7
kritischer Kontrollpunkt
spezifischer Punkt, ein Verfahren oder ein Schritt in einem Prozess, an dem eine Kontrolle ausgeübt werden kann, um die Möglichkeit mikrobiologischer Kontamination zu reduzieren, zu eliminieren oder zu verhindern

3.8
kritischer Bereich
ausgewiesener Bereich in einem auf Sauberkeit kontrollierten Bereich, der zur Kontrolle der mikrobiologischen Kontamination verwendet wird

3.9
kultivierbar
mit der Fähigkeit zu wachsen und koloniebildende Einheiten (cfu) zu formen, unter Verwendung mikrobiologischer Kultivierungstechniken

3.10
umweltbezogene Überwachung
EM
Messung festgelegter Parameter in regelmäßigen Intervallen innerhalb eines auf Sauberkeit kontrollierten Bereichs

3.11
Mikroorganismus
Lebewesen mikroskopischer Größe aus den Bereichen Bakterien, Pilze, Einzeller und Viren

Anmerkung 1 zum Begriff: Mikrobe ist ein Synonym für Mikroorganismus.

Anmerkung 2 zum Begriff: Für die vorliegende Norm umfasst die Verwendung des Begriffs Mikroorganismen nur Bakterien, Hefe und Schimmel.

[QUELLE: ISO 17665-1:2006, 3.25, [50]]

3.12
betrachteter Mikroorganismus
mikrobiologische Kontamination, die als schädlich für das Produkt oder den Prozess oder den vorgesehenen Empfänger des Produkts in einem auf Sauberkeit kontrollierten Bereich identifiziert wurde

Anmerkung 1 zum Begriff: Dies umfasst allgemein verwendete Begriffe wie beanstandbare Spezies, bedenkliche Mikroorganismen oder krankheitserregende Mikroorganismen oder festgelegte Mikroorganismen.

3.13
Risikobewertung
Maßnahmen zur Bestimmung der Wahrscheinlichkeit und der Folgen mikrobiologischer Kontamination in einem auf Sauberkeit kontrollierten Bereich

3.14
steril
frei von lebensfähigen Mikroorganismen

[QUELLE: ISO/TS 11139:2018, [51]]

3.15
Sterilisation
validiertes Verfahren zur Befreiung eines Produkts von lebensfähigen Mikroorganismen

[QUELLE: ISO/TS 11139:2018, [51]]

3.16
Zielwert
vom Anwender für eigene Zwecke festgelegter Zielwert für Routinebetrieb

3.17
Validierung
Bestätigung durch Bereitstellung eines objektiven Nachweises, dass die Anforderungen für einen spezifischen beabsichtigten Gebrauch oder eine spezifische beabsichtigte Anwendung erfüllt worden sind

Anmerkung 1 zum Begriff: Der für die Validierung erforderliche objektive Nachweis ist das Ergebnis eines Tests oder einer anderen Form der Bestimmung z. B. Durchführen alternativer Berechnungen oder Überprüfen von Dokumenten.

Anmerkung 2 zum Begriff: Die Benennung „validiert" wird zur Bezeichnung des entsprechenden Status verwendet.

Anmerkung 3 zum Begriff: Die Anwendungsbedingungen für Validierung können echt oder simuliert sein.

[QUELLE: EN ISO 9000:2015]

3.18
Verifizierung
Bestätigung durch Bereitstellung eines objektiven Nachweises, dass festgelegte Anforderungen erfüllt worden sind

Anmerkung 1 zum Begriff: Der für eine Verifizierung erforderliche objektive Nachweis kann das Ergebnis einer Prüfung oder anderer Formen der Bestimmung sein, z. B. Durchführen alternativer Berechnungen oder Überprüfen von Dokumenten.

Anmerkung 2 zum Begriff: Die für die Verifizierung ausgeführten Tätigkeiten werden manchmal als Qualifizierungsprozess bezeichnet.

Anmerkung 3 zum Begriff: Die Benennung „verifiziert" wird zur Bezeichnung des entsprechenden Status verwendet.

[QUELLE: ISO 9000:2015]

3.19
lebensfähig
lebende und kultivierbare oder nicht kultivierbare Mikroorganismen

3.20
lebensfähiges Partikel
Partikel, das einen oder mehrere Mikroorganismen enthält

4 Erstellung der mikrobiologischen Kontrolle

4.1 Allgemeines

Wenn der auf Sauberkeit kontrollierte Bereich als Reinraum oder reiner Bereich klassifiziert wird, müssen die Anforderungen nach EN ISO 14644-1 erfüllt werden.

4.2 Erstellung eines betrieblichen Systems der mikrobiologischen Kontrolle

Ein System zur Aufrechterhaltung einer angemessenen mikrobiologischen Kontaminationskontrolle muss erstellt, implementiert und aufrechterhalten werden. Das System muss Faktoren, die die mikrobiologische Kontamination des Produkts beeinflussen können, identifizieren, kontrollieren und überwachen. Die Ergebnisse des Systems müssen dokumentiert werden.

Es besteht eine Reihe von anerkannten Systemen für die mikrobiologische Kontaminationskontrolle, die einen Qualitätsrisikomanagementansatz verwenden [2], [3] [5], [6], [8], [9]; das ausgewählte System muss geeignet und verifiziert sein.

4.3 Qualitätsattribute des Systems zur Kontrolle der mikrobiologischen Kontamination

Das System zur Kontrolle der mikrobiologischen Kontamination muss die folgenden Schritte berücksichtigen:

a) die Ermittlung aller potenziellen mikrobiologischen Kontaminationsquellen und Kontaminationswege in dem auf Sauberkeit kontrollierten Bereich, die als betrachtete Mikroorganismen gelten;

b) die Beurteilung des Risikos durch diese Quellen und Wege und gegebenenfalls Einführung oder Verbesserung der Kontrollverfahren der mikrobiologischen Kontamination zur Reduzierung der identifizierten Risiken;

c) Erstellung eines Überwachungsplans mit gültigen Probenahmeverfahren zur Überwachung der mikrobiologischen Kontaminationsquelle oder ihrer Kontrollverfahren oder von beidem;

d) Erstellung von Warn- und Aktionsgrenzen einschließlich im Bedarfsfall Zielwerten mitsamt bei Überschreitung dieser Grenzen zu treffenden Maßnahmen;

e) kontinuierliche Verifizierung, dass das System zur mikrobiologischen Kontaminationskontrolle wirksam ist und die vereinbarten Leistungsparameter erfüllt, indem die Produktkontaminationsraten, die Ergebnisse der umweltbezogenen Überwachung, die Risikobewertungsverfahren, die Kontrollverfahren und die Überwachungsgrenzen geprüft und gegebenenfalls entsprechend geändert werden;

f) Erstellung und Pflege geeigneter Dokumentation;

g) Ausbildung und Schulung des gesamten mit dem auf Sauberkeit kontrollierten Bereich befassten Personals.

4.4 Identifizierung aller potenziellen Quellen und Wege mikrobiologischer Kontamination

4.4.1 Allgemeines

Bevor der Risikobewertungsprozess beginnen kann, sollte die Art des Prozesses untersucht und verstanden werden.

Alle potenziellen mikrobiologischen Verunreinigungen und ihre Übertragungswege, die ein Risiko für das Produkt, den Patienten oder den Verbraucher darstellen, müssen identifiziert werden.

Quellen mikrobiologischer Kontamination können Personen und ihre Kleidung, Materialien, Ausrüstung, Dienstleistungen und Prozesse, der physische Zustand der Einrichtung und der direkten Umgebung sowie Zuluft, Luftströmungsmuster und Bewegungen innerhalb des auf Sauberkeit kontrollierten Bereichs und die laufende Reinigung sein. Wenn das Risiko einer Kontamination von Produkten oder Prozessen mit bestimmten Arten von Mikroorganismen besteht, können diese als betrachtete Mikroorganismen angesehen werden.

Betrachtete Mikroorganismen müssen während des Risikobewertungsprozesses identifiziert werden.

Im Rahmen der Risikobewertung sollten die folgenden Faktoren berücksichtigt werden:

a) die Anwendung des auf Sauberkeit kontrollierten Bereichs (z. B. Pharmazeutika, Medizinprodukte, Lebensmittel, Kosmetik);

b) mikrobiologische Spezies (z. B. Überlebensfähigkeit oder damit verbundene Toxine);

c) das Potenzial der Verursachung einer mikrobiologischen Kontamination des Produkts und/oder Schädigung des vorgesehenen Empfängers (z. B. Verderb des Produkts vor dem Ende der Mindesthaltbarkeitsdauer bei Lebensmitteln);

d) Produktform (z. B. enthält das Produkt Konservierungsstoffe oder potenzielle Wachstumssubstrate, die Wachstum verhindern können);

e) vorgesehene Produktzielpopulation (z. B. Patient, Kleinkind, immungeschwächter Empfänger).

Die Anwesenheit von Schimmel und anderer mikrobiologischer Kontamination einschließlich betrachteter Mikroorganismen kann ein Hinweis auf schlechte Reinigung oder schlechte Gestaltung sein und das Risiko der Kontamination von Produkten und/oder Prozessen erhöhen.

Ausgehend von einer Risikobewertung können für die routinemäßige Überwachung Aktions- und Warngrenzen sowie gegebenenfalls Zielwerte für mikrobiologische Gesamtkonzentrationen ohne Bezug auf die betrachteten Mikroorganismen oder durch Berücksichtigung beider Faktoren festgelegt werden.

Bei der anfänglichen Qualifizierung neuer Räumlichkeiten, die sich noch nicht in Betrieb befinden oder in denen Tätigkeiten stattfinden, die noch nicht repräsentativ für den Normalbetrieb sind, ist die mikrobiologische Kontamination möglicherweise noch nicht ausreichend repräsentativ. Daher muss die Risikobewertung möglicherweise während des Normalbetriebs stattfinden.

4.4.2 Quellen mikrobiologischer Kontamination

4.4.2.1 Allgemeines

Quellen mikrobiologischer Kontamination können Hauptquellen und abgeleitete oder verbundene Quellen sein.

4.4.2.2 Hauptquellen

Die folgenden Beispiele geben Hauptquellen an:

— Personen — Eine wesentliche Kontaminationsquelle;

— Zuluft — Luft, die auf Sauberkeit kontrollierten Bereichen zugeführt wird (rezirkuliert oder frische Zuluft);

— Produktmaterialien — Produkte in fester oder flüssiger Form, Behälter der Verpackung;

— Betriebsmittel — Druckluft, Stickstoff, Propangas, Sauerstoff, WFI;

— Maschinen — Verarbeitungs- und Verpackungsanlagen.

4.4.2.3 Abgeleitete oder verbundene Quellen

Die folgenden Beispiele geben die abgeleiteten oder verbundenen Quellen an:

— Innenluft — Luft in auf Sauberkeit kontrollierten Bereichen;

— Kontaktteile — Teile in Kontakt mit dem Produkt wie etwa Rohrleitungen und Verschlusstrichter;

— Oberflächen — Böden, Wände, Arbeitsplatzoberflächen, Barrierestulpen, Rollwagen, Eimer, Waagen, Desinfektionsmittelbehälter, Überwachungseinrichtungen in auf Sauberkeit kontrollierten Bereichen;

— Angrenzende Bereiche — Umkleideräume, Korridore, Durchgangsschleusen.

4.4.3 Übertragungswege mikrobiologischer Kontamination

Es gibt 3 Wege für die Übertragung mikrobiologischer Kontamination zu dem Produkt oder einen kritischen Bereich in einem auf Sauberkeit kontrollierten Bereich:

— luftgetragene Absetzung;

— Oberflächenkontakt;

— Flüssigkeit.

ANMERKUNG Die Übertragung potenzieller Quellen mikrobiologischer Kontamination über Flüssigkeiten ist nicht Gegenstand dieses Dokuments.

4.5 Risikobewertung

Die Risikobewertung ist ein grundlegender Bestandteil des Qualitätsrisikomanagements. Das Thema des Qualitätsrisikomanagements und der Risikobewertung in verschiedenen Anwendungen wird durch eine Reihe von ISO-Normen behandelt. IEC 31010 [28] enthält eine Liste von Risikobewertungsmethodiken.

Das System der Gefahrenanalyse und kritischer Kontrollpunkte (en: hazard analysis critical control point, HACCP) [4], [5], [6], [7], die Fehlerbaumanalyse (en: fault tree analysis, FTA) [8], das System der Ausfallarten- und Einflussanalyse (en: failure mode and effect analysis, FMEA) [9] oder jedes andere verifizierte System können genutzt werden. Weitere Informationen zu Risikobewertungsmethoden können IEC 31010:2019 [28] entnommen werden.

Die Risikobewertung muss durchgeführt werden, um Risiken mikrobiologischer Kontamination, die eine schädliche Auswirkung auf die Produktqualität, den Patienten oder den Verbraucher haben, zu identifizieren, zu bewerten, nach Möglichkeit zu eliminieren und zu kontrollieren. Die Risikobewertung muss feststellen, welche Variablen in dem auf Sauberkeit kontrollierten Bereich überwacht werden müssen und welche mikrobiologische Kontamination gemessen werden muss, siehe 4.3 Qualitätsattribute des Systems zur Kontrolle der mikrobiologischen Kontamination.

Die Ergebnisse der Risikobewertung müssen dokumentiert werden und wissenschaftliche Beweggründe für Entscheidungen in Verbindung mit der Risikominderung und dem Restrisiko enthalten. Das Ergebnis der Risikobewertung muss regelmäßig als Teil des laufenden Qualitätsmanagements, während der Änderungskontrolle und der regelmäßigen Produktqualitätsprüfung des mikrobiologischen Kontroll-programms geprüft werden.

4.6 Erstellung eines umweltbezogenen Überwachungsplans

4.6.1 Allgemeines

Ein mikrobiologischer umweltbezogener Überwachungsplan, der die Arten der durchzuführenden Messungen sowie den Ort und die Häufigkeit, geeignete gemessene Werte, die nicht überschritten werden sollten, sowie bei Überschreitung der Werte zu treffende Maßnahmen festlegt, muss erstellt werden.

Das mikrobiologische Kontrollsystem muss die damit verbundenen Messverfahren angeben.

Eine Reihe von Industrierichtlinien und ISO-Normen behandeln das Thema der mikrobiologischen umweltbezogenen Überwachung in verschiedenen Anwendungen. Siehe informative Anhänge A, E, C und D sowie die Literaturhinweise.

4.6.2 Überwachungsorte

Die Überwachungsorte in dem auf Sauberkeit kontrollierten Bereich und die damit verbundene Anzahl müssen als Teil der Risikobewertung bestimmt und in Relation zu dem Risikograd gesetzt werden.

Personalumkleideräume und Materialtransfer-Luftschleusen sowie der Produktdurchgang durch Klappen müssen sorgfältig berücksichtigt werden und können aufgrund des höheren Risikos in Verbindung mit Material und Personal, das sich in den auf Sauberkeit kontrollierten Bereich begibt, proportional mehr Überwachung erfordern.

Die Risikobeurteilung sollte die Art des hergestellten Produkts und die Eigenschaften des Herstellungsprozesses und/oder der in dem auf Sauberkeit kontrollierten Bereich ausgeführten Tätigkeiten berücksichtigen. Ein final sterilisiertes Produkt oder ein Prozess mit geringem Kontaminationsrisiko für den Patienten oder den Verbraucher erfordert beispielsweise eine geringere umweltbezogene Überwachung als ein aseptisch vorbereitetes Produkt oder ein aseptisch vorbereiteter Prozess.

Die Anwendung des kontinuierlichen Verbesserungsprozesses "Planen-Durchführen-Prüfen-Handeln" kann die Auswahl der optimalen mikrobiologischen Überwachungsorte und die damit verbundene Anzahl aufgrund der gesammelten mikrobiologischen Kontrollinformationen verändern.

4.6.3 Überwachungsfrequenzen

Die Häufigkeit der Probenahme muss mit dem Risikograd verbunden und in dem mikrobiologischen umweltbezogenen Überwachungsplan als kontinuierlich oder regelmäßig täglich, wöchentlich, monatlich oder in anderen vereinbarten Intervallen angegeben werden. Die Häufigkeit der Probenahme muss für jede Quelle oder ihr Kontrollverfahren oder für beides angegeben werden.

Bei der Festlegung der Häufigkeit der Probenahme sollte bedacht werden, dass eine zu häufige Probenahme potenziell weitere Risiken durch das Eintreten des Probenahmepersonals in einen kritischen Bereich einführen könnte. Es muss ein ausgewogenes Verhältnis zwischen einer ausreichenden Probenahme und der potenziellen Einführung von Kontamination und/oder der Anwendung notwendiger Kontrollschritte zur Reduzierung der Kontaminationsrisiken gefunden werden.

4.7 Erstellen von Warn- und Aktionsgrenzen

Der mikrobiologische umweltbezogene Überwachungsplan muss die Werte der gemessenen Konzentration der betrachteten Mikroorganismen in der Luft und auf Oberflächen, die nicht überschritten werden sollten, angeben. Warn- und Aktionsgrenzen sind so festzulegen, dass die Warngrenzwerte unter den Aktionsgrenzwerten liegen. Gegebenenfalls können auch Zielwerte festgelegt werden. Eine Warngrenze muss verwendet werden, um anzuzeigen, dass die mikrobiologische Kontamination höher ist als erwartet, und eine frühzeitige Warnung vor einem möglichen Kontrollverlust auszulösen.

Der mikrobiologische umweltbezogene Überwachungsplan muss die Warnbedingungen, unter denen Maßnahmen zu treffen sind, angeben.

Wenn eine Aktionsgrenze überschritten wird, ist eine unmittelbare Untersuchung erforderlich, um die Ursache und gegebenenfalls die Korrekturmaßnahme zu identifizieren. Der mikrobiologische umweltbezogene Überwachungsplan muss angeben, welche Maßnahmen infolgedessen zu treffen sind, um die mikrobiologische Kontrolle wiederherzustellen.

Die mikrobiologische Überwachung muss für einen bestimmten Zeitraum ausgeführt werden, um Warn- und Aktionsgrenzen, die nicht kontinuierlich überschritten werden, festzulegen.

In einigen hocheingeschlossenen auf Sauberkeit kontrollierten Bereichen kann die mikrobiologische Kontamination sehr gering sein und nicht der normalen Verteilung entsprechen. In solchen Fällen sind Parameter wie die mittlere oder Standardabweichung eventuell nicht geeignet, um Aktions- und Warngrenzen zu errichten. Stattdessen sollten Grenzen, die wahrscheinlich mit festgelegter Häufigkeit überschritten werden, als besser geeignet für die Festlegung der Aktions- und Warngrenzen berücksichtigt werden.

4.8 Erstellung des Dokumentationssystems

Das mikrobiologische Kontrollsystem und der damit verbundene umweltbezogene Überwachungsplan sowie die Berichtsanforderungen müssen dokumentiert, regelmäßig geprüft und gegebenenfalls aktualisiert werden, um alle implementierten Änderungen einzubinden.

Die Berichte müssen eine Übersicht und Analyse der Ergebnisse der umweltbezogenen mikrobiologischen Überwachung und alle Abweichungen von den erwarteten Ergebnissen enthalten. Wenn Aktionsgrenzen überschritten werden, müssen diese ebenso wie die getroffenen Maßnahmen zur Korrektur der Abweichungen oder Erklärungen, warum keine Maßnahme notwendig war, in einem Bericht angegeben werden.

ANMERKUNG In einigen Fällen können auch die Warngrenzen angegeben werden. Dies gilt insbesondere für mit einem mehrfachen oder ungewöhnlichen Auftreten verbundene Grenzen.

4.9 Ausbildung und Schulung des Personals

Das Personal muss kompetent sein und über die notwendige Ausbildung, Erfahrung, die Fähigkeiten und die notwendige Schulung verfügen, um die ihm anvertrauten Aufgaben erfüllen zu können. Das Personal darf nur die Aktivitäten ausüben, zu deren Ausführung es qualifiziert und autorisiert ist.

Alle Mitarbeiter müssen regelmäßig geschult werden, wie festgelegt, um die ihnen zugewiesenen Verantwortungen angemessen erfüllen zu können.

Dazu müssen entsprechende Schulungsaufzeichnungen geführt werden.

Ein Leitfaden zum Reinraumbetrieb einschließlich des Umkleidens und Verhaltens des Personals ist in ISO 14644-5 enthalten [26].

5 Demonstration der mikrobiologischen Kontrolle

5.1 Trendanalyse

Die Ergebnisse der mikrobiologischen umweltbezogenen Überwachung müssen analysiert und die Daten einer Trendanalyse unterzogen werden, um alle negativen Entwicklungen zu identifizieren.

Die daraus resultierenden Tendenzen sollten in Abständen analysiert werden, die häufig genug sind, um negative Tendenzen, die möglicherweise einer korrektiven oder präventiven Handlung bedürfen, zu identifizieren.

In einer Reihe von Anwendungen einschließlich der nicht sterilen Herstellung der Lebensmittelindustrie gilt ein negativer Trend als wichtiger als ein einzelnes Ergebnis.

Obwohl die statistische Analyse von Daten (Liniendiagramme, Pareto-Diagramme) wichtig ist, gibt es keinen einzelnen Algorithmus, der alle negativen Tendenzen identifiziert. Ein ausreichend kompetenter Mikrobiologie sollte die Daten prüfen, um mögliche Probleme zu erkennen, wie etwa eine unerwartete quantitative oder qualitative Veränderung der Arten von erfassten Mikroorganismen bei Veränderungen wie Jahreszeiten, Desinfektionsprogrammen, Bedienerpopulation, Schulung, Rohmaterialien und/oder Anlagensteuerungen.

5.2 Verifizierung des betrieblichen mikrobiologischen Kontrollsystems

5.2.1 Allgemeines

Die Ergebnisse der mikrobiologischen umweltbezogenen Überwachung müssen regelmäßig untersucht werden, um zu bestätigen, dass das gewählte mikrobiologische Kontrollsystem in Übereinstimmung mit den erstellten Verfahren funktioniert und die spezifizierten Anforderungen erfüllt sind, siehe 4.3 e).

Während der ersten Implementierung des mikrobiologischen umweltbezogenen Überwachungsplans können sich die ursprünglichen Grenzen ändern, sobald Daten aus der regelmäßigen Überwachung zur Prüfung zur Verfügung stehen.

Wenn die Verifizierung auf Abweichungen von den festgelegten Grenzen oder eine Veränderung in der mikrobiologischen Kontrolle des auf Sauberkeit kontrollierten Bereichs hinweist, müssen Korrekturmaßnahmen ergriffen werden. Gegebenenfalls muss das betriebliche mikrobiologische Kontrollsystem verändert werden.

ANMERKUNG Diese Korrekturmaßnahme kann die Verwendung von mikrobiologischen umweltbezogenen Überwachungs- und Prüfungsmethoden, -verfahren und -prüfungen erforderlich machen, darunter Stichprobenentnahme und Analyse. Sie kann außerdem die systematische Verifizierung aller Arbeitsschritte und Ausrüstungen verlangen, um die ordnungsgemäße Funktion des betrieblichen Systems zu gewährleisten.

5.2.2 Untersuchung von Ergebnissen außerhalb der Spezifikation (en: out of specification, OOS)

Die Untersuchung eines OOS-Ergebnisses dient dazu, festzustellen, ob eine tatsächliche Veränderung des Auftretens mikrobiologischer Kontamination stattgefunden hat.

Um die Kontrolle über die Leistung des mikrobiologischen Kontrollsystems zu behalten, muss eine sofortige Untersuchung der Ergebnisse außerhalb der Spezifikation erfolgen.

Wann immer ein Ergebnis außerhalb der Spezifikation (OOS) liegt, ist zu entscheiden, ob es sich um ein wahres Ergebnis handelt. Es ist von wesentlicher Bedeutung, dass jedes Ergebnis außerhalb der Spezifikation, das nicht als Prüffehler bestätigt werden kann, untersucht werden sollte, um die Ursache und entsprechende Korrekturmaßnahmen zu bestimmen.

5.2.3 Aufzeichnungen

Alle regelmäßigen und periodischen Prüfungen der Methoden, Instrumente und internen Prüfungen sowie Aufzeichnungen ursprünglicher Beobachtungen, Berechnungen, abgeleiteter Daten und Abschlussberichte sollten ordnungsgemäß archiviert und über einen vereinbarten Zeitraum aufbewahrt werden. Es ist von wesentlicher Bedeutung, dass die Aufzeichnungen die Identität der Mitarbeiter umfassen, die an der Überwachung, Vorbereitung, Prüfung, Auswertung und Berichterstattung beteiligt sind. Es sollte möglich sein, eine lückenlose Dokumentation durchzuführen, um alle Einzelheiten dazu anzugeben, wie und wann Ergebnisse verändert wurden. Aufzeichnungen von Unterschriften, Initialen oder Zeichen sind zu pflegen und entsprechend zu aktualisieren.

Angemessener Schutz der Datenaufzeichnungen, einschließlich aller elektronischen Aufzeichnungen auf einem Computer ist zu gewährleisten.

5.2.4 Verfolgung der Proben

Das Analyselabor der Proben sollte geeignete und zuverlässige Verfahren vorweisen, die die klare Identifizierung und Handhabung von Proben aus der mikrobiologischen umweltbezogenen Überwachung ermöglichen. Dies muss ihren Erhalt und den Fortschritt durch den gesamten Analyseprozess bis zu den Endergebnissen und ihrer korrekten Identifizierung am ursprünglichen Überwachungsort enthalten.

5.2.5 Integrität der Ergebnisse

Um die Sammlung falscher Ergebnisse zu vermeiden, müssen die folgenden Faktoren als Teil der Erfassung der Ergebnisse berücksichtigt werden:

a) Anwendung;

b) Identifizierung anwendungsspezifischer Parameter;

c) Datenerfassungsstellen;

d) Grenzen der Erfassung und Empfindlichkeit des Prüfmesssystems;

e) Datenerfassung.

5.2.6 Aufzeichnung von Daten

Um sicherzustellen, dass alle Informationen zur Bearbeitung verfügbar sind, müssen klare Verfahren für die Datenaufzeichnung und die Handhabung entwickelt und umgesetzt werden und die folgenden Aspekte sollten berücksichtigt werden:

a) Rohdaten;

b) Auflistung der Informationsarten, die aufgezeichnet werden;

c) Identifizierung und Ort der Labordokumente oder elektronischer Aufzeichnungen;

d) Verwendung von Arbeitsbüchern, Arbeitsblättern oder Computern oder anderer geeigneter Mittel zur Aufzeichnung der verschiedenen Arten an Beobachtungen, Berechnungen und anderer relevanter Informationen;

e) Verfahren, die für die Aufzeichnung, Prüfung, Korrektur, Unterzeichnung und Gegenzeichnung von Beobachtungen, Berechnungen und Berichten einzuhalten sind;

f) Empfehlungen für die konsistente Auslegung;

g) spezifische, rechtliche oder behördliche Anforderungen.

5.2.7 Datenauswertung

Die Datenauswertung muss in einer vereinbarten Weise erfolgen.

Bevor statistische Berechnungen an Ergebnissen vorgenommen werden können und insbesondere, wenn viele Beobachtungen aufgezeichnet wurden, sollte die Komprimierung und Gruppierung der Daten erwogen werden. Dies darf in qualitativer Weise durch Gruppierung der Messungen zur Bildung von Häufigkeitstabellen und Diagrammen oder die Anwendung beschreibender Statistiken erfolgen.

Daten, auf die statistische Methoden angewendet werden können, können einzelne Messungen oder Zählungen der Anzahl an Elementen mit spezifischen Attributen sein.

Für jede Bewertung ist ein Prüfverfahren erforderlich, das den gewählten Ansatz zur Entwicklung des Prüfverfahrens und die verwendeten statistischen Methoden zur Verifizierung des Prüfverfahrens beschreibt. Das vereinbarte Prüfverfahren sollte verifiziert werden, indem es entweder in einer Norm enthalten ist oder in einem durch Gleichgestellte geprüften wissenschaftlichen Journal oder Buch veröffentlicht wird.

Die Anwendung einer jeden statistischen Technik beinhaltet die Hochrechnung aus der Probe auf die mikrobiologische Population des Risikobereichs, dem die Probe entnommen wurde. Solche Hochrechnungen bergen Risiken, da die Probe möglicherweise die mikrobiologische Verunreinigungspopulation nicht exakt wiedergibt. Das Risiko muss durch die Anwendung der Wahrscheinlichkeitsprobenahme und Statistiken quantifiziert und reduziert werden. [2] [3]

Die Interpretation und Auswertung der Ergebnisse sollte auf mehr als einer statistischen Methode beruht.

Die Auswahl und Verwendung statistischer Verfahren für die Überwachung und Verifizierung werden in dieser Norm nicht beschrieben. Stattdessen wird in den Literaturhinweisen hierauf verwiesen.

5.2.8 Trendanalyse

Daten, die aus einer einzelnen Probe stammen, sind oft nicht signifikant; des Weiteren können mikrobiologische Überwachungstechniken einen hohen Grad an Veränderbarkeit aufweisen. Daher sollte die grafische Präsentation der Ergebnisse, die über einen bestimmten Zeitraum erfasst wurden, bei der Unterscheidung zwischen Abweichungen in der Probenahme und Trends oder bei der Angabe, dass eine wesentliche Änderung aufgetreten ist, obwohl die Ergebnisse innerhalb der festgelegten Grenzwerte liegen, berücksichtigt werden.

Kontrolldiagrammmethoden können verwendet werden, um ein objektives und statistisch gültiges Mittel [2] [3] [4] [5] [6] [8] [9] für die Bewertung der Qualität von Risikobereichen zu bieten, und sind speziell für die Überwachung anwendbar. In der Verifizierungsphase kann die Probenahme zum Zwecke der Annahme von Chargen als weitere Technik der Qualitätskontrolle verwendet werden. Die Anordnung in Diagrammen mittels Shewhart-Kontrolldiagrammen [4], Kontrolldiagrammen „basierend auf Bereich" oder „kumulativen Summendiagrammen" sollte in Betracht gezogen werden [5], um die Abweichung von der gewöhnlichen zufälligen Verteilung zu messen und Ergebnisse außerhalb der Spezifikation hervorzuheben.

6 Mikrobiologische Messverfahren

6.1 Allgemeines

Als Teil des Prozesses der Kontrolle mikrobiologischer Kontamination muss die Messung der Konzentration von Mikroorganismen auf Oberflächen und in der Luft sowie ihre Identifizierung vorgenommen werden, um die Bewertung der Wirksamkeit des Kontrollsystems zu ermöglichen.

Es stehen verschiedene Verfahren für die Erfassung, Zählung und Identifizierung luftgetragener und auf Oberflächen abgesetzter mikrobiologischer Kontamination zur Verfügung. Für die Zwecke dieser Norm sind die Verfahren auf bewährte kulturbasierte Verfahren beschränkt.

Der informative Anhang E enthält weitere Informationen zu diesen kulturbasierten Verfahren.

Dies schließt nicht die zusätzliche Anwendung alternativer Verfahren aus, die das Verständnis des Kontrollzustands der auf Sauberkeit kontrollierten Bereiche verbessern oder andere Vorteile für bestimmte Anwendungen bieten können. Solche Verfahren können weitere technische Entwicklungen und Validierungen erfordern, um ihre Akzeptanz für die Verwendung zu ermöglichen. Es sollte beachtet werden, dass einige dieser alternativen Verfahren keine Mittel zur Kultivierung der erfassten Mikroorganismen bieten, um die Identifizierung zu ermöglichen, und einige Verfahren nur eine Identifizierung und keine Zählung ermöglichen.

Der informative Anhang F enthält weitere Informationen zu alternativen Verfahren.

6.2 Auswahl des Probenahmeverfahrens

Das ausgewählte Probenahmeverfahren muss für den zu überwachenden auf Sauberkeit kontrollierten Bereich geeignet sein und Folgendes berücksichtigen:

a) Zeit und Dauer der Aktivitäten in dem auf Sauberkeit kontrollierten Bereich;

b) die Zugänglichkeit zu dem auf Sauberkeit kontrollierten Bereich für das Probenahmegerät;

c) Auswirkung des Probenahmegeräts auf den Prozess oder die Umgebung, die zu überwachen sind;

d) Wirkungsgrad und Genauigkeit des Probenahmeverfahrens.

6.3 Volumetrische Luftprobenahmegeräte

Ein geeignetes Probenahmegerät muss nach den Anforderungen des Anwenders ausgewählt und anhand der Spezifikationen des Herstellers verifiziert werden.

Der Anbieter des Probenahmegeräts muss den Sammlungswirkungsgrad des Geräts nachweisen.

Die Probenahmetechniken müssen validiert werden.

Der Luftvolumenstrom des Probenahmegeräts muss regelmäßig kalibriert werden, siehe E.6.

6.4 Kulturmedien und Inkubation

Die Qualität der Medien muss einem geeigneten Verifizierungsprogramm unterzogen werden. Hierbei ist Folgendes zu berücksichtigen:

a) die Begründung des ausgewählten Mediums und der damit verbundenen Inkubationsbedingungen und Validierung, um die Erkennung geringer Mengen mikrobiologischer Kontamination, der indigenen mikrobiologischen Kontamination und aller betrachteten Mikroorganismen zu demonstrieren

b) Erstellung von Kontrollen, um sicherzustellen, dass das Medium den auf Sauberkeit kontrollierten Bereich nicht kontaminiert oder zu falschen Zählungen führt;

c) Eignung der Medien (Sterilität der Medien und Fähigkeit, Wachstum zu fördern);

d) Verwendung von Neutralisatoren in dem für die Oberflächenprobenahme eingesetzten Medium, um sicherzustellen, dass Desinfektionsmittelrückstände auf Oberflächen das Wachstum der beprobten Mikroorganismen nicht unterdrücken;

e) Validierung des tatsächlichen Zustands des für die Luftprobenahme verwendeten Mediums, um sicherzustellen, dass Dehydrierung aufgrund der darüber strömenden Luft die wachstumsfördernden Eigenschaften des Kulturmediums nicht beeinträchtigt;

f) die Fähigkeit des Mediums, Pilze sowie Bakterien zu erkennen.

6.5 Inkubatoren

Der Inkubator muss vor Verwendung und Betrieb ausreichend qualifiziert worden sein. Eine erneure Qualifizierung sollte in regelmäßigem Abständen oder nach einer Wartung oder nach anderen Änderungen am Inkubator stattfinden. Der Temperaturbereich der Inkubatorkammer muss abgebildet werden, um sicherzustellen, dass alle Orte die erforderlichen Inkubationstemperaturen auf ±2,5 °C der Zieltemperatur erreichen und aufrechterhalten. Die Qualifizierung sollte mindestens alle drei Jahre erfolgen.

Während der routinemäßigen Anwendung muss die Temperatur in dem Inkubator kontinuierlich während des gesamten Inkubationszeitraums von einem repräsentativen Ort überwacht werden und eine Warnung muss bei jeder Abweichung von den erforderlichen Inkubationstemperaturen ausgelöst werden.

Anhang A
(informativ)

Leitfaden für Life-Science-Pharma-/Biopharma-Anwendungen

A.1 Einleitung

Es gibt zahlreiche Regelungen, die für die Life-Science-, Pharma- und Biopharma-Industrie anwendbar sind.

Es stehen mehrere Leitfäden und Regelungen zur Verfügung, die die mikrobiologische Kontrolle in auf Sauberkeit kontrollierten Bereichen behandeln, einschließlich unter anderem der in der folgenden Liste genannten Dokumente:

1) European Commission EudraLex „The Rules Governing Medicinal Products in the European Union" Volume 4, EU Guidelines for Good Manufacturing Practice, Medicinal Products for Human and Veterinary Use, Part II: Basic Requirements for Active Substances used as Starting Materials. Brüssel [30];

2) European Commission EudraLex „The Rules Governing Medicinal Products in the European Union" Volume 4, EU Guidelines for Good Manufacturing Practice, Medicinal Products for Human and Veterinary Use, Annex 1 — Manufacture of Sterile Medicinal Products [31];

3) FDA Guidance for Industry — Sterile Drug Products Produced by Aseptic Processing — Current Good Manufacturing Practice [32].

4) Parenteral Drug Association (PDA) Technical Report (TR) No. 13 — Fundamentals of an Environmental Monitoring Program [33];

5) PDA Technical Report No. 69 — Bioburden and Biofilm Management in Pharmaceutical Manufacturing Operations [34];

6) PDA Technical Report No. 70 — Fundamentals of Cleaning and Disinfection Programs for Aseptic Manufacturing Facilities [35];

7) Pharmaceutical Microbiology Manual (PMM) Pharmaceutical Inspection Convention (PIC/S) PI 007-6 „Recommendation on the Validation of Aseptic Processes" [36];

8) United States Pharmacopeia (USP) <1116> Microbiological Control and Monitoring of Aseptic Processing Environments [37];

9) USP <1072> Disinfectants and Antiseptics [38];

10) Code of Federal Regulations (CFR) Title 21, Volume 8. Cite 21 CFR 820.70 — Production and Process Controls:

a) 21 CFR 211.42 [39];

b) 21 CFR 211.25 [40];

c) 21 CFR 211.28 [41];

d) 21 CFR 211.113 [42].

Dieses Dokument dient als Ergänzung zu den bestehenden Anleitungsdokumenten. Diese Norm beabsichtigt, ordentliche Wissenschaft in der Biokontaminationskontrolle zu bieten und Regulierungsbehörden zu ermutigen, sich für lebensfähige Mikroorganismen und die mikrobiologische Kontaminationskontrolle auf diese neue Norm zu beziehen.

Der normative Teil dieser Norm bietet eine klare Anleitung und löst Konflikte und Verwirrung in spezifischen Bereichen der mikrobiologischen Kontaminationskontrolle, wie beispielsweise die Wahl der Methode zur Probenahme der umweltbezogenen Überwachung (EM) und wie die gesammelten Daten für die Tendenzanalyse zu verwenden sind.

Anhang F liefert eine Zusammenfassung der sich entwickelnden Technologien in der mikrobiologischen Kontaminationskontrolle und gibt insbesondere Anleitung zur angemessenen Verwendung und zur Rolle der schnellen mikrobiologischen Messung (en: rapid microbiological measurement, RMM) oder der unmittelbaren mikrobiologischen Erkennung (en: instantaneous microbiological detection, IMD).

Es gibt zahlreiche Referenz-Anleitungsdokumente von Industrieverbänden, darunter:

1) PDA Technical Report No. 13 [33] — Fundamentals of an Environmental Monitoring Program;

2) ISPE Baselines Guides:

   — Sterile Product Manufacturing Facilities [52];

   — Risk-Based Manufacture of Pharmaceutical Products (Risk-MaPP) [53];

   — Oral Solid Dosage Forms [54];

   — Biopharmaceutical Manufacturing Facilities [55];

3) PHSS Technical Monograph;

   — No 20 Bio-contamination [47].

A.2 Bewertung des Risikos/der Auswirkung

Für die Bewertung des Risikos/der Auswirkung siehe 4.5.

Die Risiko-/Auswirkungsbewertung der pharmazeutischen Anwendung wird in EU GMP Anhang 1 [31] in einem Leitfaden beschrieben. Kritische Bereiche, bezeichnet als Grad A, Grad B, Grad C und Grad D, sind für jede Phase der Herstellung steriler Arzneimittel angegeben.

Sollten die Ergebnisse einer OOS-Untersuchung zeigen, dass eine Ursachenanalyse erforderlich ist, sollte eine Korrekturmaßnahme Präventive Maßnahme (en: corrective action preventive action, CAPA) angewendet werden. Die CAPA sollte hinsichtlich der Auswirkung der mikrobiologischen Kontamination auf die Sicherheit und Effizienz des Produkts festgelegt werden. Die Effizienz jeglicher korrektiver/präventiver Maßnahmen sollte verifiziert werden.

A.3 Demonstration der Kontrolle

Für die Demonstration der Kontrolle siehe Abschnitt 5.

Die Grenzen für die verschiedenen Bereiche oder Grade sind in EU GMP Anhang 1 [31] angegeben.

Grenzen und Messergebnisse können wie folgt angegeben werden:

— Luftproben: cfu/m^3;

— Sedimentationsplatten: cfu/Ø 90 mm/4 h;

— Kontaktplatten: Ø 55 mm und cfu/Platte.

Anhang B
(informativ)

Leitfaden für Life-Science-Anwendungen von Medizinprodukten

B.1 Einleitung

Dieser Anhang bietet eine Anleitung zur umweltbezogenen mikrobiologischen Überwachung in Produktionsbereichen für die Herstellung von Medizinprodukten. EU-Medizinprodukte-Richtlinien und damit verbundene Regelungen schreiben eine Risikobewertung einer Infektion des Empfängers durch das Medizinprodukt vor und das Risiko sollte so weit wie möglich eliminiert oder minimiert werden.

Die Anforderungen an die Patientensicherheit und die Zuversicht der Patienten und des medizinischen Personals bestimmen den Umfang der mikrobiologischen Kontaminationskontrolle in dem auf Sauberkeit kontrollierten Produktionsbereich. Die Art und Weise, in der ein Medizinprodukt genutzt wird, bestimmt das akzeptable Maß an mikrobiologischer Kontamination und die Art(en) der betrachteten Mikroorganismen. Da die meisten Medizinprodukte final sterilisiert werden, sollten die Risiken durch bestimmte Mikroorganismen wie etwa die Anwesenheit von Endotoxinen oder die Sporenbildung von Mikroorganismen sorgfältig berücksichtigt werden.

Die Verwendung präventiver Antibiotika kann darüber hinaus durch eine bessere mikrobiologische Kontaminationskontrolle von Medizinprodukten bis zum Ort der Nutzung reduziert werden.

Auch wenn kein spezifischer Leitfaden zur umweltbezogenen mikrobiologischen Überwachung in bestehenden Normen und Verordnungen für Medizinprodukte verfügbar ist, bieten die Life-Science-Verordnungen für die pharmazeutische und biopharmazeutische Industrie gute Referenzleitfäden, einschließlich:

— FDA guidance — aseptic processing [32];

— EMA/PIC/s Annex 1 — sterile medicines [31];

— EN ISO 13408-7 — aseptic processing of healthcare devices [46].

Dieser Anhang behandelt die Lücke in dem Leitfaden für final sterilisierte Medizinprodukte.

Endotoxine und Pyrogene fallen nicht unter den Anwendungsbereich dieses Dokuments.

B.2 Risikobewertung

B.2.1 Allgemeines

EN ISO 14971 [2] zur Risikobewertung von Medizinprodukten und EN ISO 13485 [16] zum Qualitätsmanagement von Medizinprodukten sind relevante anzuwendende Dokumente in der mikrobiologischen Kontrolle.

Um die verschiedenen Bereiche in der Produktionsstätte zu ermitteln, die entweder direkten oder indirekten Einfluss aus umgebenen Bereichen erhalten, ist es wichtig, den Prozessablauf und die Produktionsschritte zu analysieren. Siehe 4.5 zu Anforderungen an die Risikobewertung.

Die folgenden Faktoren sollten bei der Bewertung der Auswirkung von mikrobiologischer Kontamination berücksichtigt werden:

— Verwendungszweck/Verwendungsart;

— Patientenpopulation (betrachtete Mikroorganismen);

— implantiert und Stelle der Implantation (betrachtete Mikroorganismen);

— steril geliefert;

— vom Benutzer sterilisiert und welche Sterilisierungsmethode;

— Art der Desinfektion/Mittel;

— andere anzuwendende mikrobiologische Kontaminationskontrollen;

— Zeitraum, Größe und Fläche des Medizinprodukts, das der Umgebung, in der Luft und auf Oberflächen, ausgesetzt ist.

Die folgenden Schritte sollten auf der Grundlage des Verständnisses der Art und Auswirkung mikrobiologischer Verunreinigungen an dem Medizinprodukt ausgeführt werden:

a) Dokumentation der Herstellungsprozessschritte und -orte, in/an denen mikrobiologische Kontamination auftreten kann;

b) Identifizieren der Risiken und der Wahrscheinlichkeit des Auftretens und der Auswirkungen auf der Grundlage der Anforderungen an die Risikobewertung in EN ISO 14971 [2];

c) Identifizieren der geeigneten mikrobiologischen Kontrollen zur Eliminierung, Reduzierung oder Minimierung der Auswirkung auf das Medizinprodukt;

d) Entwicklung eines geeigneten umweltbezogenen mikrobiologischen (EM) Überwachungsplans.

Das allgemeine Ziel besteht darin, die mikrobiologische Kontamination oder „Biobelastung" des Produkts so weit wie möglich zu minimieren.

Bild B.1 zeigt ein Beispiel für die Risikobewertungserwägungen für sterile und nicht-sterile Produkte.

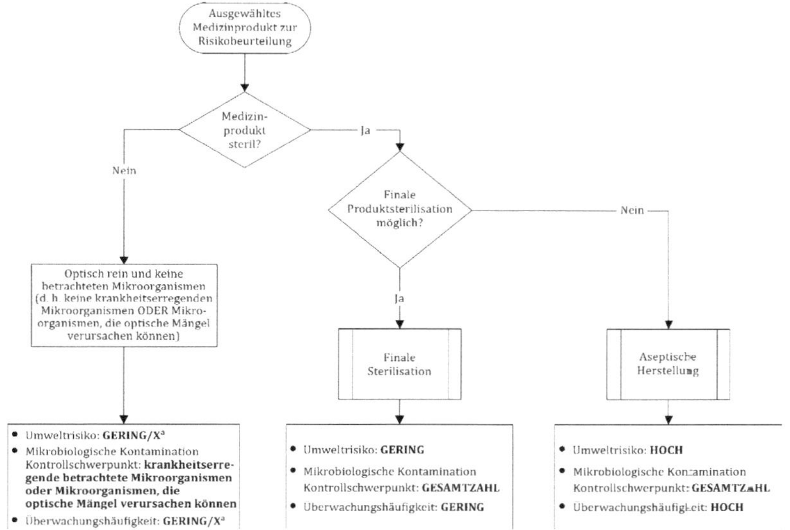

Der Faktor „X[a]" richtet sich nach dem Ursprung des betrachteten Mikroorganismus (menschlich oder aus der Umwelt) und der Beziehung zu der Art der Produktion (automatisch oder manuell); das Risiko kann unterschiedlich sein. Die Gesamtzahl ist eine nachrangige Erwägung.

Bild B.1 — Beispiel einer mikrobiologischen Risikobewertung für ein Medizinprodukt

Obwohl ausführliche Beispiele, die alle Arten von Medizinprodukten und Herstellungsverfahren behandeln, nur schwer gegeben werden können, dienen die folgenden drei Beispiele als Anleitung:

1) steril — finale Sterilisierung nach dem Abschluss des Herstellungsprozesses, siehe B.2.2;

2) steril — eine finale Sterilisierung ist nicht möglich B.2.3;

3) nicht steril B.2.4.

B.2.2 Beispiel 1: Steril — eine finale Sterilisierung eines verpackten Produkts ist möglich

B.2.2.1 Allgemeines

Bei diesem Beispiel ist das Produkt ein steriles Gerät für subkutane oder intravenöse Anwendungen.

B.2.2.2 Risikobewertung

Der Sterilisierungsprozess reduziert Mikroorganismen und Sporen um mindestens 6 log.

Endotoxine können in sterilisierten Produkten vorhanden sein und Fieber bei dem Empfänger des Produkts auslösen. Endotoxine sind mit der Zellstruktur gramnegativer Stämme verbunden und ein wichtiger Faktor in der persönlichen Hygiene.

B.2.2.3 Mikrobiologisches Kontrollverfahren

Die Aufrechterhaltung der Kontrolle der mikrobiologischen Gesamtzahl im Produktionsbereich ist ausreichend und basiert auf der korrekten technischen Leistung der Reinraumeinrichtung.

Darüber hinaus verhindert die Hygienekontrolle des Personals während des Betriebs die Übertragung gramnegativer Stämme.

B.2.2.4 Empfohlener mikrobiologischer Überwachungsplan

Der empfohlene mikrobiologische Überwachungsplan sollte die Gesamtzahl durch aktive Luftprobenahme und Oberflächenprobenahme mit Sedimentationsplatten beinhalten, die mit geringer Häufigkeit, zum Beispiel monatlich, vierteljährlich oder zweimal je Jahr je nach Produktionstätigkeit ausgeführt werden sollte.

B.2.3 Beispiel 2: Steril — Keine finale Sterilisation möglich aufgrund der Produkteigenschaften

B.2.3.1 Allgemeines

Bei diesem Beispiel enthält das Produkt aktive Inhaltsstoffe oder Hautgewebe für manuelle Transplantationsverfahren.

B.2.3.2 Risikobewertung

Jeder Mikroorganismus stellt ein potenzielles Risiko dar.

B.2.3.3 Mikrobiologisches Kontrollverfahren

Zusätzlich zur Kontrolle der Umgebung (Luft, Oberflächen) sollten alle Aktionen in dem Raum als potenzielles Risiko mikrobiologischer Kontamination betrachtet werden. Dies umfasst auch Menschen und Materialien, die während der Produktion den auf Sauberkeit kontrollierten Bereich betreten.

B.2.3.4 Empfohlener Überwachungsplan

Der empfohlene mikrobiologische Überwachungsplan sollte die Bestimmung der Gesamtzahl durch aktive Luftprobenahme und Oberflächenprobenahme mit Sedimentationsplatten und gegebenenfalls Kontaktplatten umfassen. Da Personal als hoher Risikofaktor gilt, sollten die Fingerspitzen und die Kleidung des Personals Teil des umweltbezogenen mikrobiologischen Überwachungsplans (siehe Tabelle B.1 und Tabelle B.4) unter Verwendung von Kontaktplatten und Abstrichtupfern sein.

Darüber hinaus sollte die mikrobiologische Kontamination eingehender Materialien ebenfalls berücksichtigt werden, beispielsweise durch Probenahme während jeder Produktionsschicht.

Die mikrobiologische Überwachung sollte mit hoher Häufigkeit wie etwa einmal je Schicht oder täglich je nach Produktionstätigkeit erfolgen.

B.2.4 Beispiel 3: Nicht-sterile Produkte

B.2.4.1 Allgemeines

Zu den Beispielen zählen Hautprodukte wie Verbände oder Pflaster oder orale Medikamente.

B.2.4.2 Risikobewertung

Die Art der Krankheitserreger richtet sich nach der vorgesehenen Verwendung im menschlichen Körper.

Hautprodukte: Mikroorganismen, die Hautinfektionen auslösen, sind ein Risiko, wie beispielsweise: Schimmel oder Staphylococcus aureus. Das Hautmikrobiom schützt den Empfänger vor den meisten anderen Mikroorganismen.

Für die orale Medikation stellen Lebensmittelkrankheitserreger ein Risiko dar. Das Mikrobiom im Mund und im Verdauungstrakt schützt den Empfänger vor den meisten anderen Mikroorganismen.

B.2.4.3 Mikrobiologisches Kontrollverfahren

Normale Hygieneverfahren kontrollieren die Gesamtzahl. Die Überwachung der Gesamtzahl (hohe Werte) kontrolliert die Implementierung der Verfahren.

Eine Baseline-Studie für einzelne Mikroorganismen in dem Raum dient als Leitfaden für die Anwesenheit bestimmter betrachteter Mikroorganismen. Erfolgt im Anschluss eine Grundursachenanalyse, kann die Gefahr/das Risiko der Anwesenheit bestimmter betrachteter Mikroorganismen implementiert werden.

B.2.4.4 Empfohlener umweltbezogener mikrobiologischer (EM) Überwachungsplan

Kontrolle der Gesamtzahl durch regelmäßige Probenahme: Luft, Oberflächen und Sedimentationsplatten auf monatlicher Basis. Wenn das Risiko für einzelne betrachtete Mikroorganismen nicht im Produktionsprozess reduziert oder kontrolliert werden kann, wird eine Probenahme mit selektiven Verfahren empfohlen, um diese Mikroorganismen zu kontrollieren wie etwa bei Schimmel, Staphylococcus aureus oder coliformen Bakterien. Die Häufigkeit richtet sich nach dem Risikofaktor. So hat etwa die Herkunft der betrachteten Mikroorganismen, menschlich oder aus der Umgebung, einen Einfluss.

B.3 Erstellung der mikrobiologischen Kontrolle

B.3.1 Mikrobiologische Kontaminationsgrenzen

Die EU-Richtlinien für die umweltbezogene Überwachung der Kontamination während der Herstellung von Medizinprodukten sehen keine mikrobiologischen Grenzen vor.

Tabelle B.1 kann für die mikrobiologische Überwachung von Medizinprodukten in auf Sauberkeit kontrollierten Bereichen während des Betriebs angewendet werden.

Tabelle B.1 — Empfohlene Grenzen für die Überwachung der mikrobiologischen Kontamination in auf Sauberkeit kontrollierten Bereichen während der Herstellung von Medizinprodukten

Kategorie	Luftprobe-nahme cfu/m³	Sedimentationsplatten (Durchmesser 90 mm) cfu/4 h[a]	Kontaktplatten (Durchmesser 55 mm) cfu/Platte	Handschuh-abdruck 5 Finger cfu/Handschuh
1[b]	< 1	< 1	< 1	< 1
2[b]	10	5	5	5
3	100	50	25	n. a.
4	200	100	50	n. a.

Für die mikrobiologische Überwachung sollten geeignete Warn- und Aktionsgrenzen auf Grundlage einer Risikobewertung und der Ergebnisse der umweltbezogenen mikrobiologischen Überwachung im zeitlichen Verlauf festgelegt werden. Die betrieblichen Verfahrensanweisungen sollten die erforderlichen Korrekturmaßnahmen bei Überschreitung dieser Grenzen angeben.

Endotoxine und Pyrogene fallen zwar nicht in den Anwendungsbereich dieser Norm, sollten aber bei der Risikobewertung bestimmter Medizinprodukte, zum Beispiel sterilisierter implantierbarer Geräte, berücksichtigt werden.

ANMERKUNG Hierbei handelt es sich um die Mittelwerte kultivierbarer lebensfähiger Mikroorganismen.

[a] Einzelne Sedimentationsplatten können auf der Grundlage einer Risikobewertung für weniger als 4 h ausgesetzt werden.

[b] Die Grenzen für diese Kategorie sind beispielsweise für die aseptische Verarbeitung steriler Medizinprodukte wie etwa Gewebeprodukte relevant. Siehe EN ISO 13408-7 [46].

Die Ausgangswerte der mikrobiologischen Kontamination im „Ruhezustand" und anschließend im „Betriebszustand" sollten ermittelt werden, um die Warn- und Aktionsgrenzen festzulegen. Der umweltbezogene mikrobiologische Überwachungsplan sollte festlegen, welche beanstandbaren Spezies überwacht werden sollten bzw. die Gesamtzahl und wie die Ergebnisse bewertet werden sollten (insbesondere negative Trends), und die erforderlichen Korrekturmaßnahmen angeben.

B.3.2 Zusätzliche Erwägungen zur mikrobiologischen Kontrolle

Die für die Produktion, die Montage und die Verpackung von Medizinprodukten genutzten Einrichtungen unterscheiden sich deutlich hinsichtlich der Größe und der Konfiguration, abhängig von der Art des Medizinprodukts.

Neben dem normativen Teil dieser Norm sollten folgende Punkte besonders berücksichtigt werden:

— Böden, Wände und Deckenbeschichtungen sowie Zugang dazu für die Reinigung und die Wartung; beides gilt oberhalb und auf Arbeitshöhe. Da es üblich ist, in einem Reinraum mehrere Arbeitshöhen zu haben, z. B. Plattformen, sollten diese besonders berücksichtigt werden;

— HLK-Einrichtungen für die Kontrolle von sauberer Luft, Differenzdruck, Temperatur und relativer Luftfeuchte;

— Identifizierung von Isolaten in beanstandbarer Spezies von Interesse.

B.4 Demonstration der mikrobiologischen Kontrolle

B.4.1 Zählung als Teil der Messverfahren (Abschnitt 6)

Gemeinhin ist anerkannt, dass, wie bei anderen traditionellen Messverfahren, die Schätzung der mikrobiologischen Verunreinigungsgrade durch Instrumente und Verfahren beeinflusst werden kann, die für diese Zählungen verwendet werden. Daher sollte die Zählung der lebensfähigen Partikel aus den Proben nur über entsprechend validierte Verfahren durchgeführt werden. Siehe EN ISO 18593 [17] zu weiteren Anleitungen und zur Handhabung überwachsener Platten und schwärmender Kolonien.

B.4.2 Methoden für die Probenahme

Die folgenden Methoden können für die Probenahme verwendet werden.

— Aktive Luftprobenahmegeräte — Zur Prüfung von Luft auf luftgetragene Mikroorganismen sollte das Prüfvolumen einer aktiven Messung mindestens 100 l betragen (oder mehr, je nach Grenze); siehe Tabelle B.3 für empfohlene Häufigkeiten der Probenahme für die routinemäßige Überwachung.

— Sedimentationsplatten — Die vom Hersteller empfohlene maximale Expositionszeit sollte eingehalten werden, üblicherweise sind dies 4 h, da ansonsten das Agar austrocknet.

— Proben von Oberflächen werden unter Verwendung von Kontaktplatten oder sterilen Abstrichtupfern genommen. Bei der Probenahme sollte jede sekundäre oder Kreuzkontamination absolut vermieden werden.

Die Methode sollte die erforderlichen Kontrollen beinhalten, um die Lebensfähigkeit der gesammelten Mikroorganismen während des Transports und der Lagerung sicherzustellen.

B.4.3 Umweltbezogener mikrobiologischer (EM) Überwachungsplan

B.4.3.1 Anzahl der Messstellen

Die Überwachungsstellen sollten auf der Grundlage der Risikobewertung und nach 4.6.2 bestimmt werden. Für alle Stellen in auf Sauberkeit kontrollierten Bereichen sollten die aktive Luftprobenahme und die Oberflächenprobenahme berücksichtigt werden.

Wenn keine anderen Kriterien in der Risikoanalyse festgelegt sind, sollte die Anzahl der Messstellen wie folgt festgelegt sein:

— Aktive Luftproben: N/3 und mindestens eine Messstelle, siehe Tabelle B.2;

— Oberflächenproben: 3 + N/3 auf jeder Arbeitsfläche.

ANMERKUNG N ist die Mindestanzahl der nach EN ISO 14644-1:2015, Tabelle A.1 [1] festgelegten Messstellen.

Tabelle B.2 — Mindestanzahl der Probenahmestellen für die aktive Luftüberwachung in Reinräumen

Reinraumbereich m^2	Mindestanzahl der Messstellen für die aktive Luftmessung
≤ 8	1
$> 8 \leq 28$	2
$> 28 \leq 52$	3
$>52 \leq 68$	4
$>68 \leq 104$	5
$>104 \leq 148$	6
$>148 \leq 232$	7
$>232 \leq 436$	8
$>436 \leq 1\,000$	9
$> 1\,000$	Anhand von Gleichung B.1 zu bestimmen

$$N_L = \frac{\left(27 \times \left(\frac{A}{1\,000}\right)\right)}{3} \tag{B.1}$$

Dabei ist

N_L die Mindestanzahl der zu bewertenden Probenahmestellen, auf die nächste Ganzzahl aufgerundet;

A die Fläche des Reinraums in m^2.

ANMERKUNG Diese Gleichung ist eine Abwandlung der Gleichung aus EN ISO 14644-1 [1].

B.4.3.2 Häufigkeit der Probenahme für die aktive Luftprobenahme

Tabelle B.2 Häufigkeit der Probenahme für die routinemäßige Luftprobenahme auf Grundlage der Klassifizierung von Reinräumen nach EN ISO 14644-1

Tabelle B.3 — Häufigkeit der Probenahme für die routinemäßige Luftprobenahme auf Grundlage der Klassifizierung von Reinräumen nach EN ISO 14644-1

ISO-Klasse nach EN ISO 14644-1	Überwachung (routinemäßig)
5	Je Schicht
6	Je Arbeitstag
7	Wöchentlich
8	Monatlich

B.4.3.3 Überwachung des Personals

Tabelle B.4 bietet ein Beispiel für die Überwachung der mikrobiologischen Kontrolle eines reinen Bereichs für ein Produkt mit einem hohen Risikopotenzial und in dem eine Person einen signifikanten Einfluss auf die Produktqualität hat.

Die Überwachung bezieht sich auf die Person, den Arbeitsbereich und die Luft um diesen spezifischen reinen Bereich. Der Haaransatz der Person sollte als positive Kontrollstelle für die Medienkontrolle genutzt werden. In jedem Reinraum oder jedem reinen Bereich sollte mindestens eine Kontrollstelle bestehen. Diese Art der Überwachung würde besonders wichtige Rückmeldungen als Teil der Schulung neuen Reinraumpersonals liefern.

Tabelle B.4 — Beispiel für die mikrobiologische Probenahme einer in einem Reinraum tätigen Person

Mikrobiologische Untersuchung eines Arbeitsbereichs:		**cfu / Platte**	**cfu / dm^2**	**Ergebnis**
Umgebung:	Zentraler Bereich:			
	Rechter Arbeitsbereich:			
	Linker Arbeitsbereich:			
Person/Hände:	Rechte Handfläche:			
	Daumen / Zeigefinger rechts:			
	Linke Handfläche:			
	Daumen / Zeigefinger links:			
Person/Kleidung:	Brustbereich:			
Boden des Arbeitsbereichs:				
Innere Oberfläche des verwendeten Behälters (Arbeitsbereich):				
Positive Kontrollprobe (außerhalb des Reinraums)				
Person/Stirn:	Haaransatz:			

Mikrobiologische Untersuchung eines Arbeitsbereichs:	**cfu / Platte**	**cfu / dm^2**	**Ergebnis**
Die Probe am Haaransatz sollte außerhalb des Reinraums entnommen und als positive Kontrollprobe verwendet werden			
Mikrobiologische Untersuchung der Luft (aktive Luftprobenahme):			
cfu/Platte: **cfu/[m^3]:** **Ergebnis:**			
Mikrobiologische Untersuchung der Luft anhand der Sedimentation (passive Luftprobenahme):			
cfu/Platte: **Ergebnis:**			

B.5 Andere informative Anhänge für Anwendungen von Medizinprodukten

Die Grenze zwischen einem Arzneimittel und einem Medizinprodukt ist bisweilen schwer zu bestimmen. Anhang A kann daher nützlich für Medizinprodukte sein, wenn das Risiko und die Auswirkung einer mikrobiologischen Kontamination hoch sind.

Außerdem kann Anhang D in Anbetracht der mikrobiologischen Kontrollverfahren in der Lebensmittelherstellung für die betrachteten Mikroorganismen äußerst nützlich sein.

Anhang C
(informativ)

Anleitung für Gesundheitswesen-/Klinikanwendungen

C.1 Einleitung

Auf Sauberkeit kontrollierte Bereiche sind im Gesundheitswesen und in Kliniken in Bereichen mit hohem Risiko sehr wichtig, wie beispielsweise, aber nicht darauf beschränkt, Operationssäle, Stationen für immungeschwächte Patienten, Isolationsbereiche, pränatale Stationen, Biosicherheitslaboratorien und andere Labors einschließlich Gewebe- und Blutlabors.

Die mikrobiologische Kontrolle in Operationssälen für infektionsanfällige Chirurgie wird bereits seit langem angewendet. Lidwell et al. (1983) [29] empfahlen, dass die Luft im Wundbereich im Durchschnitt nicht mehr als 10 cfu/m^3 im Laufe der Operation enthalten sollte. Heute ist dieser Wert für Operationen, die anfällig für Infektionen sind, international anerkannt, z. B. bei der orthopädischen und der Trauma-Chirurgie. Die Empfehlungen für allgemeine Operationssäle während der Operation liegen meist unter 100 cfu/m^3.

Wenn kritische Prozessschritte durchgeführt werden, entsprechend der Gewebe-Richtlinie, zum Beispiel in Zusammenhang mit Knochenmark, können diese in einer mikrobiologischen Sicherheitswerkbank (en: microbiological safety cabinet, MBSC) innerhalb des Operationssaals ausgeführt werden.

Spezifische relevante Bezugsdokumente für das Gesundheitswesen und Krankenhausanwendungen sind:

— Normenreihe EN ISO 14644 zu Reinräumen und verbundenen kontrollierten Bereichen [1], [23], [24], [25], [26], [27];

— EU Anhang 1 GMP Leitfaden zur Herstellung steriler Arzneimittel [31];

— WHO-Leitfaden zu Infektionen an Operationswunden 2016 [48];

— Europäische Richtlinien und Normen, einschließlich Gewebe- und Blutrichtlinien [49];

— Leitfadendokumente des Centre for Disease Control (CDC).

C.2 Erstellung der Kontrolle in einer Gesundheitswesen-/Krankenhausanwendung

Es ist wichtig, die Prozesse der Überwachung, Reinigung und Dekontamination sorgfältig zu berücksichtigen, um zu gewährleisten, dass alle Oberflächen ordnungsgemäß gereinigt und desinfiziert sind, insbesondere dort, wo spezielle multiresistente Mikroorganismen vorhanden sind. Infektionskontroll- und Überwachungsprogramme in Übereinstimmung mit den nationalen und WHO-Richtlinien sollten implementiert werden, um die Kontrolle zu erstellen und zu demonstrieren.

C.3 Risikobewertung für Operationssaal- und Krankenhausanwendungen

Es ist wichtig, die folgenden Faktoren bei Hochrisikooperationen, die eine Auswirkung auf die Sicherheit, das Ergebnis und das Wohlbefinden für den Patienten haben können, zu berücksichtigen:

— Ort des Operationsbereichs im menschlichen Körper im Verhältnis zum zentralen Nervensystem;

— Dauer der Handhabung und manuellen Intervention;

— Dauer der Exposition der offenen Wunde gegenüber der Umgebung des Operationssaals;

— Art der Handhabungen im Rahmen des Operationsverfahrens;

— patientennative mikrobiologische Population;

— Präsenz von identifizierten, kolonisierten und infizierten Patienten mit antibiotikaresistenten Erregern im auf Sauberkeit kontrollierten Bereich.

Anhang D
(informativ)

Anleitung für Lebensmittelanwendungen

D.1 Einleitung

Auf Sauberkeit kontrollierte Bereiche werden in der Lebensmittelindustrie genutzt, um die Gefahr der Beeinträchtigung der Qualität von Lebensmittelprodukten sowie ihres Erscheinungsbilds für den Verbraucher durch gefahrbringende Mikroorganismen zu reduzieren. Auf Sauberkeit kontrollierte Bereiche und mikrobiologische Kontrolle können die organoleptische Qualität von Produkten verbessern, die Haltbarkeitsdauer verlängern und die Verwendung künstlicher Konservierungsstoffe reduzieren. Die umweltbezogene mikrobiologische Überwachung in kritischen Lebensmittelproduktionsbereichen kann das Risiko mikrobiologischer Kontamination und des Verderbs von Lebensmitteln reduzieren und die Kontrolle des Lebensmittelproduktionsprozesses demonstrieren. Es bestehen keine praktischen Leitfäden in bestehenden Normen für auf Sauberkeit kontrollierte Bereiche in diesen Bereichen.

Beispiele für kritische Lebensmittelproduktionsbereiche sind:

a) Das Schneiden und Verpacken von Fleisch oder Fisch (Fleisch, Schinken, Salami, Fisch);

b) Produktion und Verpackung von Babynahrung, Molkereiprodukten und Käse;

c) Verpackung von frischem Obst, Saft und Gemüse;

d) Fertigmahlzeiten und verzehrfertige Lebensmittel.

Dieses Dokument bietet eine spezifische Anleitung zur Errichtung mikrobiologischer Kontrollanforderungen für auf Sauberkeit kontrollierte Bereiche in der Lebensmittelbranche. Dieses Dokument bietet eine Anleitung für Verfahren zur Identifizierung potenziell gefahrbringender und schwer zu entfernender Mikroorganismen.

Es beschreibt die Grundlagen der mikrobiologischen Kontrolle und bietet Anleitung inklusive Beispielen für die mikrobiologische Verifizierung der auf Sauberkeit kontrollierten Bereiche, um die Kontrolle und anschließend ein Verfahren zur Wartung und Demonstration der Kontrolle zu erstellen.

Dieser Anhang bietet einen spezifischen Anwendungsleitfaden zur Erreichung des gewünschten Zwecks einer hohen Qualität und demzufolge eines gesünderen Lebensmittelprodukts für den Verzehr:

— geringere Produktionskosten (höherer Ertrag);

— geringerer mikrobiologischer Gehalt;

— keine gefahrbringende mikrobiologische Kontamination;

— längere Haltbarkeit;

— verbesserte visuelle Präsentation.

D.2 Erstellung der mikrobiologischen Kontrolle

Das HACCP-System ist das empfohlene betriebliche System zur mikrobiologischen Kontrolle, das gemeinhin in der Lebensmittelbranche errichtet, implementiert und aufrechterhalten wird.

Bei der Erstellung der mikrobiologischen Kontrolle ist es ebenfalls wichtig, die betrachteten Mikroorganismen (d. h. die beanstandbare betrachtete Spezies) für jeden kritischen Bereich im auf Sauberkeit kontrollierten Bereich zu identifizieren.

Es existiert keine bindende Liste dieser betrachteten Mikroorganismen, stattdessen sollte jede Einrichtung den Risikobewertungsprozess zur Ermittlung aller betrachteten Mikroorganismen basierend auf der Verbraucherpopulation, der Sicherheit und der Produktqualität verwenden.

Bei Risikobewertungen in der Lebensmittelherstellung sollte der Schwerpunkt jedoch insbesondere auf den folgenden Aspekten liegen:

— Krankheitserreger in Lebensmitteln, die zu Krankheit oder Tod führen;

— die Lebensmittelqualität im Hinblick auf das optische Erscheinungsbild.

Beispiele betrachteter Mikroorganismen sind unter anderem Hefen und Schimmel in Joghurt-Verpackungen oder Laktobazillen und pathogene Mikroorganismen, wie Listeria monocytogenes und Salmonellen beim Schneiden und Verpacken von Schinken.

Das Konzept des umweltbezogenen Überwachungsplans (EM) sollte bei Bedarf eine Begründung für Entscheidungen in Zusammenhang mit folgenden Punkten enthalten:

a) Überwachungsstellen einschließlich der als kritisch für den Herstellungsprozess identifizierten Stellen in der Luft und auf Oberflächen;

b) Kontrollen in kritischen Bereichen des auf Sauberkeit kontrollierten Bereichs nach der Reinigung und Desinfektion;

c) Häufigkeit der Überwachung: Empfohlen wird mindestens eine monatliche Kontrolle.

Anleitung zur Mikrobenreinheit für die Luft- und Oberflächenüberwachung (numerische Bezeichnungen und/oder Inzidenzraten) siehe Tabelle D.1 und Tabelle D.2.

Überwachungsverfahren für Luft und Oberflächen, Anleitung zu kulturbasierten mikrobiologischen Messverfahren für die Berichterstattung von cfu je Einheit an Luft oder Einheit an Oberflächenbereich, die als Probe genommen wurde, siehe Anhang E.

Eine Übersicht der schnellen mikrobiologischen Messverfahren (RMM) und alternative mikrobiologische Echtzeit-Nachweisverfahren (en: alternative real time microbiological detection method, AMM) siehe Anhang F;

Für die Mikrobiologie der Lebensmittelkette enthält EN ISO 18593 [17] eine Anleitung zu horizontalen Verfahren für Probenahmetechniken von Oberflächen mittels Kontaktplatten und Abstrichtupfern).

Für Laktobazillen enthält ISO 15214 [18] ein horizontales Verfahren für die Zählung von mesophilen Milchsäurebakterien).

Für Salmonellen spp enthält EN ISO 6579-1 [21] ein horizontales Verfahren zum Nachweis.

Die Verwendung alternativer Methoden sollte verifiziert werden, um die relative Leistung und jegliche potenzielle Auswirkungen auf Tendenzdaten festzulegen.

Ausgewählte Verfahren sollten konsistent sein, um vergleichbare Daten sicherzustellen.

D.3 Mikrobiologische Reinheitsgrade für die Überwachung

Tabelle D.1 und Tabelle D.2 bieten eine Anleitung zur mikrobiologischen Überwachung von Reinheitsgraden in Lebensmittelanwendungen auf der Grundlage mikrobiologischer Messverfahren.

Tabelle D.1 — Luftgetragene mikrobiologische Reinheitsgrade für die Überwachung durch kulturbasierte Verfahren

Luftgetragener Kontaminationsgrad (en: airborne contamination level, ACL)	**Luftgetragene lebensfähige Zählgrenze im Betrieb**[a] cfu/m^3
ACLx 1	≤ 1
ACLx 2	< 10
ACLx 3	< 100
ACLx 4	< 1 000
ACLx 5	< 10 000

Zwischenstufen sind zulässig, zum Beispiel ACLx 3,5.

ANMERKUNG „x" ist der betrachtete Mikroorganismus.

[a] Kombiniert mit einer angemessenen Inzidenzrate.

Tabelle D.2 — Mikrobiologische Reinheitsgrade von Oberflächen für die Überwachung durch kulturbasierte Verfahren

Oberflächen-Kontaminationsgrad (en: surface contamination level, SCL)	**Lebensfähige Zählgrenze auf Oberflächen**[a] cfu	**Fläche der Probenahme**
SCLx 1	abwesend	1 m^2
SCLx 2	< 4	1 dm^2
SCLx 3	< 40	1 dm^2
SCLx 4	< 300	1 dm^2
SCLx 5	> 300 [b]	1 dm^2

Zwischenstufen sind zulässig, zum Beispiel SCLx 3,5.

ANMERKUNG 1 „x" ist der betrachtete Mikroorganismus.

ANMERKUNG 2 SCL ist 1 m^2, alle anderen SCL sind 1 dm^2

[a] Kombiniert mit einer angemessenen Inzidenzrate.

[b] In bestimmten Lebensmittelanwendungen können unter Umständen hohe Zahlen vorkommen.

D.4 Demonstration der mikrobiologischen Kontrolle

Tabelle D.1 und Tabelle D.2 können als flexibles Tool als Teil der Demonstration der mikrobiologischen Kontrolle während der umweltbezogenen Überwachung (en: environmental monitoring, EM) angewendet werden.

Die Ergebnisse der mikrobiologischen umweltbezogenen Überwachung sollten sorgfältig auf Trends bewertet werden. Dies gilt insbesondere für Ergebnisse außerhalb der Spezifikation, wenn eine weitere Untersuchung erforderlich ist.

In Übereinstimmung mit den bewährten Grundsätzen des Verbesserungsprozesses Planen-Durchführen-Prüfen-Handeln sollte der umweltbezogene mikrobiologische Überwachungsplan auf vereinbarter Basis geprüft und gegebenenfalls auf der Grundlage der Ergebnisse der mikrobiologischen EM-Daten revidiert werden.

D.5 Beispiel für die Lebensmittelherstellung

In Tabelle D.3 ist ein Beispiel zur Veranschaulichung der Schritte der Erstellung und anschließenden Demonstration der mikrobiologischen Kontrolle in der Lebensmittelherstellungsumgebung gegeben, dieses bezieht sich auf das Schneiden/Verpacken von Schinken.

Krankheitserreger in Lebensmitteln können zu Krankheit oder Tod führen.

Viele – auch nicht-pathogene – Mikroorganismen (z. B. Laktobazillen, Hefe, Schimmel, gegen Wärmebehandlungen resistene Clostridien) können das visuelle Erscheinungsbild und die organoleptischen Eigenschaften des Schinkens verändern.

Voraussetzung ist, dass der als Quelle verwendete Schinken die richtige Produktqualität aufweise, also pasteurisiert ist und die richtige Menge an Konservierungsstoffen enthält.

Tabelle D.3 — Schritte für die Demonstration der mikrobiologischen Kontrolle beim Schneiden und Verpacken von Schinken

Erstellung der Kontrolle (Risikothema/-gegenstand)	Demonstration der Kontrolle (Risikominimierung/Empfehlung)
Produktqualität (Sicherheit): — Krankheitserreger (können Krankheit oder Tod verursachen) — Visuelles Erscheinungsbild des Schinkenprodukts	Folgendes ist sicherzustellen: — Abwesenheit von *Listeria monocytogenes end* je 25 g; — Abwesenheit von *Salmonellen spp* je 25 g; — <100 cfu/g Laktobazillen
Erforderlicher Grad an Kontrolle durch die Einrichtung	Reinigung und Desinfektion festgelegter Innenflächen der Einrichtung, Ausrüstung und Oberflächen; der Abschluss der Reinigung zum Ende jeder Schicht bzw. jedes Chargenverarbeitungszyklus muss verifiziert werden.
Eingriffe, Berührung und Handhabung durch Personal	Das gesamte Personal ist anhand des geeigneten internen Schulungsprogramms geschult; Siehe 4.9

Erstellung der Kontrolle (Risikothema/-gegenstand)	Demonstration der Kontrolle (Risikominimierung/Empfehlung)
Auswahl der Probenahmestellen	— Schneidebereich; — Förderband; — Verpackungsbereich.
Reinheitsgrade für die mikrobiologische umweltbezogene Überwachung (aus Tabelle D.1 und Tabelle D.2)	**Laktobazillen:** LUFT < 1 cfu/m^3 Klasse ACL1, OBERFLÄCHEN < 4 cfu/dm^2 SCL2 ***Listeria monocytogenes* und Salmonellen spp:** LUFT < 1 cfu/m^3 Klasse ACL, Salmonellen spp OBERFLÄCHEN Abwesend je m^2 SCL1, Salmonellen spp
Mikrobiologische EM — AKTIONsgrenze	**Laktobazillen:** LUFT 100 cfu/m^3 OBERFLÄCHEN 500 cfu/dm^2 ***Listeria monocytogenes* und Salmonellen spp:** LUFT 1 cfu/m^3 OBERFLÄCHEN Abwesend je m^2
Mikrobiologische EM — WARNgrenze	**Laktobazillen:** LUFT 10 cfu/m^3 OBERFLÄCHEN 100 cfu/dm^2 ***Listeria monocytogenes* und Salmonellen spp:** LUFT 1 cfu/m^3 OBERFLÄCHEN Abwesend je m^2
Mikrobiologische EM — ZIELwert	**Laktobazillen:** LUFT 5 cfu/m^3 OBERFLÄCHEN 50 cfu/dm^2 ***Listeria monocytogenes* und Salmonellen spp:** LUFT ≤ 1 cfu/m^3 OBERFLÄCHEN Abwesend je m^2

Anhang E
(informativ)

Leitfaden zu kulturbasierten mikrobiologischen Messverfahren und der Verifizierung des Probenahmegeräts

E.1 Allgemeines

Die Messung der mikrobiologischen Kontamination besteht aus einer Form der Probenahme und der anschließenden Bewertung der Anzahl der in der Probe vorhandenen Mikroorganismen. Es stehen verschiedene anwendbare Probenahmeverfahren zur Verfügung, die Mikroorganismen effizient erfassen und zählen sollten. Die korrekte Bewertung und Interpretation der Ergebnisse erfordert das Verständnis der Beschränkungen des gewählten Systems. Es ist wichtig, zu verstehen, dass die durch ein Verfahren erkannte Anzahl an Mikroorganismen nicht direkt mit den Ergebnissen eines anderen Verfahrens verglichen werden kann und ein auf Sauberkeit kontrollierter Bereich unterschiedliche mikrobiologische Konzentrationen je nach verwendetem System aufweisen kann. Die Wirkungsgrade einiger Probenahmeverfahren können sehr gering sein und bei einigen Oberflächenprobenahmeverfahren weit unter 50 % und einigen Luftprobenahmeverfahren unter 10 % liegen. Wirkungsgrade im Bereich von 50 % können jedoch akzeptabel sein, wenn der tatsächliche Wirkungsgrad bekannt und die Abweichung gering ist. Ein Probenahmeverfahren mit geringem Wirkungsgrad und schlechter Abweichung ist nicht akzeptabel.

Bewährte Probenahmeverfahren verwenden üblicherweise festgelegte Nährstoffmedien, auf denen die Kontamination erfasst wird und kultiviert werden kann, um den Grad der mikrobiologischen Kontamination in der Probe zu quantifizieren. Die Prüfung der wachstumsfördernden Eigenschaften (en: growth promotion testing, GPT) der Nährmedien sollte durchgeführt werden, um die Fähigkeit der Medien zur Förderung des Wachstums von mikrobiologischer Kontamination zu verifizieren. Das Medium wird inkubiert und unter günstigen Bedingungen wachsen die Mikroorganismen auf dem Medium, um einen sichtbaren Cluster zu erzeugen, der als koloniebildende Einheit (cfu) bekannt ist.

Die Anzahl der sichtbaren cfu wird gezählt, um eine Schätzung der Anzahl der auf dem inkubierten Medium und somit in der Probe anwesenden Mikroorganismen zu erhalten. Es wird berücksichtigt, dass die cfu aus mehr als einem Mikroorganismus stammen kann und möglicherweise nicht alle Mikroorganismen auf dem Medium in der Lage sind, ausreichend zu wachsen, um eine sichtbare cfu zu erzeugen. Die Beschränkungen dieser Art der Quantifizierung müssen ebenso verstanden werden wie die Tatsache, dass ein einziger in oder auf einem Produkt oder einer Arbeitsoberfläche abgesetzter Mikroorganismus in der Lage sein kann, sich in einem Grad auszubreiten, der schädliche Wirkungen haben kann.

E.2 Luftprobenahme

E.2.1 Volumetrische Luftprobenahmegeräte

E.2.1.1 Allgemeines

Ein bestimmtes Luftvolumen wird gesammelt und Mikroorganismen (anwesend als mikrobentragende Partikel) werden aus der Luft entfernt und auf eine Oberfläche mit einem geeigneten Nährstoffmedium (Agar) gegeben. Dieses Verfahren wird häufig als volumetrische (oder aktive) Luftprobenahme bezeichnet. Nach der festgelegten Probenahmezeit wird das Medium entweder direkt inkubiert oder verarbeitet und untersucht und die Anzahl der cfu und die Arten von Mikroorganismen werden aufgezeichnet. Aus der Gesamtzahl der erfassten Mikroorganismen kann die Anzahl der Mikroorganismen je Volumeneinheit bestimmt werden. Die Ergebnisse werden als Anzahl cfu je Probenahmevolumen angegeben, z. B. cfu/m^3.

E.2.1.2 Direktimpaktionsluftprobenahme

E.2.1.2.1 Allgemeines

Direktimpaktionssammler nutzen entweder den Trägheitsaufprall oder Zentrifugalkräfte, um mikrobentragende Partikel aus der Luft zu entfernen und auf eine Oberfläche mit einem Nährstoffmedium prallen zu lassen. Mehrere Arten sind verfügbar.

E.2.1.2.2 Kaskadensammler (Mehrfachsieb-Sammler)

Die Luftprobe wird durch Perforationen auf Medienplatten gezogen. Die Probenahmerate beträgt üblicherweise 28,3 l/min. Ein Stapel aus Medienplatten wird durch perforierte Platten getrennt. Die Perforationen haben einen von oben nach unten in dem Stapel absteigenden Durchmesser. Mikrobentragende Partikel prallen auf die obere Medienplatte und die kleineren Partikel kaskadieren durch die Perforationen, bis sie auf eine Medienplatte weiter unten in dem Stapel fallen. Nach der festgelegten Probenahmezeit werden die Platten direkt inkubiert und untersucht und die Anzahl der cfu und die Arten von Mikroorganismen werden aufgezeichnet.

E.2.1.2.3 Agar-Sammler mit nur einem Sieb

Die Luftprobe wird durch eine perforierte Scheibe gezogen und prallt üblicherweise auf eine Medien-Sedimentationsplatte mit einem Durchmesser von 90 mm. Nach der festgelegten Probenahmezeit wird die Platte direkt inkubiert und untersucht und die Anzahl der cfu und die Arten von Mikroorganismen werden aufgezeichnet. Die Probenahmerate beträgt üblicherweise 100 l/min und das Volumen kann zwischen 33 l und 2 000 l festgelegt werden.

E.2.1.2.4 Schlitz-zu-Agar-Sammler

Die Luft wird durch einen Schlitz gezogen und prallt auf eine rotierende Medienplatte. Die Abmessung des Schlitzes, der Abstand zwischen Schlitz und Medienoberfläche und der Luftstrom werden kontrolliert, um einen maximalen Aufprall der mikrobentragenden Partikel auf die Medienplatte sicherzustellen. Nach der festgelegten Probenahmezeit werden die Platten direkt inkubiert und untersucht und die Anzahl der cfu und die Arten von Mikroorganismen werden aufgezeichnet. Die Probenahmerate beträgt üblicherweise 28,3 l/min.

E.2.1.2.5 Zentrifugalsammler

Die Luft wird mithilfe eines Laufrads in den Probenahmekopf gezogen. Das Laufrad leitet die Luft dann auf den Mediumstreifen, der am Umfang des Probenahmekopfs angebracht ist. Nach der festgelegten Probenahmezeit wird der Streifen entnommen, inkubiert und untersucht und die Anzahl der cfu und die Arten von Mikroorganismen werden aufgezeichnet. Die Probenahmerate beträgt üblicherweise 100 l/min und einige Modelle können auf die Sammlung fester Volumen von 1 l bis 2 000 l mit der festgelegten Probenahmerate eingestellt werden..

E.2.1.3 Indirekte Impaktionssammler

E.2.1.3.1 Allgemeines

Die indirekte Luftprobenahme beinhaltet die Filtration der Luft auf einen Filter oder in eine Flüssigkeit für die anschließende Übertragung auf eine Medienplatte. Diese Platte wird dann inkubiert und untersucht und die Anzahl der cfu und die Arten von Mikroorganismen werden aufgezeichnet. Die Ergebnisse werden als Anzahl cfu je Probenahmevolumen angegeben, z. B. cfu/m^3.

E.2.1.3.2 Membranfilter

Die Luft wird durch einen an einem Probenahmekopf montierten Membranfilter gezogen. Der Filter wird auf eine Medienplatte übertragen. Die Platte wird dann inkubiert und untersucht und die Anzahl der cfu und die Arten von Mikroorganismen werden aufgezeichnet. Filter aus Gelatine können verwendet werden, da dieses Material Feuchte bindet und dies helfen kann, den Tod der Mikroorganismen durch Austrocknung zu verhindern.

E.2.1.3.3 Flüssigkeitsaufprall

Die Luft wird durch einen Lufteinlass gezogen und Mikroorganismen prallen in eine Flüssigkeit, die eine Pufferlösung oder ein anderes geeignetes Medium ist. Die Probenahmerate kann zwischen einigen l/min und mehreren hundert l/min über längere Zeiträume bis hin zu Stunden betragen. Nach Ablauf der festgelegten Probenahmezeit wird die Lösung auf die Anwesenheit von Wachstum durch Filtration und Platzierung des Filters auf dem Medium oder direkte Platzierung auf einer Medienplatte untersucht. Die flüssige Probe kann auch durch AMM oder RMM analysiert werden.

E.2.1.4 Fernluftsammlung

Da es eventuell nicht möglich ist, ein Luftprobenahmegerät aufgrund von Zugangsproblemen, Kontamination oder Störung der umgebenden Luft in die Nähe der gewünschten Stelle für die Probenahme zu bringen, darf bei der Probenahme eine Art Verlängerungsrohr (häufig aus Kunststoff) verwendet werden. Dies führt zu einem geringen Sammlungswirkungsgrad aufgrund der Absetzung mikrobentragender Partikel in dem Rohr durch Gravitationssedimentation oder Impaktion. Diese Verluste können signifikant sein und liegen nicht selten bei etwa 50 %. Um den verloren gegangenen Anteil zu bestimmen, kann die Anzahl der durch einen Luftsammler ohne Verlängerungsrohr erhaltenen mikrobentragenden Partikel über mehrere Versuche in einem genutzten Bereich mit einem Sammler und einem Verlängerungsrohr verglichen werden. Sobald ausreichende Ergebnisse erhalten wurden, kann ein kontinuierlicher kumulativer Mittelwert genutzt werden, um die Daten zu bewerten und den Verlustgrad zu bestimmen. Das Fernluftsammelsystem sollte für den vorgesehenen Verwendungszweck gestaltet und validiert sein.

E.2.2 Sedimentationsplatten

Sedimentationsplatten sind ein Verfahren zur Bestimmung der Anzahl an Mikroorganismen (vorhanden als mikrobentragende Partikel), die sich auf oder in Produkten und Oberflächen absetzen können. Runde Platten mit einem Durchmesser von etwa 9 cm (Oberflächenbereich etwa 58 cm^2 bis 64 cm^2) oder 14 cm (Oberflächenbereich etwa 154 cm^2), mit einem festgelegten Nährstoff-Agar, werden für einen festgelegten Zeitraum der Umgebung ausgesetzt, sodass mikrobentragende Partikel sich auf den Platten absetzen können, um den mikrobiellen Sedimentationsmechanismus der Kontamination zu imitieren ohne den Luftstrom zu unterbrechen. Die Platten werden unter festgelegten Bedingungen inkubiert und untersucht. Die Anzahl der cfu und die Arten von Mikroorganismen werden aufgezeichnet. Aus der Gesamtzahl der erfassten Mikroorganismen kann anschließend die Anzahl der abgesetzten Mikroorganismen je Flächeneinheit und Zeit bestimmt werden, die ein direkteres Mittel zur Messung der potenziellen Produktkontamination bietet als die Messung der Konzentration der Mikroorganismen in der Luft. Die Probenahme mit Sedimentationsplatten bietet darüber hinaus den Vorteil, dass sie zur kontinuierlichen Probenahme an der Überwachungsstelle mit einer üblichen Expositionsdauer von maximal 4 h eingesetzt werden kann, um zu verhindern, dass das Medium austrocknet, was sich auf die Erfassung der Mikroorganismen auswirken kann (Anmerkung: Diese Zeit muss gegebenenfalls an Stellen reduziert werden, an denen das Medium schnell austrocknet, wie etwa wenn die Platten hohen Luftdurchflussraten ausgesetzt sind). Die Ergebnisse sind semi-quantitativ und können als Anzahl cfu je Platte je Zeiteinheit angegeben werden, z. B. cfu/Sedimentationsplatte/4 h.

E.3 Oberflächenprobenahme

E.3.1 Allgemeines

Bei Reinraumoberflächen, die relativ flach und zugänglich sind, können Kontaktplatten und -streifen angewendet werden. Bei unebenen und schwer zugänglichen Oberflächen werden üblicherweise Abstrichtupfer verwendet. Nach der Probenahme sollte die Stelle, an der die Probe von der Oberfläche entnommen wurde, ausreichend von Rückständen des Probenahmemediums gereinigt werden.

E.3.2 Kontaktplatten und -streifen

Kontaktplatten haben üblicherweise einen Durchmesser von 55 mm und enthalten einen Nährstoff-Agar, der zu einer konvexen Kuppe aufgeschüttet wurde. Der Nährstoff-Agar kann über die zu beprobende Oberfläche gerollt oder für einige Sekunden bei gleichmäßigem und gleichbleibendem Druck ohne Bewegung auf die Oberfläche aufgebracht werden. Die lebensfähigen Partikel haften an der Agar-Oberfläche. Kontaktstreifen können auf die gleiche Weise verwendet werden, indem sie aus ihrem Behälter entnommen und auf die zu beprobende Oberfläche gegeben werden. Die Platten mit Deckel und wiederversiegelten Streifen werden anschließend direkt inkubiert und untersucht und die Anzahl der cfu und die Arten von Mikroorganismen werden aufgezeichnet. Die Ergebnisse werden als Anzahl cfu je Platte oder Fläche angegeben, z. B. cfu/Kontaktplatte oder cfu/dm^2.

E.3.3 Abstrichtupfer und Schwämme

Sterile Abstrichtupfer werden üblicherweise für die Beprobung vertiefter Oberflächen verwendet, bei denen die Anwendung einer Kontaktplatte nicht möglich ist. Es kann sowohl das Direktimpaktionsverfahren als auch das Membranfilterungsverfahren verwendet werden. Bei Lebensmittelanwendungen, bei denen große Oberflächen zur Zubereitung und Herstellung von Lebensmitteln verwendet werden, werden Schwämme oder große sterile Tücher zur Beprobung dieser sehr großen Oberflächen (1 m^2 oder mehr) verwendet, um die Anwesenheit oder Abwesenheit von Mikroorganismen zu erkennen.

Der Abstrichtupfer wird mit einer sterilen Pufferlösung oder einer ähnlichen Flüssigkeit getränkt, um den Übertragungswirkungsgrad zu verbessern, und über eine festgelegte Oberfläche gezogen und dabei langsam gedreht.

Bei Direktimpaktionsverfahren wird der getränkte Abstrichtupfer auf die Oberfläche einer Agarplatte durch langsame Rollbewegung inokuliert. Dieser Abstrichtupfer wird dann wieder in das Reagenzglas mit der Pufferlösung eingeführt. Ein zweiter, nicht getränkter Abstrichtupfer wird verwendet, um eine Probe auf der gleichen Oberfläche wie zuvor zu nehmen, aber senkrecht zur zuvor verwendeten Richtung. Der zweite Abstrichtupfer wird dann in ein Reagenzglas mit einer sterilen Pufferlösung gegeben. Ein Teil dieser zwei Pufferlösungen wird dann in Agar okuliert, so dass die vorhandenen Kolonien wachsen können. Die Platte wird anschließend inkubiert und untersucht und die Anzahl der cfu sowie die Arten von Mikroorganismen werden auf den beprobten Bereich bezogen.

Beim Membranfilterungsverfahren kann der Abstrichtupfer anschließend in einer bestimmten Menge Spülflüssigkeit platziert und gerührt werden. Die Spülflüssigkeit wird dann auf eine Medienplatte gegeben oder durch eine Membran gefiltert, wonach die Membran auf eine Medienplatte gegeben wird. Die Platte wird anschließend inkubiert und untersucht und die Anzahl der cfu sowie die Arten von Mikroorganismen werden auf den beprobten Bereich bezogen.

Anschließend werden die lebensfähigen Mikroorganismen in der Suspension gezählt. Die Ergebnisse werden als Anzahl cfu je betupftem Bereich je Probenahmebereich angegeben, z. B. cfu/Probenahmebereich.

Bei Life-Science-GMP-Anwendungen der Klasse A, bei denen keinerlei Wachstum das erwartete Ergebnis wäre, kann das Ergebnis als „Wachstum“ oder „kein Wachstum“ angegeben werden.

ANMERKUNG Weitere Informationen siehe ISO 18593 [17].

E.4 Mikrobiologische Wachstumsmedien

E.4.1 Allgemeines

Eine Reihe verschiedener Kulturmedien sind verfügbar und können gegebenenfalls erforderlich sein, um Pilze sowie Bakterien zu erkennen. Tryptone Soya Agar (TSA) ist ein Medium mit geringer Selektivität, das sich für die Kultivierung zahlreicher Umweltbakterien sowie die Untersuchung auf Pilze eignet. Es dürfen jedoch gegebenenfalls auch selektivere Medien wie Sabouraud Dextrose Agar (SDA) verwendet werden. Falls für den Nachweis oder die Suche nach einem betrachteten Mikroorganismus benötigt, kann ein selektives Kulturmedium erforderlich sein. Geeignete Zusatzstoffe sollten enthalten sein, um die Auswirkungen antimikrobieller Restaktivität auf der Probenahmeoberfläche einschließlich durch Personalhandschuhe zu überwinden oder zu minimieren. Die Qualität des Mediums muss vor dem Gebrauch einem geeigneten Verifizierungsprogramm unterzogen werden. Falsche Zählungen, die möglicherweise zu ungerechtfertigten Untersuchungen und Maßnahmen führen, können durch die Anwendung unzureichend kontrollierter mikrobiologischer Prüfmaterialien entstehen und darüber hinaus zu einem Kontaminationsrisiko für die Umgebung führen. Die Lagerbedingungen und das Ablaufdatum, die Handhabung und die Übertragung mikrobiologischer Prüfmaterialien sind weitere wichtige erforderliche Erwägungen für die Kontrolle des Risikos der Umgebungskontamination. Die Fähigkeit von Kulturmedien, geringe Mengen inokulierter Prüfkulturen zu erfassen, muss bestimmt werden.

E.4.2 Eignung von Medien (Sterilität und Fähigkeit zur Wachstumsförderung)

Das Medium muss steril sein und eine finale Bestrahlung in einer sicheren Hülle wird empfohlen, um auf Vorinkubation unter den gegebenen Bedingungen und Inspektion vor dem Gebrauch verzichten zu können. Die Fertilität wird bestimmt, indem eine geringe Menge entsprechender Prüf-Mikroorganismen wie in den europäischen und US-Arzneibüchern aufgelistet hinzugegeben (üblicherweise 0,1 ml von 10^3 Mikroben/ml) und bei geeigneter Temperatur inkubiert wird. Nach der Inkubation wird die Anzahl der Mikroorganismen mit der Anzahl der Mikroorganismen anderer Medien vergleichen, die dem gleichen Typ angehören und auf ähnliche Weise inokuliert wurden. Wenn 50 % bis 200 % aller Prüf-Mikroorganismen wachsen, gilt das Medium üblicherweise als ausreichend wachstumsfördernd. Diese Art von Prüfung kann an aus jeder Charge hergestellter Medien entnommenen Proben oder mit geringerer Häufigkeit je nach demonstrierter Leistung des Mediums vorgenommen werden.

E.4.3 Dehydrierung des Mediums

Sedimentationsplatten in Bereichen mit hoher Luftströmung oder in Luftprobenahmegeräten, in denen große Mengen hoher Luftströmung über die Platten fließen, können dehydrieren. Die Dehydrierung kann reduziert werden, wenn höhere Medienvolumen in den Platten verwendet werden. Die tatsächlichen Plattenprobenahmebedingungen müssen bestimmt werden, um eine zufriedenstellende Erfassung sicherzustellen. Die Hinzugabe einer Suspension von Mikroorganismen zu einem Dehydrierung ausgesetzten Medium ist kein geeignetes Verfahren, da das mit den Prüf-Mikroorganismen hinzugegebene Wasser die Rehydrierung unterstützen und das Ergebnis beeinflussen kann.

E.4.4 Hemmung durch Desinfektionsmittel auf Medien

Desinfektionsmittelrückstände auf Oberflächen können das Wachstum jeglicher auf das zur Probenahme verwendete mikrobielle Wachstumsmedium übertragenen Mikroorganismen hemmen. Solche mikrobiellen Wachstumsmedien beinhalten Inaktivierungssubstanzen zur Neutralisierung aller Oberflächendesinfektionsmittel (z. B. Lecithin und Tween). Die Wirksamkeit dieser Neutralisationsmittel kann untersucht werden, indem entweder das Desinfektionsmittel auf Prüfoberflächen gegeben und dann Proben von der Oberfläche genommen werden oder durch Verwendung von Probenahmemedienplatten für Oberflächen, die zur Probenahme von Oberflächen in der Umgebung verwendet werden und nach der Inkubation für steril befunden wurden. Zu diesen Platten wird eine das mikrobiologische Wachstum fördernde Suspension hinzugegeben. Ein Satz Kontrollplatten wird ebenfalls mit den gleichen mikrobiellen Suspensionen inokuliert und die resultierenden Zahlen werden verglichen, um sicherzustellen, dass das Wachstum nicht gehemmt ist oder eine Inaktivierung bekannter Größen eines Bereichs von Desinfektionsmitteln aufweist.

E.4.5 Platteninkubation

Die Inkubationsbedingungen können je nach dem gezählten betrachteten Mikroorganismus variieren.

Im Allgemeinen ist eine Inkubation der Gesamtzahl bei 30 °C bis 35 °C für mindestens 3 Tage für das Wachstum vieler Bakterien und bei 20 °C bis 25 °C für mindestens 4 Tage für das Wachstum einiger Pilze geeignet. Die Inkubationszeiten und -temperaturen sollten begründet werden. Inkubationstemperaturen werden in einem Bereich von 20 °C bis 35 °C und in einem Bereich von 2,5 °C der Zieltemperatur gehalten.

E.5 Validierung von Luftprobenahmegeräten

E.5.1 Allgemeines

Die Eignung von Luftprobenahmegeräten für die Erfassung luftgetragener mikrobiologischer Kontamination kann durch Betrachtung der physikalischen und biologischen Erfassungseffizienz [12] [15] bestimmt werden. Die physikalische Effizienz ist die Fähigkeit des Probenahmegeräts, verschiedene Partikelgrößen zu sammeln. Die biologische Effizienz bezeichnet die Fähigkeit des Probenahmegeräts, lebensfähige mikrobentragende Partikel, die cfu bilden können, zu sammeln. Dies umfasst Verluste durch die physikalische Effizienz und die Auswirkung der Probenahme auf die Lebensfähigkeit der Mikroorganismen aufgrund der Belastung während der Sammlung und der Dehydrierung des Mediums. Aufgrund der komplexen und spezialisierten Tätigkeiten, die hierfür erforderlich sind, wird die Validierung eines Probenahmegeräts wahrscheinlich vom Hersteller durchgeführt. Die Werte der Sammlungseffizienz und die dazugehörigen Bescheinigungen werden vom Anwender aufbewahrt, siehe 6.3.

E.5.2 Physikalische Sammlungseffizienz

Die physikalische Sammlungseffizienz ist die Abschnittgröße (d_{50}-Wert), die die aerodynamische Äquivalentdurchmessergröße der Partikel, bei der das Probenahmegerät 50 % der Partikel in der Luft sammelt, festlegt [12] [13]. Die mittleren Äquivalentdurchmesser mikrobentragender Partikel (en: microbe carrying particles, MCP), die cfu bilden, sind allgemein größer als 1 µm [15] und ein d_{50}-Wert von weniger als 2 µm gilt als geeignet. Der d_{50}-Wert kann für Aufprall-Probenahmegeräte mit mehreren Löchern oder mit rechteckigen Schlitzen verwendet werden. Für aktive Luftprobenahmegeräte, deren Funktion auf Aufprall und oder zyklonischen Betriebsarten basiert, kann kein d_{50}-Wert berechnet werden. Für alle aktiven mikrobiologischen Luftprobenahmegeräte sind weiterhin die Auswirkungen der Aufprallbelastung und der Mediendehydrierung während der Probenahme zu berücksichtigen. [24] [11] [12] [15] [56].

Die physikalische Sammlungseffizienz wird durch die Einlass- oder Extraktionseffizienz sowie die Abscheideeffizienz beeinflusst. Die Effizienz des Einlasses oder der Extraktion ist eine Funktion der Einlassgestaltung des Probenahmegeräts und dessen Fähigkeit, Partikel aus der Luft auf repräsentative Weise zu sammeln und die Partikel in die Aufpralldüse oder den Filter zu transportieren. Die Effizienz der Separation ist die Fähigkeit des Probenahmegeräts, Partikel unterschiedlicher Größen aus dem Luftstrom durch Abscheidung in das Sammelmedium oder in das Filtermedium zu separieren und zu sammeln. Die physikalische Sammlungseffizienz basiert auf den physikalischen Eigenschaften des Probenahmegeräts wie Luftfluss, Form der Düse, Größe der Düse und der Anzahl der Düsen. Eine vereinfachte Formel für die Berechnung des Werts d_{50} [12] in µm ist in Gleichung (E.1) beschrieben:

$$d_{50} = \sqrt{\frac{40 \times Dh}{U}} \qquad \text{(E.1)}$$

Dabei ist

40 der konstante Faktor der Luftviskosität (°C);

Dh der äquivalente hydraulische Durchmesser der Lufteinlassdüse(n) (mm);

U die Aufprallgeschwindigkeit (m/s).

ANMERKUNG Bei einer kreisförmigen Öffnung ist der äquivalente hydraulische Durchmesser der gesamte Lochdurchmesser. Bei einem rechteckigen Schlitz ist der äquivalente hydraulische Durchmesser in etwa das Doppelte der Schlitzbreite.

Auch die numerische Strömungsdynamik (en: computational fluid dynamics, CFD) hat sich als effektives Verfahren zur Bestimmung von d_{50}-Werten erwiesen [15].

Experimentelle Schritte zur Bestimmung der physikalischen Sammlungseffizienz sind in (E.6.1.2.1) angegeben.

E.5.3 Biologische Sammlungseffizienz

Die biologische Effizienz bezeichnet die Fähigkeit eines Probenahmegeräts, lebensfähige mikrobentragende Partikel zu sammeln, und umfasst Verluste durch die physikalische Sammlungseffizienz und die Auswirkung der Probenahme auf die Lebensfähigkeit der Mikroorganismen. Experimentelle Schritte zur Bestimmung der biologischen Sammlungseffizienz sind in Abschnitt E.6.1 und E.6.2 angegeben.

E.6 Experimentelles Verfahren

E.6.1 Aerosolkammermethode

E.6.1.1 Allgemeines

Die Aerosolkammermethode wird in einem kontrollierten und geschlossenen Raum durchgeführt, dabei wird sichergestellt, dass keine Veränderungen der Konzentration des zu prüfenden Aerosols auftreten.

Die Aerosolkonzentration in der Prüfkammer sollte homogen sein.

Innerhalb der Kammer sollte ein Partikelzähler und die Methode der Luftprobeentnahme zur Verfügung gestellt werden, um sicherzustellen, dass das Aerosol gut gemischt wird und dessen Konzentration zu prüfen.

Temperatur und relative Luftfeuchte sollten auf (22 ± 2) °C und (50 ± 10) % F entsprechend aufrechterhalten werden. Die Geräte innerhalb des Prüfbereichs sollten funktionieren, ohne die Prüfbedingungen zu beeinflussen.

Daten zum Nachweis der folgenden Prüfungen sollten vom Anbieter/Hersteller der Ausrüstung bereitgestellt werden.

E.6.1.2 Versuchsstämme von Mikroorganismen

E.6.1.2.1 Stämme für die Prüfung der physikalischen Sammlungseffizienz

Es sollte ein geeigneter Versuchsstamm verwendet werden, der unter den Sammelbedingungen gut überlebt, z. B. *Bacillus atrophaeus* NCTC 10073 oder ATCC 9372. Der Versuchsstamm sollte in einem Kulturmedium präpariert werden, das die Ernährungsanforderungen des Versuchsstamms erfüllt und als gewaschene Sporensuspension verwendet wird.

Alternativ können Polystyrolkugeln und andere Arten nicht lebensfähiger Partikel verwendet werden, um die physikalische Effizienz der Luftprobenahmegeräte zur bestimmen [13]. Die erhaltenen Ergebnisse ähneln denen, die von mikrobiologischen Partikeln produziert werden. Allerdings ist es in einigen Probenahmegeräten nicht möglich, alle nicht lebensfähigen Partikel zu zählen, wohingegen in dem Fall, dass Sporen verwendet werden, diese zu cfu wachsen, die einfach gezählt werden können.

E.6.1.2.2 Stämme für die Prüfung der biologischen Sammlungseffizienz

Es sollte ein geeigneter Versuchsstamm verwendet werden, der für die Sammlungsbedingungen anfällig ist, z. B. kann *Staphylococcus epidermidis* (NCTC 11047; ATCC 14990) verwendet werden. Es muss sorgfältig darauf geachtet werden, einheitliche Bedingungen während der gesamten Prüfungen sicherzustellen.

E.6.1.3 Erzeugung mikrobentragender Partikel

Aerosole einer kontrollierten Partikelgröße werden über einen Apparat produziert wie beispielsweise dem Spinning-Top- oder dem Spinning-Disk-Aerosolgenerator [10] oder anderen geeigneten Instrumenten. Der Durchmesser der feuchten Partikel kann unter Verwendung einer Gleichung bestimmt werden, die ihn mit der Dichte und der Oberflächenspannung der Flüssigkeit sowie der Drehgeschwindigkeit und dem Durchmesser der Schleuderscheibe in Relation setzt, oder der Durchmesser kann mikroskopisch gemessen werden.

Nach ihrer Bildung werden die feuchten Partikel durch Verdunstung auf eine Größe reduziert, die von ihrem Gehalt an Feststoffen abhängt. Es sollte darauf geachtet werden, sicherzustellen, dass nur trockene Partikel die Prüfkammer erreichen, z. B. durch einen ausreichenden Abstand zwischen dem Aerosolgenerator und der Kammer.

Der Durchmesser der trockenen Partikel kann unter Verwendung der folgenden Formeln berechnet oder aber mikroskopisch durch Probenahme der Luft in der Prüfkammer auf einer Filtermembran bestimmt werden.

Der Radius (r) einer jeden Kugel steht durch die Gleichung (E.2) im Verhältnis zu ihrem Volumen (V):

$$r = \left(\frac{3}{4}V + \pi\right)^{1/3} \tag{E.2}$$

Dabei ist

r der Radius;

V das Volumen.

Im Fall eines trockenen Partikels wird dessen Größe durch die Menge an sowohl im feuchten Partikel als auch in Sporen enthaltenen Feststoffen bestimmt, für den Radius trockener Partikel siehe Gleichung (E.3).

$$Radius\ eines\ trockenen\ Partikels = \left[\frac{3}{4}(V_p + V_s)/\pi\right]^{1/3} \tag{E.3}$$

Dabei ist

V_s das Volumen des Sporen (etwa 0,5 µm^3);

V_p das Volumen des Partikels nach der Verdunstung.

Das Volumen des Partikels nach der Verdunstung ist durch Gleichung (E.4) gegeben.

$$V_p = \frac{Volumen\ eines\ feuchten\ Partikels\ (m^3) \times Konzentration\ eines\ Feststoffs\ in\ Partikelform\ (g/m^3)}{Dichte\ des\ Feststoffs\ in\ Lösung\ (g/m^3)} \tag{E.4}$$

Nachdem der Radius des trockenen Partikels bestimmt wurde, kann der Durchmesser leicht ermittelt werden.

Das aerodynamische Verhalten eines Partikels verändert sich entsprechend seiner Dichte. Daher ist es notwendig, den äquivalenten Partikeldurchmesser des trockenen Partikels zu berechnen, d. h. die Größe des trockenen Partikels, wenn dieser eine Dichte von 1 g/cm^3 = 1 000 kg/m^3 hätte, siehe Gleichung (E.5).

$$äquivalenter\ Partikeldurchmesser = d\ (p)\frac{1}{2} \tag{E.5}$$

Dabei ist

d der Durchmesser des trockenen Partikels;

ρ die Dichte der integrierten Feststoffe.

Für die Prüfung der physikalischen Effizienz sollten unterschiedliche Konzentrationen an Feststoffen in den Lösungen verteilt werden, um beim Sprühen einen Partikelgrößenbereich zu liefern. Die erforderlichen Konzentrationen an Feststoffen können über die Gleichung in E.6.1.3 berechnet werden. Es sollten fünf Lösungen vorbereitet werden, um Partikelgrößen über einen angemessenen Bereich an äquivalenten Partikeldurchmessern zu liefern. Für jede Partikelgröße sollte eine statistisch relevante Anzahl (mindestens 10) von Experimenten durchgeführt werden.

Der zum Erzeugen von Partikeln verwendete Feststoff sollte das Wachstum der geprüften Organismen im für das Experiment benötigten Konzentrationsbereich nicht hemmen.

E.6.1.4 Prüfung

Die Prüfungen finden in der Kammer statt. Das zu prüfende Probenahmegerät und ein 0,45 µm-Membranfilter sollten nah nebeneinander platziert werden. Es sollte ein Partikelzähler verwendet werden, um zu prüfen, dass die Partikelkonzentration an der Position des Probenahmegeräts und der des Membranfilters gleich ist.

Das Membranprobenahmegerät, das mit einer Durchflussrate von etwa 5 l/min betrieben wird, sollte nicht aufgerichtet sein, sondern zur Seite oder nach unten zeigen, um eine Ablagerung von Partikeln auf der Membran aufgrund der Schwerkraft zu vermeiden. Beide Probenahmegeräte sollten gleichzeitig eingeschaltet werden. Die Probenahmedauer sollte so gewählt werden, dass eine statistisch relevante Anzahl an Kolonien gebildet wird, und ist von der Konzentration mikrobentragender Partikel in der Luft abhängig. Nach der Prüfung wird die Membran in eine Petrischale mit einem geeigneten Wachstumsmedium gegeben und die Filterplatte sowie die Platte aus dem Probenahmegerät werden inkubiert, bevor die daraus resultierenden Kolonien gezählt werden.

Für die Prüfung der biologischen Effizienz kann eine bereits qualifizierte Alternative zum Membranprobenahmegerät als Referenz verwendet werden.

E.6.2 Vereinfachtes Laborverfahren

E.6.2.1 Allgemeines

Alternativ zur Aerosolkammermethode könnte die Labormethode in verschiedenen Räumlichkeiten mit unterschiedlichen Ebenen an luftgetragener mikrobiologischer Reinheit unter Bedingungen der täglichen Praxis durchgeführt werden [14].

Diese Methode hat den Vorteil, dass die Prüfungen mit natürlich vorkommenden Mikroorganismen und nicht mit künstlichen Aerosolen durchgeführt werden. Die Prüfungen müssen an mindestens zwei verschiedenen Stellen mit ausreichend hohen luftgetragenen mikrobiologischen Konzentrationen (über 80 cfu/m^3) durchgeführt werden, sodass die entsprechende Anzahl der auf dem Wachstumsmedium erfassten cfu zwischen 80 und 150 beträgt. Diese Zahl stellt eine ausreichende physische Trennung zwischen den Kolonien sicher und bleibt gleichzeitig statistisch relevant. Die Probenahmedauer muss gegebenenfalls angepasst werden, sodass die Anzahl der erfassten Kolonien in diesem Bereich liegt. Wenn die erforderliche Probenahmedauer festgelegt wurde, sollte sie während der gesamten Prüfungen konstant bleiben.

Die Ausrüstung, die qualifiziert werden soll, wird mit einer qualifizierten Referenzmethode wie der Membranfilterung oder einer bereits qualifizierten Einschlagmethode verglichen.

E.6.2.2 Prüfung

Die zu vergleichenden Luftprobenahmegeräte werden im Raum so nahe wie möglich aneinander positioniert (innerhalb von 1 m zueinander), wobei sicherzustellen ist, dass es zu keiner gegenseitigen Störung oder Interferenz während der Probenahme kommt; die Probenahme selbst sollte auf derselben Höhe (z. B. 80 cm bis 120 cm über Boden) erfolgen.

Es sollte sichergestellt werden, dass beide Instrumente auf Volumen oder Massendurchfluss kalibriert sind. Wenn die Instrumente nicht mit derselben Luftdurchflussmenge betrieben werden, sollten sie während derselben Probenahmezeit parallel laufen [14]. Zur Berechnung des cfu-Werts je m^3 nach entsprechender Inkubation sollten die entnommenen Volumen verwendet werden.

Um vergleichbare Bedingungen zu garantieren, sollten die Prüfungen über den Tag verteilt werden und die Position der beiden Instrumente sollte nach jeder Prüfung verändert werden.

Da die Verteilung der Mikroorganismen (cfu) in jeder Einrichtung niemals vollständig homogen ist, muss eine statistisch signifikante Anzahl an Prüfungen durchgeführt werden, um die Auswirkungen dieser Veränderungen zu reduzieren.

E.6.3 Inkubation

Alle gesammelten Proben aus beiden Luftprobenahmegeräten werden bei angemessenen Inkubationsbedingungen inkubiert, um ausreichendes Wachstum für die Zählung sicherzustellen. Beispiele:

— Membranfilter auf einer Agar-Petrischale;

— direkt impaktierte Agar-Platten.

Welche Inkubationsbedingungen geeignet sind, variiert je nach dem zu zählenden betrachteten Mikroorganismus. Weitere Informationen zu Wachstumsmedien siehe E.4.

Es empfiehlt sich, die gleiche Medienreferenz zu verwenden, um die Vergleichbarkeit der inkubierten Proben sicherzustellen. Wenn nicht die gleiche Medienreferenz verwendet wird, sollten die wachstumsfördernden Eigenschaften der verschiedenen Medien beurteilt werden, um konsistente Prüfungsergebnisse sicherzustellen.

E.6.4 Berechnung der Sammlungseffizienz aus den Prüfergebnissen

Die durch einen Membranfilter in der Kammer erhaltene Referenzkonzentration über 5 verschiedene Partikelgrößen im passenden Bereich (z. B. 0,8 µm bis 15 µm) [10]. Die biologische Effizienz des Probenahmegeräts kann anhand von Gleichung (E.6) berechnet werden:

$$\text{Effizienz des Probenahmegeräts (\%)} = \frac{\text{Testzählung Probenahmegerät}}{\text{Gesamtzahl (von Referenzprobenahmegeräte)}} \times 100 \qquad \text{(E.6)}$$

Akzeptable Grenzwerte sind: (100 ± 50) %.

Die Ergebnisse können als Partikelgröße gegenüber der Effizienz grafisch dargestellt werden, wobei alle Punkte als Mittelwerte mit den Standardabweichungen der Effizienz dargestellt werden.

E.6.5 Erneute Validierung des Luftprobenahmegeräts

In Anbetracht der erforderlichen komplexen und speziellen Schritte erfolgt die Validierung des Probenahmegeräts wahrscheinlich durch eine entsprechend qualifizierte externe Stelle. Die Sammlungseffizienzwerte und die damit verbundenen Bescheinigungen würden von dem Nutzer aufbewahrt.

Eine regelmäßige Wiederholung der Validierungsaktivitäten wird nicht erwartet. Das Luftprobenahmegerät würde einer geplanten Instandhaltung und Kalibrierung der kritischen Betriebsparameter in Verbindung mit der Luftdurchflussrate durch das Probenahmegerät und der damit verbundenen Zeitsteuerung unterliegen.

Anhang F
(informativ)

Schnelle mikrobiologische Verfahren (RMM) und alternative mikrobiologische Echtzeit-Nachweisverfahren (AMM)

F.1 Allgemeines

Die bestehenden kulturbasierten Verfahren beinhalten die Erfassung von Mikroorganismen in oder auf einem Wachstumsmedium und bieten zulässige Bedingungen für das Wachstum und den anschließenden optischen Nachweis der Mikroorganismen nach einem geeigneten Zeitraum. Diese Verfahren unterliegen zwei wesentlichen Beschränkungen. Zum einen ist die Verbreitung immer selektiv, variabel und auf kultivierbare Mikroorganismen beschränkt und zum anderen ist der Zeitaufwand für angemessenes Wachstum für den optischen Nachweis erheblich.

In den vergangenen 20 Jahren wurden zahlreiche neue Instrumente und Verfahren entwickelt, um den Nachweis mikrobiologischer Kontamination durch Reduzierung dieser Beschränkungen zu verbessern. Ziel dieser Verfahren ist es, die Dauer bis zum Erhalt der Ergebnisse zu reduzieren und die Empfindlichkeit, Genauigkeit, Präzision und Reproduzierbarkeit im Vergleich zu dem bestehenden kulturbasierten Verfahren zu erhöhen.

Alle diese Verfahren verwenden einen von zwei Ansätzen, um dieses Ziel zu erreichen. Einige verwenden die bestehenden kulturbasierten Probensammelverfahren, nutzen dabei aber Technologien, die die Dauer, bis aktiv wachsende Mikroorganismen nachgewiesen werden können, verkürzen. Diese Verfahren werden als schnelle mikrobiologische Verfahren (RMM) bezeichnet und sind aufgrund ihrer Abhängigkeit von dem Wachstum auf kultivierbare Mikroorganismen beschränkt.

Alternative mikrobiologische Verfahren (AMM) basieren nicht auf dem Wachstum und der Verbreitung von Mikroorganismen, um den Nachweis zu ermöglichen. Eine solche Technologie besteht in der Echtzeitmessung lebensfähiger Partikel mithilfe von Zählern wie etwa der fluoreszenzbasierten optischen Spektroskopie. Dieses Verfahren weist mikrobiologische Partikel nahezu in Echtzeit nach, egal ob diese lebensfähig, kultivierbar oder nicht kultivierbar sind, und ohne Wachstumsmedien in dem auf Sauberkeit kontrollierten Bereich platzieren und anschließend wieder entfernen zu müssen.

Diese Verfahren können angewendet werden, um den Kontrollzustand des auf Sauberkeit kontrollierten Bereichs besser zu verstehen, und können erhebliche Vorteile bei bestimmten Anwendungen bieten.

RMM und AMM entwickeln sich schnell weiter und jede Verweisung in diesem Anhang würde sehr schnell überholt sein und keinen Nutzen für die zukünftige Lektüre bieten. Es stehen jedoch zahlreiche Online-Ressourcen zu beiden Themen zur Verfügung.

ANMERKUNG Ein aktuelles Weblink-Beispiel zu RMM ist http://rapidmicromethods.com/files/matrix.php [45]. Dieser Link bietet ausführliche Informationen zu Verfahren und Anwendungen. Wenn dieser Weblink jedoch nicht mehr unterstützt wird, sind die aktuellen Informationen durch eine Suche auffindbar.

F.2 Implementierung von RMM und AMM

Die Implementierung von RMM und AMM sollte aktiv in Betracht gezogen werden, wenn sie Vorteile für die mikrobiologische Kontrolle und Messung bietet.

RMM nutzen die Verbreitung und übernehmen daher alle Vorteile und Beschränkungen der auf mikrobiologischen Kulturen basierenden Probenahmeverfahren. Aus diesem Grund sind Anwender mit einem Großteil der Methodik vertraut, sodass diese direkt verständlich und einfach zu implementieren ist. Darüber hinaus können viele dieser Verfahren automatisiert werden, um Verfahrensfehler und das Potenzial der Probenkontamination zu minimieren.

AMM verwenden eine Vielzahl verschiedener Technologien, um Mikroorganismen ohne den Verbreitungsschritt zur Erhöhung ihrer Konzentration nachzuweisen, und sind Anwendern daher weniger vertraut und schwieriger zu implementieren.

Es sollte beachtet werden, dass die zur Messung der mikrobiologischen Kontamination verwendeten Messgrößen in anzuwendenden Einheiten für die verwendete Technologie vorliegen können und nicht direkt mit Messungen auf der Grundlage der Wachstumskulturen vergleichbar sind, die als cfu angegeben werden. Es ist wichtig, das Verhältnis der Ergebnisse zu den anhand der bestehenden kulturbasierten Verfahren ermittelten Ergebnissen zu bestimmen und zu verstehen. Alle RMM und AMM müssen angemessen verifiziert werden und es wird empfohlen, mit allen Aufsichts- und Kontrollbehörden in Dialog zu treten, um ein auszuführendes Prüfprogramm zur Bewertung der Technologie und zum Vergleich der Ergebnisse mit den Ergebnissen der kulturbasierten Verfahren festzulegen [44].

F.3 Validierung von RMM und AMM

F.3.1 Allgemeines

Die zu verwendenden RMM und AMM sollten validiert werden. Dies dient dazu, nachzuweisen, dass die gewählte RMM oder AMM für den vorgesehenen Verwendungszweck geeignet ist und Ergebnisse liefert, die mindestens mit den Ergebnissen des bestehenden kulturbasierten Verfahrens gleichwertig sind. Siehe Tabelle F1 für qualitative und quantitative Angaben der empfohlenen zu berücksichtigenden Validierungsparameter (siehe auch PDA TR33 [44], EP 5.1.6 [43] und USP <1223> [44]).

ANMERKUNG Zur Validierung des konkreten mikrobiologischen Erkennungsverfahrens sollte Rücksprache mit dem Hersteller gehalten werden. Grund dafür ist, dass die Validierung von der Art der RMM oder AMM und der beabsichtigten Verwendung dieser Methode abhängig ist [45].

Tabelle F.1 — Qualitative und quantitative Angabe der Validierungsparameter für RMM und AMM

Verifizierungsparameter	Qualitative Prüfung	Quantitative Prüfung
Genauigkeit	X	√
Präzision	X	√
Spezifität	√	√
Nachweisgrenze	√	√
Bestimmungsgrenze	X	√
Linearität	X	√
Betriebsbereich	X	√
Widerstandsfähigkeit	√	√
Wiederholpräzision	√	√
Robustheit	√	√
Äquivalenz	√	√

F.3.2 Erwägungen zu Abnahmekriterien

Die Ergebnisse der bestehenden kulturbasierten Verfahren und die durch die RMM erhaltenen Ergebnisse können durchaus korreliert sein, da beide Verfahren auf dem Wachstum von Mikroorganismen basieren. Es ist unwahrscheinlich, dass eine solche starke Korrelation bei Anwendung eines AMM besteht. Alle mikrobiologischen Nachweisverfahren einschließlich der bestehenden kulturbasierten Verfahren können nur eine Schätzung der tatsächlichen Anzahl der in einer Probe anwesenden Mikroorganismen bieten. Die Ergebnisse werden je nach dem angewendeten Verfahren variieren. Dies ist nur einer von vielen Faktoren, die bei der Bestimmung der anzuwendenden Abnahmekriterien für die Verifizierungsprüfung zu berücksichtigen sind. Darüber hinaus sollten die folgenden Faktoren berücksichtigt werden:

- Probenahmefehler: alle Proben sind unabhängig und die Konzentration der luftgetragenen oder Oberflächen-Mikroorganismen ist nicht homogen;
- fehlende genaue Konzentrationsstandards: es besteht kein Verfahren zur Bestimmung der tatsächlichen Konzentration in einer Probe;
- inhärente Variabilität: die mikrobiologische Variabilität und Probentrübung (z. B. Inokulation auf einem Substrat oder Aerosolgenerierung) kann den Nachweis durch verschiedene Verfahren auf unterschiedliche Weise beeinflussen;
- Probengenerierung: luftgetragene und Oberflächen-Inokulationen sind hochvariabel aufgrund der Beschränkungen der aktuellen Technologie.

F.3.3 Erwägungen zur Durchführung der Verifizierungsprüfung

Für die Verifizierung muss ein mikrobiologisches Aerosol mit minimaler Variation hergestellt werden. Hierfür wird Spezialausrüstung benötigt, so dass sich die meisten Anwender auf die vom Hersteller oder einer dritten Prüfstelle durchgeführte Prüfung verlassen werden. Anwender sollten sich auf Prüfungen zur Demonstration der Eignung des Verfahrens für ihre Anwendung konzentrieren. Wenn die Prüfung durch den Hersteller nicht geeignet ist, um nachzuweisen, dass die verbleibenden Validierungsparameter behandelt wurden, sollte eine dritte Prüfstelle genutzt oder eine fundierte wissenschaftliche Begründung erstellt werden, um zu erklären, warum auf die Prüfung verzichtet wurde.

F.4 Aktions- und Warngrenzen

F.4.1 Festlegung von Aktions- und Warngrenzen

Auf bestehenden kulturbasierten Verfahren basierende Warn- und Aktionsgrenzen sind bei Verwendung von RMM und AMM möglicherweise nicht anwendbar. Wenn beispielsweise ein neues Verfahren die Empfindlichkeit verbessert hat, können Ergebnisse auftreten, die die Warn- oder Aktionsgrenze überschreiten und nicht zwingend indikativ für eine Änderung des Kontrollzustands sind. Darüber hinaus erzeugen AMM Ergebnisse, die in einer anderen Einheit als cfu angegeben werden, sodass neue für das Verfahren anwendbare Grenzen festgelegt werden müssen und eine neue Risikobewertung erforderlich ist.

F.4.2 Ergebnis außerhalb der Aktions- und Warngrenzen

Die bestehenden kulturbasierten Verfahren liefern zeitverzögerte Ergebnisse, die grundsätzlich nur reaktive Maßnahmen zulassen, um zu versuchen, eine eventuelle schädliche mikrobiologische Kontamination zu behandeln und den Kontrollzustand wiederherzustellen. Die Anwendung eines RMM oder AMM, das Ergebnisse in Echtzeit oder verkürzter Zeit liefert, bietet die Möglichkeit, proaktive Maßnahmen zu treffen oder einen Kontrollzustand wiederherzustellen. Dies kann unmittelbare Schritte umfassen, die unternommen werden können, um jedes implizierte Produkt zu entfernen oder zu trennen und gleichzeitig sicherzustellen, dass der Rest des Produkts angemessen gesichert werden kann.

Literaturhinweise

[1] EN ISO 14644-1:2015: *Reinräume und zugehörige Reinraumbereiche - Teil 1: Klassifizierung der Luftreinheit anhand der Partikelkonzentration (EN ISO 14644-1:2015)*

[2] ISO 14971, *Medical devices — Application of risk management to medical devices*

[3] COVELLO. V.T., MERKHOFER, M.W. (eds.). Risk assessment methods. Approaches for assessing health and environmental risks. New York, Plenum Press, 1993

[4] PIERSON. M.D., CORLETT, D.A. (eds.). HACCP — Principles and applications. New York Van Nostrand Reinhold, 1992

[5] Point H.A.C.C. (*HACCP*) *system and guidelines for its application. 1995 Codex Alimentarius Commission. Alinorm 97/13. Annex to Appendix II. Joint FAO/WHO Food Standards Programme.* Food and Agricultural Organization of the United Nations, Rom, 1995

[6] JAHNKE. M. Use of the HACCP concept for the risk analysis of pharmaceutical manufacturing process. *European Journal of Parenteral Sciences.* 1997, **2** (4) pp. 113-117

[7] ISO 15161, *Guidelines on the application of ISO 9001:2000 for the food and drink industry*

[8] EN 61025:2007, *Fehlzustandsbaumanalyse (IEC 61025:2006)*

[9] IEC 60812:2018, *Failure modes and effects analysis (FMEA and FMECA) (IEC 60812:2018)*

[10] CLARK, R.P., GOFF, M.R. *The potassium iodide method for determining protection factors in open fronted microbiological safety cabinets. J. Appl. Microbiol.* 1981, **51** pp. 439-460

[11] STEWART S.L. et al. *Effect of impact stress on microbial recovery on agar surfaces. Appl. Environ. Microbiol.* 1995, (Apr) pp. 1232-1239

[12] LJUNGQVIST B., REINMÜLLER B., *Monitoring efficiency of microbiological impaction air samplers. European Journal of Parenteral & Pharmaceutical Sciences. 2008*, **13** (4) pp. 93-97

[13] MACHER, J.M., FIRST, M.W. *Reuter centrifugal air sampler: Measurement of effective airflow rate and collection efficiency. Appl. Environ. Microbiol.*, **45** (6), pp. 1960-1962

[14] MEIER R., ZINGRE H.,: *Qualification of air sampler systems: The MAS-100*; *Swiss Pharma 22* (2000) No. 1-2, page 15-12

[15] WHYTE W., GREEN G., ALBISU A., *Collection efficiency and design of microbial air samplers. J. Aerosol Sci.* 2007, **38** pp. 101-114

[16] EN ISO 13485, *Medizinprodukte — Qualitätsmanagementsysteme — Anforderungen für regulatorische Zwecke (ISO 13485)*

[17] EN ISO 18593:2018, *Mikrobiologie der Lebensmittelkette — Horizontales Verfahren für Probenahmetechniken von Oberflächen (ISO 18593:2018)*

[18] ISO 15214:1998, *Microbiology of food and animal feeding stuffs — Horizontal method for the enumeration of mesophilic lactic acid bacteria — Colony-count technique at 30 degrees C*

[19] EN ISO 11290-1, *Mikrobiologie der Lebensmittelkette — Horizontales Verfahren für den Nachweis und die Zählung von Listeria monocytogenes und von Listeria spp. — Teil 1: Nachweisverfahren (ISO 11290-1)*

[20] EN ISO 11290-2, *Mikrobiologie der Lebensmittelkette — Horizontales Verfahren für den Nachweis und die Zählung von Listeria monocytogenes und von Listeria spp. — Teil 2: Zählverfahren (ISO 11290-2)*

[21] EN ISO 6579-1, *Mikrobiologie der Lebensmittelkette — Horizontales Verfahren zum Nachweis, zur Zählung und zur Serotypisierung von Salmonellen — Teil 1: Nachweis von Salmonella spp. (ISO 6579-1)*

[22] PDA TR 33:2013, *Evaluation, Validation and Implementation of Alternative and Rapid Microbiological Methods*

[23] EN ISO 14644-2:2015, *Reinräume und zugehörige Reinraumbereiche — Teil 2: Überwachung zum Nachweis der Reinraumleistung bezüglich Luftreinheit anhand der Partikelkonzentration (ISO 14644-2:2015)*

[24] EN ISO 14644-3:2005, *Reinräume und zugehörige Reinraumbereiche — Teil 3: Prüfverfahren (ISO 14644-3:2005)*

[25] EN ISO 14644-4:2001, *Reinräume und zugehörige Reinraumbereiche — Teil 4: Planung, Ausführung und Erst-Inbetriebnahme (ISO 14644-4:2001)*

[26] EN ISO 14644-5:2004, *Reinräume und zugehörige Reinraumbereiche — Teil 5: Betrieb (ISO 14644-5:2004)*

[27] EN ISO 14644-7:2004, *Reinräume und zugehörige Reinraumbereiche — Teil 7: SD-Module (Reinlufthauben, Handschuhboxen, Isolatoren und Minienvironments) (ISO 14644-7:2004)*

[28] IEC 31010, *Risk Management — risk assessment techniques*

[29] LIDWELL O. et al. Airborne contamination of wounds in joint replacement operations: the relationship to sepsis rates. *J. Hosp. Infect.* 1983, **4** pp. 111-131

[30] European Commission EudraLex „The Rules Governing Medicinal Products in the European Union" Volume 4, EU Guidelines for Good Manufacturing Practice, Medicinal Products for Human and Veterinary Use, Part II: Basic Requirements for Active Substances used as Starting Materials. Brüssel, 3. Feb. 2010

[31] European Commission EudraLex „The Rules Governing Medicinal Products in the European Union" Volume 4, EU Guidelines for Good Manufacturing Practice, Medicinal Products for Human and Veterinary Use, Annex 1 — Manufacture of Sterile Medicinal Products, 25. Nov. 08.

[32] FDA Guidance for Industry — Sterile Drug Products Produced by Aseptic Processing — Current Good Manufacturing Practice. September 2004.

[33] PARENTERAL DRUG ASSOCIATION (PDA), 2014, Technical Report No. 13 Revised, *Fundamentals of an Environmental Monitoring Program*, ISBN: 978-0-939459-67-4

[34] PARENTERAL DRUG ASSOCIATION (PDA), 2015, Technical Report No. 69, *Bioburden and Biofilm Management in Pharmaceutical Manufacturing Operations*, ISBN: 978-0-93-945976-6

[35] PARENTERAL DRUG ASSOCIATION (PDA), 2015, Technical Report No. 70, *Fundamentals of Cleaning and Disinfection Programs for Aseptic Manufacturing Facilities*, ISBN: 978-0-939459-77-3

[36] Manual P.M. (PMM) 2014, Version 1.1, ORA. 007, 25. Apr. 14. Pharmaceutical Inspection Convention (PIC/S) PI 007-6 "Recommendation on the Validation of Aseptic Processes" January 2011

[37] United States Pharmacopeia (USP) <1116> Microbiological Control and Monitoring of Aseptic Processing Environments

[38] United States Pharmacopeia (USP) <1072> Disinfectants and Antiseptics, available at: http://www.uspbpep.com/usp31/v31261/usp31nf26s1_c1072.asp

[39] U.S.A, U.S. Food and Drug Administration, Code of Federal Regulations (CFR) Title 21, Volume 8. Cite 21 CFR 820.70 — Production and Process Controls:21 CFR 211.42

[40] U.S.A, U.S. Food and Drug Administration, Code of Federal Regulations (CFR) Title 21, Volume 8. Cite 21 CFR 820.70 — Production and Process Controls:21 CFR 211.25

[41] U.S.A, U.S. Food and Drug Administration, Code of Federal Regulations (CFR) Title 21, Volume 8. Cite 21 CFR 820.70 — Production and Process Controls:21 CFR 211.28

[42] U.S.A, U.S. Food and Drug Administration, Code of Federal Regulations (CFR) Title 21, Volume 8. Cite 21 CFR 820.70 — Production and Process Controls:21 CFR 211.113

[43] European Pharmacopeia (EP) Chapter 5.1.6 Alternative Methods for Control of Microbiological Quality

[44] United States Pharmacopeia (USP) <1223> Validation of Alternative Microbiological Methods

[45] Rapid micro methods, The RMM Product Matrix, 2010-2019, available at: http://rapidmicromethods.com/files/matrix.php

[46] EN ISO 13408-7, *Aseptische Herstellung von Produkten für die Gesundheitsfürsorge — Teil 7: Alternative Verfahren für Medizinprodukte und Kombinationsprodukte (ISO 13408-7)*

[47] PHSS, *Technical Monograph No. 20: Bio-contamination* (2014) ISBN: 978-1-905271-24-5

[48] World Health Organization (WHO) Global guidelines on the prevention of surgical site infection (2016). ISBN: 9789241549882

[49] Richtlinie 2004/23/EG des Europäischen Parlaments und des Rates vom 31. März 2004 zur Festlegung von Qualitäts- und Sicherheitsstandards für die Spende, Beschaffung, Testung, Verarbeitung, Konservierung, Lagerung und Verteilung von menschlichen Geweben und Zellen. ABl. L 102 vom 7.4.2004, S. 48–58

[50] EN ISO 17665-1:2006, *Sterilisation von Produkten für die Gesundheitsfürsorge — Feuchte Hitze — Teil 1: Anforderungen an die Entwicklung, Validierung und Lenkung der Anwendung eines Sterilisationsverfahrens für Medizinprodukte (ISO 17665-1)*

[51] ISO 11139:2018, *Sterilization of health care products — Vocabulary of terms used in sterilization and related equipment and process standards (ISO 11139)*

[52] INTERNATIONAL SOCIETY FOR PHARMACEUTICAL ENGINEERING (ISPE). *Baseline Guide.* Sterile Product Manufacturing Facilities, Vol. 3, Third Edition, 2018

[53] INTERNATIONAL SOCIETY FOR PHARMACEUTICAL ENGINEERING (ISPE). *Baseline Guide.* Risk-Based Manufacture of Pharma Products, Vol. 7, Second Edition, 2017

[54] INTERNATIONAL SOCIETY FOR PHARMACEUTICAL ENGINEERING (ISPE). *Baseline Guide*. Oral Solid Dosage Forms, Vol. 2, Third Edition, 2016

[55] INTERNATIONAL SOCIETY FOR PHARMACEUTICAL ENGINEERING (ISPE). *Baseline Guide*. Biopharmaceutical Manufacturing Facilities, Vol. 6, Second Edition, 2013

[56] WHYTE. W., NIVEN, L. Airborne bacteria sampling: the effect of dehydration and sampling time. *J. Parenter. Sci. Technol.* 1986, **40** pp. 182–187

Juni 2016

DIN EN ISO 14644-1

ICS 13.040.35

Ersatz für
DIN EN ISO 14644-1:1999-07

Reinräume und zugehörige Reinraumbereiche – Teil 1: Klassifizierung der Luftreinheit anhand der Partikelkonzentration (ISO 14644-1:2015); Deutsche Fassung EN ISO 14644-1:2015

Cleanrooms and associated controlled environments –
Part 1: Classification of air cleanliness by particle concentration (ISO 14644-1:2015);
German version EN ISO 14644-1:2015

Salles propres et environnements maîtrisés apparentés –
Partie 1: Classification de la propreté de l'air (ISO 14644-1:2015);
Version allemande EN ISO 14644-1:2015

Gesamtumfang 53 Seiten

DIN-Normenausschuss Heiz- und Raumlufttechnik sowie deren Sicherheit (NHRS)

Nationales Vorwort

Dieses Dokument (EN ISO 14644-1:2015) wurde im Technischen Komitee ISO/TC 209 „Cleanrooms and associated controlled environments" in Zusammenarbeit mit dem Technischen Komitee CEN/TC 243 „Reinraumtechnologie", dessen Sekretariat vom BSI (Vereinigtes Königreich) gehalten wird, erarbeitet.

Zuständig für die Deutsche Fassung ist der Arbeitsausschuss NA 041-02-21 AA „Reinraumtechnik (SpA CEN/TC 243 und ISO/TC 209)" im DIN-Normenausschuss Heiz- und Raumlufttechnik sowie deren Sicherheit (NHRS).

Änderungen

Gegenüber DIN EN ISO 14644-1:1999-07 wurden folgende Änderungen vorgenommen:

a) Titel wurde in „Klassifizierung der Luftreinheit anhand der Partikelkonzentration" geändert;

b) normative Verweisungen wurden aufgenommen;

c) neuer Anhang E „Festlegung der dezimalen Zwischenklassen der Reinheit und der Schwellenwerte der Partikelgröße" hinzugefügt;

d) neuer Anhang F „Messgeräte" hinzugefügt;

e) Aufnahme von Tabelle 1, Klassifizierungstabelle für Partikelreinheitsklassen, um die maximale Partikelkonzentration bei verschiedenen Partikelgrößen innerhalb der neuen Reinheitsklassen festzulegen;

f) Bestimmung der maximalen Partikelkonzentration für Zwischenklassen anhand einer Formel;

g) Einführung eines konsistenteren statistischen Ansatzes für die Auswahl der Anzahl von Probenahmeorten und die Auswertung der gesammelten Daten.

Frühere Ausgaben

DIN EN ISO 14644-1: 1999-07

EUROPÄISCHE NORM
EUROPEAN STANDARD
NORME EUROPÉENNE

EN ISO 14644-1

Dezember 2015

ICS 13.040.35

Ersatz für EN ISO 14644-1:1999

Deutsche Fassung

Reinräume und zugehörige Reinraumbereiche — Teil 1: Klassifizierung der Luftreinheit anhand der Partikelkonzentration (ISO 14644-1:2015)

Cleanrooms and associated controlled environments — Part 1: Classification of air cleanliness by particle concentration (ISO 14644-1:2015)

Salles propres et environnements maîtrisés apparentés — Partie 1: Classification de la propreté particulaire de l'air (ISO 14644-1:2015)

Diese Europäische Norm wurde vom CEN am 27. November 2015 angenommen.

Die CEN-Mitglieder sind gehalten, die CEN/CENELEC-Geschäftsordnung zu erfüllen, in der die Bedingungen festgelegt sind, unter denen dieser Europäischen Norm ohne jede Änderung der Status einer nationalen Norm zu geben ist. Auf dem letzten Stand befindliche Listen dieser nationalen Normen mit ihren bibliographischen Angaben sind beim Management-Zentrum des CEN-CENELEC oder bei jedem CEN-Mitglied auf Anfrage erhältlich.

Diese Europäische Norm besteht in drei offiziellen Fassungen (Deutsch, Englisch, Französisch). Eine Fassung in einer anderen Sprache, die von einem CEN-Mitglied in eigener Verantwortung durch Übersetzung in seine Landessprache gemacht und dem Management-Zentrum mitgeteilt worden ist, hat den gleichen Status wie die offiziellen Fassungen.

CEN-Mitglieder sind die nationalen Normungsinstitute von Belgien, Bulgarien, Dänemark, Deutschland, der ehemaligen jugoslawischen Republik Mazedonien, Estland, Finnland, Frankreich, Griechenland, Irland, Island, Italien, Kroatien, Lettland, Litauen, Luxemburg, Malta, den Niederlanden, Norwegen, Österreich, Polen, Portugal, Rumänien, Schweden, der Schweiz, der Slowakei, Slowenien, Spanien, der Tschechischen Republik, der Türkei, Ungarn, dem Vereinigten Königreich und Zypern.

EUROPÄISCHES KOMITEE FÜR NORMUNG
EUROPEAN COMMITTEE FOR STANDARDIZATION
COMITÉ EUROPÉEN DE NORMALISATION

CEN-CENELEC Management-Zentrum: Avenue Marnix 17, B-1000 Brüssel

Ref. Nr. EN ISO 14644-1:2015 D

Inhalt

Europäisches Vorwort

Dieses Dokument (EN ISO 14644-1:2015) wurde vom Technischen Komitee ISO/TC 209 „Cleanrooms and associated controlled environments" in Zusammenarbeit mit dem Technischen Komitee CEN/TC 243 „Reinraumtechnologie" erarbeitet, dessen Sekretariat vom BSI gehalten wird.

Diese Europäische Norm muss den Status einer nationalen Norm erhalten, entweder durch Veröffentlichung eines identischen Textes oder durch Anerkennung bis Juni 2016, und etwaige entgegenstehende nationale Normen müssen bis Juni 2016 zurückgezogen werden.

Es wird auf die Möglichkeit hingewiesen, dass einige Elemente dieses Dokuments Patentrechte berühren können. CEN [und/oder CENELEC] sind nicht dafür verantwortlich, einige oder alle diesbezüglichen Patentrechte zu identifizieren.

Dieses Dokument ersetzt EN ISO 14644-1:1999.

Entsprechend der CEN-CENELEC-Geschäftsordnung sind die nationalen Normungsinstitute der folgenden Länder gehalten, diese Europäische Norm zu übernehmen: Belgien, Bulgarien, Dänemark, Deutschland, die ehemalige jugoslawische Republik Mazedonien, Estland, Finnland, Frankreich, Griechenland, Irland, Island, Italien, Kroatien, Lettland, Litauen, Luxemburg, Malta, Niederlande, Norwegen, Österreich, Polen, Portugal, Rumänien, Schweden, Schweiz, Slowakei, Slowenien, Spanien, Tschechische Republik, Türkei, Ungarn, Vereinigtes Königreich und Zypern.

Anerkennungsnotiz

Der Text von ISO 14644-1:2015 wurde vom CEN als EN ISO 14644-1:2015 ohne irgendeine Abänderung genehmigt.

Vorwort

ISO (die Internationale Organisation für Normung) ist eine weltweite Vereinigung von Nationalen Normungsorganisationen (ISO-Mitgliedsorganisationen). Die Erstellung von Internationalen Normen wird normalerweise von ISO Technischen Komitees durchgeführt. Jede Mitgliedsorganisation, die Interesse an einem Thema hat, für welches ein Technisches Komitee gegründet wurde, hat das Recht, in diesem Komitee vertreten zu sein. Internationale Organisationen, staatlich und nicht-staatlich, in Liaison mit ISO nehmen ebenfalls an der Arbeit teil. ISO arbeitet eng mit der Internationalen Elektrotechnischen Kommission (IEC) bei allen elektrotechnischen Themen zusammen.

Die Verfahren, die bei der Entwicklung dieses Dokuments angewendet wurden und die für die weitere Pflege vorgesehen sind, werden in den ISO/IEC-Direktiven, Teil 1 beschrieben. Im Besonderen sollten die für die verschiedenen ISO-Dokumentenarten notwendigen Annahmekriterien beachtet werden. Dieses Dokument wurde in Übereinstimmung mit den Gestaltungsregeln der ISO/IEC-Direktiven, Teil 2 erarbeitet (siehe www.iso.org/directives).

Es wird auf die Möglichkeit hingewiesen, dass einige Elemente dieses Dokuments Patentrechte berühren können. ISO ist nicht dafür verantwortlich, einige oder alle diesbezüglichen Patentrechte zu identifizieren. Details zu allen während der Entwicklung des Dokuments identifizierten Patentrechten finden sich in der Einleitung und/oder in der ISO-Liste der empfangenen Patenterklärungen (siehe www.iso.org/patents).

Jeder in diesem Dokument verwendete Handelsname wird als Information zum Nutzen der Anwender angegeben und stellt keine Anerkennung dar.

Eine Erläuterung der Bedeutung ISO-spezifischer Benennungen und Ausdrücke, die sich auf Konformitätsbewertung beziehen, sowie Informationen über die Beachtung der WTO-Grundsätze zu technischen Handelshemmnissen (TBT, en: Technical Barriers to Trade) durch ISO enthält der folgende Link: Foreword - Supplementary information.

Das für dieses Dokument verantwortliche Komitee ist ISO/TC 209 „Cleanrooms and associated controlled environments".

Diese zweite Ausgabe ersetzt die erste Ausgabe (ISO 14644-1:1999), welche technisch überarbeitet wurde.

ISO 14644 besteht unter dem allgemeinen Titel *Cleanrooms and associated controlled environments* aus den folgenden Teilen:

— *Part 1: Classification of air cleanliness by particle concentration*

— *Part 2: Monitoring to provide evidence of cleanroom performance related to air cleanliness by particle concentration*

— *Part 3: Test methods*

— *Part 4: Design, construction and start-up*

— *Part 5: Operations*

— *Part 7: Separative devices (clean air hoods, gloveboxes, isolators and mini-environments)*

— *Part 8: Classification of air cleanliness by chemical concentration (ACC)*

— *Part 9: Classification of surface cleanliness by particle concentration*

— *Part 10: Classification of surface cleanliness by chemical concentration*

Ebenfalls zu beachten ist ISO 14698, *Cleanrooms and associated controlled environments — Biocontamination control*:

— *Part 1: General principles and methods*

— *Part 2: Evaluation and interpretation of biocontamination data*

Einleitung

Reinräume und zugehörige Reinraumbereiche bieten die Möglichkeit, die Kontamination der Luft und gegebenenfalls von Oberflächen bis zu einem gewissen, angemessenen Grad zu überwachen, der Tätigkeiten in kontaminations-empfindlichen Bereichen sicherstellt. Die Überprüfung der Kontamination kann zur Aufrechterhaltung der Integrität von Produkten oder Prozessen beitragen, die in der Industrie, wie z. B. Luft- und Raumfahrt, Mikroelektronik, Pharmazie, Medizintechnik, Gesundheitswesen und Nahrungsmittelherstellung, zur Anwendung kommen.

Dieser Teil von ISO 14644 legt Luftreinheitsklassen anhand der Anzahl der Partikel, angegeben als eine Konzentration im Luftvolumen, fest. Er legt ebenfalls die anerkannten Prüfverfahren zur Bestimmung der Reinheitsklasse, einschließlich der Auswahl der Probenahmeorte fest.

Diese Ausgabe ist das Ergebnis einer Antwort auf eine systematische Überprüfung durch ISO (ISO Systematic Review) und sie umfasst durch internationale Untersuchungen validierte Änderungen als Reaktion auf die Rückmeldung der Anwender und Experten. Der Titel wurde abgeändert in „Klassifizierung der Luftreinheit anhand der Partikelkonzentration", um mit den anderen Titeln der ISO 14644 übereinzustimmen. Die neun ISO-Reinheitsklassen werden mit geringfügigen Änderungen beibehalten. Tabelle 1 legt die Partikelkonzentration bei verschiedenen Partikelgrößen für die neun ganzzahligen Klassen fest. Tabelle E.1 legt die maximale Partikelkonzentration bei verschiedenen Partikelgrößen für Zwischenklassen fest. Die Anwendung dieser Tabellen stellt eine bessere Definition der geeigneten Partikelgrößenbereiche für die unterschiedlichen Klassen sicher. Dieser Teil von ISO 14644 enthält das Makropartikel-Diskriptorkonzept; jedoch werden die Überlegungen zu den nanoskaligen (früher als ultrafein definierte) Partikeln in einem anderen Teil der Normenreihe behandelt.

Die wesentlichste Änderung ist die Einführung eines einheitlicheren statistischen Ansatzes für die Auswahl und die Anzahl der Probenahmeorte, sowie für die Bewertung der gesammelten Daten. Das statistische Modell beruht auf dem Verfahren der Probenahme aus einer endlichen Gruppe ohne Zurücklegen und der ermittelte statistische Vertrauensgrad beruht auf einer Anpassung der Technik des hypergeometrischen Modells der Probenahme, bei dem die Zufallsstichproben ohne Zurücklegen aus einer endlichen Gruppe (Bestand) entnommen werden. Der neue Ansatz ermöglicht jeden Probenahmeort als unabhängig mit einem mindestens 95%-Vertrauensbereich zu behandeln, der bei mindestens 90 % der Flächen des Reinraums oder der reinen Bereiche mit der maximalen Partikelkonzentrationsgrenze für die zu erzielende phy Klasse der Luftreinheit übereinstimmen wird. Keine Annahmen wurden hinsichtlich der Verteilung der tatsächlichen Partikelanzahlen über den Flächen des Reinraums oder des reinen Bereichs gemacht, während in ISO 14644-1:1999 als zugrunde liegende Annahme galt, dass die Partikelanzahlen der gleichen Normalverteilung innerhalb des Raums folgen; diese Annahme wurde jetzt verworfen, um die Durchführung der Probenahme in Räumen zu ermöglichen, bei denen die Partikelanzahl auf eine noch komplexere Weise im Raum variiert. Während der Überarbeitung wurde jedoch erkannt, dass die obere 95%-Vertrauensgrenze weder angebracht war, noch konsequent in ISO 14644-1:1999 angewandt wurde. Die Mindestanzahl der geforderten Probenahmeorte wurde im Vergleich mit ISO 14644-1:1999 geändert. Eine Referenztabelle, Tabelle A.1, die zur Festlegung der geforderten Mindestanzahl der Probenahmeorte zur Verfügung gestellt wird, beruht auf einer praktischen Anpassung der Technik des Modells der Probenahme. Eine getroffene Annahme ist, dass die Fläche in unmittelbarer Umgebung jedes Probenahmeortes eine homogene Partikelkonzentration aufweist. Der Reinraum oder der reine Bereich wird in ein Raster von nahezu gleichen Abschnitten aufgeteilt, deren Anzahl gleich der aus Tabelle A.1 abgeleiteten Anzahl der Probenahmeorte ist. Ein Probenahmeort wird innerhalb jedes Rasterabschnitts angeordnet, sodass er repräsentativ für diesen Rasterabschnitt ist.

Aus praktischen Zwecken wird davon ausgegangen, dass die Orte innerhalb des Raumes repräsentativ ausgewählt werden; ein „repräsentativer" Ort (siehe A.4.2) bedeutet, dass Besonderheiten, wie z. B. die

Raumausstattung (Arbeitsräume, Korridore), die Anordnung der Geräte im Raum, die Gestaltung der Luftströmung (turbulenzarme Verdrängungsströmung, turbulente Verdünnungsströmung, oder eine Kombination aus beiden), die Anordnung der Luftzuführung und der Abluftführung sowie die Luftwechselraten in Systemen mit turbulenter Verdünnungsströmung, bei der Auswahl der Probenahmeorte berücksichtigt werden sollten. Zu der Mindestanzahl der Probenahmeorte dürfen zusätzliche Probenahmeorte hinzugefügt werden.

Schlussendlich wurden die Anhänge neu geordnet, um den logischen Aufbau dieses Teils von ISO 14644 zu verbessern, und aus ISO 14644-3:2005 wurden Teile des Inhalts von bestimmten Anhängen hinsichtlich der Prüfung und der Prüfgeräte eingearbeitet.

Die überarbeitete Ausgabe dieses Teils von ISO 14644 hat besonders die Fragestellungen in Umfeld der Partikelgrenzen bei ≥ 5 µm für die ISO-Klasse 5 in den Anhängen in Bezug auf sterile Produkte der EU, PIC/S (Pharmaceutical Inspection Convention und Pharmaceutical Inspection Co-operation Scheme) sowie in den GMP-Richtlinien der WHO (GMP, en: good manufacturing practice, dt. „Gute Herstellungspraxis") durch Adaption des Makropartikel-Konzepts behandelt.

Die überarbeitete Ausgabe dieses Teils von ISO 14644 umfasst jetzt alle Materialien in Bezug auf die Klassifizierung der Luftreinheit anhand der Partikelkonzentration. Die überarbeitete Ausgabe von ISO 14644-2:2015 behandelt jetzt ausschließlich die Überwachung der Luftreinheit anhand der Partikelkonzentration.

Reinräume dürfen auch durch Merkmale zusätzlich zur Klassifizierung der Luftreinheit anhand der Partikelkonzentration charakterisiert werden. Weitere Merkmale, wie z. B. die Luftreinheit anhand der chemischen Konzentration, dürfen für die Überwachung eingesetzt werden und die Einstufung oder das Niveau der Merkmale darf zusammen mit der Klassifizierung bestimmt werden. Diese zusätzlichen Merkmale sind zur Klassifizierung eines Reinraums oder reinen Bereichs allein nicht ausreichend.

1 Anwendungsbereich

Dieser Teil der ISO 14644 enthält die Klassifizierung der Luftreinheit in Reinräumen und zugehörigen Reinraumbereichen sowie von SD-Modulen (en: separative device, SD) nach ISO 14644-7 anhand der Konzentration luftgetragener Partikel.

Für Klassifizierungszwecke werden nur Partikelgruppen in Betracht gezogen, deren Summenhäufigkeitsverteilung auf dem Schwellenwert der Partikelgröße (untere (Nachweis-)Grenze) beruht, der von 0,1 µm bis 5 µm reicht.

Die Anwendung von Streulicht-Einzelpartikelzählern (LSAPC, en. light scattering (discrete) airborne particle counter) ist die Grundlage für die Bestimmung der Konzentration luftgetragener Partikel gleich und größer dem festgelegten Größenbereich an gekennzeichneten Probenahmeorten.

Dieser Teil der ISO 14644 trifft nicht auf die Klassifizierung von Partikelgruppen zu, die außerhalb des festgelegten unteren Schwellenwerts (Nachweisgrenze) der Partikelgröße im Bereich zwischen 0,1 µm und 5 µm liegen. Konzentrationen von ultrafeinen Partikeln (nanoskalige Partikel kleiner als 0,1 µm) werden in einem anderen Teil der Normenreihe behandelt, der die Luftreinheit anhand der Partikelkonzentration luftgetragener Nanopartikel festlegt, während ein M-Deskriptor (siehe Anhang C) zur Quantifizierung von Makropartikelgruppen (Partikel größer als 5 µm) angewendet werden darf.

Dieser Teil der ISO 14644 eignet sich nicht zur Charakterisierung der physikalischen, chemischen, radiologischen sowie der lebensfähigen (aktiven) oder der anderen Arten von luftgetragenen Partikeln.

2 Normative Verweisungen

Die folgenden Dokumente, die in diesem Dokument teilweise oder als Ganzes zitiert werden, sind für die Anwendung dieses Dokuments erforderlich. Bei datierten Verweisungen gilt nur die in Bezug genommene Ausgabe. Bei undatierten Verweisungen gilt die letzte Ausgabe des in Bezug genommenen Dokuments (einschließlich aller Änderungen).

ISO 14644-2:2015, *Cleanrooms and associated controlled environments — Part 2: Monitoring to provide evidence of cleanroom performance related to air cleanliness by particle concentration*

ISO 14644-7, *Cleanrooms and associated controlled environments — Part 7: Separative devices (clean air hoods, gloveboxes, isolators and mini-environments)*

3 Begriffe

Für die Anwendung dieses Dokumentes gelten die folgenden Begriffe.

3.1 Allgemeines

3.1.1
Reinraum
Raum, in dem die Anzahlkonzentration luftgetragener Partikel geregelt und klassifiziert wird und der zur Regelung der Einschleppung, Entstehung und Ablagerung von Partikeln im Raum entsprechend konstruktiv geplant, baulich ausgeführt und betrieben wird

Anmerkung 1 zum Begriff: Die Klasse der Konzentration der luftgetragener Partikel wird festgelegt.

Anmerkung 2 zum Begriff: Die Grade von weiteren Reinheitsmerkmalen, wie z. B. die chemischen Konzentrationen sowie die Konzentrationen von lebensfähigen oder nanoskaligen Partikeln in der Luft, aber auch die Oberflächenreinheit, in Bezug auf Partikel-, Nanopartikel-, chemische Konzentrationen sowie auf Konzentrationen von lebensfähigen Partikeln, könnten festgelegt und geregelt werden.

Anmerkung 3 zum Begriff: Weitere relevante physikalische Parameter könnten auch, falls gefordert, geregelt werden, z. B. Temperatur, Feuchte, Druck, Vibration und Elektrostatik.

3.1.2
reiner Bereich
Reinbereich
festgelegter Bereich, in dem die Konzentration luftgetragener Partikel geregelt wird und klassifiziert ist und der zur Regelung der Einschleppung, Entstehung und Ablagerung von Partikeln im Bereich entsprechend baulich ausgeführt und betrieben wird

Anmerkung 1 zum Begriff: Die Klasse der Konzentration der luftgetragener Partikel wird festgelegt.

Anmerkung 2 zum Begriff: Die Grade von weiteren Reinheitsmerkmalen, wie z. B. die chemischen Konzentrationen sowie die Konzentrationen von lebensfähigen oder nanoskaligen Partikeln in der Luft, aber auch die Oberflächenreinheit, in Bezug auf Partikel-, Nanopartikel-, chemische Konzentrationen sowie auf Konzentrationen von lebensfähigen Partikeln, könnten festgelegt und geregelt werden.

Anmerkung 3 zum Begriff: Ein reiner Bereich (reine Bereiche) kann (können) ein festgelegter Bereich (festgelegte Bereiche) in einem Reinraum sein, oder er (sie) könnte(n) mithilfe eines SD-Moduls geschaffen werden. Dieses SD-Modul kann sich im Raum oder außerhalb eines Reinraumes befinden.

Anmerkung 4 zum Begriff: Weitere relevante physikalische Parameter könnten auch, falls gefordert, geregelt werden, z. B. Temperatur, Feuchte, Druck, Vibration und Elektrostatik.

3.1.3
Anlage
Reinraum oder ein oder mehrere reine(r) Bereich(e) zusammen mit allen zugehörigen Bauten, Luftaufbereitungssystemen, Anschlüssen und Betriebsmedien

3.1.4
Klassifizierung
Verfahren zur Beurteilung des Reinheitsgrades in Bezug auf eine Festlegung für einen Reinraum oder einen reinen Bereich

Anmerkung 1 zum Begriff: Die Grade sollten als ISO-Klasse angegeben werden, die den Höchstwert der zulässigen Konzentrationen von Partikeln in einer Einheit des Luftvolumens darstellt.

3.2 Luftgetragene Partikel

3.2.1
Partikel
kleines Teil Materie mit physikalisch definierten Abgrenzungen

3.2.2
Partikelgröße
Durchmesser einer Kugel, der mit Hilfe einer Vorrichtung zur Bestimmung der Partikelgröße gemessen werden kann, deren Messgröße in vergleichbarem Zusammenhang mit der Messgröße des Partikels steht

Anmerkung 1 zum Begriff: Für Streulicht-Einzelpartikelzähler wird der vergleichbare Streulichtdurchmesser verwendet.

3.2.3
Partikelkonzentration
Anzahl der einzelnen Partikel je Volumeneinheit Luft

3.2.4
Partikelgrößenverteilung
Summenhäufigkeitsverteilung der Partikelkonzentration, dargestellt als Funktion der Partikelgröße

3.2.5
Makropartikel
Partikel mit einem Äquivalentdurchmesser größer als 5 µm

3.2.6
M-Deskriptor
Bezeichnung für die gemessene oder festgelegte Konzentration von Makropartikeln je Kubikmeter Luft, angegeben in Form eines Äquivalentdurchmessers, der für das verwendete Messverfahren charakteristisch ist

Anmerkung 1 zum Begriff: Der M-Deskriptor kann als Obergrenze für Mittelwerte an Probenahmeorten betrachtet werden. M-Deskriptoren eignen sich nicht, um Partikelreinheitsklassen der Luft zu definieren, aber sie dürfen unabhängig oder in Verbindung mit einer Partikelreinheitsklasse der Luft zitiert werden.

3.2.7
turbulenzarme Verdrängungsströmung
unidirektionaler Luftstrom
geregelte Luftströmung mit gleichförmiger Geschwindigkeit über den gesamten Querschnitt eines Reinraums oder reinen Bereichs, die als parallele Luftströmung angesehen wird

3.2.8
turbulente Verdünnungsströmung
nicht in einer Richtung verlaufender Luftstrom
Luftverteilung, bei der in den Reinraum oder reinen Bereich eintretende Erstluft mit der Innenraumluft durch Induktion vermischt wird

3.3 Betriebszustände

3.3.1
Bereitstellung
Zustand des vollständig angeschlossenen und in Funktion befindlichen Reinraums oder reinen Bereichs, jedoch ohne Produktionseinrichtungen, ohne Ausrüstung und ohne Personal

3.3.2
Leerlauf
Zustand des vollständig eingerichteten und wie vereinbart betriebenen Reinraums oder reinen Bereichs, jedoch ohne Personal

3.3.3
Fertigung
Betrieb
vereinbarter Zustand des in der festgelegten Betriebsart betriebenen Reinraums oder reinen Bereichs mit der Ausrüstung in Betrieb und mit der festgelegten Anzahl anwesender Personen

3.4 Prüfung (siehe Anhang F)

3.4.1
Auflösung
kleinste Änderung in einer gemessenen Größe, die zu einer wahrnehmbaren Veränderung der entsprechenden Anzeige führt

Anmerkung 1 zum Begriff: Die Auflösung kann beispielsweise vom Rauschen (Eigenrauschen oder externes Rauschen) oder von der Reibung abhängig sein. Sie kann auch vom Wert einer gemessenen Größe, abhängig sein.

[QUELLE: ISO/IEC Guide 99:2007, 4.14]

3.4.2
maximal zulässige Messabweichung
maximal zulässige Fehlergrenze
Extremwert der Messabweichung in Bezug auf einen bekannten Referenzgrößenwert, der durch Spezifikationen oder Vorschriften für die jeweilige Messung, das gegebene Messgerät oder Messsystem zulässig ist

Anmerkung 1 zum Begriff: Üblicherweise wird der Begriff „maximal zulässige Fehler" oder „Fehlergrenzen" angewendet, wenn zwei Extremwerte vorhanden sind.

Anmerkung 2 zum Begriff: Der Begriff „Toleranz" sollte zur Bezeichnung von „maximal zulässiger Fehler" nicht angewendet werden.

[QUELLE: ISO/IEC Guide 99:2007, 4.26]

3.5 Gerätespezifikationen

3.5.1
Streulicht-Einzelpartikelzähler
LSAPC
(en: light scattering (discrete) airborne particle counter)
Gerät, das in der Lage ist, einzelne luftgetragene Partikel zu zählen und deren Größe zu bestimmen und Größendaten als optische Äquivalentdurchmesser auszugeben

Anmerkung 1 zum Begriff: Die Spezifikationen für den LSAPC sind in ISO 21501-4:2007 angegeben.

3.5.2
Makropartikel-Einzelzähler
Gerät, das in der Lage ist, einzelne luftgetragene Makropartikel zu zählen und deren Größe zu bestimmen

Anmerkung 1 zum Begriff: Siehe Tabelle F.1 für Spezifikationen.

3.5.3
Partikeldepositionszeitmessgerät
Gerät zur Einzelpartikelzählung und -größenbestimmung, das den aerodynamischen Durchmesser von Partikeln durch Messung der Zeit bestimmt, die vergeht, bis sich ein Partikel einer Änderung der Luftgeschwindigkeit angepasst hat

Anmerkung 1 zum Begriff: Üblicherweise geschieht dies durch optische Messung der Partikelflugzeit nach einer Geschwindigkeitsänderung des Fluidstroms

Anmerkung 2 zum Begriff: Siehe Tabelle F.2 für Spezifikationen.

4 Klassifizierung

4.1 Betriebszustand oder Betriebszustände

Die Luftreinheitsklasse anhand der Partikelkonzentration in einem Reinraum oder einem reinen Bereich muss für einen oder mehrere von drei Betriebszuständen, namentlich „Bereitstellung", „Leerlauf" oder „Fertigung" festgelegt sein (siehe 3.3).

4.2 Partikelgröße(n)

Ein oder mehr als ein Schwellenwert der Partikelgröße (untere Grenze), der (die) sich im Bereich von ≥0,1 µm bis ≥5 µm befindet (befinden), wird (werden) zur Bestimmung der Luftreinheit anhand der Partikelkonzentration für die Klassifizierung angewendet.

4.3 Klassifizierungszahl

Die Luftreinheitsklasse anhand der Partikelkonzentration muss durch eine Klassifizierungszahl, *N*, gekennzeichnet sein. Der Höchstwert der zulässigen Partikelkonzentration für jede betrachtete Partikelgröße wird von Tabelle 1 bestimmt.

Anzahlkonzentrationen der Partikel für andere Schwellenwerte in Tabelle 1 geben die tatsächliche Partikelgröße und die Anzahlverteilung in der Luft nicht wieder und dienen nur als Kriterien zur Klassifizierung. Im Anhang B sind Beispiele für Klassifizierungsberechnungen enthalten.

Tabelle 1 —Klassifizierung der Luftreinheit anhand der Partikelkonzentration

ISO-Klassifizierungszahl (*N*)	Höchstwert der zulässigen Konzentrationen (Partikel/m³) gleich der oder größer als die betrachteten Größen, die nachfolgend abgebildet sind[a]					
	0,1 µm	0,2 µm	0,3 µm	0,5 µm	1 µm	5 µm
1	*10*[b]	[d]	[d]	[d]	[d]	[e]
2	100	*24*[b]	*10*[b]	[d]	[d]	[e]
3	1 000	237	102	*35*[b]	[d]	[e]
4	10 000	2 370	1 020	352	*83*[b]	[e]
5	100 000	23 700	10 200	3 520	832	[d, e, f]
6	1 000 000	237 000	102 000	35 200	8 320	293
7	[c]	[c]	[c]	352 000	83 200	2 930
8	[c]	[c]	[c]	3 520 000	832 000	29 300
9[g]	[c]	[c]	[c]	35 200 000	8 320 000	293 000

[a] Alle in der Tabelle angeführten Partikelkonzentrationen sind summenhäufigkeitsbezogen, z. B. schließen die 10 200 Partikel bei 0,3 µm für ISO-Klasse 5 sämtliche Partikel ein, die gleich der oder größer als diese Partikelgröße sind.

[b] Diese Partikelkonzentrationen ergeben für die Klassifizierung große Luftprobenvolumina. Es darf das Verfahren für aufeinanderfolgende Probenahmen angewandt werden, siehe Anhang D.

[c] Aufgrund einer sehr hohen Partikelkonzentration sind Angaben zu Konzentrationsgrenzen in diesem Bereich der Tabelle ungeeignet.

[d] Probenahme- und statistische Begrenzungen für Partikel in niedrigen Konzentrationen eignen sich nicht für eine Klassifizierung.

[e] Begrenzungen gesammelter Probenahmen sowohl für Partikel in niedriger Konzentration als auch für Partikel, die größer als 1 µm sind, eignen sich aufgrund möglicher Partikelverluste im Probenahmeverfahren nicht zur Klassifizierung.

[f] Um diese Partikelgröße in Verbindung mit ISO-Klasse 5 festzulegen, darf der M-Diskriptor für Makropartikel angepasst werden und zusammen mit mindestens einer anderen Partikelgröße angewendet werden. (Siehe C.7.)

[g] Diese Klasse ist nur für den Betriebszustand „Fertigung" anwendbar.

4.4 Kennzeichnung

Die Kennzeichnung der Partikelreinheit der Luft für Reinräume oder für reine Bereiche muss enthalten:

a) die Klassifizierungszahl, angegeben als „ISO-Klasse *N*";

b) den Betriebszustand, für den die Klassifizierung gilt;

c) die betrachtete(n) Partikelgröße(n).

Werden Messungen mit mehr als einer betrachteten Partikelgröße durchgeführt, so muss jeder größere Partikeldurchmesser (z. B.: $D2$) mindestens dem 1,5-Fachen des nächstkleineren Partikeldurchmessers (z. B.: $D1$) entsprechen, d. h. $D2 \geq 1{,}5 \times D1$.

BEISPIEL ISO-Klasse; Betriebszustand, betrachtete(n) Partikelgröße(n)

ISO-Klasse 4; Betriebszustand Leerlauf; 0,2 µm, 0,5 µm

4.5 Dezimale Zwischenklassen der Reinheit und der Schwellenwerte der Partikelgröße

Wenn Zwischenklassen oder Zwischenschwellenwerte der Partikelgröße für ganzzahlige oder dazwischenliegende Klassen erforderlich sind, siehe informativen Anhang E.

5 Nachweis der Übereinstimmung

5.1 Grundlage

Die Übereinstimmung mit den vom Kunden festgelegten Anforderungen an die Luftreinheit (ISO-Klasse) wird durch die Durchführung festgelegter Prüfverfahren und durch zur Verfügung gestellte Prüfberichte nachgewiesen, die die Ergebnisse und Bedingungen der Prüfung enthalten.

Die Klassifizierung im Betriebszustand Leerlauf oder Fertigung kann auf der Grundlage der Risikobeurteilung der Anwendung regelmäßig durchgeführt werden, üblicherweise jährlich.

Zur Überwachung der Reinraumbereiche und der SD-Module muss ISO 14644-2:2015 angewendet werden.

ANMERKUNG Ist die Anlage mit Geräten für die kontinuierliche oder häufige Überwachung der Luftreinheit anhand der Partikelkonzentration und gegebenenfalls weiterer Leistungsparameter ausgestattet, dürfen die Zeitintervalle zwischen den Klassifizierungen unter der Voraussetzung erweitert werden, dass die Überwachungsergebnisse sich innerhalb der festgelegten Grenzen befinden.

5.2 Prüfung

Das Referenzverfahren zum Nachweis der Übereinstimmung ist in Anhang A (normativ) angegebenen. Alternative Verfahren oder die Messgeräteausrüstung (oder beides) mit mindestens vergleichbarer Leistungsfähigkeit dürfen festgelegt werden. Wenn keine Alternative festgelegt oder vereinbart wurde, muss das Referenzverfahren angewendet werden.

Prüfungen zum Nachweis der Übereinstimmung müssen mit Messgeräten durchgeführt werden, die zum Zeitpunkt der Prüfung den Anforderungen an die Kalibrierung entsprechen.

5.3 Bewertung der Partikelkonzentration der Luft

Die Partikelkonzentration (angegeben in Partikelanzahl je Kubikmeter) im Einzelprobenvolumen an jedem Probenahmeort darf nach Abschluss der Prüfungen entsprechend Anhang A den (die) in Tabelle 1 angegebenen Konzentrationsgrenzwert(e) oder die aus Gleichung (E.1) abgeleiteten dezimalen Zwischenklassen für die betrachtete(n) Größe(n) nicht überschreiten. Wenn mehrere Einzelprobenvolumina an einem Probenahmeort genommen werden, muss die Konzentration gemittelt werden, und die mittlere Konzentration darf die in Tabelle 1 oder Tabelle E.1 angegebenen Konzentrationsgrenzwerte für dezimale Zwischenklassen oder die aus Gleichung (E.1) abgeleiteten Zwischenklassen der Partikelgröße nicht überschreiten.

Die zur Bestimmung der Übereinstimmung mit den Klassifizierungsgrenzwerten verwendeten Partikelkonzentrationen müssen für alle betrachteten Partikelgrößen nach demselben Verfahren gemessen werden.

5.4 Prüfbericht

Die Ergebnisse der Prüfung jedes Reinraums oder reinen Bereichs müssen dokumentiert und als umfassender Bericht zusammen mit einer Erklärung der Übereinstimmung oder Nichtübereinstimmung mit der festgelegten Kennzeichnung der Luftreinheitsklasse anhand der Partikelkonzentration vorgelegt werden.

Der Prüfbericht muss Folgendes enthalten:

a) Name und Anschrift der Prüfstelle und Datum der Durchführung der Prüfung,

b) Nummer und Ausgabedatum dieses Teiles von ISO 14644, d. h., ISO 14644-1:2015,

c) eine eindeutige Kennzeichnung und Ortsangabe des geprüften Reinraums oder reinen Bereichs (einschließlich Verweis auf die angrenzenden Bereiche, falls notwendig) sowie die festgelegten Kennzeichnungen der Koordinaten aller Probenahmeorte (eine schematische Darstellung kann hilfreich sein),

d) die festgelegte Kennzeichnung der Kriterien für den Reinraum oder reinen Bereich, einschließlich der ISO-Klassifizierung, des relevanten Betriebszustands (der relevanten Betriebszustände) und der betrachteten Partikelgröße(n),

e) Einzelheiten des angewendeten Prüfverfahrens mit allen Besonderheiten, die einen Bezug zur Prüfung haben oder Abweichungen vom Prüfverfahren und Identifizierung des Prüfgerätes und seines gültigen Kalibrierzertifikats und

f) die Prüfergebnisse, einschließlich der Daten der Partikelkonzentration für alle Probenahmeorte.

Falls die Konzentrationen von Makropartikeln mengenmäßig bestimmt werden, wie in Anhang C beschrieben, sollten die relevanten Informationen im Prüfbericht enthalten sein.

Anhang A
(normativ)

Referenzverfahren zur Bestimmung der Klassifizierung der Luftreinheit anhand der Partikelkonzentration

A.1 Kurzbeschreibung

Zur Bestimmung der Konzentration von luftgetragenen Partikeln, die gleich der oder größer als die festgelegten Partikelgrößen an den gekennzeichneten Probenahmeorten sind, wird ein Einzelpartikelzähler verwendet.

A.2 Anforderungen an die Geräte

A.2.1 Partikelzähler

Das Messgerät muss über eine Einrichtung zur Anzeige und Aufzeichnung der Anzahl und Größe einzelner Partikel in der Luft und über die Möglichkeit, die Partikelgrößen zu unterscheiden, verfügen, um die Gesamtkonzentration an Partikeln in den entsprechenden Partikelgrößenbereichen für die betrachtete Klasse festzustellen.

ANMERKUNG Im Allgemeinen werden Streulicht-Einzelpartikelzähler (LSAPC, en. Light scattering (discrete) airborne particle counter) zur Klassifizierung der Partikelkonzentration verwendet.

A.2.2 Kalibrierung des Messgerätes

Der Partikelzähler muss über ein gültiges Kalibrierzertifikat verfügen: die Häufigkeit und das Verfahren der Kalibrierung sollten auf der in ISO 21501-4 [1] festgelegten derzeit gängigen Praxis beruhen

ANMERKUNG Einige Partikelzähler können nicht für alle geforderten Prüfungen in ISO 21501-4 kalibriert werden. Ist das der Fall, ist die Entscheidung zur Anwendung des Partikelzählers im Prüfbericht aufzuzeichnen.

A.3 Vorbereitung der Partikelzählprüfung

Vor Durchführung der Prüfung ist zu verifizieren, ob alle zur Integrität des Reinraums oder reinen Bereichs beitragenden Aspekte entsprechend der Leistungsbeschreibung vollständig sind und sich in Funktion befinden.

Bei der Bestimmung der Abfolge der Durchführung der unterstützenden Prüfungen für die Leistung des Reinraums sollte sorgfältig vorgegangen werden. ISO 14644-3, Anhang A, enthält eine Checkliste für die Prüfung.

A.4 Festlegung der Probenahmeorte

A.4.1 Ableitung der Anzahl der Probenahmeorte

Die Mindestanzahl von Probenahmeorten, N_L, ist aus Tabelle A.1 abzuleiten. Tabelle A.1 zeigt die Anzahl der Probenahmeorte, bezogen auf die Fläche eines jeden zu klassifizierenden Reinraums oder reinen Bereichs und bietet einen mindestens 95%-Vertrauensbereich, dass mindestens 90 % der Fläche des Reinraums oder des reinen Bereichs die Klassengrenzen nicht überschreiten.

Tabelle A.1 — Probenahmeorte, bezogen auf Reinraumflächen

Reinraumfläche (m^2) kleiner als oder gleich	Mindestanzahl der zu prüfenden Probenahmeorte (N_L)
2	1
4	2
6	3
8	4
10	5
24	6
28	7
32	8
36	9
52	10
56	11
64	12
68	13
72	14
76	15
104	16
108	17
116	18
148	19
156	20
192	21
232	22
276	23
352	24
436	25
636	26
1 000	27
> 1 000	Siehe Gleichung (A.1).

Reinraumfläche (m^2) kleiner als oder gleich	Mindestanzahl der zu prüfenden Probenahmeorte (N_L)
ANMERKUNG 1 Wenn die betrachtete Bereichsfläche zwischen zwei Werten in der Tabelle liegt, sollte der größere der beiden gewählt werden. ANMERKUNG 2 Im Falle der turbulenzarmen Verdrängungsströmung darf die Fläche als Querschnitt der sich senkrecht zur Richtung des Luftstromes bewegenden Luft betrachtet werden. In allen anderen Fällen darf die Fläche als die waagerechte Grundfläche des Reinraums oder reinen Bereichs betrachtet werden.	

A.4.2 Anordnung der Probenahmeorte

Für die Anordnung der Probenahmeorte:

a) ist die Mindestanzahl der Probenahmeorte, N_L, aus Tabelle A.1 zu ermitteln,

b) anschließend ist der gesamte Reinraum oder der reine Bereich in gleich große N_L-Abschnitte zu unterteilen,

c) innerhalb jedes Abschnitts ist ein Probenahmeort auszuwählen, der als repräsentativ für die Eigenschaften des Abschnitts betrachtet wird und

d) an jedem Probenahmeort ist die Sonde des Partikelzählers auf der Höhe der Arbeitsaktivität oder an einem anderen festgelegten Punkt anzuordnen.

Zusätzliche Probenahmeorte dürfen für Orte ausgewählt werden, die als kritisch betrachtet werden. Deren Anzahl und Lage muss ebenfalls vereinbart und festgelegt werden.

Um die Unterteilung in gleiche Abschnitte zu erleichtern, dürfen zusätzliche Abschnitte und dazugehörige Probenahmeorte einbezogen werden.

Bei Reinräumen oder reinen Bereichen mit turbulenzarmer Verdrängungsströmung können die Probenahmeorte nicht repräsentativ sein, wenn sie direkt unter den nicht-diffusen Zuluftquellen angeordnet sind.

A.4.3 Probenahmeorte für große Reinräume oder reine Bereiche

Ist die Fläche des Reinraums oder des reinen Bereichs größer als 1 000 m^2, ist Gleichung (A.1) zur Bestimmung der Mindestanzahl der erforderlichen Probenahmeorte anzuwenden.

$$N_L = 27 \times \left(\frac{A}{1\,000}\right) \quad \text{(A.1)}$$

Dabei ist

N_L die Mindestanzahl der zu bewertenden Probenahmeorte, aufgerundet auf die nächsthöhere ganze Zahl;

A die Fläche des Reinraums, in m^2.

A.4.4 Feststellung des Einzelprobenvolumens und der Probenahmezeit je Probenahmeort

An jedem Probenahmeort ist ein Luftvolumen als Probe zu entnehmen, das ausreicht, um mindestens 20 Partikel nachzuweisen, wenn die Partikelkonzentration für die größte ausgewählte Partikelgröße an der Klassengrenze für die benannte ISO-Klasse ist.

Das Einzelprobenvolumen, V_s, je Probenahmeort ist mithilfe von Gleichung (A.2) zu bestimmen:

$$V_s = \left(\frac{20}{C_{n,m}}\right) \times 1\ 000 \tag{A.2}$$

Dabei ist

V_s das Mindesteinzelprobenvolumen je Probenahmeort, angegeben in Liter (Ausnahme siehe Anhang D);

$C_{n,m}$ die für die größte betrachtete Partikelgröße der entsprechenden Klasse festgelegte Klassengrenze (Partikelanzahl je Kubikmeter);

20 die Partikelanzahl, die gezählt werden könnte, wenn sich die Partikelkonzentration an der Klassengrenze befindet.

Das an jedem Probenahmeort gesammelte Volumen muss mindestens 2 l bei einer Probenahmezeit von 1 min für jede Probe an jedem Ort umfassen. Jedes Einzelprobenvolumen an jedem Probenahmeort muss gleich sein.

Wenn V_s sehr groß ist, kann die dafür erforderliche Probenahmezeit erheblich sein. Bei Durchführung des optionalen aufeinanderfolgenden Probenahmeverfahrens (siehe Anhang D) dürfen das geforderte Probenvolumen und die Zeit, die zur Entnahme der Proben erforderlich ist, verringert werden.

A.5 Probenahmeverfahren

A.5.1 Der Partikelzähler (siehe A.2) ist entsprechend den Anweisungen des Herstellers, die die Durchführung einer Null-Zählungsprüfung umfassen, einzurichten.

A.5.2 Die Probenahmesonde muss punktuell im Luftstrom positioniert sein. Wenn die Richtung des zu prüfenden Luftstromes nicht zu regeln oder voraussagbar ist (z. B. turbulente Verdünnungsströmung), dann muss der Einlass der Probenahmesonde senkrecht nach oben gerichtet sein.

A.5.3 Vor der Probenahme sind für den ausgewählten Betriebszustand konstante Bedingungen zu schaffen.

A.5.4 Mindestens an jedem Probenahmeort ist das in A.4.4 festgelegte Luftvolumen als Probe zu entnehmen.

A.5.5 Wird an einem Ort infolge eines identifizierten Störfalls ein Zählergebnis außerhalb der Spezifikation ermittelt, dann kann das Zählergebnis verworfen und als solches im Prüfbericht dokumentiert werden und eine neue Probe ist zu entnehmen.

A.5.6 Wird an einem Ort ein Zählergebnis außerhalb der Spezifikation ermittelt, das einem technischen Versagen des Reinraums oder der Ausrüstung zuzuschreiben ist, dann sollte die Ursache identifiziert sowie Abhilfemaßnahmen getroffen werden und der ungenügende Probenahmeort einschließlich der Orte in unmittelbarer Umgebung sowie weitere beeinträchtigte Orte sind erneut zu prüfen. Die Auswahl muss eindeutig dokumentiert und begründet werden.

A.6 Bearbeitung der Ergebnisse

A.6.1 Aufzeichnung der Ergebnisse

Für jede Probenmessung ist das Ergebnis in Form der Partikelanzahl in jedem Einzelprobenvolumen der jeweils betrachteten Partikelgröße(n) aufzuzeichnen, die für die entsprechende Klassifizierung der Luftreinheit geeignet ist.

ANMERKUNG Bei Partikelzählern mit einem Modus zur Konzentrationsberechnung kann die manuelle Berechnung nicht erforderlich sein.

A.6.1.1 Mittlere Partikelkonzentration an jedem Probenahmeort

Werden an einem Probenahmeort zwei oder mehr Einzelprobenvolumina entnommen, ist die mittlere Partikelanzahl je Probenahmeort für jede betrachtete Partikelgröße aus den Partikelkonzentrationen für die Einzelproben entsprechend Gleichung (A.3) zu berechnen und aufzuzeichnen.

$$\bar{x}_i = \frac{\left[x_{\mathrm{i,1}} + x_{\mathrm{i,2}} + \ldots x_{\mathrm{i,n}}\right]}{n} \tag{A.3}$$

Dabei ist

$\bar{x}_i$ die mittlere Partikelanzahl am Probenahmeort *i*, der repräsentativ für alle Probenahmeorte ist;

$x_{\mathrm{i,1}}$ bis $x_{\mathrm{i,n}}$ die Partikelanzahl in Einzelproben;

n die am Probenahmeort *i* entnommene Probenanzahl.

A.6.1.2 Berechnung der Konzentration je Kubikmeter

$$C_{\mathrm{i}} = \frac{\bar{x}_i \times 1\ 000}{V_{\mathrm{t}}} \tag{A.4}$$

Dabei ist

C_{i} die Partikelkonzentration je Kubikmeter;

$\bar{x}_i$ die mittlere Partikelanzahl an einem Probenahmeort *i*, der repräsentativ für alle Probenahmeorte ist;

V_{t} das angenommene Einzelprobenvolumen, in Liter.

A.6.2 Bewertung der Ergebnisse

A.6.2.1 Klassifizierungsanforderungen

Der Reinraum oder reine Bereich entspricht den festgelegten Anforderungen der Klassifizierung der Luftreinheit, wenn der Mittelwert der an jedem Probenahmeort gemessenen Partikelkonzentrationen (angegeben in Partikelanzahl je Kubikmeter) die entsprechend Tabelle 1 festgelegten Konzentrationsgrenzen nicht überschreitet.

Werden dezimale Zwischenklassen oder Partikelgrößen, wie in Anhang E festgelegt, verwendet, sollten aus Tabelle E.1 oder Gleichung (E.1) abgeleitete geeignete Grenzen angewendet werden.

A.6.2.2 Ergebnis außerhalb der Spezifikation

Im Fall des Auftretens eines Zählergebnisses außerhalb der Spezifikation muss eine Untersuchung durchgeführt werden. Das Ergebnis der Untersuchung und die Abhilfemaßnahme müssen im Prüfbericht dokumentiert werden (siehe 5.4).

Anhang B
(informativ)

Beispiele für Klassifizierungsberechnungen

B.1 Beispiel 1

B.1.1 Ein Reinraum hat eine Bodenfläche von 18 m^2 und ist im Betriebszustand „Betrieb" und es gilt die ISO-Klasse 5. Die Klassifizierung ist mit einem Einzelpartikelzähler, dessen Durchflussrate 28,3 l je Minute beträgt, durchzuführen. Zwei Partikelgrößen werden betrachtet: $D \geq 0{,}3$ µm und $D \geq 0{,}5$ µm.

Die Anzahl der Probenahmeorte, N_L, ist auf der Grundlage von Tabelle A.1 auf sechs festgelegt.

B.1.2 Die Partikelkonzentrationsgrenzen für ISO-Klasse 5 sind Tabelle 1 entnommen:

C_n (≥ 0,3 µm) = 10 200 Partikel/m^3

C_n (≥ 0,5 µm) = 3 520 Partikel/m^3

B.1.3 Das erforderliche Einzelprobenvolumen kann mithilfe Gleichung (A.2) wie folgt berechnet werden:

$$V_s = \left(\frac{20}{C_{n,m}}\right) \times 1\,000$$

$$V_s = \left(\frac{20}{3\,520}\right) \times 1\,000$$

$$V_s = (0{,}005\,68) \times 1\,000$$

$$V_s = 5{,}68 \text{ Liter}$$

Das Einzelprobenvolumen wurde mit 5,68 l berechnet. Da der für diese Prüfung verwendete LSAPC eine Durchflussrate von 28,3 Liter je Minute hatte, wäre eine einminütige Einzelprobenzählung erforderlich (siehe A.4.4), weshalb für jedes Einzelprobenvolumen eine Probenahme von 28,3 l durchzuführen wäre.

ANMERKUNG In A.4.4 ist das Mindestprobenvolumen für das Verfahren durch Berechnung des Mindestprobenvolumens, wie vorstehend gezeigt, und anschließend durch Festlegung des für den Einsatz des Partikelzählers in der Zeitspanne von einer Minute erhaltenen Probevolumens bestimmt. Die Probenahme muss je Probenahmeort mindestens eine Minute lang erfolgen. Wenn das so berechnete Mindestprobenvolumen innerhalb der einminütigen Zeitspanne erfüllt ist, kann das Probenahmeverfahren zur vollen Minute abgebrochen werden. Wenn das berechnete Mindestprobenvolumen innerhalb der einminütigen Zeitspanne mit der Durchflussrate des zu verwendenden Messgeräts nicht zu erzielen ist, muss die Probenahme über eine längere Zeitspanne erfolgen, bis mindestens das Mindestprobenvolumen erzielt worden ist. Da es mehrere mögliche Durchflussraten für Partikelzähler gibt, wird dem Anwender empfohlen, die Durchflussrate (des) der speziell zu verwendenden Geräte(s) bei Festlegung der für die Probenahme benötigten Zeitspanne zu überprüfen, um sowohl die einminütige Zeitanforderung als auch das berechnete Mindestprobenvolumen zu erfüllen.

B.1.4 An jedem Probenahmeort wird nur ein Probenvolumen entnommen. Die Anzahl der Partikel je Kubikmeter, x_i, wird für jeden Probenahmeort und für jede Partikelgröße entsprechend den Tabellen B.1 und B.2 berechnet:

Tabelle B.1 — Probenahmedaten für Partikel ≥ 0,3 µm

Probe-nahme-ort	Probe 1 $x_i \geq 0,3$ µm (Zählungen je 28,3 l)	Mittelwert der Probe vom Probenahme-ort (Zählungen je 28,3 l)	Mittelwert der Konzentration des Probenahmeorts (Zählungen je m³ = Mittelwert des Probenahmeorts × 35,3)	Grenzwert der ISO-Klasse 5 für 0,3-µm-Partikel-größe	eingehalten/ nicht eingehalten
1	245	245	8 649	10 200	eingehalten
2	185	185	6 531	10 200	eingehalten
3	59	59	2 083	10 200	eingehalten
4	106	106	3 742	10 200	eingehalten
5	164	164	5 789	10 200	eingehalten
6	196	196	6 919	10 200	eingehalten

Tabelle B.2 — Probenahmedaten für Partikel ≥ 0,5 µm

Probe-nahme-ort	Probe 1 $x_i \geq 0,5$ µm (Zählungen je 28,3 l)	Mittelwert der Probe vom Probenahme-ort (Zählungen je 28,3 l)	Mittelwert der Konzentration des Probenahmeorts (Zählungen je m³ = Mittelwert des Probenahmeorts × 35,3)	Grenzwert der ISO-Klasse 5 für 0,5-µm-Partikel-größe	eingehalten/ nicht eingehalten
1	21	21	741	3 520	eingehalten
2	24	24	847	3 520	eingehalten
3	0	0	0	3 520	eingehalten
4	7	7	247	3 520	eingehalten
5	22	22	777	3 520	eingehalten
6	25	25	883	3 520	eingehalten

B.1.5 Jeder Wert der Konzentration für $D \geq 0,3$ µm ist kleiner als der Grenzwert von 10 200 Partikel/m³ und $D \geq 0,5$ µm ist kleiner als der Grenzwert von 3 520 Partikel/m³, wie in B.1.2 festgelegt. Deshalb erfüllt die Luftreinheit anhand der Partikelkonzentration des Reinraums die geforderte Klassifizierung.

B.2 Beispiel 2

B.2.1 Ein Reinraum hat eine Bodenfläche von 9 m² und ist im Betriebszustand „Betrieb" und es gilt die ISO-Klasse 3. Die Klassifizierung ist mit einem Einzelpartikelzähler, dessen Durchflussrate 50,0 l je Minute beträgt, durchzuführen. Es wird nur eine Partikelgröße ($D \geq 0,1$ µm) betrachtet.

Die Anzahl der Probenahmeorte, N_L, ist auf der Grundlage von Tabelle A.1 auf fünf festgelegt.

B.2.2 Die Partikelkonzentrationsgrenze für ISO-Klasse 3 bei ≥ 0,1 µm ist Tabelle 1 entnommen:

C_n (≥ 0,1 µm) = 1 000 Partikel/m^3

B.2.3 Das erforderliche Einzelprobenvolumen kann mit Gleichung (A.2) wie folgt berechnet werden:

$$V_s = \left(\frac{20}{C_{n,m}}\right) \times 1\,000$$

$$V_s = \left(\frac{20}{1\,000}\right) \times 1\,000$$

$$V_s = (0{,}02) \times 1\,000$$

$$V_s = 20{,}0 \text{ Liter}$$

Das Einzelprobenvolumen wurde mit 20,0 l berechnet. Da der für diese Prüfung verwendete Einzelpartikelzähler eine Durchflussrate von 50,0 l je Minute hatte, wäre eine einminütige Einzelprobenzählung erforderlich (siehe A.4.4), weshalb für jedes Einzelprobenvolumen eine Probenahme von 50,0 l durchzuführen wäre.

B.2.4 An jedem Probenahmeort wird nur ein Probenvolumen entnommen. Die Anzahl der Partikel je Kubikmeter, x_i, wird für jeden Probenahmeort berechnet und ist in Tabelle B.3 aufgeführt:

Tabelle B.3 — Probenahmedaten für Partikel ≥ 0,1 µm

Probe-nahme-ort	**Probe 1** **x_i ≥ 0,1 µm** (Zählungen je 50,0 l)	**Mittelwert der Probe vom Probenahme-ort** (Zählungen je 50,0 l)	**Mittelwert der Konzentration des Probenahmeorts** (Zählungen je m^3 = Mittelwert des Probenahmeorts × 20)	**Grenzwert der ISO-Klasse 3 für ≥ 0,1-µm-Partikel-größe**	**eingehalten/ nicht eingehalten**
1	46	46	920	1 000	eingehalten
2	47	47	940	1 000	eingehalten
3	46	46	920	1 000	eingehalten
4	44	44	880	1 000	eingehalten
5	9	9	180	1 000	eingehalten

B.2.5 Jeder Wert der Konzentration für D ≥ 0,1 µm ist kleiner als der in Tabelle 1 festgelegte Grenzwert von 1 000 Partikel/m^3. Deshalb erfüllt die Luftreinheit anhand der Partikelkonzentration des Reinraums die geforderte Klassifizierung.

B.3 Beispiel 3

B.3.1 Ein Reinraum hat eine Bodenfläche von 64 m^2 und ist im Betriebszustand „Betrieb" und es gilt die ISO Klasse 5. Die Klassifizierung ist mit einem Einzelpartikelzähler, dessen Durchflussrate 28,3 l je Minute beträgt, durchzuführen. Es wird nur eine Partikelgröße (D ≥ 0,5 µm) betrachtet.

Die Anzahl der Probenahmeorte, N_L, ist auf der Grundlage von Tabelle A.1 auf zwölf festgelegt.

B.3.2 Die Partikelkonzentrationsgrenze für ISO-Klasse 5 bei ≥ 0,5 µm ist Tabelle 1 entnommen:

C_n (≥ 0,5 µm) = 3 520 Partikel/m³

B.3.3 Das erforderliche Einzelprobenvolumen kann mithilfe Gleichung (A.2) wie folgt berechnet werden:

$$V_s = \left(\frac{20}{C_{n,m}}\right) \times 1\,000$$

$$V_s = \left(\frac{20}{3\,520}\right) \times 1\,000$$

$$V_s = (0{,}005\,68) \times 1\,000$$

$$V_s = 5{,}68 \text{ Liter}$$

Das Einzelprobenvolumen wurde mit 5,68 l berechnet. Da der für diese Prüfung verwendete Einzelpartikelzähler eine Durchflussrate von 28,3 l je Minute hatte, wäre eine einminütige Einzelprobenzählung erforderlich (siehe A.4.4), weshalb für jedes Einzelprobenvolumen eine Probenahme von 28,3 l durchzuführen wäre.

B.3.4 An jedem Probenahmeort wird nur ein Probenvolumen entnommen. Die Anzahl der Partikel je Kubikmeter, x_i, wird für jeden Probenahmeort berechnet und ist in Tabelle B.4 aufgeführt:

Tabelle B.4 — Probenahmedaten für Partikel ≥ 0,5 µm

Probe-nahme-ort	**Probe 1** $x_i \geq$ **0,5 µm**	**Mittelwert der Konzentration der Probe vom Probenahme-ort** (Zählungen je 28,3 l)	**Mittelwert der Konzentration des Probenahmeorts** (Zählungen je m³ = Mittelwert des Probenahmeorts × 35,3)	**Grenzwert der ISO-Klasse 5 für 0,5-µm-Partikel-größe**	**eingehalten/ nicht eingehalten**
1	35	35	1 236	3 520	eingehalten
2	22	22	777	3 520	eingehalten
3	89	89	3 142	3 520	eingehalten
4	49	49	1 730	3 520	eingehalten
5	10	10	353	3 520	eingehalten
6	60	60	2 118	3 520	eingehalten
7	18	18	635	3 520	eingehalten
8	44	44	1 553	3 520	eingehalten
9	59	59	2 083	3 520	eingehalten
10	51	51	1 800	3 520	eingehalten
11	6	6	212	3 520	eingehalten
12	31	31	1 094	3 520	eingehalten

B.3.5 Jeder Wert der Konzentration für $D = 0,5$ µm ist kleiner als der in Tabelle 1 festgelegte Grenzwert von 3 520 Partikel/m^3. Deshalb erfüllt die Luftreinheit anhand der Partikelkonzentration des Reinraums die geforderte Klassifizierung.

B.4 Beispiel 4

B.4.1 Ein Reinraum hat eine Bodenfläche von 25 m^2 und ist im Betriebszustand „Betrieb" und es gilt die ISO-Klasse 5. Die Klassifizierung ist mit einem Einzelpartikelzähler, dessen Durchflussrate 28,3 l je Minute beträgt, durchzuführen. Es wird nur eine Partikelgröße ($D \geq 0,5$ µm) betrachtet.

Die Anzahl der Probenahmeorte, N_L, ist auf der Grundlage von Tabelle A.1 auf 7 festgelegt.

B.4.2 Die Partikelkonzentrationsgrenze für ISO-Klasse 5 bei $\geq 0,5$ µm ist mit Tabelle 1 wie folgt zu berechnen:

$$C_n\,(\geq 0{,}5\ \mu\text{m}) = 3\,520\ \text{Partikel/ m}^3$$

B.4.3 Das erforderliche Einzelprobenvolumen kann mithilfe Gleichung (A.2) wie folgt berechnet werden:

$$V_s = \left(\frac{20}{C_{n,m}}\right) \times 1\,000$$

$$V_s = \left(\frac{20}{3\,520}\right) \times 1\,000$$

$$V_s = (0{,}005\,68) \times 1\,000$$

$$V_s = 5{,}68\ \text{Liter}$$

Das Einzelprobenvolumen wurde mit 5,68 l berechnet. Da der für diese Prüfung verwendete Einzelpartikelzähler eine Durchflussrate von 28,3 l je Minute hatte, wäre eine einminütige Einzelprobenzählung erforderlich (siehe A.4.4), weshalb für jedes Einzelprobenvolumen eine Probenahme von 28,3 l durchzuführen wäre.

B.4.4 Die nach Tabelle A.1 geforderte Anzahl der Probenahmeorte beträgt 7, jedoch zeigt dieses Beispiel, dass der Kunde und der Lieferant 3 zusätzliche Probenahmeorte vereinbart haben, d. h. insgesamt 10. An jedem Probenahmeort reicht die Anzahl der Einzelprobenvolumina von 1 bis 3.

B.4.5 Für die Aufzeichnungszwecke wird die Anzahl der Partikel (Konzentration) je Kubikmeter, x_i, aus dem Mittelwert der Zählung je Volumeneinheit (28,3 l) an jedem Probenahmeort (28,3 × 35,3) berechnet und ist in Tabelle B.5 aufgeführt:

Tabelle B.5 — Probenahmedaten für Partikel ≥ 0,5 µm

Probenahmeort	Probe 1 $x_i \geq 0{,}5$ µm (Zählungen je 28,3 l)	Probe 2 $x_i \geq 0{,}5$ µm (Zählungen je 28,3 l)	Probe 3 $x_i \geq 0{,}5$ µm (Zählungen je 28,3 l)	Mittelwert der Probe vom Probenahmeort (Zählungen je 28,3 l)	Mittelwert der Konzentration des Probenahmeorts (Zählungen je m^3 = Mittelwert des Probenahmeorts × 35,3)	Grenzwert der ISO-Klasse 5 für ≥ 0,5-µm-Partikelgröße	eingehalten/ nicht eingehalten
1	47	57		52	1 836	3 520	eingehalten
2	12			12	424	3 520	eingehalten
3	162	78	32	91	3 201	3 520	eingehalten
4	148	74	132	118	4 165	3 520	nicht eingehalten
5	1	0		0,5	18	3 520	eingehalten
6	19	22	17	19	682	3 520	eingehalten
7	5	15	3	8	271	3 520	eingehalten
8	38	21		30	1 041	3 520	eingehalten
9	54	159	78	97	3 424	3 520	eingehalten
10	48	62	53	54	1 918	3 520	eingehalten

B.4.6 An Probenahmeort 4 erfüllt die mittlere Probenvolumenkonzentration von 4 165 die Kriterien der höchsten Partikelzählung von 3 520 der ISO-Klasse 5 nicht. An Probenahmeort 3 und an Probenahmeort 9 hält jeweils eine der Konzentrationen der Einzelpartikelzählungen die in Tabelle 1 festgelegte Grenze nicht ein. Dennoch erfüllt sowohl die mittlere Partikelkonzentration für Probenahmeort 3 als auch jene für Probenahmeort 9 die in Tabelle 1 festgelegte Grenze. Da an Probenahmeort 4 die Luftreinheit anhand der Partikelkonzentration nicht erfüllt ist, erfüllt der Reinraum nicht die geforderte ISO-Klasse.

B.5 Beispiel 5

B.5.1 Ein Reinraum hat eine Bodenfläche von 10,7 m^2 und ist im Betriebszustand „Betrieb" und es gilt die ISO-Klasse 7,5. Die Klassifizierung ist mit einem Einzelpartikelzähler, dessen Durchflussrate 28,3 Liter je Minute beträgt, durchzuführen. Es wird nur eine Partikelgröße ($D \geq 0{,}5$ µm) betrachtet.

Die Anzahl der Probenahmeorte, N_L, ist auf der Grundlage von Tabelle A.1 auf 6 festgelegt.

B.5.2 Die Partikelkonzentrationsgrenze für ISO-Klasse 7,5 bei ≥ 0,5 µm ist mithilfe Gleichung (E.1) wie folgt zu berechnen:

$$C_n\,(\geq 0{,}5\ \mu\text{m}) = 10^N \times \left(\frac{0{,}1}{D}\right)^{2{,}08}\text{; dabei ist } N = 7{,}5 \text{ und } D = 0{,}5\ \mu\text{m}$$

$$C_n\,(\geq 0{,}5\ \mu\text{m}) = 10^{7{,}5} \times \left(\frac{0{,}1}{0{,}5}\right)^{2{,}08}$$

$$C_n\,(\geq 0{,}5\ \mu\text{m}) = 31\,622\,777 \times 0{,}035\,167\,57$$

$$C_n\,(\geq 0{,}5\ \mu\text{m}) = 1\,112\,096\text{, gerundet auf vier signifikante Ziffern} = 1\,110\,000\ \text{Partikel/m}^3$$

B.5.3 Das erforderliche Einzelprobenvolumen kann mithilfe Gleichung (A.2) wie folgt berechnet werden:

$$V_S = \left(\frac{20}{C_{n,m}}\right) \times 1\,000$$

$$V_S = \left(\frac{20}{1\,112\,000}\right) \times 1\,000 = 0{,}017\,99 \text{ Liter}$$

Das Einzelprobenvolumen wurde mit 0,017 99 l berechnet. Da der für diese Prüfung verwendete Einzelpartikelzähler eine Durchflussrate von 28,3 l je Minute hatte, wäre eine einminütige Einzelprobenzählung erforderlich (siehe A.4.4), weshalb für jedes Einzelprobenvolumen eine Probenahme von 28,3 l durchzuführen wäre.

B.5.4 An jedem Probenahmeort reicht die Anzahl der Einzelprobenvolumina von 1 bis 3. Die Anzahl der Partikel je Kubikmeter, x_i, wird für jeden Probenahmeort berechnet und ist in Tabelle B.6 aufgeführt:

Tabelle B.6 — Probenahmedaten für Partikel ≥ 0,5 µm

Probe-nahme-ort	**Probe 1** **$x_i \geq 0{,}5$ µm** (Zählungen je 28,3 l)	**Probe 2** **$x_i \geq 0{,}5$ µm** (Zählungen je 28,3 l)	**Probe 3** **$x_i \geq 0{,}5$ µm** (Zählungen je 28,3 l)	**Mittelwert der Probe vom Probenahme-ort** (Zählungen je 28,3 l)	**Mittelwert der Konzentration des Probenahmeorts** (Zählungen je m^3 = Mittelwert des Probenahme-orts × 35,3)	**Grenzwert der ISO-Klasse 7,5 für 0,5-µm-Partikel-größe**	**eingehalten / nicht eingehalten**
1	11 679			11 679	412 269	1 110 000	eingehalten
2	9 045			9 045	319 289	1 110 000	eingehalten
3	12 699			12 699	448 275	1 110 000	eingehalten
4	26 232	27 555	34 632	29 473	1 040 397	1 110 000	eingehalten
5	7 839			7 839	276 717	1 110 000	eingehalten
6	13 669			13 669	482 516	1 110 000	eingehalten

B.5.5 An Probenahmeort 4 erfüllte die dritte Probenvolumenkonzentration von 1 222 507 (34 632 × 35,3) die Kriterien der höchsten Partikelzählung von 1 110 000 der ISO-Klasse 7,5 nicht. Jedes Einzelprobenvolumen der Konzentration erfüllt die durch Anwendung von Gleichung (E.1) festgelegte Grenze nicht. Dennoch erfüllt die mittlere Partikelkonzentration für jeden der Probenahmeorte die durch Anwendung von Gleichung (E.1) festgelegte Grenze. Deshalb erfüllt die Luftreinheit anhand der Partikelkonzentration des Reinraums die geforderte ISO-Klasse.

B.6 Beispiel 6

B.6.1 Ein Reinraum hat eine Bodenfläche von 2 100 m^2 und ist im Betriebszustand „Betrieb" und es gilt die ISO-Klasse 7. Die Klassifizierung ist mit einem Einzelpartikelzähler, dessen Durchflussrate 28,3 l je Minute beträgt, durchzuführen. Es wird nur eine Partikelgröße ($D \geq 0{,}5$ µm) betrachtet.

Die Anzahl der in Tabelle A.1 angegebenen Probenahmeorte ist auf Reinräume mit einer Fläche von 1 000 m^2 begrenzt.

Bei einem Reinraum mit einer Fläche von 2 100 m^2 ist die Anzahl der Probenahmeorte wie folgt:

$2\,100 \times \left(\frac{27}{1\,000}\right) = 56{,}7$, gerundet auf 57

B.6.2 Die Partikelkonzentrationsgrenze für ISO-Klasse 7 bei ≥ 0,5 µm ist Tabelle 1 entnommen:

C_n (≥ 0,5 µm) = 352 000 Partikel/m^3

B.6.3 Das erforderliche Einzelprobenvolumen kann mithilfe Gleichung (A.2) wie folgt berechnet werden:

$$V_s = \left(\frac{20}{C_{n,m}}\right) \times 1\,000$$

$$V_s = \left(\frac{20}{352\,000}\right) \times 1\,000$$

$$V_s = (0{,}000\,056\,8) \times 1\,000$$

$$V_s = 0{,}056\,8 \text{ Liter}$$

Das Einzelprobenvolumen beträgt der Gleichung nach 0,056 8 l. Da der für diese Prüfung verwendete Einzelpartikelzähler eine Durchflussrate von 28,3 l je Minute hatte, wäre eine einminütige Einzelprobenzählung erforderlich (siehe A.4.4), weshalb für jedes Einzelprobenvolumen eine Probenahme von 28,3 l durchzuführen wäre.

B.6.4 An jedem Probenahmeort wird nur ein Probenvolumen entnommen. Die Anzahl der Partikel je Kubikmeter, x_i, wird für jeden Probenahmeort berechnet und ist in Tabelle B.7 aufgeführt:

Tabelle B.7 — Probenahmedaten für Partikel ≥ 0,5 µm

Probe-nahme-ort	**Probe 1** x_i ≥ 0,5 µm (Zählungen je 28,3 l)	**Mittelwert der Probe vom Probenahmeort** (Zählungen je 28,3 l)	**Mittelwert der Konzentration des Probenahmeorts** (Zählungen je m^3 = Mittelwert des Probenahmeorts × 35,3)	**Grenzwert der ISO-Klasse 7 für 0,5-µm-Partikelgröße**	**eingehalten/ nicht eingehalten**
1	5 678	5 678	200 434	352 000	eingehalten
2	7 654	7 654	270 187	352 000	eingehalten
3	2 398	2 398	84 650	352 000	eingehalten
4	4 578	4 578	161 604	352 000	eingehalten
5	8 765	8 765	309 405	352 000	eingehalten
6	4 877	4 877	172 159	352 000	eingehalten
7	8 723	8 723	307 922	352 000	eingehalten
8	7 632	7 632	269 410	352 000	eingehalten
9	7 643	7 643	269 798	352 000	eingehalten
10	6 756	6 756	238 487	352 000	eingehalten
11	5 678	5 678	200 434	352 000	eingehalten
12	5 476	5 476	193 303	352 000	eingehalten
13	8 576	8 576	302 733	352 000	eingehalten
14	7 765	7 765	274 105	352 000	eingehalten
15	3 456	3 456	121 997	352 000	eingehalten

Probenahmeort	Probe 1 $x_i \geq 0{,}5$ µm (Zählungen je 28,3 l)	Mittelwert der Probe vom Probenahmeort (Zählungen je 28,3 l)	Mittelwert der Konzentration des Probenahmeorts (Zählungen je m³ = Mittelwert des Probenahmeorts × 35,3)	Grenzwert der ISO-Klasse 7 für 0,5-µm-Partikelgröße	eingehalten/ nicht eingehalten
16	5 888	5 888	207 847	352 000	eingehalten
17	3 459	3 459	122 103	352 000	eingehalten
18	7 666	7 666	270 610	352 000	eingehalten
19	8 567	8 567	302 416	352 000	eingehalten
20	8 345	8 345	294 579	352 000	eingehalten
21	7 998	7 998	282 330	352 000	eingehalten
22	7 665	7 665	270 575	352 000	eingehalten
23	7 789	7 789	274 952	352 000	eingehalten
24	8 446	8 446	298 144	352 000	eingehalten
25	8 335	8 335	294 226	352 000	eingehalten
26	7 988	7 988	281 977	352 000	eingehalten
27	7 823	7 823	276 152	352 000	eingehalten
28	7 911	7 911	279 259	352 000	eingehalten
29	7 683	7 683	271 210	352 000	eingehalten
30	7 935	7 935	280 106	352 000	eingehalten
31	6 534	6 534	230 651	352 000	eingehalten
32	4 667	4 667	164 746	352 000	eingehalten
33	6 565	6 565	231 745	352 000	eingehalten
34	8 771	8 771	309 617	352 000	eingehalten
35	5 076	5 076	179 183	352 000	eingehalten
36	6 678	6 678	235 734	352 000	eingehalten
37	7 100	7 100	250 630	352 000	eingehalten
38	8 603	8 603	303 686	352 000	eingehalten
39	7 609	7 609	268 598	352 000	eingehalten
40	7 956	7 956	280 847	352 000	eingehalten
41	7 477	7 477	263 939	352 000	eingehalten
42	7 145	7 145	252 219	352 000	eingehalten
43	6 998	6 998	247 030	352 000	eingehalten
44	7 653	7 653	270 151	352 000	eingehalten
45	6 538	6 538	230 792	352 000	eingehalten
46	3 679	3 679	129 869	352 000	eingehalten
47	4 887	4 887	172 512	352 000	eingehalten
48	7 648	7 648	269 975	352 000	eingehalten
49	8 748	8 748	308 805	352 000	eingehalten
50	7 689	7 689	271 422	352 000	eingehalten
51	7 345	7 345	259 279	352 000	eingehalten
52	7 888	7 888	278 447	352 000	eingehalten

Probe-nahme-ort	**Probe 1** $x_i \geq 0{,}5$ µm (Zählungen je 28,3 l)	**Mittelwert der Probe vom Probenahmeort** (Zählungen je 28,3 l)	**Mittelwert der Konzentration des Probenahmeorts** (Zählungen je m³ = Mittelwert des Probenahmeorts × 35,3)	**Grenzwert der ISO-Klasse 7 für 0,5-µm-Partikelgröße**	**eingehalten/ nicht eingehalten**
53	7 765	7 765	274 105	352 000	eingehalten
54	6 997	6 997	246 995	352 000	eingehalten
55	6 913	6 913	244 029	352 000	eingehalten
56	7 474	7 474	263 833	352 000	eingehalten
57	8 776	8 776	309 793	352 000	eingehalten

B.6.5 Jeder Wert der Konzentration für $D \geq 0{,}5$ µm ist kleiner als der in Tabelle 1 festgelegte Grenzwert von 352 000 Partikel/m³. Deshalb erfüllt die Luftreinheit anhand der Partikelkonzentration des Reinraums die geforderte ISO-Klasse.

Anhang C
(informativ)

Partikelzählung und Größenbestimmung von luftgetragenen Makropartikeln

C.1 Kurzbeschreibung

In gewissen Situationen, die besondere Prozessanforderungen betreffen, können weitere Reinheitsgrade der Luft aufgrund des Partikelbestands, der außerhalb der angewandten Größenordnung für die Klassifizierung liegt, festgelegt werden. Der Höchstwert der zulässigen Konzentration derartiger Partikel und die Auswahl des Prüfverfahrens, um Übereinstimmung nachzuweisen, ist Gegenstand der Abstimmung zwischen dem Kunden und dem Lieferanten. Überlegungen zu Prüfverfahren und zu vorgegebenen Formaten der Festlegungen sind in C.2 (für M-Deskriptoren) aufgeführt.

C.2 Überlegungen zu Partikeln größer als 5 µm (Makropartikel) — M-Deskriptor

C.2.1 Anwendung

Wenn das Kontaminationsrisiko, dass durch Partikel größer als 5 µm hervorgerufen wird, zu bewerten ist, dann sollten die Probenahmegeräte und die Messverfahren angewendet werden, die für die besonderen Eigenschaften dieser Partikel geeignet sind.

Die Messung der Konzentration luftgetragener Partikel mit Größenverteilungen, die eine Schwellengröße zwischen 5 µm und 20 µm aufweisen, kann bei drei festgelegten Betriebszuständen durchgeführt werden: Bereitstellung, Leerlauf und Fertigung.

Da die Partikelfreisetzung innerhalb einer Prozessumgebung üblicherweise den Anteil der Makropartikel eines Partikelbestands der Luft beherrscht, sollte die Identifizierung eines geeigneten Probenahmegerätes und Messverfahrens sich nach der anwenderspezifischen Nutzung richten. Faktoren wie Dichte, Form, Volumen und aerodynamisches Verhalten der Partikel, sind in Betracht zu ziehen. Ebenso kann es notwendig sein, ein besonderes Augenmerk auf die kennzeichnenden Bestandteile des gesamten Partikelbestands der Luft, wie z. B. Fasern, zu legen.

C.2.2 M-Deskriptor-Format

Der M-Deskriptor kann unabhängig oder als Ergänzung zur Luftreinheitsklasse anhand der Partikelkonzentration festgelegt werden. Der M-Deskriptor wird angegeben als Format

„ISO M (a; b); c"

Dabei ist

a der Höchstwert der zulässigen Makropartikelkonzentration (angegeben als Makropartikel je Kubikmeter Luft);

b der Äquivalentdurchmesser (oder die Durchmesser) in Verbindung mit dem festgelegten Messverfahren für Makropartikel (angegeben in Mikrometer);

c das festgelegte Messverfahren.

BEISPIEL 1 Um eine Partikelkonzentration der Luft von 29 Partikel/m^3 im Partikelgrößenbereich ≥ 5 µm darzustellen, die auf der Verwendung eines LSAPC beruht, würde die Kennzeichnung lauten: „ISO *M* (29; ≥ 5 µm); LSAPC".

BEISPIEL 2 Um eine Partikelkonzentration der Luft von 2 500 Partikel/m^3 im Partikelgrößenbereich > 10 µm darzustellen, die auf der Verwendung eines Partikeldepositionszeitmessgeräts beruht, würde die Kennzeichnung lauten: „ISO *M* (2 500; ≥ 10 µm); Partikeldepositionszeitmessgerät".

BEISPIEL 3 Um eine Partikelkonzentration der Luft von 1 000 Partikel/m^3 im Partikelgrößenbereich von 10 µm bis 20 µm darzustellen, die auf der Verwendung eines Kaskadenimpaktors mit nachfolgender mikroskopischer Größen- und Anzahlbestimmung beruht, würde die Kennzeichnung lauten: „ISO *M* (1 000; 10 bis 20 µm); Kaskadenimpaktor mit nachfolgender mikroskopischer Größen- und Anzahlbestimmung".

ANMERKUNG 1 Wenn der Bestand der geprüften luftgetragenen Partikel Fasern enthält, können diese durch eine Ergänzung des M-Deskriptors mit einem zusätzlichen Deskriptor für Fasern, mit dem Format „M_{Faser} (*a*; *b*); *c*", erklärt werden.

ANMERKUNG 2 Geeignete Prüfverfahren für Partikelkonzentrationen größer als 5 µm sind in IEST-G-CC1003 [2] zu finden.

C.3 Zählung luftgetragener Makropartikel

C.3.1 Kurzbeschreibung

Dieses Prüfverfahren beschreibt die Messung von luftgetragenen Partikeln, deren Nachweisgrenze 5 µm im Durchmesser überschreitet (Makropartikel). Das in C.3 angegebene Verfahren ist aus IEST-G-CC1003:1999 [2] angepasst worden. Messungen können in einem Reinraum oder reinen Bereich in jedem der drei angegebenen Betriebszustände durchgeführt werden: Bereitstellung, Leerlauf und Fertigung. Die Durchführung der Messungen dient der Ermittlung der Konzentration von Makropartikeln in reinen Bereichen nach 5.1, 5,2 und 5.4. Auf die Notwendigkeit sorgfältiger Probenahme und Probenhandhabung zur Minimierung der Verluste an Makropartikeln beim Handhaben der Probe wird ausdrücklich hingewiesen.

C.3.2 Allgemeines

Die Anzahl der Probenahmeorte, die Auswahl der Probenahmeorte, die Bestimmung der Reinheitsklasse des Bereichs und die erforderliche Datenmenge sollten mit A.4 übereinstimmen. Kunde und Lieferant sollten sich auf die maximal zulässige Konzentration der Makropartikel, den Äquivalentdurchmesser der Partikel und das festgelegte Messverfahren einigen. Andere geeignete Verfahren, die gleichwertige Genauigkeit und gleichwertige Daten liefern, dürfen nach Absprache zwischen Kunden und Lieferanten angewendet werden. Ist kein anderes Verfahren vereinbart oder bei Streitfällen sollte das Referenzverfahren nach diesem Anhang C verwendet werden.

C.3.3 Erwägungen zur Probenhandhabung

Bei der Arbeit mit Makropartikeln müssen die Probenahme und Handhabung sorgfältig geschehen. Eine umfassende Diskussion der Anforderungen an Systeme zur isokinetischen oder anisokinetischen Probenahme und den Transport der Partikel zum Messort wird in IEST-G-CC1003:1999 [2] angegeben.

C.3.4 Messverfahren für Makropartikel

Es gibt zwei allgemeine Kategorien von Messverfahren für Makropartikel. Die bei Anwendung unterschiedlicher Messverfahren ermittelten Ergebnisse sind nicht notwendigerweise vergleichbar. Aus diesem Grund kann eine Korrelation zwischen den verschiedenen Verfahren unmöglich sein. Die Informationen über die Verfahren und die Partikelgröße, wie sie durch die verschiedenen Verfahren ermittelt wird, sind in C.3.4.1 und C.3.4.2 summarisch dargestellt.

C.3.4.1 Messung vor Ort (in situ)

Nutzung von vor Ort (in situ) Messung der Konzentration und Größe von Makropartikeln mit einem Partikeldepositionszeitmessgerät oder einem LSAPC:

a) die Messung mittels LSAPC (C.4.1.2) wird Makropartikel auf der Grundlage eines optischen Äquivalentdurchmessers aufzeigen;

b) die Partikeldepositionszeitmessung (C.4.1.3) wird Makropartikel auf der Grundlage eines aerodynamischen Durchmessers aufzeigen.

C.3.4.2 Sammlung

Sammlung durch Filtration oder Trägheitseffekte, gefolgt von mikroskopischer Messung der Anzahl und Größe der gesammelten Partikel:

a) die Sammlung auf Filtern und mikroskopische Messung (C.4.2.2) wird Makropartikel auf der Grundlage der der Größe des vereinbarten Partikeldurchmessers aufzeigen;

b) die Sammlung mittels Kaskadenimpaktor und mikroskopischer Messung (C.4.2.3) wird Makropartikel auf der Grundlage der ausgewählten Größe des angegebenen Partikeldurchmessers aufzeigen.

C.4 Verfahren zur Messung von Makropartikeln

C.4.1 Messung von Makropartikeln ohne Partikelsammlung

C.4.1.1 Allgemeines

Makropartikel können ohne Sammlung der Partikel aus der Luft gemessen werden. Zum Vorgang gehört die optische Messung der in der Luft schwebenden Partikel. Eine Luftprobe wird mit festgelegter Volumenstromrate durch einen LSAPC gefördert, der entweder den optischen Äquivalentdurchmesser oder den aerodynamischen Durchmesser der Partikel ausgibt.

C.4.1.2 Messung mit einem Streulicht-Einzelpartikelzähler (LSAPC)

Die Verfahren zur Messung von Makropartikeln mittels eines LSAPC sind mit einer Ausnahme mit denen für die Zählung luftgetragener Partikel in Anhang A identisch. Die Ausnahme besteht darin, dass der LSAPC im vorliegenden Fall nicht für Partikel mit einer Größe von weniger als 1 µm empfindlich sein zu braucht, da die Daten ausschließlich zur Zählung von Makropartikeln benötigt werden. Es ist mit Sorgfalt sicherzustellen, dass der LSAPC die Probe unmittelbar am Probenahmeort aus der Luft aufnimmt. Der LSAPC sollte einen Probenahmevolumenstrom von mindestens 28,3 l/min haben und sollte einen Sondeneinlass aufweisen, dessen Größe eine isokinetische Probenahme in turbulenzarmen Strömungsbereichen gestattet. In Bereichen mit turbulenter Strömung sollte der LSAPC, mit dem Sondeneinlass vertikal nach oben weisend, aufgestellt werden.

Eine Probenahmesonde sollte so ausgewählt werden, dass in Bereichen mit turbulenzarmer Strömung eine nahezu isokinetische Probenahme möglich ist. Falls dies nicht möglich ist, ist der Einlass zur Sonde entgegen der vorherrschenden Strömungsrichtung auszurichten; an Orten, bei denen die Strömungsgeschwindigkeit des Luftstroms, aus dem die Probe entnommen wird, nicht gesteuert oder vorhersehbar ist, (z. B. bei turbulenter Strömung) ist der Einlass zur Sonde senkrecht nach oben auszurichten. Das Übergangsstück vom Sondeneinlass zum Sensor des LSAPC sollte so kurz wie möglich sein. Bei der Probenahme von Partikeln mit einer Größe von 1 µm oder größer sollte die Länge des Übergangsstücks nicht die vom Hersteller empfohlene Länge und den empfohlenen Durchmesser überschreiten, und diese Länge ist üblicherweise nicht länger als 1 m.

Die Probenahmefehler durch Verlust großer Partikel im Probenahmesystem sollte minimiert werden.

Die Größenbereiche am LSAPC sind so einzustellen, dass nur Makropartikel nachgewiesen werden. Es sollten die Daten aus einem Größenbereich unterhalb von 5 µm aufgezeichnet werden, um sicherzustellen, dass die Konzentration der nachgewiesenen Partikel unterhalb der Größe von Makropartikeln nicht so hoch ist, dass ein Koinzidenzfehler in der Messung mit dem LSAPC entsteht. Die Partikelkonzentration in diesem kleineren Größenbereich sollte bei Addition zur Makropartikelkonzentration nicht größer sein als 50 % der höchsten empfohlenen Partikelkonzentration des verwendeten LSAPC.

C.4.1.3 Partikeldepositionszeitmessung

Die Größe von Makropartikeln kann mit Partikeldepositionszeitmessgeräten bestimmt werden. Dazu wird eine Luftprobe in das Gerät eingesogen und durch Entspannung durch eine Düse in ein Teilvakuum hinein beschleunigt, in dem der Messbereich liegt. In dieser Luftprobe vorliegende Partikel werden so beschleunigt, dass sich ihre Geschwindigkeit der Luft im Messbereich anpasst. Die Beschleunigung der Partikel ist dabei umgekehrt proportional zur Partikelmasse. Die Beziehung zwischen Luft- und Partikelgeschwindigkeit am Messpunkt kann verwendet werden, um den aerodynamischen Partikeldurchmesser zu bestimmen. Ist die Druckdifferenz zwischen Umgebungsluft und Luft am Messpunkt bekannt, kann die Luftgeschwindigkeit unmittelbar berechnet werden. Die Partikelgeschwindigkeit wird als Flugzeit zwischen zwei Laserstrahlen bestimmt. Das Partikeldepositionszeitmessgerät sollte aerodynamische Partikeldurchmesser bis zu 20 µm bestimmen. Die Verfahren zur Probenahme sind mit denen bei Verwendung eines LSAPC zur Messung von Makropartikeln identisch. Zusätzlich sind bei diesem Gerät die beim LSAPC zur Bestimmung der anzugebenden Partikelgrößenbereiche angewendeten Verfahren anzuwenden.

C.4.2 Messung von Makropartikeln durch Sammlung

C.4.2.1 Allgemeines

Makropartikel können durch Sammeln von Partikeln aus der Luft gemessen werden. Die Luftproben werden mit einer festgelegten Volumenstromrate durch eine Sammeleinrichtung transportiert. Zur Zählung der gesammelten Partikel wird eine mikroskopische Analyse angewendet.

ANMERKUNG Ebenso kann die Masse der gesammelten Partikel bestimmt werden, weil aber die Luftreinheit durch die Anzahlkonzentration bestimmt wird, wird dieses Verfahren in diesem Teil von ISO 14644 nicht behandelt.

C.4.2.2 Sammlung auf Filtern und mikroskopische Messung

Ein Membranfilter und ein Halter oder ein vormontierter Aerosolmonitor sind auszuwählen; die Porenweite der Membran sollte 2 µm oder weniger betragen. Der Filterhalter wird gekennzeichnet, um seinen Ort und seine Installation darzustellen. Der Auslass des Filters ist an eine Vakuumquelle anzuschließen, die Luft mit dem erforderlichen Volumenstrom ansaugt. Handelt es sich bei dem Probenahmeort, an dem die Konzentration von Makropartikeln bestimmt werden soll, um einen Bereich mit turbulenzarmer Strömung, so sollte die Volumenstromrate so eingestellt werden, dass eine isokinetische Sammlung in den Filterhalter oder den Einlass des Aerosolmonitors erfolgen kann, und der Einlass sollte der turbulenzarmen Strömung entgegengerichtet sein.

Die erforderliche Probengröße ist mithilfe der Gleichung (C.1) zu bestimmen.

Die Abdeckung des Filterhalters oder Aerosolmonitors ist abzunehmen und an einem reinen Ort zu lagern. Die Luftprobe ist an den Probenahmeorten wie zwischen Kunde und Lieferant vereinbart zu entnehmen. Wird zum Ansaugen der Luft durch das Membranfilter eine tragbare Vakuumpumpe verwendet, so ist die Abluft dieser Pumpe durch ein geeignetes Filter nach außerhalb der reinen Anlage abzuführen. Nach abgeschlossener Probenahme ist die Abdeckung des Filterhalters oder Aerosolmonitors wieder aufzusetzen. Der Probenhalter sollte so transportiert werden, dass die Filtermembran jederzeit waagerecht gehalten wird und keinen Schwingungen oder Stößen zwischen dem Zeitpunkt der Probensammlung und der Analyse ausgesetzt ist. Es sind die Partikeln auf der Filterfläche zu zählen (siehe ASTM F312-08) [3].

C.4.2.3 Sammlung mittels Kaskadenimpaktor und Messung

In einem Kaskadenimpaktor erfolgt die Trennung der Partikel durch die Trägheitsabscheidung (Impaktion) der Partikel. Der Probenahmevolumenstrom passiert eine Reihe von Düsen mit abnehmendem Öffnungsdurchmesser. Die größeren Partikel werden unmittelbar unter den größten Öffnungen abgeschieden, und in jeder folgenden Stufe des Abscheiders werden kleinere Partikel abgeschieden. Der aerodynamische Durchmesser korreliert direkt mit der örtlich begrenzten Partikelsammlung im Strömungsweg des Abscheiders.

Bei der Messung der Luftreinheit anhand der Partikelkonzentration kann eine Bauart eines Kaskadenimpaktors angewendet werden, der für die Sammlung und Zählung von Makropartikeln vorgesehen ist. Bei dieser Bauart werden die Partikeln auf den Oberflächen abnehmbarer Platten abgeschieden, die zur nachfolgenden mikroskopischen Untersuchung abgenommen werden. Üblicherweise werden bei dieser Bauart eines Kaskadenimpaktors bei der Probennahme Volumenstromraten von 0,47 l/s und höher eingestellt.

C.5 Verfahren zur Zählung von Makropartikeln

Die Deskriptorkonzentration für „ISO *M* (*a*; *b*); *c*“ ist in dem (den) nach Vereinbarung zwischen Kunde und Lieferant ausgewählten Partikelgrößenbereich(en) zu bestimmen und die Ergebnisse sind aufzuzeichnen.

An jedem Probenahmeort ist das für den Nachweis von mindestens 20 Partikeln für die ausgewählte Partikelgröße bei der bestimmten Konzentrationsgrenze erforderliche Luftvolumen zu entnehmen

Das Einzelprobenvolumen, V_s, je Probenahmeort wird mithilfe der Gleichung (C.1) bestimmt:

$$V_s = \left(\frac{20}{C_{n,m}}\right) \times 1\ 000 \qquad \text{(C.1)}$$

Dabei ist

V_s das Mindesteinzelprobenvolumen je Probenahmeort, angegeben in Liter (siehe D.4.2 für Ausnahme);

$C_{n,m}$ die für die größte betrachtete Partikelgröße der entsprechenden Klasse festgelegte Klassengrenze (Partikelanzahl je Kubikmeter);

20 die Partikelanzahl, die gezählt werden könnte, wenn sich die Partikelkonzentration an der Klassengrenze befindet.

Sind Angaben zur Stabilität der Makropartikelkonzentration erforderlich, sind an ausgewählten Probenahmeorten in zwischen Kunde und Lieferant vereinbarten Zeitabständen drei oder mehr Messungen durchzuführen.

Der Einlass der Probenahmesonde des ausgewählten Messgeräts ist aufzustellen und die Messung ist durchzuführen.

C.6 Prüfberichte für die Probenahme von Makropartikeln

Die folgenden Angaben und Daten sollten aufgezeichnet werden:

a) Definition der Partikelgrößen, auf die das Gerät reagiert;

b) Messverfahren;

c) Art der Messung: Bestimmung der Leistungsstufe oder der Grenze des M-Deskriptors als Ergänzung zur Klassifizierung;

d) Typbezeichnungen jedes verwendeten Messgeräts und dessen Kalibrierstatus;

e) Reinheitsklasse der Anlage;

f) Makropartikelgrößenbereich(e) und die Partikelzahlen für jeden im Bericht angegebenen Größenbereich;

g) Probenahmevolumenstrom am Einlass des Messgeräts und Volumenstromrate durch das Messvolumen;

h) Lage des Probenahmeorts oder der Probenahmeorte;

i) Probenahmeplan zur Klassifizierung oder Probenahmeplanvorschrift zur Prüfung;

j) Betriebszustand oder -zustände.

k) sonstige für die Messung wesentliche Daten, wie z. B. die Stabilität der Makropartikelkonzentration.

C.7 Adaption des Makropartikel-Deskriptors, um die Berücksichtigung der ≥ 5-µm-Partikelgröße für Reinräume nach ISO-Klasse 5 zu erfassen

Um eine Konzentration luftgetragener Partikel von 29 Partikeln/m^3 im Partikelgrößenbereich ≥ 5 µm auf der Grundlage der Anwendung eines LSAPC anzugeben, würde die Bezeichnung „ISO *M* (29; ≥ 5 µm); LSAPC“ und für 20 Partikeln/m^3 würde die Bezeichnung „ISO *M* (20; ≥ 5 µm); LSAPC“ lauten (siehe Tabelle 1, Fußnote f).

Anhang D
(informativ)

Verfahren für aufeinanderfolgende Probenahmen

D.1 Hintergrund und Einschränkungen

D.1.1 Hintergrund

Wenn die Klassifizierung eines Reinraums oder reinen Bereichs mit einer sehr niedrigen Partikelkonzentration an der Klassengrenze notwendig oder erforderlich ist, sind aufeinanderfolgende Probenahmen ein nützliches Verfahren, durch das sich Probevolumen und Probenahmezeit verringern lassen. Das Verfahren für aufeinanderfolgende Probenahmen misst die Zählgeschwindigkeit und ermittelt die Wahrscheinlichkeit des Einhaltens oder Nichteinhaltens der Klasse. Wenn die zu prüfende Luft bedeutend mehr oder bedeutend weniger kontaminiert ist als die festgelegte Klasse oder Konzentrationsgrenze der betrachteten Partikelgröße, kann die Anwendung der Verfahren für aufeinanderfolgende Probenahmen die Probenvolumina und die Probenahmezeiten oft entscheidend verkürzen.

Weitere Einsparungen dürfen auch vorgenommen werden, wenn die Konzentration dicht an der festgelegten Grenze liegt. Aufeinanderfolgende Probenahmen sind ebenfalls geeignet, wenn die erwartete Luftreinheit ISO-Klasse 4 oder reiner sein soll. Das Verfahren darf auch für andere Klassen angewendet werden, wenn die Grenze für die ausgewählte Partikelgröße zu gering ist. In diesem Fall kann das geforderte Probenvolumen zu hoch für den Nachweis von 20 erwarteten Partikelzählungen sein.

ANMERKUNG Für weitere Informationen zu aufeinanderfolgenden Probenahmen siehe IEST-G-CC1004 [4] oder JIS B 9920:2002 [5].

D.1.2 Einschränkungen

Die grundsätzlichen Einschränkungen der aufeinanderfolgenden Probenahmeverfahren sind:

a) das Verfahren ist nur anwendbar, wenn die erwarteten Zählungen von einer Einzelprobe < 20 für die größte Probengröße sind (siehe A.4.4),

b) jede Probemessung erfordert zusätzliche Überwachung und Datenanalyse, das kann durch Computerberechnung erleichtert werden.

c) Partikelkonzentrationen können aufgrund des verringerten Probenvolumens nicht so genau bestimmt werden wie mit herkömmlichen Probenahmeverfahren.

D.2 Verfahrensgrundlage

Das Verfahren beruht auf dem Vergleich von akkumulierten Echtzeit-Partikelzählungen und Bezugswerten. Bezugswerte werden aus den Gleichungen für die oberen und unteren Grenzen abgeleitet:

obere Grenze: $C_{\text{fail}} = 3{,}96 + 1{,}03\,E$ (D.1)

untere Grenze: $C_{\text{pass}} = -3{,}96 + 1{,}03\,E$ (D.2)

Dabei ist

C_{fail}	die obere Grenze der betrachteten Zählung;
C_{pass}	die untere Grenze der betrachteten Zählung;
E	die erwartete Partikelzählung (durch Gleichung (D.5) dargestellt (Klassengrenze)).

Entsprechend Gleichung (A.2) wird das Einzelprobenahmevolumen, V_{s}, wie folgt berechnet.

$$V_{\text{s}} = \frac{20}{C_{\text{n,m}}} \times 1\,000 \qquad \text{(D.3)}$$

Dabei ist

V_{s}	das Mindesteinzelprobenvolumen je Probenahmeort, angegeben in Liter;
$C_{\text{n,m}}$	die Klassengrenze (Partikelanzahl je Kubikmeter) für die betrachtete Partikelgröße der entsprechenden Klasse;
20	die bestimmte Partikelanzahl, die gezählt werden könnte, wenn die Partikelkonzentration sich in den Klassengrenzen befindet.

Die Gesamtzeit der Probenahme, t_{t}, wird wie folgt berechnet:

$$t_t = \frac{V_s}{Q} \qquad \text{(D.4)}$$

Dabei ist

V_{s}	das akkumulierte Probevolumen (in Liter);
Q	die Durchflussrate des Partikelzählers (in l/s).

Die erwartete Zählung ist wie folgt festgelegt.

$$E = \frac{Q \times t \times C_{n,m}}{1\,000} \qquad \text{(D.5)}$$

Dabei ist

t	die Probenahmezeit (in Sekunden).

Zum besseren Verständnis ist in Bild D.1 eine grafische Darstellung des aufeinanderfolgenden Probenahmeverfahrens bereitgestellt. Während die Luftprobe an jedem gekennzeichneten Probenahmeort genommen wird, findet ein ständiger Vergleich der laufenden Gesamtpartikelzählung mit den erwarteten Zählungen hinsichtlich des Verhältnisses des vorgeschriebenen Gesamtprobenvolumens statt. Beträgt die laufende Gesamtpartikelzählung weniger als die untere Grenze, C_{pass}, die der erwarteten Zählung entspricht, dann entspricht die geprüfte Luft der festgelegten Klasse oder Konzentrationsgrenze. Die Probenahme wird gestoppt.

Wenn die laufende Partikelzählung in der jeweiligen erwarteten Zählung die obere Grenze, C_{fail}, überschreitet, entspricht die geprüfte Luft weder der festgelegten Klasse noch der Konzentrationsgrenze. Die Probenahme wird abgebrochen. Befindet sich die laufende Partikelzählung innerhalb der oberen und unteren Grenzen, wird die Probenahme fortgesetzt, bis die beobachtete Zählung 20 beträgt oder das akkumulierte Probenvolumen, V, gleich dem des Mindesteinzelprobenvolumens, V_S, wird, wenn die erwartete Zählung 20 erreicht.

In Bild D.1 ist die Anzahl der beobachteten Partikelzählungen, C, gegenüber der erwarteten Zählung, E, aufgeführt, bis die Probenahme gestoppt wird oder die Zählung 20 beträgt.

D.3 Probenahmeverfahren

In Bild D.1 sind die Grenzen zu erkennen, die sich aus den Gleichungen (D.1) und (D.2) ergeben. Durch die Begrenzung $E = 20$ wird die Kurve schräg abgeschnitten. Damit wird die Zeitspanne angegeben, die notwendig ist, um eine vollständige Probe zu erfassen. Mit der Begrenzung $C = 20$ wird die Zeitspanne für die beobachteten Partikelzählungen angezeigt, die als Höchstwert zulässig sind.

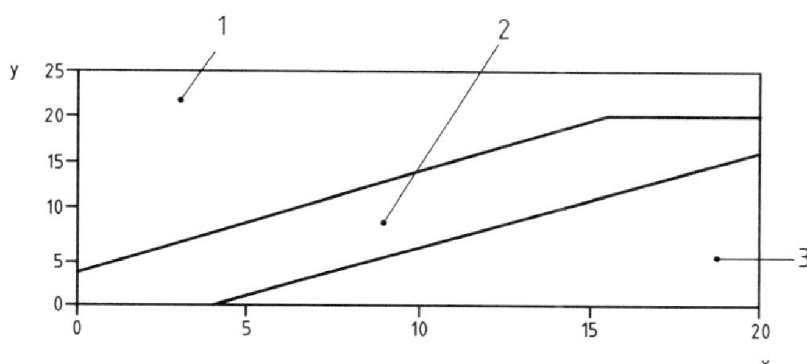

Legende

x erwartete Zählung, E
y beobachtete Zählung, C
1 Zählung abbrechen, NICHT EINGEHALTEN ($C \geq 3,96 + 1,03\ E$)
2 Zählung fortsetzen
3 Zählung abbrechen, EINGEHALTEN ($C \leq -3,96 + 1,03\ E$)

Bild D.1 — Grenzen für Einhaltung oder Nichteinhaltung durch das Verfahren für aufeinanderfolgende Probenahmen

Die beobachtete Partikelzählung wird der erwarteten Partikelzählung in einer Luftprobe gegenübergestellt, deren Partikelkonzentration sich genau innerhalb der festgelegten Klassengrenzen befindet. Die Zeitspanne entspricht der steigenden Anzahl der erwarteten Partikelzählungen, wobei $E = 20$ die Zeit angibt, die notwendig ist, um ein vollständiges Probenvolumen zu sammeln, wenn die Partikelkonzentration die Klassengrenze nicht überschreiten würde.

Das Verfahren für aufeinanderfolgende Probenahmen nach Bild D.1 stellt sich wie folgt dar:

1) Die Gesamtanzahl der gezählten Partikel ist als Zeitfunktion aufzuzeichnen.

2) Die erwartete Zählung ist nach dem in D.2, Gleichung (D.5), beschriebenen Verfahren zu berechnen.

3) Die Gesamtzählung ist der erwarteten Zählung, wie in Bild D.1, gegenüberzustellen.

4) Die Zählung ist mit den oberen und unteren Begrenzungslinien von Bild D.1 zu vergleichen.

5) Kreuzt die beobachtete akkumulierte Zählung die obere Linie, wird die Probenahme vor Ort abgebrochen. Die geprüfte Luft wird als nicht der festgelegten Klassengrenze entsprechend angegeben.

6) Kreuzt die beobachtete akkumulierte Zählung die untere Linie, wird die Probenahme abgebrochen. Die geprüfte Luft entspricht der festgelegten Klassengrenze.

7) Verbleibt die beobachtete akkumulierte Zählung innerhalb der oberen und unteren Linien, wird die Probenahme fortgesetzt.

Beträgt die Gesamtzählung am Ende der vorgeschriebenen Probenahmezeit 20 oder weniger und wurde die obere Linie nicht überschritten, so entspricht die Luft der Klassengrenze.

D.4 Beispiele von aufeinanderfolgenden Probenahmen

D.4.1 Beispiel 1

a) Es ist ein Reinraum mit der zu erzielenden Luftreinheit der ISO-Klasse 3 (0,1 µm, 1 000 Partikel/m^3) mittels aufeinanderfolgenden Probenahmeverfahren zu bewerten. Bei diesem Verfahren wird die Zählungsrate beobachtet und die Voraussage einer wahrscheinlichen Einhaltung oder Nichteinhaltung angestrebt.

ANMERKUNG Die Probendurchflussrate des Partikelzählers beträgt 0,028 3 m^3/min (28,3 l/min oder 0,47 l/s).

b) Vorbereitung vor der Messung — Verfahren zur Berechnung der Grenzwerte.

Tabelle D.1 zeigt das Ergebnis der Berechnung. Zuerst wird die erwartete Zählung, beruhend auf der Probenahmezeit, berechnet. Anschließend werden die obere Referenzzählung und die untere Referenzzählung mittels der Gleichungen (D.1) und (D.2) oder mithilfe von Bild D.1 berechnet.

Tabelle D.1 — Tabellarische Darstellung der Berechnung der oberen und unteren Referenzzählung

Mess-zeiten	Probe-nahmezeit (s)	Gesamtvolumen der Luftprobe	Erwartete Zählung	Obere Grenze der beobachteten Zählung	Untere Grenze der beobachteten Zählung
	t	Liter	Nach Gleichung (D.5)	C_{fail} = 3,96 + 1,03 E	C_{pass} = −3,96 + 1,03 E
1.	5	2,4	2,4	7 (6,4)	k.A. (−1,5)
2.	10	4,7	4,7	9 (8,8)	0 (0,9)
3.	15	7,1	7,1	12 (11,2)	3 (3,3)
4.	20	9,4	9,4	14 (13,7)	5 (5,8)
5.	25	11,8	11,8	17 (16,1)	8 (8,2)
6.	30	14,2	14,1	19 (18,5)	10 (10,6)
7.	35	16,5	16,5	20 (21,0)	13 (13,0)
8.	40	18,9	18,9	20 (23,4)	15 (15,5)
9.	45	21,2	21,2	21	20

ANMERKUNG Der in einer Klammer angegebene numerische Wert zeigt das Ergebnis der Berechnung der oberen und der unteren Grenze der beobachteten Zählung bis auf die erste Stelle hinter dem Komma. Da jedoch die tatsächlichen Werte ganzzahlig sind, wird jeder berechnete Wert zum Zeitpunkt der Auswertung als der gezeigte ganzzahlige Wert behandelt.

Die obere Grenze der beobachteten Zählung wird an der ersten Dezimalstelle des berechneten Werts aufgerundet.

Die untere Grenze der beobachteten Zählung wird an der ersten Dezimalstelle des berechneten Werts abgerundet.

Falls C_{pass} nach Berechnung mittels Gleichung (D.2) negativ ist, ist das als „k.A." (keine Angabe) anzugeben. In diesem Fall kann nicht geschlussfolgert werden, dass die Luftreinheit die Kriterien der zu erzielenden Klassifizierung erfüllt, auch wenn die beobachtete Zählung gleich 0 ist.

c) Bewertung mittels des aufeinanderfolgenden Probenahmeverfahrens

Die in der ersten Messung ermittelte, erwartete Zählung beträgt 2,4; sie gilt als „NICHT EINGEHALTEN", wenn die beobachtete Zählung größer oder gleich 7 ist. Liegt jedoch die beobachtete Zählung zwischen 0 und 6, kann das Ergebnis nicht beurteilt werden. In diesem Fall wird die Probenahme fortgesetzt. Sofern die Probenahme fortgesetzt wird, kann ein Anstieg der beobachteten akkumulierten Zählung möglich sein. Die Probenahme wird fortgesetzt, bis entweder das vorgeschriebene Einzelprobenvolumen erreicht ist oder die beobachtete Zählung eine der Linien für C_{pass} oder C_{fail} gekreuzt hat. Wenn die beobachtete akkumulierte Zählung zum Ende der vorgeschriebenen Probenahmezeit 20 oder weniger beträgt und die obere Linie nicht gekreuzt hat, gilt die Partikelreinheitsklasse der Luft als „EINGEHALTEN". Falls die beobachtete akkumulierte Zählung vor dem Erreichen der gesamten Probenahmezeit weniger oder gleich den abgerundeten Werten für C_{pass} ist, wird die Probenahme abgebrochen und die Klassifizierung gilt als „EINGEHALTEN".

D.4.2 Beispiel 2

Bewertung eines Reinraums mit einer zu erzielenden Luftreinheit der ISO-Klasse 3 (0,5 µm, 35 Partikel/m^3) durch das Verfahren für aufeinanderfolgende Probenahmen. Die Probendurchflussrate des Partikelzählers, Q, beträgt 0,028 3 m^3/min = 0,47 l/s.

Das Einzelprobevolumen, V_s, ist nach der Gleichung (D.3) zu berechnen.

$$V_s = \left[\frac{20}{C_{n,m}}\right] \times 1\,000 = \frac{20}{35} \times 1\,000 \ = \ 571{,}429 \text{ Liter} \qquad \text{(D.6)}$$

Die Gesamtzeit der Probenahme, t_t, ist entsprechend der Gleichung (D.4) zu berechnen. Diese ist die längste Zeitdauer zur Bewertung des Probenahmeorts. Das Verfahren für aufeinanderfolgende Probenahmen sollte diese Zeit verkürzen.

$$t_t = \frac{V_s}{Q} = 1\,211{,}5 \text{ s} \ = 20{,}19 \text{ min} \qquad \text{(D.7)}$$

Die Ergebnistabelle ist zu berechnen:

1) Die erwartete Zählung, E, ist nach der Gleichung (D.5) zu berechnen;

$$E = \frac{Q \times t \times C_{n,m}}{1\,000} \qquad \text{(D.8)}$$

2) Die obere und untere Grenze für die beobachtete Zählung sind nach den Gleichungen (D.1) und (D.2) zu berechnen.

3) Das Ergebnis der Berechnung ist in Tabelle D.2 und in Bild D.2 dargestellt.

Tabelle D.2 — Ergebnis der Berechnung des Gesamtprobenvolumens der Luft, erwartete Zählung, obere Grenze und untere Grenze

t (min)	t (s)	Gesamt-probenvolumen der Luft, $Q \times t$	Erwartete Zählung, E	Grenzen	
				Obere, C_{fail}	Untere, C_{pass}
1	60	28,3	1,0	5 (5,0)	k.A. (−2,9)
2	120	56,6	2,0	7 (6,0)	k.A. (−1,9)
3	180	84,9	3,0	8 (7,0)	k.A. (−0,9)
4	240	113,2	4,0	9 (8,0)	0 (0,1)
5	300	141,5	5,0	10 (9,1)	1 (1,1)
6	360	169,8	5,9	11 (10,1)	2 (2,2)
7	420	198,1	6,9	12 (11,1)	3 (3,2)
8	480	226,4	7,9	13 (12,1)	4 (4,2)
9	540	254,7	8,9	14 (13,1)	5 (5,2)
10	600	283,0	9,9	15 (14,2)	6 (6,2)
11	660	311,3	10,9	16 (15,2)	7 (7,3)
12	720	339,6	11,9	17 (16,2)	8 (8,3)
13	780	367,9	12,9	18 (17,2)	9 (9,3)
14	840	396,2	13,9	19 (18,2)	10 (10,3)
15	900	424,5	14,9	20 (19,3)	11 (11,3)
16	960	452,8	15,8	20 (20,3)	12 (12,4)
17	1 020	481,1	16,8	20 (21,3)	13 (13,4)
18	1 080	509,4	17,8	20 (22,3)	14 (14,4)
19	1 140	537,7	18,8	20 (23,3)	15 (15,4)
20	1 200	566,0	19,8	20 (24,4)	16 (16,4)
20,19 = t_t	1 211,5	571,429 = V_s	20	21	20

In Bild D.2 sind die oberen und unteren Grenzen der beobachteten Zählungen gegenüber der Zählerfassungszeit aufgeführt. Jeder vertikale Balken zeigt die (oberen und unteren) Grenzen bei einminütigen Intervallen an.

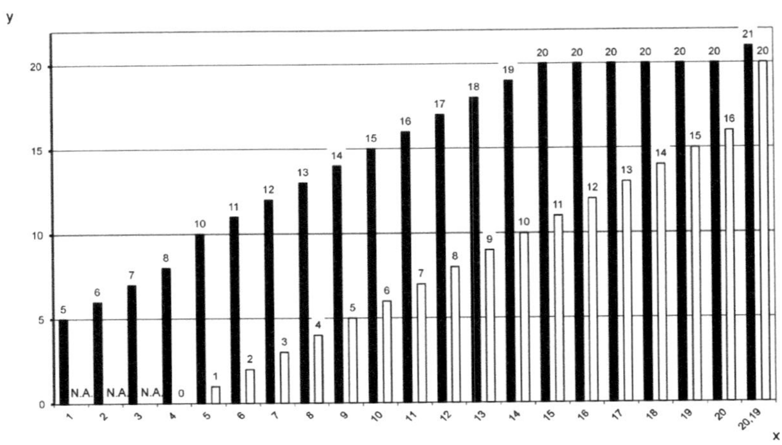

Legende

x Dauer der Zählung (min)

y beobachtete Zählung (Partikel)

■ obere Grenze der beobachteten Zählung

□ untere Grenze der beobachteten Zählung

Bild D.2 — Grafische Darstellung der Grenzen der Einhaltung und Nichteinhaltung für aufeinanderfolgende Probenahmen

Die beobachtete akkumulierte Zählung ist mit den oberen und unteren Grenzen zu vergleichen und das Verfahren von D.3 darauf anzuwenden.

a) Fall der Nichteinhaltung, siehe Tabelle D.3.

Tabelle D.3 — Beispiel für Partikelzählungen in aufeinanderfolgenden Probenahmen

t (min)	*t* (s)	Erwartete Zählung, *E*	Grenze für die beobachtete akkumulierte Zählung		Beobachtete Zählung während des Intervalls	Beobachtete akkumulierte Zählung, *C*	Ergebnis
			Obere, C_{fail}	Untere, C_{pass}			
1	60	1,0	5	k.A.	2	2	fortsetzen
2	120	2,0	7	k.A.	3	5	fortsetzen
3	180	3,0	8	k.A.	1	6	fortsetzen
4	240	4,0	9	0	0	6	fortsetzen
5	300	5,0	10	1	5	11	NICHT EIN-GEHALTEN

Die in der ersten Messung ermittelte, erwartete Zählung beträgt 1,0; die beobachtete akkumulierte Zählung gilt als „NICHT EINGEHALTEN", wenn sie größer oder gleich 5 ist. Liegt jedoch die beobachtete Zählung zwischen 0 und 5, kann diese nicht beurteilt werden. Im vorliegenden Beispiel muss die Probenahme fortgesetzt werden. Wird die Probenahme fortgesetzt, steigt die beobachtete akkumulierte Zählung an. Dies lässt sich jedoch einfach beurteilen, da sowohl die erwartete Zählung als auch die Referenzzählung ansteigen. In der 5. Messung ($t = 300$ s) beträgt die beobachtete akkumulierte Zählung 11 und überschreitet die obere Grenze (10). Dann gilt diese als „NICHT EINGEHALTEN".

b) Fall der Einhaltung, siehe Tabelle D.4.

Tabelle D.4 — Beispiel für Partikelzählungen in aufeinanderfolgenden Probenahmen

t (min)	*t* (s)	**Erwartete Zählung,** *E*	**Grenze für die beobachtete akkumulierte Zählung**		**Beobachtete Zählung während des Intervalls**	**Beobachtete akkumulierte Zählung,** *C*	**Ergebnis**
			Obere, C_{fail}	**Untere,** C_{pass}			
1	60	1,0	5	k.A.	0	0	fortsetzen
2	120	2,0	7	k.A.	0	0	fortsetzen
3	180	3,0	8	k.A.	0	0	fortsetzen
4	240	4,0	9	0	0	0	EIN-GEHALTEN

Die in der ersten Messung ermittelte, erwartete Zählung beträgt 1,0; die beobachtete akkumulierte Zählung gilt als „NICHT EINGEHALTEN", wenn sie größer oder gleich 5 ist. Liegt jedoch die beobachtete Zählung zwischen 0 und 5, kann diese nicht beurteilt werden. Im vorliegenden Beispiel wird die Probenahme fortgesetzt, aber die beobachtete akkumulierte Zählung steigt nicht an. In der 4. Messung ($t = 240$ s) beträgt die beobachtete akkumulierte Zählung 0 und ist gleich der unteren Grenze (0). Dann gilt diese als „EINGEHALTEN".

Anhang E
(informativ)

Festlegung der dezimalen Zwischenklassen der Reinheit und der Schwellenwerte der Partikelgröße

E.1 Dezimale Zwischenklassen der Reinheit

Falls dezimale Zwischenklassen der Reinheit erforderlich sind, sollte Tabelle E.1 angewendet werden.

Tabelle E.1 zeigt die zulässigen dezimale Zwischenklassen der Luftreinheit. Mit der Partikelmessung verbundene Unsicherheiten ergeben unzulässige Zunahmen von weniger als 0,5 und die Anmerkungen unter der Tabelle zeigen die Einschränkungen aufgrund von Begrenzungen der Probenahmen und Partikelsammlung auf.

Tabelle E.1 — Beispiele für dezimale Zwischenklassen der Lufteinheit anhand der Partikelkonzentration

ISO-Klassifizierungs-zahl (*N*)	**Partikelkonzentration** (Partikel/m^3)[a]					
	0,1	0,2	0,3	0,5	1,0	5,0
ISO-Klasse 1,5	[32][b]	d	d	d	d	e
ISO-Klasse 2,5	316	[75][b]	[32][b]	d	d	e
ISO-Klasse 3,5	3 160	748	322	111	d	e
ISO-Klasse 4,5	31 600	7 480	3 220	1 110	263	e
ISO-Klasse 5,5	316 000	74 800	32 200	11 100	2 630	e
ISO-Klasse 6,5	3 160 000	748 000	322 000	111 000	26 300	925
ISO-Klasse 7,5	c	c	c	1 110 000	263 000	9 250
ISO-Klasse 8,5[f]	c	c	c	11 100 000	2 630 000	92 500

a Alle in der Tabelle angegebenen Konzentrationen sind akkumulierte Konzentrationen, z. B. schließen die für ISO-Klasse 5,5 bei 0,5 µm gezeigten 11 100 Partikel alle Partikel gleich dieser und größer als diese Größe ein.

b Diese Konzentrationen werden große Luftprobenvolumina ergeben. Siehe Anhang D, Verfahren für aufeinanderfolgende Probenahmen.

c In diesem Bereich der Tabelle ist die Angabe der Konzentrationsgrenzen aufgrund einer sehr hohen Partikelkonzentration ungeeignet.

d Einschränkungen für Probenahmen und Statistiken für Partikel in niedrigen Konzentrationen sind bei Klassifizierungen nicht zweckdienlich.

e Einschränkungen für gesammelte Probenahmen sowohl für Partikel in niedrigen Konzentrationen als auch für Partikelgrößen, die größer als 1 µm sind, sind aufgrund möglicher Partikelverluste im Probenahmeverfahren bei Klassifizierungen nicht zweckdienlich.

f Diese Klasse ist nur für den Betriebszustand „Fertigung" anwendbar.

E.2 Zwischengrößen von Partikeln

Falls Zwischengrößen von Partikeln für ganzzahlige oder dazwischenliegende Klassen erforderlich sind, darf Gleichung (E.1) zur Bestimmung der maximalen Partikelkonzentration bei der berücksichtigten Partikelgröße angewendet werden.

$$C_n = 10^N \times \left(\frac{K}{D}\right)^{2{,}08} \qquad \text{(E.1)}$$

Dabei ist

C_n die maximale zulässige Konzentration (Partikel je Kubikmeter) der luftgetragenen Partikel, die gleich oder größer als die betrachtete Partikelgröße ist; C_n wird auf die nächste ganze Zahl gerundet mit nicht mehr als drei signifikanten Zahlen;

N die ISO-Klassifizierungszahl, die einen Wert von 9 nicht überschreiten oder nicht kleiner als 1 sein darf;

D die betrachtete Partikelgröße, in Mikrometer, die nicht in Tabelle 1 aufgelistet ist;

K eine Konstante, 0,1, angegeben in Mikrometer.

Anhang F
(informativ)

Messgeräte

F.1 Einleitung

Dieser Anhang beschreibt die Messgeräte, die für die in den Anhängen A, C und D empfohlenen Prüfungen angewendet werden sollten.

Im vorliegenden Anhang geben die Daten in den Tabellen F.1 und F.2 die erforderlichen Mindestanforderungen für jedes einzelne Gerät an. Die Messgeräte sollten in Abstimmung zwischen Kunde und Lieferant ausgewählt werden.

Dieser Anhang dient nur zur Information und sollte nicht der Anwendung verbesserter Geräte im Wege stehen, sofern diese zur Verfügung stehen. Alternative Prüfgeräte können geeignet sein und dürfen nach Absprache zwischen Kunde und Lieferant angewendet werden.

F.2 Gerätespezifikationen

Die folgenden Geräte sollten für die in den Anhängen A, C und D empfohlenen Prüfungen angewendet werden:

a) Streulicht-Einzelpartikelzähler (LSAPC);

ANMERKUNG Die Spezifikationen für den LSAPC sind in ISO 21501-4:2007 [1] angegeben.

b) Makropartikel-Einzelzähler;

c) Partikeldepositionszeitmessgerät;

d) mikroskopische Messung von auf Filterpapier gesammelten Partikeln. Siehe ASTM F3312-8 [3].

Die Begriffe für diese Geräte sind in Abschnitt 3 angegeben.

Tabelle F.1 — Spezifikationen für den Makropartikel-Einzelzähler

Posten	Spezifikation
Messgrenzen	Die nachweisbare Mindestgröße sollte sich im Bereich von 5 bis 80 µm befinden und für die beobachtete Partikelgröße und die Geräteleistung geeignet sein. Die maximale Partikelanzahlkonzentration des LSAPC sollte gleich oder höher als die maximal erwartete Konzentration der betrachteten Partikel sein.
Auflösung	20 % bei Kalibrierung von Partikeln einer vom Hersteller festgelegten Größe
maximal zulässiger Fehler	20 % bei der Partikelzählung mit einer festgelegten eingestellten Größe

Tabelle F.2 — Spezifikationen für das Partikeldepositionszeitmessgerät

Posten	Spezifikation
Messgrenzen	Partikelgröße 0,5 bis 20 µm; Partikelkonzentration $1{,}0 \times 10^3/m^3$ bis $1{,}0 \times 10^8/m^3$
Auflösung	aerodynamischen Durchmesser: 0,02 µm bei 1,0 µm; 0,03 µm bei 10 µm
maximal zulässiger Fehler	10 % des Ablesewertes

Literaturhinweise

[1] ISO 21501-4:2007, *Determination of particle size distribution — Single particle light interaction methods — Part 4: Light scattering airborne particle counter for clean spaces*

[2] ASTM F312-08, *Standard Test Methods for Microscopical Sizing and Counting Particles from Aerospace Fluids on Membrane Filters. ASTM International*

[3] IEST-G-CC1003, Measurement of Airborne Macroparticles. Institute of Environmental Sciences and Technology, Arlington Heights, Illinois, 1999

[4] IEST-G-CC1004, Sequential-Sampling Plan for Use in Classification of the Particulate Cleanliness of Air in Cleanrooms and Clean Zones. Institute of Environmental Sciences and Technology, Arlington Heights, Illinois, 1999

[5] JIS B 9920:2002, *Classification of air cleanliness for cleanrooms. Japanese Standards Association*

Mai 2016

	DIN EN ISO 14644-2	

ICS 13.040.35

Ersatz für
DIN EN ISO 14644-2:2001-02

Reinräume und zugehörige Reinraumbereiche – Teil 2: Überwachung zum Nachweis der Reinraumleistung bezüglich Luftreinheit anhand der Partikelkonzentration (ISO 14644-2:2015); Deutsche Fassung EN ISO 14644-2:2015

Cleanrooms and associated controlled environments –
Part 2: Monitoring to provide evidence of cleanroom performance related to air cleanliness by particle concentration (ISO 14644-2:2015);
German version EN ISO 14644-2:2015

Salles propres et environnements maîtrisés apparentés –
Partie 2: Surveillance du maintien des performances de la salle propre pour la propreté particulaire de l'air (ISO 14644-2:2015);
Version allemande EN ISO 14644-2:2015

Gesamtumfang 22 Seiten

DIN-Normenausschuss Heiz- und Raumlufttechnik sowie deren Sicherheit (NHRS)

Nationales Vorwort

Dieses Dokument (EN ISO 14644-2:2015) wurde im Technischen Komitee ISO/TC 209 „Cleanrooms and associated controlled environments" in Zusammenarbeit mit dem Technischen Komitee CEN/TC 243 „Reinraumtechnologie", dessen Sekretariat vom BSI (Vereinigtes Königreich) gehalten wird, erarbeitet.

Zuständig für die Deutsche Fassung ist der Arbeitsausschuss NA 041-02-21 AA „Reinraumtechnik (SpA CEN/TC 243 und ISO/TC 209)" im DIN-Normenausschuss Heiz- und Raumlufttechnik (NHRS).

Änderungen

Gegenüber DIN EN ISO 14644-2:2001-02 wurden folgende Änderungen vorgenommen:

a) Titel geändert in „Überwachung zum Nachweis der Reinraumleistung bezüglich Luftreinheit anhand der Partikelkonzentration";

b) Abschnitt 4 „Nachweis der fortlaufenden Übereinstimmung" und Abschnitt 5 „Prüfung der fortlaufenden Übereinstimmung" ersetzt;

c) neuer Abschnitt 4 „Erstellung, Umsetzung und Aufrechterhaltung eines Überwachungsplans" und Abschnitt 5 „Regelmäßige Klassifizierung der Luftreinheit anhand der Partikelkonzentration (ACP)" hinzugefügt;

d) Abschnitt 6 „Überwachung für die fortlaufende Übereinstimmung" gelöscht;

e) neuer informativer Anhang B „Betrachtung zur Festlegung der Warn- und Aktionsgrenzen";

f) Anpassung an die gleichzeitig aktualisierte DIN EN ISO 14644-1.

Frühere Ausgaben

DIN EN ISO 14644-2: 2001-02

EUROPÄISCHE NORM

EUROPEAN STANDARD

NORME EUROPÉENNE

EN ISO 14644-2

Dezember 2015

ICS 13.040.35

Ersatz für EN ISO 14644-2:2000

Deutsche Fassung

Reinräume und zugehörige Reinraumbereiche — Teil 2: Überwachung zum Nachweis der Reinraumleistung bezüglich Luftreinheit anhand der Partikelkonzentration (ISO 14644-2:2015)

Cleanrooms and associated controlled environments — Part 2: Monitoring to provide evidence of cleanroom performance related to air cleanliness by particle concentration (ISO 14644-2:2015)

Salles propres et environnements maîtrisés apparentés — Partie 2: Surveillance du maintien des performances de la salle propre pour la propreté particulaire de l'air (ISO 14644-2:2015)

Diese Europäische Norm wurde vom CEN am 27. November 2015 angenommen.

Die CEN-Mitglieder sind gehalten, die CEN/CENELEC-Geschäftsordnung zu erfüllen, in der die Bedingungen festgelegt sind, unter denen dieser Europäischen Norm ohne jede Änderung der Status einer nationalen Norm zu geben ist. Auf dem letzten Stand befindliche Listen dieser nationalen Normen mit ihren bibliographischen Angaben sind beim Management-Zentrum des CEN-CENELEC oder bei jedem CEN-Mitglied auf Anfrage erhältlich.

Diese Europäische Norm besteht in drei offiziellen Fassungen (Deutsch, Englisch, Französisch). Eine Fassung in einer anderen Sprache, die von einem CEN-Mitglied in eigener Verantwortung durch Übersetzung in seine Landessprache gemacht und dem Management-Zentrum mitgeteilt worden ist, hat den gleichen Status wie die offiziellen Fassungen.

CEN-Mitglieder sind die nationalen Normungsinstitute von Belgien, Bulgarien, Dänemark, Deutschland, der ehemaligen jugoslawischen Republik Mazedonien, Estland, Finnland, Frankreich, Griechenland, Irland, Island, Italien, Kroatien, Lettland, Litauen, Luxemburg, Malta, den Niederlanden, Norwegen, Österreich, Polen, Portugal, Rumänien, Schweden, der Schweiz, der Slowakei, Slowenien, Spanien, der Tschechischen Republik, der Türkei, Ungarn, dem Vereinigten Königreich und Zypern.

EUROPÄISCHES KOMITEE FÜR NORMUNG
EUROPEAN COMMITTEE FOR STANDARDIZATION
COMITÉ EUROPÉEN DE NORMALISATION

CEN-CENELEC Management-Zentrum: Avenue Marnix 17, B-1000 Brüssel

Ref. Nr. EN ISO 14644-2:2015 D

Inhalt

Seite

Europäisches Vorwort

Dieses Dokument (EN ISO 14644-2:2015) wurde vom Technischen Komitee ISO/TC 209 „Cleanrooms and associated controlled enviroments" in Zusammenarbeit mit dem Technischen Komitee CEN/TC 243 „Reinraumtechnologie" erarbeitet, dessen Sekretariat vom BSI gehalten wird.

Diese Europäische Norm muss den Status einer nationalen Norm erhalten, entweder durch Veröffentlichung eines identischen Textes oder durch Anerkennung bis Juni 2016, und etwaige entgegenstehende nationale Normen müssen bis Juni 2016 zurückgezogen werden.

Es wird auf die Möglichkeit hingewiesen, dass einige Elemente dieses Dokuments Patentrechte berühren können. CEN [und/oder CENELEC] sind nicht dafür verantwortlich, einige oder alle diesbezüglichen Patentrechte zu identifizieren.

Dieses Dokument ersetzt EN ISO 14644-2:2000.

Entsprechend der CEN-CENELEC-Geschäftsordnung sind die nationalen Normungsinstitute der folgenden Länder gehalten, diese Europäische Norm zu übernehmen: Belgien, Bulgarien, Dänemark, Deutschland, die ehemalige jugoslawische Republik Mazedonien, Estland, Finnland, Frankreich, Griechenland, Irland, Island, Italien, Kroatien, Lettland, Litauen, Luxemburg, Malta, Niederlande, Norwegen, Österreich, Polen, Portugal, Rumänien, Schweden, Schweiz, Slowakei, Slowenien, Spanien, Tschechische Republik, Türkei, Ungarn, Vereinigtes Königreich und Zypern.

Anerkennungsnotiz

Der Text von ISO 14644-2:2015 wurde vom CEN als EN ISO 14644-2:2015 ohne irgendeine Abänderung genehmigt.

Vorwort

ISO (die Internationale Organisation für Normung) ist eine weltweite Vereinigung von Nationalen Normungsorganisationen (ISO-Mitgliedsorganisationen). Die Erstellung von Internationalen Normen wird normalerweise von ISO Technischen Komitees durchgeführt. Jede Mitgliedsorganisation, die Interesse an einem Thema hat, für welches ein Technisches Komitee gegründet wurde, hat das Recht, in diesem Komitee vertreten zu sein. Internationale Organisationen, staatlich und nicht-staatlich, in Liaison mit ISO, nehmen ebenfalls an der Arbeit teil. ISO arbeitet eng mit der Internationalen Elektrotechnischen Kommission (IEC) bei allen elektrotechnischen Themen zusammen.

Die Verfahren, die bei der Entwicklung dieses Dokuments angewendet wurden und die für die weitere Pflege vorgesehen sind, werden in den ISO/IEC-Direktiven, Teil 1 beschrieben. Im Besonderen sollten die für die verschiedenen ISO-Dokumentenarten notwendigen Annahmekriterien beachtet werden. Dieses Dokument wurde in Übereinstimmung mit den Gestaltungsregeln der ISO/IEC-Direktiven, Teil 2 erarbeitet (siehe www.iso.org/directives).

Es wird auf die Möglichkeit hingewiesen, dass einige Elemente dieses Dokuments Patentrechte berühren können. ISO ist nicht dafür verantwortlich, einige oder alle diesbezüglichen Patentrechte zu identifizieren. Details zu allen während der Entwicklung des Dokuments identifizierten Patentrechten finden sich in der Einleitung und/oder in der ISO-Liste der empfangenen Patenterklärungen (siehe www.iso.org/patents).

Jeder in diesem Dokument verwendete Handelsname wird als Information zum Nutzen der Anwender angegeben und stellt keine Anerkennung dar.

Eine Erläuterung der Bedeutung ISO-spezifischer Benennungen und Ausdrücke, die sich auf Konformitätsbewertung beziehen, sowie Informationen über die Beachtung der WTO-Grundsätze zu technischen Handelshemmnissen (TBT, en: Technical Barriers to Trade) durch ISO enthält der folgende Link: Foreword - Supplementary information.

Das für dieses Dokument verantwortliche Komitee ist ISO/TC 209 „Cleanrooms and associated controlled environments“

Diese zweite Ausgabe ersetzt die erste Ausgabe (ISO 14644-2:2000), welche technisch überarbeitet wurde.

ISO 14644 besteht unter dem allgemeinen Titel *Cleanrooms and associated controlled environments* aus den folgenden Teilen

— *Part 1: Classification of air cleanliness by particle concentration*

— *Part 2: Monitoring to provide evidence of cleanroom performance related to air cleanliness by particle concentration*

— *Part 3: Test methods*

— *Part 4: Design, construction and start-up*

— *Part 5: Operations*

— *Part 7: Separative devices (clean air hoods, gloveboxes, isolators and mini-environments)*

— *Part 8: Classification of air cleanliness by chemical concentration (ACC)*

— *Part 9: Classification of surface cleanliness by particle concentration*

— *Part 10: Classification of surface cleanliness by chemical concentration*

Ebenfalls zu beachten ist ISO 14698, *Cleanrooms and associated controlled environments — Biocontamination control*:

— *Part 1: General principles and methods*

— *Part 2: Evaluation and interpretation of bio-contamination data*

Einleitung

Diese Überarbeitung von ISO 14644-2 hebt die Notwendigkeit zur Berücksichtigung einer Überwachungsstrategie neben der erstmaligen oder regelmäßigen Durchführung der Klassifizierung eines Reinraums oder reinen Bereichs nach ISO 14644-1:2015, 5.1, hervor. Die Überwachungsmaßnahmen liefern einen kontinuierlichen Datenfluss über die Zeit, dadurch ergibt sich ein detaillierterer Blick auf die Leistung der Anlage.

Die möglichen Vorteile der Überwachung sind:

— schnellere Reaktion auf nachteilige Ereignisse und Bedingungen,

— Fähigkeit zur Entwicklung von Trends von Daten über die Zeit,

— Integration von Daten von multiplen Messgeräten,

— verbesserte Kenntnis in Bezug auf die Anlage und den Prozess ermöglichen eine effektivere Risikobewertung, und

— Verbesserung der Kontrolle der Betriebskosten und Produktverluste.

ISO 14644-2 legt die Anforderungen an einen Überwachungsplan auf der Grundlage der Risikobewertung der vorgesehen Verwendung fest. Die ermittelten Daten erbringen den Nachweis für die anhaltende Leistung des Reinraums oder reinen Bereichs in Bezug auf die Luftreinheit anhand der Partikelkonzentration.

Unter bestimmten Bedingungen können die zuständigen Behörden ergänzende oder weitere Richtlinien, Anforderungen oder Einschränkungen vorgeben. In solchen Situationen können geeignete Anpassungen der Untersuchungsverfahren erforderlich sein. Nachdem ein Überwachungsplan zunächst aufgestellt und umgesetzt ist, kann es erforderlich sein, wenn signifikante Veränderungen an der Anlage oder den Verfahrensanforderungen durchgeführt werden, den Plan zu überarbeiten. Es ist ebenfalls sinnvoll, auf der Grundlage der ermittelten Daten und der Erfahrung im Einsatz regelmäßige Überprüfungen des Überwachungsplans durchzuführen.

1 Anwendungsbereich

Dieser Teil von ISO 14644 legt die Mindestanforderungen an einen Überwachungsplan für die Leistung eines Reinraums oder eines reinen Bereichs in Bezug auf die Luftreinheit anhand der Partikelkonzentration auf der Grundlage von Parametern fest, die die Konzentration luftgetragener Partikel messen oder beeinflussen.

Dieser Teil von ISO 14644 behandelt nicht die Zustandsüberwachung von Aspekten, wie z. B. Vibration oder die allgemeine Instandhaltung der Engineeringsysteme. Er ist nicht für die Überwachung von Partikelgruppen vorgesehen, die außerhalb des festgelegten unteren Schwellenwerts (Nachweisgrenze) der Partikelgröße im Bereich zwischen 0,1 µm und 5 µm liegen. Konzentrationen von ultrafeinen Partikeln (Partikel kleiner als 0,1 µm) werden in einem anderen Teil dieser Normenreihe behandelt.

2 Normative Verweisungen

Die folgenden Dokumente, die in diesem Dokument teilweise oder als Ganzes zitiert werden, sind für die Anwendung dieses Dokuments erforderlich. Bei datierten Verweisungen gilt nur die in Bezug genommene Ausgabe. Bei undatierten Verweisungen gilt die letzte Ausgabe des in Bezug genommenen Dokuments (einschließlich aller Änderungen).

ISO 14644-1:2015, *Cleanrooms and associated controlled environments — Part 1: Classification of air cleanliness by particle concentration*

3 Begriffe

Für die Anwendung dieses Dokuments gelten die Begriffe nach ISO 14644-1 und die folgenden Begriffe.

3.1
Prüfung
Arbeitsablauf nach einem definierten Verfahren, der zur Bestimmung der Leistung einer Anlage bzw. eines Teils desselben dient

3.2
Überwachung
messtechnische Beobachtungen nach einem definierten Verfahren und Plan zum Nachweis der Leistung einer Anlage

Anmerkung 1 zum Begriff: Die Überwachung kann fortlaufend, sequenziell sein oder regelmäßig erfolgen; erfolgt sie regelmäßig, muss die Häufigkeit festgelegt sein.

Anmerkung 2 zum Begriff: Diese Informationen dürfen zur Ermittlung von Trends in Betriebszuständen und zur Prozessführung herangezogen werden.

3.3
Aktionsgrenze
Eingreifgrenze
vom Benutzer festgelegter Grenzwert eines Parameters, bei dessen Überschreitung unverzügliches Eingreifen einschließlich Ursachenuntersuchung und Korrekturmaßnahmen erforderlich ist

3.4
Warngrenze
Alarmgrenze
vom Benutzer festgelegter Grenzwert eines Parameters, der frühzeitig vor dem Abweichen von den normalen Bedingungen warnt, und dessen Überschreitung zu einer verstärkten Aufmerksamkeit oder zur Korrekturmaßnahme führen sollte

4 Erstellung, Umsetzung und Aufrechterhaltung eines Überwachungsplans

4.1 Kurzbeschreibung

Ein Überwachungsplan muss erstellt, umgesetzt und aufrechterhalten werden, um die Sicherheit zu erlangen, dass ein Reinraum oder reiner Bereich durch die Bereitstellung der erforderlichen Kontrolle der Luftreinheit anhand der Partikelkonzentration die angemessene Leistung erbringt.

Ein Überwachungsplan muss den geforderten Grad der Luftreinheit, die kritischen Orte sowie die Leistungsmerkmale des Reinraums oder reinen Bereichs berücksichtigen, die die Leistung der Anlage beeinflussen. Die folgenden Arbeitsschritte müssen in die Erstellung, Umsetzung und Aufrechterhaltung des Überwachungsplans einbezogen werden:

— Anwendung geeigneter Instrumente zur Risikobewertung, um das Risiko von nachteiligen Kontaminationsereignisse zu verstehen, zu bewerten und zu dokumentieren;

— Entwicklung eines schriftlichen Überwachungsplans;

— Prüfen und Genehmigen des Plans;

— Umsetzen des Plans mittels Durchführung der Überwachung;

— Analysieren der von den Überwachungsmaßnahmen abgeleiteten Daten, Durchführen einer Trendanalyse, wenn zutreffend, und Dokumentieren der Leistung;

— Umsetzen und Dokumentieren der Maßnahmen oder der erforderlichen Korrekturmaßnahmen;

— Durchführen einer regelmäßigen Überprüfung/Bewertung des Überwachungsplans.

Die nach einem Überwachungsplan gemessene Konzentration von luftgetragenen Partikeln darf höher sein, als die während einer Klassifizierung im Betriebszustand „Leerlauf" beobachtete Konzentration. Die beobachteten Werte können infolge von Faktoren erheblich schwanken, wie z. B. aber nicht beschränkt auf, Anzahl des anwesenden Personals, Luftdurchflussrate, Wirksamkeit der Lüftung, Betrieb der Messgeräte oder Maschinen sowie die Aktivitäten in angrenzenden Räumen.

Bei Verfahren, die grundsätzlich Partikeln als Teil des Verfahrens verursachen und bei denen diese Partikeln keine Gefährdung des Verfahrens oder Produktes darstellen, kann es geeigneter sein, sich auf die regelmäßige „Leerlauf"-Klassifizierung zu stützen oder auf die „Fertigung"-Klassifizierung von simulierten Betriebsabläufen, als auf die Überwachung von luftgetragenen Partikeln während der „Fertigung". Bei anderen Leistungs- und Reinheitsmerkmalen kann trotzdem noch eine Überwachung erforderlich sein.

4.2 Risikobewertung

Die Risikobewertung ist ein systematisches Verfahren der Identifikation von Gefährdungen und der Analyse sowie Bewertung von Risiken, die mit der Exposition gegenüber diesen Gefährdungen verbunden sind.

Eine Risikobewertung muss erfolgen:

- um einen Überwachungsplan durch die Bestimmung von Faktoren zu erarbeiten, die die Leistungsmerkmale der Anlage hinsichtlich der Aufrechterhaltung der vereinbarten Luftreinheit anhand der Partikelkonzentration des Reinraums oder reinen Bereichs beeinflussen können, und
- um die Anforderungen an die Überwachung festzulegen, um den Leistungsnachweis bereitzustellen.

In Bezug auf eine Anleitung, welche Aspekte bei der Durchführung der Risikobewertung zu berücksichtigen sind, siehe informativer Anhang A.

4.3 Überwachungsplan

4.3.1 Der Überwachungsplan muss das Ergebnis der Risikobewertung berücksichtigen.

Bei der Entwicklung des Überwachungsplans müssen mindestens die Faktoren beschrieben in 4.3.2 bis 4.3.13 einbezogen werden.

4.3.2 Auflistung und Begründung aller zu überwachenden Parameter einschließlich derjenigen, die die Konzentration der luftgetragenen Partikel beeinflussen können.

4.3.3 Beschreibung und Begründung der Messverfahren. In Bezug auf weitere Anleitung zu Überlegungen während der Entwicklung einer Überwachungsplans, siehe informativer Anhang A.

4.3.4 Genauigkeit, Instandhaltung und Kalibrierung der Messgeräteausrüstung für die Überwachung.

4.3.5 Identifizierung und Begründung der ausgewählten Überwachungsorte. Die Überwachungsorte müssen in drei Dimensionen definiert sein.

4.3.6 Identifizierung und Begründung der überwachten Freigabekriterien oder -grenzen einschließlich Einrichtung einer Einzelalarmstufe oder eines dualen Alarmansatzes mit Warn- und Aktionsgrenzen. Die Mindestanforderung besteht darin, dass eine Aktionsgrenze des Einzelalarms festgelegt ist. Zur frühzeitigen Warnung von Leistungsabweichungen kann zusätzlich eine Warngrenze des Alarms festgelegt werden. In Bezug auf weitere Anleitung zur Einstellung von Warn- und Aktionsgrenzen, siehe informativer Anhang B.

4.3.7 Festlegung der Reaktion, die erforderlich ist, wenn die Daten die festgelegten Grenzen über- oder unterschreiten sollten.

4.3.8 Die Notwendigkeit für und die Häufigkeit der regelmäßigen Klassifizierung des Reinraums oder reinen Bereichs anhand der Partikelkonzentration nach ISO 14644-1:2015, 5.1.

4.3.9 Das Format der aufgezeichneten Daten.

4.3.10 Die Verfahren einschließlich statistischer Verfahren, die für die Trendanalyse der Daten oder für andere geeignete Analysen anzuwenden sind.

4.3.11 Die Anforderungen an die Berichterstattung.

4.3.12 Die Richtlinie und die Medien, die für Datenaufbewahrung zu verwenden sind.

4.3.13 Die Häufigkeit der Überarbeitung/Bewertung des Überwachungsplans.

ANMERKUNG Überwachungspläne werden regelmäßig bewertet und auf der Grundlage der gewonnen Erkenntnisse über den Reinraum oder reinen Bereich werden Überwachungsprogramme überarbeitet.

4.4 Kalibrierung

Die für die Überwachung angewendete Messgeräteausrüstung muss geeignet sein, die geforderten Überwachungsabläufe durchzuführen sowie über ein gültiges Kalibrierzertifikat verfügen, sie muss die gegenwärtig anerkannte Praxis in Bezug auf die Häufigkeit und das Verfahren der Kalibrierung erfüllen.

Insbesondere für die Partikelzähler von luftgetragenen Partikeln sollten die Häufigkeit und das Verfahren der Kalibrierung auf der gegenwärtig anerkannten Praxis beruhen, wie in ISO 21501-4 festgelegt.

ANMERKUNG Einige Partikelzähler können nicht für alle geforderten Prüfungen in ISO 21501-4 kalibriert werden. Ist das der Fall, ist die Entscheidung zur Anwendung des Partikelzählers im Überwachungsplan aufzuzeichnen.

4.5 Bewertung und Freigabe

Der gesamte Plan muss bewertet und freigegeben werden.

4.6 Reaktion auf eine Abweichung während der Überwachung

Falls die Ergebnisse der Überwachung die festgelegte(n) Grenze(n) überschreiten, muss eine Untersuchung zur Bestimmung der Ursache eingeleitet werden und Abhilfemaßnahmen sind wie gefordert durchzuführen.

Sofern die Abhilfemaßnahme signifikante Änderungen in Bezug auf die Anlage und/oder auf deren Betrieb erfordert, muss anschließend die Prüfung der Klassifizierung nach ISO 14644-1 durchgeführt werden. Als Ergebnis der Änderungen hinsichtlich der Anlage und/oder deren Betrieb muss der Überwachungsplan auch überarbeitet werden.

Wenn die verlangte Klassifizierung erreicht wurde, kann die Überwachung fortgesetzt werden.

5 Regelmäßige Klassifizierung der Luftreinheit anhand der Partikelkonzentration

Die regelmäßige Klassifizierungsprüfung muss jährlich nach ISO 14644-1 durchgeführt werden. Diese Häufigkeit kann auf der Grundlage der Risikobewertung, des Umfangs des Überwachungssystems sowie der Daten, die sich durchweg in Übereinstimmung mit den Abnahmegrenzen oder den im Überwachungsplan definierten Graden befinden, erweitert werden.

ANMERKUNG ISO 14644-3 legt zusätzliche Prüfungen in Bezug auf weitere Aspekte der Reinraumleistung fest, wie z. B. Druckdifferenz, Luftströmung usw.

Anhang A
(informativ)

Bei der Entwicklung eines Überwachungsplans zu beachtende Aspekte

A.1 Überlegungen zur Risikobewertung

A.1.1 Auswahl eines geeigneten Instrumentes zur Risikobewertung

Die Risikobewertung kann mit einer Anzahl von Instrumenten – einzeln oder in Kombination – durchgeführt werden, einschließlich, aber nicht beschränkt auf:

— HACCP (en: Hazard Analysis and Critical Control Point, dt: Gefährdungsanalyse und kritische Lenkungspunkte),

— FMEA (en: Failure Mode and Effects Analysis, dt: Fehlermöglichkeits- und -einflussanalyse) /FMECA (en: Failure Mode and Effects and Criticality Analysis, dt: Fehlermöglichkeits-, Einfluss- und Gefährdungsanalyse),

— PHA (en: Preliminary Hazard Analysis, dt: vorläufige und vorausschauende Gefahrenanalyse),

— FTA (en: Fault Tree Analysis, dt: Fehlerbaumanalyse), und

— HAZOP (en: HAZard and OPerability, dt: Risiko- und Betriebsbereitschaft).

A.1.2 Festlegung der geforderten Leistung und der Betriebsbedingungen, die gegebenenfalls zu überwachen sind

Diese können Faktoren sein, wie

— Verständnis der Kontaminationsquellen und die Auswirkung der Quellen auf die Aktivität im Reinraum oder reinen Bereich an kritischen Orten oder an Orten, die repräsentativ für die allgemeine Reinheit der Luft in einem Reinraum oder reinen Bereich sind,

— Leistungsfähigkeit der Installation, die die Reinheitsklasse beeinflussen könnte, wie z. B. Druckdifferenz, Gleichmäßigkeit der Luftströmung, Luftdurchsatz, Wirksamkeit der Lüftung, Temperatur, relative Luftfeuchte,

— normale Betriebsart und energiesparender Absenkbetrieb,

— Betriebszustand „Leerlauf" oder „Fertigung" und

— Belegung/Auslastung und Aktivitätsgrad, wie z. B. Schichtwechsel.

A.2 Allgemeine Überlegungen

A.2.1 Die allgemeinen Aspekte, beschrieben in A.2.2 bis A.2.21 sollten bei der Entwicklung eines Überwachungsplans beachtet werden.

A.2.2 Die Messtechnik einschließlich der Auswahl eines handbetriebenen und/oder automatisierten Überwachungssystems.

A.2.3 Die Anforderungen an die Auflösung, Genauigkeit und Kalibrierung des Messsystems einschließlich, im Fall von Partikelzählern von luftgetragenen Partikeln, die Wirksamkeit und Einschränkungen des Sammelsystems.

A.2.4 Der Standort der Komponenten des Überwachungssystems einschließlich des Zugangs für die Instandhaltung und Kalibrierung.

A.2.5 Der Standort, die Konfigurierung und Ausrichtung des Gerätes oder der Probenahmesonde.

A.2.6 Die Ermittlung der Häufigkeit der Messung oder der Probenahmen, um Abweichungen festzustellen.

A.2.7 Die Beachtung von Abläufen, die das Überwachungssystem oder die ermittelten Ergebnisse beeinflussen können, wie (aber nicht beschränkt auf) Temperatur, Feuchte, Reinigungsmaßnahmen und -mittel, Desinfektionsmittel, Produktmaterialien oder Verfahrensgefährdungen und Quellen von möglichen Konvektionsströmungen in der Luft infolge erwärmter Oberflächen.

A.2.8 Die Berücksichtigung möglicher nachteiliger Auswirkungen des Probenahmesystems auf das Verfahren oder die Verfahrensumgebung (z. B. mögliche Auswirkungen der Entnahme des für einen Partikelzähler erforderlichen Volumens der Luftprobe auf kleine geschlossene Umgebungen).

A.2.9 Die Ergebnisse aller optischen Untersuchungen der Luftströmung, wie z. B. „Rauchtests", Computersimulationen von Luftströmungsmodellen, oder weitere Untersuchungen.

A.2.10 Das Verständnis der Lüftungseffektivität im Reinraum oder reinen Bereich, wie diese durch die Luftwechselraten beeinflusst werden könnte, Untersuchungen zur Erholungs- und Reinigungszeit oder andere Verfahren zum Verständnis möglichen Rate zur Entfernung von luftgetragenen Partikeln.

A.2.11 Der Umfang und/oder die Häufigkeit von Reinigungs- oder Instandhaltungsverfahren und deren Einwirkung auf die Grade der luftgetragenen Partikel während der Durchführung und unmittelbar nach Beendigung des Verfahrens.

A.2.12 Die Beachtung der verfahrensbezogenen Vorgänge, die die Umgebungsbedingungen an den Überwachungsorten beeinflussen können. Derartige Vorgänge können Ausbau, Reinigung sowie Wiedereinbau der Ausrüstung umfassen (sind aber nicht darauf beschränkt), entweder als Teil des Verfahrenszyklus oder als ein Element der Instandhaltungsarbeit.

ANMERKUNG Es kann hilfreich sein, vor der Wiederaufnahme des Normalbetriebs in den Überwachungsplan Maßnahmen für die Überwachung der Erholungszeit beim Abschluss solcher Umrüstungen einzubeziehen.

A.2.13 Die üblichen Positionen und Bewegungen des Personals während kritischer Betriebsphasen.

A.2.14 Die erwartete Anzahl von Personen, die im Reinraum oder reinen Bereich aktiv sind, die Art ihrer Tätigkeit und die Zeitdauer ihrer Aktivitäten.

A.2.15 Die Beurteilung der Auswirkung der durch die Ausrüstung erzeugten Veränderungen auf die Luftströmungsverhältnisse.

A.2.16 Die Beurteilung der Möglichkeit von Partikelquellen, die durch die Ausrüstung erzeugt werden. Beispiele umfassen Partikel, die durch Abrieb von Oberflächen der bewegten Fördersysteme und durch Verfahren, wie z. B. das Verschließen von Glasampullen und Hochfrequenzschweißen (RF) von Rohren, erzeugt werden.

A.2.17 Datenerfassung und -management einschließlich Datenintegrität, -speicherung und -wiedergewinnung.

ANMERKUNG In einigen Industriebereichen ist die Integrität und Speicherung von Daten besonders geregelt.

A.2.18 Die Aufstellung von geeigneten Techniken für die Auswertung der Ausgangsdaten, Bewertung von Trends und Verfassen von Berichten.

A.2.19 Die Festlegung der Freigabekriterien und die Aufstellung einer Einzelalarmstufe oder eines dualen Alarmansatzes mit Warn- und Aktionsgrenzen.

A.2.20 Die Anforderungen an die Inbetriebnahme und Prüfung des (der) Überwachungssystems(e).

A.2.21 Die Anforderungen an die Instandhaltung des (der) Überwachungssystems(e).

A.3 Überwachung des Differenzdrucks

A.3.1 Die zusätzlichen Aspekte, beschrieben in A.3.2 bis A.3.5 sollten bei der Festlegung der Überwachungssysteme für die Differenzdrücke in Reinräumen und reinen Bereichen beachtet werden.

A.3.2 Das Verfahren zur Verringerung oder Beherrschung von Schwankungen, die durch Störungen, wie z. B. das Öffnen von Türen oder dem unterbrochenen Betrieb von örtlichen Absaugsystemen verursacht werden. Ein übliches Verfahren ist das Einsetzen von Verzögerungszeiten bei den Alarmen.

A.3.3 Die Auswahl eines Bezugsprinzips für die Druckmessung (Messung des Differenzdrucks zwischen Räumen oder gegen einen allgemeinen Bezugsdruck).

A.3.4 Aufstellung der Warn- und Aktionsgrenzen, die empfindlich gegen normale Druckschwankungen infolge von Faktoren, beispielsweise Windeinwirkungen auf Gebäude, Öffnen und Schließen der Tür sowie weiteren Faktoren, sind.

A.3.5 Der Differenzdruck kann durch regelmäßige Beobachtung oder mit automatisierter Messtechnik überwacht werden.

A.4 Überwachungssystem der luftgetragenen Partikel

A.4.1 Die zusätzlichen Aspekte, beschrieben in A.4.2 bis A.4.6 sollten bei der Festlegung der Echtzeit-Partikelzählung von luftgetragenen Partikeln beachtet werden.

A.4.2 Die Konfiguration des Systems beruht auf der Bewertung der folgenden Systemmerkmale:

— Wirksamkeit der Sammlung luftgetragener Partikel;

— Eignung des Systems für die Überwachung der ausgewählte(n) Partikelgröße(n);

— Zugänglichkeit für Instandhaltung, Kalibrierung und Reparatur.

ANMERKUNG 1 Diese Betrachtungen werden die Auswahl zwischen der Anwendung von multiplen örtlichen „Einsatzort"-Partikelzählern oder der Anwendung eines Einzelpartikelzählers mit mehrfach genutzten vielfältigen sowie langen Transportleitungen für die Probe beeinflussen.

ANMERKUNG 2 Die Anwendung von langen Transportleitungen für die Probe entsprechend den Anforderungen der Systeme mit mehrfach genutzten vielfältigen Leitungen ist für die Überwachung der Partikelgrößen ≥ 5 µm ungeeignet.

A.4.3 Die Durchflussrate und das Volumen der Luftprobe.

A.4.4 Die Häufigkeit und die Dauer der Sammlung jeder Luftprobe (bestimmt durch den Stichprobenanteil).

A.4.5 Die Konfigurierung und Ausrichtung der Probenahmesonde unter Berücksichtigung der Luftströmung (z. B. isokinetisch oder anisokinetisch).

ANMERKUNG Es kann unzweckmäßig sein, eine Probenahmesonde direkt unter einem Zuluftdurchlass mit einem Schwebstofffilter (HEPA-Filter) in einer Konfiguration mit turbulenter Verdünnungsströmung anzuordnen, da so ein Ort für den Reinraum oder reinen Bereich nicht repräsentativ sein kann und den Nachweis von Kontaminationen während des Betriebs verhindern kann.

A.4.6 Die mögliche nachteilige Auswirkung des Probenahmesystems auf das Verfahren oder die Verfahrensumgebung (z. B. mögliche Auswirkungen der Entnahmerate des Probenvolumens in kleinen Volumen).

A.5 Überwachung der Luftgeschwindigkeit und des Luftvolumens

A.5.1 Die zusätzlichen Aspekte, beschrieben in A.5.2 bis A.5.3 sollten bei der Festlegung von Überwachungssystemen für die Luftgeschwindigkeit und das Luftvolumen beachtet werden.

A.5.2 Die ausgewählte Messtechnik für die Luftgeschwindigkeit und das Luftvolumen.

A.5.3 Der Standort des Messgerätes, damit die Messung repräsentativ für das zu überwachende System ist.

ANMERKUNG Es kann notwendig sein, die Standorte zu bewerten, um nachzuweisen, dass die Messungen repräsentativ sind und nicht durch Luftströmungsturbulenzen, ungleichmäßige Strömung in Luftleitungen oder weitere Faktoren ungünstig beeinflusst werden.

Anhang B
(informativ)

Betrachtungen zur Festlegung der Warn- und Aktionsgrenzen

B.1 Allgemeine Grundlage zur Festlegung der Warn- und Aktionsgrenzen

Die Einführung von auf Warn- und Aktionsgrenzen beruhenden Alarmen erfordert eine sorgfältige Überlegung, um sicherzustellen, dass sie eine wirksame Grundlage für die Auslösung einer Reaktion bereitstellen, beispielsweise eine weitere Untersuchung oder eine zunehmende Überwachung (als „Warngrenze" bekannt); sowie für das Auslösen einer Abhilfereaktion (als „Aktionsgrenze" bezeichnet). Das Folgende sollte berücksichtigt werden:

— der Umfang und Zweck der Überwachung;

— die Bedeutung und/oder Kritikalität der überwachten Parameter;

— die Auswahl eines Einzelalarms mit Aktionsgrenze oder eines dualen Alarms mit Warn- und Aktionsgrenzen;

— das Risiko in Bezug auf das Versagen, auf die „Warngrenze" oder die „Aktionsgrenze" infolge der großen Häufigkeit von Alarmen. Dieses kann durch das Einstellen ungeeigneter Alarmgrenzen auftreten und kann dazu führen, dass das Personal nicht handelt oder die akustischen Alarmanzeigen stummschaltet;

— die Handhabung der normalen zulässigen Schwankungen der überwachten Parameter; z. B. Begründungen für Zeitverzögerungen und Algorithmen für die Änderungsrate der Prognosesysteme;

— Häufigkeit von Probenahme oder Messung, um die Beurteilung der Rate zu ermöglichen, mit der der nächste Datenpunkt erfasst wird;

— wird auf eine „Warngrenze" reagiert, die Fähigkeit zu reagieren, die Art der Reaktion und die für die Reaktion zulässige Zeitdauer, bevor diese zur höheren Stufe der „Aktionsgrenze" übergeht.

B.2 Festlegung der Warn- und Aktionsgrenzen für die Überwachung des Differenzdrucks

B.2.1 Einführung des normalen Betriebsbereichs für Differenzdrücke

Zur Einstellung der Warn- und Aktionsgrenzen für die Differenzdrücke ist es notwendig, den normalen Betriebsbereich einschließlich beispielsweise der Schwankungen infolge von Öffnen der Türen und den Wechselwirkungen der Ausrüstung festzulegen. Die Abweichungen von diesem normalen Betriebsbereich können anschließend entweder nur als Messwertabweichung oder als eine Messwert- und Zeitabweichung festgelegt werden.

Die Anfangsbeobachtungen sollten regelmäßig und nach der Instandhaltung oder Umrüstung eines Reinraums oder reinen Bereichs infolge von Leistungsabweichungen oder der Alterung von Anlagenbauteilen wiederholt werden.

Um die Druckschwankungen zu untersuchen und zu dokumentieren, sollte der Ansatz nach B.2.1.1 und B.2.1.2 übernommen werden.

B.2.1.1 Die Auswirkungen des Betriebs der Schleusentüren

Luftschleusen sind zur Unterstützung der Aufrechterhaltung der Differenzdrücke konstruktiv ausgelegt, wenn das Personal oder Materialien von einem Reinraum oder reinem Bereich zu einem anderen wechseln. Luftschleusen werden so ausgelegt oder betrieben, dass eine gegenüberliegende Tür immer geschlossen ist. Sofern die Türen nicht mit aufblasbaren Dichtungen ausgestattet sind, ist jedoch die Leckage durch die Schleuse üblicherweise größer, wenn eine der gegenüberliegenden Türen geöffnet ist, als wenn sie beide geschlossen sind. Es ist notwendig, diese normalen Abweichungen zu prüfen und zu dokumentieren, um die Warn- und Aktionsgrenzen für die Alarme in Bezug auf den Druck richtig einzustellen. Diesem Ablauf ist zu folgen:

— alle Türen und Durchreichschleusen sind zu schließen, der Betriebszustand der Ausrüstung ist zu definieren und der stationäre Zustand der Differenzdrücke zwischen den ausgewählten Räumen oder Bereichen ist zu beobachten, dabei werden die geringen, normalen Schwankungen aufgezeichnet, die infolge von Wind und anderen dynamischen Effekten auftreten werden;

— bei jeder Schleuse, Durchreichschleuse oder Transferkammer sind alle Türen zu öffnen, jeweils eine Reihe von gegenüberliegenden Türen, und die Abweichung des Raum- oder Bereichsdrucks ist aufzuzeichnen. Die Türen sind zu schließen und es ist zu bestätigen, dass die Differenzdrücke wieder ihre ursprünglichen Werte erreichen;

— die Luftstrecken der Leckage, z. B. um die Türen herum, sollten als Teil einer Reinraumgestaltung bewertet werden, um die entsprechende Berücksichtigung des Luftausgleichs bei derartigen Leckagen sicherzustellen.

B.2.1.2 Die Auswirkungen der Prozessausrüstung

Einige Teile der Prozessausrüstung haben durch die geringen Änderungen in Bezug auf den Luftverlust aus druckbeaufschlagten Räumen über die Ausrüstung, sofern diese in unterschiedlichen Betriebszuständen betrieben werden, einen geringen und zulässigen Effekt auf die Differenzdrücke des Raums oder Bereichs. Diesem Ablauf ist zu folgen:

— alle Türen und Durchreichschleusen sind zu schließen, die Ausrüstung ist auf einen definierten Betriebszustand einzustellen und der stationäre Zustand der Differenzdrücke zwischen den ausgewählten Räumen und Bereichen ist zu beobachten, dabei werden die geringen, normalen Schwankungen aufgezeichnet, die infolge von Wind und anderen dynamischen Effekten auftreten;

— die Prüfung ist für jeden der verschiedenen Betriebszustände der Ausrüstung zu wiederholen. Für jeden Zustand ist der stationäre Zustand der Differenzdrücke zwischen den ausgewählten Räumen und Bereichen zu beobachten, dabei werden die geringen, normalen Schwankungen aufgezeichnet, die infolge von Wind und anderen dynamischen Effekten auftreten.

B.2.2 Einstellen der Warn- und Aktionsgrenzen

B.2.2.1 Nach der Beobachtung und Aufzeichnung der normalen Betriebsbereiche wird empfohlen, dass die Druckeinstellung für das Druckwarnmessgerät einige wenige Pascal unterhalb der geringsten Druckbeobachtung für eine Überdruckkonfiguration oder einige wenige Pascal darüber bei einer Unterdruckkonfiguration (Richtwert 2 Pa bis 3 Pa) ausgewählt wird.

B.2.2.2 Häufig ist es erforderlich, den Alarm anhand der Warn- oder Aktionsgrenzen zu verzögern, um die normalen Aktivitäten im Reinraum, wie z. B. das Öffnen der Türen zum Betreten oder Verlassen des Raums durch das Personal, zu ermöglichen. Zur Bestimmung der geeigneten Zeitverzögerung ist die sorgfältige Beobachtung der Dauer der typischen oder voraussichtlichen normalen Abweichung erforderlich. Abweichungen, die über die normale Zeitdauer hinüber reichen, sollten Warnungen auslösen.

B.2.2.3 Die Handhabung übermäßiger Druckschwankungen oder von Leckagen durch einfache Erhöhung der Differenzdrücke ist nicht zu empfehlen, da die Luftleckage verbunden mit der Ineffizienz in der Leistung der Klimaanlage oder dem Belüftungssystem weiter ansteigen wird.

B.2.2.4 In regulierten Industrien wird erwartet, dass die Grundursachen von Problemen identifiziert werden und eher richtig gestellt werden, als dass ihnen durch Änderungen der betrieblichen Grenzen Rechnung getragen wird. Fehler bei der Identifizierung von Grundursachen können zu nachteiligen regulatorischen Handlungen führen.

B.2.3 Messgeräteausrüstung für den Differenzdruck

B.2.3.1 Werden Druckschalter (Druckwächter) angewendet, ist sicherzustellen, dass das Auslösen des Druckschalters wiederholbar ist sowie dass die Schalthysterese für die Einstellung der Warn- oder Aktionsgrenze begründet und angepasst ist.

B.2.3.2 Um die Kalibrierung zu vereinfachen und um die Notwendigkeit des Entfernens der Messgeräte aus der Anlage zu vermeiden, besonders dann, wenn die Messgeräte in schwerzugänglichen Bereichen montiert sind, sollten die Messgeräte mit Prüfanschlüssen und einem Verfahren zur Isolierung der Geräte von der Druckquelle ausgestattet sein, um die Bestimmung der Nullstellung und der Messspanne zu ermöglichen.

B.3 Einstellen der Warn- und Aktionsgrenzen für die luftgetragene Partikelanzahl

B.3.1 Allgemeine Leitlinien

B.3.1.1 Das Ziel der Überwachung der Anzahlkonzentration der Partikel in einem betriebsbereiten Reinraum oder reinem Bereich ist der Nachweis, dass der geforderte Grad der Reinheit an kritischen Kontrollpunkten erreicht wird. Die Risikobewertung und die Bewertung der Daten aus der formalen Klassifizierung des Reinraums oder reinen Bereichs nach ISO 14644-1 sollte zur Bestimmung der Überwachungsorte (kritische Kontrollpunkte) verwendet werden. Die identifizierten Warn- und Aktionsgrenzen sollten effektive Informationen bereitstellen, um die Handhabung der Leistungsänderungen sowie die Identifizierung der Abweichungen von den definierten Freigabekriterien zu ermöglichen.

ANMERKUNG Die statistischen Prinzipien der Prozesskontrolle, die auf der Analyse von historischen Daten beruhen, können zur Einstellung von Warn- und Aktionsgrenzen angewendet werden.

B.3.1.2 Es ist erforderlich, geeignete Verfahren zur Ankündigung oder Anzeige zu schaffen, wenn die Werte der Partikelanzahl die Warn- oder Aktionsgrenzen erreichen.

B.3.1.3 Beim Einstellen der Warn- und Aktionsgrenzen ist eine Empfindlichkeit gegenüber der hohen Variabilität der Konzentrationen der luftgetragenen Partikel hinsichtlich der Zeit und den unterschiedlichen Orten wichtig. Insbesondere muss bei der Berücksichtigung der Warn- und Aktionsgrenzen für die Reinheitsklassen ISO-Klasse 5 und reiner mit geringen Partikelkonzentrationen mit besonderer Sorgfalt vorgegangen werden. Unter diesen Bedingungen ist das Auftreten von „Fehlalarmen“ infolge falscher Zählungen und/oder natürlicher Schwankungen der Partikelkonzentrationen wahrscheinlicher und sollte durch die sorgfältige Auswahl der Warn- und Aktionsgrenzen vermieden werden. Häufige „Fehlalarme“ sollten vermieden werden, da sie dazu führen können, dass die Alarme von den Anwendern ignoriert werden.

B.3.1.4 Die Konsistenz der physikalischen Probenahmeposition und die Ausrichtung der Probenahmesonde können eine deutliche Auswirkung auf die gemessene Partikelkonzentration haben. Dies gilt insbesondere, wenn eine Notwendigkeit besteht, die Werte aus dem einen Probenahmezeitraum mit denen des nächsten zu vergleichen. Es ist wichtig, dass die Position der Probe sich ohne Berücksichtigung der Auswirkung auf den Trendverlauf sowie auf die Warn- und Aktionsgrenzen nicht wesentlich verändert.

B.3.2 Einführung des normalen Betriebsbereichs für die Partikelanzahlen

B.3.2.1 Zunächst sind die Partikelkonzentrationen an den bestimmten kritischen Kontrollpunkten über einen signifikanten Zeitraum bei den beiden Betriebszuständen „Leerlauf" und „Fertigung" zu messen und aufzuzeichnen. Die vorgesehene Probenahmezeit und die Probengröße sollten verwendet werden. Aus dieser Datenreihe kann die voraussichtliche normale Leistung des Reinraums oder reinen Bereichs bestimmt werden und zur Grundlage für die Einführung der Warn- und Aktionsgrenzen werden. Es ist zu erwarten, dass diese Normalwerte unter der ISO-Reinheitsklassengrenze oder der Aktionsgrenze liegen werden.

B.3.2.2 Wenn eine wesentliche Veränderung bei der konstruktiven Auslegung oder beim Betrieb der Anlage auftritt, kann es notwendig sein, über einen anschließenden Zeitraum Beobachtungen durchzuführen.

B.3.2.3 Daten zur Partikelanzahl verfügen über Alleinstellungsmerkmale, die verstanden werden sollten. Die Folgenden sind von Bedeutung:

a) die Grundlinie der Partikelkonzentration in einem Raum ist in hohem Maße vom Grad der Aktivität, dem Volumen des Reinraums oder reinen Bereichs sowie von der Belüftungseinrichtung und deren Wirksamkeit abhängig;

b) es ist eine bewährte Verfahrensweise, Messwerte der Partikelanzahl zu untersuchen, die beständig unter den erwarteten Normen liegen, weil diese ein Anzeichen der Fehlfunktion des Partikelzählers, des Systems zur Gewinnung der Luftprobe oder der Messwerterfassungseinrichtung sein kann;

c) der zulässige Bereich der Partikelkonzentrationen beim Betriebszustand „Leerlauf" darf bei Systemen mit turbulenter Verdünnungsströmung signifikant geringer als beim Betriebszustand „Fertigung" sein;

d) Warnwerte können notwendigerweise für unterschiedliche Probenahmepunkte innerhalb des gleichen Raums oder Bereichs verschieden sein;

e) normale Aktivität im Raum kann zu vorübergehenden Anstiegen bei den Partikelanzahlen führen, die zulässig sein können.

B.3.2.4 Zur Sicherstellung der Datenqualität der Partikelüberwachung und zur Unterstützung des Datenvergleichs von nachfolgenden Luftproben ist es von Bedeutung, dass die Probenahmeposition und die Ausrichtung der Probenahmesonde konsistent sind. Die Konsistenz der physikalischen Probenahmeposition und die Ausrichtung der Probenahmesonde können eine erhebliche Auswirkung auf die Datenqualität haben, insbesondere, wenn eine Notwendigkeit besteht, die Werte aus dem einen Probenahmezeitraum mit denen des nächsten zu vergleichen. Die Veränderungen in Bezug auf den Probenahmeort oder die Ausrichtung können eine nachteilige Auswirkung auf den Trendverlauf sowie die Warn- und Aktionsgrenzen haben. Ein Beispiel dafür tritt auf, wenn die Luftzufuhr eines Reinraums oder reinen Bereichs über einen Zuluftdurchlass mit HEPA-Filtern (en: High Efficiency Particulate Airfilter) oder ULPA-Filtern (en: Ultra Low Penetration Airfilter) erfolgt, die nebeneinander liegen. In dieser Situation kann das Verschieben der Probenahmeposition nur um eine kurze Strecke, z. B. 0,5 m, dazu führen, dass die Luftprobe aus einem anderen Filter entnommen wird als die Probe zuvor, dadurch wird der Vergleich der Reinheitsdaten mit verschiedenen Proben unmöglich. In den meisten Fällen sollte eine signifikante Neupositionierung der Probenahmesonde als Festlegung eines neuen Orts gelten, dieses löst eine neue Beobachtungsreihe zur Bestimmung der geeigneten Warn- und Aktionsgrenzen aus.

B.3.3 Einstellung der Warn- und Aktionsgrenzen für die Partikelanzahlen

B.3.3.1 Die Prinzipien, beschrieben in B.3.3.2 bis B.3.3.8 sind bei der Einstellung der Schwellenwerte der Warn- und Aktionsgrenzen für den Alarm von Bedeutung.

B.3.3.2 Aus der Wahlmöglichkeit ist ein Einzelalarm mit Aktionsgrenze oder ein dualer Alarm mit Warn- und Aktionsgrenzen auszuwählen. In einigen Industrien oder Anwendungen werden zwei Alarmstufen, als Warnung und Aktion bezeichnet, als eine Qualitätskontrollmaßnahme und als Hilfsmittel für die Reaktion (Rückmeldung) eingesetzt.

B.3.3.3 Die Alarm-, Warn- oder Aktionsgrenzen sind zwischen dem normalen Betriebsbereich und der Grenze der Reinheitsklasse einzustellen.

B.3.3.4 Es ist wichtig, die Warngrenze korrekt einzustellen. Das wird sicherstellen, dass das Auftreten eines Warnereignisses eher eine Korrekturmaßnahme ergeben wird als das Verursachen einer unberechtigten und störenden Häufigkeit oder eines „Fehlalarms", die oftmals dazu führen können, dass die Bedienpersonen die Warnung ignoriert.

B.3.3.5 In den meisten Fällen sollte eine signifikante Neupositionierung der Probenahmesonde als Festlegung eines neuen Orts gelten und eine neue Beobachtungsreihe zur Bestimmung des geeigneten normalen Betriebsbereichs, des Alarms oder der geeigneten Warn- und Aktionsgrenzen am neuen Ort auslösen.

B.3.3.6 Falls es wichtig ist, den Datensatz von einem bestimmten Ort hochzurechnen, muss mit großer Sorgfalt vorgegangen werden, um sicherzustellen, dass die Aktivitätsgrade für jede entnommene Probe gleichartig sind. Während der Ruhezeiten mit geringen oder keinen Aktivitäten entnommene Proben werden üblicherweise eine andere Grundlinie und einen anderen Wertebereich im Vergleich mit Daten aufweisen, die während Zeitspannen mit großer Aktivität und/oder wenn mehr Personen in einem Raum oder Bereich anwesend waren, ermittelt wurden.

B.3.3.7 Die Zeitdauer der Probenahme muss als zulässiges Risiko berücksichtigt werden. Die Einstellung einer längeren Zeitdauer der Probenahme kann die Daten glätten und mögliche „Fehlalarme" vermeiden, sie kann aber einen nicht annehmbaren hohen Grad der Konzentration von luftgetragenen Partikeln über einen kurzen Zeitraum verbergen, der durch ein ungewöhnliches Ereignis verursacht wird, das eine Kontamination erzeugt.

B.3.3.8 Die Leistung des Überwachungssystems, die erfassten Daten, die geltenden Normen sowie die Trends sollten regelmäßig bewertet werden. Die Überprüfung von Warn- und Aktionsgrenzen für den entsprechenden Alarm (Entspannung oder Verschärfung) sollte auf der Grundlage des Leistungsnachweises berücksichtigt werden.

B.3.4 Mögliche alternative Strategien für Warngrenzen für Partikelanzahlen

B.3.4.1 Sofern zwei Partikelgrößen gleichzeitig überwacht und Proben in 1-minütigen Intervallen entnommen werden, ist die Einstellung der Warn- und Aktionsgrenzen komplexer. B.3.4.2 und B.3.4.3 beschreiben zwei Strategien.

B.3.4.2 Alternative Strategie 1: Ein Schwellenwert für die Auslösung auf der Grundlage einer Reihe aufeinanderfolgender höherer Ablesewerte. Die höheren Ablesewerte lösen eine Warnung aus, die auf dem Auftreten eines höheren Grades von Anzahlen beruht, der über eine Zeitspanne (z. B. drei aufeinanderfolgende 1-minütige Ablesewerte liegen alle über einem festgelegten Grad) beibehalten wird.

B.3.4.3 Alternative Strategie 2: Ein Schwellenwert für die Auslösung auf der Grundlage einer großen Häufigkeit von erhöhten Ablesewerten. Mitunter als „x aus y" bezeichnet, zeichnet diese Strategie Ablesewerte auf, die über einem festgelegten Schwellenwert liegen, und wenn eine ausreichende Anzahl von Ablesewerten in einer Reihe über den festgelegten Werten liegen, dann wird ein Alarm entsprechend der Warn- oder Aktionsgrenzen ausgelöst. Beispielsweise, wenn von den letzten zehn Ablesewerten drei Werte über einem Schwellenwert liegen, dann wird ein Alarm entsprechend der Warn- oder Aktionsgrenzen ausgelöst.

Literaturhinweise

[1] ISO 14644-4:2001, *Cleanrooms and associated controlled environments — Part 4: Design, construction and start-up*

[2] ISO 14644-12:—, *Cleanrooms and associated controlled environments — Part 12: Specification for monitoring of air cleanliness by nanoscale particle concentration*

[3] ISO 14644-3, *Cleanrooms and associated controlled environments — Part 3: Test methods*

[4] ISO 21501-4:2007, *Determination of particle size distribution — Single particle light interaction methods — Part 4: Light scattering airborne particle counter for clean spaces*

[5] ISO 31000:2009, *Risk management — Principles and guidelines*

[6] ISPE *Baseline Guide: Sterile Manufacturing Facilities:* 2011

[7] ISPE Best Practices in Total Particulate Monitoring in Cleanrooms. RABS, and Isolators, 2013

[8] PHSS Technical Monograph No.16: 2008, *Best Practice for Particle Monitoring in Pharmaceutical Facilities*

August 2020

	DIN EN ISO 14644-3	

ICS 13.040.35

Ersatz für
DIN EN ISO 14644-3:2006-03

Reinräume und zugehörige Reinraumbereiche – Teil 3: Prüfverfahren (ISO 14644-3:2019, korrigierte Fassung 2020-06); Deutsche Fassung EN ISO 14644-3:2019

Cleanrooms and associated controlled environments –
Part 3: Test methods (ISO 14644-3:2019, Corrected version 2020-06);
German version EN ISO 14644-3:2019

Salles propres et environnements maîtrisés apparentés –
Partie 3: Méthodes d'essai (ISO 14644-3:2019, Version corrigée 2020-06);
Version allemande EN ISO 14644-3:2019

Gesamtumfang 71 Seiten

DIN-Normenausschuss Heiz- und Raumlufttechnik sowie deren Sicherheit (NHRS)

Nationales Vorwort

Dieses Dokument (EN ISO 14644-3:2019) wurde vom Technischen Komitee ISO/TC 209 „Cleanrooms and associated controlled environments" in Zusammenarbeit mit dem Technischen Komitee CEN/TC 243 „Reinraumtechnologie" erarbeitet, dessen Sekretariat von BSI (Vereinigtes Königreich) gehalten wird.

Das zuständige deutsche Normungsgremium ist der Arbeitsausschuss NA 041-02-21 AA „Reinraumtechnik (SpA CEN/TC 243 und ISO/TC 209)" im DIN-Normenausschuss Heiz- und Raumlufttechnik sowie deren Sicherheit (NHRS).

Für die in diesem Dokument zitierten internationalen Dokumente wird im Folgenden auf die entsprechenden deutschen Dokumente hingewiesen:

ISO 5167-2	siehe	DIN EN ISO 5167-2
ISO 5167-4	siehe	DIN EN ISO 5167-4
ISO 5167-5	siehe	DIN EN ISO 5167-5
ISO 7726	siehe	DIN EN ISO 7726
ISO 14644-1:2015	siehe	DIN EN ISO 14644-1:2016-06
ISO 14644-2	siehe	DIN EN ISO 14644-2
ISO 14644-4	siehe	DIN EN ISO 14644-4
ISO 14644-7:2004	siehe	DIN EN ISO 14644-7:2005-01
ISO 14644-8	siehe	DIN EN ISO 14644-8
ISO 14644-9	siehe	DIN EN ISO 14644-9
ISO 14644-10	siehe	DIN EN ISO 14644-10

Änderungen

Gegenüber DIN EN ISO 14644-3:2006-03 wurden folgende Änderungen vorgenommen:

a) Abschnitt B.7 wurde vereinfacht und korrigiert, um auf Bedenken zu dessen Komplexität einzugehen und erkannte Fehler zu beheben;

b) die Leitlinien bezüglich der Klassifizierung der Luftreinheit anhand der Konzentration luftgetragener Partikel wurde in ISO 14644-1 verschoben;

c) der Text im gesamten Dokument wurde überarbeitet oder verdeutlicht, um die Anwendung zu erleichtern.

Frühere Ausgaben

DIN EN ISO 14644-3: 2006-03

Nationaler Anhang NA
(informativ)

Literaturhinweise

DIN EN ISO 5167-2, *Durchflussmessung von Fluiden mit Drosselgeräten in voll durchströmten Leitungen mit Kreisquerschnitt — Teil 2: Blenden*

DIN EN ISO 5167-4, *Durchflussmessung von Fluiden mit Drosselgeräten in voll durchströmten Leitungen mit Kreisquerschnitt — Teil 4: Venturirohre*

DIN EN ISO 5167-5, *Durchflussmessung von Fluiden mit Drosselgeräten in voll durchströmten Leitungen mit Kreisquerschnitt — Teil 5: Konus-Durchflussmesser*

DIN EN ISO 7726, *Umgebungsklima — Instrumente zur Messung physikalischer Größen*

DIN EN ISO 14644-1:2016-06, *Reinräume und zugehörige Reinraumbereiche — Teil 1: Klassifizierung der Luftreinheit anhand der Partikelkonzentration (ISO 14644-1:2015); Deutsche Fassung EN ISO 14644-1:2015*

DIN EN ISO 14644-2, *Reinräume und zugehörige Reinraumbereiche — Teil 2: Überwachung zum Nachweis der Reinraumleistung bezüglich Luftreinheit anhand der Partikelkonzentration*

DIN EN ISO 14644-4, *Reinräume und zugehörige Reinraumbereiche — Teil 4: Planung, Ausführung und Erst-Inbetriebnahme*

DIN EN ISO 14644-7:2005-01, *Reinräume und zugehörige Reinraumbereiche — Teil 7: SD-Module (Reinlufthauben, Handschuhboxen, Isolatoren und Minienvironments) (ISO 14644-7:2004); Deutsche Fassung EN ISO 14644-7:2004*

DIN EN ISO 14644-8, *Reinräume und zugehörige Reinraumbereiche—- Teil 8: Klassifizierung der Luftreinheit anhand der Chemikalienkonzentration (ACC)*

DIN EN ISO 14644-9, *Reinräume und zugehörige Reinraumbereiche — Teil 9: Klassifizierung der partikulären Oberflächenreinheit*

DIN EN ISO 14644-10, *Reinräume und zugehörige Reinraumbereiche — Teil 10: Klassifizierung der chemischen Oberflächenreinheit)*

— Leerseite —

EUROPÄISCHE NORM
EUROPEAN STANDARD
NORME EUROPÉENNE

EN ISO 14644-3

Oktober 2019

ICS 13.040.35

Ersetzt EN ISO 14644-3:2005

Deutsche Fassung

Reinräume und zugehörige Reinraumbereiche — Teil 3: Prüfverfahren (ISO 14644-3:2019, korrigierte Fassung 2020-06)

Cleanrooms and associated controlled environments — Part 3: Test methods (ISO 14644-3:2019, Corrected version 2020-06)

Salles propres et environnements maîtrisés apparentés — Partie 3: Méthodes d'essai (ISO 14644-3:2019, Version corrigée 2020-06)

Diese Europäische Norm wurde vom CEN am 24. Juli 2019 angenommen.

Diese Europäische Norm wurde korrigiert und vom CEN-CENELEC-Management-Zentrum am 17. Juni 2020 neu herausgegeben.

Die CEN-Mitglieder sind gehalten, die CEN/CENELEC-Geschäftsordnung zu erfüllen, in der die Bedingungen festgelegt sind, unter denen dieser Europäischen Norm ohne jede Änderung der Status einer nationalen Norm zu geben ist. Auf dem letzten Stand befindliche Listen dieser nationalen Normen mit ihren bibliographischen Angaben sind beim CEN-CENELEC-Management-Zentrum oder bei jedem CEN-Mitglied auf Anfrage erhältlich.

Diese Europäische Norm besteht in drei offiziellen Fassungen (Deutsch, Englisch, Französisch). Eine Fassung in einer anderen Sprache, die von einem CEN-Mitglied in eigener Verantwortung durch Übersetzung in seine Landessprache gemacht und dem Management-Zentrum mitgeteilt worden ist, hat den gleichen Status wie die offiziellen Fassungen.

CEN-Mitglieder sind die nationalen Normungsinstitute von Belgien, Bulgarien, Dänemark, Deutschland, Estland, Finnland, Frankreich, Griechenland, Irland, Island, Italien, Kroatien, Lettland, Litauen, Luxemburg, Malta, den Niederlanden, Norwegen, Österreich, Polen, Portugal, der Republik Nordmazedonien, Rumänien, Schweden, der Schweiz, Serbien, der Slowakei, Slowenien, Spanien, der Tschechischen Republik, der Türkei, Ungarn, dem Vereinigten Königreich und Zypern.

EUROPÄISCHES KOMITEE FÜR NORMUNG
EUROPEAN COMMITTEE FOR STANDARDIZATION
COMITÉ EUROPÉEN DE NORMALISATION

CEN-CENELEC Management-Zentrum: Rue de la Science 23, B-1040 Brüssel

Ref. Nr. EN ISO 14644-3:2019 D

Inhalt

Europäisches Vorwort

Dieses Dokument (EN ISO 14644-3:2019) wurde vom Technischen Komitee ISO/TC 209 „Cleanrooms and associated controlled environments" in Zusammenarbeit mit dem Technischen Komitee CEN/TC 243 „Reinraumtechnologie" erarbeitet, dessen Sekretariat von BSI gehalten wird.

Diese Europäische Norm muss den Status einer nationalen Norm erhalten, entweder durch Veröffentlichung eines identischen Textes oder durch Anerkennung bis April 2020, und etwaige entgegenstehende nationale Normen müssen bis April 2020 zurückgezogen werden.

Es wird auf die Möglichkeit hingewiesen, dass einige Elemente dieses Dokuments Patentrechte berühren können. CEN ist nicht dafür verantwortlich, einige oder alle diesbezüglichen Patentrechte zu identifizieren.

Dieses Dokument ersetzt EN ISO 14644-3:2005.

Entsprechend der CEN-CENELEC-Geschäftsordnung sind die nationalen Normungsinstitute der folgenden Länder gehalten, diese Europäische Norm zu übernehmen: Belgien, Bulgarien, Dänemark, Deutschland, die Republik Nordmazedonien, Estland, Finnland, Frankreich, Griechenland, Irland, Island, Italien, Kroatien, Lettland, Litauen, Luxemburg, Malta, Niederlande, Norwegen, Österreich, Polen, Portugal, Rumänien, Schweden, Schweiz, Serbien, Slowakei, Slowenien, Spanien, Tschechische Republik, Türkei, Ungarn, Vereinigtes Königreich und Zypern.

Anerkennungsnotiz

Der Text von ISO 14644-3:2019, korrigierte Fassung 2020-06, wurde von CEN als EN ISO 14644-3:2019 ohne irgendeine Abänderung genehmigt.

Vorwort

ISO (die Internationale Organisation für Normung) ist eine weltweite Vereinigung nationaler Normungsorganisationen (ISO-Mitgliedsorganisationen). Die Erstellung von Internationalen Normen wird üblicherweise von Technischen Komitees von ISO durchgeführt. Jede Mitgliedsorganisation, die Interesse an einem Thema hat, für welches ein Technisches Komitee gegründet wurde, hat das Recht, in diesem Komitee vertreten zu sein. Internationale staatliche und nichtstaatliche Organisationen, die in engem Kontakt mit ISO stehen, nehmen ebenfalls an der Arbeit teil. ISO arbeitet bei allen elektrotechnischen Themen eng mit der Internationalen Elektrotechnischen Kommission (IEC) zusammen.

Die Verfahren, die bei der Entwicklung dieses Dokuments angewendet wurden und die für die weitere Pflege vorgesehen sind, werden in den ISO/IEC-Direktiven, Teil 1 beschrieben. Es sollten insbesondere die unterschiedlichen Annahmekriterien für die verschiedenen ISO-Dokumentenarten beachtet werden. Dieses Dokument wurde in Übereinstimmung mit den Gestaltungsregeln der ISO/IEC-Direktiven, Teil 2 erarbeitet (siehe www.iso.org/directives).

Es wird auf die Möglichkeit hingewiesen, dass einige Elemente dieses Dokuments Patentrechte berühren können. ISO ist nicht dafür verantwortlich, einige oder alle diesbezüglichen Patentrechte zu identifizieren. Details zu allen während der Entwicklung des Dokuments identifizierten Patentrechten finden sich in der Einleitung und/oder in der ISO-Liste der erhaltenen Patenterklärungen (siehe www.iso.org/patents).

Jeder in diesem Dokument verwendete Handelsname dient nur zur Unterrichtung der Anwender und bedeutet keine Anerkennung.

Für eine Erläuterung des freiwilligen Charakters von Normen, der Bedeutung ISO-spezifischer Begriffe und Ausdrücke in Bezug auf Konformitätsbewertungen sowie Informationen darüber, wie ISO die Grundsätze der Welthandelsorganisation (WTO, en: World Trade Organization) hinsichtlich technischer Handelshemmnisse (TBT, en: Technical Barriers to Trade) berücksichtigt, siehe www.iso.org/iso/foreword.html.

Dieses Dokument wurde vom Technischen Komitee ISO/TC 209, *Cleanrooms and associated controlled environments* erarbeitet.

Rückmeldungen oder Fragen zu diesem Dokument sollten an das jeweilige nationale Normungsinstitut des Anwenders gerichtet werden. Eine vollständige Auflistung dieser Institute ist unter www.iso.org/members.html zu finden.

Diese zweite Ausgabe von ISO 14644-3 ersetzt die erste Ausgabe (ISO 14644-3:2005), die technisch überarbeitet wurde. Die wesentlichen Änderungen im Vergleich zur Vorgängerausgabe sind folgende:

— Abschnitt B.7 wurde vereinfacht und korrigiert, um auf Bedenken zu dessen Komplexität einzugehen und erkannte Fehler zu beheben;

— die Leitlinien bezüglich der Klassifizierung der Luftreinheit anhand der Konzentration luftgetragener Partikel wurde in ISO 14644-1 [1] verschoben;

— der Text im gesamten Dokument wurde überarbeitet oder verdeutlicht, um die Anwendung zu erleichtern.

Eine Auflistung aller Teile der Normenreihe ISO 14644 ist auf der ISO-Internetseite abrufbar.

Diese berichtigte Version von ISO 14644-3:2019 beinhaltet folgende Korrekturen:

— Die Querverweisungen in den Tabellen A.1, B.4.4, C.1, C.4.2 und C.4.3 wurden korrigiert;

— der Wortlaut in B.2.1 a) und Tabelle B.2 wurde geändert;

— das alte Bild B.2 wurde entfernt.

Einleitung

Reinräume und zugehörige Reinraumbereiche sorgen für eine Regelung der Kontamination auf Grade, die für die Durchführung kontaminationsempfindlicher Tätigkeiten geeignet sind. Zu Produkten und Prozessen, die aus der Regelung der luftgetragenen Kontamination Nutzen ziehen, gehören diejenigen in der Luft- und Raumfahrt, Mikroelektronik-, Pharma-, Medizintechnik-, Gesundheits- und Nahrungsmittelindustrie.

Dieses Dokument stellt geeignete Prüfverfahren dar zur Messung der Leistung von Reinräumen, reinen Bereichen oder zugehörigen Reinraumbereichen, einschließlich SD-Modulen und kontrollierten Bereichen, zusammen mit allen zugehörigen Bauten, Luftaufbereitungssystemen, Anschlüssen und Betriebsmedien.

ANMERKUNG Es werden in diesem Dokument nicht alle Prüfverfahren für Reinraumparameter aufgezeigt. Verfahren und Geräte für die Prüfung der Luftreinheitsklassen anhand der Partikelkonzentration und der Makropartikel finden sich in ISO 14644-1, [1] und Spezifikationen für die Überwachung der Luftreinheit anhand der Partikelkonzentrationen im Nanobereich finden sich in ISO 14644-12. [8] Die Verfahren und Geräte zur Charakterisierung anderer Parameter, die in Reinräumen und reinen Bereichen für bestimmte Produkte oder Prozesse von Belang sind, werden anderweitig in Schriftstücken diskutiert, die von ISO/TC 209 erarbeitet werden (z. B. Verfahren zur Regelung und Messung von lebensfähigen Materialien [Normenreihe ISO 14698], Prüfung der Funktionstüchtigkeit von Reinräumen [ISO 14644-4 [3]] und Prüfung von SD-Modulen [ISO 14644-7 [4]]). Darüber hinaus können andere Normen als anwendbar betrachtet werden. Weitere Reinheitsattributebenen können bestimmt werden anhand von ISO 14644-8 [5] (Klassifizierung der Luftreinheit anhand der Chemikalienkonzentration), ISO 14644-9 [6] (Klassifizierung der partikulären Oberflächenreinheit) und ISO 14644-10 [7] (Klassifizierung der chemischen Oberflächenreinheit).

1 Anwendungsbereich

Dieses Dokument umfasst Prüfverfahren zur Unterstützung des Betriebs für Reinräume und reine Bereiche, im Hinblick auf die Erfüllung von Luftreinheitsklassifizierungen, weiteren Reinheitsattributen und zugehörigen geregelten Bedingungen.

Es werden Leistungsprüfungen für zwei Arten von Reinräumen und reinen Bereichen festgelegt, solche mit turbulenzarmer Verdrängungsströmung und solche mit turbulenter Mischströmung. Es werden drei Betriebszustände betrachtet: Bereitstellung, Leerlauf, Fertigung.

Die Prüfverfahren, empfohlene Prüfgeräte und Prüfverfahren zur Bestimmung von Kenngrößen für die Leistung werden angegeben. An Stellen, an denen das Prüfverfahren durch die Art des Reinraums oder reinen Bereichs beeinflusst wird, werden alternative Verfahren vorgeschlagen.

Für einige Prüfungen werden mehrere unterschiedliche Verfahren und Geräte empfohlen, so dass verschiedenen Nutzungsarten Rechnung getragen werden kann. Soweit zwischen Kunden und Lieferanten vereinbart, können alternative, nicht in diesem Dokument beschriebene Verfahren angewendet werden. Solche Verfahren liefern nicht zwingend gleichwertige Messungen.

Dieses Dokument ist nicht auf die Messung von Produkten oder Prozessen in Reinräumen, reinen Bereichen oder SD-Modulen anwendbar.

ANMERKUNG Dieses Dokument nimmt nicht in Anspruch, mit seiner Anwendung verbundene Sicherheitsaspekte zu behandeln (z. B. beim Einsatz gefährlicher Stoffe, Arbeitsgänge und Geräte). Es liegt in der Verantwortlichkeit des Anwenders dieses Dokuments, geeignete Verhaltensregeln für den Arbeits- und Gesundheitsschutz festzulegen und vor der Anwendung zu klären, ob einschränkende Vorschriften zu berücksichtigen sind.

2 Normative Verweisungen

Es gibt keine normativen Verweisungen in diesem Dokument.

3 Begriffe

Für die Anwendung dieses Dokuments gelten die folgenden Begriffe.

ISO und IEC stellen terminologische Datenbanken für die Verwendung in der Normung unter den folgenden Adressen bereit:

— ISO Online Browsing Platform: verfügbar unter https://www.iso.org/obp

— IEC Electropedia: verfügbar unter http://www.electropedia.org/

3.1 Allgemeine Begriffe

3.1.1
Reinraum
Raum, in dem die Anzahlkonzentration *luftgetragener Partikel* (3.2.1) geregelt und klassifiziert wird und der zur Regelung der Einschleppung, Entstehung und Ablagerung von Partikeln im Raum entsprechend konstruktiv geplant, baulich ausgeführt und betrieben wird

Anmerkung 1 zum Begriff: Die Klasse der *Konzentration der* luftgetragenen *Partikel* (3.2.4) wird festgelegt.

Anmerkung 2 zum Begriff: Die Grade von weiteren Reinheitsmerkmalen, wie z. B. die chemischen Konzentrationen sowie die Konzentrationen von lebensfähigen oder nanoskaligen Partikeln in der Luft, aber auch die Oberflächenreinheit, in Bezug auf Partikel-, Nanopartikel-, chemische Konzentrationen sowie auf Konzentrationen von lebensfähigen Partikeln, könnten festgelegt und geregelt werden.

Anmerkung 3 zum Begriff: Weitere relevante physikalische Parameter könnten auch, falls gefordert, geregelt werden, z. B. Temperatur, Feuchte, Druck, Vibration und Elektrostatik.

[QUELLE: ISO 14644-1:2015, 3.1.1]

3.1.2
reiner Bereich
festgelegter Bereich, in dem die Konzentration *luftgetragener Partikel* (3.2.1) geregelt wird und klassifiziert ist und der zur Regelung der Einschleppung, Entstehung und Ablagerung von Partikeln im Bereich entsprechend baulich ausgeführt und betrieben wird

Anmerkung 1 zum Begriff: Die Klasse der *Konzentration der* luftgetragenen *Partikel* (3.2.4) wird festgelegt.

Anmerkung 2 zum Begriff: Die Grade von weiteren Reinheitsmerkmalen, wie z. B. die chemischen Konzentrationen sowie die Konzentrationen von lebensfähigen oder nanoskaligen Partikeln in der Luft, aber auch die Oberflächenreinheit, in Bezug auf Partikel-, Nanopartikel-, chemische Konzentrationen sowie auf Konzentrationen von lebensfähigen Partikeln, könnten ebenfalls festgelegt und geregelt werden.

Anmerkung 3 zum Begriff: Ein reiner Bereich (reine Bereiche) kann (können) ein festgelegter Bereich (festgelegte Bereiche) in einem *Reinraum* (3.1.1) sein, oder er (sie) könnte(n) mithilfe eines SD-Moduls geschaffen werden. Dieses SD-Modul kann sich im Raum oder außerhalb eines Reinraumes befinden.

Anmerkung 4 zum Begriff: Weitere relevante physikalische Parameter könnten auch, falls gefordert, geregelt werden, z. B. Temperatur, Feuchte, Druck, Vibration und Elektrostatik.

[QUELLE: ISO 14644-1:2015, 3.1.2]

3.1.3
Anlage
Reinraum (3.1.1) oder ein oder mehrere *reine(r) Bereich(e)* (3.1.2) zusammen mit allen zugehörigen Bauten, Luftaufbereitungssystemen, Anschlüssen und Betriebsmedien

[QUELLE: ISO 14644-1:2015, 3.1.3]

3.1.4
SD-Modul
(en: separative device)
Vorrichtung, bei der bautechnische und strömungstechnische Maßnahmen angewandt werden, um sichere Stufen der Abtrennung zwischen dem Inneren und dem Äußeren eines definierten Volumens zu erzeugen

Anmerkung 1 zum Begriff: Beispiele branchenspezifischer SD-Module sind Reinlufthauben, geschlossene Kabinen, Handschuhboxen, Isolatoren und Minienvironments.

[QUELLE: ISO 14644-7:2004, 3.17]

3.1.5
Auflösung
kleinste Änderung in einer gemessenen Größe, die zu einer wahrnehmbaren Veränderung der entsprechenden Anzeige führt

Anmerkung 1 zum Begriff: Die Auflösung kann beispielsweise vom Rauschen (Eigenrauschen oder externes Rauschen) oder von der Reibung abhängig sein. Sie kann auch vom Wert einer gemessenen Größe abhängig sein.

[QUELLE: ISO 14644-1:2015, 3.4.1]

3.1.6
Empfindlichkeit
Quotient aus der Änderung in einer Messsystemanzeige und der entsprechenden Wertänderung der gemessenen Größe

3.2 Begriffe in Bezug auf luftgetragene Partikel

3.2.1
luftgetragenes Partikel
flüssiges oder festes in der Luft schwebendes lebensfähiges oder nicht lebensfähiges Teilchen, zwischen 1 nm und 100 µm groß

Anmerkung 1 zum Begriff: Zu Klassifizierungszwecken wird auf ISO 14644-1:2015, 3.2.1, verwiesen.

3.2.2
Mediandurchmesser der gezählten Partikel
Mediandurchmesser der Partikel auf der Grundlage ihrer Anzahl

Anmerkung 1 zum Begriff: Beim Medianwert der gezählten Partikel wird die Hälfte der Masse aller Partikel durch Partikel gebildet, deren Durchmesser geringer ist als der Mediandurchmesser der gezählten Partikel, die andere Hälfte durch solche, deren Durchmesser größer ist.

3.2.3
Mediandurchmesser der Partikelmasse
Mediandurchmesser der Partikel auf der Grundlage der Partikelmasse

Anmerkung 1 zum Begriff: Beim Medianwert der Partikelmasse wird die Hälfte der Masse aller Partikel durch Partikel gebildet, deren Durchmesser geringer ist als der Mediandurchmesser der Partikelmasse, die andere Hälfte durch solche, deren Durchmesser größer ist.

3.2.4
Partikelkonzentration
Anzahl der einzelnen Partikel je Volumeneinheit Luft

[QUELLE: ISO 14644-1:2015, 3.2.3]

3.2.5
Partikelgröße
Durchmesser einer Kugel, der mit Hilfe einer Vorrichtung zur Bestimmung der Partikelgröße gemessen werden kann, deren Messgröße in vergleichbarem Zusammenhang mit der Messgröße des Partikels steht

Anmerkung 1 zum Begriff: Für Streulicht-Einzelpartikelzähler wird der vergleichbare Streulichtdurchmesser verwendet.

[QUELLE: ISO 14644-1:2015, 3.2.2]

3.2.6
Partikelgrößenverteilung
Summenhäufigkeitsverteilung der *Partikelkonzentration* (3.2.4), dargestellt als Funktion der *Partikelgröße* (3.2.5)

[QUELLE: ISO 14644-1:2015, 3.2.4]

3.2.7
Prüfaerosol
Suspension von flüssigen und/oder festen Partikeln mit bekannter und geregelter Größe und Konzentration in Gas

3.3 Begriffe in Bezug auf Luftfilter und Luftfiltersysteme

3.3.1
Aerosolbeaufschlagung
Beaufschlagung eines Filters oder eines *eingebauten Filtersystems* (3.3.6) durch ein *Prüfaerosol* (3.2.7)

3.3.2
Nominalleck
höchstzulässige Penetration, bestimmt nach Absprache zwischen Kunden und Lieferanten, durch ein *Leck* (3.3.8), das durch *kontinuierliche Abtastung* (3.3.9) einer Filter-*Anlage* (3.1.3) unter Verwendung von Streulicht-Einzelpartikelzählern (LSAPC) oder *Aerosolphotometern* (3.6.2) gefunden werden kann

3.3.3
Verdünnungssystem
System, in dem Aerosol zur Verringerung der Konzentration in einem bekannten Volumenverhältnis mit partikelfreier Luft verdünnt wird

3.3.4
Filtersystem
aus dem Filter, dem Rahmen und der sonstigen Haltevorrichtung oder sonstigem Gehäuse bestehende Baugruppe

3.3.5
endständiges Filter
Filter in einer endständigen Einbaulage vor dem Eintritt der Luft in den *Reinraum* (3.1.1) oder *reinen Bereich* (3.1.2)

3.3.6
eingebautes Filtersystem
in der Decke, der Wand, in einem Gerät oder einer Luftleitung eingebautes *Filtersystem* (3.3.4)

3.3.7
Leckprüfung am eingebauten Filtersystem
Prüfung zur Bestätigung, dass die Filter ordnungsgemäß eingebaut sind, indem nachgeprüft wird, dass keine Leckluft auf Umwegen in die *Anlage* (3.1.3) gelangt und dass Filter und gegebenenfalls das Gittersystem frei von Beschädigungen und *Lecks* (3.3.8) sind

3.3.8
Leck
<des Luftfiltersystems> Eindringen von Kontaminanten, wobei durch Defekte oder einen Mangel der Integrität ein Erwartungswert der Konzentration reinluftseitig überschritten wird

3.3.9
kontinuierliche Abtastung
Verfahren zur Entdeckung von *Lecks* (3.3.8) in Filtern und Teilen von Filtereinheiten, wobei die Einlassöffnung der Sonde eines *Aerosolphotometers* (3.6.2) oder Streulicht-Einzelpartikelzählers mit überlappenden Bewegungen über den festgelegten zu prüfenden Bereich geführt wird

3.4 Begriffe in Bezug auf Luftströmung und andere physikalische Zustandsgrößen

3.4.1
Luftwechselrate
Luftwechselzahl
Rate, die die Anzahl der Luftwechsel je Zeiteinheit beschreibt und durch Division des je Zeiteinheit zugeführten Luftvolumenstroms durch das Volumen des *Reinraums* (3.1.1) oder des *reinen Bereichs* (3.1.2) berechnet wird

3.4.2
Messebene
Querschnittsfläche zur Prüfung oder Messung einer Leistungskenngröße wie der Strömungsgeschwindigkeit

3.4.3
turbulente Verdünnungsströmung
Luftverteilung, bei der in den *Reinraum* (3.1.1) oder *reinen Bereich* (3.1.2) eintretende Erstluft mit der Innenraumluft durch Induktion vermischt wird

[QUELLE: ISO 14644-1:2015, 3.2.8]

3.4.4
Zuluftvolumenstrom
Luftvolumen je Zeiteinheit, das einem *Reinraum* (3.1.1) oder *reinen Bereich* (3.1.2) über *endständige Filter* (3.3.5) oder Luftleitungen zugeführt wird

3.4.5
Gesamtluftvolumenstrom
Luftvolumen je Zeiteinheit, das durch den Querschnitt eines *Reinraums* (3.1.1) oder *reinen Bereichs* (3.1.2) strömt

3.4.6
turbulenzarme Verdrängungsströmung
geregelte Luftströmung mit gleichförmiger Geschwindigkeit über den gesamten Querschnitt eines *Reinraums* (3.1.1) oder *reinen Bereichs* (3.1.2), die als parallele Luftströmung angesehen wird

[QUELLE: ISO 14644-1:2015, 3.2.7]

3.4.7
Gleichförmigkeit der Geschwindigkeit
*turbulenzarmes Strömungs*profil (3.4.6), bei dem die Messwerte der Luftgeschwindigkeit (Geschwindigkeit und Richtung der Strömung) von Punkt zu Punkt um nicht mehr als den festgelegten Prozentsatz von der mittleren Strömungsgeschwindigkeit abweichen

3.5 Begriffe in Bezug auf elektrostatische Messung

3.5.1
Entladungszeit
Zeit, bis die Spannung auf die positive oder negative Ladung abgeklungen ist, auf die eine isolierte leitende Messplatte ursprünglich aufgeladen wurde

3.5.2
Nullpunktspannung
Spannung, auf die sich eine ursprünglich ladungsfreie, isolierte leitende Platte auflädt, wenn sie einer Umgebung mit ionisierter Luft ausgesetzt wird

3.5.3
antistatische Eigenschaften
Fähigkeit, elektrostatische Aufladung auf Arbeitsflächen oder Produktoberflächen durch Leitung oder andere Mechanismen auf einen festgelegten Wert oder auf den Nennwert null abzubauen

3.5.4
elektrisches Oberflächenpotential
positiver oder negativer Spannungswert elektrostatischer Aufladung auf Arbeitsflächen oder Produktoberflächen, angezeigt durch geeignete Messgeräte

3.6 Begriffe in Bezug auf Messgeräte und Messbedingungen

3.6.1
Aerosolgenerator
Gerät, das in der Lage ist, durch thermische, hydraulische, pneumatische, akustische oder elektrostatische Verfahren Partikel zu erzeugen, deren Größe in einem geeigneten Bereich liegt (z. B. 0,05 µm bis 2 µm) und deren Konzentration konstant ist

3.6.2
Aerosolphotometer
Messgerät, das mit Hilfe einer optischen Kammer für vorwärts gestreutes Licht die Massenkonzentration *luftgetragener Partikel* (3.2.1) bestimmt

3.6.3
Volumenstrommesshaube
Haube mit Gerät, das das Filter oder den Diffusor vollständig abdeckt und Luft zur direkten Messung des Luftvolumenstroms aufnimmt

3.6.4
Streulicht-Einzelpartikelzähler
LSAPC
(en: light scattering airborne particle counter)
Gerät, das in der Lage ist, einzelne *luftgetragene Partikel* (3.2.1) zu zählen und deren Größe zu bestimmen und Größendaten als optische Äquivalentdurchmesser anzugeben

Anmerkung 1 zum Begriff: Die Spezifikationen für einen Partikelzähler sind in ISO 21501-4 angegeben.

[QUELLE: ISO 14644-1:2015, 3.5.1, modifiziert – Anmerkung 1 zum Begriff wurde umformuliert.]

3.6.5
Vergleichsplatte
Material mit festgelegter Oberfläche, das anstelle direkter Auswertung einer bestimmten Oberfläche verwendet wird, die entweder unzugänglich oder zu empfindlich für die Handhabung ist

3.7 Begriffe in Bezug auf Betriebszustände

3.7.1
Bereitstellung
Zustand des vollständig angeschlossenen und in Funktion befindlichen *Reinraums* (3.1.1.) oder *reinen Bereichs* (3.1.2), jedoch ohne Produktionseinrichtungen, ohne Ausrüstung und ohne Personal

[QUELLE: ISO 14644-1:2015, 3.3.1]

3.7.2
Leerlauf
Zustand des vollständig eingerichteten und wie vereinbart betriebenen *Reinraums* (3.1.1) oder *reinen Bereichs* (3.1.2), jedoch ohne Personal

[QUELLE: ISO 14644-1:2015, 3.3.2]

3.7.3
Fertigung
Betrieb
vereinbarter Zustand des in der festgelegten Betriebsart betriebenen *Reinraums* (3.1.1) oder *reinen Bereichs* (3.1.2) mit der Ausrüstung in Betrieb und mit der festgelegten Anzahl anwesender Personen

[QUELLE: ISO 14644-1:2015, 3.3.3]

4 Durchführung der Prüfungen

4.1 Reinraumprüfungen

4.1.1 Allgemeines

Im Hinblick auf die Klassifizierung eines Reinraums oder reinen Bereichs anhand der Konzentration luftgetragener Partikel muss ISO 14644-1 [1] umgesetzt werden. Bei Bedarf sollten zusätzliche Reinheitsattribute gewählt werden (siehe Tabelle 1).

ANMERKUNG Jede Norm enthält Spezifikationen für Prüfverfahren auf Grundlage der Eigenschaften bestimmter Attribute, einen Leitfaden zur Bewertung der Prüfdaten und Spezifikationen für Prüfgeräte.

Tabelle 1 — Reinheitsattributprüfungen für Reinräume und reine Bereiche

Allgemeine Beschreibung	in Bezug genommen in
Klassifizierung der partikulären Oberflächenreinheit	ISO 14644-9 [6]
Klassifizierung der Luftreinheit anhand der Chemikalienkonzentration	ISO 14644-8 [5]
Klassifizierung der chemischen Oberflächenreinheit	ISO 14644-10 [7]
Überwachung der Luftreinheit anhand der Nanopartikelkonzentration	ISO 14644-12 [8]

4.1.2 Hilfsprüfungen

Tabelle 2 führt weitere geeignete Prüfungen auf, die zur Messung der Leistung einer Reinraumanlage oder eines reinen Bereichs verwendet werden können. Diese Prüfungen dürfen in jedem der drei genannten Betriebszustände angewendet werden (vorgeschlagene Anwendungen siehe Einzelheiten in Anhang B). Diese Prüfungen sind nicht notwendigerweise umfassend. Zudem mögen für ein bestimmtes Projekt nicht alle Prüfungen erforderlich sein. Prüfungen und Prüfverfahren sollten nach Vereinbarung zwischen dem Kunden und dem Lieferanten ausgewählt werden. Ausgewählte Prüfungen können auch als Bestandteil einer routinemäßigen Überprüfung oder einer periodischen Prüfung regelmäßig wiederholt werden. Leitlinien für die Auswahl von Prüfungen und eine Checkliste für Prüfungen werden in Anhang A angegeben. Prüfverfahren werden in Anhang B beschrieben.

ANMERKUNG Die in Anhang B beschriebenen Prüfverfahren stellen nur eine Übersicht dar. Zur Erfüllung der Anforderungen der besonderen Anwendungsweise können spezifische Verfahren entwickelt werden.

Tabelle 2 — Hilfsprüfungen

Hilfsprüfungen	in Bezug genommen in ISO 14644-3		
	Prinzip	Verfahren	Geräte
Prüfung des Differentialdrucks der Luft	4.2.1	B.1	C.2
Strömungsprüfung	4.2.2	B.2	C.3
Prüfung der Luftströmungsrichtung und Sichtbarmachung der Strömung	4.2.3	B.3	C.4
Prüfung der Erholzeit	4.2.4	B.4	C.5
Temperaturprüfung	4.2.5	B.5	C.6
Prüfung der Luftfeuchte	4.2.6	B.6	C.7
Leckprüfung am eingebauten Filtersystem	4.2.7	B.7	C.8
Leckprüfung der Abschließung	4.2.8	B.8	C.9
elektrostatische Prüfung und Überprüfung von Ionengeneratoren	4.2.9	B.9	C.10
Prüfung der Partikelsedimentation[a]	4.2.10	B.10	C.11
Entmischungsprüfung	4.2.11	B.11	C.12

ANMERKUNG Diese Hilfsprüfungen werden weder in der Reihenfolge ihrer Wichtigkeit noch chronologisch aufgeführt. Grundlage der Prüfabfolge können die Anforderungen eines speziellen Schriftstücks oder eine Vereinbarung zwischen Kunden und Lieferanten sein.

[a] Die Prüfung der Partikelsedimentation kann auch als Prüfung der Leistung von Reinräumen im Betriebszustand „Fertigung" in Betracht gezogen werden.

4.2 Kurzbeschreibung

4.2.1 Prüfung des Differentialdrucks der Luft

Zweck der Prüfung des Differentialdrucks der Luft ist die Nachprüfung der Fähigkeit des Systems zur Unterstützung der Luftbewegung im Reinraum, den festgelegten Differenzdruck zwischen dem Reinraum und seiner Umgebung zu halten. Die Prüfung des Differentialdrucks der Luft sollte durchgeführt werden, nachdem der Reinraum die Abnahmekriterien hinsichtlich Luftströmungsgeschwindigkeit oder Luftvolumenstrom, Gleichförmigkeit der Geschwindigkeit und weiterer anwendbarer Prüfungen erfüllt hat. Einzelheiten der Prüfung des Differentialdrucks der Luft werden in B.1 angegeben.

4.2.2 Strömungsprüfung

Diese Prüfung wird zur Messung der Zuluftströmung in Reinräume oder reine Bereiche sowohl mit turbulenzarmer Verdrängungsströmung als auch mit turbulenter Mischströmung durchgeführt. Bei Anwendungen mit turbulenzarmer Verdrängungsströmung kann die Geschwindigkeit des Zuluftvolumenstroms an einzelnen Punkten gemessen werden, um die Messung der Geschwindigkeit und die Bestimmung der Gleichförmigkeit der Geschwindigkeit zu ermöglichen. Der Mittelwert der Messwerte für die Geschwindigkeit an den einzelnen Messpunkten darf zur Berechnung des Zuluftvolumenstroms und der Luftwechselrate (Luftwechsel je Stunde) verwendet werden. Bei Anwendungen mit turbulenter Mischströmung werden Messwerte für die Geschwindigkeit an einzelnen Messpunkten üblicherweise nicht benötigt, da eine Gleichförmigkeit der Geschwindigkeit im Allgemeinen nicht erforderlich ist. In diesen Fällen dürfen die Werte für das Strömungsvolumen direkt gemessen und anschließend bei der Berechnung der Luftwechselrate (Luftwechsel je Stunde) für den Reinraum oder reinen Bereich verwendet werden. Die Verfahren für die Strömungsprüfung werden in B.2 angegeben.

4.2.3 Prüfung der Luftströmungsrichtung und Sichtbarmachung der Strömung

Diese Prüfung dient dem Nachweis, dass die Luftströmungsrichtung und die zugehörige Gleichförmigkeit der Geschwindigkeit den Festlegungen für Gestaltung und Leistung entsprechen. Die Prüfung der Luftströmungsrichtung kann im Betriebszustand „Leerlauf" durchgeführt werden, um die grundlegenden Strömungsmuster im Reinraum zu bestimmen, und kann im Betriebszustand „Fertigung" unter Simulierung der tatsächlichen Betriebsvorgänge wiederholt werden. Verfahren für diese Prüfung werden in B.3 angegeben.

4.2.4 Prüfung der Erholzeit

Die Prüfung der Erholzeit wird durchgeführt, um zu bestimmen, ob der Reinraum oder reine Bereich in der Lage ist, nach kurzer Beaufschlagung durch eine Quelle von luftgetragenen Partikeln innerhalb einer begrenzten Zeitspanne wieder zu ihrer festgelegten Reinheitsklasse zurückzukehren. Diese Prüfung wird für turbulenzarme Verdrängungsströmung nicht empfohlen. Das Verfahren für diese Prüfung wird in B.4 angegeben. Bei der Verwendung von künstlich erzeugtem Aerosol sollte das Risiko einer Restverunreinigung des Reinraums oder reinen Bereichs berücksichtigt werden.

4.2.5 Temperaturprüfung

Diese Prüfung dient der Nachprüfung, dass sich die Lufttemperatur innerhalb des geprüften Bereichs über den vom Kunden festgelegten Zeitraum innerhalb der Regelgrenzen befindet. Verfahren für diese Prüfungen werden in B.5 angegeben.

4.2.6 Prüfung der Luftfeuchte

Diese Prüfung dient der Nachprüfung, dass sich die Luftfeuchte (angegeben als relative Feuchte oder Taupunkt) innerhalb des jeweiligen geprüften Bereichs über den vom Kunden festgelegten Zeitraum innerhalb der Regelgrenzen befindet. Verfahren für diese Prüfungen werden in B.6 angegeben.

4.2.7 Leckprüfungen am eingebauten Filtersystem

Diese Prüfungen dienen der Bestätigung, dass das endständige Hochleistungs-Schwebstofffiltersystem ordnungsgemäß eingebaut wurde, indem der Nachweis erbracht wird, dass in der Schwebstofffilteranlage keine Lecks durch Luft-Nebenwege vorhanden und die Filter defektfrei sind (kleine Löcher oder sonstige Beschädigungen an Filtermedium, Rahmen, Dichtung und Lecks am Filterrahmen). Diese Prüfungen dienen nicht der Bestimmung des Wirkungsgrades des Filtermediums. Zur Prüfung werden rohluftseitig von den Filtern ein Aerosol aufgegeben und unmittelbar reinluftseitig der Filter und Halterahmen oder in einer reinluftseitig gelegenen Luftleitung Proben genommen. Verfahren zur Leckermittlung werden in B.7 angegeben.

4.2.8 Leckprüfung der Abschließung

Diese Prüfung dient der Feststellung, ob durch Verbindungsstellen, Fugen, Türen und unter Druck stehende Decken ungefilterte Luft von außerhalb des Reinraums oder der reinen Bereiche eindringt. Das Verfahren für diese Prüfung wird in B.8 angegeben.

4.2.9 Elektrostatische Prüfung und Überprüfung von Ionengeneratoren

Diese Prüfungen dienen der Beurteilung des elektrostatischen Potentials an Gegenständen, der antistatischen Eigenschaften von Werkstoffen und der Leistungsfähigkeit von Ionengeneratoren (d. h. Ionisatoren), die in Reinräumen oder reinen Bereichen zur Reduzierung von elektrostatischen Aufladungen verwendet werden. Die elektrostatische Prüfung wird durchgeführt, um die elektrostatische Spannung an

Arbeits- und Produktoberflächen sowie die antistatischen Eigenschaften von Fußböden, Auflagen von Arbeitsoberflächen usw. zu beurteilen. Die Überprüfung der Ionengeneratoren wird durchgeführt, um die Leistung des Ionisators beim Abbau elektrostatischer Aufladungen von Oberflächen zu beurteilen. Verfahren für diese Prüfungen werden in B.9 angegeben.

4.2.10 Prüfung der Partikelsedimentation

Diese Prüfung dient der Nachprüfung der Menge und Größe von Partikeln, die sich aus der Luft im Reinraum über einen festgelegten Zeitraum auf einer Oberfläche ablagern. Verfahren für diese Prüfung werden in B.10 angegeben.

4.2.11 Entmischungsprüfung

Diese Prüfung dient der Beurteilung der durch eine bestimmte Luftströmung erzielten Trenneffektivität; dabei erfolgt eine Partikelbeaufschlagung des Bereichs mit der niedrigeren Klassifizierung und Bestimmung der Partikelkonzentration im geschützten Bereich auf der anderen Seite der Entmischung. Verfahren für diese Prüfung werden in B.11 angegeben.

5 Prüfberichte

Das Ergebnis einer jeden Prüfung ist in einem Prüfbericht festzuhalten. Dieser muss die folgenden Angaben enthalten:

a) Name und Anschrift der Prüfstelle und Datum der Durchführung der Prüfung;

b) eine Verweisung auf dieses Dokument (ISO 14644-3:2019);

c) eindeutige Identitätskennzeichnung des Standorts des geprüften Reinraums oder reinen Bereichs (falls erforderlich, einschließlich der Verweisung auf angrenzende Bereiche) und die spezifischen Koordinaten aller Probenahmeorte;

d) die festgelegten Bezeichnungskriterien für den Reinraum oder reinen Bereich einschließlich der Klassifizierung nach ISO, den bzw. die einschlägigen Betriebszustand (Betriebszustände) und die berücksichtigte(n) Partikelgröße(n);

e) die Einzelheiten des angewendeten Prüfverfahrens sowie jegliche Sonderbedingungen im Zusammenhang mit der Prüfung bzw. Abweichungen vom Prüfverfahren und Identitätskennzeichnung des zur Prüfung verwendeten Geräts nebst dem aktuellen Kalibrierschein;

f) das Ergebnis der Prüfung einschließlich der Angaben, die im jeweiligen Abschnitt des Anhangs B ausdrücklich gefordert werden sowie eine Aussage hinsichtlich der Übereinstimmung mit der zugesicherten Eigenschaft;

g) jede weitere spezifische im entsprechenden Abschnitt von Anhang B für die jeweiligen Prüfungen als wichtig definierte Anforderung.

Anhang A
(informativ)

Auswahl von Hilfsprüfungen und Checkliste

A.1 Allgemeines

Bei der Festlegung der Prüfreihenfolge für die Leistung von Reinräumen, reiner Bereichen oder kontrollierten Bereichen sollte auf besondere Sorgfalt geachtet werden.

Die Auswahl und Abfolge von Prüfungen sollte zwischen dem Kunden und dem Lieferanten abgestimmt werden und sollte eine möglichst frühe Erkennung von Nichterfüllungen der Anforderungen ermöglichen sowie keine weiteren Prüfungen innerhalb der Abfolge beeinträchtigen.

A.2 Checkliste für die Prüfung

Tabelle A.1 ist eine Checkliste für Prüfverfahren und Geräte.

Tabelle A.1 — Checkliste für Hilfsprüfungen

Auswahl und Abfolge von Prüfungen[a]	Prüfverfahren	Prüfverfahren beschrieben in Abschnitt	Wahl des Prüfgeräts[b]	Gerät	Gerät beschrieben in Abschnitt	Bemerkungen
	Differentialdruck der Luft	B.1		elektronisches Mikromanometer	C.2.2	
				Schrägrohrmanometer	C.2.3	
				mechanisches Differentialdruckmessgerät	C.2.4	
	Luftströmung	B.2			C.3	
	Gleichförmigkeit der Geschwindigkeit innerhalb des Reinraums oder reinen Bereichs (bei turbulenzarmer Verdrängungsströmung)	B.2.2.2		Hitzdrahtanemometer	C.3.1.2	
				dreidimensionales Ultraschallanemometer oder gleichwertig	C.3.1.3	
				Flügelrad-Anemometer	C.3.1.4	
				Rohranordnung	C.3.1.6	

Auswahl und Abfolge von Prüfungen[a]	Prüfverfahren	Prüfverfahren beschrieben in Abschnitt	Wahl des Prüfgeräts[b]	Gerät	Gerät beschrieben in Abschnitt	Bemerkungen
	Geschwindigkeit des Zuluftvolumenstroms (bei turbulenzarmer Verdrängungsströmung)	B.2.2.3		Hitzdrahtanemometer	C.3.1.2	
				dreidimensionales Ultraschallanemometer oder gleichwertig	C.3.1.3	
				Flügelrad-Anemometer	C.3.1.4	
				Rohranordnung	C.3.1.6	
	Messung des Zuluftvolumenstroms aus der Geschwindigkeit an der Filterfläche (bei turbulenzarmer Verdrängungsströmung)	B.2.2.4		Hitzdrahtanemometer	C.3.1.2	
				dreidimensionales Ultraschallanemometer oder gleichwertig	C.3.1.3	
				Flügelrad-Anemometer	C.3.1.4	
				Rohranordnung	C.3.1.6	
	Zuluftvolumenstrom in Luftleitungen (bei turbulenzarmer Verdrängungsströmung)	B.2.2.5		Lochplatten-Messgerät	C.3.2.3	
				Venturi-Messgerät	C.3.2.4	
				Pitot-Rohre und Manometer	C.3.1.5	
				Hitzdrahtanemometer	C.3.1.2	
	Messung des Zuluftvolumenstroms am Einlass (bei turbulenter Mischströmung)	B.2.3.2		Volumenstrommesshaube mit Messgerät	C.3.2.2	
	Messung des Zuluftvolumenstroms durch die Geschwindigkeit an der Filterfläche (bei turbulenter Mischströmung)	B.2.3.3		Hitzdrahtanemometer	C.3.1.2	
				dreidimensionales Ultraschallanemometer oder gleichwertig	C.3.1.3	
				Flügelrad-Anemometer	C.3.1.4	
	Zuluftvolumenstrom in Luftleitungen (bei turbulenter Mischströmung)	B.2.3.4		Lochplatten-Messgerät	C.3.2.3	
				Venturi-Messgerät	C.3.2.4	
				Pitot-Rohre und Manometer	C.3.1.5	
				Hitzdrahtanemometer	C.3.1.2	

Auswahl und Abfolge von Prüfungen[a]	Prüfverfahren	Prüfverfahren beschrieben in Abschnitt	Wahl des Prüfgeräts[b]	Gerät	Gerät beschrieben in Abschnitt	Bemerkungen
	Luftströmungsrichtung und Strömungssichtbarmachung	B.3		Tracersubstanzen	C.4.4.1	
				Hitzdrahtanemometer	C.4.2	
				dreidimensionales Ultraschallanemometer oder gleichwertig	C.4.3	
				Aerosolgenerator	C.4.4	
				Ultraschallvernebler	C.4.4.2	
				Vernebler	C.4.4.3	
	Erholzeit	B.4		Streulicht-Einzelpartikelzähler (LSAPC)	C.5.1	
				Aerosolgenerator	C.5.2	
				Ausgangssubstanzen für Aerosole	C.5.3	
				Verdünnungssystem, Apparat	C.5.4	
				Thermometer	C.6	
	Temperatur	B.5		Ausdehnungsthermometer	C.6 a)	
				elektrisches Thermometer	C.6 b)	
				Thermomanometer	C.6 c)	
	Feuchte	B.6		Taupunkthygrometer	C.7 a)	
				Hygrometer für Schwankungen der elektrischen Leitfähigkeit	C.7 b)	
	Leckprüfung am eingebauten Filtersystem	B.7			C.8	
	Leckprüfung der eingebauten Filtersysteme mit kontinuierlicher Abtastung durch ein Aerosolphotometer	B.7.2		Aerosolphotometer	C.8.1	
				Aerosolgenerator	C.8.3	
				Ausgangssubstanzen für Prüfaerosole	C.8.4	

Auswahl und Abfolge von Prüfungen[a]	Prüfverfahren	Prüfverfahren beschrieben in Abschnitt	Wahl des Prüfgeräts[b]	Gerät	Gerät beschrieben in Abschnitt	Bemerkungen
	Leckprüfung der eingebauten Filtersysteme mittels kontinuierlicher Abtastung durch einen LSAPC	B.7.3		Streulicht-Einzelpartikelzähler (LSAPC)	C.8.2	
				Aerosolgenerator	C.8.3	
				Ausgangssubstanzen für Prüfaerosole	C.8.4	
				Verdünnungssystem, Apparat	C.8.5	
	Gesamtprüfung von Lecks der in Luftleitungen oder luftführenden Geräten eingebauten Filter	B.7.4		Aerosolphotometer	C.8.1	
				Streulicht-Einzelpartikelzähler (LSAPC)	C.8.2	
				Aerosolgenerator	C.8.3	
				Ausgangssubstanzen für Prüfaerosole	C.8.4	
				Verdünnungssystem, Apparat (nur bei Verfahren mit LSAPC)	C.8.5	
	Leckprüfung der Abschließung	B.8			C.9	
	Verfahren bei Verwendung eines Streulicht-Einzelpartikelzählers (LSAPC)	B.8.2.1		Streulicht-Einzelpartikelzähler (LSAPC)	C.9.1	
				Aerosolgenerator	C.9.2	
				Ausgangssubstanzen für Prüfaerosole	C.9.3	
				Verdünnungssystem, Apparat	C.9.4	
	Verfahren bei Verwendung eines Aerosolphotometers	B.8.2.2		Aerosolgenerator	C.9.2	
				Ausgangssubstanzen für Prüfaerosole	C.9.3	
				Aerosolphotometer	C.9.5	
	elektrostatische Prüfung und Ionengenerator	B.9			C.10	
	elektrostatische Prüfung	B.9.2.1		elektrostatisches Voltmeter	C.10.1	
				Ohmmeter für große Widerstände	C.10.2	
				Plattenkondensator	C.10.3	

Auswahl und Abfolge von Prüfungen[a]	Prüfverfahren	Prüfverfahren beschrieben in Abschnitt	Wahl des Prüfgeräts[b]	Gerät	Gerät beschrieben in Abschnitt	Bemerkungen
	Ionengenerator	B.9.2.2		elektrostatisches Voltmeter	C.10.1	
				Ohmmeter für große Widerstände	C.10.2	
				Plattenkondensator	C.10.3	
	Partikelsedimentation	B.10		Material der Vergleichsplatten	C.11.1	
				Wafer-Oberflächenscanner	C.11.2	
				Partikelniederschlags-aerosolphotometer	C.11.3	
				Zählgerät für Oberflächenpartikel	C.11.4	
				Partikel-sedimentations-messgerät	C.11.5	
				optischer Partikel-sedimentations-monitor	C.11.6	
	Entmischungsprüfung	B.11		Streulicht-Einzelpartikelzähler (LSAPC)	C.12.1	
				Aerosolgenerator	C.12.2	
				Ausgangssubstanzen für Prüfaerosole	C.12.3	
				Verdünnungssystem, Apparat	C.12.4	

[a] In den Kästchen der Spalte 1 können Prüfplaner die ausgewählten Prüfverfahren nach der Abfolge nummerieren.

[b] In der vierten Spalte können Prüfplaner das Prüfgerät anhand des gewählten Prüfverfahrens auswählen.

A.3 Planung von Prüfungen und Nachprüfungen

Prüfungen sollten mindestens wie folgt durchgeführt werden:

a) in Verbindung mit der Klassifizierung nach ISO 14644-1;

b) bei der Nachprüfung während der Erst-Inbetriebnahme;

c) bei der Nachprüfung nach Erkennen und Beheben von Störungen;

d) bei der Nachprüfung nach einer Modifikation;

e) während der wiederkehrenden Prüfung.

Risikobeurteilungen sollten durchgeführt werden, um geeignete Intervalle für wiederkehrende Prüfungen festzulegen.

Überwachungsdaten, Trends und Prüfergebnisse sollten zur Bestätigung und ggf. Anpassung der Zeitintervalle für die ausgewählten Prüfungen verwendet werden.

Anhang B
(informativ)

Hilfsprüfverfahren

B.1 Prüfung des Differentialdrucks

B.1.1 Allgemeines

Diese Prüfung dient der Nachprüfung der Fähigkeit der gesamten Anlage, die festgelegte Druckdifferenz zwischen dem Reinraum und seiner Umgebung sowie zwischen den einzelnen Reinräumen und reinen Bereichen der Anlage aufrechtzuerhalten [18]. Diese Prüfung ist in allen drei genannten Betriebszuständen anwendbar und kann auch als Teil eines Routineüberwachungsprogramms der Einrichtung nach ISO 14644-2 [2] regelmäßig wiederholt werden.

B.1.2 Verfahren für die Prüfung des Differentialdrucks

Vor dem Beginn der Messung des Differentialdrucks zwischen Räumen oder zwischen Räumen und Außenbereichen sollten die folgenden Punkte bestätigt sein:

— die Werte und der zulässige Druckdifferenzbereich sollten definiert sein;

— Zuluftvolumen und Luftausgleich der Versorgung luftführender Geräte liegen innerhalb der Spezifikationen;

— Reinraumkomponenten, die Auswirkungen haben könnten auf den Differentialdruck zwischen Räumen, z. B. Türen, Fenster, Durchreichen usw., sollten geschlossen sein. Dauerhafte Lüftungsöffnungen sollten während der Prüfung offen bleiben;

— das luftführende System war in Betrieb, und die Bedingungen haben sich stabilisiert;

— Abzugssysteme sollten wie vereinbart und festgelegt in Betrieb sein.

Die Druckdifferenzen zwischen jedem einzelnen Reinraum, reinen Bereich und dem/den verbundenen Nachbarraum (-räumen) sollten gemessen werden.

Hierzu gehört auch die Messung der Druckdifferenz zwischen einem oder mehreren klassifizierten Räumen, die mit der nicht-klassifizierten Umgebung in Verbindung stehen.

Zur Vermeidung möglicher Ablesefehler sollte Folgendes berücksichtigt werden:

a) die Einrichtung ständiger Messpunkte;

b) es sollten keine Messungen im Reinraum oder reinen Bereich vorgenommen werden in der Nähe von Zulufteinlässen, Abluftauslässen, Geräten zur Unterstützung der Luftbewegung, Türen oder sonstigen örtlich begrenzten Bereichen mit hoher Luftgeschwindigkeit, die den örtlichen Druck am Messpunkt beeinflussen können;

c) unterschreitet die gemessene Druckdifferenz einen vereinbarten Wert, sollte die Strömungsrichtung zwischen Räumen mittels Verfahren der Sichtbarmachung der Strömung bestätigt werden.

B.1.3 Geräte für die Prüfung des Differentialdrucks

Eine Beschreibung der Messgeräte und Festlegungen hinsichtlich der Messungen sind in C.2 enthalten. Es kann ein elektronisches Mikromanometer, Schrägrohrmanometer oder mechanisches Druckdifferenzmessgerät verwendet werden.

Zu dem verwendeten Messgerät sollte ein gültiger Kalibrierschein vorliegen.

B.1.4 Prüfberichte

Nach Vereinbarung zwischen Kunden und Lieferanten sollten entsprechend der Beschreibung in Abschnitt 5 die folgenden Angaben und Daten aufgezeichnet werden:

a) Art der Prüfungen und Messungen sowie Messbedingungen;

b) Typbezeichnungen jedes Messgeräts und verwendeten Geräts und dessen Kalibrierstatus;

c) Reinheitsklassen der berücksichtigten Räume;

d) Lage der Messorte; falls erforderlich, Lage der Bezugspunkte;

e) Betriebszustand oder -zustände.

B.2 Strömungsprüfung

B.2.1 Allgemeines

Diese Prüfungen dienen der Messung der Geschwindigkeit und Gleichmäßigkeit der Luftströmung und des Zuluftvolumenstroms in Reinräumen und reinen Bereichen. Die Messung der Geschwindigkeitsverteilung ist in Reinräumen mit turbulenzarmer Verdrängungsströmung und reinen Bereichen erforderlich und die des Zuluftvolumenstroms in Reinräumen mit turbulenter Mischströmung. Die Messung des Zuluftvolumenstroms wird auch verwendet, um das je Zeiteinheit in den Reinraum oder den reinen Bereich gelieferte Luftvolumen zu ermitteln. Der Zuluftvolumenstrom wird entweder reinluftseitig von endständigen Filtern oder in Luftzufuhrleitungen gemessen; beide Verfahren beruhen auf der Messung der Geschwindigkeit der Strömung, die durch eine bekannte Fläche fließt, wobei der Volumenstrom das Produkt von Geschwindigkeit und Fläche ist. Die Wahl des Verfahrens sollte zwischen Kunden und Lieferanten vereinbart werden.

Bei der Messung der Luftstromgeschwindigkeit sollten die folgenden Bedingungen beachtet werden:

a) unter Berücksichtigung der Luftstromrichtung sollte die Sondenrichtung entsprechend gewählt werden;

b) für die Durchführung der Messungen sollte ein ausreichend langer Zeitraum für wiederholbare Ablesungen zur Verfügung stehen, und der Luftvolumenstrom sollte aufgezeichnet werden.

B.2.2 Verfahren zur Prüfung turbulenzarmer Verdrängungsströmungen

B.2.2.1 Allgemeines

Die Geschwindigkeit der turbulenzarmen Verdrängungsströmung bestimmt die Leistung eines Reinraums mit turbulenzarmer Verdrängungsströmung. Die Geschwindigkeit kann nahe an der Frontfläche der endständigen Zuluftfilter oder innerhalb des Raums gemessen werden. Dies erfolgt, indem die Messebene senkrecht zur Zuluftströmung festgelegt und in Messpunkte (Rasterzellen) mit identischen Flächeninhalten aufgeteilt wird [18].

B.2.2.2 Geschwindigkeit des Zuluftvolumenstroms

Die Luftstromgeschwindigkeit sollte in etwa 150 mm bis 300 mm Abstand zur Frontfläche des Filters oder zur Eintrittsfläche gemessen werden.

Die Anzahl der Messpunkte (Rasterzellen) hängt in hohem Grad von der Messgeräteausrüstung, der Konfiguration der Rauminfrastruktur, dem Ort oder der Prozessausrüstung und der Konstruktion der eingebauten Filterzelle ab. Die Mindestanzahl der Messpunkte (Rasterzellen) sollte unter Anwendung von Gleichung (B.1) ermittelt werden:

$$N = \sqrt{10 \times A} \tag{B.1}$$

Dabei ist

N die Mindestanzahl der Messpunkte (Rasterzellen; N sollte auf eine Ganzzahl aufgerundet werden);

A die gemessene Fläche in m^2.

Wird die Durchschnittsgeschwindigkeit für einen Bereich mit turbulenzarmer Verdrängungsströmung benötigt, ist die Durchschnittsgeschwindigkeit anhand von Gleichung (B.2) zu berechnen:

$$V_a = \left(\sum V_n\right)/N \tag{B.2}$$

Dabei ist

V_a die Durchschnittsgeschwindigkeit in m/s;

$\sum V_n$ die Summe aller gemessenen Geschwindigkeiten (V_n) in m/s;

V_n die gemessene Geschwindigkeit der Rasterzellen-Mittelpunkte in m/s;

N die Anzahl der Geschwindigkeits-Messorte (V_n).

Für jeden Filterauslass oder jede Ventilatorfiltereinheit sollte mindestens ein Punkt gemessen werden.

Sollen die Messdaten zur Bestimmung des Zuluftvolumenstroms nach B.2.2.4 oder der Gleichförmigkeit der Geschwindigkeit nach B.2.2.3 verwendet werden, empfiehlt es sich, die Anzahl der Messpunkte (Rasterzellen) zu erhöhen.

Bei kleineren Flächen kann es erforderlich sein, die Anzahl der Messpunkte (Rasterzellen) zu erhöhen, um auch die Wahrscheinlichkeit der Erfassung ungleichmäßiger Luftströmungsgeschwindigkeiten zu erhöhen.

Die Messzeit an jedem Messort sollte ausreichend lang sein, um eine wiederholbare Ablesung sicherzustellen. Für mehrere Messorte sollten zeitgemittelte Werte der gemessenen Geschwindigkeiten aufgezeichnet werden.

ANMERKUNG 1 Wird die Geschwindigkeit des Zuluftvolumenstroms zu nahe an der Quelle gemessen, besteht das Risiko eines Messfehlers aufgrund der veränderlichen Verteilung der Luftströmung. Wird die Geschwindigkeit des Zuluftvolumenstroms zu weit entfernt von der Filterfläche gemessen, kann der abgelesene Messwert beeinträchtigt werden.

ANMERKUNG 2 Es kann eine vorübergehende Barriere verwendet werden, um Störungen der turbulenzarmen Verdrängungsströmung auszuschließen.

B.2.2.3 Gleichförmigkeit der Geschwindigkeit innerhalb des Reinraums oder reinen Bereichs

Die Gleichförmigkeit der Geschwindigkeit kann nach B.2.2.2 oder wie zwischen Kunden und Lieferanten vereinbart gemessen werden.

ANMERKUNG Wenn Produktionseinrichtungen und Arbeitstische installiert sind, ist es wichtig, zu bestätigen, dass keine bedeutsamen Schwankungen der Strömung auftreten.

Die für die Bestimmung der Gleichförmigkeit der Geschwindigkeit und der maximalen Abweichung zu verwendenden Daten, d. h. Geschwindigkeit und entsprechende Schwankungen, sollten zwischen Kunden und Lieferanten vereinbart werden.

Die Standardabweichung und der Mittelwert sollten anhand der Geschwindigkeitsmesswerte berechnet werden und die Gleichförmigkeit der Geschwindigkeit, U_V, ergibt sich aus Gleichung (B.3):

$$U_V = \left[1 - \left(\frac{\sigma}{V_a}\right)\right] \times 100 \qquad \text{(B.3)}$$

Dabei ist

σ die Standardabweichung;

V_a die Durchschnittsgeschwindigkeit.

Die maximale Abweichung der Geschwindigkeit, D_{max}, wird mit Gleichung (B.4) berechnet:

$$D_{\text{max}} = \left[\frac{(V_d - V_a)}{V_a}\right] \times 100 \qquad \text{(B.4)}$$

Dabei ist

s_{max}[N1] die maximale Abweichung in %;

V_a die Durchschnittsgeschwindigkeit;

V_d die Ablesung mit der größten Abweichung gegenüber dem Mittelwert.

B.2.2.4 Zuluftvolumenstrom, berechnet aus der Geschwindigkeitsmessung

Die Ergebnisse der nach B.2.2.2 durchgeführten Prüfung der Geschwindigkeit der Luftströmung können verwendet werden, um den Gesamt-Zuluftvolumenstrom mittels Gleichung (B.5) zu berechnen:

$$Q = \sum (V_n \times A_c) \qquad \text{(B.5)}$$

Dabei ist

A_c die Fläche der Zelle, definiert als freie Fläche der Medien dividiert durch die Anzahl der Messpunkte (Rasterzellen) in m^2;

Q der Gesamtluftvolumenstrom in m^3/s;

[N1] Nationale Fußnote: Fehler in der Referenzfassung. Es sollte D_{max} lauten.

V_n die Strömungsgeschwindigkeit im Zentrum jeder Zelle in m/s;

$\sum$ die Summierung aller Zellen.

ANMERKUNG Die Genauigkeit des anhand dieses Verfahrens berechneten Luftvolumenstroms kann von vielen Faktoren beeinflusst werden, wie z. B. Wahl des Prüfgeräts, Wahl der Messorte, Anzahl der Messpunkte (Rasterzellen), Abstand von der Filterfläche und Berechnung der offenen Zellfläche.

B.2.2.5 Berechnung des Zuluftvolumenstrom aus der Geschwindigkeitsmessung in Luftleitungen

Der Zuluftvolumenstrom in Luftleitungen kann durch Verwendung von Geräten wie Lochplatten-Messgeräten, Venturi-Messgeräten, Pitot-Rohren und Anemometern bestimmt werden.

Bei der Messung mit Pitot-Rohren und Manometern oder Anemometern (vom Hitzdraht- oder Flügelradtyp) in einer Leitung mit rechteckigem Querschnitt sollte die Messebene in der Leitung in Messpunkte (Rasterzellen) gleicher Flächen aufgeteilt werden und die Strömungsgeschwindigkeit sollte im Zentrum jeder Zelle gemessen werden. Die Anzahl der Messpunkte (Rasterzellen) wird zwischen Kunden und Lieferanten vereinbart. Der Luftvolumenstrom sollte auf gleiche Weise bewertet werden, wie es in B.2.2.4 festgelegt ist. Bei einer Leitung mit kreisförmigem Querschnitt darf der Luftvolumenstrom nach dem in ISO 5167-5 [24] als typisch beschriebenen Verfahren mit Pitot-Rohren bestimmt werden.

ANMERKUNG Bei der Messung des Zuluftvolumenstroms können Unterschiede auftreten zwischen den Messverfahren anhand der Geschwindigkeit an der Filterfläche und der Messung in der Luftleitung.

B.2.3 Verfahren zur Prüfung bei turbulenter Mischströmung

B.2.3.1 Allgemeines

In einigen Fällen ist die Messung der Geschwindigkeit des Zuluftvolumenstroms an einzelnen Auslässen erforderlich, um den Luftvolumenstrom jedes Auslasses zu bestimmen [18].

B.2.3.2 Zuluftvolumenstrom, gemessen mittels einer Messhaube

Wegen der Auswirkungen lokaler Turbulenzen und Strahlgeschwindigkeiten an einem Auslass wird die Verwendung einer Volumenstrommesshaube empfohlen, die die gesamte aus jedem endständigen Filter oder Zuluftdiffusor austretende Luft auffängt. Der Zuluftvolumenstrom wird mittels einer Volumenstrom-messhaube mit Messgerät gemessen, oder die Geschwindigkeit der aus einer Volumenstrommesshaube austretenden Luft wird mit der effektiven Fläche multipliziert. Die Öffnung der Volumenstrommesshaube sollte vollständig über dem gesamten Filter oder Diffusor angeordnet werden, und die Haubenvorderseite sollte gegenüber einer ebenen Fläche abgedichtet werden, um ein Vorbeileiten von Luft und ungenaue Ablesungen zu verhindern. Bei Verwendung einer Volumenstrommesshaube mit Durchflussmessgerät sollte der Luftvolumenstrom an jedem endständigen Filter oder Zuluftdiffusor direkt am Auslassende der Haube gemessen werden.

Die Genauigkeit der Volumenstrommesshaube sollte zum Nachweis, dass sie genaue Ergebnisse liefert, für die Art des gemessenen Luftauslasses überprüft werden, und ein Korrekturfaktor sollte angewendet werden, wenn die Ergebnisse nicht genau sind. Der Korrekturfaktor bezieht sich auf die Strömung. Er entspricht einer In-situ-Messung und basiert auf der Differenz zwischen der Referenzmessung in Luftleitungen und dem Luftauslass.

Im Falle eines Luftauslasses mit (Drall-)Diffusoren kann die Volumenstrommesshaube an den Strömungstyp des Diffusors angepasst werden.

B.2.3.3 Berechnung des Zuluftvolumenstroms aus der Geschwindigkeit

Die Bewertung des Zuluftvolumenstroms ohne Verwendung einer Volumenstrommesshaube darf mit einem Anemometer reinluftseitig von jedem endständigen Filter erfolgen. Der Zuluftvolumenstrom wird durch

Multiplikation der Luftströmungsgeschwindigkeit mit der korrigierten (freien) Austrittsfläche bestimmt. Es darf eine vorübergehende Barriere verwendet werden, um Störungen der turbulenzarmen Verdrängungsströmung auszuschließen.

Betreffs der Anzahl der Messpunkte (Rasterzellen) und der Berechnung des Zuluftvolumenstroms wird auf B.2.2.2 bzw. B.2.2.4 verwiesen.

Falls es unmöglich ist, die Ebene in Messpunkte (Rasterzellen) gleicher Fläche zu unterteilen, darf die nach Fläche gewichtete mittlere Luftgeschwindigkeit eingesetzt werden.

Die Genauigkeit des anhand dieses Verfahrens berechneten Luftvolumenstroms kann von vielen Faktoren beeinflusst werden, wie z. B. Wahl des Prüfgeräts, Wahl der Messorte, Anzahl der Messpunkte (Rasterzellen), Abstand von der Filterfläche und Berechnung der offenen Zellfläche. Diese möglichen Schwankungen sollten beim Durchführen dieser Prüfung berücksichtigt werden.

B.2.3.4 Zuluftvolumenstrom, berechnet mittels Geschwindigkeitsmessung in Luftleitungen

Der Zuluftvolumenstrom in Luftleitungen sollte auf gleiche Weise ermittelt werden wie in B.2.2.5 festgelegt.

B.2.4 Geräte für Strömungsprüfungen

Beschreibungen und Messvorschriften zu den Geräten finden sich in C.3. Für die Messung der Luftströmungsgeschwindigkeit können Ultraschall-Anemometer, Hitzdrahtanemometer, Flügelradanemometer oder ihnen gleichwertige Geräte verwendet werden.

Für Messungen des Zuluftvolumenstroms können Volumenstrommesshauben, Lochplatten-Messgeräte, Venturi-Messgeräte, Pitot-Rohre, mittelwertbildende Rohranordnungen und Manometer oder ihnen gleichwertige Geräte verwendet werden.

Messungen der Luftströmungsgeschwindigkeit sollten mit Geräten erfolgen, die nicht durch Schwankungen der Geschwindigkeit von Punkt zu Punkt über kleine Entfernungen beeinträchtigt werden, z. B. kann ein Hitzdrahtanemometer verwendet werden, wenn kleine Rasterunterteilungen gewählt und zusätzliche Messpunkte (Rasterzellen) verwendet werden. Andererseits kann ein Flügelradanemometer verwendet werden, falls es empfindlich genug und groß genug ist, die mittlere Luftgeschwindigkeit über eine Schwankungsbreite zu messen.

Zu dem gewählten Messgerät sollte ein gültiger Kalibrierschein vorliegen.

B.2.5 Prüfberichte

Nach Vereinbarung zwischen Kunden und Lieferanten sollten entsprechend der Beschreibung in Abschnitt 5 die folgenden Angaben und Daten aufgezeichnet werden:

a) Art der Prüfungen und Messungen sowie Messbedingungen;

b) Typbezeichnungen jedes verwendeten Messgeräts und dessen Kalibrierstatus;

c) Messorte und deren Abstand zur Filterfläche;

d) Betriebszustand oder -zustände;

e) Messergebnis;

f) sonstige für die Messung wesentliche Daten.

B.3 Prüfung der Luftströmungsrichtung und Sichtbarmachung der Strömung

B.3.1 Allgemeines

Die Prüfung der Luftströmungsrichtung und Sichtbarmachung der Strömung dient dem Nachweis, dass die Luftströmungsrichtung und die zugehörige Gleichförmigkeit der Geschwindigkeit den Festlegungen für Gestaltung und Leistung entsprechen.

ANMERKUNG 1 Rechnergestützte Fluiddynamik (en: Computational Fluid Dynamics, CFD) wird in diesem Dokument nicht als Werkzeug zur Prognose oder Analyse berücksichtigt.

ANMERKUNG 2 Das Tracerfadenverfahren gibt die Richtung der Luftströmung aufgrund der Eigenschaften des Tracermaterials, z. B. dem Gewicht des Fadens, möglicherweise nicht getreu wieder.

B.3.2 Verfahren

Die Prüfung der Luftströmungsrichtung und die Sichtbarmachung der Strömung kann mittels der vier folgenden Verfahren durchgeführt werden:

a) Tracerfadenverfahren;

b) Tracerinjektionsverfahren;

c) Strömungssichtbarmachung durch Bildverarbeitungstechniken;

d) Strömungssichtbarmachung durch Messung der Geschwindigkeitsverteilung.

Bei den Verfahren a) und b) wird die Strömung im Reinraum oder reinen Bereich tatsächlich durch die Verwendung von faserförmigen Tracerfäden oder Tracerpartikeln sichtbar gemacht. Die Profile werden auf Vorrichtungen wie Videokameras aufgezeichnet. Das faserförmige Tracermaterial oder die Tracerpartikel sollten nicht zur Quelle einer Kontamination werden und dem Strömungsprofil genau folgen. Andere Geräte, wie z. B. ein Tracerpartikelgenerator und eine hochintensive Lichtquelle dürfen für diese Verfahren angewendet werden.

Verfahren c) wird zum quantitativen Nachweis der Luftströmungsgeschwindigkeitsverteilungen im Reinraum oder reinen Bereich verwendet. Diese Technik beruht auf der Verarbeitung von Bildern von Tracerpartikeln mittels Computer.

Es sollte sorgfältig vorgegangen werden, damit Prüfpersonal nicht auf die zu untersuchenden Luftströmungsmuster störend einwirkt.

ANMERKUNG 1 Die Luftströmung wird durch andere Parameter wie Luftdruckunterschiede, Luftgeschwindigkeit und Temperatur beeinflusst.

ANMERKUNG 2 Entsprechende Techniken zur Strömungssichtbarmachung sind am besten zur Beurteilung der Luftverteilungseffektivität in Reinräumen, reinen Bereichen und kontrollierten Bereichen mit turbulenzarmer Verdrängungsströmung geeignet. Das Verfahren kann jedoch auch in Bereichen mit turbulenter Mischströmung eingesetzt werden.

B.3.3 Verfahren für die Prüfung der Luftströmungsrichtung und Sichtbarmachung der Strömung

B.3.3.1 Tracerfadenverfahren

Die Prüfung erfolgt durch Beobachtung von z. B. Seidenfäden, einzelnen Nylonfasern oder dünnen Folienstreifen. Diese werden an der Spitze von Haltestäben oder an den Kreuzungspunkten von dünnen Drahtgittern angebracht, die in die Strömung gebracht werden. Sie bieten eine visuelle Darstellung der

Luftströmungsrichtung und turbulenzbedingter Schwankungen. Gute Ausleuchtung unterstützt die Beobachtung und Aufzeichnung der angezeigten Luftströmung.

B.3.3.2 Tracerinjektionsverfahren

Diese Prüfung geschieht durch Beobachtung oder Abbildung des Verhaltens von Tracerpartikeln, die durch hochintensive Lichtquellen beleuchtet werden können. Die Prüfung gibt Aufschluss über die Richtung der Luftströmung und die Gleichförmigkeit der Geschwindigkeit in einem Reinraum, reinen Bereich oder kontrollierten Bereich. Die Tracerpartikel können aus Materialien wie deionisiertem (DI) Wasser, versprühtem oder chemisch erzeugtem Alkohol, Glykol usw. erzeugt werden. Die Quelle sollte so ausgewählt werden, dass die Kontamination von Oberflächen vermieden wird.

Die gewünschte Tröpfchengröße sollte bei der Auswahl des Verfahrens zur Tröpfchenerzeugung beachtet werden. Die Tröpfchen sollten groß genug sein, um durch die verfügbaren Bildverarbeitungsverfahren aufgezeichnet zu werden, sollten jedoch nicht so groß sein, dass die Wirkung der Schwerkraft oder anderer Effekte zu einer Abweichung ihrer Bewegung von der beobachteten Strömung führt.

B.3.3.3 Strömungssichtbarmachung durch Bildverarbeitungstechniken

Die Verarbeitung von aus dem Verfahren nach B.3.3.2 abgeleiteten Daten aus Partikelbildern in Videosequenzen oder Filmen liefert quantitative Kennwerte der Luftströmung in Form von zweidimensionalen Abbildungen von Luftgeschwindigkeitsvektoren innerhalb des betreffenden Bereichs. Die Verarbeitung erfordert einen Digitalrechner, der über passende Schnittstellen und geeignete Software verfügt. Lichtquellen wie ein Laser können zur Steigerung der räumlichen Auflösung verwendet werden.

B.3.3.4 Bewertung der Luftströmungsverteilung durch Messung von Geschwindigkeitsverteilungen

Die Geschwindigkeitsverteilungen von Luftströmungen können durch die Aufstellung von Geräten zur Messung der Luftgeschwindigkeit, z. B. thermischer oder Ultraschallanemometer, an mehreren festgelegten Punkten im untersuchten Reinraum oder reinen Bereich bestimmt werden. Die Auswertung der gemessenen Daten liefert die Information über die Luftströmungsverteilung.

B.3.4 Für die Prüfung der Luftströmungsrichtung und Sichtbarmachung der Strömung verwendete Geräte

Die für die Prüfung der Luftströmungsrichtung und Sichtbarmachung der Strömung verwendeten Geräte unterscheiden sich bei den verschiedenen Prüfverfahren. Die für jedes Prüfverfahren geeigneten Geräte werden in C.4, Tabelle B.1 und Tabelle B.2, beschrieben.

Tabelle B.1 — Bei Tracerfadenverfahren oder Tracerinjektionsverfahren verwendete Materialien oder Partikel

Posten	Beschreibung
Materialien zur Verwendung beim Tracerfadenverfahren	Seidenfäden, Textilien usw.
Partikelverfahren zur Verwendung beim Tracerinjektionsverfahren	DI-Wasser oder sonstige Flüssigkeit, vernebelt mit Tröpfchendurchmessern von 0,5 µm bis 50 µm. Am Messort in der Luft schwebende Blasen neutraler Dichte. Organischer oder anorganischer Prüfnebel
Bildaufzeichnungsgeräte zur Aufzeichnung der dargestellten Bilder oder Abbildungen von Tracerpartikeln	verschiedene Geräte wie Foto- und Videokameras einschließlich solcher mit Hochgeschwindigkeits-, Stroboskop- oder Synchronisationsfunktionen und Bildaufzeichnungsgeräte zur Verwendung bei der Strömungssichtbarmachung

ANMERKUNG Nach der Sichtbarmachung der Strömung ist es im Allgemeinen erforderlich, den Reinraum oder reinen Bereich erneut zu reinigen.

Tabelle B.2 — Beleuchtungsquellen für die Strömungssichtbarmachung

Posten	Beschreibung
verschiedene Lichtquellen zur kontrastreichen Beobachtung oder Abbildung von Luftströmungen	Glühlampe, Leuchtstofflampe, Halogenlampe, Quecksilberdampflampe, Laserlichtquellen (He-Ne-, Argon-Ionen-, YAG-Laser usw.) mit oder ohne Stroboskop oder mit den Aufzeichnungsgeräten synchronisierten Geräten
Bildverarbeitungstechnik zur quantitativen Messung durch Strömungssichtbarmachung	Verfahren unter Anwendung einer Laserlichtebene, bestehend aus Hochleistungslaserquellen (Argon- oder YAG-Laser), Optik einschließlich Zylinderlinse und Steuerung, durch welche zweidimensionale Luftströmungen sichtbar gemacht werden

B.3.5 Prüfberichte

Nach Vereinbarung zwischen Kunden und Lieferanten sollten entsprechend der Beschreibung in Abschnitt 5 die folgenden Angaben und Daten aufgezeichnet werden:

a) Art der Prüfungen, Verfahren zur Strömungssichtbarmachung und Prüfbedingungen;

b) Typbezeichnungen jedes verwendeten Messgeräts und dessen Kalibrierstatus;

c) Lage der Punkte zur Strömungssichtbarmachung;

d) auf fotografischen Medien oder anderen Aufzeichnungsmedien gespeicherte Bilder oder, falls festgelegt, Rohdaten für jede Messung bei Anwendung der Bildverarbeitungstechnik oder der Messung von Geschwindigkeitsverteilungen;

e) ein Lageplan mit genauer Kennzeichnung der Standorte aller Geräte sollte dem Bericht über die Strömungssichtbarmachung beigelegt werden;

f) Betriebszustand oder -zustände.

B.4 Prüfung der Erholzeit

B.4.1 Allgemeines

Diese Prüfung dient der Bestimmung der Fähigkeit der Anlage, die Konzentration luftgetragener Partikel mittels Verdünnung zu reduzieren. Die Aufreinigungsleistung nach einer partikulären Verunreinigung ist eine der wichtigsten Fähigkeiten einer Anlage. Diese Messung wird nur für Anlagen mit turbulenter Mischströmung empfohlen, da die Aufreinigungsleistung auf der Verdünnung und Mischung der Luft in Anlagen mit turbulenter Mischströmung basiert, und wird nicht für Anlagen mit turbulenzarmer Verdrängungsströmung empfohlen, in denen Kontamination durch die turbulenzarme Luftströmung entfernt wird. Die Aufreinigungsleistung eines Reinraums mit turbulenter Mischströmung wird durch die Kenngrößen der Luftverteilung, wie Lüftungseffektivität, thermische Bedingungen und Hindernisse, beeinflusst. Die Prüfung der Erholzeit kann mithilfe eines LSAPC oder Aerosolphotometers durchgeführt werden. Bei der Verwendung von künstlich erzeugtem Aerosol sollte das Risiko einer Restverunreinigung des Reinraums oder reinen Bereichs berücksichtigt werden.

B.4.2 Aufreinigungsleistung

Die Aufreinigungsleistung wird aus der 100 : 1- oder 10 : 1-Erholzeit und/oder der Reinheitserholungsrate ermittelt. Die 100 : 1- oder 10 : 1-Erholzeit ist definiert als die Zeit, die erforderlich ist, um die anfängliche Partikelkonzentration um den Faktor 100 (bzw. 10) zu reduzieren. Die Reinheitserholungsrate ist definiert als die Änderungsrate der Partikelkonzentration in Abhängigkeit von der Zeit. Es ist möglich, beide Größen aufgrund der gleichen abfallenden Partikelkonzentrationskurve abzuschätzen. Die verwendeten, durch Messung ermittelten Konzentrationspegel sollten aus dem Zeitbereich stammen, in dem die Abnahme der Partikelkonzentration durch einen einzigen Exponentialwert beschrieben wird, dargestellt durch eine Gerade in einem semilogarithmischen Diagramm (Konzentrationen auf der Ordinate nach logarithmischer Skale, Zeitwerte auf der Abszisse nach linearer Skale). Weiterhin sollte die Prüfkonzentration nicht so hoch sein, dass ein Verlust durch Koinzidenz auftritt, oder so niedrig, dass eine Zählunsicherheit auftritt.

Zweck der Prüfung der Erholzeit ist die Bewertung eines tatsächlichen Zeitintervalls, während dessen die Konzentration das Ziel-Reinheitsniveau erreichen kann, im Anschluss an einen vorübergehenden Anstieg der Partikelkonzentration im Reinraum oder reinen Bereich aufgrund einer geplanten Abschaltung zu Wartungszwecken oder eines geplanten Anlagenausfalls. Zweck einer Bewertung anhand der Erholungsrate ist die Wiederherstellung der lokalen Fähigkeit zur Wiederherstellung der Reinheit im Anschluss an einen vorübergehenden Anstieg der Partikelkonzentration in der Nähe des Messpunkts. Die Steigung einer abfallenden Kurve auf einer semilogarithmischen Aufzeichnung ist ein Hinweis auf eine derartige lokale Fähigkeit.

Die 100 : 1-Prüfung wird für die ISO-Klassen 8 und 9 nicht empfohlen.

ANMERKUNG Die Messung der Erholungsrate ergibt nicht nur die Erholungsrate, sondern auch die Luftwechselrate je Zeiteinheit am Messort. Wenn die lokale Luftwechselrate am Messort mit der Gesamtluftwechselrate im Reinraum verglichen wird, kann die Effektivität der Lüftungsanlage hinsichtlich der Lieferung von Reinluft am Messort erhalten werden.

B.4.3 Verfahren für die Prüfung der Erholzeit

B.4.3.1 Auswahl von Messpunkten

Die LSAPC-Sonde ist an geeigneter/n Stelle(n) auf der Arbeitsebene zu positionieren (hierzu können kritische Stellen zählen oder mutmaßliche Extremfälle). Die Messpunkte und die Anzahl der Messungen sollten zwischen Kunden und Lieferanten festgelegt werden. Ungünstig kann sich die Auswahl von Messorten erweisen, die eine Aufreinigungsleistung erbringen, welche nicht für den Reinraum repräsentativ ist (wie unter einem Luftdurchlass ohne Diffusor).

B.4.3.2 Prüfverfahren

Es sollte sorgfältig vorgegangen werden, um hohe Luftkonzentrationen von Partikeln zu verwenden, die zu einem Koinzidenzfehler und einer möglichen Verunreinigung der Optik des LSAPC führen können. Vor der Prüfung ist die erforderliche Partikelkonzentration für die Erholzeitmessung zu berechnen. Falls die Konzentration die maximale Konzentration des LSAPC überschreitet, bei der eine Partikelkoinzidenz auftritt, ist ein Verdünnungssystem zu verwenden. Prüfverfahren:

a) der Partikelzähler ist nach Anweisung des Herstellers und Kalibrierschein einzurichten;

b) die für diese Prüfung verwendete Partikelgröße sollte geringer als 1 µm sein. Es wird empfohlen, dass der vom LSAPC verwendete Partikelgrößenkanal der höchsten zahlenmäßigen Konzentration im Aerosol entspricht;

c) der zu untersuchende Reinraumbereich sollte mit einem Aerosol kontaminiert werden, während das luftführende System in Betrieb ist;

d) die anfängliche Partikelkonzentration wird, abhängig vom Ziel-Reinheitsniveau, auf das Zehn- oder Hundertfache erhöht (siehe Anmerkung 1);

e) es sind Messungen vorzunehmen in Intervallen von höchstens 1 min, dabei sind Zeit und Konzentration zu erfassen;

f) die Ergebnisse des abfallenden Logarithmus der Partikelkonzentration sollte gegen die Zeit aufgetragen werden, um sicherzustellen, dass die verwendeten Ergebnisse aus dem Bereich stammen, in dem der Abfall exponentiell ist – d. h. die abfallende Linie ist gerade – und nicht vom Anfang, an dem der Abfall noch nicht begonnen hat, oder vom Ende, an dem der Hintergrundzählwert im Reinraum die Abfallrate verringert.

ANMERKUNG 1 Das Ziel-Reinheitsniveau kann entweder das Entwurfs-Reinheitsniveau sein, das Niveau welches durch Prüfungen nach ISO 14644-1 im Betriebszustand „Leerlauf" ermittelt wurde, oder ein vereinbartes alternatives Reinheitsniveau, unter der Annahme, dass sich das Niveau an einem Punkt auf dem abfallenden Graphen befindet, an dem der Abfall exponentiell ist.

ANMERKUNG 2 Sofern erforderlich, kann ein alternatives, jedoch weniger praktisches Verfahren angewendet werden, bei dem die Lüftungsanlage abgeschaltet wird, die Prüfpartikel hinzugefügt und bei Bedarf mithilfe eines Raumlüfters gemischt werden, und die Lüftungsanlage wieder eingeschaltet wird.

B.4.3.3 Bewertung mittels der 10 : 1- oder 100 : 1-Erholzeit

Bewertungsverfahren:

a) die Zeit wird aufgezeichnet, zu der die Partikelkonzentration den Schwellenwert von 10 × Zielkonzentration oder 100 × Zielkonzentration erreicht (t_{10n} oder t_{100n});

b) die Zeit wird aufgezeichnet, zu der die Partikelkonzentration das Ziel-Reinheitsniveau, erreicht, (t_n);

c) die 10 : 1-Erholzeit wird als $t_{0,1} = (t_n - t_{10n})$ dargestellt;

d) die 100 : 1-Erholzeit wird als $t_{0,01} = (t_n - t_{100n})$ dargestellt.

B.4.3.4 Bewertung mittels der Reinheitserholungsrate

Die Erholungsleistung kann wie folgt aus der Steigung der abflachenden Partikelkonzentrationskurve bestimmt werden:

a) es sind Messungen vorzunehmen und dabei kontinuierlich Zeit und Konzentration zu erfassen. Die Probenahmezeit sollte so kurz wie möglich sein, wobei die Probenahme so ausgelegt sein sollte, dass die Zählung von statistischer Relevanz ist. Die Zeitabstände zwischen den Probenahmen sollten so kurz wie möglich sein;

b) die Werte der abklingenden Partikelkonzentration sind in ein semilogarithmisches Diagramm einzutragen (Konzentrationen auf der Ordinate nach logarithmischer Skale, Zeitwerte auf der Abszisse nach linearer Skale);

c) es sind obere und untere Grenzwerte für die Konzentration festzulegen, sodass die gemessene, abflachende Kurve als fast gerade Linie angenommen wird;

d) die Reinheitserholungsrate ergibt sich aus der Steigung der Linie zwischen oberem und unterem Konzentrationswert. Die Reinheitserholungsrate zwischen zwei Messungen wird nach Gleichung (B.6) berechnet:

$$r = -2{,}3 \times \frac{1}{t_1 - t_0} \log\left(\frac{C_1}{C_0}\right) \qquad \text{(B.6)}$$

Dabei ist

C_0 die höhere Konzentration bei t_0;

C_1 die niedrigere Konzentration bei t_1;

r die Reinheitserholungsrate;

$t_1 - t_0$ die verstrichene Zeit zwischen dem Durchlaufen der Konzentration von Punkt C_0 und C_1.

ANMERKUNG Die Lüftungseffektivität einer kritischen Stelle oder kritischer Stellen im Reinraum kann bestimmt werden, indem die Erholungsrate an der Stelle oder den Stellen mit der Gesamterholungsrate des Reinraums verglichen wird. Wenn die Luft und die Kontamination im Reinraum zu Beginn der Prüfung der Erholzeit für den Reinraum perfekt vermischt sind, entspricht die Gesamterholungsrate eines Reinraums der Luftwechselrate des Reinraums. Folglich kann die Lüftungseffektivität erhalten werden, indem die Erholungsrate an der Stelle oder den Stellen mit der Luftwechselrate des Reinraums verglichen wird.

Um vergleichbare Werte der Prüfung der Erholzeit zu erhalten, ist es erforderlich, den Einfluss der Temperaturdifferenz zwischen dem Messpunkt für einströmende Luft und dem für Erholungsleistung zu berücksichtigen, durch die sich die Luftströmung im Reinraum verändert. Diese Temperaturdifferenz kann in den Betriebszuständen „Leerlauf" und „Bereitstellung" aufgrund von Änderungen der Wärmegewinne im Reinraum sowie je nach jahreszeitlich bedingtem Wärme- oder Kältebedarf unterschiedlich sein. Die Temperaturdifferenz zwischen dem Messpunkt für einströmende Luft und dem für die Erholungsleistung sollte gemessen werden.

B.4.4 Geräte für die Prüfung der Erholzeit

Zur Prüfung der Erholzeit können die nachfolgend genannten Geräte verwendet werden:

— Aerosolgenerator und künstlich erzeugtes Aerosol mit den gleichen Kennwerten wie in C.5 beschrieben;

— Streulicht-Einzelpartikelzähler (LSAPC) mit Zählwirkungsgrad wie in C.5.1 beschrieben;

— Verdünnungssystem, falls erforderlich, wie in C.5.4 beschrieben;

— Thermometer.

ANMERKUNG Eine Prüfung der Erholzeit kann auch unter Verwendung eines Aerosolphotometers durchgeführt werden.

B.4.5 Prüfberichte

Nach Vereinbarung zwischen Kunden und Lieferanten sollten entsprechend der Beschreibung in Abschnitt 5 die folgenden Angaben und Daten aufgezeichnet werden:

a) Typbezeichnungen jedes verwendeten Messgeräts und dessen Kalibrierstatus;

b) Anzahl und Lage der Messpunkte;

c) Betriebszustand oder -zustände;

d) Messergebnis.

B.5 Temperaturprüfung

B.5.1 Allgemeines

Diese Prüfung dient der Nachprüfung der Fähigkeit der Anlage, die Lufttemperatur innerhalb des jeweiligen geprüften Bereichs über den zwischen Kunden und Lieferanten vereinbarten Zeitraum innerhalb der Regelgrenzen konstant zu halten. Für weitere Informationen zu geeigneten Prüfverfahren siehe ISO 7726 [28] und weitere zugehörige Dokumente.

B.5.2 Messgeräte für die Temperaturprüfung

Die Temperaturprüfung sollte unter Verwendung eines Sensors mit einer Genauigkeit, wie in ISO 7726 [28] definiert, durchgeführt werden. Beispiele sind

a) Thermometer;

b) Widerstandsthermometer;

c) Thermistoren.

Für das Gerät sollte ein gültiger Kalibrierschein vorliegen.

B.6 Prüfung der Luftfeuchte

B.6.1 Allgemeines

Diese Prüfung dient der Nachprüfung der Fähigkeit der Anlage, die Luftfeuchte (angegeben als relative Feuchte oder Taupunkt) innerhalb des jeweiligen geprüften Bereichs über den zwischen Kunden und Lieferanten vereinbarten Zeitraum innerhalb der Regelgrenzen konstant zu halten. Informationen zu den Prüfverfahren siehe ISO 7726 [28] und weitere zugehörige Dokumente.

B.6.2 Geräte für die Feuchteprüfung

Die Feuchteprüfungen sollten unter Verwendung eines Sensors mit einer Genauigkeit, wie in ISO 7726 [28] definiert, durchgeführt werden.

Typische Sensoren sind:

a) Feuchtesensoren mit Dünnschichtkondensator;

b) Taupunktsensoren;

c) Psychrometer.

B.7 Leckprüfung am eingebauten Filtersystem

WARNUNG — Bei einigen Anlagen kann die Aerosolbeaufschlagung Ursache einer untragbaren Kontamination mit Partikeln oder Molekülen sein. Einige Prüfaerosole können unter bestimmten Bedingungen eine Gefährdung darstellen. Dieses Dokument befasst sich nicht mit Sicherheitsaspekten, die mit diesen Verfahren zusammenhängen. Das Konsultieren und die Anwendung geeigneter Sicherheitspraktiken, Risikobeurteilungen und etwaiger gesetzmäßig festgelegter Einschränkungen vor der Anwendung dieses Dokuments liegen in der Verantwortung des Anwenders.

B.7.1 Allgemeines

B.7.1.1 Verfahren

Diese Prüfungen dienen der Bestätigung, dass eingebaute Filtersysteme mit einem integralen Wirkungsgrad von 99,95 % oder höher bei Partikelgröße im Abscheidegradminimum (en: most penetrating particle size, MPPS) ordnungsgemäß eingebaut wurden, indem der Nachweis erbracht wird, dass in der Anlage keine Lecks durch Luft-Nebenwege vorhanden und die Filter defektfrei sind (kleine Löcher oder sonstige Beschädigungen an Filtermedium, Rahmen, Dichtung und Lecks am Filterrahmen). Teile der in B.7 angegebenen Prüfverfahren sind aus IEST-RP-CC034.4 [21] angepasst worden.

Diese Prüfungen dienen nicht der Bestimmung des Wirkungsgrades des Filtermediums. Die Dichtheitsprüfung ermittelt die Leckrate, die für die Reinheit der Anlage wesentlich ist. Zur Prüfung werden rohluftseitig von den Filtern ein Aerosol aufgegeben und unmittelbar reinluftseitig der Filter und Halterahmen oder in einer reinluftseitig gelegenen Luftleitung Proben genommen. Die Prüfung wird bei Reinräumen und reinen Bereichen im Betriebszustand „Bereitstellung" oder „Leerlauf" angewendet und bei der Inbetriebnahme von neuen Reinräumen und reinen Bereichen oder bei existierenden Anlagen dann vorgenommen, wenn diese eine erneute Prüfung erfordern oder wenn die Hochleistungs-Schwebstofffilter ausgetauscht wurden.

In B.7.2 und B.7.3 werden zwei Verfahren für an Decken, Wänden oder Geräten angebrachte Filtersysteme beschrieben, in B.7.4 ein Verfahren für in Luftleitungen eingebaute Filter. Die Geräte und Verfahren unterscheiden sich: Bei dem in B.7.2 beschriebenen Verfahren wird mithilfe eines Aerosolphotometers eine Massenkonzentration gemessen und bei dem in B.7.3 beschriebenen Verfahren wird mithilfe eines LSAPC die Anzahl der Partikel gemessen.

B.7.1.2 Verfahren unter Verwendung eines Aerosolphotometers

Das Verfahren unter Verwendung eines Aerosolphotometers (B.7.2) darf verwendet werden zur Prüfung von:

a) Reinräumen und reinen Bereichen mit allen Arten luftführender Systeme;

b) Anlagen, bei denen das Verdunsten des auf den Filtern und in den Leitungen abgelagerten flüchtigen Prüfaerosols auf Ölgrundlage nicht als schädlich für Produkte und/oder Prozesse und/oder Personal im Reinraum oder reinen Bereich angesehen wird.

ANMERKUNG Das Verfahren unter Verwendung eines Aerosolphotometers kann im Vergleich zum Verfahren unter Verwendung eines LSAPC eine höhere rohluftseitige Aerosolkonzentration erfordern.

B.7.1.3 Verfahren bei Verwendung eines Streulicht-Einzelpartikelzählers (LSAPC)

Das LSAPC-Verfahren (B.7.3) darf verwendet werden zur Prüfung von:

a) Reinräumen und reinen Bereichen mit allen Arten luftführender Systeme;

b) Anlagen, bei denen das Verdunsten des auf den Filtern und in den Leitungen abgelagerten flüchtigen Prüfaerosols auf Ölgrundlage nicht geduldet werden kann oder bei denen die Verwendung eines festen Aerosols empfohlen wird.

ANMERKUNG 1 Für die Einrichtung dieses Verfahrens sind eine Reihe von Berechnungen erforderlich und das Verfahren kann zudem die Verwendung einer Verdünnungseinrichtung (siehe C.5.4) erfordern. Die Berechnungen können manuell, über unabhängige Computer, über mit Instrumenten verbundene Computer oder durch automatisierte angepasste Streulicht-Einzelpartikelzähler erfolgen.

ANMERKUNG 2 Dieses Verfahren kann auch bei Aerosol auf Ölgrundlage eingesetzt werden, bei dem Verdunsten geduldet werden kann.

B.7.2 Verfahren für die Leckprüfung der eingebauten Filtersysteme mit kontinuierlicher Abtastung durch ein Aerosolphotometer

B.7.2.1 Allgemeines

Vorbereitende Schritte sind in B.7.2.2, B.7.2.3, B.7.2.5 und B.7.2.6 enthalten, Abnahmekriterien in B.7.2.4, das Prüfverfahren selbst in B.7.2.7 und Wiederherstellungsmaßnahmen sind in B.7.6 enthalten [17], [18], [21].

B.7.2.2 Festlegung der Sondengröße

Es wird empfohlen, eine Sonde mit rechteckigem Einlass in den Größen $D_p = 1$ cm und $W_p = 8$ cm oder eine kreisförmige Sonde mit einem Durchmesser von $D_p = 3{,}6$ cm zu wählen. D_p ist die Sondenabmessung parallel zur Abtastrichtung, ausgedrückt in Zentimeter; W_p ist die Sondenabmessung senkrecht zur Abtastrichtung, ausgedrückt in Zentimeter.

B.7.2.3 Bestimmung der Abtastgeschwindigkeit

Die Abtastgeschwindigkeit S_r der Sonde sollte etwa 5 cm/s [21] betragen.

B.7.2.4 Abnahmekriterien

Während des Abtastens sollte jeder Hinweis auf ein Leck, das gleich groß wie oder größer als der Grenzwert für ein Nominalleck ist, dazu führen, dass die Sonde am Ort des Lecks gehalten wird. Der Ort des Lecks sollte durch die Lage der Sonde festgestellt werden, bei der die Höchstanzeige am Aerosolphotometer aufrechterhalten wird.

Ein erkanntes Leck von über 0,01 % der rohluftseitigen Massenkonzentration gilt als über die maximal zulässige Penetration hinausgehend. Das Abnahmekriterium bei Filtersystemen mit einem integralen Wirkungsgrad bei MPPS ≥ 99,95 % und weniger als 99,995 % ist jedoch 0,1 %.

Wenn Filtersysteme mit einem integralen Wirkungsgrad von weniger als 99,95 % bei MPPS geprüft werden sollen, ist ein anderes Abnahmekriterium auf Grundlage einer Vereinbarung zwischen Kunden und Lieferanten erforderlich.

Zu Maßnahmen zur Beseitigung erkannter Lecks siehe B.7.6.

B.7.2.5 Auswahl des rohluftseitig aufzugebenden Aerosols

Zur Erreichung der geforderten homogenen Beaufschlagungskonzentration sollte rohluftseitig der Filter ein mittels Laskin-Düse, Thermogenerator o. ä. künstlich erzeugtes Aerosol zugegeben werden. Bei dieser Art der Erzeugung liegt der Partikeldurchmesser üblicherweise bei einem Massenmedianwert zwischen 0,3 µm und 0,7 µm, wobei die geometrische Standardabweichung bis zu 1,7 beträgt.

ANMERKUNG Eine Anleitung zu Ausgangssubstanzen für Aerosole findet sich in C.8.4.

B.7.2.6 Konzentration der Aerosolbeaufschlagung rohluftseitig und deren Nachprüfung

Die Konzentration der Aerosolbeaufschlagung rohluftseitig des Filters sollte zwischen 1 mg/m^3 und 100 mg/m^3 liegen.

ANMERKUNG Nicht alle Photometer sind für eine rohluftseitige Beaufschlagung von 1 mg/m^3 ausgelegt.

Es sollten geeignete Messungen zur Überprüfung einer homogenen Mischung des zugegebenen Aerosols zum Zuluftstrom vorgenommen werden. Bei der ersten Prüfung eines Systems sollte festgestellt werden, ob eine hinreichende Durchmischung des Aerosols stattfindet. Zum Zweck einer solchen Validierung sollten alle Aufgabe- und Probenahmeorte festgelegt und aufgezeichnet werden.

Es sollte zwischen Messungen der Aerosolkonzentration unmittelbar rohluftseitig der Filter keine Abweichung der Konzentrationen um mehr als ±15 % gegenüber dem über die Zeit gemessenen Mittelwert auftreten. Konzentrationen unterhalb des Mittelwerts vermindern die Empfindlichkeit der Prüfung bei der Entdeckung kleiner Lecks, höhere Konzentrationen erhöhen diese Empfindlichkeit. Weitere Einzelheiten hinsichtlich der Prüfung der Durchmischung von Luft und Aerosol sollten zwischen Kunden und Lieferanten vereinbart werden.

B.7.2.7 Verfahren für die Leckprüfung an eingebauten Filtersystemen mittels kontinuierlicher Abtastung

Vor diesem Verfahren sollte die Prüfung der Luftstromgeschwindigkeit (B.2) durchgeführt werden. Werden die Anlagen mit unterschiedlichen Luftstromgeschwindigkeiten betrieben, sollte für die Leckprüfung an Filtersystemen mittels kontinuierlicher Abtastung der höchste Wert gewählt werden. Die Prüfung wird durch Aufgabe des jeweils beaufschlagenden Aerosols rohluftseitig des Filters (der Filter) und durch Lecksuche mittels kontinuierlicher Abtastung der reinluftseitig gelegenen Seite des Filters (der Filter) und des Gitters oder Halterahmensystems mit der Photometersonde wie folgt vorgenommen:

a) Messung der Aerosolkonzentration rohluftseitig der Filter nach B.7.2.6. Diese Aerosolkonzentration sollte als rohluftseitige 100 %-Referenz für das Photometer verwendet werden. Messungen reinluftseitig werden dann als prozentuale Penetration der Konzentration rohluftseitig angezeigt;

b) die Sonde sollte dann mit einer Abtastgeschwindigkeit bewegt werden, die 5 cm/s nicht überschreitet. Die jeweils mit einer Bewegung überstrichenen Flächen sollten überlappen (empfohlen wird 1 cm). Die Sonde sollte in einem Abstand von 3 cm oder weniger vor der reinluftseitig gelegenen Filterfläche oder der Rahmenstruktur geführt werden;

c) die kontinuierliche Abtastung sollte bei jedem Filter die gesamte reinluftseitig gelegene Filterfläche, den Umfang jedes Filters, die Dichtung zwischen Filterrahmen und Gitterstruktur sowie deren Fugen erfassen;

d) Messungen des Aerosols rohluftseitig der Filter sollten in geeigneten Zeitabständen während und nach der Leckabtastung wiederholt werden, um zu bestätigen, dass die Konzentration der Aerosolbeaufschlagung stabil ist (siehe B.7.2.6).

B.7.3 Verfahren für die Leckprüfung der eingebauten Filtersysteme mittels kontinuierlicher Abtastung durch einen LSAPC

B.7.3.1 Allgemeines

Vorbereitende Schritte sind in B.7.3.2 bis B.7.3.7 enthalten, das Prüfverfahren in B.7.3.8 und B.7.3.9, die Abnahmekriterien in B.7.3.4 und die Wiederherstellungsmaßnahmen in B.7.6. Ein Beispiel einer Anwendung mit Auswertung ist in B.7.3.10 enthalten.

Dieses Verfahren umfasst zwei Stufen:

— Stufe 1: Die saubere Seite des Filters sollte auf ein mögliches Leck abgetastet werden. Während des Abtastens mit dem LSAPC zeigt der Nachweis einer höheren als der akzeptablen Zahl für die jeweiligen Prüfbedingungen N_a in der Probenaufnahmezeit T_s das mögliche Vorhandensein eines Lecks an. In diesem Fall sollte die zweite Stufe durchgeführt werden. Falls es dabei keine Hinweise auf mögliche Lecks gibt, sind weitere Untersuchungen nicht erforderlich. Die Bestimmung von N_a ist in B.7.3.5 beschrieben und die von T_s in B.7.3.8.2. Das Verfahren für die Abtastprüfung Stufe 1 wird in B.7.3.8 beschrieben.

— Stufe 2: Die Sonde sollte zum Ort mit der größten Partikelzahl unter jedem möglichen Leck zurückgeführt und es sollte eine Nachmessung mit ruhender Sonde vorgenommen werden. Während der Nachmessung mit ruhender Sonde des LSAPC zeigt der Nachweis einer höheren als der akzeptablen Zahl für die jeweiligen Prüfbedingungen N_{ar} in der verlängerten Verweilzeit T_r das Vorhandensein eines Lecks an. Die Bestimmung von N_{ar} und T_r ist in B.7.3.9.2 beschrieben. Das Verfahren für die Nachmessung mit ruhender Sonde Stufe 2 wird in B.7.3.9 beschrieben.

B.7.3.2 Festlegung der Sondengröße

Die Fläche der Sonde sollte so groß sein, dass sichergestellt wird, dass die Luftgeschwindigkeit in die Sonde genauso hoch ist wie an der Filterfläche (mit Schwankungen von ±20 %). Die Fläche der Einlasssonde kann mit Gleichung (B.7) berechnet werden:

$$D_p \times W_p = \frac{Q_{va}}{U} \qquad \text{(B.7)}$$

Dabei ist

D_p die Sondenabmessung parallel zur Abtastrichtung, in cm;

Q_{va} die Probenahmegeschwindigkeit des LSAPC, in cm³/s;

U die Geschwindigkeit an der Filterfläche, in cm/s;

W_p die Sondenabmessung senkrecht zur Abtastrichtung, in cm.

Es wird empfohlen, eine Sonde mit rechteckigem Einlass in den Größen $D_p = 1$ cm und $W_p = 8$ cm oder eine kreisförmige Sonde mit einem Durchmesser von $D_o = 3{,}6$ cm zu wählen. Die empfohlenen Sondenabmessungen basieren auf einem Probenahmevolumenstrom, Q_{vs}, von 0,000 472 m³/s (= 472 cm³/s, 28,3 l/min oder 1 CFM).

Falls die Geschwindigkeit an der Filterfläche ungewöhnlich hoch ist (>1 m/s), kann eine kleinere Abmessung für die Sonde, D_p, mithilfe von Gleichung (B.7) errechnet werden.

Bei einer kreisförmigen Sonde kann Gleichung (B.8) verwendet werden, um den Wert für D_p zu berechnen.

$$D_p = 2 \times \sqrt{D_0 \times W_s - W_s^2} \tag{B.8}$$

Dabei ist

D_p die Sonden-Nennabmessung parallel zur Abtastrichtung, in cm;

D_0 die tatsächliche Sondenabmessung (Durchmesser), in cm;

W_s die überlappende Sondenabmessung senkrecht zur Abtastrichtung, in cm.

Bei einer kreisförmigen Sonde mit 3,6 cm beträgt der Durchmesser D_p 2,54 cm.

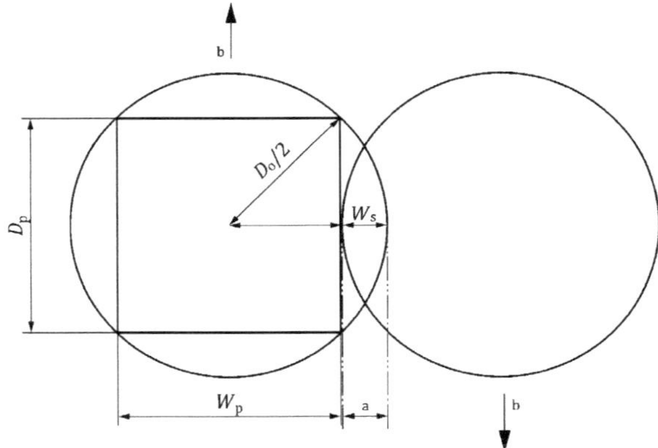

Legende
a Überlappung
b Abtastrichtung

Bild B.1 — Graphische Darstellung der Abmessungen kreisförmiger Sonden

ANMERKUNG Zur effizientesten Abtastung der Zielfläche ist es erforderlich, W_s zu wählen, da D_p gleich W_p wird. Bei einer kreisförmigen Sonde mit einem Durchmesser von 3,6 cm beträgt das effizienteste D_p gleich 2,54 cm.

B.7.3.3 Bestimmung der Abtastgeschwindigkeit

Bei einer rechteckigen Sondeneinlassgröße von $D_p = 1$ cm und $W_p = 8$ cm ist die Abtastgeschwindigkeit S_r kleiner gleich 5 cm/s.

Bei einem kreisförmigen Sondeneinlassdurchmesser von 3,6 cm ist die Abtastgeschwindigkeit S_r kleiner gleich 12 cm/s.

Wenn die Aerosolkonzentrationen rohluftseitig nicht erreicht werden können, ist es erforderlich, die Abtastgeschwindigkeit zu ändern. Die Abtastgeschwindigkeit S_r in cm/s kann bestimmt werden, indem eine

Probenahmegeschwindigkeit des LSAPC von 0,000 472 m^3/s angenommen und Gleichung (B.9) verwendet wird.

$$S_r = C_c \times P_l \times 0{,}000\,472 \times \frac{D_p}{N_p} \tag{B.9}$$

Dabei ist

C_c die Konzentration der Aerosolbeaufschlagung rohluftseitig des Filters, in Partikel je m^3;

N_p der erwartete Medianwert der Anzahl der gezählten Partikel, die ein Nominalleck kennzeichnen, in Partikel;

P_l die maximal zulässige Penetration der zu prüfenden Filteranlage bei 0,3 µm.

B.7.3.4 Für Zählungen zu berücksichtigende Partikelgröße und Abnahmekriterien

Die für die Zählung zu berücksichtigende Partikelgröße sollte größer oder gleich 0,3 µm sein.

Während des Abtastens sollte jeder Hinweis auf ein Leck dazu führen, dass die Sonde am Ort des Lecks gehalten wird. Der Ort des Lecks sollte durch die Lage der Sonde festgestellt werden.

Ein erkanntes Leck von über 0,01 % der rohluftseitigen Konzentration gilt als über die maximal zulässige Penetration hinausgehend. Das Abnahmekriterium bei Filtersystemen mit einem integralen Wirkungsgrad bei MPPS ≥ 99,95 % und weniger als 99,995 % ist jedoch 0,1 %.

Wenn Filtersysteme mit einem integralen Wirkungsgrad von weniger als 99,95 % bei MPPS geprüft werden sollen, ist ein anderes Abnahmekriterium auf Grundlage einer Vereinbarung zwischen Kunden und Lieferanten erforderlich.

B.7.3.5 Erwartete Anzahl der gezählten Partikel

Die annehmbare Anzahl der während des Abtastens (Stufe 1) gezählten Partikel ist N_a und es wird empfohlen, für N_a den Wert 0 oder den Wert 1 zu wählen.

N_a wird durch die untere Vertrauensgrenze bestimmt. Diese kann mit Gleichung (B.10) berechnet werden.

$$N_a = N_p - 2\sqrt{N_p} \tag{B.10}$$

Dabei ist N_p der erwartete Medianwert der Anzahl der gezählten Partikel, die ein Nominalleck von Partikeln kennzeichnen.

Der Wert N_p wird in Gleichung (B.9) übertragen und Gleichung (B.11) kann zur Berechnung von N_p verwendet werden:

$$N_p = (N_a + 2) + 2\sqrt{1 + N_a} \tag{B.11}$$

Wenn $N_a = 0$ ist, ist N_p gleich 4, und wenn $N_a = 1$ ist, ist N_p gleich 5,83.

ANMERKUNG Höhere Werte für N_a und N_p können gewählt werden, wenn es Bedenken gibt, dass durch ein „Durchschlagen" von Partikeln in unbeschädigten Filtermedien falsch-positive Ergebnisse verursacht werden.

B.7.3.6 Auswahl des rohluftseitig aufzugebenden Aerosols

Zur Erreichung der geforderten homogenen Beaufschlagungskonzentration sollte rohluftseitig der Filter ein künstlich erzeugtes polydisperses Aerosol zugegeben werden. Bei dieser Art der Erzeugung liegt der Partikeldurchmesser üblicherweise bei einem Mediandurchmesser der gezählten Partikel zwischen 0,1 µm und 0,5 µm, wobei die geometrische Standardabweichung bis zu 1,7 beträgt. Bei dieser Art der Erzeugung liegt der Partikeldurchmesser üblicherweise bei einem Medianwert zwischen 0,3 µm und 0,7 µm, wobei die geometrische Standardabweichung bis zu 1,7 beträgt.

Alternativ können Mikrosphären mit einem geeigneten Durchmesser und eine Aerosolbeaufschlagung eingesetzt werden.

Wenn kein künstliches Aerosol zugegeben werden kann, sollte atmosphärisches Aerosol für die Aerosolbeaufschlagung rohluftseitig verwendet werden.

ANMERKUNG Eine Anleitung zu Ausgangssubstanzen für Aerosole findet sich in C.8.4.

B.7.3.7 Konzentration der Aerosolbeaufschlagung rohluftseitig und deren Nachprüfung

Die Konzentration der Aerosolbeaufschlagung rohluftseitig sollte hinreichend hoch sein, um vertretbare Abtastgeschwindigkeiten nach B.7.3.3 zu erzielen. Die Konzentration der Aerosolbeaufschlagung rohluftseitig des Filters wird mit Gleichung (B.12) bestimmt:

$$C_c \geq N_p \times \frac{S_r}{\left(Q_{Vs} \times D_p \times P_L\right)} \tag{B.12}$$

Dabei ist

C_c die Konzentration der Aerosolbeaufschlagung rohluftseitig des Filters, in Partikel je m^3;

D_p die Sondenabmessung parallel zur Abtastrichtung, in cm;

P_l die maximal zulässige Penetration der zu prüfenden Filteranlage bei 0,3 µm.

$Q_{V\mathrm{s}}$ der tatsächliche Probenahmevolumenstrom des Messgeräts, in m^3/s;

S_r die Abtastgeschwindigkeit der Sonde, in cm/s.

Auf Grundlage der empfohlenen Sondengröße und Abtastgeschwindigkeit nach B.7.3.2 und B.7.3.3 kann die Konzentration der Aerosolbeaufschlagung rohluftseitig des Filters unter Verwendung von Gleichung (B.12) bestimmt werden.

In den meisten Fällen sollte zur Erzeugung der notwendigen hohen Belastungskonzentration künstlich erzeugtes Aerosol der Aerosolbelastung rohluftseitig vom Filter zugesetzt werden. Zur Überprüfung solch hoher Konzentrationen kann ein Verdünnungssystem erforderlich werden, um nicht den Konzentrationsbereich des LSAPC (Koinzidenzfehler) zu überschreiten.

Die Konzentrationen der Aerosolbeaufschlagung können angepasst werden, indem die Abtastgeschwindigkeit der Probe geändert wird. Hierfür wird Gleichung (B.9) verwendet.

Es sollten geeignete Messungen zur Überprüfung einer homogenen Mischung des zugegebenen Aerosols zum Zuluftstrom vorgenommen werden. Bei der ersten Prüfung eines Systems sollte festgestellt werden, ob eine hinreichende Durchmischung des Aerosols stattfindet. Zum Zweck einer solchen Validierung sollten alle Aufgabe- und Probenahmeorte festgelegt und aufgezeichnet werden.

Es sollte zwischen Messungen der Aerosolkonzentration unmittelbar rohluftseitig der Filter keine Abweichung der Konzentrationen um mehr als ±15 % gegenüber dem über die Zeit gemessenen Mittelwert auftreten. Konzentrationen unterhalb des Mittelwerts vermindern die Empfindlichkeit der Prüfung bei der Entdeckung kleiner Lecks, höhere Konzentrationen erhöhen diese Empfindlichkeit. Weitere Einzelheiten hinsichtlich der Prüfung der Durchmischung von Luft und Aerosol sollten zwischen Kunden und Lieferanten vereinbart werden.

Schwankt die Aerosolkonzentration rohluftseitig innerhalb der Messzeit erheblich, sollten diese Messungen während der kontinuierlichen Abtastung der Filter auf Lecks fortgesetzt werden, um Daten für Berechnungen auf der Basis der reinluftseitig ermittelten Messreihen zu sammeln.

B.7.3.8 Verfahren für die Abtastprüfung auf Lecks am eingebauten Filtersystem, Abtastprüfung Stufe 1

B.7.3.8.1 Allgemeines

Vor diesem Verfahren sollte die Prüfung der Luftstromgeschwindigkeit (siehe B.2) durchgeführt werden. Werden die Anlagen mit unterschiedlichen Luftstromgeschwindigkeiten betrieben, sollte für die Leckprüfung an Filtersystemen mittels kontinuierlicher Abtastung der höchste Wert gewählt werden. Die Prüfung wird durch Aufgabe des jeweils beaufschlagenden Aerosols rohluftseitig des Filters (der Filter) und durch Lecksuche mittels kontinuierlicher Abtastung der reinluftseitig gelegenen Seite des Filters (der Filter) und des Gitters oder Halterahmensystems mit der LSAPC-Sonde wie folgt vorgenommen:

a) es sollten zuerst Messungen am Aerosol rohluftseitig der Filter nach B.7.3.7 vorgenommen werden, um die Aerosolkonzentration nachzuprüfen;

b) die Sonde sollte dann mit einer Abtastgeschwindigkeit bewegt werden, die den in B.7.3.3 angegebenen Wert S_r nicht überschreitet. Die jeweils mit einer Bewegung überstrichenen Flächen sollten leicht überlappen. Die Sonde sollte in einem Abstand von etwa 3 cm vor der reinluftseitig gelegenen Filterfläche oder der Rahmenstruktur geführt werden;

c) die kontinuierliche Abtastung sollte bei jedem Filter die gesamte reinluftseitig gelegene Filterfläche, den Umfang jedes Filters, die Dichtung zwischen Filterrahmen und Gitterstruktur sowie deren Fugen erfassen;

d) Messungen des Aerosols rohluftseitig der Filter sollten in geeigneten Zeitabständen während und nach der Leckabtastung wiederholt werden, um zu bestätigen, dass die Konzentration der Aerosolbeaufschlagung stabil ist (siehe B.7.3.7).

B.7.3.8.2 Messparameter für zwei Abtasttypen

LSAPC sind in der Regel ausgelegt für die Zählung von Partikeln in einem bestimmten Volumen der als Probe genommenen Luft. Viele LSAPC sind nicht zur Datenausgabe von Partikelzählungen in der Lage, wenn diese während sehr kurzer Zeiträume bei kontinuierlicher Messung erfolgen.

Bei der Abtastprüfung auf Lecks am eingebauten Filtersystem mittels DPC sollten daher die Bedingungen für $N_a = 0$ oder $N_a = 1$ (N_a ist ein akzeptabler Zählwert für die jeweiligen Prüfbedingungen) gewählt werden.

Bei Auswahl dieser Bedingung erfolgt eine Prüfung auf Lecks bei jeder Zählung während der Prüfung oder im Zeitraum zwischen den Zählungen.

Besitzt das Gerät eine Vorrichtung zur Ausgabe eines Zähltons bei jeder Zählung, kann eine Prüfung auf Lecks mithilfe dieses Tons erfolgen.

Ist das Gerät zur Datenausgabe von Partikelzählungen in der Lage, wenn diese während sehr kurzer Zeiträume bei kontinuierlicher Messung erfolgen, so ist jeder Wert N_a anwendbar. Ein Nichtvorhandensein von Lecks gilt als nachgewiesen, falls die festgestellte Partikelzahl kleiner oder gleich N_a zum Zeitpunkt (D_p / S_r) ist.

Für angemessene Prüfbedingungen können die folgenden beiden Abtasttypen gewählt werden:

a) Abtasttyp (a): Auswahl von $N_a = 0$ für Partikel mit einer Größe von 0,3 µm;

- — geeignet bei voraussichtlich sehr niedriger Häufigkeit einer Nachmessung mit ruhender Sonde;
- — eine Prüfung mit Typ (a) erfordert eine niedrigere Konzentration rohluftseitig als Typ (b);
- — ein Nichtvorhandensein von Lecks gilt als nachgewiesen, falls der Zählwert gleich 0 ist; die Abtastprüfung kann fortgesetzt werden.

b) Abtasttyp (b): Auswahl von $N_a = 1$ für Partikel mit einer Größe von 0,3 µm;

- — geeignet, wenn eine Nachmessung mit ruhender Sonde voraussichtlich erforderlich ist;
- — eine Prüfung mit Typ (b) erfordert eine höhere Konzentration rohluftseitig als Typ (a), der Einfluss von LSAPC-Zählfehlern ist jedoch geringer;
- — falls der festgestellte Zählwert gleich 0 oder 1 ist, gilt ein Nichtvorhandensein von Lecks als nachgewiesen. Die Abtastprüfung kann fortgesetzt werden.

B.7.3.9 Verfahren für die Nachmessung mit ruhender Sonde

B.7.3.9.1 Allgemeines

Die Feststellung einer Partikelzahl größer als N_a ist ein Hinweis auf ein mögliches Vorhandensein eines Lecks, und die Stelle sollte anhand einer Nachmessung mit ruhender Sonde geprüft werden.

B.7.3.9.2 Nachweis eines Lecks durch Nachmessung mit ruhender Sonde

a) Festgestellte Partikelzahlen kleiner als N_{ar} [Partikel]: Im Zeitraum T_r, gleich oder kleiner als N_{ar} festgestellte Partikelzahlen bestätigen das Nichtvorhandensein von Lecks.

b) Festgestellte Partikelzahlen größer als N_{ar} [Partikel]: Falls die festgestellten Partikelzahlen den Wert N_{ar} überschreiten, darf das Nachmessen mit ruhender Sonde erwogen werden. Falls die festgestellten Partikelzahlen weiterhin N_{ar} überschreiten, sollte das Filter als mit einem Leck behaftet angesehen werden.

B.7.3.9.3 Bestimmung von Messparametern für die Nachmessung mit ruhender Sonde

Die empfohlene verlängerte Verweilzeit, T_r, beträgt 10 s.

Die Anzahl der gezählten Partikel, die ein Nominalleck kennzeichnen, N_{pr}, und die annehmbare Zählung bei Nachmessung mit ruhender Sonde, N_{ar}, werden mit Gleichung (B.13) und Gleichung (B.14) berechnet:

$$N_{pr} = C_c \times P_l \times Q_{VS} \times T_r \qquad \text{(B.13)}$$

$$N_{ar} = N_{pr} - 2\sqrt{N_{pr}} \tag{B.14}$$

Dabei ist

C_c die Konzentration der Aerosolbeaufschlagung rohluftseitig des Filters, in Partikel je m^3;

D_p die Sondenabmessung parallel zur Abtastrichtung, in cm;

N_{ar} die annehmbare Zählung bei Nachmessung mit ruhender Sonne;

N_{pr} die Anzahl der gezählten Partikel, die das Nominalleck kennzeichnen;

P_l die maximal zulässige Penetration der zu prüfenden Filteranlage bei 0,3 µm;

Q_{VS} der tatsächliche Probenahmevolumenstrom des Messgeräts, in m^3/s;

T_r die empfohlene verlängerte Verweilzeit.

B.7.3.10 Beispiel einer Anwendung mit Auswertung

Beispiele für Messparameter sind in Tabelle B.3 aufgeführt. Diese Tabellen liefern Beispielparameter für $D_p = 1$ cm und $W_p = 8$ cm bei einer Abtastgeschwindigkeit $S_r = 5$ cm/s, und für eine kreisförmige Sonde mit einem Durchmesser von 3,6 cm und einer Abtastgeschwindigkeit $S_r = 12$ cm/s.

Tabelle B.3 — Beispiel einer Anwendung mit Auswertung

Messparameter		Rechteckige Sonde (1 cm × 8 cm)		Kreisförmige Sonde (Durchmesser 3,6 cm)	
	Abtasttyp	**Typ (a)**	**Typ (b)**	**Typ (a)**	**Typ (b)**
P_l	maximal zulässige Gesamtpenetration durch das zu prüfende Filtersystem	0,000 1 (0,01%)		0,000 1 (0,01%)	
D_p	Sonden-Nennabmessung parallel zur Abtastrichtung [cm]	1		2,54	
S_r	Abtastgeschwindigkeit der Sonde [cm/s]	5		12	
Q_{vs}	Probenahmevolumenstrom des Messgeräts [m^3/s]	0,000 472		0,000 472	
N_p	erwartete Anzahl der gezählten Partikel, die das Nominalleck kennzeichnen, entsprechend N_a [Zählwerte] - Stufe 1	4,0	5,83	4,0	5,83
N_a	akzeptabler Zählwert während T_s bei Abtastprüfung [Zählwerte] - Stufe 1	0	1	0	1
C_c	Konzentration der Aerosolbeaufschlagung rohluftseitig des Filters [Partikel je m^3]	423 728 814	617 584 746	400 373 682	583 544 642
N_{pr}	erwartete Anzahl der gezählten Partikel während T_r = 10 s in der verlängerten Verweilzeit, die das Nominalleck kennzeichnet, entsprechend N_{ar} [Zählwerte] - Stufe 2	200,00	291,50	188,98	275,43
N_{ar}	akzeptabler Zählwert während T_r = 10 s in der verlängerten Verweilzeit [Zählwerte] - Stufe 2 (gerundet)	171,72 (171)	257,35 (257)	161,48 (161)	242,24 (242)

B.7.4 Verfahren für die Gesamtprüfung von Lecks der in Luftleitungen oder luftführenden Geräten eingebauten Filter

Dieses Verfahren darf für die Beurteilung der Gesamtleckage von in Luftleitungen eingebauten Filtern angewendet werden. Dieses Verfahren darf auch zur Bestimmung der Gesamtleckage von mehrstufigen Filterreihen ohne Prüfung der einzelnen Filterstufen angewendet werden. Zu beachten ist, dass dieses Verfahren eine deutlich geringere Empfindlichkeit beim Auffinden von Lecks aufweist als die in B.7.2 und B.7.3 beschriebenen Verfahren. Das Ergebnis der Gesamtprüfung von Lecks wird beeinflusst durch den Gesamt-Luftvolumenstrom im System, denn je größer der Luftvolumenstrom ist, desto mehr wird die Leckluft verdünnt. Daher sollte dieses Prüfverfahren verwendet werden, wenn in Luftleitungen eingebaute Filteranlagen für weniger kritische Reinraumbereiche verwendet werden und eine Abtastprüfung dieser Filteranlagen nicht zweckmäßig ist. Für kritische Bereiche sollte das Abtastverfahren verwendet werden.

ANMERKUNG 1 Diese Prüfung ist nicht ausgelegt für HEPA-Abluftfiltersysteme.

Die Prüfung wird durch Einbringung des beaufschlagten Aerosols rohluftseitig der entfernt vom Reinraum oder reinen Bereich eingebauten Filter durchgeführt. Die Partikelkonzentration rohluftseitig wird zuerst gemessen. Anschließend wird die Partikelkonzentration der gefilterten Luft gemessen und zur Ermittlung der Gesamtleckage oder Penetration der Filteranlage mit der Konzentration rohluftseitig verglichen. [19]

Die Prüfung der Luftstromgeschwindigkeit (siehe B.2) bei der Erstbeurteilung sollte vor Durchführung dieser Prüfung erfolgen. Es sollten zuerst Messungen der Aerosolkonzentration rohluftseitig nach B.7.2.6 (Aerosolphotometerverfahren) oder B.7.3.7 (LSAPC-Verfahren) erfolgen, um die Aerosolkonzentration und deren Homogenität zu überprüfen.

Die Messung der Aerosolkonzentration reinluftseitig sollte an Stellen durchgeführt werden, an denen eine gleichmäßige Vermischung stattgefunden hat. Findet keine gleichmäßige Vermischung statt, sollte an in gleichmäßigem Abstand voneinander entfernten Stellen auf einer vereinbarten Fläche eine Reihe von Messungen durchgeführt werden, in einem Abstand von 30 cm bis 100 cm reinluftseitig vom Filter. Hierbei handelt es sich um ein Rasterprobenahmeverfahren, wobei Ort und Anzahl der Messungen zwischen Kunden und Lieferanten vereinbart werden sollten.

Messungen der Gesamt-Aerosolbeaufschlagung oder der Partikelkonzentrationen rohluftseitig der Filter sollten in geeigneten Zeitabständen wiederholt werden, um zu bestätigen, dass die Quelle der Aerosolbeaufschlagung stabil ist (siehe B.7.2.6 und B.7.3.7).

Aus der gemessenen Gesamtbeaufschlagung oder Konzentration wird die örtliche Penetration mithilfe eines Photometers als Penetration in Prozent für jede an einem reinluftseitig gelegenen Ort durchgeführte Messung gemessen. Aus der gemessenen Partikelbeaufschlagungskonzentration sollten für die verwendete Partikelgröße die örtlichen Penetrationen in Prozent für jede an einem reinluftseitigen Ort durchgeführte Messung berechnet werden. Jede reinluftseitige Konzentration in Prozent sollte geringer sein als die festgelegte Konzentration in Prozent oder diejenige nach Vereinbarung zwischen Kunden und Lieferanten.

Reparaturen oder Instandsetzungen von Lecks dürfen nach B.7.6 oder nach zwischen Kunden und Lieferanten vereinbarten Verfahren vorgenommen werden.

ANMERKUNG 2 Die Verfahren für Anwendungen, wo Filter in Luftleitungen einer Leckprüfung durch kontinuierliche Abtastung unterzogen werden müssen, werden in B.7.2 und B.7.3 beschrieben.

B.7.5 Messgeräte und Materialien für die Leckprüfung des eingebauten Filtersystems

B.7.5.1 Aerosolphotometer (siehe C.8.1), begrenzt auf die Anwendung in Fällen, in denen die Hintergrundzählwerte oder -konzentrationen geringer sind als 10 % dessen, was ein Nominalleck kennzeichnet.

B.7.5.2 Streulicht-Einzelpartikelzähler (LSAPC) (siehe C.8.2), begrenzt auf die Anwendung in Fällen, in denen die Hintergrundzählwerte oder -konzentrationen geringer sind als 10 % dessen, was ein Nominalleck kennzeichnet.

B.7.5.3 Ein oder mehrere geeignete pneumatische oder thermische Aerosolgeneratoren zur Erzeugung einer geeigneten Konzentration der Aerosolbeaufschlagung von Partikeln geeigneter Größe (siehe C.8.3).

B.7.5.4 Verdünnungssystem (siehe C.5.4).

B.7.5.5 Ausgangssubstanzen zur Aerosolerzeugung (siehe C.8.4).

Für die in B.7.5.1 bis B.7.5.3 festgelegten Geräte sollte ein gültiger Kalibrierschein vorliegen.

B.7.6 Reparaturen und Reparaturverfahren

Die Reparatur von Lecks sollte ausschließlich entsprechend einer Vereinbarung zwischen Kunden und Lieferanten akzeptabel sein. Das Reparaturverfahren sollte den jeweiligen Anweisungen des Geräteherstellers oder des Kunden Rechnung tragen.

Bei der Auswahl von bei der Reparatur zu verwendenden Materialien sollte deren Verhalten hinsichtlich Gasfreisetzung und molekularer Sedimentation auf Produkten und Prozessen berücksichtigt werden.

Nachgewiesene Lecks in Filtern, Dichtungen oder Haltegittern sollten repariert werden.

Die Reparatur von Filtern oder Haltegittern darf nach den jeweiligen Verfahren vorgenommen werden, die zwischen Kunden und Lieferanten vereinbart wurden.

Nach Ausführung der Reparatur und Verstreichen einer angemessenen Zeit für die Aushärtung sollte die Leckstelle erneut unter Anwendung des festgelegten Verfahrens nach Lecks abgetastet werden.

B.7.7 Prüfberichte

Nach Vereinbarung zwischen Kunden und Lieferanten sollten nach Abschnitt 5 die folgenden Angaben und Daten aufgezeichnet werden:

a) Prüfverfahren: Aerosolphotometer oder Streulicht-Einzelpartikelzähler (LSAPC);

b) Typbezeichnungen jedes verwendeten Messgeräts und dessen Kalibrierstatus;

c) Filterspezifikation;

d) jegliche Sonderbedingungen und/oder Abweichungen von diesem Prüfverfahren sowie jegliche besonderen Verfahren, die zwischen Kunden und Lieferanten vereinbart wurden;

e) rohluftseitig gemessene Aerosolkonzentrationen einschließlich der jeweiligen Probenahmeorte und Messzeiten;

f) Probenahmevolumenstrom sowie bei Messungen mittels eines LSAPC der Partikelgrößenbereich;

g) berechnete durchschnittliche Aerosolkonzentration rohluftseitig und deren Verteilung;

h) berechnete Abnahmekriterien, angewandt auf Messungen reinluftseitig;

i) Ergebnis der Messung reinluftseitig eines jeden eindeutig gekennzeichneten Filters, Flächenbereichs oder Messpunkts;

j) Endergebnis der Messung für jeden definierten Ort;

k) liegen keine Lecks vor, gilt die Prüfung als bestanden. Im Fall des Vorhandenseins eines Lecks sind dessen Ort, Reparaturmaßnahmen und das Ergebnis der Nachprüfung der Leckstelle anzugeben.

B.8 Leckprüfung der Abschließung

B.8.1 Allgemeines

Diese Prüfung dient der Überprüfung, ob aus umgebenden nicht kontrollierten Bereichen kontaminierte Luft in die reinen Bereiche eindringt und ob unter Druck stehende Deckensysteme Lecks aufweisen.

B.8.2 Verfahren für die Leckprüfung der Abschließung

B.8.2.1 Verfahren bei Verwendung eines Streulicht-Einzelpartikelzählers (LSAPC)

Die Partikelkonzentration außerhalb der Reinraumumgrenzung ist in der unmittelbaren Nähe der zu beurteilenden Oberfläche oder des zu beurteilenden Durchgangs zu messen. Diese Konzentration sollte die Reinraumkonzentration um den Faktor 10^3 übersteigen und bei der zu messenden Partikelgröße mindestens $(3{,}5 \times 10^6)$ Partikel/m^3 betragen. Falls die Konzentration unter diesem Wert liegt, ist zur Erhöhung der Konzentration ein Aerosol zu erzeugen.

Zur Überprüfung auf Leckagen an baulich bedingten Fugen, an Rissen oder Versorgungsleitungen ist innerhalb der Umfassung in einem Abstand von nicht mehr als 5 cm von der Fuge, Dichtung oder Verbindungsstelle zweier Flächen mit einer Abtastgeschwindigkeit von ungefähr 5 cm/s zu messen.

Zur Überprüfung des Eindringens an offenen Durchgängen werden Verfahren der Sichtbarmachung der Strömung empfohlen.

Alle Anzeigen, die ein Hundertstel (das 10^{-2}-Fache) der gemessenen äußeren Aerosolpartikelkonzentration bei der geeigneten Partikelgröße überschreiten, sind aufzuzeichnen und im Prüfbericht anzugeben.

ANMERKUNG Die Anzahl und Anordnung der Messorte für diese Messung entsprechen einer Vereinbarung zwischen Kunden und Lieferanten.

B.8.2.2 Verfahren bei Verwendung eines Aerosolphotometers

Außerhalb des Reinraums oder Geräts ist nach B.7.2.2 ein Aerosol zu erzeugen, dessen Konzentration hinreichend groß ist, sodass am Aerosolphotometer ein Anzeigewert von 0,1 % überschritten wird.

Eine Anzeige von mehr als 0,01 % zeigt ein Leck an.

Zur Überprüfung auf Leckagen an baulich bedingten Fugen, an Rissen oder Verbindungen ist innerhalb der Umfassung in einem Abstand von nicht mehr als 5 cm von der Fuge oder zur prüfenden Dichtfläche mit einer Abtastgeschwindigkeit von ungefähr 5 cm/s zu messen.

Zur Überprüfung des Eindringens an offenen Durchgängen ist die Konzentration innerhalb der Umfassung in einem Abstand von 0,3 m bis 1 m vom offenen Durchgang zu messen.

Alle Anzeigen, die 0,01 % des Anzeigebereichs des Photometers übersteigen, sind aufzuzeichnen und im Prüfbericht anzugeben.

B.8.3 Geräte für die Leckprüfung der Abschließung

B.8.3.1 Aerosolquelle zur künstlichen Erzeugung eines Aerosols nach B.7.5, mit einem gültigen Kalibrierschein;

B.8.3.2 Streulicht-Einzelpartikelzähler (LSAPC) nach der Festlegung in C.8.2 (oder **Photometer** nach der Festlegung in C.8.1) mit einem gültigen Kalibrierschein und mit der Fähigkeit, im unteren Größenbereich Partikelgrößen von 0,5 µm oder kleiner zu unterscheiden.

B.8.4 Prüfberichte

Nach Vereinbarung zwischen Kunden und Lieferanten sollten entsprechend der Beschreibung in Abschnitt 5 die folgenden Angaben und Daten aufgezeichnet werden:

a) Typbezeichnungen jedes verwendeten Messgeräts und dessen Kalibrierstatus;

b) Datenerfassungstechnik;

c) Lage der Messpunkte;

d) Betriebszustand oder -zustände;

e) Messergebnis.

B.9 Elektrostatische Prüfung und Überprüfung von Ionengeneratoren

B.9.1 Allgemeines

Diese Prüfung besteht aus zwei Teilen. Einer ist die elektrostatische Prüfung, der zweite die Prüfung des Ionengenerators (Ionisators). Zweck der elektrostatischen Prüfung ist die Beurteilung des Potentials elektrostatischer Aufladung auf Arbeits- und Produktoberflächen und die Bestimmung der Ableitfähigkeit des Bodens, der Oberfläche der Arbeitstische oder anderer Komponenten von Reinräumen oder reinen Bereichen für elektrostatische Aufladungen. Die antistatischen Eigenschaften werden durch eine Messung des Oberflächenwiderstands und Ableitwiderstands der Oberflächen beurteilt. Die Prüfung des Ionengenerators wird durchgeführt, um die Leistung von Ionengeneratoren zu beurteilen, indem die Entladungszeit von anfänglich aufgeladenen Messplatten und die Spannungserhöhung von isolierten Messplatten bestimmt werden. Die Ergebnisse der Prüfungen zeigen, wie wirkungsvoll statische Aufladungen und der fehlende Ausgleich zwischen erzeugten positiven und negativen Ionen beseitigt (oder neutralisiert) werden.

B.9.2 Verfahren für die elektrostatische Prüfung und die Prüfung des Ionengenerators

B.9.2.1 Verfahren für die elektrostatische Prüfung

B.9.2.1.1 Messung des elektrischen Oberflächenpotentials

Das Vorhandensein von positiven oder negativen elektrostatischen Ladungen auf Arbeits- und Produktoberflächen wird mittels eines elektrostatischen Voltmeters oder Feldmessgeräts gemessen.

Während die Sonde vor eine geerdete Metallplatte gehalten wird, ist der Ausgabewert des elektrostatischen Voltmeters oder Feldmessgeräts auf null abzugleichen. Die Sonde sollte so gehalten werden, dass die Sensoröffnung in einer Entfernung nach Vorgabe des Herstellers parallel zur Platte ausgerichtet ist. Die für den Nullabgleich verwendete Metallplatte sollte eine für die erforderliche Sondenöffnung und den geeigneten Abstand zwischen Sonde und Oberfläche ausreichende Größe aufweisen.

Zur Messung der Spannung auf der Oberfläche ist die Sonde nahe an der Oberfläche des Gegenstandes zu halten, dessen Ladung gemessen werden soll. Die Sonde sollte in der gleichen Weise gehalten werden wie beim Nullabgleich. Für eine gültige Messung sollte die Oberfläche des Gegenstandes im Vergleich zur Sondenöffnung und im Hinblick auf den Abstand zwischen Sonde und Oberfläche ausreichend groß sein.

Die Anzeige des elektrostatischen Voltmeters ist aufzuzeichnen.

Der Messpunkt oder der für die Messung ausgewählte Gegenstand sollte nach Vereinbarung zwischen Kunden und Lieferanten festgelegt werden.

B.9.2.1.2 Messung der antistatischen Eigenschaften

Die antistatischen Eigenschaften werden durch Messung des Oberflächenwiderstands (Widerstand zwischen zwei Punkten auf der Oberfläche) und Ableitwiderstands (Widerstand zwischen Oberfläche und Erde) beurteilt. Diese Werte werden mittels eines Messgeräts für hohe Widerstände bestimmt.

Oberflächen- oder Ableitwiderstand werden unter Verwendung von Elektroden mit geeignetem Gewicht und geeigneten Maßen gemessen. Diese Elektroden sollten während der Messung des Oberflächenwiderstands im richtigen Abstand von der Oberfläche angebracht werden.

Spezifische Einzelheiten der Prüfbedingungen sollten zwischen Kunden und Lieferanten vereinbart werden.

B.9.2.2 Verfahren für die Prüfung des Ionengenerators

B.9.2.2.1 Allgemeines

Diese Prüfung dient zur Beurteilung der Leistung von bipolaren Ionengeneratoren. Die Prüfung besteht aus Messungen der Entladungszeit und Nullpunktspannung. Die Messung der Entladungszeit wird vorgenommen, um zu beurteilen, wie wirkungsvoll Ionengeneratoren statische Aufladungen beseitigen. Die Messung der Nullpunktspannung wird vorgenommen, um einen eventuell fehlenden Ausgleich zwischen positiven und negativen Ionen im ionisierten Luftstrom zu beurteilen, der vom Ionengenerator ausgeht. Nicht ausgeglichene Ionenladungen können zu unerwünschten Restspannungen führen.

Diese Messungen werden unter Verwendung von leitenden Messplatten, eines elektrostatischen Voltmeters, einer Uhr und einer Spannungsquelle durchgeführt. (Eine Einheit, die aus diesen Geräten besteht, wird mitunter als aufgeladene Messplatte (Plattenkondensator) bezeichnet.)

B.9.2.2.2 Messung der Entladungszeit

Diese Messung wird unter Verwendung leitender Messplatten (isolierten leitenden Platten) mit bekannter Kapazität (z. B. 20 pF) durchgeführt. Die Messplatte wird zunächst durch eine Spannungsquelle auf eine bekannte positive oder negative Spannung aufgeladen.

Die Änderung der statischen Ladung auf der Platte wird gemessen, während die Platte dem Luftstrom ausgesetzt wird, der durch die zu untersuchenden bipolaren Ionengeneratoren ionisiert wird. Die Änderung der an der Platte anliegenden Spannung als Funktion der Zeit sollte unter Verwendung eines elektrostatischen Voltmeters und einer Uhr bestimmt werden.

Die Entladungszeit ist definiert als die Zeit, die verstrichen ist, wenn die Platte sich bis auf 10 % der Anfangsspannung entladen hat.

Die Entladungszeit sollte für positiv wie für negativ geladene Platten gemessen werden.

Messorte und Ergebnisse für Abnahmekriterien sollten zwischen Kunden und Lieferanten vereinbart werden.

B.9.2.2.3 Messung der Nullpunktspannung

Die Nullpunktspannung wird unter Verwendung einer aufgeladenen Messplatte (Plattenkondensator) gemessen, die auf einem Isolator angebracht ist. Die Ladung auf der isolierten Platte wird durch ein elektrostatisches Voltmeter überwacht.

Anfangs sollte die Platte geerdet werden, um jedwede Restladung zu entfernen, und es sollte bestätigt werden, dass die Ladung auf der Platte null ist.

Die Nullpunktspannung wird gemessen, indem die Platte dem ionisierten Luftstrom ausgesetzt wird, bis sich die Anzeige des Voltmeters stabilisiert hat.

Die Höhe der akzeptablen Nullpunktspannung hängt davon ab, wie empfindlich die Gegenstände im Arbeitsbereich auf elektrostatische Ladungen reagieren, und sollte zwischen Kunden und Lieferanten vereinbart werden.

B.9.3 Messgeräte für die elektrostatische Prüfung und die Prüfung des Ionengenerators

B.9.3.1 Elektrostatisches Voltmeter oder elektrostatisches Feldmessgerät zur Messung des elektrostatischen Potentials auf Oberflächen bei der elektrostatischen Prüfung;

B.9.3.2 Messgerät für hohe Widerstände zur Messung der antistatischen Eigenschaften bei der elektrostatischen Prüfung;

B.9.3.3 Elektrostatisches Voltmeter oder elektrostatisches Feldmessgerät mit leitender Messplatte oder Plattenkondensator zur Prüfung des Ionengenerators.

Diese Geräte werden in C.10 beschrieben. Für die Geräte sollte ein gültiger Kalibrierschein vorliegen.

B.9.4 Prüfberichte

Nach Vereinbarung zwischen Kunden und Lieferanten sollten entsprechend der Beschreibung in Abschnitt 5 die folgenden Angaben und Daten aufgezeichnet werden:

a) Art der Prüfungen und Messungen sowie Messbedingungen;

b) Typbezeichnungen jedes verwendeten Messgeräts und dessen Kalibrierstatus;

c) Temperatur, Feuchte und weitere Umgebungsdaten, falls relevant;

d) Lage der Messpunkte;

e) Betriebszustand oder -zustände;

f) Messergebnis;

g) sonstige für die Messung wesentliche Daten.

B.10 Prüfung der Partikelsedimentation

B.10.1 Allgemeines

Diese Prüfung beschreibt Verfahren und Geräte zur Messung der Partikelsedimentation von Partikeln, die sich aus der Luft auf Produkt- oder andere kritische Arbeitsoberflächen in einem Reinraum oder reinen Bereich ablagern. Die Anzahl der Partikel, die sich in einer festgelegten Zeit auf einer gegebenen Prüffläche wie einer Vergleichsplatte ablagern, werden durch unter Verwendung von optischen Mikroskopen, Elektronenmikroskopen, Geräten zur Oberflächenabtastung oder Echtzeit-Detektionsgeräten zur Bestimmung der Partikel-Ablagerungsrate hinsichtlich ihrer Partikelgröße bestimmt und gezählt, um die Partikel-Ablagerungsrate zu bestimmen. Die Partikel-Ablagerungsrate sollte als Masse, Partikelbereich oder Partikelzahl je Flächeneinheit und Zeiteinheit angegeben werden.

B.10.2 Verfahren für die Prüfung der Partikelsedimentation

B.10.2.1 Sammeln von Partikeln auf Vergleichsplatten

Die Vergleichsplatte, die sich auf dem gleichen elektrischen Potential wie die Prüffläche befinden sollte, wird im Betriebszustand „Fertigung" in derselben Ebene und angrenzend an die gefährdete Oberfläche angebracht. Die gefährdete Oberfläche befindet sich am interessierenden Ort. Die folgenden Verfahren sollten bei der Handhabung von und beim Sammeln von Partikeln auf Vergleichsplatten oder einer anderen Prüffläche befolgt werden:

a) es ist sicherzustellen, dass alle Reinraumlüftungssysteme ordnungsgemäß, nach den betriebstechnischen Anforderungen, funktionieren;

b) jede Vergleichsplatte ist zu kennzeichnen und zu reinigen, um die Konzentration von Partikeln auf der Oberfläche so weitgehend wie möglich zu reduzieren. Es ist die Hintergrundkontamination jeder Vergleichsplatte vor Aussetzung zu ermitteln;

c) 10 % der Vergleichsplatten sind als Blindproben zurückzubehalten. Diese sollten in genau der gleichen Weise gehandhabt werden wie die geprüften Vergleichsplatten;

d) alle Vergleichsplatten sind so an ihre Verwendungsorte zu transportieren, dass eine Kontamination durch Partikel aus der Luft oder durch Oberflächenkontakt ausgeschlossen ist;

e) die Vergleichsplatte ist angrenzend an eine gefährdete Oberfläche im Reinraum zur Sammlung aufzustellen, so dass das Produkt luftgetragener Kontamination ausgesetzt ist;

f) die Zeiträume, in denen die Vergleichsplatten zur Sammlung aufgestellt sind, sind auf Grundlage der Luftreinheit des Reinraums und der zur Partikelzählung verwendeten Geräte zu bestimmen. Die Sammelzeit sollte zwischen etwa einer Stunde und der erforderlichen Zeit bis zu einer hinreichenden Partikelsedimentation betragen, um statistisch aussagefähige Daten zu erhalten;

g) die Vergleichsplatten sind während des Betriebszustands „Fertigung" zur Sammlung aufzustellen; es ist möglicherweise erforderlich, sie während mehrerer Fertigungsgänge zur Sammlung aufzustellen, um sicherzustellen, dass die Platten nicht unter unbesetzten reinen Bedingungen verwendet werden, bei denen kein Produkt Kontamination ausgesetzt ist.

h) nach der Sammlung sind die verwendeten Vergleichsplatten abzudecken und einzusammeln und in geschlossenen Behältern so aufzubewahren, dass eine weitere Kontamination ausgeschlossen ist.

B.10.2.2 Zählung und Größenbestimmung der gesammelten Partikel

Die Zählung und Größenbestimmung der auf Prüfflächen gesammelten Partikel sollten vorgenommen werden, um reproduzierbare Daten zu erhalten, die verwendet werden können, um die Reinheit des geprüften Orts zu bestimmen.

Wenn eine Vergleichsplatte verwendet wird, können die Anzahl der Partikel und ihre Größen mithilfe eines der folgenden Geräte bzw. Verfahren bestimmt werden:

a) optisches Lichtmikroskop mit einem kalibrierten linearen oder kreisförmigen Okularmikrometer;

b) Elektronenmikroskop mit kalibriertem Gitter mit bekanntem Linienabstand;

c) Oberflächenabtastung unter Verwendung von Herstellerangaben zur Größenkalibrierung.

Bei Verwendung einer Vergleichsplatte kann die Partikelsedimentationsrate (en: particle deposition rate, PDR) wie folgt berechnet werden:

a) es sind die Anzahlen und Größen der Partikel auf der Messfläche der Vergleichsplatten einschließlich der Blindproben zu bestimmen und nach dem Gesamtpartikeldurchmesser in geeignete Größenbereiche einzuordnen;

b) von jedem Prüfergebnis sind die Werte für die anfängliche Reinheit der Vergleichsplatte zu subtrahieren;

c) die Nettokonzentration ist in einer festgelegten Maßeinheit für die Oberfläche zu berechnen und die Anzahl der Partikel, die sich in einer festgelegten Zeit ablagern, ist zu berechnen. Wenn geeignete

Maßeinheiten verwendet werden, liefert diese Berechnung eine PDR als Anzahl von abgelagerten Partikeln je Quadratmeter und Sekunde.

Wenn mehrere Prüfergebnisse erhalten werden, sind der Mittelwert und ggf. die Standardabweichung der PDR aufzuzeichnen.

B.10.3 Geräte für die Prüfung der Partikelsedimentation

Zur Zählung und Größenbestimmung von auf einer Prüffläche abgelagerten Partikeln dürfen verschiedene Geräte verwendet werden. Diese gehören zu folgenden Klassen:

a) Lichtmikroskope (für Partikel von 2 µm und größer);

b) Elektronenmikroskope (für Partikel von 0,02 µm und größer);

c) Wafer-Oberflächenscanner (für Partikel von 0,01 µm und größer);

d) Gerät zur Bestimmung der Partikelsedimentationsrate (für Partikel von 5 µm und größer);

e) Gerät zur Echtzeitmessung der Partikelsedimentationsrate (für Partikel größer als 15 µm).

Bei der Auswahl der Geräte zur Zählung und Größenbestimmung sollte die Eignung zum Nachweisen von Partikeln im relevanten Größenbereich beachtet werden. Als einer von weiteren Faktoren ist die für die Sammlung und Auswertung der Proben erforderliche Zeit zu bedenken. Für die verwendeten Geräte sollten gültige Kalibrierscheine vorliegen.

B.10.4 Bestimmung von Probenahmezeit und Oberfläche

Je geringer die PDR, desto größer die erforderliche exponierte Oberfläche A und die Sammelzeit T. Das Produkt $A \times T$ sollte groß genug sein, um eine genaue Bestimmung der PDR zu ermöglichen. Für das größte interessierende Partikel wird ein Wert von 20 empfohlen [siehe Gleichung (B.15)]:

$$A \times T \geq 20 \tag{B.15}$$

Dabei ist

A die Fläche der exponierten Oberfläche;

T die Sammelzeit.

B.10.5 Prüfberichte

Nach Vereinbarung zwischen Kunden und Lieferanten sollten die folgenden Angaben und Daten aufgezeichnet werden:

a) Art der Prüfungen und Messungen, Messbedingungen und Betriebszustand;

b) Typbezeichnungen jedes verwendeten Messgeräts und dessen Kalibrierstatus;

c) Lage der Messpunkte;

d) Messergebnis.

B.11 Entmischungsprüfung

B.11.1 Allgemeines

Diese Prüfung beschreibt erforderliche Verfahren und Geräte zur Beurteilung der Schutzwirkung eines bestimmten trennenden Luftstroms. Prüfungen können entweder über einem Durchgang durchgeführt werden oder über der äußeren Begrenzung eines Bereichs mit einer höheren Klassifizierung oder einem anderen spezifischen Zweck als der umgebende Bereich. Zur Durchführung der Prüfung wird ein luftgetragenes Aerosol im Bereich mit der niedrigeren Klassifizierung erzeugt und dieses als Referenzkonzentration gemessen. Außerdem wird die Partikelkonzentration über die äußere Begrenzung im geschützten Bereich erfasst. Die Prüfung kann an verschiedenen ausgewählten Stellen entlang des zu beurteilenden Randbereichs durchgeführt werden.

Dieser Prüfung sollte eine Klassifizierung der Luft mittels Partikelprüfung – sowohl in der Umgebung als auch im geschützten Bereich – vorangehen, zwecks Ermittlung des Basisniveaus der Partikelkonzentration. Die beaufschlagende Partikelkonzentration sollte ein ausreichendes Niveau zur Beurteilung des Schutzfaktors aufweisen.

ANMERKUNG Eine Prüfung der Luftströmungsrichtung und Sichtbarmachung der Strömung kann durchgeführt werden, um die äußere Begrenzung des geschützten Bereichs zu ermitteln.

B.11.2 Verfahren

B.11.2.1 Erzeugung einer Referenzkonzentration

Zwecks Beaufschlagung des schützenden Luftstroms in der Umgebung sollte eine ausreichende Anzahl von Partikeln erzeugt werden. Empfohlene Prüfaerosolpartikel werden in C.5.3 beschrieben. Die durchschnittliche Partikelgröße sollte größer oder gleich 0,5 µm sein, sofern keine abweichende Größe zwischen Kunden und Lieferanten vereinbart wurde.

Zur Sicherstellung der Angemessenheit sollten folgende Punkte berücksichtigt werden:

a) es ist sicherzustellen, dass alle Reinraumsysteme ordnungsgemäß, in Übereinstimmung mit einem vereinbarten Betriebszustand, funktionieren;

b) zur Herstellung der beaufschlagenden Konzentration sollte anhand der zu überprüfenden Schutzwirkung die Anzahl der Beaufschlagungspartikel errechnet werden, basierend auf der voraussichtlichen Partikelkonzentration innerhalb des geschützten Bereichs. Diese voraussichtliche Konzentration sollte mindestens das Zehnfache der Basisanzahl an der zu prüfenden Stelle betragen.

B.11.2.2 Einrichtungsgeometrie

Die Geometrie der Prüfeinrichtung sollte festgelegt werden. Die Sonde(n) im geschützten Bereich sollte(n) nicht mehr als 0,1 m von der festgelegten Luftbarriere entfernt sein. Die Sonde mit der Beaufschlagungskonzentration im Bereich mit der niedrigeren Klassifizierung sollte nicht mehr als 1 m von der festgelegten Luftbarriere entfernt sein (zwischen Aerosolgenerator und Luftbarriere). Der Aerosolgenerator sollte in einem Abstand von ungefähr 1 m bis 1,5 m zur Sonde mit der Beaufschlagungskonzentration platziert werden.

ANMERKUNG Die Anzahl der Stellen, an denen die Schutzwirkung bestimmt wird, ist abhängig vom Umfang, von der Form des geschützten Bereichs und einer Vereinbarung zwischen Kunden und Lieferanten.

B.11.2.3 Messverfahren

a) Die Festlegung der Probenahmezeiten sollte auf Basis von ISO 14644-1:2015, A.4.4, erfolgen.

b) Bei Beginn der Partikelerzeugung auf der Seite der Luftbarriere mit der niedrigeren Klassifizierung ist sicherzustellen, dass der Impuls der aus dem Prüfgerät austretenden Beaufschlagung die Luftbarriere nicht überwindet.

c) Die Partikelkonzentration im Bereich mit der niedrigeren Klassifizierung an jeder Sonde ist aufzuzeichnen. Mindestens drei Messungen à 1 Minute sollten genommen werden.

ANMERKUNG Beim Messen der hohen Konzentration kann eine Verdünnungsvorrichtung erforderlich sein.

d) Die Partikelkonzentration im geschützten Bereich an jeder Sonde ist aufzuzeichnen. Mindestens drei Messungen à 1 Minute sollten genommen werden.

B.11.2.4 Berechnung des Schutzindex

Der Schutzindex wird mit Gleichung (B.16) berechnet:

$$PI_X = -\log\left(\frac{C_X}{C_{\text{Ref}}}\right) \tag{B.16}$$

Dabei ist

C_{Ref} die Referenzpartikelkonzentration in p/m^3 für Partikel $\geq 0{,}5$ µm (Beaufschlagungskonzentration) des nächstgelegenen Referenzpartikelzählers, (Richtwert: $> 5 \times 10^6$/m^3);

C_{X} die durchschnittliche Partikelkonzentration am Messpunkt x in p/m^3 für Partikel $\geq 0{,}5$ µm;

PI_{X} der Schutzindex.

B.11.3 Prüfberichte

Nach Vereinbarung zwischen Kunden und Lieferanten sollten nach Abschnitt 5 die folgenden Angaben und Daten aufgezeichnet werden:

a) Typbezeichnung jedes verwendeten Messgeräts und dessen Kalibrierstatus;

b) Datenerfassungstechnik;

c) Lage der Messpunkte;

d) Betriebszustand oder -zustände;

e) Messergebnis.

Anhang C
(informativ)

Messgeräte

C.1 Allgemeines

Anhang C beschreibt die Messgeräte, die für die in diesem Dokument empfohlenen Prüfungen verwendet werden sollten.

Die in Tabelle C.1 bis Tabelle C.9 angegebenen Daten stellen die Mindestanforderungen für jedes einzelne Gerät dar. Die einzelnen Posten sind parallel zu Anhang B aufgeführt und nummeriert. Die für die Planung von Prüfungen Verantwortlichen können sich auf Anhang C zur Auswahl von Prüfgeräten beziehen und auf Anhang A als Checkliste für die für eine Anlage empfohlenen Prüfungen und deren Abfolge. Messgeräte sollten in Abstimmung zwischen Kunden und Lieferanten ausgewählt werden.

Dieser Anhang steht nicht der Anwendung verbesserter Geräte im Wege, sofern solche zur Verfügung stehen. Alternative Prüfgeräte können geeignet sein und dürfen nach Absprache zwischen Kunden und Lieferanten verwendet werden.

Das Prüfgerät sollte entsprechend ausgewählt werden, so dass Messgrenzen und -bereich für die jeweilige Anwendung geeignet sind. Außerdem sollte das Gerät so kalibriert werden, dass die Kalibrierpunkte den Bereich des bestimmungsgemäßen Gebrauchs abdecken. Alle Prüfgeräte sollten Empfindlichkeitsstufe 1 (3.1.6) aufweisen.

Mindestanforderungen an Prüfgeräte sind in diesem Anhang aufgeführt; dabei sind auch Anforderungen hinsichtlich der Fehlergrenze festgelegt. Nachstehend folgt eine Erklärung zur Abschätzung der Fehlergrenze für Luftgeschwindigkeitsmessgeräte.

Mindestens drei Einflussfaktoren haben Auswirkungen auf die Fehlergrenze:

— die erweiterte Kalibrierunsicherheit (angegeben im Kalibrierschein);

— die Summe der absoluten Werte der zufälligen Messabweichungen (nach Korrektur der systematischen Fehler bleiben noch die Zufallsfehler [29] übrig. Jeder von ihnen verursacht Variationen bei wiederholter Beobachtung der zu messenden Größe);

— jährliche Drift.

Für das vorliegende Beispiel wurde die erweiterte Kalibrierunsicherheit angegeben mit 0,025 m/s, die Summe der zufälligen Messabweichungen ist 0,03 m/s, und die jährliche Drift beträgt 0,005 m/s.

Die Addition dieser drei Einflussfaktoren ergibt 0,06 m/s. Ausgehend von der Annahme, dass die Fehler symmetrisch um den Wert 0 angeordnet sind, ergibt dies $\pm$0,06 m/s als Werte für die Fehlergrenzen (maximal zulässige Fehler).

ANMERKUNG Dieser Wert von 0,06 m/s stellt keine Messunsicherheit dar. Vielmehr geben die Fehlergrenzen den zulässigen Intervallbereich für den Messfehler an [29].

C.2 Prüfung des Differentialdrucks

C.2.1 Allgemeines

Die Mindestanforderungen an Prüfgeräte zur Prüfung des Differentialdrucks sind in Tabelle C.1 angegeben.

Tabelle C.1 — Geräte für die Prüfung des Differentialdrucks

Posten	Mindestanforderungen
Messbereichsgrenzen	nicht zutreffend
Auflösung	0,5 Pa (0 Pa – 49,9 Pa) 1,0 Pa (≥ 50 Pa)
Fehlergrenze	2 Pa oder 5 % des Ablesewertes, jeweils der größere Wert (Aufgrund potentieller Fehler können mechanische Messgeräte als Referenz bei kontinuierlicher Überwachung verwendet werden, jedoch nicht zu Prüfzwecken.)

C.2.2 Elektronisches Manometer zur Anzeige oder Ausgabe der Luftdruckdifferenz zwischen einem Reinraum oder reinen Bereich und seiner Umgebung durch Registrierung der Änderung der elektrostatischen Kapazität oder des elektrischen Widerstands aufgrund der Verschiebung einer Membran.

C.2.3 Schrägrohrmanometer zur Messung der Luftdruckdifferenz zwischen zwei Punkten durch Ablesung schräg stehender Skalen, die die geringe Druckhöhe in einem mit Flüssigkeit wie Wasser oder Alkohol gefüllten Messrohr als Höhe des Flüssigkeitsspiegels anzeigen. Bei Verwendung von Messgeräten dieser Art ist Vorsicht geboten. Das Gerät sollte gerade stehen und bei Verwendung fest platziert sein.

C.2.4 Mechanisches Differenzdruckmessgerät zur Messung der Luftdruckdifferenz zwischen zwei Bereichen durch Beobachtung des Ausschlags einer Anzeigenadel, auf die mittels einer mechanischen oder magnetischen Übertragung die Auslenkung einer Membran übertragen wird. Bei Verwendung von Messgeräten dieser Art ist Vorsicht geboten. Das Gerät sollte gerade stehen und bei Verwendung fest platziert sein.

Bei Verwendung dieses Geräts sollte die Auswahl eines geeigneten Messbereichs sorgfältig geprüft werden.

C.3 Strömungsprüfung

C.3.1 Luftgeschwindigkeitsmessgeräte

C.3.1.1 Allgemeines

Die Mindestanforderungen an Prüfgeräte zur Prüfung der Luftgeschwindigkeit sind in Tabelle C.2 angegeben.

Tabelle C.2 — Geräte für die Prüfung der Luftgeschwindigkeit

Posten	Mindestanforderungen
Messbereichsgrenzen	nicht zutreffend
Auflösung	0,01 m/s (0,20 m/s – 0,99 m/s) 0,1 m/s (≥ 1,00 m/s)
Fehlergrenze	0,1 m/s (0,20 m/s – 1,00 m/s) 10 % des Ablesewertes (> 1,00 m/s)

C.3.1.2 Hitzdrahtanemometer zur Berechnung der Luftgeschwindigkeit durch Messung der Wärmeleistung, die erforderlich ist, um den elektrisch beheizten Sensor im Luftstrom auf einer festgelegten Temperatur zu halten.

C.3.1.3 Dreidimensionales Ultraschallanemometer oder gleichwertig zur Messung der Luftgeschwindigkeit durch Registrierung der Verschiebung der Schallfrequenz (oder Schallgeschwindigkeit) zwischen auseinander liegenden Punkten in der gemessenen Strömung.

C.3.1.4 Flügelradanemometer zur Messung der Luftgeschwindigkeit durch Zählung der Drehzahl des Flügelrads in der Luftströmung.

C.3.1.5 Pitotrohre und Manometer zur Messung der Luftgeschwindigkeit anhand der Differenzen zwischen Gesamtdruck und statischem Druck an einem Punkt in der Luftströmung.

C.3.1.6 Rohrfeld zur Messung der Luftgeschwindigkeit anhand der Differenzen zwischen Gesamtdruck und statischem Druck an einem Punkt in der Luftströmung. Mittelwertbildende Luftströmungsraster verwenden Rohrfelder zur gleichzeitigen Messung einer Luftströmung auf einem Raster und liefern eine Durchschnittsgeschwindigkeit mittels eines elektrischen Multimeter-Manometers.

C.3.2 Messgeräte für den Volumenstrom

C.3.2.1 Allgemeines

Die Mindestanforderungen an Prüfgeräte zur Prüfung des Volumenstroms sind in Tabelle C.3 angegeben.

Tabelle C.3 — Geräte für die Prüfung des Luftvolumenstroms

Posten	Mindestanforderungen
Messbereichsgrenzen	nicht zutreffend
Auflösung	0,001 m^3/s
Fehlergrenze	0,01 m^3/s (0 m^3/s – 0,1 m^3/s) 10 % des Ablesewertes (> 0,1 m^3/s)

C.3.2.2 Volumenstrommesshaube mit Messgerät zur Messung des Luftvolumenstroms aus einer Fläche, über der die Luftströmung veränderlich sein kann, wodurch sich ein zusammengefasstes Luftvolumen aus diesem Bereich ergibt. Die Gesamtluftströmung wird gebündelt, so dass die Geschwindigkeit am Messpunkt den Mittelwert über die gesamte Fläche darstellt.

C.3.2.3 Lochplatten-Messgerät, es wird auf ISO 5167-2 [22] verwiesen.

C.3.2.4 Venturi-Messgerät, es wird auf ISO 5167-4 [23] verwiesen.

C.4 Prüfung der Luftströmungsrichtung und Sichtbarmachung der Strömung

C.4.1 Geräte, Materialien und Zubehör zur Prüfung der Luftströmungsrichtung und Strömungssichtbarmachung, siehe Tabelle B.1 und Tabelle B.2.

C.4.2 Hitzdrahtanemometer, siehe C.3.1.2.

C.4.3 Dreidimensionales Ultraschallanemometer, oder gleichwertig, siehe C.3.1.3.

C.4.4 Aerosolgenerator.

C.4.4.1 Allgemeines

Hinsichtlich Aerosolgeneratoren zur Strömungssichtbarmachung kann ebenfalls auf B.3.4 verwiesen werden. Einige Anwendungsbeispiele wie Partikelerzeuger und Ultraschallvernebler werden im Folgenden beschrieben.

C.4.4.2 Ultraschallvernebler zur Erzeugung von Aerosolen (Nebeln) durch gebündelte Schallwellen, die eine Flüssigkeit (z. B. DI-Wasser) in feiner Tröpfchenform vernebeln.

C.4.4.3 Vernebler zur Erzeugung von Aerosolen (Nebeln). Ein thermisch erzeugtes Aerosol aus DI-Wasser/Glykolen/Alkoholen.

C.5 Prüfung der Erholzeit

C.5.1 Streulicht-Einzelpartikelzähler (LSAPC), Gerät, das in der Lage ist, einzelne luftgetragene Partikel zu zählen und deren Größe zu bestimmen und Größendaten als optische Äquivalentdurchmesser auszugeben.

Siehe ISO 14644-1 [1].

C.5.2 Aerosolgenerator, der in der Lage ist, Partikel innerhalb des Größenbereichs 0,1 µm – 1,0 µm bei konstanter Konzentration zu erzeugen, die nach thermischen, hydraulischen, pneumatischen, akustischen, chemischen oder elektrostatischen Verfahren erzeugt werden können.

C.5.3 Ausgangssubstanzen für Prüfaerosole. Typischerweise werden die folgenden Substanzen zur Erzeugung von Prüfaerosolen verwendet; Prüfaerosole mit festen oder flüssigen Inhaltsstoffen werden durch Versprühen oder Vernebeln in die Atmosphäre erzeugt:

a) Poly-Alpha-Olefin-(PAO)-Öl, 4 Zentistokes PAO;

b) Dioktylsebazat (DOS);

c) Di-2-ethyl-hexyl-Sebazat (DEHS);

d) Dioctyl(2-ethyl-hexyl)phthalat (DOP[1]) (z. B. CAS-Nr. 117-81-7[2]);

e) Mineralöl in Lebensmittelqualität (z. B. CAS-Nr. 8042-47-5);

---

1 In bestimmten Ländern wird von der Verwendung von DOP zur Filterprüfung aus Sicherheitsgründen abgeraten.

2 CAS-Nr., Chemical Abstract Service Registry Number, die Substanzen sind registriert in Chemical Abstract, herausgegeben von der American Chemical Society [14].

f) Paraffinöl (z. B. CAS-Nr. 64742-46-7);

g) Mikrosphären mit geeignetem Durchmesser.

Falls die erforderliche Konzentration erreicht werden kann, darf auch atmosphärisches Aerosol verwendet werden.

C.5.4 Verdünnungssystem, ein System, in dem Aerosol mit Reinluft in einem bekannten Volumenverhältnis gemischt wird, um die Konzentration zu verringern.

C.6 Temperaturprüfung

Die Temperaturprüfung sollte unter Verwendung eines Sensors mit einer Genauigkeit, wie in ISO 7726 [28] definiert, durchgeführt werden. Beispiele sind

a) Ausdehnungsthermometer;

   1) Flüssigkeitsthermometer;

   2) Festkörperthermometer;

b) elektrische Thermometer;

   1) Widerstandsthermometer, einschließlich

      — Platinwiderstand;

      — Thermistor;

   2) Thermometer auf Basis der Erzeugung einer elektromotorischen Kraft (Thermoelement);

c) Thermomanometer (temperaturabhängige Druckschwankung einer Flüssigkeit).

Die Mindestanforderung an die Auflösung des Messgeräts beträgt 20 % des zulässigen Temperaturbereichs für die Differenz zwischen der Solltemperatur und dem zulässigen Streubereich um diesen Sollwert.

ANMERKUNG Die Anforderung hinsichtlich Bereich, Genauigkeit usw. ist abhängig vom Verwendungszweck des Reinraums oder reinen Bereichs. ISO 7726 [28] ist für eine allgemeine Verwendung bestimmt.

C.7 Prüfung der Luftfeuchte

Die Feuchteprüfungen sollten unter Verwendung eines Sensors mit einer Genauigkeit, wie in ISO 7726 [28] definiert, durchgeführt werden.

Typische Sensoren sind:

a) Taupunkthygrometer (z. B. Psychrometer);

b) Hygrometer für Schwankungen der elektrischen Leitfähigkeit;

   1) Lithiumchlorid-Hygrometer;

   2) kapazitives Hygrometer.

Die Mindestanforderung an die Auflösung des Messgeräts sollte 20 % des zulässigen relativen Feuchtebereichs für die Differenz zwischen der Sollfeuchte und dem zulässigen Streubereich um diesen Sollwert betragen.

ANMERKUNG Die Anforderung hinsichtlich Bereich, Genauigkeit usw. ist abhängig vom Verwendungszweck des Reinraums oder reinen Bereichs. ISO 7726 ist für eine allgemeine Verwendung bestimmt.

C.8 Leckprüfung am eingebauten Filtersystem

C.8.1 Aerosolphotometer zur Messung der Massenkonzentration von Aerosolen in Milligramm je Kubikmeter (mg/m^3). Das Aerosolphotometer verwendet eine optische Kammer für vorwärts gestreutes Licht zur Durchführung dieser Messung. Dieses Gerät darf zur unmittelbaren Messung der Filterleck-penetration verwendet werden.

Die Mindestanforderungen für das Aerosolphotometer sind in Tabelle C.4 angegeben.

Tabelle C.4 — Aerosolphotometer

Posten	Mindestanforderungen
Messbereichsgrenzen	0,000 1 mg/m^3 bis 100 mg/m^3
Auflösung	0,000 1
Fehlergrenze	10 % für den ausgewählten Bereich

Schlauchgrößen (Länge und Innendurchmesser) der Probenahmesonde sollten den Herstellerempfehlungen entsprechen.

ANMERKUNG Einlassabmessungen der Probenahmesonde werden in B.7.2.2 detailliert ausgeführt.

C.8.2 Streulicht-Einzelpartikelzähler (LSAPC), siehe C.5.1.

C.8.3 Aerosolgenerator, siehe C.5.2.

C.8.4 Ausgangssubstanzen zur Prüfaerosolerzeugung, siehe C.5.3.

C.8.5 Verdünnungssystem, Apparat, siehe C.5.4.

C.9 Leckprüfung der Abschließung

C.9.1 Streulicht-Einzelpartikelzähler, siehe C.5.1.

C.9.2 Aerosolgenerator, siehe C.5.2

C.9.3 Ausgangssubstanzen zur Aerosolerzeugung, siehe C.5.3.

C.9.4 Verdünnungssystem, siehe C.5.4.

C.9.5 Aerosolphotometer, siehe C.8.1.

C.10 Elektrostatische Prüfung und Überprüfung von Ionengeneratoren

C.10.1 Elektrostatisches Voltmeter zur Messung der mittleren Spannung (Potential) auf einer kleinen Fläche durch Messung des elektrischen Feldes an einer Elektrode, die durch eine kleine Öffnung in einer Sonde angebracht ist.

Die Mindestanforderungen für ein elektrostatisches Voltmeter sind in Tabelle C.5 angegeben.

Tabelle C.5 — Spezifikation für elektrostatisches Voltmeter

Posten	Mindestanforderungen
Messbereichsgrenzen	±(1 – 20) kV
Auflösung	10 V (1 kV – 20 kV)
Fehlergrenze	10 % des Ablesewertes

C.10.2 Ohmmeter für große Widerstände zur Messung des Widerstands von Isolationsmaterialien und -komponenten durch Messung des Ableitstroms, indem an ein zu prüfendes Gerät eine hohe Spannung angelegt wird.

Die Mindestanforderungen an das Ohmmeter für große Widerstände sind in Tabelle C.6 angegeben.

Tabelle C.6 — Spezifikationen für das Ohmmeter für große Widerstände

Posten	Mindestanforderungen
Messbereichsgrenzen	1 000 Ω bis 20 GΩ
Auflösung	0,01 MΩ
Fehlergrenze	5 % Vollausschlag in jedem Messbereich
Prüfspannung	Gleichstrom 100 V bis 1 000 V

C.10.3 Plattenkondensator zur Messung der neutralisierenden Wirkung eines Ionisators oder eines Ionisationssystems.

Die Mindestanforderungen an den Plattenkondensator sind in Tabelle C.7 angegeben.

Tabelle C.7 — Spezifikationen für den Plattenkondensator

Posten	Mindestanforderungen
Messbereichsgrenzen	±5 kV
Auflösung	0,1 V (< 100 V) 1,0 V (> 99 V)
Fehlergrenze	5 % Vollausschlag

C.11 Prüfung der Partikelsedimentation

C.11.1 Material der Vergleichsplatten. Je nach nachzuweisender Partikelgröße und verwendetem Messgerät dürfen die folgenden Werkstoffe verwendet werden:

a) mikroporöse Membranfilter;

b) doppelseitiges Klebeband;

c) Petrischalen;

d) Petrischalen mit einem Polymer, z. B. Polyesterharz, in kontrastierender Farbe (schwarz);

e) fotografischer Film (Planfilm);

f) Mikroskop-Objektträger (einfach oder mit Metallbedampfung);

g) Glas- oder Metallspiegeloberflächen;

h) Halbleiter-Waferrohlinge;

i) Glasträger für Fotomasken;

j) transparente Kunststoffplatte.

Um sicherzustellen, dass die gesammelten Partikel gut sichtbar sind, sollte die Oberflächenglätte der Vergleichsplatte eine der Größe der Partikel angemessene Güte aufweisen. Das gewählte Material der Vergleichsplatten sollte elektrostatisch neutral sein. Das verwendete Messmittel sollte ein Auflösungsvermögen aufweisen, das es gestattet, Partikel der kleinsten zu zählenden Größe zu erfassen. Vergleichsplatten, die transparent sein müssen, sollten defektfrei sein.

Die Bestimmung der Partikelsedimentation ist möglich durch Messung der Flächenbedeckung abgelagerter Partikel oder durch Zählung (und Bemessung) der während der Sammelzeit auf der Vergleichsplatte abgelagerten Partikel. Bei der Messung der Partikelsedimentation ist eine Unterteilung möglich in Partikelgrößen innerhalb des Luftreinheits-Pegelbereichs (0,1 µm bis 5,0 µm) und Makropartikel (größer oder gleich 5 µm).

Tabelle C.8 — Messung der Partikelsedimentation mit Oberflächen-Analysator

Posten	Mindestanforderungen
Messbereichsgrenzen	Oberflächenzahl-Konzentration: $1/cm^2$ bis $10^6/cm^2$ Partikelgröße: 0,1 µm bis 5 µm
Auflösung	Partikelgröße: 0,1 µm
Fehlergrenze	Partikelgröße: 1 µm

Tabelle C.9 — Messung der Partikelsedimentation mit Prüfgerät für Makropartikel

Posten	Mindestanforderungen
Messbereichsgrenzen	Flächenabdeckung: 1 m^2/m^2 bis 5 000 10^{-6} m^2/m^2 Partikelgröße: ≥ 5 bis ≥ 500 µm
Auflösung	Flächenabdeckung: 10 10^{-6} m^2/m^2 Partikelgröße: 10 µm
Fehlergrenze	Flächenabdeckung: 20 10^{-6} m^2/m^2 Partikelgröße: 20 µm

C.11.2 Wafer-Oberflächenscanner zur Messung von Partikeln mit einem Laserscanner und bildgebenden Geräten (Mikroskop, Elektronenmikroskop) zwecks Größenbestimmung der erfassten Partikel.

C.11.3 Partikelniederschlagsaerosolphotometer zur Messung des gesamten von auf dunklen Glassammelplatten abgelagerten Partikeln gestreuten Lichts und Lieferung dieser Daten als Sedimentationsfaktor, bezogen auf die Konzentration sich ablagernder Partikel, die sich auf kritischen Oberflächen ablagern würden.

Die Kalibrierung erfolgt durch fluoreszierende Partikel von 4 µm und 10 µm oder Polystyrol-Mikrosphären von 90 µm und 45 µm nominell. Die gemessene Fläche ist < 2 cm^2.

C.11.4 Oberflächenpartikelzähler zur Messung durch Streulicht der Anzahl (und Größe) von Einzelpartikeln, die sich auf einer Oberfläche abgelagert haben.

Die gemessene Fläche ist 0,2 cm^2 bis 3 cm^2. Die gemessene Fläche kann durch Abtasten vergrößert werden. Die Größenauflösung beträgt 0,1 µm bis 25 µm, je nach gewähltem optischen System.

C.11.5 Partikelsedimentationsmessgerät zur Bestimmung der Anzahl und Größe von Partikeln auf einer Vergleichsplatte aus Glas. Das Glas wird von unten beleuchtet. Zum Abtasten einer relevanten Fläche wird eine Koordinatentabelle verwendet. Die Bestimmung der Partikelgrößenverteilung kann mittels Bildverarbeitungssoftware erfolgen. Anhand der Partikelgrößenverteilung, der Messoberfläche und der Sammelzeit kann die Partikelsedimentationsrate bestimmt werden.

C.11.6 Optischer Partikelsedimentationsmonitor

Ein optisches System erkennt Partikel auf einer schiefen Ebene durch Prüfen der Veränderung des Interferenzmusters eines Laserstrahls mit großem Strahldurchmesser. Es können Messoberflächen in einem Bereich von 10 cm^2 bis 100 cm^2 erreicht werden. Ein Gerät für gewerbliche Nutzung kann beispielsweise eine Erfassungsoberfläche von 60 cm^2 aufweisen. Die Erfassung von Partikeln mit einer Größe von ≥ 20 µm ist möglich. Das Partikelsedimentationsergebnis erfolgt auf der projizierten horizontalen Oberfläche.

C.12 Entmischungsprüfung

C.12.1 Streulicht-Einzelpartikelzähler, siehe C.5.1.

C.12.2 Aerosolgenerator, siehe C.5.2.

C.12.3 Ausgangssubstanzen zur Aerosolerzeugung, siehe C.5.3.

C.12.4 Verdünnungssystem, siehe C.5.4.

Literaturhinweise

[1] ISO 14644-1:2015, *Cleanrooms and associated controlled environments — Part 1: Classification of air cleanliness by particle concentration*

[2] ISO 14644-2, *Cleanrooms and associated controlled environments — Part 2: Monitoring to provide evidence of cleanroom performance related to air cleanliness by particle concentration*

[3] ISO 14644-4, *Cleanrooms and associated controlled environments — Part 4: Design, construction and start-up*

[4] ISO 14644-7:2004, *Cleanrooms and associated controlled environments — Part 7: Separative devices (clean air hoods, gloveboxes, isolators and mini-environments)*

[5] ISO 14644-8, *Cleanrooms and associated controlled environments — Part 8: Classification of air cleanliness by chemical concentration (ACC)*

[6] ISO 14644-9, *Cleanrooms and associated controlled environments — Part 9: Classification of surface cleanliness by particle concentration*

[7] ISO 14644-10, *Cleanrooms and associated controlled environments — Part 10: Classification of surface cleanliness by chemical concentration*

[8] ISO 14644-12, *Cleanrooms and associated controlled environments — Part 12: Specifications for monitoring air cleanliness by nanoscale particle concentration*

[9] ASME N510-1989, *Testing of Nuclear Air-Treatment Systems*

[10] ASTM F24-00, *Standard Method for Measuring and Counting Particulate Contamination on Surfaces*

[11] ASTM F50-92, *Standard Practice for Continuous Sizing and Counting of Airborne Particles in Dust-Controlled Areas and Clean Rooms Using Instrument Capable of Detecting Single Sub-Micrometre and Larger Particles*

[12] ASTM F312-97, *Standard Test Methods for Microscopical Sizing and Counting Particles from Aerospace Fluids on Membrane Filters*

[13] ASTM F1471-93, *Standard Test Method for Air Cleaning Performance of a High-Efficiency Particulate Air-Filter System*

[14] Chemical Abstracts Service Registry, Columbus, Ohio, US: American Chemical Society

[15] EN 1822-2, *Schwebstofffilter (EPA, HEPA und ULPA) — Teil 2: Aerosolerzeugung, Messgeräte, Partikelzählstatistik*

[16] EN 1822-4, *Schwebstofffilter (EPA, HEPA und ULPA) — Teil 4: Leckprüfung des Filterelementes (Scan-Verfahren)*

[17] IEST-RP-CC001.6:2016, *HEPA and ULPA Filters*

[18] IEST-RP-CC006.3:2004, *Testing Cleanrooms*

[19] IEST-RP-CC007.3:2016, *Testing ULPA Filters*

[20] IEST-RP-CC021.4:2016, *Testing HEPA and ULPA Filter Media*

[21] IEST-RP-CC034.4:2016, *HEPA and ULPA Filter Leak Tests*

[22] ISO 5167-2, *Measurement of fluid flow by means of pressure differential devices inserted in circular cross-section conduits running full — Part 2: Orifice plates*

[23] ISO 5167-4, *Measurement of fluid flow by means of pressure differential devices inserted in circular cross-section conduits running full — Part 4: Venturi tubes*

[24] ISO 5167-5, *Measurement of fluid flow by means of pressure differential devices inserted in circular cross-section conduits running full — Part 5: Cone meters*

[25] JACA No.24:1989, *Standardization and Evaluation of Clean Room Facilities*

[26] JIS B 9921, *Light scattering automatic particle counter. Japanese Industrial Standards Committee*

[27] SEMI E14-93, *Measurement of particle contamination contributed to the product from the process or support tool*

[28] ISO 7726, *Ergonomics of the thermal environment — Instruments for measuring physical quantities*

[29] Evaluation of measurement data — Guide to the expression of the expression of uncertainty in measurement, JCGM 100:200, corrected version 2010, (GUM)

April 2023

DIN EN ISO 14644-4

ICS 13.040.35

Ersatz für
DIN EN ISO 14644-4:2003-06

Reinräume und zugehörige Reinraumbereiche – Teil 4: Planung, Ausführung und Erst-Inbetriebnahme (ISO 14644-4:2022); Deutsche Fassung EN ISO 14644-4:2022

Cleanrooms and associated controlled environments –
Part 4: Design, construction and start-up (ISO 14644-4:2022);
German version EN ISO 14644-4:2022

Salles propres et environnements maîtrisés apparentés –
Partie 4: Conception, construction et mise en service (ISO 14644-4:2022);
Version allemande EN ISO 14644-4:2022

Gesamtumfang 73 Seiten

DIN-Normenausschuss Heiz- und Raumlufttechnik sowie deren Sicherheit (NHRS)

Nationales Vorwort

Dieses Dokument (EN ISO 14644-4:2022) wurde vom Technischen Komitee ISO/TC 209 „Cleanrooms and associated controlled environments" in Zusammenarbeit mit dem Technischen Komitee CEN/TC 243 „Reinraumtechnologie" erarbeitet, dessen Sekretariat von BSI (Vereinigtes Königreich) gehalten wird.

Für die deutsche Mitarbeit ist der Arbeitsausschuss NA 041-02-21 AA „Reinraumtechnik (SpA CEN/TC 243 und ISO/TC 209)" im DIN-Normenausschuss Heiz- und Raumlufttechnik sowie deren Sicherheit (NHRS) verantwortlich.

Für die in diesem Dokument zitierten Dokumente wird im Folgenden auf die entsprechenden deutschen Dokumente hingewiesen:

ISO 9000:2015	siehe	DIN EN ISO 9000:2015-11
ISO 14644-1	siehe	DIN EN ISO 14644-1
ISO 14644-2	siehe	DIN EN ISO 14644-2
ISO 14644-3:2019	siehe	DIN EN ISO 14644-3:2020-08
ISO 14644-5:2004	siehe	DIN EN ISO 14644-5:2005-03
ISO 14644-7	siehe	DIN EN ISO 14644-7
ISO 14644-8	siehe	DIN EN ISO 14644-8
ISO 14644-9	siehe	DIN EN ISO 14644-9
ISO 14644-10	siehe	DIN EN ISO 14644-10
ISO 14644-14	siehe	DIN EN ISO 14644-14
ISO 14644-15	siehe	DIN EN ISO 14644-15
ISO 14644-16	siehe	DIN EN ISO 14644-16
ISO 14644-17	siehe	DIN EN ISO 14644-17

Aktuelle Informationen zu diesem Dokument können über die Internetseiten von DIN (www.din.de) durch eine Suche nach der Dokumentennummer aufgerufen werden.

Änderungen

Gegenüber DIN EN ISO 14644-4:2003-06 wurden folgende Änderungen vorgenommen:

a) der normative Inhalt wurde erweitert;

b) der Prozess des Sammelns und Definierens von Anforderungen wurde aufgenommen;

c) der Anwendungsbereich wurde von klassifizierten Reinräumen auf zusätzliche Reinheitsattribute erweitert;

d) der gesamte Text wurde überarbeitet oder verdeutlicht, um seine Anwendung zu erleichtern.

Frühere Ausgaben

DIN EN ISO 14644-4: 2003-06

Nationaler Anhang NA
(informativ)

Literaturhinweise

DIN EN ISO 9000:2015-11, *Qualitätsmanagementsysteme — Grundlagen und Begriffe (ISO 9000:2015); Deutsche und Englische Fassung EN ISO 9000:2015*

DIN EN ISO 14644-1, *Reinräume und zugehörige Reinraumbereiche — Teil 1: Klassifizierung der Luftreinheit anhand der Partikelkonzentration*

DIN EN ISO 14644-2, *Reinräume und zugehörige Reinraumbereiche — Teil 2: Überwachung zum Nachweis der Reinraumleistung bezüglich Luftreinheit anhand der Partikelkonzentration*

DIN EN ISO 14644-3:2020-08, *Reinräume und zugehörige Reinraumbereiche — Teil 3: Prüfverfahren (ISO 14644-3:2019, korrigierte Fassung 2020-06); Deutsche Fassung EN ISO 14644-3:2019*

DIN EN ISO 14644-5:2005-03, *Reinräume und zugehörige Reinraumbereiche — Teil 5: Betrieb (ISO 14644-5:2004), Deutsche Fassung EN ISO 14644-5:2004*

DIN EN ISO 14644-7, *Reinräume und zugehörige Reinraumbereiche — Teil 7: SD-Module (Reinlufthauben, Handschuhboxen, Isolatoren und Minienvironments)*

DIN EN ISO 14644-8, *Reinräume und zugehörige Reinraumbereiche — Teil 8: Bewertung der chemischen Luftreinheit (ACC)*

DIN EN ISO 14644-9, *Reinräume und zugehörige Reinraumbereiche — Teil 9: Bewertung der partikulären Oberflächenreinheit*

DIN EN ISO 14644-10, *Reinräume und zugehörige Reinraumbereiche — Teil 10: Bewertung der chemischen Oberflächenreinheit*

DIN EN ISO 14644-14, *Reinräume und zugehörige Reinraumbereiche — Teil 14: Bewertung der Reinraumtauglichkeit von Geräten durch Partikelkonzentration in der Luft*

DIN EN ISO 14644-15, *Reinräume und zugehörige Reinraumbereiche — Teil 15: Bewertung der Reinraumtauglichkeit von Ausrüstungsgegenständen und Materialien anhand der chemischen Luft- und Oberflächenkonzentration*

DIN EN ISO 14644-16, *Reinräume und zugehörige Reinraumbereiche — Teil 16: Energieeffizienz von Reinräumen und Reinluftgeräten*

DIN EN ISO 14644-17, *Reinräume und zugehörige Reinraumbereiche — Teil 17: Anwendungen zur Partikelabscheidungsrate*

– Leerseite –

EUROPÄISCHE NORM

EUROPEAN STANDARD

NORME EUROPÉENNE

EN ISO 14644-4

Dezember 2022

ICS 13.040.35

Ersetzt EN ISO 14644-4:2001

Deutsche Fassung

Reinräume und zugehörige Reinraumbereiche — Teil 4: Planung, Ausführung und Erst-Inbetriebnahme (ISO14644-4:2022)

Cleanrooms and associated controlled environments — Part 4: Design, construction and start-up (ISO 14644-4:2022)

Salles propres et environnements maîtrisés apparentés — Partie 4: Conception, construction et mise en service (ISO 14644-4:2022)

Diese Europäische Norm wurde vom CEN am 14. November 2022 angenommen.

Die CEN-Mitglieder sind gehalten, die CEN/CENELEC-Geschäftsordnung zu erfüllen, in der die Bedingungen festgelegt sind, unter denen dieser Europäischen Norm ohne jede Änderung der Status einer nationalen Norm zu geben ist. Auf dem letzten Stand befindliche Listen dieser nationalen Normen mit ihren bibliographischen Angaben sind beim CEN-CENELEC-Management-Zentrum oder bei jedem CEN-Mitglied auf Anfrage erhältlich.

Diese Europäische Norm besteht in drei offiziellen Fassungen (Deutsch, Englisch, Französisch). Eine Fassung in einer anderen Sprache, die von einem CEN-Mitglied in eigener Verantwortung durch Übersetzung in seine Landessprache gemacht und dem Management-Zentrum mitgeteilt worden ist, hat den gleichen Status wie die offiziellen Fassungen.

CEN-Mitglieder sind die nationalen Normungsinstitute von Belgien, Bulgarien, Dänemark, Deutschland, Estland, Finnland, Frankreich, Griechenland, Irland, Island, Italien, Kroatien, Lettland, Litauen, Luxemburg, Malta, den Niederlanden, Norwegen, Österreich, Polen, Portugal, der Republik Nordmazedonien, Rumänien, Schweden, der Schweiz, Serbien, der Slowakei, Slowenien, Spanien, der Tschechischen Republik, der Türkei, Ungarn, dem Vereinigten Königreich und Zypern.

EUROPÄISCHES KOMITEE FÜR NORMUNG
EUROPEAN COMMITTEE FOR STANDARDIZATION
COMITÉ EUROPÉEN DE NORMALISATION

CEN-CENELEC Management-Zentrum: Rue de la Science 23, B-1040 Brüssel

Ref. Nr. EN ISO 14644-4:2022 D

Inhalt

Bilder

Tabellen

Europäisches Vorwort

Dieses Dokument (EN ISO 14644-4:2022) wurde vom Technischen Komitee ISO/TC 209 „Cleanrooms and associated controlled environments" in Zusammenarbeit mit dem Technischen Komitee CEN/TC 243 „Reinraumtechnologie" erarbeitet, dessen Sekretariat von BSI gehalten wird.

Diese Europäische Norm muss den Status einer nationalen Norm erhalten, entweder durch Veröffentlichung eines identischen Textes oder durch Anerkennung bis Juni 2023, und etwaige entgegenstehende nationale Normen müssen bis Juni 2023 zurückgezogen werden.

Es wird auf die Möglichkeit hingewiesen, dass einige Elemente dieses Dokuments Patentrechte berühren können. CEN ist nicht dafür verantwortlich, einige oder alle diesbezüglichen Patentrechte zu identifizieren.

Dieses Dokument ersetzt EN ISO 14644-4:2001.

Rückmeldungen oder Fragen zu diesem Dokument sollten an das jeweilige nationale Normungsinstitut des Anwenders gerichtet werden. Eine vollständige Liste dieser Institute ist auf den Internetseiten von CEN abrufbar.

Entsprechend der CEN-CENELEC-Geschäftsordnung sind die nationalen Normungsinstitute der folgenden Länder gehalten, diese Europäische Norm zu übernehmen: Belgien, Bulgarien, Dänemark, Deutschland, die Republik Nordmazedonien, Estland, Finnland, Frankreich, Griechenland, Irland, Island, Italien, Kroatien, Lettland, Litauen, Luxemburg, Malta, Niederlande, Norwegen, Österreich, Polen, Portugal, Rumänien, Schweden, Schweiz, Serbien, Slowakei, Slowenien, Spanien, Tschechische Republik, Türkei, Ungarn, Vereinigtes Königreich und Zypern.

Anerkennungsnotiz

Der Text von ISO 14644-4:2022 wurde von CEN als EN ISO 14644-4:2022 ohne irgendeine Abänderung genehmigt.

Vorwort

ISO (die Internationale Organisation für Normung) ist eine weltweite Vereinigung nationaler Normungsinstitute (ISO-Mitgliedsorganisationen). Die Erstellung von Internationalen Normen wird üblicherweise von Technischen Komitees von ISO durchgeführt. Jede Mitgliedsorganisation, die Interesse an einem Thema hat, für welches ein Technisches Komitee gegründet wurde, hat das Recht, in diesem Komitee vertreten zu sein. Internationale staatliche und nichtstaatliche Organisationen, die in engem Kontakt mit ISO stehen, nehmen ebenfalls an der Arbeit teil. ISO arbeitet bei allen elektrotechnischen Normungsthemen eng mit der Internationalen Elektrotechnischen Kommission (IEC) zusammen.

Die Verfahren, die bei der Entwicklung dieses Dokuments angewendet wurden und die für die weitere Pflege vorgesehen sind, werden in den ISO/IEC-Direktiven, Teil 1 beschrieben. Es sollten insbesondere die unterschiedlichen Annahmekriterien für die verschiedenen ISO-Dokumentenarten beachtet werden. Dieses Dokument wurde in Übereinstimmung mit den Gestaltungsregeln der ISO/IEC-Direktiven, Teil 2 erarbeitet (siehe www.iso.org/directives).

Es wird auf die Möglichkeit hingewiesen, dass einige Elemente dieses Dokuments Patentrechte berühren können. ISO ist nicht dafür verantwortlich, einige oder alle diesbezüglichen Patentrechte zu identifizieren. Details zu allen während der Entwicklung des Dokuments identifizierten Patentrechten finden sich in der Einleitung und/oder in der ISO-Liste der erhaltenen Patenterklärungen (siehe www.iso.org/patents).

Jeder in diesem Dokument verwendete Handelsname dient nur zur Unterrichtung der Anwender und bedeutet keine Anerkennung.

Für eine Erläuterung des freiwilligen Charakters von Normen, der Bedeutung ISO-spezifischer Begriffe und Ausdrücke in Bezug auf Konformitätsbewertungen sowie Informationen darüber, wie ISO die Grundsätze der Welthandelsorganisation (WTO, en: World Trade Organization) hinsichtlich technischer Handelshemmnisse (TBT, en: Technical Barriers to Trade) berücksichtigt, siehe www.iso.org/iso/foreword.html.

Dieses Dokument wurde vom Technischen Komitee ISO/TC 209, *Cleanrooms and associated controlled environments*, in Zusammenarbeit mit dem Europäischen Komitee für Normung (CEN), Technisches Komitee CEN/TC 243, *Reinraumtechnologie*, in Übereinstimmung mit der Vereinbarung zur technischen Zusammenarbeit zwischen ISO und CEN (Wiener Vereinbarung) erarbeitet.

Diese zweite Ausgabe ersetzt die erste Ausgabe (ISO 14644-4:2001), die technisch überarbeitet wurde.

Die wesentlichen Änderungen im Vergleich zur Vorgängerausgabe sind folgende:

— der normative Inhalt wurde erweitert;

— der Prozess des Sammelns und Definierens von Anforderungen wurde aufgenommen;

— der Anwendungsbereich wurde von klassifizierten Reinräumen auf zusätzliche Reinheitsattribute erweitert;

— der gesamte Text wurde überarbeitet oder verdeutlicht, um seine Anwendung zu erleichtern.

Eine Auflistung aller Teile der Normenreihe ISO 14644 ist auf der ISO-Internetseite abrufbar.

Rückmeldungen oder Fragen zu diesem Dokument sollten an das jeweilige nationale Normungsinstitut des Anwenders gerichtet werden. Eine vollständige Auflistung dieser Institute ist unter www.iso.org/members.html zu finden.

Einleitung

Reinräume und zugehörige Reinraumbereiche bieten die Möglichkeit, Kontamination durch luftgetragene Partikel und, sofern anwendbar, sonstige Arten der Kontamination bis zu einem gewissen, für Tätigkeiten in kontaminationsempfindlichen Bereichen angemessenen Grad zu steuern. Zu den Produkten und Prozessen, die von beherrschter luftgetragener Kontamination profitieren, zählen u. a. jene, die in der Raumfahrt-, Mikroelektronik- und Pharmaindustrie sowie in der Medizintechnik, in Lebensmittel- und Forschungs- und Entwicklungslaboratorien und in einigen Bereichen des Gesundheitswesens zur Anwendung kommen.

Reinräume und zugehörige Reinraumbereiche werden anhand der Partikelkonzentration nach der Luftreinheit klassifiziert (ISO 14644-1). Auch Reinheitsmerkmale in Bezug auf Chemikalien, Nanopartikel und lebensfähige Partikel (Mikroorganismen) sowie Reinheit von Oberflächen können berücksichtigt werden.

Dieses Dokument ist Teil einer Reihe von Internationalen Normen, die sich mit Reinräumen und zugehörigen Reinraumbereichen beschäftigen und von ISO/TC 209 erstellt wurden.

Dieses Dokument enthält Informationen für die Planung, Ausführung und Erst-Inbetriebnahme von Reinräumen, sowohl von neuen als auch solchen, die umgebaut oder modernisiert werden. Diese Ausgabe beinhaltet einen strukturierteren Ansatz mit separaten normativen Abschnitten zu Anforderungen, Planung, Ausführung und Erst-Inbetriebnahme, unterstützt durch vier entsprechende informative Anhänge.

Die wesentlichen Empfehlungen und Überlegungen in dieser Ausgabe umfassen die folgenden:

a) Ein strukturierter Ansatz mit logischem sequentiellem Ablauf der Stufen Planung, Ausführung und Erst-Inbetriebnahme. Üblicherweise gibt es Übersichten und Iterationen der Anforderungen, Reinraumkonzepte, Layouts und anderer Überlegungen. Der endgültige Planungsentwurf sollte vor und nach der Ausführung anhand der Anforderungen überprüft werden. Der Betrieb und die Leistung werden während der Erst-Inbetriebnahme anhand der Anforderungen überprüft.

b) Aufnahme anderer Reinheitsmerkmale. Teile der Normenreihe ISO 14644 befassen sich mit anderen Reinheitsmerkmalen, nämlich Chemikalien, Nanopartikeln, Makropartikeln und, in ISO 14698, lebensfähigen Partikeln (Mikroorganismen) sowie der Reinheit von Oberflächen. Diese anderen Merkmale sollten, sofern anwendbar, berücksichtigt werden, wobei zu beachten ist, dass die Hauptanforderung für einen Reinraum oder reinen Bereich darin besteht, dass er nach ISO 14644-1 anhand der Konzentration der luftgetragenen Partikel klassifiziert sein muss.

c) Bedeutung einer Bewertung des Kontaminationsrisikos. Es sollten Bewertungen durchgeführt werden, um das Kontaminationsrisiko und seine Auswirkungen auf den Prozess und das Produkt besser zu verstehen und um die kritischen Kontrollpunkte (Orte) im Reinraum oder reinen Bereich zu bestimmen.

d) Eine klare Angabe der Anforderungen, d. h. alle Informationen, die für die Planung benötigt werden, einschließlich des Zwecks des Reinraums und der Abnahmekriterien für Leistungsparameter. Dies ist von wesentlicher Bedeutung und sollte vor Beginn des Planungsprozesses dokumentiert werden.

e) Lüftungseffektivität. Diese Überarbeitung konzentriert sich auf die Bedeutung der Lüftungseffektivität durch Kontrolle der Luftströmungsprofile und der Erholungsrate im Reinraum. Zwei Messgrößen werden bestimmt: Luftaustauscheffektivität (ACE, en: air change effectiveness) und Wirkungsgrad der Fremdkörperbeseitigung (CRE, en: contaminant removal effectiveness).

f) Für Berechnungen der Fremdkörperverdünnung und -beseitigung wird die Zuluftrate herangezogen. Dies ermöglicht das Erreichen von energieeffizienten Reinräumen und dem erforderlichen Grad an Luftreinheit.

g) Überlegungen zu Energieeffizienz und Nutzungsdauer. Energieeffizienz in Reinräumen ist sehr wichtig und wird von ISO 14644-16 behandelt.

h) Ein Reinraumprotokoll. Dieses wird aufgenommen, um die Kontamination während der Ausführung des Reinraums zu minimieren.

Direkt für Reinräume und die zugehörigen kontrollierten Umgebungen relevante Informationen sind in den informativen Anhängen enthalten. Unterstützende Informationen sind in den Literaturhinweisen angegeben.

1 Anwendungsbereich

Dieses Dokument legt den Prozess der Erstellung eines Reinraums von den Anforderungen über Planung und Ausführung bis zur Erst-Inbetriebnahme fest. Es ist für neue sowie modernisierte oder umgebaute Reinraumanlagen anwendbar. Es schreibt keine spezifischen technischen oder vertraglichen Maßnahmen vor, um diese Anforderungen zu erreichen. Es ist für Anwender, Projektmanager, Planer, Auftraggeber, Lieferanten, Erbauer und Leistungsprüfer von Reinraumanlagen gedacht. Der wichtigste Aspekt bei Reinräumen ist die Konzentration der luftgetragenen Partikel. Für die Anforderungen, die Planung, die Ausführung und die Erst-Inbetriebnahme werden detaillierte Prüflisten angegeben, die wichtige zu berücksichtigende Leistungsparameter umfassen. Es werden Planungsansätze bezüglich des Energiemanagements zur Unterstützung einer energieeffizienten Reinraumplanung bestimmt. Es wird eine Anleitung zur Ausführung einschließlich der Anforderungen für die Erst-Inbetriebnahme und Verifizierung gegeben. Ein grundlegender Bestandteil dieses Dokuments ist die Betrachtung der Aspekte (einschließlich Instandhaltung), die helfen werden, einen fortlaufenden und zufriedenstellenden Betrieb während der gesamten Nutzungsdauer des Reinraums sicherstellen.

ANMERKUNG Weitere Anleitungen sind in Anhang A bis Anhang D enthalten. ISO 14644-1, ISO 14644-2, ISO 14644-8, ISO 14644-9, ISO 14644-10, ISO 14644-12 und ISO 14644-17 enthalten ergänzende Informationen. ISO 14644-7 bietet eine Anleitung zu Planung, Ausführung und den Anforderungen an SD-Module (Reinlufthauben, Handschuhboxen, Isolatoren und Minienvironments).

Die folgenden Themen werden in diesem Dokument angesprochen, aber nicht behandelt:

— spezielle betriebliche Aktivitäten, zu integrierende Prozesse und Prozesseinrichtungen in der Reinraumanlage;

— Brandschutz- und Sicherheitsvorschriften;

— laufende Betriebs-, Reinigungs- und Instandhaltungsaktivitäten, die in ISO 14644-5 behandelt werden.

2 Normative Verweisungen

Die folgenden Dokumente werden im Text in solcher Weise in Bezug genommen, dass einige Teile davon oder ihr gesamter Inhalt Anforderungen des vorliegenden Dokuments darstellen. Bei datierten Verweisungen gilt nur die in Bezug genommene Ausgabe. Bei undatierten Verweisungen gilt die letzte Ausgabe des in Bezug genommenen Dokuments (einschließlich aller Änderungen).

ISO 14644-1, *Cleanrooms and associated controlled environments — Part 1: Classification of air cleanliness by particle concentration*

ISO 14644-16, *Cleanrooms and associated controlled environments — Part 16: Energy efficiency in cleanrooms and separative devices*

3 Begriffe

Für die Anwendung dieses Dokuments gelten die folgenden Begriffe.

ISO und IEC stellen terminologische Datenbanken für die Verwendung in der Normung unter den folgenden Adressen bereit:

— ISO Online Browsing Platform: verfügbar unter https://www.iso.org/obp

— IEC Electropedia: verfügbar unter https://www.electropedia.org/

3.1 Allgemeines

3.1.1
Luftaustauscheffektivität
ACE, en: air change effectiveness
Verhältnis zwischen der Erholungsrate eines Orts oder von Orten in einem *Reinraum* (3.1.4) und der Gesamterholungsrate eines Reinraums nach einer Kontamination

Anmerkung 1 zum Begriff: Die Erholungsrate wird in Übereinstimmung mit ISO 14644-3 definiert und gemessen.

[QUELLE: ISO 14644-16:2019, 3.2.7, modifiziert — in der deutschen Sprachfassung wurde „Verunreinigung" durch „Kontamination" ersetzt]

3.1.2
Klassifizierung
Verfahren zur Beurteilung des Reinheitsgrades in Bezug auf eine Festlegung für einen Reinraum oder einen reinen Bereich

Anmerkung 1 zum Begriff: Die Grade sollten als ISO-Klasse angegeben werden, die den Höchstwert der zulässigen Konzentrationen von Partikeln in einer Einheit des Luftvolumens darstellt.

[QUELLE: ISO 14644-1:2015, 3.1.4]

3.1.3
Reinheit
Zustand, der ein gewisses Maß an Kontamination nicht überschreitet

[QUELLE: ISO 14644-15:2017, 3.5]

3.1.4
Reinraum
Raum, in dem die Anzahlkonzentration luftgetragener Partikel geregelt und klassifiziert wird und der zur Regelung der Einschleppung, Entstehung und Ablagerung von Partikeln im Raum entsprechend konstruktiv geplant, baulich ausgeführt und betrieben wird

Anmerkung 1 zum Begriff: Die Klasse der Konzentration luftgetragener Partikel wird festgelegt.

Anmerkung 2 zum Begriff: Die Grade von weiteren Reinheitsmerkmalen, wie z. B. die chemischen Konzentrationen sowie die Konzentrationen von lebensfähigen oder nanoskaligen Partikeln in der Luft, aber auch die Oberflächenreinheit in Bezug auf Partikel-, Nanopartikel-, chemische Konzentrationen sowie auf Konzentrationen von lebensfähigen Partikeln, könnten festgelegt und geregelt werden.

Anmerkung 3 zum Begriff: Weitere relevante physikalische Parameter könnten auch, falls gefordert, geregelt werden, z. B. Temperatur, Feuchte, Druck, Schwingung und Elektrostatik.

[QUELLE: ISO 14644-1:2015, 3.1.1]

3.1.5
reiner Bereich
festgelegter Bereich, in dem die Konzentration luftgetragener Partikel geregelt wird und klassifiziert ist und der zur Regelung der Einschleppung, Entstehung und Ablagerung von Partikeln im Bereich entsprechend baulich ausgeführt und betrieben wird

Anmerkung 1 zum Begriff: Die Klasse der Konzentration luftgetragener Partikel wird festgelegt.

Anmerkung 2 zum Begriff: Die Grade von weiteren Reinheitsmerkmalen, wie z. B. die chemischen Konzentrationen sowie die Konzentrationen von lebensfähigen oder nanoskaligen Partikeln in der Luft, aber auch die Oberflächenreinheit in Bezug auf Partikel-, Nanopartikel-, chemische Konzentrationen sowie auf Konzentrationen von lebensfähigen Partikeln, könnten festgelegt und geregelt werden.

Anmerkung 3 zum Begriff: Weitere relevante physikalische Parameter könnten auch, falls gefordert, geregelt werden, z. B. Temperatur, Feuchte, Druck, Schwingung und Elektrostatik.

Anmerkung 4 zum Begriff: Ein reiner Bereich (reine Bereiche) kann (können) ein festgelegter Bereich (festgelegte Bereiche) in einem Reinraum sein, oder er (sie) könnte(n) mithilfe eines SD-Moduls geschaffen werden. Dieses SD-Modul kann sich im Raum oder außerhalb eines Reinraumes befinden.

[QUELLE: ISO 14644-1:2015, 3.1.2]

3.1.6
Inbetriebnahme
geplante und dokumentierte Reihe von Inspektionen, Einstellungen, Messungen, Prüfungen und Verifizierungen, die systematisch mit dem Ziel durchgeführt werden, die Anlage wie festgelegt ordnungsgemäß in Betrieb zu setzen

Anmerkung 1 zum Begriff: Der für eine Verifizierung erforderliche objektive Nachweis kann das Ergebnis einer Inspektion oder Prüfung anderer Formen der Bestimmung sein, z. B. Durchführen alternativer Berechnungen oder Überprüfen von Dokumenten.

3.1.7
Kontaminant
Partikel, Chemikalie oder Mikroorganismus, der/die sich nachteilig auf das Produkt oder den Prozess auswirkt

3.1.8
Wirkungsgrad der Fremdkörperbeseitigung
CRE, en: contaminant removal effectiveness
Verhältnis zwischen der Partikelkonzentration in der aus dem Reinraum austretenden Luft und dem Mittelwert der Partikelkonzentration auf der Arbeitsebene des Reinraums, wenn aus der gefilterten Zuluft eintretende Partikel ignoriert werden

Anmerkung 1 zum Begriff: Wenn die Luft an mehr als einer Stelle aus dem Reinraum austritt, kann der gewichtete Mittelwert der Partikelkonzentrationen auf Grundlage der relativen Durchflussraten verwendet werden.

Anmerkung 2 zum Begriff: Die Anzahl und Anordnung der Probenahmeorte für die Bestimmung der mittleren Partikelkonzentration auf der Arbeitsebene des Reinraums kann auf dem Verfahren aus 14644-1 basieren.

Anmerkung 3 zum Begriff: Die lokale Partikelkonzentration ist abhängig vom Luftströmungsprofil im Reinraum und variiert möglicherweise erheblich im Reinraum. Der CRE in einem Unterbereich von Interesse darf berechnet werden durch Auswahl eines einzigen Probenahmeortes, der als repräsentativ für die Eigenschaften des Unterbereichs von Interesse erachtet wird.

Anmerkung 4 zum Begriff: Partikel dürfen durch andere luftgetragene Kontaminanten ersetzt werden.

[QUELLE: ISO 14644-16:2019, 3.2.5, modifiziert — Definition wurde überarbeitet und Anmerkungen zum Begriff wurden hinzugefügt]

3.1.9
Kunde
Person oder Organisation, die ein Produkt oder eine Dienstleistung empfängt oder empfangen könnte, welches oder welche für diese Person oder Organisation vorgesehen ist oder von ihr gefordert wird

BEISPIEL Verbraucher, Klient, Endanwender, Einzelhändler, Empfänger eines Produkts oder einer Dienstleistung aus einem internen Prozess, Nutznießer und Käufer.

Anmerkung 1 zum Begriff: Eine Kunde kann der Organisation angehören oder ein Außenstehender sein.

[QUELLE: ISO 9000:2015, 3.2.4]

3.1.10
turbulente Verdünnungsströmung
Non-UDAF, en: non-unidirectional airflow
nicht in einer Richtung verlaufender Luftstrom
Luftverteilung, bei der in den Reinraum oder reinen Bereich eintretende Erstluft mit der Innenraumluft vermischt wird

[QUELLE: ISO 14644-1:2015, 3.2.8 modifiziert — Definition wurde überarbeitet.]

3.1.11
Partikel
kleines Teil Materie mit physikalisch definierten Abgrenzungen

[QUELLE: ISO 14644-1:2015, 3.2.1]

3.1.12
Ingangsetzung
Aktivitäten, mit denen ein System aus einem statischen Zustand in den Betriebszustand versetzt wird

3.1.13
Quellstärke
Anzahl der je Zeiteinheit emittierten luftgetragenen Partikel oder anderen luftgetragenen Kontaminanten, angegeben als Rate

Anmerkung 1 zum Begriff: Eine Quelle kann eine Person, eine Einrichtung oder ein Objekt sein.

Anmerkung 2 zum Begriff: Jede Rate sollte mit einer bestimmten Partikelgröße angegeben werden. Partikel werden häufig in mehreren Größen emittiert und jede Größe kann eine andere Rate aufweisen.

3.1.14
Erst-Inbetriebnahme
Zeit nach der baulichen Ausführung einer Anlage, wenn die Systeme und die Anlage in Betrieb genommen werden, einschließlich aller Inbetriebnahmeaktivitäten, Schulungen und Übergabe an den Kunden

3.1.15
Lieferant
Organisation, die ein Produkt oder eine Dienstleistung bereitstellt

BEISPIEL Hersteller, Vertriebseinrichtung, Einzelhändler oder Verkäufer eines Produkts oder einer Dienstleistung.

Anmerkung 1 zum Begriff: Ein Lieferant kann der Organisation angehören oder ein Außenstehender sein.

Anmerkung 2 zum Begriff: In einer Vertragssituation wird ein Lieferant manchmal als „Auftragnehmer" bezeichnet.

[QUELLE: ISO 9000:2015, 3.2.5]

3.1.16
turbulenzarme Verdrängungsströmung
UDAF, en: unidirectional airflow
unidirektionaler Luftstrom
geregelte Luftströmung mit gleichförmiger Geschwindigkeit über den gesamten Querschnitt eines Reinraums oder reinen Bereichs, die als parallele Luftströmung angesehen wird

Anmerkung 1 zum Begriff: Eine solche Strömung bewirkt einen gerichteten Transport von Partikeln und anderen Kontaminanten aus dem reinen Bereich.

[QUELLE: ISO 14644-1:2015, 3.2.7, modifiziert — Anmerkung 1 zum Begriff hinzugefügt.]

3.1.17
Lüftungseffektivität
dimensionsloser Index, der sich sowohl auf die Verdünnung als auch die Beseitigung von luftgetragenen Kontaminanten in Innenräumen bezieht, da mit ihm bestimmt wird, wie effektiv die gefilterte Zuluft in die kritischen Bereiche des besetzten Raums verteilt und die Kontamination durch die aus dem Raum austretende Luft beseitigt wird

Anmerkung 1 zum Begriff: Die Lüftungseffektivität kann als Luftaustauscheffektivität (ACE) oder als Wirkungsgrad der Fremdkörperbeseitigung (CRE) angegeben werden. In Reinräumen wird meistens ACE verwendet.

3.1.18
Verifizierung
Bestätigung durch Bereitstellung eines objektiven Nachweises, dass festgelegte Anforderungen erfüllt worden sind

Anmerkung 1 zum Begriff: Der für eine Verifizierung erforderliche objektive Nachweis kann das Ergebnis einer Inspektion, Prüfung oder anderer Formen der Bestimmung sein, z. B. Durchführen alternativer Berechnungen oder Überprüfen von Dokumenten.

Anmerkung 2 zum Begriff: Die für die Verifizierung durchgeführten Tätigkeiten werden manchmal als Qualifizierungsprozess bezeichnet.

Anmerkung 3 zum Begriff: Die Benennung „verifiziert" wird zur Bezeichnung des entsprechenden Status verwendet.

[QUELLE: ISO 9000:2015, 3.8.12]

3.2 Installation

3.2.1
Luftbehandlungsgerät
AHU, en: air-handling unit
Einheit oder Anlage bestehend aus Lüfter, Filtration, Heizung, Kühlung, Luftbefeuchtung/-entfeuchtung sowie Mischung von Frischluft und Umluft, die einem Raum oder einer Einrichtung behandelte Luft zuführt

3.2.2
Luftauslass
am Austritt einer Raumlufteinspeisungsstelle platzierte Vorrichtung zur verbesserten Verteilung und Mischung der Zuluft in der Raumluft

Anmerkung 1 zum Begriff: Ein Luftdurchlassgitter oder eine perforierte Scheibe gilt nicht als Luftauslass.

3.2.3
Anlage
Reinraum oder ein oder mehrere reine(r) Bereich(e) zusammen mit allen zugehörigen Bauten, Luftaufbereitungssystemen, Anschlüssen und Betriebsmedien

[QUELLE: ISO 14644-1:2015, 3.1.3]

3.2.4
Filtersystem
aus dem Filter, dem Rahmen und der sonstigen Haltevorrichtung oder sonstigem Gehäuse bestehende Baugruppe

[QUELLE: ISO 14644-3:2019, 3.3.4]

3.2.5
endständiges Filter
letztes hochwirksames Luftfilter im System vor dem Eintritt der Luft in den Reinraum oder reinen Bereich

Anmerkung 1 zum Begriff: Ein Durchlassfilter ist ein endständiges Filter an dem Punkt, an dem die Luft in den Reinraum eintritt.

[QUELLE: ISO 14644-3:2019, 3.3.5, modifiziert — Definition wurde überarbeitet und Anmerkung 1 zum Begriff wurde hinzugefügt.]

3.2.6
Herunterregeln
kontrollierte Reduzierung der Luftstromgeschwindigkeit in Reinräumen mit turbulenzarmer Verdrängungsströmung und Reinraumgeräten oder Luftvolumenströmen in Reinräumen mit turbulenter Verdünnungsströmung, um Energie in Zeiträumen, in denen der Reinraum nicht in Betrieb ist, zu sparen

[QUELLE: ISO 14644-16:2019, 3.2.8]

4 Abkürzungen

ACE	Luftaustauscheffektivität (en: air change effectiveness)
AHU	Luftbehandlungsgerät (en: air-handling unit)
CRE	Wirkungsgrad der Fremdkörperbeseitigung (en: contaminant removal effectiveness)
ESD	elektrostatische Entladung (en: electrostatic discharge)
HEPA	Hochleistungs-Partikelfilter (en: high-efficiency particulate air (filter))
HVAC	Heizung, Lüftung und Klimatisierung
MCP	mikrobentragender Partikel (en: microbe-carrying particle)
Non-UDAF	turbulente Verdünnungsströmung, nicht in einer Richtung verlaufender Luftstrom (en: non-unidirectional airflow)
UDAF	turbulenzarme Verdrängungsströmung, unidirektionaler Luftstrom (en: unidirectional airflow)
ULPA	Hochleistungs-Schwebstofffilter (en: ultra-low penetration air (filter)
URS	Spezifikation der Nutzungsanforderungen (en: user requirement specification)

5 Allgemeines

Ein Reinraum oder reiner Bereich kann zum Schutz von Produkten und Prozessen verwendet werden, die empfindlich gegenüber luftgetragenen Partikeln und anderen Arten von Kontaminanten sind. Eine Reinraumanlage kann eine neue oder eine erweiterte oder umgebaute bestehende Anlage sein.

Die Nutzungsdauer des Reinraums muss von Beginn an bedacht werden. Dies schließt seine(n) Planung, Ausführung, Erst-Inbetriebnahme, Belegung, Betrieb, Renovierung, Erweiterung, Reparatur und Abriss sowie die folgende Wiederverwertung oder Entsorgung ein.

Es muss eine Analyse der Notwendigkeit eines Reinraums und dessen Berechtigung durchgeführt werden. Diese Analyse muss mindestens Folgendes betreffen:

a) Kontaminationsrisiko von Produkt, Prozessen, Personen und Umgebung (6.1);

b) gesetzliche Anforderungen;

c) relevante Vorschriften;

d) geschäftsbezogene Aspekte (finanzielle Tragfähigkeit und Ressourcenkapazität);

e) zukünftige Bedürfnisse.

Das Flussdiagramm in Bild 1 soll den Anwender mit einer logischen Abfolge der Arbeiten durch dieses Dokument führen. Die Anhänge orientieren sich an den Abschnitten im Haupttext (Anforderungen, Planung, Ausführung und Erst-Inbetriebnahme).

Nach jedem Schritt muss eine Überprüfung auf Grundlage der Anforderungen und vorherigen Schritte erfolgen. In kleinen Projekten dürfen diese Schritte vereinfacht werden.

Dieses Dokument kann auch für nicht klassifizierte auf Sauberkeit kontrollierte Bereiche und kontrollierte Bereiche angewendet werden.

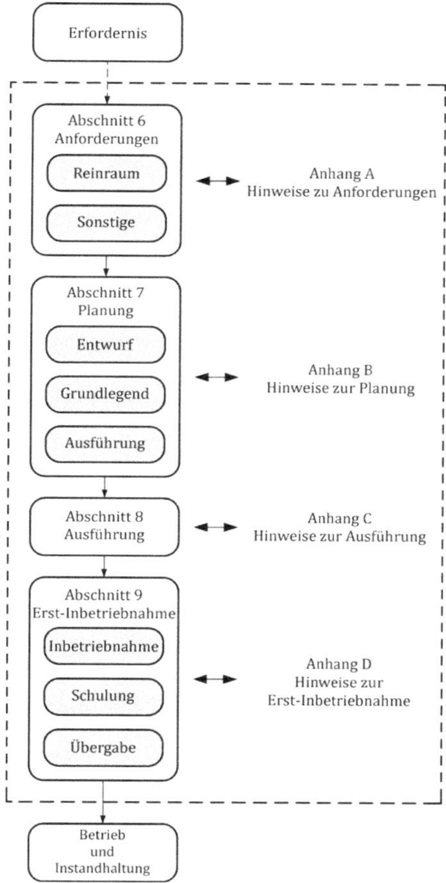

Bild 1 — Flussdiagramm: Von Anforderungen zu Planung, Ausführung und Erst-Inbetriebnahme

6 Anforderungen

6.1 Reinraumanforderungen

Reinraumausstattungen und Anforderungen der Kontaminationskontrolle werden nach Bedarf festgelegt, um zuverlässig und wiederholt Bereiche der gewünschten Qualität erstellen zu können, um Patienten, Produkte, Prozesse, Personal oder die Umgebung zu schützen. Es kann eine Bewertung durchgeführt werden, um mögliche Risiken der zu planenden Einrichtung zu ermitteln.

Die folgenden Punkte müssen vom Kunden und Gestalter berücksichtigt und festgelegt werden, sofern zutreffend:

a) der vorgesehene Verwendungszweck der Anlage und die darin auszuführenden Tätigkeiten;

b) gesetzgeberische Anforderungen;

c) die verwendeten relevanten Teile von ISO 14644 einschließlich Nummer, Ausgabe und Jahr der Veröffentlichung;

d) die Luftreinheitsklasse bei der/den angegebenen Partikelgröße(n) und die festgelegten Betriebszustände in Übereinstimmung mit ISO 14644-1;

e) jegliche sonstige Anforderungen in Bezug auf Partikel oder andere Kontaminanten in der Luft oder auf Oberflächen (z. B. Partikelkonzentration und Partikelabscheidungsrate) (siehe Abschnitt A.4);

f) Erwägungen zu allen anderen Leistungsanforderungen wie etwa ESD oder Schwingungen;

g) Erwägungen zu Temperatur, Feuchte, Prozessen und dem Bedienerkomfort;

h) Leistungsparameter und deren Freigabekriterien mit jeglichen speziellen Anforderungen an Warn- und Alarmzustände und den Umgang damit;

i) Betreten und Verlassen seitens des Personals bzw. Einbringen und Herausnehmen von Einrichtungen und Material in Hinsicht auf Anzahl, Bewegung und durchgeführte Kontrollen wie etwa Dekontamination und Umkleiden;

j) Kontaminationsquellen und die Daten zu deren Quellstärke;

k) Verfahren zur Prüfung, Messung und Überwachung zur Erfüllung der Abnahmekriterien;

l) Kontrolle der Reinraumumgebung durch eigenständige Systeme oder in das Gebäudemanagementsystem (GMS) integrierte Systeme;

m) Anforderungen an die Überwachung von Umgebungsbedingungen und sonstigen Parametern;

ANMERKUNG Eine Anleitung für die Überwachung zum Nachweis der Reinraumleistung bezüglich Luftreinheit anhand der Partikelkonzentration kann ISO 14644-2 entnommen werden.

n) vorgesehene Nutzungsdauer der Anlage;

o) vorgesehene Fertigungszyklen und heruntergeregelte Zeiträume;

p) mit der Zeit zu erwartende Änderungen der Anlage, die bei der Planung berücksichtigt werden müssen;

q) der vorgesehene Standort der Anlage und jegliche Beschränkungen des Standorts;

r) die Angabe von äußeren Umgebungseinflüssen;

s) kritische Maße und Gewichtseinschränkungen, einschließlich in Verbindung mit dem verfügbaren Platz;

t) Prozess- und Produktanforderungen, die die Anlage betreffen, einschließlich Reinigung und Desinfektion;

u) die Liste der Prozesseinrichtungen mit Anforderungen an die Betriebsmittel;

v) die bevorzugten Reinraumkonzepte und die Gesamtstrategie zur Kontaminationskontrolle;

w) Ziele hinsichtlich Umgebung und Energieeffizienz;

x) Prozessgefährdungen;

y) Anforderungen an die innenliegenden Oberflächen und die Oberflächenqualität von Reinräumen (einschließlich des Erfordernisses glatter und undurchdringlicher Oberflächen, die reinigungsfreundlich und resistent gegenüber Reinigungs- und Dekontaminationsmitteln sind und keine Lücken oder Wege mit Zugang zu unkontrollierten Bereichen aufweisen);

z) erforderliche Verfügbarkeit im Hinblick auf akzeptable Ausfallzeiten und Backup-Strategie bei Ausfällen;

aa) Strategie für Instandhaltungstätigkeiten, erforderlicher Platz und erforderliche Zeit für die Instandhaltung der Anlagen während des Prozesszyklus;

ab) jegliche sonstige Faktoren oder Einschränkungen, die oben nicht aufgeführt sind und durch die Betriebsanforderungen während der gesamten Nutzungsdauer des Reinraums vorgegeben werden;

ac) spezifische Anleitungen der Industrie.

Zusätzliche Informationen zu Kontaminationsmechanismen und Reinheitsmerkmalen werden zusammen mit einer umfassenden Prüfliste hinsichtlich der Anforderungen in Anhang A angegeben.

6.2 Sonstige Anforderungen

Die folgenden Punkte müssen berücksichtigt und sofern zutreffend festgelegt werden:

a) Rollen und Verantwortlichkeiten aller an der Ausführung des Projekts beteiligten Parteien;

b) Projektbudget;

c) ein Zeitplan einschließlich Meilensteinen für die Bereitstellung der erforderlichen Informationen und Dokumentation;

d) Verfahren für das Änderungsmanagement;

e) in jeder Phase des Projekts durchzuführende Verifizierungen und zugehörige Dokumentation;

f) Abnahmekriterien für die verschiedenen Projektphasen, sofern anwendbar;

g) Dokumentationsumfang in festgelegten Projektphasen, das entsprechende Datenformat und die Abnahmeverfahren (siehe 9.5);

h) Schulung für Reinraumpersonal und technisches Personal, das die Anlage verwalten, verwenden, reinigen, prüfen und instand halten wird;

i) jegliche sonstigen Freigaben (z. B. Management, Finanzen, Qualität, Prozess, behördlich, gesetzlich);

j) Kompetenz und Erfahrung von Gestaltern, Monteuren, Bauausführern, Inbetriebnahmetechnikern und Prüfern/Verifizierern, insbesondere in Bezug auf Reinräume und Reinraumtechnik;

k) erforderliche Erfahrung, Rollen und Verantwortlichkeiten für Freigaben.

6.3 Dokumentation

Die Anforderungen müssen vereinbart und dokumentiert werden, um eine Grundlage für die folgende erwartete Planung zu bilden und nachverfolgbare Änderungen zu ermöglichen.

ANMERKUNG In einigen Branchen wird dies in einer Spezifikation der Nutzungsanforderungen (URS) dokumentiert.

7 Planung

7.1 Allgemeines

Das Ergebnis der Anforderungen (Abschnitt 6) bildet die Grundlage für die Planung. Bei der Planung des Reinraums muss ein effektives Reinraumkonzept für alle Aspekte der Ausführung, der Prüfung, des Betriebs, der Instandhaltung und der Nutzungsdauer des Reinraums berücksichtigt werden. Der gesamte Planungsprozess umfasst üblicherweise drei Phasen: Entwurfsplanung, grundlegende Planung und Ausführungsplanung.

Je nach Art und Umfang des Projekts können diese Phasen in einem oder mehreren Schritten mit geeigneten Planungsiterationen und Übersichten ausgeführt werden.

Der Planungsprozess muss in vereinbarter Weise durchgeführt werden, alle vereinbarten Anforderungen berücksichtigen und dokumentiert werden.

Die Energieeffizienz (siehe ISO 14644-16) und die Nutzung von SD-Modulen (siehe ISO 14644-7) müssen in Betracht gezogen werden.

In Anhang B werden zusätzliche Informationen zu Reinraumkonzepten, der Berechnung von Luftvolumenströmen für Reinräume mit turbulenter Verdünnungsströmung, der Auswahl der Materialien und dem Layout angegeben.

Die Gesundheit und Sicherheit am Arbeitsplatz muss während der gesamten Planungsphase berücksichtigt werden.

In jeder Planungsphase müssen die Kostenschätzung und der Zeitplan berücksichtigt werden. Bei Reinräumen müssen zudem die Bauphasen des Reinraums und deren Abfolge, das Ausführungsverfahren und die Verifizierung berücksichtigt werden.

7.2 Entwurfsplanung

Während der Entwurfsplanung muss das zu verwendende Reinraumkonzept bzw. müssen die zu verwendenden Reinraumkonzepte berücksichtigt und bestimmt werden. Hinweise zu Reinraumkonzepten können Abschnitt B.2 entnommen werden.

Folgendes muss als Ergebnis der Entwurfsplanung berücksichtigt werden:

a) Planungskriterien, Ansatz und mögliche Lösungen für die Teilbereiche Architektur, Statik, Bauwesen, Mechanik, Elektrik, Steuerung und Automation;

b) Layoutkonzepte der Anlage einschließlich Lage und Größe von Prozesseinrichtungen und Materialien;

c) auf den Layoutkonzepten abgebildete Diagramme zu Material-, Produkt-, Personal- und Abfallfluss mit Kurzbeschreibungen;

d) Festlegung aller Anforderungen an die Kontrolle der Umgebungsbedingungen, einschließlich Reinheitsgrade der Luft, Konzepte zur Luftströmungskontrolle, Temperatur, relative Luftfeuchte und Raumdruckdifferenzen oder Abgrenzung des reinen Bereichs durch Luftstromführung;

e) vorläufige Berechnungen für Leistungsparameter;

f) Ankleidespezifikation zur Kontrolle der Quellstärke.

Die Entwurfsplanung muss vom Kunden und Lieferanten überprüft werden, um zu verifizieren, ob sie die festgelegten Anforderungen erfüllt (Überprüfung des Planungskonzepts).

Nach dieser Überprüfung müssen die Anforderungen möglicherweise aktualisiert werden. Dies unterliegt einer entsprechenden Vereinbarung.

Am Ende der Entwurfsplanungsphase muss ein vereinbartes Planungskonzeptdokument erstellt werden.

7.3 Grundlegende Planung

Auf Grundlage des vereinbarten Planungskonzepts wird eine grundlegende Planung entwickelt.

Folgendes muss für die grundlegende Planung berücksichtigt werden:

a) Grundrissplan und Schnittzeichnungen einschließlich Lage und Größe von Prozesseinrichtungen und Materialien;

b) Raumliste mit zugehöriger Einrichtung und Angabe von Wärmezunahme, potentieller Kontamination und sonstiger kritischer Eigenschaften;

c) Liste der Betriebsmittel;

d) schematische Darstellungen wie Luftstromdiagramme, Raumluftbilanz und Plan zur Druckbeaufschlagung;

e) auf den entwickelten Layouts abgebildete Diagramme zu Material-, Produkt-, Personal- und Abfallfluss;

f) unterstützende Berechnungen zur Unterstützung der erforderlichen Zuluft- und Abluft-Volumenströme zum Erreichen der geforderten Reinheitsgrade der Luft, Druckkaskade und Erholungsrate, sofern anwendbar (siehe Anhang B);

g) unterstützende Berechnungen in Zusammenhang mit der Kontrolle jeglicher anderer Kontaminanten von Interesse (Mikroorganismen, Chemikalien, Nanopartikel oder Makropartikel in der Luft oder auf Oberflächen von Interesse);

h) zugehörige Planungsberechnungen für das HVAC-System zur Kontrolle der Umgebungsbedingungen;

i) Vorfilterung und endständige Luftfilterung und Reinigungsstrategie für Kontaminanten von Interesse, für Umgebung und Personal;

j) Funktionsbeschreibung, um die Abfolge von Tätigkeiten für kritische Leistungsparameter zu beschreiben und so die Entwicklung von Steuerungssystemen und Software zu unterstützen;

k) jegliche berücksichtigte alternative Planungen, sofern anwendbar, und Gründe für die Ablehnung;

l) Energiesparverfahren (nach ISO 14644-16);

m) automatische oder manuelle Systemsteuerung zur Erreichung des geforderten Luftvolumenstroms und der Luftstromrichtung zwischen Räumen und Druckkaskade;

n) Material- und Bauteilspezifikationen;

o) Oberflächenqualität und Details zu baulich bedingten Fugen für die Oberflächen der Anlage;

p) Ansatz für die Inbetriebnahme (Ingangsetzung und Verifizierung) (siehe 8.2);

q) Zuverlässigkeits- und Redundanzstrategie;

r) Instandhaltungsstrategie;

s) Gebäudeautomationssysteme und Steuerungssysteme, manchmal auch als Gebäudemanagementsysteme (GMS) bekannt.

Die grundlegende Planung muss vom Kunden und Lieferanten überprüft werden, um zu verifizieren, ob sie die festgelegten Anforderungen und die grundlegende Planung erfüllt (grundlegende Planungsprüfung). Es ist wichtig, die Zweckmäßigkeit von Ausführung und Instandhaltung in die Überprüfung mit einzubeziehen.

ANMERKUNG Nach der Überprüfung ist es möglicherweise notwendig, die Anforderungen zu aktualisieren. Dies unterliegt einer entsprechenden Vereinbarung.

Am Ende der Phase der grundlegenden Planung muss ein vereinbartes grundlegendes Planungsdokument erstellt werden.

7.4 Ausführungsplanung

Mit der Ausführungsplanung wird die grundlegende Planung weiterentwickelt. Am Ende der Phase der Ausführungsplanung muss/müssen ein oder mehrere Ausführungsplanungsdokument(e) mit ausreichendem Detailgrad erstellt werden, um die Ausführung und Überprüfung zu ermöglichen.

Die Ausführungsplanung muss als Bestandteil der Planungsverifizierung überprüft werden, um sicherzustellen, dass die Anforderungen in Abschnitt 6 erfüllt werden, wie in der grundlegenden Planung ausgeführt. Änderungen müssen von den interessierten Parteien freigegeben und als Bestandteil der Änderungskontrolle und des Änderungsmanagements aufgezeichnet werden.

Darüber hinaus muss das Ergebnis der Ausführungsplanungsphase die Qualitätskontrollanforderungen für die Ausführungsverifizierung und Inbetriebnahme umfassen, einschließlich der anzuwendenden Verfahren, der beteiligten Parteien und jeglicher Anforderungen an eine Bestätigung.

7.5 Änderungsmanagement

Wenn während Planung oder Ausführung Änderungen erforderlich sind, müssen die Anforderungen oder anderen Ergebnisse aus vorherigen Planungsphasen herangezogen werden und unter Umständen verbessert oder überarbeitet werden.

Es ist wichtig, dass diese Änderungen und die Auswirkungen der Änderungen aufgezeichnet, überarbeitet und von benanntem Personal genehmigt werden. Die Verantwortung für diese Koordinierung muss festgelegt werden.

Die Auswirkungen der Änderungen auf Kosten, Projektterminplan und Qualität müssen berücksichtigt und freigegeben werden.

8 Ausführung

8.1 Allgemeines

Die Anlage muss in Übereinstimmung mit der/den vereinbarten Ausführungsplanung und Festlegungen sowie dem Bauplan ausgeführt werden.

8.2 Bauplan

8.2.1 Allgemeines

Rollen, Verantwortlichkeiten und Aktivitäten müssen beschrieben und innerhalb des Bauplans zusammen mit einem Terminplan, einem Qualitätsplan und einem Reinraumprotokoll zugewiesen werden.

Alle Aktivitäten von Auftragnehmern und Subunternehmern müssen während des gesamten Projekts koordiniert werden. Die Verantwortung für diese Koordinierung muss als Teil des Bauplans festgelegt werden.

8.2.2 Terminplan

Die Ausführungsaktivitäten müssen anhand eines Terminplans koordiniert werden, der die Termine, die Abfolge und die wichtigsten Meilensteine für das Projekt dokumentiert.

8.2.3 Qualitätsplan

In Zusammenarbeit mit dem Kunden und anderen relevanten Parteien muss ein Qualitätsplan erstellt werden, in dem Verfahren für folgende Punkte berücksichtigt werden:

a) Ermittlung von zu vereinbarenden Änderungen;

b) Ermittlung und Dokumentation von Abweichungen;

c) Bewertung der Auswirkungen von Folgen dieser Änderungen und Abweichungen;

d) Freigabe (durch geeignete benannte Mitarbeiter) von Änderungen, Abweichungen und Korrekturmaßnahmen;

e) Dokumentation der Kontrolle von Ausführungsaktivitäten und Informationen;

f) Verantwortung;

g) Dokumentationsmanagement.

ANMERKUNG Ausführungsverifizierungen können Bestandteil des Qualitätsplans sein oder als separate(s) Dokument(e) vorliegen, siehe 8.3.

8.2.4 Reinraumprotokoll

Für das Ausführungsprojekt muss ein Reinraumprotokoll berücksichtigt werden. Die Anwendung in allen Ausführungs- und Montageaktivitäten auf und außerhalb der Baustelle muss berücksichtigt werden. Das Protokoll muss der Klassifizierung des gebauten Reinraums entsprechen. Zum Beispiel kann bei einem Reinraum für höhere Reinheitsgrade oder kritischere Anwendungen ein strengeres Protokoll gelten.

Beispiele für Anforderungen an ein Reinraumprotokoll beinhalten Folgendes:

— Die Baustelle muss so früh wie möglich vor äußeren Umgebungseinflüssen geschützt werden.

— Es müssen Bereiche für die Ablage von Material vorgesehen werden, einschließlich ausreichend Platz für die Inspektion eingehender Materialien.

— Kritische Bauteile wie endständige Filter müssen vor Kontamination und Beschädigungen geschützt werden, bis sie fest an ihrer Endposition angebracht sind.

— Materialien, die in reinem Zustand an der Baustelle angeliefert werden, wie Reinraumpaneele und HVAC-Leitungen, müssen rein bleiben.

— Ein Reinigungsprogramm muss für die Anlage während der fortschreitenden Bauarbeiten implementiert werden.

— Es muss eine saubere Grenze um die Reinraumkonstruktion festgelegt werden, um Kontamination aus angrenzenden Bereichen zu vermeiden.

Es muss überlegt werden, ob Schulungen und Einweisungen für alle Mitarbeiter auf der Baustelle, einschließlich Besuchern, aufgenommen werden. Dabei müssen sichere Arbeitsverfahren behandelt werden und sie müssen dabei helfen, eine gute Ausführungsqualität, richtiges Verhalten vor Ort und die Einhaltung eines möglicherweise vor Ort umgesetzten Reinraumprotokolls sicherzustellen.

In Abschnitt C.2 werden zusätzliche Informationen zum Reinraumprotokoll bereitgestellt.

8.3 Ausführungsverifizierung

Während der gesamten Ausführung muss eine Reihe an Verifizierungen durchgeführt werden, um die Übereinstimmung jeden Teils des Ausführungsprozesses und der endgültigen Anlage mit der freigegebenen Planung sicherzustellen.

8.4 Dokumentation

Beim Abschluss des Ausführungsprozesses müssen dem Kunden zeitnah eine Reihe von Infosatzzeichnungen, Betriebsanweisungen und die Ergebnisse der Ausführungsverifizierung (siehe 8.3) bereitgestellt werden.

ANMERKUNG Diese Zeichnungen und Betriebsanweisungen können schrittweise im Verlauf der Arbeiten erstellt und zusammengestellt werden.

Für die Vorbereitung der Erst-Inbetriebnahme muss die Bereitstellung folgender Informationen berücksichtigt werden:

a) Vor Inbetriebnahme der Anlage und Systeme durchzuführende Prüfungen und Inspektionen;

b) Vorgehensweisen beim Anfahren, Abfahren und Wiederanfahren der Anlage unter üblichen und gestörten Bedingungen;

c) zulässige Bereiche der Leistungsparameter;

d) Vorgehensweisen außerhalb der Spitzenzeiten und beim Herunterregeln;

e) Vorgehensweisen beim Auftreten von Warn- und Alarmzuständen;

f) Informationen zur Bedienung von Luftschleusen, Material-Durchreichen und anderen Bereichen, in denen besondere Lüftungskonzepte genutzt werden;

g) Informationen zur Kalibrierung, dem Betrieb und der Instandhaltung des Überwachungssystems;

h) Vorgehensweise für Verifizierung und Prüfung nach Instandhaltungsaktivitäten.

9 Erst-Inbetriebnahme

9.1 Allgemeines

Nach Abschluss der baulichen Ausführung einer Anlage beginnt die Erst-Inbetriebnahmephase mit der Inbetriebnahme zur Bestätigung, dass die Anlage vollständig ist und wie festgelegt funktioniert. Anhang D enthält detaillierte Hinweise zur Erst-Inbetriebnahme.

Mit der Übergabe der Anlage an den Kunden ist die Erst-Inbetriebnahme abgeschlossen.

9.2 Inbetriebnahme

9.2.1 Allgemeines

Die Ingangsetzungs- und Verifizierungsaktivitäten müssen vor der Durchführung geplant, terminlich festgelegt, dokumentiert und freigegeben werden.

9.2.2 Ingangsetzung

Die Anlage wird in Betrieb gesetzt. Eine Reihe von Messungen und Einstellungen wird durchgeführt, bis die Leistungsparameter erreicht werden und die Anlage in einem stabilen Zustand wie vereinbart läuft.

9.2.3 Funktions- und Leistungsverifizierungen

Eine Reihe von Verifizierungen muss durchgeführt werden, um nachzuweisen, dass alle Leistungsparameter den vereinbarten Festlegungen entsprechend und um die Funktionstüchtigkeit aller Teile der Anlage sicherzustellen, so dass die geplanten Bedingungen erreicht werden (weitere Informationen sind in Anhang D angegeben). Bei einem Reinraum oder reinen Bereich muss mindestens eine Klassifizierungsprüfung in Übereinstimmung mit ISO 14644-1 Bestandteil sein.

Die Verifizierungsprüfungen müssen ausreichend lang sein, um eine konsistente Leistung für den geeigneten Umfang an funktionalen Betriebskonfigurationen und Verwendungszwecken nachzuweisen. Die Begründung für den Verifizierungsumfang muss dokumentiert werden.

9.3 Schulung

Der Kunde muss sicherstellen, dass das Personal, das die Anlage bedient und instand hält für die zugewiesenen Aufgaben qualifiziert ist und eine geeignete Schulung für die spezielle Anlage erhalten haben, die für die Übergabe vorbereitet wird. Schulungen müssen alle erforderlichen Praktiken für den Start der Anlage, den Betrieb, das Energiemanagement und die Instandhaltung beinhalten. Welcher Partner für die Schulungen verantwortlich ist, muss festgelegt werden. Schulungen müssen wie festgelegt und dokumentiert durchgeführt werden.

9.4 Übergabe

Die Übergabe einer Anlage muss festgelegt und zwischen dem Lieferanten und dem Kunden vereinbart und dokumentiert werden.

9.5 Dokumentation

9.5.1 Dokumentation der Inbetriebnahme

Zusätzlich zur Dokumentation aus Planung und Ausführung müssen dem Kunden während der Erst-Inbetriebnahme und nach Inbetriebnahme die folgenden Informationen bereitgestellt werden:

a) während der Ingangsetzung erfasste Daten;

b) Angabe von Sollwerten und Leistungsparametern, die während der Ingangsetzung bestimmt wurden;

c) finale und genehmigte Leistungsdaten, Aufzeichnung der Werte der Zustände, wie festgelegt;

d) Energieeffizienzdaten und Daten unter heruntergeregelten Bedingungen in Übereinstimmung mit ISO 14644-16.

9.5.2 Anweisungen zur Leistungsüberwachung

Die Dokumentation muss Anweisungen und Empfehlungen zu Folgendem beinhalten:

a) zu überwachende Leistungsparameter;

b) zu überwachende Reinheitsmerkmale;

c) Häufigkeit der Prüfungen und Messungen;

d) Beschreibung von Prüf- und Messverfahren;

ANMERKUNG Verweisungen auf Normen und Richtlinien sind möglicherweise ausreichend.

e) kontinuierliche Leistungsüberwachung in Echtzeit und Analyse von Tendenzen, sofern zutreffend;

f) Warn- und Alarmgrenzen, sofern zutreffend.

9.5.3 Instandhaltungsanweisungen

Instandhaltungsaktivitäten und deren Häufigkeit müssen festgelegt und umgesetzt werden. Bei der Planung und Ausführung aller Instandhaltungsaktivitäten müssen die Auswirkungen auf Anlage und Prozesse berücksichtigt werden.

9.5.4 Instandhaltungsaufzeichnungen

Eine Aufzeichnung sämtlicher während der Erst-Inbetriebnahme an der Anlage durchgeführten Instandhaltungsarbeiten ist fortzuschreiben.

9.5.5 Schulungsaufzeichnungen

Eine Aufzeichnung über alle durchgeführten Schulungen muss erstellt werden. Schulungsinhalt, Namen des Schulungspersonals und der Teilnehmer sowie Datum und Dauer der Schulung müssen Bestandteil der Aufzeichnungen sein.

Anhang A
(informativ)

Hinweise zu Anforderungen

A.1 Allgemeines

Bei der Festlegung von Reinraumanforderungen ist es wichtig, die Reinheitsmerkmale anzugeben und welche Kontaminationsmechanismen für die Anwendung relevant sind.

Ein gutes Verständnis der Kontaminationsmechanismen (Abschnitt A.2) kann dabei helfen, die zu kontrollierenden Leistungsparameter anzugeben. Für die Festlegung der Reinheitsgrade können die Informationen zu Normen für verschiedene Reinheitsmerkmale (Abschnitt A.3) verwendet werden.

Die Anforderungsprüfliste (Abschnitt A.4) führt die zu berücksichtigenden Themen aus 6.1 näher aus.

A.2 Kontaminationsmechanismen

Reinräume können durch eine Vielzahl an Quellen und viele verschiedene Mechanismen kontaminiert werden. Die Kontamination kann sich durch eine Reihe von Umgebungsfaktoren ausbreiten.

Kontaminanten können fest, flüssig und gasförmig sein. Partikel können leblose Partikel, Mikroorganismen oder mikrobentragende Partikel (lebensfähig oder kultivierbar) sein.

Kontamination kann innerhalb des Reinraums entstehen oder durch Einrichtungen, Werkzeuge, Bauteile, Verpackung, fertige Erzeugnisse, Verbrauchsmaterialien, Personal oder die Lüftungsanlage in den Reinraum eingetragen werden. Kontaminanten können auch aus angrenzenden Räumen in den Reinraum übergehen, wenn die Raumdruckdifferenz durch das Öffnen und Schließen der Reinraumtüren oder das HVAC-System wegfällt. Oberflächen können die Quelle von Kontamination sein und Kontamination aufnehmen. Die Gesamtmenge an Kontamination durch Maschinen, Einrichtungen, Werkzeuge, Verbrauchsmaterialien oder andere Quellen luftgetragener Kontamination je Sekunde wird als Quellstärke bezeichnet. Quellstärke wird in Anhang B behandelt.

Kontaminationsquellen können Kontaminanten (z. B. Partikel, Mikroorganismen, Tröpfchen und/oder Chemikalien) durch Impaktion, Reibung, Abrieb, Schwingungen, Verdampfung und Reaktionen in die Luft eintragen. Kontaminanten in der Luft können sich auf Oberflächen absetzen. Bei Luftströmung über eine Oberfläche beeinflusst eine Grenzschicht die Ablagerung aus der Luft auf ungeschützte Oberflächen und das erneute Eintragen der Kontamination von der Oberfläche in die Luft. Ablagerungsmechanismen sind Sedimentierung, Interzeption, Diffusion und elektrostatische Anziehung. Umgebungsfaktoren, die die Ablagerung beeinflussen, sind Luftstrom, Temperatur, Luftfeuchte und andere physikalische Einflüsse (z. B. Schwingungen, elektrostatische Entladung).

Folgendes ist für eine effektive Kontaminationskontrolle erforderlich:

a) die in den Reinraum eingetragene Menge an Kontamination sollte minimiert werden;

b) die Entstehung und Übertragung von Kontamination sollte minimiert werden;

c) entstandene Kontamination sollte schnell aus dem Reinraum beseitigt oder so eingedämmt werden, dass sie sich nicht auf Oberflächen ablagert oder ansammelt;

d) die Umgebungsbedingungen des Reinraums sollten durch ein effektives Luftaufbereitungssystem und einen Oberflächenreinigungsplan kontrolliert werden.

A.3 Überwachung von Reinheitsmerkmalen

Das hauptsächliche Reinheitsmerkmal eines Reinraums oder reinen Bereichs ist die Konzentration luftgetragener Partikel. ISO 14644-1 legt die Klassifizierung der Luftreinheit von Reinräumen oder reinen Bereichen anhand des Höchstwerts der zulässigen Konzentration luftgetragener Partikel für eine Reihe von Partikelgrößen in festzulegenden Betriebszuständen fest. ISO 14644-2 legt die Überwachung zum Nachweis der Reinraumleistung bezüglich Luftreinheit anhand der Partikelkonzentration fest.

Zusätzlich zu der in Übereinstimmung mit ISO 14644-1 klassifizierten Reinheit luftgetragener Partikel können bei der Planung eines Reinraums oder reinen Bereichs weitere Reinheitsmerkmalebenen berücksichtigt werden. Die weiteren (überwachten) Reinheitsmerkmale sind in Tabelle A.1 zusammen mit der zugehörigen Norm angegeben.

Bei der Festlegung der Anforderung sollten Reinheitsmerkmale von Interesse und die maximalen Konzentrationen in Luft oder auf einer Oberfläche an einem kritischen Standort nach der zugehörigen Norm festgelegt werden.

Tabelle A.1 — Überwachung von Reinheitsattributen

Kontaminant	Luftreinheit	Oberflächenreinheit
Partikel	ISO 14644-2 ISO 14644-17	ISO 14644-9
Chemikalien	ISO 14644-8	ISO 14644-10
Nanopartikel	ISO 14644-12	nicht zutreffend
lebensfähige Partikel (Mikroorganismen)	EN 17141	

Die Anforderung an ein ergänzendes Reinheitsmerkmal wirkt sich auf Planung, Ausführung und Erst-Inbetriebnahme aus.

A.4 Prüflisten hinsichtlich der Anforderungen

Die in Tabelle A.2 aufgeführten Punkte sollten, soweit zutreffend, hinsichtlich ihrer Relevanz für das Projekt oder den Prozess als Vorgaben für die Planungsphase überprüft werden.

Tabelle A.2 — Anforderungsprüfliste

Nr.	Punkt	Planungsvorgabe
1	Prozessinformationen	
1.2	Verwendungszweck	— Berücksichtigung der Prozess-, Personal- und Umgebungsfaktoren, Anforderungen von Behörden und Regulierungsbehörden
1.1	Vorgelagerte, nachgelagerte Prozesse	— Zustand des Produkts oder Ausgangsmaterials bei Anlieferung — Beschreibung folgender Prozessschritte
2	Luftreinheit	
2.1	Partikel	— Klasse in Übereinstimmung mit ISO 14644-1: Partikelkonzentration, Partikelgröße(n) und Betriebszustand — Erholzeit, Erholungsrate oder beides in Übereinstimmung mit ISO 14644-3 — Lüftungseffektivität

Tabelle A.2 (*fortgesetzt*)

Nr.	Punkt	Planungsvorgabe
2.2	Chemikalien	— ausgeschlossene Chemikalien — Konzentrationsgrad in Übereinstimmung mit ISO 14644-8 — Kontaminantenkategorie in Übereinstimmung mit ISO 14644-8
2.3	Mikroorganismen	— Rückhaltung/Isolation — Sterilität — Vernebelung — Keimbelastung
2.4	Sonstige störende Faktoren	— Schwingungen (Amplitude, Frequenz) — elektromagnetische Felder — elektrostatische Aufladung
3	Oberflächenreinheit	
3.1	Partikel	— Konzentrationsgrade und Partikelgrößenbereiche in Übereinstimmung mit ISO 14644-9 — Reinigung in Übereinstimmung mit ISO 14644-13 — maximale Partikelablagerungsrate in Übereinstimmung mit ISO 14644-17
3.2	Chemikalien	— Konzentrationsgrad in Übereinstimmung mit ISO 14644-10 — Art der Kontamination, zum Beispiel korrodierende Oberflächen — Reinigung in Übereinstimmung mit ISO 14644-13
3.3	Mikroorganismen	Kontrolle nach ISO 14698 — Desinfektionsverfahren — Rückhaltung/Isolation — Sterilität — Keimbelastung
4	Prozessmaterialien und Betriebsmedien	
4.1	Feststoffe	— Liste der festen Substanzen für die Ausrüstung, die im Prozess benutzt werden sollen — Reinheit oder Konzentration — Mengen
4.2	Flüssigkeiten	— Flüssigkeiten, die im Prozess benutzt werden sollen, angegeben mit ihrer Auswirkung auf das Produkt (für jede Einrichtung) — Reinheitsgrad (Chemikalien, Partikel) — Mengen — Druck — Temperatur — Entflammbarkeit

Tabelle A.2 (*fortgesetzt*)

Nr.	Punkt	Planungsvorgabe
4.3	Gase	— alle Gase, die im Prozess benutzt werden sollen, angegeben mit ihrer Auswirkung auf das Produkt (für jede Einrichtung) — Reinheitsgrad [Chemikalien, Partikel, lebensfähige Partikel (Mikroorganismen)] — Mengen — Druck — Entflammbarkeit — Toxizität
4.4	Elektrizität	— Stromversorgung (für jede Einrichtung) — Spannung oder Frequenz — Phase — Last- oder Stromschwankungen und Standby-Stromversorgung (Ersatz für Netzstrom) — heruntergeregelter Modus
4.5	Strahlung	— ionisierende und nichtionisierende Strahlung
4.6	Gefährdungen	— jegliche Gefährdungen in Zusammenhang mit 4.1 bis 4.5
5	Abfall	
5.1	Feststoffe	— Liste der Feststoffe im Prozess, die entsorgt werden sollen (für jede Einrichtung) — Reinheit oder Konzentration — Art, Menge — Entsorgungsverfahren und Ort
5.2	Abluft	— Liste der Abluftarten im Prozess (für jede Einrichtung) — Eigenschaften und chemische Zusammensetzung der Abluft — Arten, Mengen (Volumenstrom) — Druckverhältnisse — Orte
5.3	Flüssigkeiten	— Liste der Flüssigkeiten im Prozess, die entsorgt werden sollen (für jede Einrichtung) — Reinheit oder Konzentration — Art, Menge — Eigenschaften, z. B. Temperatur und Azidität (pH) — Entsorgungsverfahren und Ort
5.4	Gefährdungen	— jegliche Gefährdungen in Zusammenhang mit 5.1 bis 5.3
6	Anforderungen an Einrichtungen zur Unterstützung von Prozess, Ausrüstung und Personal	
6.1	Luftströmungsart	— UDAF, Non-UDAF oder kombinierte Luftströmung
6.2	Richtung der Luftströmung	— Richtung der UDAF im Reinraum, vertikal oder horizontal

Tabelle A.2 (*fortgesetzt*)

Nr.	Punkt	Planungsvorgabe
6.3	Temperatur	— Anforderungen an die Lufttemperatur im Reinraum, einschließlich maximalem, minimalem und optimalem Wert im Hinblick auf: — Fertigungsverfahren — Einrichtungen und Materialien — thermische Behaglichkeit (Bekleidung) — maximale zeitliche Temperaturschwankung und, sofern erforderlich, Gradienten je Zeiteinheit — maximale lokale Temperaturschwankungen, Zielwerte für Temperaturen
6.4	Luftfeuchte	— Anforderungen an die Luftfeuchte im Reinraum, einschließlich maximalem, minimalem und optimalem Wert im Hinblick auf: — Fertigungsverfahren — Einrichtungen und Materialien — thermische Behaglichkeit (Bekleidung) — Zielwerte für die relative Feuchte — maximale Luftfeuchte unter Berücksichtigung der Zeit — maximale lokale Luftfeuchteschwankungen
6.5	Raumdruckdifferenz	der Druckdifferenzwert im Raum in Bezug auf den umgebenden Referenzdruck oder einen angrenzenden Bereich
6.6	Schalldruckpegel (Geräusche)	— maximal zulässiger und optimaler Schalldruckpegel der Reinraumprozesse — Wohlbefinden des Personals — Gesundheit und Sicherheit — Schallreflexion — Hallraum
6.7	Schwingungen	maximal zulässiger und nominaler Schwingungspegel der Reinraumprozesse
6.8	Beleuchtung	Angabe der minimalen und optimalen erforderlichen Beleuchtungsstärke im Reinraum und, sofern notwendig, Wellenlängeneinschränkungen — Prozessanforderungen (Arbeits- oder lokale Beleuchtung) — Wohlbefinden des Personals — Blendung — Reflexionsgrad — Gleichmäßigkeit — Energiesparmaßnahmen — Nutzungszeiträume
6.9	Deckenhöhe	— erforderliche Deckenhöhen
6.10	Grundfläche	— erforderliche Grundflächen, d. h. Längen und Tiefen

Tabelle A.2 (*fortgesetzt*)

Nr.	Punkt	Planungsvorgabe
6.11	Bodenbelastungen	— maximale zu tragende Last — statische Last — maximale dynamische Last
6.12	Oberflächenqualitäten	— Anforderungen an die Ebenheit, Glattheit oder Rauheit von Oberflächen — Ausführungsqualität (Bereitstellung physischer Beispiele) — Verwendung undurchdringlicher Materialien — Abwesenheit von Lücken und Spalten und geeigneter Abdichtung — Reinigungsfähigkeit — Verträglichkeit von Reinigungs- und Desinfektionsmitteln — Verwendung verschiedener Deckfarben, um ein ästhetisch ansprechenderes Umfeld zu bieten, Glanz zu vermeiden und Bereiche oder Zonen abzugrenzen
6.13	Ionisation	— Entladungszeit — Nullpunktspannung
6.14	Elektrostatische Entladung	— elektrisches Oberflächenpotential — spezifischer elektrischer Widerstand von Materialien — elektrostatisches Feld
6.15	Standortanforderungen	— Erdbebenzonen — Hochwasserzonen — Kontamination von außen
6.16	Informationstechnologie	— IT-Infrastruktur — Lautsprecheranlagen — Meldeanlagen — Warnanlagen — Cybersicherheit
6.17	Elektrostatische oder magnetische Felder	— Emissionsgrenzwert für dauerhafte und transiente Strahlung — Spektrum für bestimmte Bereiche
7.	Sicherheitsaspekte	
7.1	Trennung der Luftzirkulationszonen	— spezifische Anforderungen bezüglich Kontrolle und Trennung einzelner Bereiche (Kreuzkontamination)
7.2	Lagerung und Transport von gefährlichen Materialien	— Festlegung spezifischer Prozesse — Gesamtlagerkapazität der Reinraumanlage für gefährliche Güter (z. B. toxisch, entflammbar)
7.3	Notausstieg	— maximal zulässige Strecke zum Verlassen der Reinraumanlage (Notausgänge)
7.4	Rauchmanagement	— Vorkehrungen zur Rauchabführung aus abgedichteten Räumen — Rauch- und Brandmelder

Tabelle A.2 (*fortgesetzt*)

Nr.	Punkt	Planungsvorgabe
7.5	Brandschutz	— Sprinklersystem — Unterdrückungssystem
7.6	Prozessgefährdungen	— toxisch — feuergefährliches Material — explosionsfähig
8	Reinraumnutzung	
8.1	Verfügbarkeit	— Verfügbarkeit der Anlage (Redundanz, Betriebszeit und Reparaturdauer) — Verfügbarkeit von Ersatzteilen (Anzahl, Art)
8.2	Materialtransport und Bewegungsvorgänge des Personals	— Produkt- und Prozessflussanforderungen — Personalflussanforderungen — Abfallflussanforderungen — räumliche Abstände zwischen den einzelnen Prozessen — Prozessteilungsanforderungen — Personalkommunikation — Luftschleusen und Umkleideräume
8.3	Auslastung	— Angabe der Betriebsart des Reinraums, d. h. konstant oder mit Unterbrechung — Herunterregeln — Regelbarkeit — adaptive Steuerung siehe ISO 14644-16
8.4	Reinigung und Desinfektion	— Vorgehensweisen — Art der verwendeten Chemikalien — mögliche Auswirkungen auf Prozess und Oberflächen — unerwünschte Rückstände — Emission — Lagerung von Geräten und Reinigungs-/Desinfektionsmitteln
9	Weitere Anforderungen	
9.1	Energieeinsparung	— Setzen von Zielen auf Grundlage der Nutzungsarten für optimierte Energienutzung
9.2	Rechtliche Anforderungen	— Liste aller rechtlichen Bestimmungen mit Auswirkungen auf den Standort und den Betrieb vor Ort, einschließlich lokaler Entwicklungspläne und -vorschriften, lokaler Steuervorschriften und Abstandsanforderungen

Tabelle A.2 (*fortgesetzt*)

Nr.	**Punkt**	**Planungsvorgabe**
9.3	Betriebsmedien	— Liste der Betriebsmedien und äußeren Faktoren mit Qualität, Mengen und Verfügbarkeit — Wasserversorgung, Liste mit Eigenschaften — Druckluftversorgung — Stromversorgung, V/Ph/Hz, Stabilität — Vorkehrungen zur Abfallentsorgung — Schwingungsverhältnisse — Einflüsse von umgebenden Gebäuden (Kontaminationen) — Einflüsse auf umgebende Gebäude (z. B. Prozessabluft) — geotechnische Bedingungen am Standort — Sicherheits- und Zugangsfaktoren
9.4	Behördliche Anforderungen	— Lizenzen und Inspektionen — Verordnungen — Normen — Richtlinien
9.5	Andere	— Faktoren der Ergonomie und Ästhetik — zukünftige Erfordernisse, Flexibilität — Investition, Folgekosten — Betriebskosten, Energieverbrauch, Instandhaltungskosten — Daten (Eckdaten und Meilensteine) — Verantwortlichkeiten für Projektaufgaben und Meilensteine

Anhang B
(informativ)

Hinweise zur Planung

B.1 Allgemeines

Das Ergebnis der Anforderungen in Abschnitt 6 bildet die Grundlage für die Planung. Wie bei vielen Anforderungen ist die Planung auch ein integraler Bestandteil einer effektiven Strategie zur Kontaminationskontrolle, bei der der betriebliche Zusammenhang und die Nutzungsdauer des Reinraums bedacht werden müssen. Eine effektive Strategie zur Kontaminationskontrolle umfasst drei grundlegende Elemente:

a) technische Kontrollen, d. h. Kontrollen der Einrichtung und der Umgebungsbedingungen;

b) Personal- und Materialkontrollen, d. h. Umkleiden und Verhalten als Bestandteil der Vorgehensweisen und ein Qualitätsmanagementsystem;

c) Reinigung, sofern erforderlich einschließlich Desinfektion.

Die Reinraumplanung in diesem Dokument konzentriert sich hauptsächlich auf technische Kontrollen, die gute Fertigungspraktiken zur Kontaminationskontrolle ermöglichen und die Anforderungen in Abschnitt 6 erfüllen.

ISO 14644-5 befasst sich mit den betrieblichen Aspekten von Reinräumen und zugehörigen Reinraumbereichen.

Bei der Planung eines Reinraums müssen die Reinraumkonzepte (Abschnitt B.2) verstanden werden, um die Kontrolle einzuführen und immer wieder nachzuweisen.

Eine effektive Strategie zur Kontaminationskontrolle erfordert Folgendes:

— Verständnis der kontaminationsgefährdeten Tätigkeiten und Prozesse und die Art(en) der Kontamination;

— Verständnis der Kontaminationsquellen, ihrer wahrscheinlichen Konzentrationen, Eigenschaften und Auswirkungen;

— Erkennung der kritischen Kontrollpunkte in der Reinraumumgebung, wo eine Kontrolle erforderlich ist;

— Festlegung der akzeptierten Grenzen für jeden betrachteten Kontaminanten; Art(en) und Grad(e) an jedem dieser kritischen Kontrollpunkte;

— Berücksichtigung technischer Kontrollmaßnahmen zur Beseitigung oder Minderung des Kontaminationsrisikos, einschließlich Einhausung, Abgrenzung, Trennung und Rückhaltung/Isolation, z. B. Schaffung eines reinen Bereichs in einer weniger reinen Umgebung;

— Begrenzung der Kontaminationsquellen in einem Reinraumbereich (z. B. Materialien, Einrichtungen, Personen in Reinraumkleidung usw.);

— Begrenzung der Eintragung von Kontamination von außerhalb in einen reinen oder kontrollierten Bereich [Überdruck, Eintrittsverfahren, Warentransfer (Materialien und Einrichtungen)];

— Verdünnung, Verdrängung oder Entfernung luftgetragener Kontamination durch Zufuhr ausreichend gefilterter Luft, um die entsprechende ISO-Reinheitsklasse zu erreichen;

— Beseitigung von Kontamination über Rück- und Fortluft und durch Oberflächenreinigung;

— System zur Kontrolle der Umgebungsbedingungen, um die Reinraumumgebungsbedingungen innerhalb vereinbarter Parameter zu halten;

— System oder Maßnahmen zur Überwachung der Umgebungsbedingungen, einschließlich welche Parameter gemessen werden müssen, Messort, -häufigkeit und -zeit sowie die Art und Weise der Bewertung von und des Umgangs mit den Daten hinsichtlich Warn- und Alarmgrenzwerten. Dies dient dazu, nachzuweisen, dass die Reinraumbedingungen innerhalb der vereinbarten Parameter liegen.

Die Lüftungsanlage oder Heizung, Lüftung und Klimatisierung (HVAC) ist ein wichtiger Teil der technischen Kontrollen. Beispiele sind in den Literaturnachweisen [16] und [20] enthalten. Die erforderliche Zuluftmenge hängt von dem vorgesehenen Verwendungszweck des Reinraums ab (Abschnitt B.3). Das Belüftungskonzept kann mithilfe der computergestützten Flüssigkeitsdynamik (Abschnitt B.4) analysiert werden. Darüber hinaus müssen das Layout des Reinraums und die für die Ausführung des Reinraums verwendeten Materialien berücksichtigt werden (Abschnitt B.5 und Abschnitt B.6). In diesem Anhang werden die Planungsaspekte behandelt. Eine Prüfliste mit allen Aspekten (Abschnitt B.7) kann verwendet werden.

B.2 Reinraumkonzepte

B.2.1 Bereichseinteilung

Aus wirtschaftlichen, technischen und betriebsbedingten Gründen sind einzelne Reinräume oder reine Bereiche oftmals abgeschlossen oder von Räumen oder Bereichen niedrigerer Reinheitsklassen umgeben. Dies ermöglicht die Beschränkung eines Bereichs mit den höchsten Anforderungen an die Reinheit, in Bild B.1 als den Kernbereich umgebend dargestellt, auf minimale Größe für eine effektivere Kontrolle.

Materialtransport und Bewegungsvorgänge des Personals zwischen angrenzenden reinen Bereichen erhöhen das Risiko der Verschleppung von Kontaminationen. Aus diesem Grund sollte auf die Planung eines detaillierten Layouts sowie auf die Organisation von Material- und Bewegungsvorgängen des Personals besondere Sorgfalt verwendet werden.

Bild B.1 veranschaulicht ein Beispiel eines Reinraumkonzepts, das sogenannte Box-in-Box-Konzept. In diesem Layout würde der Kernbereich als der am wirksamsten kontrollierte Bereich des Reinraums betrachtet werden. Der Personalfluss, der Fertigproduktfluss und der Abfallfluss nach außen können in mehreren Stufen oder auf einmal erfolgen, je nach Risiko der Verschleppung von Kontaminationen.

Es handelt sich hier um ein zweidimensionales Diagramm, das dreidimensional interpretiert werden sollte, um das Kontaminationsrisiko aus allen Richtungen, auch von oberhalb oder unterhalb der benannten Räume und Bereiche, zu berücksichtigen.

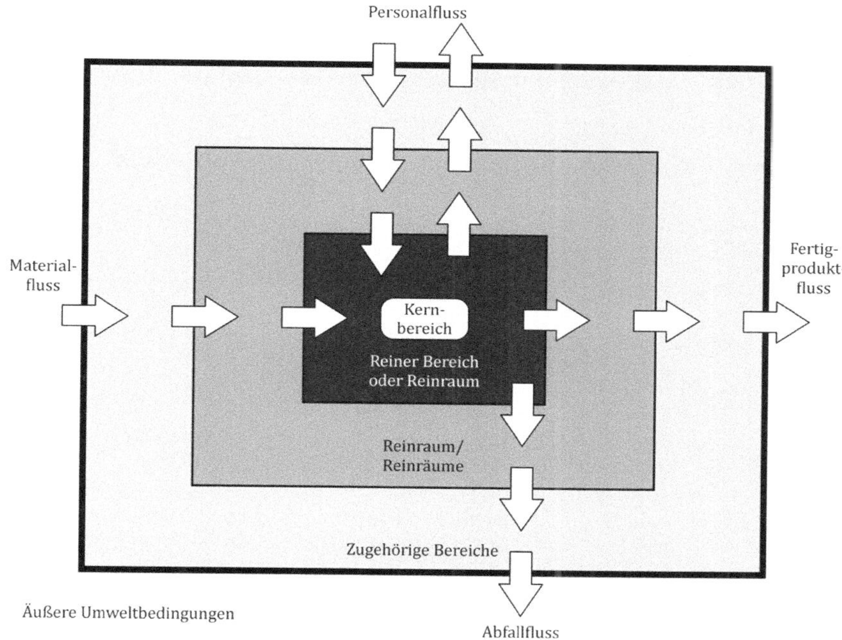

Bild B.1 — Beispiel eines Box-in-Box-Reinraumkonzepts

B.2.2 Abgrenzung

B.2.2.1 Allgemeines

Reinraumanlagen können aus verschiedenartigen Bereichen und/oder Räumen mit unterschiedlichen Anforderungen an die Kontaminationskontrolle bestehen. Das Hauptaugenmerk bei der Planung sollte auf dem Produkt- oder Prozessschutz oder auf der Produkt- oder Prozessisolation liegen, falls sie eine Gefährdung darstellen. In manchen Fällen ist eine Kombination aus Schutz und Isolation erforderlich. Die Abgrenzung kann durch physische oder aerodynamische Mittel oder eine Kombination derselben erreicht werden.

Um Reinräume vor Kontaminationen durch angrenzende Bereiche mit niedrigeren Reinheitsgraden zu schützen, sollte in den Reinräumen eine ausgehende Luftströmung zu den angrenzenden weniger reinen Bereichen beibehalten werden. Zur Isolation eines gefährlichen Prozesses sollte diese Luftströmung umgekehrt werden. Einige Anwendungen können eine Kombination aus verschiedenen Luftströmungsrichtungen erfordern, um die Reinheit aufrechtzuerhalten und gleichzeitig Gefahren zu begrenzen.

Im Fall von zwei durch eine physische Barriere getrennten Bereichen sollte eine Luftströmung durch die die Räume verbindenden Leckstellen eingestellt werden, die vom reineren zum weniger reinen Bereich fließt. Die Aufrechterhaltung dieser Luftströmung und der Druckdifferenz erfordert eine stabile Differenz (Offset) zwischen den Zu- und Abluftvolumenströmen der mechanischen Lüftung sowie die Aufrechterhaltung des Drucks zwischen den Räumen, um dauerhaft eine Luftströmung in die richtige Richtung sicherzustellen. Wenn mehrere Räume durch physische Barrieren getrennt sind, sollte das Druckregime zwischen den Räumen so eingestellt werden, dass an allen Schnittstellen zwischen den Räumen die korrekte Luftströmungsrichtung sichergestellt werden kann. Dieses Konzept der ansteigenden Drücke für einen ansteigenden Reinheitsgrad oder der abnehmenden Drücke für die Isolation/Rückhaltung wird häufig als „Druckkaskade(n)“ bezeichnet.

Wenn zwei Bereiche ohne physische Barriere getrennt sind, ist eine abgrenzende Luftströmung nur effektiv, wenn der Strömungsweg und die Luftströmungsgeschwindigkeit keine Rückströmung und keinen Eintrag von Kontamination aus dem weniger reinen Bereich in den reineren Bereich erlauben.

Wenn ein hoher Grad an Abgrenzung erforderlich ist, sollten SD-Module in Betracht gezogen werden (ISO 14644-7).

Bild B.2 zeigt die Grundkonzepte für die Abgrenzung von Reinräumen oder reinen Bereichen.

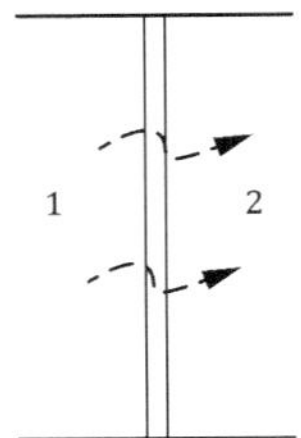

a) Durch eine physische Barriere mit Leckage: statischer Druck $P_1 > P_2$

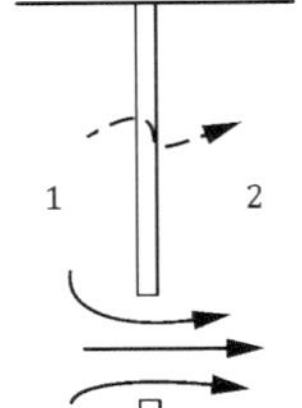

b) Durch eine physische Barriere mit Leckage und Überfluss: statischer Druck $P_1 > P_2$

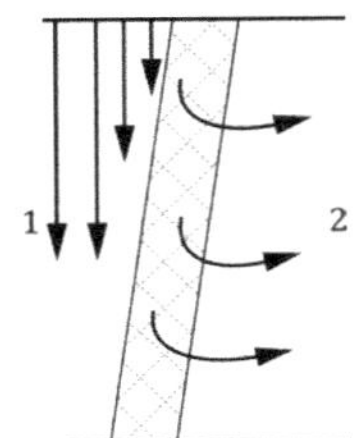

c) Aerodynamisch: praktisch kein Unterschied zwischen statischem Druck P_1 und P_2

Bild B.2 — Abgrenzungskonzepte

Es ist möglich, bei größeren deutlichen Öffnungen in einer physischen Barriere (z. B. kontinuierlicher Produkttransfer) aerodynamische Abgrenzung und physikalische Barriere zu kombinieren.

ANMERKUNG 1 Die Wirksamkeit des Konzepts mit physischer Barriere kann durch eine experimentelle Sichtbarmachung der Luftströmung nachgewiesen werden, oder indem eine Leckprüfung der Abschließung nach ISO 14644-3 durchgeführt wird.

ANMERKUNG 2 Die Wirksamkeit des Konzepts mit aerodynamischer Abgrenzung kann durch eine Entmischungsprüfung oder eine Sichtbarmachung der Luftströmung nach ISO 14644-3 nachgewiesen werden.

Wenn ein hoher Grad an Schutz erforderlich ist, sollten SD-Module in Betracht gezogen werden (ISO 14644-7).

Die Menge zugeführter Außenluft sollte so bemessen sein, dass sie für Lüftungszwecke besetzter Räume sowie zum Ausgleich von Luftverlusten durch Ausströmung aus den Reinraumgrenzbereichen und von Fortluft von anderen Einrichtungen, wie SD-Modulen, ausreicht.

B.2.2.2 Konzept mit physischer Barriere

Beim Konzept mit physischer Barriere werden zwei oder mehr Bereiche durch eine stabile Struktur in einzelne Räume/Bereiche unterteilt. Physische Barrieren (z. B. Wände, Böden, Decken, Türen, Abschirmungen) zur Schaffung einer Einhausung können verschiedene Festigkeitsgrade aufweisen und können lokal mit Durchbrüchen versehen sein.

Durch Planung der richtigen Luftströmung kann ein entsprechender Druckdifferenzbereich zwischen angrenzenden Reinräumen oder reinen Bereichen verschiedener Reinheitsgrade ausgewählt werden.

Um eine Umkehrung des Luftstromes zwischen angrenzenden Reinräumen oder reinen Bereichen verschiedener Reinheitsgrade von der ursprünglich vorgesehenen Richtung zu verhindern, sollte die Luftströmung in jedem der abgegrenzten Bereiche durch die Planung kontrolliert ausgeglichen werden, um die richtige Druckdifferenz aufrechtzuerhalten.

Mittels verschiedener Strömungsregulierungstechniken kann eine regulierende Luftströmung zwischen Bereichen hergestellt und gehalten werden. Diese Techniken schließen aktive oder automatisierte und passive bzw. manuelle Systeme ein, die so konfiguriert sind, dass die Zuluft- und Rückluft-/Fortluftvolumenströme ausgeglichen werden.

Je nach Kritikalität der Abgrenzung sollten Druckdifferenzen zwischen Räumen üblicherweise im Bereich von 7,5 Pa bis 15 Pa liegen. In mehreren verbundenen Räumen mit verschiedenen Reinheitsanforderungen könnte eine Planung für kleinere Druckschritte (üblicherweise mindestens 5 Pa) erforderlich sein, um überhöhte Drücke im Raum mit dem höchsten Druck in der Kaskade zu verhindern. Manchmal sind höhere Druckdifferenzen erforderlich.

Eine Erhöhung der Druckdifferenzen führt zu einer höheren Luftgeschwindigkeit durch eventuell vorhandene Lücken. Druckdifferenzen im Bereich von 7,5 Pa bis 15 Pa führen zu einer Geschwindigkeit durch Lücken in der Größenordnung von 3,5 m/s bis 5,0 m/s.

Es sollten Vorkehrungen getroffen werden, um eine exakte Messung des trennenden Luftstroms oder Drucks sicherzustellen und die Stabilität der Anlage mittels Computersimulation/Animation zu untersuchen. Sobald die Anlage in Betrieb ist, kann dies auch durch Sichtbarmachung nachgewiesen werden (ISO 14644-3). Übermäßige Druckdifferenzen können problematisch sein, da sie die Struktur der Einhausungen belasten und zum Beispiel das Öffnen von Türen erschweren.

In Situationen, in denen der Luftvolumenstrom durch Leckstellen aufgrund der hohen Druckfestigkeit der Barriere niedrig ist (eine luftdichtere Einhausung), kann es schwieriger sein, die Druckstabilität aufrechtzuerhalten, da in diesem Fall kleine Änderungen des Zuluft- und Rückluft-/Fortluftvolumenstroms zu starken Änderungen der Druckdifferenzen führen können, sofern die Luftvolumenströme nicht exakt kontrolliert werden. Dieses Phänomen wird häufig in Laboratorien mit biologischer Sicherheitsstufe 3 oder 4 beobachtet.

B.2.2.3 Konzept mit aerodynamischer Abgrenzung

Eine abgrenzende Luftströmung kann angrenzende reine und weniger reine Bereiche effektiv trennen.

Das erforderliche Luftströmungsprofil und die erforderliche Luftströmungsgeschwindigkeit sollten unter Berücksichtigung wichtiger Bedingungen ausgewählt werden, wie zum Beispiel Wärmelast zwischen den Bereichen, physische Hindernisse und Lage und Größe von Wärmequellen, Luftauslässen und Kontaminationsquellen. Um eine festgelegte Partikelkonzentrationsdifferenz für eine aerodynamische Abgrenzung zu erhalten, sollte die Luftgeschwindigkeit auf der reineren Seite höher sein als auf der weniger reinen Seite (siehe Bild B.2 c). Diese Art von Abgrenzung findet zum Beispiel in Zugangstüren von Füllstationen in der Pharmaindustrie oder in reinen Bereichen innerhalb von Operationssälen Anwendung.

B.2.3 Luftströmungskonzepte

B.2.3.1 Einleitung

In Reinräumen und Reinraumgeräten werden drei Arten von Luftströmungskonzepten zur Kontaminationskontrolle verwendet:

a) turbulenzarme Verdrängungsströmung (unidirektionaler Luftstrom);

b) turbulente Verdünnungsströmung;

c) kombinierte Luftströmung.

Luftströmungsprofile bei Reinraumklassen ISO-Klasse 5 oder reiner sind oft turbulenzarme Verdrängungsströmungen, wobei turbulente Verdünnungsströmung für Reinräume ISO-Klasse 6 und weniger rein üblich sind.

Bei allen Luftströmungskonzepten wird die Beseitigung von Kontaminanten so nah wie möglich an der Quelle der Erzeugung der Kontamination bevorzugt. Es sollte darauf geachtet werden, dass Störungen der Luftströmung um Einrichtungen herum vermieden oder geregelt werden.

Bild B.3 zeigt Beispiele verschiedener Luftströmungen in Reinräumen (thermische Effekte sind nicht abgebildet).

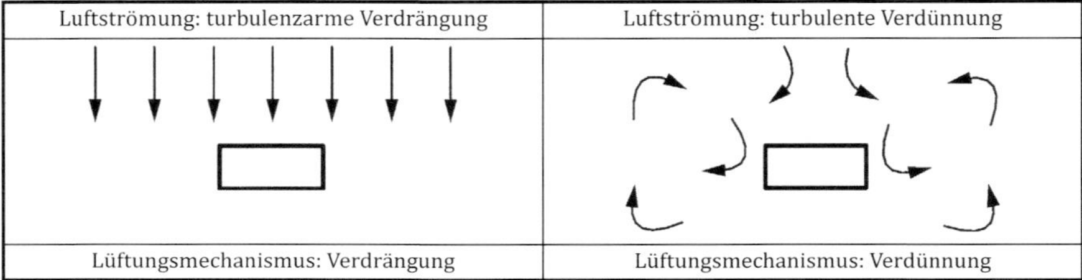

Bild B.3 — Beispiele für Luftströmungskonzepte

B.2.3.2 Turbulenzarme Verdrängungsströmung

Bei der turbulenzarmen Verdrängungsströmung wird kontaminierte Luft durch die Zuführung von reiner Luft verdrängt. Die Luftströmung ist meistens entweder vertikal (nach unten) oder horizontal, kann aber auch diagonal oder nach oben gerichtet sein. UDAF bedarf einer gefilterten Reinluftversorgung an der Grenzfläche des Reinraums oder reinen Bereichs, um eine gleichförmige Geschwindigkeit und als parallel angesehene Luftströmungen sicherzustellen. Bei der Planung ist die Aufrechterhaltung der Gleichförmigkeit der Luftströmung bis zum Kernbereich von größter Bedeutung. UDAF führt zu einer Verdrängung und einem gerichteten Transport von Partikeln aus dem Kernbereich.

Alle Punkte auf einer Arbeitsebene senkrecht zum reinen Luftstrom bieten denselben Reinheitsgrad. Daher bedürfen horizontal angeordnete Prozesse einer vertikalen UDAF und vertikal angeordnete Prozesse einer horizontalen UDAF. Arbeitspositionen, die am nächsten an der reinen Luftzufuhr liegen, bieten optimale Bedingungen zur Kontaminationskontrolle, denn Arbeitspositionen stromabwärts von diesen Positionen können stromaufwärts erzeugten oder eingetragenen Partikeln ausgesetzt sein. Aus diesem Grund sollte sich das Personal stromabwärts des geschützten Prozesses im Kernbereich befinden.

Bei UDAF-Systemen wird die mittlere Luftgeschwindigkeit üblicherweise zwischen 0,20 m/s und 0,60 m/s in einem Prüfabstand (angegeben in ISO 14644-3) von 150 mm bis 300 mm zur Fläche des Zulufteinlasses geplant. Die gewählte und vereinbarte Geschwindigkeit kann durch andere Faktoren wie behördliche Anforderungen, Temperatur, Behinderungen der Luftströmung und Lage der Einrichtung im Luftstrom beeinflusst werden.

Hohe Geschwindigkeiten können zu übermäßigen Turbulenzen und Unterbrechungen des Luftstroms führen, und geringe Geschwindigkeiten können die Wirksamkeit des Verdrängungskonzepts mindern. Geringe Geschwindigkeiten befinden sich zudem am unteren Ende der Empfindlichkeitsskala der meisten Geschwindigkeitsmessgeräte. Dennoch werden geringere Geschwindigkeiten bevorzugt, um den Energieverbrauch zu senken.

In UDAF-Reinräumen sollte die Planung von physischen Barrieren wie z. B. der Prozessausrüstung und der Betriebsverfahren, der Bewegungsvorgänge des Personals und der Produkthandhabung die grundlegenden aerodynamischen Anforderungen berücksichtigen, um Störungen der Luftströmung in nächster Nähe zu den

Arbeitsvorgängen, die auf Kontaminationen empfindlich reagieren, zu vermeiden und somit Kreuzkontamination zu verhindern. Um eine Verdrängungsströmung zu einem kritischen Ort sicherzustellen, kann es erforderlich sein, eine physische oder aerodynamische Barriere um den Umkreis zu haben, die parallel zur Luftrichtung angeordnet ist, um die erforderliche Geschwindigkeit und Gleichförmigkeit des Luftstroms aufrechtzuerhalten.

B.2.3.3 Turbulente Verdünnungsströmung

Bei der turbulenten Verdünnungsströmung erfolgt die Kontrolle der Umgebungsbedingungen durch Verdünnung luftgetragener Kontamination, indem reine Zuluft in den Reinraum eingeleitet wird. Die reine Zuluft vermischt sich mit kontaminierter Raumluft und die Mischluft wird kontinuierlich abgeführt. Die Reinluft kann bei einer festgelegten Temperatur und Luftfeuchte zugeführt werden, um die thermischen Umgebungsbedingungen und das Wohlbefinden des Personals auch durch Mischen zu kontrollieren.

In der Praxis wird die Luftströmung gegebenenfalls geführt, um die Reinluft zu kritischen Bereichen, in denen die Verhinderung von Kontamination von wesentlicher Bedeutung ist, und dann in die Abluftbereiche zu leiten. Dementsprechend befinden sich Abluftauslässe häufig in der Nähe der Entstehung von Kontamination, zum Beispiel durch Einrichtung oder Personal, so dass diese Kontamination abgeführt wird, sobald sie entsteht. In Umkleideräumen können beide Phänomene Luftstrombewegungen von den reinen Bereichen in die weniger reinen Bereiche sicherstellen.

Die Anzahl, Lage und Art der Zuluftauslässe und die Verteilung sind entscheidend für die Erzielung der geforderten Reinraumleistung. Ebenso wichtig ist es, auch die Anzahl und Lage der Stellen (Rückluft oder Fortluft), an denen die Luft aus dem Reinraum austritt, bei der Planung zu berücksichtigen. Zuluftauslässe schützen endständige Filter vor Schäden während des allgemeinen Betriebs und der Reinigung.

ANMERKUNG Eine geplante zunehmende Reinheit unterhalb der Zulufteinlässe geht einher mit einer abnehmenden Reinheit im restlichen Reinraum.

B.2.3.4 Kombinierte Luftströmung

Reinräume mit kombinierter Luftströmung entsprechen Reinräumen mit turbulenter Verdünnungsströmung, nur dass für kritische Bereiche durch ein SD-Modul, wie eine UDAF-Decke oder Einhausung, eine höhere Luftreinheit erzielt wird.

B.3 Berechnung des Luftvolumenstroms für Reinräume mit turbulenter Verdünnungsströmung

B.3.1 Allgemeines

Dieser Unterabschnitt befasst sich mit Reinräumen mit turbulenter Verdünnungsströmung, in denen sich die Zuluft mit Raumluft vermischt und die luftgetragene Kontamination verdünnt. Der erforderliche Luftvolumenstrom zur Aufrechterhaltung eines festgelegten Konzentrationsgrenzwerts für Partikel wird bestimmt durch die Rate der im Reinraum emittierten Partikel (Quellstärke) und die Lüftungseffektivität und ermittelt durch Gleichung (B.1). Siehe Literaturhinweis [21].

$$Q = \frac{S}{\varepsilon \cdot C} \tag{B.1}$$

Dabei ist

Q der Zuluftvolumenstrom zu dem Reinraum ($m^3 \cdot s^{-1}$);

S die Partikelemissionsrate in der Reinraumluft (Quellstärke) (Anzahl $\cdot\ s^{-1}$);

C der Konzentrationsgrenzwert für Partikel im Reinraum (Anzahl $\cdot\ m^{-3}$);

ε der Lüftungswirkungsgrad (dimensionslos).

Diese Gleichung setzt voraus, dass die Anzahl der Partikel, die aus der Zuluft in den Reinraum oder reinen Bereich gelangen, vernachlässigbar ist und in der Gleichung entfallen kann. Bei Verwendung mehrstufiger Filter mit endständigen HEPA- oder ULPA-Filtern, die auf Filterintegrität geprüft wurden, ist dies eine angemessene Annahme.

ANMERKUNG Die Konzentration luftgetragener Partikel in einem Reinraum mit turbulenter Verdünnungsströmung wird anhand des Luftvolumenstroms bestimmt und nicht anhand der Luftwechselzahl (Luftvolumenstrom geteilt durch Raumvolumen). Die Luftwechselzahl wird nicht zur Berechnung der Luftzufuhr verwendet, da die Luftwechselzahl vom Volumen des Reinraums abhängig ist. Die Verwendung der Luftwechselzahl kann zu höheren Konzentrationen luftgetragener Partikel führen als in kleinen Räumen zu erwarten sind. Es können sich auch niedrigere Konzentrationen luftgetragener Partikel als in größeren Räumen erforderlich sowie entsprechende hohe Kapital- und Energiekosten ergeben. Sofern erforderlich, kann die Luftwechselzahl jedoch berechnet werden, nachdem die Zuluftrate bestimmt worden ist.

Die Quellstärke ist die Rate, mit der luftgetragene Partikel von Personen, Maschinen, Einrichtungen und anderen Quellen in den Reinraum emittiert werden. Die maximale Quellstärke (der emittierten Partikel) sollte bestimmt werden. In einem in Betrieb befindlichen Reinraum können die emittierten Partikel lokal schwanken und dies sollte bei der Bestimmung der Gesamtquellstärke des Reinraums berücksichtigt werden.

Die Wirksamkeit des Luftsystems bei der Beseitigung luftgetragener Partikel ist abhängig von der Lüftungseffektivität. Diese wird durch die Art der Luftströmung zwischen den Zuluftdurchlässen und Abluftbereichen sowie durch Turbulenzen der Luftströmungsprofile aufgrund von z. B. Behinderungen oder thermischen Effekten beeinflusst.

Bei der Bewertung des Luftvolumenstroms muss jede in den Anforderungen festgelegte Erholungsrate oder Erholzeit berücksichtigt werden. Dies wird in B.3.5 behandelt. Falls ein höherer Zuluftvolumenstrom erforderlich ist, um diese Anforderungen zu erfüllen, sollte der höhere Wert verwendet werden.

Es wird empfohlen, während der Bewertung des Luftvolumenstroms die Sicherheitsbereiche zu berücksichtigen, um Unsicherheiten in Zusammenhang mit Quellstärkedaten, Partikelentstehung und -verteilung und Lüftungseffektivität zu beseitigen. Diese Sicherheitsbereiche sollten klar bei der Planung dokumentiert werden und können dann nachgeschlagen werden, wenn der Reinraum in Betrieb gegangen ist und die tatsächliche Konzentration luftgetragener Partikel bekannt geworden ist. In ISO 14644-16 sind Informationen zu diesem Thema in Bezug auf Energieeinsparungen enthalten.

B.3.2 Quellstärken

In diesem Unterabschnitt wird die Quellstärke von Partikeln behandelt. Für andere Kontaminanten, wie luftgetragene Chemikalien und luftgetragene Mikroorganismen, kann ein ähnlicher Ansatz angewendet werden.

Die Partikelentstehung aus Kontaminationsquellen wird angegeben als die Anzahl der je Sekunde dispergierten Partikel. Die kumulierte Anzahl der Partikel, die gleich groß oder größer sind als eine festgelegte Größe von 0,1 µm bis 5 µm, und/oder der Makropartikel mit einer Größe von mehr als 5 µm wird berücksichtigt.

In einem Reinraum sollte der Beitrag aller Quellen addiert werden, um die Quellstärke S zu bestimmen wie in Gleichung (B.2) gezeigt:

$$S = \Sigma S_\mathrm{i} \tag{B.2}$$

dabei ist S_i die Stärke jeder Quelle (Anzahl·s^{-1}) bei einer spezifischen Partikelgröße.

ANMERKUNG Die Quelle kann sich an einer Position befinden (Maschinen) oder beweglich sein (Personen). In großen Reinräumen, in denen eine Quelle nicht den gesamten Reinraum beeinflusst, kann der Reinraum in Abschnitte unterteilt werden. Die Berechnungen würden dann für jeden Bereich durchgeführt. Quellen emittieren nicht konstant die gleiche Menge an Partikeln, die Menge kann je nach den im Reinraum durchgeführten Tätigkeiten variieren. Bei der Festlegung von Anforderungen kann eine Toleranz für Quellstärken berücksichtigt werden, die höher sind als die erwartete Quellstärke.

In der Praxis kann die Quellstärke schwer zu bestimmen sein, wenn der Reinraum eine Neuplanung ist. Bei vielen Anwendungen ist der Beitrag der Maschinen gering im Vergleich zu dem von Personen. Daher sind die maximale Anzahl an Personen in einem Reinraum und die von ihnen getragene Bekleidung wichtig bei der Bestimmung der Quellstärke. Beispiele für die Quellstärken von Personen in Reinraumkleidung können Literaturhinweis [22] entnommen werden. Die Quellstärke der Einrichtung sollte vom Lieferanten angegeben werden oder kann mithilfe der in ISO 14644-14 und ISO 14644-15 beschriebenen Messverfahren bestimmt werden.

Wenn der Reinraum und die Anwendung denen einer bestehenden Anlage entsprechen, kann eine realistische Schätzung der Gesamtquellstärke in einem Reinraum bestimmt werden, wenn die Konzentrationen luftgetragener Partikel während Betriebsbedingungen und der Zuluftvolumenstrom bekannt sind. Dies kann mit Gleichung (B.3) berechnet werden.

$$S = Q \cdot C \cdot \varepsilon \tag{B.3}$$

Dabei ist

Q der Zuluftvolumenstrom zu dem Reinraum ($m^3 \cdot s^{-1}$);

S die Partikelemissionsrate in der Reinraumluft (Quellstärke) (Anzahl $\cdot\, s^{-1}$);

C der Konzentrationsgrenzwert für Partikel im Reinraum (Anzahl $\cdot\, m^{-3}$);

ε der Lüftungswirkungsgrad (dimensionslos).

B.3.3 Lüftungseffektivitätsindex

Die Lüftungseffektivität ε wird verwendet, um die Korrekturfaktoren der Bedingung der „tatsächlichen Vermischung" und der Effektivität verschiedener Luftströmungsprofile einzubinden. Für einen bestehenden Reinraum kann der Lüftungswirkungsgrad als ACE oder CRE berechnet werden. Die Auswahl des Index hängt von der Anwendung und von den verfügbaren oder erfassbaren Daten ab. Siehe ISO 14644-16 und Literaturhinweise [17], [18], [19] und [23].

Lokale Partikelkonzentrationen können erheblich von der an der Raumabluftöffnung gemessenen Konzentration abweichen. Die lokale Partikelkontrolle ist abhängig von den lokalen Luftströmungsprofilen. Der ACE-Index ist abhängig vom Standort und könnte gegenüber CRE bevorzugt werden, wenn die Partikelkonzentration an kritischen Standorten kontrolliert werden muss. Entsprechend dieser Auswahl sollte der Zuluftvolumenstrom des Reinraums berechnet werden. Für die Berechnung der Zuluftrate bei niedrigen Raumabluftöffnungen kann ε in einem Bereich von 0,5 bis 0,8 liegen.

B.3.4 Weitere Überlegungen für die Berechnung der Zuluftrate

Zwei Korrekturen können für Gleichung (B.1) hinzugefügt werden (siehe Literaturhinweis [21]):

a) Größere Partikel wie Makropartikel und MCP könnten sich durch die Schwerkraft auf Reinraumoberflächen ablagern und die Konzentration luftgetragener Partikel im Reinraum verringern. Wenn der Reinraum über eine große Bodenfläche und einen geringen Zuluftvolumenstrom verfügt, sollte dieser Effekt berücksichtigt werden.

b) Der Effekt der Luftzufuhr von einem SD-Modul, das gefilterte Luft in den Reinraum zurückführt, kann in kleinen Reinräumen mit großen SD-Modulen dominieren. Dieser Effekt ist auch abhängig davon, wie effizient sich die Luft des Moduls mit der Raumluft vermischt.

Der zusätzliche Effekt dieser Variablen kann durch Gleichung (B.4) berechnet werden.

$$Q = \frac{S}{\varepsilon \cdot C} - \beta \cdot Q_D - V_D \cdot A \tag{B.4}$$

Dabei ist

β der Lüftungseffektivitätskoeffizient des Moduls (dimensionslos);

Q_D der Zuluftvolumenstrom des Geräts ($m^3 \cdot s^{-1}$);

V_D die Partikelablagerungsgeschwindigkeit ($m \cdot s^{-1}$), die 0,003 7 $m \cdot s^{-1}$ für Partikel ≥ 5 µm und 0,007 3 $m \cdot s^{-1}$ für MCP betragen kann;

A die horizontale Ablagerungsfläche (üblicherweise gleich der Bodenfläche) (m^2).

Gleichung (B.5) kann auch verwendet werden, um die lokale Erholungsrate an einem kritischen Standort zu erhalten, und indem sie mit der Gesamterholungsrate des Reinraums verglichen wird, wird der ACE-Index zur Lüftungseffektivität erhalten.

B.3.5 Partikelentfernungsrate

Die Lüftungsleistung eines Reinraums kann als dessen Fähigkeit ausgedrückt werden, die Partikelkonzentration zu verringern, wenn für kurze Zeit eine erhöhte Partikelkonzentration einer Partikelquelle auftritt. Zudem müssen Luftschleusen geplant werden, um sicherzustellen, dass die luftgetragenen Partikel entfernt werden, bis eine annehmbar geringe Konzentration erreicht ist, bevor die Tür geöffnet wird. Es kann auch erforderlich sein, die Zeit zu bestimmen, die gewartet werden muss, bis der übliche Zuluftvolumenstrom zu einem Reinraum nach heruntergeregelten Bedingungen die richtigen Betriebsbedingungen wiederhergestellt hat. Letztendlich könnte es erforderlich sein, die Lüftungseffektivität an einem kritischen Standort zu bestimmen, indem die Erholungsrate am kritischen Standort gemessen und anschließend mit der Gesamtluftwechselzahl des Reinraums verglichen wird, um den Index der Luftaustauscheffektivität (ACE) zu erhalten. Alle diese vier Anforderungen beinhalten die Anwendung der in ISO 14644-3 vorgeschlagenen Entfernungsraten- oder Erholzeitverfahren.

Die Entfernungsrate der luftgetragenen Partikel, die in einen Reinraum mit turbulenter Verdünnungsströmung eingeleitet werden, ist eine durch Gleichung (B.5) bestimmte exponentielle Abnahme.

$$N = -2{,}3 \times \frac{1}{t} \log_{10}\left(\frac{C}{C_i}\right) \tag{B.5}$$

Dabei ist

N die Luftwechselrate je Stunde oder die Entfernungsrate je Stunde (h^{-1});

C_i die ursprüngliche Konzentration luftgetragener Partikel (Anzahl m^{-3});

C die Konzentration nach einer bekannten Zeit der Partikelentfernung (Anzahl m^{-3});

t die abgelaufene Zeit zwischen Ablesungen der Partikelkonzentration (h).

Gleichung (B.5) zeigt, dass die Entfernung von Partikeln von der Luftwechselzahl abhängig ist, während die erforderliche Konzentration luftgetragener Partikel während der Fertigung mithilfe des Zuluftvolumenstroms bestimmt wird. Die mit Gleichung (B.5) ermittelte Luftwechselzahl entspricht der Erholungsrate, die mithilfe des in ISO 14644-3 beschriebenen Verfahrens ermittelt wird.

Gleichung (B.5) wird zur Berechnung der erforderlichen Luftwechselzahl zum Erhalt der erforderlichen Entfernungsrate der Konzentration luftgetragener Partikel in einem Reinraum mit turbulenter Verdünnungsströmung verwendet, wie in ISO 14644-3 zur Messung der Erholungsrate gefordert. Falls zum Beispiel die Konzentration luftgetragener Partikel ≥ 0,5 µm in einem Raum ISO-Klasse 7 bei 352 000 je m^3 liegt und eine hundertfache Verringerung in 15 min bis zur Bedingung „Bereitstellung“ mit 3 520 je m^3 gefordert ist, kann die erforderliche Luftwechselzahl je Stunde mithilfe von Gleichung (B.5) berechnet werden, wobei sich 18,4 je Stunde ergibt. Gleichung (B.5) kann auch verwendet werden, um die lokale Erholungsrate an einem kritischen Standort zu erhalten, und indem sie mit der Gesamtluftwechselzahl des Reinraums verglichen wird, wird der ACE-Index zur Lüftungseffektivität erhalten.

Sollten Informationen über einen erforderlichen Zeitraum für (a) die in ISO 14644-3 beschriebene Erholungszeit, (b) die für eine Luftschleuse erforderliche Erholungszeit oder (c) die nach einem Herunterregeln erforderliche Zeitverzögerung benötigt werden, kann Gleichung (B.6) aus Literaturhinweis [24] verwendet werden:

$$t = \frac{1}{N} \ln \frac{C}{C_\mathrm{i}} \tag{B.6}$$

Dabei ist

N die Luftwechselrate je Stunde oder die Entfernungsrate je Stunde (h^{-1});

C_i die ursprüngliche Konzentration luftgetragener Partikel (Anzahl m^{-3});

C die Konzentration nach einer bekannten Zeit der Partikelentfernung (Anzahl m^{-3});

t die abgelaufene Zeit zwischen Ablesungen der Partikelkonzentration (h).

Es wird angenommen, dass bei Verwendung von Gleichung (B.5) und Gleichung (B.6) in den verschiedenen zuvor behandelten Situationen eine gute Luftmischung und eine gleichmäßige Partikelkonzentration im gesamten Reinraum erreicht wird. Falls dies nicht der Fall ist und an der Messstelle eine weniger reine Luft als gefordert ermittelt wird, muss die Luftwechselzahl erhöht werden. Der ACE-Lüftungseffektivitätsindex wird zur Änderung der Luftwechselzahl verwendet (siehe ISO 14644-16). Zur Durchführung sollte die Luftwechselzahl (N) in Gleichung (B.5) durch den Wert des ACE-Index dividiert werden. In Gleichung (B.6) sollte der Wert von N mit dem Wert des ACE-Index multipliziert werden. Zudem kann die Genauigkeit der Berechnungen bei größeren Partikeln, einschließlich MCPs, erhöht werden, wenn die Verringerung der Kontamination luftgetragener Partikel durch Ablagerung auf Oberflächen berücksichtigt wird.

B.4 Anwendung von CFD

Modellierung mithilfe von CFD (numerische Strömungsmechanik, en: computational fluid dynamics) (siehe Literaturhinweis [25]) kann bei der Planung eines Reinraums oder Reinraumgeräts eingesetzt werden, indem Informationen zu den wahrscheinlichen Luftströmungsprofilen bereitgestellt werden, die es dem Planer ermöglichen, die Planung zu optimieren und eine effektivere und effizientere Anlage zu erreichen. Indem die wahrscheinlichen Luftströmungsprofile in der Phase vor Ausführung ermittelt werden, können unvorhergesehene Planungsfehler, Mängel und Ineffizienz minimiert werden und ein optimierter Planungsansatz zur Verwendung während der Ausführung kann dokumentiert werden.

Einige wichtige Merkmale der CFD-Technik sind die folgenden:

a) Eine effektive CFD-Modellierung erfordert die Eingabe von Daten wie Informationen zur Geometrie des Reinraums oder reinen Bereichs und dessen Einrichtung, Wärmequellen, Zuluft- und Fortluftvolumenströme, Lage von Lufteinlässen und Abluftbereichen sowie die aerodynamische Leistung ausgewählter Luftauslässe umfassen.

b) Die Technik ermöglicht die Sichtbarmachung von Luftströmungsprofilen und Konzentrationen von Kontaminanten innerhalb eines Reinraums oder reinen Bereichs, wodurch Bereiche mit schlechter Reinraumleistung (z. B. ungeeignete Geschwindigkeit, übermäßige Wirbelströmungen, hohe Partikelkonzentrationen, Luftströme von einem weniger reinen Bereich in einen reineren Bereich, nicht zufriedenstellende Entfernung von Kontaminanten) ermittelt werden können.

c) Die Technik ermöglicht die Modellierung von Kontaminationsquellen an ungünstigsten Stellen, um diese bei der Bewertung der Auswirkungen dieser Quellen auf kritische Standorte zu bewerten. Die Bewegung von Partikeln ist abhängig von verschiedenen Faktoren (Größe, Dichte) und bei Bedarf sollten die relevanten Besonderheiten der Partikel in die CFD-Modellierung mit aufgenommen werden. Unter Umständen ist es nützlich, auch die Ablagerung luftgetragener Partikel auf kritische Oberflächen zu untersuchen.

d) Sofern erforderlich, kann die meiste CFD-Software die Emissionen von Partikeln einer bestimmten Größe durch einen Raum nachverfolgen. Gegebenenfalls können mit ihr auch die Bewegungsvorgänge von Personal, Türbetätigungen und Einrichtungen modelliert werden, aber dies erfordert mehr Programmierungsaufwand und eine längere Berechnungszeit.

e) Mit der CFD-Technik kann die Effektivität der Lüftung und Partikelentfernung an kritischen Standorten aus dem „Alter der Luft" ermittelt werden und sie ermöglicht die Berechnung des Lüftungseffektivitätsindex, ACE oder CRE. Einer dieser Indizes kann für Gleichungen zur Berechnung der Zuluftvolumenströme (Abschnitt B.1 und Abschnitt B.3) verwendet werden.

Die CFD-Analyse ist ein nützliches Werkzeug und dafür vorgesehen, die ungefähren Luftströmungsprofile, Geschwindigkeiten, Partikelkonzentrationen und die ungefähre Temperaturverteilung in einem Reinraum auf Grundlage einer numerischen Simulation, die sich durch eine Reihe von Annahmen und Vereinfachungen auszeichnet, vorherzusehen. CFD-Simulationen können durch die Erkenntnisse aus dem resultierenden Lüftungseffektivitätsindex an einem kritischen Standort zum Beispiel bei der Wahl von Luftauslässen und deren Lage helfen.

CFD kann sowohl bei UDAF als auch bei turbulenter Verdünnungsströmung angewendet werden, jedoch ist die Untersuchung von turbulenter Verdünnungsströmung schwieriger, da mehr Sorgfalt zur präzisen Darstellung der verschiedenen Arten von Auslässen, die häufig eine heterogene Geschwindigkeit und ein gewisses Maß an Instabilität schaffen, erforderlich ist.

Zur Erfassung instationärer Phänomene wie Bewegung können eher transiente als stationäre Simulationen erforderlich sein.

In den Berichten zur CFD-Modellierung sollten Informationen für die Rückverfolgbarkeit von Daten und die Bedingungen dokumentiert werden, auf denen die Analyse beruht. Die erforderlichen Informationen sollten den Titel und die Version der Software, das ausgewählte Turbulenzmodell und sonstige relevante Software-Einstellungen, bei der Vernetzung des Modells verwendete Zelltypen und deren Anzahl sowie die angewendeten Konvergenzkriterien enthalten. Des Weiteren sollte als Bestandteil der Qualitätsprüfung des Modells eine Empfindlichkeitsprüfung bei verschiedenen Netzgrößen durchgeführt werden.

Nachdem der Reinraum errichtet wurde und wenn er zufriedenstellend funktioniert, sollte, soweit möglich, eine Verifizierung im Betrieb durchgeführt werden, um das Ergebnis der CFD-Simulation mit den entsprechenden experimentellen Daten zu vergleichen.

B.5 Auswahl der Materialien

B.5.1 Allgemeines

Die installierten Baumaterialien sollten nach den Erfordernissen der Anlage ausgewählt und benutzt werden. Folgende Punkte sind zu beachten:

a) die Reinheitsklasse;

b) sonstige Reinheitsmerkmale des Reinraums;

c) Konstruktionsverfahren;

d) die Auswirkung von Abrieb und Stößen;

e) Reinigungs- und Dekontaminationsverfahren und -häufigkeit;

f) chemische oder mikrobiologische Einflüsse, Auslaugung und Korrosion;

g) elektrostatische Eigenschaften;

h) Ausgasungseigenschaften des Materials;

i) Instandsetzung und Instandhaltung;

j) Recycling am Ende der Nutzungsdauer.

Alle inneren Oberflächen des Reinraums oder des Reinbereichs, die in Kontakt mit Luftströmungen kommen, können die Qualität der den kontaminationsanfälligen Bereichen zugeführten Luft durch ihre Eigenschaften oder ihren Zustand beeinflussen. Aus diesem Grund sollten die innenliegenden Materialien und Oberflächen der gesamten Reinraumumgebung und des zugehörigen Luftaufbereitungssystems besonders geprüft und speziell für diesen Zweck freigegeben werden.

Die Auswahl der Materialien für die freiliegenden Oberflächen von Ausrüstung und Einrichtungsgegenständen erfordert darüber hinaus eine kritische Beurteilung und Genehmigung ähnlich wie bei den für den Reinraum ausgewählten Materialien.

Es sollte die chemische Verträglichkeit aller ungeschützten Materialien, der Reinigungs- und Desinfektionsmittel und Prozessmaterialien geprüft werden, die im Reinraum oder reinen Bereich verwendet werden sollen. Dies kann z. B. Einfluss auf die Auswahl von Befestigungsmitteln, Klebstoffen und Dichtmitteln für die Oberflächenendbearbeitung haben (siehe ISO 14644-15).

Bei der Auswahl der Materialien sollten die während der Nutzung (Fertigung, Einstellung, Reinigung, Dekontamination sowie elektrische Leitfähigkeit und Ausgasung) auftretenden chemischen, thermischen und mechanischen Belastungen berücksichtigt werden. Weiterhin sollten Flexibilität, Funktionalität, Haltbarkeit, ästhetische Aspekte und Wartungsfähigkeit vom Kunden und Lieferanten in die Überlegungen einbezogen werden.

Viele Materialien enthalten chemische und flüchtige organische Verbindungen (VOC, en: volatile organic compound), die bei Raumtemperatur in die Umgebung ausgegast werden. Bauprodukte wie Leime, Klebstoffe, Lacke, Gummi, Kunststoffe und Oberflächen (einschließlich Vinyl-Oberflächen) können VOC enthalten.

ANMERKUNG Bekannte Ausgangsfaktoren von Materialien werden sich möglicherweise auf die Planung der Lüftung in bestimmten Bereichen und auch auf Tätigkeiten vor Erst-Inbetriebnahme auswirken, bei denen unter Umständen eine erste Ausgasung von Materialien abgeführt werden muss.

B.5.2 Minderung elektrostatische Auf- und Entladung

Elektrostatische Aufladung und spätere ESD kann zu Gefahren wie z. B. Explosion (in Gegenwart von Pulvern oder Gasen), Gerätebeschädigungen (z. B. Schäden an elektronischen oder optischen Bauteilen) oder verstärkter Anziehung von Partikeln an Oberflächen (und dadurch zu deren physikalischer, chemischer oder mikrobiologischer Kontamination) führen.

Wo diese Risiken kritisch sind, sollten die gewählten Baumaterialien signifikante statische Aufladung weder erzeugen noch aufnehmen. Dieses Merkmal wird jeder Anwendung besonders zugeordnet und sollte in den Anforderungen eindeutig festgelegt werden.

Relative Feuchteparameter sollten unter Berücksichtigung der ESD-Kontrolle festgelegt werden. Es können andere lokale Mechanismen zur Minderung elektrostatischer Entladung, wie Ionisationsstäbe, ableitfähige Böden und Erdungen, verwendet werden. Es ist wichtig, dass die Richtung der erzeugten Ionen richtig auf die zu behandelnden Oberflächen gerichtet ist. Siehe Literaturhinweis [26].

B.5.3 Überlegungen zu bestimmten Bauteilen

B.5.3.1 Grundanforderungen

Alle relevanten Vorschriften für den Brandschutz sowie die Schall-, Schwingungs- und Wärmedämmung werden bei der Auswahl der Wand-, Decken-, Verteilerschacht-, Boden-, Tür- und Verglasungsmaterialien und deren Montage berücksichtigt. Um Blendung zu vermeiden, sollte das Zusammenspiel von Oberflächenfarbe und -qualität und der beabsichtigten Beleuchtung berücksichtigt werden. Bei Geräte- und Materialtransferschleusen können sich aufgrund von Dekontaminations- und Reinigungsvorgängen besondere Anforderungen an die Auswahl der Materialien ergeben.

Ausführungsdetails wie Fensterlaibungen, Anschlüsse zwischen Türrahmen und Wand, Übergänge zwischen Oberflächen, Türbeschlägen oder Leuchtenanschlüssen sollten festgelegt werden, um Spalten, Lücken und Ähnliches zu verhindern, die schlecht effektiv zu dekontaminieren, reinigen oder desinfizieren sind. Die Verwendung von Übergängen mit Vouten oder von abgerundeten Übergängen zwischen Wand und Wand, Wand und Decke sowie Wand und Boden sollte bedacht werden. Sofern es als notwendig erachtet wird, sollte in den Details ein sauberer, ununterbrochener Übergang zwischen Oberflächen festgelegt werden.

B.5.3.2 Wände, Decken und zugehörige Systeme

Materialien und Oberflächenqualität sollten allen allgemeinen Anforderungen an ihre Anwendung gerecht werden. Besonders sollte auf den Stoß- und Abriebwiderstand geachtet werden, vor allem an den Stellen, an denen Oberflächen von Wänden und Türen wahrscheinlich durch häufig vorbeikommende Transportwagen und Karren oder entlanggehendes, Material tragendes Personal berührt werden. Geeignete Gummileisten oder Schutzstangen und Paneele können ansonsten verletzliches Material schützen.

Wände und Decken sollten so geplant sein, dass sie das Eindringen von Partikeln oder anderen Kontaminanten aus angrenzenden Räumen verhindern.

Wo in Wänden und Türen Verglasung gefordert wird, sollte diese nicht zu öffnen sein. Die Verwendung von Doppelverglasung mit luftdichter Versiegelung sollte in Betracht gezogen werden, da diese den wandbündigen Einbau auf beiden Seiten ermöglicht. Glasrahmen sollten glatt sein. Wo eine wandbündige Montage nicht benötigt wird, sollten die Rahmen abgerundete Ecken oder Oberflächen mit Gefälle haben.

Für Türrahmen, elektrische und Datenanschlüsse und andere Geräteeinsätze und Einrichtungen wie Steuertafeln und Bildschirme sollten Details zum wandbündigen Einbau berücksichtigt werden.

B.5.3.3 Böden

Böden oder Bodenbeläge sollten porenfrei, rutschfest, abriebfest, erforderlichenfalls leitfähig, resistent gegenüber Chemikalien, denen sie in der Anwendung begegnen (sowohl Reinigungs- und Desinfektionsmittel als auch versehentlich verschüttete Prozessflüssigkeiten), sowie leicht zu reinigen sein. Der Boden sollte die festgelegten statischen und dynamischen Belastungen mit der erforderlichen Festigkeit und Haltbarkeit unterstützen. Die Zusammensetzung des Bodens sollte geeignete elektrostatische Eigenschaften besitzen.

Die Auswirkungen einer rutsch- oder abriebfesten Bodenfläche auf die Reinigungsarbeiten und Partikelentstehung sollten berücksichtigt werden.

Für die Unterbringung der Betriebsmedien von Geräten können Zwischenböden vorgesehen werden. Als Rückluftkanal können perforierte Zwischenböden verwendet werden.

B.5.3.4 Türen

Türen sollten so wenige horizontale Oberflächen wie möglich aufweisen, wobei insbesondere Kanten und Vorsprünge in der Türoberfläche minimiert oder vermieden werden sollten. Türschwellen sollte vermieden werden. Die Minimierung von Abrieb in den mechanischen Elementen der Tür (z. B. Klinken, Schlösser und Angeln) sollte bedacht werden, auch zwischen der Tür und ihrer Zarge und dem Boden. Es sollten Türschließer mit möglichst wenigen Vorsprüngen und ohne Spalten oder Vorsprünge, die nicht gereinigt werden können, ausgewählt werden. Wo Türklinken erforderlich sind, sollten diese glatt und ohne Haken sowie einfach zu reinigen sein. An Stellen, an denen ein besonderes Risiko durch Kontaktkontamination besteht, sollten Stoßgriffe, Türdrücker, automatische Öffner und eine geeignete Anschlagrichtung eingeplant werden. Sofern möglich, sollte die Verwendung von Schließblech und Riegel auf ein Mindestmaß beschränkt werden, um dadurch entstehende Spalte und Vorsprünge zu begrenzen. Bei der Auswahl von Türen und Türdichtungen sollte die geplante Leckrate berücksichtigt werden.

B.5.3.5 Luftaufbereitungssysteme

Es sollte darauf geachtet werden, dass die Kontaminationen, die von allen Bauteilen und Oberflächen, die mit der Luft innerhalb des Luftaufbereitungssystems in Berührung kommen, erzeugt werden, in ihm zurückgehalten werden oder von ihm freigesetzt werden, so gering wie möglich gehalten werden, um das Filtersystem vor übermäßiger Partikellast zu schützen. Die Luftdichtheit der Kanalkomponenten sollte entsprechend festgelegt werden und die Kanalkomponenten sollten nach der Herstellung gereinigt und abgedichtet und in diesem Zustand geliefert und vor Ort gelagert werden. Es könnte erforderlich sein, die Luftdichtheit und Reinheit vor Ingangsetzung zu verifizieren.

Luftaufbereitungssysteme sollten über Lüftermotoren mit variabler Drehzahl verfügen.

Das endständige Filter sollte sich bei Reinheitsklasse ISO-Klasse 8 (Fertigung) und reiner am Durchlass befinden. Aus festgelegten und vereinbarten technischen Gründen darf das endständige Filter weiter vom Reinraum oder reinen Bereich entfernt installiert werden, jedoch sollten in diesen Fällen besondere Vorkehrungen getroffen werden, um das Eindringen von Kontaminationen zwischen diesen Filtern und der Stelle, an der die Luft in den Reinraum oder reinen Bereich eintritt, zu vermeiden (z. B. sowohl durch Überwachung der Oberflächenreinheit als auch der Luftdichtheit der Luftleitungen und Zulufteinlässen, um das Eindringen von Kontaminationen überhaupt zu verhindern und zu verhindern, dass Reinigung und Dekontamination notwendig werden). Entfernt installierte endständige Filter sollten aufgrund des Kontaminationsrisikos und der schwierigen Durchführung einer effektiven In-situ-Prüfung auf Filterleckagen nur in Reinräumen mit niedrigerer Klasse verwendet werden.

Die Auswahl des richtigen Filtertyps für alle Filtrationsstufen ist wichtig, um eine effiziente und kostengünstige Lösung sicherzustellen (siehe Literaturhinweise [17] und [18]). Bei der Bestimmung der Klassen von endständigen Filtern sollte auch bedacht werden, wie die In-situ-Prüfung auf Filterleckagen (siehe ISO 14644-3) durchgeführt wird und wie hoch die maximalen Grenzwerte für das Nominalleck sein werden.

Das Luftaufbereitungssystem sollte über zwei oder mehr Stufen der Luftfiltration in Folge verfügen. Die Auswahl des richtigen Luftfiltrationsgrads in jeder Stufe ist wichtig für die Sicherstellung, dass die gesamte Filtration effektiv, energieeffizient und nachhaltig ist. ISO 14644-3 legt Verfahren für die Prüfung von installierten Filtern auf Leckage fest und bei der Planung des HVAC-Systems sollten die Orte für die Aerosolaufgabe und rohluftseitige Probenahme der Konzentration berücksichtigt werden.

Bei Reinheitsklasse ISO-Klasse 8 (Fertigung) und reiner sollten die endständigen Filter HEPA-Filter sein. ULPA-Filter dürfen ausgewählt werden, wo ein sehr geringer Penetrationsgrad erforderlich ist. ULPA-Filter sollten beispielsweise in Betracht gezogen werden, wenn Filter Umgebungen der ISO-Klasse 4 oder reiner versorgen.

B.5.3.6 Armaturen und Einrichtung

Armaturen und Einrichtung sollten so wenige horizontale Oberflächen wie möglich aufweisen. Die Einrichtung sollte möglichst gering gehalten werden und die Spezifikation einschließlich ausgewählter Materialien sollte der des Reinraums entsprechen.

B.5.3.7 Befestigungsmittel, Anschlüsse und Dichtmittel

Anschlüsse wie Wände an Decken, Wände an Wände, Wände an Böden oder Bauteile wie Vouten, Tür- oder Fensterrahmen oder Durchbrüche erfordern eine sichere Befestigung und sollten abgedichtet werden. Befestigungsmittel sollten verdeckt und luftdicht sein. Dichtmittel sollten haltbar, flexibel und einfach aufzubringen sein und nach dem Aushärten eine glatte, porenfreie Oberfläche bilden.

B.6 Layout

B.6.1 Allgemeines

Das Volumen eines Reinraums sollte auf ein praktisches Minimum beschränkt werden. Bei Reinräumen mit größerer Fläche sollten zur besseren Kontaminationskontrolle Unterteilungen in kleinere Bereiche oder Räume vorgenommen werden. Die Abtrennung kann mit oder ohne physische Barrieren erfolgen. Die BIM (Gebäudedatenmodellierung, en: building information modelling) kann von großem Nutzen sein bei der Optimierung der Raumaufteilung und der Integration verschiedener für die Einrichtung erforderlicher Technologien.

Reinraumeinrichtungen, in denen gefährliche Materialien verarbeitet werden, müssen unter Umständen anders geplant werden, um das Personal, das Produkt und die Umgebung zu schützen.

B.6.2 Luftschleusen

Um den Übergang von Kontaminationen zwischen Räumen mit unterschiedlichen Reinheitsklassen so gering wie möglich zu halten, wenn Personal oder Material die Räume wechselt, sollte eine physische Abgrenzung mittels einer Luftschleuse und/oder Durchreiche vorgesehen werden. Mit der Luftschleuse und/oder Durchreiche sollte auch die zwischen zwei Räumen geschaffene Druckdifferenz aufrechterhalten werden, indem die gegenüberliegenden Türen nicht gleichzeitig geöffnet werden. Arten und Auswahl der Luftschleusen können Literaturhinweis [19] entnommen werden.

Jede in der Luftschleuse und/oder Durchreiche freigesetzte luftgetragene Kontamination sollte durch eine Kombination aus verriegelten Türen und Verdünnung durch reine Zuluft für eine festgelegte Spülzeit zurückgehalten und beseitigt werden. Die Wirksamkeit von Luftschleusen ist abhängig von der Menge an zugeführter Luft und der benötigten Zeit zur Beseitigung der partikulären Kontamination. Die erforderlichen Informationen zur Berechnung dieser beiden Variablen sind in B.3.5 enthalten. Eine Luftschleuse kann eine höhere Luftwechselzahl haben als der Reinraum, um die Erholzeit zu verkürzen und eine Kontamination des Reinraums bei Betreten zu vermeiden.

Es sollten Vorkehrungen getroffen werden, damit Ein- und Ausgangstüren einer Luftschleuse und/oder Durchreiche nicht gleichzeitig geöffnet werden. Beide Türen können mit Klarglas-Fenstern versehen werden, so dass eine direkte Sichtverbindung besteht. Der Gebrauch von elektrischen oder mechanischen Verriegelungssystemen einschließlich audiovisueller Anzeigen sollte in Betracht gezogen werden.

Für Durchgänge von Personal sollten Schleusenbänke oder andere eindeutige Abgrenzungssysteme innerhalb eines Schleusensystems aufgestellt werden.

Innerhalb einer Material-Durchreiche sollten nach Bedarf geeignete Dekontaminationsgeräte und -abläufe vorgesehen werden.

Durchgänge für Material und Personal sollten getrennt werden.

B.6.3 Umkleideräume

Umkleideräume sind spezielle Luftschleusen, durch die Personal einen Reinraum betritt oder verlässt. Sie sollten ausreichend Platz für ihre Funktion und, falls für die Reinraumklasse erforderlich, Raum und Vorkehrungen für die Aufbewahrung sowie das Anlegen und Ausziehen spezieller Reinraumkleidung bieten. Sie können außerdem Wasch-, Handdesinfektions- und spezielle Kontaminationskontrolleinrichtungen und Bodenmaterialien zur Kontaminationskontrolle (Klebe- oder Haftmatten) am/an den Eingangs- und Ausgangspunkt(en) des Reinraums aufweisen.

Wenn eine Aufbewahrung von Kleidung in Luftschleusen oder Umkleideräumen erforderlich ist, sollten eher Kleiderstangen und Lochblechregale benutzt werden als geschlossene Spinde.

Die Trennung von Personal, das den Reinraum durch den Umkleideraum betritt, und solchem, das ihn durch ihn verlässt, sollte sichergestellt sein. Dies kann durch zeitliche Staffelung oder durch physikalisch getrennte Ein- und Ausgangswege geschehen.

Wo gefährliche Materialien verarbeitet werden, sollte eine separate Umkleide- und Dekontaminationsroute in Betracht gezogen werden.

Umkleideräume sollten in ihrer reinraumtechnischen Qualität (Kontaminationskontrolle und interne Reinlichkeitskontrolle) so zu planen, dass die Integrität des Reinraums sichergestellt ist. In ähnlicher Weise sollten die Vorgehensweise und die Ausrüstung zur Aufbewahrung von Kleidung und Reinraumgeräten der erforderlichen Reinheitsklasse und dem vom kontaminationsgefährdeten Betriebsablauf geforderten Schutz vor Kontaminationen entsprechen. Um den erforderlichen Schutz bieten zu können, sollten drei funktionelle Bereiche des Umkleideraums beachtet werden:

a) Eingangsbereich: Zugang von Nebenbereichen (entweder direkt oder über eine Luftschleuse), geeignet für das Ablegen, die Lagerung, die Entsorgung und/oder das Wiederanlegen im Reinraum nicht zugelassener Kleidungsstücke;

b) Übergangsbereich: Bereich, in dem Kleidungsstücke oder persönliche, für den Reinraum bestimmte Gegenstände gelagert, angezogen bzw. abgelegt werden;

c) Überprüfungs-/Zugangsbereich: Bereich, in dem der Umkleidevorgang vervollständigt und überprüft wird und der entweder direkt oder durch eine Luftschleuse Zugang zum Reinraum gewährt.

Die drei funktionellen Bereiche können entsprechend dem Betrieb und der Nutzung des Umkleidebereichs abgetrennt werden (z. B. durch eine Schleusenbank oder Luftströmung). Die drei Bereiche sollten so aufgebaut sein, dass der Bereich, der dem Reinraum am nächsten liegt, einen hohen Grad an Sicherheit bietet und dass Zugangs- oder Umkleidevorgänge, die im angrenzenden Bereich erfolgen, nur eine minimal ungünstige Auswirkung haben.

Die Ausstattung, die im Umkleideraum erforderlich ist, richtet sich nach den Anforderungen des zugehörigen Reinraums. Folgendes sollte berücksichtigt werden:

— Anzahl der Personen, die das Umkleideverfahren durchlaufen, sowohl insgesamt als auch zu jeder beliebigen Zeit;

— die geplante Umkleidezeit;

— der Ablauf des Umkleidens (d. h. welche Kleidung abgelegt und angelegt werden soll, ob diese wiederverwendbar oder ein Einwegprodukt ist, die geforderte vorgeschriebene Vorgehensweise zur Sicherstellung der Reinheit der Kleidung und der Vermeidung von Kreuzkontamination);

— die Häufigkeit des Kleidungswechsels.

Die folgenden Vorkehrungen im Umkleideraum sollten bedacht werden:

— Lagerung und Entsorgung von Kleidungsstücken;

— Lagerung vor Gebrauch, Bereitstellung und Entsorgung von Verbrauchsgütern und Zusatzteilen (z. B. Handschuhen, Masken, Schutzbrillen, Überschuhen);

— Lagerung persönlicher Gegenstände;

— Handwäsche und -trocknung oder andere übliche Maßnahmen zur Dekontamination oder Desinfizierung;

— anschauliche Darstellung oder Aushang der Umkleidereihenfolge mit eindeutigen Anweisungen

— Spiegel in voller Körpergröße zur Überprüfung des richtigen Sitzes von Kleidung und Schutzausrüstung;

— bei Bedarf Kontrollpunkt zur Überprüfung des ESD-Schutzes.

B.6.4 Anordnung des Arbeitsplatzes

Die folgenden Vorkehrungen für die Standortwahl der Arbeitsplätze im Reinraum sollten bedacht werden:

a) Ein- und Ausgänge;

b) Hauptverkehrswege;

c) Einrichtungen, die eine Beeinträchtigung der Luftströmungsprofile nach sich ziehen können;

d) Zusatzeinrichtungen;

e) Kontaminationsquellen;

f) thermische Effekte;

g) Luftströmungsrichtungen;

h) Abfallentsorgungsstationen;

i) Zugang zu Anschlüssen;

j) Zugang für Instandhaltungsarbeiten;

k) Lagerung und Bewegung von Teilen, Werkzeugen und Fertigprodukten.

B.6.5 Unterstützende Nebenbereiche und angrenzende Reinräume

Lage und Integration von unterstützenden Nebenbereichen wie Reinigungs-, Vorbereitungsbereichen, Toiletten und Waschräumen sollten berücksichtigt werden, um eine Verletzung der in den Reinräumen herrschenden kritischen Bedingungen zu vermeiden. Wirksame Mitarbeiterschulung und -führung bzgl. Verhalten im Reinraum sollten umgesetzt werden, um Störungen und Kreuzkontamination aufgrund von Bewegungen zwischen Nebenbereichen und Reinräumen auf ein Minimum zu beschränken.

B.6.6 Medienversorgung und Hilfsgeräte

Die den Reinraum versorgenden Medienanschlüsse sollten so geplant, angeordnet und installiert werden, dass durch sie keine Kontamination entsteht.

Im Allgemeinen sollte die Anzahl der offenliegenden Rohre, Leitungen und Kabel innerhalb des Reinraums minimiert werden, da diese bei einer entsprechenden Reinigung Probleme schaffen und außerdem Schaden beim Kontakt beispielsweise mit Reinraumkleidung oder Wischtüchern verursachen können. Dies sollte gegenüber der möglichen Kontamination beispielsweise innerhalb von Schutzgehäusen oder Abdeckungen usw. abgewogen werden, da diese ebenfalls die Desinfizierung oder Begasung behindern könnten. Soweit möglich, sollte eine Trassenführung der Leitungen in außenliegenden Anschlussbereichen oder geschlossenen, abgedichteten Kanälen erwogen werden.

Netzanschlüsse, Datenzugangspunkte, Zapfhähne und Anschlüsse sollten so geplant und installiert sein, dass eine regelmäßige Reinigung erleichtert und die Ansammlung von Kontaminationen innerhalb oder hinter Abdeckungen vermieden wird. Die Planung sollte soweit wie möglich sicherstellen, dass Instandhaltungsaktivitäten außerhalb des Reinraums ausgeführt werden können. Wo das nicht möglich ist, sollte die Planung einen geeigneten Zugang zu instandhaltbaren Elementen beinhalten.

B.7 Prüfliste hinsichtlich der Planung

Die in Tabelle B.1 aufgeführten Punkte sollten bedacht und auf ihre Relevanz in der Planungsphase geprüft werden.

Tabelle B.1 — Planungsprüfliste

Nr.	Punkt	Festgelegte Beschreibung
1	Informationen zu Prozesseinrichtungen	
1.1	Technische Merkmale	— Maße und Gewicht jedes Einrichtungsteils — erforderlicher Platz um die Einrichtungen für Fertigungsbetrieb und Instandhaltung — Platz und zusätzliche Einrichtungen, die für das Be- und Entladen von Prozessmaterial erforderlich sind — Zugangsanforderungen für die Installation der Reinraumeinrichtung — Wärmezunahme durch Einrichtung — erforderliche Betriebsmedien — Fortluftanforderungen, sofern anwendbar — Quellstärke der Kontamination — Installation von Siphons mit Rückschlagventilen (zugänglich für Instandhaltungsarbeiten) an Bodenabläufen
1.2	Montage, Betrieb und Instandhaltung	— Betriebs- und Instandhaltungsanweisungen — Lagerung und Handhabung von Ersatzteilen
1.3	Durchsatz	— Produktmenge oder -anzahl je Zeiteinheit — Platz und zusätzliche Einrichtungen, die für das Be- und Entladen von Prozessmaterial erforderlich sind
2	Überlegungen zur Reinraumplanung	
2.1	Systemplanung	— Reservekapazität der Systeme — Redundanz- und Stand-by-Vorkehrungen — Überdimensionierung des Systems (Planung) — alternative Quellen für Stromversorgung oder primäre Betriebsmedien zum Umschalten
2.2	Voraussetzungen	Folgende Dokumentation sollte vorliegen: — technische Spezifikation einschließlich, sofern erforderlich, Sicherheits- und Umwelthandbuch — Liste oder Protokoll mit zu berücksichtigenden Verordnungen, Normen und Richtlinien und Angabe der erforderlichen Freigaben — Liste der Prozesseinrichtungen (siehe 1.1) — Freigabe oder Genehmigung für die Planung

Tabelle B.1 (*fortgesetzt*)

Nr.	Punkt	Festgelegte Beschreibung
2.3	Ausführungsplan	Der Ausführungsplan sollte folgende Bestandteile aufweisen: — Planungsdokumentation einschließlich Berechnungen — Termine (Meilensteine) — Liste wesentlicher Risiken — Planungsoptionen einschließlich Bewertung der Vor- und Nachteile — Übersicht über die Instandhaltungsanforderungen — Übersicht über den Flexibilitätsgrad — Auflistung der Redundanzleistungen — Qualitätsplan
3	Reinraum	Bei der Planung des Reinraums sollten folgende Punkte berücksichtigt werden: — Reinraumkonzept — Anforderungen an die Produktqualität — Kapital- und Betriebskosten (Folgekosten) — Energieverbrauch, Energieeinsparungsmaßnahmen — Sicherheit — Gesundheit und Wohlbefinden des Personals — Anforderungen und Einschränkungen, die durch Geräte oder Abläufe gegeben werden — Zuverlässigkeit, einfacher Betrieb und einfache Instandhaltung — umwelttechnische Belange (z. B. Abfallmanagement und Verpackung) — behördliche Auflagen
4	Layout einer Reinraumanlage	Bei der Planung des Layouts sollten die folgenden Punkte berücksichtigt werden: — Größe — Standortwahl des Arbeitsplatzes und Organisation — zugehörige Bereiche und angrenzende Reinräume — Medienversorgung und -vorbereitung sowie bei Bedarf -entsorgung — Staubsauganlage — Sprinklersystem — Kommunikationssysteme — Verglasung — Zugang für Personal und Material (Luftschleusen, sofern erforderlich) — Umkleideräume (Umkleideverfahren, Einrichtung) — Technikbereiche und Zugänglichkeit für Instandhaltungsarbeiten — Notausgänge

Tabelle B.1 (*fortgesetzt*)

Nr.	Punkt	Festgelegte Beschreibung
5	Auswahl der Materialien für Innenausbau und Einrichtung	Materialien sollten so ausgewählt werden, dass sie die Anforderungen des Projekts erfüllen. Insbesondere die folgenden Punkte sollten beachtet werden: — Reinheitsklasse — Auswirkung von Abrieb und Stößen — Reinigungs- und Desinfektionsverfahren und -häufigkeit — chemische oder mikrobiologische Einflüsse und Korrosion — mechanische oder physische Festigkeit — Minderung elektrostatischer Auf- und Entladung — Innenausrüstung, Haltbarkeit und Instandhaltungsfähigkeit — glatt, porenfrei und ohne Spalten
6	Sicherstellung der Zuluftreinheit	Luftfiltersysteme sollten nach der erforderlichen Reinheitsklasse ausgewählt werden. Entsprechende anwendbare Filternormen sind EN 1822-1 und ISO 29463-1. Es werden drei grundsätzliche Stufen der Luftfiltration empfohlen: — Vorfilter für die Außenluft, um eine ausreichende Zuluftqualität für die Luftaufbereitungsanlage sicherzustellen — Sekundärfilter in der Klimaanlage, die die endständigen Filter schützen, und Anforderungen an chemische Absorptionsfilter — endständige Filter: Anforderungen an HEPA- und ULPA-Filter
7	Schnittstellen mit der Prozessplanung	Die Schnittstellen mit weiteren an der Planung des Gesamtprojekts beteiligten Parteien sollten mithilfe geeigneter Mittel festgelegt werden. Diese können Folgende sein: — Komponentendatenblätter — Raumdatenblätter — Spezifikationen zu Geräten — Detailzeichnungen
8	Planung des Lüftungssystems	Planung des Lüftungssystems im Reinraum: — Systemlayout und Prozess- und Instrumentationsdiagramm (P & ID) — Liste zur Raum- und Systemlüftung (Außenluft, Zuluft, Fortluft, Abluft, Leckluft, Überströmluft) — Klima- und Druckkaskadenregelungen — Lastenheft
9	Planungsparameter	
9.1	Luftversorgung	— Luftvolumenstrom, Luftströmungsgeschwindigkeit und Gleichförmigkeit der Luftströmungsgeschwindigkeit (bei UDAF)
9.2	Planung des Luftverteilungs-systems	— Planung des Luftverteilungssystems im Reinraum — Anzahl und Lage der Lufteinlässe — Art der Luftauslässe — Lage der Fortluft- und Rückluftöffnungen — Temperaturdifferenz zwischen einströmender Luft und Raumluft

Tabelle B.1 (*fortgesetzt*)

Nr.	Punkt	Festgelegte Beschreibung
9.3	Strömungs- oder Druckkaskade	— zulässige gerichtete Strömung — reine Bereiche (in Bezug auf angrenzende weniger reine Bereiche nach außen gerichtete Strömung) — Rückhaltung (in Bezug auf angrenzende weniger gefährliche Bereiche nach innen gerichtete Strömung) — Druckdifferenz einschließlich Toleranz im Hinblick auf angrenzende Räume und die Umgebung — Geräte — Alarme
9.4	Überwachung und Kontrollen	— Online-Überwachung in Echtzeit der Bedingungen in kritischen Bereichen — automatische Kontrollen der Umgebungsbedingungen des Raums — Gebäudemanagementsystem (GMS)
10	Leistungs-parameter	— Luftvolumenströme — Außenluft- und/oder Zuluftverhältnisse — Strömungs- oder Druckkaskade — Filterfeinheiten/-klassen — AHU-Systemdrücke — Klassifizierung — sonstige Reinheitsmerkmale — Erholungsrate oder Erholungszeit — Temperatur und Luftfeuchte — Geräusche — Beleuchtung — Stromverbrauch (Fertigungsmodus und heruntergeregelter Modus)
11	Planungs-verifizierung	Es sollte eine Verifizierung durchgeführt werden, um sicherzustellen, dass die Planung und Planungsvorbereitung die Anforderungen erfüllen und mindestens Folgendes umfassen: — Reinraumkonzept — Beschreibung der Anlage — Konstruktionszeichnungen der Einheiten — Pläne, Layout, Zeichnung, Prozess- und Instrumentationsdiagramm — Integration aller anderen vereinbarten Systeme und Funktionen

Anhang C
(informativ)

Hinweise zur Ausführung

C.1 Ausführung und Montage einer Anlage

C.1.1 Allgemeines

Ausführung und Montage einer Anlage sollten mit den Informationen und Angaben in den Spezifikationen, Zeichnungen und dem vereinbarten Ausführungsplan übereinstimmen. Sämtliche Änderungen, die während der Ausführungsphase erforderlich werden, sollten ein dokumentiertes Änderungsverfahren durchlaufen, das eine Bewertung der technischen, finanziellen und terminlichen Auswirkungen umfasst. Änderungen sollten vor der Umsetzung geprüft und freigegeben werden.

Ausführungs- und Montagearbeiten sollten in einer dokumentierten und vereinbarten Abfolge durchgeführt werden und einem dokumentierten und vereinbarten Terminplan folgen.

Unter Umständen sind im Bereich der Ausführung eine Zugangskontrolle gegen unbefugte Personen und ein Schädlingsbekämpfungsprogramm erforderlich.

Die Qualität des fertiggestellten Reinraums, einschließlich aller freiliegenden Oberflächenqualitäten, sollte freigegeben werden. Es sollte in Betracht gezogen werden, Proben aller kritischen Oberflächendetails als Maßstab für Inspektionen und Freigaben der fertigen Arbeiten vorzubereiten oder auf diese zu verweisen, da sie einen wesentlichen Einfluss auf die Fähigkeit der Anlage haben, während ihrer gesamten Nutzungsdauer die geforderte Leistung zu erzielen.

ANMERKUNG In Anhang C werden nur Aspekte zur Ausführung und Montage einer Anlage berücksichtigt, die sich auf die Kontaminationskontrolle im Reinraum beziehen. Sonstige Themen zu Gesundheit und Sicherheit, Brandschutzmaßnahmen, Hygiene und Wohlbefinden des Personals, Planung und Gebäudekontrollen sowie sonstigen behördlichen Freigaben können ebenfalls behandelt werden.

C.1.2 Materialhandhabung während der Ausführung

Alle Bauteile und Materialien, die zur Ausführung und nachfolgenden Wartung der Anlage bestimmt sind, sollten vor Benutzung so hergestellt, verpackt, transportiert, gelagert, geschützt und überprüft werden, dass ihre Eignung sichergestellt ist.

Folgende Punkte sollten ebenfalls berücksichtigt werden:

— Freigegebene Materialien sollten eindeutig gekennzeichnet werden und separat von nicht freigegebenen Materialien gelagert werden;

— Lagerbereiche von annehmbaren und nicht annehmbaren oder nicht konformen Materialien sollten eindeutig gekennzeichnet werden, um eine Vermischung zu vermeiden;

— abgelehnte, beschädigte oder falsche Materialien sollten so früh wie möglich entfernt werden.

Diese Hinweise können auch auf Standorte angewendet werden, an denen Material hergestellt, vorbereitet und extern gelagert wird.

Weitere Informationen sind Abschnitt C.2 zu entnehmen.

C.1.3 Ausführung von Decken, Wänden und Böden

C.1.3.1 Grundanforderungen

Mit der Auswahl des Ausführungsverfahrens, der Materialauswahl und der Effektivität der Planungsdetails soll sichergestellt werden, dass die Oberflächenqualität zweckdienlich ist, also glatt, ohne Spalte, Risse und Löcher, auf ebener Fläche stehend und bündig mit möglichst wenig Abstufungen und Vorsprüngen, die größere Flächen bieten, an denen sich Kontaminationen ansammeln können.

Während der Ausführung und Montage sollte besonders auf die Anschlüsse zwischen Reinraumoberflächen und Elementen wie Tür- und Fensterrahmen, Leuchtenanschlüssen, Elektrozubehör und Lüftungssystemdurchlässen geachtet werden. Wenn an den Innenraumecken (Boden an Wand, Wand an Wand, Wand an Decke) Vouten verwendet werden, sollte die Oberfläche vollständig abgestützt, glatt, undurchdringlich und ohne Spalte sein.

Wände, Böden und Decken in Reinräumen und reinen Bereichen sollten so ausgeführt sein, dass die Oberflächen für eine Reinigung zugänglich sind. Dies schließt im Allgemeinen Wände, Böden, Decken, Fenster und Türen, die Reinraumseite der Luftauslässe und Bodenabläufe ein.

C.1.3.2 Decken

Decken sollten so abgedichtet sein, dass das Eindringen von Partikeln sowie von anderen Kontaminanten aus dem Deckenhohlraum verhindert wird. In die Decke eingebaute Filter, Filterrahmen, Filtergehäuse und Deckenluftauslässe sollten abgedichtet werden. Durchführungen (z. B. für Medienanschlüsse, Sprinkler und Beleuchtung) sollten möglichst bündig sein und abgedichtet werden.

C.1.3.3 Wände und Wandsysteme

Fugenleisten oder Abdichtungen zwischen Paneelen sollten glatt und wandbündig sein, um eine wirkungsvolle Reinigung zu erleichtern und die Ansammlung von Kontaminanten zu begrenzen. Besondere Aufmerksamkeit sollte der Glattheit und wirksamen Abdichtung der Durchbrüche für Medienanschlüsse und anderer Durchbrüche geschenkt werden.

C.1.3.4 Böden

Baulich bedingte Fugen und Dehnungsfugen im Boden sollten stabil sein und abgedichtet werden, bevor der endgültige Bodenbelag aufgebracht wird.

Mit dem erstellten Bodensystem sollte die vorgesehene elektrostatische Ableitfähigkeit sichergestellt werden.

Während der Aufbringung der endgültigen Bodenbeläge sollte der Personalzugang streng kontrolliert werden und der Boden sollte nach der Installation und vor der Übergabe geschützt werden.

C.2 Reinraumprotokoll

C.2.1 Reinheit und Reinigung während der Ausführung

Viele Arbeiten bei der Ausführung und Montage einer Anlage können Kontamination erzeugen und eindringen lassen. Reinrauminstallationsprotokolle sollten während der Planungsphasen des Projekts bedacht, aufgestellt und auf der Baustelle durchgesetzt werden. Dies hilft dabei, die festgelegten Ziele der Kontaminationskontrolle zu erreichen und sorgt für einen einfacheren Übergang von der Ausführung und Montage einer Anlage.

Während der Ausführung gibt es drei Hauptquellen für Kontamination:

— ausführungsbezogene Tätigkeiten;

— Material, das von außerhalb in den Reinraum gelangt;

— Material, das sich aufgrund ungeeigneter Reinigungspraktiken und Abfallentsorgung ansammelt.

Zudem müssen Materialien vor Beschädigung geschützt werden, wenn sie eingebaut werden, und somit ändern sich die Häufigkeit und Art der Reinigung.

Das Reinraumprotokoll sollte der endgültigen Klassifizierung der vollständigen Anlage und dem Verfahren der Ausführung und Montage entsprechen. Reinräume, die für den Schutz aseptischer Verarbeitungstätigkeiten geplant wurden, können besondere Verfahren erfordern.

Zusätzliche Anforderungen können auch erforderlich sein, wenn die Ausführung in unmittelbarer Nähe von in Betrieb befindlichen Einrichtungen erfolgt. Siehe ISO 14644-5.

ANMERKUNG Bei einigen Ausführungsverfahren wie Maurerarbeiten mit Verwendung einer Hochleistungsoberfläche kann keine Reinigung durchgeführt werden, bis die Oberflächen abgedichtet sind.

Folgendes sollte in allen Protokollen aufgenommen werden:

— der Materialtransport zur oder von der Baustelle sollte während der Planungsphase geplant und dokumentiert werden;

— der gesamte Abfall sollte kontrolliert und so früh wie möglich aus dem Bereich der Ausführung entfernt werden;

— kritische Oberflächen wie die Innenseite von Luftleitungen und Luftaufbereitungssystemen, Geräteoberflächen und Oberflächen von Befestigungen sollten sauber und trocken gehalten und vor Installation und Anschluss angemessen durch eine Umhüllung geschützt werden;

— Einrichtungen von Unterauftragnehmern sollten sich in einem gesonderten Bereich befinden. Sie sollten zu jeder Zeit sauber und ordentlich gehalten werden.

Die Anordnung und Instandhaltung des Materialablagebereichs sollte dokumentiert werden. In bestimmten Phasen während des Ausführungs- und Installationsprozesses müssen Vorgehensweisen weiterentwickelt und geändert werden, wenn die Baustelle von einem offenen in einen geschlossenen, kontrollierten Bereich übergeht. Jede neue Phase schließt im Allgemeinen mit dem Abschluss eines Ausführungs- oder Inbetriebnahmeelements ab. Diese Phasen können Folgendes umfassen:

— externe Gebäudehülle;

— Reinraumhülle, Oberflächen und Durchführungen;

— technische Gebäudeausrüstung und Lüftung oder HVAC;

— endständige Lüftung oder Druckbeaufschlagung, Filter installiert, Endbearbeitung abgeschlossen;

— Inbetriebnahme.

In jeder dieser Phasen sind besondere Vorgehensweisen für Folgendes erforderlich:

— Bekleidungsordnungen – von industrieller Arbeitssicherheitskleidung über Schutzoveralls zu Überschuhen. Ablegen kontaminierter Kleidung und Entsorgung der Kleidung. Kleidungsanforderungen für bestimmte Bereiche der Ausführung sollten nur für diese Bereiche gelten und die Kleidung sollte nicht außerhalb der geschützten Bereiche getragen werden.

— Reinigungsverfahren – variieren je nach Phase und Art der Ausführung und der Art und Menge der zu beseitigenden Kontamination. Zum Beispiel sollte ein Übergang von Fegen zu Staubsaugen oder Wischen erfolgen, wenn das Fegen so viel Kontamination erzeugt wie beseitigt wird.

— Reinigungshäufigkeit – je weiter die Ausführung fortschreitet, desto häufiger und intensiver muss eine Reinigung erfolgen.

Bei einigen Anlagen können besondere Anforderungen gelten, z. B. folgende:

— Lüftung und Druckbeaufschlagung des Bereichs der Ausführung: dies darf mit einem temporären tragbaren System oder durch die Verwendung von Opfer-Luftfiltern innerhalb des HVAC-Systems der Anlage erfolgen;

— provisorische Abschirmungen und Wände – zur Isolierung der Baustelle, zum Schutz für den Bereich der Ausführung und zur Abtrennung von angrenzenden Tätigkeitsbereichen;

— Abtrennung und Isolierung gefährlicher Tätigkeiten wie Schleifen, Schweißen und Bohren;

— Luftschleusen – nützlich als Übergangsbereiche für kritische Ausführungsbereiche, in denen ab den ersten Phasen bestimmte Bekleidungsordnungen gefordert sind und Geräte (sowohl provisorische als auch für den vorgesehenen Prozess) dekontaminiert werden müssen, bevor sie in den Bereich gebracht werden;

— Dekontaminationsbereiche – abgegrenzte Bereiche am Rand des Bereichs der Ausführung. Dabei kann es sich um eine Schwelle handeln, an der das Ausführungspersonal die Schuhe wechselt oder Stiefel anzieht, oder ein Bereich, in dem Geräte gereinigt werden, bevor sie in den kritischen Bereich gebracht werden.

— Überwachung – wenn Arbeiten an einem aktiven Standort durchgeführt werden, ist unter Umständen eine Partikelüberwachung auf der aktiven Seite der Schnittstellen von Fertigungsstandort oder Baustelle erforderlich. Eine mikrobielle Überwachung kann ebenfalls erforderlich sein.

C.2.2 Umsetzung des Reinraumprotokolls

Das Reinraumprotokoll sollte von einer erfahrenen Person überwacht werden. Alle Gewerke, die von den Anforderungen betroffen sein werden, sollten auf das Protokoll hingewiesen werden und dem Inhalt zustimmen.

Die Anforderungen des Protokolls sollten Teil des Einarbeitungsprogramms des Auftragnehmers sein. Bestimmte Anforderungen des Protokolls, wie Reinigungspraktiken, erfordern unter Umständen Vorgaben aus vorherigen ähnlichen Erfahrungen und zusätzliche Schulungen.

C.3 Ausführungspersonal

Alle relevanten Mitarbeiter sollten Standorteinarbeitungen (Schulung und Einweisung) erhalten, deren Schwerpunkt auf Baustellensicherheit, Verhalten im Reinraum und Ausführungsqualität liegt.

Aufgrund der Kritikalität der Reinraumleistung ist ein hohes Maß an Ausführungsqualität erforderlich. Alle Arbeiten sollten von entsprechend qualifiziertem Personal überwacht werden.

Falls während der baulichen Ausführung des Reinraums eine besondere Kleidung erforderlich ist, sollte das Personal hinsichtlich des Umkleideverfahrens eingewiesen werden und diese Kleidung sollte nicht außerhalb des Ausführungsbereichs getragen werden.

C.4 Ausführungsverifizierung

Die Ausführungsverifizierung sollte durchgeführt werden, um sicherzustellen, dass Ausführung und Montage der Anlage, deren Bauteile und die Planung, einschließlich der Details, der Gestaltung entsprechen. Diese Verifizierung wird im Allgemeinen auf der Baustelle durchgeführt, jedoch darf sie bei vormontierten Bauteilen beim Lieferanten durchgeführt werden.

Die Verifizierung sollte mindestens folgende Punkte umfassen:

a) Inspektion und Prüfung auf Vollständigkeit und Qualität der Ausführung der Anlage nach den freigegebenen Planungsdokumenten;

b) Bestätigung der Oberflächenqualität und -reinheit;

c) Empfang und Freigabe von Materialien und Prüfzertifikaten;

d) Inspektion der gesamten technischen Gebäudeausrüstung einschließlich HVAC-, Steuer- und Überwachungssysteme;

e) Kalibrierung und Funktionsprüfungen von Steuer-, Überwachungs-, Warn- und Störfallsystemen;

f) Prüfung der Reinraumhülle oder Umhüllung auf Druckfestigkeit und Leckagen, soweit festgelegt;

g) Prüfung der Leitungen auf Druckfestigkeit und Leckagen, soweit festgelegt;

h) Empfang der Ersatzteilliste;

i) Empfang und Überprüfung der Betriebs- und Instandhaltungsanweisungen.

C.5 Prüflisten hinsichtlich der Ausführung

Die in Tabelle C.1 aufgeführten Punkte sollten hinsichtlich ihrer Relevanz für das Projekt oder den Prozess in der Ausführungsphase geprüft werden.

Tabelle C.1 — Ausführungsprüfliste

Nr.	Punkt	Bestätigung, dass folgende Punkte behandelt oder bereitgestellt wurden
1	Vor der Ausführung	
1.1	Ausführungsplan	— Terminplan — Qualitätsplan — Reinraumprotokoll — Gesundheits- und Sicherheitsplan — Zugang und Sicherheit
1.2	Terminplan	— Phasen und Ablauf des Reinraumbaus — gefährliche Ausführungstätigkeiten — Tätigkeiten mit starker Entstehung und Verteilung von Schmutz oder Abfall — Inbetriebnahmeabfolge — Prüfungs- und Inspektionsphasen — Übergabelogistik und -mechanismen
1.3	Qualitätsplan	— Management der Planungsüberarbeitung — Management der Änderungskontrolle — Abweichungsmanagement (Bauabnahme)

Tabelle C.1 (*fortgesetzt*)

Nr.	Punkt	Bestätigung, dass folgende Punkte behandelt oder bereitgestellt wurden
1.4	Dokumentation	— Spezifikationen — Zeichnungen — Freigaben — Baustellenanordnung und -logistik — Einträge der Änderungskontrolle
1.5	Reinraumprotokoll	— klare Managementverantwortung — Materialhandhabung – Empfang, Lagerung und Verwendung — Phasen der Ausführung und Montage und zugehörige Kontrollen — Reinigung — reinraumkompatibler Staubsauger — Abfallentsorgung
1.6	Standortvorbereitung	— Mitarbeiterräume — Ablagebereich — Zugang — Lagerung und Entsorgung von Abfällen
2	Während der Ausführung	
2.1	Schulung und Einweisung	Zu berücksichtigen: — Grundlagenschulung zum Verhalten in Reinräumen — Mitarbeiterbesprechungen zum Bau von Reinräumen — Einweisung zu den angegebenen Phasen des Reinraumbaus — Übersicht zu anwendbaren Phasen, Genehmigungen für Reinraumarbeiten und Umkleideanweisungen
2.2	Zugang	Folgende Orte am Standort sind durch befestigte Zugangswege verbunden: — Arbeitsspinde, Kantine und Toiletten — Ablageort zur Materiallagerung — Abladeort für Baumaterial und Geräte — Personalzugangskontrolle; — Wege für die Installation großer Anlagen
2.3	Provisorischer Schutz	Abdeckungen für: — fertige architektonische Oberflächen (z. B. Wände, Böden, Decken, Türen, Fenster) — Öffnungen — unfertige mechanische und elektrische Versorgungseinrichtungen (z. B. Kanäle, Rohre, Einlässe und Auslässe) — Geräte
2.4	Prototyp	Erstellung eines Referenzraums als Qualitätsmaßstab für Materialien, Ausführung und Detailausführung.

Tabelle C.1 (*fortgesetzt*)

Nr.	Punkt	Bestätigung, dass folgende Punkte behandelt oder bereitgestellt wurden
2.5	Provisorische Abgrenzung	Kurzfristige Bereitstellung von: — provisorischen Wänden — provisorischen Lüftungssystemen einschließlich Luftfiltration sofern erforderlich
2.6	Vorübergehende Funktionsfähigkeit	— provisorische Luftfilter in Lüftungssystemen für die Ausführungsphase
2.7	Technische Gebäudeausrüstung	— Umfang und Ablauf des Anschlusses an Versorgungseinrichtungen und der Prüfungen — Umfang und Ablauf der Erst-Inbetriebnahme und HVAC-Prüfung
2.8	Energiemanagement	— Minimieren von Ausführungstätigkeiten, die zu viel Energie verbrauchen
3	Fertigstellung der Ausführung	
3.1	Letzte Reinigungsphase	— Zugangsanforderungen und Anforderungen der Bekleidungsordnung — mehrstufige Reinigungsanweisungen — Verantwortlichkeiten — Bewertung der Reinheitskriterien und Vorgehensweise in der entsprechenden Phase
3.2	Dokumentation	— Betriebs- und Wartungsanleitungen — Dokumentation der Änderungskontrolle — Bauzeichnungen — Verifizierungen — Freigaben

Anhang D
(informativ)

Hinweise zur Erst-Inbetriebnahme

D.1 Allgemeines

Die Erst-Inbetriebnahme umfasst eine Reihe von in logischer Abfolge geplanten, organisierten und ausgeführten Tätigkeiten, um die Anlage vom vollständig aufgebauten und ausgeführten oder montierten Zustand in den Betrieb zu überführen. Die Tätigkeiten sollten dokumentierte Inspektionen, Prüfungen und Messungen für den Nachweis des einwandfreien Betriebs und dass die Leistung letztendlich alle ursprünglich festgelegten Nutzungsanforderungen erfüllen, umfassen.

Die in diesem Anhang beschriebenen Tätigkeiten erfolgen vor Inbetriebnahme und bei Inbetriebnahme und enden bei der Funktionsprüfung und letztendlich der Leistungsverifizierung. Es können alternative Strategien zur Erreichung der gleichen Ziele umgesetzt werden. Umfang und Ausmaß der Tätigkeiten zur Erst-Inbetriebnahme sollten der Größe, Komplexität und Neuheit der Anlage entsprechen.

In diesem Anhang werden insbesondere die technischen Systeme behandelt, die die Reinheitskontrolle direkt beeinflussen (Reinraumgewebe und Luftaufbereitungssysteme). Es sollte beachtet werden, dass die Praktiken der Erst-Inbetriebnahme einschließlich technischer Inbetriebnahme für alle mechanischen und elektrischen Systeme, die den Betrieb der Anlage unterstützen und ermöglichen, gleichermaßen gelten. Diese liegen außerhalb des Anwendungsbereichs dieses Dokuments.

D.2 Vor-Inbetriebnahme

Die Tätigkeiten zur Ausführung und Montage der Anlage sollten abgeschlossen und alle Aufgaben der Ausführungsverifizierung durchgeführt und freigegeben worden sein, bevor mit der Inbetriebnahme begonnen wird.

Vor Montage der endständigen und/oder Durchlassfilter sollten alle Kanäle, Wände, Decken, Böden und installierten Armaturen sauber sein.

Steuer-, Überwachungs- und Automatisierungssysteme sollten einer Funktionsprüfung und allgemeinen Prüfung (z. B. Kalibrierung der Geräte, Bestätigung der einwandfreien Funktion von Steuerkreisen und Stellgliedern) unterzogen werden.

Mechanische Systeme sollten einer Funktionsprüfung und allgemeinen Prüfung (z. B. Antriebsriemenspannung, Motordrehung) unterzogen werden.

Der Bereich sollte einer Sichtprüfung unterzogen werden, um sicherzustellen, dass mögliche Leckstellen abgedichtet sind.

D.3 Inbetriebnahme

D.3.1 Allgemeines

Die Inbetriebnahmetätigkeiten gelten für alle mechanischen und elektrischen Versorgungseinrichtungen, Geräte und Systeme, die zur Unterstützung des Betriebs der Reinraumanlage erforderlich sind.

D.3.2 Ingangsetzung

Die Systeme und Geräte, die zur Unterstützung der Anlage erforderlich sind, werden systematisch gestartet und ihre Betriebsleistungsparameter ermittelt, indem eine Reihe von Messungen und Einstellungen vorgenommen werden, bis der Betrieb der Anlage stabil ist und den vereinbarten Festlegungen entspricht.

Nach Abschluss der Ingangsetzungsphase sollten als Nachweis für die Erreichung der festgelegten Leistungsparameter ein dokumentierter Datensatz der Prüfergebnisse und ein zugehöriger Prüfbericht erstellt werden. Die Prüfungen sollten ausreichend lang sein, um eine gleichbleibende Leistung nachzuweisen.

Es wird erwartet, dass die endgültigen Messwerte aufgezeichnet und dokumentiert werden. Diese Endwerte dürfen bei der Funktionsprüfung verwendet werden.

D.3.3 Verifizierung

D.3.3.1 Allgemeines

Zum Nachweis, dass eine Anlage fertiggestellt, ordnungsgemäß ausgeführt und montiert wurde und im Betrieb alle Anforderungen an die Kontaminationskontrolle erfüllt, sollte in wichtigen Phasen eine Reihe spezieller Inspektionen und Prüfungen an der Anlage durchgeführt werden. Dies sind die Funktionsprüfungen nach Abschluss der Ingangsetzungsphase und die Leistungsverifizierung als ein letzter Schritt.

D.3.3.2 Funktionsprüfung

Nach Abschluss der Ingangsetzungsphase sollte eine Reihe von Funktionsprüfungen durchgeführt werden, um die einwandfreie technische Funktionsfähigkeit der Anlage zu bestätigen. ISO 14644-3 bietet eine Anleitung zur Ablaufplanung und Prüfung sowie Referenzprüfverfahren und Prüfgerätespezifikationen. Folgende Prüfungen werden üblicherweise im Rahmen der Funktionsprüfung durchgeführt:

a) Zeitsteuerung und Funktion der Türverriegelung;

b) Zuluftvolumenstrom in Systemen mit turbulenter Verdünnungsströmung;

c) Luftgeschwindigkeit in UDAF-Systemen;

d) Druckabfälle in Luftaufbereitungssystemen;

e) Raumdruckdifferenzen;

f) In-situ-Leckprüfung von HEPA-Filtern;

g) Leckprüfung der Abschließung;

h) elektrostatische Prüfung von Ionengeneratoren;

i) Prüfung von Temperatur und Luftfeuchte;

j) Geräuschpegel und Lichtstärke;

k) Prüfungen auf gestörte Bedingungen (Lüfterverriegelungen, Stand-by-Systeme);

l) Bewertung von Energieverbrauch und -effizienz – Betrieb und heruntergeregelt (siehe ISO 14644-16).

D.3.3.3 Leistungsverifizierung

Nach Abschluss der Ingangsetzungs- und der Funktionsprüfungsphase sollte eine Reihe von Leistungsprüfungen durchgeführt werden, um die einwandfreie Leistung der Anlage hinsichtlich der Aufrechterhaltung der erforderlichen Reinheitsklassen und -grade zu bestätigen. ISO 14644-1, ISO 14644-3, ISO 14644-8, ISO 14644-9, ISO 14644-10 und ISO 14644-17 enthalten Anleitungen zur Prüfung sowie Referenzprüfverfahren und Spezifikationen für Prüfinstrumente. Folgende Prüfungen werden üblicherweise im Rahmen der Leistungsverifizierung durchgeführt:

a) Klassifizierung der Luftreinheit anhand der Partikelkonzentration (siehe ISO 14644-1);

b) Oberflächenreinheitsgrad an kritischen Kontrollpunkten anhand der Partikelkonzentration (siehe ISO 14644-9);

c) Luftreinheitsgrad an kritischen Kontrollpunkten anhand der chemischen Konzentration (siehe ISO 14644-8);

d) Oberflächenreinheitsgrad an kritischen Kontrollpunkten anhand der chemischen Konzentration (siehe ISO 14644-10);

e) Partikelabscheidungsrate (siehe ISO 14644-17);

f) Erholzeit luftgetragener Partikel in Systemen mit turbulenter Verdünnungsströmung (siehe ISO 14644-3);

g) Visualisierung der Luftströmung (siehe ISO 14644-3).

ANMERKUNG Die mikrobielle Reinheit von Luft und Oberflächen kann auch bewertet werden, wenn dies ein gefordertes Reinheitsmerkmal der Anlage ist. EN 17141 bietet eine Anleitung zur Biokontaminationskontrolle.

D.4 Dokumentation der Erst-Inbetriebnahme

Die Berichte zur Erst-Inbetriebnahme, einschließlich Vor-Inbetriebnahme, Inbetriebnahme (und Verifizierung), sollten dokumentiert und freigegeben werden. Die Dokumentation sollte Folgendes umfassen:

a) Inbetriebnahme- und Prüfdokumentation des Lieferanten;

b) Kalibrierzertifikate der benutzten Messgeräte;

c) relevante Ausführungszeichnungen und Einzelheiten;

d) alle Ergebnisse von Inbetriebnahme und Verifizierung;

e) durch Zeugen bestätigter Nachweis der Übereinstimmung mit den Planungsspezifikationen;

f) Prüfberichtsangaben nach ISO 14644-1, ISO 14644-3, ISO 14644-8, ISO 14644-9, ISO 14644-10 und ISO 14644-17.

D.5 Prüflisten hinsichtlich der Erst-Inbetriebnahme

Die in Tabelle D.1 aufgeführten Punkte sollten hinsichtlich ihrer Relevanz für das Projekt oder den Prozess in der Erst-Inbetriebnahmephase geprüft werden.

Tabelle D.1 — Erst-Inbetriebnahme-Prüfliste

Nr.	Punkt	Festgelegte Beschreibung
1	Vorbereitung für die Inbetriebnahme	
1.1	Dokumentation	Folgende unterstützende Dokumentation sollte vorliegen: — Zeichnungen — schematische Darstellungen — vereinbarte(s) Format oder Berichtsvorlage für die Inbetriebnahme — Reinraumprotokoll (in der entsprechenden Phase) — freigegebene abgeschlossene Ausführungsverifizierung — Vorgehensweisen für Erst-Inbetriebnahme, Herunterfahren und Herunterregeln des Systems

Tabelle D.1 (*fortgesetzt*)

Nr.	Punkt	Festgelegte Beschreibung
1.2	Vollständigkeit der Ausführung	Folgendes sollte als fertiggestellt bestätigt werden: — Integrität der Ausführung — Druckprüfung der Leitungen — unterstützende Betriebsmedien angeschlossen — Reinigung der Leitungen — Reinraum gereinigt
1.3	Planungs-parameter	Bei Erst-Inbetriebnahme zu prüfende Leistungsparameter: — Luftvolumenströme — Außenluft- und/oder Zuluftverhältnisse — Strömungs- oder Druckkaskade — Filterfeinheiten/-klassen — AHU-Systemdrücke — Klassifizierung — Erholungsrate — sonstige Reinheitsmerkmale — Temperatur und Luftfeuchte — Geräusche — Beleuchtung
1.4	Zugang und Ressourcen	Folgendes sollte als vorhanden bestätigt werden: — sicherer Zugang zu Bereichen, Anlage und Einrichtungen — erforderliche Genehmigungen — relevante Systemisolierungen — ausreichend kompetentes Personal — geeignete Materialien und Einrichtungen — kalibrierte Messgeräte — Warnschilder — Zugangsbeschränkungen
1.5	Planung	Folgendes sollte angegeben oder eingeholt werden: — Liste der Inbetriebnahmetätigkeiten — logische Abfolge von Aufgaben oder Programm — Verantwortlichkeiten — unterstützende Betriebsanleitungen — Bezeugungsvereinbarungen — zeitliche Planung von Reinigungstätigkeiten — vorläufiges Instandhaltungsprogramm
2	Inbetriebnahme	

Tabelle D.1 (*fortgesetzt*)

Nr.	Punkt	Festgelegte Beschreibung
2.1	Durchführung der Inbetriebnahme	Folgendes sollte während und nach der Inbetriebnahme verfügbar sein: — vereinbarte Unterzeichnungsstufen — gesammelte Inbetriebnahmedokumentation für AHU, HVAC, Betriebsmedien, Steuersystem, zugehörige integrierte Geräte — Prüfzertifikate des Filterherstellers — Erst-Inbetriebnahme- und Abschaltverfahren — Steuersystem-Sollwerte und tatsächliche Betriebsleistung (Vergleich), einschließlich Herunterregeln — tatsächliche Reservekapazität des Systems — Kalibrierung kritischer Geräte — Freigabe der Inbetriebnahme
2.2	Durchführung der Verifizierung	Siehe D.3.2
3	Übergabe	Überlegungen zur Übergabe: — Inbetriebnahmeaufzeichnungen (abgeschlossene und freigegebene Ingangsetzungs- und Leistungsverifizierung) — Betriebs- und Wartungsanleitungen — Liste kritischer Ersatzteile — Instrumentenliste und Kalibrierungsplan — Instandhaltungsprogramm — Schulungsprogramm und Aufzeichnungen — Kompetenz der Schulungsleiter — detaillierte Vorgehensweisen und Programm für geplante vorbeugende Wartung

Literaturhinweise

[1] ISO 9000:2015, *Quality management systems — Fundamentals and vocabulary*

[2] ISO 14644-2, *Cleanrooms and associated controlled environments — Part 2: Monitoring to provide evidence of cleanroom performance related to air cleanliness by particle concentration*

[3] ISO 14644-3:2019, *Cleanrooms and associated controlled environments — Part 3: Test methods*

[4] ISO 14644-5, *Cleanrooms and associated controlled environments — Part 5: Operations*

[5] ISO 14644-7, *Cleanrooms and associated controlled environments — Part 7: Separative devices (clean air hoods, gloveboxes, isolators and mini-environments)*

[6] ISO 14644-8, *Cleanrooms and associated controlled environments — Part 8: Assessment of air cleanliness by chemical concentration (ACC)*

[7] ISO 14644-9, *Cleanrooms and associated controlled environments — Part 9: Assessment of surface cleanliness for particle concentration*

[8] ISO 14644-10, *Cleanrooms and associated controlled environments — Part 10: Assessment of surface cleanliness for chemical contamination*

[9] ISO 14644-12, *Cleanrooms and associated controlled environments — Part 12: Specifications for monitoring air cleanliness by nanoscale particle concentration*

[10] ISO 14644-14, *Cleanrooms and associated controlled environments — Part 14: Assessment of suitability for use of equipment by airborne particle concentration*

[11] ISO 14644-15, *Cleanrooms and associated controlled environments — Part 15: Assessment of suitability for use of equipment and materials by airborne chemical concentration*

[12] ISO 14644-17, *Cleanrooms and associated controlled environments — Part 17: Particle deposition rate applications*

[13] ISO 29463-1, *High efficiency filters and filter media for removing particles from air — Part 1: Classification, performance, testing and marking*

[14] IEC 61340-5-1, *Electrostatics — Part 5-1: Protection of electronic devices from electrostatic phenomena — General requirements*

[15] EN 1822-1, *Schwebstofffilter (EPA, HEPA und ULPA) — Teil 1: Klassifikation, Leistungsprüfung, Kennzeichnung*

[16] IEST-RP-CC012.3:2015, *Considerations in cleanroom design. Institute of Environmental Sciences and Technology. Schaumburg, Illinois, USA.*

[17] Fedotov A. Air change rate for cleanrooms with non-unidirectional airflow. *Clean Air and Containment Review*. 2016, 26, 12–20

[18] Novoselac A. and Srebric J. *Comparison of Air Exchange Efficiency and Contaminant Removal Effectiveness as IAQ Indices*. ASHRAE Transactions 2003 **109** Part 2 or KC-03-4-5 (4653)

[19] Sabatini L. *Notes on the design of the installation for the control of airborne contamination*. Lesatec s.r.l. Cleanroom Technology

[20] Sun, W. ed. Development of Cleanroom *Required Airflow Rate Model Based on Establishment of Theoretical Basis and Lab Validation*. ASHRAE Transactions. Atlanta, GA: 2009 ASHRAE.

[21] Whyte W., Eaton T., Whyte W.M., Lenegan N., Ward S., Agricola K. Calculation of air supply rates and concentrations of airborne contamination in non-UDAF cleanrooms. *European Journal of Parenteral and Pharmaceutical Sciences*. 2017, 22(4), 126–138. Verfügbar unter: http://eprints.gla.ac.uk/157532/1/157532.pdf

[22] Ljungqvist B., Reinmuller B. *People as a Contamination Source in Pharmaceutical Cleanrooms -Source Strengths and Calculated Concentrations of Airborne Contaminants*. pdajpst.2020.012054; DOI: https://doi.org/10.5731/pdajpst.2020.012054

[23] Whyte W. and W.M., Ward S. and Agricola K. Ventilation effectiveness in cleanrooms and its relationship to decay rate, recovery rate and air change rate. *European Journal of Parenteral and Pharmaceutical Sciences*. 2018, 23(4), 126–134. Verfügbar unter: http://eprints.gla.ac.uk/182405/1/182405.pdf

[24] Whyte W., Ward S., Whyte W.M. and Eaton T. Decay of airborne contamination and ventilation effectiveness of cleanrooms. *International journal of Ventilation*. 2014, 13(3), 211–219. Verfügbar unter: https://eprints.gla.ac.uk/100819/1/100819i.pdf

[25] Sørensen D.N. and Nielsen P.V. Quality control of computational fluid dynamics in indoor environments. *Indoor Air*. 2003, 13, 2–17

[26] Sun W. Cleanroom Airlock Performance and Beyond. *ASHRAE Journal*. Februar 2018

März 2005

	DIN EN ISO 14644-5	

ICS 13.040.35

Reinräume und zugehörige Reinraumbereiche – Teil 5: Betrieb (ISO 14644-5:2004); Deutsche Fassung EN ISO 14644-5:2004

Cleanrooms and associated controlled environments –
Part 5: Operations (ISO 14644-5:2004);
German version EN ISO 14644-5:2004

Salles propres et environnements maîtrisés apparentés –
Partie 5: Exploitation (ISO 14644-5:2004);
Version allemande EN ISO 14644-5:2004

Gesamtumfang 52 Seiten

Normenausschuss Heiz- und Raumlufttechnik (NHRS) im DIN

Nationales Vorwort

Diese Norm wurde im ISO/TC 209 „Reinräume und zugehörige Reinraumbereiche“ in Zusammenarbeit mit CEN/TC 243 „Reinraumtechnologie“ bearbeitet. Im DIN Deutsches Institut für Normung e. V. war hierfür der Arbeitsauschuss 2.21/2.22 „Normales Spiegelgremium ISO/TC 209 und CEN/TC 243“ des NHRS-Arbeitsausschusses 2.21 Reinraumtechnik zuständig.

Für die im Abschnitt 2 genannten Internationalen Normen wird im Folgenden auf die entsprechenden Deutschen Normen und VDI-Richtlinien hingewiesen:

ISO 14644-1	DIN EN ISO 14644-1
ISO 14644-2	DIN EN ISO 14644-2
ISO 14644-3	VDI 2083 Blatt 3
ISO 14644-4	DIN EN ISO 14644-4
ISO 14698-1	E DIN EN ISO 14698-1
ISO 14698-2	E DIN EN ISO 14698-2

Nationaler Anhang NA
(informativ)

Literaturhinweise

DIN EN ISO 14644-1, *Reinräume und zugehörige Reinraumbereiche — Teil 1: Klassifizierung der Luftreinheit (ISO 14644-1:2004); Deutsche Fassung EN ISO 14644-1:2004.*

DIN EN ISO 14644-2, *Reinräume und zugehörige Reinraumbereiche — Teil 2: Festlegungen zur Prüfung und Überwachung zum Nachweis der fortlaufenden Übereinstimmung mit ISO 14644-1 (ISO 14644-2:2000); Deutsche Fassung EN ISO 14644-2:2000.*

DIN EN ISO 14644-4, *Reinräume und zugehörige Reinraumbereiche — Teil 4: Planung, Ausführung und Erst-Inbetriebnahme (ISO 14644-4:2001); Deutsche Fassung EN ISO 14644-4:2001.*

E DIN EN ISO 14698-1, *Biokontaminationskontrolle — Teil 1: Allgemeine Grundlagen (ISO/DIS 14698-1:1999); Deutsche Fassung prEN ISO 14698-1:1999.*

E DIN EN ISO 14698-2, *Biokontaminationskontrolle — Teil 2: Auswertung und Interpretation von Biokontaminationsdaten (ISO/DIS 14698-2:1999); Deutsche Fassung prEN ISO 14698-2:1999.*

VDI 2083 Blatt 3, *Messtechnik in der Reinraumluft.*

EUROPÄISCHE NORM

EUROPEAN STANDARD

NORME EUROPÉENNE

EN ISO 14644-5

August 2004

ICS

Deutsche Fassung

Reinräume und zugehörige Reinraumbereiche
Teil 5: Betrieb
(ISO 14644-5:2004)

Cleanrooms and associated controlled environments —
Part 5: Operations
(ISO 14644-5:2004)

Salles propres et environnements maîtrisés apparentés —
Partie 5: Exploitation
(ISO 14644-5:2004)

Diese Europäische Norm wurde vom CEN am 29. Juli 2004 angenommen.

Die CEN-Mitglieder sind gehalten, die CEN/CENELEC-Geschäftsordnung zu erfüllen, in der die Bedingungen festgelegt sind, unter denen dieser Europäischen Norm ohne jede Änderung der Status einer nationalen Norm zu geben ist. Auf dem letzten Stand befindliche Listen dieser nationalen Normen mit ihren bibliographischen Angaben sind beim Management-Zentrum oder bei jedem CEN-Mitglied auf Anfrage erhältlich.

Diese Europäische Norm besteht in drei offiziellen Fassungen (Deutsch, Englisch, Französisch). Eine Fassung in einer anderen Sprache, die von einem CEN-Mitglied in eigener Verantwortung durch Übersetzung in seine Landessprache gemacht und dem Management-Zentrum mitgeteilt worden ist, hat den gleichen Status wie die offiziellen Fassungen.

CEN-Mitglieder sind die nationalen Normungsinstitute von Belgien, Dänemark, Deutschland, Estland, Finnland, Frankreich, Griechenland, Irland, Island, Italien, Lettland, Litauen, Luxemburg, Malta, den Niederlanden, Norwegen, Österreich, Polen, Portugal, Schweden, der Schweiz, der Slowakei, Slowenien, Spanien, der Tschechischen Republik, Ungarn, dem Vereinigten Königreich und Zypern.

EUROPÄISCHES KOMITEE FÜR NORMUNG
EUROPEAN COMMITTEE FOR STANDARDIZATION
COMITÉ EUROPÉEN DE NORMALISATION

Management-Zentrum: rue de Stassart, 36 B-1050 Brüssel

Ref. Nr. EN ISO 14644-5:2004 D

Inhalt

Vorwort

Dieses Dokument (EN ISO 14644-5:2004) wurde vom Technischen Komitee CEN/TC 243 „Reinräume und zugehörige Reinraumbereiche“, dessen Sekretariat vom BSI gehalten wird, in Zusammenarbeit mit dem Technischen Komitee ISO/TC 209 „Cleanroom Technology“ erarbeitet.

Diese Europäische Norm muss den Status einer nationalen Norm erhalten, entweder durch Veröffentlichung eines identischen Textes oder durch Anerkennung bis Februar 2005, und etwaige entgegenstehende nationale Normen müssen bis Februar 2005 zurückgezogen werden.

Entsprechend der CEN/CENELEC-Geschäftsordnung sind die nationalen Normungsinstitute der folgenden Länder gehalten, diese Europäische Norm zu übernehmen: Belgien, Dänemark, Deutschland, Estland, Finnland, Frankreich, Griechenland, Irland, Island, Italien, Lettland, Litauen, Luxemburg, Malta, den Niederlanden, Norwegen, Österreich, Polen, Portugal, Schweden, der Schweiz, der Slowakei, Slowenien, Spanien, der Tschechischen Republik, Ungarn, dem Vereinigten Königreich und Zypern.

Anerkennungsnotiz

Der Text von ISO 14644-5:2004 wurde vom CEN als EN ISO 14644-5:2004 ohne irgendeine Abänderung genehmigt.

Einleitung

Industriebetriebe und Organisationen aller Arten benutzen Reinräume. Die Betriebsabläufe haben einen tiefgreifenden Einfluss auf die beim Betrieb des Reinraums und der Ausrüstung erzielten Reinheitsgrade. Gleich bleibende Qualität ist abhängig von der Reinheit. Reinheit im Betrieb kann nur durch ein gezieltes Programm zur Festlegung, Messung und Durchsetzung definierter Betriebsabläufe erreicht und aufrechterhalten werden. Aufsichtsbehörden, die in Reinräumen durchgeführte bzw. hergestellte Prozesse und Produkte genehmigen, können zusätzliche Abläufe und Maßnahmen zur Erzielung und Erhaltung der Reinheit verlangen, die in dieser allgemeinen Norm für den Betrieb nicht erfasst sind.

Dieser Teil von ISO 14644 behandelt normative und informative Betriebsanforderungen an:

a) die Bereitstellung eines Systems, das Methoden und Betriebsabläufe definiert;

b) die Kleidung, die Kontaminationen, die vom Personal generiert werden, vom Reinraumbereich fernhält;

c) die Schulung des Reinraumpersonals und die Überwachung dieses Personals im Hinblick auf die Einhaltung festgelegter Abläufe und Verhaltensregeln;

d) die Überführung, Aufstellung und Instandhaltung stationärer Anlagen (ihre Auswahlkriterien werden nicht erörtert);

e) die Auswahl und Verwendung von Materialien und tragbaren Geräten im Reinraum;

f) die Aufrechterhaltung der Reinheit des Reinraums durch systematische Reinigungs- und Überwachungsprozeduren.

1 Anwendungsbereich

Dieser Teil von ISO 14644 legt grundlegende Anforderungen an den Betrieb von Reinräumen fest. Er richtet sich an alle, die die Nutzung und den Betrieb eines Reinraums planen. Sicherheitsaspekte, die keinen direkten Bezug zur Kontaminationskontrolle haben, werden in diesem Teil von ISO 14644 nicht berücksichtigt. Landesspezifische und örtliche Sicherheitsbestimmungen sind ebenso einzuhalten. Diese Norm behandelt alle Klassen von Reinräumen, die zur Herstellung der verschiedensten Produkte eingesetzt werden. Dieses Dokument ist daher auf eine breite Anwendung ausgelegt und geht daher auf besondere Anforderungen für einzelne Industriezweige nicht ein. Verfahren und Programme zur laufenden Überwachung im Reinraum werden in diesem Teil von ISO 14644 nicht im Einzelnen behandelt; hinsichtlich der Überwachung von Partikeln wird auf ISO 14644-2 und ISO 14644-3 und hinsichtlich der Überwachung von Mikroorganismen auf ISO 14698-1 und ISO 14698-2 verwiesen.

2 Normative Verweisungen

Die folgenden zitierten Dokumente sind für die Anwendung dieses Dokumentes erforderlich. Bei datierten Verweisungen gilt nur die zitierte Ausgabe. Bei undatierten Verweisungen gilt die letzte Ausgabe des in Bezug genommenen Dokuments (einschließlich aller Änderungen).

ISO 14644-1:1999, *Cleanrooms and associated controlled environments — Part 1: Classification of air cleanliness.*

ISO 14644-2:2000, *Cleanrooms and associated controlled environments — Part 2: Specifications for testing and monitoring to prove continued compliance with ISO 14644-1.*

ISO 14644-3, *Cleanrooms and associated controlled environments — Part 3: Test methods.*

ISO 14644-4:2001, *Cleanrooms and associated controlled environments — Part 4: Design, construction, and Start-up.*

ISO 14698-1:2003, *Cleanroom technology — Biocontamination control — Part 1: General principles and methods.*

ISO 14698-2:2003, *Cleanroom technology — Biocontamination control — Part 2: Evaluation and interpretation of biocontamination data.*

3 Begriffe

Für die Anwendung dieses Teils von ISO 14644 gelten die folgenden Begriffe.

3.1 Allgemeines

3.1.1
Bioreinraum
Reinraum, der für Produkte und Prozesse verwendet wird, die empfindlich gegenüber mikrobiologischer Kontamination sind

3.1.2
Personalschleuse
Raum, in dem Personen auf dem Weg in einen oder aus einem Reinraum ihre Reinraumkleidung anlegen bzw. ablegen

ANMERKUNG Angepasst aus ISO 14644-4:2001, 3.1.

3.1.3
Schleusenbank
Bank, die als Hilfe beim Wechsel der Reinraumkleidung dient und eine Schranke für Bodenkontaminationen darstellt

3.1.4
Desinfektion
Beseitigung, Zerstörung oder Deaktivierung von Mikroorganismen auf Gegenständen oder auf Oberflächen

3.1.5
Faser
Partikel mit einem Längenverhältnis (Länge zu Breite) von 10 oder mehr

[ISO 14644-1:1999, 2.2.7]

3.1.6
Bediener
im Reinraum tätige Person, die Produktionsarbeit erledigt oder Verfahrensabläufe ausführt

3.1.7
Partikel
Kleinstteilchen mit definierten physikalischen Grenzen

ANMERKUNG Für Klassifizierungszwecke siehe ISO 14644-1:1999.

3.1.8
Personal
Personen, die den Reinraum für einen beliebigen Zweck betreten

3.1.9
separierendes Reinraummodul (SRM)
Vorrichtung, bei der physikalische und/oder strömungstechnische Maßnahmen genutzt werden, um sichere Stufen der Abgrenzung zwischen dem Inneren und dem Äußeren eines definierten Volumens zu erzeugen.

ANMERKUNG Zu den branchenspezifischen Beispielen gehören Reinlufthauben, geschlossene Einhausungen, Gloveboxen, Isolatoren und Minienvironments.

3.1.10
turbulenzarme Verdrängungsströmung
kontrollierte Luftströmung durch den gesamten Querschnitt eines Reinen Bereichs mit gleichförmiger Geschwindigkeit und nahezu parallelen Luftströmen

ANMERKUNG Diese Art Luftströmung führt zu einem gerichteten Abtransport von Partikeln aus dem Reinen Bereich.

[ISO 14644-4:2001, 3.11]

3.2 Betriebszustände

3.2.1
Bereitstellung
Zustand der vollständig angeschlossenen und in Funktion befindlichen Anlage, jedoch ohne Produktionseinrichtungen, ohne Ausrüstung und ohne Personal

[ISO 14644-1:1999, 2.4.1]

3.2.2
Leerlauf
Zustand der vollständigen Anlage mit eingebauten und wie zwischen Kunde und Lieferant vereinbart laufenden Produktionseinrichtungen, jedoch ohne Personal

[ISO 14644-1:1999, 2.4.2]

3.2.3
Fertigung
Zustand der in der festgelegten Betriebsart laufenden Anlage mit der vorgesehenen, wie vereinbart arbeitenden Personalbesetzung

[ISO 14644-1:1999, 2.4.3]

4 Anforderungen

4.1 Betriebliche Systeme

4.1.1 Es ist ein System von Betriebsabläufen einzuführen und zu dokumentieren, welches den Rahmen für die Herstellung von Qualitätsprodukten und -prozessen bildet, für die der Reinraum ausgelegt wurde.

4.1.2 Eine Reihe von Risikofaktoren, die für die Verwendung des Reinraums angemessen sind, müssen die Bereiche kennzeichnen, in denen ein Kontaminationsrisiko für den Prozess vorliegt. Es ist ein Verfahren zur Überwachung dieser Risiken einzuführen, so dass Maßnahmen getroffen werden können, wenn Bedingungen gegen die Kontaminationsgrenzen für die Reinraumklassifikation verstoßen.

ANMERKUNG Obwohl dies in diesem Teil von ISO 14644 nicht im Einzelnen behandelt wird, ist es wichtig, den Betrieb des Reinraums laufend zu überwachen. Hinweise zur Partikelüberwachung werden in ISO 14644-2 und ISO 14644-3 gegeben. Hinweise zur Biokontaminationsüberwachung werden in ISO 14698-1 und ISO 14698-2 gegeben.

4.1.3 Es ist ein System zur Schulung des Personals in Reinraumprozeduren einzuführen und ein Verfahren zur Überwachung der Übereinstimmung mit diesen Schulungsprozeduren ist festzulegen.

4.1.4 Es ist ein Dokumentationssystem zu pflegen, um nachweisen zu können, dass alle Angehörigen des Personals eine ihren Aufgaben angemessene Schulung erhalten haben.

4.1.5 Es ist eine Reihe von Vorgehensweisen zu dokumentieren, die den Betrieb, die Wartung, Instandsetzung und Überwachung der mechanischen Systeme des Reinraums beschreiben. Siehe ISO 14644-4.

4.1.6 Alle Tätigkeiten zur Änderung, Ergänzung oder Erweiterung des Reinraums müssen unter Einbeziehung aller jeweils beteiligten Mitarbeiter geplant werden. Eine signifikante Änderung in der betrieblichen Nutzung unterliegt möglicherweise der Requalifizierung der Anlage nach ISO 14644-2.

4.1.7 Es ist ein System zur Förderung und Durchsetzung der Sicherheit für das Reinraumpersonal zu dokumentieren, welches Aspekte der Kontaminationskontrolle beeinflussen kann.

ANMERKUNG Informative Hinweise zu den in 4.1.1 bis 4.1.7 aufgeführten Anforderungen an betriebliche Systeme werden in Anhang A gegeben.

4.2 Reinraumkleidung

4.2.1 Reinraumkleidung muss die Umgebung und die Produkte vor Kontaminationen schützen, die vom Personal und seiner Alltagskleidung verursacht werden. Um die größtmögliche Wirkung dieser Schutzhülle zu erzielen, sind die Wahl der Gewebestruktur, der Kleidungsschnitt und der Grad, zu dem die Reinraumkleidung eine Person bedecken soll, festzulegen.

4.2.2 Reinraumkleidung muss aus widerstandsfähigen Geweben und Stoffen bestehen (minimale Flusenentwicklung), damit sie keine zusätzliche Kontamination verbreitet.

4.2.3 Je nach den Anforderungen an die Produkt- bzw. Prozessreinheit ist zu bestimmen, wie häufig vor Betreten des Reinraums frische Reinraumkleidung angelegt werden muss.

4.2.4 Wiederverwendbare Reinraumkleidung ist in regelmäßigen Abständen zu behandeln, um Kontaminationen zu beseitigen.

4.2.5 Die notwendige Reinigung, Behandlung (einschließlich ggf. erforderlicher Sterilisation oder Desinfektion) und Verpackung der Kleidung sind festzulegen.

4.2.6 Reinraumkleidung ist in einer festgelegten Art und Weise zu transportieren und zu lagern, um Kontaminationen so gering wie möglich zu halten.

4.2.7 Reinraumkleidung (rein verpackt bzw. verschmutzt) darf den Lagerraum bzw. Reinraum ausschließlich zwecks Reinigung, Instandsetzung oder Austausch verlassen.

4.2.8 Reinraumkleidung ist so an- bzw. abzulegen, dass die Verbreitung von Kontaminationen vermieden bzw. so gering wie möglich gehalten wird.

4.2.9 Ist eine Kleidung zur Wiederverwendung vorgesehen, muss sie entfernt und gelagert werden, um Kontaminationen zu minimieren.

4.2.10 Reinraumkleidung ist in regelmäßigen Abständen auf akzeptable Kontaminationskontrolleigenschaften zu überprüfen.

4.2.11 Im Interesse des Reinraumkleidung tragenden Personals ist auf Tragekomfort zu achten.

4.2.12 Besondere (z. B. chemische, physikalische oder mikrobiologische) Eigenschaften der Kleidung, die eventuell für spezielle Anwendungen notwendig sind, müssen berücksichtigt werden.

4.2.13 Besondere Fragen zur Reinraumkleidung während und nach Notevakuierungen sind zu berücksichtigen.

ANMERKUNG Informative Hinweise zu den in 4.2.1 bis 4.2.13 aufgeführten Anforderungen an Reinraumkleidung werden in Anhang B gegeben.

4.3 Personal

4.3.1 Private und andere nicht für Reinraumzwecke bestimmte Gegenstände dürfen nicht ohne Genehmigung in den Reinraum eingebracht werden.

4.3.2 Das Personal ist zur Vorbereitung auf ordnungsgemäßes Arbeiten im Reinraumbereich in Hygienefragen zu unterweisen.

4.3.3 Es sind Verhaltensregeln hinsichtlich Schmuck, Kosmetika und ähnlichen Materialien, die Kontaminationsprobleme verursachen können, aufzustellen.

4.3.4 Reinraumpersonal ist so zu schulen, dass durch sein Verhalten möglichst geringe Kontaminationen verursacht werden, die auf dem Produkt abgelagert bzw. in das Produkt eingetragen werden können

4.3.5 Das Personal ist vor Gefährdungen zu schützen. Alle Angehörigen des Personals müssen ein Sicherheitstraining im Hinblick auf alle bekannten, mit ihrer Arbeit verbundenen Gesundheits- und Sicherheitsrisiken erhalten.

ANMERKUNG Informative Hinweise zu den in 4.3.1 bis 4.3.5 aufgeführten Anforderungen an das Personal werden in Anhang C gegeben.

4.4 Stationäre Anlagen

4.4.1 Alle Anlagen mit zugehörigen Transport- und Befestigungsvorrichtungen sind vor dem Einbringen in den Reinraumbereich gründlich zu reinigen und/oder zu dekontaminieren.

4.4.2 Es sind Verfahrensweisen festzulegen, die das Einbringen von Anlagen in einen Reinraumbereich betreffen, um sicherzustellen, dass jede Anlage der erforderlichen Reinigung und Dekontamination unterzogen wird.

4.4.3 Die Aufstellung der Anlagen ist so zu planen und durchzuführen, dass die Belastung für den Reinraumbereich so gering wie möglich ist.

4.4.4 Verfahrensweisen zur Wartung, Instandsetzung und Kalibrierung der Anlagen sind so durchzuführen, dass die Kontamination des Reinraums kontrollierbar und so gering wie möglich ist.

4.4.5 Dokumentierte Verfahrensweisen, die Wartungs- und Instandsetzungsarbeiten betreffen, sind im Hinblick auf Kontaminationskontrolle festzulegen.

4.4.6 Pläne für vorbeugende Instandhaltung sind so zu erstellen und zeitlich abzustimmen, dass Komponenten erneuert und ausgetauscht werden, bevor sie zu einer Kontaminationsquelle werden.

ANMERKUNG Informative Hinweise zu den in 4.4.1 bis 4.4.6 aufgeführten Anforderungen an stationäre Anlagen werden in Anhang D gegeben.

4.5 Materialien, trag- und fahrbare Geräte

4.5.1 Alle Materialien, trag- und fahrbaren Geräte müssen dem Reinheitsgrad des Reinraums angemessen sein und dürfen während ihrer Verwendung das Produkt und den Prozess nicht beeinträchtigen.

4.5.2 Es sind Verfahrensweisen festzulegen, die sicherstellen, dass in den Reinraum eingebrachte Materialien, trag- und fahrbare Geräte nicht kontaminiert sind.

4.5.3 Es sind Verfahrensweisen festzulegen, die bewirken, dass jeweils möglichst kleine Mengen von Materialien im Reinraum gelagert werden. Gegebenenfalls sind Einschränkungen in der Lagerbeständigkeit zu berücksichtigen.

4.5.4 Im Reinraum lagernde Materialien müssen definierten Abläufen unterliegen und, soweit notwendig, geschützt oder isoliert gelagert werden. Das Kontaminationsrisiko, das sich aus der Lagerung und nachfolgenden Verwendung von Materialien, trag- und fahrbaren Geräten im Reinraum ergibt, ist zu berücksichtigen.

4.5.5 Alle gebrauchten Materialien und deren Abfälle sind nach definierten Verfahrensweisen zu sammeln, kennzeichnen und zu beseitigen. Materialabfälle sind regelmäßig zu entfernen, und zwar so, dass die Reinheit des Produkts oder des Prozesses nicht beeinträchtigt wird. Verfahrensweisen für gefährliche Stoffe müssen den Richtlinien örtlicher oder anderer Aufsichtsbehörden genügen.

ANMERKUNG Informative Hinweise zu den in 4.5.1 bis 4.5.5 aufgeführten Anforderungen an Materialien, trag- und fahrbare Geräte werden in Anhang E gegeben.

4.6 Reinigung des Reinraums

4.6.1 Reinigungsverfahren und -prozeduren sind festzulegen und laufend zu befolgen, damit die Reinraumoberflächen einen akzeptablen Reinheitsgrad beibehalten.

4.6.2 Es sind die für die Reinigungsarbeiten verantwortlichen Personen zu bestimmen. Diese müssen gezielt für diese Aufgabe geschult werden.

4.6.3 Reinigungspläne sind aufzustellen und in wirksamer Häufigkeit durchzuführen, um sicherzustellen, dass festgelegte Reinheitsgrade eingehalten werden.

4.6.4 Geeignete Kontaminationsüberprüfungen sind laufend durchzuführen, um sicherzustellen, dass festgelegte Reinheitsgrade eingehalten werden.

4.6.5 Es ist eine Bewertung vorzunehmen, um Reinigungsprozeduren zu kennzeichnen, von deren Durchführung ein Risiko für Produkte oder Prozesse ausgeht. Es sollten dann Vorkehrungen getroffen werden, um in Arbeit befindliche Produkte zu entfernen oder abzudecken, bevor die Reinigung beginnt.

4.6.6 Für den Fall, dass unvermeidliche Unfälle oder Systemausfälle auftreten, die eine Kontamination verursachen, welche ein Risiko für den Reinraum, Produkte, Prozesse oder Personal darstellt, sind spezielle Reinigungsprozeduren und -techniken zu definieren.

ANMERKUNG Informative Hinweise zu den in 4.6.1 bis 4.6.6 aufgeführten Anforderungen an die Reinigung werden in Anhang F gegeben.

Anhang A
(informativ)

Betriebliche Systeme

A.1 Allgemeines

Es ist von wesentlicher Bedeutung, dass die Betriebsführung das Hauptaugenmerk ihrer Mitarbeiter auf die Entwicklung und Pflege von Systemen lenkt, die gute Reinraumpraktiken fördern. Eine Führungsstruktur sollte definiert und veröffentlicht werden, damit sich alle Beteiligten ihrer Verantwortlichkeiten bewusst sind. Gute Reinraumpraktiken haben einen signifikanten Einfluss auf die Qualität der im Reinraum hergestellten Produkte bzw. durchgeführten Prozesse. Zweck dieses Anhangs ist es, die Betriebsführung bei der Ermittlung solcher Systeme zu unterstützen.

A.2 Bewertung von Kontaminationsrisiken

A.2.1 Verfahren zur Bewertung von Risiken

Es sollte eine Risikobewertung vorgenommen werden, um alle für die Kontaminationskontrolle relevanten Faktoren zu ermitteln, die die im Reinraum hergestellten Produkte bzw. durchgeführten Prozesse beeinträchtigen könnten.

Zur Ermittlung und Steuerung dieser Faktoren werden beispielsweise folgende Verfahren verwendet:

1) HACCP (Hazard Analysis Critical Control Point; Gefahrenanalyse Kritischer Einstellwert) [1];

2) FMEA (Failure Mode Effects Analysis; Ausfallauswirkungsanalyse) [2] [3];

3) FTA (Fault Tree Analysis; Fehlerbaumanalyse) [4].

A.2.2 Ermittlung von betrieblichen Risiken

A.2.2.1 Allgemeines

Eine ungeeignete Handhabung der kritischen Elemente eines Reinraums im Betriebszustand „Fertigung" kann ein Risiko für die Reinheit des Reinraums und die Qualität des Produktes bedeuten. Diese kritischen Elemente und einige der damit verbundenen Risiken werden in A.2.2.2 bis A.2.2.6 aufgeführt. Diese Risiken sollten bewertet werden, und es sollten Pläne formuliert werden, um Abhilfe zu schaffen, wenn die Situation im Reinraum von der Spezifikation abweicht. Bei dieser Bewertung ist es insbesondere von Bedeutung, die folgenden Punkte zu berücksichtigen:

a) Konzentration der Kontamination in oder auf dem Risikofaktor;

b) Abstand zwischen dem Risiko und dem Produkt;

c) Bedeutung des Verfahrens, das zum Schutz des Produkts vor dem Risiko eingesetzt wird [5].

Informationen zu den Kenngrößen und Faktoren reinraumunterstützender Systeme einschließlich Heizung, Belüftung, Luftaufbereitung, Druck, Temperatur, Feuchte, Ausfall des Luftaustauschs und Filterausfall werden in ISO 14644-2, ISO 14644-3 und ISO 14644-4 erörtert.

A.2.2.2 Reinraumkleidung

Zu den Risikofaktoren, die den Betrieb oder die Umgebungsqualität des Reinraums beeinflussen können, zählen:

a) erforderliche schützende Umhüllung für den Menschen (Overalls, Kittel, Hauben, Handschuhe, Stiefel, Schutzmasken usw.);

b) Stoffeigenschaften (Webarten, Fadenarten, Sterilität, antistatische Ausrüstung, Texturierung usw.);

c) konstruktive Eigenschaften und Konfektionierung (besondere Anforderungen an den Zuschnitt);

d) Tragekomfort;

e) Art des Gebrauchs (waschbar oder Einmalkleidung);

f) Auswahl der unter der Reinraumkleidung getragenen Unterbekleidung;

g) Tragedauer oder Tragezyklen, bis eine Reinigung erforderlich ist;

h) Auswahl der Wäscherei für die Reinraumkleidung;

i) Erneuerung, Verpackung, Lagerung und Verteilung.

A.2.2.3 Personal

Zu den Risikofaktoren, die den Betrieb oder die Umweltqualität des Reinraums beeinflussen können, zählen:

a) Auswahl des Personals;

b) Ausbildung und Schulung;

c) Sicherheit (einschließlich Notfallprozeduren);

d) Praktiken, Hygiene und Verhalten des Personals (einschließlich Verhalten vor dem Eintritt in den Reinraum);

e) chronische und akute Einschränkungen der Gesundheit;

f) Personen, die erheblich mehr Kontaminationen verbreiten als andere;

g) Zutrittsberechtigung;

h) besondere Verhaltensregeln für Besucher;

i) maximale Personalbelegung;

j) Verhaltensregeln für das Betreten und Verlassen des Reinraums;

k) Bewegungen und Tätigkeiten des Personals im Reinraum.

A.2.2.4 Stationäre Anlagen

Zu den Risikofaktoren, die den Betrieb oder die Umweltqualität des Reinraums beeinflussen können, zählen:

a) Vorgehensweisen für das Einbringen und Herausbringen;

b) die Art der Aufstellung;

c) Reinigungstechniken;

d) Erzeugung von Kontaminationen;

e) Erzeugung von Wärme, Feuchte und elektrostatischer Aufladung;

f) Wartung und Instandsetzung;

g) Reinheit von Versorgungseinrichtungen für Hilfs- und Betriebsstoffe sowie Medien;

h) mögliche Ausfälle der Anlagentechnik.

A.2.2.5 Materialien, trag- und fahrbare Geräte

Zu den Risikofaktoren, die den Betrieb oder die Umweltqualität des Reinraums beeinflussen können, zählen:

a) Reinraumtauglichkeit und Auswahl;

b) Vorgehensweisen für das Einbringen, Herausbringen und Bewegen;

c) Lagerungsbedingungen im Reinraum;

d) Kontaminationsfaktoren während der Verwendung;

e) Erzeugung elektrostatischer Aufladung;

f) Reinheit von Flüssigkeiten und Gasen aus Versorgungssystemen;

g) Abfallentsorgung;

h) Verpackung.

A.2.2.6 Reinigung des Reinraums

Zu den Risikofaktoren, die den Betrieb oder die Umweltqualität des Reinraums beeinflussen können, zählen:

a) durch den Betriebsablauf bedingte, zu Kontamination der Umgebung führende Faktoren (Luftströmungen, luftgetragene Partikel, Ausgasung, gefährliche Gase, Mikroorganismen, Schwingungen, elektrostatische Ladungen, molekulare Kontamination usw.);

b) Personal- und Materialfluss;

c) Wartung, Instandhaltung und Instandsetzung;

d) Reinigungsmethoden;

e) außerplanmäßige und planmäßige Abschaltungen;

f) Ausbau und Umbau des Reinraums;

g) Häufigkeit der Überwachung des Reinigungsergebnisses.

A.3 Überwachung und Korrekturmaßnahmen

Es sollte ein laufendes Überwachungsprogramm befolgt werden, das Personal, Reinigung und andere betriebliche Systeme umfasst. Die Überwachung sollte hinreichend häufig und umfassend geschehen, damit vorhandene oder sich ankündigende inakzeptable Bedingungen rechtzeitig entdeckt werden. Das Überschreiten festgelegter Grenzwerte sollte zu einer umgehenden Reaktion einschließlich der Untersuchung der Ursachen und Korrekturmaßnahmen führen. Ursachenforschung und Korrekturmaßnahmen sollten auch die Auswirkung auf die Produktqualität als mögliches Ergebnis einer von der Spezifikation abweichenden Bedingung berücksichtigen. Weitere Informationen zur Partikelüberwachung sind ISO 14644-2 und ISO 14644-3 zu entnehmen. Informationen zur mikrobiologischen Überwachung sind in ISO 14698-1 und ISO 14698-2 enthalten.

A.4 Ausbildung und Schulung

A.4.1 Beteiligte Personen

Die allgemeinen Tätigkeiten des Personals im Reinraum haben einen tiefgreifenden Einfluss auf die Integrität des Reinraumbereichs. Bei mangelhafter Schulung einer Person, die die Reinraumanlage betritt, benutzt oder instand hält, wird die Wirksamkeit des Reinraums beeinträchtigt. Die Betriebsführung trägt daher die Verantwortung für die Durchführung eines umfassenden Programms zur Schulung des gesamten Personals in Bezug auf die Verantwortlichkeiten jedes Einzelnen sowie darauf, wie diese Verantwortlichkeiten mit dem Reinraumbereich in Wechselwirkung treten. Die Zulassung sollte auf Grund einer erfolgreich abgeschlossenen Prüfung erfolgen, in der der Geprüfte Verständnis und Umsetzungsbereitschaft nachgewiesen hat. Das Programm sollte sicherstellen, dass jede der folgenden Personalgruppen angemessen ausgebildet und geschult wird:

a) Bediener;

b) Techniker;

c) Ingenieure und Wissenschaftler;

d) Qualitätssicherungspersonal;

e) Führungspersonal und Betriebsleiter;

f) Haustechnikpersonal;

g) Vertragsunternehmer;

h) Kundendienstpersonal;

i) Besucher.

A.4.2 Schulungsinhalte

Im Rahmen der Schulung können u. a. folgende Themen behandelt werden:

a) Funktionsweise des Reinraums (Auslegung, Luftströmung und Luftfilterung);

b) Reinraumnormen;

c) Kontaminationsquellen;

d) persönliche Hygiene;

e) Reinigung;

f) Umkleideprozeduren ;

g) Verfahrensweisen der Instandhaltung;

h) Prüfung und Überwachung eines Reinraums;

i) Verhalten im Reinraum;

j) Erläuterung des Arbeitsprozesses aus wissenschaftlicher/technischer Sicht und Erklärung, wie es zur Kontamination des Prozesses kommen kann;

k) Sicherheit und Verhalten im Notfall.

A.4.3 Überwachung des Reinraumpersonals und Korrekturmaßnahmen

Das Reinraumschulungsprogramm beinhaltet eine Erläuterung der Anforderungen und Maßnahmen zur Minimierung von für den Reinraum wesentlichen Risiken, wie in A.2.2.3 aufgelistet. Die Fähigkeit des Personals, alle Aspekte der Reinraumschulung in die Praxis umzusetzen, ist wesentlich für den fortgesetzten und effektiven Betrieb des Reinraums. Trotz ordnungsgemäßer Schulung kann es vorkommen, dass das Personal nicht alle Anforderungen vollständig erfasst oder in für den Reinraumbetrieb ungeeignete Gewohnheiten verfällt. Die Handlungen des in A.4.1 aufgeführten Personals sollten daher überwacht werden, um sicherzustellen, dass die korrekten Verhaltensregeln für den Reinraum sorgfältig eingehalten werden. Ein System zur Überwachung des Reinraumpersonals sollte in Betracht gezogen werden. Überwachungsprogramme können je nach dem Bevollmächtigungsgrad, über den die einzelnen Mitglieder der Reinraumbelegschaft verfügen, formell festgelegt oder formlos sein. Betriebseigene Auditoren können die Handlungen der sich im Reinraum aufhaltenden Personen auf der Grundlage der schriftlich niedergelegten Prozeduren überwachen. Berichte mit Angabe von zu bemängelnden Verhaltensweisen können regelmäßig an die Betriebsführung geschickt werden und zur Ermittlung möglicher Korrekturmaßnahmen dienen [6].

Ein wirksames Programm sollte alle Mitarbeiter positiv dahingehend beeinflussen, dass sie die korrekten Verhaltensweisen befolgen.

A.4.4 Schulungsdokumentation

Es sollte ein kurz gefasstes, umfassendes System zur Dokumentation des Schulungsfortschritts und Kenntnisstands jeder mit Reinraumbetrieb oder -wartung befassten Person verwendet werden. Jede Tätigkeit und jeder Tätigkeits- oder Verantwortlichkeitsbereich sollten von der Betriebsführung genau festgelegt werden. Dieses Dokumentationssystem sollte für die Betriebsführung leicht zugänglich sein und regelmäßig überprüft werden. Die grundlegende Dokumentation sollte den Kursinhalt, die Angabe der Personalnummern, Schulungs- und Zulassungsdaten sowie Terminpläne für Auffrischkurse enthalten, die eventuell in regelmäßigen Abständen erforderlich sind.

A.5 Reinraumunterstützende Dienste

A.5.1 Allgemeiner Überblick

Die Betriebsführung hat sicherzustellen, dass reinraumunterstützende Dienste Tag für Tag gleich bleibend im Rahmen ihrer Spezifikation funktionieren. Hierunter fallen Zuführsysteme für reine und klimatisierte Luft, Druckluft und Gase, Wasser und andere Betriebsmedien sowie weitere Aspekte, die für den üblichen Reinraumbetrieb erforderlich sind. Der Ausfall von Gebäudetechnik kann die Reinheit und den Betrieb des Reinraums schwer beeinträchtigen. Protokolle und Vorgehensweisen, die den Betrieb der reinraumversorgenden und -erhaltenden Systeme dokumentieren, sollten leicht zugänglich sein. Einige Informationen, die für die Einrichtung solcher Systeme benötigt werden, werden in A.5.1 bis A.5.6 gegeben. Ausführlicher werden die in A.5.2 bis A.5.6 aufgeführten Themen in ISO 14644-4 behandelt

A.5.2 Montageprotokoll

Dieses Protokoll sollte Montagezeichnungen, die Reinraumklassifizierung einschließlich der Abnahmeprüfungsergebnisse mit Bezug auf die Originalspezifikation sowie empfohlene Ersatzteillisten enthalten.

A.5.3 Bedienungs- und Instandhaltungsanweisungen

Bedienungs- und Instandhaltungsanweisungen sollten eine Erklärung der Arbeitsweise der Systeme und ihres Einflusses auf die Reinheit des Raumes enthalten. Für die mechanischen und elektrischen Systeme innerhalb der Anlage sollten klare Bedienungs- und Instandhaltungsanweisungen vorliegen. Diese Anweisungen sollten Vorgehensweisen zur Prüfung und Inspektion aller kritischen Komponenten vor der Erst-Inbetriebnahme beschreiben. Notabschaltungen und Inbetriebnahmen nach außerplanmäßigen Abschaltungen sollten dokumentiert sein.

A.5.4 Leistungsüberwachung

Die Leistungsüberwachung der Anlage ist von wesentlicher Bedeutung für den Nachweis eines zufrieden stellenden Betriebs. Dokumentierte Terminpläne und Vorgehensweisen, in denen die erforderlichen Prüfungen und ihre Häufigkeit festgelegt werden, werden zum Nachweis der Übereinstimmung mit festgelegten Reinraumklassifikationen benötigt. Für von der Spezifikation abweichende Betriebszustände sollten Maßnahmenpläne definiert werden.

A.5.5 Vorgehensweisen der Instandhaltung

Außerplanmäßige Stillstandszeiten können die Produktivität nachteilig beeinflussen und zum Eintrag von Kontaminationen in den Reinraum führen. Um die Kontamination, die durch unvorhergesehene Anlagenausfälle verursacht werden könnte, möglichst gering zu halten, sollten laufende Leistungsüberprüfungen und die vorbeugende Instandhaltung durchgeführt werden. Instandsetzungs- und Wartungsmaßnahmen sollten Vorkehrungen umfassen, die dazu beitragen, Kontaminationen möglichst gering und unter Kontrolle zu halten. Prüfungen können auch notwendig sein, um sicherzustellen, dass reaktivierte Anlagen rein sind und die Spezifikation erfüllen, bevor ihr erneuter Einsatz genehmigt wird.

A.5.6 Instandhaltungsprotokolle

Für den Nachweis wirksamer Wartung ist ein dokumentiertes Protokoll über alle Wartungstätigkeiten erforderlich. Problemdiagnosen und ausgetauschte Teile sowie Daten, Zeiten und das ausführende Wartungspersonal sollten dokumentiert werden. Terminpläne und Tabellen für vorbeugende Instandhaltung sollten nach Bedarf aktualisiert werden. Die regelmäßige Auswertung dieser Protokolle kann dazu beitragen, das Programm zu verbessern und die Terminpläne für die vorbeugende Instandhaltung zu optimieren.

A.6 Erweiterungen und Änderungen des Reinraums

Jede Erweiterung oder Änderung des Reinraums einschließlich der Ergänzung von stationären Anlagen und der Änderung des Raumlayouts kann die Reinheit des Reinraums beeinträchtigen. Die Betriebsführung sollte sicherstellen, dass diese Änderungen kontrolliert und gründlich geplant und ausgeführt werden und dass die Requalifizierung der Anlage in Übereinstimmung mit ISO 14644-2 sowie ISO 14644-4 erfolgt. Nach der Requalifizierung sollte ein Protokoll aller Änderungen oder Umbauten erstellt werden. Alle entsprechenden Mitarbeiter mit Verantwortlichkeiten, die von diesen Änderungen betroffen sind, sollten einbezogen werden und Fortschrittsberichte erhalten. Zu diesen Mitarbeitern zählen u. a., jedoch nicht nur:

a) Ingenieure der technischen Gebäudeausrüstung;

b) Ingenieure der Fertigungstechnik;

c) Maschinenbauingenieure;

d) Reinraumtechnikingenieure;

e) Ingenieure und Wissenschaftler im Bereich Verfahrenstechnik;

f) Ingenieure und Wissenschaftler im Bereich Qualitätssicherung;

g) Produktionsleiter;

h) Vertragsunternehmer.

A.7 Sicherheit

Der Routinebetrieb von Reinraumanlagen beinhaltet oft den Einsatz von gefährlichen, toxischen oder infektiösen Stoffen. Die gesetzlich vorgeschriebenen Vorkehrungen sind einzuhalten, um das Personal vor diesen Stoffen zu schützen. Die Betriebsführung sollte wirksame Systeme zum Schutz der Gesundheit und des Wohlergehens des Personals einführen und überwachen. Gute Programme sollten u. a. Folgendes beinhalten:

a) zentrale, leicht zugängliche Sicherheitsdatenblätter, in denen gefährliche Stoffe beschrieben werden;

b) Evakuierungspläne und -übungen;

c) Berichtssystem über alle Unfälle;

d) Vorschlagssysteme für das Personal;

e) geeignete Überwachung möglicherweise gefährlicher Umstände oder Stoffe;

f) umgehende Reaktion auf Notfälle durch geschultes Personal;

g) Dokumentation zur Unterstützung von Verbesserungen und Korrekturen in sicherheitsrelevanten Fragen.

Anhang B
(informativ)

Reinraumkleidung

B.1 Funktion von Reinraumkleidung

Das Personal verliert sowohl Hautpartikel als auch Partikel aus der üblicherweise in Innenräumen getragenen Nicht-Reinraumkleidung. Diese luftgetragene Verbreitung ist von Mensch zu Mensch und zu jeder Zeit verschieden. Sie kann jedoch mehrere Millionen Partikel je Minute und mehrere Hundert Bakterien tragende Partikel je Minute betragen. Die Hauptfunktion der Reinraumkleidung ist die eines Barrierefilters, der das Produkt und den Prozess vor der Kontamination durch Menschen schützt. Reinraumkleidung sollte daher aus einem Gewebe hergestellt sein, das die entstehende Kontamination filtert. Reinraumkleidung sollte außerdem so gestaltet sein, dass die Person eingehüllt ist und keine signifikanten Mengen ungefilterter Körperemissionen in den Reinraum gelangen. Eine wirksame Reinraum-Unterbekleidung kombiniert mit Reinraumkleidung kann die Verbreitung zusätzlich mindern.

Obwohl der Hauptanteil der Kontamination von der Haut und von Nicht-Reinraumkleidung herrührt, werden auch von der Oberfläche der Reinraumkleidungsgewebe Kontaminationen verbreitet. Das zur Herstellung von Reinraumkleidung verwendete Gewebe sollte die Kontaminationsbelastung nicht erhöhen.

Durch Niesen, Husten und Sprechen emittiert das Personal zudem inerte und Mikroben tragende Partikel durch den Mund. Reinraumkleidung sollte daher aus einem Gewebe hergestellt sein, das die entstehende Kontamination filtert. Durch Berühren werden Kontaminationen von den Händen auf die Oberflächen im Reinraum übertragen. Je nach Reinraumfunktion und -klasse kann das Tragen von Gesichtsmasken, Helmen und Handschuhen notwendig sein, um die Übertragung dieser Arten von Kontaminationen möglichst gering zu halten. Die Wahl der Reinraumkleidung hängt von den Anforderungen an die Produktreinheit und den Prozessanforderungen ab. Üblicherweise, jedoch nicht ausschließlich, besteht sie aus Hauben, Kappen, Helmen, Overalls, Überstiefeln, Gesichtsmasken und Schutzbrillen mit oder ohne Seitenschutz.

B.2 Allgemeine Auswahl der Reinraumkleidung

Im besten Fall hüllt Reinraumkleidung die Person vollständig ein und schließt an Hand- und Fußgelenken sowie am Hals gut ab. Die Auswahl hängt von der Reinraumklasse ab. In den höheren Reinraumklassen besteht sie üblicherweise aus einem einteiligen Overall, Überstiefeln und einer Haube mit Kragen, der unter den Halsausschnitt der Kleidung gesteckt wird [8]. Je höher die technischen Anforderungen an die Reinraumkleidung sind, desto größer können die persönlichen Einschränkungen oder Unbequemlichkeiten sein. Daher sollten Überlegungen darüber angestellt werden, was angesichts der Reinheitsklasse des Raums notwendig ist. Wo die Reinheits- und Prozessanforderungen dies zulassen, kann eine Kleidung mit einem geringeren Bedeckungsgrad akzeptabel sein [7] [8] [9] [10]. Gewisse separierende Reinraummodule mit eingebauten Reinluftsystemen (z. B. Minienvironments oder Isolatoren) erlauben möglicherweise eine einfachere Reinraumkleidung.

Es gibt zwei große Kategorien von in Reinräumen verwendeter Kleidung: 1) Kleidung zum einmaligen (oder beschränkten) Gebrauch und 2) wiederverwendbare Kleidung. Im Allgemeinen wird Kleidung zum einmaligen beziehungsweise beschränkten Gebrauch üblicherweise aus Vliesstoffen hergestellt und wird einmal bzw. einige Male getragen und dann entsorgt. Wiederverwendbare Kleidung wird in regelmäßigen Abständen behandelt und besteht im Allgemeinen aus dichten Synthetikgeweben aus fusselfreien Endlosfasern (z. B. Polyester oder Polyamid). Naturgewebe aus Fasern wie etwa Baumwolle kommen in Reinräumen üblicherweise nicht zum Einsatz, da sie leicht zerfasern und so Kontaminationen verbreiten. In kritischeren Anwendungsbereichen kann die Verwendung einer folienartigen Membran, entweder zum einmaligen Gebrauch oder wiederverwendbar, erforderlich sein.

B.3 Eigenschaften des Gewebes

B.3.1 Sperreigenschaften

Das für Reinraumkleidung verwendete Gewebe sollte verhindern, dass durch das Personal verursachte Kontaminationen in den Reinraum gelangen. Gewebe wirken als Filter, deren Wirksamkeit davon abhängt, wie dicht der Stoff gewebt ist. Bei sperrenden Geweben wie Vliesstoffen und Laminatmembranen ist die Wirksamkeit der Kontaminationskontrolle eine Funktion der Sperreigenschaften. Die Wirksamkeit des Gewebes kann durch Messen der Luftdurchlässigkeit, des Partikelrückhaltegrades und der Porengröße bewertet werden [8] [10] [11] [12]. Mit abnehmender Luftdurchlässigkeit kommt es zu entsprechendem Überdruck in der Kleidung, während das Personal sich bewegt. Dies kann dazu führen, dass ungefilterte Luft an den Abschlüssen der Reinraumkleidung nach außen gepumpt wird.

B.3.2 Haltbarkeit

Reinraumkleidung sollte widerstandsfähig und reißfest sein. Die Abgabe von Partikeln durch das Gewebe sollte minimal sein. Angaben zu Prüfungen, die zur Bewertung dieser Arten von Gewebeeigenschaften durchgeführt werden, sind verfügbar [7] [10] [13] [14].

B.3.3 Elektrostatische Eigenschaften

In bestimmten Arten von Reinräumen (z. B. Mikroelektronikräumen oder Räumen mit brennbaren oder explosiven Chemikalien) schaden die elektrostatischen Ladungen, die sich auf der Oberfläche der Kleidung aufbauen, den hergestellten Bauteilen oder gefährden das Bedienpersonal. Es gibt Gewebe mit eingewebten Fäden zur Ableitung der induzierten Spannungspotentiale von der Gewebeoberfläche. Wie wirksam ein Gewebe eine elektrostatische Ladung ableitet, kann indirekt durch Messung des spezifischen Widerstands der Gewebeoberfläche bestimmt werden. Entsprechende Verfahren werden an anderer Stelle [10] [15] [16]. Für eine wirksamere Prüfung wird eine statische Ladung bekannter Spannung an das Gewebe angelegt. Die statische Ableitung kann dann anhand der Zeit ermittelt werden, in der die Spannung um einen gegebenen Prozentsatz der ursprünglichen Spannung sinkt. Entsprechende Verfahren werden an anderer Stelle beschrieben [10] [15] [16].

B.3.4 Weitere physikalische Eigenschaften

Die Wirksamkeit eines Gewebes verschlechtert sich durch Alterung, Verschleiß, Waschen, Trocknen, Sterilisation usw. Diese Verschlechterung sollte überwacht werden. Eine weitere physikalische Eigenschaft, die berücksichtigt werden sollte, ist die Beständigkeit des Gewebes gegenüber Chemikalien, wie sie im Herstellungsprozess und zur Reinigung und Desinfektion des Reinraums und der Kleidung verwendet werden.

ANMERKUNG Mit Hilfe der Prüfungen, auf die in B.3.1 bis B.3.4 verwiesen wird, kann überprüft werden, ob die Kleidung noch gebrauchstüchtig ist.

B.4 Konstruktive Eigenschaften und Konfektionierung von Reinraumkleidung

B.4.1 Konfektionierung der Kleidung

Reinraumkleidung sollte so konfektioniert sein, dass die Kontamination im Reinraum möglichst gering ist. Durch Zuschneiden des Gewebes vor dem Nähen entstehen raue Kanten, die Partikel erzeugen, wenn sie nicht zugerichtet werden. Folgende Zurichtverfahren werden angewendet: Alle Schnittkanten des Gewebes sollten abgedeckt, verschränkt und gesengt oder gelasert werden, um ein Ausfasern zu vermeiden. Die Nähte sollten zwiegenäht, gekettelt oder verklebt sein, um eine gute Sperrwirkung zu bieten und um keine Fasern zu erzeugen. Die Fäden sollten synthetische Endlosfasern sein. Von Reißverschlüssen, Clips und anderen Verschlüssen sowie Schuhsohlen sollte nichts abblättern oder abspringen; sie sollten nicht korrodieren und vielfachem Waschen und gegebenenfalls Sterilisieren standhalten [8].

B.4.2 Allgemeine Gestaltung

Bei der Wahl der Kleidungsgestaltung sollte die Art des Reinraums berücksichtigt werden [8] [9] [10].

Reinraumkleidung sollte in einer breiten Auswahl von Größen zur Verfügung stehen, damit Tragekomfort und guter Sitz gegeben sind. Um die Kontaminationsrückhaltung möglichst gering zu halten, sollten Taschen, Falten, Abnäher, Klettverschlüsse oder Doppelfalten zur Vergrößerung des Bewegungsspielraums vermieden werden. Manschetten mit Gummizug oder Strickbündchen sollten keine Verunreinigungen anreichern oder verteilen und keine elektrostatischen Ladungen aufbauen. Die Kleidungsabschlüsse sollten dicht und doch bequem sein. Weiterhin sollten folgende Kenngrößen für die Gestaltung berücksichtigt werden:

a) Reißverschlussmaterial (z. B. ummantelte Kunststoffreißverschlüsse), Art und Stelle an der Kleidung;

b) Platzierung und Wirksamkeit von Kordelzügen und Riegeln;

c) Ärmelausführung (eingesetzt oder als Raglan);

d) Manschettenabschlüsse (Gummizug, Strickbündchen oder Kordelzug);

e) Kragenform;

f) Kann die Kleidung über verschiedene Schuh- oder Stiefelausführungen gezogen werden?

g) Haubenform (Gesicht frei oder verdeckt, einrastend oder Überzieher);

h) passive oder aktive Anpassung und Sitz von Hauben;

i) Art und Platzierung von Riemen an Stiefeln.

B.4.3 Dispersionskammer (body box)

Dieses simulierende Verfahren kann verwendet werden, um die kombinierte Wirkung von Gewebe, Ausführung und Konfektionierung einer Kleidung nachzuweisen. Eine Person betritt die Kammer, die bei bekanntem Durchfluss mit gefilterter Luft belüftet wird, und bewegt sich nach einem vorgegebenen Schema. Die Anzahl der von ihr emittierten Partikel oder Bakterien ist messbar. Verschiedene Arten von zu bewertender Kleidung können so verglichen werden. Eine Beschreibung dieser Prüfung wird an anderer Stelle gegeben [8].

B.5 Thermische Behaglichkeit

Soweit möglich sollte bei der Auswahl der Materialien für Reinraumkleidung stets der Komfort der im Reinraum arbeitenden Personen berücksichtigt werden [21]. Die Spezifikationen für die Luft- und Wasserdampfdurchlässigkeit der untersuchten Gewebe können hierbei von Nutzen sein [8] [10] [18] [19]. Ein einfacher, aber sehr wirksamer Lösungsansatz besteht darin, eine Auswahl geeigneter Kleidungsstücke aus verschiedenen Geweben zu beschaffen und diese im Reinraum zu erproben. Rückmeldungen von den Personen, die die Kleidung tragen sollen, können wertvolle Informationen liefern, die den Auswahlvorgang unterstützen.

Die jeweiligen Kenngrößen des Personals und der Umgebung (Temperatur, Geschwindigkeit, Turbulenzgrad, mittlere Strahlungstemperatur und Feuchte der Luft im Reinraum) können verwendet werden zur Ableitung theoretischer Tragekomfortklassen nach ISO 7730 [20], deren Hinweise und Tabellen bei dieser Untersuchung hilfreich sind.

B.6 Reinigung der Reinraumkleidung und Häufigkeit ihres Wechsels

Während des Tragens wird die Reinraumkleidung kontaminiert. Ist sie zur Wiederverwendung vorgesehen, sollte sie gereinigt werden. Vorschläge zur Durchführung dieses Reinigungsprozesses sind in anderen Literaturquellen zu finden [8] [10] [17]. Die Endbehandlung und Verpackung von Reinraumkleidung sollte unter Reinraumbedingungen erfolgen, die die Standards des Reinraums, für den sie bestimmt sind, erfüllen. In ähnlicher Weise wird Kleidung mit Bakterien kontaminiert. In Reinräumen, in denen Bakterien eine bedeutende Rolle spielen, sollte der Behandlungszyklus in der Reinraumwäscherei nach Bedarf folgende Schritte beinhalten:

a) Desinfektion;

b) Heißwasserzyklen;

c) Sterilisation.

Der Reinigungsprozess sollte in der Wäscherei für die jeweilige Kontaminationsart und –stufe mittels Stichproben geprüft werden. Die Kleidungswechselintervalle richten sich nach der vorgesehenen Verwendung des Reinraums. Je empfindlicher der Prozess für Kontaminationen ist, desto häufiger sollte die Kleidung gewechselt und gereinigt werden. Häufigeres Reinigen bedeutet allerdings eine zusätzliche Belastung für die Reinraumkleidung, die zu früherem Zerfasern der Gewebe führt. Hilfestellung bei diesem Entscheidungsfindungsprozess ist verfügbar [8].

B.7 Handschuhe

Reinraumhandschuhe werden in den meisten Reinräumen benötigt. Sie bedecken den Teil des menschlichen Körpers, der dem Produkt und kritischen Oberflächen häufig am nächsten kommt. Es sollte daher geklärt werden, ob Handschuhe erforderlich sind. Werden Handschuhe getragen, sollte überlegt werden, welche Eigenschaften am besten geeignet sind und wie oft sie gewechselt oder gereinigt (und gegebenenfalls desinfiziert) werden sollten.

Die folgenden Eigenschaften von Reinraumhandschuhen sollten im Hinblick auf die Art des Reinraums, für den sie bestimmt sind, bedacht werden: Oberflächenkontamination, Ausgasung, Sterilität, taktile Eigenschaften, Festigkeit, Tragekomfort, Sitz sowie Verpackungsverfahren. Verschiedene Prüfungen können die Auswahl geeigneter Handschuhe für jede Reinraumanwendung unterstützen [22].

Handschuhe können in Latex, Vinyl, Polyurethan oder anderen Materialien wie Nitrilkautschuk ausgeführt sein, und die gewählte Ausführung sollte sich nach den geforderten Eigenschaften und der Anwendung der Handschuhe sowie nach den Kosten richten. Manche Mitarbeiter benötigen möglicherweise Unterhandschuhe aus fusselfreien Stoffen, um sich wohler zu fühlen oder als Schutz gegen die Innenflächen der Handschuhe, die eine Kontaktdermatitis verursachen oder verschlimmern können.

Die Reinheit der Außenflächen des Reinraums ist von höchster Wichtigkeit. Es sollte ein Verfahren für die Lagerung, das Auspacken und das Anziehen der Handschuhe entwickelt werden, bei dem die Handschuhaußenflächen so wenig wie möglich kontaminiert werden.

B.8 Gesichtsmasken und andere Kopfbedeckungen

Gesichtsmasken und Atemschutzgeräte stellen eine Sperre für Speichel und Kontaminationen aus Mund, Nase, Gesicht und, im Fall der Kopfbedeckung, vom Kopf dar. Masken und Schleier sind allgemein in Reinräumen verwendete, passive Sperrelemente. Die Masken können von der Art sein, wie sie von Chirurgen getragen werden, mit Schnürbändern, Gummibändern oder Schlaufen. Die Schleier haben ein Kopfband oder einen Schnellverschluss oder werden bei der Herstellung fest in Reinraumhauben eingenäht. Die verwendeten Materialien sind entweder waschbar oder für einmalige Verwendung vorgesehen. Bei der Auswahl sollte sorgfältig darauf geachtet werden, dass Stoff und Ausführung dem Risiko von Emissionen aus dem Mund angemessen sind. Hierbei sollte auch die Akzeptanz der Gesichtsmaske beim Personal berücksichtigt werden.

Es gibt Kopfbedeckungen, die eine aktive Sperre für Kontaminationen aus dem Mund und vom Kopf darstellen. Ein Helm mit Haube und durchsichtigem Visier umschließt den Kopf und verfügt über ein Atemfiltersystem, das Kontaminationen vom Reinraum fernhält.

Schutzbrillen mit oder ohne Seitenschutz können eine zusätzliche Sperre bieten, die dazu beiträgt, Hautschuppen und Wimpern zurückzuhalten und zu verhindern, dass sie auf kritische Oberflächen fallen. Sie sollten aus reinraumtauglichen Materialien und nach akzeptierten Arbeitsschutznormen gefertigt sein.

B.9 Lagerung der Kleidung

B.9.1 Ist die Reinraumkleidung zur Wiederverwendung vorgesehen, sollte sie in geeigneter Weise gelagert oder aufgehängt werden, so dass die Reinheit der Kleidung erhalten bleibt. Es kann sein, dass verschiedene Kleidungsstücke physikalisch getrennt gelagert werden müssen. Waschbare oder Einwegsäcke können Querkontaminationen vermeiden helfen. Mehrere wirksame Verfahren zur Lagerung von Kleidung stehen zur Verfügung. Hierzu zählen:

a) Kleiderregale mit einem unabhängigen System für gefilterte Luftzufuhr über HEPA-Filter;

b) feste und tragbare Kleiderstangen mit Kleiderbügeln;

c) feststellbare und nicht feststellbare Kleiderhaken an Wänden oder Gestellen im Umkleidebereich oder der Personalschleuse. Diese können sich in einem Spind oder im Raum befinden;

d) Kleidertonnen oder -fächer.

B.9.2 Wie viel Lagerraum zeitweise benötigt wird, um alle zu einem gegebenen Zeitpunkt im Reinraum arbeitenden Personen mit Reinraumkleidung zu versorgen, hängt davon ab, wie viele Personen im Reinraum arbeiten und wie häufig die Reinraumkleidung gewechselt wird.

B.9.3 Ein Bereich, dessen Größe zur Aufnahme des gesamten Bestands an verpackter Reinraumkleidung ausreicht, sollte Lagerzwecken vorbehalten sein. Hierfür können Spinde beschafft werden. Diese Spinde sollten in das Reinigungsprogramm einbezogen werden, um sicherzustellen, dass sie nicht zur Kontamination beitragen.

B.9.4 Gereinigte Kleidung sollte in reinen, fusselfreien Säcken verpackt werden, um eine Kontamination während des Transports, der Lagerung und der Verteilung zu vermeiden [8]. Die Lagerbeständigkeit sterilisierter Produkte sollte definiert werden. Es empfiehlt sich, die Lagerung in einem Reinraumbereich neben dem oder im Umkleidebereich vorzusehen. So lässt sich der Bestand leichter kontrollieren und das Risiko, dass Kleidung aus dem Reinraumbereich entnommen und verschmutzt wird, ist geringer.

Anhang C
(informativ)

Personal

C.1 Schulung

Nur geschultem Personal sollte der Zutritt und das Arbeiten im Reinraum gestattet sein. Alle Mitarbeiter sollten bei Aufnahme ihrer Tätigkeit im Reinraum einen Einführungskurs erhalten sowie weitere Auffrischungskurse in regelmäßigen Abständen (siehe A.2).

C.2 Zugang für Personal

Jede Person erzeugt Kontaminationen. Daher sollte nur das unbedingt notwendige Personal den Reinraum betreten. Sollte die Gesamtzahl der in den Reinraum eingelassenen Personen beschränkt sein, so sollte dies dokumentiert und für die Einhaltung der Regelung gesorgt werden. Besucher und Instandhaltungspersonal können mit Genehmigung und unter Überwachung in den Reinraum eingelassen werden. Sie sollten eine angemessene Einweisung erhalten.

C.3 Kleidung und persönliche Gegenstände

Die Art der unter der Reinraumkleidung getragenen Kleidung wirkt sich auf die Verteilung von luftgetragenen Partikeln und Fasern aus. Persönliche Hauskleidung aus Naturfasern wie Wolle oder Baumwolle, die unter der Reinraumkleidung getragen wird, verbreitet Kontaminationen. Die Bereitstellung spezieller Reinraum-Unterkleidung sollte in Betracht gezogen werden. Diese sollte dann aus dicht gewebten Kunstfasern wie Polyester bestehen, damit Körperkontaminationen wirksam gefiltert werden. Persönliche Gegenstände sollten außerhalb des Reinraums in einem sicheren Bereich gelassen werden. Schmuck wie Ringe, Armbanduhren und Halsketten können Reinraumhandschuhe durchstechen oder aus Gesichtsmasken, Hauben oder Ärmeln heraushängen und sollten vermieden werden. Kosmetika, Talkumpuder, Haarspray, Nagellack oder ähnliche Materialien sind im Reinraum unerwünscht. Das von ihnen ausgehende Risiko für das Produkt oder den Prozess sollte abgeschätzt werden. Kosmetika können Teilchen erzeugen, die die Reinraumkleidung, den Reinraum und dort hergestellte Produkte kontaminieren. Ihre Anwendung kann daher untersagt sein.

C.4 Hygiene

Vom Reinraumpersonal wird gründliche Körperpflege erwartet. Die Mitarbeiter sollten Haarschuppenbildung unter Kontrolle halten und nach dem Waschen und Duschen bei Bedarf eine eigens formulierte Hautlotion anstelle von Hautölen verwenden.

Die Mitarbeiter sollten bei Arbeitsantritt über Probleme, die die Kontamination im Reinraum erhöhen könnten, Bericht erstatten. Zu solchen Problemen zählen beispielsweise:

a) schuppige Haut, Dermatitis, Sonnenbrand oder starke Haarschuppenbildung;

b) Erkältung, Grippe oder chronischer Husten;

c) allergische Reaktionen, die zu Niesen, Jucken oder Kratzen führen;

d) bei Bioreinräumen eine hohe mikrobielle Belastung durch Personen.

Je nach Schwere der Bedingungen im Hinblick auf den Prozess oder das hergestellte Produkt kann es erforderlich sein, solche Mitarbeiter so lange an Arbeitsplätze außerhalb des Reinraums zu versetzen, bis diese Bedingungen nicht mehr gegeben sind. In bestimmten Reinräumen kann es erforderlich sein, dass die Mitarbeiter für einen definierten Zeitraum vor Betreten des Reinraums auf das Rauchen verzichten.

C.5 Umkleideprozedere von Reinraumkleidung

Das Reinraumpersonal legt vor Betreten eines Reinraums Reinraumkleidung an. Das gewählte Verfahren sollte die Kontamination der Außenseite der Reinraumkleidung beim An- und Ausziehen möglichst gering halten und sicherstellen, dass keine Kontamination aus dem Umkleidebereich verschleppt wird. Je nach Gestaltung des Umkleidebereichs und dem Reinheitsstandard des Reinraums sind mehrere Verfahren akzeptabel. Weitere Angaben sind an anderer Stelle nachzulesen [5] [6] [25].

Im Allgemeinen wird von oben nach unten vorgegangen.

1) Mittels Schuhbürste, Reinraummatte oder -bodenbelag Kontaminationen an den Schuhen beseitigen;

2) unnötige Straßenkleidung ablegen;

3) falls nötig, Schmuck usw. ablegen;

4) Kosmetika entfernen und, falls nötig, Feuchtigkeitscreme auftragen;

5) gegebenenfalls Haupthaar abdecken;

6) Hände waschen und gegebenenfalls geeignete Feuchtigkeitscreme benutzen;

7) gegebenenfalls Reinraum-Unterwäsche anlegen;

8) für den Reinraum bestimmte Schuhunter- oder überzieher anlegen;

9) Reinraumkleidung auswählen;

10) falls nötig, beim Anlegen der Reinraumkleidung Handschuhe tragen;

11) Gesichts- und Kopfbedeckung anlegen;

12) Overall oder Kittel anziehen;

13) Schuhüberzieher oder spezielle Reinraumschuhe anziehen, wobei die Schleusenbank benutzt wird;

14) vor einem Spiegel in voller Körpergröße überprüfen, ob alle Kleidungsstücke ordnungsgemäß angelegt wurden;

15) für das Anlegen der Reinraumkleidung benötigte Handschuhe können nun entweder ausgezogen oder anbehalten werden, bevor die Prozesshandschuhe übergestreift werden;

16) den Reinraum betreten.

ANMERKUNG Die vorstehend beschriebenen Schritte beschreiben ein typisches Prozedere. Es gibt jedoch zahlreiche Abwandlungen, um die Anforderungen an die Kontaminationskontrolle in bestimmten Arten von Reinräumen zu erfüllen.

Auf welche Weise Reinraumkleidung beim Verlassen des Reinraums abgelegt werden sollte, hängt davon ab, ob bei jedem Eintritt frische Kleidung verwendet wird oder ob die Kleidung zur Wiederverwendung vorgesehen ist. Verfahren zum Ablegen von wiederverwendbarer Reinraumkleidung werden an anderer Stelle beschrieben [21]. Für wiederverwendbare Kleidung können spezielle Lagerverfahren angewendet werden. Diese werden an anderer Stelle beschrieben [5] [6] [21]. Reinraumkleidung sollte den Reinraumbereich nicht verlassen, außer wenn sie zwecks Reinigung zur Wäscherei befördert wird.

C.6 Disziplin und Verhalten

Das Reinraumpersonal sollte sich im Reinraum so verhalten, dass die Möglichkeit einer Kontamination des Produkts möglichst gering ist. Die nachstehenden Verhaltensregeln zur Einhaltung eines Mindeststandards sollten berücksichtigt werden. Weiterführende Angaben sind an anderer Stelle nachzulesen [6].

— Türen sollten nicht rasch geöffnet und geschlossen werden und auch nicht offen bleiben.

— Beim Betreten einer Schleuse sollte das Schließen der ersten Tür und eine festgelegte Zeit für das Reinigen oder Stabilisieren der Luft abgewartet werden, bevor die nächste Tür geöffnet wird.

— Das Reinraumpersonal sollte nicht zwischen Reinluftzufuhr und Produkt- oder Prozessoberflächen stehen, da andernfalls das Risiko steigt, Partikel auf Produkt- oder Prozessoberflächen zu verteilen. Im Allgemeinen sollte die korrekte Reihenfolge so aussehen: Luftzufuhr zum offen liegenden Produkt, zum Personal und dann zum allgemeinen Reinraumbereich und von dort zum Umluft- oder -Abluftsystem.

— Es sollten Verfahren für das Bewegen oder Handhaben des Produkts entwickelt werden. Wo es angebracht ist, sollten „berührungslose" Techniken angewendet werden.

— Das Reinraumpersonal sollte keine Materialien gegen den Körper halten, da hierdurch Kontaminationen übertragen werden können.

— Das Reinraumpersonal sollte nicht sprechen, solange es in der Nähe des Produkts arbeitet.

— Das Reinraumpersonal sollte nichts über das Produkt schleifen lassen.

— Naseputzen sollte außerhalb des Reinraums erfolgen. Handschuhe sollten danach stets gewechselt werden.

— Während des Aufenthalts im Reinraum sollte das Reinraumpersonal auch davon absehen, Bereiche der Haut zu berühren, zu kratzen oder abzuwischen. Andernfalls kann es erforderlich sein, in den Umkleidebereich zurückzukehren, um frische Handschuhe anzulegen.

— Oberflächen von Handschuhen und Reinraumkleidung können leicht kontaminiert werden. Das Reinraumpersonal sollte keine kontaminierten Oberflächen berühren, wodurch Kontaminationen auf kritische Bereiche übertragen würden. Für jeden Reinraum muss es eine Anweisung geben, wonach das Personal in dem Umkleidebereich zurückkehren muss, um reine Handschuhe oder Reinraumkleidung anzulegen.

— Reinraum-Wischtücher sollten nach Vorschrift benutzt und dann in den entsprechenden Abfallbehälter entsorgt werden.

— Alle Bewegungen des Reinraumpersonals sollten zielgerichtet und methodisch erfolgen. Schnelles Gehen und Bewegen oder unruhiges Verhalten sollte nicht zugelassen werden, da hierdurch die Luftströmung unterbrochen wird. Beides erzeugt Kontaminationen, die mit dem Luftstrom fortgetragen werden können.

— Der Raum sollte übersichtlich und ordentlich gehalten werden.

— In einem Reinraum gelagerte oder stehen gelassene Produkte sollten vor Kontaminationen geschützt und in einem identifizierbaren geschlossenen Spind, Behälter oder turbulenzarmen Schrank aufbewahrt werden.

— Abfallstoffe sollten in leicht identifizierbare Behälter gegeben, jedoch nicht unnötig angesammelt werden.

C.7 Sicherheit

C.7.1 Die gesetzlich vorgeschriebenen Vorkehrungen sind einzuführen, um das Personal vor möglichen Gefährdungen im Reinraum, wie Mikroben, Radioaktivität und Chemikalien, zu schützen. Hierzu können Kabinettierungen, Abschrankungen oder Isolatoren bereitgestellt werden. Angaben zu solchen Verfahren sind in ISO 14644-4 und ISO 14644-7 enthalten. Möglicherweise ist eine geeignete Schutzkleidung wie Augenspritzschilde, Handschuhe und Schürzen erforderlich. Die örtlichen Aufsichtsbehörden können zusätzliche Maßnahmen zur Sicherheit des Reinraumpersonals empfehlen oder verlangen.

C.7.2 Es können Notfallsituationen auftreten, in denen das in allen Aspekten möglicher Störfälle geschulte Bereitschaftspersonal die Auswirkungen etwaiger Störungen auf ein Mindestmaß beschränken kann. Die ordnungsgemäße Evakuierung sollte mit allen Beschäftigten geübt werden. Ist eine Evakuierung erforderlich, sollten Vorkehrungen getroffen werden, um die geordnete Rückkehr in den Reinraum nach Behebung der Notfallsituation zu ermöglichen. Es sollte ein Notfallprozedere zur Bereitstellung frischer Reinraumkleidung eingeführt werden.

C.8 Personalinitiativen

Programmpunkte für die offizielle Überwachung sowie Korrekturmaßnahmen werden in A.7 beschrieben. Das Personal sollte sich jedoch bewusst sein, dass es einen positiven Einfluss auf die Wirksamkeit des Reinraums ausüben kann. Gegenseitige Hilfestellung kann sich positiv auf die Einhaltung von Verhaltensregeln auswirken. Das Personal sollte aufgefordert und ermächtigt werden, den für die Reinraumintegrität verantwortlichen Personen über beobachtete Mängel, seien sie personal- oder anlagenbezogen, unverzüglich Bericht zu erstatten. Auf diese Weise können sonst unbemerkte Kontaminationsquellen beseitigt werden, bevor ein Problem so groß wird, dass Produkte oder Prozess in Gefahr geraten.

Anhang D
(informativ)

Stationäre Anlagen

D.1 Allgemeines

In diesem Abschnitt werden Anlagen erörtert, die nach ihrer Aufstellung im Reinraum aufgrund ihrer Größe stationär oder vergleichsweise unbeweglich sind. Die Produkte oder Prozesse, für die der Reinraum bereitgestellt wurde, werden häufig von stationären Anlagen umgeben, umhüllt oder eingeschlossen. Diese können in Form von automatischen oder mechanischen Fertigungseinrichtungen, separierenden Reinraummodulen oder Abzugshauben sowie anderen großen Anlagen auftreten. Üblicherweise können diese Anlagen nach Abschluss der Aufstellung nur unter größtem Aufwand wieder entfernt oder umgesetzt werden.

Nach Möglichkeit sollten im Reinraum einzusetzende Anlagen unter reinen Bedingungen hergestellt werden und die Verpackungsmaßnahmen sollten auf die Erfordernisse des beabsichtigten Reinraums abgestimmt werden.

D.2 Anlieferung und Einbau unter reinen Bedingungen

D.2.1 Planung

Der Vorgang des Einbringens einer Anlage in den Reinraum sollte nicht zu einer zusätzlichen Kontaminierung führen. Anlagen, die in einen Reinraum in den Betriebszuständen „Bereitstellung" oder „Leerlauf" eingebracht werden, sollten ordnungsgemäß ausgepackt und gereinigt sein. Andernfalls sind umfangreiche nachträgliche Reinigungsarbeiten erforderlich. Besondere Überlegungen sollten jedoch angestellt werden, bevor eine Anlage in einen Reinraum im Betriebszustand „Fertigung" eingebracht wird. Andernfalls wird nicht nur der Reinraum Kontaminationsrisiken ausgesetzt, sondern auch im Prozess befindliche Produkte können beeinträchtigt werden. Dies zieht außerdem zusätzliche Reinigungsarbeiten nach sich und kann eine Requalifizierung des Reinraums nach ISO 14644-2 erforderlich machen. Es sollte eine geeignete Strategie zur Vermeidung von Problemen entwickelt werden. Hinweise werden in D.2.2 und D.2.3 sowie an anderer Stelle [6] gegeben.

D.2.2 Inspektion und Entfernen nicht reinraumtauglicher Verpackungen

Alle Anlagenteile sollten auf Transportschäden geprüft werden und zweifelhafte oder beschädigte Waren sollten außerhalb des Reinraums isoliert oder geschützt aufbewahrt werden, bis geeignete Maßnahmen getroffen werden können. Soweit möglich sollten Versandkisten und Verpackungen stets im an den Reinraum angrenzenden unkontrollierten Bereich entfernt werden. Alle Kartons und Verpackungsmaterialien, die dazu neigen, Partikel freizusetzen, sollten vor dem Einbringen in den Reinraumbereich beseitigt werden. Ist die Anlage nicht fertig verpackt, sollten alle Oberflächen vor dem Eintritt in den Reinraumbereich vorgereinigt werden. Diese Reinigung erfolgt am besten in der speziellen Materialschleuse. Erfordert die Anlage aufgrund ihrer Größe spezielle Aufstellungsverfahren, sollte der Bereich von umgebenden Reinräumen oder anderen Reinraumbereichen durch die Aufstellung provisorischer Wände isoliert werden.

D.2.3 Entfernen reinraumtauglicher Verpackungen

Das Auspacken der Anlage sollte schrittweise erfolgen, um die in den Reinraum gelangende Kontamination gering zu halten. In einer reinen Schleuse oder einem provisorischen, für diesen Zweck gebauten Raum, der an den Reinraum anschließt, können die äußeren Verpackungsfolien entfernt und die Oberflächen gereinigt werden, bevor die Anlage in den Reinraum eingebracht wird.

Das Auspacken sollte beispielsweise in folgenden Schritten erfolgen:

1) Die äußere Schutzabdeckung sollte, zuerst oben, dann an den Seiten, abgesaugt werden.

2) Die Schutzabdeckung sollte mit einem geeigneten Reinigungsmittel abgewischt werden.

3) Die äußere Schicht der Verpackungsfolie sollte oben „I"-förmig aufgeschlitzt und von oben bis zur Unterkante abgezogen werden. Die Unterkante der Verpackungsfolie sollte dann angehoben und mit den Seiten der Verpackungsfolie zusammengefasst werden.

4) Die in 2) und 3) beschriebene Auspackprozedur sollte für jede weitere Schicht wiederholt werden. Alle Außenflächen der Anlage sollten gründlich gereinigt werden.

5) Alle Mitarbeiter sollten vor Betreten der Schleuse vom Reinraum aus die geeignete Reinraumkleidung tragen.

6) Alle Transporteinrichtungen und Handhabungsgeräte sollten ebenfalls nach den in D.3 beschriebenen Prozeduren gereinigt werden.

7) Die Schleuse sollte gereinigt werden, bevor die reinraumseitigen Türen geöffnet werden, um die Anlage in den Reinraum zu bringen.

D.3 Transporteinrichtungen

Große Anlagen sollten (nach Möglichkeit) in so kleine Teile zerlegt werden, dass sie bei geringstem Risiko für das Personal und den bestehenden Reinraum sicher in diesen eingebracht werden können. Materielle Schäden und Kontamination können sich ergeben, wenn diese großen Baugruppen mit feststehenden Oberflächen und anderem Arbeitsgerät in Berührung kommen.

Spezialeinrichtungen zum Heben, Ziehen oder Positionieren großer Anlagen sollten gründlich gereinigt werden, bevor sie in den Reinraum eingelassen werden. Häufig sind diese Einrichtungen nicht für Reinraumzwecke ausgelegt oder sie werden nicht im Hinblick auf eine Verwendung im Reinraum gewartet. Sie sollten gründlich auf abplatzende oder abblätternde Oberflächen oder Materialien untersucht werden, die nicht reinraumtauglich sind. Solches Arbeitsgerät lässt sich oftmals in einen für Reinraumzwecke akzeptablen Zustand versetzen, indem es mit reinraumtauglichen Kunststofffolien und Klebeband umwickelt und abgedichtet wird. Weichgummiräder können mit Reinraum-Klebeband überzogen werden, um das Zurückbleiben von Gummispuren oder Kunststoffpartikeln auf dem Bodenbelag zu vermeiden.

D.4 Aufstellungsverfahren

Das Aufstellungsverfahren hängt von der Auslegung und der Verwendung des Reinraums ab. Idealerweise sollte der Reinraum während der Aufstellungsarbeiten heruntergefahren sein, und für das Einbringen der neuen Anlage in den Reinraum sollte eine hinreichend breite Tür oder vorgefertigte Abdeckplatte vorhanden sein. Es sollten Vorkehrungen getroffen werden, um eine Kontaminierung des angrenzenden Reinraumbereichs während der Aufstellungsphase zu vermeiden. Dies erleichtert die anschließende Reinigung und Prüfung, die für den Nachweis erforderlich ist, dass der Reinraum seine Reinheitsspezifikation erfüllt.

Wenn die Arbeit im Reinraum während der Aufstellungsarbeiten fortgesetzt werden muss, oder wenn Abrissarbeiten erforderlich sind, muss der übrige Bereich des Reinraums im Betriebszustand "Fertigung" wirksam vom Arbeitsbereich isoliert werden. Hierzu kann die Anlage mit einer provisorischen Abschottung oder Trennwand umstellt werden. Um die Anlage herum sollte genügend Raum freigelassen werden, damit die Aufstellung ungehindert abgeschlossen werden kann.

a) Der Zugang zum Isolationsbereich sollte nach Möglichkeit über einen Versorgungsgang oder einen anderen nichtkritischen Bereich erfolgen. Ist dies nicht möglich, sollten Maßnahmen getroffen werden, um die Auswirkungen von durch Bauarbeiten verursachten Kontaminationen so gering wie möglich zu halten. Die Luft sollte mit Normal- oder Unterdruck in diesen Isolationsbereich strömen, um die Möglichkeit zu verringern, dass Kontaminationen aus dem Arbeitsbereich herausgesogen werden.

b) Ein vollständig versiegelter Isolationsbereich sollte nicht von innen unter Überdruck gesetzt werden, da sonst der umgebende Reinraum kontaminiert werden kann, falls es zu einem Durchtritt kommt. Die Reinluftversorgung im isolierten Bereich sollte blockiert werden, damit der umgebende Reinraum nicht unter Druck gesetzt wird. Wenn der isolierte Bereich nur durch einen angrenzenden Reinraum betreten werden kann, sollten Haft-Fußmatten ausgelegt werden, um an den Schuhen haftende Kontaminationen zu beseitigen. Im isolierten Bereich können dann Einmal-Stiefel oder Schuhüberzieher und Overalls erforderlich sein, um eine Kontamination der Reinraumkleidung zu vermeiden. Diese Einmalkleidung sollte vor Verlassen des isolierten Bereichs ausgezogen werden.

c) Um sicherzustellen, dass jede Kontamination, die eventuell in angrenzende Reinraumbereiche eindringt, erkannt wird, sollten ein Verfahren und ein Zeitplan zur Überwachung der den isolierten Bereich umgebenden Bereiche eingeführt werden.

d) Alle Versorgungsleitungen für Strom, Wasser, Gas, Saugluft, Druckluft, Abflussrohre usw. werden dann angeschlossen. Es sollte sichergestellt werden, dass bei diesen Arbeiten anfallender Rauch und Schutt gering gehalten und weitestgehend gesammelt werden, um ein unbeabsichtigtes Austreten in den umgebenden Reinraum zu vermeiden und die wirksame Reinigung vor dem Entfernen der Abschottungen zu erleichtern.

e) Akzeptierte Reinigungsverfahren (siehe Anhang F) sollten dann befolgt werden, um den gesamten Isolationsbereich zu dekontaminieren. Alle Oberflächen sollten abgesaugt, gewischt und gemoppt werden. Dies gilt für alle Wände (feststehend oder tragbar), Anlagen und Böden.

f) Es sollte sorgfältig darauf geachtet werden, dass Bereiche hinter Anlagen-Schalttafeln und unter Anlagen gereinigt werden.

g) Anschließend kann die Anlage einigen internen vorbereitenden und vorläufigen Leistungsprüfungen unterzogen werden, für die Endabnahme sind jedoch möglicherweise vollständige Reinraumbedingungen erforderlich, bevor die endgültige Prüfung abgeschlossen werden kann.

h) Die Abschottungen können nun vorsichtig entfernt und die gefilterte Luftzufuhr kann wieder in Betrieb gesetzt werden, sofern sie abgeschaltet war. Dies sollte zeitlich so geplant sein, dass der laufende Betrieb des Reinraums so kurz wie möglich unterbrochen wird. Partikelmessungen oder –prüfungen können ebenfalls erforderlich sein.

i) Die Innenteile der Anlage und kritische Fertigungsräume sollten gereinigt und für den Betrieb unter üblichen Reinraumbedingungen vorbereitet werden.

j) Alle relevanten Innenräume und alle Oberflächen, die mit dem Produkt in Berührung kommen oder die an der Handhabung des Produkts beteiligt sind, sollten gewischt werden, um einen gewünschten Reinheitsgrad zu erreichen. Bei der Reinigung der Anlage sollte von oben nach unten vorgegangen werden, denn wurden erst einmal Partikel aufgewirbelt, sorgt die Schwerkraft dafür, dass größere Partikel auf den unteren Teil der Anlage oder auf den Boden fallen.

k) Die Außenflächen der Anlage sind von oben nach unten arbeitend zu reinigen.

l) Falls erforderlich, sollten die Oberflächen in für Produkt- oder Prozessanforderungen kritischen Bereichen auf Partikel untersucht werden.

D.5 Wartung und Instandsetzung

Mit der Zeit verschleißen Anlagen und verschmutzen oder geben Kontaminationen ab, sofern sie nicht gewartet werden. Vorbeugende Instandhaltung sollte durchgeführt werden, um sicherzustellen, dass keine Anlage zu einer Kontaminationsquelle wird. Die Wartung und Instandsetzung von Anlagen sollten ohne Kontamination des Reinraums erfolgen [26] [27]. Eine erfolgreiche Durchführung von Instandsetzungsarbeiten sollte die Dekontamination der Außenflächen beinhalten. Wenn der Prozess dies verlangt, kann auch die Dekontamination der Innenflächen notwendig sein. Die Anlage sollte nicht nur betriebsfähig sein, sondern es sollten auch Maßnahmen getroffen werden, um die Innen- und Außenflächen in Übereinstimmung mit den Fertigungsanforderungen zu dekontaminieren.

Die folgenden Maßnahmen können dazu beitragen, die instandhaltungsbedingte Kontamination stationärer Anlagen im Rahmen zu halten:

a) Anlagen, die instand gesetzt werden, sollten vor der Instandsetzung nach Möglichkeit immer aus dem Bereich entfernt werden, um die Möglichkeit zu verringern, dass Kontaminationen erzeugt werden.

b) Falls notwendig, sollten stationäre Anlagen in geeigneter Weise von den Vorgängen in umgebenden Reinräumen isoliert werden, bevor größere Instandsetzungs- oder Wartungsarbeiten vorgenommen werden. Alternativ sollten Maßnahmen getroffen werden, um sicherzustellen, dass alle in der Fertigung befindlichen Produkte an einen geeigneten Ort geschafft werden.

c) Angrenzende Reinraumbereiche in der Nähe einer Anlage, die instand gesetzt wird, sollten in geeigneter Weise überwacht werden, um sicherzustellen, dass Kontaminationen wirksam beherrscht werden.

d) Das in den abgetrennten Bereichen arbeitende Instandhaltungspersonal sollte nicht mit Personal in Kontakt kommen, welches Herstellungs- oder Fertigungsprozesse durchführt.

e) Alle Personalangehörigen, die Anlagen in Reinräumen instand setzen oder warten, sollten die für den Bereich relevanten Verhaltensregeln befolgen. Hierzu gehören das Tragen geeigneter reinraumtauglicher Schutzkleidung und das Reinigen des Bereichs und der Anlagen nach Abschluss der Instandsetzungsarbeiten.

f) Bevor Techniker unter Anlagen kriechen oder sich unter sie legen, um Reparaturen durchzuführen, sollten die Arbeitsbedingungen ermittelt werden. Ungünstige Bedingungen, die durch Chemikalien, Säuren oder biologische Gefährdungen verursacht wurden, sollten wirksam neutralisiert werden, bevor mit der Arbeit begonnen wird.

g) Es sind Maßnahmen zu treffen, um die Reinraumkleidung vor unzulässigem Kontakt mit Kontaminationen aus Schmierölen oder Fertigungschemikalien zu schützen. Risse und Schnitte an scharfen Kanten sollten ebenfalls vermieden werden.

h) Alle für Wartungs- oder Instandsetzungsarbeiten benutzten Werkzeuge, Kisten und Karren sollten gründlich gereinigt werden, bevor sie in den Reinraumbereich verbracht werden. Rostige oder korrodierte Werkzeuge sollten nicht zugelassen werden. In einem Bioreinraum kann eine Sterilisation oder Desinfektion erforderlich sein.

i) Techniker sollten Werkzeuge und Ersatz- sowie beschädigte Teile oder Reinigungsmaterialien nicht auf oder in der unmittelbaren oder näheren Umgebung von Arbeitsflächen für Produktmaterialien oder Hilfs- und Betriebsstoffe ablegen.

j) Während der Instandsetzungsarbeiten sollte fortlaufend gereinigt werden, so dass sich keine Kontamination aufbauen kann.

k) Handschuhe sollten so regelmäßig gewechselt werden, dass keine Beschädigungen auftreten, durch welche bloße Haut mit reinen Oberflächen in Berührung kommt.

l) Sind andere als Reinraumhandschuhe erforderlich (z. B. säure-, wärme- oder schnittbeständige Handschuhe), sollten diese entweder reinraumtauglich sein, oder ein Paar Reinraumhandschuhe sollte darüber gezogen werden.

m) Während aller Bohr- oder Sägearbeiten sollten Staubsauger eingesetzt werden. Wartungs- und Bauarbeiten erfordern häufig Bohr- oder Sägearbeiten. Spezielle Hauben können verwendet werden, um das Werkzeug und den Bereich, in dem gebohrt oder gesägt wird, abzuschirmen.

Öffnungen, die nach dem Bohren in Böden, Wänden, den Seiten der Anlage oder anderen Oberflächen zurückbleiben, sollten anschließend ordnungsgemäß verschlossen werden, damit keine Kontamination in den Reinraum eindringen kann. Verschlussmöglichkeiten sind z. B. Fugendichtungen, Klebemittel und speziell angefertigte Platten. Nach Abschluss der Instandhaltung kann es erforderlich sein, die Oberflächenreinheit der instand gesetzten oder gewarteten Anlage nachzuprüfen.

D.6 Entfernen von Anlagen

Beim Entfernen von stationären Anlagen aus einem Reinraum werden häufig Kontaminationen von innen liegenden oder anderen unzugänglichen Oberflächen aufgewirbelt oder gelöst, die nicht routinemäßig gereinigt wurden. Dies gilt insbesondere, wenn die Anlage vor dem Ausbau demontiert werden muss. Maßnahmen sind zu treffen, um solche Anlagen vor und während des Ausbaus zu isolieren, zu reinigen und unter Verschluss zu halten, damit der umgebende Reinraum nicht kontaminiert wird.

Falls es sich um eine gefährliche Kontamination handelt, können Vorschriften zu beachten sein.

Anhang E
(informativ)

Materialien und tragbare Geräte

E.1 Allgemeines

Gegenstände, die leicht in den Reinraum und aus ihm heraus transportiert werden können, können die Reinheit des Reinraums beeinträchtigen, wenn sie nicht ordnungsgemäß ausgewählt, gehandhabt und in den korrekten Mengen gelagert werden. Hierzu zählen Verbrauchsmaterialien und Einwegartikel, Produktions- und Reinigungsmaterialien sowie Handwerkzeuge und tragbare Geräte. Bei Verwendung von wiederverwendbaren Materialien und tragbaren Geräten in Bioreinräumen sollte berücksichtigt werden, ob diese sterilisiert bzw. desinfiziert werden können.

E.2 Auswahlkriterien

E.2.1 Eigenschaften

Materialien sollten die folgenden Eigenschaften aufweisen, um den Reinraum vor Kontamination zu schützen:

— Oberflächen und bewegliche Teile sollten so wenig Kontamination wie möglich verbreiten oder erzeugen.

— Sie sollten rissfreie, undurchlässige und reine Oberflächen aufweisen. Allerdings gibt es notwendige Ausnahmen, wie etwa Reinraum-Wischtücher.

— Sie sollten Eigenschaften aufweisen, die die Entstehung von Kontamination durch Abrieb und Spanbildung auf ein Mindestmaß beschränken.

— Sie sollten in geeigneten Reinraumverpackungen angeliefert werden.

— Sie sollten im Hinblick auf ihre Tauglichkeit für die Reinraumumgebung bewertet werden.

E.2.2 Weitere Kriterien

Die folgenden zusätzlichen Faktoren sollten je nach Zweck und Verwendung des Reinraums ermittelt werden:

— frei von unerwünschten Chemikalien (z. B. Säuren, Basen, organische Substanzen);

— akzeptable antistatische Eigenschaften;

— geringe Ausgasung;

— frei von Mikroorganismen;

— kompatibel mit Sterilisations- bzw. Desinfektionsverfahren bei Verwendung in Bioreinräumen.

E.3 Vorprüfungen

Vorprüfungen und Auditierungen sollten wie zwischen Kunden und Lieferanten vereinbart durchgeführt werden. Vom Lieferanten durchgeführte Prüfprozeduren können als ausreichend für das Einbringen in den bzw. die Verwendung im Reinraum erachtet werden. Bei bestimmten Anwendungen können jedoch für einige Materialien vor deren Einbringung in den Reinraum bzw. Gebrauch im Reinraum zusätzliche Prüfungen erforderlich sein. Kriterien für die Wareneingangskontrolle und Stichprobenverfahren sollten vollständig dokumentiert werden.

Eine sicherer Lagerort ist möglicherweise notwendig, um eine unautorisierte Benutzung der Materialien vor der Benutzung zu vermeiden. Für biologisch empfindliche Materialien müssen eventuell strikte Quarantänemaßnahmen eingehalten werden. Die Prüfeinrichtungen und -verfahren sollten vollständig dokumentiert werden. Für die Endabnahme bzw. die Ablehnung nichtkonformer Materialien sollten Abnahmegrenzwerte sowie autorisiertes Personal bestimmt werden.

Ein Verfahrensablauf für die Mitteilung von Problemen an den Lieferanten sollte eingeführt werden. Vom Lieferanten sollte erwartet werden, dass er mit Plänen zur Qualitätsverbesserung reagiert und den weiteren Versand nichtkonformer Materialien vermeidet. Bevor der Lieferant wesentliche Änderungen an genehmigten Materialien oder Bedarfsgegenständen, die im Reinraum verwendet werden, vornimmt, sollte er den Kunden entsprechend in Kenntnis setzen. Bewertungsverfahren und -technologien sollten regelmäßig überprüft werden. Wareneingangskontrollen können teilweise entfallen, wenn die Unterlagen zeigen, dass der Lieferant über bewährte Qualitätsaufzeichnungen verfügt.

E.4 Verfahrensweisen für das Einbringen und Herausbringen

E.4.1 Verfahrensweisen für das Auspacken und Einbringen

Das Einbringen von Materialien in den Reinraum sollte nicht zur Kontamination des Reinraums beitragen. Materialien und Bedarfsgegenstände, die in den Reinraum gebracht werden, unterliegen ähnlichen Verfahrensweisen wie in Anhang D beschrieben.

Es sollten nur solche Materialien und tragbaren Geräte, die mit der Klassifizierung und Verwendung des Reinraums kompatibel sind, in den Reinraum eingebracht werden. Äußere Verpackungen, die Kontaminationen erzeugen, wie Holz, Karton, Papier und andere Materialien, sollten vor dem Einbringen in irgendeinen Teil der Reinraumbereiche entfernt werden. Innere Kunststoffverpackungen sollten zu diesem Zeitpunkt noch nicht entfernt werden. Jede Innenverpackung sollte mit geeignet angefeuchteten Reinraumwischtüchern abgewischt werden, um grobe, von der Außenverpackung herrührende Verunreinigungen zu beseitigen, bevor sie in den Reinraumbereich oder einen speziell zur Entfernung von Reinraumverpackungen vorgesehenen Bereich gebracht wird. Verschiedene Arten von nicht verpackten tragbaren Geräten sind vor dem Einbringen in den Reinraum sorgfältig zu reinigen. Sie werden in E.5 behandelt. Eine spezielle Schleuse, die an den Reinraum angrenzt, sollte für abschließende Wischprozeduren verwendet werden. Der Umkleidebereich sollte nicht für diesen Zweck verwendet werden, um die Reinraumkleidung nicht zu kontaminieren. Eine Arbeitsfläche sowie Wischmittel sollten an diesem Ort für die Reinigung aller Außenflächen des in den Reinraum zu transportierenden Gegenstandes bereitstehen. Die Außenhüllen von Doppelverpackungen können nun entfernt und in einen geeigneten Abfallbehälter geworfen werden. Die letzte Verpackung sollte erst entfernt werden, bevor das Material oder der Gegenstand zum Einsatz kommt.

Tragbare Geräte mit Rädern, einschließlich Transportkarren und -wagen, sollten gründlich gereinigt werden, bevor sie in den Reinraum zurückkehren dürfen. Bei der Reinigung sollte auch an die Oberflächen der Räder gedacht werden, die anhaftende Kontaminationen direkt auf die Reinraumböden übertragen können. Haft-Fußmatten oder Haft-Bodenbeläge können dazu beitragen, dies zu vermeiden.

Korrekte Reinraumkleidung tragendes Reinraumpersonal darf dann vom Reinraum aus die Schleuse betreten und solche Gegenstände in den Reinraum einbringen. Für den Transport einer größeren Anzahl von Gegenständen oder von großen Gegenständen in den Reinraum darf ein reiner Transportkarren oder -wagen verwendet werden.

E.4.2 Einbringen von Materialien durch Rohrleitungen

Materialien wie als Schüttgut vorliegende Chemikalien, Druckgase und Wasser gelangen im Allgemeinen über Rohrleitungen in den Reinraum. Solche Materialien unterliegen den Verfahrensweisen, die für die Einleitung in die Anlage bzw. die vorgesehene Verwendung dieser Materialien in der Anlage gelten.

E.4.3 Verfahrensweisen für das Herausbringen von Materialien und tragbaren Geräten

E.4.3.1 Persönliche Gegenstände und Kleingeräte

Zahlreiche vom Personal verwendete Gegenstände werden beim Verlassen des Reinraums routinemäßig mitgenommen. Hierzu gehören auch Notizbücher, Stifte, Handwerkzeuge und andere Arten von kleinen tragbaren Geräten. Diese Gegenstände sollten durch die Verwendung von zugelassenen Kunststoffbeuteln oder anderen geeigneten Mitteln vor Kontamination geschützt werden. Dies erleichtert das Wiedereinbringen in den Reinraum zu einem späteren Zeitpunkt.

E.4.3.2 Abfallstoffe

Bei bestimmten Abfallstoffen und tragbaren Geräten kann das Risiko einer Übertragung von Kontaminationen auf das Personal und dessen Kleidung höher sein. Es sollten Maßnahmen getroffen werden, um solche Materialien vor dem Abtransport vollständig mit einer Schutzhülle zu versehen und betroffene Bereiche gründlich zu reinigen, bevor dem Personal gestattet wird weiterzuarbeiten bzw. bevor die Fertigung fortgesetzt werden darf. Vorzugsweise sollten solche Materialien den Reinraum (nach dem Verpacken) durch Materialschleusen und nicht durch Personalschleusen verlassen.

E.5 Arten von Materialien und tragbaren Geräten

E.5.1 Allgemeines

Für die Verwendung in Reinräumen vorgesehene Materialien sollten gewünschte Reinheitsgrade erfüllen. Die Überlegungen richten sich nach der gewünschten Verwendung im Reinraum. Die Auswahl sollte so erfolgen, dass die Kontamination des Reinraums im Rahmen bleibt und der Prozess während der Verwendung geschützt ist. Viele üblicherweise in Reinräumen verwendete Gegenstände sind in E.5.2 bis E.5.18 aufgeführt.

E.5.2 Reinraumkleidung

Diese wird in Anhang B beschrieben.

E.5.3 Bei der Reinigung verwendete Lösungsmittel und Oberflächenbehandlungen

Reinigungslösungen werden verwendet, um Kontaminationen leichter von Oberflächen im Reinraum entfernen zu können. Einige Partikel werden mit der Reinigungslösung fortgeschwemmt, andere werden mit Hilfe eines Wischtuches beseitigt. Nach der Reinigung werden auch bestimmte Oberflächenbehandlungen vorgenommen, um die Eigenschaften von Oberflächen im Reinraum zu schützen oder zu erhalten. Diese Lösungen und Oberflächenbehandlungen sollten so rein wie nach den Partikelanforderungen des Reinraums erforderlich sein. Das Filtrieren von Fertiglösungen sollte in Betracht gezogen werden. Es folgen verschiedene Arten von Reinigungslösungen und Oberflächenbehandlungen:

a) Reingefiltertes, destilliertes oder entmineralisiertes Wasser hat zahlreiche wünschenswerte Eigenschaften, es kann jedoch bei bestimmten Oberflächenarten zu Korrosion führen, und ohne Zusatz von Tensiden oder Desinfektionsmitteln kann die Reinigung unwirksam sein.

b) Tenside und Detergenzien sind die preisgünstigsten Reinigungsmittel, ungiftig, nicht entflammbar und wirksam. Im Allgemeinen werden jedoch für die Reinigung von Reinräumen nichtionische Tenside vorgezogen, da diese Gruppe am wenigsten reaktiv ist und keine Metallionen enthält.

c) Organische Lösungsmittel können auch zur Entfernung von Kontaminationen von harten Oberflächen verwendet werden. Dünne organische Schichten lassen sich am besten mit organischen Lösungsmitteln oder Detergenzien beseitigen (Detergenzien neigen dazu, einen Film zu hinterlassen).

d) Desinfektionsmittel werden zur Abtötung von Mikroorganismen verwendet. Es sollte sorgfältig darauf geachtet werden, ein geeignetes Mittel auszuwählen, das den Prozess nicht kontaminiert und das für Personen und Anlagen unschädlich ist [38].

e) Synthetische Versiegelungen, die hochverschleißfest sind, können auf bestimmter Reinraumböden verwendet werden. Antistatikböden erfordern besondere Sorgfalt und die Versiegelung darf die Oberfläche oder die elektrischen Eigenschaften nicht beeinträchtigen. Versiegelungsarbeiten sollten nur bei Unterbrechung der Reinraumproduktion oder während allgemeiner Wartungszeiten durchgeführt werden.

E.5.4 Wischtücher

Wischtücher werden verwendet, um Kontaminationen von Oberflächen im Reinraum zu entfernen. Leider gibt es kein einzelnes perfektes Wischtuch, das für alle Anwendungen im Reinraum geeignet ist Manche Wischtücher sind saugfähig, fusseln jedoch; andere fusseln nicht, sind aber nicht saugfähig. Hinweise zur Auswahl von Wischtüchern sind an anderer Stelle nachzulesen [10] [28] [29]. Die Erfordernisse der Anwendung sollten berücksichtigt werden, und es sollte eine entsprechende Bewertung erfolgen. Die folgenden Eigenschaften sollten bei der Auswahl von Wischtüchern für Reinraumzwecke nicht unberücksichtigt bleiben:

a) Wischtuchmaterial;

b) Lösungs- oder Lösungsmittelkompatibilität;

c) Flüssigkeitsaufnahme;

d) Partikelerzeugung (nass und trocken);

e) extrahierbare molekulare Kontamination;

f) Sterilisierbarkeit, falls notwendig;

g) Verpackung.

E.5.5 Staubsauger, Schläuche und Griffe

Die Auswahl und Verwendung von reinraumtauglichen Staubsaugeranlagen ist wichtig für ein wirksames Kontaminationskontrollprogramm.

a) Tragbare Staubsauger sind aus rostfreiem Stahl oder Kunststoff gefertigt. Die Abluft muss über ein HEPA- oder ULPA-Filter geführt werden, bevor sie in den umgebenden Bereich entlassen werden darf. Für feuchte Materialien und Flüssigkeiten geeignete Sauger sind ebenfalls für den Reinraum erhältlich.

b) Eingebaute Staubsaugersysteme arbeiten mit einer großen zentralen Vakuumpumpe, die üblicherweise in einem Versorgungsbereich außerhalb des Reinraumbereichs untergebracht ist und die über ein Kunststoffleitungssystem an Wandanschlüsse in jedem Bereich des Reinraums angeschlossen ist.

c) Schläuche, Griffe und Werkzeuge sollten auf die jeweilige Anwendung abgestimmt und aus reinraumtauglichen Materialien hergestellt sein.

d) Für die laufende Überwachung und Wartung aller am Staubsaugprozess beteiligten Anlagen sollte Sorge getragen werden. Die HEPA- oder ULPA-Filter der Staubsaugeranlage sollten regelmäßig geprüft bzw. ausgetauscht werden, damit sichergestellt ist, dass sie nicht zu einer Quelle für luftgetragene Kontamination im Reinraum werden.

E.5.6 Mopps

Mopps und Griffstiele in handelsüblichen und Industrieausführungen sollten in Reinraumbereichen (Umkleide- und andere reine Bereiche eingeschlossen) nicht verwendet werden. Bei der Auswahl von Mopps sollte sorgfältig auf Fusselfreiheit und auf die Beständigkeit gegenüber den Auswirkungen des Sterilisierens geachtet werden, sofern dies erforderlich ist. Moppköpfe für das Wischen von Böden sollten aus Polyesterfasern oder offenporigen hydrophilen (synthetischen) Materialien bestehen. Block- oder Schwamm-Moppköpfe sollten aus offenporigem hydrophilem (synthetischem) Schwammstoff hergestellt sein. Stiele und Kupplungen sollten aus rostfreiem Stahl, eloxiertem Aluminium, glasfaserverstärkten Kunststoffen mit Polypropylenbeschichtung oder anderen, nicht zu Abrieb neigenden Kunststoffen hergestellt und mit den Reinraummopps kompatibel sein. Mopprollen (ähnlich Farbrollen) mit leicht klebriger Oberfläche können gegebenenfalls verwendet werden, um Kontaminationen ohne den geringsten Einsatz von Feuchtigkeit von Wänden zu entfernen. Diese sind als erneuerbare oder als Einwegausführung erhältlich.

Bei der Beschaffung von Synthetikmopps oder -stielen sollte die beabsichtigte Reinigungsaufgabe berücksichtigt werden. Moppköpfe aus Polyvinylacetat (oder gleichwertigem Material) sind akzeptabel bei Verwendung mit wässrigen Reinigungslösungen. Die Moppköpfe werden jedoch vorzeitig beschädigt, wenn sie mit Reinigungsmitteln verwendet werden, die einen hohen Anteil an Isopropylalkohol enthalten. Manche für Stiele oder Moppköpfe verwendete Materialien sind nicht für Dampfsterilisation geeignet. Polyester bietet eine höhere Autoklavbeständigkeit als Polyvinylacetat.

E.5.7 Eimer und Auswringer

Für Nass- oder Feuchtreinigungsarbeiten werden Eimer oder Behälter mit Auswringern benötigt, die für den Reinraumbetrieb geeignet sind. Eimer und Behälter sollten aus Kunststoff oder rostfreiem Stahl (nicht galvanisiert) sein. Eimer aus rostfreiem Stahl können immer wieder im Autoklaven behandelt werden. Das beim Moppwischen verwendete Auswringsystem sollte mit der Ausführung und dem Material des Moppkopfes kompatibel sein.

E.5.8 Bodenschrubber, Polier- und Bohnermaschinen

Handelsübliche Bodenschrubber oder Poliermaschinen sollten nie in einem Reinraum im Betriebszustand „Fertigung" zur Anwendung kommen, da der Vorgang den Bereich kontaminieren würde. Spezialmaschinen zum Schrubben von Reinraumböden sind erhältlich. Diese Maschinen besitzen spezielle Hauben und eingebaute Staubsauger mit Schwebstofffilterung, um die Umverteilung von Kontaminationen kontrollieren zu können. Außerdem verfügen ihre Motorkammern über Auspuffgehäuse mit Schwebstofffilterung. Eine sorgfältige Bewertung der Reinraum- und Bodenbelagtauglichkeit sollte dem Einsatz derartiger Geräte im Reinraum vorausgehen. Reinraumböden sollten nie mit Wachsen oder anderen, nicht dauerhaften Versiegelungen behandelt werden, da diese Materialien durch das Begehen und Befahren abblättern und Kontaminationen verursachen.

Für die verschiedenen Arten von Bodenbelägen siehe ISO 14644-4.

E.5.9 Stufenleitern

Stufenleitern sollten aus rostfreiem Stahl, eloxiertem Aluminium oder glasfaserverstärkten Kunststoffen sein und den Reinraumbereich nicht verlassen. Bevor sie in den Reinraum gebracht werden, sollten sie gründlich gereinigt (und falls notwendig, desinfiziert oder sterilisiert) werden.

E.5.10 Besen oder Bürsten

Besen, Bürsten oder ähnliche Geräte sollten nicht in einem Reinraum mit laufender Fertigung verwendet werden, da sie die Bildung grober Partikel verursachen. Die Borsten selbst sind sehr große Fasern, die ebenfalls eine Kontamination darstellen.

E.5.11 Sammelbehälter für Abfälle und wiederverwendbare Materialien

Gebrauchte Materialien, Nebenprodukte und andere im Reinraum erzeugte Abfälle sollten so schnell wie möglich beseitigt werden. Eine Möglichkeit zum Sammeln, Sichern und Lagern von Abfallstoffen sollte bereitgestellt werden, um den Reinraum vor diesen Kontaminationsquellen bis zu deren Beseitigung zu schützen. Entsorgungsverfahren werden in F.4.10 behandelt.

Die folgenden Kriterien sollten bei der Auswahl von Sammelbehältern für diese Materialien berücksichtigt werden:

a) Art der Materialien, die entsorgt oder wiederverwendet werden sollen;

b) Sicherheitsanforderungen;

c) Umweltrisiken;

d) Auskleidungsmaterialien und ihre Anwendung;

e) zur Verfügung stehende Stellfläche;

f) erforderliche Größe in Abhängigkeit von der Häufigkeit der Sammlung;

g) Behältermaterial;

h) Reinraumtauglichkeit.

E.5.12 Reinraummatten und Haft-Bodenbeläge

Reinraummatten und Haft-Bodenbeläge können als Schranke dienen, die dazu beiträgt, die mit den Schuhen in den Reinraum hineingetragene Kontamination zu verringern. Die Abmessungen (insbesondere die Länge) und die Position der Matten/Bodenbeläge sind die wesentlichen Faktoren, die die Wirksamkeit bei der Beseitigung von an den Schuhen haftenden Kontaminationen bestimmen. Zwei wichtige erhältliche Kategorien von Matten/Bodenbelägen sind:

a) Einweg-Mehr-Schichten-Kunststoff-Klebefolie, wobei die klebende Fläche nach oben weist. Verschmutzte Schichten werden abgezogen und entsorgt.

b) Wiederverwendbare elastische Polymermatte mit einer natürlich klebrigen Oberfläche, die nach Verschmutzung gereinigt werden kann.

E.5.13 Reine Behälter und Verpackungen

Reine Behälter können verwendet werden, um empfindliche Materialien und Produkte in den oder aus dem Reinraum zu transportieren oder um sie zu isolieren, bis sie verwendet oder verarbeitet werden. Die Oberflächenreinheit und die Isolationseigenschaften sollten auf die beabsichtigte Verwendung der in ihnen aufbewahrten Materialien abgestimmt sein. Die in E.4 dargelegten Verfahrensweisen für das Einbringen in den bzw. das Herausbringen aus dem Reinraum sollten befolgt werden. Häufiges Reinigen kann notwendig sein, um die Ansammlung von Kontaminationen während der Benutzung zu vermeiden. Vor einer Wiederverwendung kann eine Spezialreinigung und die Überprüfung der Reinheit erforderlich sein.

Materialien, die zum Schutz oder zur Verpackung von im Reinraum hergestellten Fertigprodukten verwendet werden dürfen, sollten sauber und reinraumtauglich sein. Bei der Auswahl sollten Partikelerzeugung, mikrobiologische Kontamination, Elektrostatik, Ausgasung und andere Fragen berücksichtigt werden. Die Klebstoffe von in Reinräumen verwendeten Klebebändern sollten beim Entfernen so wenige Rückstände wie möglich hinterlassen.

E.5.14 Handwerkzeuge, Kisten und Instandhaltungsgeräte

Handwerkzeuge sollten für die Reinraumklasse, die Produkte, stationären Anlagen und Prozesse, mit denen sie in Berührung kommen werden, geeignet sein. Sie sollten rein und frei von jeglicher Kontamination gehalten werden.

Kisten oder Kästen, die Werkzeuge und andere Instandsetzungs- oder Diagnosegeräte enthalten, werden häufig als Kontaminationsquellen übersehen. Sie sollten aus rostfreiem Stahl oder Kunststoffen gefertigt sein, die vor der Erzeugung oder Übertragung von Kontaminationen schützen oder dagegen beständig sind. Die Verwendung von Formeinsätzen oder Unterteilungen, die Kontaminationen erzeugen können, wie etwa offenporiger Schaumstoff, vinylbeschichtetes Holz oder Presspappe (Holzspanplatte), sollte vermieden werden. Zur Sicherstellung der Reinheit sollten Kisten regelmäßig und planmäßig gründlich gereinigt werden, wobei Werkzeuge und Messgeräte ausgeräumt werden. Werkzeuge und Messgeräte sollten gereinigt werden, bevor sie in die Werkzeugkiste oder den Kasten zurückgeräumt werden. Werkzeugkisten und Kästen sollten, soweit möglich, immer im Reinraum verbleiben. Falls sie aus dem Reinraumbereich entfernt werden, sollten sie nie außerhalb des Reinraums geöffnet werden. Vor der Rückkehr in den Reinraum sollte eine gründliche Reinigung von außen gefordert werden.

Transportwagen und -karren, die ständig für die Beförderung von Instandhaltebedarf und anderen Bedarfsgegenständen in den bzw. aus dem Reinraum verwendet werden, müssen gründlich gereinigt werden, bevor sie das nächste Mal in den Reinraum mitgenommen werden.

ANMERKUNG Bei Verwendung in einem Bioreinraum kann eine erstmalige und wiederkehrende Sterilisierung oder Desinfektion der o. g. Gegenstände erforderlich sein.

E.5.15 Sicherheitseinrichtungen

Im Reinraum verwendete Sicherheitsartikel und –einrichtungen wie Chemikalienhandschuhe, Schürzen, Gesichts- und Armschilde, Atemschutzgeräte, Tupfer zum Aufsaugen von Chemikalien und Feuerlöscher sollten im Hinblick auf die von ihnen zu erfüllenden Sicherheitsanforderungen und die Tauglichkeit für den vorgesehenen Reinraum ausgewählt werden.

E.5.16 Geschriebene Dokumentation

Kontaminationen durch Dokumente im Reinraum sollten vermieden werden. Die Dokumentationsverfahren sind weitgehend von der Verwendung und Klassifizierung des Reinraums abhängig.

Papier und Papiererzeugnisse kontaminieren den Reinraum. Alle Dokumente sollten auf fusselfreien reinraumtauglichen Medien gedruckt oder mit Plastikfolien laminiert werden. Hinweise zur Auswahl solcher Trägermaterialien werden an anderer Stelle gegeben [10] [29]. Die Verwendung solcher Medien in Form von Etiketten, Aufzeichnungsbögen, Reparaturhandbüchern, Berichten und Notizbüchern sollte kontrolliert erfolgen und sich auf ein Mindestmaß beschränken. Etikettenklebstoffe sollten beim Entfernen von Oberflächen so wenig Rückstände wie möglich hinterlassen.

Schreibutensilien können zu einer Kontaminationsquelle für den Reinraum, Produkte oder Prozesse werden. Bleistifte, Radiergummis und Filzstifte sowie Kugelschreiber mit einziehbarer Mine sollten vermieden werden. Kugelschreiber sollten eine nichteinziehbare Mine haben, und die Tinte sollte dauerhaft und kompatibel sein.

E.5.17 Elektronische Dokumentation

Bei Verwendung von Computern für die laufende Arbeit entfallen viele Kontaminationsquellen wie z. B. Protokollbücher, Aufzeichnungsbögen, Prozessdokumentationen usw. Die Installation und Verwendung von Computern und Peripheriegeräten sollte mit der Klassifizierung des Reinraums und dem beabsichtigten Standort im Reinraum kompatibel sein.

Computer arbeiten häufig mit eingebauten Kühlgebläsen. Es sollte geklärt werden, wie die Abluft den Reinraum und kritische Oberflächen in der Umgebung des Computers beeinträchtigen kann. Je nach den Reinheitsanforderungen müssen möglicherweise Verfahren entwickelt werden, diese Abluft direkt in Rückluftleitungen einzuleiten oder über tragbare Filteraggregate zu führen.

Tastaturen haben um die Tasten herum Vertiefungen, die Partikel ansammeln und wieder freisetzen können. Über die Tastatur gelegte flexible Endlosfolien oder Abdeckungen erleichtern die Reinigung und vermindern die Kontamination.

An solche Computer angeschlossene Drucker sollten in geeigneter Weise gekapselt oder isoliert werden und die Abluft sollte auf ähnliche Weise abgeleitet werden. Bei der Druckerwartung sollte sorgfältig darauf geachtet werden, dass die beim Druckvorgang erzeugte Restkontamination nicht verteilt wird.

E.5.18 Andere Materialien

Viele andere Materialien, einschließlich der direkt im Produktionsprozess verwendeten, werden in den Reinraum gebracht. Sie sollten im Hinblick auf die vorgesehene Anwendung und die Reinheitsklasse des Reinraums möglichst gering kontaminierend wirkend. Sie sollten in geeigneter Weise wie oben beschrieben in den Reinraum gebracht und kontrolliert werden und mit Produkten und Prozessen kompatibel sein.

E.6 Lagerung

Materialien können kontaminiert oder unwirksam werden, wenn sie bis zu ihrer Verwendung unsachgemäß gelagert werden. Sachgemäße Lagerung und kontrollierte Lagerungsverfahren sind von entscheidender Bedeutung für den Erhalt ihrer Wirksamkeit. Sie sollten in einem Bereich gelagert werden, der sie vor Qualitätsverlust und Kontamination schützt. Die Ansammlung nichtbenutzter Materialien in einem Reinraum stellt bei unsachgemäßer Lagerung ein Kontaminationsrisiko dar.

Bestimmte Klassen und Arten von Abfallstoffen werden im Reinraum gelagert, bis festgelegte Grenzwerte erreicht werden. In vielen Fällen werden diese Grenzwerte von Behörden oder durch für den Reinraum aufgestellte Wiederverwertungsprogramme bestimmt. Auch kann die Verwendung von Spezialbehältern erforderlich sein.

Anhang F
(informativ)

Reinraumreinigung

F.1 Übersicht

Reinräume sind darauf ausgelegt, so frei wie möglich von Kontaminationen zu sein. Anlagenbetrieb und Instandhaltungsarbeiten, Produktionsprozesse, die Anwesenheit und die Tätigkeiten von Personal sowie andere Faktoren können die Erzeugung von Kontaminationen und ihre Verteilung auf Reinraumoberflächen verursachen. Daher sollten alle Oberflächen ausreichend häufig gereinigt werden, damit hieraus kein Risiko für den Produktionsprozess erwächst. Es sollten Verfahrensweisen festgelegt werden, die sicherstellen, dass gründliche und vollständige Reinigungsarbeiten in einer Weise durchgeführt werden, die mit den empfohlenen Reinraum-Verhaltensregeln für die Anlage übereinstimmen. So weit möglich, sollte nicht während der Produktion gereinigt werden. Andernfalls sollten spezielle Reinigungsverfahren entwickelt werden, die die Risiken möglichst gering halten. Eine Reihe von Dokumenten geben hilfreiche Informationen zur wirksamen Reinigung eines Reinraums [31] [32] [33].

ANMERKUNG Bei manchen Prozessen fallen Kontaminationen als Nebenprodukte an. Es ist besser, die Kontaminationen zu identifizieren und zu versuchen, sie aus solchen Vorgängen zu isolieren, als sich auf die Reinigung als Methode der Kontaminationskontrolle zu verlassen.

F.2 Oberflächenklassifizierung

F.2.1 Allgemeines

Die Reinheit von Bereichen und Oberflächen sollte danach klassifiziert und bezeichnet werden, wie diese die Produkte und im Reinraum durchgeführten Prozesse beeinträchtigen können. Die wirksame Anwendung dieser Klassifizierung wird bei der Entwicklung der geeigneten Reinigungsstrategie für den Reinraum von Nutzen sein.

F.2.2 Kritische Oberflächen

Kritisch klassifizierte Oberflächen befinden sind am und um den Ort der Herstellung oder Produktion, d. h. dort, wo Kontaminationen direkten Zugang zum Produkt oder Prozess haben. Diese Oberflächen verlangen den höchsten Reinheitsgrad. Separierende Reinraummodule, einschließlich Belüftungsanlagen mit turbulenzarmer Verdrängungsströmung, reine Werkbänke oder Arbeitsplätze tragen im Allgemeinen dazu bei, die Reinheit dieser Oberflächen zu steuern.

F.2.3 Allgemeine Reinraumoberflächen

Alle Oberflächen im Reinraum, die sich nicht am Ort der Produktion oder einer turbulenzarmen Verdrängungsströmung befinden, werden als „allgemein" betrachtet. Sie sollten regelmäßig gereinigt werden, damit keine Kontaminationen auf kritische Oberflächen übertragen werden.

F.2.4 Oberflächen in Personal- und Materialschleusen

Diese können wegen der hohen Aktivitätsrate zu den am stärksten kontaminierten Bereichen werden. Häufiges Reinigen ist notwendig, um den Kontaminationsgrad so gering wie möglich zu halten und die Übertragung von Kontaminationen in den Reinraum zu vermindern.

F.3 Grundreinigung

F.3.1 Allgemeines

Die Erhaltung der Reinheit eines Reinraums umfasst eine ganze Reihe von Aufgaben, die peinlich genau zu erledigen sind. Es sollten Reinigungsgrade definiert werden, und grundlegende Verfahren zur Erreichung dieser Grade sollten entwickelt werden. Genehmigte Verfahren können dann an jeder Oberfläche im Reinraum angewendet werden, um das gewünschte Ergebnis zu erzielen [10] [30] [31] [32] [33].

F.3.2 Grundlegende Reinigungskategorien

Der Vorgang der Reinigung kann in drei verschiedene Kategorien unterteilt werden, je nach dem aktuellen Zustand und der gewünschten Reinheit der Oberfläche nach Abschluss der Reinigung. Diese Kategorien lauten „**Grob**reinigung", „**Zwischen**reinigung" und „**Fein**reinigung" und lassen sich wie folgt beschreiben:

— Bei der **Grobreinigung** werden große Kontaminationspartikel mit einem Durchmesser von üblicherweise mehr als 50 µm entfernt. Kontaminationen dieser Größe finden sich im Allgemeinen auf Böden und sind typisch für die Art von Kontamination, die in Umkleidebereiche und Schleusen getragen wird. Zerbrochene oder verschüttete Materialien aus dem Produktionsvorgang oder Prozess sind zusätzliche Kontaminationsquellen, die sich schließlich auf Arbeitsflächen und Böden finden. Bautätigkeiten und Wartungsarbeiten erzeugen ebenfalls häufig diese Art von Kontamination durch grobe Partikel.

— Bei der **Zwischenreinigung** werden kleinere Kontaminationspartikel mit einem Durchmesser von üblicherweise 10 µm bis 50 µm entfernt. Die Zwischenreinigung wird an allgemeinen Reinraumoberflächen vorgenommen und betrifft deshalb üblicherweise Wände, Werkbänke und reine Flure. Diese Kontaminationsgröße bleibt auch nach Anwendung von Grobreinigungsverfahren erhalten. Die Zwischenreinigung liefert den nächsthöheren Reinheitsgrad.

— Die **Feinreinigung** wird benötigt, um verbleibende Kontaminationspartikel zu beseitigen, deren Durchmesser üblicherweise unter 10 µm liegt. Sie wird im Allgemeinen an oder in der Nähe von kritischen Oberflächen angewendet, wo das Produkt gelagert und hergestellt wird.

F.3.3 Staubsaugen

Das Staubsaugen ist im Rahmen von Grob- und Zwischenreinigungsarbeiten möglich als ein erster grundlegender Vorgang bei der Reinigung sowohl von allgemeinen als auch von kritischen Bereichen. Es ist eine Vorbedingung, keine Alternative für das Moppen oder feuchte Wischen. Das Staubsaugen ist ein wirksames Verfahren zur Beseitigung größerer Partikel und anderer Bruchstücke wie etwa Glassplitter. Das Staubsaugen sollte gezielt und in einer Richtung erfolgen, um Luftturbulenzen am Boden und in Bedienerhöhe so gering wie möglich zu halten.

Für diese Aufgabe werden Staubsauger mit HEPA-/ULPA-Filtern oder werkseigene zentrale Saugsysteme verwendet. Systeme, die auch feuchte Materialien aufnehmen können, sind hilfreich bei der Beseitigung von überschüssigem Wasser und aufgeschlämmten Partikeln während des Moppvorgangs und danach. Sie können außerdem zu einer schnelleren Trocknung nach dem Moppen beitragen.

F.3.4 Nassreinigung

Nassreinigungsverfahren, bei denen eine Flüssigkeit auf eine Oberfläche aufgebracht und durch Wischen oder Saugen wieder entfernt wird, können für alle drei Reinigungsstufen angewendet werden. Folgende Verfahren sind Nassreinigungsverfahren:

— Das **Schrubben** ist ein Grobreinigungsverfahren, bei dem Flecken oder stark verschmutzte Bereiche maschinell oder von Hand gesäubert werden. Es sollte besonders darauf geachtet werden, dass die Kontaminationen, die von den zum Schrubben verwendeten Geräten oder Materialien erzeugt werden können, kontrolliert werden. Anschließend wird der Mopp oder ein Nass-Sauger eingesetzt.

— Das **Moppen** ist ein wirksames Verfahren zur Beseitigung von Kontaminationen im Rahmen der Grob- und Zwischenreinigung. Das Moppen kann auch zur Beseitigung von Flüssigkeitsrückständen dienen, die nach dem Nass-Saugen zurückgeblieben sind. In kleinen oder begrenzten Bereichen kann nass gewischt werden. Mopps werden für Böden und andere große Bereiche verwendet. Der Mopp-Eimer sollte mit rein gefiltertem, entmineralisiertem oder destilliertem Wasser gefüllt werden, und dieses Wasser sollte häufig gewechselt werden, um eine erneute Kontamination zu vermeiden. Je kritischer die Oberfläche, desto häufiger sollte das Wasser gewechselt werden. Bei der Grobreinigung weist eine Wasserverfärbung darauf hin, dass der Eimer geleert, gereinigt und neu gefüllt werden sollte. In Zwischenreinigungs- und kritischen Bereichen sollte sich das Wasser während der gesamten festgelegten Verwendungszeit kaum oder gar nicht verfärben. Daher sollten Reinigungsverfahren für diese Bereiche die zulässige Fläche definieren, die bis zu einem Wasserwechsel gereinigt werden darf. Systeme aus zwei (oder mehreren) Eimern können verwendet werden, um das Spülwasser weniger häufig wechseln zu müssen. Bei Bedarf können nicht-ionische Detergenzien oder Tenside zugefügt werden. Mopps sollten gut ausgedrückt werden, um Pfützenbildung zu vermeiden. Ein feuchter Mopp erzeugt eine feuchte Oberfläche, die schneller trocknet. Eine systematische Vorgehensweise mit überlappenden Strichen sollte befolgt werden, um eine vollständige Reinigung von Bodenflächen sicherzustellen. Häufiges Ausspülen und Wenden der Moppflächen tragen dazu bei, eine erneute Kontamination soeben gereinigter Bodenabschnitte zu vermeiden. Moppköpfe sollten häufig ausgespült werden, um eine erneute Kontamination des Moppkopfes zu vermeiden. Es sind auch Spezialmopps zur Beseitigung mittelgroßer Kontaminationen von Wänden und Böden erhältlich (Anhang E.5.6).

F.3.5 Feuchtreinigung

Wischtechniken kommen in fast allen Phasen der Reinigung zur Anwendung. Die mit Wischen erzielten Ergebnisse bei der Zwischen- und Feinreinigung fördern die Reinheit von allgemeinen und kritischen Oberflächen. Das gewählte Wischtuch sollte mit der geeigneten Reinigungslösung angefeuchtet werden. Die Lösung hängt von der Art der zu beseitigenden Kontamination ab. Es sollte stets in derselben Richtung mit überlappenden Strichen gewischt werden, beginnend bei den kritischsten und fortschreitend zu den am wenigsten kritischen Bereichen in Richtung der turbulenzarmen Verdrängungsströmung. Die Wischtücher sollten im Laufe des Wischvorgangs immer wieder so umgefaltet werden, dass eine noch unbenutzte Fläche zum Einsatz kommt, und das Wischtuch sollte so häufig wie notwendig ausgetauscht werden, um die Übertragung von Kontaminationen auf andere Teile der Reinraumoberfläche zu vermeiden.

F.4 Reinigung bestimmter Flächen

F.4.1 Kennzeichnung der zu reinigenden Flächen

Alle Oberflächen im Reinraum können kontaminiert werden und sollten in bestimmten Abständen gereinigt werden. Es ist wichtig, dass alle Oberflächen entsprechend ihrer Gefährlichkeit für das Produkt oder den im Reinraum durchgeführten Prozess gekennzeichnet werden. Dann können Reinigungstechniken entwickelt und festgelegt werden, damit der gewünschte Reinheitsgrad sicher erreicht wird.

F.4.2 Böden und Hohlböden

Grobe Kontaminationen wie Glassplitter oder Bruchstücke des Produktes können zunächst mit dem Staubsauger beseitigt werden. Danach sollten Bereiche mit hartnäckigen Flecken identifiziert und mit festgelegten Schrubbverfahren angegangen werden. Der Boden sollte nach den festgelegten Verfahren nass oder feucht gemoppt werden. Wasser oder Reinigungslösungen sollten so häufig gewechselt werden, dass die Ausbreitung von Kontaminationen in Lösung oder Suspension bei fortschreitender Reinigung so gering wie möglich gehalten werden kann. Größere Bodenbereiche sollten in handliche Segmente unterteilt werden, so dass die Arbeit geordnet ablaufen kann. Die Reinigung sollte in den kritischen Bereichen beginnen und in den allgemeinen Bereichen fortgesetzt werden. Bestimmte Reinraumanwendungen können jedoch einen abweichenden Ablauf erfordern. Wiederholtes Moppen bewirkt reinere Oberflächen, falls höhere Reinheitsgrade gefordert sind.

Während der Fertigungszeit kann es notwendig sein, den Bereich abzusperren und den Verkehrsfluss umzuleiten, um gefährliche Stürze unaufmerksamer Mitarbeiter zu vermeiden. Feuchtes Moppen oder Nass-Saugen nach dem Moppen beschleunigt den Trocknungsvorgang.

Nass-Wasch-/Schrubbsysteme mit anschließendem Nass-Saugen können verwendet werden, um hartnäckige Flecken und Bodenflecken zu beseitigen. Diese Systeme werden in E.5.8 beschrieben und sollten vor und nach jeder Benutzung gründlich gereinigt werden.

F.4.3 Wände, Türen, Schutzgitter, Fenster und Vertikalflächen

In Reinräumen mit turbulenzarmer Verdrängungsströmung sollten Oberflächen stromauf vom ungeschützten Produkt nie im Betriebszustand „Fertigung" gereinigt werden, sondern ausschließlich „im Leerlauf", oder nachdem die Produkte aus dem Bereich entfernt bzw. abgedeckt wurden. Kontaminationen sollten mit Wischverfahren, mit speziellen Mopps oder Mopprollen beseitigt werden. Die Wahl des Verfahrens sollte sich nach dem gewünschten Reinheitszustand und den Gegebenheiten des gereinigten Bereichs richten. In Reinräumen ohne turbulenzarme Verdrängungsströmung sollten Oberflächen nicht während des normalen Betriebs gereinigt werden.

F.4.4 Decken, Diffusoren und Beleuchtungskörper

Decken und andere Einbauteile, die stromauf oder in der Nähe von Arbeitsbereichen liegen, sollten nicht im Betriebszustand „Fertigung", sondern erst unter „Leerlauf"-Bedingungen gereinigt werden. Diffusoren und Abluftgitter sollten mit Feuchtreinigungstechniken sorgfältig abgewischt werden. Manche Diffusoren müssen möglicherweise zwecks Auswaschen oder Austausch ausgebaut werden. Beleuchtungskörper sollten bei jedem Austausch von Leuchtmitteln gründlich abgewischt werden.

F.4.5 Tische und andere kritische Horizontalflächen

Diese kritischen Oberflächen sollten mit geeigneten Wischtechniken wie oben beschrieben gereinigt werden. Akzeptable Reinigungslösungen dürfen zur Unterstützung der Kontaminationsbeseitigung verwendet werden. Feuchte Wischtücher können zur Beseitigung von Kontaminationen verwendet werden, wobei von den kritischsten zu den am wenigsten kritischen Bereichen stets in derselben Richtung über die Fläche gestrichen wird.

F.4.6 Reinraumstühle, -möbel und -leitern

Diese Oberflächen sollten von oben nach unten abgewischt werden. Gegebenenfalls sind auch Kissen, Auflagen und Räder zu berücksichtigen.

F.4.7 Stationäre Anlagen

Oberflächen von stationären Anlagen sollten entsprechend dem von ihnen für den Reinraum und die Produkte ausgehenden Risiko gereinigt werden. Es ist wichtig zu beachten, dass stationäre Anlagen häufig von Medienleitungen, Stromkabeln und -anschlüssen versorgt werden. Höchste Sorgfalt ist geboten, um während der Reinigungsarbeiten keine Rohre oder Kabel zu beschädigen oder Verbindungen zu durchtrennen.

Stationäre Anlagen haben oft Oberflächen, die für die Reinheit des Produkts oder des Prozesses kritisch sind. Diese Oberflächen sollten so klassifiziert werden, dass für jede Art von Oberfläche ein geeignetes Reinigungsprogramm aufgestellt werden kann. Eine sorgfältige Bewertung der folgenden Oberflächen sollte durchgeführt werden, um eine wirksame Reinigung sicherzustellen:

a) Außenflächen von stationären Anlagen sind in Reinraumumgebungen häufig anzutreffen. Diese Oberflächen sollten nach den Prozeduren gereinigt werden, die für Wände, Horizontal- und Vertikalflächen als geeignet festgelegt wurden.

b) Die Innenflächen bestehen aus den Innenwänden der stationären Anlagen und den in den Anlagen enthaltenen Maschinen. Häufig umgeben die Innenwände die kritischen Produkt- oder Prozessbereiche. Die Reinigung dieser Oberflächen darf oft erst dann erfolgen, wenn die Produkt- oder Prozesskomponenten aus der Anlage entfernt wurden. Diese Oberflächen können auch mit Produkt- oder Prozessrückständen kontaminiert werden, die vor der Reinigung besondere Sicherheitsüberlegungen erfordern. Die in stationären Anlagen enthaltenen Maschinen sollten in bestimmten Abständen entsprechend den Herstellerangaben und wie in D.5 beschrieben gewartet und gereinigt werden.

c) Kritische Oberflächen von stationären Anlagen sind den Produkten oder Prozessen, die von der Anlage eingeschlossen oder umgeben werden, am nächsten und können nicht in Anwesenheit der Produkte oder Prozesse gereinigt werden. Es sollten Prozeduren und Terminpläne für die Reinigung entwickelt und festgelegt werden, die entsprechend den Anforderungen an die Produkt- bzw. Prozessreinheit ausgeführt werden sollten.

F.4.8 Transportkarren und -wagen

Transportkarren und -wagen sollten in einer geeigneten Schleuse oder einem anderen nichtkritischen Bereich mit Hilfe von akzeptablen Reinigungslösungen von oben nach unten abgesaugt und/oder mit Wischtüchern abgewischt werden. Es ist besonders darauf zu achten, dass die Rolloberflächen der Räder frei von Bruchstücken sind, die sich auf dem Reinraumboden ablagern können. Zur Beseitigung solcher Bruchstücke kann es hilfreich sein, die Karren oder Wagen über Haftmatten zu rollen.

F.4.9 Gefährliche Fertigungsflächen

Es sollten Methoden entwickelt werden, um bestehende Gefahren vor dem Beginn der üblichen Reinraumreinigungsprozeduren zu neutralisieren. Es sollte die für die jeweilige Oberflächenart geeignete Reinigungstechnik wie in F.3.1 bis F.3.5 beschrieben verwendet werden.

F.4.10 Schleusenbänke, Kleider- und Vorratsschränke, Spinde usw.

Aussaugen und anschließendes Wischen beseitigen Kontaminationen wirksam von offen liegenden Oberflächen. Die Fächer sollten regelmäßig ausgeräumt werden, damit das Innere gereinigt werden kann.

F.4.11 Abfalltonnen und -behälter

Abfalltonnen und -behälter können zur leichteren Abfallbeseitigung und zum Schutz der Behälterflächen mit Plastikbeuteln ausgekleidet werden. Der Abfall sollte beseitigt werden, bevor er sich übermäßig ansammelt. Plastikbeutel oder Stülpsäcke sollten nie in der Nähe von kritischen Bereichen aus den Abfalltonnen entnommen werden. Alle Tonnen sollten in allgemeine, nichtkritische Bereiche gebracht werden, bevor Abfall ausgeleert wird. Dies kann nach Bedarf oder am Ende jeder Schicht erfolgen. Sie sollten gegebenenfalls geleert, gereinigt und neu ausgeschlagen werden, bevor sie wieder verwendet werden.

F.4.12 Reinraummatten und Haft-Bodenbeläge

Reinraummatten und Haft-Bodenbeläge sollten regelmäßig während des üblichen Arbeitstages gereinigt oder gewartet werden.

Reinraummatten und Haft-Bodenbeläge sollten nach den Herstelleranweisungen so häufig wie notwendig gepflegt werden. Matten mit erneuerbaren Oberflächen sollten häufig gereinigt werden. Nach der Nassreinigung mit einem Mopp werden Kontaminationen und Wasser mit Hilfe eines Gummiabziehers an den Rand gezogen, wo dann trockengemoppt wird. Ein Nass-Sauger mit Abziehervorsatz kann ebenfalls für diesen Zweck verwendet werden.

Matten mit abnehmbaren, klebrigen Oberflächen werden gereinigt, indem zunächst alle vier Ecken langsam abgelöst und die Folie dann zur Mitte der Matte hin aufgerollt wird, bis die Schicht entfernt ist.

F.5 Oberflächenbehandlung

F.5.1 Allgemeines

In speziellen Reinraumanwendungen müssen Reinraumoberflächen auf bestimmte Weise behandelt oder bearbeitet werden, um sie mit Eigenschaften auszustatten, die normalerweise nicht gegeben wären. Diese Behandlungen können die im Reinraum hergestellten Produkte schützen, sie sollten jedoch sorgfältig abgewogen werden. Die Behandlung oder Bearbeitung von Oberflächen nach der Reinigung sollte, wenn irgend möglich, vermieden werden. Diese Behandlungen verlieren mit der Zeit an Qualität und beeinträchtigen die Reinheit des Reinraums. Außerdem können sie auch ein Kontaminationsrisiko für Prozesse oder Produkte darstellen, wenn sie nicht sachgemäß benutzt oder gepflegt werden. Oberflächen, die diese Behandlungen erhalten, sollten regelmäßig untersucht oder geprüft werden, um sicherzustellen, dass sie den Reinraum nicht beeinträchtigen. Dann können Maßnahmen zur Behebung der Situation getroffen werden.

F.5.2 Antistatikbehandlung

Antistatische Materialien können auf Oberflächen aufgebracht werden, um die statische Aufladung so gering wie möglich zu halten. Die Behandlung von Oberflächen mit Antistatikmitteln sollte mit Sorgfalt durchgeführt werden. Die unsachgemäße Anwendung führt zu uneinheitlichen antistatischen Eigenschaften und Rückständen, die zu einer Kontaminationsquelle werden können. Die Beschichtung sollte so dick sein, dass sie wirksam ist, aber dünn genug, um ein Abblättern und die Erzeugung von Kontaminationen zu vermeiden. Antistatische Oberflächeneigenschaften sind in vielen Fällen ganz leicht zu erzielen, indem die Feuchtigkeit der dem Reinraum zugeführten Luft verändert wird.

F.5.3 Desinfektion

Umfassende Reinigungsprogramme unterstützen die Kontrolle der mikrobiologischen Kontamination. Bestimmte Industriezweige und Aufsichtsbehörden können jedoch verlangen, dass zusätzlich zur üblichen Reinigung Desinfektionsverfahren durchgeführt werden. Die Wirksamkeit der Desinfektionsmittel und der angewendeten Desinfektionsverfahren sollte für jeden Reinraum ermittelt werden. Im Allgemeinen hängt die Wirksamkeit des Desinfektionsmittels von der Art und Konzentration des Desinfektionsmittels ab, von der Temperatur der Lösung sowie davon, wie lange diese mit der desinfizierten Oberfläche in Kontakt ist. Bei unsachgemäßer Entfernung können manche Desinfektionsmittel Reinraumoberflächen beschädigen (z. B. Chlorverbindungen auf rostfreiem Stahl) und sie können toxisch sein, wenn sie sich auf Produkten ablagern. Jedoch können Desinfektionsmittel nicht nur bei direktem Kontakt mit dem Produkt toxisch sein, sondern auch wenn ein Rückstand auf Oberflächen zurückbleibt. Daher kann es angebracht sein, solche Rückstände durch sachgemäßes Abspülen der Oberflächen zu beseitigen. Bei unsachgemäßem Gebrauch können Desinfektionsmittel schädlich für das Personal sein.

F.6 Reinigungspersonal

Jede Person, die Reinigungsarbeiten durchführt, sollte ein spezielles Schulungsprogramm absolvieren. Jeder Teil des Reinigungsprogramms sollte bestimmten Personen zugewiesen werden. Es ist gängige Praxis, spezialisiertes Reinigungspersonal mit der Reinraumreinigung zu betrauen. Entsprechend geschulte Bedienungspersonen werden oftmals damit betraut, die Arbeitsflächen zu reinigen.

F.7 Reinigungsprogramm

F.7.1 Vorbereitung eines Reinigungsprogramms

Die Klassifizierung verschiedener Arten von Reinraumoberflächen und die Geschwindigkeit, mit der sie kontaminiert werden, sollten bei der Aufstellung eines Reinigungsprogramm bekannt sein. Es sollten Terminpläne festgelegt werden, die sicherstellen, dass die Reinigung häufig genug erfolgt, um die geforderte Reinheit des Reinraums aufrechtzuerhalten. Die Prüfung und Bewertung der Oberflächenkontamination hilft bei der Erstellung der Terminpläne. Bei den Reinigungsanforderungen sollten auch der Prozess und das Produkt im Reinraum berücksichtigt werden, um zu ermitteln, welche Reinigungsaufgaben täglich, wöchentlich oder in anderen regelmäßigen Abständen erledigt werden müssen [31].

Die Vorbereitung eines Reinigungsprogramms sollte ich folgenden Schritten ablaufen:

a) Klassifizierung aller Oberflächen in kritische, allgemeine oder sonstige Oberflächen.

b) Ermittlung der besten Reinigungs- und Oberflächenbehandlungsverfahren zur Erzielung des gewünschten Reinheitsgrades.

c) Ermittlung der Reinigungshäufigkeit, die erforderlich ist, um die gewünschten Reinheitsgrade für jede Oberflächenart aufrechtzuerhalten.

d) Ermittlung der Reinigungsarbeiten, die während der üblichen Betriebszeiten durchgeführt werden können.

e) Erstellung der Reinigungspläne.

f) Entscheidung darüber, welche Teile des Reinigungsplans von Bedienern bzw. von Reinigungspersonal ausgeführt werden.

g) Auswahl der geeigneten Materialien, Maschinen, Reinigungslösungen und Oberflächenbehandlungen für die festgelegten Verfahren.

h) Schulung des gesamten Personals je nach der voraussichtlichen Beteiligung am Reinigungsprogramm.

i) Bereitstellung angemessener Lagerungsmöglichkeiten für die erforderlichen Reinigungsmaterialien.

j) Entscheidung darüber, wie der Reinigungserfolg überwacht und auf Abweichungen reagiert wird.

k) Ordnen aller Dokumente und Terminpläne in einer Weise, die ihre wirksame Überarbeitung und Verwaltung erlaubt.

F.7.2 Zeitliche Planung des Reinigungsprogramms

Die meisten Reinigungsarbeiten sollten regelmäßig nach Zeitplan und in kurzen Abständen erfolgen. Andere Reinigungsarbeiten werden nach Zeitplan, jedoch in größeren Abständen durchgeführt. Manche Reinigungsarbeiten müssen nach Ereignissen durchgeführt werden, die Kontamination erzeugen, und unterliegen nicht dem üblichen Zeitplan. Die unten aufgeführten Intervalle können als Richtwerte dienen, sollten jedoch auf der Grundlage einer Risikoabschätzung und der Bewertung des Reinigungsverfahrens an die Erfordernisse des jeweiligen Reinraums angepasst werden.

F.7.3 Regelmäßige Reinigung in kürzeren Abständen

Die regelmäßige Reinigung in kürzeren Abständen umfasst alle Aufgaben, die so häufig ausgeführt werden, dass das Risiko der Übertragung von Kontaminationen auf kritische Flächen vermindert wird. Aufgaben im Rahmen der regelmäßigen Reinraumreinigung in kürzeren Abständen können je nach Risikobewertung mehrmals täglich, einmal täglich oder alle paar Tage erledigt werden. Viele Aufgaben können während der Arbeitsstunden zugelassen werden, z. B. in Personal- und Materialschleusen sowie Gemeinschafträumen wie etwa Korridoren Abfälle beseitigen, staubsaugen, Böden moppen und Oberflächen wischen. Je nachdem, wie kritisch die Reinheit für das Produkt oder den Prozess ist, wird möglicherweise für jeden Raum innerhalb des Reinraums ein eigenes schriftliches Reinigungsprogramm benötigt.

Personal- und Materialschleusen sollten mindestens täglich gereinigt werden. Diese Bereiche können wegen der dortigen hohen Aktivität des Personals hohe Kontaminationsgrade aufweisen. Daher muss dort häufiger als in den Reinräumen der Fertigung gereinigt werden, um den Reinheitsgrad aufrechtzuerhalten und die Möglichkeit der Kontaminationsübertragung zu verringern. Regelmäßiges Reinigen in kürzeren Abständen verbessert den Reinheitsgrad in den allgemeinen Reinraumbereichen. Die in F.3.3 und F.3.4 beschriebenen gründlichen Saug- und Mopp-Prozeduren sollten eingeführt werden. Reinraummatten und Haft-Bodenbeläge sollten (wie in F.4.12 beschrieben) gepflegt werden, allerdings in kürzeren Abständen, um das Einwandern von Kontaminationen in den Reinraum zu vermeiden.

F.7.4 Regelmäßige Reinigung in größeren Abständen

Oberflächen, die nicht regelmäßig in kürzeren Abständen gereinigt werden, sollten regelmäßig in größeren Abständen gereinigt werden. Eventuell müssen besondere Vorsichtsmaßnahmen ergriffen werden, um die Unversehrtheit des Produktes während der Reinigungsprozeduren sicherzustellen.

Viele der Oberflächen sollten wöchentlich gereinigt werden (d. h. mindestens einmal alle sieben Tage). Im Rahmen der wöchentlichen Reinigung muss das Produkt möglicherweise abgedeckt oder aus gerade behandelten Bereichen entfernt werden.

Für Oberflächen, die ein geringeres Risiko darstellen, kann eine weniger häufige Reinigung vorgesehen werden. Sie sollte einmal monatlich oder in größeren Intervallen erfolgen. Die Intervalle sollten in den Zeitplänen festgehalten werden

Auch die gründliche Reinigung der gesamten Reinraumanlage von oben nach unten sollte im Zeitplan vorgesehen werden. Lagerbereiche, Versorgungsbereiche, Rohrleitungen und Armaturen sollten dabei mit berücksichtigt werden. Diese Reinigung wird häufig am besten während längerer Anlagenabschaltungen oder an Wochenenden, Feiertagen oder während anderer planmäßiger Betriebspausen vorgenommen. Rund um die Uhr betriebene Reinräume werden nur selten abgeschaltet, so dass nur bestimmte Zeiten zur Verfügung stehen, in denen eine gründliche Reinigung möglich ist. Bei diesen Gelegenheiten sollten dann intensive Anstrengungen unternommen werden, um die Reinigungsaufgabe zu erfüllen.

F.7.5 Reinigung während und nach Bau- oder Instandhaltungsarbeiten

Die wirksame Reinigung während des Baus des Reinraums ist von wesentlicher Bedeutung für die Kontrolle und Beseitigung von Kontaminationsquellen, die den Reinraum später im Betriebszustand ‚Fertigung“ beeinträchtigen könnten. Siehe Anhang D für instandhaltebezogene Verfahrensweisen. Der beispielhafte Zehn-Stufen-Reinigungsplan in F.9 unten kann als Hilfestellung bei der Planung, Ausführung und Dokumentation der Tätigkeiten dienen.

F.7.6 Reinigung während Notfallsituationen

Es sollten Verfahrensweisen eingeführt werden, die sicherstellen, dass laufende Arbeiten der Prozess und der Reinraumbereich im Falle einer schwerwiegenden Kontamination nicht beeinträchtigt werden. Spezialwerkzeuge und -materialien sollten griffbereit sein, um jede mögliche Gefährdungssituation beheben oder unter Kontrolle halten zu können. Unter anderem können folgende Ereignisse eine besondere Reinigung erforderlich machen:

a) umweltrelevanter Vorfall (z. B. Versorgungsausfälle, Auslaufen, Ausfall einer größeren Anlage, Produktbruch, biologischer Unfall usw.);

b) Ausfall von routinemäßigen Reinigungsverfahren und infolgedessen Anstieg der Kontamination auf inakzeptable Werte;

c) die Überwachung hat ergeben, dass eine inakzeptable Kontamination der Anlage aufgetreten ist.

Die Arbeit sollte in dem für gefährdet gehaltenen Bereich so lange unterbrochen werden, bis akzeptable Reinheitsgrade erreicht werden.

F.8 Überwachung der Reinigungswirksamkeit und Prüfung

F.8.1 Kontamination durch Partikel

Reinraumanlagen, -apparaturen oder -oberflächen erfordern nach dem Reinigen möglicherweise eine Prüfung und Überwachung ihrer Reinheit. Die Anwender sind verantwortlich für die Auswahl geeigneter Verfahren zur Nachprüfung der Reinheit. Für jedes Element oder jede Eigenschaft, die die Produkte oder Prozesse im Reinraum beeinflussen wird, sollte der akzeptable Reinheitsgrad ermittelt werden. Der Anwender sollte Grenzwerte für durchgeführte Prüfungen festlegen. Es empfiehlt sich, die Grenzwerte möglichst aus tatsächlichen Messungen mit Hilfe der Prüfverfahren zu ermitteln. Laufende Kontrollen der Oberflächenkontamination sollten definiert und durchgeführt werden, um sicherzustellen, dass die festgelegten Werte aufrechterhalten werden [26] [32] [35].

Zur Bestimmung der Oberflächenreinheit können Sichtprüfungstechniken verwendet werden. Optisch reine Oberflächen sind frei von Verschmutzungen, die ohne Vergrößerung sichtbar sind. Es kann mit oder ohne schräg einfallende Hochleistungs-Weißlicht- oder Ultraviolettlichtquellen geprüft werden. Wischtuchreinheit von Oberflächen kann nachgewiesen werden, indem mit einem sauberen Wischtuch über eine reine Oberfläche gestrichen wird. Dieses Prüfhilfsmittel weist sichtbare Kontaminationen nach, die möglicherweise an der Oberfläche des Wischtuchs haften, und dies kann ein Hinweis darauf sein, dass weiteres Reinigen notwendig ist. Bei einigen Lieferanten sind farbige Wischtücher erhältlich, die beim Nachweis einiger Formen von Kontamination von Nutzen sein können. Weitere mögliche Verfahren sind:

a) Klebebandverfahren [34];

b) Verfahren unter Verwendung eines Oberflächenpartikeldetektors [30].

ANMERKUNG Zusätzliche Verfahren zur Messung der Oberflächenreinheit in kritischen Bereichen werden in anderen Veröffentlichungen behandelt [10] [30] [32] [35] [36] [37].

F.8.2 Mikrobiologische Kontamination

Zum Nachweis mikrobiologischer Kontamination im Reinraum stehen verschiedenste Verfahren und Stichprobenpläne zur Verfügung. Diese werden an anderer Stelle beschrieben [33] [38]. Folgende Verfahren sind besonders gängig:

a) Kontaktplatten (bei ebenen Oberflächen);

b) Abstreichen (bei unebenen Oberflächen).

F.9 Reinigungsprogramm für Bauarbeiten

Je nach den Anforderungen des Anwenders kann das folgende Zehn-Stufen-Programm wirksam eingesetzt werden, um Reinigungsverfahren, die in verschiedenen Bauabschnitten notwendig sind, zu planen, anzuwenden und zu dokumentieren (siehe auch ISO 14644-4, Anhang E).

Tabelle F.1 Stufen eines Reinigungsprogramms für Bauarbeiten

Stufe	Zweck	Verantwortlichkeit	Verfahren	Standard
Stufe 1 Reinigung während Abrissarbeiten/Gerüstaufstellung	Vermeidung unnötiger Staubkonzentration an Stellen, die während der späteren Bauphasen schlecht zu erreichen sein werden.	Bauunternehmer Falls der Bauunternehmer nicht über entsprechende Erfahrungen in der Reinraumreinigung verfügt, ist es ratsam, die Reinigungsarbeiten von einer spezialisierten Reinraumreinigungsfirma ausführen zu lassen.	Staubsaugerreine Fertigstellung	Optisch rein

Tabelle F.1 *(fortgesetzt)*

Stufe	Zweck	Verantwortlichkeit	Verfahren	Standard
Stufe 2 Reinigung während der Verlegung der Versorgungsleitungen	Beseitigung lokaler Kontaminationen, die durch das Verlegen der Anschlüsse für Strom, Gas, Wasser usw. verursacht wurden.	Anlagen-Ingenieur	Staubsaugerrein, Abwischen von Rohrleitungen und Armaturen mit feuchten Wischtüchern nach der Fertigstellung. Es ist notwendig, Staubsauger und/oder andere Reinigungsmaterialien einzusetzen.	Optisch rein
Stufe 3 Reinigung im Rohbau	Nach Abschluss der Bau- und Montagearbeiten sollten alle sichtbaren Kontaminationen von Decken, Wänden, Böden (Filtereinbauten) usw. beseitigt werden.	Reinigungsunternehmen	Staubsaugerrein, Abwischen von Rohrleitungen und Armaturen mit feuchten Wischtüchern. Das Versiegeln von Böden erzeugt im Allgemeinen Partikel. Falls erforderlich, sollte es zu diesem Zeitpunkt erfolgen.	Optisch rein
Stufe 4 Vorbereitung für die Verlegung der Blechkanäle für die Luftaufbereitungsanlage	Entfernung jeglichen Staubs von Blechkanälen vor der Verlegung mit Hilfe eines Staubsaugers und mit Wischtüchern. Der Reinraum sollte inzwischen unter Überdruck stehen.	Anlagen-Ingenieur und Reinigungsunternehmen	Staubsaugerrein, Abwischen mit feuchten Wischtüchern.	Wischtuchrein
Stufe 5 Reinigung vor Einbau aller Luftfilter in das System	Beseitigung von Staub, der sich auf Decken, Wänden und Böden abgelagert hat.	Reinigungsunternehmen	Abwischen mit feuchten Wischtüchern.	Wischtuchrein
Stufe 6 Einbau der (HEPA-/ULPA-) Filter in die Lüftungssysteme	Beseitigung möglicherweise durch die Einbauarbeiten verursachter Kontaminationen.	Reinraum-RLT-Filter-Ingenieur/-Techniker	Allseitige Reinigung aller Oberflächenkanten	Wischtuchrein
Stufe 7 Einstellen der Luftaufbereitungsanlage	Reinigung von aufgewirbeltem Staub aus der Luftströmung und Beaufschlagen der Anlage einschließlich Filter mit Überdruck	Reinraum-RLT-Filter-Ingenieur/-Techniker	Spülen mit Luft aus der Luftaufbereitungsanlage	Wischtuchrein

Tabelle F.1 *(fortgesetzt)*

Stufe	Zweck	Verantwortlichkeit	Verfahren	Standard
Stufe 8 Hochfahren des Raums bis zur vorgeschriebenen Klassifikation	Beseitigung allen abgelagerten und anhaftenden Staubes von allen Oberflächen (Reihenfolge: Decken, Wände, Anlagen, Böden).	Professionelle Reinraumreinigung durch Personal, das hinsichtlich Vorschriften, Streckenplanung und Verhalten besonders geschult ist.	Wischen mit feuchten Wischtüchern	Wischtuchrein
Stufe 9 Anlagenzulassung	Überprüfung des Reinraums nach den vorgegebenen Auslegungsspezifikationen. Kundenabnahme	Anlagen-Ingenieur und Zertifizierungs-Ingenieur	Überwachung von luftgetragenen und Oberflächenpartikeln, Luftströmungsgeschwindigkeiten, Temperatur und Feuchte.	Wischtuchrein, Ergebnisse sollten mit vereinbarten Auslegungskriterien übereinstimmen.
Stufe 10 Tägliche und regelmäßige Reinigung	Erhaltung der langfristigen Übereinstimmung des Reinraums mit der vorgesehenen Klassifizierung Mikrobiologische Reinigung und Prüfung beginnt in Bioreinräumen	Reinraum-Leiter/Reinigungs-unternehmen	Aufgeführt in Anhängen F.1 bis F.8	Speziell auf den Reinraum zugeschnittenes Reinigungsprogramm, das den spezifischen Anforderungen des Produktionsprozesses und des Kunden Rechnung trägt. Laufende Prüfung kritischer Betriebskenngrößen.

ANMERKUNG 1 Während der Stufen 4 bis 10 sollten alle an der Baustelle angelieferten Hochleistungsbauteile und Bauteile mit höchstem Reinheitsgrad wie Filter, Durchführungen usw. mit einer Kunststoffhülle oder Abdeckfolien an beiden Enden geschützt sein. Diese Abdeckungen sollten erst bei Betriebsbereitschaft entfernt werden.

ANMERKUNG 2 Während der Stufen 6 bis 10 sollte bei allen Arbeiten die vorgeschriebene Reinraumkleidung getragen werden.

Literaturhinweise

[1] Pierson, M.D. and Corlett, D.A. Jr.: *HACCP principles and applications*. New York: Van Nostrand Rheinhold, 1992.

[2] CEI/IEC 812:1985, *Analysis techniques for system reliability — Procedure for failure mode and effective analysis (FMEA)*. Geneva, Switzerland: Commission Electrotechnique Internationale/International Electrotechnical Commission.

[3] Palady, P.: *FMEA, failure modes and effect analysis*. West Palm Beach, Florida: P⁻ Publications, Inc., 1995.

[4] CEI/IEC 61025:1990, *Fault tree analysis (FTA)*. Geneva, Switzerland: Commission Electrotechnique Internationale/International Electrotechnical Commission.

[5] Whyte, W.: *Cleanroom Technology – Fundamentals of Design, Testing and Operation*. West Sussex: J. Wiley and Sons, 2001

[6] IEST-RP-CC027.1:1999, *Personnel practices and procedures in cleanrooms and controlled environments*. Rolling Meadows, Illinois: Institute of Environmental Sciences and Technology.

[7] AS 2013.1:1989, *Cleanroom garments: product requirements*. North Sydney: Standards Association of Australia.

[8] IEST-RP-CC003.3:2003, *Garment system considerations in cleanrooms and other controlled environments*. Rolling Meadows, Illinois: Institute of Environmental Sciences and Technology.

[9] VCCN-RL-6.2:1996, *Cleanroom garments: Recommended practices for choice, logistics and use of cleanroom garments*. Amersfoort: Dutch Society of Contamination Control (Dutch language only).

[10] VDI 2083 part 4:1996, *Cleanroom technology — Surface cleanliness*. Berlin: Beuth Verlag GmbH.

[11] ISO 9237:1995, *Textiles — Determination of permeability of fabrics to air*.

[12] ASTM-D737-96:1996, *Test method for air permeability of textile fabrics*. West Conshohocken, Pennsylvania: American Society for Testing and Materials.

[13] JIS B 9923:1997, *Methods for sizing and counting particle contaminants in and on clean room garments*. Tokyo: Japanese Industrial Standards.

[14] ASTM F51-68:1989, *Standard methods for sizing and counting particulate contamination in non-cleanroom garments*. West Conshohocken, Pennsylvania: American Society for Testing and Materials.

[15] EN 1149-1:1994, *Protective clothing — Electrostatic properties — Part 1 Surface resistivity (test methods and requirements)*.

[16] IEST-RP-CC022.1:1992, *Electrostatic charge in cleanrooms and other controlled environments*. Rolling Meadows, Illinois: Institute of Environmental Sciences and Technology.

[17] AS 2013.2:1989, *Cleanroom garments: Processing and use*. North Sydney: Standards Association of Australia.

[18] ISO 11092:1993, *Textiles — Physiological effects — Measurement of thermal and water-vapour resistance under steady-state conditions (sweating guarded-hotplate test)*.

[19] BS 7209:1990, *Water vapour permeable apparel fabrics*. London: British Standards Institution.

[20] ISO 7730:1995, *Moderate thermal environments — Determination of the PMV and PPD Indices and specification of the conditions for thermal comfort.*

[21] VCCN-RL-5:1996, *Thermal comfort: Recommended practices for thermal comfort requirements for people working in cleanrooms.* Amersfoort: Dutch Society of Contamination Control. (Dutch language only).

[22] IEST-RP-CC005.3:2003, *Gloves and finger cots used in cleanrooms and other controlled environments.* Rolling Meadows, Illinois: Institute of Environmental Sciences and Technology.

[23] VDI 2083 part 6:1996, *Cleanroom technology — Personnel at the clean work place.* Berlin: Beuth Verlag GmbH.

[24] JACA Number 14C:1992, *Guidance for operation of clean rooms.* Tokyo: Japan Air Cleaning Association (Japanese language only).

[25] VCCN-RL-6.3:1996, *Rules for behaviour in the cleanroom: Recommended practices for personnel behavior in cleanrooms.* Amersfoort: Dutch Society of Contamination Control (Dutch language only).

[26] IEST-RP-CC026.1:1995, *Cleanroom operations.* Rolling Meadows, Illinois: Institute of Environmental Sciences and Technology.

[27] JIS B 9926:1991, *Test methods for dust generation from moving mechanisms.* Tokyo: Japanese Industrial Standards.

[28] IEST-RP-CC004.2:1992, *Evaluating wiping materials used in cleanrooms and other controlled environments.* Rolling Meadows, Illinois: Institute of Environmental Sciences and Technology.

[29] IEST-RP-CC020.2:1996, *Substrates and forms for documentation in cleanrooms.* Rolling Meadows, Illinois: Institute of Environmental Sciences and Technology.

[30] IEST-RP-CC018.3:2002, *Cleanroom housekeeping — Operating and monitoring procedures.* Rolling Meadows, Illinois: Institute of Environmental Sciences and Technology.

[31] JACA Number 27:1992, *Guidance for cleaning of clean room facilities.* Tokyo: Japan Air Cleaning Association (Japanese language only).

[32] VCCN-RL-4:1996, *Surface cleanliness: Recommended practices for microbiological and particle surface cleanliness, and cleaning in cleanrooms.* Amersfoort: Dutch Society of Contamination Control (Dutch language only).

[33] JACA Number 32:1996, *Guideline for cleaning of biological clean room facilities.* Tokyo: Japan Air Cleaning Association (Japanese language only).

[34] ASTM E 1216-87:1987, *Practice for sampling for surface particulate contamination by tape lift.* West Conshohocken, Pennsylvania: American Society for Testing and Materials.

[35] JACA Number 22:1988, *A guideline of measuring methods for surface particle contamination.* Tokyo: Japan Air Cleaning Association (Japanese language only).

[36] JACA Number 30:1993, *The report of the surface contamination control technology survey committee.* Tokyo: Japan Air Cleaning Association (Japanese language only).

[37] IEST-STD-CC1246D;2002, Product Cleanliness Levels and Contamination Control Program. Rolling Meadows, Illinois: Institute of Environmental Sciences and Technology.

[38] IEST-RP-CC023.1:1993, *Microorganisms in cleanrooms.* Rolling Meadows, Illinois: Institute of Environmental Sciences and Technology.

DIN EN ISO 14644-7

ICS 13.040.35

Reinräume und zugehörige Reinraumbereiche – Teil 7: SD-Module (Reinlufthauben, Handschuhboxen, Isolatoren und Minienvironments) (ISO 14644-7:2004); Deutsche Fassung EN ISO 14644-7:2004

Cleanrooms and associated controlled environments –
Part 7: Separative devices (clean air hoods, gloveboxes, isolators and mini-environments) (ISO 14644-7:2004);
German version EN ISO 14644-7:2004

Salles propres et environnements maîtrisés apparentés –
Partie 7: Dispositifs séparatifs (postes à air propre, boîtes à gants, isolateurs et mini-environnements) (ISO 14644-7:2004);
Version allemande EN ISO 14644-7:2004

Gesamtumfang 60 Seiten

Normenausschuss Heiz- und Raumlufttechnik (NHRS) im DIN

Nationales Vorwort

Diese Norm wurde im Technischen Komitee ISO/TC 209 „Reinräume und zugehörige Reinraumbereiche" (Sekretariat: USA) erarbeitet.

Zuständig für die Deutsche Fassung ist der Normenausschuss Heiz- und Raumlufttechnik (NHRS) im DIN, Deutsches Institut für Normung e. V.

EUROPÄISCHE NORM
EUROPEAN STANDARD
NORME EUROPÉENNE

EN ISO 14644-7

Oktober 2004

ICS 13.040.35

Deutsche Fassung

Reinräume und zugehörige Reinraumbereiche Teil 7: SD-Module (Reinlufthauben, Handschuhboxen, Isolatoren und Minienvironments) (ISO 14644-7:2004)

Cleanrooms and associated controlled environments — Part 7: Separative devices (clean air hoods, gloveboxes, isolators and mini-environments) (ISO 14644-7:2004)

Salles propres et environnements maîtrisés apparentés — Partie 7: Dispositifs séparatifs (postes à air propre, boîtes à gants, isolateurs et mini-environnements) (ISO 14644-7:2004)

Diese Europäische Norm wurde vom CEN am 1. Juli 2004 angenommen.

Die CEN-Mitglieder sind gehalten, die CEN/CENELEC-Geschäftsordnung zu erfüllen, in der die Bedingungen festgelegt sind, unter denen dieser Europäischen Norm ohne jede Änderung der Status einer nationalen Norm zu geben ist. Auf dem letzten Stand befindliche Listen dieser nationalen Normen mit ihren bibliographischen Angaben sind beim Management-Zentrum oder bei jedem CEN-Mitglied auf Anfrage erhältlich.

Diese Europäische Norm besteht in drei offiziellen Fassungen (Deutsch, Englisch, Französisch). Eine Fassung in einer anderen Sprache, die von einem CEN-Mitglied in eigener Verantwortung durch Übersetzung in seine Landessprache gemacht und dem Management-Zentrum mitgeteilt worden ist, hat den gleichen Status wie die offiziellen Fassungen.

CEN-Mitglieder sind die nationalen Normungsinstitute von Belgien, Dänemark, Deutschland, Estland, Finnland, Frankreich, Griechenland, Irland, Island, Italien, Lettland, Litauen, Luxemburg, Malta, den Niederlanden, Norwegen, Österreich, Polen, Portugal, Schweden, der Schweiz, der Slowakei, Slowenien, Spanien, der Tschechischen Republik, Ungarn, dem Vereinigten Königreich und Zypern.

EUROPÄISCHES KOMITEE FÜR NORMUNG
EUROPEAN COMMITTEE FOR STANDARDIZATION
COMITÉ EUROPÉEN DE NORMALISATION

Management-Zentrum: rue de Stassart, 36 B-1050 Brüssel

Ref. Nr. EN ISO 14644-7:2004 D

Inhalt

Vorwort

Dieses Dokument (EN ISO 14644-7:2004) wurde vom Technischen Komitee ISO/TC 209 „Cleanrooms and associated controlled environments" in Zusammenarbeit mit dem Technischen Komitee CEN/TC 243 „Reinraumtechnologie" erarbeitet, dessen Sekretariat vom BSI gehalten wird.

Diese Europäische Norm muss den Status einer nationalen Norm erhalten, entweder durch Veröffentlichung eines identischen Textes oder durch Anerkennung bis April 2005, und etwaige entgegenstehende nationale Normen müssen bis April 2005 zurückgezogen werden.

Entsprechend der CEN/CENELEC-Geschäftsordnung sind die nationalen Normungsinstitute der folgenden Länder gehalten, diese Europäische Norm zu übernehmen: Belgien, Dänemark, Deutschland Estland, Finnland, Frankreich, Griechenland, Irland, Island, Italien, Lettland, Litauen, Luxemburg, Malta, Niederlande, Norwegen, Österreich, Polen, Portugal, Schweden, Schweiz, Slowakei, Slowenien, Spanien, Tschechische Republik, Ungarn, Vereinigtes Königreich und Zypern.

Anerkennungsnotiz

Der Text von ISO 14644-7:2004 wurde vom CEN als EN ISO 14644-7:2004 ohne irgendeine Abänderung genehmigt.

Einleitung

Um den allgemeinen Anforderungen einer Internationalen Norm zu entsprechen, wurde vom Technischen Komitee ISO/TC 209 der Begriff "SD-Module" (engl.: „separative devices“) geprägt, um als Oberbegriff das weite Spektrum der Systeme — von offenen Systemen mit unbegrenzter Luftüberströmung bis zu vollständig eingeschlossenen Systemen — zu beschreiben. Die üblichen Handelsnamen, wie z. B. Reinlufthauben, Handschuhboxen, Isolatoren und Minienvironments, haben in Abhängigkeit vom jeweiligen Industriezweig unterschiedliche Bedeutungen.

Schwierigkeiten bei der Herstellung von und dem Umgang mit bestimmten Produkten oder Werkstoffen haben die Entwicklung von SD-Modulen vorangetrieben. Diese Schwierigkeiten betreffen z. B. die Empfindlichkeit von Produkten gegenüber Partikeln, chemischen Substanzen, Gasen oder Mikroorganismen, die Empfindlichkeit des Bedienpersonals gegenüber den Werkstoffen oder Nebenprodukten der Prozesse sowie die Empfindlichkeit sowohl der Produkte als auch des Bedienpersonals.

SD-Module bieten in abgestufter Weise einen sicheren Schutz dadurch, dass physikalische und/oder strömungstechnische Barrieren verwendet werden, um eine Abtrennung zwischen Prozess und Bediener zu erreichen. Bei bestimmten Prozessen sind möglicherweise besondere atmosphärische Bedingungen erforderlich, um eine Schädigung des Produkts oder Explosionen zu vermeiden. Einige Systeme können in der Lage sein, eine 100%ige Rückführung der eingeschlossenen Atmosphäre zu erreichen, so dass mit Inertgas (Schutzgas) gearbeitet werden kann oder eine Bio-Dekontamination mit reaktiven Gasen möglich wird.

Üblicherweise arbeiten die Personen während der Produktion nicht direkt innerhalb der durch das SD-Modul eingeschlossenen Umgebung. Diese SD-Module können beweglich oder feststehend sein und zum Transport, zum Transfer und zur Prozessbearbeitung eingesetzt werden. Das Produkt und/oder der Prozess werden mittels Zugangsvorrichtungen fernbedient; dies geschieht entweder manuell, mit Schutz durch Barrieretechnologie, wie z. B. in die Wand integrierte Personenschnittstellen (z. B. Handschuhe, Stulpen, Halbanzüge), oder mechanisch mittels Roboterbedienungssystemen.

Die in ISO 14644-1, ISO 14644-2 und ISO 14644-3 behandelten Luftreinheitsdefinitionen und die dort behandelten Prüfverfahren gelten allgemein innerhalb von SD-Modulen. Bei Anwendungen mit Anforderungen an die biologische Kontamination gelten ISO 14698-1 und ISO 14698-2. Für einige Anwendungen gelten jedoch möglicherweise aufgrund der extremen Bedingungen, die auftreten können, spezielle Überwachungsanforderungen. Diese besonderen Bedingungen werden in diesem Teil der ISO 14644 behandelt.

Ein wichtiger Bestandteil dieses Teils der ISO 14644 sind Transfervorrichtungen, mit denen Material aus den SD-Modulen heraus und in diese hinein transportiert werden kann. Darüber hinaus ist es möglich, Material in Transportbehältern von einem feststehenden SD-Modul in ein anderes zu überführen.

Die Auslegung (Planung) und Ausführung von Reinräumen, einschließlich der allgemeinen Aspekte von Reinen Bereichen, werden in ISO 14644-4 behandelt. ISO 14644-4:2001, Bild A.4, beschreibt die aerodynamischen Maßnahmen bzw. die Luftüberströmung, wie sie häufig in branchenspezifischen SD-Modulen verwendet werden, die als Reinlufthauben und Minienvironments bezeichnet werden. Minienvironments werden oftmals in der Elektronikindustrie — mit Transportbehältern, die als Gehäuse bezeichnet werden — angewendet und schaffen sehr reine Prozessbedingungen. Die Anwendung der Barrieretechnologie in branchenspezifischen SD-Modulen, die als Isolatoren bezeichnet werden, wird in ISO 14644-4:2001, Bild A.5, dargestellt. SD-Module, die häufig als Handschuhboxen, geschlossene Kabinen oder Isolatoren bezeichnet werden, werden für medizinische Produkte oder in der Nuklearindustrie verwendet, um sowohl für den Bediener als auch für den Prozess Schutz zu bieten. Isolatoren können in Abhängigkeit von ihrer Verwendung starre oder flexible Wände aufweisen. Die Literaturhinweise enthalten branchenspezifische Verweisungen. Vom Standpunkt eines gemeinsamen Konzepts her gesehen besteht jedoch immer eine Abtrennung zwischen Bediener und Prozess; das Spektrum der Abtrennungsarten reicht in Abhängigkeit von der Anwendung von vollständig offenen bis zu vollständig eingeschlossenen Systemen. In vergleichbarer Weise besteht ein Kontinuum für die Einschließung/Kapselung.

Das Konzept der SD-Module ist nicht auf einen bestimmten Industriezweig beschränkt, da viele Industriezweige diese Technologien im Hinblick auf verschiedene Anforderungen nutzen. In diesem Sinne bietet dieser Teil der ISO 14644 eine allgemeine Übersicht über die verschiedenen Anforderungen.

1 Anwendungsbereich

Dieser Teil der ISO 14644 legt die Mindestanforderungen an die Auslegung, die Ausführung, die Aufstellung, die Prüfung und die Abnahme von SD-Modulen hinsichtlich der Aspekte fest, in denen diese von Reinräumen nach ISO 14644-4 und 14644-5 abweichen.

Bei der Anwendung dieses Teils der ISO 14644 werden die folgenden Einschränkungen berücksichtigt:

— Benutzerspezifische Anforderungen gelten wie zwischen Kunde und Lieferant vereinbart.

— Anwendungsspezifische Anforderungen werden nicht betrachtet.

— Bestimmte Prozesse, die bei der Aufstellung des SD-Moduls aneinander angepasst werden müssen, sind nicht festgelegt.

— Brandschutztechnische, sicherheitstechnische und andere behördliche Vorschriften werden nicht gesondert betrachtet; sofern angemessen, gelten die entsprechenden nationalen und lokalen Vorschriften.

Dieser Teil der ISO 14644 ist nicht auf Vollanzüge anwendbar.

2 Normative Verweisungen

Die folgenden zitierten Dokumente sind für die Anwendung dieses Dokuments erforderlich. Bei datierten Verweisungen gilt nur die in Bezug genommene Ausgabe. Bei undatierten Verweisungen gilt die letzte Ausgabe des in Bezug genommenen Dokuments (einschließlich aller Änderungen).

ISO 10648-2:1994, *Containment enclosures — Part 2: Classification according to leak tightness and associated checking methods*

ISO 14644-1:1999, *Cleanrooms and associated controlled environments — Part 1: Classification of air cleanliness*

ISO 14644-2:2000, *Cleanrooms and associated controlled environments — Part 2: Specification for testing and monitoring to prove continued compliance with ISO 14644-1*

ISO 14644-3[1)], *Cleanrooms and associated controlled environments — Part 3: Test methods*

ISO 14644-4:2001, *Cleanrooms and associated controlled environments — Part 4: Design, construction and start-up*

ISO 14698-1, *Cleanrooms and associated controlled environments — Part 1: Biocontamination control — General principles and methods*

ISO 14698-2, *Cleanrooms and associated controlled environments — Part 2: Biocontamination control — Evaluation and interpretation of biocontamination data*

3 Begriffe

Für die Anwendung dieses Dokuments gelten die Begriffe nach ISO 14644-1, ISO 14644-2, ISO 14644-4 und die folgenden Begriffe.

---

1) Zur Veröffentlichung vorgesehen.

3.1
Zugangsvorrichtung
Vorrichtung zur Beeinflussung von Prozessen und Handhabung von Werkzeugen oder Produkten innerhalb des SD-Moduls

3.2
Aktionsgrenze
vom Benutzer im Zusammenhang mit kontrollierten Umgebungen festgelegter Grenzwert, bei dessen Überschreitung unverzügliches Eingreifen, einschließlich Ursachenuntersuchung und Korrekturmaßnahmen, erforderlich ist

3.3
Alarmgrenze
vom Benutzer im Zusammenhang mit kontrollierten Umgebungen festgelegter Grenzwert, der frühzeitig vor dem Abweichen von den normalen Bedingungen warnt, und bei dessen Überschreitung dem Prozess verstärkte Aufmerksamkeit gewidmet werden sollte

3.4
Barriere
Mittel oder Maßnahme zur Abtrennung

3.5
Geschwindigkeit durch den Spalt
Spaltgeschwindigkeit
Strömungsgeschwindigkeit der Luft durch eine Öffnung, die ausreicht um zu verhindern, dass sich in der Luft schwebende Partikel gegen den Strom bewegen

3.6
Einschließung
Containment
durch SD-Module erreichter Zustand, bei dem eine hochgradige Abtrennung zwischen Bediener und Prozess vorliegt

3.7
Dekontamination
Verringerung von unerwünschtem Material auf einen festgelegten Grad

3.8
Stulpe
einteiliger Ganzarm-Handschuh

3.9
Handschuh
⟨eines SD-Moduls⟩ Teil einer Zugangsvorrichtung, mit dem eine wirksame Barriere aufrechterhalten wird, während es der Bedienperson möglich ist, mit den Händen in das eingeschlossene Volumen eines SD-Moduls hineinzugreifen

3.10
Handschuhöffnung
Anschluss für Handschuhe, Ärmel und Stulpen

3.11
Handschuh-Ärmel-System
Mehrkomponenten-Zugangsvorrichtung, die eine wirksame Barriere aufrechterhält, während Ärmelteil, Manschettenverbindung und Handschuh ausgetauscht werden können

3.12
Halbanzug
Zugangsvorrichtung, die eine wirksame Barriere aufrechterhält, während die Bedienperson sich mit Kopf, Rumpf und Armen in den Arbeitsbereich des SD-Moduls begeben kann

3.13
stündliche Leckrate
R_h
Verhältnis zwischen der stündlichen Leckage g der geschlossenen Kabine unter normalen Arbeitsbedingungen (Druck und Temperatur) und dem Volumen V der genannten geschlossenen Kabine

ANMERKUNG Wird als Kehrwert der Stundenzahl (h^{-1}) angegeben.

[ISO 10648-2:1994]

3.14
Leck
⟨eines SD-Moduls⟩ Mangel, der sich nach der Korrektur hinsichtlich der atmosphärischen Bedingungen bei einer Druckdifferenzprüfung zeigt

3.15
Druckfestigkeit
Fähigkeit, unter Druck eine quantifizierbare Leckrate (Leckagerate) zu erreichen, die unter Prüfbedingungen wiederholbar ist

3.16
Abgrenzungsdeskriptor
$[A_a : B_b]$
numerische Abkürzung, die die Differenz der Reinheitsklassifizierung zwischen zwei Bereichen beschreibt, wie sie unter definierten Prüfbedingungen durch ein SD-Modul sichergestellt wird

Dabei ist

A die ISO-Klasse im Modul;

a die Partikelgröße, bei der A gemessen wird;

B die ISO-Klasse außerhalb des Moduls;

b die Partikelgröße, bei der B gemessen wird.

3.17
SD-Modul
Vorrichtung, bei der bautechnische und strömungstechnische Maßnahmen angewandt werden, um sichere Stufen der Abtrennung zwischen dem Inneren und dem Äußeren eines definierten Volumens zu erzeugen

ANMERKUNG Beispiele branchenspezifischer SD-Module sind Reinlufthauben, geschlossene Kabinen, Handschuhboxen, Isolatoren und Minienvironments.

3.18
Transfervorrichtung
Mechanismus, der die Bewegung von Material in das SD-Modul hinein oder aus diesem heraus ermöglicht und dabei gleichzeitig das Eindringen bzw. die Freisetzung von unerwünschtem Material auf ein Mindestmaß verringert

4 Anforderungen

Die folgenden Angaben sind zwischen Kunden und Lieferanten festzulegen, abzustimmen und zu dokumentieren:

a) Nummer, Veröffentlichungsdatum und Ausgabe dieses Teils der ISO 14644 (ISO 14644-7:2004, erste Ausgabe);

b) Festlegungen zu Verantwortlichkeiten anderer am Projekt Beteiligter (z. B. Berater, Konstrukteure, Aufsichtsbehörden, Dienstleistungsorganisationen);

c) vorgesehener allgemeiner Zweck der Anlage, geplante Betriebsabläufe sowie jegliche Beschränkungen, die auf Bedienanforderungen, z. B. hinsichtlich Materialkompatibilität, Rückständen oder Abwässern, zurückzuführen sind;

d) Zuverlässigkeit und Verfügbarkeit;

e) jegliche anwendbare Gefährdungsanalyse, sofern angemessen;

ANMERKUNG Die Verfahren HACCP, PAAG, FMEA, FTA und ähnliche [25] haben sich als geeignet erwiesen.

f) erforderliche Klasse der Partikelreinheit der Luft oder Anforderungen an die Reinheit in Übereinstimmung mit ISO 14644-1 und ISO 14644-2. Sofern angemessen, sollte die luftgetragene molekulare Kontamination berücksichtigt werden [20] [21];

g) festgelegte Betriebszustände (z. B. Bereitstellung, Leerlauf, Fertigung) (siehe ISO 14644-1) und Totzeit (z. B. für Instandhaltung, Reinigung usw.);

h) festgelegter Abgrenzungsdeskriptor, sofern angemessen [27];

i) bei Geräten, die vom Differenzdruck abhängig sind, ist dieser ständig zu überwachen, und in bestimmten Fällen ist Alarm auszulösen;

j) festgelegte stündliche Leckrate, sofern angemessen (für ein Beispiel zur Methodologie siehe Anhang E);

k) weitere Betriebsparameter, einschließlich

   1) Prüfpunkte;
   2) Alarm- und Aktionsgrenzen, die gemessen werden müssen, um die Übereinstimmung sicherzustellen;
   3) Prüfverfahren;

l) Konzept zur Kontaminationskontrolle, einschließlich der Festlegung der Aufstell-, Betriebs- und Leistungskriterien;

m) erforderliche Verfahren zu Messungen, Probenahmestellen, Regelung/Kontrolle, Überwachung und Dokumentation.

n) Vorgehensweise zum Verbringen von SD-Modulen und der zugehörigen Ausrüstung, der Geräte, der Versorgungseinrichtungen und des Personals in Reinraumbereiche hinein oder aus diesen heraus, wie bei Folgendem erforderlich:

   1) Aufstellung;
   2) Inbetriebnahme;
   3) Betrieb;
   4) Instandhaltung.

o) Anordnung und Konfiguration der Anlage;

p) kritische Maß-, Massen- und Gewichtsbeschränkungen, einschließlich solcher, die sich auf den verfügbaren Platz beziehen;

q) Prozessanforderungen, die die Anlage beeinflussen;

r) Stückliste der Prozessausrüstung mit Auflistung der erforderlichen Versorgungseinrichtungen;

s) Instandhaltungsanforderungen der Anlage;

t) Verantwortlichkeiten für Vorbereitung, Genehmigung, Durchführung, Überwachung, Dokumentation, Kriterienfestlegung, Auslegungsgrundlage, Bau, Prüfung, Schulung, Inbetriebnahme und Qualifizierung, einschließlich Durchführung, Nachweis und Aufzeichnung von Prüfungen;

u) Identifizierung und Beurteilung äußerer Umgebungseinflüsse;

v) erforderliche Zusatzinformation entsprechend der jeweiligen Anwendung und den Anforderungen in den Abschnitten 5, 6, 7 und 8 dieses Teils der ISO 14644;

w) Übereinstimmung mit den vor Ort geltenden Vorschriften.

5 Auslegung und Ausführung

5.1 Die Auslegung muss so erfolgen, dass die Qualifizierungsanforderungen sowie behördliche Auflagen eingehalten werden.

5.2 Die Auslegung des SD-Moduls muss in für den Betrieb angemessener Weise für den Prozess, die Bedienperson oder Dritte Schutz gegen Kontamination sicherstellen.

5.3 Der Einsatz von Abgrenzungsmitteln ist in Betracht zu ziehen (siehe Anhang A). Soweit anwendbar, ist der Abgrenzungsdeskriptor zu berücksichtigen.

Es sollte das Risiko konzentrierter Lecks beachtet werden.

5.4 Fehlfunktionen, Vorgehensweisen und Hilfssysteme, die in Zusammenhang mit der Anwendung des SD-Moduls stehen, sind zu berücksichtigen (siehe Anhang B).

5.5 Weiterhin sind Zugangs- und Transfervorrichtungen zu berücksichtigen (siehe Anhänge C und D).

5.6 SD-Module sind unter Berücksichtigung des durchzuführenden Prozesses für einen leichten Zugang zu allen innenliegenden Oberflächen und Arbeitsflächen ergonomisch zu konzipieren.

5.7 Anzahl und Größe von Zugangsvorrichtungen müssen unter Berücksichtigung der Anforderungen an Betrieb, Reinigung und Instandhaltung so gering wie möglich gehalten werden (siehe Abschnitt 6).

5.8 Schwankende Betriebsdrücke sowie Abweichungen sind zu beachten.

5.9 Sofern anwendbar, ist die stündliche Leckrate zu berücksichtigen (siehe Anhang A). Die Steifigkeit bzw. Nachgiebigkeit des SD-Moduls muss berücksichtigt werden, falls eine Quantifizierung der Leckraten erforderlich ist.

5.10 Äußere Einflüsse, wie Luftstrom, Schwingungen und Druckdifferenzen, müssen berücksichtigt werden, um negative Auswirkungen auf Integrität und Funktionalität zu vermeiden.

5.11 Soweit angebracht, muss eine Gefährdungsanalyse durchgeführt werden (siehe 4.e).

5.12 Reinigungs- und Dekontaminationsvorkehrungen einschließlich der möglichen Entsorgung des Moduls oder Teilen davon müssen Bestandteil der Planungskriterien sein.

5.13 Es müssen eingebaute Prüfvorrichtungen und geeignete Alarmvorrichtungen vorhanden sein.

5.14 Die Transfervorrichtung(en) muss/müssen für den Prozess und den Routinebetrieb geeignet sein.

5.15 Die Filtration muss der Anwendung entsprechen.

5.16 Der Luftvolumenstrom muss der Anwendung entsprechen.

5.17 Gegebenenfalls müssen Abluft und Abwasser behandelt werden.

5.18 Wann immer möglich, müssen Teile, die Instandhaltung erfordern, außen am SD-Modul angebracht sein.

5.19 Werkstoffe, die beim Bau von SD-Modulen eingesetzt werden, einschließlich Dichtungsmaterialien, sowie Werkstoffe für Ventilatoren, Lüftungssysteme, Rohrleitungen und dazugehörige Verschraubungen, müssen sowohl chemisch als auch mechanisch mit den beabsichtigten Prozessen, den Prozessmaterialien, der Anwendung und den Dekontaminationsverfahren verträglich sein. Korrosionsschutz bzw. Schutz gegen chemischen Abbau im Verlauf einer längeren Nutzungsdauer müssen berücksichtigt werden. Gegebenenfalls ist die Verwendung von hitze- und feuerbeständigen Werkstoffen zu erwägen (siehe Anhang B). Soweit erforderlich, sind thermische, Sorptions- und Ausgasungseigenschaften der Materialien zu untersuchen. Die für die Sichtfenster ausgewählten Werkstoffe müssen geprüft sein und nachweislich transparent bleiben sowie Veränderungen widerstehen, die eine Durchsicht behindern würden.

6 Zugangsvorrichtungen

6.1 Anwendung

Zugangsvorrichtungen werden angewendet, um Prozesse, Produkte oder Werkzeuge innerhalb des SD-Moduls beeinflussen bzw. handhaben zu können. Dies kann manuell oder mittels Roboter erfolgen.

6.2 Manueller Betrieb

6.2.1 Vorrichtungen für den manuellen Betrieb

Bei den Vorrichtungen zum manuellen Eingriff durch den Bediener handelt es sich um Folgende:

a) Stulpen;

b) Handschuhsysteme (z. B. Ärmel, Manschettenring und Handschuh);

c) Halbanzüge und ähnliche Vorrichtungen, die einen erweiterten Eingriffsbereich schaffen;

d) Fernbedienung (Fernmanipulatoren).

Werden Vollanzüge benutzt, sollte auf die entsprechenden Normen verwiesen werden.

Wann immer dies möglich ist, sollten alternative Eingriffsvorrichtungen in Betracht gezogen werden, die die Anzahl der Öffnungen in der Wand des SD-Moduls so gering wie möglich halten.

6.2.2 Stulpen, Handschuhsysteme, Halbanzüge

6.2.2.1 Bei der Anwendung von Stulpen, Handschuhsystemen und Halbanzügen sind diese Zugangssysteme, bei denen flexible Membranen verwendet werden, so zu planen und auszuführen, dass ein Handschuhwechsel möglich ist, ohne das SD-Modul durchbrechen zu müssen (siehe Anhang C). Da es unwahrscheinlich ist, dass derartige Systeme eine Barriere auf molekularer Ebene bieten, sollten alternative

Systeme bei Anwendungen in Betracht gezogen werden, bei denen eine Dichtheit auf molekularer Ebene erforderlich ist.

6.2.2.2 Handschuhöffnungen und Manschettenringe sind so auszulegen, dass Auswechseln, Prüfen der Unversehrtheit und Bediensicherheit leicht möglich sind.

6.2.2.3 Folgende Kriterien müssen bei der Auswahl von Werkstoffen für Stulpen, Handschuhärmel und Halbanzüge beachtet werden, die eine wesentliche Rolle bei der Aufrechterhaltung der Abtrennung spielen:

a) Materialien und Werkzeuge, mit denen im SD-Modul gearbeitet wird;

b) Grenztemperaturen für die Handschuhmaterialien;

c) annehmbare Durchlässigkeit;

d) Beständigkeit gegenüber Chemikalien und/oder mechanische Festigkeit;

e) Sorption und Desorption von Chemikalien;

f) bekannte Lager- und Nutzungszeit des Handschuhmaterials;

g) Differenzdrücke, einschließlich vorübergehender Abweichungen (Betriebsdrücke und außergewöhnliche Drücke);

h) auszuführende Arbeitsgänge.

6.2.3 Fernbedienung

Fernbedienungssysteme bestehen aus mechanischen oder Servoverbindungen zwischen den Händen und Armen einer Bedienperson und einem mechanischen Bediensystem innerhalb von SD-Modulen, die für bestimmte Anwendungen ausgelegt sind.

6.3 Roboterbedienung

Roboterbedienungssysteme bestehen aus automatisierten Systemen, die dafür ausgelegt sind, Materialien innerhalb eines SD-Moduls nach einem für bestimmte Anwendungen vorgegebenen Ablauf zu handhaben.

7 Transfervorrichtungen

7.1 Gebrauch

Transfervorrichtungen dürfen die Wirksamkeit von SD-Modulen nicht beeinträchtigen. Bei bestimmten Anwendungen spielen Transfervorrichtungen eine kritische Rolle bei der Aufrechterhaltung der Unversehrtheit des Moduls oder des Prozesses. Einige Transfervorrichtungen werden als unabhängige SD-Module verwendet.

7.2 Auswahl

Die Auswahl einer Transfervorrichtung muss sich nach dem Grad der für die Anwendung erforderlichen Abtrennung richten. Die stündliche Leckrate der eingesetzten Transfervorrichtung darf die stündliche Leckrate des SD-Moduls, das von der Transfervorrichtung bedient wird, nicht überschreiten. Transfervorrichtungen müssen die Übertragung von unerwünschtem Material auf ein Mindestmaß verringern. Skizzen und Beschreibungen möglicher Bauarten solcher Transfervorrichtungen sind im Anhang D enthalten. Diese Skizzen dienen lediglich als Beispiele möglicher Anordnungen.

7.3 Ausfallsichere Auslegung

Bei Transfervorrichtungen mit elektrischen Schließmechanismen muss im Falle eines Stromausfalls der Zugang über die Transfervorrichtung verhindert werden.

8 Wahl des Aufstellungsortes und Aufstellung

8.1 Die Reinraumklassifizierung des Raumes, in dem das SD-Modul aufgestellt werden soll, hängt von der Anwendung, der Auslegung und der Betriebsfähigkeit des SD-Moduls ab. Hierzu sollte auf ISO 14644-4 Bezug genommen werden.

8.2 Im Hinblick auf die Eignung sind die folgenden Aspekte zu berücksichtigen:

a) Luftreinheitsklasse des Raumes (ISO 14644-1);

b) Bedienergonomie;

c) Instandhaltung;

d) Toxizität der Materialien;

e) sämtliche Gefährdungen durch den Prozess;

f) Gefährdungen durch Nebenprodukte;

g) mögliche Kreuzkontamination;

h) Aspekte der Entsorgung;

i) jegliche behördlichen Vorgaben.

9 Prüfung und Abnahme

9.1 Allgemeines

9.1.1 Die Auswahl der Prüfverfahren hängt vom Ort, der Auslegung, der Anordnung und der Anwendung des SD-Moduls ab.

9.1.2 Wenn die Luftversorgungs- und Abluftsysteme integraler Bestandteil des SD-Moduls sind, müssen diese Systeme ebenfalls geprüft werden.

9.1.3 In bestimmten Situationen kann die Luftreinheit im SD-Modul nicht nach ISO 14644-1 gemessen werden. In solchen Fällen sind alternative Prüfverfahren erforderlich.

BEISPIEL 1 Prüfung auf molekulare Kontamination [20] [21].

BEISPIEL 2 Prüfung auf Oberflächenkontamination durch Partikel [32].

9.1.4 Bestimmte Bedingungen oder Betriebszustände (z. B. staubige und/oder ausgasende Materialien) können die Probenahme von Partikeln während des Betriebes verhindern oder eine Gefahr darstellen. In solchen Fällen kann es erforderlich sein, während anderer Betriebszustände (z. B. vor und nach dem Betrieb, jedoch weiterhin in betriebsbereitem Zustand) Proben zu nehmen, um die Möglichkeit von Eigenkontamination zu bestimmen.

9.1.5 Bei SD-Modulen mit kleinem Volumen besteht das Risiko, dass die Druckfestigkeit und die Zahlenwerte für die Partikel-/Aero-Biokontamination durch den Proben-Luftvolumenstrom des Luft-Probenahmegerätes beeinflusst werden, wenn der Proben-Luftvolumenstrom des Gerätes ähnlich dem Luftvolumenstrom des SD-Moduls ist.

9.1.6 Geeignete Prüfparameter sind zwischen Kunden und Lieferanten zu vereinbaren.

9.1.7 Prüfung und Abnahme von SD-Modulen und den entsprechenden Hilfsvorrichtungen sind im Allgemeinen unter Bezugnahme auf ISO 14644-1, ISO 14644-2, ISO 14644-3 und ISO 14644-4 durchzuführen. Eine Anleitung dazu ist in den Anhängen dieses Teils der ISO 14644 gegeben.

9.2 Prüfung der Durchlässigkeit von Handschuhöffnungen

Sofern angebracht, muss der Luftstrom durch eine offene Handschuhöffnung durch das Anbringen eines Anemometers in der Mitte der Öffnung gemessen werden. Die Geschwindigkeit muss zwischen Kunden und Lieferanten vereinbart werden (Richtwert: 0,5 m/s).

9.3 Differenzdruck im Betrieb

9.3.1 Der Differenzdruck ist in den Betriebszuständen Bereitstellung und Fertigung zu prüfen.

9.3.2 Bei Geräten, die vom Differenzdruck abhängig sind, sollte dieser ständig überwacht werden, und in bestimmten Fällen sollte Alarm ausgelöst werden.

9.4 Leckprüfung

9.4.1 Leckprüfungen sind durchzuführen, sofern angemessen. Eine Anleitung ist in den Anhängen E und F gegeben.

ANMERKUNG Für Prüfungen auf Unversehrheit an solchen SD-Modulen, die im Bereich des Atmosphärendruckes (weniger als 1 000 Pa) arbeiten, sind zur Ermittlung einer quantifizierbaren Leckrate detaillierte Verfahren und empfindliche Messgeräte erforderlich. Das so gemessene Leck entscheidet dann über die Annehmbarkeit für die vorgesehene Anwendung (siehe Anhang A).

9.4.2 Sofern angebracht, ist eine Induktionsleckprüfung durchzuführen. Eine Anleitung ist im Anhang E gegeben.

ANMERKUNG Induktionsleckagen können auftreten, wenn die Geschwindigkeit durch eine Öffnung zu einem Druckabfall führt und so einen umgekehrten Luftstrom durch die Öffnung hervorruft (Venturi-Effekt). Geräte, die bei niedrigem Differenzdruck arbeiten, werden möglicherweise durch Induktionsleckagen beeinflusst. In ähnlicher Weise können Geräte, die mit Überdruck oder -strömung arbeiten, um die Übertragung von unerwünschtem Material auf ein Mindestmaß zu reduzieren oder auszuschließen, bei Betrieb unter vorübergehenden Volumenänderungen, z. B. beim Einbringen oder Zurückziehen von Handschuhen, einem Risiko durch Induktionsleckage unterliegen.

9.5 Regelmäßige Prüfungen

9.5.1 Die Prüfungen müssen nach 9.5.2 und 9.5.3 ausgeführt werden und ISO 14644-1, ISO 14644-2, ISO 14698-1 und ISO 14698-2.

9.5.2 Die Prüfungen hängen von der Anwendung und den Mess-/Nachweissystemen ab. Regelmäßige Prüfungen müssen festgelegt und aufgezeichnet werden, um eine Grundlage für Vergleiche und vorbeugende Instandhaltung zu schaffen.

9.5.3 Nachfolgend werden Empfehlungen zur Prüfung gegeben:

a) Prüfung von Halbanzügen/Handschuhen:

   1) bei Inbetriebnahme;
   2) vor und nach Beendigung der Arbeit;
   3) nach Handschuh- bzw. Handschuhärmelwechsel;

b) Druckprüfung:

   1) bei Inbetriebnahme;
   2) nach jeglicher Änderung von Luftstrom- oder Filterdruckparametern;
   3) nach Instandhaltungsarbeiten, die das Gehäuse des SD-Moduls oder Geräte zur Anpassung der Drücke beeinflussen;

c) Induktionsprüfung bei Inbetriebnahme;

d) Prüfung der Mess- und Alarmsysteme:

   1) bei Inbetriebnahme;
   2) nach Instandhaltungsarbeiten, die das Steuer-/Regelsystem beeinflussen;
   3) mit der vom Messgerätehersteller vorgeschriebenen Häufigkeit;
   4) in zuvor festgelegten Abständen, entsprechend der Nutzung und den betriebstechnischen Anforderungen.

Anhang A
(informativ)

Konzept der fortlaufenden Abtrennung

A.1 Fortlaufende Abtrennung

Bei einem SD-Modul werden physikalische und/oder aerodynamische Mittel angewendet, um eine bessere Abtrennung zwischen Innen- und Außenseite eines definierten Volumens zu erreichen. Physikalische Mittel zur Abtrennung umfassen sowohl starre als auch flexible Barrieren. Aerodynamische Mittel zur Abtrennung umfassen den Luft-/Gasstrom mit oder ohne Filterung. Im Allgemeinen nimmt die Sicherheit der Aufrechterhaltung einer fortlaufenden Abtrennung mit dem Grad der Starrheit der physikalischen Abtrennung zu, wie schematisch in Bild A.1. dargestellt. In Tabelle A.1 sind Beispiele für üblicherweise eingesetzte Arten von SD-Modulen für eine Reihe von Anwendungen angegeben. Es muss jedoch darauf hingewiesen werden, dass kein direkter Zusammenhang zwischen der Partikelreinheitsklasse der Luft nach ISO 14644-1 und der Anordnung des SD-Moduls innerhalb der fortlaufenden Abtrennung besteht. Zwei Maße für diese Abtrennung sind der Abgrenzungsdeskriptor und die stündliche Leckrate (Druckfestigkeit). Der Abgrenzungsdeskriptor $[A_a : B_b]$ stellt ein nützliches Maß dar, wenn die stündliche Leckrate nicht geeignet ist [27]. ISO 10648-2 beschreibt ein vierstufiges Klassifizierungssystem der stündlichen Leckrate (R_h). Die Klassifizierung nach ISO 10648-2 wird im Allgemeinen bei Geräten mit starren physikalischen Barrieren verwendet. Es wird anerkannt, dass eine Überschneidung mit der ISO 14644-4 vorliegt, insbesondere hinsichtlich der ersten drei Punkte in Bild A.1.

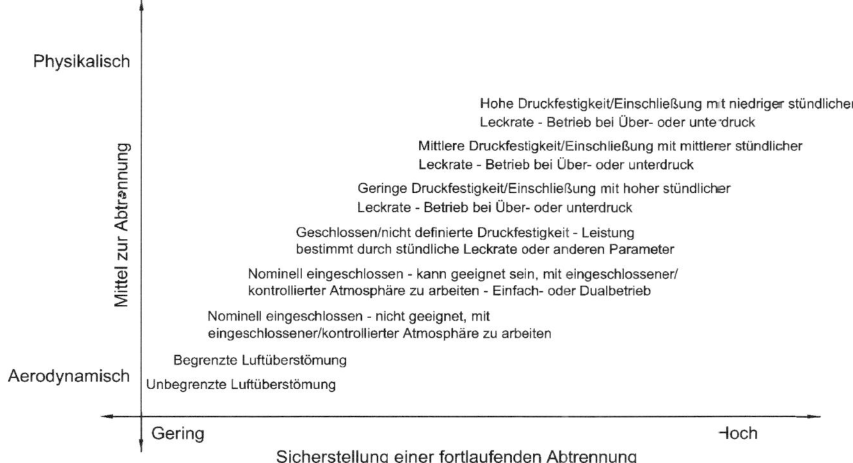

Bild A.1 — Schema der fortlaufenden Abtrennung bei zunehmender Sicherheit der Aufrechterhaltung dieser Abtrennung von aerodynamischen hin zu physikalischen Barrieren, wobei die überlappende Abtrennung als Parameter dient

Tabelle A.1 — Fortlaufende Abtrennung

Verfahren der Abtrennung	Mittel	Beschreibung des Moduls	Beispiele für übliche Begriffe und Synonyme
Unbegrenzte Luftüberströmung	Aerodynamisch mit Filtration	Offen — keine Vorhänge oder Abschirmungen. Bedienperson, ausgestattet mit üblicher Reinraumkleidung und üblichen Reinraumhandschuhen, kann zum Zwecke des Zugangs und des Transfers in das Modul hineingreifen. Reinraumzone unter Überdruck.	Reinluftanlage, Laminarbox, Reinlufthaube
Begrenzte Luftüberströmung	Aerodynamisch und physikalisch	Zugang streng begrenzt durch Vorhang oder feststehende Abschirmungen.	Laminarbox, Reinlufthaube, Haube mit gerichteter Luftströmung, Reinarbeitsplatz
Nominell eingeschlossen — nicht geeignet für Betrieb bei eingeschlossener/kontrollierter Atmosphäre	Aerodynamisch und physikalisch	Nominell eingeschlossen; kann Zugangs- und Transfervorrichtungen aufweisen.	Abfüllpunkt-Vorrichtung, Abfülltunnel
Nominell eingeschlossen — kann für Betrieb bei eingeschlossener/kontrollierter Atmosphäre geeignet sein — Einfach- oder Dualbetrieb	Aerodynamisch und physikalisch	Ausgelegt für hochgradige physikalische Abtrennung. Kann für Betrieb bei eingeschlossener/kontrollierter Atmosphäre geeignet sein.	Abfülltunnel, Abfüllpunkt-Vorrichtung, LF-Abfüllungskabine/Laminartunnel, Reintunnel, Sterilisierofen, Minienvironments für elektronische Bauteile
Geschlossen/nicht definierte Druckfestigkeit – Leistung bestimmt durch stündliche Leckrate oder andere Parameter	Physikalisch	Geschlossene Module mit nicht definierter Integrität. Kann flexible Folienwände aufweisen.	Isolatoren, Glovebags (Kunststoffbeutel mit eingeklebtem Schlauch), Pulvertransportschutz oder EMSE (=elektromagnetische Sortiereinrichtung), flexible Folien/Halbanzug-Isolator, Minienvironments für elektronische Bauteile
Einschließung mit niedriger Druckfestigkeit/hoher stündlicher Leckrate — Betrieb bei Über- oder Unterdruck	Physikalisch	Starre Bauart erlaubt Prüfung der Druckfestigkeit anhand der Leckrate. Betrieb bei Unterdruck möglich.	Isolatoren, Handschuhboxen, Pulvertransportschutz oder EMSE, Isolator für Tierversuchslabors, biochemische Lehr-Isolatoren an Universitäten; geschlossene Kabinen

Tabelle A.1 *(fortgesetzt)*

Verfahren der Abtrennung	Mittel	Beschreibung des Moduls	Beispiele für übliche Begriffe und Synonyme
Einschließung mit mittlerer Druckfestigkeit/mittlerer stündlicher Leckrate — Betrieb bei Über- oder Unterdruck	Physikalisch	Mittlere Druckfestigkeit.	Isolatoren, Handschuhboxen, geschlossene Kabinen
Einschließung mit hoher Druckfestigkeit/niedriger stündlicher Leckrate — Betrieb bei Über- oder Unterdruck	Physikalisch	Hohe Druckfestigkeit, Vakuum- und Inertgasbetrieb, Einschließung auf molekularer Ebene.	Isolatoren, Handschuhboxen, Handschuhboxen für Umgang mit radioaktivem Material, geschlossene Kabinen mit niedriger Leckrate
ANMERKUNG 1 Diese Beispiele stellen keine Spezifikationen oder Empfehlungen für die Auslegung dar.			
ANMERKUNG 2 Die Grenzen zwischen den Modulen können sich überschneiden.			

Die Auslegung von SD-Modulen für den Dualbetrieb sieht in der Regel eine hochgradige physikalische Abtrennung vor, und diese Module können während bestimmter Betriebszeiten bei entweder offener oder eingeschlossener Atmosphäre arbeiten.

Die Luft-/Gasversorgung eines SD-Moduls sollte von ausreichender Qualität sein, um einer oder mehreren der in ISO 14644-1 beschriebenen Klassen zu entsprechen. Die Art des Luftstromes ist anwendungsspezifisch.

Im Hinblick auf Folgendes sollten sowohl dynamische als auch statische Bedingungen festgelegt sein:

a) erforderliche Luftreinheit im SD-Modul;

b) stündliche Leckrate und/oder Abgrenzungsdeskriptor;

c) das Einbringen von Materialien (Transfervorrichtungen);

d) den Austritt von Materialien (Transfervorrichtungen).

Anhang B
(informativ)

Luftaufbereitungssysteme und Gas-Systeme

B.1 Allgemeines

B.1.1 Üblicherweise wird das Abzugs- bzw. Abluftsystem mit einem innen angebrachten sicheren Wechselfilter versehen.

B.1.2 Ein Überdruck im SD-Modul kann durch den Einsatz einer ölgefüllten Druckentlastungsvorrichtung vermieden werden. Der Ausgang der Druckentlastungsvorrichtung ist mit dem Abluftsystem verbunden.

B.2 Luftaufbereitungssysteme

B.2.1 Luftaufbereitungssysteme für SD-Module müssen in der Lage sein, über die installierten Anlagenfilter und das dazugehörige Leitungssystem ein ausreichendes Luftvolumen dem SD-Modul zu- oder aus diesem abzuführen.

B.2.2 Luftaufbereitungssysteme sollten folgende Funktionen ausführen können:

a) Absperren des SD-Moduls durch Ventile oder Dichtplatten, die dem Einlass- und Auslassfiltersystem jeweils vor- und nachgeschaltet sind; dies dient Sicherheitszwecken, zur Dekontamination/Sterilisierung/Abwasserbehandlung/Entkeimung und zur Prüfung der Druckfestigkeit;

ANMERKUNG Dies gilt nicht für unbegrenzte und begrenzte Luftüberströmung und nominell eingeschlossene SD-Module.

b) Bieten von Anschlussmöglichkeiten sowie weiteren Vorkehrungen zur Luftbehandlung;

c) Auffangen des Anfangs- und Enddruckabfalls des Gesamtsystems unter Berücksichtigung der Filterbelastung;

d) Auswechseln von potentiell kontaminierten Filtern nach einer Vorgehensweise, mit der sichergestellt wird, dass kontaminierte Filter sicher ausgewechselt werden. Vorkehrungen für die Sicherheit von Bedienpersonen oder Dritten sind von wesentlicher Bedeutung;

e) Ausstattung aller Filter und der dazugehörigen Dichtungen mit Aerosol-Prüfvorrichtungen;

f) Aufweisen von HEPA-/ULPA-Sekundärfiltern für die gesamte Umluft;

g) Aufweisen von Messgeräten zur Anzeige des Betriebsdruckes/Druckabfalls im SD-Modul sowie Vorrichtungen zum Alarm bei Gebläse-/Ventilatorausfall;

h) falls erforderlich, Ermöglichen von Anschlüssen zur Probenahme der Partikel zur Messung der Luftqualität innerhalb des SD-Moduls und den zugehörigen Transfervorrichtungen;

i) Aufrechterhaltung des Unterdruckes im Abluftsystem des SD-Moduls;

j) im Fall eines Handschuhverlustes und Alarms die Sicherstellung eines Luftstromes mit Mindestgeschwindigkeit durch den Spalt, so dass der Schutz für die Bedienperson oder das Produkt sichergestellt ist;

k) Verträglichkeit mit jeder weiteren Anlage oder Vorrichtung, die durch die örtlichen Vorgaben gefordert wird.

B.3 Gassysteme

B.3.1 Einleitung

SD-Module mit hoher Druckfestigkeit sind üblicherweise für Molekülkonzentrationen erforderlich, die für anaerobe oder feuchtearme Anwendungen benötigt werden. Inertgassysteme sollten nur unter speziellen Sicherheitsvorkehrungen und nur an speziell dafür ausgelegten Geräten verwendet werden. Inertgase können zum Tod durch Erstickung führen. Gassysteme können entweder vom „Durchlauf"-Typ sein oder mit Rückführung arbeiten.

B.3.2 Inertgassysteme

Mit Inertgassystemen ist es möglich, in SD-Modulen eine so gut wie sauerstoff- und feuchtigkeitsfreie Atmosphäre zu schaffen. Es werden in der Hauptsache drei Gase verwendet, die nachstehend nach steigenden Kosten geordnet aufgeführt sind:

a) Stickstoff;

b) Helium;

c) Argon.

Das Spektrum der Anwendungen von Inertgassystemen ist sehr breit.

B.3.3 Reaktivgase

Reaktivgase, z. B. Ozon, Wasserstoffperoxid, Chlordioxid, Peressigsäure und Wasserdampf, können zu Dekontaminationszwecken verwendet werden [26] [33].

B.3.4 Durchlaufgassysteme

Bei Durchlaufgassystemen fließt das Gas ohne Rückführung durch das SD-Modul. Gase, die in Flaschen oder anderen Systemen gelagert werden, sollten druckentlastet werden, bevor sie in einen Durchflussregler gelangen. Vom Durchflussregler wird das Gas zum Einlassventil bzw. zu einem Gaswirbler oder Verteilerkopf geleitet, der im SD-Modul angebracht ist. Das Gas wird in die äußeren Bereiche des SD-Moduls gewirbelt, bevor es das Modul durch ein Abluftventil verlässt.

B.3.5 Inertgassysteme mit Rückführung

Diese Systeme können aus den folgenden Elementen bestehen:

a) Umwälzpumpe;

b) Katalysatorkolonne(n);

c) Molekularkolonne(n);

d) Vakuumpumpe;

e) Schutzkolonne (wahlweise);

f) Einlassfilter;

g) zugehörige Ventile;

h) Gasbefüllung;

i) Gasregeneriersystem;

j) Abgassysteme;

k) Wärmetauscher;

l) Feuchtemessgerät;

m) Sauerstoffmessgerät;

n) Druckmessgerät.

Zur Rückführung des Gases wird eine Pumpe verwendet. Ähnlich wie beim Durchlaufsystem wird das Gas über ein Einlassfilter, ein Einlass-Trennventil und einen Verwirbler in das SD-Modul geleitet. Das vom SD-Modul zurückgeführte Gas wird über ein HEPA-Filter und ein Trennventil einer oder mehreren Molekular- und/oder Katalysatorkolonne(n) zugeführt. Wenn Lösemittel oder andere Substanzen freigesetzt werden, sollten die Pumpenansaugstutzen und Servicekolonnen durch eine geeignete Schutzkolonne, z. B. mit Aktivkohle oder einem geeigneten Absorber, geschützt werden. Üblicherweise werden zwei Kolonnen jeden Typs angebracht, eine zum Gebrauch und eine zur Regeneration. Molekularkolonnen werden durch Erhitzen und Vakuumabsaugen regeneriert. Katalysatorkolonnen werden erhitzt und mit einem Wasserstoff-/Inertgasgemisch gespült. Der Druck im SD-Modul wird durch ein Gasbefüllungssystem mit einem Niederdruckwächter zur Drucküberwachung des Moduls aufrechterhalten. Bei Überdruck ist ein Druckentlastungssystem erforderlich. Transfervorrichtungen sollten der Klasse B2 nach Anhang D entsprechen.

B.3.6 Druckentlastungsvorrichtung

Die Druckentlastungsvorrichtung erlaubt den Ausgleich rascher Volumenänderungen (Einführen von Handschuhen) durch das Entweichen von Blasen über das Druckentlastungssystem, ohne dass die Inertgasatmosphäre verletzt wird (siehe Bild B.1)

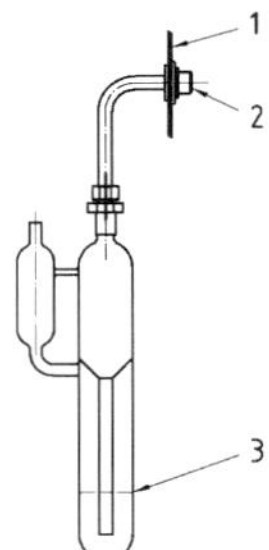

Legende
1 Endplatte
2 von HEPA-Filter
3 Ölstand

Bild B.1 — Druckentlastungssystem

Anhang C
(informativ)

Zugangsvorrichtungen

C.1 Anwendungsbereich

Dieser Anhang dient als lehrbuchartige Einführung in das Thema, ist jedoch nicht vollständig. Der Anwendungsbereich dieses Anhangs beschränkt sich auf Handschuhe, Stulpen, Handschuh-Ärmel-Systeme und Halbanzüge. Handschuhe stellen in der Regel das schwächste Glied hinsichtlich der Druckfestigkeit eines SD-Moduls dar. Bediener- und Produktschutz werden durch die Wahl des Handschuhsystems und des Handschuhmaterials bestimmt.

C.2 Handschuhmaterial

Das Handschuhmaterial sollte der Anwendung und dem Prozess entsprechend gewählt werden. Die folgende Materialliste dient zur Orientierung, ist jedoch nicht vollständig. Sie kann erweitert werden, wenn neue Materialien verfügbar werden. Für umfassende Informationen sollten die Hersteller konsultiert werden.

a) Latex, Naturkautschuk oder *cis*-1,4-Polyisopren

Latex, Naturkautschuk oder *cis*-1,4-Polyisopren sind geeignet, wenn große Flexibilität und gute mechanische Eigenschaften erforderlich sind. Latexartikel sind jedoch nicht gasdicht; sie werden durch Ozon qualitativ beeinträchtigt, bieten keinen Schutz gegen Flammen, Kohlenwasserstoffe und oxidierende Salze sowie nur geringen Schutz gegen Ester, Säuren und Basen. Die Möglichkeit lebensgefährlicher allergischer Reaktionen sollte berücksichtigt werden.

b) Polychloropren oder poly-2-Chlor-buta-1,3-dien

Polychloropren oder poly-2-Chlor-buta-1,3-dien wird insbesondere dann empfohlen, wenn eine hohe Beständigkeit gegen Öl und Fett erforderlich ist. Dieses Chloropren ist selbstverlöschend, d. h. wenn die Zündquelle entfernt wird, brennt dieser Stoff nicht weiter. Polychloropren ist in hohem Maße gegen Ozon, ultraviolettes Licht, konzentrierte Säuren und Basen sowie starke Oxidationsmittel beständig.

Polychloropren-Artikel sind nicht geeignet für die Arbeit mit Kohlenwasserstoffen, Halogenen und Estern.

c) Nitrilreinpolymerisat oder Butadien-Acrylnitril-Copolymerysat

Nitrilreinpolymerisat oder Butadien-Acrylnitril-Copolymerysat werden empfohlen, wenn eine hohe Beständigkeit gegen Lösemittel erforderlich ist. Nitrilartikel sind gegen aliphatische Kohlenwasserstoffe und Hydroxylverbindungen außerordentlich beständig.

d) Poly(vinylchlorid)

Obwohl es sich um einen Kunststoff handelt, weist Poly(vinylchlorid) eine bestimmte Elastizität auf und wird wegen seiner günstigen elektrischen Eigenschaften und Beständigkeit gegen chemische Substanzen empfohlen.

e) Chlorsulfoniertes Polyethylen

Chlorsulfoniertes Polyethylen bietet eine sehr hohe Beständigkeit gegen H_2O_2, und durch die weiße Farbe ist gute Sichtprüfung möglich. Es existieren weitere Materialien, die ebenfalls H_2O_2-beständig sind.

C.3 Sandwich- oder Mehrlagen-Handschuhe

C.3.1 Um die Gasundurchlässigkeit zu verbessern, werden Sandwich- oder Mehrlagen-Handschuhe auf Polychloroprengrundlage gefertigt und mit einer Lage aus Butylkautschuk und einer Außenlage aus Polychloropren versehen. So ergibt sich ein Handschuh, der alle technologischen Qualitäten von Polychloropren besitzt, jedoch aufgrund der Butylschicht undurchlässiger gegen Gas ist.

C.3.2 In bestimmten Fällen, in denen die Beständigkeit gegen starke Oxidationsmittel nicht ausreicht, können Polychloropren-Handschuhe mit einer Schutzschicht auf der Basis von chlorsulfoniertem Polyethylen überzogen werden. Diese Schicht aus chlorsulfoniertem Polyethylen bietet dann einen Schutz gegen alle starken Oxidationsmittel.

C.3.3 Bei noch härteren Nutzungsbedingungen kann das Polychloropren mit einem fluorelastomeren Terpolymer beschichtet werden, das eine hervorragende Beständigkeit gegen Öle, Essenzen, Schmiermittel, die meisten anorganischen Säuren und viele aliphatische und aromatische Kohlenwasserstoffe (z. B. Tetrachlorkohlenstoff, Toluen, Benzen und Xylen) aufweist.

C.3.4 Verbleites Polyvinylchlorid dient als Schutzfolie gegen ionisierende Strahlung. Derartige Handschuhe, die äußerst vorsichtig behandelt werden müssen, werden üblicherweise als Unter- oder Innenhandschuhe getragen.

C.4 Handschuhgröße

C.4.1 Allgemeines

Handschuhe für SD-Module werden in einer Reihe von Standardgrößen gefertigt. Falls mehrere Bedienpersonen an derselben Vorrichtung arbeiten müssen, wird selbstverständlich die größte Größe ausgewählt.

Bei Benutzung derselben Handschuhe durch mehrere Bediener sollte auf Hygiene geachtet werden.

C.4.2 Handschuh- oder Ärmellänge

Die Länge des Handschuhs richtet sich nach der Tiefe des SD-Moduls. Übliche Längen sind 700 mm, 750 mm und 800 mm. Die Länge des Ärmels richtet sich nach der Anwendung.

C.4.3 Form des Handschuhs

Die Form der Handschuhe kann für die beidhändige, die links- oder die rechtshändige Anwendung geeignet sein. Bei SD-Modulen mit mehreren Öffnungen wird die beidhändige Form empfohlen, um denselben Handschuh mit der linken oder der rechten Hand benutzen zu können. Manschetten sind ebenfalls in mehreren Formen erhältlich, z. B. konisch, ausziehbar und zylindrisch.

C.5 Erhältliche Dicken

Es sind verschiedene Materialdicken erhältlich; die Auswahl sollte sich nach den Anforderungen an Tastfähigkeit, Durchlässigkeit, chemische Beständigkeit und mechanische Festigkeit sowie Verschleißbeständigkeit richten.

C.6 Handschuhöffnungen

C.6.1 An SD-Module angeschlossene Handschuhe oder Ärmel werden üblicherweise mechanisch befestigt.

C.6.2 Handschuhöffnungen können eine Handschuhöffnungs-„Spund"-Vorrichtung aufweisen. Dieser „Spund" kann entfernt werden und bietet eine Dichtung mit hoher Druckbeständigkeit, wenn der Handschuh oder das Handschuh-Ärmel-System nicht in Gebrauch ist.

C.6.3 Die Beispiele in C.6.3.1 und C.6.3.2 stellen zwei von vielen Verfahren zum Auswechseln des Handschuhs oder Handschuh-Ärmel-Systems dar.

C.6.3.1 Im Folgenden finden sich Anleitungen für den Handschuh-/Handschuh-Ärmel-Wechsel unter Benutzung eines Handschuhöffnungs-Spunds, wobei angenommen wird, dass dieser Spund eingesetzt ist.

a) Spanngurt für die Handschuhbefestigung/Handschuhträgersystem, Manschettenansatz und O-Ring-Nut sind an der Handschuhöffnung zu entfernen.

b) Der Ersatzhandschuh ist über alten Handschuh zu streifen und der O-Ring-Wulst des Handschuhs in die innere O-Ring-Nut an der Handschuhöffnung einpassen.

c) Der alte Handschuh ist durch den neuen Handschuh hindurch von der Handschuhöffnung abzulösen, so dass er lose im neuen Handschuh liegt. Es sollte darauf geachtet werden, dass der neue Handschuh sich nicht ablöst.

d) O-Ring, Manschettenansatz und Handschuhträgersystem sind wieder einzusetzen, so dass der neue Handschuh in der richtigen Stellung befestigt wird.

e) Mit der Hand ist im neuen Handschuh der Spund zu entfernen, und der alte Handschuh ist in das SD-Modul zu reichen, wo er in einer Entsorgungstasche bis zur Entsorgung aufbewahrt wird.

C.6.3.2 Bei geeigneter Ausführung der Handschuhöffnungen können Ärmel, Handschuhe oder Stulpen ohne Verwendung eines Spundes und somit bei geringstem Risiko einer Störung der Reinraumbedingungen im SD-Modul ausgewechselt werden. Siehe die Bilder C.1 und C.2 für eine Anleitung zur Vorgehensweise beim Handschuhwechsel.

Im Folgenden sind Anweisungen für den Wechsel angegeben:

a) Es ist sicherzustellen, dass der neue Ärmel mit Manschettenring und Handschuh versehen ist;

b) Die Sicherheitsklemmmanschette und der O-Ring sind zu entfernen; danach ist der elastische Saum des Ärmels oder der Stulpe mit äußerster Vorsicht von der zweiten in die erste Nut der Handschuhöffnung zu bringen;

c) Der neue Ärmel bzw. die neue Stulpe wird angebracht, indem der elastische Saum über den vorhandenen Ärmel gestreift und in die zweite Nut der Handschuhöffnung eingepasst wird (die Nut, die dem SD-Modul am nächsten ist);

d) Vom Innern des neuen Handschuhs aus ist der alte Ärmelsaum vorsichtig aus der ersten Nut der Handschuhöffnung zu entfernen und dann ins Innere des SD-Moduls zu geben, entweder für späteren Gebrauch oder zur kompletten Entfernung aus dem SD-Modul durch die Durchreichetür oder Entsorgungstasche;

e) Zum Abschluss O-Ring-Manschette und Metallklemme wieder einsetzen, um den neuen Ärmelsaum sicher in der ersten Nut zu befestigen.

C.7 Ärmel und Handschuhe

C.7.1 Beschreibung

Die Ärmel haben elastische Manschetten, um einen sicheren Griff zu ermöglichen. Die Ärmel sind an den Handschuhöffnungen befestigt und durch eine O-Ring-Manschette und eine Metallklemme in ähnlicher Weise an einem Stulpenhandschuh befestigt. Die anderen Ärmelenden sind mit austauschbaren Handschuhmanschettenringen ausgestattet.

C.7.2 Handschuhwechsel

Es besteht die Möglichkeit, Handschuhe bei geringster Gefährdung der Atmosphäre im Arbeitsbereich auszuwechseln, indem einfach der alte Handschuh vom Manschettenring entfernt wird. Hierzu wird ein Verfahren zum sterilen Wechsel empfohlen. Durch beispielsweise die Befolgung der Anweisungen bei gleichzeitiger Bezugnahme auf die Bilder C.2a) bis C.2c) ist ein "sicherer Wechsel" von Handschuhen (ohne Beeinträchtigung der Unversehrtheit des Systems) relativ einfach durchzuführen.

Das Handschuhwechseln sollte jedoch regelmäßig geübt werden um sicherzustellen, dass alle Bedienpersonen, die diesen Vorgang durchführen müssen, dazu ordnungsgemäß in der Lage sind.

Anweisungen für den Handschuhwechsel:

a) Ein neues Paar Handschuhe ist über die Transfervorrichtung in den Arbeitsbereich zu bringen;

b) Der Sicherheits-O-Ring am Handschuh ist zu entfernen;

c) Der Manschettenwulst des Handschuhs ist von der mittleren Nut des Manschettenrings in die äußere Nut zu verbringen; es ist darauf zu achten, dass die Abdichtung, die durch den Handschuh am Manschettenring gegeben ist, nicht unwirksam wird [siehe Bild C.2a)];

d) Der Handschuh wird sanft innen im Ärmel hochgezogen und festgehalten [siehe Bild C.2b)];

e) Der neue Handschuh wird durch Ausschütteln geglättet. Er wird mit der freien Hand so ausgerichtet, dass der Daumen des Handschuhs nach oben weist. Mit dem Daumen der im Ärmel befindlichen Hand wird nun der Wulst der Handschuhmanschette in der mittleren Nut des Manschettenrings gehalten. Nun wird mit der freien Hand die Handschuhmanschette vorsichtig in die mittlere Nut des Manschettenrings gestrichen [siehe Bild C.2c)];

f) Mit den Fingern der Hand, die den alten Handschuh hält, wird dieser an einem Punkt sanft aus dem Manschettenring entfernt; der alte Handschuh wird am Manschettenring rundherum aus diesem gelöst, bis er frei ist. Der Handschuh ist nun mit der Innenseite nach außen gekehrt und kann aus dem Ärmel entfernt und als kontaminierter Abfall der Entsorgung zugeführt werden.

g) Der Sicherheits-O-Ring des Handschuhs wird wieder angebracht, wobei er zunächst durch die Wand des Ärmels hindurch mit einem Finger oder dem Daumen in der richtigen Stellung gehalten wird.

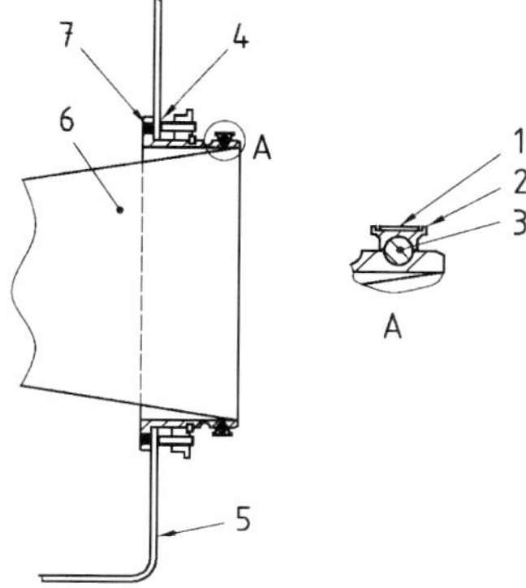

Legende

1 Spanngurt für die Handschuhbefestigung
2 Manschettenansatz
3 O-Ring-Dichtung
4 Dichtung
5 Gehäuse des SD-Moduls (innen)
6 Handschuh
7 Handschuhöffnung

Bild C.1 — Handschuhöffnung und Handschuhsystem

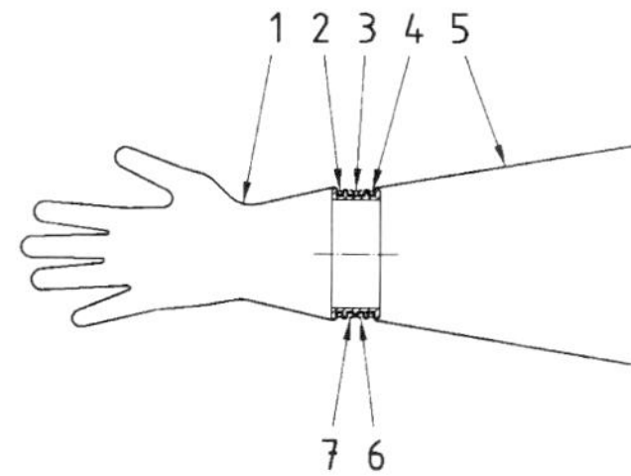

Legende

1 O-Ring des Handschuhs
2 Manschettenring
3 Handschuh
4 Ärmel
5 O-Ring des Ärmels
6 Handschuhwulst
7 Ärmelwulst

a) Handschuhwechsel — Schritt 1

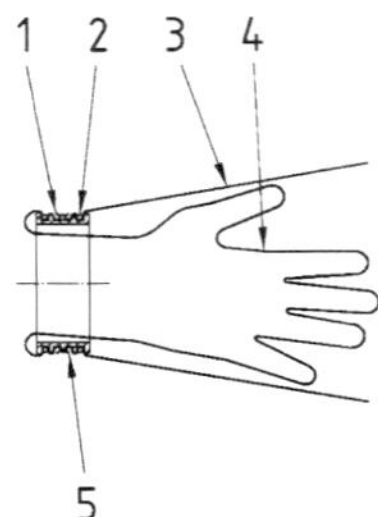

Legende
1 Ärmel
2 O-Ring des Ärmels
3 Wulst des alten Handschuhs
4 alter Handschuh
5 Ärmelwulst

b) Handschuhwechsel — Schritt 2

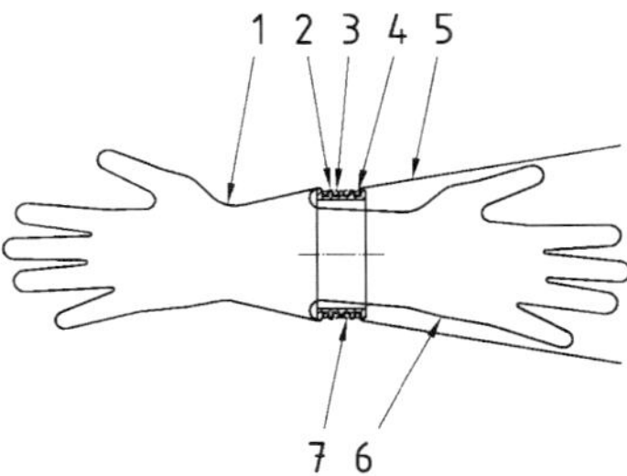

Legende
1 Ärmel
2 Wulst des neuen Handschuhs
3 Wulst des alten Handschuhs
4 O-Ring des Ärmels
5 neuer Handschuh
6 alter Handschuh
7 Ärmelwulst

c) Handschuhwechsel — Schritt 3

Bild C.2 — Verfahren des Handschuhwechsels

C.8 Halbanzüge

C.8.1 Ein Halbanzug besteht üblicherweise aus einem doppelt gefütterten Anzug aus üblicherweise verschweißtem flexiblem Poly(vinylchlorid) mit einem Klarsichtfenster aus starrem Acryl, das in die Helmpartie eingeschweißt ist. Die am SD-Modul befestigten Halbanzüge sind üblicherweise für den vertikalen Zugang angeordnet.

C.8.2 Das Doppelfutter erlaubt eine Druckbeaufschlagung des Volumens zwischen den Futtern bei Anwendungen unter Überdruck; auf diese Weise wird vermieden, dass der Anzug am Bediener "haftet" und dessen Bewegungsfreiheit einschränkt. Für Anwendungen bei Unterdruck kann ein einfach gefütterter Halbanzug verwendet werden.

C.8.3 Halbanzüge sollten mit Aufhängern versehen sein, damit sie mittels elastischer Befestigungen in Form gehalten werden können und um die Gewichtsbelastung durch den Anzug innerhalb ergonomischer Grenzen zu halten.

C.8.4 Die Befestigung von Handschuhen am Anzug erfolgt in ähnlicher Weise wie bei den Handschuh-Ärmel-Manschetten-Systemen.

Anhang D
(informativ)

Beispiele für Transfervorrichtungen

D.1 Einleitung

In diesem Anhang sind Beispiele für Transfervorrichtungen aufgeführt, auf die in 7.2 Bezug genommen wird. Diese Diagramme dienen lediglich als illustrierte Beispiele möglicher Anordnungen und sind keine normativen Auslegungsspezifikationen [28]. Die Beispiele sind nicht vollständig.

D.2 Transfervorrichtung A1

Wenn eine solche Vorrichtung nach einem validierten Transferprozess betrieben wird, kann bei geöffneter Tür die Luft zwischen der Hintergrundumgebung und der SD-Modul-Umgebung frei durch die Transfervorrichtung A1 (siehe Bild D.1) fließen.

BEISPIELE Beispiele für Transfervorrichtungen A1 sind Türen, Zugangsklappen, Reißverschlüsse, Haken- und Ösen-Bänder, Druckknöpfe, „Marmeladenglas"-Deckel und Folienverpackungen (Bag-in-Bag-out).

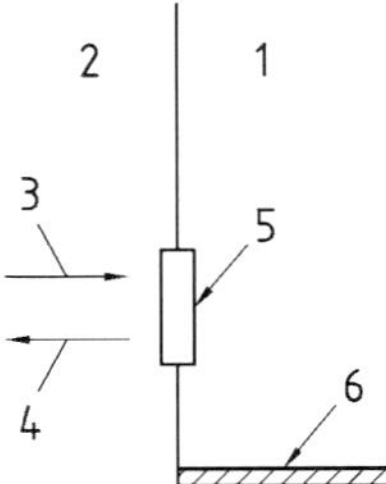

Legende
1 SD-Modul-Umgebung
2 Hintergrundumgebung
3 Eingang
4 Ausgang
5 abgedichtete Tür
6 Arbeitsoberfläche im kontrollierten Arbeitsbereich

Bild D.1 — Transfervorrichtung A1

D.3 Transfervorrichtung A2

Wenn eine solche Vorrichtung im dynamischen Zustand nach einem validierten Transferprozess betrieben wird, fließt die Luft frei durch die Transfervorrichtung A2 (siehe Bild D.2) aus der SD-Modul-Umgebung heraus.

BEISPIELE Beispiele für Transfervorrichtungen A2 sind dynamische Öffnungen und Mauselöcher.

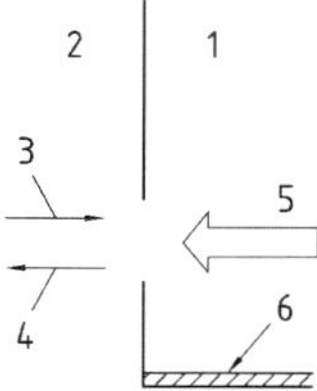

Legende
1 SD-Modul-Umgebung
2 Hintergrundumgebung
3 Eingang
4 Ausgang
5 Luftstrom
6 Arbeitsoberfläche im kontrollierten Arbeitsbereich

Bild D.2 — Transfervorrichtung A2

D.4 Transfervorrichtung B1

Wird eine Transfervorrichtung B.1 (siehe Bild D.3) entsprechend dem ordnungsgemäßen Ablauf oder mit einem Sicherheitstransferverfahren betrieben, ist ein direkter Durchlass von Luft zwischen der Hintergrundumgebung und der SD-Modul-Umgebung nicht möglich. Luft aus der Hintergrundumgebung kann jedoch gehalten und dann in die SD-Modul-Umgebung hinein freigesetzt werden; gleichermaßen kann Luft aus der SD-Modul-Umgebung gehalten und dann in die Hintergrundumgebung hinein freigesetzt werden.

BEISPIELE Beispiele für Transfervorrichtungen B1 sind durch Doppeltüren verschlossene Transferkammern, Abfüllöffnungen, ausziehbare Abfallöffnungen und einfache Schleusen.

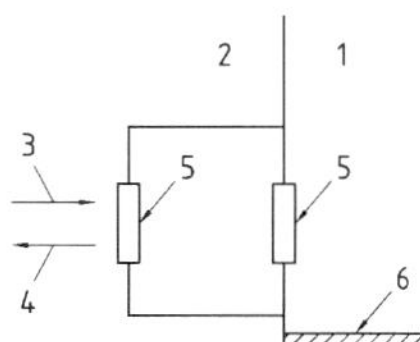

Legende
1 SD-Modul-Umgebung
2 Hintergrundumgebung
3 Eingang
4 Ausgang
5 abgedichtete Tür
6 Arbeitsoberfläche im kontrollierten Arbeitsbereich

Bild D.3 — Transfervorrichtung B1

D.5 Transfervorrichtung B2

Die Transfervorrichtung B2 (siehe Bild D.4) hat doppelt abgedichtete Türen und ist mit Vorrichtungen versehen, die das Spülen und Evakuieren der Transfervorrichtung ermöglichen, um Umgebungskompatibilität sicherzustellen, bevor die Abgrenzung zur SD-Modul-Umgebung aufgehoben wird.

Die abgepumpten Gase müssen sicher entsorgt werden.

ANMERKUNG Je nach Zusammenhang zwischen Dampfdruck und Siedepunkt der Flüssigkeiten ist möglicherweise bei Transfers von Flüssigkeiten keine Evakuierung möglich.

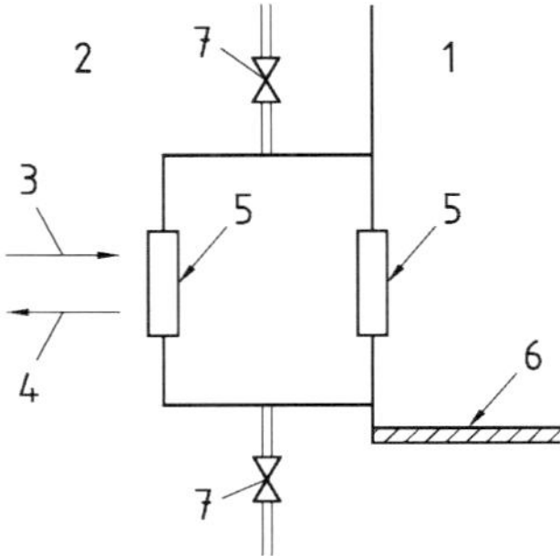

Legende
1 SD-Modul-Umgebung
2 Hintergrundumgebung
3 Eingang
4 Ausgang
5 abgedichtete Tür
6 Arbeitsoberfläche im kontrollierten Arbeitsbereich
7 Ventil

Bild D.4 — Transfervorrichtung B2

D.6 Transfervorrichtung C1

Die Transfervorrichtung C1 (siehe Bild D.5) ist mit Türen und HEPA-Filtern ausgestattet, wodurch bei Einsatz in einem unter Überdruck stehenden SD-Modul und bei Einhalten eines korrekten Ablaufes keine ungefilterte Luft von der Hintergrundumgebung in die SD-Modul-Umgebung gelangen kann, jedoch kann ungefilterte Luft aus der SD-Modul-Umgebung in die Hintergrundumgebung gelangen. Solche Transfervorrichtungen sind nicht für unter Unterdruck betriebene SD-Module geeignet, da bei diesen ungefilterte Luft von der Hintergrundumgebung in die SD-Modul-Umgebung gelangen könnte. Transfervorrichtungen C1 werden nicht empfohlen, wenn bei der Arbeit in SD-Modulen unter Überdruck Schutz für das Bedienpersonal und für Dritte erforderlich ist.

BEISPIEL Beispiele für Transfervorrichtungen C.1 sind Transferkammern mit Einfachfiltern.

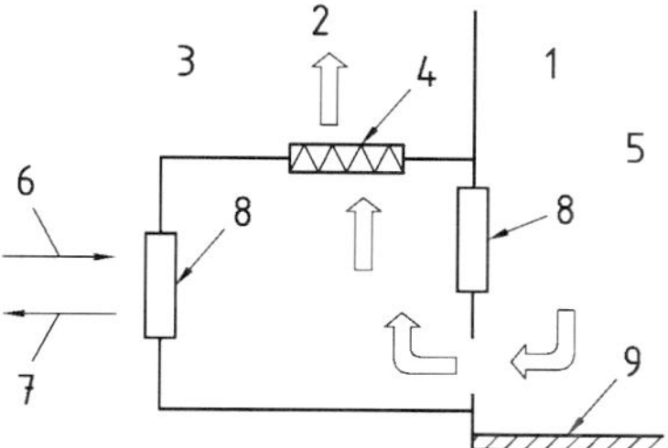

Legende

1 SD-Modul-Umgebung
2 Luftstrom
3 Hintergrundumgebung
4 HEPA-Filter
5 Überdruck
6 Eingang
7 Ausgang
8 abgedichtete Tür
9 Arbeitsoberfläche des kontrollierten Bereichs

Bild D.5 — Transfervorrichtung C1

D.7 Transfervorrichtung C2

Die Transfervorrichtung C2 (siehe Bild D.6) ist mit Türen und HEPA-Filtern ausgestattet, wodurch bei Einsatz in einem unter Unterdruck stehenden SD-Modul und bei Einhalten eines korrekten Ablaufes bzw. eines Sicherheitstransferprozesses keine ungefilterte Luft von der Hintergrundumgebung in die SD-Modul-Umgebung gelangen kann (diese Luft dringt direkt in den Raum unter der Arbeitsoberfläche des SD-Moduls ein und verlässt diesen durch einen Auslass); es kann auch umgekehrt keine ungefilterte Luft aus der SD-Modul-Umgebung in die Hintergrundumgebung gelangen, wenn das SD-Modul in Betrieb ist. Solche Transfervorrichtungen sind nicht geeignet für SD-Module, in denen mit Überdruck gearbeitet wird.

BEISPIEL Beispiele für Transfervorrichtungen C.2 sind Transferkammern mit Einfachfiltern.

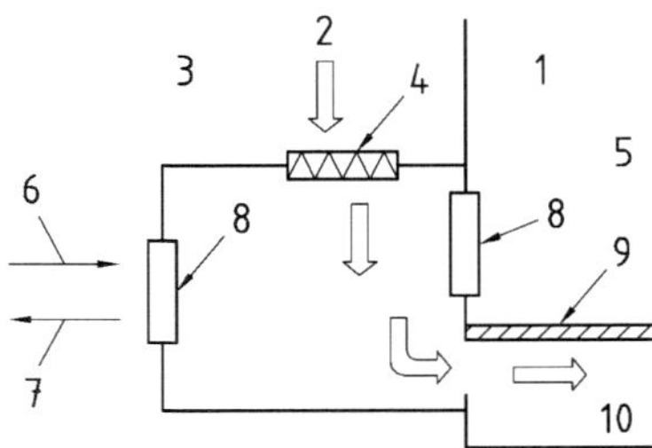

Legende

1 SD-Modul-Umgebung
2 Luftstrom
3 Hintergrundumgebung
4 HEPA-Filter
5 Unterdruck
6 Eingang
7 Ausgang
8 abgedichtete Tür
9 Arbeitsoberfläche des kontrollierten Bereichs
10 Abgasauslass

Bild D.6 — Transfervorrichtung C2

D.8 Transfervorrichtung D1

Die Transfervorrichtung D1 (siehe Bild D.7) ist mit Türen und HEPA-Filtern ausgestattet, wodurch bei Einhalten eines korrekten Ablaufes bzw. eines Sicherheitstransferprozesses keine ungefilterte Luft von der Hintergrundumgebung in die SD-Modul-Umgebung und keine ungefilterte Luft aus der SD-Modul-Umgebung in die Hintergrundumgebung dringen kann.

BEISPIELE Beispiele für Transfervorrichtungen D1 sind Doppelfilter-Transferkammern oder SD-Module, die als Transfervorrichtungen benutzt werden.

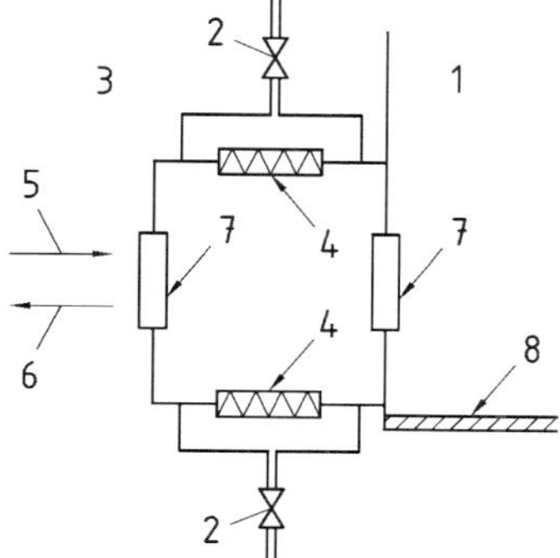

Legende

1 SD-Modul-Umgebung
2 Ventil
3 Hintergrundumgebung
4 HEPA-Filter
5 Eingang
6 Ausgang
7 abgedichtete Tür
8 Arbeitsoberfläche des kontrollierten Bereichs

Bild D.7 — Transfervorrichtung D1

D.9 Transfervorrichtung D2

Die Transfervorrichtung D2 entspricht der in D.8 beschriebenen Transfervorrichtung D.1, ist jedoch mit einer sicheren und zeitversetzten Ein-/Ausgangskontrolle versehen, wodurch bei Arbeit nach einem validierten Transferablauf für eventuelle Oberflächendekontaminierungsabläufe hinreichend Zeit zur Verfügung steht, so dass die Verschleppung von Kontaminationen auf ein Mindestmaß reduziert werden kann.

D.10 Transfervorrichtung E

Die Transfervorrichtung E (siehe Bild D.8) wird vor der Öffnung gegenüber anderen Bereichen, die gereinigt wurden, zusammen mit ihrem Inhalt, sofern vorhanden, einer Reinigung unterzogen.

BEISPIELE Beispiele für Transfervorrichtungen E sind ausgasungsfähige/autoklavierbare Transfervorrichtungen einschließlich bestimmter Transfer-SD-Module und Andocksysteme, permanent angeschlossene Autoklaven und ähnliche Vorrichtungen.

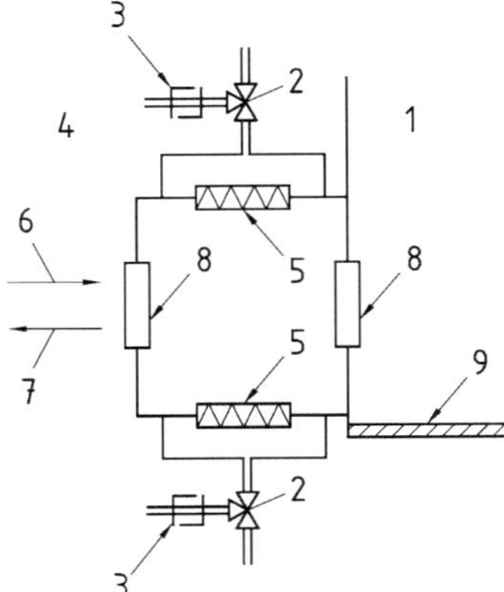

Legende

1 SD-Modul-Umgebung
2 Dreiwegeventil
3 Schnellkupplung
4 Hintergrundumgebung
5 HEPA-Filter
6 Eingang
7 Ausgang
8 abgedichtete Tür
9 Arbeitsoberfläche des kontrollierten Bereichs

Bild D.8 — Transfervorrichtung E

D.11 Transfervorrichtung F

Die Transfervorrichtung F (siehe Bild D.9) dockt direkt und dicht an einem SD-Modul an. Sie wird üblicherweise als Transportbehälter benutzt. Manche Systeme können Trennstellen für Entlüfter aufweisen.

BEISPIELE Beispiele für Transfervorrichtungen F sind Schnell-Transfersysteme, mechanische Standard-Schnittstellen und Split-Ventilanschlüsse.

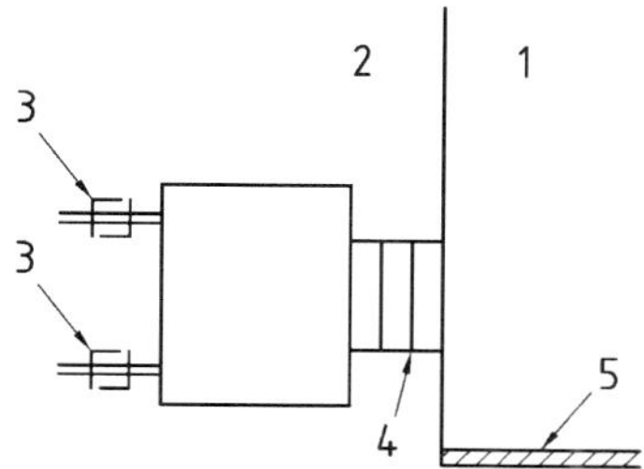

Legende

1 SD-Modul-Umgebung
2 Hintergrundumgebung
3 Schnellkupplung
4 doppelt verriegelte Türen oder Ventile
5 Arbeitsoberfläche des kontrollierten Bereichs

Bild D.9 — Transfervorrichtung F

Anhang E
(informativ)

Leckprüfung

E.1 Induktionsleckprüfung

E.1.1 Verfahren

Die Prüfverfahren sollten unter normalen Betriebsbedingungen durchgeführt werden. Wenn Druck oder Strömung angewendet werden, um die Geschwindigkeit oder den Massenstrom zur Verringerung des Transfers von unerwünschten Stoffen auf ein Mindestmaß oder zu dessen Verhinderung zu erzeugen, sollte die Leistungsfähigkeit solcher Systeme durch vereinbarte, quantifizierbare und wiederholbare Prüfverfahren festgestellt werden.

Bei den Prüfverfahren sollten folgende Punkte berücksichtigt werden:

a) normaler Betrieb;

b) Leerlauf oder Bereitschaft;

c) vorübergehende Veränderungen während a) und b);

d) Druck- oder -strömungsausfall.

Wenn Handschuhe und Handschuhsysteme verwendet werden, sollte im Rahmen der Induktionsprüfung die vorübergehende Volumenänderung geprüft werden, die auftritt, wenn alle Bedienerhandschuhe gleichzeitig eingeführt oder ausgezogen werden, da signifikante Druckänderungen von mehr als 1 000 Pa auftreten können.

Auch sollten jegliche Vorrichtungen mit ähnlichen Volumeneffekten in die Prüfverfahren mit einbezogen werden.

E.1.2 Prüfausrüstung

Prüfausrüstung und -verfahren sollten für den Prozess geeignet sein. Geeignete Prüfausrüstungen bestehen aus:

a) Aerosol-Generator und Photometer;

b) Aerosol-Generator und digitalem Partikelzähler;

c) Tröpfchen-Generator mit Zentrifugalscheibe oder einem ähnlichen Gerät zur Erzeugung einer gezielten Belastung in Verbindung mit geeignetem Detektor.

E.1.3 Verfahren

Das Aerosol wird außerhalb des SD-Moduls im interessierenden Bereich erzeugt. Die Partikelkonzentrationen innen und außen sind zu vergleichen um festzustellen, ob eine signifikante Penetration stattgefunden hat.

Die einzelnen Prüfverfahren und -berichte sollten jeweils anwendungsbezogen entwickelt werden.

E.2 Leckprüfung mittels Druckbeaufschlagung

E.2.1 Zur Erkennung größerer Lecks können verschiedene alternative Verfahren angewendet werden. Die in E.2.1.1 und E.2.1.2 beschriebenen Verfahren dienen zur Orientierung.

E.2.1.1 Auf den verdächtigen Bereich des zu prüfenden SD-Moduls wird eine angemessene Menge Seifenlösung aufgebracht. Lecks werden durch Blasenbildung der Seifenlösung sichtbar.

E.2.1.2 Als zu bevorzugende Alternative zu dem in E.2.1.1 beschriebenen Verfahren können Lecks festgestellt werden, indem das SD-Modul mit Helium oder einem anderen geeigneten Gas bis zu einem Überdruck von bis zu 1 000 Pa beaufschlagt wird. Mittels einer geeigneten Sonde können verdächtige Bereiche auf Lecks geprüft werden.

ANMERKUNG 1 Keines der in E.2.1.1 und E.2.1.2 beschriebenen Verfahren ist quantitativ, obwohl Spürgas (Tracergas) eine Unterscheidung zwischen verschiedenen Schweregraden von Lecks erlaubt.

ANMERKUNG 2 Als weitere Verfahren zur Leckortung können die Beaufschlagung mit Ammoniakgas und die Erkennung mit feuchtem pH-Indikatorgewebe oder die Verwendung von sichtbarem Rauch, der visuell, fotografisch oder per Video dokumentiert wird, genannt werden.

E.2.2 Folgende Verfahren, sortiert nach zunehmender Empfindlichkeit, dienen zur Orientierung:

a) Bläschenprüfung mit geeigneter oberflächenaktiver Flüssigkeit;

b) Anwendung einer wärmeleitenden „Schnüffel"-Sonde mit CO_2, He, Ar usw.;

c) Anwendung einer Ionisationsdetektor-„Schnüffel"-Sonde mit SF_6;

d) Anwendung eines Helium-Massenspektrometers mit "Schnüffel"-Sonde mit Helium.

Im Allgemeinen wird angenommen, dass die Leckage eines SD-Moduls gleichmäßig verteilt ist und nicht nur an einer einzelnen Leckspur auftritt. Diese Annahme kann bei einem SD-Modul falsch sein. Eine einzelne Leckspur könnte eine unannehmbare lokale Verschlechterung der Atmosphäre verursachen. Die besondere Bedeutung der Festlegung eines geeigneten Verfahrens zur Leckprüfung sollte daher gegebenenfalls schon bei der Auslegung betont werden.

Bei der Verwendung von Inertgasen sollten Vorsichtsmaßnahmen getroffen werden. Inertgase können Tod durch Erstickung verursachen.

Bei der Verwendung von Helium sollte sichergestellt werden, dass das Prüfgasgemisch innerhalb des Moduls gut durchmischt wird.

ANMERKUNG 1 Helium kann Polymere durchdringen und durch die Ausgasung falsch positive Ergebnisse liefern.

ANMERKUNG 2 Weitere Informationen hierzu sind in [26] zu finden.

E.3 Quantitative Leckprüfung

E.3.1 Druckfestigkeitsprüfung

E.3.1.1 Leckprüfung bei Unterdruck-SD-Modulen mit festen Wänden

ISO 10648-2 legt drei Verfahren für Leckprüfungen bei Unterdruck-SD-Modulen mit festen Wänden nach ISO 10648-1 fest:

a) Sauerstoffverfahren (siehe ISO 10648-2:1994, 5.1);

b) Druckänderungsverfahren (siehe ISO 10648-2:1994, 5.2);

c) Verfahren mit konstantem Druck (siehe ISO 10648-2:1994, 5.3).

Die Leckrate wird zur Prüfung im üblichen Betrieb bei normalem Betriebsdruck gemessen (üblicherweise etwa 250 Pa) und bei der Abnahmeprüfung bei bis zu 1 000 Pa.

Die genannten Verfahren sind für Unterdruckprüfungen festgelegt, die mit Ausnahme des Sauerstoffverfahrens sowohl bei Unter- als auch bei Überdruck ausgeführt werden können. Bei der Berechnung der Ergebnisse sind die entsprechenden mathematischen Umwandlungen vorzunehmen.

Ein weiteres Verfahren zur Druckprüfung (Parjo), das für denselben Bereich stündlicher Leckraten wie die genannten Verfahren angewendet werden kann, wird ebenfalls in Anhang F behandelt. Die Parjo-Prüfung kann unter Bedingungen geeignet sein, unter denen die Kontamination der Prüfausrüstung oder die Prüfzeiten so gering wie möglich gehalten werden muss/müssen.

Druckprüfungen unter nahezu atmosphärischen Bedingungen unterliegen Schwankungen der Temperatur und der Umgebungsparameter. Die Anwendung empfindlicher Messgeräte bei der Messung der Parameter trägt wesentlich zur Genauigkeit der Ergebnisse bei.

Für SD-Module, bei denen unter normalen Betriebsbedingungen oder bei Systemausfällen sowohl Über- als auch Unterdruck auftreten kann, sollte für beide Zustände die quantitative Leckrate ermittelt werden.

E.3.1.2 Vorsichtsmaßnahmen vor der Prüfung

Druckfestigkeitsprüfungen werden in der Regel nur unter solchen Bedingungen durchgeführt, unter denen die Risiken so gering wie möglich sind. Dennoch birgt jede Prüfung sowohl für die Ausrüstung als auch das Bedienpersonal ein gewisses geringes Restrisiko.

Die Sicherheitsvorkehrungen bei der Abnahmeprüfung sollten sich im Wesentlichen am gesunden Menschenverstand orientieren und betreffen Bedingungen mit übermäßigem Über- oder Unterdruck im geprüften SD-Modul. Der für die Prüfung ausgewählte Prüfdruck sollte niemals überschritten werden, da ansonsten bauliche Schäden an dünnen Wänden usw. auftreten können. Bei Unterdruckprüfungen können ebenfalls Schäden verursacht werden, d. h. der Einsturz von Leichtbauelementen.

Die Prüfung der Ausrüstung auf hohe oder mittlere Druckfestigkeit erfordert eine komplexere Vorgehensweise. Für eine Prüfung des Druckanstiegs in der Einschließung, d. h. eine Prüfung der Leckrate, ist ein konstantes Volumen erforderlich. Diese Prüfverfahren reagieren auf kleine Volumenänderungen äußerst empfindlich; daher kann es bei Geräten, bei denen Volumenänderungen möglich sind, nicht nur zu fehlerhaften Messergebnissen kommen, sondern auch zur Freisetzung von Stoffen, z. B. Öl und Schmierfett.

Falls Inertgas aus unter Druck stehenden Behältern als Prüfmedium verwendet werden soll, muss die erforderliche Druckentlastungs- und -regelungsvorrichtung eingebaut und geprüft werden, bevor Prüfungen durchgeführt werden. (Es sind die für die Handhabung, Lagerung und den Gebrauch von Druckgasen angemessenen Vorkehrungen zu beachten.)

Die Leckratenprüfung von „aktiven“ SD-Modulen verlangt besondere Sorgfalt. Örtliche Sicherheitsvorschriften sind auf jeden Fall einzuhalten. Bevor eine Prüfung in Erwägung gezogen wird, sollte eine gründliche Voruntersuchung durchgeführt werden. Mit dieser sollte sichergestellt werden, dass die Abtrennung des SD-Moduls folgerichtig und sicher durchgeführt werden kann, so dass im Notfall eine rasche Rückkehr zu normalen Betriebsbedingungen möglich ist.

Nach Abschluss von Prüfungen oder bei Verschiebung dieser muss sichergestellt werden, dass das SD-Modul gesichert wird, insbesondere, wenn es über Nacht unbeobachtet in ungeheizter Umgebung verbleibt. Ein Temperaturabfall von nur einigen Grad kann bereits erhebliche Spannungen in einer dünnen Wand hervorrufen, wenn diese unter Unterdruck belassen wird.

E.3.1.3 Einstellung stabiler Bedingungen

Bevor mit einer Leckprüfung begonnen wird, sollte sich das SD-Modul im Ruhezustand befinden. Wenn möglich, sollten SD-Module, die durch „Pumpeffekte" oder aufgrund von Bewegungen von Tafelkonstruktionen oder anderen leichten Bauteilen möglicherweise Volumenschwankungen unterliegen, während der Prüfung versteift werden. Die zulässige Leckrate und die zur Erkennung dieser Leckrate erforderliche Empfindlichkeit sind wesentliche Einflussfaktoren. Wenn sehr geringe Leckraten erforderlich sind, ist es aufgrund von Klimaschwankungen manchmal schwierig, stabile Bedingungen einzustellen. Wenn möglich, sollte das SD-Modul isoliert sein. Schon geringe Veränderungen der Umgebungsbedingungen können scheinbare Leckraten verursachen, die der zulässigen Leckrate nahe kommen oder diese sogar überschreiten. Das zu prüfende SD-Modul muss in einer Umgebung aufgestellt werden, in der es der Einwirkung direkter Sonneneinstrahlung und Zugluft entzogen ist. Um sicherzustellen, dass die gesamte Ausrüstung dieselbe Temperatur aufweist, sollte sie etwa 30 min vor der Prüfung, wenn möglich länger, bereit stehen.

Es kann schwierig sein, stabile Umgebungsbedingungen aufrechtzuerhalten. Falls die erforderliche Stabilität nicht während der gesamten Dauer der Prüfung aufrechterhalten werden kann, sollte die Prüfung vor oder nach der normalen Arbeitszeit durchgeführt werden.

Die Prüfung von SD-Modulen in kontrollierter Atmosphäre kann gewisse Schwierigkeiten bereiten. Eine ungeeignete oder fehlerhafte Kontrolle kann plötzliche Änderungen des atmosphärischen Druckes verursachen; der Zugang durch Luftschleusen muss möglicherweise während der Messzeit eingeschränkt werden. Es ist notwendig, die entsprechenden geltenden Sicherheitsanordnungen zu befolgen. Möglicherweise ist es am günstigsten, die Prüfung zu einem ruhigeren Zeitpunkt während der Arbeit oder während der Essenspausen durchzuführen.

E.3.1.4 Herleitung von Gleichungen

Die Geschwindigkeit durch eine Öffnung ergibt sich unter der Annahme, dass Öffnungs- und Ausdehnungskoeffizient identisch sind, aus folgender Gleichung:

$$v = \sqrt{\frac{2\Delta p}{\rho}} \tag{E.1}$$

Dabei ist

v die Geschwindigkeit, in Meter je Sekunde;

ρ die Dichte, in Kilogramm je Kubikmeter (Trockenluft = 1,205 kg/m^{-3} bei 101,3 kPa, 20 °C);

Δp der Differenzdruck über die Öffnung, in Pascal.

Volumenstrom ist gleich Geschwindigkeit mal Fläche; daraus ergibt sich:

$$q = \sqrt{\frac{2\Delta p}{\rho}} \times A \times 3\,600 \tag{E.2}$$

Dabei ist

q die stündliche Leckrate aus dem SD-Modul, in Kubikmeter je Stunde;

A die Fläche, in Quadratmeter.

Hierfür wird eingesetzt:

$$\sqrt{\frac{2}{\rho}} = \sqrt{\frac{2}{1{,}205}} = 1{,}28 \tag{E.3}$$

$$q = 1{,}28 \times 3\,600\; A \sqrt{\Delta\, p} \tag{E.4}$$

ANMERKUNG 1 Bei der Berechnung des Volumenstromes durch das Leck werden lediglich Öffnungsdurchmesser und Differenzdruck berücksichtigt.

ANMERKUNG 2 Potentielle Risiken durch Lecks erfordern eine sorgfältige Bewertung. Bei Einströmung in ein unter Unterdruck stehendes SD-Modul durch kleine Öffnungen besteht die Neigung zur Bildung von Strahlen möglicher Kontaminanten mit hoher Strömungsgeschwindigkeit, die durch den Luftstrom des SD-Moduls wahrscheinlich nicht verdünnt werden. In ähnlicher Weise können vergleichbare Ausströmungen aus Überdruckmodulen im Außenbereich zu unannehmbar hohen lokalen Kontaminationen führen.

Die Prüfverfahren nach E.3 für SD-Module mit konstantem Volumen basieren auf der Gleichung des kombinierten Gasgesetzes (in absoluten Werten):

$$\frac{p_1 \cdot V_1}{T_1} \; \frac{p_2 \cdot V_2}{T_2} \tag{E.5}$$

Dabei ist

- p der absolute Druck, in Pascal;
- T die absolute Temperatur, in Kelvin;
- V das Volumen im SD-Modul, in Kubikmeter.

ANMERKUNG 1 Bei konstantem Volumen führt eine Temperaturänderung von 1 K zu einer Druckänderung von 334 Pa.

ANMERKUNG 2 Die Prüfungen (mit Ausnahme von Parjo) werden über eine Dauer von 1 h durchgeführt, wobei der Anfangsprüfdruck mindestens 1 kPa beträgt. Das Volumen des (ein- oder aus-)tretenden Gases verhält sich proportional zur Druckänderung, wenn um die Luftdruck- und Temperaturänderungen korrigiert wird.

Durch Beibehaltung eines konstanten Volumens und Faktorisieren des Volumens auf beiden Seiten der Gleichung ergibt sich folgende Gleichung:

$$V\left[\frac{p_1}{T_1} = \frac{p_2}{T_2}\right] \tag{E.6}$$

Die Prüfungen nach E.3 werden über eine Dauer von 1 h durchgeführt, wobei der Anfangsprüfdruck bei der Inbetriebnahme mindestens 1 000 Pa beträgt. Das aus dem konstanten Prüfvolumen ausströmende oder in dieses einströmende Gasvolumen ist proportional zur Druckänderung. Deshalb ist die stündliche Leckrate gleich der teilweisen Druckänderung in einer Stunde. Bei Temperatur- und Luftdruckänderungen während der Prüfung muss die stündliche Leckrate korrigiert werden, wie in Gleichung (E.6) gezeigt.

E.3.1.5 Stündliche Leckrate

Die stündliche Leckrate R_h des SD-Moduls, angegeben als Kehrwert der Stundenzahl (h^{-1}), ergibt sich nach:

$$R_\mathrm{h} = \frac{q}{V} \tag{E.7}$$

Dabei ist

q die stündliche Leckrate des SD-Moduls, in Kubikmeter je Stunde;

V das Volumen des SD-Moduls, in Kubikmeter.

ANMERKUNG Mit Ausnahme der Sauerstoffprüfung wird bei allen Prüfungen von einem konstanten Volumen und starren Wänden bei den SD-Modulen ausgegangen. Leckraten, die bei Systemen mit dünnen oder flexiblen Wänden mit dem Druckprüfverfahren ermittelt wurden, variieren aufgrund von Volumenänderungen.

Handschuhe und Halbanzüge sollten bei Prüfungen der Leckage aus der Einschließung abgeschottet werden, außer bei der nach dem Sauerstoffverfahren.

E.3.1.6 Klassifizierung

Die Klassifizierung von SD-Modulen anhand der stündlichen Leckrate wird in Tabelle E.1 dargestellt

Tabelle E.1 — Klassifizierung von SD-Modulen und geeignete Prüfverfahren

Klasse	Stündliche Leckrate R_h h^{-1}	Druckfestigkeit	Prüfverfahren
1	$\leq 5 \times 10^{-4}$	Hoch	Sauerstoff-, Druckänderungs- oder Parjo-Verfahren
2	$< 2,5 \times 10^{-3}$	Mittel	Sauerstoff-, Druckänderungs- oder Parjo-Verfahren
3	$< 10^{-2}$	Niedrig	Sauerstoff- oder Druckänderungsverfahren oder Verfahren mit konstantem Druck
4	$< 10^{-1}$		Verfahren mit konstantem Druck

ANMERKUNG 1 Klassifizierung und festgelegte Prüfverfahren nach ISO 10648-2 wurden mit Druckfestigkeitsstufen kombiniert, um einen Vergleich mit der fortlaufenden Abtrennung nach Anhang A zu ermöglichen.

ANMERKUNG 2 Das Parjo-Verfahren wurde aufgenommen, sofern angebracht.

ANMERKUNG 3 Die Prüfverfahren nach ISO 10648-2 sind für Unterdruck-SD-Module gedacht, können jedoch mit Ausnahme des Sauerstoffverfahrens für die Anwendung bei Überdruck-SD-Modulen modifiziert werden.

E.3.2 Massenbilanzierung zur Abschätzung der annehmbaren stündlichen Leckrate

E.3.2.1 Kurzbeschreibung

Grundlegend für dieses Verfahren ist die Tatsache, dass eine luftgetragene Kontamination im Außenbereich eines Unterdruck-SD-Moduls durch Strömung durch ein Leck in das SD-Modul eindringen kann. Umgekehrt kann die Leckströmung dazu führen, dass eine im Innern eines Überdruck-SD-Moduls vorliegende luftgetragene Kontamination die Hintergrundumgebung um das SD-Modul herum erreicht. In beiden Fällen kann die Leckkonzentration durch jegliche Luftströmung in dem Bereich, in den sie eindringt, verdünnt werden. Mit Hilfe einer Gleichung zur Massenbilanzierung kann die stündliche Leckrate aus den Gleichgewichtskonzentrationen des Kontaminanten in den beiden durch das Leck verbundenen Luftvolumina annähernd berechnet werden.

E.3.2.2 Einschränkungen

E.3.2.2.1 Die Berechnungen lassen lokale Bedingungen an Stellen am Leck unberücksichtigt, an denen die Kontamination möglicherweise noch nicht auf den annehmbaren Wert verdünnt ist. In der Praxis sollte ein signifikanter Sicherheitsfaktor berücksichtigt werden, um lokale Auswirkungen auf ein Mindestmaß zu verringern.

E.3.2.2.2 Es wird davon ausgegangen, dass eine Risikoanalyse vorgenommen wurde, um die höchste annehmbare Kontaminationskonzentration – im Fall von Unterdruck-SD-Modulen im Hinblick auf die Produktqualität und im Fall von Überdruck-SD-Modulen im Hinblick auf die Sicherheit des Bedieners – zu ermitteln.

Es wird von folgenden Annahmen ausgegangen:

— die Konzentration der Kontaminanten im Leck ist identisch mit derjenigen im stromauf gelegenen (unter höherem Druck stehenden) Bereich;

— die Luft im vom Leck beeinflussten Bereich ist gut durchmischt (was bei laminaren oder langsamen Luftströmungen nicht zu erwarten ist);

— die sich mit der Leckluft vermischende Luft enthält anfänglich keine Kontamination;

— der Prozess hat den Beharrungszustand erreicht.

E.3.2.3 Abschätzung

Unter Beachtung der in E.3.2.2 genannten Einschränkungen wird die stündliche Leckrate nach folgender Gleichung berechnet:

$$R_\mathrm{h} = \frac{V_\mathrm{S} R_\mathrm{ac} c_\mathrm{a}}{c_1 V} \qquad \text{(E.8)}$$

Dabei ist

R_h die stündliche Leckrate, als Kehrwert der Stundenzahl (h^{-1});

V_s das Volumen des von dem Leck beeinflussten Raumes, in Kubikmeter;

c_a die annehmbare Konzentration der luftgetragenen Kontamination im vom Leck beeinflussten Raum, in Milliliter je Kubikmeter (oder jedem beliebigen anderen geeigneten Maß);

R_ac die Luftaustauschrate im vom Leck beeinflussten Raum, als Kehrwert der Stundenzahl (h^{-1});

c_1 die ursprüngliche Konzentration der luftgetragenen Kontamination im Leck selbst, in Milliliter je Kubikmeter (oder in denselben Einheiten wie für c_a);

V das Volumen des SD-Moduls, in Kubikmeter.

Die Gleichung ist so formuliert, dass sie sowohl auf das Innere eines Unterdruck-SD-Moduls als auch auf die Hintergrundumgebung eines Überdruck-SD-Moduls angewendet werden kann.

E.4 Quantitative Leckprüfung bei SD-Modulen mit flexiblen Folienwänden

E.4.1 SD-Module mit Wänden aus flexibler Folie können bei Prüfungen mit Differenzdrücken beschädigt werden, wenn diese Drücke wesentlich höher liegen als die Betriebsdrücke.

E.4.2 SD-Module mit flexiblen Folienwänden sollten nach dem Sauerstoffverfahren geprüft werden.

ANMERKUNG Sobald die quantitativen Abnahmeergebnisse ermittelt wurden, ist es sinnvoll, für den Vergleich mit den Routineprüfungen unter Betriebsdruckbedingungen eine Prüfung bei Überdruck auszuführen; dies gilt insbesondere für SD-Module, die nicht durch eine Prüfung bei Unterdruck beeinträchtigt werden sollten, z. B. sterile SD-Module

Bei SD-Modulen, die den zur Klassifizierung erforderlichen Abnahmeprüfdruck von 1 000 Pa nicht erreichen können, für die jedoch zum Zweck einer Gefährdungsanalyse die Ermittlung der stündlichen Leckrate erforderlich ist, sollten bei 250 Pa für weniger als 1 h geprüft werden. Die sich ergebende stündliche Leckrate sollte für Analysezwecke verdoppelt werden [siehe Gleichung (E.4)].

E.5 Beispiele für Leckprüfungen an Handschuhen

E.5.1 Allgemeines

Bei den nachfolgend beschriebenen Druckabfallprüfungen handelt es sich lediglich um einige Beispiele von vielen Prüfungen, die für Handschuhe angewendet werden können; sie dienen zur Veranschaulichung von Handschuh-Leckprüfungen. Weitere Leckprüfungen für Handschuhe dürfen für geeignete Situationen zwischen Hersteller und Lieferant vereinbart werden.

E.5.2 Prüfung für Unterdruck-SD-Module

E.5.2.1 Überblick

Eine Sichtprüfung der Handschuhe ist wichtig, da der Druck „selbstdichtende“ Schäden möglicherweise nicht aufdeckt. Die Prüfung nach E.5.2.2 ist ein einfaches Verfahren zur Leckprüfung von Handschuhen, die für Unterdruck-SD-Module verwendet werden, die bei einem Druckabfall größer als 170 Pa arbeiten. Das Gerät zur Handschuh-Leckprüfung vor Ort besteht aus einem empfindlichen Manometer oder einer ähnlichen Vorrichtung, das/die an einer Dichtplatte angebracht ist. Es eignet sich für die Prüfung von Handschuhen, Stulpen und Handschuh-Ärmel-Systemen, die an Handschuhöffnungen angebracht sind.

E.5.2.2 Vorgehensweise

Für die Durchführung der Prüfung wird folgende Vorgehensweise empfohlen:

a) Manometer einschalten.

b) Falls das Manometer über eine Messbereichsauswahl verfügt, den niedrigsten Bereich wählen.

c) Manometer in Nullstellung bringen. Geringe Abweichungen von ±3 Pa bis ±4 Pa beeinflussen die Empfindlichkeit oder das Ergebnis der Prüfungen nicht nachteilig. Sobald die Einheit "auf Null eingestellt" wurde, kann sie zur Prüfung der Unversehrtheit der Handschuhe/Stulpen verwendet werden.

d) Dichtplatte des Prüfgerätes leicht gegen den Ring der Handschuhöffnung des zu prüfenden Handschuhs bzw. der zu prüfenden Stulpe drücken; dabei ist sicherzustellen, dass Dichtplatte und Handschuhöffnung gegeneinander ausgerichtet sind. Wird das System zu kräftig angedrückt, kann dies zu einem leichten Überdruck zwischen der Einheit und dem Handschuh führen.

e) Einheit mit gleich bleibender Kraft fest an die Handschuhöffnung drücken, dabei Manometeranzeige sorgfältig beobachten. Durch Schwankungen der Andruckkraft können Fluktuationen von ±3 Pa bis ±4 Pa auftreten, die jedoch ebenfalls keine nachteiligen Einflüsse auf die Ergebnisse oder die Empfindlichkeit der Prüfungen haben. Erfahrene Bedienpersonen können potentielle Probleme innerhalb einer Prüfzeit von 10 s erkennen. Verdächtige Handschuhe/Stulpen sollten erneut geprüft werden; dabei kann es erforderlich sein, zur Absicherung der Ergebnisse über einen längeren Zeitraum zu prüfen.

f) Alle Handschuhe/Stulpen sind beim Befestigen und vor dem Betrieb des SD-Moduls zu prüfen.

E.5.2.3 Ergebnisse

E.5.2.3.1 Prüfung bestanden

Falls der Handschuh/die Stulpe unversehrt ist, bleibt die Manometeranzeige innerhalb einer Spanne von ±2 Pa bis ±10 Pa (besser ±5 Pa) konstant.

E.5.2.3.2 Prüfung nicht bestanden

Falls der Handschuh/die Stulpe beschädigt ist, wird die Manometeranzeige mit der Zeit immer höhere negative Werte anzeigen (d. h. -10 Pa, -15 Pa, -19 Pa). Diese Tendenz wird deutlich und fortschreitend sein.

Die Geschwindigkeit der Änderung ist proportional zum Schaden am Handschuh.

Jede Prüfung, die auf einen möglichen Schaden hindeutet, sollte wiederholt werden; dies kann einfach durchgeführt werden, indem der Druck der Prüfeinheit gegen die Handschuhöffnung zurückgenommen wird, so dass das Manometer wieder in die Nullstellung zurückkehren kann, und anschließend die Handschuhöffnung erneut mit Druck beaufschlagt wird, um die Wiederholungsprüfung zu beginnen. Ein(e) beschädigte(r) Handschuh/Stulpe wird bei beiden Prüfungen das gleiche Reaktionsmuster zeigen, was die Bestätigung leicht macht.

E.5.2.4 Empfindlichkeit

Die Empfindlichkeit der Prüfung ist proportional zum Gefälle des internen Betriebsdruckes des SD-Moduls. Stärkere Gefälle des internen Betriebsdruckes führen, wie in Gleichung (E.4) gezeigt, zu deutlicheren Ergebnissen. Eine Verdopplung des Druckgefälles wird daher die Leckrate annähernd verdoppeln. Für kleine Druckgefälle folgt die Leckrate in guter Näherung einer linearen Gleichung.

E.5.3 Handschuh-Leckprüfgerät für Überdruck

E.5.3.1 Überblick

Bei einem Leck-Prüfsystem für Überdruck wird eine Dichtkappe über der Handschuh-/Stulpen-Öffnung benötigt, die mit zwei Rohrformstücken versehen ist. Eines der Formstücke wird für den Anschluss eines Feinventils benötigt, durch das Druckgas ein- und ausströmen kann. Das zweite Formstück wird verwendet, um ein elektronisches Mikromanometer anzuschließen.

Dieses Verfahren sollte nur vor der Dekontaminierung verwendet werden und stellt keine Prozessprüfung dar.

E.5.3.2 Prüfablauf

Wenn die Dichtkappe über dem Ring der Handschuhöffnung angeordnet wird, bildet sich zwischen der Kappe und der inneren Oberfläche des Handschuhs ein Raum. Dieser Raum wird mit 1 000 Pa beaufschlagt, und es wird gewartet, bis sich der Druck stabilisiert. Ein Druckabfall deutet auf ein Leck im Handschuhgewebe oder im Sicherungssystem hin. Die folgenden Schritte sollten ausgeführt werden:

a) Es ist wichtig, vor der Prüfung die Handschuhe/Stulpen visuell auf offensichtliche Schäden zu überprüfen.

b) Es ist sicherzustellen, dass alle Finger des Handschuhs in das SD-Modul hineinreichen.

c) Die Luftzuleitung ist an das SD-Modul anzuschließen.

d) Das Manometer ist einzuschalten.

e) Durch Betätigung der Nullpunkt-Taste ist das Manometer in Nullstellung zu bringen, während das Handschuh-Leckprüfgerät im freien Raum gehalten wird. Kleine Abweichungen von ±3 Pa bis ±4 Pa haben keine nachteiligen Auswirkungen auf das Ergebnis oder die Empfindlichkeit der Prüfungen.

f) Die Dichtkappe des Handschuh-Leckprüfgerätes ist über den Außenring der Öffnung des zu prüfenden Handschuhs zu montieren.

g) Der Handschuh ist durch Ventilbetätigung aufzublasen. Die Manometeranzeige zeigt den Druck im Handschuh in Pascal an. Der Handschuh sollte auf mindestens 500 Pa aufgeblasen werden, jedoch auf nicht mehr als 1 000 Pa; da sich das System stabilisiert, werden möglicherweise einige Luftstöße benötigt, bis der erforderliche Druck erreicht wird.

h) Die Anzeige des Manometers ist zu beobachten. Ein konstanter Wert deutet auf einen unversehrten Handschuh hin.

Erfahrene Bedienpersonen können potentielle Probleme innerhalb einer Prüfzeit von 10 s erkennen. Verdächtige Handschuhe/Stulpen sollten erneut geprüft werden; dabei kann es erforderlich sein, zur Absicherung der Ergebnisse über einen längeren Zeitraum zu prüfen.

E.5.3.3 Ergebnisse

E.5.3.3.1 Prüfung bestanden

Wenn der Handschuh/die Stulpe unversehrt ist, bleibt die Manometeranzeige – mit den in E.5.3.2 erwähnten kleinen Abweichungen – innerhalb einer Spanne von 2 Pa bis 10 Pa konstant.

E.5.3.3.2 Prüfung nicht bestanden

Falls der Handschuh/die Stulpe beschädigt ist, wird die Manometeranzeige mit der Zeit immer kleinere Werte anzeigen (d. h. 500 Pa, 495 Pa, 490 Pa). Diese Tendenz wird deutlich und fortlaufend sein.

Die Geschwindigkeit der Änderung ist proportional zum Schaden am Handschuh.

Jede Prüfung, die auf einen möglichen Schaden hindeutet, sollte wiederholt werden.

Jede Prüfung, die auf eine deutliche Druckänderung hinweist, sollte genau untersucht werden, und es sollte entweder erneut auf den Fehler (z. B. falsch angebrachter Manschettenring, beschädigter Handschuh) hin geprüft werden, oder der/die verdächtige Handschuh/Stulpe sollte ausgewechselt werden, um dann erfolgreich nachprüfen zu können.

E.6 Beispiel für Leckprüfungen an Halbanzügen

E.6.1 Abnahmeprüfungen für Systeme mit flexiblen Halbanzügen dürfen mit Hilfe des Sauerstoffverfahrens nach ISO 10648-2 durchgeführt werden.

E.6.2 Sobald quantitative Abnahmeergebnisse ermittelt wurden, kann es sinnvoll sein, für den Vergleich mit den Routineprüfungen Druckprüfungen auszuführen, insbesondere, um eine Beeinträchtigung der Unversehrtheit des SD-Moduls durch eine Unterdruckprüfung zu vermeiden.

Anhang F
(informativ)

Parjo-Verfahren zur Leckprüfung

F.1 Hintergrund

Parjo ist der Name eines Leckprüfverfahrens für SD-Module, die unter Drücken arbeiten, die annähernd dem Atmosphärendruck entsprechen. Das Verfahren wurde von K. Parkinson und W. F. Jones entwickelt und ist nach seinen Entwicklern benannt. Es handelt sich um ein (vergleichsweise) schnelles und vielseitig anwendbares Verfahren zur Bestimmung von Leckraten. Es kann an kontaminierten Modulen durchgeführt werden, vorausgesetzt, die Druckentnahme ist in geeigneter Weise gesichert; so werden längere Stillstandszeiten vermieden, da keinerlei Messgeräte verwendet werden, die in das SD-Modul eindringen.

Durch die kurze Prüfzeit werden die Auswirkungen von Änderungen der Temperatur und des Atmosphärendruckes verringert. Es handelt sich um eine empfindliche Prüfung auf kleinere Lecks [14].

F.2 Prüfung auf große Lecks

F.2.1 Allgemeines

Verfahren zum Nachweis größerer Lecks werden unter E.2.1 beschrieben und sollten bei neuen Systemen vor Anwendung der Parjo-Leckprüfungen durchgeführt werden.

F.2.2 Kurzbeschreibung

Beim Parjo-Verfahren werden ein druckempfindlicher Reinigungsmittelfilm (Meniskus) in einem Glasrohr mit bekannten Maßen sowie ein Referenzgefäß mit bekanntem Volumen verwendet. Das Verfahren ermöglicht eine rasche Anzeige einer Volumenänderung, die sich vom SD-Modul in das Volumen des Referenzgefäßes überträgt.

Es wird angenommen, dass die Skizze in Bild F.1 praxisgerecht ist. Sind die Ventile A und B geöffnet, werden die Drücke im SD-Modul und im Referenzgefäß rasch den Gleichgewichtszustand erreichen. Werden die Ventile nun geschlossen, zeigt sich jede Änderung des Druckes im SD-Modul als Kolbenbewegung (Meniskusbewegung) hin zum Gefäß mit dem niedrigeren Druck. Diese Bewegung widerspiegelt eine Volumenänderung. Das Prinzip wird durch Verwendung des Parjo-Rohres nach Bild F.4, angeschlossen nach Bild F.2 oder Bild F.3, zur Anwendung gebracht. Die Glaswände des Referenzgefäßes übertragen rasch die Auswirkungen der Strahlungswärme in das SD-Modul. Es sollten sinnvolle Vorsichtsmaßnahmen ergriffen werden, um die Aufnahme von Strahlungswärme aus externen Quellen durch das SD-Modul zu verhindern. In diesem Fall geben die Kolbenauslenkungen (Meniskusauslenkungen) die Änderungen in der Atmosphäre im SD-Modul genau wieder und können als Volumenänderungen berechnet werden. Bei kurzzeitigen Beobachtungen der Meniskusauslenkungen, z. B. nicht länger als 5 min, können Schwankungen der Temperatur und des Luftdruckes vernachlässigt werden.

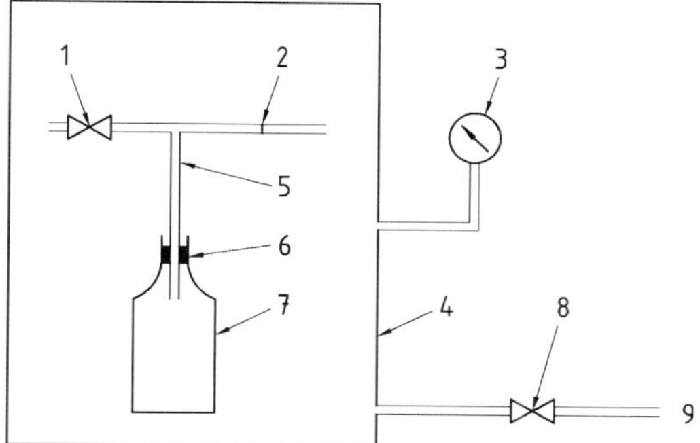

Legende

1 Ventil A
2 reibungsfreier Kolben
3 Druckmessgerät
4 SD-Modul
5 Glasrohr
6 Gummistopfen
7 Klarglas-Referenzgefäß mit bekanntem Volumen
8 Trennventil B
9 zur Über-/Unterdruckquelle

Bild F.1 — Schematische Darstellung der Durchführung

F.3 Ausrüstung

F.3.1 Allgemeines

Die für die Prüfung benötigte Ausrüstung wird in F.3.2 beschrieben. Es dürfen nur Geräte mit zugelassener Ausführung verwendet werden; diese sollten wie dargestellt aufgebaut werden. Um das Verfahren beim Hersteller, im Labor und auch unter Produktionsbedingungen anwendbar zu gestalten, muss die Prüfausrüstung so ausgeführt sein, dass es möglich ist, sie bei geringster Beeinträchtigung der Einschließung in das SD-Modul einzubringen. Die zugelassenen Geräte sind so beschaffen, dass sie durch eine Handschuhöffnung mit einem Durchmesser von 152 mm oder einen Durchgriff mit ähnlicher Größe hindurch eingeführt und zusammengesetzt werden können.

Lässt das SD-Modul die Einführung der Prüfausrüstung nicht zu, sollten weitere Anordnungen in Betracht gezogen werden (siehe F.3.2).

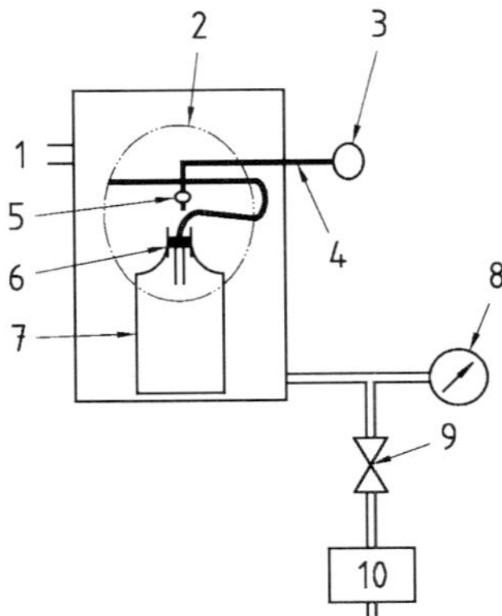

Legende

1 Anschluss des SD-Moduls an Leitungen
2 Sichtfenster
3 Pipettierball
4 Gummischlauch
5 Parjo-Rohr
6 Gummistopfen
7 Glasgefäß
8 Manometer/Druckmessgerät
9 Trennventil
10 Über-/Unterdruckquelle

Bild F.2 — Übliche Anordnung von Geräten für SD-Module

F.3.2 Stückliste für die Prüfausrüstung

F.3.2.1 Die folgenden Gegenstände sind für den Einsatz zugelassen:

a) Parjo-Rohr Typ A;

b) Millimeterskale (mit Klemmbefestigung);

c) Klemmen, Feder;

d) Gummistopfen, passend für Parjo-Rohr mit Durchmesser von entweder 19 mm oder 21 mm;

e) Glasgefäß, Klarglas, Volumen 2 500 cm^3;

f) Pipettierball aus Gummi mit 3 Ventilen.

F.3.2.2 Weitere erforderliche und leicht verfügbare Teile sind:

a) Gummischlauch (6 mm Innendurchmesser) nach Bedarf;

b) U-Rohr-Manometer oder Kapselfedermanometer für den erforderlichen Bereich;

c) Stoppuhr oder anderer geeigneter Zeitmesser;

d) Nadelventil zur Erzeugung eines kontrollierten Lecks;

e) Über-/Unterdruckquelle;

f) Trennventil, z. B. Diaphragmabauart (6 mm Innendurchmesser);

g) Formstücke passend zu Ventil, Gummischlauch usw.;

h) Seifenlösung zur Herstellung des Meniskus (siehe F.3.4).

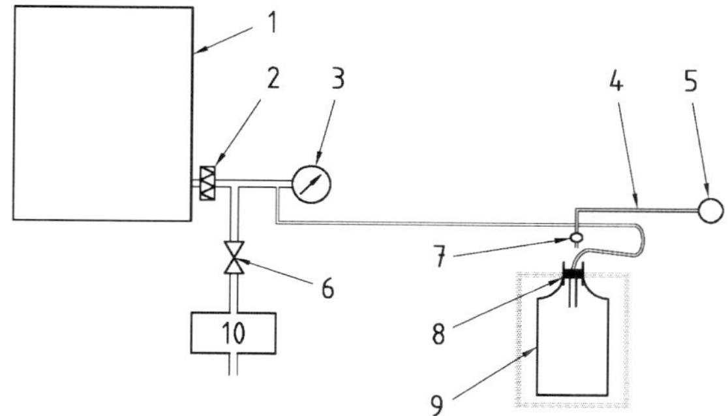

Legende

1 SD-Modul
2 fakultatives HEPA-Filter
3 Manometer/Druckmessgerät
4 Gummischlauch
5 Pipettierball
6 Trennventil
7 Parjo-Rohr
8 Gummistopfen
9 isoliertes Glasgefäß
10 Über-/Unterdruckquelle

Bild F.3 — Übliche Anordnung von Geräten für SD-Module, bei denen die Prüfgeräte außerhalb des zu prüfenden SD-Moduls angeordnet sind

F.3.3 Anforderungen an die Auslegung

Zur Anwendung des Parjo-Verfahrens ist eine Vorrichtung erforderlich, mittels derer die Geräte in das SD-Modul eingebracht werden können. Parjo-Rohr und Skale sollten für den Bediener gut sichtbar sein, jedoch ist die Verwendung von Kaltlicht (d. h. einer handgehaltenen, batteriebetriebenen elektrischen Leuchte) zur Beleuchtung von Rohr und Skale zulässig. Das SD-Modul sollte auch mit einer Anzeige für den Innendruck versehen sein, d. h. mit einem mechanischen oder U-Rohr-Manometer. Die meisten SD-Module weisen eine Reihe von Öffnungen mit unterschiedlicher Größe auf. Diese Öffnungen können leicht so angepasst werden, dass ein Sichtfenster und eine Einbringöffnung für die Geräte entstehen. Bilder F.2 und F.3 zeigen übliche Anordnungen. Bild F.2 zeigt die Prüfgeräte in deren eigenem SD-Modul, bereit zum Anschluss an ein beliebiges System. Die Anordnung nach Bild F.3 bietet besseren Zugang zu den Geräten. Das im Bild F.3 gezeigte Prüfgefäß sollte isoliert werden, um Temperaturschwankungen auf ein Mindestmaß zu verringern. Durch die Verwendung von in die Leitung eingebauten HEPA-Filtern zum Schutz der Messpunkte kann dieses Prüfverfahren auch bei kontaminierten Systemen zur Anwendung kommen.

Wird ein SD-Modul nach dem Parjo-Verfahren auf Leckagen geprüft, sollten Zeichnungen und/oder Prüfplan nach folgendem Muster erstellt werden:

a) Abnahmeprüfung ....Pa Überdruck

b) Größte Leckrate ....% Volumen/h Druckabfall*
% Volumen/h Druckanstieg*

* Nichtzutreffendes streichen.

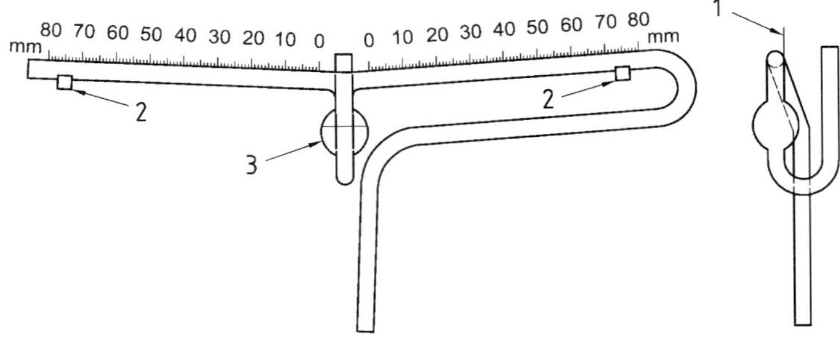

Legende
1 Skale
2 Federklemme
3 Flüssigkeitsspiegel bei der Befüllung

Bild F.4 — Parjo-Rohr Typ A

F.3.4 Vorbereitung der Geräte

Das Parjo-Rohr (Bild F.4) ist der Zylinder für den „Kolben". Um sicherzustellen, dass der „Kolben" so frei wie möglich treiben kann, sollte das Parjo-Rohr mit hochwertiger Reinigungslösung gründlich gereinigt, dann mit sauberem Leitungswasser gespült und bis unmittelbar vor dem Einführen in die Spundöffnung des Referenzgefäßes (Winchester-Gefäß) aus Glas innen feucht belassen werden.

Das Fassungsvermögen des Winchester-Gefäßes muss bekannt sein (üblich sind 2 500 cm^3 oder 2 700 cm^3); es sollte sauber und trocken sein. Jegliche kondensierte Feuchtigkeit sollte vor der Verwendung verdampft werden, da es ansonsten während der Prüfung zu "Ausgasung" kommen könnte. Es ist von größter Wichtigkeit, dass ein klares Glasgefäß verwendet wird. Bernsteinfarbene oder anderweitig gefärbte Gefäße sind ungeeignet.

Es wird eine bestimmte Menge (ungefähr 5 cm^3) Seifenlösung benötigt, um „Kolben" in Form von Seifenfilmen (Blasen) zu erzeugen. Diese Lösung sollte aus einem Gemisch aus jeweils 50 % hochwertiger Haushaltsflüssigseife und sauberem Leitungswasser hergestellt werden. Handelsübliche Reinigungsmittel und minderwertigere Produkte können Rückstände im Parjo-Rohr hinterlassen, die zu Reibungswiderstand führen und Fehlresultate erzeugen. Hochwertigeren Produkten sind Netzmittel zugesetzt. Alternativ können flüssige Lecksuchlösungen verwendet werden. Um die Beobachtung zu erleichtern, können geringe Mengen von färbenden Zusätzen (z. B. Stempelfarbe oder anerkannte Durchfärbemittel) äußerst sparsam verwendet werden.

Der Gummistopfen (19 mm) sollte so geformt sein, dass er mittig und dicht schließend im Parjo-Rohr sitzt. Das mit dem Stopfen verschlossene Parjo-Rohr sollte so montiert sein, dass das Rohrende leicht übersteht und somit sichtbar ist.

Bei diesem Aufbau sollte das Prüfgefäß isoliert sein, um Temperaturschwankungen auf ein Mindestmaß zu verringern. Die Benutzung von durch in der Leitung angebrachten HEPA-Filtern geschützten Messpunkten macht es möglich, dieses Prüfverfahren auch bei kontaminierten Systemen anzuwenden und gleichermaßen jede mögliche Kontamination durch die Messausrüstung auszuschließen.

Das freie Ende des Parjo-Rohres wird mittels eines möglichst kurzen Stücks eines flexiblen PVC-Schlauches an das zu prüfende SD-Modul angeschlossen.

Im manchen Fällen liegt die Leckrate möglicherweise unterhalb der Nachweisschwelle. Um einen gültigen Prüfbericht erstellen zu können, ist ein kleines annehmbares Leck zu erzeugen, indem je nachdem, was günstiger ist, entweder am SD-Modul oder an der Prüfausrüstung ein hochwertiges Nadelventil angebracht wird.

SD-Module weisen häufig Leichtbauweise auf. Das scheinbare Leck kann sich unter Prüfbedingungen aufgrund der Eigenschaften der Wände oder Fenster des SD-Moduls verändern. So verbiegen sich beispielsweise Kunststofffenster in SD-Modulen unter den Prüfbedingungen beträchtlich. Schwankungen des Atmosphärendruckes können zu erheblichen Änderungen des Volumens des SD-Moduls führen. Die Auswirkungen der Umgebungstemperatur und des Umgebungsdruckes sollten auf ein Mindestmaß verringert und jegliche Änderungen aufgezeichnet werden.

F.4 Durchführung

F.4.1 Vorbereitung des Parjo-Rohres

Das Parjo-Rohr wird mit einer Bläschen bildenden Lösung gefüllt, bis der kugelförmige Behälter (siehe Bild F.4) halb gefüllt ist. Die Skale wird so angeklemmt, dass sie ordnungsgemäß ausgerichtet ist. Das obere Ende des U-Rohres, in dem sich der Behälter befindet, wird dann mittels eines Gummischlauchs an den in F.4.3 beschriebenen Pipettierball angeschlossen, der sich außerhalb des SD-Moduls befindet. Die Glasrohranordnung wird dann durch einen Gummistopfen geführt und die ganze Vorrichtung in das Referenzglasgefäß eingebracht.

Sobald stabile Bedingungen errreicht sind und das SD-Modul unter Prüfdruck arbeitet und isoliert ist, wird durch leichtes Drücken des Gummiballs bzw. des Pipettierballs eine Blase gebildet bis sich an der Schnittstelle der beiden Messbereiche des Glasrohres ein Meniskus der Lösung bildet. Der Druck auf den Gummiball muss langsam nachlassen, damit der Meniskus in seiner Position verharren kann. Dies erfordert Fingerspitzengefühl. Es sollte beachtet werden, dass der Pipettierball drei eingebaute Glaskugelventile aufweist; beim Einführen der Blase sollte mit dem jeweils entsprechenden Ventil gearbeitet werden.

Das Verhalten des Meniskus ist zu beobachten. Tritt während einer Unterdruckprüfung ein Druckanstieg auf, wird der Meniskus entlang dem Arm in Richtung Referenzgefäß ausgelenkt. Entsprechend wird er vom Referenzgefäß weg ausgelenkt, wenn während einer Überdruckprüfung ein Druckanstieg auftritt.

F.4.2 Verfahren zur Prüfung der Leckrate

Bei jedem SD-Modul sollte eine Prüfung der Leckrate durchgeführt werden, wobei sich die Atmosphäre im SD-Modul zunächst unter Überdruck befindet, gefolgt von einer ähnlichen Prüfung mit Unterdruck im SD-Modul. Der Prüfaufbau ist wie dargestellt einzurichten, und es ist wie nachfolgend beschrieben vorzugehen:

a) Alle Gegenstände, die innerhalb des SD-Moduls angeordnet werden sollen, sind gründlich zu reinigen. Es ist sicherzustellen, dass das Parjo-Rohr gründlich gereinigt und benetzt wurde, wie in F.3.4 beschrieben. Der Behälter für die Seifenlösung ist so zu füllen, dass ein ausreichender Vorrat an Lösung vorhanden ist. Referenzgefäß und Parjo-Rohr sind so anzuordnen, dass eine gute Ablesbarkeit durch ein Sichtfenster gegeben ist.

b) Das SD-Modul ist zu verschließen und dessen Atmosphäre unter Verwendung geeigneter Vorrichtungen und entsprechend der laufenden Prüfung mit Über- oder Unterdruck zu beaufschlagen. Als Prüfdruck werden entweder +1 000 Pa oder der in den Zeichnungen oder Verträgen genannte Wert verwendet.

c) Es muss ungefähr 30 min abgewartet werden, bis das gesamte System die gleiche Temperatur aufweist.

d) Um eine Blase ins Parjo-Rohr einzubringen, wird der Pipettierball sehr vorsichtig zusammengedrückt, wie in F.4.2 beschrieben, bis ein Meniskus der Reinigungsmittellösung am Schnittpunkt der beiden Messarme des Rohres liegt. Der Druck auf den Pipettierball wird dann langsam entlastet, damit der Meniskus an seiner Stelle verharren kann.

   — Bei Unterdruck-SD-Modulen, die nicht druckdicht sind, wird die Blase entlang dem geneigten Arm des Parjo-Rohres in Richtung des Referenzgefäßes wandern.

   — Bei Überdruck-SD-Modulen, die nicht druckdicht sind, wird die Blase entlang dem Arm des Parjo-Rohres wandern, der sich in Richtung Ausgang der Atmosphäre im SD-Modul hin öffnet.

e) Sobald die Blase einen deutlichen Meniskus im Rohr ausgebildet hat, werden die Zeit für die Bewegung des Meniskus aufgenommen sowie dessen Auslenkung aufgezeichnet. Es ist sicherzustellen, dass während der Ablesung keine sekundären Blasen im Auslass zum Referenzgefäß oder zum SD-Modul auftreten. Die Bewegungen des Meniskus im Parjo-Rohr werden durch sekundäre Blasen nahe den Auslässen zum Winchestergefäß oder zur Atmosphäre im SD-Modul beeinflusst. Es ist sicherzustellen, dass vor einer Ablesung der Auslenkung alle sekundären Blasen zum Platzen gebracht wurden. Eine Blase, die sich nahe an einem der Auslässe befindet, kann mittels des Pipettierballs zum Platzen gebracht werden.

f) Die Auslenkung ist über eine Dauer von 3 Minuten bis 5 Minuten als Funktion der Zeit aufzuzeichnen.

   Liegt keine feststellbare Auslenkung vor, so ist durch Eröffnen eines geeigneten Durchbruches oder durch ein zu diesem Zweck installiertes Nadelventil ein kleines Leck annehmbarer Größenordnung zu erzeugen. Anschließend ist das Verfahren zur Prüfbescheinigung durchzuführen.

g) Das Beispiel einer Prüfbescheinigung nach F.5.4 ist als Formular zur Aufzeichnung der Ergebnisse zu verwenden.

Während einer Prüfung kann eine ungefähre Leckrate innerhalb von 2 min bis 3 min ermittelt werden. Eine schnelle Bewegung der Blase deutet auf ein Leck hin, das weitaus größer als zulässig ist, so dass es möglicherweise nicht zweckmäßig ist, die Prüfung als gültig anzusehen. Dennoch kann sie, wenn die Geräte während der Lecksuche verwendet werden, Verringerungen der Leckrate im Verlauf von Korrekturmaßnahmen aufzeigen.

Es ist zu beachten, dass die Leckspur möglicherweise nur in einer Richtung vorliegt. Dies gilt insbesondere für mit Dichtungen versehene Absperrungen.

F.4.3 Gebrauch des Pipettierballs

Der Pipettierball ist im Wesentlichen ein mit drei Glaskugelventilen ausgestatteter Gummiball, wie im Bild F.5 dargestellt. Zur Einführung einer Blase in die Mitte der Parjo-Rohr-Messarme ist das folgende Verfahren anzuwenden:

a) Es ist sicherzustellen, dass sich im Flüssigkeitsbehälter eine ausreichende Menge Lösung befindet.

b) Der Ball wird mit einer Hand leicht zusammengedrückt, um einen geringen Druck zu erzeugen.

c) Mit Daumen und Zeigefinger der anderen Hand wird Ventil A sehr vorsichtig zusammengedrückt, so dass der Druck aus dem Ball ins Parjo-Rohr entweichen kann; dabei wird die Wirkung auf die Seifenlösung beobachtet.

d) Sobald sich eine Blase gebildet hat, wird der manuelle Druck auf das Ventil A und den Ball entlastet.

e) Ventil R ist zu drücken um sicherzustellen, dass jeglicher Restdruck entlastet wird.

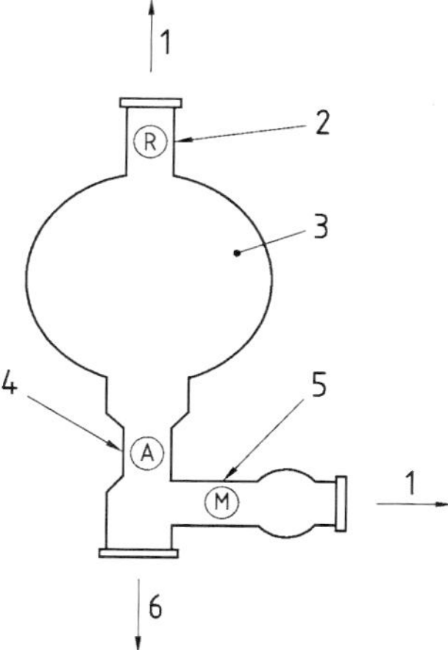

Legende
1 zur Atmosphäre
2 Ventil R
3 Ball
4 Ventil A
5 Ventil M
6 zum Parjo-Rohr

ANMERKUNG Die Ventile sind üblicherweise geschlossen.

Bild F.5 — Darstellung des Pipettierballs

F.5 Berechnung der Ergebnisse

F.5.1 Allgemeines

Es ist wichtig, dass für dieses Verfahren nur zugelassene Systeme mit bekannten Maßen und Werten verwendet werden. Eine grundlegendes Rechenverfahren zur Bestimmung der Leckrate wird in F.5.2 beschrieben.

F.5.2 Gleichung

Die stündliche Leckrate, R_h wird nach der folgenden Gleichung berechnet:

$$R_h = \frac{AP \times d}{V_r} \times \frac{60}{t} \tag{F.1}$$

Dabei ist

AP die Querschnittsfläche des Parjo-Rohres, in Quadratzentimeter;

d die Auslenkung des Meniskus im Rohr, in Zentimeter;

V_r das Volumen des Referenzgefäßes, in Kubikzentimeter;

t die Zeit, in Minuten.

Das zugelassene bekannte Referenzvolumen, V_r, ist das Volumen einer Glasflasche und beträgt entweder 2 500 cm^3 oder 2 700 cm^3.

Der zugelassene Innendurchmesser des Parjo-Rohres beträgt 4 mm, woraus sich ein tatsächlicher Querschnitt (AP) von 0,126 cm^2 ergibt; aus praktischen Gründen sind jedoch 0,127 cm^2 anzusetzen. Daher entspricht eine Meniskusauslenkung d (cm) im Rohr einer Volumenänderung von $AP \times d$ (cm^3).

F.5.3 Beispiele

0,8 cm Auslenkung in 5 min mit einem 2 500-cm^3-Glasgefäß:

$$R_\mathrm{h} = \frac{0{,}127 \times 0{,}8}{2\,500} \times \frac{60}{5} = 4{,}88 \times 10^{-4}\,\mathrm{h}^{-1}$$

1,0 cm Auslenkung in 5 min mit einem 2 700-cm^3-Glasgefäß:

$$R_\mathrm{h} = \frac{0{,}127 \times 1}{2\,700} \times \frac{60}{5} = 5{,}64 \times 10^{-4}\,\mathrm{h}^{-1}$$

1,5 cm Auslenkung in 3 min mit einem 2 700-cm^3-Glasgefäß:

$$R_\mathrm{h} = \frac{0{,}127 \times 1{,}5}{2\,700} \times \frac{60}{3} = 1{,}41 \times 10^{-4}\,\mathrm{h}^{-1}$$

F.5.4 Prüfbescheinigung

F.5.4.1 Allgemeines

Die Darstellung der Ergebnisse hängt weitgehend vom Typ der Geräte und dem zu prüfenden Volumen sowie der zulässigen Leckrate ab. F.3.2 gibt die grundlegenden Maße der Geräte an und sollte es dem Anwender erlauben, einen Prüfbericht zusammenzustellen, der die im Vertrag oder einem anderen relevanten Schriftstück festgelegten Anforderungen erfüllt, vorausgesetzt, es werden nur zugelassene Geräte verwendet.

F.4 beschreibt die Durchführung der Prüfung. Bei Vorliegen eines feststellbaren Lecks wird dieses zu einer Auslenkung des Meniskus im Parjo-Rohr führen. Wird die Beobachtungszeit auf die empfohlenen 5 min beschränkt, ist es jedoch möglich, dass eine durch dieses Verfahren nicht feststellbare Leckage des SD-Moduls vorliegt. Dies bedeutet nicht, dass das SD-Modul dicht ist, und im Prüfbericht sollte nicht angegeben werden, dass keine Leckage feststellbar war.

Falls das SD-Modul eine Leckrate aufweist, die nach diesem Verfahren nicht nachweisbar ist, sollte ein kontrolliertes Leck innerhalb der zulässigen Grenzwerte erzeugt werden (F.4.2), indem ein zu diesem Zweck angebrachtes Ventil geöffnet wird. Nach Auftreten einer annehmbaren Auslenkung des Meniskus und deren Aufzeichnung als Funktion der Zeit sollte das Ventil wieder geschlossen werden, und die Auslenkung sollte zum Stillstand kommen. Dies sollte auf Wiederholbarkeit geprüft werden. In der Prüfbescheinigung darf nun angegeben werden, dass die tatsächliche Leckrate die Leckage durch das erzeugte Leck nicht überschreitet und daher annehmbar ist. In Tabelle F.1 sind Hinweise für Werte zur Auslenkung und zur Zeit enthalten.

F.5.4.2 veranschaulicht ein Beispiel für eine für SD-Module geeignete Prüfbescheinigung. Wird eine Leckage nachgewiesen, sollten zwei oder drei Ablesungen vorgenommen werden. Zeigt die so nachgewiesene Tendenz an, dass die Leckage innerhalb der annehmbaren Grenzwerte liegt und gleich bleibend ist, so kann mit Hilfe des Mittelwertes aus drei Einzelablesungen ein gültiger Prüfbericht erstellt werden.

F.5.4.2 Beispiel für eine typische Prüfbescheinigung

Parjo-Rohr-Verfahren: Prüfung der stündlichen Leckrate
Prüfbescheinigung

Prüfdatum .... Vertragsnummer ....
Hersteller ....
Prüfort ....
Zeichnungs-Nr. ....
Kennzeichnung des SD-Moduls ....
Prüfdruck im SD-Modul .... kPa Überdruck
Druck zur Prüfung der Leckrate des SD-Moduls .... kPa Unterdruck
.... kPa Überdruck
Höchstzulässige stündliche Leckrate .... Höchstens
Volumen des Referenzgefäßes .... cm³
Uhrzeit zu Beginn der Prüfung .... Ende der Prüfung ....
(Ruhezustand erreicht)

Nr. der Prüfung	Art der Prüfung	Auslenkung im Rohr (Ablesewert)		Stündliche Leckrate
	+/-	in cm = d	in min = t	R_h

Folgende Gleichung ist zur Ermittlung der stündlichen Leckrate zu verwenden:

$$R_h = \frac{AP \times d}{V_r} \times \frac{60}{t}$$

Referenzvolumen = V_r .... cm³
Rohrquerschnitt = AP .... 0,127 cm²
Beobachtete Auslenkung = d .... cm
Auslenkungszeit = t .... min

Mittlere stündliche Leckrate ....
Prüfergebnis* (Annehmbar) nach Prüfung
(Nicht annehmbar)
Unterschrift ....
Bezeugt ....

*Nichtzutreffendes streichen

F.5.5 Angaben zur stündlichen Leckrate

Tabelle F.1 — Angaben zur stündlichen Leckrate (h^{-1}) für Parjo-Rohr Typ A

Auslenkung cm	**Beobachtungsdauer** min				
	1	**2**	**3**	**4**	**5**
0,2	0,000 60	0,000 30	0,000 20	0,000 15	0,000 12
0,3	0,000 91	0,000 45	0,000 30	0,000 22	0,000 18
0,4	0,001 21	0,000 60	0,000 40	0,000 30	0,000 24
0,5	0,001 52	0,000 76	0,000 50	0,000 38	0,000 30
0,6	0,001 82	0,000 91	0,000 60	0,000 45	0,000 36
0,7	0,002 13	0,001 06	0,000 71	0,000 53	0,000 42
0,8	0,002 43	0,001 21	0,000 81	0,000 60	0,000 48
0,9	0,002 74	0,001 37	0,000 91	0,000 68	0,000 54
1,0	0,003 04	0,001 52	0,001 01	0,000 76	0,000 60
2,0	0,006 08	0,003 04	0,002 02	0,001 52	0,001 20
3,0	0,009 12	0,004 56	0,003 03	0,002 28	0,001 80
4,0	0,012 16	0,006 08	0,004 04	0,003 04	0,002 40
5,0	0,015 20	0,007 60	0,005 05	0,003 80	0,003 00
6,0	0,018 24	0,009 12	0,006 06	0,004 56	0,003 60
7,0	0,021 28	0,010 64	0,007 07	0,005 32	0,004 20
8,0	0,024 32	0,012 16	0,008 08	0,006 08	0,004 80
9,0	0,027 36	0,013 68	0,009 09	0,006 84	0,005 40
ANMERKUNG Ungefähre stündliche Leckrate bei Verwendung eines 2 500-cm^3-Referenzgefäßes.					

Literaturhinweise

[1] ISO 10648-1, *Containment enclosures — Part 1: Design principles*

[2] ISO 13408-1, *Aseptic processing of health care products — Part 1: General requirements*

[3] ISO 13408-5, *Aseptic processing of health care products — Part 5: Aseptic processing of solid medical devices*

[4] ISO 13408-6, *Aseptic processing of health care products — Part 6: Isolator/barrier technologies*

[5] ISO 14644-5, *Cleanrooms and associated controlled environments — Part 5: Operations*[2)]

[6] EN 12296, *Biotechnik — Geräte und Ausrüstungen — Leitfaden für Verfahren zur Prüfung der Reinigbarkeit*

[7] EN 12298, *Biotechnik — Geräte und Ausrüstungen — Leitfaden für Verfahren zur Prüfung der Leckagesicherheit*

[8] EN 12307, *Biotechnik — Verfahren im Großmaßstab und Produktion — Leitfaden für gute Praxis, Arbeitsabläufe, Ausbildung und Überwachung des Personals*

[9] EN 12469, *Biotechnik — Leistungskriterien für mikrobiologische Sicherheitswerkbänke*

[10] ENV 1631, *Reinraumtechnik — Planung, Ausführung und Betrieb von Reinräumen und Reinraumgeräten*

[11] AECP 59, *Shielded and unshielded glove boxes for "hands on" operation*. United Kingdom Atomic Energy Authority (UKAEA) Harwell Laboratory, Oxfordshire, UK

[12] AECP 1062, *The Parjo method of leak rate testing low pressure containers*. United Kingdom Atomic Energy Authority (UKAEA) Harwell Laboratory, Oxfordshire, UK

[13] BS 3636, *Methods for proving the gas tightness of vacuum for pressurised plants*

[14] IEST-RP-CC0028:2002, *Minienvironments*. Institute of Environmental Sciences and Technology. Rolling Meadows, Illinois, USA

[15] NF 0137/1, *Leak testing, Code of practice for test requirements for low working pressure containers*. British Nuclear Fuels, plc, Technical Standards Group, Risley, UK

[16] SEMI E19-0697:1997, *Standard mechanical interface (SMIF)*. SEMI, San Jose, Kalifornien, USA

[17] SEMI E47.1-0303:2001, *Provisional mechanical standard for boxes and pods used to transport and store 300-mm wafers*. SEMI, San Jose, Kalifornien, USA

[18] SEMI E45-1101:2001, *Test method for the determination of inorganic contamination from minienvironments using vapor phase decomposition/total reflection X-ray fluorescence spectroscopy (VPD-TXRF), VPD/inductively coupled plasma-mass spectrometry (VPD/ICP-MS)*. SEMI, San Jose, Kalifornien, USA

[19] SEMI E46-95:1995, *Specification for the determination of organic contamination from minienvironments*. SEMI, San Jose, Kalifornien, USA

---

2) Zur Veröffentlichung vorgesehen.

[20] SEMI E62-0701:2001, *Provisional specification for 300-mm front-opening interface mechanical standard (FIMS)*. SEMI, San Jose, Kalifornien, USA

[21] SEMI S11-1296:1996, *Environmental, safety and health guidelines for semiconductor manufacturing equipment minienvironments*. SEMI, San Jose, Kalifornien, USA

[22] TC 233/N229 DS:1995, *Safe biotechnology — Performance criteria for safety cabinets*. CEN, Brüssel, Belgien

[23] *A guide to hazard and operability studies*. Chemical Industry and Health Council of the Chemical Industry Association, Publications Department, 1977, London, UK

[24] Coles, T.: *Isolation technology: A practical guide*. Interpharm Press, 1998, Buffalo Grove, Illinois, USA

[25] Fulton, S., Bass, E., und Christal, L.: *I300I Factory Guideline Compliance: Factory Integration Maturity Assessment for 300 mm Production Equipment: Version 4.0*. International Sematech Technology Transfer # 98023468B-TR, 31. März 1999, Anhang G, Minienvironment Parametric Test Methods. International Sematech, 1999, Austin, Texas, USA

[26] *Isolators for pharmaceutical applications*, ISBN 0 11 701829 5. HMSO, 1994, London, UK

[27] Sherwood, E., Hope, D., Whitmore, J., Ottesen, C., und Davis, C.: *Integrated Minienvironment Design Best Practices*. International Sematech Technology Transfer # 99033693A, 31. März 1999, International Sematech, 1999, Austin, Texas, USA

[28] Sirch, E. C.: Isolatortechnik in der pharmazeutischen Industrie, in: *Reinraumtechnik*, Gail, L. und Hortag, H. P. (Hrsg.), S. 168-211, Springer Verlag, 2001, Berlin-Heidelberg-New York

[29] Sirch, E. C.: User requirements and design specifications of isolator containment for pharmaceutical production, in: *1998 Proceedings of the 44th Annual Technical Meeting of the IEST concurrent with the ICCCS 14th International Symposium on Contamination Control*, S. 343, Institute of Environmental Sciences and Technology, Phoenix, Arizona, USA

[30] Tolliver, D. L. (Hrsg.): *Handbook of contamination control in microelectronics: principles, applications and technology*. Noyes Publications, 1988, Park Ridge, New Jersey, USA

[31] Wagner, C. M. und Akers J. E. (Hrsg.): *Isolator technology: applications in the pharmaceutical and biotechnology industries*. Interpharm Press, 1995, Buffalo Grove, Illinois, USA

Oktober 2022

DIN EN ISO 14644-8

ICS 13.040.35

Ersatz für
DIN EN ISO 14644-3:2013-06

Reinräume und zugehörige Reinraumbereiche – Teil 8: Bewertung der chemischen Luftreinheit (ACC) (ISO 14644-8:2022); Deutsche Fassung EN ISO 14644-8:2022

Cleanrooms and associated controlled environments –
Part 8: Assessment of air cleanliness by chemical concentration (ACC) (ISO 14644-8:2022);
German version EN ISO 14644-8:2022

Salles propres et environnements maîtrisés apparentés –
Partie 8: Évaluation de la propreté chimique de l'air (ISO 14644-8:2022);
Version allemande EN ISO 14644-8:2022

Gesamtumfang 34 Seiten

DIN-Normenausschuss Heiz- und Raumlufttechnik sowie deren Sicherheit (NHRS)

Nationales Vorwort

Dieses Dokument (EN ISO 14644-8:2022) wurde vom Technischen Komitee ISO/TC 209 „Cleanrooms and associated controlled environments" in Zusammenarbeit mit dem Technischen Komitee CEN/TC 243 „Reinraumtechnologie" erarbeitet, dessen Sekretariat von BSI (Vereinigtes Königreich) gehalten wird.

Das zuständige deutsche Normungsgremium ist der Arbeitsausschuss NA 041-02-21 AA „Reinraumtechnik (SpA CEN/TC 243 und ISO/TC 209)" im DIN-Normenausschuss Heiz- und Raumlufttechnik sowie deren Sicherheit (NHRS).

Für die in diesem Dokument zitierten Dokumente wird im Folgenden auf die entsprechenden deutschen Dokumente hingewiesen:

ISO 14644-4:2001	siehe	DIN EN ISO 14644-4:2003-06
ISO 14644-5	siehe	DIN EN ISO 14644-5
ISO 14644-7	siehe	DIN EN ISO 14644-7

Aktuelle Informationen zu diesem Dokument können über die Internetseiten von DIN (www.din.de) durch eine Suche nach der Dokumentennummer aufgerufen werden.

Änderungen

Gegenüber DIN EN ISO 14644-8:2013-06 wurden folgende Änderungen vorgenommen:

a) der Begriff „Klasse" („Klassifizierung", „klassifiziert") wurde in „Stufe" (bzw. „Bewertung") geändert, wo angebracht;

b) 3.1.2, Definition überarbeitet;

c) Aktualisierung des Literaturverzeichnisses;

d) geringfügige redaktionelle Änderungen.

Frühere Ausgaben

DIN EN ISO 14644-8: 2006-11, 2007-04, 2013-06

Nationaler Anhang NA
(informativ)

Literaturhinweise

DIN EN ISO 14644-4:2003-06, *Reinräume und zugehörige Reinraumbereiche — Teil 4: Planung, Ausführung und Erst-Inbetriebnahme (ISO 14644-4:2001); Deutsche Fassung EN ISO 14644-4:2001*

DIN EN ISO 14644-5, *Reinräume und zugehörige Reinraumbereiche — Teil 5: Betrieb*

DIN EN ISO 14644-7, *Reinräume und zugehörige Reinraumbereiche — Teil 7: SD-Module (Reinlufthauben, Handschuhboxen, Isolatoren und Minienvironments*

– Leerseite –

EUROPÄISCHE NORM
EUROPEAN STANDARD
NORME EUROPÉENNE

EN ISO 14644-8

Juli 2022

ICS 13.040.35

Ersetzt EN ISO 14644-8:2013

Deutsche Fassung

Reinräume und zugehörige Reinraumbereiche — Teil 8: Bewertung der chemischen Luftreinheit (ACC) (ISO 14644-8:2022)

Cleanrooms and associated controlled environments — Part 8: Assessment of air cleanliness by chemical concentration (ACC) (ISO 14644-8:2022)

Salles propres et environnements maîtrisés apparentés — Partie 8: Évaluation de la propreté chimique de l'air (ISO 14644-8:2022)

Diese Europäische Norm wurde vom CEN am 4. Juni 2022 angenommen.

Die CEN-Mitglieder sind gehalten, die CEN/CENELEC-Geschäftsordnung zu erfüllen, in der die Bedingungen festgelegt sind, unter denen dieser Europäischen Norm ohne jede Änderung der Status einer nationalen Norm zu geben ist. Auf dem letzten Stand befindliche Listen dieser nationalen Normen mit ihren bibliographischen Angaben sind beim CEN-CENELEC-Management-Zentrum oder bei jedem CEN-Mitglied auf Anfrage erhältlich.

Diese Europäische Norm besteht in drei offiziellen Fassungen (Deutsch, Englisch, Französisch). Eine Fassung in einer anderen Sprache, die von einem CEN-Mitglied in eigener Verantwortung durch Übersetzung in seine Landessprache gemacht und dem Management-Zentrum mitgeteilt worden ist, hat den gleichen Status wie die offiziellen Fassungen.

CEN-Mitglieder sind die nationalen Normungsinstitute von Belgien, Bulgarien, Dänemark, Deutschland, Estland, Finnland, Frankreich, Griechenland, Irland, Island, Italien, Kroatien, Lettland, Litauen, Luxemburg, Malta, den Niederlanden, Norwegen, Österreich, Polen, Portugal, der Republik Nordmazedonien, Rumänien, Schweden, der Schweiz, Serbien, der Slowakei, Slowenien, Spanien, der Tschechischen Republik, der Türkei, Ungarn, dem Vereinigten Königreich und Zypern.

EUROPÄISCHES KOMITEE FÜR NORMUNG
EUROPEAN COMMITTEE FOR STANDARDIZATION
COMITÉ EUROPÉEN DE NORMALISATION

CEN-CENELEC Management-Zentrum: Rue de la Science 23, B-1040 Brüssel

Ref. Nr. EN ISO 14644-8:2022 D

Inhalt

Bilder

Tabellen

Europäisches Vorwort

Dieses Dokument (EN ISO 14644-8:2022) wurde vom Technischen Komitee ISO/TC 209 „Cleanrooms and associated controlled environments" in Zusammenarbeit mit dem Technischen Komitee CEN/TC 243 „Reinraumtechnologie" erarbeitet, dessen Sekretariat von BSI gehalten wird.

Diese Europäische Norm muss den Status einer nationalen Norm erhalten, entweder durch Veröffentlichung eines identischen Textes oder durch Anerkennung bis Januar 2023, und etwaige entgegenstehende nationale Normen müssen bis Januar 2023 zurückgezogen werden.

Es wird auf die Möglichkeit hingewiesen, dass einige Elemente dieses Dokuments Patentrechte berühren können. CEN ist nicht dafür verantwortlich, einige oder alle diesbezüglichen Patentrechte zu identifizieren.

Dieses Dokument ersetzt EN ISO 14644-8:2013.

Rückmeldungen oder Fragen zu diesem Dokument sollten an das jeweilige nationale Normungsinstitut des Anwenders gerichtet werden. Eine vollständige Liste dieser Institute ist auf den Internetseiten von CEN abrufbar.

Entsprechend der CEN-CENELEC-Geschäftsordnung sind die nationalen Normungsinstitute der folgenden Länder gehalten, diese Europäische Norm zu übernehmen: Belgien, Bulgarien, Dänemark, Deutschland, die Republik Nordmazedonien, Estland, Finnland, Frankreich, Griechenland, Irland, Island, Italien, Kroatien, Lettland, Litauen, Luxemburg, Malta, Niederlande, Norwegen, Österreich, Polen, Portugal, Rumänien, Schweden, Schweiz, Serbien, Slowakei, Slowenien, Spanien, Tschechische Republik, Türkei, Ungarn, Vereinigtes Königreich und Zypern.

Anerkennungsnotiz

Der Text von ISO 14644-8:2022 wurde von CEN als EN ISO 14644-8:2022 ohne irgendeine Abänderung genehmigt.

Vorwort

ISO (die Internationale Organisation für Normung) ist eine weltweite Vereinigung nationaler Normungsinstitute (ISO-Mitgliedsorganisationen). Die Erstellung von Internationalen Normen wird üblicherweise von Technischen Komitees von ISO durchgeführt. Jede Mitgliedsorganisation, die Interesse an einem Thema hat, für welches ein Technisches Komitee gegründet wurde, hat das Recht, in diesem Komitee vertreten zu sein. Internationale staatliche und nichtstaatliche Organisationen, die in engem Kontakt mit ISO stehen, nehmen ebenfalls an der Arbeit teil. ISO arbeitet bei allen elektrotechnischen Normungsthemen eng mit der Internationalen Elektrotechnischen Kommission (IEC) zusammen.

Die Verfahren, die bei der Entwicklung dieses Dokuments angewendet wurden und die für die weitere Pflege vorgesehen sind, werden in den ISO/IEC-Direktiven, Teil 1 beschrieben. Es sollten insbesondere die unterschiedlichen Annahmekriterien für die verschiedenen ISO-Dokumentenarten beachtet werden. Dieses Dokument wurde in Übereinstimmung mit den Gestaltungsregeln der ISO/IEC-Direktiven, Teil 2 erarbeitet (siehe www.iso.org/directives).

Es wird auf die Möglichkeit hingewiesen, dass einige Elemente dieses Dokuments Patentrechte berühren können. ISO ist nicht dafür verantwortlich, einige oder alle diesbezüglichen Patentrechte zu identifizieren. Details zu allen während der Entwicklung des Dokuments identifizierten Patentrechten finden sich in der Einleitung und/oder in der ISO-Liste der erhaltenen Patenterklärungen (siehe www.iso.org/patents).

Jeder in diesem Dokument verwendete Handelsname dient nur zur Unterrichtung der Anwender und bedeutet keine Anerkennung.

Für eine Erläuterung des freiwilligen Charakters von Normen, der Bedeutung ISO-spezifischer Begriffe und Ausdrücke in Bezug auf Konformitätsbewertungen sowie Informationen darüber, wie ISO die Grundsätze der Welthandelsorganisation (WTO, en: World Trade Organization) hinsichtlich technischer Handelshemmnisse (TBT, en: Technical Barriers to Trade) berücksichtigt, siehe www.iso.org/iso/foreword.html.

Dieses Dokument wurde vom Technischen Komitee ISO/TC 209, *Cleanrooms and associated controlled environments,* in Zusammenarbeit mit dem Europäischen Komitee für Normung (CEN), Technisches Komitee CEN/TC 243, *Reinraumtechnologie*, in Übereinstimmung mit der Vereinbarung zur technischen Zusammenarbeit zwischen ISO und CEN (Wiener Vereinbarung) erarbeitet.

Diese dritte Ausgabe ersetzt die zweite Ausgabe (ISO 14644-8:2013), die geringfügig überarbeitet wurde. Die Änderungen sind folgende:

— der Begriff „Klasse" („Klassifizierung", „klassifiziert") wurde in „Stufe" (bzw. „Bewertung") geändert, wo angebracht;

— 3.1.2, Definition überarbeitet;

— Literaturhinweise aktualisiert;

— geringfügige redaktionelle Änderungen.

Eine Auflistung aller Teile der Normenreihe ISO 14644 ist auf der ISO-Internetseite abrufbar.

Rückmeldungen oder Fragen zu diesem Dokument sollten an das jeweilige nationale Normungsinstitut des Anwenders gerichtet werden. Eine vollständige Auflistung dieser Institute ist unter www.iso.org/members.html zu finden.

Einleitung

Reinräume und zugehörige Reinraumbereiche erlauben die Kontrolle luftgetragener partikulärer Kontamination bis zu einem Reinheitsgrad, der für die Ausführung von kontaminationsempfindlichen Prozesstätigkeiten geeignet ist. Zu den Produkten und Prozessen, die von der Kontrolle luftgetragener Kontamination profitieren, zählen Industriezweige wie beispielsweise Luft- und Raumfahrt, Mikroelektronik, Pharmazie, Medizintechnik, Lebensmittel, Gesundheitsvorsorge, Optik, Messtechnik, Vakuumtechnik, Beschichtungen, Photovoltaik, Anzeigen, LEDs, Automobilindustrie und Oberflächenanalyse.

In einigen dieser Industriezweige kann das Produkt oder der Prozess empfindlich gegenüber chemischer Kontamination durch Chemikalien aus äußeren, prozesseigenen oder sonstigen Quellen sein, oder durch diese zerstört werden.

In diesem Dokument wird das Vorhandensein von Chemikalien ausgedrückt als luftgetragene chemische Kontamination. Chemische Kontamination ist ein dreistufiger Vorgang. Der erste Schritt ist die Erzeugung durch äußere Quellen, wie beispielsweise Prozessleckagen, Werkstoffe oder durch Ausgasung von Personen oder Materialien. Der zweite Schritt besteht im Transport durch luftgetragene chemische Kontamination. Der dritte Schritt ist schließlich die Sorption an der empfindlichen Oberfläche, die quantitativ als chemische Oberflächenkontamination beschrieben werden kann.

Neben der eigentlichen Luftverunreinigung üben die erzeugenden Materialien und die Oberflächen, an denen die Sorption stattfindet, einen starken Einfluss auf die Schritte der Erzeugung und Sorption aus. Daher sind für diese beiden Schritte nicht nur die Kontaminanten, sondern auch die beteiligte Masse und die beteiligten Oberflächen zu definieren. Um eine Norm allgemein für jede Art von Reinraum oder zugehörigen Reinraumbereich anwendbar zu gestalten, wurde zur Stufenbestimmung die chemische Luftreinheit (ACC, en: air chemical cleanliness) gewählt.

Dieses Dokument weist ISO-Bewertungsstufen zu, die dazu verwendet werden, die Stufen der ACC in einem Reinraum und zugehörigen Reinraumbereich festzulegen, in dem ein Produkt oder ein Prozess als durch chemische Luftverunreinigung gefährdet betrachtet wird.

Zum Zweck der Stufenbestimmung enthält dieses Dokument einen Leitfaden für einen Bereich von ACC-Stufen und gibt genormte Protokolle für die Festlegung solcher Stufen hinsichtlich der chemischen Verbindungen, Prüf- und Analyseverfahren und zeitlichen Gewichtung an.

Anhang A bis Anhang D enthalten die folgenden Informationen:

— zu berücksichtigende Parameter: Anhang A;

— üblicherweise vorkommende kontaminierende Chemikalien und Substanzen: Anhang B;

— übliche Mess- und Analyseverfahren: Anhang C;

— Betrachtungen zu spezifischen Anforderungen an SD-Module: Anhang D.

Dieses Dokument ist ein Teil einer Reihe von Normen, die sich mit Reinräumen und Kontaminationskontrolle befassen. Bei der Auslegung, Festlegung, beim Betrieb und bei der Steuerung von Reinräumen und anderen Reinraumbereichen müssen zusätzlich zur chemischen Luftreinheit viele Faktoren berücksichtigt werden. Diese sind in diesem Dokument enthalten und werden in anderen Teilen der Internationalen Normen behandelt, die von ISO/TC 209 erstellt wurden, einschließlich aller Teile der Normenreihe ISO 14698. Unter bestimmten Bedingungen können die zuständigen Behörden ergänzende Zielvorgaben oder Auflagen vorgeben. In solchen Situationen können geeignete Anpassungen dieses Dokuments erforderlich sein.

ANMERKUNG Wenn die Bewertung der ACC an kritischen Kontrollpunkten als zusätzliches Reinheitsmerkmal für die Bewertung der partikulären Luftreinheit nach ISO 14644-1 verwendet wird, dann kann der Raum als *Reinraum* oder *Reinraumbereich* bezeichnet werden. Wenn ausschließlich die ACC verwendet wird, muss der Raum als *kontrollierter Bereich* bezeichnet werden.

1 Anwendungsbereich

Dieses Dokument beschreibt die typischen Beurteilungsprozesse zur Bestimmung der Bewertungsstufen für die chemische Luftreinheit (ACC) in Reinräumen und zugehörigen Reinraumbereichen hinsichtlich der luftgetragenen Konzentrationen spezifischer chemischer Substanzen (einzeln, gruppenweise oder als Kategorien) und stellt ein Protokoll zur Verfügung, um Prüfverfahren, Analyse und Zeitgewichtungsfaktoren in die Bestimmung einzuschließen. Dieses Dokument betrachtet ausschließlich Konzentrationen von luftgetragenen chemischen Kontaminanten zwischen 10^0 g/m^3 und 10^{-12} g/m^3 unter Reinraumbetriebsbedingungen.

Dieses Dokument ist nicht anwendbar bei solchen Industriezweigen, Prozessen oder Produktionen, bei denen oder bei der das Vorhandensein von luftgetragenen chemischen Substanzen nicht als Risiko für das Produkt oder den Prozess betrachtet wird.

Es ist nicht Ziel dieses Dokuments, die Beschaffenheit luftgetragener chemischer Kontaminanten zu beschreiben.

Dieses Dokument gibt keine Klassifizierung für chemische Oberflächenkontamination vor.

2 Normative Verweisungen

Es gibt keine normativen Verweisungen in diesem Dokument.

3 Begriffe

Für die Anwendung dieses Dokuments gelten die folgenden Begriffe.

ISO und IEC stellen terminologische Datenbanken für die Verwendung in der Normung unter den folgenden Adressen bereit:

— ISO Online Browsing Platform: verfügbar unter https://www.iso.org/obp

— IEC Electropedia: verfügbar unter http://www.electropedia.org/

3.1 Allgemeines

3.1.1
chemische Kontamination
nicht teilchenförmige Substanzen, die eine schädliche Wirkung auf das Produkt, den Prozess oder die Ausrüstung haben können

3.1.2
chemische Luftreinheit
ACC, en: air cleanliness by chemical concentration
Menge der in der Luft erkannten Chemikalien, angegeben als ISO-ACC-Stufe N, die den Höchstwert der zulässigen Konzentration eines bestimmten chemischen Stoffs oder einer Gruppe von chemischen Stoffen darstellt, angegeben in Gramm je Kubikmeter

Anmerkung 1 zum Begriff: Diese Definition berücksichtigt keine Makromoleküle biologischen Ursprungs, die als Partikel beurteilt werden.

3.1.3
chemische Luftverunreinigung
jegliche Substanz in der Luft, die aufgrund ihrer chemischen Beschaffenheit eine schädliche Wirkung auf das Produkt, den Prozess oder die Ausrüstung haben kann

3.1.4
chemische Oberflächenreinheit
SCC, en: surface cleanliness by chemical concentration
Zustand der Oberflächenreinheit in Bezug auf deren chemische Konzentration

3.1.5
chemische Oberflächenkontamination
jegliche Substanz auf der Oberfläche, die aufgrund ihrer chemischen Beschaffenheit eine schädliche Wirkung auf das Produkt, den Prozess oder die Ausrüstung haben kann

3.1.6
Kontaminantenfamilie
gemeinsame Bezeichnung für eine Gruppe von Verbindungen, die bei Ablagerung auf der fraglichen Oberfläche eine spezifische und ähnlich schädliche Wirkung entfalten

3.1.7
Ausgasung
Freisetzung chemischer Substanzen im gas- oder dampfförmigen Zustand aus einem Material

3.1.8
chemische Luftreinheitsstufe
Stufenzahl, die den Höchstwert der zulässigen Konzentration eines bestimmten chemischen Stoffs oder Gruppe von chemischen Stoffen angibt, angegeben in Gramm je Kubikmeter

Anmerkung 1 zum Begriff: Der Bereich der Konzentration ist in Tabelle 1 definiert oder wird durch die Gleichung für *N* in 4.2 bestimmt.

Anmerkung 2 zum Begriff: Die Prüfung und Überwachung nach diesem Dokument ist auf den Bereich von 0 (der Stufe mit der geringsten Reinheit) bis −12 (der reinsten Stufe) beschränkt.

Anmerkung 3 zum Begriff: Die ACC-Stufenzahl gilt nur in Verbindung mit dem ACC-Deskriptor, der festlegt, zu welcher chemischen Substanz oder Gruppe von chemischen Substanzen sie gehört.

Anmerkung 4 zum Begriff: Das Minuszeichen der Stufen der chemischen Luftreinheit (−1 bis −12) ist ein integraler Bestandteil der ACC-Stufenbezeichnung *N* und muss stets verwendet werden.

Anmerkung 5 zum Begriff: Es dürfen dazwischenliegende ISO-Stufenzahlen festgelegt werden, wobei 0,1 die kleinste anwendbare Schrittweite darstellt.

3.2 Kontaminantenfamilien

3.2.1
Säure
Substanz, deren chemische Reaktion dadurch gekennzeichnet ist, dass sie durch Aufnahme von Elektronenpaaren neue Bindungen bildet

3.2.2
Base
Substanz, deren chemische Reaktion dadurch gekennzeichnet ist, dass sie durch Abgabe von Elektronenpaaren neue Bindungen bildet

3.2.3
Biotoxin
Kontaminantensubstanz, die der Entwicklung und Erhaltung des Lebens von Organismen, Mikroorganismen, Geweben oder einzelnen Zellen schädlich ist

3.2.4
kondensierbare Kontaminante
Substanz, die in der Lage ist, sich unter Reinraumbetriebsbedingungen durch Kondensation auf einer Oberfläche abzulagern

3.2.5
ätzende Kontaminante
Substanz, die zu einer zerstörenden chemischen Veränderung einer Oberfläche führt

3.2.6
Dopand
Substanz, die nach Sorption und/oder Diffusion in die Masse eines Produkts übergeht und die, sogar als Spurenbestandteil, dazu in der Lage ist, die Eigenschaften von Materialien zu verändern

3.2.7
organische Kontaminante
Zustandsform, die auf Kohlenstoff und Kohlenstoffverbindungen basiert

Anmerkung 1 zum Begriff: Anorganische Kohlenstoffverbindungen sind ausgeschlossen.

3.2.8
Oxidationsmittel
Substanz, die nach Ablagerung auf einem interessierenden Produkt oder einer interessierenden Oberfläche zur Bildung eines Oxids führt oder an einer Redoxreaktion teilnimmt

4 Prüfung und Überwachung anhand von Bewertungsstufen

4.1 Allgemeines

Die Prüfung oder Überwachung muss durch die Verwendung eines Deskriptors, wie in 4.2 beschrieben, festgelegt werden. Dieser Deskriptor wird als „ISO-ACC" bezeichnet und gibt den Gesamtwert der höchsten chemischen Konzentration für eine Kontaminantenfamilie, eine einzelne Substanz oder eine Gruppe von Substanzen an.

4.2 Format des ISO-ACC-Deskriptors

Eine ACC-Stufenzahl gilt nur in Verbindung mit dem ACC-Deskriptor, der die chemische Substanz oder die Gruppe von chemischen Substanzen festlegt, für die die Stufenzahl gültig ist. Der ISO-ACC-Deskriptor wird in folgendem Format angegeben:

ISO-ACC-Stufe N (X)

Dabei ist

X eine chemische Substanz oder eine Gruppe von chemischen Substanzen; dazu zählen u. a.:

— Säure (ac);

— Base (ba);

— Biotoxin (bt);

— kondensierbare Kontaminante (cd);

— ätzende Kontaminante (cr);

— Dopand (dp);

— organische Kontaminante, Gesamtwert (or);

— Oxidationsmittel (ox); oder

— eine Gruppe von Substanzen oder eine einzelne Substanz;

N die ISO-ACC-Stufe; der Logarithmus der Konzentration c_x, ausgedrückt in Gramm je Kubikmeter, innerhalb eines Bereichs von 0 bis −12. Es dürfen Zwischenwerte der Konzentration festgelegt werden, wobei 0,1 die kleinste anwendbare Schrittweite von *N* ist;

$N = \log_{10}[c_x]$.

BEISPIEL 1 Bei einer Probe N-Methylpyrrolidon (NMP) betrug der gemessene Wert der Luftkontamination 8E-7 g/m^3; *N* = −6,097. Dieser liegt innerhalb der Bewertungsstufengrenze von 1E-6 g/m^3 für die Stufe −6. Die Kennzeichnung würde lauten: „ISO-ACC-Stufe −6 (NMP)".

BEISPIEL 2 Bei einer Probe einer organischen Verbindung betrug der gemessene Wert 6E-5 g/m^3 an gesamten organischen Verbindungen (TOC, en: total organic compounds). Dieser liegt innerhalb der Bewertungsstufengrenze von 1E-4 g/m^3 für die Stufe −4. Die Kennzeichnung würde lauten: „ISO-ACC-Stufe −4 (TOC)".

Tabelle 1 und Bild 1 veranschaulichen die vorgeschlagenen ISO-ACC-Konzentrationsstufe als Funktion der Konzentration der Kontaminanten für die entsprechende Gruppe.

Tabelle 1 — ISO-ACC-Bewertungsstufen

ISO-ACC-Stufe	**Konzentration** g/m^3	**Konzentration** µg/m^3	**Konzentration** ng/m^3
0	10^0	10^6 (1 000 000)	10^9 (1 000 000 000)
−1	10^{-1}	10^5 (100 000)	10^8 (100 000 000)
−2	10^{-2}	10^4 (10 000)	10^7 (10 000 000)
−3	10^{-3}	10^3 (1 000)	10^6 (1 000 000)
−4	10^{-4}	10^2 (100)	10^5 (100 000)
−5	10^{-5}	10^1 (10)	10^4 (10 000)
−6	10^{-6}	10^0 (1)	10^3 (1 000)
−7	10^{-7}	10^{-1} (0,1)	10^2 (100)
−8	10^{-8}	10^{-2} (0,01)	10^1 (10)
−9	10^{-9}	10^{-3} (0,001)	10^0 (1)
−10	10^{-10}	10^{-4} (0,000 1)	10^{-1} (0,1)
−11	10^{-11}	10^{-5} (0,000 01)	10^{-2} (0,01)
−12	10^{-12}	10^{-6} (0,000 001)	10^{-3} (0,001)

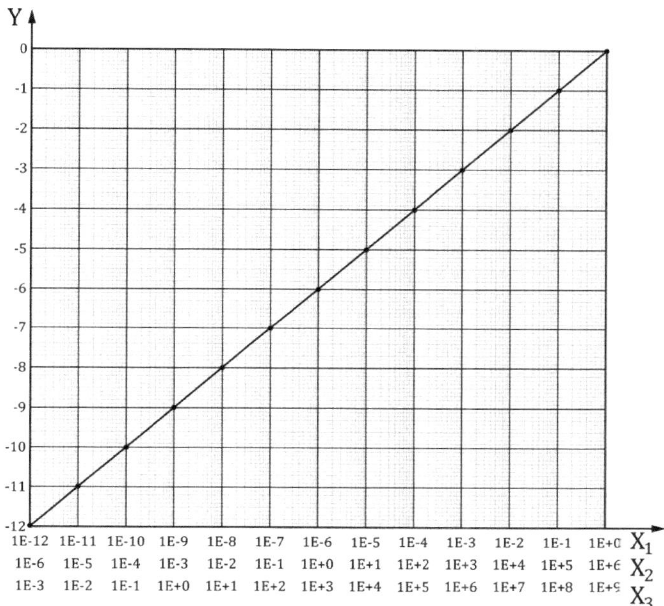

Legende

X_1 luftgetragene Konzentration (g/m^3)
X_2 luftgetragene Konzentration (µg/m^3)
X_3 luftgetragene Konzentration (ng/m^3)
Y ISO-ACC-Stufe

Bild 1 — ISO-ACC-Stufen als Funktion der Konzentration

5 Nachweis der Übereinstimmung mit einer ISO-ACC-Stufe

5.1 Kurzbeschreibung

Der Nachweis der Übereinstimmung mit den vom Kunden festgelegten Anforderungen an die ISO-ACC-Stufen wird mittels der festgelegten Prüfabläufe, die zwischen dem Kunden und dem Lieferanten vereinbart wurden, sowie durch die Erstellung festgelegter Ergebnisdokumentationen und Prüfbedingungen durchgeführt.

5.2 Prüfung

Beispielhafte Prüfverfahren sind in Anhang C angegeben. Die Liste der dort beschriebenen üblichen Prüfverfahren ist nicht erschöpfend. Im Rahmen einer Vereinbarung dürfen alternative Verfahren vergleichbarer Genauigkeit festgelegt werden.

ANMERKUNG 1 Die Analyse bzw. Auswertung mittels verschiedener Verfahren kann selbst bei korrekter Anwendung der Verfahren zu verschiedenen Ergebnissen mit gleicher Gültigkeit führen.

Prüfungen zum Nachweis der Übereinstimmung müssen unter Anwendung geeigneter Prüfverfahren und mittels kalibrierter Messgeräte durchgeführt werden.

Probenahmeorte müssen zwischen dem Kunden und dem Lieferanten vereinbart werden.

Es wird die Durchführung einer mehrfachen Probenahme an den vereinbarten Orten empfohlen.

ANMERKUNG 2 Bei Messungen zum Zweck der Analyse kann eine partikuläre Kontamination nicht immer ausgeschlossen werden.

ANMERKUNG 3 Um die Kontamination aus dem Gesamtprozess, außer der Luftprobenahme, zu beurteilen, ist bei der Spurenanalyse unter Verwendung der Kurzzeit-Probenahme die Einbeziehung einer Versand-Leerwertprobe (en: shipping blank sample) erforderlich, die im selben Prüflos vorbereitet und analysiert wurde wie die eigentliche Probe.

Die verstrichene Zeitspanne muss zwischen dem Kunden und dem Lieferanten vereinbart werden. Siehe A.4.3.

5.3 Prüfbericht

Die Ergebnisse der Prüfung eines jeden Reinraumes oder zugehörigen Reinraumbereichs sind aufzuzeichnen und in Form eines umfassenden Berichts vorzulegen; enthalten sein muss auch die Feststellung der Übereinstimmung oder Nichtübereinstimmung mit der/den festgelegten ISO-ACC-Stufe(n).

Der Prüfbericht muss die folgenden Punkte enthalten:

a) Name der die Prüfung durchführenden Person, Name und Anschrift der prüfenden Organisation, Datum, Uhrzeit und Dauer der Probenahme;

b) Nummer und das Jahr der Veröffentlichung dieses Dokuments (d. h. ISO 14644-8:2022);

c) eindeutige Angabe des Ortes, an dem sich der geprüfte Reinraum oder Reinraumbereich befindet (einschließlich der Angabe benachbarter Bereiche, sofern notwendig), sowie spezifische Koordinatenangaben aller Probenahmeorte;

d) festgelegte Bezeichnungskriterien für den Reinraum oder Reinraumbereich, darunter den Betriebszustand, die ISO-ACC-Stufe(n), das oder die festgelegten Prüfverfahren und, soweit anwendbar, die Substanz, Gruppe oder Gruppen von Substanzen oder Familie bzw. Familien von Kontaminanten, die verstrichene Zeitspanne und den angegebenen Partikeltyp;

e) Einzelheiten des zur Anwendung gebrachten Prüfverfahrens und alle verfügbaren Daten zur Beschreibung der Prüfbedingungen oder von Abweichungen vom Prüfverfahren sowie die Kennzeichnung des Messgeräts oder der Messgeräte mit jeweils gültigem Kalibrierzertifikat;

f) Prüfergebnisse, einschließlich der Daten zur chemischen Konzentration in der Luft für alle Probenahmeorte.

Anhang A
(informativ)

Zu berücksichtigende Parameter

A.1 Kurzbeschreibung

Ziel dieses Anhangs ist es, als Leitfaden für die Berücksichtigung von Parametern zu dienen, die die chemische Luftreinheit (ACC) in einem Reinraum oder zugehörigen Reinraumbereich beeinflussen oder einen Beitrag dazu leisten. Wie solche Parameter zu berücksichtigen sind, muss zusammen mit speziellen Überlegungen hinsichtlich des Betriebs der Anlage bereits zu Beginn der Planungsphase und bei der Spezifikation der Überwachungs- und Prüfanforderungen entwickelt werden.

A.2 Schritte zur Bestimmung von Parametern

Die folgenden Prinzipien erlauben die Bestimmung der Parameter, welche die ACC beeinflussen bzw. dazu beitragen und die berücksichtigt werden sollten.

a) Zunächst wird bestimmt, ob das Produkt oder der Prozess durch chemische Kontamination beeinträchtigt wird, da die Berücksichtigung der chemischen Kontamination in vielen Industriezweigen kein maßgebender Faktor ist.

b) Es werden die das Produkt oder den Prozess beeinträchtigenden Kontaminantenfamilien bestimmt, und es wird festgestellt, ob bestimmte Substanzen oder Gruppen von Substanzen besonders zu berücksichtigen sind.

c) Es werden die für das Produkt oder den Prozess höchstzulässigen Konzentrationen von Kontaminantenfamilien und/oder Substanzen oder Gruppen von Substanzen bestimmt; danach wird in Übereinstimmung mit 4.2 der zugehörige ISO-ACC-Deskriptor bestimmt.

d) Quellen chemischer Kontamination und Konzentrationsgrade werden bestimmt, die folgende Ursachen haben können:

   1) Außenluft (zur Versorgung der Anlage mit Frischluft);

   2) in der Anlage verbaute Werkstoffe, vor allem die, die mit den Umluft- und Frischluftströmen in Kontakt sind;

   3) Querkontamination die möglicherweise in der Anlage auftreten können;

   4) Betrieb und Wartung der Anlage;

   5) Personal, Reinraumgeräte und Hilfsmaterialien;

   6) Prozessmedien und Werkzeugbestückung.

Weitere Hinweise zu diesen Punkten werden in Abschnitt A.3 bis Abschnitt A.8 gegeben.

e) Es werden die Anforderungen an die Auslegung bestimmt, die erforderlich sind, um nach Abschnitt A.2 d) erzeugte chemische Kontamination zu verringern oder zu verhindern, um die für das Produkt oder den Prozess nötige ISO-ACC-Stufe zu erreichen.

A.3 Außenluft

A.3.1 Wird der Anlage als Frischluft Außenluft zugeführt, der das Produkt oder der Prozess ausgesetzt ist, sollten die Qualität der Außenluft und jegliche jahreszeitlichen Schwankungen hinsichtlich der Konzentration von Verbindungen oder Substanzen, die das Produkt oder den Prozess beeinträchtigen, bestimmt werden. Zusätzlich sollten die im Bereich der Heizungs-, Lüftungs- oder Klimatechnik verbauten Werkstoffe sowie die zugehörige Verkabelung berücksichtigt werden.

A.3.2 Die Analyse der Konzentration sollte über eine hinreichend lange Zeitspanne durchgeführt werden, um ihre Schwankungsbreite sowie mögliche zukünftige Entwicklungen, die einen Einfluss auf die Außenluftqualität haben können, feststellen zu können.

A.3.3 In einigen Fällen können die Konzentrationen der chemischen Kontamination beispielsweise aufgrund der vorherrschenden Windrichtungen, der Nähe von Kontaminationsquellen durch gezielte Anordnung der Frischlufteinlässe an der Anlage minimiert werden.

A.3.4 Die Außenluft-Kontaminationsgrade der in ein Gebäude eintretenden Zuluft können unterschiedliche Kontaminationsgrade der Abluft desselben Gebäudes, der Abluft von benachbarten Gebäuden oder anderen Kontaminationsquellen wie Bauernhöfen, Kläranlagen, Deponien, Schnellstraßen, Flughäfen, Gleisanlagen, von lokalen Industriebetrieben und anderen Quellen umfassen. Diese Kontaminationsgrade können in Abhängigkeit von der Windrichtung, der Windgeschwindigkeit, der Tageszeit, dem Niederschlag, der Temperatur, dem Sonnenlicht oder anderen Faktoren extrem schwanken. Deshalb ist es wichtig, nach Möglichkeit für eine kontinuierliche Überwachung der wichtigsten Parameter zu sorgen oder periodische Stichproben zu unterschiedlichen Zeiten und mit einer Probenahme über viele Stunden oder Tage durchzuführen, sodass ein typischer Durchschnitts- oder Höchstwert beurteilt werden kann, und nicht nur ein einzelner Messpunkt.

Langfristige Durchschnittsdaten sind zur Vorhersage der Lebensdauer von chemischen Filtern hilfreich und Echtzeit-Daten zur Bewertung der höchsten aufgetretenen Kontaminationsgrade, um einschätzen zu können, ob sie die empfindlichsten Produkte beeinträchtigen werden.

A.4 Baumaterialien

A.4.1 Die in der Anlage verbauten Werkstoffe können durch Ausgasung zu Quellen chemischer Kontamination werden.

Beispiele geeigneter Reinraum-Baumaterialien sind in ISO 14644-4:2001, Anhang E, angegeben.

A.4.2 Der Grad der Ausgasung aus den Materialien kann von der Temperatur, der relativen Luftfeuchte und dem Druck im Reinraum oder Reinraumbereich abhängig sein; daher sollten diese Wirkungen spezifisch für die Auslegung der Anlage bestimmt werden.

A.4.3 Die Ausgasung von Baumaterialien klingt in vielen Fällen im Laufe der Zeit exponentiell und asymptotisch ab. Dünnere Materialien (z. B. Beschichtungen) und flüchtige Verbindungen (z. B. Lösemittel) klingen schneller ab als dickere Materialien (Bodenfliesen, Dämmung, ULPA-Filter-Umhüllmassen) und höher siedende Verbindungen (Weichmacher, Antioxidationsmittel, Organphosphor-Flammschutzmittel, größere Silicone), die sehr viel langsamer abklingen und möglicherweise viele Jahre in erheblichem Maße ausgasen können.

A.4.4 Alle Baumaterialien einer Anlage, in der chemische Luftverunreinigung von Belang ist, sollten bezüglich ihrer chemischen Eigenschaften beurteilt und entsprechend ihrer Verwendung ausgewählt werden. Diese Auswertung kann in Form einer Tabelle erstellt werden.

A.5 Querkontamination

A.5.1 Chemische Kontamination kann durch Verteilung zwischen haustechnischen Einrichtungen, Partialdruckgefällen und Prozessen innerhalb der Anlage auftreten.

A.5.2 Das Maß einer solchen Kontamination sollte als Teil der anfänglichen konzeptionellen Planung der Anlage beurteilt und bewertet werden.

A.5.3 In einigen Fällen kann Querkontamination durch Isolierung, Einhausung oder Barrieretechnik zur Abschottung der Versorgungsanlage oder des Prozesses bzw. zum Schutz des Produkts oder Prozesses minimiert oder verhindert werden. Beispiele für solche Konzepte sind in ISO 14644-4:2001, Anhang A, und in ISO 14644-7 angegeben.

A.5.4 Eine bedeutende Quelle für Querkontamination können die Abluft oder externe Abläufe sein. Die Einhaltung von Emissionen, zum Beispiel unterhalb gesetzlicher Grenzwerte, kann möglicherweise nicht ausreichen, um insbesondere an windstillen Tagen die Zuluft bei jenen Prozessen zu schützen, die bereits bei Stufen chemischer Luftverunreinigung empfindlich reagieren, die weit unterhalb der gesetzlichen Grenzwerte liegen. In ähnlicher Weise können einige Verbindungen, für die keine Regelungen bestehen, trotzdem für empfindliche Prozesse sehr schädlich sein.

A.6 Betrieb und Wartung

Quellen chemischer Kontamination, die sich aus Betrieb und Wartung der Anlage ergeben, können durch das Einplanen von Maßnahmen verhindert oder minimiert werden, die über das in ISO 14644-5 festgelegte Maß hinausgehen. Übliche Beispiele sind die folgenden:

— Tragen von Masken oder Helmen mit Filterung oder Belüftung während des Arbeitsprozesses;

— qualifizierte chemische Analyse von Kleidungsstücken, Handschuhen und deren Verpackungsmaterialien;

— qualifizierte chemische Analyse von Reinigungsflüssigkeiten und anderen Reinigungsmaterialien;

— qualifizierte chemische Analyse aller zur Verpackung des Produkts verwendeten Materialien, wobei Vorgänge wie das Ausgasen während des Heißsiegelns von Beuteln berücksichtigt werden;

— betriebstechnische Maßnahmen zur Minimierung chemischer Kontamination, die aus der Verwendung von tragbaren Geräten oder vorübergehend verwendeten Materialien resultiert;

— vorübergehende isolierende Barrieren während Wartungs- oder Instandsetzungsarbeiten an Maschinen oder Versorgungsanlagen;

— protokollierte Betriebsabläufe zur Minimierung chemischer Kontamination.

Für Bereiche, die auf die Auswirkungen chemischer Luftverunreinigung am empfindlichsten reagieren, sind die Erzeugung eines Überdrucks oder eine sorgfältig geregelte Luftströmung erforderlich. Das schließt ein, dass in sämtlichen Abluftleitungen im Verhältnis zum Raum ein Unterdruck sichergestellt ist, um zu verhindern, dass aus stärker verunreinigten Bereichen – zu denen Hohlräume, Gräben, Lüftungsöffnungen, Hohlwände, Tunnel und Kabelkanäle zählen können – eine chemische Luftverunreinigung in die kritischen Bereiche eindringt.

A.7 Personal

Vom Personal herrührende Quellen chemischer Kontamination können verhindert oder minimiert werden, indem folgenden Punkte geregelt werden:

— Verwendung von Kosmetika, Deodorants, Handreinigungsmitteln, Seifen, Parfümen und Haarpflegemitteln;

— Rauchen;

— Verwendung von Medikamenten;

— Einnahme bestimmter Nahrungs- und Arzneimittel;

— Ein- und Ausschleusungsabläufe;

— persönliche Verwendung von Reinigungs- und Desinfektionsmitteln.

Diese Auflistung ist nicht erschöpfend.

ANMERKUNG Das notwendige Kontrollmaß hängt vom jeweiligen Prozess ab. Es wird in diesem Zusammenhang auf die entsprechenden Abschnitte von ISO 14644-5 hingewiesen.

A.8 Weitere Quellen

Zu diesen können zählen:

— Verbrauchsmaterialien;

— Ausrüstungsgegenstände;

— Chemikalien;

— Reaktionsnebenprodukte, insbesondere vom Ätzen oder chemischer Gasphasenabscheidung (CVD, en: chemical vapour deposition);

— Heizgeräte, Dämmstoff, Computer, Anzeigen, Drucker, Elektronik;

— Austreten von Chemikalien, Kühlmitteln, Abfallströmen, Faulgasen, antistatischen Behandlungen.

A.9 Luftbehandlungsverfahren zur Reduzierung chemischer Luftverunreinigung

Um die Konzentration bestimmter chemischer Kontaminantenfamilien zu kontrollieren oder zu reduzieren, stehen verschiedene Verfahren zur Verfügung. Dazu zählen:

— Sorption durch geeignete Materialien (z. B. Aktivkohle, imprägnierte Aktivkohle, Ionenaustauscherharz, Zeolithe);

— fotoelektronische Ionisation und elektrostatische Deionisation;

— katalytische Fotooxidation;

— Wäscher oder Sprühmittel, Luftwäscher unter Verwendung von Wasser und/oder Chemikalien.

Anhang B
(informativ)

Typische Kontaminanten

Die Zuordnung von luftgetragenen chemischen Kontaminanten zu Stoffgruppen ist ein komplexes Thema. Viele Verbindungen weisen chemische Merkmale auf, die in mehrere Stoffgruppen passen. Daher sollte sich die Zuordnung von Kontaminanten zu Stoffgruppen nach der jeweiligen schädlichen Wirkung richten, die die spezifische interessierende chemische Verbindung auf das Endprodukt ausübt, welches im Reinraum oder Reinraumbereich produziert wird. Tabelle B.1 listet übliche Beispiele von kontaminierend wirkenden Chemikalien und Kontaminantengruppen auf, die für ein Produkt oder einen Prozess von Bedeutung sein können. Anwender werden aufgefordert, die für ihre jeweilige Anwendung bedeutsamen Chemikalien oder Agenzien in ähnlicher Weise zu Kontaminantengruppen zuzuordnen.

Tabelle B.1 wird ausschließlich als Leitfaden angegeben und ist nicht erschöpfend oder umfassend.

Tabelle B.1 — Typische Beispiele von kontaminierend wirkenden Chemikalien und Kontaminantenfamilien, die für ein Produkt oder einen Prozess von Bedeutung sein können

CAS-Nr.	Substanz	Konstitutionsformel	Kontaminantenfamilie									
			ac	ba	or	bt	cd			cr	dp	ox
							H	M	L			
7664-41-7	Ammoniak	NH_3		x		x		x		x		
141-43-5	2-Aminoethanol	$H_2NCH_2CH_2OH$		x	x				x	x		
78-91-1	2-Aminopropanol	$CH_3(NH_2)CHCH_2OH$		x	x			x				
7782-50-5	Chlor	Cl_2				x				x		x
128-37-0	BHT:di(*t*-butyl)hydroxytoluol	$CH_3C_6H_2(t\text{-}C_4H_9)_2OH$			x	x		x				
85-68-7	Butylbenzylphthalat	$H_9C_4OCOC_6H_4COOCH_2C_6H_5$			x		x					
7637-07-2	Bortrifluorid	BF_3	x						x	x	x	
1303-86-2	Boroxid	B_2O_3				x					x	
108-91-8	Cyclohexylamin	$C_6H_{11}NH_2$		x	x			x				
—	Zyklische Polydimethylsiloxane	$(-Si(CH_3)_2O-)_n$			x		x	x				
106-46-7	*p*-Dichlorbenzol	ClC_6H_4Cl			x	x		x				
100-37-8	Diethylaminoethanol	$(C_2H_5)_2NCH_2CH_2OH$		x	x			x				
117-84-0	Dioctylphthalat	$C_6H_4(C=OOC_8H_{17})_2$			x		x					
84-66-2	Diethylphthalat	$C_6H_4(C=OOC_2H_5)_2$			x		x					
84-74-2	Dibutylphthalat	$C_6H_4(C=OOC_4H_9)_2$			x		x					
117-81-7	Di(2-ethylhexyl)phthalat	$C_6H_4(C=OOCH_2CHC_2H_5C_4H_9)_2$			x		x					
84-61-7	Dicyclohexylphthalat	$C_6H_4(C=OOC_6H_{11})_2$			x		x					
103-23-1	Di(2-ethylhexyl)adipat	$C_4H_8(C=OOCH_2CHC_2H_5C_4H_9)_2$			x		x					
84-76-4	Dinonylphthalat	$C_6H_4(C=OOC_9H_{19})_2$			x		x					
84-77-5	Didecylphthalat	$C_6H_4(C=OOC_{10}H_{21})_2$			x		x					
541-02-6	Dekamethylcyclopentasiloxan	$(-Si(CH_3)_2O-)_5$			x		x					
540-97-6	Dodekamethylcyclohexasiloxan	$(-Si(CH_3)_2O-)_6$			x		x					
104-76-7	2-Ethylhexanol	$CH_3(CH_2)_3C_2H_5CHCH_2OH$			x			x				

Tabelle B.1 (*fortgesetzt*)

CAS-Nr.	Substanz	Konstitutionsformel	Kontaminantenfamilie									
			ac	ba	or	bt	cd			cr	dp	ox
							H	M	L			
75–21–8	Ethylenoxid	C_2H_4O				x			x			
50–00–0	Formaldehyd	HCHO			x	x			x			
142–82–5	Heptan	C_7H_{16}			x				x			
66–25–1	Hexanal	$C_6H_{12}O$			x	x			x			
7647–01–0	Chlorwasserstoff	HCl	x			x			x	x		
766–39–3	Fluorwasserstoff	HF	x			x			x	x		
10035–10–6	Bromwasserstoff	HBr	x			x			x	x		
7783–06–4	Schwefelwasserstoff	H_2S	x			x			x	x		
999–97–3	Hexamethyldisilazan	$(CH_3)_3SiNHSi(CH_3)_3$		x	x			x				
541–05–9	Hexamethylcyclotrisiloxan	$(-Si(CH_3)_2O-)_3$			x			x				
67–63–0	Isopropanol	$(CH_3)_2CHOH$			x	x			x			
10102–43–9	Stickstoffmonoxid	NO	x			x			x	x		
10102–44–0	Stickstoffdioxid	NO_2	x			x			x	x		
872–50–4	N-Methylpyrrolidon	$-(NCH_3)(C=O)(CH_2)_3-$		x	x			x				
644–31–5	Ozon	O_3				x				x		x
556–67–2	Oktamethylcyclotetrasiloxan	$(-Si(CH_3)_2O-)_4$			x			x				
7803–51–2	Phosphin	PH_3				x			x		x	
7446–09–5	Schwefeldioxid	SO_2	x			x			x	x		
75–50–3	Trimethylamin	$(CH_3)_3N$		x	x					x		
121–44–8	Triethylamin	$(C_2H_5)_3N$		x	x				x	x		
45–40–0	Triethylphosphat	$(C_2H_5O)_3P=O$			x		x				x	
6145–73–9	Tris(2-Chlor-1-propyl)phosphat	$(CH_3ClCHCH_2O)_3P=O$			x			x		x	x	
13674–73–9	Tris(1-Chlor-2-propyl)phosphat	$((CH_3)(ClCH_2)CH\text{-}O-)_3P=O$			x			x		x	x	
78–30–8	Tricresylphosphat	$(CH_3C_6H_4O)_3P=O$			x		x				x	

Tabelle B.1 (*fortgesetzt*)

CAS-Nr.	Substanz	Konstitutionsformel	Kontaminantenfamilie									
			ac	ba	or	bt	cd			cr	dp	ox
							H	M	L			
126–73–8	Tri(n-butyl)phosphat	$(C_4H_9O)_3P = O$			x		x				x	
20405–30–5	Tris(2,2,2-trichlorethyl)phosphat	$(Cl_3CH_2)_3P = O$			x		x				x	
115–96–8	Tris(chlorethyl)phosphat	$(ClC_2H_4O)_3P = O$			x		x			x	x	
75–59–2	Tetramethylammoniumhydroxid	$(CH_3)_4N{+}OH{-}$		x	x		x					
95–47–6	Xylol	$(CH_3)_2C_6H_4$			x	x		x				
57–13–6	Harnstoff	$C = O(NH_2)_2$		x								
	Gesamtkonzentration Phthalate	$R_1OCOC_6H_4COOR_2$			x		x					
	Gesamtkonzentration Phosphate	$(RO)_3P = O$			x		x				x	
	Gesamtkonzentration Siloxane, linear und zyklisch				x		x	x	x			
	Gesamtkonzentration Siliciumverbindungen, organisch und anorganisch				x		x	x	x			
	Gesamtschwefelgehalt		x		x	x	x	x	x	x		
	Gesamtkonzentration Cyclosiloxane	$(-Si(CH_3)_2O-)_n$			x		x					
	Gesamtkonzentration Kohlenwasserstoffe	$C_mH_nO_pX_y$ (wobei X ein anderes Element ist)			x		x	x	x			
	Gesamtkonzentration Kohlenwasserstoffe außer Methan	$C_mH_nO_pX_y$, minus CH_4 (wobei X ein anderes Element ist)			x		x	x	x			

Tabelle B.1 (*fortgesetzt*)

CAS-Nr.	Substanz	Konstitutionsformel	Kontaminantenfamilie									
			ac	ba	or	bt	cd			cr	dp	ox
							H	M	L			
	Gesamtkonzentration ungesättigte Kohlenwasserstoffe	$C_mH_nO_pX_y$ (wobei X ein anderes Element ist, mit $n \leq 2m$ und C = O)			x		x	x	x			

Legende

ac Säure
ba Base
bt Biotoxin
cd kondensierbare Kontaminante
cr ätzende Kontaminante
dp Dopand
or organische Kontaminante
ox Oxidationsmittel
H hochgradig kondensierbar, Siedepunkt > 200 °C
M mittelmäßig kondensierbar, 200 °C ≥ T_b ≥ 100 °C
L geringfügig kondensierbar, 100 °C > T_b (T_b ist der Siedepunkt)

Anhang C
(informativ)

Typische Messverfahren

C.1 Kurzbeschreibung

C.1.1 Ziel dieses Anhangs ist es, als Leitfaden bezüglich verschiedener Mess- und Analyseverfahren der chemischen Kontamination unter Beachtung der chemischen Verbindungen und deren zu erwartender Konzentrationen zu dienen.

C.1.2 Die in diesem Anhang erwähnten Messgeräte sind nicht im Sinne einer erschöpfenden und umfassenden Aufzählung zu verstehen, sondern lediglich als Beispiele im Hinblick auf die Parameter aktueller Technologie, wie in Tabelle C.1 zusammengestellt.

C.2 Verfahrenskonzepte

C.2.1 Die Verfahren können grob in zwei Kategorien eingeteilt werden:

— Verfahren zur direkten Analyse, einschließlich Online- oder kontinuierliche Überwachung;

— Verfahren, bei denen die Probenahme separat und sogar räumlich getrennt von der Analyse der Probe erfolgt.

C.2.2 Direkt analysierende Messgeräte bieten die Möglichkeit unverzüglicher Messungen. Bei Messgeräten mit Probenahme wird notwendigerweise ein über die Probenahmezeit integrierter Wert ermittelt.

C.2.3 Bei Messgeräten mit Probenahme kann eine weitere Unterscheidung in passive und aktive Probenahme vorgenommen werden. Die letztgenannte Variante verwendet zur Probenahme eine Art Pumpe.

C.2.4 Passiv diffusive (DIFF) Probenahmegeräte verwenden eine speziell vorbereitete Oberfläche, die selektiv eine oder mehrere Gaskomponenten aufnimmt. Dieses Verfahren erfordert bei niedrigen Konzentrationen der chemischen Luftverunreinigung ausgedehnte Probenahmezeiten.

C.2.5 Bei aktiver Probenahme wird die Kontamination aufgenommen, indem ein festgelegtes Luftvolumen durch ein Adsorbens gesogen wird. Diese Technik gestattet es, auch bei geringen Konzentrationen von chemischer Kontamination, Proben über eine kürzere Zeit zu nehmen. Messgeräte mit aktiver Probenahme können komplexe Vorrichtungen enthalten, sodass die Handhabung und die Effektivität des Probenahmeverfahrens genauestens überlegt werden muss.

C.2.6 Übliche Verfahren der Probenahme können folgende sein:

— Sorbensröhrchen (SOR), bei dem ein Stahl- oder Glasröhrchen verwendet wird, das mit einem geeigneten Adsorbens gefüllt ist; Beispiele für Adsorbenzien sind Tenax[1], Aktivkohle, Kieselgel;

— imprägnierte Filter, die mit einem geeigneten chemischen Reagenz ausgerüstet sind, das die spezifische Kontaminante adsorbiert;

— Impinger (IMP), bestehend aus einer Gaswaschflasche oder mehreren in Reihe geschalteten Gaswaschflaschen, die mit entionisiertem Wasser oder einem geeigneten flüssigen Reagenz gefüllt sind;

---

1 Tenax ist ein Beispiel für ein geeignetes handelsübliches Produkt. Diese Angabe dient nur zur Unterrichtung der Anwender dieses Dokuments und bedeutet keine Anerkennung dieses Produktes durch ISO.

— Probenbeutel (SB, en: sample bag) zur Verwendung bei hohen Konzentrationen chemischer Luftverunreinigung, die durch Analysegeräte direkt entnommen werden können. Der Probenbeutel verwendet üblicherweise keine Adsorbenzien. Bei der Probenahme mit einem Beutel müssen für eine genaue Analyse die folgenden Faktoren berücksichtigt werden: Stabilität der Probe im Probenbeutel aufgrund von Faktoren wie der Diffusion von Analyten in den Beutel oder aus dem Beutel, Adsorption auf dem Beutel, Reaktionen zwischen Analyten und Übertragung früherer Proben. Dieses Verfahren ist für chemische Verbindungen mit einem sehr hohen Siedepunkt, die auf den Polymerbeuteln adsorbieren, nicht zweckmäßig;

— Probenahme mit Kanister (CAN) oder Probezylinder; dabei wird entweder ein luftleerer Kanister mit einem Ventil verwendet, das am Ort der Probenahme geöffnet wird, sodass keine Pumpe erforderlich ist oder ein Probezylinder, der mit Hilfe von Ventilen gespült wird, die sich an beiden Enden befinden und für viele Volumina geeignet ist, bevor er bei einer Atmosphäre abgedichtet wird, oder bei höheren Drücken, falls diese durch Druckluftleitungen möglich sind. Die Oberflächen der Probenahmegefäße müssen in geeigneter Weise passiviert sein, um bei den fraglichen Konzentrationen den Verlust von Analyten während der üblichen Verzögerung zwischen der Probenahme und der Analyse zu verhindern.

C.3 Auswahl typischer Probenahmesysteme und Analyseverfahren

C.3.1 Übliche Probenahmeverfahren

Hierzu zählen unter anderen:

— passiv diffusive Probenahmegeräte (DIFF);

— Filtersammler (FC, en: filter collector);

— Reihenschaltung von Impingern (IMP), gefüllt mit einem geeigneten Lösemittel, Reinstwasser oder anderen Einfang-Fluiden, die auch Reagenzien enthalten können;

— Probenbeutel (SB), Kanister oder Behälter (CAN) zur direkten Probenahme von Luft;

— Sorbensröhrchen (SOR);

— Prüfwafer oder -platte (WW, en: witness wafer) als Probensammler;

— Tröpfchenextraktion (DSE, en: droplet scanning extraction);

— Diffusionsröhrchen (DT, en: diffusion tube).

C.3.2 Typische Analyseverfahren

C.3.2.1 Verfahren zur späteren Analyse (Offline-Analyse)

Hierzu zählen unter anderen:

— Atom-Absorptionsspektroskopie (AA-S);

— Atom-Absorptionsspektroskopie – Graphitofen (AA-GF);

— Atom-Emissionsspektroskopie (AES) oder allgemeiner: optische Emissionsspektroskopie (OES);

— Dampfphasenzersetzung – TXRF;

— Dampfphasenzersetzung – ICP-MS;

— Tröpfchenextraktion – ICP-MS;

- Detektion der Massenzunahme (MGD, en: mass gain detection) mit Resonatoren einschließlich Quarzmikrowaagen (QCM, en: quartz crystal microbalance), Oberflächenwellen-Filter (SAW, en: surface acoustic wave) und ähnlichen Einrichtungen;
- Chemolumineszenz (CL);
- Kapillarelektrophorese (CZE, en: capillary zone electrophoresis);
- Gaschromatographie – Flammenionisationsdetektor (GC-FID);
- Gaschromatographie – Massenspektrometrie (GC-MS);
- Ionenchromatographie (IC);
- induktiv gekoppelte Plasma-Massenspektrometrie (ICP-MS);
- Infrarotspektroskopie (IR);
- Massenspektrometrie (MS);
- Ultraviolettspektroskopie (UVS);
- Fourier-Transformierte Infrarotspektroskopie (FTIR);
- Totalreflexions-Röntgenfluoreszenzspektroskopie (TXRF, en: total reflection X-ray fluorescence spectroscopy);
- Dampfphasenzersetzung – Totalreflexions-Röntgenfluoreszenzspektroskopie (VPD-TXRF, en: vapour phase decomposition – total reflection X-ray fluorescence);
- Flugzeitbestimmung – Sekundärionen-Massenspektrometrie (TOF-SIMS, en: time of flight – secondary ion mass spectrometry);
- Ionisation unter Atmosphärendruck – Massenspektrometrie (API-MS, en: atmospheric pressure ionization – mass spectroscopy).

C.3.2.2 Online-Überwachung

Hierzu zählen unter anderen:

- kolorimetrische Erkennung durch Analysator mit chemisch imprägniertem Papier (CPR, en: colorimetric paper reel-type analyser);
- Ionenbeweglichkeits-Spektroskopie (IMS, en: ion mobility spectroscopy);
- Massenzunahmedetektor (MGD, en: mass gain detector) (Messung der zunehmenden Kondensation organischer Materialien) unter Verwendung unterschiedlicher Typen von piezoelektrischen Resonatoren;
- tragbare Gaschromatographiegeräte (PGC, en: portable gas chromatograph);
- Sensoren auf der Grundlage elektrochemischer Elemente (ECS, en: electrochemical cell sensor);
- Ionenchromatographie-Überwachungssystem (ICS, en: ion chromatography monitoring system);
- Chemolumineszenz- Überwachungssystem (CLS);
- Fluoridionenmonitor (FIM);

— Oberflächenwellen-Filter (SAW, en: surface acoustic wave);

— Quarzmikrowaagen (QCM, en: quartz crystal microbalance);

— Hohlraum-Abkling-Spektroskopie (CRDS, en: cavity ringdown spectroscopy).

Der Anwender sollte die Erkennungsgrenzen beachten und innerhalb dieser arbeiten.

Tabelle C.1 stellt eine Auswahlmatrix für beispielhafte Messverfahren dar.

ANMERKUNG Das jeweils anzuwendende Analyseverfahren für eine gegebene Kontaminantenkonzentration hängt von der Probenahmegeschwindigkeit und -dauer ab.

Tabelle C.1 — Auswahlmatrix zur Veranschaulichung beispielhafter Messverfahren mit Bezug zu den erwarteten Konzentrationen chemischer Luftverunreinigung

<table>
<tr><th rowspan="2">ISO-ACC-Stufe N
10^n g/m^3</th><th colspan="7">Kontaminantenfamilie</th></tr>
<tr><th>Säure</th><th>Base</th><th>Organische Kontaminante</th><th>Biotoxin</th><th>Kondensierbare Kontaminante</th><th>Ätzende Kontaminante</th><th>Dopand</th></tr>
<tr><td>0</td><td rowspan="4">IMP, IC, UVS, DIFF, ECS</td><td rowspan="4">IMP, IC, UVS, DIFF, ECS</td><td rowspan="6">DIFF, SOR, SB, GC-FID, GC-MS, IR</td><td rowspan="4">IMP, IC, UVS, SB, DIFF, SOR, GC-FID, GC-MS, IR, CPR, ECS</td><td rowspan="6">SOR, GC-FID, GC-MS, IR</td><td rowspan="4">IMP, IC, UVS, DIFF, SOR, GC-FID, GC-MS, IR, ECS</td><td rowspan="6">SOR, GC-FID, GC-MS, IR, IMP, IC, ICP-MS, GF-AAS, UVS</td></tr>
<tr><td>−1</td></tr>
<tr><td>−2</td></tr>
<tr><td>−3</td></tr>
<tr><td>−4</td><td rowspan="2">IMP, IC, UVS, CLS, IR, CPR, DIFF</td><td rowspan="2">IMP, IC, UVS, CLS, IR, CPR, DIFF</td><td rowspan="2">IMP, IC, UVS, CLS, IR, CPR, DIFF</td><td rowspan="2">IMP, IC, UVS, CLS, IR, CPR, DIFF</td></tr>
<tr><td>−5</td></tr>
<tr><td>−6</td><td rowspan="2">IMP, IC, UVS, IR, CLS, CPR, DIFF</td><td rowspan="2">IMP, IC, UVS, IR, CLS, CPR, DIFF</td><td rowspan="3">SOR, GC-FID, GC-MS, IMS</td><td rowspan="2">IMP, IC, UVS, IR, CLS, CPR, DIFF, SOR, GC-MS, ICP-MS</td><td rowspan="3">SOR, GC-FID, GC-MS, MGD</td><td rowspan="2">IMP, IC, UVS, IR, CLS, CPR, DIFF, SOR, GC-FID, GC-MS</td><td rowspan="7">IC, SOR, GC-MS, IMP, ICP, MS</td></tr>
<tr><td>−7</td></tr>
<tr><td>−8</td><td>IMP, IC</td><td rowspan="2">IMP, IC, IMS</td><td>IMP, IC, SOR, GC-MS, ICP-MS</td><td>IMP, IC, SOR, GC-MS</td></tr>
<tr><td>−9</td><td>IMP, IC, CZE, IMS</td><td rowspan="4">SOR, GC-MS</td><td>IMP, IC, CZE, IMS, SOR, GC-MS, ICP-MS</td><td rowspan="4">SOR, GC-MS</td><td>IMP, IC, CZE, IMS, SOR, GC-MS</td></tr>
<tr><td>−10</td><td rowspan="3">IMP, CZE</td><td rowspan="3">IMP, IC, CZE</td><td rowspan="3">IMP, CZE, SOR, GC-MS, ICP-MS,</td><td rowspan="3">IMP, CZE, SOR, GC-MS</td></tr>
<tr><td>−11</td></tr>
<tr><td>−12</td></tr>
<tr><td colspan="8">ANMERKUNG Die diesen abgekürzten Begriffen entsprechenden Verfahren sind in Abschnitt C.3 aufgelistet.</td></tr>
</table>

Anhang D
(informativ)

Berücksichtigung spezieller Anforderungen für SD-Module

D.1 Kurzbeschreibung

D.1.1 Dieser Anhang ist als Leitfaden für SD-Module gedacht, die entsprechend ihrer Beschaffenheit und Anwendung spezielle Konstruktionsmerkmale aufweisen, die bei der Festlegung der Anforderungen für die Stufen in Bezug auf chemische Luftverunreinigung berücksichtigt werden müssen. Einzelheiten der verschiedenen Bauarten und Anwendungen solcher Module werden in ISO 14644-7 behandelt.

D.1.2 Es sollte die Möglichkeit der Kontamination durch das SD-Modul selbst beachtet werden.

In einigen Fällen, in denen keine direkte Messung der chemischen Luftreinheit (ACC) möglich ist (z. B. bei einem zu kleinen Volumen), sind Messungen der SCC der einzig mögliche Weg zur Beschreibung des Reinheitsgrads.

ANMERKUNG Die Relation zwischen SCC (ausgedrückt als Konzentration je Flächeneinheit) und ACC (ausgedrückt als Konzentration je Luftvolumen) ist im Allgemeinen nicht bekannt. In Fällen, in denen die Relation zwischen gemessener chemischen Oberflächenreinheit und chemischen Luftreinheit experimentell (oder anderweitig) bestimmt wurde und bekannt ist, können Ergebnisse der SCC verwendet werden, um die Einheiten der ACC zur Festlegung der Stufen für die Prüfung und Überwachung zu berechnen.

D.2 Spezielle Überlegungen

D.2.1 Die Konstruktion der jeweiligen Barrieretechnik kann die Wahl der Probenahme- und Messverfahren für die ACC einschränken. Es sollte das bestmögliche Prüfverfahren bestimmt und zwischen Kunde und Lieferant vereinbart werden, sowie die erforderlichen Vorkehrungen an der Konstruktion des SD-Moduls für Anschlüsse oder Befestigungen zu Prüfzwecken getroffen werden.

D.2.2 Hinsichtlich der zum Bau des Moduls verwendeten Materialien sollte Anhang A dieses Dokuments herangezogen werden. Oft beinhalten solche Module flexible Abschirmungen oder Barrieren zusammen mit flexiblen Handschuhen, Taschen oder Handhabungsvorrichtungen. Diese Materialien und ihre möglichen Quellen chemischer Kontamination sollten berücksichtigt werden.

D.2.3 Alle nachträglich eingebrachten Materialien oder Erweiterungen des Moduls und ihre möglichen Quellen chemischer Kontamination sollten berücksichtigt werden.

D.2.4 Richtet sich das besondere Augenmerk auf das Produkt, kann die Entscheidung getroffen werden, die Leistung eines Moduls durch Messung und Analyse der chemischen Reinheit der Oberfläche des Produkts zu überprüfen (siehe D.1.2).

Erfolgt die Nachprüfung auf der Grundlage einer Bewertung der SCC, kann die Verweildauer des Produkts innerhalb des Moduls einen entscheidenden Einfluss haben und sollte dementsprechend berücksichtigt werden.

D.2.5 Die Pumpprobenahme einer kleinen Einhausung unter Verwendung eines Zufuhrgases, um das Probenahmegas zu ergänzen, kann die Konzentration der chemischen Luftkontaminanten am Beginn der Probenahme signifikant verdünnen, insbesondere dann, wenn das Probenahmevolumen sehr viel größer ist als das Volumen der Einhausung. Das kann im Vergleich zur tatsächlichen Konzentration vor der Probenahme zu künstlich niedrigen Werten der Konzentration führen, die auf der Grundlage des Probenahmevolumens berechnet wird.

D.2.6 Obwohl die ACC-Prüfungen in diesem Dokument für Reinraumluft gedacht sind, können ähnliche Prinzipien auch auf andere Einrichtungen, Einhausungen und potenzielle Umgebungen angewendet werden, die mit Gasen wie sauberer trockener Luft, Stickstoff, Inertgasen oder Gasgemischen gereinigt werden. Ähnliche Konzepte können auch auf druckbeaufschlagte Probenahmeorte angewandt werden; diese werden jedoch in diesem Dokument nicht behandelt.

D.2.7 In bestimmten Branchen können spezielle empfohlene Prüfverfahren oder Spezifikationen oder Leitlinien für die Kontrolle der chemischen Luftverunreinigung gelten. Siehe Literaturhinweise.

Literaturhinweise

[1] ISO 14644-4:2001, *Cleanrooms and associated controlled environments — Part 4: Design, construction and start-up*

[2] ISO 14644-5, *Cleanrooms and associated controlled environments — Part 5: Operations*

[3] ISO 14644-7, *Cleanrooms and associated controlled environments — Part 7: Separative devices (clean air hoods, gloveboxes, isolators and mini-environments)*

[4] ISO 14698 (alle Teile), *Cleanrooms and associated controlled environments — Biocontamination control*

[5] SEMI F21-1102, *Classification of Airborne Molecular Contaminant Levels in Clean Environments*

[6] IEST-G-CC035.1, *Design Considerations for AMC Filtration Systems in Cleanrooms*

[7] ASTM D5127-99, *Standard Guide for Ultra Pure Water Used in the Electronics and Semiconductor Industry*

[8] JACA No. 34-:2000, *Standard for Evaluation of Airborne Molecular Contaminants Emitted from Construction/Composition Materials for Clean Room*

[9] JACA No. 35A-2003, *Standard for Classification of Air Cleanliness for Airborne Molecular Contaminant (AMC) Level in Cleanrooms and Associated Controlled Environments and its Evaluation Methods*

[10] JACA No. 43-2006, *Standard for Evaluation Methods on Substrate Surface Contamination in Cleanrooms and Associated Controlled Environments*

[11] SEMI E108-0307, *Test Method for the Assessment of Outgassing Organic Contamination from Minienvironments using Gas Chromatography/Mass Spectrometry*

[12] IEST-RP-CC031.2, *Method for Characterising Outgassed Compounds from Cleanroom Materials and Components*

[13] IDEMA-Norm M11-99, *General Outgas Test Procedure by Dynamic Headspace Analysis*

[14] JIS B9917-8:2010, *Standard for Classification of Air Cleanliness for Airborne Molecular Contaminants (AMC) Level in Cleanrooms and Associated Controlled Environments and its Evaluation Methods*

[15] Fujimoto, T., Takeda, K. and Nonaka, T. 'Airborne Molecular Contamination: Contamination on Substrates and the Environment in Semiconductors and Other Industries', in *Developments in Surface Contamination and Cleaning*. William Andrew Publishing, 2008

[16] SEMI E45-1101, *Test Method for the Determination of Inorganic Contamination from Minienvironments Using Vapour Phase Decomposition-Total Reflection X-Ray Spectroscopy (VPD-TXRF), VPD-Atomic Absorption Spectroscopy (VPD-AAS), or VPD/Inductively Coupled Plasma-Mass Spectrometry (VPD/ICP-MS)*

[17] SEMI E460307, *Test Method for the Determination of Organic Contamination from Minienvironments Using Ion Mobility Spectrometry (IMS)*

[18] Takeda, K., Mochizuki, A., Nonaka, T., Matsumoto, I., Fujimoto, T. and Nakahara, T. Evaluation of Outgassing Compounds from Cleanroom Construction Materials. *J. IEST*. 2001, **44**(1), 28–32

[19] H. Tamura, S. Fujii, K. Yuasa and N. Kagi. Evaluation Method of VOC Emissions from Cleanroom Materials using the Double Cylinder Chamber. *Journal of Architecture, Planning and Environmental Engineering*. 1999, **520**, 55-59

[20] Tamura, H., Fujii, S. and Kagi, N. *Estimate of the Time Change of the Gas Emission Flux*. Proceedings of the 48th IEST Annual Technical Meeting and the 16th International Symposium on Contamination Control, ESTECH 2002 Proceedings, pp 7-15, Anaheim, California U.S. (2002), BUEE 2001, Seoul, Korea (2001)

Oktober 2022

	DIN EN ISO 14644-9	

ICS 13.040.35

Ersatz für
DIN EN ISO 14644-9:2012-12

Reinräume und zugehörige Reinraumbereiche – Teil 9: Bewertung der partikulären Oberflächenreinheit (ISO 14644-9:2022); Deutsche Fassung EN ISO 14644-9:2022

Cleanrooms and associated controlled environments –
Part 9: Assessment of surface cleanliness for particle concentration (ISO 14644-9:2022);
German version EN ISO 14644-9:2022

Salles propres et environnements maîtrisés apparentés –
Partie 9: Évaluation de la propreté des surfaces en fonction de la concentration de particules
(ISO 14644-9:2022);
Version allemande EN ISO 14644-9:2022

Gesamtumfang 39 Seiten

DIN-Normenausschuss Heiz- und Raumlufttechnik sowie deren Sicherheit (NHRS)

Nationales Vorwort

Dieses Dokument (EN ISO 14644-9:2022) wurde vom Technischen Komitee ISO/TC 209 „Cleanrooms and associated controlled environments“ in Zusammenarbeit mit dem Technischen Komitee CEN/TC 243 „Reinraumtechnologie“ erarbeitet, dessen Sekretariat von BSI (Vereinigtes Königreich) gehalten wird.

Das zuständige deutsche Normungsgremium ist der Arbeitsausschuss NA 041-02-21 AA „Reinraumtechnik (SpA CEN/TC 243 und ISO/TC 209)“ im DIN-Normenausschuss Heiz- und Raumlufttechnik sowie deren Sicherheit (NHRS).

Für die in diesem Dokument zitierten Dokumente wird im Folgenden auf die entsprechenden deutschen Dokumente hingewiesen:

IEC 61340-5-1	siehe	DIN EN 61340-5-1
ISO 5725-2	siehe	DIN ISO 5725-2
ISO 10576-1	siehe	DIN ISO 10576-1
ISO 21920-2	siehe	DIN EN ISO 21920-2
ISO 21920-3	siehe	DIN EN ISO 21920-3

Aktuelle Informationen zu diesem Dokument können über die Internetseiten von DIN (www.din.de) durch eine Suche nach der Dokumentennummer aufgerufen werden.

Änderungen

Gegenüber DIN EN ISO 14644-9:2012-12 wurden folgende Änderungen vorgenommen:

a) der Begriff „Klasse“ (Klassifizierung, klassifiziert) wurde in „Stufe“ (bzw. „Bewertung“) geändert, wo angebracht;

b) ISO 14644-6 wurde aus dem Einleitungstext von Abschnitt 3 und folglich auch aus Abschnitt 2 entfernt;

c) Begriff 3.8 wurde aus Abschnitt 3 entfernt;

d) ISO 4287 und ISO 4288 wurden durch ISO 21920-2 und ISO 21920-3 entsprechend ersetzt;

e) ISO 16232-2, ISO 16232-3, ISO 16232-4 und ISO 16232-5 wurden durch ISO 16232 ersetzt;

f) geringfügige redaktionelle Änderungen.

Frühere Ausgaben

DIN EN ISO 14644-9: 2012-02

Nationaler Anhang NA
(informativ)

Literaturhinweise

DIN EN 61340-5-1, *Elektrostatik — Teil 5-1: Schutz von elektronischen Bauelementen gegen elektrostatische Phänomene — Allgemeine Anforderungen (IEC 61340-5-1)*

DIN EN ISO 21920-2, *Geometrische Produktspezifikation (GPS) — Oberflächenbeschaffenheit: Profile — Teil 2: Begriffe und Parameter für die Oberflächenbeschaffenheit (ISO 21920-2)*

DIN EN ISO 21920-3, *Geometrische Produktspezifikation (GPS) — Oberflächenbeschaffenheit: Profile — Teil 3: Spezifikationsoperatoren (ISO 21920-3)*

DIN ISO 5725-2, *Genauigkeit (Richtigkeit und Präzision) von Messverfahren und Messergebnissen — Teil 2: Grundlegende Methode für die Ermittlung der Wiederhol- und Vergleichpräzision eines vereinheitlichten Messverfahrens (ISO 5725-2)*

DIN ISO 10576-1, *Statistische Verfahren — Leitfaden für die Beurteilung der Konformität mit vorgegebenen Anforderungen — Teil 1: Allgemeine Grundsätze (ISO 10576-1)*

– Leerseite –

EUROPÄISCHE NORM

EUROPEAN STANDARD

NORME EUROPÉENNE

EN ISO 14644-9

Mai 2022

ICS 13.040.35

Ersetzt EN ISO 14644-9:2012

Deutsche Fassung

Reinräume und zugehörige Reinraumbereiche — Teil 9: Bewertung der partikulären Oberflächenreinheit (ISO 14644-9:2022)

Cleanrooms and associated controlled environments — Part 9: Assessment of surface cleanliness for particle concentration (ISO 14644-9:2022)

Salles propres et environnements maîtrisés apparentés — Partie 9: Évaluation de la propreté des surfaces en fonction de la concentration de particules (ISO 14644-9:2022)

Diese Europäische Norm wurde vom CEN am 18. April 2022 angenommen.

Die CEN-Mitglieder sind gehalten, die CEN/CENELEC-Geschäftsordnung zu erfüllen, in der die Bedingungen festgelegt sind, unter denen dieser Europäischen Norm ohne jede Änderung der Status einer nationalen Norm zu geben ist. Auf dem letzten Stand befindliche Listen dieser nationalen Normen mit ihren bibliographischen Angaben sind beim CEN-CENELEC-Management-Zentrum oder bei jedem CEN-Mitglied auf Anfrage erhältlich.

Diese Europäische Norm besteht in drei offiziellen Fassungen (Deutsch, Englisch, Französisch). Eine Fassung in einer anderen Sprache, die von einem CEN-Mitglied in eigener Verantwortung durch Übersetzung in seine Landessprache gemacht und dem Management-Zentrum mitgeteilt worden ist, hat den gleichen Status wie die offiziellen Fassungen.

CEN-Mitglieder sind die nationalen Normungsinstitute von Belgien, Bulgarien, Dänemark, Deutschland, Estland, Finnland, Frankreich, Griechenland, Irland, Island, Italien, Kroatien, Lettland, Litauen, Luxemburg, Malta, den Niederlanden, Norwegen, Österreich, Polen, Portugal, der Republik Nordmazedonien, Rumänien, Schweden, der Schweiz, Serbien, der Slowakei, Slowenien, Spanien, der Tschechischen Republik, der Türkei, Ungarn, dem Vereinigten Königreich und Zypern.

EUROPÄISCHES KOMITEE FÜR NORMUNG
EUROPEAN COMMITTEE FOR STANDARDIZATION
COMITÉ EUROPÉEN DE NORMALISATION

CEN-CENELEC Management-Zentrum: Rue de la Science 23, B-1040 Brüssel

Ref. Nr. EN ISO 14644-9:2022 D

Inhalt

Bilder

Tabellen

Europäisches Vorwort

Dieses Dokument (EN ISO 14644-9:2022) wurde vom Technischen Komitee ISO/TC 209 „Cleanrooms and associated controlled environments" in Zusammenarbeit mit dem Technischen Komitee CEN/TC 243 „Reinraumtechnologie" erarbeitet, dessen Sekretariat von BSI gehalten wird.

Diese Europäische Norm muss den Status einer nationalen Norm erhalten, entweder durch Veröffentlichung eines identischen Textes oder durch Anerkennung bis November 2022, und etwaige entgegenstehende nationale Normen müssen bis November 2022 zurückgezogen werden.

Es wird auf die Möglichkeit hingewiesen, dass einige Elemente dieses Dokuments Patentrechte berühren können. CEN ist nicht dafür verantwortlich, einige oder alle diesbezüglichen Patentrechte zu identifizieren.

Dieses Dokument ersetzt EN ISO 14644-9:2012.

Rückmeldungen oder Fragen zu diesem Dokument sollten an das jeweilige nationale Normungsinstitut des Anwenders gerichtet werden. Eine vollständige Liste dieser Institute ist auf den Internetseiten von CEN abrufbar.

Entsprechend der CEN-CENELEC-Geschäftsordnung sind die nationalen Normungsinstitute der folgenden Länder gehalten, diese Europäische Norm zu übernehmen: Belgien, Bulgarien, Dänemark, Deutschland, die Republik Nordmazedonien, Estland, Finnland, Frankreich, Griechenland, Irland, Island, Italien, Kroatien, Lettland, Litauen, Luxemburg, Malta, Niederlande, Norwegen, Österreich, Polen, Portugal, Rumänien, Schweden, Schweiz, Serbien, Slowakei, Slowenien, Spanien, Tschechische Republik, Türkei, Ungarn, Vereinigtes Königreich und Zypern.

Anerkennungsnotiz

Der Text von ISO 14644-9:2022 wurde von CEN als EN ISO 14644-9:2022 ohne irgendeine Abänderung genehmigt.

Vorwort

ISO (die Internationale Organisation für Normung) ist eine weltweite Vereinigung nationaler Normungsinstitute (ISO-Mitgliedsorganisationen). Die Erstellung von Internationalen Normen wird üblicherweise von Technischen Komitees von ISO durchgeführt. Jede Mitgliedsorganisation, die Interesse an einem Thema hat, für welches ein Technisches Komitee gegründet wurde, hat das Recht, in diesem Komitee vertreten zu sein. Internationale staatliche und nichtstaatliche Organisationen, die in engem Kontakt mit ISO stehen, nehmen ebenfalls an der Arbeit teil. ISO arbeitet bei allen elektrotechnischen Normungsthemen eng mit der Internationalen Elektrotechnischen Kommission (IEC) zusammen.

Die Verfahren, die bei der Entwicklung dieses Dokuments angewendet wurden und die für die weitere Pflege vorgesehen sind, werden in den ISO/IEC-Direktiven, Teil 1 beschrieben. Es sollten insbesondere die unterschiedlichen Annahmekriterien für die verschiedenen ISO-Dokumentenarten beachtet werden. Dieses Dokument wurde in Übereinstimmung mit den Gestaltungsregeln der ISO/IEC-Direktiven, Teil 2 erarbeitet (siehe www.iso.org/directives).

Es wird auf die Möglichkeit hingewiesen, dass einige Elemente dieses Dokuments Patentrechte berühren können. ISO ist nicht dafür verantwortlich, einige oder alle diesbezüglichen Patentrechte zu identifizieren. Details zu allen während der Entwicklung des Dokuments identifizierten Patentrechten finden sich in der Einleitung und/oder in der ISO-Liste der erhaltenen Patenterklärungen (siehe www.iso.org/patents).

Jeder in diesem Dokument verwendete Handelsname dient nur zur Unterrichtung der Anwender und bedeutet keine Anerkennung.

Für eine Erläuterung des freiwilligen Charakters von Normen, der Bedeutung ISO-spezifischer Begriffe und Ausdrücke in Bezug auf Konformitätsbewertungen sowie Informationen darüber, wie ISO die Grundsätze der Welthandelsorganisation (WTO, en: World Trade Organization) hinsichtlich technischer Handelshemmnisse (TBT, en: Technical Barriers to Trade) berücksichtigt, siehe www.iso.org/iso/foreword.html.

Dieses Dokument wurde vom Technischen Komitee ISO/TC 209, *Cleanrooms and associated controlled environments*, in Zusammenarbeit mit dem Europäischen Komitee für Normung (CEN), Technisches Komitee CEN/TC 243, *Reinraumtechnologie*, in Übereinstimmung mit der Vereinbarung zur technischen Zusammenarbeit zwischen ISO und CEN (Wiener Vereinbarung) erarbeitet.

Diese zweite Ausgabe ersetzt die erste Ausgabe (ISO 14644-9:2012), die geringfügig überarbeitet wurde. Die Änderungen sind folgende:

— der Begriff „Klasse" („Klassifizierung", „klassifiziert") wurde in „Stufe" (bzw. „Bewertung") geändert, wo angebracht;

— ISO 14644-6 wurde aus dem Einleitungstext von Abschnitt 3 und folglich auch aus Abschnitt 2 entfernt;

— Begriff 3.8 wurde aus Abschnitt 3 entfernt;

— ISO 4287 und ISO 4288 wurden durch ISO 21920-2 und ISO 21920-3 entsprechend ersetzt;

— ISO 16232-2, ISO 16232-3, ISO 16232-4 und ISO 16232-5 wurden durch ISO 16232 ersetzt;

— geringfügige redaktionelle Änderungen.

Eine Auflistung aller Teile der Normenreihe ISO 14644 ist auf der ISO-Internetseite abrufbar.

Rückmeldungen oder Fragen zu diesem Dokument sollten an das jeweilige nationale Normungsinstitut des Anwenders gerichtet werden. Eine vollständige Auflistung dieser Institute ist unter www.iso.org/members.html zu finden.

Einleitung

Reinräume und zugehörige Reinraumbereiche sorgen für die Regelung des passenden Reinheitsgrads bei der Durchführung kontaminationsempfindlicher Tätigkeiten. Zu den Produkten und Prozessen, für die die Regelung der Kontamination Vorteile bringt, gehören u. a. diejenigen in folgenden Industriezweigen: Luft und Raumfahrt, Mikroelektronik, Optik, Atomwirtschaft und Lebenswissenschaften (Arzneimittel, Medizinprodukte, Nahrungsmittel und Gesundheitswesen).

ISO 14644-1 bis ISO 14644-8, ISO 14698-1 und ISO 14698-2 behandeln ausschließlich die luftgetragene partikuläre und die luftgetragene chemische Kontamination. Bei der Gestaltung und Spezifikation sowie beim Betrieb und der Regelung von Reinräumen und sonstigen zugehörigen Reinraumbereichen sollten neben der Bewertung der Oberflächenreinheit weitere Faktoren berücksichtigt werden. Diese Faktoren werden in weiteren Teilen der ISO 14644 und in der ISO 14698 ausführlicher behandelt.

Dieses Dokument liefert einen analytischen Prozess zur Bestimmung und Bezeichnung von Reinheitsgraden aufgrund der Partikelkonzentrationen auf einer Oberfläche. Dieses Dokument führt auch einige Prüfverfahren sowie Verfahrensweisen zur Bestimmung der Partikelkonzentration von Oberflächen auf.

Sofern Aufsichtsbehörden zusätzliche Richtlinien oder Einschränkungen festlegen, sind möglicherweise entsprechende Anpassungen der Prüfverfahren erforderlich.

ANMERKUNG Wird die Bewertung der partikulären Oberflächenreinheit (SCP) an kritischen Kontrollpunkten als zusätzliches Reinheitsmerkmal für die Bewertung der partikulären Luftreinheit nach ISO 14644-1 verwendet, kann der Raum als Reinraum oder Reinraumbereich bezeichnet werden. Wird nur SCP verwendet, wird der Raum als kontrollierter Bereich bezeichnet.

1 Anwendungsbereich

Dieses Dokument beschreibt ein Verfahren für die Bewertung der partikulären Reinheitsgrade auf festen Oberflächen für Anwendungen in Reinräumen und zugehörigen Reinraumbereichen. Empfehlungen zu Prüf- und Messverfahren sowie Angaben zu Oberflächenkenngrößen sind in Anhang A bis Anhang D enthalten.

Dieses Dokument ist anzuwenden für alle festen Oberflächen in Reinräumen und zugehörigen Reinraumbereichen, wie z. B. Wände, Decken, Fußböden, Arbeitsbereiche, Werkzeuge, Ausrüstungsgegenstände und Produkte. Das Verfahren für die Bewertung der partikulären Oberflächenreinheit (SCP, en: surface cleanliness by particle concentration) ist auf Partikel zwischen 0,05 µm und 500 µm begrenzt.

Die folgenden Punkte werden in diesem Dokument nicht behandelt:

— Anforderungen an die Reinheit und Eignung von Oberflächen für bestimmte Prozesse;

— Verfahrensweisen für die Reinigung von Oberflächen;

— Materialkenngrößen;

— Bezüge auf die wechselseitigen Bindungskräfte oder Entstehungsprozesse, die üblicherweise zeitabhängig und prozessabhängig sind;

— Auswahl und Anwendung statistischer Bewertungs- und Prüfverfahren;

— weitere Kenngrößen von Partikeln, wie z. B. elektrostatische Ladung, Ionenladungen und mikrobiologischer Zustand.

2 Normative Verweisungen

Es gibt keine normativen Verweisungen in diesem Dokument.

3 Begriffe

Für die Anwendung dieses Dokuments gelten die folgenden Begriffe.

ISO und IEC stellen terminologische Datenbanken für die Verwendung in der Normung unter den folgenden Adressen bereit:

— ISO Online Browsing Platform: verfügbar unter https://www.iso.org/obp

— IEC Electropedia: verfügbar unter http://www.electropedia.org/

3.1
Deskriptor für festgelegte Partikelgrößenbereiche
Differentialdeskriptor, der den Grad der partikulären Oberflächenreinheit (SCP) innerhalb festgelegter Partikelgrößenbereiche angibt

Anmerkung 1 zum Begriff: Der Deskriptor darf auf Bereiche der Partikelgröße angewendet werden, die von besonderem Interesse sind, oder auf die Partikelgrößenbereiche, die außerhalb des Bereichs des Stufensystems liegen; er darf sowohl unabhängig als auch als Ergänzung zu den SCP-Stufen festgelegt werden.

3.2
direktes Messverfahren
Bewertung der zu bestimmenden Kontamination ohne jegliche Zwischenschritte

3.3
indirektes Messverfahren
Bewertung der zu bestimmenden Kontamination mit Zwischenschritten

3.4
feste Oberfläche
Grenzfläche zwischen der festen und einer zweiten Phase

3.5
Oberflächenpartikel
feste und/oder flüssige Materie, die an einer betrachteten Oberfläche haftet und diskontinuierlich über diese verteilt ist, mit der Ausnahme filmartiger Materie, die die gesamte Oberfläche bedeckt.

Anmerkung 1 zum Begriff: Die Partikel werden durch chemische und/oder physikalische Wechselwirkungen an der Oberfläche angehaftet.

3.6
partikuläre Oberflächenreinheit
SCP, en: surface cleanliness by particle concentration
der Zustand einer Oberfläche mit Bezug auf deren Partikelkonzentration

Anmerkung 1 zum Begriff: Die Oberflächenreinheit ist neben weiteren Faktoren von den Material- und Gestaltungskenngrößen, Beanspruchungslasten (Komplexität der auf die Oberfläche wirkenden Lasten) und vorherrschenden Umgebungsbedingungen abhängig.

3.7
Stufe der partikulären Oberflächenreinheit
SCP-Stufe
Stufenzahl zur Angabe der höchstens zulässigen Oberflächenkonzentration, in Partikel je Quadratmeter, für die betrachtete Partikelgröße [SCP-Stufe 1 bis 8 der partikulären Oberflächenreinheit (SCP)], wobei Stufe 1 die sauberste Stufe darstellt

3.8
Partikelkonzentration der Oberfläche
Anzahl einzelner Partikel je Flächeneinheit der betrachteten Oberfläche

4 Abkürzungen

Für die Anwendung dieses Dokuments gelten die folgenden abgekürzten Begriffe.

AFM	Rasterkraftmikroskopie (en: atomic force microscopy)
CNC	Kondensationskernzähler (en: condensation nucleus counter)
EDX	energiedispersive Röntgenspektroskopie (en: energy dispersive X-ray spectroscopy)
ESCA	Elektronenspektroskopie für die chemische Analyse (en: electron spectroscopy for chemical analysis)
ESD	elektrostatische Entladung (en: electrostatic discharge)
IR	Infrarotabsorptionsspektroskopie (en: infrared absorption spectroscopy)
OPC	optischer Partikelzähler (en: optical particle counter)
PET	Polyethylenterephthalat (en: polyethylene terephthalate)
SCP	partikuläre Oberflächenreinheit (en: surface cleanliness by particle concentration)
SEM	Rasterelektronenmikroskop (en: scanning electron microscopy)
UV	UV-Spektroskopie (en: ultraviolet spectroscopy)
WDX	wellenlängendispersive Röntgenspektroskopie (en: wavelength-dispersive X-ray spectroscopy)

5 Bewertungssystem für den Oberflächenreinheitsgrad

5.1 Format der ISO-SCP- Bewertungsstufe

Der Grad der partikulären Oberflächenreinhheit (SCP) in einem Reinraum oder einem zugehörigen Reinraumbereich muss durch eine Stufenzahl *N* bezeichnet werden, die die höchstens zulässige Gesamtpartikelkonzentration auf Oberflächen für die jeweils betrachtete Partikelgröße festlegt. *N* muss nach Gleichung (1) mit der für jede betrachtete Partikelgröße *D* höchstens zulässigen Gesamtpartikelkonzentration der Oberfläche $C_{\mathrm{SCP;D}}$, in Partikel je Quadratmeter Oberfläche, bestimmt werden:

$$C_{SCP;D} = k\frac{10^N}{D} \tag{1}$$

Dabei ist

$C_{\mathrm{SCP;D}}$ die höchstens zulässige Gesamt-Oberflächenkonzentration, in Partikel je Quadratmeter Oberfläche, an Partikeln, welche größer oder gleich der betrachteten Partikelgröße sind; $C_{\mathrm{SCP;D}}$ wird auf der Grundlage von höchstens drei signifikanten Stellen auf die nächste ganze Zahl gerundet;

N die SCP- Stufenzahl, die auf die SCP-Stufe 1 bis 8 begrenzt ist; die SCP-Stufenzahl *N* wird durch den gemessenen Partikeldurchmesser *D*, in Mikrometer, dargestellt;

ANMERKUNG *N* bezieht sich auf den Exponenten zur Basis 10 für die Partikelkonzentration bei einer Bezugspartikelgröße von 1 µm.

D die betrachtete Partikelgröße, in Mikrometer;

k eine Konstante von 1, in Mikrometer.

ANMERKUNG 1 Aufgrund der dynamischen Kenngrößen hinsichtlich der Entstehung und des Transports von Partikeln kann die auf der Partikelkonzentration beruhende SCP-Stufe ein zeit- und prozessabhängiger Wert sein.

ANMERKUNG 2 Aufgrund der Komplexität der statistischen Bewertungen und der bereits verfügbaren zusätzlichen Literatur sind die Auswahl und Anwendung statischer Prüfungsverfahren nicht in diesem Dokument beschrieben.

Die aus Gleichung (1) abgeleitete Konzentration $C_{\mathrm{SCP;D}}$ muss als definitiver Wert dienen. Tabelle 1 enthält ausgewählte SCP-Bewertungsstufen und die entsprechenden höchstzulässigen kumulativen Gesamtpartikelkonzentrationen für die betrachteten Partikelgrößen.

Bild 1 enthält eine Darstellung der ausgewählten Stufen der Oberflächenpartikel in graphischer Form.

Tabelle 1 — Ausgewählte SCP-Bewertungsstufen für Reinräume und zugehörige Reinraumbereiche

Einheiten in Partikel je Quadratmeter

SCP-Stufe	Partikelgröße								
	≥ 0,05 µm	≥ 0,1 µm	≥ 0,5 µm	≥ 1 µm	≥ 5 µm	≥ 10 µm	≥ 50 µm	≥ 100 µm	≥ 500 µm
SCP-Stufe 1	(200)	100	20	(10)					
SCP-Stufe 2	(2 000)	1 000	200	100	(20)	(10)			
SCP-Stufe 3	(20 000)	10 000	2 000	1 000	(200)	(100)			
SCP-Stufe 4	(200 000)	100 000	20 000	10 000	2 000	1 000	(200)	(100)	
SCP-Stufe 5		1 000 000	200 000	100 000	20 000	10 000	2 000	1 000	(200)

Tabelle 1 (*fortgesetzt*)

Einheiten in Partikel je Quadratmeter

SCP-Stufe	Partikelgröße								
	≥ 0,05 µm	≥ 0,1 µm	≥ 0,5 µm	≥ 1 µm	≥ 5 µm	≥ 10 µm	≥ 50 µm	≥ 100 µm	≥ 500 µm
SCP-Stufe 6		(10 000 000)	2 000 000	1 000 000	200 000	100 000	20 000	10 000	2 000
SCP-Stufe 7				10 000 000	2 000 000	1 000 000	200 000	100 000	20 000
SCP-Stufe 8						10 000 000	2 000 000	1 000 000	200 000

Bei den Werten in Tabelle 1 handelt es sich um Konzentrationen an Partikeln der zugehörigen Partikelgröße und SCP-Stufe je Quadratmeter Oberfläche (1 m^2), welche größer oder gleich der betrachteten Partikelgröße sind ($C_{SCP;D}$).

Sind Zahlen in Klammern angegeben, sollten die entsprechenden Partikelgrößen nicht zu Stufenbestimmung verwendet werden; für die genauere Bestimmung ist eine andere Partikelgröße auszuwählen.

Die Mindestfläche für die Messungen sollte statistisch repräsentativ für die betrachtete Oberfläche sein.

ANMERKUNG Die Bewertung der unteren SCP-Stufen erfordert zahlreiche Messungen, um einen signifikanten Wert zu erhalten.

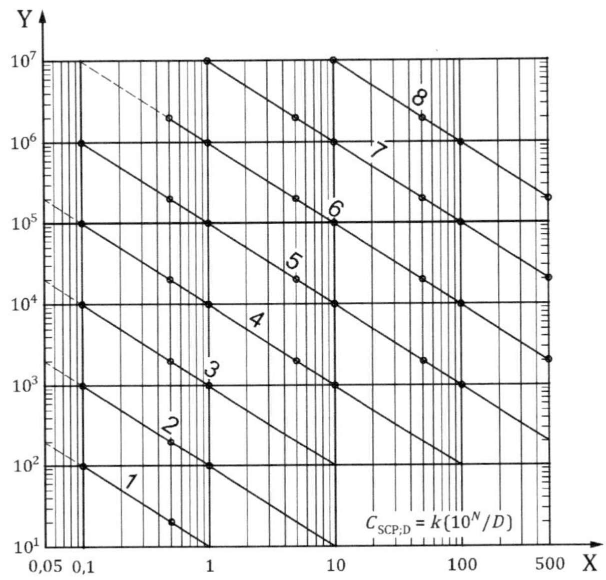

Legende

X betrachtete Partikelgröße, *D* (µm)

Y Partikelkonzentration auf einer Oberfläche ≥ *D*, $C_{\mathrm{SCP;D}}$ (Partikel/m^2)

1 SCP-Stufe 1

2 SCP-Stufe 2

3 SCP-Stufe 3

4 SCP-Stufe 4

5 SCP-Stufe 5

6 SCP-Stufe 6

7 SCP-Stufe 7

8 SCP-Stufe 8

Die im Diagramm dargestellten durchgezogenen Linien müssen für die Stufenbestimmung angewendet werden. Die gestrichelten Linien sollten nicht für die Stufenbestimmung verwendet werden.

ANMERKUNG Die Partikelverteilung auf den Oberflächen ist üblicherweise keine Normalverteilung. Sie wird von verschiedenen Faktoren beeinflusst wie z. B. Rauheit, Porosität, elektrostatische Ladung und Anlagerungsvorgänge (siehe Anhang A).

BEISPIEL Die SCP-Stufe 5 (1 µm) bedeutet, dass bei einer betrachteten Partikelgröße von ≥ 1 µm ($D = 1$) auf 1 m^{2}Oberfläche höchstens 10^5 Partikel vorkommen dürfen. Die SCP-Stufe 5 (10 µm) bedeutet, dass bei einer betrachteten Partikelgröße von ≥ 10 µm ($D = 10$) auf 1 m^2 Oberfläche höchstens 10^4 Partikel vorkommen dürfen. Jede weitere gemessene Partikelgröße ($D = x$), die zu einer Konzentration führt, die unterhalb der entsprechenden SCP-Linie liegt, erfüllt die Spezifikation der SCP-Stufe 5 (*x* µm).

Bild 1 —SCP-Stufen

Für Partikelgrößen, die außerhalb des Enstufungssystems liegen, und in Fällen wo nur ein enger Partikelbereich oder einzelne Partikelgrößen von Interesse sind, kann ein Deskriptor angewendet werden (siehe Anhang B).

5.2 Bezeichnung

Das Format der SCP-Stufenzahl muss wie folgt sein: SCP-Stufe *N* (*D* µm).

Die Bezeichnung der SCP-Stufe für Reinräume und zugehörige Reinraumbereiche muss auch Folgendes enthalten:

a) den gemessenen Oberflächentyp;

b) die gemessene Oberflächengröße;

c) das angewendete Messverfahren.

Die Einzelheiten zu den angewendeten Messverfahren, einschließlich der Probenahmeverfahren und Messgeräte, sollten den Prüfberichten entnommen werden.

Die betrachtete Partikelgröße sollte zwischen dem Kunden und dem Lieferanten vereinbart werden.

Die SCP-Stufe muss in Bezug auf den gemessenen Partikelgrößendurchmesser angegeben werden.

BEISPIEL 1 SCP-Stufe 2 (0,1 µm); Wafer oder Glassubstrat, Oberflächengröße: 310 cm²; Oberflächenpartikelzähler.

BEISPIEL 2 SCP-Stufe 5 (0,5 µm); Innenwand einer Flasche; Oberflächengröße: 200 cm²; Flüssigkeitsdispersion – Flüssigkeitspartikelzähler.

5.3 Allgemeine Angaben zu den partikulären Oberflächenreinheitsstufen

Die Konzentration luftgetragener Partikel und die Partikelkonzentration der Oberfläche stehen im Allgemeinen miteinander im Zusammenhang. Dieser Zusammenhang hängt von vielen Faktoren ab wie Turbulenzgrad der Luftströmung, Grad der Anlagerung, Anlagerungszeitpunkt, Anlagerungsgeschwindigkeit, Konzentration in der Luft, und Kenngrößen der Oberfläche, wie z. B. elektrostatische Ladung (siehe A.2.4).

Um die SCP zu bestimmen, sollten verschiedene Parameter (siehe Anhang C) und Oberflächenkenngrößen (siehe Anhang A) berücksichtigt werden, die die Prüfung beeinflussen.

6 Nachweis der Konformität

6.1 Kurzbeschreibung

Die Übereinstimmung mit den durch den Kunden festgelegten Anforderungen an die SCP-Reinheitsstufe wird durch Prüfungen und Bereitstellung der Dokumentation der Prüfergebnisse und -bedingungen nachgewiesen.

Einzelheiten zum Nachweis der Konformität (siehe 6.3) müssen im Vorfeld der Prüfung zwischen dem Kunden und dem Lieferanten vereinbart werden.

6.2 Prüfung

Prüfungen, die durchgeführt werden, um die Konformität nachzuweisen, müssen in einem zugehörigen Reinraumbereich unter Anwendung der geeigneten Messverfahren und, sofern möglich, mit kalibrierten Geräten durchgeführt werden.

Für den Nachweis der Konformität dürfen direkte und indirekte Prüfverfahren angewendet werden, wie sie in Anhang D angegeben sind. Die Auflistung der beschriebenen typischen Verfahren ist nicht vollständig. Alternative Verfahren mit vergleichbarer Genauigkeit dürfen nach Vereinbarung festgelegt werden.

ANMERKUNG Die Messung mit verschiedenen Verfahren kann auch bei ordnungsgemäßer Anwendung zu unterschiedlichen Ergebnissen mit gleicher Gültigkeit führen.

Wiederholungsmessungen werden empfohlen.

Prüfverfahren und -umgebung müssen zwischen dem Kunden und dem Lieferanten vereinbart werden.

Es sollten Maßnahmen getroffen werden, um die elektrostatische Ladung um den Prüfbereich herum zu verringern, da diese die Anlagerung von Partikeln auf Oberflächen erhöht. Sofern die Oberfläche weder elektrisch leitend noch geerdet oder ladungsneutralisiert ist, können elektrostatische Ladungen auftreten (siehe Anhang A). Daher können die Prüfergebnisse schwanken.

6.3 Prüfbericht

Die Ergebnisse der Prüfung jeder einzelnen Oberfläche müssen aufzgeeichnet und in Form eines umfassenden Berichts zusammen mit einer Angabe zur Konformität oder Nichtkonformität mit der/den festgelegten SCP-Stufe(n) eingereicht werden.

Der Prüfbericht muss mindestens Folgendes enthalten:

a) Eckdaten:

   — Datum und Zeitpunkt der Prüfung;

   — Name und Adresse der Prüforganisation;

   — Name der Prüfer/Namen des Prüfpersonals;

b) Herangezogene Verweisungen:

   — Normen;

   — Richtlinien;

   — Vorschriften;

   — Nummer und Jahr der Veröffentlichung dieses Dokuments, d. h. ISO 14644-9:2022;

c) Umgebungsdaten:

   — bei der Probenahme vorliegende Umgebungsbedingungen (d. h. Temperatur, Luftfeuchte, Reinheit);

   — bei der Messung vorliegende Umgebungsbedingungen (d. h. Temperatur, Luftfeuchte, Reinheit) (bei direkten Verfahren nicht unbedingt erforderlich);

   — Ort (z. B. Raum) der Messung;

d) Prüfobjekt:

   — eindeutige Identifikation des Prüfgegenstands;

   — Beschreibung des Prüfgegenstands;

   — graphische Darstellung und/oder Zeichnung des Prüfobjekts;

e) Prüfaufbau:

   — Foto und/oder Zeichnung des Prüfaufbaus;

   — Beschreibung der Betriebsparameter;

— Beschreibung der Messpunkte;

— Beschreibung der im Prüfaufbau angewendeten Messgeräte;

f) Messgeräte:

— Identifikation der angewendeten Geräte und Messgeräte sowie aktuelle Kalibrierzertifikate;

— Messbereich der angewendeten Messgeräte;

— Verweisung auf die Kalibrierzertifikate;

g) Durchführung der Prüfung:

— zutreffende Einzelheiten des angewendeten Prüfverfahrens, einschließlich jeglicher verfügbarer Daten zur Beschreibung der Abweichungen vom Prüfverfahren (sofern vereinbart);

— Zustand der Oberfläche vor der Probenahme (z. B. nach dem Reinigen, nach dem Verpacken, unter Umgebungsbedingungen oder unter Vakuum);

— festgelegte Prüf- und Messverfahren;

— Betriebszustand/-zustände während Probenahme und Messung;

— festgelegte Prüfverfahren;

— die gesamte vereinbarte Dokumentation (z. B. Rohdaten, Hintergrund-Partikelkonzentrationen, Bilder, graphische Darstellungen, Reinigung und Verpackung);

— Dauer, Ort und Position der Probenahme (bei direkten Verfahren nicht unbedingt erforderlich);

— Dauer, Ort und Position der Messung (bei direkten Verfahren nicht unbedingt erforderlich);

— während der Probenahme oder Messung gemachte nennenswerte Beobachtungen, sofern zutreffend;

— Anzahl der durchgeführten Messungen;

— eindeutige Identifizierung der Position und der Ausdehnung der gemessenen Oberfläche sowie spezifische Bezeichnungen für die Oberflächenkoordinaten, sofern zutreffend;

h) Ergebnisse und Analyse:

— Sichtprüfung der Prüfoberfläche vor und nach der Messung, sofern zutreffend;

— Messwerte und/oder deren Analyse;

— Aussage über die Datenqualität;

— betrachtete Partikelgrößenbereiche;

— Prüfergebnisse, einschließlich der Daten der Partikelkonzentration für gegebene Partikelgrößen, für alle durchgeführten Prüfungen;

— SCP-Bewertungsstufe mit Bezeichnung als SCP-Reinheitsstufe *N*;

— Annahmekriterien für die reine Oberfläche, sofern zwischen dem Kunden und dem Lieferanten vereinbart.

Anhang A
(informativ)

Oberflächenkenngrößen

A.1 Beschreibung der Oberfläche

Eine Oberfläche ist im Allgemeinen durch ihre Struktur (wie z. B. Rauheit, Porosität), mechanische Eigenschaften (z. B. Härte) und physikalisch-chemische Eigenschaften (z. B. elektrostatische Ladung der Oberfläche und Oberflächenspannung) gekennzeichnet. Jede dieser Eigenschaften sollte betrachtet werden, bevor ein Prüfverfahren für die Bewertung der Oberflächenreinheit oder als Hilfsmittel zur Auslegung der Prüfergebnisse ausgewählt wird.

A.2 Oberflächenkenngrößen

A.2.1 Rauheit

A.2.1.1 Beschreibung

Da die Rauheit einer Oberfläche viele ihrer physikalischen Eigenschaften beeinflusst, ist sie nicht einfach durch einen einzelnen Parameter zu beschreiben und stellt auch keine spezifische Eigenschaft der Oberfläche dar. Rauheit liegt in zwei Hauptebenen vor: in rechten Winkeln zur Oberfläche, wobei sie durch die Höhe charakterisiert werden kann, und in der Ebene der Oberfläche, wobei sie in diesem Fall als „Struktur" identifiziert wird und durch die Welligkeit charakterisiert ist. Die Rauheit einer Oberfläche kann durch mechanische oder optische Verfahren ermittelt werden.

A.2.1.2 Prüfung

Ein häufig angewendetes mechanisches Verfahren für die Bestimmung der Rauheit ist ein Gerät mit Taststift (z. B. siehe ISO 21920-2 oder ISO 21920-3).

Häufig angewendete optische Verfahren für die Bestimmung der Rauheit und der Porenstruktur sind Mikroskope (Licht-, Konfokal-, Interferenzmikroskope, mit/ohne Tunneleffekt, konischer Schnitt).

A.2.2 Porosität

A.2.2.1 Definition und Beschreibung

Die Porosität stellt ein Maß für die Hohlräume in einem Material dar und wird als Dezimalstelle zwischen 0 und 1 oder als Prozentsatz zwischen 0 % und 100 % angegeben.

— **Effektive Porosität** (auch offene Porosität genannt) bezieht sich auf den Anteil am Gesamtvolumen, in dem der Flüssigkeitsdurchfluss effektiv stattfindet (dies schließt Poren ohne durchgehende Verbindung und nicht miteinander verbundene Hohlräume aus).

— **Makroporosität** bezieht sich auf Poren mit einem Durchmesser von größer oder gleich 50 nm. Der Flüssigkeitsdurchfluss durch die Makroporen wird durch Massendiffusion beschrieben.

— **Mesoporosität** bezieht sich auf Poren mit einem Durchmesser von größer oder gleich 2 nm aber weniger als 50 nm.

— **Mikroporosität** bezieht sich auf Poren mit einem Durchmesser von weniger als 2 nm. Die Bewegung in den Mikroporen wird durch Diffusionsvorgänge aktiviert.

A.2.2.2 Prüfung

Es bestehen verschiedene Möglichkeiten zur Abschätzung der Porosität eines gegebenen Materials oder Materialgemischs, das als Materialmatrix bezeichnet wird.

Das **Volumen-/Dichtheitsverfahren** ist schnell und sehr genau (üblicherweise innerhalb von ± 2 % der tatsächlichen Porosität). Es werden das Volumen und die Masse des Materials gemessen. Die durch die Dichte des Materials geteilte Masse des Materials ergibt das Volumen, das das Material einnimmt, abzüglich des Porenvolumens. Daher entspricht das Porenvolumen einfach dem Gesamtvolumen abzüglich des Materialvolumens, d. h. (Porenvolumen) = (Gesamtvolumen) – (Materialvolumen).

Das **Wassersättigungsverfahren** ist geringfügig schwieriger durchzuführen, jedoch genauer und direkter. Es sind ein bekanntes Volumen des Materials und ein bekanntes Volumen Wasser zu nehmen. Das Material ist langsam in das Wasser zu kippen, sodass es während des Gießvorgangs zur Sättigung kommen kann. Dem Gemisch wird es ermöglicht, einige Stunden stehen zu bleiben um sicherzustellen, dass das Material vollständig gesättigt ist. Anschließend wird das ungesättigte Wasser aus dem oberen Teil des Bechers entnommen, und das Volumen dieses Wassers gemessen. Das ursprünglich im Becher befindliche Gesamtvolumen des Wassers abzüglich der nicht gesättigten Menge an Wasser stellt das Volumen des Porenraums dar, d. h. (Porenvolumen) = (Gesamtvolumen des Wassers) – (ungesättigtes Wasser).

Die **Quecksilberintrusionsporosimetrie** erfordert, dass die Probe in eine spezielle Befüllvorrichtung gegeben wird, die die Probenevakuierung, gefolgt von der Zuführung flüssigen Quecksilbers, zulässt. Anschließend wird die Größe der Quecksilberhülle als Funktion des zunehmenden aufgebrachten Drucks gemessen. Je größer der aufgebrachte Druck ist, desto kleiner sind die Poren, in die das Quecksilber eintritt. Dieses Verfahren wird typischerweise bei Poren im Bereich von 300 µm bis 0,0 035 µm angewendet. Aufgrund der zunehmenden Sicherheitsbedenken hinsichtlich des Einsatzes von Quecksilber wurden verschiedene Intrusionsverfahren ohne Quecksilber entwickelt, die als Alternativen in Betracht gezogen werden sollten.

Die **Adsorption von gasförmigem Stickstoff** wird angewendet, um die Feinporosität in den Materialien zu bestimmen. In sehr kleinen Poren kondensiert der gasförmige Stickstoff an Porenwänden mit einem Durchmesser von weniger als 0,090 µm. Diese Kondensation wird entweder als Volumen oder als Masse gemessen.

A.2.3 Härte

Es bestehen zahlreiche Nationale und Internationale Normen zu Härteprüfungen für jegliche Arten von Materialien. Die Härte wird häufig auf der Grundlage der Durchdringungskraft einer Diamantkugel oder -spitze, der Eindrucktiefe eines harten Körpers oder der Rückpralleigenschaften eines Impingers gemessen.

Die Verfahren für Metall nach Rockwell, Brinell, Shore und Vickers sind durch die ASTM E18-07 abgedeckt. Geometrie und Druck werden zu Beginn der Prüfung als eine Funktion der Dicke der Probe, der Zusammensetzung des Metalls und der angenommenen Härte ausgewählt.

A.2.4 Statische Elektrizität

A.2.4.1 Definition und Beschreibung

Die statische Elektrizität ist als elektrische Ladung definiert, die durch ein Ungleichgewicht von Elektronen an der Oberfläche eines Materials erzeugt wird. Dieses Ungleichgewicht von Elektronen erzeugt ein elektrostatisches Feld, das die Bestimmung der Oberflächenreinheit von Gegenständen beeinflussen kann. Die elektrostatische Entladung (ESD) ist als die Übertragung einer Ladung zwischen Körpern mit unterschiedlichen elektrischen Potentialen definiert.

Jegliche relative Bewegung und physikalische Trennung von Materialien oder jeglicher Fluss von Feststoffen, Flüssigkeiten oder partikelbeladenen Gasen kann zu elektrostatischen Ladungen führen. Übliche Quellen der ESD sind u. a. das Personal, Gegenstände aus üblichen Polymerwerkstoffen sowie die Verarbeitungsausrüstung. Die ESD kann Teile durch den direkten Kontakt mit einer geladenen Quelle oder durch elektrische Felder schädigen, die von geladenen Gegenständen ausgehen.

Geladene Oberflächen können partikuläre Kontaminationen anziehen und halten. Sofern das für die Bestimmung der Oberflächenreinheit gewählte Messverfahren auf einem indirekten Nachweis der Partikel auf Oberflächen beruht (siehe D.2.3.3.5), könnten die Messergebnisse ungenau sein, da die Entfernung der Partikel verringert wird. Daher sollten insbesondere bei der Verwendung von indirekten Messverfahren Maßnahmen eingeleitet werden, um die Auswirkungen der ESD zu verringern.

A.2.4.2 Prüfung

Die Bestimmung der ESD-Eigenschaften der Oberflächen des Prüfobjekts können für die Abschätzung des Einflusses des Entfernungswirkungsgrads der Partikel von Oberflächen hilfreich sein (z. B. IEC 61340-5-1, ISO 10015, IEST RP-CC022.2, SEMI E43-0301, SEMI E78-0706).

A.2.5 Oberflächenspannung

A.2.5.1 Definition

Bei der Oberflächenspannung handelt es sich um die Energie, die erforderlich ist, um die Oberfläche um eine Flächeneinheit zu vergrößern. Sie wird üblicherweise mit γ bezeichnet und in Joules je Quadratmeter (J/m^2) oder Newton je Meter (N/m) angegeben.

A.2.5.2 Prüfung

Das am besten bekannte Verfahren ist die Messung des Kontaktwinkels durch den „abgesetzten Tropfen" (siehe Verweisung [19]).

Wenn ein Tropfen einer Flüssigkeit mit einer ebenen festen Oberfläche in Kontakt gebracht wird, hängt seine Form in Hinblick auf die Kohäsivkraft von der Molekularkraft innerhalb der Flüssigkeit bzw. in Hinblick auf die Adhäsivkräfte von der Molekularkraft zwischen Flüssigkeit und Feststoff ab. Der Kontaktwinkel zwischen Flüssigkeit und Feststoff wird als Oberflächenspannungsindex angewendet (siehe Bild A.1). Im Allgemeinen lässt sich feststellen, dass Flüssigkeiten mit einer geringen Oberflächenspannung leicht die meisten festen Oberflächen benetzen, woraus sich ein Kontaktwinkel von null ergibt. Die molekulare Adhäsion zwischen Feststoff und Flüssigkeit ist größer als die Kohäsion zwischen den Molekülen der Flüssigkeit.

Die Messung des Kontaktwinkels wird mit einem optischen Verfahren mit einer Vergrößerung von (× 10 bis × 50) des Profils des auf einer ebenen festen Oberfläche abgesetzten Tropfens durchgeführt.

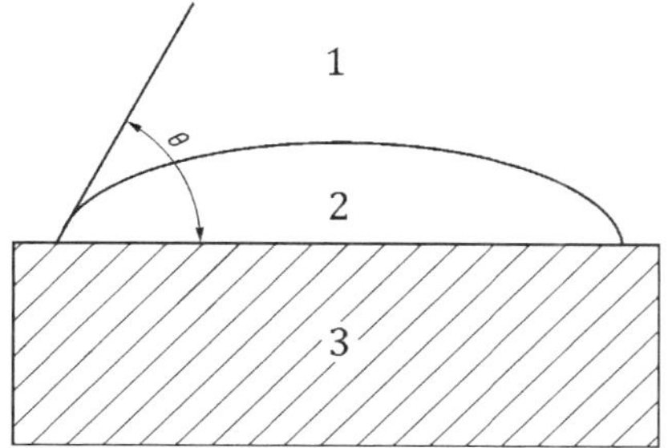

Legende

1 Gas
2 Flüssigkeit
3 Feststoff

Bild A.1 — Form eines Tropfens einer Flüssigkeit in Kontakt mit einer festen Oberfläche bei einem Kontaktwinkel von θ < 90

Anhang B
(informativ)

Deskriptor für festgelegte Partikelgrößenbereiche

B.1 Anwendung

Für Partikelgrößen außerhalb des Bereichs des Reinheitsstufensystems kann ein Differentialdeskriptor angewendet werden. Dieser Deskriptor kann auch für festgelegte Partikelgrößenbereiche eingesetzt werden, die von besonderem Interesse sind. In diesen Fällen kann der Deskriptor zusätzlich zur SCP-Bewertungsstufe angewendet werden.

B.2 Oberflächendeskriptor für festgelegte Partikelgrößenbereiche

Der Deskriptor N_{SS} (Anzahl der Partikelkonzentration des festgelegten Partikelgrößenbereichs) für festgelegte Partikelgrößenbereiche darf unabhängig oder als Ergänzung zu den SCP-Bewertungsstufen festgelegt werden. Der Deskriptor kann auf alle Partikelgrößenbereiche von besonderem Interesse angewendet werden.

Die Partikelkonzentration der Oberfläche C_{s} innerhalb des Partikelgrößenbereichs von D_{L} bis D_{U} ist ein Differentialwert.

Der Wert N_{SS} für einen einzelnen Partikelgrößenbereich wird nach Gleichung (B.1) angegeben:

$$N_{SS}\,(C_S; D_{\mathrm{L}}; D_{\mathrm{U}})\; a; b \tag{B.1}$$

Dabei ist

C_{s} die höchstens zulässige Gesamt-Oberflächenkonzentration, in Partikel je Quadratmeter Oberfläche, für den festgelegten Partikelgrößenbereich;

D_{L} die Untergrenze des festgelegten Partikelgrößenbereichs, in Mikrometer;

D_{U} die Obergrenze des festgelegten Partikelgrößenbereichs, in Mikrometer;

a das für die Messung des festgelegten Partikelgrößenbereichs angewendete Verfahren;

b die betrachtete Oberfläche.

BEISPIEL 1 Für die Partikelkonzentration im Partikelgrößenbereich zwischen 1 µm und 5 µm auf einer metallischen Oberfläche beträgt der erforderliche Wert 10 000 Partikel/m^2 (1,0 Partikel/cm^2). Die Partikelkonzentration wird mit Hilfe eines Lichtmikroskops gemessen. Die Bezeichnung ist:

N_{SS} (10 000; 1; 5) Lichtmikroskop; metallische Oberfläche

Werden zwei oder mehr Größenbereiche angewendet, ist Gleichung (B.2) anzuwenden. N_{SS} wird dann in folgendem Format angegeben:

$$N_{ss}\begin{pmatrix} C_{s1}; & D_{L1}; & D_{U1} \\ C_{s2}; & D_{L2}; & D_{U2} \\ \cdots & \cdots & \cdots \\ C_{si}; & D_{Li}; & D_{Ui} \\ \cdots & \cdots & \cdots \end{pmatrix}\begin{pmatrix} a_1; & b \\ a_2; & b \\ \cdots & \\ a_i; & b \\ \cdots & \end{pmatrix} \qquad \text{(B.2)}$$

Dabei ist

C_{si} die höchstens zulässige Gesamt-Oberflächenkonzentration, in Partikel je Quadratmeter Oberfläche, für den i-ten Partikelgrößenbereich;

D_{Li} die Untergrenze des i-ten Partikelgrößenbereichs, in Mikrometer;

D_{Ui} die Obergrenze des i-ten Partikelgrößenbereichs, in Mikrometer;

a_i das für die Messung der Partikelgröße im i-ten Bereich angewendete Verfahren;

b die betrachtete Oberfläche.

BEISPIEL 2 Für die Partikelkonzentration auf einer Glasplatte, deren Bestimmung auf der gleichzeitigen Anwendung eines Streulichtscanners für den Partikelgrößenbereich zwischen 0,1 µm und 0,5 µm und eines Lichtmikroskops im Partikelgrößenbereich zwischen 5 µm und 20 µm beruht, betragen die gemessenen Werte 9 000 Partikel/m^2 (0,9 Partikel/cm^2) bzw. 500 Partikel/m^2 (0,05 Partikel/cm^2). Die Werte liegen innerhalb der höchstens zulässigen Grenzen von 10 000 Partikel/m^2 bzw. 500 Partikel/m^2. Die Bezeichnung ist:

$$N_{ss}\begin{pmatrix} 10\,000 & 0{,}1; & 0{,}5 \\ 500; & 5; & 20 \end{pmatrix} \begin{matrix} \text{Streulichtscanner; Glasplatte} \\ \text{Lichtmikroskop; Glasplatte} \end{matrix}$$

Wenn Messverfahren und/oder bestimmte Oberflächen nicht vordefiniert oder nicht von wesentlicher Bedeutung sind, können die Bezeichnungen a und b entfallen. In diesem Fall wird der Deskriptor nach Gleichung (B.3) angegeben:

$$N_{ss}\,(C_s; D_L; D_U) \qquad \text{(B.3)}$$

Dabei ist

C_s die höchstens zulässige Gesamt-Oberflächenkonzentration, in Partikel je Quadratmeter Oberfläche, für den festgelegten Partikelgrößenbereich;

D_L die Untergrenze des festgelegten Partikelgrößenbereichs, in Mikrometer;

D_U die Obergrenze des festgelegten Partikelgrößenbereichs, in Mikrometer.

Sofern nur eine Partikelgröße von Interesse ist, können die Unter- und die Obergrenze aus Gleichung (B.3) angewendet werden, um die interessierende Partikelgröße durch eine Vereinbarung zwischen dem Kunden und dem Lieferanten zu bestimmen.

BEISPIEL 3 Für eine Partikelgröße von 5 µm ist der erforderliche Wert 200 Partikel/m^2 (0,02 Partikel/cm^2). Für D_L kann ein Wert von 4,5 µm und für D_U ein Wert von 5,5 µm angesetzt werden. Die Bezeichnung ist:

$$N_{SS}\ (200; 4; 5; 5; 5)$$

Wenn Messverfahren und/oder bestimmte Oberflächen nicht vordefiniert oder nicht von wesentlicher Bedeutung sind, können die Bezeichnungen *a* und *b* entfallen. Der Deskriptor für zwei oder mehr Partikelgrößenbereiche wird dann nach Gleichung (B.4) angegeben:

$$N_{SS}\begin{pmatrix} C_{s1}; & D_{L1}; & D_{U1} \\ C_{s2}; & D_{L2}; & D_{U2} \\ \ldots & & \\ C_{si}; & D_{Li}; & D_{Ui} \\ \ldots & & \end{pmatrix} \tag{B.4}$$

BEISPIEL 4 Für die Partikelkonzentration in den Partikelgrößenbereichen zwischen 0,1 µm und 0,5 µm bzw. zwischen 5 µm und 20 µm betragen die gemessenen Werte 9 000 Partikel/m^2 (0,9 Partikel/cm^2) bzw. 500 Partikel/m^2 (0,05 Partikel/cm^2). Die Werte liegen innerhalb der höchstens zulässigen Grenzen von 10 000 Partikel/m^2 bzw. 500 Partikel/m^2. Die Bezeichnung ist:

$$N_{SS}\begin{pmatrix} 10\,000 & 0{,}1; & 0{,}5 \\ 500; & 5; & 20 \end{pmatrix}$$

Anhang C
(informativ)

Parameter, die die SCP-Stufenbestimmung beeinflussen

C.1 Hintergrund

Parameter, die die Prüfung und Messung von Oberflächen beeinflussen können, sind in C.2 aufgeführt. Die Informationen sind nicht vollständig und ohne Rangfolge. Ausführlichere Angaben zu Messverfahren und Oberflächenkenngrößen sind in Anhang D enthalten.

C.2 Parameter

C.2.1 Physikalische oder chemische Eigenschaften

— **Oberflächenenergiezustände**. Die Anziehung und die Entfernung von Partikeln könnte beispielsweise durch kohäsive oder adhäsive Merkmale und/oder hydrophile oder hydrophobe Eigenschaften der Oberfläche beeinflusst werden.

— **Porosität der Oberfläche**. In den meisten Fällen gilt: je höher der Porositätsgrad ist, desto komplexer ist die Unterscheidung zwischen Oberflächenfehlern und Nachweis von Partikeln.

— **Reinigungsfähigkeit der Oberfläche**. Wenn Oberflächen schwer zu reinigen sind, stellt die Unterscheidung zwischen Oberflächenfehlern und Nachweis von Partikeln einen komplexen Prozess dar.

— **Optische Kenngrößen der Oberfläche**. Werden direkte Prüfverfahren angewendet, führen unterschiedliche optische Merkmale der zu prüfenden Oberfläche zu unterschiedlichen Messergebnissen. Dieser Unterschied tritt bei indirekten Verfahren nicht auf.

— **Elektrostatische Eigenschaften der Oberfläche**. Die elektrostatischen Eigenschaften der Oberfläche beeinflussen die Anziehung und die Entfernung der durch ESD gebundenen Kontamination.

— **Magnetische Kenngrößen der Oberfläche**. Die magnetischen Kenngrößen der Oberfläche beeinflussen die Anziehung und die Entfernung von Materialien mit magnetischen Eigenschaften.

C.2.2 Form der Oberfläche und Partikel

— **Morphologie der Partikel** (z. B. rund, flach, oval, spitz) und die Topographie der Oberfläche können das Messergebnis beeinflussen.

— **Oberflächenzustand** (z. B. gereinigt, extrudiert, poliert). Die auf die Partikel wirkende Haftkraft schwankt in Abhängigkeit vom Oberflächenzustand. Diese Schwankung beeinflusst auch den Entfernungswirkungsgrad der Partikel und die Fähigkeit zur Unterscheidung zwischen Partikeln, Rauheit und Porosität.

— **Rauheit, Porosität oder Welligkeit der Oberfläche**. Die Rauheit, Porosität oder Welligkeit hat Einfluss auf den Entfernungswirkungsgrad der Partikel bei indirekten Verfahren.

— **Form oder Geometrie der Partikel**. Die Form der Partikel kann die Messergebnisse ebenfalls beeinflussen. Zum Beispiel können lange Partikel und vollständig runde Partikel nach dem Ablösen der Partikel von der Oberfläche zu den gleichen Werten beim optischen Partikelzähler führen, jedoch vollständig unterschiedliche gravimetrische Werte erzeugen. Im Allgemeinen werden Fasern als Partikel betrachtet, die ein Seiten- (Länge-zu-Breite-) Verhältnis von 10 oder mehr aufweisen.

C.2.3 Fähigkeit zur Messung oder Analyse und angemessene statistische Hilfsmittel für die Analyse der Partikel

Die Anzahl der Messungen sollte zu statistisch signifikanten Ergebnissen führen. Daher sollte ein in Bezug auf die Frequenzverteilung der einzelnen Messungen angemessenes statistisches Verfahren angewendet werden, um die Vertrauensgrenze abzuschätzen.

— **Fähigkeit zur Messung oder Analyse**. Die Machbarkeit der Durchführung der Messungen in Abhängigkeit von der Zugangsfähigkeit der Messgeräte zum Prüfobjekt.

  BEISPIEL Durchführung der Messungen im Innern von Löchern oder Mikroröhrchen.

— **Fähigkeit zum Nachweis der Partikel** (direkte oder indirekte Verfahren). Die Fähigkeit zur Unterscheidung zwischen auf der Oberfläche sedimentierten Partikeln und Oberflächenfehlern (direktes Verfahren) bzw. die Ablösbarkeit von auf der Oberfläche sedimentierten Partikeln (indirektes Verfahren) hat Einfluss auf die SCP-Bewertungsstufe.

— **Geometrische Größe der zu messenden Oberfläche**. In Abhängigkeit von der geometrischen Größe der zu messenden Oberfläche sollten unterschiedliche Verfahren ausgewählt werden: In den meisten Fällen sollten die Statistiken für die Anzahl der zu entnehmenden Proben und für die Analyse der Messwerte individuell entwickelt werden.

— **Fähigkeit zur InLine-Messung**. Um statistische Signifikanz sicherzustellen, sollten mehrere Messungen durchgeführt werden. Der Einfluss der Wiederholpräzision der Messung nimmt durch die Optionen zur InLine-Messung ab.

— **Frequenzverteilung der Einzelmessungen.**

— **Zu messende Partikelgröße(n).**

— **Verteilung der Partikel auf der Oberfläche.**

C.2.4 Herkunft der Partikel

Partikel auf der Oberfläche stammen beispielsweise von Reibung oder Abnutzung des Materials, aus der Anlagerung luftgetragener Partikel oderchemischen Reaktionen von gasförmiger Materie mit der Oberfläche entstehen und feste oder flüssige Produkte bilden.

BEISPIEL $2NH_3 + H_2O + SO_3 \rightarrow (NH_4)_2 SO_4$.

Anhang D
(informativ)

Messverfahren für die Ermittlung der partikulären Oberflächenreinheit

D.1 Partikuläre Oberflächenreinheit

Um quantitative Angaben zur Oberflächenreinheit zu erhalten, sollten die geeigneten Messverfahren ausgewählt werden. In einigen Fällen, in denen keine quantitativen Angaben zu einer Oberfläche gewonnen werden können, kann mindestens ein qualitatives Ergebnis erhalten werden. Qualitative Ergebnisse können nicht für die SCP-Stufen nach Abschnitt 5 verwendet werden.

D.2 Kriterien für die Messung der partikulären Oberflächenreinheit

D.2.1 Allgemeines

Die Reinheit von Oberflächen kann bewertet werden, sobald die partikuläre Kontamination nachweisbar ist.

Als quantitatives Kriterium für die Bewertung und Einstufung der Oberflächenreinheit sollte die Anzahl aller anhaftenden Partikel des unerwünschten Materials bestimmt werden. Es sollte möglich sein, das Maß und die Anzahl in Bezug auf die verunreinigte Oberfläche zu bestimmen (partikuläre Oberflächenkontamination).

ANMERKUNG Die Reinheitsbewertung von Textilien und/oder porösen Oberflächen berücksichtigt auch Partikel, die vom Prüfobjekt ausgehen könnten.

D.2.2 Anforderungen an das Messverfahren

Das Messverfahren wird im Wesentlichen auf der Grundlage von Kriterien ausgewählt, die durch die geprüfte Oberfläche und deren Kenngrößen bestimmt werden. Einige der wichtigsten Anforderungen sind nachstehend zusammengefasst:

— Angaben zu den Kenngrößen der Partikel (z. B. Partikelgröße, Konzentration, Größenverteilung, Werkstoff, Form, Position);

— mögliche Messpositionen (transportables Messgerät, d. h. selbst bei großen unbeweglichen Oberflächen anwendbar);

— Messungen unabhängig von den Oberflächenkenngrößen (z. B. Rauheit, Welligkeit, Form der Komponente);

— Prüfgeschwindigkeit und dazu erforderliche Anstrengungen (d. h. Anwendung der Zufallsprobenahme oder Reihenprüfung);

— Flexibilität (d. h. ob das Verfahren rasch an mehreren Oberflächen verschiedener Komponenten umgesetzt werden kann);

— geringe oder keine Oberflächenänderungen durch die Durchführung der Messung (d. h. die Messoberflächen ändern sich nicht als Ergebnis der Benetzung mit Spülflüssigkeiten).

Auf der Grundlage der genannten Anforderungen können die in D.2.3 beschriebenen Messverfahren aufgeführt und für jede der Anwendungen begrenzt werden.

D.2.3 Messverfahren

D.2.3.1 Allgemeines

Idealerweise wird die Oberflächenreinheit beurteilt, wenn die Prüfoberflächen eine geringe Rauheit aufweisen und für das ausgewählte Messgerät zugänglich sind. Grundsätzlich können die folgenden Verfahren eingesetzt werden, um die Partikelreinheit von Oberflächen zu messen:

— direkte Verfahren;

— indirekte Verfahren.

Den direkten Verfahren, die keine Probenahme erfordern, sollte in den meisten Fällen Priorität eingeräumt werden. Generell umfassen diese Verfahren weniger Messtätigkeiten und sind mit weniger Fehlern verbunden, was zu stärker reproduzierbaren Ergebnissen führt als indirekte Verfahren. Dennoch stellen indirekte Verfahren in Abhängigkeit von den Anforderungen an die Komponenten und die Herstellung (komplexe Form der Komponenten, raue Oberfläche) oftmals die einzige mögliche Alternative bei der Bestimmung der Partikelreinheit einer Oberfläche dar.

D.2.3.2 Direkte Verfahren

Die Partikel werden direkt auf der Prüfoberfläche aufgezeichnet und gemessen. Weder die Komponentenoberfläche noch die auf ihr vorliegenden Partikel sollten durch die Messung verändert oder beeinträchtigt werden. Falls eine Prüfoberfläche zu einem Messgerät transportiert wird, sollte der Transport (Handhabung, Verpackung) so erfolgen, dass keine weitere Kontamination auf die Oberfläche gelangen kann.

Die Verfahren werden in Tabelle D.1 aufgeführt und wurden hier entsprechend den zu erfüllenden Anforderungen und den Einschränkungen der Verfahren charakterisiert.

Tabelle D.1 — Vergleich der Messverfahren für den direkten Nachweis von Partikeln auf Oberflächen

Verfahren[a]	Nachweisgrenzen	Bestimmung der Konzentration	Größenverteilung	Materialanalyse	Formanalyse	Bestimmung der Position	Transportfähigkeit	Unabhängig von der Oberfläche	Zugangsfähigkeit	Prüfgeschwindigkeit	Flexibilität	Einfluss auf die Oberfläche
Sichtprüfung	> 25 µm	+	+	+	+	+	++	+	+	++	++	++
Lichtmikroskop (mit Bildbearbeitung)	> 1,0 µm	++	++	+	++	++	+	+	+	++	++	++
Schräglicht, Streiflicht, Seitenlichtsysteme (mit Bildbearbeitung)	> 0,5 µm	++	++	+	+	++	++	+	+	++	++	++
Streulichtscanner	> 0,07 µm	++	++	—	++	++	—	—	—	++	—	++
SEM	> 0,01 µm	+	+	++	++	++	—	—	—	—	+	+

Tabelle D.1 (*fortgesetzt*)

Verfahren[a]	Nachweisgrenzen	Bestimmung der Konzentration	Größenverteilung	Materialanalyse	Formanalyse	Bestimmung der Position	Transportfähigkeit	Unabhängig von der Oberfläche	Zugangsfähigkeit	Prüfgeschwindigkeit	Flexibilität	Einfluss auf die Oberfläche
AFM	> 0,01 µm	+	+	++	+	++	+	+	+	—	+	+

Legende

++ sehr geeignet

\+ teilweise geeignet

— nicht geeignet oder nicht hilfreich

[a] Partikel, die nicht vollständig rund sind, sollten entlang ihrer längsten Achse gemessen werden.

Der Wirkungsgrad der optischen Verfahren beim Nachweis von Partikeln auf Oberflächen kann durch den zusätzlichen Einsatz geeigneter Lichtquellen verbessert werden, die auf spezifischen Materialeffekten beruhen (z. B. UV-, IR-Aktivität). Wird beispielsweise eine UV-Lampe angewendet, werden physikalisch UV-aktive Partikel mit einem wesentlich besseren Kontrast nachgewiesen.

Innerhalb des sichtbaren Lichtspektrums kann die Farb-/Reflexionsstufe der Partikel für eine weitere Unterscheidung innerhalb der partikulären Kontamination angewendet werden.

D.2.3.3 Indirekte Verfahren

D.2.3.3.1 Allgemeines

Da durch entweder gegenstands- oder messungsbezogene Gründe ein direktes Auszählen auf der interessierenden Oberfläche häufig nicht möglich ist, sollten die Proben vor der Inspektion vorbereitet werden. Die aufzuzeichnenden Partikel werden von der Prüfoberfläche abgelöst (Probenahme) und auf/in ein Ersatzsubstrat/-medium überführt. Anschließend werden die Partikel unter Anwendung eines an das jeweilige Ersatzsubstrat/-medium angepassten Verfahrens gemessen (siehe IEST-STD-CC1246D).

Der Messwirkungsgrad verringert sich, wenn nicht alle Partikel, die sich an einer Oberfläche abgesetzt hatten, durch indirekte Verfahren von der Prüfoberfläche abgelöst werden können.

Aufgrund der physikalischen oder chemischen Auswirkungen, wie z. B. Adhäsion oder Kohäsion oder elektrostatische Kräfte kann die Ablösekraft möglicherweise nicht ausreichend sein, was zu einem verringerten Wirkungsgrad bei der Messung der partikulären Kontamination der Oberfläche führt. Daher wird die direkte Messung bevorzugt.

Jedoch sollte man darauf achten, dass bei der Verwendung von aggressiveren Verfahren für die Entfernung von Partikeln von einer Oberfläche, solche Verfahren die Oberflächen angreifen und zusätzliche Partikel entstehen können. Das Prüfverfahren sollte für diese mögliche Auswirkung bewertet werden.

Bei Anwendung der indirekten Verfahren sollte die partikuläre Hintergrundkontamination des Zwischenmediums (z. B. Spülmedium) bekannt sein.

D.2.3.3.2 Ablöseverfahren

Im Falle von Oberflächen, die aufgrund der komplexen Form einer Komponente schwer zugänglich sind, ist die Entnahme von Proben mit abgelösten Partikeln oft die einzige Möglichkeit, die SCP zu beurteilen. Je kleiner die Partikel werden, umso schwieriger wird es, sie von den Oberflächen abzulösen, da verschiedene Oberflächenkräfte (z. B. elektrostatische, Kohäsion, Adhäsion, Kapillar) zunehmen. Für das Ablösen von Partikeln von den geprüften Oberflächen können Verfahren wie die folgenden eingesetzt werden:

— **„Tape-Lift-Verfahren“**. Die aufzuzeichnenden Partikel werden mit Hilfe eines sauberen adhäsiven Ersatzsubstrats (Klebeband oder Klebemarke) abgelöst (siehe ASTM E1216-06) und direkt in den Messprozess überführt (siehe ASTM F312-08).

— **Spülen**. Die aufzuzeichnenden Partikel werden mit Hilfe eines sauberen Spülmediums, wie z. B. Gas oder Flüssigkeit abgespült (siehe ASTM F24-09). Die in den Messmedien enthaltenen Partikel werden dann unter Anwendung der geeigneten Messgeräte untersucht (z. B. optische Partikelzähler für Gase), oder die Partikel im Medium werden auf einem Ersatzsubstrat abgelagert (Filtration, Aufprall) und dann gemessen.

In allen Fällen, in denen eine Probenahme erfolgt, sollte darauf geachtet werden, dass die Proben durch die eingesetzten Geräte oder Medien oder durch das Personal nicht weiter verunreinigt werden, da dies das Messergebnis beeinträchtigen würde. Die aus der Umgebung sowie von den für die Inspektion eingesetzten Prozessen und Materialien eingebrachten Kontaminationen sollten weniger als 10 % der angenommenen oder festgelegten Partikelzahlen der jeweiligen Größen enthalten, wobei jede berechnete Anzahl abzurunden ist (siehe ISO 16232). Darüber hinaus sollte es mit dem ausgewählten Probenahmeverfahren möglich sein, die erforderlichen Partikel zuverlässig und vollständig von der Prüfoberfläche abzulösen. Durch die Ausrüstung für die Probenahme durch Spülen sollte sichergestellt sein, dass sämtliche vorliegenden Partikel in das Messmedium oder auf die Ersatzoberfläche überführt werden. Um das Probenahmeverfahren zu optimieren, können Blindproben (d. h. Probenahme auf einer reinen Oberfläche) oder Proben von Oberflächen eingesetzt werden, die eine definierte Kontamination aufweisen.

D.2.3.3.3 Messung des für das Ablösen der auf der Oberfläche sedimentierten Partikel eingesetzten Mediums

Die Partikel, die in dem gasförmigen oder flüssigen Spülmedium vorliegen, das für das Ablösen der auf der Oberfläche sedimentierten Partikel eingesetzt wurde, können mit Hilfe von geeigneten optischen Partikelzählern direkt gemessen werden (siehe D.2.7.4). Der niedrige Prüfvolumenstrom von optischen Partikelzählern gestattet es nicht, große Volumen der Spülmedien vollständig zu messen. Daher sollte eine repräsentative Probe aus dem Spülvolumen entnommen werden. Insbesondere im Falle großer Partikel (>3 µm) sollte darauf geachtet werden, dass jegliche Abtrennung oder Sedimentation von Partikeln vermieden wird, da dies ein ungenaues Messergebnis erzeugen würde. Ebenso wie bei den Probenahmeverfahren sollten die Probenahmeausrüstung und die zugehörigen Schläuche bei der Messung der Spülmedien sauber gehalten werden.

D.2.3.3.4 Auffangverfahren

Die von der Prüfoberfläche abgelösten Partikel liegen entweder in einem gasförmigen oder einem flüssigen Spülmedium vor. Um die Anzahl der Partikel zu messen, werden diese zuerst auf einer Oberfläche abgelagert. Diese Ersatzoberfläche wird dann zur Untersuchung zu den entsprechenden Messsystemen überführt. Zum Auffangen der Partikel können Verfahren und Geräte wie die folgenden angewendet werden:

— **Filtrationssysteme** (Flüssigkeit, die über ein Ansaugfilter durch eine Filtermembran gezogen wird oder Flüssigkeit, die auf ein Filtermedium gegossen wird). Das Spülmedium wird durch Filtermembranen geleitet, die die für die zu bestimmende Partikelgröße angemessene Porengröße aufweisen. Die die Partikel enthaltenden Filter werden dann getrocknet und entweder gravimetrisch (siehe D.2.7.7) oder mikroskopisch (siehe D.2.6.2 und D.2.7.2) analysiert.

— **Impaktoren**. Die Partikel werden aus gasförmigen Spülmedien heraus auf einer Prallplatte abgelagert. Diese Platten werden dann mikroskopisch analysiert.

Alle Geräte und Handhabungsschritte im Zusammenhang mit dem Auffangprozess unterliegen entsprechend hohen Reinheitsanforderungen. Ihr Reinheitsgrad sollte unter Anwendung von Blindproben angegeben werden.

D.2.3.3.5 Am häufigsten angewendete indirekte Verfahren (siehe Tabelle D.2)

Für ablösbare Partikelgröße bzw. den Wirkungsgrad indirekter Messverfahren erfordern kleinere Partikel (kleiner als etwa 1 µm) für ihre Entfernung von der Oberfläche zum Zwecke der indirekten Messung größere Anstrengungen. Der Wirkungsgrad eines bestimmten Verfahrens bei der Ablösung der Partikel von den Oberflächen ist nicht nur von der Partikelgröße abhängig, sondern steht auch mit folgenden Parametern im Zusammenhang:

— Form und Werkstoff der Partikel;

— Vorliegen von Oberflächenkräften (z. B. elektrostatische, Kohäsions, Adhäsions, Kapillarkräfte);

— Ablöseverfahren (z. B. Ultraschall, Megaschall, Spülen, Durchspülen, Blasen, Abziehen).

Aufgrund der verschiedenen angewendeten Verfahren zur Überwindung der Kräfte zwischen den Partikeln und den Oberflächen sowie der Wechselwirkung zwischen diesen Faktoren schwankt der Wirkungsgrad bei der Ablösung der Partikel beträchtlich. Daher können keine Einzelwerte zum Wirkungsgrad der indirekten Verfahren angegeben werden.

Um zusätzliche Angaben aus indirekten Verfahren zu gewinnen, können analytische Verfahren, wie z. B. ESCA, EDX, Raman, UV oder IR-Spektroskopie, zur Charakterisierung der Partikel angewendet werden.

Tabelle D.2 — Vergleich der Messverfahren für den indirekten Nachweis von Partikeln auf Oberflächen

Verfahren[a]	Grenze des Ablöseverfahrens	Schätzung der Grenzen des Messverfahrens	Bestimmung der Konzentration	Größenverteilung	Materialanalyse	Formanalyse	Bestimmung der Position	Transportfähigkeit	Unabhängig von der Oberfläche	Zugangsfähigkeit	Prüfgeschwindigkeit	Flexibilität	Einfluss auf die Oberfläche
Untersuchung des Spülmediums (flüssig/gasförmig) unter Anwendung von Extinktions-partikelzählern (> 1 µm)	0,2 µm	> 1 µm	++	++	—	—	—	++	++	++	+	++	—
Filtration oder Aufprall des Spülmediums und mikroskopische Analyse (> 0,5 µm)	0,2 µm	> 1 µm	++	++	+	++	—	+	++	++	—	++	—

Tabelle D.2 (*fortgesetzt*)

Verfahren[a]	Grenze des Ablöseverfahrens	Schätzung der Grenzen des Messverfahrens	Bestimmung der Konzentration	Größenverteilung	Materialanalyse	Formanalyse	Bestimmung der Position	Transportfähigkeit	Unabhängig von der Oberfläche	Zugangsfähigkeit	Prüfgeschwindigkeit	Flexibilität	Einfluss auf die Oberfläche
Untersuchung der Spülflüssigkeit unter Anwendung eines OPC (zuerst sind die Partikel von der Oberfläche abzuspülen, anschließend sind sie durch einen OPC zu ziehen) (> 0,05 µm)	0,2 µm	> 0,2 µm	++	++	—	—	—	++	++	++	+	++	—
Untersuchung des gasförmigen Mediums unter Anwendung eines OPC (zuerst sind die Partikel von der Oberfläche abzublasen, anschließend sind sie durch einen OPC zu ziehen) (> 0,05 µm)	0,3 µm	> 0,3 µm	++	++	—	—	—	++	++	++	+	++	—
Filtration des Spülmediums und gravimetrische Analyse (> 0,1 mg)			++	—	—	—	—	++	++	++	—	++	—

Legende

++ sehr geeignet

\+ teilweise geeignet

— nicht geeignet oder nicht hilfreich

ANMERKUNG Anwendung der mikroskopischen oder gravimetrischen Analyse: die Tatsache, ob Filter mit Hilfe der mikroskopischen oder gravimetrischen Analyse untersucht werden können, hängt von der Gesamtanzahl der auf den Filtern vorgefundenen Partikel ab. Die Größe der Partikel ist kein entscheidender Faktor. Empirisch bestimmter Bezugswert: die mikroskopische Analyse ist nicht möglich bei Kontaminationen von größer als 3 mg auf der Oberfläche eines Filters (Standardfiltergröße von 47 mm) (siehe ISO 16232). Die gravimetrische Analyse ist nicht geeignet für die Bewertung der SCP-Stufen, da keine einzelnen Partikel gemessen werden. Die gravimetrische Analyse wird angewendet, um die Gesamtmasse aller von den Prüfoberflächen abgelösten Kontaminationen zu bestimmen.

[a] Bei den in Klammern angegebenen Zahlen handelt es sich um die Nachweisgrenzen der Messgeräte.

D.2.4 Bestimmung der Anzahl der Proben

Die Anzahl der angewendeten Messpunkte und die zu untersuchende Gesamtoberfläche bestimmen die statistische Sicherheit der Messergebnisse. Da die Messergebnisse im Allgemeinen von verschiedenen Einflussparametern abhängig sind (z. B. spezifische Oberflächenkenngrößen, ausgewählte Messverfahren, Reinheit der Umgebung), sollte die Anzahl der Messpunkte und Wiederholungsmessungen zwischen dem Kunden und dem die Messungen durchführenden Lieferanten vereinbart werden.

Für die Bestimmung der Anzahl der Proben, die mit dem Ziel zu entnehmen sind, statistisch verifizierte Messergebnisse zu erhalten, können die entsprechenden Normen oder Richtlinien hilfreich sein (z. B. ISO 5725-2; ISO 21748; ISO 10576-1).

D.2.5 Verpackung der Prüfproben

D.2.5.1 Verpackung der Proben für die partikelbezogene Untersuchung

Proben, die außerhalb des Herkunftsbereichs auf Partikel hin zu beurteilen sind, sollten wie folgt verpackt werden:

a) Die Vorbereitung sollte innerhalb des Herkunftsbereichs durch Personal erfolgen, das die ordnungsgemäße Reinraumbekleidung trägt.

b) Die Proben sollten durch Personal gehandhabt werden, das jeweils ein neues Paar gewaschener Reinraumhandschuhe aus Nitrilgummi oder Latex trägt.

c) Wurde ein Reinigungsprozess angewendet, ist es essenziell abzuwarten, bis die Proben abgekühlt und getrocknet sind, bevor sie in die Verpackung oder den Beutel gegeben werden.

d) Werden im Reinraum hergestellte metallisierte Polymerbeutel zum Verpacken der Probe verwendet, sollte deren Reinheitsgrad um mindestens eine Stufe höherwertiger als die vorab gesetzte Reinheitsgradanforderung der Probe sein. Dabei sollte die Beutel-Mindestdicke 80 µm betragen, um ein Reißen zu verhindern

e) Jede Probe sollte einzeln in sowohl einem inneren als auch einem äußeren Beutel des in Element d) beschriebenen Typs verpackt werden.

f) Speziell angefertigte verschlossene Behältnisse, wie z. B. Waferträger oder unter Vakuum hergestellte PET-Verpackungen, dürfen ebenfalls angewendet werden, vorausgesetzt, sie sind ebenfalls eine Stufe reiner als die zu untersuchende Probe

g) Jede Probe sollte einzeln in eine speziell angefertigte Verpackung gegeben werden, wobei der in Element d) aufgeführte Beutel zu verwenden ist, um eine Freisetzung von Partikeln durch Abrieb oder Kontakt zu vermeiden.

h) Der innere Beutel sollte gefaltet und mit Klebeband verschlossen werden, um eine Freisetzung von Partikeln während des nachfolgenden Schneidens zu vermeiden, und zur Kennzeichnung sollte an der Außenseite ein Etikett angebracht werden.

i) Der äußere Beutel sollte verschlossen und verschweißt werden, um Verfälschungen zu vermeiden, und es sollte ein geeignetes Etikett angebracht werden, um einem Öffnen außerhalb eines kontrollierten Bereichs vorzubeugen.

j) Sofern speziell angefertigte Verpackungsbehältnisse, wie die in Element f) aufgeführten eingesetzt werden, sind ebenfalls zwei äußere Folienbeutel aus Polyethylen mit einem Reinheitsgrad entsprechend Element d) erforderlich. Der innere Folienbeutel darf mit Klebeband verschlossen oder verschweißt werden, während der äußere Folienbeutel verschweißt werden sollte.

D.2.5.2 Entnahme aus der Verpackung

Der äußere Beutel sollte unmittelbar vor dem Eintritt in den kontrollierten Prüfbereich entfernt werden.

Der innere Beutel sollte nicht vor dem Eintritt in den kontrollierten Prüfbereich entfernt werden.

Während der Handhabung der Innenverpackung sollte die vollständige Reinraumbekleidung, einschließlich Haube und Gesichtsmaske getragen werden.

Bei der Untersuchung der Proben sollte ein neues Paar gewaschener Reinraumhandschuhe aus Nitrilgummi oder Latex getragen werden.

D.2.6 Messtechniken

D.2.6.1 Sichtprüfung

In einigen Anwendungsfällen, insbesondere bei einer geringen Oberflächenreinheit, könnte eine Sichtprüfung des Reinheitsgrads einer Oberfläche ausreichend sein. Durch Unterstützung des menschlichen Auges mit einfachen Hilfsmitteln, z. B. Vergrößerungsgläser mit Fadenkreuz oder kontrastreiche Beleuchtung, können Partikel > 25 µm aufgezeichnet werden. Komplexe Komponenten können rasch und qualitativ untersucht werden. Quantitative Angaben zur Partikelgröße und -verteilung können auf diese Weise nicht erhalten werden.

D.2.6.2 Lichtmikroskopie

Lichtmikroskope sind wirtschaftlich und verfügen über einen breiten Anwendungsbereich. Die Kontamination wird entsprechend ihrer Morphologie, ihrer optischen Kenngrößen, wie z. B. Absorption, Lichtbrechung oder Doppelbrechung oder durch die Bestimmung der Wärmeleistung (z. B. hinsichtlich des Erweichungs- oder Schmelzverhaltens) mit einem Heiztischmikroskop, charakterisiert. Auf diese Weise können auf festen sowie in flüssigen Proben Partikel nachgewiesen werden, deren Größe 1,0 µm und größer beträgt (Probenahme z. B. nach ASTM F303-08 und Auswertung z. B. nach Methoden aus ASTM F312-08). Sofern die Partikel keinen ausreichenden Kontrast gegenüber der Oberfläche aufweisen, kann die Sicht durch Dunkelfeldbeleuchtung verbessert werden. Dieses Verfahren führt zu qualitativen Ergebnissen. Durch Anwendung automatischer Probenahmestufen und automatisierter Bildanalyse können Bereiche der Proben oder Komponentenoberflächen untersucht werden.

D.2.7 Weitere Messsysteme

D.2.7.1 Schräglicht-, Streiflicht- und Seitenlicht-Messsysteme

Wie bei der Lichtmikroskopie wird das Abbild einer Oberfläche unter Anwendung der erforderlichen Vergrößerung an einer Digitalkamera dargestellt. Durch Schrägbeleuchtung mit parallel auf die Oberfläche einfallendem Licht werden bestehende Oberflächenstrukturen nur geringfügig beleuchtet. Auf diese Weise wird nur eine geringe Lichtmenge durch die Oberfläche gestreut und tritt in die Kamera ein. Die reine Oberfläche erscheint dunkel. Liegen jedoch Partikel auf der Oberfläche vor, werden diese durch das Schräglicht vollständig beleuchtet, und die entsprechende Menge des Streulichts wird durch die Partikel erzeugt. Auf dem durch die Kamera erzeugten Bild sind helle Punkte auf einem dunklen Hintergrund zu sehen, und die Morphologie der Punkte kann unter Anwendung einfacher Bildanalysealgorithmen analysiert werden.

D.2.7.2 Rasterelektronenmikroskop (SEM)

Wenn das Auflösungsvermögen der lichtmikroskopischen Systeme erschöpft ist und wenn Oberflächen besonders rau sind, können SEM eingesetzt werden. Aufgrund ihrer geringen Tiefenschärfe bei hoher Vergrößerung gelangen mikroskopische Systeme an ihre Grenzen, wenn raue Oberflächen zu untersuchen sind. Jedoch ist es schwierig, nicht leitende Oberflächen mit SEM zu untersuchen, da die Oberfläche durch den Beschuss mit dem Elektronenstrahl(enbündel) aufgeladen wird, was zu einem verzerrten Bild führt. Um dies zu vermeiden, sollte auf nicht leitende Oberflächen zuerst eine dünne (meist metallische) Schicht aufgesputtert werden, damit sie leitend werden. Hierbei besteht das Risiko, dass sich die Oberflächenbedingungen ändern. Darüber hinaus können sich Partikel durch den Elektronenstrahl aufladen und von der Oberfläche fortgeblasen werden. Da die

Prüfoberfläche oder -komponente für eine SEM-Prüfung in ein Hochvakuum gegeben werden muss, sollte darauf geachtet werden sicherzustellen, dass die Komponente im Vakuum nicht beschädigt oder verändert wird. Durch Kombination von SEM mit Bildanalysegeräten können Oberflächen automatisch untersucht werden.

D.2.7.3 Energiedispersive Messverfahren

Die Elementarzusammensetzung des Partikelmaterials kann mit Hilfe von WDX oder EDX-Messverfahren bestimmt werden. Durch Anwendung von EDX in Kombination mit Kalibriersubstanzen können nicht nur quantitative sondern auch qualitative Informationen erhalten werden.

D.2.7.4 Optische Partikelzählung

Die Medien (Luft, Gase und Flüssigkeiten) werden durch einen Laserstrahl geleitet. Liegen Partikel im Medium vor, erzeugen diese beim Durchgang durch den Laser Streulicht, das durch Photodetektoren erfasst und analysiert wird. Aus der Intensität des Streulichts lassen sich Schlussfolgerungen hinsichtlich der Größe des Partikels ziehen, das den Lichtimpuls ausgelöst hat. Diese größenbezogenen Schlussfolgerungen können auf der Grundlage einer Kalibrierkurve gezogen werden, die unter Einsatz runder Latexpartikel erhalten wurde. Jedoch entspricht der erhaltene Durchmesser dem Streulichtimpuls und nicht dem tatsächlichen Partikeldurchmesser. Das Messergebnis führt zu einer Partikelgrößenverteilung innerhalb eines definierten Messvolumens. Für Messungen in Luft und Gasen sind verschiedene Sensoren verfügbar, die Partikel mit einer Größe bis hinab auf 0,05 µm und bis hinauf auf 2 500 µm (2,5 mm) messen können. Der Messbereich eines Sensors hängt von dessen optischer Konstruktion ab. Kleinere Partikel können mit CNCs aufgezeichnet werden. Durch Kondensieren einer Flüssigkeit werden die Partikel vor der Messung vergrößert. Mit CNCs können Partikel mit einer Größe von nur 0,005 µm aufgezeichnet werden. Da die Flüssigkeit jedoch kondensiert wurde, kann die Partikelverteilung nicht bestimmt werden. Bei der Anwendung von CNCs zur Messung der Partikel in Flüssigkeiten gilt eine Nachweisgrenze > 0,05 µm. Mit einem OPC werden im Allgemeinen Messungen einzelner Partikel durchgeführt.

D.2.7.5 Partikelzählung mit Lichtextinktion

Bei beiden Verfahren zum Nachweis von Partikeln (Extinktion und Lichtstreuung) wird eine Änderung der durch den Detektor gemessenen Lichtintensität in ein elektrisches Signal umgewandelt. Die Lichtextinktion ist für Partikel im Größenbereich von 1 µm und darüber sinnvoll. Bei diesem Verfahren blickt der Detektor direkt in die Lichtquelle und misst die Größe des „Schattens" des Partikels, wenn dieses den Strahl durchquert.

D.2.7.6 Streulicht-Oberflächenscanner

Streulichtscanner werden speziell für die Untersuchung von Oberflächen mit sehr geringer Rauheit eingesetzt (z. B. Silikon-Wafer, Glas). Ein fokussierter Laser tastet mit einem definierten Strahlenwinkel die Komponentenoberfläche ab. Das direkt von der Oberfläche reflektierte Licht wird in eine Lichtfalle geleitet und auf diese Weise eliminiert. Auf der Oberfläche vorliegende Partikel führen dazu, dass das Laserlicht diffus gestreut wird. Das Streulicht wird durch einen Photomultiplier erfasst und verstärkt. Unter anschließender Anwendung der entsprechenden Analysenelektronik können auf der Grundlage der Intensität des nachgewiesenen Streulichts und der Größe des Streulichtereignisses Schlussfolgerungen zur Größe und Form der Partikel gezogen werden. Durch Synchronisieren der tatsächlichen Laserposition mit dem Auftreten der Streulichtereignisse kann die Oberflächenverteilung der Partikel bestimmt werden. Die Nachweisgrenze von Streulichtscannern liegt bei einer Partikelgröße > 0,05 µm.

D.2.7.7 Gravimetrie

Die Partikellast auf einer Oberfläche oder einem Prüfgegenstand wird auf der Grundlage der Massezunahme eines Analysenfilters (Massedifferenz) bestimmt. Hierzu wird das Analysenfilter vor und nach der Filtration der Spülflüssigkeit mit Hilfe von Präzisionswaagen gewogen. Die Gravimetrie ergibt die Gesamtmasse der Partikellast, gibt jedoch keine Aussage zur Größenverteilung der Partikel auf dem Analysenfilter. Um derartig genaue Wägeverfahren durchzuführen, sollten die Analysenfilter äußerst sorgfältig vorbereitet und getrocknet werden. Um eine Veränderung der Ergebnisse durch Umwelteinflüsse zu verhindern, sollten die Umgebungstemperatur, die Luftfeuchte, die Luftreinheit und die Schritte der Handhabung konstant gehalten und die Handhabungsschritte sollten auf definierte Weise ausgeführt werden. Da mit der Gravimetrie keine einzelnen Partikel aufgezeichnet werden können, wird dieses Verfahren überwiegend eingesetzt, um die Partikellast auf großen oder komplex geformten Komponenten zu bestimmen. Die Messgrenze liegt bei etwa 0,1 mg je Analysenfilter.

D.2.7.8 Analyse durch Rasterkraftmikroskopie (AFM)

Beim Rasterkraftmikroskop handelt es sich um einen sehr hochauflösenden Typ eines Rastersondenmikroskops mit nachgewiesener Auflösung in der Größenordnung von Anteilen von einem Nanometer, die damit mehr als 1 000-mal höher als die optische Beugungsgrenze ist. Das AFM besteht aus einem Cantilever mit Mikroskala und scharfer Messspitze (Sonde) an dessen Ende zum Abtasten der Prüfobjektoberfläche. Wird die Spitze in die Nähe einer Probenoberfläche gebracht, führen die Kräfte zwischen Spitze und Probe zu einer Verbiegung des Cantilevers. Typischerweise wird die Verbiegung mit Hilfe eines Laserpunkts gemessen, der von der Oberseite des Cantilevers in eine Reihe von Photodioden reflektiert wird. Die sich ergebende Karte des Bereichs stellt die Topographie der Probe dar.

D.2.7.9 Analyse der Messergebnisse

Wenn die Aufgaben (der Messumfang) oder die Ergebnisse vereinbart wurden, sollten die anzuwendenden Probenahme- und Messverfahren zwischen dem Kunden und dem Lieferanten geplant, angenommen, analysiert und dokumentiert werden. Zum Zwecke der Bewertung sollten die partikulären Oberflächenreinheitsstufen angewendet werden, insbesondere dann, wenn beim Vergleich zwischen verschiedenen Orten und Systemen weitere Gesichtspunkte zu berücksichtigen sind oder beim Vergleich von Messergebnissen mit vergleichbaren Messverfahren (Aerosole, Hydrosole).

D.3 Dokumentation der partikulären Oberflächenreinheit

Die Dokumentation sollte alle erforderlichen Informationen enthalten die in 6.3 aufgeführt sind, wie z. B. Reinheitsbedingungen und Kompatibilität des Reinraums, die für die Reproduzierbarkeit der Partikelmessung erforderlich sind.

Literaturhinweise

[1] ISO 21920-2, *Geometrical product specifications (GPS) — Surface texture: Profile — Part 2: Terms, definitions and surface texture parameters*

[2] ISO 21920-3, *Geometrical product specifications (GPS) — Surface texture: Profile — Part 3: Specification operators*

[3] ISO 5725-2, *Accuracy (trueness and precision) of measurement methods and results — Part 2: Basic method for the determination of repeatability and reproducibility of a standard measurement method*

[4] ISO 10015, *Quality management — Guidelines for competence management and people development*

[5] ISO 10576-1, *Statistical methods — Guidelines for the evaluation of conformity with specified requirements — Part 1: General principles*

[6] ISO 16232, *Road vehicles — Cleanliness of components and systems*

[7] ISO 21748, *Guidance for the use of repeatability, reproducibility and trueness estimates in measurement uncertainty evaluation*

[8] IEC 61340-5-1, *Electrostatics — Part 5-1: Protection of electronic devices from electrostatic phenomena — General requirements*

[9] ASTM E18-07, *Standard Test Methods for Rockwell Hardness of Metallic Materials*

[10] ASTM E1216-06, *Standard Practice for Sampling for Particulate Contamination by Tape Lift*

[11] ASTM F312-08, *Standard Test Methods for Microscopical Sizing and Counting Particles from Aerospace Fluids on Membrane Filters*

[12] ASTM F24-09, *Standard Method for Measuring and Counting Particulate Contamination on Surfaces*

[13] ASTM F303-08, *Standard Practice for Sampling for Particles in Aerospace Fluids and Components*

[14] CLC/TR 61340-5-2:2018, *Electrostatics — Part 5-2: Protection of electronic devices from electrostatic phenomena; User guide*

[15] IEST-RP-CC022.2-2004, *Electrostatic charge in cleanrooms and other controlled environments*

[16] IEST-STD-CC1246D, *Product Cleanliness Levels and Contamination Control Program*

[17] SEMI E43-0301, *Guide for Measuring Static Charge on Objects and Surfaces*

[18] SEMI E78-0706, *Guide to Assess and Control Electrostatic Discharge (ESD) and Electrostatic Attraction (ESA) for Equipment*

[19] Adamson, A.W. *Physical Chemistry of Surfaces*. New York: John Wiley & Sons, 1976

Oktober 2022

DIN EN ISO 14644-10

ICS 13.040.35

Ersatz für
DIN EN ISO 14644-10:2013-06

Reinräume und zugehörige Reinraumbereiche – Teil 10: Bewertung der chemischen Oberflächenreinheit (ISO 14644-10:2022); Deutsche Fassung EN ISO 14644-10:2022

Cleanrooms and associated controlled environments –
Part 10: Assessment of surface cleanliness for chemical contamination
(ISO 14644-10:2022);
German version EN ISO 14644-10:2022

Salles propres et environnements maîtrisés apparentés –
Partie 10: Évaluation de la propreté chimique des surfaces (ISO 14644-10:2022);
Version allemande EN ISO 14644-10:2022

Gesamtumfang 43 Seiten

DIN-Normenausschuss Heiz- und Raumlufttechnik sowie deren Sicherheit (NHRS)

Nationales Vorwort

Dieses Dokument (EN ISO 14644-10:2022) wurde vom Technischen Komitee ISO/TC 209 „Cleanrooms and associated controlled environments" in Zusammenarbeit mit dem Technischen Komitee CEN/TC 243 „Reinraumtechnologie", dessen Sekretariat von BSI (Vereinigte Königreich) gehalten wird.

Das zuständige deutsche Normungsgremium ist der Arbeitsausschuss NA 041-02-21 AA „Reinraumtechnik (SpA CEN/TC 243 und ISO/TC 20" im DIN-Normenausschuss Heiz- und Raumlufttechnik sowie deren Sicherheit (NHRS).

Für die in diesem Dokument zitierten Dokumente wird im Folgenden auf die entsprechenden deutschen Dokumente hingewiesen:

ISO 14644-1	siehe	DIN EN ISO 14644-1
ISO 14644-8	siehe	DIN EN ISO 14644-8
ISO 14644-9	siehe	DIN EN ISO 14644-9
ISO 18115-1	siehe	DIN ISO 18115-1

Aktuelle Informationen zu diesem Dokument können über die Internetseiten von DIN (www.din.de) durch eine Suche nach der Dokumentennummer aufgerufen werden.

Änderungen

Gegenüber DIN EN ISO 14644-10:2013-06 wurden folgende Änderungen vorgenommen:

a) der Begriff „Klasse" („Klassifizierung", „klassifiziert") wurde in „Stufe" (bzw. „Bewertung") geändert, wo angebracht;

b) ISO 14644-1 wurde von Abschnitt 2 ins Literaturverzeichnis verschoben und ISO 14644-6 wurde entfernt (Dokument zurückgezogen);

c) geringfügige redaktionelle Änderungen.

Frühere Ausgaben

DIN EN ISO 14644-10: 2013-06

Nationaler Anhang NA
(informativ)

Literaturhinweise

DIN EN ISO 14644-1, *Reinräume und zugehörige Reinraumbereiche — Teil 1: Klassifizierung der Luftreinheit anhand der Partikelkonzentration*

DIN EN ISO 14644-8, *Reinräume und zugehörige Reinraumbereiche — Teil 8: Bewertung der chemischen Luftreinheit (ACC)*

DIN EN ISO 14644-9, *Reinräume und zugehörige Reinraumbereiche — Teil 9: Bewertung der partikulären Oberflächenreinheit*

DIN ISO 18115-1, *Chemische Oberflächenanalyse — Vokabular — Teil 1: Allgemeine Begriffe und Begriffe für die Spektroskopie*

– Leerseite –

EUROPÄISCHE NORM

EUROPEAN STANDARD

NORME EUROPÉENNE

EN ISO 14644-10

Mai 2022

ICS 13.040.35

Ersetzt EN ISO 14644-10:2013

Deutsche Fassung

Reinräume und zugehörige Reinraumbereiche — Teil 10: Bewertung der chemischen Oberflächenreinheit (ISO 14644-10:2022)

Cleanrooms and associated controlled environments — Part 10: Assessment of surface cleanliness for chemical contamination (ISO 14644-10:2022)

Salles propres et environnements maîtrisés apparentés — Partie 10: Évaluation de la propreté chimique des surfaces (ISO 14644-10:2022)

Diese Europäische Norm wurde vom CEN am 1. Mai 2022 angenommen.

Die CEN-Mitglieder sind gehalten, die CEN/CENELEC-Geschäftsordnung zu erfüllen, in der die Bedingungen festgelegt sind, unter denen dieser Europäischen Norm ohne jede Änderung der Status einer nationalen Norm zu geben ist. Auf dem letzten Stand befindliche Listen dieser nationalen Normen mit ihren bibliographischen Angaben sind beim CEN-CENELEC-Management-Zentrum oder bei jedem CEN-Mitglied auf Anfrage erhältlich.

Diese Europäische Norm besteht in drei offiziellen Fassungen (Deutsch, Englisch, Französisch). Eine Fassung in einer anderen Sprache, die von einem CEN-Mitglied in eigener Verantwortung durch Übersetzung in seine Landessprache gemacht und dem Management-Zentrum mitgeteilt worden ist, hat den gleichen Status wie die offiziellen Fassungen.

CEN-Mitglieder sind die nationalen Normungsinstitute von Belgien, Bulgarien, Dänemark, Deutschland, Estland, Finnland, Frankreich, Griechenland, Irland, Island, Italien, Kroatien, Lettland, Litauen, Luxemburg, Malta, den Niederlanden, Norwegen, Österreich, Polen, Portugal, der Republik Nordmazedonien, Rumänien, Schweden, der Schweiz, Serbien, der Slowakei, Slowenien, Spanien, der Tschechischen Republik, der Türkei, Ungarn, dem Vereinigten Königreich und Zypern.

EUROPÄISCHES KOMITEE FÜR NORMUNG
EUROPEAN COMMITTEE FOR STANDARDIZATION
COMITÉ EUROPÉEN DE NORMALISATION

CEN-CENELEC Management-Zentrum: Rue de la Science 23, B-1040 Brüssel

Ref. Nr. EN ISO 14644-10:2022 D

Inhalt

Bilder

Tabellen

Europäisches Vorwort

Dieses Dokument (EN ISO 14644-10:2022) wurde vom Technischen Komitee ISO/TC 209 „Cleanrooms and associated controlled environments“ in Zusammenarbeit mit dem Technischen Komitee CEN/TC 243 „Reinraumtechnologie“ erarbeitet, dessen Sekretariat von BSI gehalten wird.

Diese Europäische Norm muss den Status einer nationalen Norm erhalten, entweder durch Veröffentlichung eines identischen Textes oder durch Anerkennung bis November 2022, und etwaige entgegenstehende nationale Normen müssen bis November 2022 zurückgezogen werden.

Es wird auf die Möglichkeit hingewiesen, dass einige Elemente dieses Dokuments Patentrechte berühren können. CEN ist nicht dafür verantwortlich, einige oder alle diesbezüglichen Patentrechte zu identifizieren.

Dieses Dokument ersetzt EN ISO 14644-10:2013.

Rückmeldungen oder Fragen zu diesem Dokument sollten an das jeweilige nationale Normungsinstitut des Anwenders gerichtet werden. Eine vollständige Liste dieser Institute ist auf den Internetseiten von CEN abrufbar.

Entsprechend der CEN-CENELEC-Geschäftsordnung sind die nationalen Normungsinstitute der folgenden Länder gehalten, diese Europäische Norm zu übernehmen: Belgien, Bulgarien, Dänemark, Deutschland, die Republik Nordmazedonien, Estland, Finnland, Frankreich, Griechenland, Irland, Island, Italien, Kroatien, Lettland, Litauen, Luxemburg, Malta, Niederlande, Norwegen, Österreich, Polen, Portugal, Rumänien, Schweden, Schweiz, Serbien, Slowakei, Slowenien, Spanien, Tschechische Republik, Türkei, Ungarn, Vereinigtes Königreich und Zypern.

Anerkennungsnotiz

Der Text von ISO 14644-10:2022 wurde von CEN als EN ISO 14644-10:2022 ohne irgendeine Abänderung genehmigt.

Vorwort

ISO (die Internationale Organisation für Normung) ist eine weltweite Vereinigung nationaler Normungsinstitute (ISO-Mitgliedsorganisationen). Die Erstellung von Internationalen Normen wird üblicherweise von Technischen Komitees von ISO durchgeführt. Jede Mitgliedsorganisation, die Interesse an einem Thema hat, für welches ein Technisches Komitee gegründet wurde, hat das Recht, in diesem Komitee vertreten zu sein. Internationale staatliche und nichtstaatliche Organisationen, die in engem Kontakt mit ISO stehen, nehmen ebenfalls an der Arbeit teil. ISO arbeitet bei allen elektrotechnischen Normungsthemen eng mit der Internationalen Elektrotechnischen Kommission (IEC) zusammen.

Die Verfahren, die bei der Entwicklung dieses Dokuments angewendet wurden und die für die weitere Pflege vorgesehen sind, werden in den ISO/IEC-Direktiven, Teil 1 beschrieben. Es sollten insbesondere die unterschiedlichen Annahmekriterien für die verschiedenen ISO-Dokumentenarten beachtet werden. Dieses Dokument wurde in Übereinstimmung mit den Gestaltungsregeln der ISO/IEC-Direktiven, Teil 2 erarbeitet (siehe www.iso.org/directives).

Es wird auf die Möglichkeit hingewiesen, dass einige Elemente dieses Dokuments Patentrechte berühren können. ISO ist nicht dafür verantwortlich, einige oder alle diesbezüglichen Patentrechte zu identifizieren. Details zu allen während der Entwicklung des Dokuments identifizierten Patentrechten finden sich in der Einleitung und/oder in der ISO-Liste der erhaltenen Patenterklärungen (siehe www.iso.org/patents).

Jeder in diesem Dokument verwendete Handelsname dient nur zur Unterrichtung der Anwender und bedeutet keine Anerkennung.

Für eine Erläuterung des freiwilligen Charakters von Normen, der Bedeutung ISO-spezifischer Begriffe und Ausdrücke in Bezug auf Konformitätsbewertungen sowie Informationen darüber, wie ISO die Grundsätze der Welthandelsorganisation (WTO, en: World Trade Organization) hinsichtlich technischer Handelshemmnisse (TBT, en: Technical Barriers to Trade) berücksichtigt, siehe www.iso.org/iso/foreword.html.

Dieses Dokument wurde vom Technischen Komitee ISO/TC 209, *Cleanrooms and associated controlled environments*, in Zusammenarbeit mit dem Europäischen Komitee für Normung (CEN), Technisches Komitee CEN/TC 243, *Reinraumtechnologie*, in Übereinstimmung mit der Vereinbarung zur technischen Zusammenarbeit zwischen ISO und CEN (Wiener Vereinbarung) erarbeitet.

Diese zweite Ausgabe ersetzt die erste Ausgabe (ISO 14644-10:2013), die geringfügig überarbeitet wurde. Die Änderungen sind folgende:

— der Begriff „Klasse“ („Klassifizierung“, „klassifiziert“) wurde in „Stufe“ (bzw. „Bewertung“) geändert, wo angebracht;

— ISO 14644-1 wurde von Abschnitt 2 ins Literaturverzeichnis verschoben und ISO 14644-6 wurde entfernt (Dokument zurückgezogen);

— geringfügige redaktionelle Änderungen.

Eine Auflistung aller Teile der Normenreihe ISO 14644 ist auf der ISO-Internetseite abrufbar.

Rückmeldungen oder Fragen zu diesem Dokument sollten an das jeweilige nationale Normungsinstitut des Anwenders gerichtet werden. Eine vollständige Auflistung dieser Institute ist unter www.iso.org/members.html zu finden.

1 Anwendungsbereich

Dieses Dokument legt geeignete Prüfverfahren zur Bestimmung der Oberflächenreinheit in Reinräumen hinsichtlich vorhandener chemischer Verbindungen oder Elemente (einschließlich Molekülen, Ionen, Atomen und Partikeln) fest. Dieses Dokument ist auf alle festen Oberflächen in Reinräumen und zugehörigen Reinraumbereichen anwendbar, wie z. B. Wände, Decken, Fußböden, Arbeitsflächen, Werkzeuge, Ausrüstungsgegenstände und Geräte.

ANMERKUNG 1 Für die Anwendung dieses Dokuments werden nur die chemischen Eigenschaften eines Partikels in Betracht gezogen. Die physikalischen Eigenschaften des Partikels werden nicht berücksichtigt, und dieses Dokument behandelt nicht die Wechselwirkung zwischen der Kontamination und der Oberfläche.

ANMERKUNG 2 Dieses Dokument behandelt weder den Entstehungsprozess der Kontamination noch zeitabhängige Einflüsse (z. B. Ablagerung, Sedimentation, Alterung) oder prozessabhängige Tätigkeiten wie z. B. Transport und Handhabung. Auch enthält es keine Leitlinien zu statistischen Qualitätskontrollverfahren zur Sicherstellung der Übereinstimmung.

2 Normative Verweisungen

Es gibt keine normativen Verweisungen in diesem Dokument.

3 Begriffe

Für die Anwendung dieses Dokuments gelten die folgenden Begriffe.

ISO und IEC stellen terminologische Datenbanken für die Verwendung in der Normung unter den folgenden Adressen bereit:

— ISO Online Browsing Platform: verfügbar unter https://www.iso.org/obp

— IEC Electropedia: verfügbar unter https://www.electropedia.org/

3.1
chemische Luftreinheit
ACC, en: air cleanliness by chemical concentration
Stufe, angegeben als ISO-Stufe *N*, die den Höchstwert der zulässigen Konzentration einer bestimmten chemischen Zustandsform oder Gruppe von chemischen Zustandsformen darstellt, angegeben in Gramm je Kubikmeter (g/m^3)

Anmerkung 1 zum Begriff: Diese Definition berücksichtigt keine Makromoleküle biologischen Ursprungs, die als Partikel bewertet werden.

3.2
Kontaminantengruppe
allgemeine Bezeichnung für eine Gruppe von Verbindungen, die bei Ablagerung auf der fraglichen Oberfläche eine spezifische und ähnlich schädliche Wirkung zeigen

3.3
chemische Kontamination
chemische (nicht-partikuläre) Stoffe, die eine schädliche Wirkung auf das Produkt, das Verfahren oder die Ausrüstung haben können

3.4
feste Oberfläche
Abgrenzung zwischen der Festphase und einer zweiten Phase

3.5
Oberfläche
Abgrenzung zwischen zwei Phasen

Anmerkung 1 zum Begriff: Eine der Phasen ist gewöhnlich eine Festphase und die andere ein Gas, eine Flüssigkeit oder ein anderer Feststoff.

3.6
chemische Oberflächenreinheit
SCC, en: surface cleanliness by chemical concentration
<Zustand> Zustand einer Oberfläche in Bezug auf deren chemische Konzentration

3.7
chemische Oberflächenreinheit
N_{SCC}
<Mathematik> gebräuchlicher Logarithmus (zur Basis 10) der chemischen Konzentration auf einer Oberfläche in Gramm je Quadratmeter (g/m^2)

4 Prüfung und Bewertung der chemischen Oberflächenstufen

4.1 Kurzbeschreibung zur Prüfung von chemischen Oberflächenkontaminationen bei reinen Oberflächen in Reinräumen und Reinraumbereichen

Die Prüf- und Bewertungsstufen müssen durch die Verwendung eines Deskriptors mit der Bezeichnung „ISO-SCC" festgelegt werden. Dieser legt die für einen einzelnen chemischen Stoff oder eine Gruppe von chemischen Stoffen gemessene chemische Gesamtkonzentration auf einer Oberfläche fest. Die SCC-Stufe basiert auf der Konzentration von Chemikalien auf einer Oberfläche, wie sie anhand von Gleichung (1) (angegeben in 4.2) berechnet und in g/m^2 angegeben wird. Für diese Berechnung müssen alle anderen Einheiten in g/m^2 umgerechnet werden. In bestimmten Fällen, in denen niedrige Konzentrationen bestimmt werden müssen, darf die Konzentration von Chemikalien auf einer Oberfläche in Atomen je Quadratzentimeter, ISO-SCC$_{\text{_atomic}}$, anhand der in 4.4 aufgeführten Gleichung (2) angegeben werden.

4.2 Format des ISO-SCC-Deskriptors

Die SCC-Stufe ist durch eine Stufenzahl, N_{SCC}, zu kennzeichnen, wobei N_{SCC} der gebräuchliche Logarithmusindex der Konzentration C_{SCC}, ausgedrückt in g/m^2, ist. Die Angabe der SCC-Stufe muss immer mit einem chemischen Stoff oder einer Gruppe von chemischen Stoffen verbunden sein, auf den bzw. die sie sich bezieht. Dabei werden 13 unterschiedliche Bewertungsstufen von 0 bis −12 verwendet, wobei 0 für die größte Kontamination steht. Dazwischenliegende Konzentrationen dürfen mit 0,1 als kleinster zulässiger Schrittweite von N_{SCC} bestimmt werden. C_{SCC} wird durch Gleichung (1) mit Bezug auf N_{SCC} bestimmt:

$$C_{\text{SCC}} = 10^{N_{\text{SCC}}} \qquad (1)$$

Daher gilt $N_{\text{SCC}} = \log_{10} C_{\text{SCC}}$.

C_{SCC}, die Konzentration des festgelegten chemischen Stoffs oder der Gruppe von chemischen Stoffen, wird in g/m^2 angegeben. Die gemessene chemische Konzentration auf einer Oberfläche darf die SCC-Stufe, C_{SCC}, nicht überschreiten, um der zuvor zwischen dem Kunden und dem Lieferanten vereinbarten SCC zu entsprechen.

In allen Fällen muss den N_{SCC}- Bewertungsstufenzahlen ein Minuszeichen vorangestellt werden.

ANMERKUNG 1 Eine SCC-Bewertungsstufenzahl gilt nur in Verbindung mit einem Deskriptor (siehe 4.3).

ANMERKUNG 2 Hinweise zur Umrechnung der gravimetrischen Konzentration (g/m^2) in die numerische Konzentration (Anzahl der Atome, Moleküle oder Ionen je Flächeneinheit) sind in 4.4 enthalten.

Tabelle 1 und Bild 1 zeigen die ISO-SCC-Bezeichnung als Funktion der chemischen Konzentration auf einer Oberfläche deutlicher.

Zu beachten sind auch die in Anhang B aufgeführten Parameter, die Einfluss auf die chemische Konzentration haben.

Tabelle 1 — ISO-SCC-Bewertungsstufen

ISO-SCC-Stufe	Konzentration g/m^2	Konzentration $\mu g/m^2$	Konzentration ng/m^2
0	10^{0}	10^{6}	10^{9}
−1	10^{-1}	10^{5}	10^{8}
−2	10^{-2}	10^{4}	10^{7}
−3	10^{-3}	10^{3}	10^{6}
−4	10^{-4}	10^{2}	10^{5}
−5	10^{-5}	10^{1}	10^{4}
−6	10^{-6}	10^{0}	10^{3}
−7	10^{-7}	10^{-1}	10^{2}
−8	10^{-8}	10^{-2}	10^{1}
−9	10^{-9}	10^{-3}	10^{0}
−10	10^{-10}	10^{-4}	10^{-1}
−11	10^{-11}	10^{-5}	10^{-2}
−12	10^{-12}	10^{-6}	10^{-3}

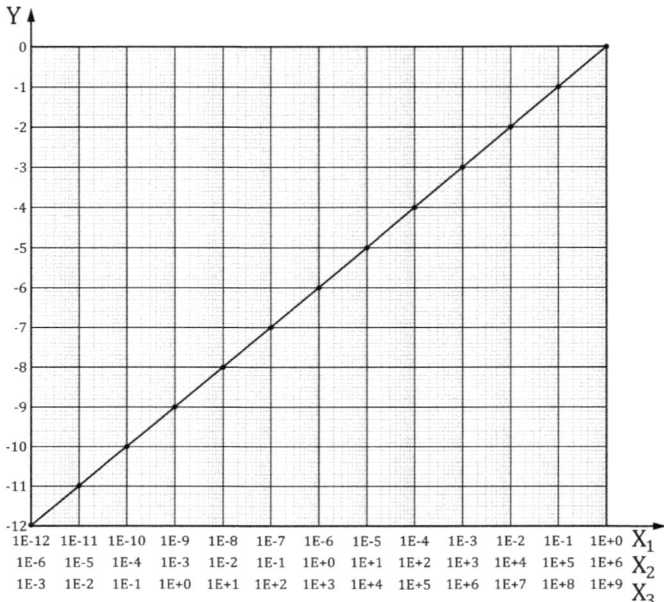

Legende

X_1 Massenkonzentration auf der Oberfläche (g/m^2)
X_2 Massenkonzentration auf der Oberfläche (µg/m^2)
X_3 Massenkonzentration auf der Oberfläche (ng/m^2)
Y ISO-SCC-Bewertungsstufe

Bild 1 — ISO-SCC-Bewertungsstufe als eine Funktion der Konzentration

4.3 ISO-SCC-Bewertungsstufe

Eine SCC-Bewertungsstufe gilt nur in Verbindung mit einem Deskriptor, der den chemischen Stoff oder die Gruppe von Stoffen einschließt, für die diese Stufenzahl gilt. Der ISO-SCC-Deskriptor wird im Format ISO-SCC-Stufe *N* (*X*) dargestellt, wobei *X* ein chemischer Stoff oder eine Gruppe von chemischen Stoffen ist.

BEISPIEL 1 Bei einer N-Methyl-2-Pyrrolidon-Probe (NMP) betrug der gemessene Wert einer chemischen Kontamination auf einer Oberfläche 9,8E−7 g/m^2. Das liegt innerhalb der Bewertungsstufengrenze von 1E−6 g/m^2 für die Stufe −6. Die Kennzeichnung wäre somit: „ISO-SCC-Stufe −6 (NMP)."

BEISPIEL 2 Bei einer Probe einer organischen Verbindung betrug der gemessene Wert 6E−5 g/m^2 an gesamten organischen Verbindungen (TOC). Das liegt innerhalb der Bewertungsstufengrenze von 1E−4 g/m^2 für die Stufe −4. Die Kennzeichnung wäre somit: „ISO-SCC-Stufe −4 (TOC)."

4.4 Konverter für Stoffe in atomare Oberflächenkonzentration

Sehr niedrige Konzentrationen werden gewöhnlich in Anzahlkonzentrationen auf der Oberfläche in Einheiten der Anzahl an Molekülen, Atomen oder Ionen je Oberflächenbereich (1/m^2) gemessen. Zu

Zwecken der Stufenbewertung sollten diese in Oberflächenmassenkonzentrationen in Masseneinheit je Oberflächenbereich (g/m^2) umgerechnet werden. Diese Umrechnung erfolgt mithilfe Gleichung (2):

$$C_{SCC} = \frac{M\left(C_{SCC\_Zahl}\right)}{N_a} \tag{2}$$

Dabei ist

C_{SCC_Zahl} die Anzahlkonzentration auf der Oberfläche = Anzahl der Moleküle, Atome oder Ionen je Oberflächenbereich (1/m^2);

C_{SCC} die Oberflächenmassenkonzentration (g/m^2);

N_a die Avogradozahl (6,02 × 10^{23}/mol);

M die molare Masse der atomaren, molekularen oder ionischen Zustandsformen (g/mol).

Bild A.4 in Anhang A zeigt zum Zweck der Information den Zusammenhang zwischen der chemischen Konzentration auf einer Oberfläche (angegeben in g/m^2) und der atomaren Konzentration auf einer Oberfläche (angegeben in Atome/m^2) für typische Stoffe.

5 Messung der Oberflächenreinheit in Bezug auf chemische Kontamination und zum Nachweis der Übereinstimmung mit der Bewertungsstufe

5.1 Kriterien für eine gute Bewertung der Reinheit

Bild D.2 in Anhang D zeigt anhand von unterschiedlichen Probenahme- und Messverfahren, wie die verschiedenen Kontaminationsarten zu messen sind.

Prüfungen zum Nachweis der Übereinstimmung müssen in einer Laboratoriumsumgebung durchgeführt werden, in der der Kontaminationsgrad luftgetragener chemischer Substanzen und Partikel die Stufenbestimmung nicht negativ beeinflussen. Bei allen Prüfungen müssen geeignete Messverfahren und kalibrierte Geräte angewendet werden. Umfeld, Messverfahren und Messgeräte müssen zwischen dem Kunden und dem Lieferanten vereinbart werden.

Zusätzliche Prüfelemente werden in Anhang C besprochen, während Anhang D eine genaue Beschreibung der Messverfahren zum Nachweis der Übereinstimmung enthält.

Die Liste der typischen Messverfahren ist nicht vollständig. Alternative Verfahren, die Ergebnisse von vergleichbarer Genauigkeit hervorbringen, dürfen nach Abstimmung zwischen dem Kunden und dem Lieferanten festgelegt werden.

Messungen nach unterschiedlichen Verfahren können, selbst bei richtiger Anwendung dieser Verfahren, unterschiedliche Ergebnisse gleicher Validität hervorbringen.

Es wird empfohlen, die Messungen als Teil des statistischen Ansatzes zu wiederholen.

Bei Messungen von hohen Reinheitsgraden können bestimmte Probleme, wie z. B. Konzentrationsaufstockungen (Spikes), auftreten. Dann sind bestimmte Qualitätskontrollverfahren erforderlich, wie in Anhang D, Bild D.4, erklärt wird.

Im Umkreis der Prüfzone sollten Vorkehrungen zur Verminderung elektrostatischer Aufladung getroffen werden, da elektrostatische Aufladung chemische Abscheidungen auf Oberflächen fördert. Wenn die Oberfläche weder leitfähig noch geerdet oder ladungsneutralisiert ist, können elektrostatische Aufladungen auftreten. Daher können die Prüfergebnisse variieren.

Zu typischen Messverfahren zur Prüfung der chemischen Oberflächenreinheit ist auf Anhang D Bezug zu nehmen.

5.2 Dokumentation und Auswertung

5.2.1 Kurzbeschreibung

Der Nachweis über die Übereinstimmung mit den Anforderungen an die Bewertungsstufen für die chemische Oberflächenreinheit (SCC), wie vom Kunden festgelegt, wird durch Messungen, die Dokumentation der Ergebnisse und die Messbedingungen erbracht. Die Angaben zum Nachweis der Übereinstimmung müssen zwischen dem Kunden und dem Lieferanten im Voraus vereinbart werden.

5.2.2 Prüfung

Prüfungen zum Nachweis der Übereinstimmung müssen möglichst nach geeigneten Messverfahren zusammen mit kalibrierten Geräten durchgeführt werden.

Messverfahren zum Nachweis der Übereinstimmung sind in Anhang D beschrieben. Die Liste der beschriebenen typischen Verfahren ist nicht vollständig. Zum Prüfumfeld müssen sich der Kunde und der Lieferant abstimmen. Auch dürfen alternative Verfahren von vergleichbarer Genauigkeit in Abstimmung zwischen dem Kunden und dem Lieferanten festgelegt werden.

Messungen nach unterschiedlichen Verfahren können, selbst bei richtiger Anwendung, unterschiedliche Ergebnisse gleicher Validität hervorbringen.

Es wird empfohlen, die Messungen zu wiederholen.

Das Prüfumfeld sollte zwischen dem Kunden und dem Lieferanten vereinbart werden.

5.2.3 Prüfbericht

Die Ergebnisse jeder Oberflächenprüfung muss aufgezeichnet und als umfassender Bericht, zusammen mit einer Darstellung der Übereinstimmung oder Nichtübereinstimmung der erforderlichen SCC-Bewertungsstufe vorgelegt werden. Der Prüfbericht muss mindestens Folgendes enthalten:

a) Name und Anschrift der Prüforganisation;

b) Name des Prüfers;

c) Messumfeld;

d) Datum, Uhrzeit und Dauer der Probenahme;

e) Messdauer;

f) eine Verweisung auf dieses Dokument, d. h. ISO 14644-10:2022;

g) eindeutige Kenntlichmachung des Orts der gemessenen Oberfläche und genaue Bezeichnungen für die Oberflächenkoordinaten, falls anwendbar;

h) chemische Oberflächenreinheitsstufe mit Kennzeichnung, angegeben als SCC-Bewertungsstufe *N*;

i) Akzeptanzkriterien für die reine Oberfläche, sofern zwischen dem Kunden und dem Lieferanten vereinbart;

j) die/das festgelegte(n) Messverfahren, Geräteauflösung sowie Nachweisgrenzen;

k) Einzelheiten zum angewendeten Prüfverfahren, mit allen verfügbaren Angaben zu Abweichungen vom Prüfverfahren (sofern vereinbart);

l) Identifizierung der angewendeten Prüfgeräte/des angewendeten Prüfgeräts sowie aktuelle(s) Kalibrierzertifikat(e);

m) Anzahl der durchgeführten Messungen;

n) Prüfergebnisse, einschließlich Angaben zu(r) chemischen Konzentration(en) bestimmter Stoffe bei allen durchgeführten Messungen;

o) Oberflächenbeschaffenheit, d. h. nach abschließender Reinigung, vor oder nach der Verpackung, mit der Vereinbarung der Art und Qualität der erforderlichen Verpackung.

In Anhang E kann ein Beispiel gefunden werden, wie dieser Prüfbericht aufgebaut werden kann. Andere Abweichungen des Prüfberichts, die zwischen dem Kunden und dem Lieferanten vereinbart werden können, dürfen vorgenommen werden.

Anhang A
(informativ)

Umrechnung zwischen unterschiedlichen Angaben von Maßeinheiten der Oberflächenkonzentration bei chemischen Stoffen

A.1 Kurzbeschreibung

Zusätzlich zur Einheit der Oberflächenmassenkonzentration, in g/m^2, gibt es mehrere unterschiedliche Maßeinheiten, um die Anzahlkonzentration auf der Oberfläche einer organischen Verbindung oder einer Gruppe von organischen Stoffen anzugeben, wie Moleküle/m^2, basierend auf einer Anzahl an organischen Molekülen, und Atome C/m^2, basierend auf einer Anzahl an Kohlenstoffatomen, die die für jede Kontaminantengruppe betrachteten organischen Verbindungen bilden.

A.2 Beispiele

Zu Informationszwecken zeigen Tabelle A.1 bis Tabelle A.3 am Beispiel von Heptan, Hexadecan und Di-(2-Ethylhexyl)phthalat, wie die unterschiedlichen Einheiten von Anzahlkonzentrationen auf der Oberfläche (Moleküle/m^2 oder Atome C/m^2) jeweils in Oberflächenmassenkonzentrationen hinsichtlich Kohlenstoff (g C/m^2) oder ganzer Verbindungen (g/m^2) umgerechnet werden können.

Tabelle A.1 — Darstellung des Zusammenhangs zwischen der Einheit der Oberflächenkonzentration [g/m^2] und der Anzahlkonzentration auf der Oberfläche [Moleküle/m^2, Atome C/m^2] bei Heptan (C_7H_{16}), CAS-Nr. 142-82-5

	Formelzeichen	Einheit	$M = 100{,}2$, $N_c = 7$			
			Beispiel 1	Beispiel 2	Beispiel 3	Beispiel 4
Molekulare Anzahlkonzentration auf der Oberfläche	$C_{\text{Molekül}}$	[Moleküle/m^2]	1,00E+19	1,42E+18	7,16E+16	6,01E+16
Anzahlkonzentration auf der Oberfläche bezogen auf Kohlenstoff	$C_{\text{Kohlenstoffzahl}}$	[Atome C/m^2]	7,00E+19	1,00E+19	5,00E+17	4,19E+17
Oberflächenmassenkonzentration bezogen auf Kohlenstoff	$C_{\text{Kohlenstoffmasse}}$	[g C/m^2]	1,39E−3	1,98E−4	1,00E−4	8,39E−6
Oberflächenmassenkonzentration	C_{SCC}	[g/m^2]	1,66E−3	2,36E−4	1,19E−4	1,00E−6

Tabelle A.2 — Darstellung des Zusammenhangs zwischen der Einheit der Oberflächenkonzentration [g/m²] und der Anzahlkonzentration auf der Oberfläche [Moleküle/m², Atome C/m²] bei Hexadekan ($C_{17}H_{34}$), CAS-Nr. 544-76-3

	Formelzeichen	Einheit	$M = 226{,}4$, $N_c = 17$			
			Beispiel 1	**Beispiel 2**	**Beispiel 3**	**Beispiel 4**
Molekulare Anzahlkonzentration auf der Oberfläche	$c_{\text{Molekül}}$	[Moleküle/m²]	1,00E+19	6,20E+18	3,12E+16	2,60E+16
Anzahlkonzentration auf der Oberfläche bezogen auf Kohlenstoff	$c_{\text{Kohlenstoffatom}}$	[Atome C/m²]	1,59E+20	1,00E+19	5,00E+17	4,20E+17
Oberflächenmassenkonzentration bezogen auf Kohlenstoff	$c_{\text{Kohlenstoffmasse}}$	[g C/m²]	3,19E−3	2,00E−4	1,00E−4	8,49E−6
Oberflächenmassenkonzentration	c_{SCC}	[g/m²]	3,77E−3	2,35E−4	1,17E−4	1,00E−4

Tabelle A.3 — Darstellung des Zusammenhangs zwischen der Einheit der Oberflächenkonzentration [g/m²] und der Anzahlkonzentration auf der Oberfläche [Moleküle/m², Atome C/m²] bei Di-(2-Ethylhexyl)phthalat ($C_{24}H_{38}O_4$), CAS-Nr. 117-817-7

	Formelzeichen	Einheit	$M = 390{,}6$, $N_c = 24$			
			Beispiel 1	**Beispiel 2**	**Beispiel 3**	**Beispiel 4**
Molekulare Anzahlkonzentration auf der Oberfläche	$c_{\text{Molekül}}$	[Moleküle/m²]	1,00E+19	4,20E+18	2,00E+16	1,50E+16
Anzahlkonzentration auf der Oberfläche bezogen auf Kohlenstoff	$c_{\text{Kohlenstoffatom}}$	[Atome C/m²]	2,39E+20	1,00E+19	4,89E+17	3,60E+17
Oberflächenmassenkonzentration bezogen auf Kohlenstoff	$c_{\text{Kohlenstoffmasse}}$	[g C/m²]	4,89E−3	2,04E−4	1,00E−4	7,37E−6
Oberflächenmassenkonzentration	c_{SCC}	[g/m²]	6,62E−3	2,76E−4	1,35E−4	1,00E−4

Jede Anzahlkonzentration auf der Oberfläche kann nach den Gleichungen (A.1) bis (A.3) in die ursprüngliche Oberflächenkonzentration umgerechnet werden:

$$c_{\mathrm{SCC}}\,[\mathrm{g/m^2}] = c_{\mathrm{Molekül}}\,[\mathrm{Moleküle/m^2}] \times \frac{M\,[\mathrm{g/mol}]}{N_\mathrm{a}\,[\mathrm{Moleküle/mol}]} \qquad \text{(A.1)}$$

$$c_{\mathrm{SCC}}\,[\mathrm{g/m^2}] = \frac{c_{\mathrm{Kohlenstoffatom}}\,[\mathrm{Atome\ C/m^2}]}{N_\mathrm{c}\,[\mathrm{Atome\ C/Molekül}]} \times \frac{M\,[\mathrm{g/mol}]}{N_\mathrm{a}\,[\mathrm{Moleküle/mol}]} \qquad \text{(A.2)}$$

$$c_{\mathrm{SCC}}\,[\mathrm{g/m^2}] = \frac{\left[\dfrac{c_{\mathrm{Kohlenstoffmasse}}[\mathrm{g\ C/m^2}]}{M_\mathrm{c}[\mathrm{g/mol}]}\right]}{N_\mathrm{c}[\mathrm{Atome\ C/Molekül}]} \times M[\mathrm{g/mol}] \qquad \text{(A.3)}$$

Dabei ist

N_c eine Anzahl von betrachteten Kohlenstoff bildenden(m) organischen(m) Stoff(en) und

M_c die molare Masse von Kohlenstoff.

Die Anzahlkonzentration auf der Oberfläche mit unterschiedlichen Arten von Maßeinheitsangaben, basierend auf Langmuir-Blodgett-Filmen (LB) für typische organische Stoffe, ist auch in Tabelle A.4 aufgeführt. Die Anzahlkonzentration auf der Oberfläche kann nach Gleichung (A.4) ermittelt werden:

$$c_{\mathrm{SCC\_LB}}\,[\mathrm{g/m^2}] = (M/N_\mathrm{a})^{1/3}\,d^{2/3} \qquad \text{(A.4)}$$

Dabei ist

d die Dichte von organischen Stoffen in $\mathrm{g/m^3}$.

Tabelle A.4 — Konzentration der Monoschicht, basierend auf LB-Film

	Heptan (C_7H_{16}), CAS-Nr. 142-82-5	**Hexadekan ($C_{17}H_{34}$), CAS-Nr. 544-76-3**	**Di-(2-Ethylhexyl)-phthalat ($C_{24}H_{38}O_4$), CAS-Nr. 117-817-7**
Molekulare Anzahlkonzentration auf der Oberfläche	2,55E+18	1,62E+18	1,34E+18
Anzahlkonzentration auf der Oberfläche bezogen auf Kohlenstoff	1,79E+19	2,59E+19	3,21E+19
Oberflächenmassenkonzentration bezogen auf Kohlenstoff	3,56E−4	5,18E−4	6,56E−4
Oberflächenmassenkonzentration	4,24E−4	6,10E−4	8,88E−4

Zu Informationszwecken zeigen Bild A.1 bis Bild A.4, wie die unterschiedlichen Einheiten von Anzahlkonzentrationen auf der Oberfläche (Moleküle/m^2 oder Atome C/m^2) jeweils in Oberflächenmassenkonzentrationen bezogen auf Kohlenstoff (g C/m^2) oder ganzer Verbindungen (g/m^2) umgerechnet werden können.

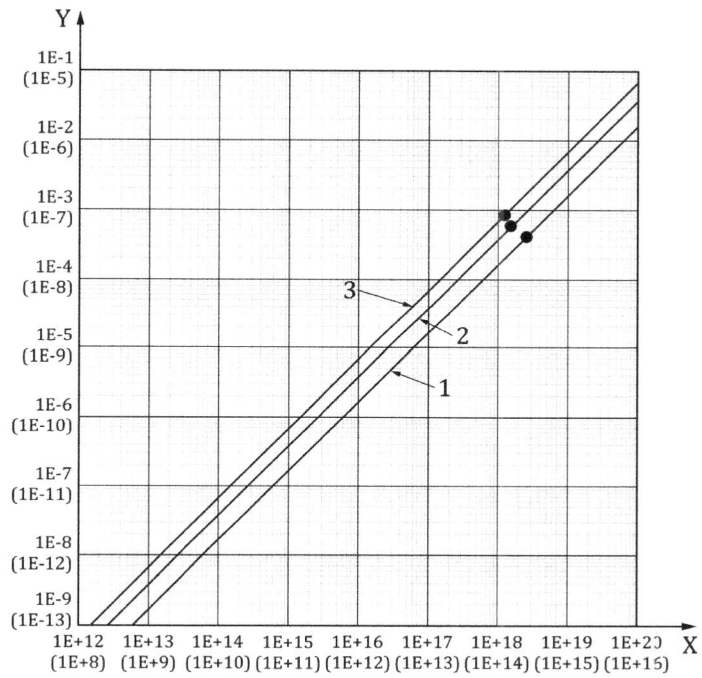

Legende

X Oberflächenmolekularkonzentration (Moleküle/m^2) [Oberflächenmolekularkonzentration (Moleküle/cm^2)]

Y Oberflächenmassenkonzentration (g/m^2) [Oberflächenmassenkonzentration (g/cm^2)]

● der Monoschicht entsprechende Oberflächenkonzentration, basierend auf LB-Modell

1 Heptan (C_7H_{16}), CAS-Nr. 142-82-5

2 Hexadekan ($C_{17}H_{34}$), CAS-Nr. 544-76-3

3 Di-(2-Ethylhexyl)phthalat ($C_{24}H_{38}O_4$), CAS-Nr. 117-817-7

Bild A.1 — Zusammenhang zwischen den Einheiten der Oberflächenmassenkonzentration (g/m^2) und der Oberflächenmolekularkonzentration (Moleküle/m^2) bei typischen organischen Stoffen

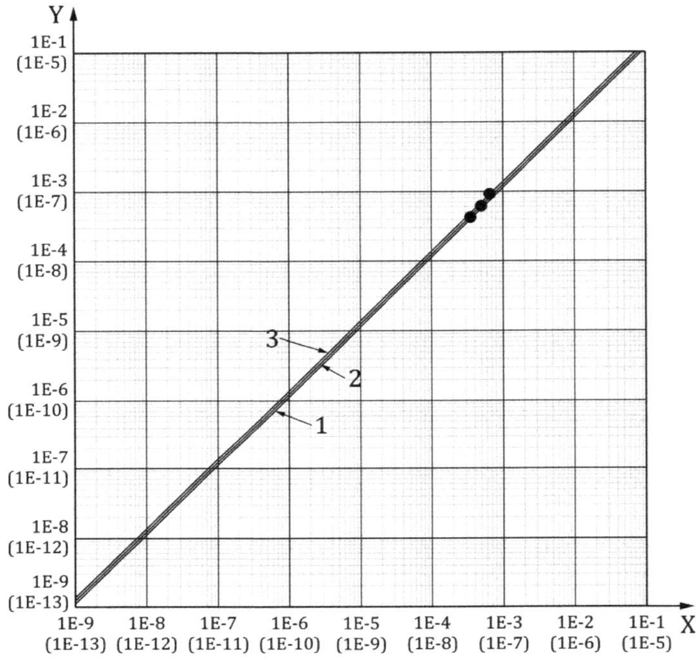

Legende

X Oberflächenatomkonzentration bezogen auf die Kohlenstoffmasse (g C/m^2) [Oberflächenatomkonzentration bezogen auf die Kohlenstoffmasse (g C/cm^2)]

Y Oberflächenkonzentration (g/m^2) [Oberflächenkonzentration (g/cm^2)]

● der Monoschicht entsprechende Oberflächenkonzentration, basierend auf LB-Modell

1 Heptan (C_7H_{16}), CAS-Nr. 142-82-5

2 Hexadekan ($C_{17}H_{34}$), CAS-Nr. 544-76-3

3 Di-(2-Ethylhexyl)phthalat ($C_{24}H_{38}O_4$), CAS-Nr. 117-817-7

Bild A.2 — Zusammenhang zwischen den Einheiten der Oberflächenkonzentration (g/m^2) und den Oberflächenatomkonzentrationen bezogen auf die Kohlenstoffmasse (g C/m^2) bei typischen organischen Stoffen

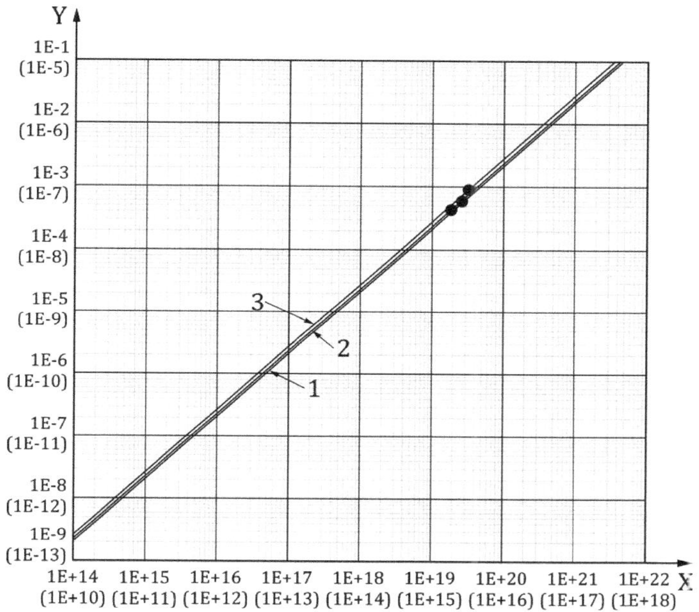

Legende

X Oberflächenatomkonzentration bezogen auf die Anzahl von Kohlenstoffatomen (Atome C/m^2) [Oberflächenatomkonzentration bezogen auf die Anzahl von Kohlenstoffatomen (Atome C/cm^2)]

Y Oberflächenkonzentration (g/m^2) [Oberflächenkonzentration (g/cm^2)]

● der Monoschicht entsprechende Oberflächenkonzentration, basierend auf LB-Modell

1 Heptan (C_7H_{16}), CAS-Nr. 142-82-5

2 Hexadekan ($C_{17}H_{34}$), CAS-Nr. 544-76-3

3 Di-(2-Ethylhexyl)phthalat ($C_{24}H_{38}O_4$), CAS-Nr. 117-817-7

Bild A.3 — Zusammenhang zwischen den Einheiten der Oberflächenkonzentration (g/m^2) und der Oberflächenatomkonzentration hinsichtlich der Kohlenstoffanzahl (Atome C/m^2) bei typischen organischen Stoffen

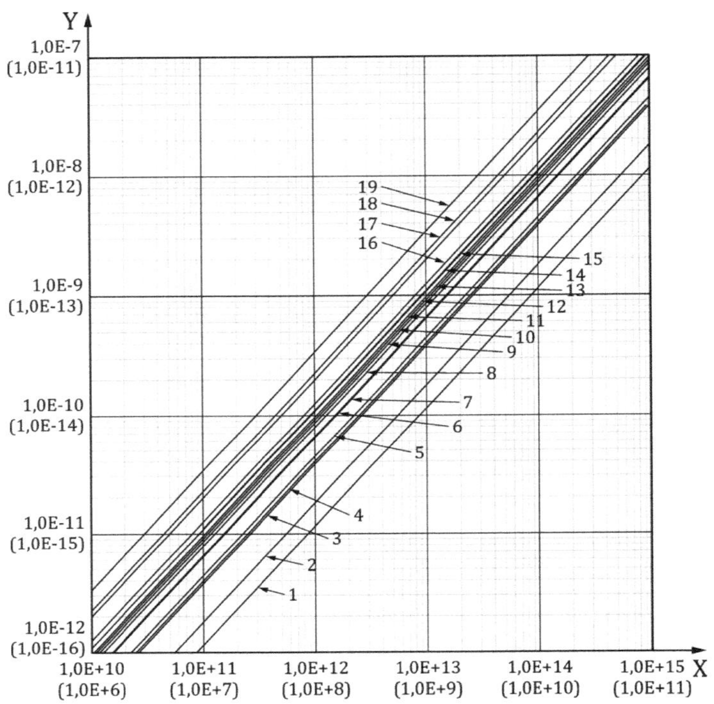

Legende

X Oberflächenatomkonzentration bezogen auf die Anzahl von Atomen (Atome/m^2) [Oberflächenatomkonzentration bezogen auf die Anzahl von Atomen (Atome/cm^2)]

Y Oberflächenkonzentration (g/m^2) [Oberflächenkonzentration (g/cm^2)]

1	Li (M = 6,9)	8	Ti (M = 47,8)	15	Zn (M = 65,4)
2	B (M = 10,8)	9	Cr (M = 52,0)	16	As (M = 74,9)
3	Na (M = 23,0)	10	Mn (M = 54,9)	17	Sn (M = 118,7)
4	Mg (M = 24,3)	11	Fe (M = 55,9)	18	Ba (M = 137,33)
5	Al (M = 27,0)	12	Co (M = 58,9)	19	Pb (M = 207,2)
6	K (M = 39,1)	13	Ni (M = 58,7)		
7	Ca (M = 40,1)	14	Cu (M = 63,4)		

Bild A.4 — Zusammenhang zwischen den Einheiten der Oberflächenmassenkonzentration (g/m^2) und der Oberflächenatomkonzentration hinsichtlich der Anzahl der Atome (Atome/m^2) bei typischen organischen Stoffen

Anhang B
(informativ)

Die Prüfung und Auswertung der Ergebnisse beeinflussende Parameter

B.1 Parameter

Zu den Parametern, die die Prüfung und die Auswertung der Ergebnisse beeinflussen, gehören die folgenden:

a) Qualifikationsniveau des die Probenahme oder Prüfung durchführenden Personals;

b) Grad der Sicherheit, Wiederholpräzision und Leistung des Prüflabors;

c) Reinheitsgrad der Probenbehälter, Instrumente und Prüfgeräte;

d) Reinheitsgrad der für den Versand von Proben verwendeten Verpackung;

e) Anwendung eines vereinbarten Probenahme-, Blindprobe- und Fehlermanagementverfahrens bei der Sammlung und Messung von Proben (siehe Anhang D, Bild D.3);

f) unzulässiges Öffnen der Probe;

g) Öffnen der Probe außerhalb eines kontrollierten Umfeldes;

h) Qualität der zum Abstreifen der Chemikalie vom Substrat verwendeten Chemikalie oder des Wassers;

i) Verlust des Analyten während der Probenahme, des Versands oder der Prüfung;

j) Verlust oder Austausch des Analyten durch Desorption oder thermischen Abbau während der Erwärmungsprüfung;

k) Versäumnis einer kontinuierlichen Neukalibrierung der Prüfgeräte oder einer Untersuchung von ungewöhnlichen Datenabweichungen (Prüfaufstockungen);

l) Fehler bei der Messung oder Berechnung des Probenumfeldes.

B.2 Überlegungen

Die Auflistung in B.1 ist nicht vollständig.

Anhang C
(informativ)

Wesentliche Aspekte einer guten Bewertung der Reinheit

C.1 Kurzbeschreibung

Folgende Aspekte sollten im Vorfeld und während einer Bewertung festgelegt, vereinbart und geregelt werden:

a) Benetzbarkeitszustand der Oberfläche, d. h. hydrophil oder hydrophob;

b) im betreffenden Material verwendeter Stoff oder Gruppe von Stoffen;

c) im betreffenden Verfahren verwendeter Stoff oder Gruppe von Stoffen von Belang;

d) im Instandhaltungsprozess verwendeter Stoff oder Gruppe von Stoffen;

e) in der Außen- und Innenluft gefundener Stoff oder Gruppe von Stoffen;

f) Vorhandensein eines allgemeinen chemischen, molekularen oder produktspezifischen Problems;

g) für die Messung vorgesehener Stoff oder Gruppe von Stoffen;

h) Beschaffenheit, Volumen und Verwirbelung der Luft während der Probenahme;

i) Geruchsdetektion während der Probenahme (zur Verhinderung des Einatmens sollten Vorkehrungen getroffen werden);

j) Temperatur, relative Luftfeuchte und Druckniveaus während der Probenahme;

k) Prüfung zur Sichtbarmachung oder Messung der chemischen Luftreinheit (ACC) im Vorfeld der SCC-Messung;

l) Nanopartikelmessung im Vorfeld der SCC-Messung;

m) für die Reinigung verwendeter Stoff oder verwendetes Verfahren;

n) erwartetes Niveau des Messergebnisses;

o) Typ des benötigten Messgeräts;

p) repräsentativer, für die gesamte Probe bedeutender Aspekt;

q) Kontamination durch das äußere Umfeld;

r) Neukontamination durch das Messverfahren oder das Messgerät;

s) Begrenzung der elektrostatischen Ableitung und elektrischer Transienten am Messort;

t) Messergebnisse innerhalb der Festlegung der Bewertungsstufe;

u) Anwendung hinreichender Qualitätskontrollen auf die Sammlung und Messung von Daten.

C.2 Überlegungen

Zu Einzelheiten bei Messverfahren siehe Anhang D.

Anhang D
(informativ)

Verfahren zur Prüfung der chemischen Oberflächenreinheit

D.1 Wahl des Verfahrens

D.1.1 Kurzbeschreibung

Um mengenbezogene Angaben bezüglich der Oberflächenreinheit zu erhalten, sollten geeignete Messverfahren gewählt werden. In einigen Fällen, in denen keine mengenbezogenen Angaben zu einer Oberfläche festgelegt werden können, ist es zumindest möglich, ein qualitatives Ergebnis zu erhalten. Qualitative Ergebnisse können nicht bei der Stufenbewertung der chemischen Oberflächenreinheit, wie in Abschnitt 5 festgelegt, verwendet werden.

D.1.2 Messmatrix

Bild D.1 zeigt eine Matrix für die Wahl eines geeigneten Verfahrens zur Messung der chemischen Oberflächenreinheit.

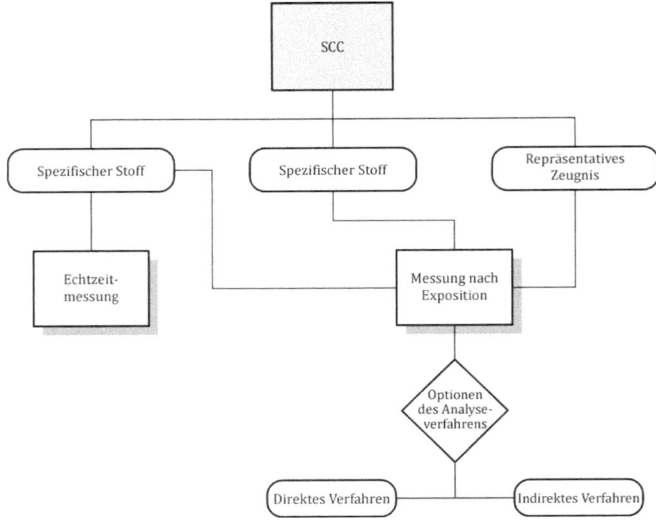

Bild D.1 — Analyse der chemischen Oberflächenreinheit: Abbildung der Messmatrix

D.1.3 Allgemeines Anwendungsgebiet der grundsätzlichen Messverfahren

Bild D.2 zeigt, unter Angabe der zur Messung von bestimmten Stoffen geeigneten Messverfahren, wie die unterschiedlichen Kontaminationsarten zu messen sind.

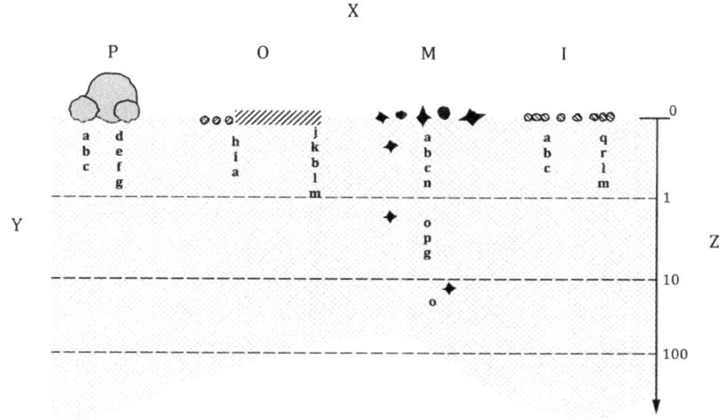

Legende

X Chemische Oberflächenkontamination
Y Hauptmessverfahren
Z Detektionstiefe (nm)
P Partikel
O Organische Stoffe
M Metalle
I Ionen, d. h. Säuren und Basen
a TOF-SIMS, Flugzeit-Sekundärionenmassenspektrometrie
b XPS, Röntgenphotoelektronenspektroskopie
c AES, Augerelektronenspektroskopie
d SEM, Rasterelektronenmikroskopie
e SEM-EDX, SEM-energiedispersive Röntgenspektroskopie
f SEM-WDX, SEM-wellenlängendispersive Röntgenspektroskopie
g TXRF, Totalreflexion-Röntgenfluoreszenzspektroskopie
h TD-GC/MS, Thermodesorptions-Gaschromatographie/Massenspektroskopie
i TD-IMS/MS, TD-Ionenmobilitätsspektroskopie/MS
j FTIR, Fourier-Transformationsinfrarotspektroskopie
k MIR-FTIR, Mehrfach-Trennschichtreflexion-FTIR
l QCM, Quarzkristall-Mikrogleichgewicht
m SAW, akustische Oberflächenwelle
n VPD-ICP/MS, Dampfphasenaufschluss-induktiv gekoppeltes Plasma/MS
o SIMS, Sekundärionenmassenspektrometrie
p VPD-TXRF, Dampfphasenaufschluss-TXRF
q SE-IC/MS, Lösemittelextraktion-Ionenchromatographie/MS
r SE-HPLC, SE-Hochleistungsflüssigkeitschromatographie

Bild D.2 — Allgemeines Anwendungsgebiet der grundsätzlichen Messverfahren

D.2 Kriterien für die Messung der chemischen Oberflächenreinheit

D.2.1 Allgemeines

Die Bewertungsstufe der chemischen Oberflächenreinheit kann festgelegt werden, sobald die chemische Kontamination gemessen wurde.

Als ein messbares und mengenbezogenes Kriterium bei der Bewertung und Bestimmung der Oberflächenreinheit sollten Anzahl und Art aller anhaftenden chemischen Stoffe bestimmt werden.

D.2.2 Anforderungen des Prüfverfahrens

Die Wahl des Messverfahrens erfolgt entsprechend den Kriterien, die von der zu prüfenden Oberfläche und deren Eigenschaften bestimmt werden. Einige der wichtigsten Anforderungen sind nachfolgend zusammengefasst:

a) Angaben in Bezug auf chemische Eigenschaften und Beständigkeit (z. B. Werkstoff, Konzentration);

b) ausführbare Messpositionen (direktes Echtzeit-Messgerät wie z. B. ein SAW-Gerät);

c) ausführbare Messpositionen (indirektes Analysenmessgerät wie z. B. eine SEM-Stubzone);

d) Prüfgeschwindigkeit und damit verbundener Aufwand (d. h. die Verwendung von Stichproben oder Prüfreihen);

e) Anpassungsfähigkeit (d. h., ob das Verfahren rasch auf vielen Oberflächen unterschiedlicher Bestandteile durchgeführt werden kann);

f) geringe oder gar keine Veränderung der Oberfläche infolge des Messverfahrens (d. h., Messoberflächen werden nicht infolge von Benetzungen durch die Spülung mit Flüssigkeiten verändert).

Aufgrund der Anforderungen a) bis f) in D.2.2 können die in D.2.3 beschriebenen Messverfahren bei jeder der Anwendungen eingestuft und begrenzt werden.

D.2.3 Direkte oder indirekte Messverfahren

D.2.3.1 Kurzbeschreibung

Idealerweise wird die chemische Oberflächenreinheit am besten bewertet, wenn die Prüfoberfläche vom gewählten Messgerät erreicht werden kann. Grundsätzlich können die folgenden Verfahren für die Messung der Oberflächenreinheit angewendet werden:

a) Direkte Verfahren;

b) indirekte Verfahren, bei denen auch ein Verfahren der Vorbehandlung eingesetzt werden darf.

Direkten Verfahren, die keine Vorbehandlung der Proben erfordern, sollte im Allgemeinen der Vorzug gegeben werden. Grundsätzlich bringen diese Verfahren geringere Messtätigkeit mit sich und sind auch mit weniger Fehlern verbunden, wodurch sie mehr reproduzierbare Ergebnisse als indirekte Verfahren bieten. Jedoch sind in Abhängigkeit von der Verbindung und der Durchführbarkeit der Probenahme bei schwierigen Verbindungen indirekte Verfahren häufig die einzig mögliche Alternative, um die chemische Reinheit einer Oberfläche zu bestimmen.

D.2.3.2 Verfahren der Sammlung

Die betrachtete chemische Kontamination darf in einer dieser drei Gruppen dargestellt werden:

1) Gesamtprodukt — dabei wird der gesamte kontaminierte Prüfkörper in die Prüfung gegeben;

2) Niederschlagsprobe — aus Umgebungsexposition auf Messscheiben oder -wafern;

3) Probenextrakt — gesammelt von Materialien Arbeitsplatten oder Ausrüstungsgegenständen, unter Verwendung geeigneter physikalischer Instrumente wie z. B. Tupfer, Skalpelle oder Klebstreifen (bei anorganischer Kontamination) mit vorher bestimmtem Kontaminationsgrad oder mittels Lösemittelextraktion.

D.2.3.3 Abtrennungsverfahren

Eine Kontamination der Art „Gesamtprodukt" darf, wie in Bild D.3 gezeigt, entweder mittels Feucht- oder Trockenverfahren gesammelt und analysiert werden. Niederschlagsproben dürfen dem gleichen Verfahren folgen, worin der Kontaminant entweder mittels Netzmittel in eine Wasserlösung verlegt oder durch ein organisches Lösemittel gelöst wird. Der sich daraus ergebende Analyt wird anschließend dem geeigneten Prüfsystem für die indirekte Bewertung zugeführt. Sofern alternativ das „Trockenverfahren" durchzuführen ist, wird das Material in Stücke von geeigneter Größe geschnitten und dem Instrument direkt zugeführt.

Die dritte Art — Probenextrakte — erfordert die Übertragung des Kontaminanten auf Klebstreifen oder SEM-Tupfer, die dem Instrument direkt zugeführt werden können. Bei dieser Bearbeitung wird gering haftender Klebstoff verwendet, was die Anbringung des Streifens oder Tupfers auf der Oberfläche und einen festen Kontakt mit der Schicht einschließt. Der Klebstreifen oder Tupfer wird dann in einen reinen, verschlossenen Transportbeutel zum Versand an das Labor gelegt. Bei der Probenahme sollten nicht auslaugende Reinraumhandschuhe verwendet werden. In Abhängigkeit vom Extraktionsverfahren und der Kontaminationsart kann die Analyse entweder direkt durch die Platzierung der physikalischen Sammelprobe in das Analysegerät oder durch die ansonsten erforderliche weitere Aufbereitung mittels chemischer oder thermischer Verfahren durchgeführt werden.

D.2.4 Verpackung der Prüfproben

D.2.4.1 Verpackung der Proben für chemische Untersuchung

Proben, die für die SCC außerhalb des ursprünglichen Umfelds zu beurteilen sind, sollten wie folgt verpackt werden:

a) Die Aufbereitung sollte innerhalb des ursprünglichen Umfeldes erfolgen. Der aufbereitende Techniker sollte geeignete Reinraumkleidung tragen.

b) Für den Umgang mit den Proben sollte ein Techniker ein neues Paar gewaschener Nitril-Gummi- oder Latex-Reinraumhandschuhe tragen und Pinzetten oder Vakuumaufnahmevorrichtungen verwenden.

c) Nach Anwendung eines Reinigungsverfahrens sollte den Proben vor dem Einwickeln in reine Aluminiumfolie die Abkühlung und Trocknung ermöglicht werden.

d) Jede Probe sollte vor der Platzierung in einem Reinraumbeutel getrennt in Folie eingewickelt werden.

e) Es sollten in Reinräumen hergestellte Polyethylenbeutel mit einem vollständig detaillierten chemischen Prüfzertifikat verwendet werden. Um Rissbildung zu verhindern, sollte die Mindestdicke der Beutel 80 µm betragen.

f) Der Beutel sollte mit einem bestimmten Klebstreifen abgedichtet und ein Identitätskennzeichen an der Außenseite festgemacht werden, dessen Beschriftung die Öffnung des Beutels außerhalb eines kontrollierten Umfeldes verhindert.

g) Danach sollte zur Vermeidung einer Partikelkontamination ein zweiter Reinraumbeutel um den ersten Beutel gelegt werden.

D.2.4.2 Entnahme aus der Verpackung

a) Der äußere Beutel sollte vor Eintritt in das kontrollierte Prüfumfeld sofort entfernt werden.

b) Der innere Beutel sollte vor Ankunft im kontrollierten Prüfumfeld nicht entfernt werden.

c) Beim Umgang mit der inneren Packung sollte die vollständige Reinraumbekleidung, einschließlich Haube und Gesichtsschutz, getragen werden.

d) Bei der Untersuchung der Proben sollte ein neues Paar gewaschener Nitril-Gummi- oder Latex-Reinraumhandschuhe getragen werden.

D.2.5 Verfahren zur Vorbehandlung

Unter Gegebenheiten, bei denen ein direktes Messverfahren ungeeignet ist, kann es notwendig sein, die Probe vor der Messung mithilfe eines zusätzlichen Oberflächenveredelungsverfahrens vorzubehandeln. Siehe auch Bild D.3.

Beispiele einer Vorbehandlung sind:

a) Feld-Ionenstrahl-Mikroskopie (en: Field-ion-beam (FIB) microscopy) — eine Aufbereitungstechnik, bei der ein Ionenstrahl zur Bildung eines Querschnitts im Prüfkörper verwendet wird, der dann mit einem hochauflösenden Mikroskop, wie einem Rasterelektronenmikroskop (SEM, en: scanning electron microscope), einem Transmissionselektronenmikroskop (TEM, en: transmission electron microscope) oder einem Rasterdurchstrahlungselektronenmikroskop (STEM, en: scanning transmission electron microscope) analysiert wird.

b) Thermodesorptionsspektroskopie (TDS, en: thermal desorption spectroscopy) — dabei wird der Kontaminant thermisch in einen gasförmigen Stoff umgewandelt, der dann mittels kontrollierter Analysenverfahren untersucht wird. Weiterentwicklungen davon sind:

   — TD-GC-MS, die auf anorganischen und metallischen Oberflächen angewendet werden, wo die abschließende Analyse mittels Gaschromatographie mit Massenspektrometrie durchgeführt wird;

   — TD-QMS, bei der thermische Desorption angewendet wird und die Ionenintensität mit einem Vierpolmassenspektrometer gemessen wird;

   — TD-API-MS, bei der ein thermisch desorbiertes Atmosphärendruck-Ionisationsmassenspektrometer angewendet wird;

   — Wafer-Thermodesorption (WDT en: wafer thermal desorption), die bei Halbleiter-Wafern angewendet wird.

c) Lösemittelextraktion (SE en: solvent extraction) — Es wird ein für die Lösung des Oberflächenkontaminanten geeignetes Lösemittel verwendet, indem eine Prüflösung geschaffen wird, die in den folgenden Nassmikroanalysenverfahren angewendet wird:

   — Lösemittellösung (SD, en: solvent dissolution), durch die sowohl der Kontaminant als auch die Substratmatrix durch das Lösemittel für wenige Nanometer Tiefe, wie in D.2.8 gezeigt, gelöst werden.

   — Dampfphasendegradation (VPD, en: vapour phase decomposition), bei der der Kontaminant mittels verdampfter Fluorwasserstoffsäure gelöst wird und wie in D.2.8 gezeigt geprüft wird.

D.2.6 Vergleichende Prüfverfahren

Die nachfolgenden Tabellen dienen lediglich der Orientierung und sind nicht als vollständig oder umfassend beabsichtigt. Tabelle D.1 gibt direkte Messverfahren und Tabelle D.2 indirekte Messverfahren an, welche die Vorbehandlung beinhalten können.

D.2.7 Direkte Messungen

Vielschichtige Verfahren: X/Y (beispielsweise GC-MS), bei dem X das anzuwendende Hauptmessverfahren und die chromatographische Trennung (Qualifizierung) und Bestimmung (Quantifizierung) die grundlegenden Funktionen sind. Die Bewertung basiert auf dem Prozess von „X". „Y" beschreibt die zusätzlichen Funktionen, z. B. die Empfindlichkeit der Massenspektrometrie bei jedem Chromatogramm-Scheitelpunkt, der die Quantifizierung herstellt. Zusätzliche Angaben zu X, wie ein Chromatogramm oder die Massenspektren eines jeden Scheitelpunkts für die Festlegung einer Qualifizierung, dürfen auch aufgeführt werden.

Tabelle D.1 — Direkte Messverfahren und deren Anwendungen

Verfahren	Kurzwort	Kurzbeschreibung	Gewonnene Information	Empfindlichkeit	Tiefenauflösung	laterale Auflösung	Quantitative Analyse?	Typische Anwendungen
Augerelektronenspektroskopie (en: Auger electron spectroscopy)	AES	Verfahren, in dem ein Elektronenspektrometer zur Messung der Energieverteilung der von einer Oberfläche emittierten Augerelektronen angewendet wird	Strukturelle Zusammensetzung	0,1 bei %	< 10 nm	20 nm	Halbquantitative Bestimmung mit Normwerkstoffen	Beschreibung der Oberflächenkontaminanten; Multischichtenstruktur
Röntgen-Photoelektronenspektroskopie (auch bekannt als Elektronenspektroskopie zur chemischen Analyse)	XPS (oder ESCA)	Verfahren, in dem ein Elektronenspektrometer zur Messung der Energieverteilung der von einer Oberfläche emittierten Photoelektronen und Augerelektronen angewendet wird, die wiederum mit Röntgenphotonen bestrahlt wird	Quantifizierter Elementar- und Oxidationszustand	0,1 bei %	< 10 nm	< 10 µm	Halbquantitative Bestimmung mit Normwerkstoffen	Oberflächenanalyse von organischen und anorganischen Materialien oder Rückständen; Tiefenprofilierung bei Dünnfilm-Zusammensetzung; Messungen der Oxiddicke (SiO_2, Al_2O_3); Bestimmung von funktionellen Polymergruppen
Sekundärionenmassenspektrometrie	SIMS	Massenspektrometrie wird zur Bestimmung des Masse-zu-Ladungs-Verhältnisses und der Isotopenhäufigkeit der Sekundärionen angewendet, die von einer Probe nach Ionenbeschuss emittiert werden	Elementare, einfache anorganische Moleküle	ppm-ppb	10 nm	30 nm	Halbquantitative Bestimmung mit Normwerkstoffen	Spurenkontamination von Oberflächen, Dünnfilmen, Multischichtenstrukturen und Grenzschichten; Zusammensetzung und Messung der Verunreinigung von Dünnfilmen

Tabelle D.1 (*fortgesetzt*)

Verfahren	Kurzwort	Kurzbeschreibung	Gewonnene Information	Empfindlichkeit	Tiefenauflösung	laterale Auflösung	Quantitative Analyse?	Typische Anwendungen
Flugzeit-Sekundärionenmassenspektrometrie	TOF-SIMS	wie bei SIMS	Elementar und molekular	ppm-ppb	< 5 nm	< 0,2 µm	Halbquantitative Bestimmung mit Normwerkstoffen	Mikroanalyse von organischen und anorganischen Materialien; Massenspektren direkt von den Oberflächen; Ionenoberflächenbildgebung
Rasterelektronenmikroskopie	SEM	Hochleistungsmikroskop, das einen gebündelten gescannten Elektronstrahl verwendet, um Bilder zu erzeugen	Struktur und Morphologie	N/A	N/A	N/A	N/A	Beschreibung der mikrostrukturellen Oberflächentopographie, der Korngröße, Oxide und Kontamination
Energiedispersive Röntgenspektroskopie	SEM EDX	Analysenverfahren, bei dem ein System mit gekühltem Festkörperdetektor zur Detektion und Messung von während der SEM-Wechselwirkung emittierten Röntgenstrahlimpulsen verwendet wird	Elementar, kann mit Bildgebungsverfahren kombiniert werden (SEM, TEM, STEM)	0,1 %	≅ 1 µm	≅ 1 µm	ja	Elementare Mikroanalyse

Tabelle D.1 (*fortgesetzt*)

Verfahren	Kurz-wort	Kurzbeschreibung	Gewonnene Information	Empfind-lichkeit	Tiefen-auflösung	laterale Auflö-sung	Quantitative Analyse?	Typische Anwendungen
Totalreflexion-Röntgen-fluoreszenz-spektroskopie	TXRF	Röntgen-spektrometer, das die Energieverteilung der Fluoreszenz-röntgenstrahlen misst, die von einer Oberfläche emittiert werden, die wiederum durch Primärröntgen-strahlen totalreflexions-synchron bestrahlt wird	Elementare Mengenbestimmung	10 ppb	1 nm	1 mm	Halbquanti-tative Bestimmung mit Normwerk-stoffen	Qualitatives elementares Screening von unbekannten Proben, metallischer Oberflächen-kontamination auf Halbleiter-Wafer, Verhältnis der Zusammensetzung von Binärdünnfilmen
Fourier-Transformations-infrarotspektro-skopie	FTIR	Messung für Infrarot-absorptions-spektren, in denen ein Spektrometer zur Messung der Infrarotenergie angewendet wird	Chemische Bindung und molekulare Struktur	1E−19 Kohlen-stoffatome/m^2	0,1 µm bis 2,5 µm	10 µm bis 100 µm	Quantitative Bestimmung mittels Normen	Identifizierung der molekularen Struktur von organischen Verbindung-en, Filmen, Partikeln, Pulvern, Flüssigkeiten; quantitative Bestimmung von Sauerstoff und Wasserstoff an Silicium-Wafer; quantitative Bestimmung von Wasserstoff an SiN-Wafer
Mehrfach-Trenn-schichtreflexion-FTIR	MIR-FTIR	Optisch veränderte Version der FTIR; Nahstrahl-Zwischeninfrarot wird multi-reflektiert zwischen einem Infrarot-Transparentprisma und der Substrat-oberfläche, um die Detektionsaktivität zu verbessern	wie oben	Weniger als 1E−18 Kohlen-stoffatome/m^2	wie oben	wie oben	wie oben	Auf Oberflächen, ähnlich wie oben

Tabelle D.1 (*fortgesetzt*)

Verfahren	Kurzwort	Kurzbeschreibung	Gewonnene Information	Empfindlichkeit	Tiefenauflösung	laterale Auflösung	Quantitative Analyse?	Typische Anwendungen
Schwingquarz-Mikrowaage	QCM	Gerät, in dem piezoelektrische Quarzkristalle auf die Kondensation von Gasen durch Verringerung der Schwingfrequenz in einem linearen Masse-zu-Hz-Verhältnis reagieren	Messung des Molekülflusses	ng/cm^2-Hz	N/A	N/A	Schwingfrequenz wird mit Bezugswerkstoffen verglichen, deren Konzentrationen bekannt sind	Dünnfilmablagerungen von gasförmigen Kontaminanten auf einer Quarzdetektoroberfläche
Detektor für akustische Oberflächenwellen	SAW	Eintragung wie oben	Messung des Molekülflusses	0,01 ng/cm^2-Hz	N/A	N/A	Akustische Welle wird mit Bezugswerkstoffen verglichen, deren Konzentrationen bekannt sind	Dünnfilmablagerungen von gasförmigen Kontaminanten auf einer Detektorsubstratoberfläche
Rasterkraftmikroskop	AFM		Form und Molekülgröße					Bildgebung
Wellenlängendispersive Röntgenspektroskopie	SEM-WDX	Messung der Wellenlänge von Röntgenstrahlen von Elementen der Ordnungszahl von Lithium während der SEM-Wechselwirkung; Messung der Röntgenwellenlänge von Elementen mit hoherer Ordnungszahl als Lithium während der SEM Wechselwirkung	Elementeverteilung kann mit Bildgebungsverfahren kombiniert werden (z. B. SEM, TEM, STEM)					Bildgebung

ANMERKUNG Die Auflösung und die Empfindlichkeit sind voneinander abhängige Parameter. Die Auflösung bezieht sich auf die Konzentration der Probe. Die Empfindlichkeit kann durch Optimierung der Probenfläche beeinflusst werden.

D.2.8 Indirekte Messverfahren (Vorbehandlung und Messung)

Tabelle D.2 — Indirekte Messverfahren und deren Anwendungen

Verfahren	Kurzwort	Kurzbeschreibung	Gewonnene Information	Typische Empfindlichkeit	Typische quantitative Analysenanwendungen	
Thermodesorptions-Gaschromatographie/ Massenspektroskopie	TD-GC-MS	Kontaminanten auf der Substratoberfläche werden thermisch desorbiert und in einer spezifischen Absorptionssäule und einem Analyten konzentriert. Dann werden die Konzentrate in einen Gaschromatographen/ein Massenspektrometer eingeführt.	Molekulare Mengen-bestimmung	10 ng/m^2	Quantitative Bestimmung mittels Normen	Spurenanalyse von organischen Zustandsformen; Bewertung der Kontaminanten auf Silicium-Wafer (WTD GC-MS)
Lösemittellösungs-Ionenchromatographie/ Massenspektrometrie	SD-IC/MS	Kontaminanten auf der Substratoberfläche werden in einem geeigneten Lösemittel aufgelöst, falls erforderlich, über eine Konzentrationsstufe. Danach wird eine optimale Menge der Lösung in einen Ionenchromatographen/ein Massenspektrometer injiziert.	Ionische Mengen-bestimmung	10 ng/m^2	Quantitative Bestimmung mittels Normen	Spurenanalyse der ionischen Kontamination; Messung von extrahierbaren ionischen Beimengungen von Pulvern, Chip-Vergussmassen und -Gläsern, nach Probenvorbereitung unter Rückfluss.
Thermodesorptions-Ionenmobilitäts-spektrometrie	TD-IMS	Kontaminanten auf der Substratoberfläche werden thermisch desorbiert und in ein Ionenbeweglichkeits-spektrometer eingeführt. Dann werden die Kontaminanten mittels Betastrahlen in ionisierte Fragmente zerlegt, die entsprechend ihrer Ionenbeweglichkeit getrennt werden. Anschließend werden die Ionen mit einem Quadrupolmassendetektor bestimmt.		Teile je Milliarde (ppb, en: parts per billion) in der Gasphase 1 µg/m^2	Quantitative Bestimmung mittels Normen	Anorganisches NH_3 und organische Kontaminanten auf Substratoberflächen.

Tabelle D.2 (*fortgesetzt*)

Verfahren	Kurzwort	Kurzbeschreibung	Gewonnene Information	Typische Empfindlichkeit	Typische quantitative Analysenanwendungen	
Lösemittellösungs-Kapillarelektrophorese Massenspektrometrie	SD-CE/MS	Die Kontaminanten werden mit einem geeigneten Lösemittel aufgelöst und in eine Kapillarelektrophorese-Apparatur (CE) eingeführt. Die Kontaminanten werden anschließend entsprechend ihrer Leitfähigkeit voneinander getrennt und mittels eines Massenspektrometers bewertet.		200 ng/m^2		
Lösemittellösungs-Hochleistungs-flüssigkeitschromato-graphie	SD-HPLC	Die Kontaminanten werden durch ein geeignetes Lösemittel aufgelöst und in einen Hochleistungs-Flüssigkeitschromatographen eingeführt, um voneinander getrennt zu sein und bewertet zu werden.		2 000 ng/m^2	Quantitative Bestimmung mittels Normen	Messung von extrahierbaren organischen Bestandteilen
Lösemittellösungs-Gaschromatographie/ Massenspektrometrie	SD-GC-MS	Die Kontaminanten auf der Substratoberfläche werden mit einem geeigneten Lösemittel aufgelöst. Ein Anteil des Lösemittels wird in das GC-MS eingeführt.		500 ng/m^2 bis 10 000 ng/m^2		
Dampfphasen-degradation – induktiv gekoppelte Plasma-/Massen-spektrometrie	VPD-ICP/MS	Gasförmige Fluorwasserstoff-säure (HF) wird auf der Oberfläche kondensiert, um das SiO_2 mit den darin enthaltenen Kontaminanten aufzulösen. Die kontaminierte Fluorwasserstoffsäure bildet dann ein Tropfchen auf der sich daraus ergebenden wasserabweisenden Oberfläche. Dieses wird mittels eines geeigneten Verfahrens auf das Messgerät ICP/MS übertragen.	Elementare Mengen bestimmung	1E 14 Atome/m^2		Ultra-Spurenanalyse von metallischen Kontaminanten auf Silicium-Wafer

D.2.9 Probenahme, Analyse und damit verbundene Elemente der Qualitätskontrolle

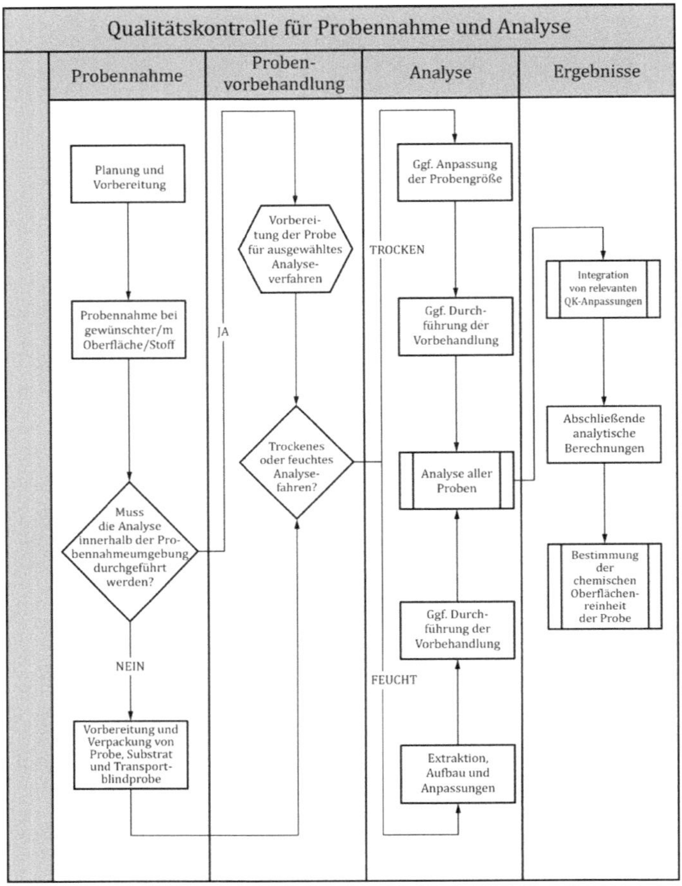

Bild D.3 — Überblick über das Ablaufschema der Probenahme, Analyse und der damit verbundenen Elemente der Qualitätskontrolle

D.2.10 Qualitätskontrolle der Analyse

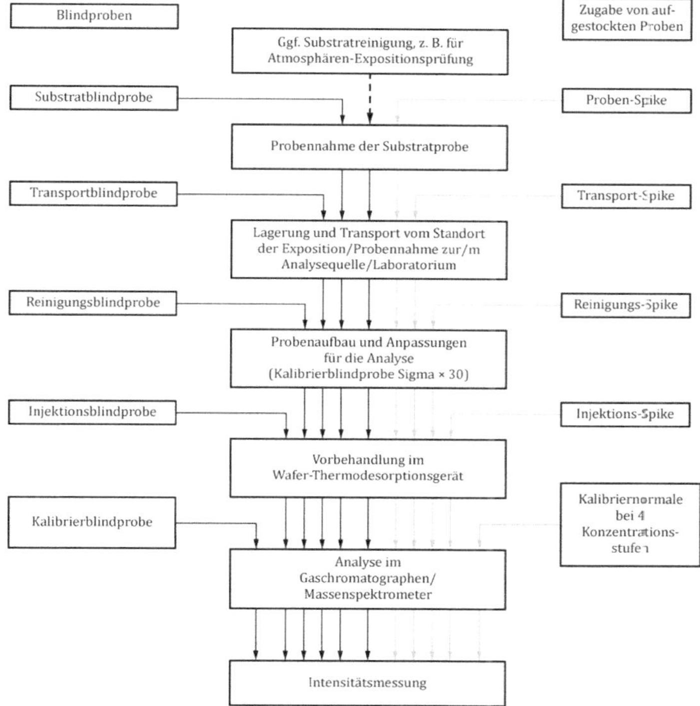

Bild D.4 — Ablaufschema der Qualitätskontrolle der Analyse mittels Silicium-Wafer TD-GC-MS

Grundsätzlich werden aufgestockte Proben in kritischen Probenahme- und Analysenabschnitten eingesetzt, um die Leistungsfähigkeit des Verfahrens zu überwachen oder die Varianz oder systematische Messabweichung der Vorbereitungs- und Prüfabschnitte quantitativ zu bestimmen. Das Analysenverfahren wird in jedem Abschnitt die Aufstockungsgrade beschreiben. In diesem Beispiel einer Silicium-Wafer sollten Intensität und Gesamt-Ionenchromatogramm (TIC, en: total ion chromatogram) eines Injektions-Aufstockungs-Analyten genau jenen des Kalibriernormals entsprechen, der gleichen hinzugefügten Menge, innerhalb des erforderlichen Vertrauensbereichs. Beispielsweise entspricht eine 100-ng-Injektionsaufstockung, der einer WTD hinzugefügt wird, hinsichtlich Intensität und TIC-Muster einem 100-ng-Kalibriernormal (siehe Verweisung [9]).

Anhang E
(informativ)

Prüfprotokoll

Tabelle E.1 enthält ein Beispiel dafür, wie ein Prüfbericht aufgebaut sein kann. Andere Abweichungen des Prüfberichts, die zwischen dem Kunden und dem Lieferanten vereinbart werden können, dürfen vorgenommen werden.

Tabelle E.1 — Unterstützende Dokumentation für Verfahren zur Prüfung der chemischen Oberflächenreinheit

Formalitäten Titel: Datum: Prüfer: Kunde:
Umgebungs-/Reinraumbedingungen Temperatur: Relative Luftfeuchte: Positionen für die Messungen:
Verweisungen auf zu Rate gezogene Normen und Richtlinien
Probe Beschreibung und Bezeichnung der Betriebsstätte: Bezeichnung des Prüfobjekts:
Prüfeinrichtung (Foto und/oder Zeichnung) Beschreibung der Betriebsparameter: Beschreibung der Messpunkte und -verfahren:
Messeinrichtungen Nummer der Messeinrichtung: Messbereich der verwendeten Messeinrichtung; Auflösung und Nachweisgrenze des Geräts: Verweisung auf das Kalibrierzertifikat:
Durchführung der Prüfung Prüf- und Messverfahren: Auffällige Beobachtungen während der Messung, soweit zutreffend: Prüf- und Probenahmedauer:
Gegebenenfalls Verweisung auf ACC- oder Nanopartikelmessungen
Ergebnisse und Analyse Messwerte und/oder ihre Analyse: Sichtprüfung der Prüffläche vor und nach der Messung, soweit zutreffend:

Literaturhinweise

[1] ISO 10312, *Ambient air — Determination of asbestos fibres — Direct transfer transmission electron microscopy method*

[2] ISO 14644-1, *Cleanrooms and associated controlled environments — Part 1: Classification of air cleanliness by particle concentration*

[3] ISO 14644-8, *Cleanrooms and associated controlled environments — Part 8: Assessment of air cleanliness for chemical concentration (ACC)*

[4] ISO 14644-9, *Cleanrooms and associated controlled environments — Part 9: Assessment of surface cleanliness for particle concentration*

[5] ISO 17052, *Rubber, raw — Determination of residual monomers and other volatile low-molecular-mass compounds by capillary gas chromatography — Thermal desorption (dynamic headspace) method*

[6] ISO 18115-1, *Surface chemical analysis — Vocabulary — Part 1: General terms and terms used in spectroscopy*

[7] ISO 18116, *Surface chemical analysis — Guidelines for preparation and mounting of specimens for analysis*

[8] JACA 43, *Standard for evaluation methods on substrate surface contamination in cleanrooms and associated controlled environments*

[9] JIS K 0311:2005, *Method for determination of tetra- through octa-chlorodibenzo-p-dioxins, tetra-through octa-chlorodibenzofurans and co-planar polychlorobiphenyls in stationary source emissions*

[10] SEMI E46-0307, *Test method for the determination of organic contamination from minienvironments using ion mobility spectrometry (IMS)*

[11] Fujimoto T., Takeda K., Nonaka T., Airborne Molecular Contamination: Contamination on Substrates and the Environment in Semiconductors and Other Industries. In: *Developments in Surface Contamination and Cleaning: Fundamentals and Applied Aspects* (Kohli R., Mittal K. L., eds.). William Andrew Publishing, Norwich, New York, 2007, pp. 329–474

[12] Birch W., Carre A., Mittal K. L., Wettability in Surface Contamination and Cleaning. In: *Developments in Surface Contamination and Cleaning: Fundamentals and Applied Aspects* (Kohli R., Mittal K. L., eds.). William Andrew Publishing, Norwich, New York, 2007, pp. 693–724

[13] Fujimoto T., Nonaka T., Takeda K. et al. „Study on Airborne Molecular Contaminants in Atmosphere and on Substrate Surfaces“. *Proceedings of the 18th ICCCS*. Beijing: International Symposium on Contamination Control, 2006

[14] Beckhoff B., Fabry L. et al. "Ultra-Trace Analysis of Light Elements and Speciation of Minute Organic Contaminants on Silicon Wafer Surfaces by Means of TXRF in Combination with NEXFS." *Proceedings of ALTECH 2003* (Analytical Techniques for Semiconductor Materials and Process Characterization IV), 203rd Electrochemical Society Meeting, Paris, 27 April–2 May, 2003

[15] Wang J., Balazs M. et al. "How Low Can the Detection Limit Go with VPD-TXRF?" *Proceedings of the 2001 SPWCC* (Semiconductor Pure Water Chemicals Conference), 362–369. Pennington, New Jersey: The Electrochemical Society, 2001

[16] Evans K., Anderson T.A. Instrumental analysis techniques. In: *Microelectronics Failure Analysis: Desk Reference*, (Electronic Device Failure Analysis Society Desk Reference Committee, ed.) ASM International, Materials Park, Ohio, Fourth Edition, 1999, pp. 343–51

[17] Vanderlinde W., Energy dispersive X-ray analysis. In: *Microelectronics Failure Analysis: Desk Reference*, (Electronic Device Failure Analysis Society Desk Reference Committee, ed.), ASM International, Materials Park, Ohio, Fifth Edition, 2004, pp. 628–39

[18] Budde K., Holtzapfel W., „Determination of Contaminants on Substrate Surface Using IMS/MS and GC/MS". *Proceedings of SEMICON Europa* (1997 and 2000, Munich, Germany). San Jose, California: SEMI, 2000

[19] Chia V. K. F., Edgell M. J. On-Wafer Measurement of Molecular Contaminants. In: *Contamination-Free Manufacturing for Semiconductors and Other Precision Products*, (DONAVAN R.P., ed.). M. Dekker Press, New York, 2001, pp. 117–48

November 2017

	DIN EN ISO 14644-13	

ICS 13.040.35

Reinräume und zugehörige Reinraumbereiche – Teil 13: Reinigung von Oberflächen zur Erreichung definierter Reinheitsgrade hinsichtlich Partikel- und Chemikalienklassifikationen (ISO 14644-13:2017); Deutsche Fassung EN ISO 14644-13:2017

Cleanrooms and associated controlled environments –
Part 13: Cleaning of surfaces to achieve defined levels of cleanliness in terms of particle and chemical classifications (ISO 14644-13:2017);
German version EN ISO 14644-13:2017

Salles propres et environnements maîtrisés apparentés –
Partie 13: Nettoyage des surfaces afin d'obtenir des niveaux de propreté par rapport aux classifications particulaire et chimique (ISO 14644-13:2017);
Version allemande EN ISO 14644-13:2017

Gesamtumfang 44 Seiten

DIN-Normenausschuss Heiz- und Raumlufttechnik sowie deren Sicherheit (NHRS)

Nationales Vorwort

Dieses Dokument (EN ISO 14644-13:2017) wurde im Technischen Komitee ISO/TC 209 „Cleanrooms and associated controlled environments" in Zusammenarbeit mit dem Technischen Komitee CEN/TC 243 „Reinraumtechnologie", dessen Sekretariat von BSI (Vereinigtes Königreich) gehalten wird, erarbeitet.

Zuständig für die deutsche Fassung ist der Arbeitsausschuss NA 041-02-21 AA „Reinraumtechnik (SpA CEN/TC 243 und ISO/TC 209)" im DIN-Normenausschuss Heiz- und Raumlufttechnik sowie deren Sicherheit (NHRS).

Für die in diesem Dokument zitierten internationalen Dokumente wird im Folgenden auf die entsprechenden deutschen Dokumente hingewiesen.

ISO 14644-8	siehe DIN EN ISO 14644-8
ISO 14644-9	siehe DIN EN ISO 14644-9
ISO 14644-10	siehe DIN EN ISO 14644-10
ISO 14644-1	siehe DIN EN ISO 14644-1

Nationaler Anhang NA
(informativ)

Literaturhinweise

DIN EN ISO 14644-1, *Reinräume und zugehörige Reinraumbereiche — Teil 1: Klassifizierung der Luftreinheit anhand der Partikelkonzentration*

DIN EN ISO 14644-8, *Reinräume und zugehörige Reinraumbereiche — Teil 8: Klassifizierung der Luftreinheit anhand der Chemikalienkonzentration*

DIN EN ISO 14644-9, *Reinräume und zugehörige Reinraumbereiche — Teil 9: Klassifizierung der partikulären Oberflächenreinheit*

DIN EN ISO 14644-10, *Reinräume und zugehörige Reinraumbereiche — Teil 10: Klassifizierung der chemischen Oberflächenreinheit*

EUROPÄISCHE NORM

EUROPEAN STANDARD

NORME EUROPÉENNE

EN ISO 14644-13

August 2017

ICS 13.040.35

Deutsche Fassung

Reinräume und zugehörige Reinraumbereiche — Teil 13: Reinigung von Oberflächen zur Erreichung definierter Reinheitsgrade hinsichtlich Partikel- und Chemikalienklassifikationen (ISO 14644-13:2017)

Cleanrooms and associated controlled environments — Part 13: Cleaning of surfaces to achieve defined levels of cleanliness in terms of particle and chemical classifications (ISO 14644-13:2017)

Salles propres et environnements maîtrisés apparentés — Partie 13: Nettoyage des surfaces afin d'obtenir des niveaux de propreté par rapport aux classifications particulaire et chimique (ISO 14644-13:2017)

Diese Europäische Norm wurde vom CEN am 26. Mai 2017 angenommen.

Die CEN-Mitglieder sind gehalten, die CEN/CENELEC-Geschäftsordnung zu erfüllen, in der die Bedingungen festgelegt sind, unter denen dieser Europäischen Norm ohne jede Änderung der Status einer nationalen Norm zu geben ist. Auf dem letzten Stand befindliche Listen dieser nationalen Normen mit ihren bibliographischen Angaben sind beim CEN-CENELEC-Management-Zentrum oder bei jedem CEN-Mitglied auf Anfrage erhältlich.

Diese Europäische Norm besteht in drei offiziellen Fassungen (Deutsch, Englisch, Französisch). Eine Fassung in einer anderen Sprache, die von einem CEN-Mitglied in eigener Verantwortung durch Übersetzung in seine Landessprache gemacht und dem Management-Zentrum mitgeteilt worden ist, hat den gleichen Status wie die offiziellen Fassungen.

CEN-Mitglieder sind die nationalen Normungsinstitute von Belgien, Bulgarien, Dänemark, Deutschland, der ehemaligen jugoslawischen Republik Mazedonien, Estland, Finnland, Frankreich, Griechenland, Irland, Island, Italien, Kroatien, Lettland, Litauen, Luxemburg, Malta, den Niederlanden, Norwegen, Österreich, Polen, Portugal, Rumänien, Schweden, der Schweiz, Serbien, der Slowakei, Slowenien, Spanien, der Tschechischen Republik, der Türkei, Ungarn, dem Vereinigten Königreich und Zypern.

EUROPÄISCHES KOMITEE FÜR NORMUNG
EUROPEAN COMMITTEE FOR STANDARDIZATION
COMITÉ EUROPÉEN DE NORMALISATION

CEN-CENELEC Management-Zentrum: Avenue Marnix 17, B-1000 Brüssel

Ref. Nr. EN ISO 14644-13:2017 D

Inhalt

Europäisches Vorwort

Dieses Dokument (EN ISO 14644-13:2017) wurde vom Technischen Komitee ISO/TC 209 „Cleanrooms and associated controlled environments“ in Zusammenarbeit mit dem Technischen Komitee CEN/TC 243 „Reinraumtechnologie“ erarbeitet, dessen Sekretariat von BSI gehalten wird.

Diese Europäische Norm muss den Status einer nationalen Norm erhalten, entweder durch Veröffentlichung eines identischen Textes oder durch Anerkennung bis Februar 2018, und etwaige entgegenstehende nationale Normen müssen bis Februar 2018 zurückgezogen werden.

Es wird auf die Möglichkeit hingewiesen, dass einige Elemente dieses Dokuments Patentrechte berühren können. CEN ist nicht dafür verantwortlich, einige oder alle diesbezüglichen Patentrechte zu identifizieren.

Entsprechend der CEN-CENELEC-Geschäftsordnung sind die nationalen Normungsinstitute der folgenden Länder gehalten, diese Europäische Norm zu übernehmen: Belgien, Bulgarien, Dänemark, Deutschland, die ehemalige jugoslawische Republik Mazedonien, Estland, Finnland, Frankreich, Griechenland, Irland, Island, Italien, Kroatien, Lettland, Litauen, Luxemburg, Malta, Niederlande, Norwegen, Österreich, Polen, Portugal, Rumänien, Schweden, Schweiz, Serbien, Slowakei, Slowenien, Spanien, Tschechische Republik, Türkei, Ungarn, Vereinigtes Königreich und Zypern.

Anerkennungsnotiz

Der Text von ISO 14644-13:2017 wurde von CEN als EN ISO 14644-13:2017 ohne irgendeine Abänderung genehmigt.

Vorwort

ISO (die Internationale Organisation für Normung) ist eine weltweite Vereinigung von Nationalen Normungsorganisationen (ISO-Mitgliedsorganisationen). Die Erstellung von Internationalen Normen wird normalerweise von ISO Technischen Komitees durchgeführt. Jede Mitgliedsorganisation, die Interesse an einem Thema hat, für welches ein Technisches Komitee gegründet wurde, hat das Recht, in diesem Komitee vertreten zu sein. Internationale Organisationen, staatlich und nicht-staatlich, in Liaison mit ISO, nehmen ebenfalls an der Arbeit teil. ISO arbeitet eng mit der Internationalen Elektrotechnischen Kommission (IEC) bei allen elektrotechnischen Themen zusammen.

Die Verfahren, die bei der Entwicklung dieses Dokuments angewendet wurden und die für die weitere Pflege vorgesehen sind, werden in den ISO/IEC-Direktiven, Teil 1 beschrieben. Im Besonderen sollten die für die verschiedenen ISO-Dokumentenarten notwendigen Annahmekriterien beachtet werden. Dieses Dokument wurde in Übereinstimmung mit den Gestaltungsregeln der ISO/IEC-Direktiven, Teil 2 erarbeitet (siehe www.iso.org/directives).

Es wird auf die Möglichkeit hingewiesen, dass einige Elemente dieses Dokuments Patentrechte berühren können. ISO ist nicht dafür verantwortlich, einige oder alle diesbezüglichen Patentrechte zu identifizieren. Details zu allen während der Entwicklung des Dokuments identifizierten Patentrechten finden sich in der Einleitung und/oder in der ISO-Liste der empfangenen Patenterklärungen (siehe www.iso.org/patents).

Jeder in diesem Dokument verwendete Handelsname wird als Information zum Nutzen der Anwender angegeben und stellt keine Anerkennung dar.

Eine Erläuterung zum freiwilligen Charakter von Normen, der Bedeutung ISO-spezifischer Begriffe und Ausdrücke in Bezug auf Konformitätsbewertungen, sowie Informationen darüber, wie ISO die Grundsätze der Welthandelsorganisation (WTO) hinsichtlich technischer Handelshemmnisse (TBT) berücksichtigt, enthält der folgende Link: www.iso.org/iso/foreword.html.

Das für dieses Dokument verantwortliche Komitee ist ISO/TC 209, *Cleanrooms and associated controlled environments*.

Eine Liste aller Teile der Normenreihe ISO 14644 kann der ISO-Website entnommen werden.

Einleitung

Der Begriff „Oberfläche“ bezieht sich auf die Schnittstelle zwischen zwei Phasen. Für die Anwendung dieses Dokuments ist die Oberfläche ein Feststoff, bei dem eine oder mehrere der Kontaminationskategorie(n) (Partikel, Chemikalie) durch Reinigung/Dekontaminierung unter Kontrolle gebracht werden. Der Reinheitsgrad ist in den entsprechenden Klassifizierungen der Oberflächenreinheit festgelegt (siehe ISO 14644-9 und ISO 14644-10). Abhängig vom geforderten Reinheitsgrad (Reinheitsklasse) sind unterschiedliche Reinigungsverfahren notwendig. Dieses Dokument gibt eine Anleitung zur Auswahl von Reinigungsverfahren, um festgelegte Reinheitsgrade zu erreichen. Beim Auswahlverfahren sind die Aspekte in Bezug auf Oberflächenbeschreibung, Reinheitsspezifikationen, Kontaminationsarten, Reinigungstechniken, Werkstoffkompatibilität sowie Methodik zur Bewertung zu berücksichtigen. Die meisten Verfahren sind zur gleichzeitigen Entfernung von mehr als einer Kontaminationskategorie geeignet, deshalb ist eine allgemeine Norm für die Auswahl eines Reinigungsverfahrens sowohl für eine Kontamination durch Partikel als auch durch Chemikalien erforderlich.

1 Anwendungsbereich

Dieses Dokument gibt Richtlinien zur Reinigung von Reinraumoberflächen, Oberflächen der Ausrüstung in einem Reinraum und Oberflächen von Materialien in einem Reinraum bis zu einem festgelegten Grad. Berücksichtigt werden alle relevanten Oberflächen (extern oder intern). Es gibt Anleitungen zur Bewertung von Reinigungsverfahren zum Erreichen der geforderten Klassen der partikulären Oberflächenreinheit (en: surface cleanliness by particle concentration, SCP) und der chemischen Oberflächenreinheit (en: surface cleanliness by chemical concentration, SCC) und in Bezug darauf, welche Techniken zum Erreichen dieser festgelegten Grade berücksichtigt werden sollten.

Bei der Eignung von Reinigungstechniken wird auf die Reinheitsklassen und die damit verbundenen Prüfverfahren aus ISO 14644-9 und ISO 14644-10 verwiesen.

Zu folgenden Aspekten werden allgemeine Anleitungen gegeben:

— die erwarteten Oberflächenreinheitsgrade;

— die Eignung der Reinigungsverfahren;

— die Kompatibilität von Oberflächen mit der Reinigungstechnik;

— die Bewertung der Eignung für die Reinigung.

Das Folgende wird in diesem Dokument nicht berücksichtigt:

— die Klassifizierung von Reinigungsverfahren;

— das innerhalb eines Reinraums hergestellte Produkt;

— die spezifische Oberfläche in Bezug auf die Reinigungsverfahren;

— die detaillierte Beschreibung von Reinigungsmechanismen, -verfahren sowie Verfahrensweisen von verschiedenen Reinigungsverfahren;

— die detaillierten Materialkenngrößen;

— die Beschreibung von Mechanismen hinsichtlich Schäden durch die Reinigungsprozesse und zeitabhängigen Auswirkungen;

— Verweisungen auf interaktive Bindungskräfte zwischen den Kontaminanten und Oberflächen oder Generierungsprozesse, die üblicherweise zeit- und prozessabhängig sind;

— weitere Kenngrößen von Partikeln, beispielsweise elektrostatische Ladung, Ionenladungen usw.;

— die chemischen Reaktionen zwischen molekularen Kontaminanten und Oberflächen;

— die mikrobiologischen Aspekte der Oberflächenreinheit;

— die radioaktiven Aspekte der Kontamination;

— die Aspekte des Gesundheitsschutzes und der Arbeitssicherheit;

— die Umweltaspekte, beispielsweise Abfallentsorgung, Emissionen usw.;

— die Auswahl und Anwendung von statistischen Verfahren.

2 Normative Verweisungen

Die folgenden Dokumente werden im Text in solcher Weise in Bezug genommen, dass einige Teile davon oder ihr gesamter Inhalt Anforderungen des vorliegenden Dokuments darstellen. Bei datierten Verweisungen gilt nur die in Bezug genommene Ausgabe. Bei undatierten Verweisungen gilt die letzte Ausgabe des in Bezug genommenen Dokuments (einschließlich aller Änderungen).

ISO 14644-8, *Cleanrooms and associated controlled environments — Part 8: Classification of air cleanliness by chemical concentration (ACC)*

ISO 14644-9, *Cleanrooms and associated controlled environments — Part 9: Classification of surface cleanliness by particle concentration*

ISO 14644-10, *Cleanrooms and associated controlled environments — Part 10: Classification of surface cleanliness by chemical concentration*

3 Begriffe

Für die Zwecke dieses Dokuments gelten die Begriffe nach ISO 14644-9, ISO 14644-10 sowie die folgenden Begriffe.

ISO und IEC stellen terminologische Datenbanken für die Verwendung in der Normung unter den folgenden Adressen bereit:

— IEC Electropedia: unter http://www.electropedia.org/

— ISO Online Browsing Plattform: unter http://www.iso.org/obp

3.1
Reinheit
<einer festen Oberfläche> Zustand einer festen Oberfläche, wobei das Ausmaß der *Kontamination* (3.4) (partikulär, chemisch) bis zu einem festgelegten Grad kontrolliert wird

3.2
Eignung der Reinigung
Verhältnis zwischen der notwendigen *Reinheit* (3.1) und der erreichten Reinheit unter kontrollierten Bedingungen

Anmerkung 1 zum Begriff: In manchen Sprachen wird der Begriff „Wirksamkeit der Reinigung" verwendet, um die Eignung der Reinigung zu bezeichnen.

Anmerkung 2 zum Begriff: Unter realen Betriebsbedingungen oder Überwachung wird der Begriff Wirkungsgrad der Reinigung verwendet.

3.3
Wirkungsgrad der Reinigung
Anteil von spezifischen Kontaminanten, der durch einen Reinigungsprozess von der Oberfläche entfernt wird

Anmerkung 1 zum Begriff: Der Anteil wird bestimmt durch die erreichte Oberflächenreinheit bezüglich der anfänglichen Oberflächenreinheit.

3.4
Kontamination
unerwünschtes Material an einem unerwünschten Ort

3.5
Partikel
kleines Teil Materie mit physikalisch definierten Abgrenzungen

[QUELLE: ISO 14644-1:2015, 3.2.1]

3.6
partikuläre Kontamination
Partikel (3.5) mit dem Potential, den Prozess, das Produkt, das Personal oder die Einrichtungen zu beeinträchtigen

3.7
Partikelgröße
Durchmesser einer Kugel, die eine Reaktion eines gegebenen Instruments zur Messung der Partikelgröße erzeugt, welche der von dem gemessenen *Partikel* (3.5) erzeugten Reaktion entspricht

4 Allgemeine Methodik

4.1 Überblick

Für die Reinigung müssen mehrere Aspekte berücksichtigt werden. Bild 1 gibt einen Überblick über die Faktoren, die zu der Eignung von Reinigungsverfahren beitragen, eine festgelegte Stufe von Oberflächenreinheit zu erreichen. Für weitere Einzelheiten, siehe Anhang A.

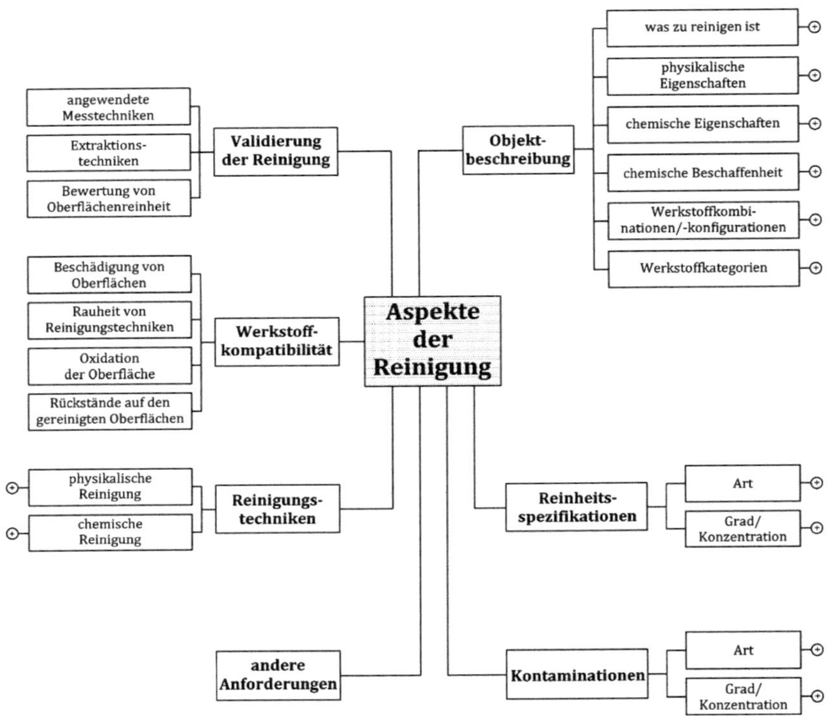

Legende

\+ Weitere Einzelheiten in Bild A.1

Bild 1 — Überblick über Reinigungsaspekte (unvollständig)

4.2 Methodik

Die Eignung einer Reinigungstechnik für eine Anwendung hängt von vielen Faktoren ab. Für komplexe Objekte ist es ratsam, der in diesem Abschnitt beschriebenen Reihenfolge und dem Entscheidungsbaum (siehe Bild 2) zu folgen. Durch Anwendung dieses Verfahrens kann sichergestellt werden, dass alle wichtigen Themen abgedeckt sind. Für einfache Objekte oder Oberflächen sind Abweichungen von dem Ablauf zulässig, sofern die wesentlichen Informationen dokumentiert sind.

Der Ansatz beginnt mit der Beschreibung des zu reinigenden Objekts. Die Beschreibung sollte unter anderem Zusammensetzungen von Werkstoffen, chemische Eigenschaften, Oberflächenbehandlung sowie Gestaltungsfaktoren wie geometrische Komplexität und Größe abdecken (Schritt 1). Im zweiten Schritt ist das Ziel des Reinigungsverfahrens hinsichtlich der gewünschten Reinheit des Objekts festzulegen. Als Ausgangspunkt sollte der Kontaminationsgrad bewertet werden (Schritt 3), und andere Anforderungen müssen aufgeführt werden (Schritt 4). Auf Grundlage der Art der Kontaminationen und des geforderten Entfernungswirkungsgrades kann eine Reinigungstechnik oder eine Kombination von Techniken ausgewählt werden (Schritt 5). Die Reinigungsmethodik muss gegenüber den Werkstoffen aus dem ersten Schritt überprüft werden, um Probleme mit der Werkstoffkompatibilität zu vermeiden (Schritt 6). In dem letzten Schritt muss ein Validierungsverfahren durchgeführt werden (Schritt 7). Die Validierung muss mindestens Verfahren zur Bestimmung der Reinigungsleistung und Werkstoffkompatibilität umfassen. Die Reinigungsleistung muss in Bezug zur Spezifikation überprüft werden.

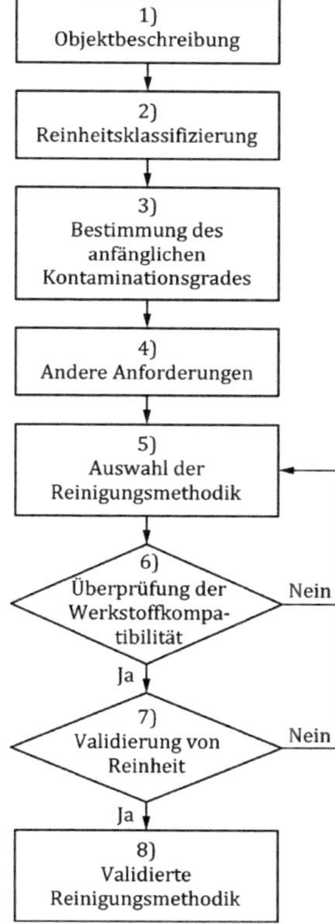

Bild 2 — Entscheidungsbaum

5 Objektbeschreibung

Bei der Objektbeschreibung müssen die folgenden Aspekte berücksichtigt werden.

Physikalische Eigenschaften des Objekts:

— physikalische Abmessungen;

— Form/Gestalt/Komplexität des Objekts;

— kritische Oberflächen.

Es muss eine allgemeine Beschreibung des Objekts angegeben werden. Größe, Gestalt, Komplexität und Identifikation der kritischen Oberflächen setzen viele Randbedingungen für ein Reinigungsverfahren.

Oberfläche(n):

— Werkstoffzusammensetzung der Oberfläche(n) des Objekts;

— Komplexität;

— Werkstoffe/kritische Werkstoffe (empfindlich gegenüber Reinigungsmitteln);

— dünne/atomare Oberflächenschichten (z. B. Schutzschichten);

— andere physikalische Eigenschaften (z. B. elektrostatische).

Die Zusammensetzung des Objekts könnte einfach (ein oder mehrere ähnliche Werkstoff(e)) oder ein System sein, das aus einer Reihe unterschiedlicher Werkstoffe (z. B. Zusammensetzung aus Metall/Kunststoff/Glas) besteht. Jeder einzelne Werkstoff sollte bei der Auswahl eines Reinigungsverfahrens mit berücksichtigt werden. Einige Werkstoffkombinationen können sehr schwer zu reinigen sein, da ein Reinigungsverfahren für einen Werkstoff geeignet sein kann, aber nicht für einen anderen. Mit Auswahl des Reinigungsverfahrens muss der beste Kompromiss aus geringster Beschädigung der Werkstoffe bei höchstem Wirkungsgrad der Reinigung erreicht werden.

Chemische Eigenschaften der Oberfläche(n):

— chemische Zusammensetzung;

— Zustand der Oberfläche (hydrophob, hydrophil, lipophob, lipophil, usw.);

— energetischer Zustand der Oberfläche (Zeta-Potential).

Physikalische und chemische Eigenschaften einer Oberfläche haben einen großen Einfluss auf die Auswahl eines Reinigungsverfahrens. Die Auswahl eines Verfahrens muss alle beteiligten Werkstoffe/chemische Zusammensetzung der Oberfläche(n) sowie die Kombination zu reinigender Werkstoffe berücksichtigen.

Die Aktivität der Oberfläche wird durch die chemische Konfiguration der atomaren Oberschicht bestimmt. Dies ist ein wichtiger Parameter bei der Auswahl eines Verfahrens. Diese Schichten können hydrophil (wasserbenetzbar lipophob) oder hydrophob (wasserabweisend aber fettbenetzbar lipophil) sein. Das Reinigungsverfahren kann die Oberflächenaktivität beeinflussen. Die Oberflächenaktivität beeinflusst auch die elektrostatischen Eigenschaften eines Werkstoffes — eine hydrophile Oberfläche wird weniger dazu neigen, sich elektrisch aufzuladen.

Morphologie:

Reinigung wird durch die morphologischen Aspekte einer Oberfläche wie Gestalt, Größe, Struktur, Oberflächenrauheit oder -porösität beeinflusst. Morphologische Aspekte können zudem die Reinigung aufgrund der Zugänglichkeit der zu reinigenden Oberflächen und durch Ablagerung von Reinigungsmitteln und Materialien, die zur Reinigung verwendet werden, erschweren.

Objektspezifische Anforderungen:

— vorgesehener Verwendungszweck des Objekts;

— Umweltbedingungen, sowohl vor als auch nach der Reinigung;

— kritische Oberflächen — Oberflächen, die entweder von hoher Bedeutung für die Anwendung oder empfindlich gegenüber Reinigung sind.

6 Reinheitsspezifikationen

Die Begründung für die Bestimmung der Eignung des Reinigungsverfahrens sollte die interessierenden Kontaminanten sowie akzeptable Kontaminationsgrade für die Anwendung umfassen.

Die geforderte Reinheit muss hinsichtlich der Partikelkonzentration nach ISO 14644-9 und/oder hinsichtlich der Konzentration einer spezifischen Gruppe von Chemikalien nach ISO 14644-10 festgelegt werden.

Die zu erzielende Reinheitsklasse kann auf verschiedene Arten festgelegt werden:

— durch den Kunden geforderte Reinheitsklasse,

— übliche Reinheitsklasse, die für ähnliche Objekte gefordert wird,

— durch Analyse der Auswirkung von Kontamination der Oberfläche auf die (zukünftige) Funktion eines Produkts oder eines Prozesses, wenn in der/denen bzw. in denen die gereinigte Oberfläche verwendet werden wird,

— durch Prüfungen oder Simulationen mit verschiedenen Reinheitsklassen der betroffenen Oberfläche und/oder

— durch Analyse der Kontamination, die Ausfall oder Qualitätsverlust verursachte.

7 Bestimmung des anfänglichen Kontaminationsgrades

7.1 Allgemeines

Um das Reinigungsverfahren für das Erreichen eines geforderten Reinheitsgrades auszuwählen, muss die anfängliche Oberflächenreinheit festgelegt werden. Die anfängliche Oberflächenreinheit anhand der Partikelkonzentration und/oder chemischen Konzentration muss für die betrachteten Oberflächen bestimmt werden. Sie kann qualitativ oder quantitativ bestimmt werden.

Qualitative Beurteilung ist eine nichtnumerische Bewertung (z. B. Sichtprüfung).

Wenn die quantitative Oberflächenreinheit bestimmt wird, kann sie auf den Wirkungsgrad des Reinigungsverfahrens hinsichtlich der geforderten partikulären Oberflächenreinheit und/oder chemischen Konzentration bezogen werden. Die quantifizierte Kontamination (partikulär und/oder chemisch) muss auf die Fläche der repräsentativen Oberfläche bezogen werden. Diese Bewertung ermöglicht die Bestimmung der anfänglichen Oberflächenreinheit.

7.2 Bestimmung des anfänglichen Kontaminationsgrades in Bezug auf die Partikelkonzentration

Die anfängliche partikuläre Oberflächenreinheit muss für die verschiedenen Oberflächen bestimmt werden. In Abhängigkeit von der geforderten Reinheitsklasse kann eine qualitative Bewertung des anfänglichen Reinheitsgrades ausreichen. Bei quantitativer Bewertung muss die Anzahl und Größe von Partikeln durch ein Messverfahren, wie in Abschnitt 12 beschrieben, charakterisiert werden. Die Klassifizierung der Oberflächenreinheit muss nach ISO 14644-9 erfolgen.

Die quantifizierte Partikelkonzentration muss auf die Fläche der repräsentativen Oberfläche bezogen werden. Diese Bewertung ermöglicht die Bestimmung der anfänglichen Oberflächenreinheit.

7.3 Bestimmung des anfänglichen Kontaminationsgrades in Bezug auf die chemische Konzentration

Die anfängliche chemische Oberflächenreinheit muss für die verschiedenen Oberflächen bestimmt werden. In Abhängigkeit von der spezifischen Anwendung kann eine qualitative Bewertung (z. B. Wasserablaufprüfung) des anfänglichen Reinheitsgrades ausreichen. Bei quantitativer Bewertung der Masse und Beschaffenheit der chemischen Kontaminanten muss eine Messtechnik nach Abschnitt 12 und ISO 14644-10 angewendet werden.

Die quantifizierte chemische Kontamination muss auf die Fläche der repräsentativen Oberfläche bezogen werden. Diese Bewertung ermöglicht die Bestimmung der anfänglichen Oberflächenreinheit.

8 Andere Anforderungen

Zusätzlich zu Anforderungen an die Eignung der Reinigung und Produktintegrität beeinflussen viele andere Teilaspekte die Anwendbarkeit des Reinigungsverfahrens. In Schritt 5 des Entscheidungsbaums (siehe Bild 2) müssen diese anderen Aspekte aufgeführt und Anforderungen festgelegt werden. Die Inhalte dieser Anforderungen hängen eng mit dem Objekt oder der Oberfläche und ihrer Anwendung zusammen.

Typische Beispiele für andere Anforderungen sind: verfügbare Zeit für die Reinigung, Anzahl von Gegenständen, die gereinigt werden, verfügbare Stellfläche, Abfall, Investitions- und Personalkosten, Fähigkeit der Bedienungsperson und Umweltaspekte.

9 Auswahl einer Reinigungsmethodik

9.1 Auswahlverfahren

Anforderungen für die Reinigung sind in Abschnitt 5 bis Abschnitt 8 festgelegt. Diese Anforderungen sind beim Prozess zur Auswahl des Reinigungsverfahrens zu berücksichtigen, um die bestmögliche Übereinstimmung zwischen Anforderungen und Verfahren sicherzustellen.

Die endgültige Entscheidung über die Auswahl eines Reinigungsverfahrens muss auf einer Kombination aller Aspekte beruhen, um die technisch und finanziell optimale und wirksamste Lösung zu finden. Der Verbraucher, der Lieferant der Reinraumtechnologie und der Prozessverantwortliche der/des zu reinigenden Oberfläche/Objekts/Komponente sollten an diesem Auswahlprozess beteiligt sein. Die Entscheidung optimiert die verschiedenen Parameter und muss die spezifizierte Oberflächenqualität sicherstellen. Tabelle B.1 und Tabelle B.2 können als Hilfe beim Auswahlprozess herangezogen werden.

9.2 Reinigungsmethodiken

9.2.1 Reinigungsverfahren

Eine Reinigungsmethodik besteht aus einer Reinigungstechnik (z. B. Wischen, Plasmareinigung und Ultraschallreinigung) und einem Reinigungsprozess. Der Reinigungsprozess ist mit der Reinigungstechnik verbunden und umfasst den mechanischen Aufwand, die chemische Energie, die Temperatur und die Prozesszeit. Durch die Anwendung einer ausgewogenen Kombination dieser vier Prozessparameter kann das optimale Reinigungsergebnis erreicht werden. Die endgültige Reinheit kann durch die Beschädigung des Substrats und/oder die in Abschnitt 8 festgelegten Auswahlkriterien eingeschränkt sein.

Der geforderte Reinheitsgrad und der anfängliche Reinheitsgrad der Partikel- und/oder chemischen Konzentration führen zu einer Auswahl von Reinigungsverfahren. Im Fall einer hohen anfänglichen Reinheitsklasse und einer niedrigen geforderten Reinheitsklasse kann eine Kombination von Verfahren erforderlich sein.

9.2.2 Kategorien von Reinigungstechniken

Die Reinigungstechniken können, in Abhängigkeit vom wesentlichen Reinigungsmechanismus, in physikalische und chemische Reinigung unterteilt werden, die zusätzlich in Nass- und Trockenreinigungstechniken unterteilt werden könnten. Ob ein Prozess als physikalisch/chemisch oder als nass/trocken eingestuft wird, hängt von dem bestimmenden Mechanismus ab, der für die Reinigung verwendet wird. Eine unvollständige Liste physikalischer Reinigungstechniken kann B.2 (mechanische Reinigung), B.3 (strömungstechnische Reinigung) und B.4 (Strahlreinigungstechniken) entnommen werden. Eine Liste chemischer Reinigungstechniken kann B.5 (chemische Reinigung) entnommen werden. Verweisungen auf die Kategorien von Reinigungstechniken sind in Tabelle 1 angegeben.

Tabelle 1 — Kategorisierung von Reinigungstechniken, wie in Anhang B beschrieben

Reinigungstechnik	Physikalisch	Chemisch
trocken	B.2, B.4 trocken	B.5 trocken
nass	B.3, B.4 nass	B.5 nass

Die Nummern verweisen auf Unterabschnitte in Anhang B, in denen eine kurze Beschreibung der wesentlichen Reinigungstechniken angegeben ist.

Tabelle B.1 und Tabelle B.2 unterstützen die Auswahl einer geeigneten Reinigungstechnik (physikalisch/chemisch), die die Reinheitsspezifikationen erfüllt. Mit Hilfe von Eignungsprüfungen der Werkstoffkompatibilität (siehe Abschnitt 10) und empirischen Werten/Beurteilung muss die am besten geeignete Technik für die Validierung (siehe Abschnitt 11) ausgewählt werden.

9.3 Reinigungsprozess

In Tabelle B.1 und Tabelle B.2 ist ein Überblick über die Arbeitsbereiche für unterschiedliche Reinigungstechniken angegeben. In diesen Bereichen wird von optimalen Prozessbedingungen ausgegangen. Da Werkstoffeigenschaften und andere Anforderungen zur Verwendung nicht optimaler Bedingungen zwingen könnten, könnte der tatsächliche Wirkungsgrad und die Eignung der Reinigung geringer sein. Die Prozesseinstellungen müssen entweder durch eine experimentelle Untersuchung oder aufgrund von Erfahrung festgelegt werden.

10 Überprüfung der Werkstoffkompatibilität

Die Kompatibilität von Werkstoffen mit Reinigungsmitteln muss berücksichtigt werden. Diese Reinigungsmittel (z. B. Chemikalien, Lösemittel, Hochdruckgas oder -flüssigkeit) müssen bezüglich ihrer Kompatibilität mit den zu reinigenden Werkstoffen oder Gegenständen und ihres Wirkungsgrads, unterschiedliche Arten von Kontaminanten zu entfernen, ausgewählt werden: partikuläre oder chemische Kontaminanten.

Schädliche Wirkungen auf Oberflächen können durch Reinigungsmittel und/oder die Reinigungstechnik verursacht werden. Die chemische Beschaffenheit der Oberflächenwerkstoffe sollten — in Abhängigkeit von der Zusammensetzung der Oberfläche einzeln oder in Kombination — technisch beurteilt werden.

Im Folgenden werden solche direkten, indirekten und langfristigen Wirkungen beschrieben.

— Direkte Wirkungen sind Veränderungen intrinsischer Werkstoffeigenschaften (physikalisch und/oder chemisch) als Folge der Wechselwirkung mit einem Prozessparameter der Reinigungstechnik: chemische Beschaffenheit eines Lösemittels, Dauer der Aussetzung und Temperatur.

  BEISPIEL 1 Die Veränderung der chemischen Oberflächenstruktur kann das physikalische Verhalten stark verändern. Die Veränderung der hydrophilen Eigenschaft der atomaren Oberschicht durch den Reinigungsprozess in hydrophob kann das physikalische Verhalten der gereinigten Oberfläche verändern d. h. Benetzbarkeit und elektrostatische Ladung. Eine hydrophobe Oberfläche ist nicht benetzbar und leicht aufzuladen, was Partikel anziehen kann.

  BEISPIEL 2 Veränderung der Oberflächenrauheit.

— Indirekte Wirkungen können aufgrund unterschiedlicher physikalisch-chemischer Mechanismen als Folge sekundärer Wechselwirkungen entstehen (z. B. chemische Reaktionen mit spezifischen Verbindungen des Substrats) oder aufgrund der Wechselwirkung mit einem Nicht-Prozessparameter (späterer Abbau oder Oxidation durch O_2 aus der Luft, Ablagerungen von Rückständen als neue Kontamination).

  ANMERKUNG Eine indirekte Wirkung könnte nicht unmittelbar zu beobachten sein.

— Langfristige Wirkungen entstehen aus einem langsamen Prozess (z. B. durch chemische Umwandlung eingeleitete Korrosion nach chemischer Reinigung, Alterung und Schwächung).

Anhang C gibt einen Überblick der Kompatibilität mit chemischen Lösemitteln; es ist eine unvollständige Liste. Im Fall fehlender Informationen zu einem spezifischen Reinigungslösemittel muss der chemische Widerstand des Werkstoffs durch eine geeignete Prüfung bewertet werden.

11 Validierung der Reinigung

11.1 Allgemeines

Um die Eignung eines ausgewählten Reinigungsverfahrens zu bewerten, sollten die Eignung der Reinigung und der Wirkungsgrad der Reinigung berücksichtigt werden.

Um zu validieren, ob ein Reinigungsprozess die geforderte Oberflächenreinheit bezüglich der Partikelkonzentration und/oder chemischen Konzentration erzielt, sollten die erreichten SCP- und/oder SCC-Reinheitsgrade der Oberfläche bestimmt werden.

Andere leistungsbezogene Aspekte wie Wiederholbarkeit, Reproduzierbarkeit oder Einflüsse von Bedienungspersonen müssen ebenfalls berücksichtigt werden. In Abschnitt 8 werden eine Reihe von Anforderungen festgelegt, die in keinem Zusammenhang mit der Reinigungsleistung stehen. Obwohl diese Anforderungen bei der Auswahl des Reinigungsverfahrens berücksichtigt werden, muss im Validierungsprozess verifiziert werden, dass diese Anforderungen erfüllt sind.

Bild 3 und Bild 4 sind Abbildungen der Begriffe Wirkungsgrad der Reinigung und Eignung der Reinigung.

Wirkungsgrad der Reinigung = 1 − Endgültiger Reinheitsgrad/Anfänglicher Reinheitsgrad (ausgedrückt in Prozent)

Eignung der Reinigung = Erforderlicher Reinheitsgrad/Endgültiger Reinheitsgrad

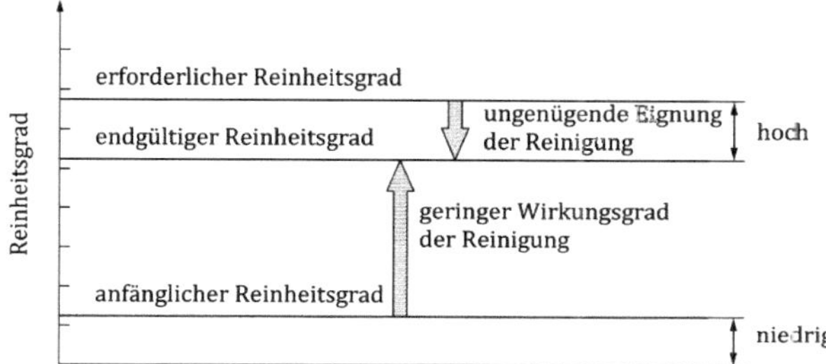

Bild 3 — Beispiel eines Verfahrens mit geringem Wirkungsgrad der Reinigung und somit ungenügender Eignung der Reinigung

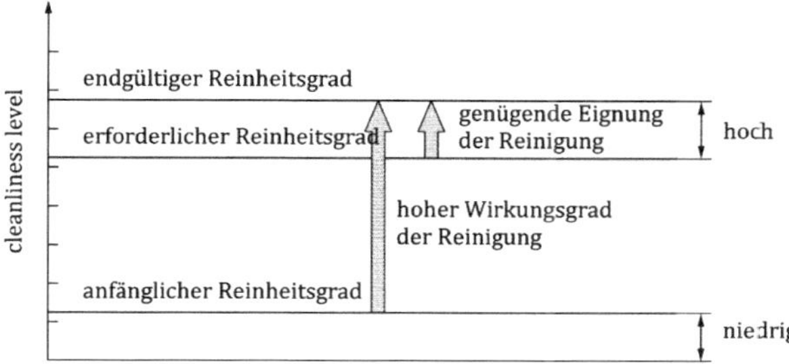

Bild 4 — Beispiel eines Verfahrens mit hohem Wirkungsgrad der Reinigung und somit genügender Eignung der Reinigung

11.2 Wirkungsgrad der Reinigung

11.2.1 Bewertung

Für die Bewertung des Wirkungsgrades der Reinigung sind der anfängliche Oberflächenreinheitsgrad und der endgültige Reinheitsgrad zu bestimmen.

11.2.2 Wirkungsgrad der Reinigung in Bezug auf die Partikelkonzentration

Die Berechnung des Wirkungsgrades der Reinigung erfolgt nach Gleichung (1):

$$C_{\text{eff}} = 1 - \frac{C_{\text{SCP};D}^{\text{fin}}}{C_{\text{SCP};D}^{\text{ini}}} \tag{1}$$

Dabei ist

D	die Partikelgröße, in Mikrometer (µm);
$C_{\text{SCP};D}^{\text{ini}}$	die anfängliche Oberflächenkonzentration der Partikel, die mindestens so groß wie die berücksichtigte Partikelgröße D in µm sind, in Partikeln je Quadratmeter Oberfläche;
$C_{\text{SCP};D}^{\text{fin}}$	die endgültige Oberflächenkonzentration der Partikel, die mindestens so groß wie die berücksichtigte Partikelgröße D in µm sind, in Partikeln je Quadratmeter Oberfläche.

In Übereinstimmung mit ISO 14644-9 ist die Beziehung zur Klasse der Oberflächenreinheit durch Gleichung (2) gegeben:

$$C_{\text{SCP};D} = k\frac{10^{\text{SCP};N}}{D} \tag{2}$$

Dabei ist

$C_{\text{SCP};D}$	die höchstzulässige gesamte Oberflächenkonzentration der Partikel, die mindestens so groß wie die berücksichtigte Partikelgröße sind, in Partikeln je Quadratmeter Oberfläche;
SCP;N	die SCP-Klassifizierungsnummer;
D	die berücksichtigte Partikelgröße, in Mikrometer;
k	die Konstante 1, in Mikrometern.

Aus der Kombination von Gleichung (1) und Gleichung (2) ergibt sich die Reinigungseffizienz hinsichtlich der SCP in Gleichung (3):

$$C_{\text{eff}} = 1 - \frac{k\frac{10^{\text{SCP};N_{\text{fin}}}}{D}}{k\frac{10^{\text{SCP};N_{\text{ini}}}}{D}} = 1 - \frac{10^{\text{SCP};N_{\text{fin}}}}{10^{\text{SCP};N_{\text{ini}}}} = 1 - 10^{(\text{SCP};N_{\text{fin}} - \text{SCP};N_{\text{ini}})} \tag{3}$$

Dabei ist

D	die Partikelgröße, in Mikrometer;
SCP;N	die SCP-Klassifizierungsnummer;
SCP;N_{fin}	die SCP-Klassifizierungsnummer der endgültigen Oberflächenreinheit von Partikeln;
SCP;N_{ini}	die SCP-Klassifizierungsnummer der anfänglichen Oberflächenreinheit von Partikeln:

ANMERKUNG Der Wirkungsgrad der Reinigung kann auch in Prozent (%) ausgedrückt werden.

BEISPIEL In diesem Beispiel ist die kleinste Partikelgröße, die mit dem angewandten Messverfahren gemessen werden kann, 5 µm. Daher wird die Konzentration der Anzahl von Partikeln ≥ 5 µm verwendet.

Die anfängliche Konzentration von Partikeln ≥ 5 µm je m² $C_{\text{SCP;5}}^{\text{ini}}$ beträgt 600 000 Somit ist die SCP;N_{ini} = lg (600 000 × 5) = 6,5.

Die SCP-Klassifizierungsnummer der anfänglichen Klasse der Oberflächenreinheit ist SCP;N_{ini} = 6,5 für Partikel von mindestens 5 µm.

Nach der Reinigung beträgt die endgültige Konzentration von Partikeln ≥ 5 µm je m² $C_{\text{SCP;5}}^{\text{fin}}$ 1 000. Somit ist die SCP;N_{fin} = lg (1 000 × 5) = 3,7.

Die SCP-Klassifizierungsnummer der endgültigen Klasse der Oberflächenreinheit ist SCP;N_{fin} = 3,7 für Partikel von mindestens 5 µm.

Der Wirkungsgrad der Reinigung hinsichtlich der Partikelkonzentration = 1 − (1 000)/(600 000) = 1 − 1/600 = 0,998 oder 99,8 % für Partikel ≥ 5 µm.

Ähnlich ist der Wirkungsgrad der Reinigung bezüglich der SCP-Klassifizierungsnummern = $1 - 10^{(3,7\,-\,6,5)} = 1 - 10^{-2,8}$ = 0,998 4 oder 99,8 % für Partikel ≥ 5 µm.

11.2.3 Wirkungsgrad der Reinigung in Bezug auf die chemischen Kontamination

Die Berechnung des Wirkungsgrades der Reinigung erfolgt nach Gleichung (4):

$$C_{\text{eff}} = 1 - \frac{C_{\text{SCC}}^{\text{fin}}}{C_{\text{SCC}}^{\text{ini}}} \tag{4}$$

Dabei ist

$C_{\text{SCC}}^{\text{ini}}$ die anfängliche Konzentration der betrachteten Chemikalie (g/m²);

$C_{\text{SCC}}^{\text{fin}}$ die endgültige Konzentration der betrachteten Chemikalie (g/m²).

Nach ISO 14644-10 ist die Beziehung zur Klasse der Oberflächenreinheit anhand der chemischen Konzentration (SCC) durch Gleichung (5) gegeben:

$$C_{\text{SCC}} = 10^{\text{SCC};N} \tag{5}$$

Dabei ist

SCC;N die Oberflächenreinheit anhand der chemischen Konzentration nach Klassifizierungsnummer.

Aus der Kombination von Gleichung (4) und Gleichung (5) ergibt sich die Reinigungseffizienz hinsichtlich der SCC in Gleichung (6):

$$C_{\text{eff}} = 1 - \frac{10^{\text{SCC};N_{\text{fin}}}}{10^{\text{SCC};N_{\text{ini}}}} = 1 - 10^{(\text{SCC};N_{\text{fin}} - \text{SCC};N_{\text{ini}})} \tag{6}$$

ANMERKUNG Der Wirkungsgrad der Reinigung kann auch in Prozent (%) ausgedrückt werden.

BEISPIEL Die anfängliche Konzentration der Kohlenwasserstoffe beträgt 50 mg je m^2 für Kohlenwasserstoffe.

Daher ist

$SCC;N_{ini} = lg(50 \times 10^{-3}) = -1{,}3$

für Kohlenwasserstoffe.

Die endgültige Konzentration der Kohlenwasserstoffe beträgt 10 µg je m^2 für Kohlenwasserstoffe.

Daher ist

$SCC;N_{fin} = lg(10 \times 10^{-6}) = -5{,}0$

Der Wirkungsgrad der Reinigung anhand der chemischen Konzentration =

$1 - 10 \times 10^{-6}/50 \times 1\,000 \times 10^{-6} = 1 - 10/50\,000 = 0{,}999\,8$ oder 99,98 % für Kohlenwasserstoffe.

Ähnlich ist der Wirkungsgrad der Reinigung bezüglich der SCC-Klassen = $1 - 10^{(-5{,}0\,+\,1{,}3)} = 1 - 10^{-3{,}7} = 0{,}999\,8$ oder 99,98 % für Kohlenwasserstoffe.

11.3 Eignung der Reinigung

11.3.1 Bewertung

Für die Bewertung der Eignung der Reinigung ist der erhaltene endgültige Reinheitsgrad zu bestimmen und mit der geforderten Oberflächenreinheit zu vergleichen.

11.3.2 Eignung der Reinigung in Bezug auf die Partikelkonzentration

Die Berechnung der Eignung der Reinigung erfolgt nach Gleichung (7):

$$C_{app} = \frac{C_{SCP;D}^{requ}}{C_{SCP;D}^{fin}} \tag{7}$$

Dabei ist

$C_{SCP;D}^{requ}$ die geforderte Konzentration von Partikeln von mindestens D µm;

$C_{SCP;D}^{fin}$ die erhaltene endgültige Konzentration von Partikeln von mindestens D µm;

D die Partikelgröße, in Mikrometer.

Nach ISO 14644-9 ist die Beziehung zur Klasse der Oberflächenreinheit durch Gleichung (8) gegeben:

$$C_{SCP;D} = k\,\frac{10^{SCP;N}}{D} \tag{8}$$

Dabei ist

$C_{SCP;D}$ die Konzentration von Partikeln von mindestens D µm;

D die Partikelgröße, in Mikrometer;

$SCP;N$ die SCP-Klassifizierungsnummer.

Aus der Kombination von Gleichung (7) und Gleichung (8) ergibt sich die Eignung der Reinigung hinsichtlich der SCP-Klassifizierungsnummern in Gleichung (9):

$$C_{\text{app}} = \frac{10^{\text{SCP};N_{\text{requ}}}}{10^{\text{SCP};N_{\text{fin}}}} = 10^{\left(\text{SCP};N_{\text{requ}} - \text{SCP};N_{\text{fin}}\right)} \tag{9}$$

Beträgt die Eignung der Reinigung weniger als 1, war das ausgewählte Reinigungsverfahren nicht geeignet.

Beträgt die Eignung der Reinigung mindestens 1, war das ausgewählte Reinigungsverfahren geeignet und führt zu einer Oberfläche der geforderten Reinheitsklasse.

ANMERKUNG Der Eignung der Reinigung kann auch in Prozent (%) ausgedrückt werden.

BEISPIEL In diesem Beispiel ist die kleinste Partikelgröße, die mit dem angewandten Messverfahren gemessen werden kann, 10 µm. Daher wird die Konzentration der Anzahl von Partikeln ≥ 10 µm verwendet.

Die geforderte SCP;N_{requ} = 4,0 für Partikel von mindestens 10 µm.

Somit ist $C_{\text{SCP};10}^{\text{requ}}$ (10 µm) = 10 000/10 µm = 1 000 Partikel/m^2.

Die erhaltene endgültige Konzentration von Partikeln ≥ 10 µm $C_{\text{SCP};10}^{\text{fin}}$ ist 1 250 Partikel/m^2.

Eignung der Reinigung = $C_{\text{SCP};10}^{\text{requ}}/C_{\text{SCP};10}^{\text{fin}}$ = 1 000/1 250 = 0,8 → 80 % für Partikel ≥ 10 µm.

Hinsichtlich der SCP:

SCP; N_{fin} = lg (1 250 × 10) = 4,1.

Die Eignung der Reinigung = $10^{(4,0\,-\,4,1)} = 10^{-0,1}$ = 0,8 oder 80 %.

Die Eignung der Reinigung erfüllt die Anforderungen nicht.

11.3.3 Eignung der Reinigung in Bezug auf die chemischen Konzentration

Die Eignung der Reinigung ist das Verhältnis der geforderten Oberflächenreinheit anhand der chemischen Konzentration unter kontrollierten Bedingungen zu der (endgültigen) chemischen Konzentration nach der Reinigung, die durch Gleichung (10) gegeben ist:

$$C_{\text{app}} = \frac{C_{\text{SCC}}^{\text{requ}}}{C_{\text{SCC}}^{\text{fin}}} \tag{10}$$

Dabei ist

$C_{\text{SCC}}^{\text{requ}}$ die geforderte Höchstkonzentration der betrachteten Chemikalie (g/m^2);

$C_{\text{SCC}}^{\text{fin}}$ die endgültige Konzentration der betrachteten Chemikalie (g/m^2).

Nach ISO 14644-10 ist die Beziehung zur Klasse der Oberflächenreinheit anhand der chemischen Konzentration (SCC) durch Gleichung (11) gegeben:

$$C_{\text{SCC}} = 10^{\text{SCC};N} \qquad (11)$$

Dabei ist

C_{SCC} die höchstzulässige Konzentration der betrachteten chemischen Substanz oder Gruppe von Substanzen, in g/m^2;

SCC;N der gebräuchliche Logarithmusindex der Konzentration C_{SCC}.

Aus der Kombination von Gleichung (10) und Gleichung (11) ergibt sich die Eignung der Reinigung hinsichtlich der SCC in Gleichung (12):

$$C_{\text{app}} = \frac{C_{\text{SCC}}^{\text{requ}}}{C_{\text{SCC}}^{\text{fin}}} = 10^{\left(C_{\text{SCC}}^{\text{requ}} - C_{\text{SCC}}^{\text{fin}}\right)} \qquad (12)$$

Dabei ist

$C_{\text{SCC}}^{\text{requ}}$ die geforderte Höchstkonzentration der betrachteten Chemikalie (g/m^2);

$C_{\text{SCC}}^{\text{fin}}$ die endgültige Konzentration der betrachteten Chemikalie (g/m^2).

Beträgt die Eignung der Reinigung weniger als 1, war das ausgewählte Reinigungsverfahren nicht geeignet. Beträgt die Eignung der Reinigung mindestens 1, war das ausgewählte Reinigungsverfahren geeignet und führt zu einer Oberfläche der geforderten Reinheitsklasse.

ANMERKUNG Der Eignung der Reinigung kann auch in Prozent (%) ausgedrückt werden.

BEISPIEL Die geforderte SCC;$N_{\text{requ}} = -4{,}0$ für Kohlenwasserstoffe. SCC;$N_{\text{requ}} = 10^{-4}$ g/m^2 = 100 µg/m^2.

Die resultierende Konzentration der Kohlenwasserstoffe beträgt 70 µg je m^2.

Eignung der Reinigung = 100/70 = 1,43 oder 143 %.

Hinsichtlich der SCC-Klassifizierungsnummern:

$$\text{SCC};\ N_{\text{requ}} = \lg\left(70 \times 10^{-6}\right) = -4{,}15$$

Die Eignung der Reinigung = $10^{(-4{,}0\,+\,4{,}15)} = 10^{0{,}15} = 1{,}41$ oder 141 %.

Die Eignung der Reinigung erfüllt die Anforderungen.

12 Messverfahren

12.1 Allgemeines

Die Partikelkonzentration und/oder chemische Konzentration auf einer gereinigten Oberfläche kann direkt oder indirekt gemessen werden. Die direkte Messung von Oberflächenreinheit kann in Situationen geeignet sein, in denen die Oberfläche zugänglich ist. Die untersuchte Oberfläche muss zu der Messeinrichtung gebracht werden oder die Einrichtung muss zu der Oberfläche gebracht werden.

Der für die Messung ausgewählte Bereich der Oberfläche muss sowohl für den gesamten bewerteten Bereich als auch für den vorliegenden Kontaminationsgrad durch Partikel und/oder Chemikalien repräsentativ sein.

Das ausgewählte Messverfahren der Oberflächenreinheit kann verwendet werden, um die anfängliche und/oder endgültige Reinheitsklasse der Oberfläche zu bestimmen.

Anwendbare Messverfahren sind in ISO 14644-9 und ISO 14644-10 beschrieben.

Siehe Anhang D für weitere Informationen zu Messverfahren.

12.2 Direkte Messverfahren

12.2.1 Allgemeines

Ein direktes Messverfahren bestimmt die Oberflächenreinheit in Bezug auf die Partikelkonzentration oder die chemische Konzentration auf der betrachteten Oberfläche des gereinigten Objekts. Die sich ergebenden Konzentrationen von interessierenden Partikeln oder interessierenden Chemikalien müssen entweder als Konzentrationen oder als Klassen der Oberflächenreinheit (SCP und SCC) ausgedrückt werden.

12.2.2 Direkte Messverfahren in Bezug auf SCP

Die Anzahl von Partikeln $> D$ je Oberflächenbereich wird gezählt. Für D könnte ein Satz unterschiedlich großer Behälter (D_i und D_{i+1}) ausgewählt werden. Die kleinste Größe D_1 muss gleich sein wie oder kleiner sein als die interessierende Partikelgröße.

Durch eine bestimmte Vergrößerung einer Lupe oder eines (Stereo-) Mikroskops können kleinere Partikelgrößen gezählt werden, jedoch wird das Sichtfeld ebenfalls kleiner sein werden. Wenn das Sichtfeld zu eingeschränkt ist, muss die Oberfläche möglicherweise abgetastet werden, um einen repräsentativen Oberflächenbereich zu messen. Ein repräsentativer Bereich wird durch den Bereich bestimmt, der mindestens 20 Partikel der interessierenden Größe innerhalb der vorgesehenen SCP-Klasse aufweisen kann [siehe Gleichung (13)].

$$A \geq 20 \times \frac{D}{10^{SCP}} \tag{13}$$

12.2.3 Direkte Messverfahren in Bezug auf die SCC

Es wird eine spektroskopische oder fortgeschrittene Technik der Oberflächenanalyse verwendet, um die interessierende chemische Kontamination auf der Oberfläche zu bestimmen.

In einem geschlossenen Heiz- oder Unterdrucksystem kann die SCC durch Messung der Ausgasung der Oberfläche durch Massenspektroskopie und zugehörige Techniken zur Analyse von Restgas bestimmt werden.

In einigen Fällen könnte ein Teil der Oberfläche von dem Objekt entfernt werden, um in ein fortgeschrittenes Messsystem zu passen.

12.3 Indirekte Messverfahren

12.3.1 Allgemeines

Ein indirektes Verfahren sollte verwendet werden, wenn die zu messende Oberfläche nicht erreicht werden kann oder zu klein oder zu groß für das vorhandene Messsystem ist.

12.3.2 Indirekte Messverfahren in Bezug auf die SCP

Für dieses Verfahren sollten Partikel von der Oberfläche entweder in ein anderes Medium (Luft, Flüssigkeit) oder auf eine andere Oberfläche übertragen werden.

Der Wirkungsgrad der Übertragung muss mit einbezogen werden und hängt von Übertragungsverfahren, Partikelgröße und Oberflächeneigenschaften ab.

Für Partikel, die in einer Flüssigkeit oder einem Gas gelöst sind, kann entweder ein Filtrationsverfahren mit anschließender mikroskopischer Analyse oder ein Einzelpartikelzählverfahren verwendet werden. Für Übertragungsoberflächen kann ein direktes Messverfahren verwendet werden.

Die Anzahl von Partikeln $> D$ je Oberflächenbereich wird gezählt. Für D könnte ein Satz unterschiedlich großer Behälter (D_{i} und $D_{\mathrm{i+1}}$) ausgewählt werden. Die kleinste Größe D_1 muss gleich oder kleiner sein wie die interessierende Partikelgröße.

Um die ursprüngliche Oberflächenkontamination zu bestimmen, sollte die gemessene Anzahl von Partikeln durch die Fläche der Oberflächenfläche geteilt werden, von der die Partikel entnommen wurden.

Partikel einer kleineren Größe können mithilfe einer stärkeren Vergrößerung gezählt werden. Dabei wird jedoch auch das Sichtfeld stärker eingeschränkt. Wenn das Sichtfeld zu eingeschränkt ist, muss die Oberfläche möglicherweise abgetastet werden, um einen repräsentativen Oberflächenbereich zu messen. Ein repräsentativer Bereich wird durch den Bereich bestimmt, der mindestens 20 Partikel der interessierenden Größe innerhalb der vorgesehenen SCP-Klasse aufweisen darf [siehe Gleichung (11)].

12.3.3 Indirekte Messverfahren in Bezug auf die SCC

Um die Konzentration von interessierenden Chemikalien auf der Oberfläche eines Objekts zu messen, können die Chemikalien extrahiert werden, indem die chemische Kontamination in einem Lösemittel aufgelöst wird. Das Lösemittel, das die extrahierten Chemikalien enthält, kann dann durch geeignete chemische Analysetechniken analysiert werden. In einem Heiz- oder Unterdrucksystem können die chemischen Kontaminanten in einem Sorptionsmittel konzentriert werden und durch eine geeignete chemische Analysetechnik gemessen werden.

Der Wirkungsgrad der Übertragung sollte mit einbezogen werden und hängt vom Übertragungsverfahren, den interessierenden Chemikalien und Oberflächeneigenschaften ab.

Die Masse der interessierenden Chemikalien muss durch die Fläche der Oberfläche geteilt werden, von der die Chemikalien entnommen wurden, um die ursprüngliche Konzentration zu bestimmen.

13 Dokumentation

Die Ergebnisse aus jedem Schritt im Entscheidungsbaum (siehe Bild 2) müssen aufgezeichnet und als ein ausführlicher Bericht eingereicht werden, zusammen mit einer Angabe über die Übereinstimmung oder Nicht-Übereinstimmung mit den festgelegten Zielen, wie in Abschnitt 5 bis Abschnitt 12 beschrieben. In einfachen Fällen dürfen Schritte zusammengefasst und in einem Dokument berichtet werden.

Der Bericht muss Folgendes umfassen:

a) den Namen und die Adresse der ausführenden Organisation;

b) die Identifikation von Personal und das Datum, an dem Prüfungen durchgeführt oder Entscheidungen getroffen wurden;

c) eine Verweisung auf dieses Dokument, d. h. ISO 14644-13:2017;

d) die festgelegten Kennzeichnungskriterien für das Objekt;

e) die Grenzbedingungen und Annahmen;

f) die angewendeten Verfahren und Verfahrensweisen, z. B. ISO 14644-9 für partikuläre Oberflächenreinheit und ISO 14644-8 für die Klassifizierung von Luftreinheit anhand der chemischen Konzentration und ISO 14644-10 für die Oberflächenreinheit anhand der chemischen Konzentration;

g) die angewendeten Messeinrichtungen und der Nachweis der Kalibrierung;

h) die Ergebnisse, entweder aus Bewertungen/Auswahlverfahren oder experimentelle Ergebnisse. Für die Ergebnisse der Validierung der Reinigung müssen die Dokumentationsanforderungen nach ISO 14644-9 und ISO 14644-8 und/oder ISO 14644-10 eingehalten werden;

i) eine Bestätigung der Übergabe, um den nächsten Schritt zu beginnen.

ANMERKUNG Bewertungen, Auswahlverfahren und experimentelle Untersuchungen sind Teil des Entscheidungsbaums (siehe Bild 2). Daher bezieht sich der Text auf die ausführende Organisation und Identifikation von Personal, statt auf die häufig verwendeten Begriffe „prüfende Organisation" und „Identifikation von Bedienungsperson".

Anhang A
(informativ)

Aspekte der Reinigung

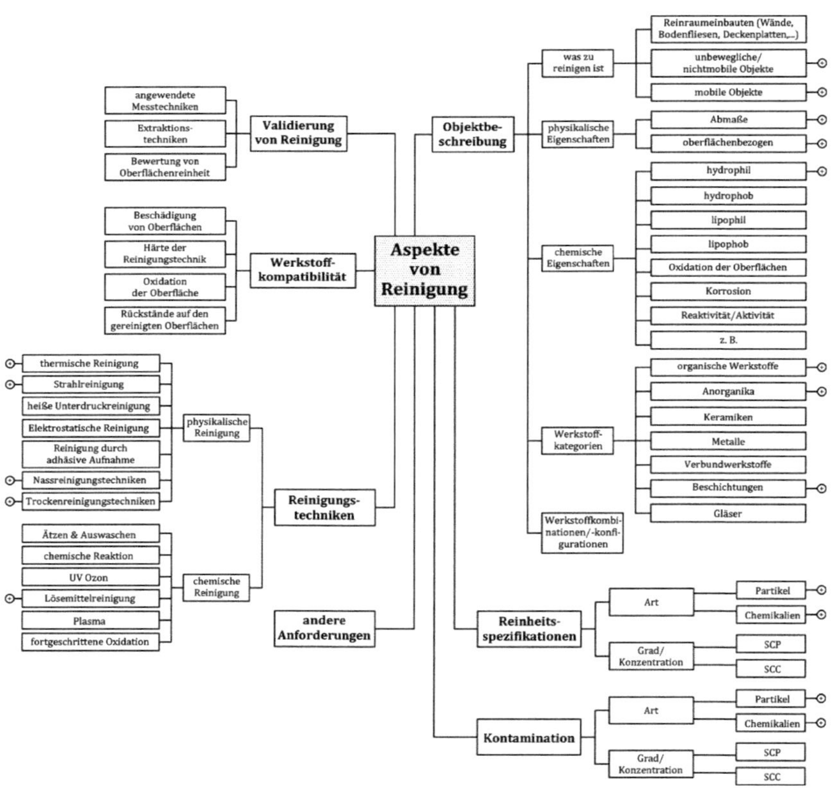

Bild A.1 — Detaillierter Überblick über Reinigungsaspekte (unvollständig)

Anhang B
(informativ)

Reinigungsverfahren

B.1 Allgemeines

Es ist zu beachten, dass einige Reinigungsverfahren nur für eine Vorreinigung außerhalb des Reinraums gedacht sind.

Die Anzahl verfügbarer Techniken ist groß. Dieser Überblick gibt einen Hinweis auf die verfügbaren Reinigungsverfahren. Die Verfahren sind unterteilt in:

— mechanische Reinigung;

— strömungstechnische Reinigung;

— chemische Reinigung;

— Strahlreinigungstechniken.

In einigen Fällen können Kombinationen der beschriebenen Reinigungsverfahren angewendet werden.

Bei allen Trockenreinigungstechniken können tribo-elektrische Wirkungen die Ladung der Oberfläche verursachen. Elektrostatische Anziehung spielt eine wichtige Rolle bei der Adhäsion von Staubpartikeln an die Produktoberfläche. Um diese Adhäsivkraft zu beseitigen, kann eine gleiche Anzahl positiver und negativer Ionen in ionisierter Luft erzeugt und auf die Oberfläche des Produkts übertragen werden, wo sie die elektrostatisch geladenen Staubpartikel und die Oberfläche selbst neutralisieren. Durch Neutralisation der Oberfläche wird eine erneute Ablagerung von Partikeln vermieden.

B.2 Mechanische Reinigung

B.2.1 Wischen

Kurzbeschreibung: Weiche, nichtabrasive, keine Kreuzkontamination verursachende Werkstoffe können verwendet werden, um leicht haftende Kontaminanten (Staub, Schmutzwasser usw.) zu entfernen. Wird bei dem Wischprozess eine Reinigungsflüssigkeit verwendet, ist für die Reinigungswirkung hauptsächlich die chemische Wirkung des Reinigungsmittels verantwortlich. Um Kontaminanten mit einem Wischtuch oder einem Wischer zu lösen und zu entfernen, müssen die Adhäsivkräfte zwischen der Kontamination und der Oberfläche des Objekts durch Reibbewegungen überwunden werden.

Anwendungsbereiche: Wischen ist besonders wirksam für die Entfernung von Kontamination durch Flüssigkeit und Partikel. Es ist üblicherweise ein handbetätigter Prozess.

B.2.2 Bürsten/Fegen

Kurzbeschreibung: Die Reinigungstechnik von Bürsten/Fegen ist das rein mechanische Wegwischen oder Abschleifen von allgemein festen Kontaminanten von der Oberfläche eines Objekts durch Borsten. Bürsten mit weichen Borsten aus Kunststoff oder Naturfasern werden zur Entfernung einfach abzulösender Kontamination verwendet, beispielsweise Staub. Für stark haftende Kontaminanten wie Oxide, Zunder oder Farbe können versteifte, nichthaarende Bürsten eingesetzt werden. Alle Werkstoffe, die durch die ausgewählte Bürste nicht beschädigt werden oder wenn ein geringer Grad von Oberflächenabrasion toleriert wird, können auf diese Art gereinigt werden.

Anwendungsbereiche: Bürsten/Fegen wird häufig zur Reinigung flacher Oberflächen verwendet.

B.2.3 Abkratzen/Abschaben

Kurzbeschreibung: Abkratzen oder Abschaben ist eine mechanische Trenntechnik, bei der haftende Feststoffe durch ein Werkzeug (z. B. Klinge oder Spachtel), das unter ihnen angebracht wird, angehoben und dann entfernt werden.

Anwendungsbereiche: Abkratzen/Abschaben wird eingesetzt, um stark haftende Rückstände von Werkstoffen von im Wesentlichen glatten Oberflächen zu entfernen.

B.2.4 Schleifen

Kurzbeschreibung: Schleifen ist die Entfernung oberflächlicher Kontamination durch Abrasion, wobei üblicherweise rotierende Schleifscheiben oder Hochgeschwindigkeitsrundschleifbänder verwendet werden. Schleifen ermöglicht die schnelle und wirksame Entfernung stark haftender Kontaminanten wie Zunder, Oxide, Rost, Beschichtungen oder Anstriche. Die Tatsache, dass eine gewisse Menge des Grundwerkstoffs ebenfalls abgeschürft wird, sollte mit berücksichtigt werden.

Anwendungsbereiche: Da die verwendeten Schleifscheiben aus Körnern aus einem harten Werkstoff (z. B. Siliziumcarbide, Diamanten) hergestellt sind, die in einem Bindemittel eingebettet sind, ist die Auswahl des Korns/Bindemittels für den Schleifprozess ausschlaggebend.

B.3 Strömungstechnische Reinigung

B.3.1 Waschen/Spülen/Trocknen

Kurzbeschreibung: Reinigung mithilfe flüssiger Mittel betrifft häufig Waschen, um abgelöste/emulgierte Kontamination sowie aktive Bestandteile des Lösemittelreinigers selbst, z. B. oberflächenaktive Substanzen und Emulgatoren, von der Oberfläche des Objekts zu entfernen. Dies verhindert die Übertragung von Kontaminanten in den nächsten Reinigungsschritt oder die Verursachung von Re-Kontamination in einem nachfolgenden Spül- oder Trocknungsprozess.

Spülen wird angewendet, um unerwünschte Rückstände des Waschprozesses zu entfernen.

Trocknung ist allgemein der letzte Schritt. Dadurch werden die Überreste des Reinigungsmediums des vorherigen Prozesses entfernt. Sie entfernt keine Kontamination aus dem vorherigen Prozess.

Anwendungsbereiche: Spülprozesse werden hauptsächlich verwendet, um verbesserte Reinheitsgrade nach der Reinigung mit wässrigen Flüssigkeiten zu erreichen.

B.3.2 Reinigung durch Druckgas

Kurzbeschreibung: Mit dieser Reinigungstechnik werden Oberflächen durch einen Gasstrahl gereinigt, der über eine Düse mit hoher Geschwindigkeit auf ein Objekt gerichtet wird. Der Gasstrahl übt eine aerodynamische Kraft auf die Partikel aus. Wenn der aerodynamische Widerstand eines Partikels die Haftkraft zwischen dem Partikel und der Oberfläche übersteigt, wird der Partikel von der Oberfläche abgelöst und mit dem Gasstrom weggetragen. Insbesondere trockene, locker haftende Kontaminanten wie Staub können mit dieser Reinigungstechnik wirksam entfernt werden. Partikel im Größenbereich von Mikrometern können nicht mehr ausschließlich durch einen Hochgeschwindigkeitsstrahl aus Gas entfernt werden. Partikel werden in dem Gas in der Schwebe gehalten und können an anderen Stellen neu abgelagert werden. Ionisiertes Gas kann die elektrostatische Ladung der Oberfläche unterdrücken.

Anwendungsbereiche: Wenn nur trockene Kontamination vorliegt, können gute Reinigungsergebnisse für Partikel erreicht werden, die größer als 5 µm sind. Flüssige oder pastöse Kontamination kann ebenfalls teilweise entfernt werden, sofern hohe Drücke angewendet werden (z. B. durch Verwendung von Überschall-(Venturi) Düsen).

B.3.3 Unterdruckreinigung

Kurzbeschreibung: Eine Saugdüse wird über der zu reinigenden Oberfläche des Objekts platziert und mit einer Pumpe verbunden, die einen Unterdruck erzeugt, der zu einem Luftstrom weg von der Oberfläche des Objekts führt. Dieser Luftstrom übt eine aerodynamische Kraft auf die Kontamination durch Partikel aus. Wenn der aerodynamische Widerstand des Partikels die Adhäsionskraft zwischen dem Partikel und der Oberfläche übersteigt, wird der Partikel von der Oberfläche abgelöst und mit dem Luftstrom weggetragen. Unterdruckreinigung ist besonders zur Entfernung trockener Kontamination wie Staubpartikeln geeignet. Üblicherweise ist diese Technik zur Entfernung von Partikeln im Mikrometerbereich nicht geeignet.

Anwendungsbereiche: Unterdruckreinigung wird in kontrollierten Bereichen und für schwer erreichbare Bereiche verwendet.

B.3.4 Schallreinigung

B.3.4.1 Ultraschallreinigung

Kurzbeschreibung: Bei der Ultraschallreinigung werden die zu reinigenden Objekte in ein mit einem geeigneten Reinigungsmittel gefülltes Bad gehängt. Ultraschallwellen werden in dem Reinigungsbad über schwingende Wände erzeugt, die sich der Länge nach durch das Reinigungsmittel verteilen. Implodierende Kavitationsblasen erzeugen sehr hohe Drücke von etwa 1 000 bar, die Kontaminationen von Oberflächen abstrahlen, die anschließend in der Reinigungsflüssigkeit aufgelöst oder zerstreut werden. Nach der Reinigung müssen die Oberflächen gespült und getrocknet werden.

Ultraschall wirkt auch auf Innenflächen, die ansonsten schwer zu reinigen sind.

Anwendungsbereiche: Ultraschallreinigung erreicht äußerst hochwertige Ergebnisse innerhalb sehr kurzer Zeit, selbst für komplex geformte Objekte, Spalten und Bohrlöcher. Allgemein ist Ultraschallreinigung eine sanfte Reinigungstechnik, die zur Reinigung zerbrechlicher Oberflächen verwendet werden kann, ohne diese zu beschädigen.

B.3.4.2 Megaschallreinigung

Kurzbeschreibung: Megaschallreinigung gehört zur Gruppe der Schallreinigungen. Da Megaschallreinigung höhere Frequenzen (oft im Bereich von 800 kHz bis 2 000 kHz) als Ultraschallreinigung (20 kHz bis 500 kHz) verwendet, erzeugt sie weniger Kavitation und verursacht dadurch weniger Schaden an den zu reinigenden Oberflächen. Schallwellen in der Reinigungsflüssigkeit erzeugen Druckschwankungen, die Kontamination von Oberflächen entfernen. Nur die Oberfläche des Objekts gegenüber dem/den Transducer(n) wird gereinigt.

Anwendungsbereiche: Medizinisches Implantat, Herstellung flacher Panels und Wafer oder Reinigung industrieller Bauteile.

B.3.5 Sprühreinigung

Kurzbeschreibung: Reinigungsflüssigkeit dringt unter erhöhtem Druck in die Reinigungsumgebung (Kammer) ein. Eine große Auswahl von Reinigungsmitteln kann in Kombination mit Wasser verwendet werden. Der Reinigungsvorgang ist durch eine große Wirkung von Reinigungsspray und einer kontinuierlichen Auffrischung des Reinigungsmittels gekennzeichnet. Bei einem Sprühreiniger kann entweder das zu reinigende Objekt oder die Düse bewegt werden, um die gesamte Oberfläche des Objekts abzudecken.

Anwendungsbereiche: Sprühreinigung wird für eine große Vielfalt von Objekten verwendet.

B.4 Strahlreinigungstechniken

B.4.1 Allgemeines

Die Strahlreinigungstechniken sind in das Hauptmedium unterteilt, das zur Erzeugung des Strahls verwendet wird: Gas und Flüssigkeit.

Strahlreinigungstechniken sollten nur auf widerstandsfähigen Oberflächen angewendet werden.

B.4.2 Gasbestrahlung

B.4.2.1 Druckluftbestrahlung

Kurzbeschreibung: Oberflächen werden durch verschiedene Strahlmittel gereinigt, die in dem Druckgasstrahl mitgetragen werden und bei festen oder schwankenden Geschwindigkeiten auf das zu reinigende Objekt angewendet werden. Das Verfahren ist sehr vielseitig, da es Kontamination, Schmutz, Korrosion, Zunder und Anstrich entfernt. Die hohe kinetische Energie, die vom Strahlmittel übertragen auf die Oberfläche aufprallt, kann Schaden verursachen.

Anwendungsbereiche: Geeignet zur Reinigung von Komponenten und Strukturen jeder Größe und Beschreibung, nur Bereiche mit direktem Kontakt zu dem aufprallenden Medium werden ordnungsgemäß gereinigt.

B.4.2.2 Nass-Druckluftbestrahlung

Kurzbeschreibung: Dieses Verfahren ähnelt dem Verfahren der Druckgasbestrahlung. Allerdings wird hierbei ein Strahl aus Luft verwendet, um Wasser und ein Strahlmittel zu beschleunigen.

Anwendungsbereiche: Das Verfahren ist zur Reinigung von Oberflächen und Strukturen jeder Größe und Form geeignet. Nach der Anwendung wird die zu reinigende Oberfläche mit einem Schlamm bedeckt sein, der nach Abschluss der Reinigung mit einem Luft- oder Wasserstrahl entfernt werden muss.

B.4.2.3 CO_2-Pelletreinigung

Kurzbeschreibung: Trockeneispellets bei etwa −80 °C (Durchmesser/Länge im Millimeterbereich) werden auf fast Überschallgeschwindigkeit (300 m/s) beschleunigt. Die rasche Abkühlung der Oberfläche führt zu Versprödung der Oberflächenschichten. Während der Sublimierung von CO_2 kann haftende Kontamination von der Oberfläche einfach entfernt werden. Sie ist weniger abrasiv als ein unter Druck gesetzter Flüssigkeitsstrahl.

Anwendungsbereiche: Das Verfahren kann für fast alle Werkstoffe verwendet werden. Da das Verfahren einen abrasiven Charakter hat, könnten einige „weiche" Oberflächen sichtbar aufgeraut werden.

B.4.2.4 Beschleunigte CO_2-Schneereinigung

Kurzbeschreibung: Die beschleunigte CO_2-Schneereinigung ist ein trockener und lösemittelfreier Prozess. Wenn sich Kohlenstoffdioxid schnell ausdehnt, ändert es sich von flüssigem CO_2 zu einem Gemisch aus festem CO_2 (Trockeneis) und gasförmigem CO_2. Das Trockeneis wird dann mittels reinem Stickstoff auf die zu reinigende Oberfläche gestrahlt. CO_2-Schneereinigung ist eine Weiterentwicklung der CO_2-Pelletreinigung. CO_2-Schneereinigung ist weniger abrasiv als CO_2-Pelletreinigung.

Anwendungsbereiche: CO_2-Schneereinigung hat einen weiten Anwendungsbereich, von Präzisionsreinigung bis zur Reinigung großer Oberflächenbereiche. Sie kann eingesetzt werden, um hochempfindliche Oberflächen zu reinigen. Kontamination durch Partikel kann entfernt werden, wie auch Ölschichten, Fett, Fingerabdrücke und Flussmittelrückstände.

B.4.3 Flüssigkeitsbestrahlung

B.4.3.1 Bestrahlung durch Flüssigkeiten unter Druck

Anwendungsbereiche: Ein Strahl aus unter hohem Druck stehender Flüssigkeit wird über eine Düse auf die zu reinigende Oberfläche gerichtet. Ein fester Strahlwerkstoff kann der Flüssigkeit hinzugegeben werden, um die Abrasion zu erhöhen. Idealerweise können selbst Einzelschichten eines Beschichtungssystems abgelöst werden. Nach der Anwendung wird die zu reinigende Oberfläche mit einem Schlamm bedeckt sein, der nach Abschluss der Reinigung mit einem Luft- oder Wasserstrahl entfernt werden muss.

Anwendungsbereiche: Geeignet zur Reinigung von Oberflächen und Strukturen jeder Größe und Form; nur Bereiche mit direktem Kontakt zu dem aufprallenden Medium werden ordnungsgemäß gereinigt.

B.4.3.2 Niederdruck-Wasserbestrahlung

Kurzbeschreibung: Das Verfahren ist dem der Druckluftbestrahlung ähnlich. Allerdings wird zum Strahlmittel/Luftgemisch vor der Düse sehr wenig Wasser hinzugegeben. Im Gegensatz zur Druckluftbestrahlung ist für dieses Verfahren eine vorbereitete Oberfläche anfänglich nass.

Anwendungsbereiche: Geeignet zur Reinigung von Oberflächen und Strukturen jeder Größe und Form, nur Bereiche mit direktem Kontakt zu dem aufprallenden Medium werden ordnungsgemäß gereinigt. Es wird grundsätzlich in Fällen verwendet, bei denen Staub- und Wassergrade niedrig gehalten werden müssen.

B.4.3.3 Schlämmbestrahlung

Kurzbeschreibung: Ein feinkörniger, in Wasser oder einer anderen Flüssigkeit aufgelöster Werkstoff wird mit hoher Geschwindigkeit auf die zu reinigende Oberfläche gestrahlt. Im Gegensatz zu feuchter Druckluft beschleunigt die Flüssigkeit das Strahlmittel. Schlämmstrahlen wird zur gleichzeitigen Reinigung und Feinstbearbeitung von Oberflächen verwendet. Nach dem Schlämmen ist eine Reinigungsspülung notwendig, um alle haftenden Rückstände des Strahlmittels zu entfernen. Schlämmstrahlen ist zur Herstellung eines feinen und gleichmäßigen Oberflächenprofils geeignet.

Anwendungsbereiche: Feinguss, Feinst-/Präzisionsentgratung, Polieren von Oberflächen, Reinigung chirurgischer Instrumente.

B.4.3.4 Dampfbestrahlung

Kurzbeschreibung: Erhitztes, unter Druck gesetztes Wasser dehnt sich in einer Düse aus und führt zur Aufbringung eines Sprühregens aus heißem Dampf auf die Oberfläche. Dieses hochwirksame Verfahren zur Reinigung öliger Oberflächen kann durch Zugabe von Reinigungsmitteln verbessert werden.

Anwendungsbereiche: Dampfbestrahlung wird angewendet, wenn aufwendige mechanische Wasch- und Spülmaßnahmen erforderlich sind.

B.5 Chemische Reinigung

B.5.1 Allgemeines

Bei chemischen Reinigungstechniken reagiert ein Reinigungsmittel mit der vorhandenen Kontamination, um sie zu entfernen. Das Reinigungsmittel verdunstet anschließend oder kann einfach entfernt werden.

B.5.2 Ätzen

Kurzbeschreibung: Ätzen ist die Entfernung der kontaminierten Oberflächenschicht durch chemische Reaktion.

Anwendungsbereiche: Entfernung von Beschichtungen und Endreinigung von Komponenten.

B.5.3 Chemische Reaktion

Kurzbeschreibung: Speziell ausgewählte Chemikalien werden auf zielgerichtete Art und Weise verwendet, um Kontamination durch eine chemische Reaktion in andere Verbindungen umzuwandeln, die entweder flüchtig oder einfach zu entfernen sind.

Anwendungsbereiche: Mit diesem Prinzip können Oberflächen entzundert werden, beispielsweise mit sauren wässrigen Lösungen.

B.5.4 Dampfreinigung

Kurzbeschreibung: Dampfreinigung wird oft in Kombination mit Ultraschallreinigung in einem schnell trocknenden umweltfreundlichen Lösemittel verwendet. Die Wirkung kann sich durch Verwendung eines Chemikaliengemischs verbessern lassen. Nach dem Eintauchen bedeckt eine Schicht Lösemittel die Oberfläche des Objekts. In dieser Schicht wird die verbleibende Kontamination aufgelöst oder verteilt. Durch die Bewegung des Objekts durch einen Kaltbereich wird die Schicht von der Oberfläche abgezogen. Das Objekt verlässt diese Zone mit einer trockenen Oberfläche.

Anwendungsbereiche: metallische Objekte, Elektronikteile, Entfettung.

B.5.5 Plasmareinigung

Kurzbeschreibung: Bei der Plasmareinigung wird ein Gemisch reaktiver Spezies erzeugt, das die Oberfläche des Objekts zerstäubt. Diese Reinigungsmaßnahme löst Kontamination von der Oberfläche und erzeugt zusätzlich eine Reaktion, die Kontamination in einen Gaszustand umwandelt, der durch ein Unterdrucksystem entfernt werden kann.

Ein Plasmareinigungsprozess wird in einem Unterdrucksystem durchgeführt. Allerdings gibt es auch atmosphärische Lösungen. Die Agitationsenergie liegt entweder im RF-Bereich (13,6 MHz) oder im Mikrowellenbereich (2,4 GHz). Als Reinigungsgase können mehrere reine Gase oder Kombinationen ausgewählt werden: Argon, Stickstoff, Sauerstoff, Halogene usw.

Anwendungsbereiche: Elektronikteile, Kunststoffobjekte, metallische Objekte, Optik.

B.5.6 Ozonreinigung

Kurzbeschreibung: Bei Ozon werden reaktive O_3-Spezies verwendet, um organische Kontamination zu oxidieren. Das Ozon wird durch UV-Licht erzeugt und aktiviert.

Anwendungsbereiche: flache Objekte wie Glasplatten, Optik.

B.6 Arbeitsbereiche der beschriebenen Reinigungstechniken

In Tabelle B.1 und Tabelle B.2 ist ein Überblick der typischen Arbeitsbereiche für die Anwendbarkeit einiger Reinigungstechniken angegeben. Der graue Bereich innerhalb der Tabellen ist der Bereich, in dem diese Techniken angewendet werden können.

Tabelle B.1 — Arbeitsbereiche der beschriebenen Reinigungstechniken zur Partikelentfernung

Reinigungstechniken **Partikelentfernung**	**hohe Kontamination** — **geringe Kontamination**
Technik	**SCP 8** — **SCP 1**
B. 2 mechanische Reinigung	
B.2.1 Wischen	
B.2.2 Bürsten/Fegen	
B.2.3 Abkratzen/Abschaben	
B.2.4 Schleifen	
B.3 strömungstechnische Reinigung	
B.3.1 Waschen/Spülen/Trocknen	
B.3.2 Reinigung durch Druckgas	
B.3.3 Unterdruckreinigung	
B.3.4 Schallreinigung	
B.3.4.1 Ultraschallreinigung	
B.3.4.2 Megaschallreinigung	
B.3.5 Sprühreinigung	
B.4 Strahlreinigungstechniken	
B.4.1 Allgemeines	
B.4.2 Gasbestrahlung	
B.4.2.1 Druckluftbestrahlung	
B.4.2.2 Nass-Druckluftbestrahlung	
B.4.2.3 CO_2-Pelletreinigung	
B.4.2.4 beschleunigte CO_2-Schneereinigung	
B.4.3 Flüssigkeitsbestrahlung	
B.4.3.1 Bestrahlung durch Flüssigkeiten unter Druck	
B.4.3.2 Niederdruck-Wasserbestrahlung	
B.4.3.3 Schlämmbestrahlung	
B.4.3.4 Dampfbestrahlung	
B.5 Chemische Reinigung	
B.5.1 Allgemeines	
B.5.2 Ätzen	
B.5.3 Chemische Reaktion	
B.5.4 Dampfreinigung	

Tabelle B.2 — Arbeitsbereiche der beschriebenen Reinigungstechniken zur Chemikalienentfernung

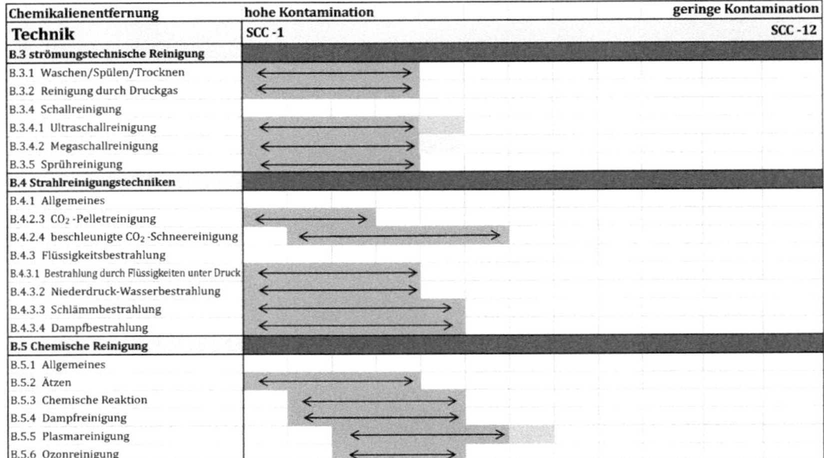

Chemikalienentfernung	hohe Kontamination … geringe Kontamination
Technik	SCC -1 … SCC -12
B.3 strömungstechnische Reinigung	
B.3.1 Waschen/Spülen/Trocknen	
B.3.2 Reinigung durch Druckgas	
B.3.4 Schallreinigung	
B.3.4.1 Ultraschallreinigung	
B.3.4.2 Megaschallreinigung	
B.3.5 Sprühreinigung	
B.4 Strahlreinigungstechniken	
B.4.1 Allgemeines	
B.4.2.3 CO_2 -Pelletreinigung	
B.4.2.4 beschleunigte CO_2 -Schneereinigung	
B.4.3 Flüssigkeitsbestrahlung	
B.4.3.1 Bestrahlung durch Flüssigkeiten unter Druck	
B.4.3.2 Niederdruck-Wasserbestrahlung	
B.4.3.3 Schlämmbestrahlung	
B.4.3.4 Dampfbestrahlung	
B.5 Chemische Reinigung	
B.5.1 Allgemeines	
B.5.2 Ätzen	
B.5.3 Chemische Reaktion	
B.5.4 Dampfreinigung	
B.5.5 Plasmareinigung	
B.5.6 Ozonreinigung	

Anhang C
(informativ)

Werkstoffkompatibilität mit Reinigungsmitteln

Die chemische Kompatibilität von Werkstoffen mit Reinigungsflüssigkeiten wurde umfassend geprüft. Tabelle C.1 gibt Beispiele für die Kompatibilität einer Vielfalt von Werkstoffen mit den gebräuchlichsten organischen Reinigungsflüssigkeiten an. Diese Tabelle gibt Einblicke in Flüssigkeiten, die für die Reinigung mit minimaler Beschädigung des Objekts verwendet werden können. Diese Tabelle gilt nur bei Raumtemperatur. Chemische Mischungen, erhöhte Temperaturen und hohe mechanische Einwirkung können weiterhin zu Beschädigung führen. Es ist zu beachten, dass Tabellen wie Tabelle C.1 nur als Hinweis dienen können. Es wird dringend empfohlen, experimentelle Kompatibilitätsprüfungen durchzuführen. Gleiche Werkstoffe (insbesondere polymere Werkstoffe) von unterschiedlichen Lieferanten verhalten sich wahrscheinlich unterschiedlich. Sogar Abweichungen von Charge zu Charge können erwartet werden.

Andere Quellen für Werkstoffkompatibilität sind verfügbar (siehe Literaturhinweise).

Tabelle C.1 — Beispiele der Kompatibilität verschiedener Lösemittel mit aufgeführten Werkstoffen (nur als Hinweis)

Art des Werkstoffs	Abkürzung	Methanol	Ethanol	Isopropylalkohol	Aceton	Methylethylketon	Dichloromethan	Chloroform
Kunststoff								
Acetal (Polyoxymethylen)	ACL	A	A	A	A	C		A
Epoxid		B	A	A	B	C		C
Ethylen-Chlorotrifluoroethylen Copolymer	E-CTFE	A	A	A	B	A	C	A
Ethylen-Tetrafluoroethylen	ETFE	A	A	A	B	A	B	A
Fluoroethylen-Propylen	FEP	A	A	A	A	A	A	A
Tetrafluoroethylen	TFE	A	A	A	A	A	A	A
Perfluoralkoxy	PFA	A	A	A	A	A	A	A
Polyamid		D	D	D	A	A	B	C
Polycarbonate	PC	B	A	A	D	D	D	D
Polyethylen niedriger Dichte	LDPE	A	B	A	D	D	D	C
Polyethylen hoher Dichte	HDPE	A	A	A	D	D	C	C
Polyimid		B	B	B	B	B	B	B
Polymethylmethacrylat	PMMA	D	D	D	D	D	D	D
Polyketones	PK (PEEK)	A	A	A	A			C

Art des Werkstoffs	Abkürzung	Methanol	Ethanol	Isopropylalkohol	Aceton	Methylethylketon	Dichloromethan	Chloroform
Polystyren	PS	B	A	A	D	D	D	D
Polysulfon	PSF	A	A	B	D	D	D	D
Polyethylenterephthalat	PET	A	A	A	C	A	D	D
Polypropylen	PP	A	A	A	B	B	C	D
Polyurethan	PUR	C	C	C	D	D	D	D
Polyvinylidenfluorid	PVDF	A	A	A	D	D	A	A
Silikon		A	C	A	D	D	D	D
Vinylidenfluorid — Hexafluoropropylen		C	A	A	D	D		A
Metall								
Aluminium		A	B	B	A	B		B
Kupfer		B	A	B	A	A		A
316 Nichtrostender Stahl		A	A	B	A	A		A
Titan		B	A	B	A	A		A
Verschiedene								
Kohlenstoffgraphit		A	A	A	A	A		A
Al_2O_3		A	A	A	A	A		A
SiC		A	A	A	A	A		A

Einstufung anhand chemischer Wirkungen bei 20 °C:

— A: ausgezeichnet — kein Schaden nach 30 Tagen andauernder Exposition;

— B: widerstandsfähig — kleiner oder kein Schaden nach 30 Tagen andauernder Exposition;

— C: angemessen bis schlecht — gewisse Auswirkung nach 7 Tagen andauernder Exposition;

— D: nicht empfohlen — unmittelbarer Schaden kann auftreten;

— Leer: Keine Daten vorhanden.

Anhang D
(informativ)

Reinheitsmessung

D.1 Allgemeines

Die Oberflächenreinheit kann qualitativ durch Sichtprüfung oder quantitativ durch ein direktes oder indirektes Messverfahren bestimmt werden. Für eine indirekte Messung werden die Kontaminanten von der Oberfläche extrahiert.

D.2 Sichtprüfung

Die Sichtprüfung kann durchgeführt werden, um die anfängliche Oberflächenreinheit zu bestimmen. Wenn auf dieser Stufe Kontamination festgestellt wird, können umfangreichere und kostspieligere Nachweisprozesse aufgeschoben werden, bis die Oberflächenreinheit durch Vorreinigung verbessert wurde.

Sichtprüfung kann beispielsweise mit gewöhnlichem Licht oder mit Schwarzlicht (ultraviolett) durchgeführt werden, um fluoreszierende Kontaminanten nachzuweisen. Eine Handlupe oder ein Digitalmikroskop können die Feststellung von Kontamination erleichtern.

Chemische Kontamination kann anhand einer Verfärbung oder durch eine Beugung in dünnen Schichten festgestellt werden. Es können auch andere Sichtprüfungsverfahren wie die Messung des Kontaktwinkels oder eine Wasserablaufprüfung verwendet werden. Tropfenbildung und große Kontaktwinkel können auf das Vorhandensein organischer Kontaminanten hindeuten. Während ein großer Kontaktwinkel üblicherweise auf Restkontamination hinweist, trifft der Umkehrschluss nicht zwingend zu. Salze oder Rückstände von Reinigungsmitteln können zu einem kleinen Kontaktwinkel führen und fälschlicherweise auf Reinheit hindeuten.

D.3 Direkte Messung der Oberflächenreinheit

Direkte Oberflächenbeobachtung kann in Situationen geeignet sein, in denen die Oberfläche zugänglich ist. Die untersuchte Oberfläche wird entweder zu der Messeinrichtung gebracht oder die Einrichtung ist tragbar und wird zu der Oberfläche gebracht.

Mögliche Messverfahren sind ausführlicher in D.5 und in ISO 14644-10 beschrieben.

D.4 Indirekte Messung der Oberflächenreinheit durch Extraktion

D.4.1 Allgemeines

Wenn der Reinigungsprozess nicht ohne weiteres auf der Oberfläche des zu beurteilenden Objekts durchgeführt werden kann, sind extraktive Verfahren geeignet. Beispiele von Fällen, in denen eine direkte Analyse nicht geeignet ist, umfassen die Beurteilung von Objekten mit komplexen Strukturen wie Blindlöchern, Situationen, in denen der betroffene Untersuchungsgegenstand/die betroffenen Untersuchungsgegenstände in einem Gemisch vorkommen und voneinander getrennt werden sollten, und Objekte mit physikalischen Maßen, die nicht einfach mit der entsprechenden Ausrüstung analysiert werden können.

D.4.2 Extraktionstechniken

Der Extraktionsprozess kann Chemikalien, Wärme und Kraft beinhalten. Extraktion kann direkt aus dem Substrat erfolgen, oder es können Trennung von dem Kontaminant oder die Analyse aus einem Abstrichtupfer oder Wischtuch einbezogen sein. Die Begründung für die Wahl der Probenahme und Extraktion sollte dokumentiert werden.

Verfahren zur Probenahme sollten festgelegt werden. Die Bereiche der Oberfläche, die zur Extraktion ausgewählt werden, sollten schwer zu reinigende Bereiche enthalten (z. B. Blindlöcher oder umlaufende Dichtungen). Die von dem Objekt gesammelte Menge des Kontaminants muss ausreichend sein, um den Nachweis zu ermöglichen. Der Bereich der Probenahme sollte für die gesamte Fläche der Oberfläche des Objekts repräsentativ sein, einschließlich der Vielfalt von Werkstoffkomponenten.

Ist ein einzelner Kontaminant betroffen, kann der Einsatz eines einzelnen Extraktionsmittels angemessen sein. Üblicherweise ist es notwendig, mindestens zwei Extraktionsmittel zu verwenden, um unterschiedlichen Polaritäten des Kontaminanten Rechnung zu tragen. Auch bei der Extraktion von Partikeln, da Partikel sowohl von physikalischen als auch chemischen Kräften an Ort und Stelle gehalten werden, kann es notwendig sein, mehrere unterschiedliche Extraktionsmittel zu verwenden.

Bei der Auswahl von Extraktionslösemitteln sollte eine Reihe von Faktoren berücksichtigt und dokumentiert werden. Beispiele solcher Faktoren umfassen die Reinheit des Extraktionslösemittels, Löslichkeitsparameter, die Benetzbarkeit (Oberflächenspannung, Viskosität) und die Kompatibilität mit dem Substrat oder mit dem für die Probenahme verwendeten Wischtuch oder Abstrichtupfer.

D.4.3 Extraktion aus dem Objekt

Die Technik der Probenahme und Extraktion sollte festgelegt sein.

Die Extraktion vom Objekt sollte durch eine Kombination von Chemikalien und einem Prozess durchgeführt werden, bei dem potentielle Kontaminanten aus allen Bereichen des Objekts ohne übermäßige Probleme mit der Werkstoffkompatibilität entfernt werden, d. h. ohne wesentliche Beschädigung des betreffenden Objekts. Die Gruppe, die die Validierung durchführt, sollte alle aufgetretenen wesentlichen Schäden benennen und dokumentieren.

D.4.4 Extraktion aus dem Wischtuch

Probenahme und Extraktion können Variabilität aufweisen. Wischtücher und Abstrichtupfer enthalten potentiell störende Werkstoffe. Demnach sollten Kontrollen (Leerwerte, wenn Abstrichtupfer oder Wischtücher einer vorgegebenen Extraktionstechnik unterzogen werden) dokumentiert werden.

D.5 Messverfahren

D.5.1 Allgemeines

Dieser Unterabschnitt gibt einen Überblick über die wichtigsten Verfahren zur Bestimmung von Kontaminantkonzentrationen von Partikeln oder Chemikalien. In ISO 14644-9 und ISO 14644-10 ist eine vollständigere Liste angegeben.

D.5.2 Messverfahren für Partikel

D.5.2.1 Sichtprüfung

Für Objekte, die einen niedrigen Reinheitsgrad erfordern, kann eine Sichtprüfung durchgeführt werden. Die Überprüfung kann mithilfe eines Blitzlichts unter einem Glanzwinkel oder einer UV-Lampe verbessert werden. Unter idealen Bedingungen können Partikel im Größenbereich von 25 µm und darüber festgestellt werden. Die Mindestgröße nachweisbarer Partikel steigt enorm, wenn eine gewisse Oberflächenrauheit vorhanden ist. Da der Nachweis von den Beobachtungsfähigkeiten der Bedienungsperson abhängt, ist diese Technik nur halbquantitativ.

D.5.2.2 Lichtmikroskopie

Lichtmikroskope werden zur Messung von Partikeln im Größenbereich von 1 µm und darüber verwendet. Die direkte Messung der Partikelreinheit von Oberflächen erfordert oft Mikroskope mit automatischen Stufen und Autofokussysteme und/oder die Verwendung von Hintergrundbeleuchtungssystemen. Diese Systeme können Serien von Bildern aufeinanderfolgender Felder aufnehmen. Dies ermöglicht die Messung eines deutlich größeren Oberflächenbereichs und die Bewertung von Oberflächen mit geringen Partikelkonzentrationen.

Bei indirekten Messungen werden Mikroskope verwendet, um Partikelkonzentrationen auf Filterwerkstoffen zu bestimmen.

D.5.2.3 Schräglicht-, Streiflicht- und Seitenlicht-Messsysteme

Wie bei der Lichtmikroskopie wird das Abbild einer Oberfläche unter Anwendung der erforderlichen Vergrößerung an einer Digitalkamera dargestellt. Durch Schrägbeleuchtung mit parallel auf die Oberfläche einfallendem Licht werden bestehende Oberflächenstrukturen nur geringfügig beleuchtet und durch die Partikel gestreutes Licht tritt in die Kamera ein. Diese Technik ist auch als Dunkelfeldmikroskopie bekannt. Sie ermöglicht den Nachweis von Partikeln im Sub-Auflösungsbereich in einem relativ großen Bereich. Größeninformationen sind nicht zuverlässig, da die Menge von gestreutem Licht sowohl von der Partikelgröße als auch dem Brechungsindex abhängt. Die Größe des kleinsten nachweisbaren Partikels hängt von der Oberflächenrauheit ab.

D.5.2.4 Rasterelektronenmikroskopie (SEM)

Mit der SEM (en: scanning electron microscopy) können sehr kleine Partikel (bis hinunter zu 10 nm) abgebildet werden. Die Probe wird in einem Vakuum einem Elektronenstrahl ausgesetzt. Die Sekundärelektronen werden nachgewiesen. Die kleinsten Partikel können nur bei starker Vergrößerung abgebildet werden. Unter diesen Bedingungen ermöglicht die Fokustiefe die Abbildung von Proben mit geringer Rauheit in einem kleinen Sichtfeld. Daher ist die Messung der Oberflächenreinheit durch Partikel mit der SEM ausschließlich auf hohe SCP-Klassen beschränkt.

D.5.2.5 Optische Partikelzählung

Bei einem indirekten Verfahren werden Partikel in Luft, Gase oder Flüssigkeiten übertragen und die Partikelkonzentration wird mittels optischer Partikelzählung gemessen. Partikel, die in dem Medium vorhanden sind, erzeugen beim Durchgang durch den Laser Streulicht, das durch Photodetektoren erfasst und analysiert wird.

Eine äquivalente Partikelgröße wird anhand der Intensität des gestreuten Lichts berechnet. In Luft und Gasen können Partikel im Größenbereich über 100 nm unter Verwendung eines Zählers für luftgetragene Partikel gemessen werden. Für eine hohe Partikelkonzentration kann ein Mobilitäts-Partikelgrößen-spektrometer (SMPS, en: Scanning Mobility Particle Sizer) verwendet werden. Wenn nur Partikelkonzentrationen gefordert sind, kann ein Kondensationspartikelzähler (en: Condensation Particle Counter, CPC) verwendet werden. Die Luftprobe wird durch gesättigtes (Wasser, Alkohol) Gas geleitet. Die Komponente kondensiert auf dem Partikel, das einfacher nachgewiesen werden kann. Partikel von einer Größe bis hinunter zu 5 nm können erreicht werden. Die Größeninformation geht verloren.

Partikel in Flüssigkeiten können mit der optischen Partikelzählung ebenfalls nachgewiesen werden. Ausrüstung zum Nachweis von Partikeln im Größenbereich 50 nm und darüber ist kommerziell erhältlich.

D.5.2.6 Partikelzählung mit Lichtextinktion

Bei beiden Verfahren zum Nachweis von Partikeln (Extinktion und Lichtstreuung) wird eine Änderung der durch den Detektor gemessenen Lichtintensität in ein elektrisches Signal umgewandelt. Lichtextinktion ist für Partikel im Größenbereich von mindestens 1 µm sinnvoll. Bei diesem Verfahren blickt der Detektor direkt in die Lichtquelle und misst die Größe des „Schattens" des Partikels, wenn dieses den Strahl durchquert.

D.5.2.7 Streulicht-Oberflächenscanner

Streulichtscanner werden speziell für die Untersuchung von Oberflächen mit sehr geringer Rauheit eingesetzt (z. B. Silizium-Wafer, Glas). Ein fokussierter Laser tastet mit einem definierten Strahlenwinkel die Komponentenoberfläche ab. Das direkt von der Oberfläche reflektierte Licht wird in eine Lichtfalle geleitet und auf diese Weise eliminiert. Auf der Oberfläche vorliegende Partikel führen dazu, dass das Laserlicht diffus gestreut wird. Das Streulicht wird durch einen Photomultiplier erfasst und verstärkt. Auf Grundlage der Intensität des nachgewiesenen Streulichts können Schlussfolgerungen über die Größe und Lage der Partikel gezogen werden. Die Größe wird häufig als der Äquivalentkugeldurchmesser ausgedrückt. Die Nachweisgrenze von Streulichtscannern liegt bei einer Partikelgröße von > 0,05 µm. Da ein großer Oberflächenbereich abgetastet werden kann, ist dieses Verfahren für niedrige SCP-Klassen geeignet.

D.5.2.8 Analyse durch Rasterkraftmikroskopie (AFM)

Beim Rasterkraftmikroskop (AFM, en: Atomic Force Microscopy) handelt es sich um einen sehr hochauflösenden Typ eines Rastersonden-Mikroskops mit nachgewiesener Auflösung in der Größenordnung von Anteilen von einem Nanometer, die damit mehr als 1 000-mal höher als die optische Beugungsgrenze ist. Das AFM besteht aus einem Cantilever mit Mikroskala und scharfer Messspitze (Sonde) an dessen Ende zum Abtasten der Probeoberfläche.

Dieses Verfahren kann nur für einen kleinen Nachweisbereich verwendet werden (100 $\mu m^2 \times 100\ \mu m^2$), und Partikel im Größenbereich 1 µm und darüber können nicht ordnungsgemäß gemessen werden. Aufgrund des kleinen Messbereichs ist es schwierig, einen repräsentativen Messort auszuwählen.

D.5.2.9 Gravimetrie

Gravimetrie ist ein Verfahren zur indirekten Messung von Partikeln. Die Partikellast auf einer Oberfläche oder einem Prüfobjekt wird in ein Gas oder eine Flüssigkeit übertragen, das bzw. die gefiltert wird. Die Massenzunahme eines Analysenfilters (Massedifferenz) ist eine Normale für die Partikelreinheit von Oberflächen. Die Messgrenze liegt bei etwa 0,1 mg je Analysenfilter. Demnach kann dieses Verfahren nur für hohe SCP-Klassen verwendet werden.

D.5.3 Messverfahren für chemische Kontamination

D.5.3.1 Allgemeines

Dieser Unterabschnitt beschreibt Messverfahren für die chemische Kontamination. Weitere Informationen können ISO 14644-10 entnommen werden.

Die meisten Verfahren zur Messung der Kontamination durch Chemikalien können für Kohlenwasserstoffe angewendet werden. In diesem Unterabschnitt wird eine Auswahl von Verfahren beschrieben, die entweder auf der relevanten Oberfläche selbst (direkte Messung) oder nach der Extraktion der Kontamination verwendet werden können (indirekte Verfahren). Die meisten direkten Messverfahren können auch in einer indirekten Verfahrensweise angewendet werden.

D.5.3.2 Direkte Messungen

D.5.3.2.1 Sekundärionenmassenspektrometrie (SIMS)

Massenspektrometrie wird zur Bestimmung des Masse-zu-Ladungs-Verhältnisses und der Isotopenhäufigkeit der Sekundärionen angewendet, die von einer Probe nach Ionenbeschuss emittiert werden. Sie ist ein quantitatives Verfahren, das Standardmaterialien zur Charakterisierung von Spurenkontamination von Oberflächen, Dünnfilmen, Multischichtenstrukturen und Grenzschichten verwendet.

SIMS wird oft mit einem Flugzeitverfahren (Flugzeit-Sekundärionenmassenspektrometrie, TOF-SIMS) zur Analyse der Masse kombiniert.

D.5.3.2.2 Totalreflexions-Röntgenfluoreszenzspektroskopie (TXRF)

TXRF ist ein Röntgenspektrometer, das die Energieverteilung der Fluoreszenzröntgenstrahlen misst, die von einer Oberfläche emittiert werden, die durch Primärröntgenstrahlen totalreflexions-synchron bestrahlt wird. TXRF gibt eine qualitative elementare Durchleuchtung unbekannter Proben, metallischer Oberflächenkontamination von Halbleiterwafern und Zusammensetzungsverhältnissen binärer dünner Schichten.

D.5.3.2.3 Fourier-Transformations-Infrarotspektrometer (FTIR)

FTIR ist eine Messung für Infrarotabsorbtionsspektren, bei der ein Spektrometer zur Messung der Infrarotenergie angewendet wird. Sie wird zur Identifikation der chemischen Struktur von organischen Verbindungen, Dünnschichten, Partikeln, Pulvern und Flüssigkeiten verwendet. Eine Quantifizierung ist mit einem Normal möglich.

D.5.3.3 Mikrogravimetrie

Geräte, in denen piezoelektrische Quarzkristalle auf die Kondensation von Gasen reagieren, indem sie die Arbeitsfrequenz in einem linearen Verhältnis von Masse zu Frequenz verringern, können für die direkte Ablagerungsstrommessungen an jeder Art von dünnen chemischen Schichten im nm- bis µm-Bereich verwendet werden. Je nach der benötigten Empfindlichkeit kann entweder eine Quarzkristall-Mikrowaage (en: quartz crystal microbalance, QPM) gewählt werden oder ein akustischer Oberflächenwellensensor (AOW-Sensor), der die 100-fache Empfindlichkeit einer QCM aufweist.

D.5.3.4 Indirekte Messungen

D.5.3.4.1 Allgemeines

Das indirekte Verfahren ist eine Kombination eines Extraktionsverfahrens und einer Analysetechnik.

D.5.3.4.2 Lösemittellösungs–Gaschromatographie/Massenspektrometrie (SD-GC/MS)

Die Kontaminanten auf der Substratoberfläche werden mit einem geeigneten Lösemittel aufgelöst. Ein Anteil der Lösung wird mittels Gaschromatographie/Massenspektrometrie (GC/MS) analysiert. Dieses Verfahren liefert die Zusammensetzungen und Quantität organischer Kontaminanten auf einer Oberfläche.

D.5.3.4.3 Thermodesorptions-Gaschromatographie-Massenspektrometrie TD-GC/MS

Bei diesem Verfahren werden Kontaminanten auf der Substratoberfläche thermisch desorbiert und in einer Absorbtionssäule konzentriert. Konzentrate werden dann in einen Gaschromatographen mit Massenspektrometer eingeführt. Dieses Verfahren kann zur Spurenanalyse von organischen Zustandsformen, Bewertung der Kontaminanten, z. B. auf Silizium-Wafern, angewendet werden.

D.5.3.4.4 Lösemittellösungs–Hochleistungsflüssigkeitschromatographie (SD-HPLC)

Die Kontaminanten werden durch ein geeignetes Lösemittel aufgelöst und in einen Hochleistungs-Flüssigkeitschromatographen eingeführt, um voneinander getrennt zu sein und bewertet zu werden.

Literaturhinweise

[1] ISO 14644-1, *Cleanrooms and associated controlled environments — Part 1: Classification of air cleanliness by particle concentration*

[2] ASTM G122-96, *Standard Test Method for Evaluating the Effectiveness of Cleaning Agents*

[3] ASTM D6361/D6361M-98, *Standard Guide for Selecting Cleaning Agents and Processes*

[4] ASTM E 2042in/E 2042M, *Standard Practice for Cleaning and Maintaining Controlled Areas and Clean Rooms*

[5] SAE AMS 03-2, *Cleaning and Preparation of Metal Surfaces*

[6] KANEGSBERG B., KANEGSBERG E., eds. *Handbook for critical cleaning*. CRC/Taylor and Frances, Second Edition, April 2011

[7] BIRON M. *Thermoplastics and Thermoplastic Composites*. Elsevier, First Edition, 2007

[8] KOHLI R., MITTAL K., eds. Developments in Surface Contamination and Cleaning. Vol 5, 1st Edition. *Contaminant Removal and Monitoring*. Elsevier, ISBN 9781437778816, 2012.

[9] KOHLI R., MITTAL K., eds. Developments in Surface Contamination and Cleaning, Vol 8, 1st Edition. *Cleaning Techniques*. Elsevier, ISBN 9780323299619, 2014

[10] TOLLIVER D.L., ed. *Handbook of Contamination Control in Microelectronics: Principles, Applications, and Technology*. Noyes, Park Ridge, NJ, 1988

[11] RAMSTORP M. *Introduction to Contamination Control and Cleanroom Technology*; Wiley -VCH, Chapter 5: cleaning and decontamination, P. 95 ff., 2000

Januar 2017

DIN EN ISO 14644-14

ICS 13.040.35

Reinräume und zugehörige Reinraumbereiche – Teil 14: Bewertung der Reinraumtauglichkeit von Geräten durch Partikelkonzentration in der Luft (ISO 14644-14:2016); Deutsche Fassung EN ISO 14644-14:2016

Cleanrooms and associated controlled environments –
Part 14: Assessment of suitability for use of equipment by airborne particle concentration (ISO 14644-14:2016);
German version EN ISO 14644-14:2016

Salles propres et environnements maîtrisés apparentés –
Partie 14: Évaluation de l'aptitude à l'emploi des équipements par la détermination de la concentration de particules en suspension dans l'air (ISO 14644-14:2016);
Version allemande EN ISO 14644-14:2016

Gesamtumfang 30 Seiten

DIN-Normenausschuss Heiz- und Raumlufttechnik sowie deren Sicherheit (NHRS)

Nationales Vorwort

Dieses Dokument (EN ISO 14644-14:2016) wurde im Technischen Komitee ISO/TC 209 „Cleanrooms and associated controlled environments“ in Zusammenarbeit mit dem Technischen Komitee CEN/TC 243 „Reinraumtechnologie“, dessen Sekretariat vom BSI (Vereinigtes Königreich) gehalten wird, erarbeitet.

Zuständig für die deutsche Fassung ist der Arbeitsausschuss NA 041-02-21 AA „Reinraumtechnik (SpA CEN/TC 243 und ISO/TC 209)“ im DIN-Normenausschuss Heiz- und Raumlufttechnik sowie deren Sicherheit (NHRS).

Für die im Abschnitt 2 zitierten Internationalen Normen wird im Folgenden auf die entsprechenden Deutschen Normen hingewiesen:

ISO 14644-1 siehe DIN EN ISO 14644-1

Nationaler Anhang NA
(informativ)

Literaturhinweise

DIN EN ISO 14644-1, *Reinräume und zugehörige Reinraumbereiche — Teil 1: Klassifizierung der Luftreinheit anhand der Partikelkonzentration*

VDI 2083-9.1, *Reinraumtechnik — Reinheitstauglichkeit und Oberflächenreinheit*

EUROPÄISCHE NORM

EUROPEAN STANDARD

NORME EUROPÉENNE

EN ISO 14644-14

Oktober 2016

ICS 13.040.35

Deutsche Fassung

Reinräume und zugehörige Reinraumbereiche — Teil 14: Bewertung der Reinraumtauglichkeit von Geräten durch Partikelkonzentration in der Luft (ISO 14644-14:2016)

Cleanrooms and associated controlled environments — Part 14: Assessment of suitability for use of equipment by airborne particle concentration (ISO 14644-14:2016)

Salles propres et environnements maîtrisés apparentés — Partie 14: Évaluation de l'aptitude à l'emploi des équipements par la détermination de la concentration de particules en suspension dans l'air (ISO 14644-14:2016)

Diese Europäische Norm wurde vom CEN am 13. August 2016 angenommen.

Die CEN-Mitglieder sind gehalten, die CEN/CENELEC-Geschäftsordnung zu erfüllen, in der die Bedingungen festgelegt sind, unter denen dieser Europäischen Norm ohne jede Änderung der Status einer nationalen Norm zu geben ist. Auf dem letzten Stand befindliche Listen dieser nationalen Normen mit ihren bibliographischen Angaben sind beim Management-Zentrum des CEN-CENELEC oder bei jedem CEN-Mitglied auf Anfrage erhältlich.

Diese Europäische Norm besteht in drei offiziellen Fassungen (Deutsch, Englisch, Französisch). Eine Fassung in einer anderen Sprache, die von einem CEN-Mitglied in eigener Verantwortung durch Übersetzung in seine Landessprache gemacht und dem Management-Zentrum mitgeteilt worden ist, hat den gleichen Status wie die offiziellen Fassungen.

CEN-Mitglieder sind die nationalen Normungsinstitute von Belgien, Bulgarien, Dänemark, Deutschland, der ehemaligen jugoslawischen Republik Mazedonien, Estland, Finnland, Frankreich, Griechenland, Irland, Island, Italien, Kroatien, Lettland, Litauen, Luxemburg, Malta, den Niederlanden, Norwegen, Österreich, Polen, Portugal, Rumänien, Schweden, der Schweiz, der Slowakei, Slowenien, Spanien, der Tschechischen Republik, der Türkei, Ungarn, dem Vereinigten Königreich und Zypern.

EUROPÄISCHES KOMITEE FÜR NORMUNG
EUROPEAN COMMITTEE FOR STANDARDIZATION
COMITÉ EUROPÉEN DE NORMALISATION

CEN-CENELEC Management-Zentrum: Avenue Marnix 17, B-1000 Brüssel

Ref. Nr. EN ISO 14644-14:2016 D

Inhalt

Europäisches Vorwort

Dieses Dokument (EN ISO 14644-14:2016) wurde vom Technischen Komitee ISO/TC 209 „Cleanrooms and associated controlled environments" in Zusammenarbeit mit dem Technischen Komitee CEN/TC 243 „Reinraumtechnologie" erarbeitet, dessen Sekretariat vom BSI gehalten wird.

Diese Europäische Norm muss den Status einer nationalen Norm erhalten, entweder durch Veröffentlichung eines identischen Textes oder durch Anerkennung bis April 2017, und etwaige entgegenstehende nationale Normen müssen bis April 2017 zurückgezogen werden.

Es wird auf die Möglichkeit hingewiesen, dass einige Elemente dieses Dokuments Patentrechte berühren können. CEN [und/oder CENELEC] sind nicht dafür verantwortlich, einige oder alle diesbezüglichen Patentrechte zu identifizieren.

Entsprechend der CEN-CENELEC-Geschäftsordnung sind die nationalen Normungsinstitute der folgenden Länder gehalten, diese Europäische Norm zu übernehmen: Belgien, Bulgarien, Dänemark, Deutschland, die ehemalige jugoslawische Republik Mazedonien, Estland, Finnland, Frankreich, Griechenland, Irland, Island, Italien, Kroatien, Lettland, Litauen, Luxemburg, Malta, Niederlande, Norwegen, Österreich, Polen, Portugal, Rumänien, Schweden, Schweiz, Slowakei, Slowenien, Spanien, Tschechische Republik, Türkei, Ungarn, Vereinigtes Königreich und Zypern.

Anerkennungsnotiz

Der Text von ISO 14644-14:2016 wurde vom CEN als EN ISO 14644-14:2016 ohne irgendeine Abänderung genehmigt.

Vorwort

ISO (die Internationale Organisation für Normung) ist eine weltweite Vereinigung von Nationalen Normungsorganisationen (ISO-Mitgliedsorganisationen). Die Erstellung von Internationalen Normen wird normalerweise von ISO Technischen Komitees durchgeführt. Jede Mitgliedsorganisation, die Interesse an einem Thema hat, für welches ein Technisches Komitee gegründet wurde, hat das Recht, in diesem Komitee vertreten zu sein. Internationale Organisationen, staatlich und nicht-staatlich, in Liaison mit ISO, nehmen ebenfalls an der Arbeit teil. ISO arbeitet eng mit der Internationalen Elektrotechnischen Kommission (IEC) bei allen elektrotechnischen Themen zusammen.

Die Verfahren, die bei der Entwicklung dieses Dokuments angewendet wurden und die für die weitere Pflege vorgesehen sind, werden in den ISO/IEC-Direktiven, Teil 1 beschrieben. Im Besonderen sollten die für die verschiedenen ISO-Dokumentenarten notwendigen Annahmekriterien beachtet werden. Dieses Dokument wurde in Übereinstimmung mit den Gestaltungsregeln der ISO/IEC-Direktiven, Teil 2 erarbeitet (siehe www.iso.org/directives).

Es wird auf die Möglichkeit hingewiesen, dass einige Elemente dieses Dokuments Patentrechte berühren können. ISO ist nicht dafür verantwortlich, einige oder alle diesbezüglichen Patentrechte zu identifizieren. Details zu allen während der Entwicklung des Dokuments identifizierten Patentrechten finden sich in der Einleitung und/oder in der ISO-Liste der empfangenen Patenterklärungen (siehe www.iso.org/patents).

Jeder in diesem Dokument verwendete Handelsname wird als Information zum Nutzen der Anwender angegeben und stellt keine Anerkennung dar.

Eine Erläuterung der Bedeutung ISO-spezifischer Benennungen und Ausdrücke, die sich auf Konformitätsbewertung beziehen, sowie Informationen über die Beachtung der Grundsätze der Welthandelsorganisation (WTO) zu technischen Handelshemmnissen (TBT, en: Technical Barriers to Trade) durch ISO enthält der folgende Link: www.iso.org/iso/foreword.html.

Das für dieses Dokument verantwortliche Komitee ist ISO/TC 209 „Cleanrooms and associated controlled environments".

Eine Liste der Teile der Normreihe ISO 14644, welche unter dem allgemeinem Titel *Cleanrooms and associated controlled environments* veröffentlicht wurde, kann auf der ISO-Website eingesehen werden.

Einleitung

Reinräume und damit verbundene kontrollierte Bereiche sorgen für die Regelung von Verschmutzungen auf ein Niveau, das für die Erbringung von kontaminierungsempfindlichen Aktivitäten geeignet ist. Zu den Produkten und Verfahren, die von der Regelung von Kontaminierung profitieren, gehören Wirtschaftsbereiche wie Luftfahrt, Mikroelektronik, Optik, Atom- und Lebenswissenschaften (Pharmazie, medizinische Geräte, Lebensmittel, Gesundheitsversorgung).

Dieser Teil der ISO 14644 verbindet die Reinraumklassifizierungen der Luftreinheit durch Partikelkonzentration mit der Tauglichkeit von Ausrüstung für den Gebrauch in Reinräumen und damit verbundenen, kontrollierten Bereichen.

1 Anwendungsbereich

Dieser Teil von ISO 14644 legt eine Methodik zur Bewertung der Reinraumtauglichkeit von Geräten (z. B. Maschinen, Messgeräte, Prozessausrüstung, Komponenten und Werkzeuge) für die Anwendung in Reinräumen und zugehörigen kontrollierten Bereichen in Bezug auf die luftgetragene Partikelreinheit nach den Festlegungen in ISO 14644-1 fest. Der Partikelgrößenbereich reicht von 0,1 µm bis gleich oder größer als 5 µm (in ISO 14644-1 angegeben).

ANMERKUNG Sofern die zuständigen Behörden ergänzende Richtlinien oder Einschränkungen vorgeben, können geeignete Anpassungen der Methodik zur Bewertung erforderlich sein.

Die folgenden Aspekte sind nicht durch diesen Teil von ISO 14644 abgedeckt:

- Bewertung der Tauglichkeit in Bezug auf die Biokontamination;
- Prüfung zur Tauglichkeit von Dekontaminationsmitteln und -techniken;
- Reinigungsfähigkeit der Geräte und Materialien;
- Anforderungen an die konstruktive Auslegung von Geräten und die Auswahl von Materialien;
- physikalische Materialeigenschaften (z. B. elektrostatische, thermische Eigenschaften);
- Optimierung der Geräteleistung für spezifische Prozessanwendungen;
- Auswahl und Anwendung statistischer Verfahren für die Prüfung;
- Protokolle und Anforderungen hinsichtlich regionaler Sicherheitsvorschriften.

2 Normative Verweisungen

Auf die folgenden Dokumente wird in diesem Dokument teilweise oder als Ganzes normativ verwiesen, so dass sie für die Anwendung dieses Dokuments erforderlich sind. Bei datierten Verweisungen gilt nur die in Bezug genommene Ausgabe. Bei undatierten Verweisungen gilt die letzte Ausgabe des in Bezug genommenen Dokuments (einschließlich aller Änderungen).

ISO 14644-1:2015, *Cleanrooms and associated controlled environments — Part 1: Classification of air cleanliness by particle concentration*

3 Begriffe und Definitionen

Für die Anwendung dieses Dokuments gelten die folgenden Begriffe.

3.1
Reinheit
Zustand, der ein bestimmtes Niveau der Verunreinigung nicht übersteigt

3.2
Reinraum
Raum, in dem die Anzahlkonzentration luftgetragener Partikel geregelt und klassifiziert wird und der zur Regelung der Einschleppung, Entstehung und Ablagerung von Partikeln im Raum entsprechend konstruktiv geplant, baulich ausgeführt und betrieben wird

Anmerkung 1 zum Begriff: Die Klasse der Konzentration der luftgetragenen Partikel wird festgelegt.

Anmerkung 2 zum Begriff: Die Grade von weiteren Reinheitsmerkmalen, wie z. B. die chemischen Konzentrationen sowie die Konzentrationen von lebensfähigen oder nanoskaligen Partikeln in der Luft, aber auch die Oberflächenreinheit, in Bezug auf Partikel-, Nanopartikel-, chemische Konzentrationen sowie auf Konzentrationen von lebensfähigen Partikeln, könnten festgelegt und geregelt werden.

Anmerkung 3 zum Begriff: Weitere relevante physikalische Parameter könnten auch, falls gefordert, geregelt werden, z. B. Temperatur, Feuchte, Druck, Vibration und Elektrostatik.

[QUELLE: ISO 14644-1:2015, 3.1.1]

3.3
Reinraumtauglichkeit
Fähigkeit, die wichtigen Kontrolleigenschaften oder Bedingungen jedes reinen Bereichs bei bestimmungsgemäßer Anwendung aufrechtzuerhalten

Anmerkung 1 zum Begriff: Für die Anwendung dieses Teils der ISO 14644 basiert die Bewertung auf der Konzentration luftgetragener Partikel.

3.4
reiner Bereich
festgelegter Bereich, in dem die Konzentration luftgetragener Partikel geregelt wird und klassifiziert ist und der zur Regelung der Einschleppung, Entstehung und Ablagerung von Partikeln im Bereich entsprechend baulich ausgeführt und betrieben wird

Anmerkung 1 zum Begriff: Die Klasse der Konzentration der luftgetragenen Partikel wird festgelegt.

Anmerkung 2 zum Begriff: Die Grade von weiteren Reinheitsmerkmalen, wie z. B. die chemischen Konzentrationen sowie die Konzentrationen von lebensfähigen oder nanoskaligen Partikeln in der Luft, aber auch die Oberflächenreinheit, in Bezug auf Partikel-, Nanopartikel-, chemische Konzentrationen sowie auf Konzentrationen von lebensfähigen Partikeln, könnten festgelegt und geregelt werden.

Anmerkung 3 zum Begriff: Ein reiner Bereich (reine Bereiche) kann (können) ein festgelegter Bereich (festgelegte Bereiche) in einem Reinraum sein, oder er (sie) könnte(n) mithilfe eines SD-Moduls geschaffen werden. Dieses SD-Modul kann sich im Raum oder außerhalb eines Reinraumes befinden.

Anmerkung 4 zum Begriff: Weitere relevante physikalische Parameter könnten auch, falls gefordert, geregelt werden, z. B. Temperatur, Feuchte, Druck, Vibration und Elektrostatik.

[QUELLE: ISO 14644-1:2015, 3.1.2]

3.5
Dekontamination
Verringerung von unerwünschtem Material auf einen festgelegten Grad

[QUELLE: ISO 14644-7:2004, 3.7]

3.6
Ausrüstung
System für spezifische Aufgaben, das Stoffe, Komponenten bzw. Kontrollen integriert.

BEISPIEL Test- und Herstellungsausrüstung und -maschinerie, Geräte für Transport und Handling, Lagereinheiten, Werkzeuge, Möbel, Türen, Decken, IT-Hardware und Arbeitsroboter.

3.7
Testumgebung
Bereich, in dem der Test stattfindet, beschrieben durch einen Satz von Parametern

4 Allgemeine Gliederung der Bewertung

Die Bewertung der Reinraumtauglichkeit hat die folgende Gliederung:

a) Bevor die Bewertung ausgeführt werden kann, müssen der Kunde und der Lieferant eine Vereinbarung zu dem (den) Partikelgrößenbereich(en) in Bezug auf die Luftreinheit anhand der Partikelkonzentration, die mit ISO-Klasse *N* nach ISO 14644-1 bezeichnet wird und zu der zu untersuchenden Einheit einschließlich der Betriebsart(en) treffen. Jede ausgewählte Betriebsart muss getrennt bewertet werden.

b) Eine kurze Beschreibung, wie die Geräte im Routinebetrieb eingesetzt werden (mit Betriebsparametern), muss zur Unterstützung der Festlegung der geeigneten Prüfbedingungen und Prüfparameter erfolgen.

c) Sichtprüfung (siehe Abschnitt 5).

d) Das in Abschnitt 6 beschriebene Verfahren muss angewandt werden, um eine Verbindung zum Klassifizierungssystem von ISO 14644-1 zu schaffen.

e) Ausführung der Messungen (siehe 6.2).

f) Die erfassten Daten werden verarbeitet und die Ergebnisse mit dem ISO-Klassifizierungssystem (siehe 6.2.9 und 6.2.10) in Verbindung gebracht.

g) Die ermittelten Ergebnisse müssen einen Rückschluss auf die Reinraumtauglichkeit der Geräte ergeben; die Stellungnahme muss der festgelegten Bezeichnung (siehe Abschnitt 8) folgen.

Zusätzliche optionale Prüfungen (nicht mit der ISO-Klasse *N* verbunden), wie z. B. Gesamtemission von Partikeln oder die Prüfung der Betriebslebensdauer, sind in Anhang B beschrieben.

Das in Anhang B.4 beschriebene Verfahren kann zur Bestimmung der mittleren Gesamtemission der Geräte angewandt werden und liefert Daten, die zur Bestimmung der Partikellast eines Reinraums verwendet werden können.

5 Sichtprüfung

Die Sichtprüfung der Geräte muss vor und nach einer auf Messungen beruhenden Bewertung erfolgen.

Die Sichtprüfung muss sicherstellen, dass sämtliche Verpackung entfernt wurde und dass die Geräte unbeschädigt sind, und dass sie ordnungsgemäß montiert und auf geeignete Weise mit ihren erforderlichen Betriebsmitteln verbunden sind.

Die visuelle Oberflächenreinheit muss qualitativ bewertet werden, damit alle anschließenden quantifizierbaren Prüfungen nicht beeinträchtigt werden. Dieser Teil der Sichtprüfung kann die Bewertung in Bezug auf Partikeln, Oberflächenfilme oder ungeeignet aufgebrachte Schmiermittel umfassen.

Die Ziele dieser Prüfung sind folgende:

— Identifizieren der Kontamination, wie z. B. der durch die Herstellung, Verpackung, Transport oder Erstmontage erzeugten Partikeln und Filme;

— Identifizieren der Kontamination, die jedem vorherigen Dekontaminationsverfahren widerstanden hat.

Es ist nicht vorgesehen, dass diese Prüfung eine Messung der Oberflächenreinheit ergibt.

In Abhängigkeit vom Ort der Kontamination müssen die Ergebnisse aus der Sichtprüfung

- aufgezeichnet werden und für den Vergleich mit der Sichtprüfung der Oberflächenreinheit nach der Prüfung verfügbar sein und
- als Grundlage zur Anordnung eines wiederholten oder verbesserten Dekontaminationsverfahren eingesetzt werden.

Die Nachweiseffizienz der sichtbaren Kontamination auf den Geräten wird von den folgenden Faktoren abhängig sein:

- der Zugänglichkeit und Ausrichtung der zu prüfenden Oberfläche;
- den für die Gerätekonstruktion verwendeten Materialien, deren Oberflächenbeschaffenheit und Oberflächenbehandlung;
- den Parametern der Betrachtung (z. B. Beleuchtung, Blickfeld(-winkel), Vergrößerung, Betrachtungsabstand).

6 Bewertung der Tauglichkeit mit Messungen zur Konzentration luftgetragener Partikeln

6.1 Allgemeines

Das Ziel des Abschnitts 6 ist die Beschreibung einer geeigneten Methodik, die die Messung der Emissionen von luftgetragenen Partikeln an kritischen Orten anwendet. Durch Einbeziehung von Messorten an den Orten mit hoher Partikelkonzentration (HPC, en. high particle concentration) oder in deren Nähe wird die Tauglichkeit in Beziehung zur vorgesehenen Anwendung abgeleitet.

Diese Bewertungsmethodik ermöglicht eine Verbindung zum Klassifizierungssystem von ISO 14644-1 in einem oder mehreren festzulegenden Partikelgrößenbereich(en).

Zur Bewertung der Reinraumtauglichkeit von Geräten wird vorgesehen, dass der Ort (die Orte) mit der von den Geräten abgegebenen HPC identifiziert und in die abschließende Tauglichkeitsmessung einbezogen wird (werden). Da die Größenverteilung der emittierten Partikeln im Voraus nicht bekannt ist, ist es erforderlich, dass mehr als eine Partikelgröße gemessen wird. Idealerweise sollten drei breit gestreute Partikelgrößenbereiche ausgewählt werden.

Anschließend werden die auf diese Weise aus der Gerätebewertung bestimmten Partikelkonzentrationen mit den Grenzen der Luftreinheit anhand der Partikelkonzentration für die ISO-Klasse *N* nach den Festlegungen von ISO 14644-1 verglichen.

Für die zu prüfenden Geräte muss sichergestellt sein, dass die für Reinräume konformen Konstruktionsprinzipien berücksichtigt wurden. Diese Prinzipien umfassen, sind aber nicht beschränkt auf, die folgenden:

- Auswahl geeigneter Materialien und Oberflächenbeschaffenheiten;
- Vermeidung von Bereichen mit statischer (stehender) Luft;
- Konstruktionsprinzipien für die Reinigungsfähigkeit;
- Berücksichtigung der Instandhaltung.

Diese Messmethodik ist nicht zur Bestimmung der Gesamtemissionsraten in Bezug auf das zu prüfende Gerät vorgesehen.

6.2 Bewertungsverfahren

6.2.1 Überblick

Das Fließdiagramm in Bild 1 gibt einen Überblick über die notwendigen Bewertungsschritte.

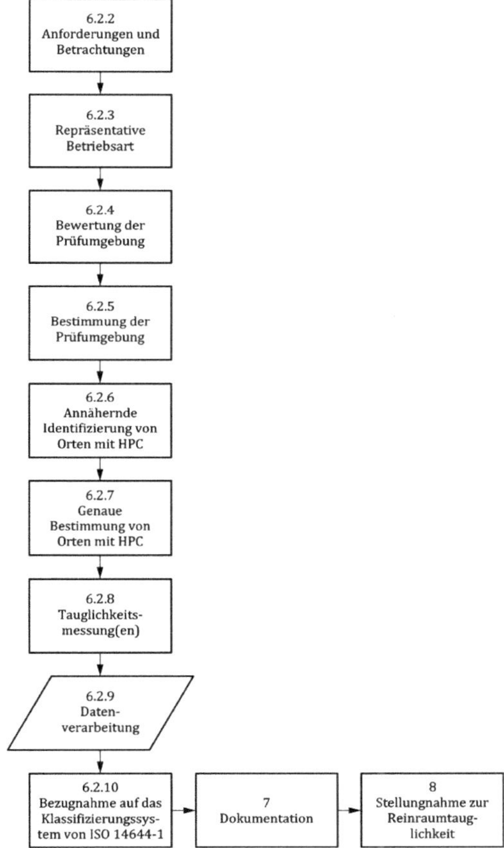

Bild 1 — Überblick über das Bewertungsverfahren

6.2.2 Anforderungen und Betrachtungen

Bei der Festlegung des Anwendungsbereichs der Tauglichkeitsbewertung müssen Aspekte berücksichtigt werden, die die Bewertungsergebnisse beeinflussen könnten, unter anderem z. B.:

— Unterschiede zwischen Geräten der gleichen Bauart;

— Vorkonditionierung des zu prüfenden Geräts (aufsummierte Betriebsstunden);

— Einlaufen des Geräts.

Die Prüfumgebung muss vor der Prüfung vereinbart werden (siehe 6.2.4 und 6.2.5).

6.2.3 Repräsentative Betriebsart

Eine repräsentative Betriebsart des Geräts muss festgelegt werden, die sicherstellt, dass die Emissionsquellen der Partikeln entdeckt werden. Die Betriebsart muss die vorgesehene Verwendung des Geräts reflektieren. Falls das Gerät in verschiedenen Betriebsarten betrieben werden kann (z. B. mit oder ohne Produkt), muss entschieden werden, welche dieser Betriebsarten Teil der Bewertung ist. Die Betriebsparameter des Geräts müssen vor der Prüfung festgelegt und vereinbart werden.

Sofern genormte Verfahren vorhanden sind, müssen diese Verfahren berücksichtigt werden. Bei nicht genormter Handhabung muss die ausgewählte Art und Weise der Handhabung dokumentiert und die Gründe für diese Auswahl angegeben werden.

6.2.4 Bewertung der Prüfumgebung

Das Ziel dieser Prüfungen ist die Charakterisierung und Auswahl einer Prüfumgebung, bevor das Gerät, dessen Reinraumtauglichkeit zu bewerten ist, installiert wird.

Es sollte berücksichtigt werden, ob alle oder einige Vorprüfungen bei mehr als einer Messebene durchgeführt werden. Eine Darstellung der ausgewählten Messebene(n) darf hinzugefügt werden.

Informationen zu den Prüfverfahren zur Messung und den Geräten sind in ISO 14644-1 und ISO 14644-3 enthalten. Folgendes muss berücksichtigt werden.

— Messung der Konzentration der luftgetragenen Partikeln: Das Ziel ist die Bestätigung, dass die Prüfumgebung mindestens eine ISO-Klasse *N* (nach ISO 14644-1) reiner ist, als der Reinraum oder der reine Bereich, in dem der Einsatz des Geräts vorgesehen ist.

— Messung der Luftströmungsgeschwindigkeit: der Vorgabebereich für die vertikale Geschwindigkeit sollte sich im Bereich von 0,3 m/s bis 0,5 m/s befinden.

— Temperatur: der Vorgabebereich sollte zwischen 18 °C und 25 °C liegen.

— Luftfeuchte: der Vorgabebereich sollte zwischen 30 % relativer Luftfeuchte und 70 % relativer Luftfeuchte liegen.

Zusätzliche informative Vorprüfungen können die folgenden Punkte einschließen:

— Prüfung der Luftströmungsrichtung und deren Sichtbarmachung;

— Prüfung der erzeugten elektrostatischen und ionisierenden Effekte;

— Prüfung der Partikelsedimentation.

Die Ergebnisse der Bewertung müssen bei der Bestimmung der Prüfumgebung (siehe 6.2.5) angewendet werden.

6.2.5 Bestimmung der Prüfumgebung

Die Prüfumgebung muss eine Hintergrundlast bieten, die mindestens eine ISO-Klasse *N* (nach ISO 14644-1) reiner ist als der Reinraum oder der reine Bereich, in dem der Einsatz des Geräts vorgesehen ist.

ANMERKUNG Die Prüfung der Tauglichkeit des Geräts für die ISO-Klasse 1 wird in einer Umgebung der ISO-Klasse 1 durchgeführt.

Um eine Beeinflussung der Messergebnisse zu vermeiden, darf die Prüfumgebung keine anderen Partikelquellen als das zu bewertende Gerät enthalten. Das kann durch eine turbulenzarme Verdrängungsströmung erreicht werden.

6.2.6 Annähernde Identifizierung von Orten mit HPC

Bei Geräten mit beweglichen Elementen/Komponenten besteht häufig eine signifikante Schwankung in der Partikelkonzentration, die zwischen den verschiedenen Bereichen des Geräts erzeugt wird. Die Absicht der Methodik der Reinraumtauglichkeit ist, diese Bereiche mit einer oder mehreren HPC im Rahmen der Messungen zur Tauglichkeitsbewertung zu erfassen.

Das Ziel dieser Bewertungsstufe ist die Bestimmung der Messorte mit einer oder mehreren HPC, die in die abschließende Messung der Tauglichkeit einbezogen werden müssen. Es ist wichtig, dass bewegliche Elemente/Komponenten, Betriebsmittel, Übergangsstellen usw. in dieser Bewertung enthalten sind.

ANMERKUNG Die Anzahl der beweglichen Elemente/Komponenten kann die Anzahl der ungefähren Orte mit HPC beeinflussen.

Obwohl die sichere Probenahme zu Einschränkungen bei der Entnahmeposition führen kann, ist die Zielsetzung zur Identifizierung von Orten mit HPC, den Abstand und/oder die Position der Probenahmesonde zu variieren.

Die annähernde Identifizierung muss durch ein systematisches Scannen des Geräts mit einem Einzelpartikelzähler mit Lichtstreuung (LSAPC en. light scattering discrete airborne particle counter) durchgeführt werden. Das gesamte System einschließlich der Produkträume des Geräts sollten mit der Probenahmesonde gescannt werden. Während das Gerät mit einer Probenahmesonde des LSAPC gescannt wird, entsteht ein Zusammenhang zwischen deren Position und der HPC. Abhängig von der Ausführung/Bauart des angewandten LSAPC kann die erforderliche Rückmeldung zur Festlegung dieses Zusammenhangs visuelle und/oder akustische Mittel nutzen. Um sicherzustellen, dass der Ort mit der oder mehreren HPC angemessen identifiziert werden kann, muss die Zeitdauer der Probenahme entsprechend ausgewählt werden.

Zuvor identifizierte Kontaminationsquellen (Ergebnis von Vorprüfungen) sollten in diesen Teil der Bewertung einbezogen werden.

Die Schlussfolgerungen der für die annähernde Identifizierung von Partikelquellen durchgeführten Messungen sind qualitative Merkmale.

6.2.7 Genaue Bestimmung von Orten mit HPC

Nach der annähernden Identifizierung wird eine genaue Bestimmung von Orten mit HPC mit einem LSAPC durchgeführt, der mindestens 28,3 Liter Luft je min mit einer Sonde mit einer auf 20 cm^2 begrenzten Öffnung bewerten kann. Die geometrische Position der Probenahmesonde des LSAPC wird während dieser Messstufe angepasst, um die optimale Beprobung des Ortes mit HPC zu erreichen. Die Sondenposition muss festgestellt und aufgezeichnet werden. Das wird für jeden nach 6.2.6 identifizierten Ort wiederholt.

ANMERKUNG Die Anzahl der Messorte wird durch die Anzahl der beweglichen Elemente/Komponenten beeinflusst.

6.2.8 Tauglichkeitsmessung(en)

Für die Tauglichkeitsmessung muss (müssen) der (die) Ort(e) mit der höchsten Partikelkonzentration auf Grundlage der ermittelten Ergebnisse von 6.2.7 ausgewählt werden. Mindestens ein Ort mit HPC ist auszuwählen. Weitere Messorte, z. B. jene, die mit der Handhabung des Produkts in Verbindung stehen, können hinzugefügt werden.

Die Messung(en) der Partikelkonzentration ist an dem (den) ausgewählten Ort(en) mit einem LSAPC entsprechend 6.2.7 durchzuführen.

Die folgenden Parameter, die für die Durchführung der Tauglichkeitsmessungen erforderlich sind, müssen festgelegt und dokumentiert werden:

— Betriebsarten des Geräts;

— Anzahl der Betriebzyklen des Geräts;

— Positionierung des zu prüfenden Geräts;

— Ort(e) mit HPC, abgeleitet aus der annähernden Identifizierung und der genauen Bestimmung;

— zusätzliche Messpunkte, abgeleitet aus einem bestimmten Punkt, der von Interesse ist (z. B. kritischer Ort des Produkts);

— Positionierung der Probenahmesonde(n) des LSAPC;

— bewertete(r) Partikelgrößenbereich(e);

— Gesamtprobenvolumen und Zeit;

— Anzahl der aufeinanderfolgenden unabhängigen Ablesewerte an jedem einzelnen Messort. Aus statistischen Gründen muss diese Anzahl $\geq$ 100 sein.

ANMERKUNG Um Übertragungsfehler zu vermeiden, können die vom LSAPC ermittelten Messwerte erfasst, verarbeitet und anschließend mit geeigneter Software analysiert werden.

6.2.9 Datenverarbeitung

6.2.9.1 Allgemeines

Das folgende Verfahren der Messwerteverarbeitung muss auf die nach 6.2.8 ermittelten Ablesewerte der Partikelkonzentration angewendet werden.

Alle festgelegten Partikelgrößenbereiche aus 6.2.8 müssen einer statistischen Analyse unterzogen werden. Bei den meisten Messungen, bei denen der erwartete Wert (Mittelwert, $\overline{x}$) für die Partikelgröße wahrscheinlich größer als 10 Partikel pro Messung ist, muss das Verfahren a) (siehe 6.2.9.2) angewandt werden. In Fällen, in denen der erwartete Messwert 10 oder weniger beträgt, muss das Verfahren b) (siehe 6.2.9.3) angewandt werden.

6.2.9.2 Verfahren a)

Das arithmetische Mittel der Partikelanzahlen wird mittels Gleichung (1) berechnet:

$$\bar{x} = \frac{\left(x_{i,1} + x_{i,2} + \cdots + x_{i,n}\right)}{n} \tag{1}$$

Dabei ist

$\bar{x}$ der Mittelwert;

x_i ein einzelner Ablesewert bei der aufeinanderfolgenden Messung des Messbereichs für die Partikelgröße i;

n die Anzahl der Ablesungen.

Zur Berechnung der Standardabweichung muss Gleichung (2) verwendet werden:

$$s = \sqrt{\frac{\left(x_{i,1} - \bar{x}\right)^2 + \left(x_{i,2} - \bar{x}\right)^2 + \cdots + \left(x_{i,n} - \bar{x}\right)^2}{(n-1)}} \tag{2}$$

Dabei ist

s die Standardabweichung;

x_i ein einzelner Ablesewert bei der aufeinanderfolgenden Messung des Messbereichs für die Partikelgröße i;

$\bar{x}$ der Mittelwert;

n die Anzahl der Ablesungen.

Gleichung (3) ist zur Berechnung der oberen Vertrauensgrenze zu verwenden:

$$P_u = \bar{x} + 1{,}66 \times \frac{s}{\sqrt{n}} \tag{3}$$

Dabei ist

P_u die obere Vertrauensgrenze für ein Vertrauensniveau von $(1 - \alpha)$ = 95 %;

$\bar{x}$ der Mittelwert [nach Gleichung (1)];

s die Standardabweichung [nach Gleichung (2)];

1,66 der Faktor aus der Student-t-Verteilung.

ANMERKUNG $t_{\alpha,\upsilon}$ = 1,66 für die obere Vertrauensgrenze für ein Vertrauensniveau von $(1 - \alpha)$ = 95 % und 100 einzeln gemessene Werte.

Gleichung (4) ist zur Berechnung des z-Wertes zu verwenden:

$$z = \sqrt{n}\,\frac{G - P_u}{s} \tag{4}$$

Wenn der berechnete Wert von z nach Gleichung (4) größer ist als 1,645, wird die Klassengrenze G mit einem Vertrauensniveau von 95 % nicht überschritten.

Die abgeleitete Klassifizierungszahl N, welche der Klassengrenze G entspricht (maximal erlaubte Partikel des berücksichtigten Größenbereichs innerhalb der ISO-Klassifizierungszahl N) wird in 6.2.10 verwendet, um eine Verbindung zum Klassifizierungssystem der ISO 14644-1 herzustellen.

ANMERKUNG Ein detailliertes Beispiel wird in Anhang A beschrieben.

6.2.9.3 Verfahren b)

Wenn der erwartete Wert des Messergebnisses (Mittelwert, $\bar{x}$) weniger oder gleich 10 ist, wird die Tabelle 1, die auf einer Poissonverteilung beruht, zur Bestimmung der oberen Vertrauensgrenze herangezogen.

Der Mittelwert wird mittels Gleichung (1) berechnet.

Tabelle 1 — Obere Vertrauensgrenze für Verfahren b)

Mittelwert $\leq \bar{x}$	**Obere Vertrauensgrenze** P_u
0,051 2	0
0,355	1
0,818	2
1,366	3
1,970	4
2,613	5
3,285	6
3,981	7
4,695	8
5,425	9
6,169	10
6,924	11
7,690	12
8,464	13
9,247	14
10,000	15
ANMERKUNG Tabelle 1 basiert auf einer Poissonverteilung für ein Vertrauensniveau von 95 %.	

Der abgeleitete Wert P_u wird in 6.2.10 zur Herstellung des Bezugs zum Klassifizierungssystem nach ISO 14644-1 verwendet.

ANMERKUNG Ein detailliertes Beispiel wird in Anhang A beschrieben.

6.2.10 Bezugnahme auf das Klassifizierungssystem nach ISO 14644-1

Für jeden gemessenen Bereich der Partikelgröße muss ein Bezug zum Klassifizierungssystem nach ISO 14644-1 hergestellt werden. Zu diesem Zwecke wird ISO 14644-1:2015, Tabelle 1 zur Bestimmung der entsprechenden ISO-Klassifizierungszahl N herangezogen.

ANMERKUNG 1 ISO 14644-1:2015, Anhang F enthält Informationen zur Berechnung von dazwischenliegenden Klassifizierungszahlen und grenzwertigen Partikelgrößen.

Wenn ein LSAPC verwendet wird, welches ein Luftvolumen von mehr oder weniger als ein Kubikmeter pro Zeitintervall misst, müssen die Klassengrenzen G (maximal erlaubte Partikel des berücksichtigten Größenbereichs innerhalb der ISO-Klassifizierungszahl N) zur Ableitung der entsprechenden Zahl für G berechnet werden.

Wenn P_u (siehe 6.2.9) weniger oder gleich G ist, ist der Bezug zum gemessenen Bereich für die Partikelgröße und die entsprechende ISO-Klasse N hergestellt.

Wenn P_u größer als G ist, dann muss die nächsthöhere ISO-Klassifizierungszahl N verwendet werden.

Der Vergleich ist für jeden Bereich der Partikelgröße durchzuführen.

Die höchste ISO-Klassifizierungszahl N (wie in ISO 14644-1 festgelegt) des bestimmten Bereichs der Partikelgröße muss zur Bewertung der Reinraumtauglichkeit gewählt werden (siehe Abschnitt 8). Wenn mehr als ein Ort mit HPC berücksichtigt wurde, muss die höchste Zahl für die ISO-Klasse N (wie in ISO 14644-1 festgelegt) für die Bewertung der Reinraumtauglichkeit herangezogen werden.

ANMERKUNG 2 Ein detailliertes Beispiel wird in Anhang A beschrieben.

7 Dokumentation

7.1 Allgemeines

Die Dokumentation muss alle Informationen enthalten, die für die Reproduzierung der Prüfung in Bezug auf die Tauglichkeit erforderlich sind.

Die in den nachstehenden Abschnitten aufgeführten Angaben werden, falls geeignet, als Mindestangaben empfohlen. Weitere relevante Angaben können der Auflistung hinzugefügt werden

7.2 Übliche Dokumentationsanforderungen

a) Beschreibung der Prüfung

b) Verweisung auf angewandte Normen und/oder Richtlinien

c) Datum

d) Ort, an dem die Bewertung erfolgte

e) Person(en), die die Prüfung durchgeführt hat (haben)

f) Kunde

g) Beschreibung des Geräts, einschließlich der betrachteten Betriebsart(en)

h) Kennzeichnung/Identifizierung des Prüfobjekts

7.3 Dokumentation für die Sichtprüfung

Zusätzlich zu den allgemeinen Anforderungen an die Dokumentation:

- Beobachtungen zu dem zu prüfenden Gerät; allgemeiner Zustand, Schäden und Kompatibilität mit dem Anschluss der Betriebsmittel.
- Für die Sichtprüfung von Oberflächen:
  - Beschreibung des Ansatzes der Sichtprüfung (z. B. normal oder vergrößert; zusätzliche Lichtquellen usw.);
  - Beschreibung aller für die Sichtprüfung ausgewählten „kritischen" Oberflächen (mit Begründung). Diagramme und/oder Photographien, die einzubeziehen sind.
  - Zusätzlich für jede Oberflächenposition des visuell geprüften Geräts:
    - Vergrößerung, falls angewandt;
    - Beschreibung aller angewandten zusätzlichen Lichtquellen;
    - Abstand zwischen dem Prüfer und der untersuchten Oberfläche;
    - Beschreibung der festgestellten Kontamination;
    - Ergebnisse der Bewertung, die zur Ermittlung der Kontaminationsmobilität angewandt wurde einschließlich, ob während dieser Bewertung Kontamination entfernt wurde.

7.4 Dokumentation für die Bewertung der Prüfumgebung

Zusätzlich zu den allgemeinen Anforderungen an die Dokumentation müssen die Typbezeichnung jedes eingesetzten Messinstruments/-geräts sowie deren Kalibrierstatus gefordert werden.

a) Konzentration der luftgetragenen Partikel;
   1) Messungen in dem (den) vereinbarten Größenbereich(en),
   2) abgeleitete Klassifizierung der Prüfumgebung,
   3) Beschreibung und Ausrichtung der Probenahmesonde,
   4) Ort(e) der Probenahme,

b) Messwerte der Luftströmungsgeschwindigkeit und deren Messorte;

c) Messwerte der Temperatur und deren Messorte;

d) Messwerte der Feuchte und deren Messorte;

e) zusätzliche informative Vorprüfungen;
   1) Luftströmungsrichtung und deren Sichtbarmachung; Verfahrensbeschreibung; Zusammenfassung der Ergebnisse und Verweisung auf audiovisuelle Dateien,
   2) Prüfung der erzeugten elektrostatischen und ionisierenden Effekte; Verfahrensbeschreibung und Zusammenfassung der Ergebnisse,

3) Prüfung der Partikelablagerung; Verfahrensbeschreibung und Zusammenfassung der Ergebnisse.

7.5 Dokumentation für die Klassifizierungsmessung

a) Photographie des Prüfaufbaus (und gegebenenfalls technische Zeichnung);

b) Umgebungsbedingungen/Montagebedingungen der Prüfumgebung;

   1) Temperatur;

   2) relative Luftfeuchte;

   3) mittlere Luftgeschwindigkeit;

   4) ISO-Klasse *N* nach ISO 14644-1,

c) Vorversuche, die durchgeführt wurden, und deren Ergebnisse;

d) für die Bewertung ausgewählte repräsentative Betriebsart;

e) Beschreibung der Position(en) der Probenahmesonde und deren Begründung;

f) Beschreibung der Betriebsparameter;

g) außergewöhnliche Beobachtungen während der Messung(en);

h) Seriennummer/Arbeitsbereich des verwendeten LSAPC einschließlich Verweisung auf das Kalibrierzertifikat;

i) Typ der Sonde;

j) Messdauer;

k) Anzahl der erfolgten Messungen je Ort;

l) Gesamtprobenvolumen und Zeit;

m) betrachtete Partikelgrößenbereiche und deren Ergebnisse;

n) Analyse der Daten;

o) Ergebnis der Sichtprüfung des Prüfobjektes nach der Messung.

8 Stellungnahme zur Reinraumtauglichkeit

Die Reinraumtauglichkeit des Geräts muss auf folgende Weise angegeben werden:

a) Eine Bewertung nach ISO 14644-14 einschließlich einer Vereinbarung über die repräsentative Betriebsart hat Folgendes ergeben:

Das Gerät Z besitzt die Reinraumtauglichkeit für die Anwendung innerhalb eines Reinraums der ISO-Klasse X (Y µm).

Dabei ist

X die ISO-Klasse *N*, höchster Wert entsprechend 6.2.10;

1 der gemessene Partikelgrößenbereich;

Z die Bezeichnung des Geräts und die eindeutige Identifizierung (z. B. Typ, Seriennummer, Hersteller).

b) Die repräsentative Betriebsart entspricht den Festlegungen in der Dokumentation.

Die Dokumentation nach Abschnitt 7 (einschließlich der Ergebnisse der Sichtprüfung) ist ein Bestandteil der Stellungnahme zur Reinraumtauglichkeit und muss einbezogen werden.

Anhang A
(informativ)

Beispiel für die Verarbeitung von aus den Messungen abgeleiteten Daten

A.1 Allgemeines

Die folgenden Fakten werden angenommen:

— 0,1 µm, 0,2 µm und 5,0 µm werden als Partikelgrößenbereiche festgelegt;

— sechs Partikelgrößenbereiche wurden gemessen;

— ein LSAPC wurde mit einem Probenahmenvolumen von 28,3 l/min (1 ft^3/min) verwendet;

— 100 aufeinanderfolgende Messungen zur Tauglichkeit wurden unternommen.

A.2 Messwerte bei einer einzigen HPC

Bei diesem Beispiel wurden die folgenden Einzelwerte in Tabelle A.1 im Rahmen der Tauglichkeitsmessungen ermittelt.

Tabelle A.1 — Werte, die pro 28,3 l Messluftvolumen bei den Klassifizierungsmessungen ermittelt wurden

Wert	≥0,1 µm	≥0,2 µm	≥0,3 µm	≥0,5 µm	≥1,0 µm	≥5,0 µm
1	1	0	0	0	0	0
2	33	11	3	3	1	1
3	27	13	13	10	9	3
...						
100	0	0	0	0	0	0

Die Anwendung der Gleichung (1) und Gleichung (2) liefert die wichtigsten Daten, die zur Bewertung der Reinraumtauglichkeit des Geräts notwendig sind (siehe Tabelle A.2).

Tabelle A.2 — Statistische Daten der Tauglichkeitsmessungen

	≥0,1 µm	≥0,2 µm	≥0,3 µm	≥0,5 µm	≥1,0 µm	≥5,0 µm
Anzahl der gemessenen Werte, n	100	100	100	100	100	100
Mittelwert, $\bar{x}$	16,33	7,39	5,88	4,19	2,87	0,90
Standardabweichung, s	68,12	28,13	22,34	15,79	10,70	2,27
Maximum	586	216	166	116	74	10
Minimum	0	0	0	0	0	0

Alle festgelegten Partikelgrößenbereiche aus 6.2.8 werden einer statistischen Analyse unterzogen. Bei den meisten Messungen, bei denen der erwartete Wert (Mittelwert) für die Partikelgröße wahrscheinlich größer als 10 Partikel pro Messung ist, muss das Verfahren a) (siehe 6.2.9.2) angewandt werden. In Fällen, wo in denen der erwartete Messwert 10 oder weniger beträgt, muss das Verfahren b) (siehe 6.2.9.3) angewandt werden.

Um festzustellen, welches statistische Verfahren nach 6.2.9 anzuwenden ist, werden die erwarteten Werte (Mittelwerte) für die Partikelgröße nachgeprüft. Daher unterliegt ein Partikelgrößenbereich von ≥0,1 µm dem Verfahren a) (siehe 6.2.9.2) und die Partikelgrößenbereiche ≥0,2 µm und ≥5,0 µm dem Verfahren b) (siehe 6.2.9.3).

Bei Partikelgrößenbereich ≥0,1 µm wird die Gleichung (3) verwendet.

$$P_u = \bar{x} + 1{,}66 \times \frac{s}{\sqrt{n}} \tag{A.1}$$

$$P_u = 16{,}33 + 1{,}66 \times \frac{68{,}12}{10} = 27{,}64 \tag{A.2}$$

Für die ISO-Klasse 3 und den Partikelgrößenbereich ≥0,1 µm liegt die Grenze G bei 28 Partikeln pro Probenahmenvolumen von 28,3 l (siehe Tabelle A.3).

$$z = 10\frac{(28 - 27{,}64)}{68{,}12} = 0{,}05 \tag{A.3}$$

Da der berechnete Wert $z = 0{,}05$ die Anforderung des Vertrauensniveaus nicht erfüllt (z muss größer oder gleich 1,645 sein), ist die entsprechende ISO-Klasse $N = 3$ nicht anwendbar (siehe ISO 14644-1).

Für die ISO-Klasse 4 und den Partikelgrößenbereich ≥0,1 µm liegt die Grenze G bei 283 Partikeln pro Probenahmenvolumen von 28,3 l.

$$z = 10\frac{(283 - 27{,}64)}{68{,}12} = 37{,}49 \tag{A.4}$$

Da der berechnete Wert $z = 37{,}49$ die Anforderung des Vertrauensniveaus erfüllt (z muss größer oder gleich 1,645 sein), ist die entsprechende ISO-Klasse $N = 4$ anwendbar (siehe ISO 14644-1).

Bei Partikelgrößenbereich ≥0,2 µm

Wie beim vorherigen Messbeispiel hat der angenommene Wert (Mittelwert) des Partikelgrößenbereichs >0,2 µm einen Wert von 7,39, welcher kleiner ist als 10. Die Wahrscheinlichkeit, die Klassengrenzwerte G nicht zu überschreiten, muss mithilfe der Tabelle A.4 basierend auf einer Poissonverteilung berechnet werden.

Tabelle A.4 führt zu einer oberen Vertrauensgrenze von $P_u = 12$.

Im obigen Beispiel ist $P_u = 12$ kleiner als die Klassengrenze $G = 67$ (siehe Tabelle A.3) der Partikelgröße ≥0,2 µm bei ISO-Klasse 4.

Die ausgeführten Berechnungen demonstrieren eine Reinraumtauglichkeit für das Gerät durch Ableitung über die Messwerte für den Partikelgrößenbereich ≥ 0,2 µm bei ISO-Klasse 4 (0,2 µm), da die Wahrscheinlichkeit, dass die Grenze nicht überschritten wird, bei ≥95 % liegt.

Bei Partikelgrößenbereich ≥5,0 µm

Wie beim vorherigen Messbeispiel hat der angenommene Wert (Mittelwert) des Partikelgrößenbereichs >5,0 µm einen Wert von 0,90, welcher kleiner ist als 10. Die Wahrscheinlichkeit, die Klassengrenzwerte G

nicht zu überschreiten, muss mithilfe der Tabelle A.4 basierend auf einer Poissonverteilung berechnet werden.

Tabelle A.4 führt zu einer oberen Vertrauensgrenze von $P_u = 3$.

Im obigen Beispiel ist $P_u = 3$ kleiner als die Klassengrenze $G = 8{,}28$ (siehe Tabelle A.3) der Partikelgröße ≥5,0 µm bei ISO-Klasse 6.

Die ausgeführten Berechnungen demonstrieren eine Reinraumtauglichkeit für das Gerät durch Ableitung über die Messwerte für den Partikelgrößenbereich ≥5,0 µm bei ISO-Klasse 6 (5,0 µm), da die Wahrscheinlichkeit, dass die Grenze nicht überschritten wird, bei ≥95 % liegt.

Herstellen des Bezugs zu ISO 14644-1:2015, Tabelle 1

Um einen Bezug zu ISO 14644-1:2015, Tabelle 1 herzustellen, muss Folgendes beachtet werden.

Das Probenahmenvolumen lag bei 28,3 l, was einem Wert von 0,028 3 m^3 entspricht. Die Multiplikation des entsprechenden Werts in ISO 14644-1:2015, Tabelle 1 führt zu den entsprechenden Werten für *G* in der Tabelle A.3.

Tabelle A.3 — Berechnete G-Werte

ISO-Klassifizierungszahl *N*	Berechnete Klassengrenze *G* für bestimmte Partikelgrößenbereiche		
	≥0,1 µm	≥0,2 µm	≥5,0 µm
1	0,28	0,07	0,00
2	2,83	0,67	0,00
3	28	6,70	0,01
4	283	67	0,08
5	2 832	671	0,83
6	28 321	671 2	8,28
7	283 206	671 20	83
8	2 832 059	671 198	830
9	28 320 589	671 198 0	829 8

ANMERKUNG Die grauen Bereiche zeigen Partikelgrößenbereiche, die nicht für eine Klassifizierung nach ISO 14644-1 vorgesehen sind.

Tabelle A.4 — Obere Vertrauensgrenze für Verfahren b)

Mittelwert $\leq \bar{x}$	**Obere Vertrauensgrenze** P_u
0,051 2	0
0,355	1
0,818	2
1,366	3
1,970	4
2,613	5
3,285	6
3,981	7
4,695	8
5,425	9
6,169	10
6,924	11
7,690	12
8,464	13
9,247	14
10,000	15
ANMERKUNG Tabelle A.4 basiert auf einer Poissonverteilung für ein Vertrauensniveau von 95 %.	

A.3 Ergebnis

Für die jeweiligen Partikelgrößenbereiche wurden die folgenden ISO-Klassifizierungszahlen festgelegt.

≥0,1 µm ISO-Klassifizierungszahl *N* gleich 4

≥0,2 µm ISO-Klassifizierungszahl *N* gleich 4

≥5 µm ISO-Klassifizierungszahl *N* gleich 6

Nach 6.2.10 muss die höchste ISO-Klassifizierungszahl zur Bewertung der Reinraumtauglichkeit herangezogen werden:

≥5 µm ISO-Klassifizierungszahl *N* gleich 6

Die Methodik, welche auf den Messdaten und der Datenverarbeitung dieses Beispiels basiert, führt zur Gesamtbewertung des Geräts:

"Eine Bewertung nach ISO 14644-14 einschließlich einer Vereinbarung über die repräsentative Betriebsart hat Folgendes ergeben:

Das Gerät Z besitzt die Reinraumtauglichkeit für die Anwendung innerhalb eines Reinraums der ISO-Klasse 6 (≥ 5 µm)."

Anhang B
(informativ)

Optionale zusätzliche Prüfungen

B.1 Allgemeines

Zusätzliche Prüfungen können als Option durchgeführt werden, um Informationen über die Auswirkung auf die Prozesse und die angrenzende Umgebung zu erhalten.

B.2 Bewertung in verschiedenen Phasen der Betriebslebensdauer des Geräts

Die Bewertung der Reinraumtauglichkeit wird üblicherweise an neuen Geräten durchgeführt, die einem begrenzten betrieblichen Einsatz unterzogen wurden.

Die Partikelemission des Geräts oder der einzelnen Elemente/Komponenten wird während dessen (deren) Betriebslebensdauer schwanken. B.2 geht in Bezug auf die Partikelentstehung während der Betriebslebensdauer des Geräts von Folgendem aus.

Die Partikelemission, im Verlauf der Zeit, kann in drei Phasen beschrieben werden:

a) Einlaufphase: Wenn das Gerät mit beweglichen Elementen/Komponenten in Betrieb geht, verändert sich die Partikelemission im Velauf der Zeit; typischerweise verringert sich die Emission.

b) Phase des stationären Zustands: Die Partikelemissionen schwanken zeitlich, zentriert um einen Mittelwert, der für diese Phase charakteristisch ist.

c) Phase der Zustandsverschlechterung: Erhöhter Verschleiß/Abrieb des Geräts oder der einzelnen Elemente/ Komponenten führt typischerweise zu höheren Emissionsraten.

Werden Messungen nach 6.2 entweder innerhalb verschiedener Phasen der Betriebslebensdauer des Geräts oder für längere Probenahmezeiten durchgeführt, können Daten für die Trendanalyse erhalten werden.

B.3 Messverfahren der Partikelsedimentation

Eine Prüfung der Verteilung der Partikelsedimentation verwendet eine oder mehrere Vergleichsplatte(n), die *in situ* oder später (Offline-Analyse) überprüft werden kann (können). Das Ergebnis wird als die Veränderung der Oberflächenreinheit durch Partikelkonzentrationen (nach ISO 14644-9) auf der Vergleichsplatte vor und nach der Exposition angegeben. Das Ergebnis kann als die Anzahl von Partikeln größer als die Partikelgröße D (µm) je Einheit des Oberflächenbereichs je Zeiteinheit angegeben werden.

B.4 Messverfahren der Gesamtemission

B.4.1 Allgemeines

Die Messmethodik für die Gesamtemission liefert Daten, die eine Bewertung der möglichen Auswirkung der vom zu prüfenden Gerät abgegebenen Partikellast auf den Reinraum während des Betriebs zulassen.

ANMERKUNG Diese Auswirkung könnte während der Konstruktion eines Reinraums oder bei der Einführung neuer Geräte in einen bestehenden Reinraum angewendet werden.

Das Verfahren für die Gesamtemission ist für Reinräume mit turbulenter Verdünnungsströmung oder reinen Bereichen mit der Klassifizierung ISO-Klasse 6 bis 9 geeignet.

Das Messverfahren der Gesamtemission identifiziert keine örtlichen Partikelquellen und das Ergebnis ist der Mittelwert der Gesamtemission von Partikeln im Verlauf der Zeit einschließlich der Orte mit HPC. Die Schwankungen der Partikelemissionen werden gemittelt.

Die Konzentration der gesamten freigesetzten Partikeln des zu prüfenden Geräts je Zeitdauer und Luftvolumen wird mit der Partikelkonzentration der Zuluft (Erstluft) je Zeitdauer und Luftvolumen verglichen.

Vor der Messung muss eine Sichtprüfung des zu prüfenden Gerätes und der Prüfumgebung (siehe Abschnitt 5) durchgeführt werden.

Ähnliche Anforderungen und Betrachtungen wie bei dem HPC-Verfahren sollten befolgt werden (siehe 6.2.2).

ANMERKUNG Mehrere Messverfahren der Gesamtemission werden anderweitig beschrieben (IEST-RP-CC026.2, JIS B 9926, VDI 2083–9.1). In diesem Teil der ISO 14644 wird die Anwendung in Bezug auf die Reinraumtauglichkeit behandelt.

B.4.2 Einrichtung der Prüfumgebung

Die Prüfumgebung muss das zu prüfende Gerät vollständig umschließen und die gleiche Größenordnung des Volumens aufweisen, die das Gerät für den Betrieb benötigt.

Die Prüfumgebung muss eine saubere turbulenzarme Luftverdrängungsströmung (HEPA oder ULPA gefiltert) oder ein Hintergrundniveau bereitstellen, das mindestens eine Klasse besser ist als die gewünschte Klasse der Reinheit von luftgetragenen Teilchen anhand der Partikelkonzentration, in der das Gerät eingesetzt wird.

Da die Prüfung für die ISO-Klasse 6 bis 9 bestimmt ist, wird eine Zuluft oder Umgebung der ISO-Klasse 5 oder besser empfohlen.

Die Prüfumgebung sollte keine anderen Partikelquellen enthalten, die die Messergebnisse beeinflussen.

Die Partikelkonzentration der in der Prüfumgebung vorhandenen Luft sollte gemessen werden. Die Absicht ist, ein möglichst großes Luftvolumen zu messen. Es sollte sichergestellt werden, dass die gemessene Luftprobe repräsentativ für die gesamte Last ist. Das Vermischen der Luft und eine trichterartige Verengung könnten zum Erreichen einer gleichmäßigen Verteilung der Kontamination notwendig sein.

B.4.3 Prüfaufbau zur Messung der Gesamtemission

Bei der Messung der Gesamtemission wird das geprüfte Gerät die Partikelkonzentration der Luft, die durch die Prüfumgebung hindurchströmt, erhöhen. Zur Messung dieses Anstiegs sollte zuerst die Hintergrundkonzentration des Prüfaufbaus gemessen werden. Deshalb sollten die folgenden Vorprüfungen durchgeführt werden:

a) Bestimmen der Luftreinheit der Prüfumgebung;

b) Durchführen einer Messung ohne das Gerät oder mit dem Gerät im Leerlauf. Aufzeichnen der Ergebnisse der Hintergrundmessung (Messorte und Konzentrationen);

c) nicht luftgetragene Makropartikel könnten bei der Messung der Partikelsedimentation (siehe B.3) gemessen werden.

B.4.4 Messung der Gesamtemission des Geräts

Nachdem das Gerät in die Prüfumgebung gebracht und in Betrieb gesetzt wurde oder sich im Leerlauf befindet, sollte die Partikelkonzentration der ausströmenden Luft mit dem gleichen Partikelzähler-System wie in der Vorprüfung gemessen werden.

B.4.5 Berechnung der mittleren Gesamtemissionsrate des Geräts

Die Ergebnisse der Messung der Gesamtemission (Messorte und Konzentrationen) sollten aufgezeichnet werden. Diese Ergebnisse der Vorprüfung sollten subtrahiert werden.

Die mittlere Gesamtemissionsrate des Geräts wird mit der Gleichung (B.1) bestimmt:

$$P = \Delta C \times Q \quad \text{(B.1)}$$

Dabei ist

P die Emissionsrate des Geräts, in Partikel/Zeiteinheit;

ΔC der Anstieg der Partikelkonzentration infolge des Vorhandenseins und Betriebs des Geräts, in Partikel/m^3;

Q der Volumendurchfluss, in m^3/Zeiteinheit.

Als Zeiteinheit können Sekunde, Minute oder Stunde ausgewählt werden.

B.4.6 Bewertung der Auswirkung der Gesamtpartikellast

Bei der Bewertung der Auswirkung der Gesamtpartikellast sollten Emissionsrate und -volumen und Luftwechselrate der vorgesehenen Betriebsumgebung berücksichtigt werden.

Literaturhinweise

[1] ISO 8573-8:2004, *Compressed air — Part 8: Test methods for solid particle content by mass concentration*

[2] ISO 14644-3, *Cleanrooms and associated controlled environments — Part 3: Test methods*

[3] ISO 14644-7:2004, *Cleanrooms and associated controlled environments — Part 7: Separative devices (clean air hoods, gloveboxes, isolators and mini-environments)*

[4] ISO 14644-9, *Cleanrooms and associated controlled environments — Part 9: Classification of surface cleanliness by particle concentration*

[5] AIR1167, *Environmental criteria and tests for aerospace ground equipment in support of space systems*

[6] IEST-RP-CC002.3, *Unidirectional-flow clean-air devices*

[7] IEST-RP-CC013.3, *Calibration procedures and guidelines for select equipment used in testing cleanrooms and other controlled environments*

[8] IEST RP-CC026.2, *Cleanroom operations*

[9] IEST-RP-CC028.1, *Minienvironments*

[10] JIS B 9926, *Clean room — Test methods for dust generation from moving mechanisms*

[11] SEMI E49-1104 (Reapproved 1211), *Guide for high purity and ultrahigh purity piping performance, subassemblies, and final assemblies*

[12] SEMI E137-0705 (Reapproved 1111), *Guide for final assembly, packaging, transportation, unpacking, and relocation of semiconductor manufacturing equipment*

[13] SEMI F28-1103 (Reapproved 0710), *Test method for measuring particle generation from process panels*

[14] SEMI F70-0611, *Test method for determination of particle contribution of gas delivery system*

[15] SEMI G67-0996 (Reapproved 0811), *Test method for the measurement of particle generation from sheet materials*

[16] VDI 2083-9.1, *Clean room technology — Compatibility with required cleanliness and surface cleanliness*

März 2018

DIN EN ISO 14644-15

ICS 13.040.35

Reinräume und zugehörige Reinraumbereiche – Teil 15: Bewertung der Reinraumtauglichkeit von Ausrüstungsgegenständen und Materialien anhand der chemischen Luft- und Oberflächenkonzentration (ISO 14644-15:2017); Deutsche Fassung EN ISO 14644-15:2017

Cleanrooms and associated controlled environments –
Part 15: Assessment of suitability for use of equipment and materials by airborne chemical concentration (ISO 14644-15:2017);
German version EN ISO 14644-15:2017

Salles propres et environnements maîtrisés apparentés –
Partie 15: Évaluation de l'aptitude à l'emploi des équipements et des matériaux par la détermination de la concentration chimique aéroportée (ISO 14644-15:2017);
Version allemande EN ISO 14644-15:2017

Gesamtumfang 32 Seiten

DIN-Normenausschuss Heiz- und Raumlufttechnik sowie deren Sicherheit (NHRS)

Nationales Vorwort

Dieses Dokument (EN ISO 14644-15:2017) wurde im Technischen Komitee ISO/TC 209 „Cleanrooms and associated controlled environments" in Zusammenarbeit mit dem Technischen Komitee CEN/TC 243 „Reinraumtechnologie", dessen Sekretariat von BSI (Vereinigtes Königreich) gehalten wird, erarbeitet.

Das zuständige deutsche Normungsgremium ist der Arbeitsausschuss NA 041-02-21 AA „Reinraumtechnik (SpA CEN/TC 243 und ISO/TC 209)" im DIN-Normenausschuss Heiz- und Raumlufttechnik sowie deren Sicherheit (NHRS).

Für die in diesem Dokument zitierten internationalen Dokumente wird im Folgenden auf die entsprechenden deutschen Dokumente hingewiesen:

ISO 2889 siehe DIN ISO 2889
ISO 14644-1 siehe DIN EN ISO 14644-1
ISO 14644-8:2013 siehe DIN EN ISO 14644-8:2013-06
ISO 14644-10 siehe DIN EN ISO 14644-10
ISO 14644-14 siehe DIN EN ISO 14644-14
ISO 16000-6 siehe DIN ISO 16000-6
ISO 16000-9 siehe DIN EN ISO 16000-9

Nationaler Anhang NA
(informativ)

Literaturhinweise

DIN ISO 2889, *Probenentnahme von luftgetragenen radioaktiven Stoffen aus Kanälen und Kaminen kerntechnischer Anlagen*

DIN EN ISO 14644-1, *Reinräume und zugehörige Reinraumbereiche — Teil 1: Klassifizierung der Luftreinheit anhand der Partikelkonzentration*

DIN EN ISO 14644-8:2013-06, *Reinräume und zugehörige Reinraumbereiche — Teil 8: Klassifizierung der Luftreinheit anhand der Chemikalienkonzentration (ACC) (ISO 14644-8:2013); Deutsche Fassung EN ISO 14644-8:2013*

DIN EN ISO 14644-10, *Reinräume und zugehörige Reinraumbereiche — Teil 10: Klassifizierung der chemischen Oberflächenreinheit*

DIN EN ISO 14644-14, *Reinräume und zugehörige Reinraumbereiche — Teil 14: Bewertung der Reinraumtauglichkeit von Geräten durch Partikelkonzentration in der Luft*

DIN ISO 16000-6, *Innenraumluftverunreinigungen — Teil 6: Bestimmung von VOC in der Innenraumluft und in Prüfkammern, Probenahme auf Tenax TA®, thermische Desorption und Gaschromatographie mit MS oder MS-FID*

DIN EN ISO 16000-9, *Innenraumluftverunreinigungen — Teil 9: Bestimmung der Emission von flüchtigen organischen Verbindungen aus Bauprodukten und Einrichtungsgegenständen — Emissionsprüfkammer-Verfahren*

— Leerseite —

EUROPÄISCHE NORM

EUROPEAN STANDARD

NORME EUROPÉENNE

EN ISO 14644-15

Dezember 2017

ICS 13.040.35

Deutsche Fassung

Reinräume und zugehörige Reinraumbereiche — Teil 15: Bewertung der Reinraumtauglichkeit von Ausrüstungsgegenständen und Materialien anhand der chemischen Luft- und Oberflächenkonzentration (ISO 14644-15:2017)

Cleanrooms and associated controlled environments — Part 15: Assessment of suitability for use of equipment and materials by airborne chemical concentration (ISO 14644-15:2017)

Salles propres et environnements maîtrisés apparentés — Partie 15: Évaluation de l'aptitude à l'emploi des équipements et des matériaux par la détermination de la concentration chimique aéroportée (ISO 14644-15:2017)

Diese Europäische Norm wurde vom CEN am 27. Oktober 2017 angenommen.

Die CEN-Mitglieder sind gehalten, die CEN/CENELEC-Geschäftsordnung zu erfüllen, in der die Bedingungen festgelegt sind, unter denen dieser Europäischen Norm ohne jede Änderung der Status einer nationalen Norm zu geben ist. Auf dem letzten Stand befindliche Listen dieser nationalen Normen mit ihren bibliographischen Angaben sind beim CEN-CENELEC-Management-Zentrum oder bei jedem CEN-Mitglied auf Anfrage erhältlich.

Diese Europäische Norm besteht in drei offiziellen Fassungen (Deutsch, Englisch, Französisch). Eine Fassung in einer anderen Sprache, die von einem CEN-Mitglied in eigener Verantwortung durch Übersetzung in seine Landessprache gemacht und dem Management-Zentrum mitgeteilt worden ist, hat den gleichen Status wie die offiziellen Fassungen.

CEN-Mitglieder sind die nationalen Normungsinstitute von Belgien, Bulgarien, Dänemark, Deutschland, der ehemaligen jugoslawischen Republik Mazedonien, Estland, Finnland, Frankreich, Griechenland, Irland, Island, Italien, Kroatien, Lettland, Litauen, Luxemburg, Malta, den Niederlanden, Norwegen, Österreich, Polen, Portugal, Rumänien, Schweden, der Schweiz, Serbien, der Slowakei, Slowenien, Spanien, der Tschechischen Republik, der Türkei, Ungarn, dem Vereinigten Königreich und Zypern.

EUROPÄISCHES KOMITEE FÜR NORMUNG
EUROPEAN COMMITTEE FOR STANDARDIZATION
COMITÉ EUROPÉEN DE NORMALISATION

CEN-CENELEC Management-Zentrum: Rue de la Science 23, B-1040 Brüssel

Ref. Nr. EN ISO 14644-15:2017 D

Inhalt

Europäisches Vorwort

Dieses Dokument (EN ISO 14644-15:2017) wurde vom Technischen Komitee ISO/TC 209 „Cleanrooms and associated controlled environments“ in Zusammenarbeit mit dem Technischen Komitee CEN/TC 243 „Reinraumtechnologie“ erarbeitet, dessen Sekretariat von BSI gehalten wird.

Diese Europäische Norm muss den Status einer nationalen Norm erhalten, entweder durch Veröffentlichung eines identischen Textes oder durch Anerkennung bis Juni 2018, und etwaige entgegenstehende nationale Normen müssen bis Juni 2018 zurückgezogen werden.

Es wird auf die Möglichkeit hingewiesen, dass einige Elemente dieses Dokuments Patentrechte berühren können. CEN ist nicht dafür verantwortlich, einige oder alle diesbezüglichen Patentrechte zu identifizieren.

Entsprechend der CEN-CENELEC-Geschäftsordnung sind die nationalen Normungsinstitute der folgenden Länder gehalten, diese Europäische Norm zu übernehmen: Belgien, Bulgarien, Dänemark, Deutschland, die ehemalige jugoslawische Republik Mazedonien, Estland, Finnland, Frankreich, Griechenland, Irland, Island, Italien, Kroatien, Lettland, Litauen, Luxemburg, Malta, Niederlande, Norwegen, Österreich, Polen, Portugal, Rumänien, Schweden, Schweiz, Serbien, Slowakei, Slowenien, Spanien, Tschechische Republik, Türkei, Ungarn, Vereinigtes Königreich und Zypern.

Anerkennungsnotiz

Der Text von ISO 14644-15:2017 wurde von CEN als EN ISO 14644-15:2017 ohne irgendeine Abänderung genehmigt.

Vorwort

ISO (die Internationale Organisation für Normung) ist eine weltweite Vereinigung nationaler Normungsorganisationen (ISO-Mitgliedsorganisationen). Die Erstellung von Internationalen Normen wird üblicherweise von Technischen Komitees von ISO durchgeführt. Jede Mitgliedsorganisation, die Interesse an einem Thema hat, für welches ein Technisches Komitee gegründet wurde, hat das Recht, in diesem Komitee vertreten zu sein. Internationale staatliche und nichtstaatliche Organisationen, die in engem Kontakt mit ISO stehen, nehmen ebenfalls an der Arbeit teil. ISO arbeitet bei allen elektrotechnischen Themen eng mit der Internationalen Elektrotechnischen Kommission (IEC) zusammen.

Die Verfahren, die bei der Entwicklung dieses Dokuments angewendet wurden und die für die weitere Pflege vorgesehen sind, werden in den ISO/IEC-Direktiven, Teil 1 beschrieben. Es sollten insbesondere die unterschiedlichen Annahmekriterien für die verschiedenen ISO-Dokumentenarten beachtet werden. Dieses Dokument wurde in Übereinstimmung mit den Gestaltungsregeln der ISO/IEC-Direktiven, Teil 2 erarbeitet (siehe www.iso.org/directives).

Es wird auf die Möglichkeit hingewiesen, dass einige Elemente dieses Dokuments Patentrechte berühren können. ISO ist nicht dafür verantwortlich, einige oder alle diesbezüglichen Patentrechte zu identifizieren. Details zu allen während der Entwicklung des Dokuments identifizierten Patentrechten finden sich in der Einleitung und/oder in der ISO-Liste der erhaltenen Patenterklärungen (siehe www.iso.org/patents).

Jeder in diesem Dokument verwendete Handelsname dient nur zur Unterrichtung der Anwender und bedeutet keine Anerkennung.

Eine Erläuterung zum freiwilligen Charakter von Normen, der Bedeutung ISO-spezifischer Begriffe und Ausdrücke in Bezug auf Konformitätsbewertungen, sowie Informationen darüber, wie ISO die Grundsätze der Welthandelsorganisation (WTO) hinsichtlich technischer Handelshemmnisse (TBT) berücksichtigt, enthält der folgende Link www.iso.org/iso/foreword.html.

Dieses Dokument wurde vom Technischen Komitee ISO/TC 209, *Cleanrooms and associated controlled environments* erarbeitet.

Eine Auflistung aller Teile der Normenreihe ISO 14644 ist auf der ISO-Internetseite abrufbar.

Einleitung

Reinräume und zugehörige Reinraumbereiche dienen dazu, die Kontamination auf ein Niveau zu bringen, welches für die Durchführung kontaminationssensibler Aktivitäten angemessen ist. Von der Kontaminationskontrolle profitieren u. a. Produkte und Prozesse der Luft- und Raumfahrt-, Mikroelektronik- und Optikbranche, der Nuklearindustrie und der Biowissenschaften (Pharmazeutika, Medizinprodukte, Nahrungsmittel, Gesundheitsbereich).

Dieses Dokument befasst sich mit der Klassifikation von Reinräumen nach der Luftreinheit anhand der chemischen Konzentration in Bezug auf die Tauglichkeit der Ausrüstungsgegenstände für die Benutzung in Reinräumen und zugehörigen Reinraumbereichen.

Beispiele und Bewertungen der Tauglichkeit sind in den Anhängen A, B und C zu finden.

1 Anwendungsbereich

Dieses Dokument enthält Anforderungen und Richtlinien zur Bewertung der chemischen luftgetragenen Reinheit von Ausrüstungsgegenständen und Materialien, die für den Gebrauch in Reinräumen und zugehörigen Reinraumbereichen vorgesehen sind, die mit der ISO-Norm für Reinheitsklassen anhand der chemischen Konzentration (siehe ISO 14644-8) zusammenhängen.

Die folgenden Bereiche werden von diesem Dokument nicht abgedeckt:

— Gesundheits- und Sicherheitsanforderungen;

— Kompatibilität mit Reinigungsmitteln und -techniken;

— Reinigungsfähigkeit;

— Biokontamination;

— bestimmte Anforderungen an Ausrüstungsgegenstände und Materialien für Prozesse und Produkte;

— Konstruktionsdetails der Ausrüstungsgegenstände.

2 Normative Verweisungen

Die folgenden Dokumente werden im Text in solcher Weise in Bezug genommen, dass einige Teile davon oder ihr gesamter Inhalt Anforderungen des vorliegenden Dokuments darstellen. Bei datierten Verweisungen gilt nur die in Bezug genommene Ausgabe. Bei undatierten Verweisungen gilt die letzte Ausgabe des in Bezug genommenen Dokuments (einschließlich aller Änderungen).

ISO 14644-8:2013, *Cleanrooms and associated controlled environments — Part 8: Classification of air cleanliness by chemical concentration. (ACC)*

3 Begriffe

Für die Anwendung dieses Dokuments gelten die folgenden Begriffe.

ISO und IEC stellen terminologische Datenbanken für die Verwendung in der Normung unter den folgenden Adressen bereit:

— ISO Online Browsing Platform: unter http://www.iso.org/obp

— IEC Electropedia: unter http://www.electropedia.org/

3.1
Chemische Luftverunreinigung
jegliche nicht-partikuläre chemische Spezies in der Luft, die aufgrund ihrer chemischen Beschaffenheit eine schädliche Wirkung auf das Produkt, den Prozess oder die Ausrüstung haben kann

[QUELLE: ISO 14644-8:2013, 3.1.3, modifiziert — „Substanz" wurde durch „nicht-partikuläre chemische Spezies" ersetzt.]

3.2
Luftreinheit anhand der chemischen Konzentration
ACC
Grad der Luft*reinheit* (3.5) anhand der chemischen Konzentration, angegeben als ISO-ACC-Klasse *N*, die den Höchstwert der zulässigen Konzentration eines bestimmten chemischen Stoffs oder einer Gruppe von chemischen Stoffen darstellt, angegeben in Gramm je Kubikmeter

Anmerkung 1 zum Begriff: Diese Definition berücksichtigt keine Makromoleküle biologischen Ursprungs, die als Partikel beurteilt werden.

[QUELLE: ISO 14644-8:2013, 3.1.2]

3.3
Durchbruchsvolumen
maximales Volumen an *Spülgas* (3.14), das ohne jeglichen Verlust an Analyt bei einer gewissen Temperatur durch ein System gezogen werden kann

3.4
Chemische Kontamination
nicht teilchenförmige Substanzen, die eine schädigende Wirkung auf das Produkt, den Prozess oder die Ausrüstung haben können

[QUELLE: ISO 14644-8:2013, 3.1.1]

3.5
Reinheit
Zustand, der ein gewisses Maß an Kontamination nicht überschreitet

3.6
Reinraum
Raum, in dem die Anzahlkonzentration luftgetragener Partikel geregelt und klassifiziert wird und der zur Regelung der Einschleppung, Entstehung und Ablagerung von Partikeln im Raum entsprechend konstruktiv geplant, baulich ausgeführt und betrieben wird

Anmerkung 1 zum Begriff: Die Klasse der Konzentration der luftgetragener Partikel wird festgelegt.

Anmerkung 2 zum Begriff: Die Grade von weiteren Reinheitsmerkmalen, wie z. B. die chemischen Konzentrationen sowie die Konzentrationen von lebensfähigen oder nanoskaligen Partikeln in der Luft, aber auch die Oberflächenreinheit, in Bezug auf Partikel-, Nanopartikel-, chemische Konzentrationen sowie auf Konzentrationen von lebensfähigen Partikeln, könnten festgelegt und geregelt werden.

Anmerkung 3 zum Begriff: Weitere relevante physikalische Parameter könnten auch, falls gefordert, geregelt werden, z. B. Temperatur, Feuchte, Druck, Vibration und Elektrostatik.

[QUELLE: ISO 14644-1:2015, 3.1.1]

3.7
Reinraumtauglichkeit
Fähigkeit, die wichtigen Kontrolleigenschaften oder Bedingungen jedes *reinen Bereichs* (3.8) bei bestimmungsgemäßer Anwendung aufrechtzuerhalten

Anmerkung 1 zum Begriff: Für die Anwendung dieses Teils der ISO 14644 basiert die Bewertung auf der Konzentration luftgetragener Partikel.

Anmerkung 2 zum Begriff: Die Definition bezieht sich auf die Verwendung von Ausrüstungsgegenständen und Materialien.

[QUELLE: ISO 14644-14:2016, 3.3, modifiziert — Anmerkung 2 wurde hinzugefügt.]

3.8
reiner Bereich
festgelegter Bereich, in dem die Konzentration luftgetragener Partikel geregelt wird und klassifiziert ist und der zur Regelung der Einschleppung, Entstehung und Ablagerung von Partikeln im Bereich entsprechend baulich ausgeführt und betrieben wird

Anmerkung 1 zum Begriff: Die Klasse der Konzentration der luftgetragener Partikel wird festgelegt.

Anmerkung 2 zum Begriff: Die Grade von weiteren Reinheitsmerkmalen, wie z. B. die chemischen Konzentrationen sowie die Konzentrationen von lebensfähigen oder nanoskaligen Partikeln in der Luft, aber auch die Oberflächenreinheit, in Bezug auf Partikel-, Nanopartikel-, chemische Konzentrationen sowie auf Konzentrationen von lebensfähigen Partikeln, könnten festgelegt und geregelt werden.

Anmerkung 3 zum Begriff: Ein reiner Bereich (reine Bereiche) kann (können) ein festgelegter Bereich (festgelegte Bereiche) in einem Reinraum sein, oder er (sie) könnte(n) mithilfe eines SD-Moduls geschaffen werden. Dieses SD-Modul kann sich im Raum oder außerhalb eines Reinraumes befinden.

Anmerkung 4 zum Begriff: Weitere relevante physikalische Parameter könnten auch, falls gefordert, geregelt werden, z. B. Temperatur, Feuchte, Druck, Vibration und Elektrostatik.

[QUELLE: ISO 14644-1:2015, 3.1.2]

3.9
kontrollierter Bereich
zugewiesener Bereich, in dem die Konzentration wenigstens einer Kontaminantengruppe (Partikel, Chemikalien, Biokontamination) in der Luft und/oder auf Oberflächen kontrolliert und spezifiziert wird und der so konstruiert ist und in einer Weise verwendet wird, dass die Einbringung und die Auswirkung von Verunreinigung minimiert wird

Anmerkung 1 zum Begriff: Attribute des Reinheitsgrads wie chemische und lebensfähige Konzentrationen in der Luft oder Reinheit bezüglich Partikeln, chemischer und lebensfähiger Konzentrationen auf Oberflächen können durch (eine) Klasse(n) festgelegt werden.

Anmerkung 2 zum Begriff: Andere relevante Parameter, wie z. B. Temperatur, Luftfeuchte, Druck, Vibration und Elektrostatik, können nach Bedarf ebenfalls kontrolliert werden.

Anmerkung 3 zum Begriff: Ein kontrollierter Bereich kann ein festgelegter Raum innerhalb eines Reinraums sein oder durch ein separierendes Reinraummodul geschaffen werden. Solch ein Modul kann sich innerhalb oder außerhalb eines Reinraums befinden.

3.10
Emission
Verunreinigungen, die in die Umwelt geleitet werden

[QUELLE: ISO 2889:2010, 3.30]

Anmerkung 1 zum Begriff: Für die Anwendung dieses Dokuments werden nur chemische Emissionen berücksichtigt.

3.11
Emissionsrate
Rate, die die Menge einer oder mehrerer flüchtiger Chemikalie(n) beschreibt, die von den Ausrüstungsgegenständen oder den Materialien je Zeiteinheit abgegeben wird

3.12
Ausrüstung
System für spezifische Aufgaben, das Stoffe, Komponenten bzw. Kontrollen integriert.

BEISPIEL Test- und Herstellungsausrüstung und -maschinerie, Geräte für Transport und Handling, Lagereinheiten, Werkzeuge, Möbel, Türen, Decken, IT-Hardware und Arbeitsroboter.

[QUELLE: ISO 14644-14:2017, 3.6]

3.13
Material
einzelne Substanz oder Verbundstoff

Anmerkung 1 zum Begriff: Um die Prüfung zu ermöglichen kann es notwendig sein, Material in repräsentativer Form zur Verfügung zu stellen.

3.14
Spülgas
Gas oder Gasmischung, mit dem/der Verunreinigungen zu einem bestimmten Auslass transportiert werden sollen

Anmerkung 1 zum Begriff: In einem kontrollierten oder *reinen Bereich* (3.8) oder einem *Reinraum* (3.6) kann gefilterte Luft als Spülgas verwendet werden.

Anmerkung 2 zum Begriff: Eine *Prüfumgebung* (3.18) kann, um die Verunreinigung zu einem System oder Messgerät zu transportieren, mit Luft oder anderen Gasen oder Gasgemischen gespült werden.

3.15
repräsentative Form
Materialprobe, die so hergestellt wurde, dass sie die intrinsischen physikalischen und chemischen Eigenschaften eines Objekts widerspiegelt

3.16
repräsentativer Modus
Betriebsart, die den Verwendungszweck des Ausrüstungsgegenstands widerspiegelt

3.17
spezifische Emissionsrate
normalisierter Massenstrom der von einem Prüfobjekt abgegebenen chemischen Verunreinigungen

Anmerkung 1 zum Begriff: Die materialspezifische *Emissionsrate* (3.11) basiert auf dem Oberflächenbereich.

Anmerkung 2 zum Begriff: Die ausrüstungssgegenstandsspezifische Emissionsrate basiert auf einer einzigen Ausrüstungsgegenstandseinheit.

3.18
Prüfumgebung
Bereich, in dem der Test stattfindet, beschrieben durch einen Satz von Parametern

[QUELLE: ISO 14644-14:2017, 3.7]

4 Symbole

Symbol	Bedeutung	Einheit
p_b	Hintergrundkonzentration in der Prüfumgebung ohne das Prüfobjekt	g/m^3
p_o	Konzentration in der Prüfumgebung mit dem Prüfobjekt	g/m^3
p_c	Chemische Massenkonzentration im Reinraum/kontrollierten Bereich	g/m^3
p_m	Chemische Massenkonzentration der Zuluft	g/m^3
F_b	Durchflussmenge während der Probenahme bei der Hintergrundmessung	m^3/s
F_o	Durchflussmenge während der Probenahme bei der Objektmessung	m^3/s
m_o	Insgesamt von der Prüfumgebung mit Prüfobjekt abgegebene geprüfte Masse	g
m_b	Insgesamt von der Prüfumgebung ohne Prüfobjekt abgegebene geprüfte Masse	g
t_o	Prüfdauer Objektmessung	s
t_b	Prüfdauer Hintergrundmessung	s
x	Spezifische Metrik im Hinblick auf das Prüfobjekt	m^2 für Materialien „Einheit“ für Ausrüstungsgegenstand
x	Quantität im Hinblick auf das bewertete Objekt	m^2 für Materialien „Einheit“ für Ausrüstungsgegenstand
q_o	Spezifische Emissionsrate des Prüfobjekts	g/(m^{2}s) oder g/(Einheit · s)
n_t	Luftwechselrate durch die Prüfumgebung	1/s
n_m	Zuluftwechselrate	1/s
n_r	Umluftwechselrate	1/s
V_c	Luftvolumen im Reinraum/kontrollierten Bereich	m^3
V_t	Volumen der Prüfumgebung	m^3
α	Angegebener Wirkungsgrad des chemischen Filtersystems	—

5 Prüfaufbau

5.1 Allgemeines

Der Prüfaufbau muss für die Sammlung repräsentativer Verunreinigungsproben innerhalb der Prüfumgebung gestaltet sein, um die spezifischen Emissionsraten von Ausrüstungsgegenständen und/oder Materialien zu bewerten. Er kann geschlossen (siehe Bild 1), als geschlossene besondere Anwendung (siehe Bild 2) oder offen (siehe Bild 3) gestaltet sein.

Die geschlossene Ausführung wird für niedrige spezifische Emissionsraten verwendet und ist die bevorzugte Methode. Größere Prüfobjekte und Betriebsausrüstungsgegenstände können die Anwendung eines Prüfaufbaus in offener Ausführung (siehe 5.4) notwendig machen.

Die Fehlergrenze des Temperatursensors muss ± 2 °C betragen.

Die Fehlergrenze des Durchflussmessgeräts muss ± 5 % betragen.

Die Luftfeuchte des Spülgases muss spezifiziert und kontrolliert werden.

Die Probenahme von ACC-Emissionen erfolgt durch die Spülung eines festgelegten Gasvolumens in ein geeignetes System z. B. einen Adsorber. Es können mehrere Systeme verwendet werden, um verschiedene Spezies von Verunreinigungen zu sammeln.

ISO 14644-8:2013, Anhang C, enthält einen Überblick zu Leit- und Messtechniken.

ANMERKUNG Für Erwägungen zur VOC-Probenahme siehe ISO 16000-6 und ISO 16017-1.

5.2 Geschlossene Ausführung

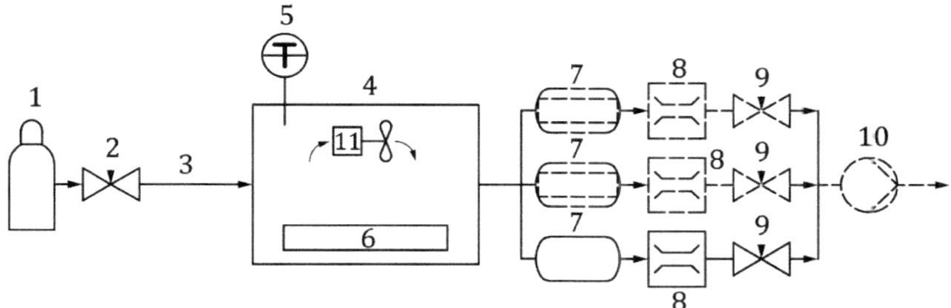

Legende

1 Spülgasquelle
2 Ventil für die Spülgasversorgung
3 Verbindung zur Kammer
4 Prüfkammer
5 Temperatursensor
6 Materialprobe oder Ausrüstungsgegenstand
7 System(e)
8 Durchflussmessgerät(e)
9 Ventil(e) für die Durchflussregelung
10 Pumpe (Option)
11 Mischeinrichtung (Option)

ANMERKUNG Abhängig von der Größe der Prüfumgebung kann eine Mischeinrichtung angebracht werden, um ein homogenes Mischen zu ermöglichen.

Bild 1 — Geschlossene Ausführung

Zur Verwendung der geschlossenen Ausführung wird eine Spülgasversorgung mit Durchflussregelung und ein nach dem System angebrachtes Durchflussmessgerät benötigt. Der Spülgasdurchfluss muss mit einem Ventil gesteuert werden. Zusätzlich darf eine Pumpe stromabwärts des Durchflussmessgeräts verwendet werden.

5.3 Geschlossene Ausführung besondere Anwendung

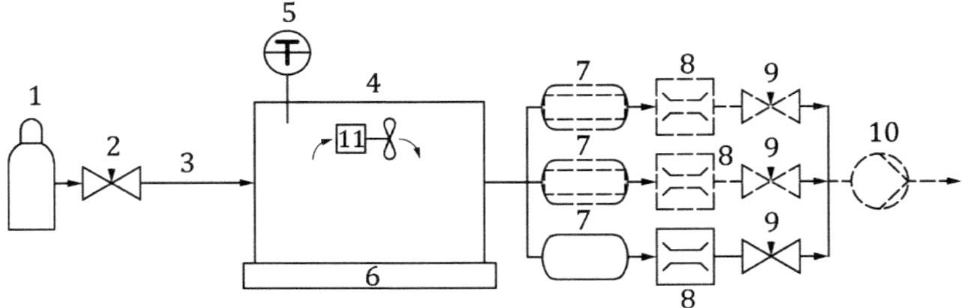

Legende

1 Spülgasquelle
2 Ventil für die Spülgasversorgung
3 Verbindung zur Kammer
4 Prüfkammer
5 Temperatursensor
6 Materialprobe
7 System(e)
8 Durchflussmessgerät(e)
9 Ventil(e) für die Durchflussregelung
10 Pumpe (Option)
11 Mischeinrichtung (Option)

Bild 2 — Geschlossene Ausführung besondere Anwendung

Dieser Aufbau wird für Materialproben mit ebener Oberfläche verwendet. Sowohl die Kapselung als auch die Materialoberfläche müssen eine gasdichte Prüfumgebung schaffen.

Zur Erstellung einer Hintergrundanalyse werden die Prüfmaterialien durch eine Glas- oder Edelstahlplatte ersetzt, die im gleichen Maße wie die Kammerwände chemisch gereinigt werden kann.

5.4 Offene Ausführung

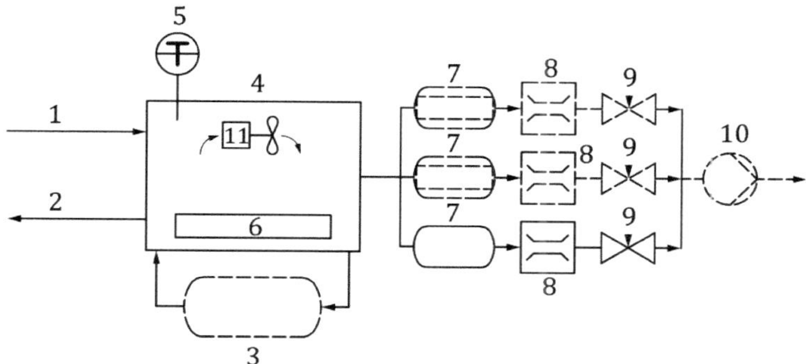

Legende

1 Zuluft
2 Abluft
3 Optionale Luftumwälzung (ohne chemische Filtration)
4 Prüfkammer
5 Temperatursensor
6 Materialprobe oder Ausrüstungsgegenstand
7 System(e)
8 Durchflussmessgerät(e)
9 Ventil(e) für die Durchflussregelung
10 Pumpe (Option)
11 Mischeinrichtung (Option)

Bild 3 — Offene Ausführung

Dieser Aufbau ist für größere Ausrüstungsgegenstände und für Ausrüstungsgegenstände während des Betriebs vorgesehen. Da er typischerweise einen Reinraum oder kontrollierten Bereich nachbildet, wird Luft als Spülgas verwendet. Chemische Filtration, Zuluft und Hintergrundemissionen können die Eignung dieses Prüfaufbaus beeinflussen. Die geprüfte Gasmenge ist eine festgelegte Portion des durch die Prüfumgebung strömenden Spülgases. Das übrige Spülgas wird mit der Abluft abgegeben (Leckage der Prüfumgebung und am HLK-System vorbeiströmende Abluft).

6 Repräsentative Art

6.1 Ausrüstungsgegenstand

Die repräsentative Betriebsart muss den Verwendungszweck des Ausrüstungsgegenstands widerspiegeln. Repräsentative Betriebsparameter des Ausrüstungsgegenstands müssen vor der Prüfung festgelegt und vereinbart werden.

6.2 Material

Materialien müssen in einer Form geprüft werden, die direkt mit deren Verwendugszweck zusammenhängt (einschließlich der Materialmerkmale wie Schichten, Verbunddicke, Porösität und Oberflächenstruktur), indem folgende Parameter berücksichtigt werden:

— Materialalter: 28 ± 2 Tage (siehe ISO 16000-9);

— Aggregatzustand: fest oder flüssig;

— Oberflächenbereich der Probe, ermittelt durch Messung oder Projektion (bei porösen und granulösen Materialien).

Falls eine solche Materialprobe nicht beschafft werden kann, muss die Ersatzprobe mit der gleichen chemischen Zusammensetzung gefertigt werden und einem ähnlichen Formprozess wie die fertige Komponente unterzogen worden sein.

Es können Materialien verschiedenen Alters bewertet werden. Diese Abweichung muss jedoch klar gekennzeichnet werden. Ein Materialienvergleich kann nur auf Basis von Materialien mit dem gleichen Alter erfolgen.

7 Sichtprüfung

7.1 Allgemeines

Visuelle Oberflächenreinheit muss, vor und nach jeglicher quantitativen Bewertung, qualitativ bewertet werden und zwar so, dass die quantitativen Prüfungen dadurch nicht beeinträchtigt werden. Der Schwerpunkt der visuellen Untersuchung sollte auf chemischen Quellen liegen, die bei der Herstellung, der Verpackung, dem Transport oder, im Fall von Ausrüstungsgegenständen, beim Einbau, unbeabsichtigt eingebracht wurden.

Die Ergebnisse der visuellen Untersuchung sollten dokumentiert und für den Vergleich mit jeglichen Ergebnissen der nachgeschalteten visuellen Untersuchung bereitgehalten werden. Das Ergebnis einer visuellen Untersuchung kann als Basis für die Anordnung eines wiederholten oder verbesserten Dekontaminationsprozesses für den Ausrüstungsgegenstandoder die Vorlage einer Ersatz-Materialprobe dienen.

Es ist nicht vorgesehen, dass diese Untersuchung eine Messung der Probenreinheit liefert.

7.2 Ausrüstungsgegenstände

Die Sichtprüfung muss sicherstellen, dass sämtliches Verpackungsmaterial entfernt wurde und die Ausrüstungsgegenstände unbeschädigt, korrekt zusammengebaut und richtig an ihre benötigten Einrichtungen angeschlossen ist.

Die Inspektion sollte Kontaminationen wie Partikel und Filme ermitteln, die durch die Herstellung, Verpackung, den Transport oder die Erstmontage entstanden sein können und die jeglichen vorherigen Dekontaminierungsprozessen standgehalten haben.

Die Bestimmungseffizienz bezüglich sichtbarer Kontamination für Ausrüstungsgegenstände hängt von folgenden Faktoren ab:

— der Zugänglichkeit und Ausrichtung der zu untersuchenden Oberfläche;

— den für die Konstruktion der Ausrüstungsgegenstände verwendeten Materialien, deren Oberflächenzustand und -behandlung;

— den Betrachtungsparametern (z. B. Beleuchtungsart, Blickfeld, Vergrößerung, Betrachtungsabstand).

7.3 Material

Der Schwerpunkt dieser Sichtprüfung sollte auf chemischen Quellen liegen, die bei der Herstellung, dem Transport, der Größenanpassung oder anderen Vorbereitungsmaßnahmen, denen das Material unterzogen wurde, unbeabsichtigt eingebracht wurden.

Die Ziele dieser Inspektion sind daher,

- visuelle Merkmale des Materials, die die folgende Prüfung beeinflussen könnten, zu ermitteln Zu diesen Merkmalen können u. a. die Homogenität der Oberfläche, die Oberflächenrauheit, die Textur und die Porösität gehören. Nach quantifizierbarer Prüfung sollte die Untersuchung Proben für jegliche Zersetzung aufgrund von Faktoren der Prüfumgebung wie Temperatur oder Feuchte bewerten und
- Parameter für die visuelle Untersuchung, wie den Betrachtungsabstand und die Beleuchtungsart, festlegen, da diese aufgrund der kleineren Probengröße konsistenter sein können als die Parameter für Ausrüstungsgegenstände. Auch die Untersuchungsparameter müssen, zusammen mit den Untersuchungsergebnissen, dokumentiert werden.

8 Beschreibung der Prüfung

Die folgende Übersicht beschreibt die notwendigen Schritte bei der Probenahme und Analyse.

1) Die Prüfumgebung in Hinblick auf Probengröße, Geometrie und Betriebsart auswählen.

2) Um Massenwerte in Hinblick auf die zu untersuchende Verunreinigung zu erhalten, ein passendes System (Art und Leistung), Spülgas und eine passende Analysetechnik auswählen.

   ANMERKUNG ACC-Analysetechniken werden in ISO 14644-8:2013, Anhang C, erwähnt.

   Abhängig von der zu messenden luftgetragenen chemischen Verunreinigung oder Verunreinigungsgruppe, können auch direkte Techniken ohne System geeignet sein (PTR-MS, FTIR, FID, CRDS).

   Von der Probenahme bis zur Analyse (Verpackung und Transport) sollte die Eingliederung des Transports von Blindproben in Erwägung gezogen werden.

3) Dauer der Probenahme und Volumen im Hinblick auf die erwartete Emission des Prüfobjekts festlegen. Die Nachweisgrenze des Messgeräts und das Durchbruchsvolumen des Systems müssen berücksichtigt werden. Die Prüfumgebung auf die vereinbarte Temperatur bringen (Richtwert 22 °C) und bei ± 2 °C halten.

   Um zusätzliche Informationen zu erhalten, darf auch eine Probenahme bei erhöhten Temperaturen stattfinden.

4) Das System aufbauen und den Spülgasdurchfluss durch die Prüfumgebung ohne Prüfobjekt für die festgelegte Dauer der Probenahme starten.

   Falls eine geschlossene Ausführung besondere Anwendung (siehe 5.3) verwendet wird, muss das Prüfmaterial mit geeignetem Material z. B. einer Glas- oder Edelstahlplatte, die den chemischen Emissionseigenschaften der Kammerwand entspricht, ersetzt werden.

5) Die Durchflussmenge und die Dauer der Probenahme aufzeichnen.

6) Den Gasdurchfluss nach der vordefinierten Dauer der Probenahme stoppen und das System zur Analyse abnehmen.

7) Analyse des Systems durchführen, um Hintergrund-Massenwerte (in g) zu erhalten.

   Mögliche Kondensation auf den Innenflächen der Prüfumgebung kann die Prüfergebnisse beeinflussen.

8) Das Prüfobjekt in seiner repräsentativen Betriebsart in die Prüfumgebung einbringen.

9) Vor dem nächsten Schritt zunächst eine Spülung mit mindestens dem dreifachen Volumen der Prüfumgebung durchführen. Die Dauer aufzeichnen.

10) Die Durchflussmenge und die Dauer der Probenahme aufzeichnen.

11) Das System aufbauen und den Spülgasdurchfluss durch die Prüfumgebung für die festgelegte Dauer der Probenahme starten. Die Dauer der Probenahme aufzeichnen.

12) Den Gasdurchfluss nach der vordefinierten Dauer der Probenahme stoppen und das System zur Analyse abnehmen.

13) Analyse des Systems durchführen, um die abgegebenen Massenwerte des Prüfobjekts (in g) zu erhalten.

    Abhängig von den verwendeten Analysemethoden sollten angemessene Bestandteile der Qualitätsprüfung herangezogen werden.

9 Berechnung der gemessenen Konzentrationen

Die Konzentrationswerte können anhand der entsprechenden analysierten Massenwerte, *m*, Durchflussmengen während der Probenahme, *F*, und den Werten zur Dauer der Probenahme, *t*, die während der Prüfung ermittelt wurden, berechnet werden.

Bei der Interpretation der Ergebnisse muss die Unsicherheit jedes Parameters, wie in den Gleichungen (1) und (2) gezeigt, berücksichtigt werden:

$$p_o = \frac{m_o}{F_o \cdot t_o} \qquad (1)$$

$$p_b = \frac{m_b}{F_b \cdot t_b} \qquad (2)$$

Dabei ist

p_b die Hintergrundkonzentration in der Prüfumgebung ohne das Prüfobjekt in g/m^3;

p_o die Konzentration in der Prüfumgebung mit dem Prüfobjekt in g/m^3;

m_b die von der Prüfumgebung ohne Prüfobjekt abgegebene insgesamt ermittelte Masse in g;

m_o die von der Prüfumgebung mit Prüfobjekt abgegebene insgesamt ermittelte Masse in g;

F_b die Durchflussmenge während der Probenahme bei der Hintergrundmessung in m^3/s;

F_o die Durchflussmenge während der Probenahme bei der Objektmessung in m^3/s;

t_b die Dauer der Probenahme bei der Hintergrundmessung in s;

t_o die Dauer der Probenahme bei der Objektmessung in s.

10 Berechnung der spezifischen Emissionsrate

10.1 Berechnung der spezifischen Emissionsrate — geschlossene Ausführung

Die spezifische Emissionsrate des Prüfobjekts, q_{Objekt}, wird anhand der Massenwerte, m_o und m_b der Dauer der Probenahme, t_o, und der spezifischen Metrik, x, berechnet. Jegliche festgestellte Hintergrundmasse muss abgezogen werden.

Der Massewert des Prüfobjekts muss mindestens zehnmal höher sein als der Hintergrundmassenwert. Wird dieses Kriterium nicht erfüllt, muss die Auswahl der verwendeten Parameter und der Geräte zur Probenahme/Messung, wie in Gleichung (3) gezeigt, überdacht werden:

$$q_o = \frac{m_o - m_b}{x \cdot t_o} \tag{3}$$

Dabei ist

q_o die spezifische Emissionsrate des Prüfobjekts in g/(m^2 s) oder g/(Einheit · s);

m_o die von der Prüfumgebung mit Prüfobjekt insgesamt ermittelte Masse in g;

m_b die von der Prüfumgebung ohne Prüfobjekt insgesamt ermittelte Masse in g;

t_o die Dauer der Probenahme bei der Objektmessung in s;

x die spezifische Metrik, x, in Hinblick auf das Prüfobjekt (Fläche oder Einheit) in m^2 oder Einheit.

Die spezifische Emissionsrate muss immer zusammen mit der chemischen Substanz oder Gruppe, für die sie bewertet wurde, angegeben werden.

10.2 Berechnung der spezifischen Emissionsrate — Offene Ausführung

Die spezifische Emissionsrate des Prüfobjekts, q_{Objekt}, hängt von den errechneten Massenkonzentrationen, p_o und p_b, dem Volumen der Prüfumgebung, V_t, der Luftwechselrate durch die Prüfumgebung, n_t, und der spezifischen Metrik, x, im Hinblick auf das Prüfobjekt ab. Jegliche festgestellte Hintergrundmasse muss abgezogen werden.

Der Massenkonzentrationswert des Prüfobjekts muss mindestens zehnmal höher sein als der Hintergrundmassekonzentrationswert. Wird dieses Kriterium nicht erfüllt, muss die Auswahl der verwendeten Parameter und der Geräte zur Probenahme/Messung, wie in Gleichung (4) gezeigt, überdacht werden:

$$q_o = \frac{V_t \cdot n_t \cdot (p_o - p_b)}{x} \tag{4}$$

Dabei ist

q_o die spezifische Emissionsrate des Prüfobjekts in g/(m^2 s) oder g/(Einheit · s);

p_b die Hintergrundkonzentration in der Prüfumgebung ohne das Prüfobjekt in g/m^3;

p_o die Konzentration in der Prüfumgebung mit dem Prüfobjekt in g/m^3;

n_t die Luftwechselrate durch die Prüfumgebung in 1/s;

V_t das Volumen der Prüfumgebung in m^3;

x die spezifische Metrik, x, in Hinblick auf das Prüfobjekt in m^2 oder Einheit.

Die spezifische Emissionsrate muss immer zusammen mit der chemischen Substanz oder Gruppe, für die sie bewertet wurde, angegeben werden.

11 Beurteilung

11.1 Allgemeines

Die spezifische Emissionsrate dient dazu, den Einfluss auf die Luftreinheit anhand der chemischen Konzentration (ACC) eines kontrollierten Bereichs zu bewerten. Diese kann entweder für eine vorhandene Installation oder während der Konstruktion eines Reinraums oder eines kontrollierten Bereichs genutzt werden. Bild 4 zeigt die einzelnen Parameter, die für die Bewertung eines kontrollierten Bereichs notwendig sind.

ANMERKUNG Der Wirkungsgrad der chemischen Filtration verändert sich im Laufe der Zeit.

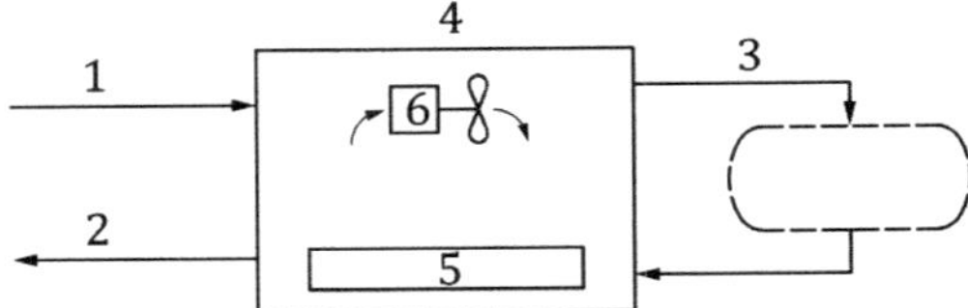

Legende

1 Zuluft (P_m, n_m)

2 Abluft

3 Optionale Luftumwälzung (n_{re}) mit oder ohne chemische Filtration (Wirkungsgrad, α)

4 Reinraum oder kontrollierter Bereich (V_c, p_c)

5 Materialprobe oder Ausrüstungsgegenstand

6 Mischeinrichtung (Option)

Bild 4 — Reinraum oder kontrollierter Bereich mit den entsprechenden Parametern als typisches Beispiel für eine Umgebung in offener Ausführung

11.2 Benötigte Eingabedaten

— Temperatur;

— Abmessungen des kontrollierten Bereichs: V_c;

— Luftwechselrate der Zuluft: n_m;

— Luftwechselrate der Umluft (falls zutreffend): n_r;

— chemische Massenkonzentration der Zuluft: p_m;

— Wirkungsgrad der chemischen Filtration in der Umwälzung (falls zutreffend): α;

— chemische Massenkonzentration der Luft im Reinraum/kontrollierten Bereich: p_c;

— spezifische Emissionsrate aller in Betracht gezogenen Objekte (Material und/oder Ausrüstungsgegenstand), falls die finale ISO ACC-Klasse bewertet werden muss: q_o;

— Metrik, x (Oberfläche für Material und Einheitenanzahl für Ausrüstungsgegenstand);

— angestrebte ISO ACC-Klassennummer, N, im kontrollierten Bereich, falls die Obergrenze der spezifischen Emissionsrate für alle in Betracht gezogenen Objekte bewertet werden muss.

11.3 Berechnung zur Bestimmung der Wirkung auf einen Reinraum oder kontrollierten Bereich

Die chemische Massenkonzentration, p_c, des kontrollierten Bereichs kann, wenn ein chemisches Filtrationssystem verwendet wird, wie in Gleichung (5) gezeigt berechnet werden:

$$p_c = \frac{p_m \cdot n_m + \frac{\Sigma(q_o \cdot x)}{V_c}}{n_m + n_r \cdot \alpha} \tag{5}$$

Dabei ist

q_o die spezifische Emissionsrate aller in Betracht gezogenen Objekte (Material und/oder Ausrüstungsgegenstand) in g/(m^2 s) oder g/(Einheit · s);

p_c die chemische Massenkonzentration im Reinraum/kontrollierten Bereich in g/m^3;

p_m die chemische Massenkonzentration der Zuluft in g/m^3;

n_m die Zuluftwechselrate in 1/s;

n_r die Umluftwechselrate in 1/s;

V_c das Volumen der Luft im Reinraum/kontrollierten Bereich in m^3;

x die Quantität in Hinblick auf das Prüfobjekt in m^2 oder Einheit;

α der Wirkungsgrad des chemischen Filtrationssystems.

ANMERKUNG Falls kein chemisches Filtrationssystem in der Umluft vorhanden ist, beträgt α 0

11.4 Beurteilung der Eignung von Material(ien) oder Ausrüstungsgegenstand(gegenständen) für einen bestehenden Reinraum oder kontrollierten Bereich

Die Beurteilung der Eignung kann nur bei zueinander passenden chemischen Substanzen oder Gruppen vorgenommen werden.

Eine Beurteilung ist nur erlaubt, wenn die Temperatur während der Probenahme für die spezifische Emissionsrate gleich hoch oder höher war als die Temperatur der zu bewertenden Reinraumeinrichtung.

Die berechnete chemische Massenkonzentration des Reinraums, p_c, entspricht der ISO ACC-Klassennummer, *N*, die nach ISO 14644-8:2013, 4.2, bestimmt wird.

Falls die Konzentration, p_c, die für die entsprechende ISO ACC-Klassennummer, *N*, gegebene Konzentration nicht überschreitet, dann sind Material(ien) oder Ausrüstungsgegenstand(gegenstände) für diese ISO ACC-Umgebung mit ihren gegebenen Parametern geeignet.

12 Dokumentation

12.1 Allgemeines

Die Dokumentation muss die für eine Wiederholung der Prüfung zur Reinraumtauglichkeitsbewertung nötigen Informationen zu Prüfaufbau und Analyse beinhalten.

12.2 Allgemeine Dokumentationsanforderungen

- Beschreibung der Prüfung einschließlich Auswahl der Prüfkammerausführung;
- Verweisung auf verwendete Normen und/oder Richtlinien;
- Datum;
- Ort an dem die Bewertung durchgeführt wird;
- die Prüfung durchführende Person(en);
- Kunde;
- Markierung/Identifizierung des Prüfobjekts;
- Typbezeichnung der verwendeten Ausrüstungsgegenstände und zugehörige Kalibrierdaten oder -aufzeichnungen.

12.3 Dokumentation der Prüfung

- für Ausrüstungsgegenstände, eine vollständige Beschreibung einschließlich Betriebsart(en);
- für Materialien, Form der Probe, ihr Alter und die zur Bewertung vorgelegte Oberfläche;
- für die ausgewählte Ausführung des Prüfaufbaus, alle zu dokumentierenden Hauptparameter, z. B.
  - ausgewähltes Spülgas und dessen Durchflussmenge,
  - Kammertemperatur,
  - Systemtyp,
  - Dauer der Probenahme und
  - bei offener Ausführung alle relevanten Reinraumparameter einschließlich des spezifizierten Wirkungsgrads für jegliche genutzte chemische Filtration;

- Aufzeichnungen für den Transport des/der System(e) zum Analyseaufbau einschließlich Details zum Transport von Blindproben;
- Analyseaufbau z. B.
  - Beschreibung der für die Analyse verwendeten Ausrüstungsgegenstände und
  - entsprechende Ergebnisse.

12.4 Sichtprüfung

12.4.1 Ausrüstungssgegenstände

- Den Zustand der Ausrüstungsgegenstände, jegliche Schäden und die Kompatibilität mit den Medien und Versorgungseinrichtungen aufzeichnen.
- Für visuelle Artefakte die betroffenen Oberflächen und Untersuchungsbedingungen aufzeichnen.

12.4.2 Materialien

- Beobachtungen zum zu prüfenden Material, seine repräsentative Form, jegliche verwendete Verpackung und den allgemeinen Zustand der Probe aufzeichnen.
- Probenhomogenität, Oberflächenbeschaffenheit und Kantenzustand.

Anhang A
(informativ)

Beispielrechnung für die Bewertung der Eignung eines Ausrüstungssgegenstandes (vorhandene Einrichtung)

Ein neuer Ausrüstungsgegenstand mit einer bekannten spezifischen Emissionsrate wird in eine vorhandene Einrichtung mit ACC-Filtration in der Umluft eingebracht.

Es sollte eine ISO ACC-Klasse *N* von -4 aufrechterhalten werden.

Die chemische Gruppe von Interesse ist: gesamt organisch.

Tabelle A.1 — Eingabedaten

Symbol	Bedeutung	Werte	Einheit
p_m	Massenkonzentration der Zuluft	$1{,}0 \times 10^{-4}$	g/m^3
q_e	Ausrüstungsgegenstandsspezifische Emissionsrate[a]	$5{,}0 \times 10^{-4}$	g/Einheit · s
x	Anzahl der Ausrüstungsgegenstände	1	Einheit
n_m	Durch die Spülluft erzielte berechnete Luftaustauschrate	0,01	1/s
n_r	Durch die Umluft erzielte berechnete Luftaustauschrate	0,2	1/s
V_c	Luftvolumen im Reinraum	250	m^3
α	Wirkungsgrad der chemischen Filtration	0,9	—

[a] Es wird angenommen, dass keine weiteren Objekte zu den Chemikalien von Interesse beitragen.

Mit diesen Parametern kann die chemische Massenkonzentration im Reinraum, p_c, mithilfe der Gleichung (A.1) berechnet werden:

$$p_c = \frac{p_m \cdot n_m + \frac{\Sigma(q_e \cdot x)}{V_c}}{n_m + n_r \cdot \alpha} \quad \text{(A.1)}$$

$$p_c = \frac{1{,}0 \cdot 10^{-4} \frac{g}{m^3} \cdot 0{,}01 \frac{1}{s} + \frac{\Sigma\left(5{,}0 \cdot 10^{-4} \frac{g}{\text{unit} \cdot s} \cdot 1 \text{ unit}\right)}{250 \text{ m}^3}}{0{,}01 \frac{1}{s} + 0{,}2 \frac{1}{s} \cdot 0{,}9} \quad \text{(A.2)}$$

$$p_c = 1{,}58 \cdot 10^{-5} \frac{g}{m^3} \quad \text{(A.3)}$$

Ergebnis:

$p_c = 1{,}58 \times 10^{-5}$ g/m$^3 \leq 1 \times 10^{-4}$ g/m^3 (Grenzwert für ISO ACC-Klasse −4)

Da der errechnete Wert für p_c unter der Referenzkonzentration für ISO ACC-Klasse −4 (1×10^{-4} g/m^3) liegt, ist der Ausrüstungsgegenstand für den Einbau und den Gebrauch im Reinraum/kontrollierten Bereich mit seinen gegebenen Betriebsparametern geeignet.

ANMERKUNG 1 Die Betriebsart in der Eignungsmessung und der vorgesehene Gebrauch müssen übereinstimmen.

ANMERKUNG 2 Diese Beurteilung ist nur gültig, wenn die Temperatur während der Probenahme für die spezifische Emissionsrate gleich hoch oder höher war als die Temperatur des Reinraumes/kontrollierten Bereiches.

Anhang B
(informativ)

Beispielrechnung für die Bewertung der Eignung des Wandmaterials (bestehende Einrichtung eines Reinraums/reinen Bereichs)

Ein neues Wandmaterial mit einer bekannten spezifischen Emissionsrate wird in eine vorhandene Einrichtung mit ACC-Filtration in der Umluft eingebracht.

Es sollte eine ISO ACC-Klasse N von −4 aufrechterhalten werden.

Die chemische Gruppe von Interesse ist: gesamt organisch.

Tabelle B.1 — Eingabedaten

Symbol	Bedeutung	Werte	Einheit
p_m	Massenkonzentration der Zuluft	$1{,}0 \times 10^{-4}$	g/m^3
q_m	Materialspezifische Emissionsrate[a]	$1{,}0 \times 10^{-5}$	g/m$^2 \cdot$ s
x	Fläche (des Materials)	100	m^2
n_m	Durch die Spülluft erzielte berechnete Luftaustauschrate	0,01	1/s
n_r	Durch die Umluft erzielte berechnete Luftaustauschrate	0,2	1/s
V_c	Luftvolumen im Reinraum	250	m^3
α	Wirkungsgrad der chemischen Filtration	0,9	—

[a] Es wird angenommen, dass keine weiteren Objekte zu den Chemikalien von Interesse beitragen.

Mit diesen Parametern kann die chemische Massenkonzentration im Reinraum, p_c, mithilfe der Gleichung (B.1) berechnet werden:

$$p_c = \frac{p_m \cdot n_m + \frac{q_m \cdot x}{V_c}}{n_m + n_r \cdot \alpha} \qquad \text{(B.1)}$$

$$p_c = \frac{1{,}0 \cdot 10^{-4} \frac{\text{g}}{\text{m}^3} \cdot 0{,}01 \frac{1}{\text{s}} + \frac{\Sigma\left(1{,}0 \cdot 10^{-5} \frac{\text{g}}{\text{m}^2 \cdot \text{s}} \cdot 100\ \text{m}^2\right)}{250\ \text{m}^3}}{0{,}01 \frac{1}{\text{s}} + 0{,}2 \frac{1}{\text{s}} \cdot 0{,}9} \qquad \text{(B.2)}$$

$$p_c = 2{,}63 \cdot 10^{-5} \frac{\text{g}}{\text{m}^3} \qquad \text{(B.3)}$$

Ergebnis:

$p_c = 2{,}63 \times 10^{-5}$ g/m$^3 \leq 1 \times 10^{-4}$ g/m^3 (Grenzwert für ISO ACC-Klasse −4)

Da der errechnete Wert für p_c unter der Referenzkonzentration für ISO ACC-Klasse −4 (1×10^{-4} g/m^3) liegt, ist das Wandmaterial für den Einbau mit einer Fläche von 100 m^2 im Reinraum/kontrollierten Bereich mit seinen gegebenen Betriebsparametern geeignet.

ANMERKUNG Diese Beurteilung ist nur gültig, wenn die Temperatur während der Probenahme für die spezifische Emissionsrate gleich hoch oder höher war als die Temperatur des Reinraumes/kontrollierten Bereiches.

Anhang C
(informativ)

Bewertung der Eignung einer Kombination aus Ausrüstungsgegenstand und Bodenmaterial in einem einzurichtenden Reinraum

Eine neuer Ausrüstungsgegenstand und neues Bodenmaterial werden in einen zukünftigen Reinraum mit ACC-Filtration eingeführt.

Es sollte eine ISO ACC-Klasse N von −4 erreicht werden. Daher sollte die Gesamtemissionsrate q_o, von Ausrüstungsgegenstand und Bodenmaterial zusammen den errechneten Grenzwert nicht überschreiten.

Die chemische Gruppe von Interesse ist: gesamt organisch.

Tabelle C.1 — Eingabedaten

Symbol	Bedeutung	Werte	Einheit
p_m	Massenkonzentration der Zuluft	$1{,}0 \times 10^{-4}$	g/m^3
q_e	Ausrüstungsgegenstandsspezifische Emissionsrate[a]	$5{,}0 \times 10^{-4}$	g/Einheit · s
x_e	Anzahl der Ausrüstungsgegenstände	3	Einheit
q_m	Materialspezifische Emissionsrate[a]	$9{,}0 \times 10^{-5}$	g/m^3 s
x_m	Fläche (Bodenmaterial)	100	m^2
n_m	Durch die Spülluft erzielte berechnete Luftaustauschrate	0,01	1/s
n_r	Durch die Umluft erzielte berechnete Luftaustauschrate	0,2	1/s
V_c	Luftvolumen im Reinraum	250	m^3
α	Wirkungsgrad der chemischen Filtration	0,8	—

[a] Es wird angenommen, dass keine weiteren Objekte zu den Chemikalien von Interesse beitragen

Mit diesen Parametern kann die chemische Massenkonzentration im Reinraum, p_c, bei der es sich um die kombinierte Massenkonzentration aus Bodenmaterial und Ausrüstungsgegenstand handelt, mithilfe der Gleichung (C.1) berechnet werden:

$$p_c = \frac{p_m \cdot n_m + \frac{\Sigma(q_e \cdot x_e)}{V_c}}{n_m + n_r \cdot \alpha} + \frac{p_m \cdot n_m + \frac{q_m \cdot x_m}{V_c}}{n_m + n_r \cdot \alpha} \quad \text{(C.1)}$$

$$p_c = \frac{1{,}0 \cdot 10^{-4}\frac{\text{g}}{\text{m}^3} \cdot 0{,}01\frac{1}{\text{s}} + \frac{\Sigma\left(5{,}0 \cdot 10^{-4}\frac{\text{g}}{\text{unit} \cdot \text{s}} \cdot 3\ \text{unit}\right)}{250\ \text{m}^3}}{0{,}01\frac{1}{\text{s}} + 0{,}2\frac{1}{\text{s}} \cdot 0{,}8} + \frac{1{,}0 \cdot 10^{-4}\frac{\text{g}}{\text{m}^3} \cdot 0{,}01\frac{1}{\text{s}} + \frac{\Sigma\left(9{,}0 \cdot 10^{-5}\frac{\text{g}}{\text{m}^2 \cdot \text{s}} \cdot 100\ \text{m}^2\right)}{250\ \text{m}^3}}{0{,}01\frac{1}{\text{s}} + 0{,}2\frac{1}{\text{s}} \cdot 0{,}8} \quad \text{(C.2)}$$

$$p_c = 2{,}59 \cdot 10^{-4}\frac{\text{g}}{\text{m}^3} \quad \text{(C.3)}$$

Ergebnis:

Da $P_{\text{c gesamt}}$ $2{,}59 \times 10^{-4}\ \text{g/m}^3 > 1 \times 10^{-4}\ \text{g/m}^3$, überschreitet die vorgesehene Kombination aus Ausrüstungsgegenstand und Wandmaterial den Grenzwert und erfüllt nicht die Anforderungen der ISO ACC-Klasse −4.

ANMERKUNG 1 Die Betriebsart in der Eignungsmessung und der vorgesehene Gebrauch müssen übereinstimmen.

ANMERKUNG 2 Diese Beurteilung ist nur gültig, wenn die Temperatur während der Probenahme für die spezifische Emissionsrate gleich hoch oder höher war als die Temperatur des Reinraumes/kontrollierten Bereiches.

Um innerhalb der Grenzen zu bleiben, kann entweder die Verwendung anderer Material- oder Ausrüstungsgegenstandsparameter (Menge oder Art) oder eine Anpassung der Planungs-Parameter des Reinraums in Betracht gezogen werden, z. B.

— Gestaltung zur Erhöhung des Umluftvolumens (n_r),

— Gestaltung für Zuluft mit geringerer Massenkonzentration (p_m), z. B. durch ACC-Filtration,

— Einplanung einer höheren Filterwirkung α in der Umluft und

— Gestaltung zur Erhöhung der Zuluftaustauschrate (n_m).

Literaturhinweise

[1] ISO 2889, *Sampling airborne radioactive materials from the stacks and ducts of nuclear facilities*

[2] ISO 8573-8, *Compressed air — Part 8: Test methods for solid particle content by mass concentration*

[3] ISO 14644-1, *Cleanrooms and associated controlled environments — Part 1: Classification of air cleanliness by particle concentration*

[4] ISO 16000-6, *Indoor air — Part 6: Determination of volatile organic compounds in indoor and test chamber air by active sampling on Tenax TA® sorbent, thermal desorption and gas chromatography using MS or MS-FID*

[5] ISO 16000-9, *Indoor air — Part 9: Determination of the emission of volatile organic compounds from building products and furnishing — Emission test chamber method*

[6] ISO 14644-10, *Cleanrooms and associated controlled environments — Part 10: Classification of surface cleanliness by chemical concentration*

[7] ISO 14644-14, *Cleanrooms and associated controlled environments — Part 14: Assessment of suitability for use of equipment by airborne particle concentration*

[8] AIR1167 Environmental Criteria and Tests for Aerospace Ground Equipment in Support of Space Systems

[9] IEST-RP-CC002: *Unidirectional-flow clean-air devices*

[10] IEST-RP-CC013: *Calibration procedures and guidelines for select equipment used in testing cleanrooms and other controlled environments*

[11] IEST RP CC026.2, *Cleanroom operations*

[12] IEST-RP-CC028: *Minienvironments*

[13] SEMI F28-1103 (Reapproved 0710), *Test Method for Measuring Particle Generation from Process Panels*

[14] SEMI F70-0611, *Test Method for Determination of Particle Contribution of Gas Delivery System*

[15] SEMI E49-1104 (Reapproved 1211), *Guide for High Purity and Ultrahigh Purity Piping Performance, Subassemblies, and Final Assemblies*

[16] SEMI E137-0705 (Reapproved 1111) — *Guide for Final Assembly, Packaging, Transportation, Unpacking, and Relocation of Semiconductor Manufacturing Equipment*

[17] SEMI G67-0996 (Reapproved 0811), *Test Method for the Measurement of Particle Generation from Sheet Materials*

[18] JIS B 9926, *Clean room — Test methods for dust generation from moving mechanisms*

[19] VDI 2083-9.1, *Reinraumtechnik — Reinheitstauglichkeit und Oberflächenreinheit*

Juni 2020

DIN EN ISO 14644-16

ICS 13.040.35

Reinräume und zugehörige Reinraumbereiche – Teil 16: Energieeffizienz von Reinräumen und Reinluftgeräten (ISO 14644-16:2019); Deutsche Fassung EN ISO 14644-16:2019

Cleanrooms and associated controlled environments –
Part 16: Energy efficiency in cleanrooms and separative devices (ISO 14644-16:2019);
German version EN ISO 14644-16:2019

Salles propres et environnements maîtrisés apparentés –
Partie 16: Efficacité énergétique dans les salles propres et les dispositifs séparatifs (ISO 14644-16:2019);
Version allemande EN ISO 14644-16:2019

Gesamtumfang 58 Seiten

DIN-Normenausschuss Heiz- und Raumlufttechnik sowie deren Sicherheit (NHRS)

Nationales Vorwort

Dieses Dokument (EN ISO 14644-16:2019) wurde vom Technischen Komitee ISO/TC 209 „Cleanrooms and associated controlled environments" in Zusammenarbeit mit dem Technischen Komitee CEN/TC 243 „Reinraumtechnologie" erarbeitet, dessen Sekretariat von BSI (Vereinigtes Königreich) gehalten wird.

Das zuständige deutsche Normungsgremium ist der Arbeitsausschuss NA 041-02-21 AA „Reinraumtechnik (SpA CEN/TC 243 und ISO/TC 209)" im DIN-Normenausschuss DIN-Normenausschuss Heiz- und Raumlufttechnik sowie deren Sicherheit (NHRS).

Für die in diesem Dokument zitierten internationalen Dokumente wird im Folgenden auf die entsprechenden deutschen Dokumente hingewiesen:

ISO 14644-1:2015	siehe DIN EN ISO 14644-1:2015-06
ISO 14644-2	siehe DIN EN ISO 14644-2
ISO 14644-3	siehe DIN EN ISO 14644-3
ISO 14644-4	siehe DIN EN ISO 14644-4
ISO 14644-5	siehe DIN EN ISO 14644-5
ISO 14644-7:2004	siehe DIN EN ISO 14644-7:2005-01
ISO 14644-14	siehe DIN EN ISO 14644-14
ISO 31000:2018	siehe DIN ISO 31000:2018-10
ISO 50001	siehe DIN EN ISO 50001
ISO 50006	siehe DIN ISO 50006

Aktuelle Informationen zu diesem Dokument können über die Internetseiten von DIN (www.din.de) durch eine Suche nach der Dokumentennummer aufgerufen werden.

Nationaler Anhang NA
(informativ)

Literaturhinweise

DIN EN ISO 14644-1:2015-06, *Reinräume und zugehörige Reinraumbereiche — Teil 1: Klassifizierung der Luftreinheit anhand der Partikelkonzentration (ISO 14644-1:2015); Deutsche Fassung EN ISO 14644-1:2015*

DIN EN ISO 14644-2, *Reinräume und zugehörige Reinraumbereiche — Teil 2: Überwachung zum Nachweis der Reinraumleistung bezüglich Luftreinheit anhand der Partikelkonzentration*

DIN EN ISO 14644-3, *Reinräume und zugehörige Reinraumbereiche — Teil 3: Prüfverfahren*

DIN EN ISO 14644-4, *Reinräume und zugehörige Reinraumbereiche — Teil 4: Planung, Ausführung und Erst-Inbetriebnahme*

DIN EN ISO 14644-5, *Reinräume und zugehörige Reinraumbereiche — Teil 5: Betrieb*

DIN EN ISO 14644-7:2005-01, *Reinräume und zugehörige Reinraumbereiche — Teil 7: SD-Module (Reinlufthauben, Handschuhboxen, Isolatoren und Minienvironments) (ISO 14644-7:2004); Deutsche Fassung EN ISO 14644-7:2004*

DIN EN ISO 14644-14, *Reinräume und zugehörige Reinraumbereiche — Teil 14: Bewertung der Reinraumtauglichkeit von Geräten durch Partikelkonzentration in der Luft*

DIN ISO 31000:2018-10, *Risikomanagement — Leitlinien (ISO 31000:2018)*

DIN EN ISO 50001, *Energiemanagementsysteme — Anforderungen mit Anleitung zur Anwendung (ISO 50001)*

DIN ISO 50006, *Energiemanagementsysteme — Messung der energiebezogenen Leistung unter Nutzung von energetischen Ausgangsbasen (EnB) und Energieleistungskennzahlen (EnPI) — Allgemeine Grundsätze und Leitlinien*

— Leerseite —

EUROPÄISCHE NORM

EUROPEAN STANDARD

NORME EUROPÉENNE

EN ISO 14644-16

Juni 2019

ICS 13.040.35

Deutsche Fassung

Reinräume und zugehörige Reinraumbereiche — Teil 16: Energieeffizienz von Reinräumen und Reinluftgeräten (ISO 14644-16:2019)

Cleanrooms and associated controlled environments — Part 16: Energy efficiency in cleanrooms and separative devices (ISO 14644-16:2019)

Salles propres et environnements maîtrisés apparentés — Partie 16: Efficacité énergétique dans les salles propres et les dispositifs séparatifs (ISO 14644-16:2019)

Diese Europäische Norm wurde vom CEN am 30. Mai 2019 angenommen.

Die CEN-Mitglieder sind gehalten, die CEN/CENELEC-Geschäftsordnung zu erfüllen, in der die Bedingungen festgelegt sind, unter denen dieser Europäischen Norm ohne jede Änderung der Status einer nationalen Norm zu geben ist. Auf dem letzten Stand befindliche Listen dieser nationalen Normen mit ihren bibliographischen Angaben sind beim CEN-CENELEC-Management-Zentrum oder bei jedem CEN-Mitglied auf Anfrage erhältlich.

Diese Europäische Norm besteht in drei offiziellen Fassungen (Deutsch, Englisch, Französisch). Eine Fassung in einer anderen Sprache, die von einem CEN-Mitglied in eigener Verantwortung durch Übersetzung in seine Landessprache gemacht und dem Management-Zentrum mitgeteilt worden ist, hat den gleichen Status wie die offiziellen Fassungen.

CEN-Mitglieder sind die nationalen Normungsinstitute von Belgien, Bulgarien, Dänemark, Deutschland, Estland, Finnland, Frankreich, Griechenland, Irland, Island, Italien, Kroatien, Lettland, Litauen, Luxemburg, Malta, den Niederlanden, Norwegen, Österreich, Polen, Portugal, der Republik Nordmazedonien, Rumänien, Schweden, der Schweiz, Serbien, der Slowakei, Slowenien, Spanien, der Tschechischen Republik, der Türkei, Ungarn, dem Vereinigten Königreich und Zypern.

EUROPÄISCHES KOMITEE FÜR NORMUNG
EUROPEAN COMMITTEE FOR STANDARDIZATION
COMITÉ EUROPÉEN DE NORMALISATION

CEN-CENELEC Management-Zentrum: Rue de la Science 23, B-1040 Brüssel

Ref. Nr. EN ISO 14644-16:2019 D

Inhalt

Bilder

Tabellen

Europäisches Vorwort

Dieses Dokument (EN ISO 14644-16:2019) wurde vom Technischen Komitee ISO/TC 209 „Cleanrooms and associated controlled environments“ in Zusammenarbeit mit dem Technischen Komitee CEN/TC 243 „Reinraumtechnologie“ erarbeitet, dessen Sekretariat von BSI gehalten wird.

Diese Europäische Norm muss den Status einer nationalen Norm erhalten, entweder durch Veröffentlichung eines identischen Textes oder durch Anerkennung bis Dezember 2019, und etwaige entgegenstehende nationale Normen müssen bis Dezember 2019 zurückgezogen werden.

Es wird auf die Möglichkeit hingewiesen, dass einige Elemente dieses Dokuments Patentrechte berühren können. CEN ist nicht dafür verantwortlich, einige oder alle diesbezüglichen Patentrechte zu identifizieren.

Entsprechend der CEN-CENELEC-Geschäftsordnung sind die nationalen Normungsinstitute der folgenden Länder gehalten, diese Europäische Norm zu übernehmen: Belgien, Bulgarien, Dänemark, Deutschland, die Republik Nordmazedonien, Estland, Finnland, Frankreich, Griechenland, Irland, Island, Italien, Kroatien, Lettland, Litauen, Luxemburg, Malta, Niederlande, Norwegen, Österreich, Polen, Portugal, Rumänien, Schweden, Schweiz, Serbien, Slowakei, Slowenien, Spanien, Tschechische Republik, Türkei, Ungarn, Vereinigtes Königreich und Zypern.

Anerkennungsnotiz

Der Text von ISO 14644-16:2019 wurde von CEN als EN ISO 14644-16:2019 ohne irgendeine Abänderung genehmigt.

Vorwort

ISO (die Internationale Organisation für Normung) ist eine weltweite Vereinigung nationaler Normungsorganisationen (ISO-Mitgliedsorganisationen). Die Erstellung von Internationalen Normen wird üblicherweise von Technischen Komitees von ISO durchgeführt. Jede Mitgliedsorganisation, die Interesse an einem Thema hat, für welches ein Technisches Komitee gegründet wurde, hat das Recht, in diesem Komitee vertreten zu sein. Internationale staatliche und nichtstaatliche Organisationen, die in engem Kontakt mit ISO stehen, nehmen ebenfalls an der Arbeit teil. ISO arbeitet bei allen elektrotechnischen Themen eng mit der Internationalen Elektrotechnischen Kommission (IEC) zusammen.

Die Verfahren, die bei der Entwicklung dieses Dokuments angewendet wurden und die für die weitere Pflege vorgesehen sind, werden in den ISO/IEC-Direktiven, Teil 1 beschrieben. Es sollten insbesondere die unterschiedlichen Annahmekriterien für die verschiedenen ISO-Dokumentenarten beachtet werden. Dieses Dokument wurde in Übereinstimmung mit den Gestaltungsregeln der ISO/IEC-Direktiven, Teil 2 erarbeitet (siehe www.iso.org/directives).

Es wird auf die Möglichkeit hingewiesen, dass einige Elemente dieses Dokuments Patentrechte berühren können. ISO ist nicht dafür verantwortlich, einige oder alle diesbezüglichen Patentrechte zu identifizieren. Details zu allen während der Entwicklung des Dokuments identifizierten Patentrechten finden sich in der Einleitung und/oder in der ISO-Liste der erhaltenen Patenterklärungen (siehe www.iso.org/patents).

Jeder in diesem Dokument verwendete Handelsname dient nur zur Unterrichtung der Anwender und bedeutet keine Anerkennung.

Für eine Erläuterung des freiwilligen Charakters von Normen, der Bedeutung ISO-spezifischer Begriffe und Ausdrücke in Bezug auf Konformitätsbewertungen sowie Informationen darüber, wie ISO die Grundsätze der Welthandelsorganisation (WTO, en: World Trade Organization) hinsichtlich technischer Handelshemmnisse (TBT, en: Technical Barriers to Trade) berücksichtigt, siehe www.iso.org/iso/foreword.html.

Dieses Dokument wurde vom Technischen Komitee ISO/TC 209, *Cleanrooms and associated controlled environments,* erarbeitet.

Rückmeldungen oder Fragen zu diesem Dokument sollten an das jeweilige nationale Normungsinstitut des Anwenders gerichtet werden. Eine vollständige Auflistung dieser Institute ist zu finden unter www.iso.org/members.html

Eine Auflistung aller Teile der Normenreihe ISO 14644 ist auf der ISO-Internetseite abrufbar.

Einleitung

Reinräume und zugehörige Reinraumbereiche werden weithin in vielen Industrien wie etwa den Biowissenschaften (einschließlich Pharmazeutika, Medizingeräte), der Mikroelektronik, der Luft- und Raumfahrt, der Lebensmittelverarbeitung, der Nuklearindustrie und in Krankenhäusern eingesetzt. Betriebsgrößen reichen von einigen zehn bis zu einigen tausenden Quadratmetern, und zeichnen sich in den meisten Fällen durch eine besondere Gestaltung und Betriebseigenschaften in Abhängigkeit von ihrer Funktion aus. Ihre Entwicklung ist seit Jahrzehnten von rapider Expansion und Fortschritten geprägt, die zu einem erhöhten Energiebedarf geführt haben. Dieses Dokument enthält die gesammelten Erfahrungen und Praktiken in der Gestaltung, dem Betrieb und der Instandhaltung von Reinräumen, die formuliert wurden, um ihren Energieverbrauch und die globalen Auswirkungen dieses dramatischen Wachstums zu reduzieren.

Benutzer werden zudem auf die Norm ISO 50001 zum Energiemanagement hingewiesen.

Auch wenn ihre Funktion und Größe erheblich variiert, kann der Energieverbrauch von Reinräumen 10-mal höher sein als der Energieverbrauch von Büroräumen mit vergleichbarer Größe. Eine erhebliche Menge an Energie ist erforderlich, um große Mengen gefilterter und konditionierter Luft zuzuführen, die benötigt wird, um einen bestimmten Reinheitsgrad der Luft zu erzielen. Luftumwälzgebläse können aufgrund der erforderlichen Leistung zur Überwindung der hohen erforderlichen Druckdifferenzen für den Betrieb hocheffizienter Filter und anderer Kreislaufkomponenten im Reinraumsystem für 35 % bis 50 % des HVAC-Verbrauchs in Reinräumen verantwortlich sein. Die Produktion dieser Art von Luft in hoher Qualität kann bis zu 80 % der in einer typischen Produktionseinrichtung verbrauchten Gesamtenergie ausmachen.

Zusätzliche Energie wird darüber hinaus verbraucht, um die Temperatur- und relative Luftfeuchteregelung für Prozesse im Reinraum zu ermöglichen sowie für den Komfort des Personals und die erforderliche Druckbeaufschlagung des Reinraumbereichs. Es besteht daher ein erhebliches Potential für Energieeinsparungen durch die sorgfältige Gestaltung neuer Reinräume und durch verbessernde Nachrüstungen und die Modernisierung bestehender Einrichtungen. Dieses Dokument legt Maßnahmen fest, die getroffen werden können, um diese Verfahren einzuführen, und gilt für das gesamte Spektrum der „Reinraumtechnologie“ von Reinräumen bis hin zu Reinraumgeräten einschließlich Isolatoren, Handschuhboxen und Mini-Environments, wie in ISO 14644-7 [1] festgelegt. Dieses Dokument basiert auf tatsächlichen Erfahrungen, Praktiken und Prüfungen, unterstützt durch theoretische Berechnungen zum Zweck einer klaren und wissenschaftlichen Darlegung der Auswirkung der Energieeinsparung.

Die in diesem Text verwendeten Energiesparverfahren und -techniken können allgemein auf verschiedene Umgebungen und Situationen angewendet werden. Sie sind nicht prozessspezifisch und schließen damit verbundene Produktionsprozesse wie die Wasseraufbereitung und den Ofen-, Autoklav- und zyklischen Belastungsbetrieb aus. Ihre spezifische Anwendung richtet sich nach den zwischen dem Auftraggeber, dem Lieferanten und dem Installationstechniker vereinbarten tatsächlichen Bedingungen des Reinraumbetriebs.

In jeder Phase der Reinraumlebensdauer bieten sich Möglichkeiten zur Optimierung der Systemleistung und Reduzierung des Energieverbrauchs. In der Gestaltungsphase implementierte Energiesparmaßnahmen erzielen die wirksamsten Ergebnisse für neue Reinräume, doch vergleichbare Energieeinsparungen können auch für bereits im Betrieb befindliche Reinräume erzielt werden. Reinräume können basierend auf den praktischen Bedingungen vor Ort einzeln oder als Gruppe betrieben werden.

Wenn während der Gestaltung nur minimale Informationen über das fertige Gebäude und den Prozess vorliegen, könnte Vorsicht zu einer Überdimensionierung der Systeme und zur Vorgabe zu enger Festlegungen führen. Diese Festlegungen und Gestaltungserwägungen in dieser Phase kritisch zu prüfen, ist wichtig für die Energieeffizienz.

Bei der Inbetriebnahme des Systems und der Durchführung von Leistungsprüfungen bietet sich die Möglichkeit, das System an die tatsächlich vorgefundenen Bedingungen anzupassen, um die Systemleistung zu optimieren und die Energienutzung zu minimieren.

Während der Betriebslebensdauer der Einrichtung kann und sollte die Analyse der Überwachungsdaten genutzt werden, um die Systemleistung weiter zu verbessern und die Energienutzung zu minimieren.

1 Anwendungsbereich

Dieses Dokument bietet einen Leitfaden und Empfehlungen für die Optimierung des Energieeinsatzes und die Aufrechterhaltung der Energieeffizienz in neuen und bestehenden Reinräumen, reinen Bereichen und SD-Modulen. Es bietet eine Anleitung für die Gestaltung, den Bau, die Inbetriebnahme und den Betrieb von Reinräumen.

Dieses Dokument enthält alle reinraumspezifischen Merkmale und kann in verschiedenen Bereichen angewendet werden, um den Energieeinsatz in der Elektronik-, Luft- und Raumfahrt-, Nuklear-, Pharma-, Krankenhaus-, Medizingeräte- und Lebensmittelindustrie sowie für andere Reinluftanwendungen zu optimieren.

Darüber hinaus führt es das Konzept des Benchmarkings für die Leistungsbeurteilung und den Vergleich der Energieeffizienz von Reinräumen ein, während die Anforderungen der Performance Levels von ISO 14644 eingehalten werden[2][3].

2 Normative Verweisungen

Die folgenden Dokumente werden im Text in solcher Weise in Bezug genommen, dass einige Teile davon oder ihr gesamter Inhalt Anforderungen des vorliegenden Dokuments darstellen. Bei datierten Verweisungen gilt nur die in Bezug genommene Ausgabe. Bei undatierten Verweisungen gilt die letzte Ausgabe des in Bezug genommenen Dokuments (einschließlich aller Änderungen).

ISO 50001, *Energy management systems — Requirements with guidance for use*

3 Begriffe

Für die Anwendung dieses Dokuments gelten die Begriffe nach ISO 50001 und die folgenden Begriffe.

ISO und IEC stellen terminologische Datenbanken für die Verwendung in der Normung unter den folgenden Adressen bereit:

— ISO Online Browsing Platform: verfügbar unter https://www.iso.org/obp

— IEC Electropedia: verfügbar unter http://www.electropedia.org/

3.1 Allgemeine Begriffe

3.1.1
Luftbehandlungsgerät
RLT-Gerät
Einheit oder Anlage bestehend aus Ventilator, Filtration, Heizung, Kühlung sowie Mischung von Frischluft und rezirkulierter Luft, die einem Raum oder einer Einrichtung konditionierte Luft zuführt

3.1.2
Klassifizierung
Verfahren zur Beurteilung des Reinheitsgrades in Bezug auf eine Festlegung für einen *Reinraum* (3.1.4), einen *reinen Bereich* (3.1.5), einen kontrollierten Bereich oder ein definierter Ort darin

Anmerkung 1 zum Begriff: Die Grade sollten als ISO-Klasse angegeben werden, die den Höchstwert der zulässigen Konzentrationen von Partikeln in einer Einheit des Luftvolumens darstellt.

[QUELLE: ISO 14644-1:2015, 3.1.4, modifiziert — In der Definition wurde der Teil nach „reiner Bereich" hinzugefügt.]

3.1.3
Reinraumgerät

freistehendes Gerät zur Behandlung und Verteilung von Reinluft, das dazu dient, definierte Umgebungsbedingungen zu erzielen

Anmerkung 1 zum Begriff: Reinraumgeräte umfassen bestimmte in ISO 14644-7 [1] festgelegte *SD-Module* (3.1.7) wie etwa Reinlufthauben, geschlossene Kabinen, Handschuhboxen, Isolatoren und Mini-Environments.

[QUELLE: ISO 14644-4:2001, 3.2, modifiziert — Anmerkung 1 zum Begriff wurde hinzugefügt.]

3.1.4
Reinraum

Raum, in dem die Anzahlkonzentration luftgetragener Partikel geregelt und klassifiziert wird und der zur Regelung der Einschleppung, Entstehung und Ablagerung von Partikeln im Raum entsprechend konstruktiv geplant, baulich ausgeführt und betrieben wird

Anmerkung 1 zum Begriff: Die Klasse der Konzentration luftgetragener Partikel wird festgelegt.

Anmerkung 2 zum Begriff: Die Grade von weiteren Reinheitsmerkmalen, wie z. B. die chemischen Konzentrationen sowie die Konzentrationen von lebensfähigen oder nanoskaligen Partikeln in der Luft, aber auch die Oberflächenreinheit, in Bezug auf Partikel-, Nanopartikel-, chemische Konzentrationen sowie auf Konzentrationen von lebensfähigen Partikeln, könnten festgelegt und geregelt werden.

Anmerkung 3 zum Begriff: Weitere relevante physikalische Parameter könnten auch, falls gefordert, geregelt werden, z. B. Temperatur, Luftfeuchte, Druck, Luftstrom, Vibration und Elektrostatik.

[QUELLE: ISO 14644-1:2015, 3.1.1]

3.1.5
reiner Bereich

festgelegter Bereich, in dem die Konzentration luftgetragener Partikel geregelt wird und klassifiziert ist und der zur Regelung der Einschleppung, Entstehung und Ablagerung von Partikeln im Bereich entsprechend ausgeführt und betrieben wird

Anmerkung 1 zum Begriff: Die Klasse der Konzentration luftgetragener Partikel wird festgelegt.

Anmerkung 2 zum Begriff: Die Grade von weiteren Reinheitsmerkmalen, wie z. B. die chemischen Konzentrationen sowie die Konzentrationen von lebensfähigen oder nanoskaligen Partikeln in der Luft, aber auch die Oberflächenreinheit, in Bezug auf Partikel-, Nanopartikel-, chemische Konzentrationen sowie auf Konzentrationen von lebensfähigen Partikeln, könnten festgelegt und geregelt werden.

Anmerkung 3 zum Begriff: Ein reiner Bereich (reine Bereiche) kann (können) ein festgelegter Bereich (festgelegte Bereiche) in einem *Reinraum* (3.1.4) sein, oder er (sie) könnte(n) mithilfe eines *SD-Moduls* (3.1.7) geschaffen werden. Dieses SD-Modul kann sich im Raum oder außerhalb eines Reinraumes befinden.

Anmerkung 4 zum Begriff: Weitere relevante physikalische Parameter könnten auch, falls gefordert, geregelt werden, z. B. Temperatur, Luftfeuchte, Druck, Luftstrom, Vibration und Elektrostatik.

[QUELLE: ISO 14644-1:2015, 3.1.2]

3.1.6
Vorfilter

Luftfilter, der stromaufwärts vor einem anderen Filter eingebaut wird, um dessen Beladung zu verringern

[QUELLE: ISO 14644-4:2001, 3.8]

3.1.7
SD-Modul
Vorrichtung, bei der bautechnische und strömungstechnische Maßnahmen angewandt werden, um sichere Stufen der Abtrennung zwischen dem Inneren und dem Äußeren eines definierten Volumens zu erzeugen

Anmerkung 1 zum Begriff: Diese Einrichtung kann als *reiner Bereich* (3.1.5) verwendet werden.

Anmerkung 2 zum Begriff: Beispiele branchenspezifischer SD-Module sind Reinlufthauben, geschlossene Kabinen, Handschuhboxen, Isolatoren und Mini-Environments.

[QUELLE: ISO 14644-7:2004, 3.17, modifiziert — Anmerkung 1 zum Begriff wurde ersetzt; vormals Anmerkung 1 zum Begriff wurde entsprechend neu nummeriert.]

3.2 Begriffe in Verbindung mit Anlagen

3.2.1
adaptive Steuerung
Fähigkeit des Systems, seine eigenen Betriebsparameter automatisch zu ändern, um die bestmöglichen Leistungen ganzjährig in verschiedenen Betriebsarten zu erzielen

3.2.2
Luftwechselzahl
Rate des Luftaustauschs, beschrieben durch die Anzahl der Luftwechsel je Zeiteinheit und berechnet durch Division des je Zeiteinheit zugeführten Luftvolumenstroms durch das Volumen des *Reinraums* (3.1.4) oder des *reinen Bereichs* (3.1.5)

[QUELLE: ISO 14644-3:2005, 3.4.1, modifiziert — In der Definition wurde „Raum" durch „Reinraum oder des reinen Bereichs" ersetzt.]

3.2.3
Diffusor
am Eintrittsluftanschluss platzierte Einrichtung zur Verbesserung der Verteilung der eintretenden Luft in der Raumluft

Anmerkung 1 zum Begriff: Ein Luftdurchlassgitter oder eine perforierte Scheibe gilt nicht als Diffusor.

3.2.4
turbulente Verdünnungsströmung
non UDAF
(en: non-unidirectional airflow)
Luftverteilung, bei der in den *reinen Bereich* (3.1.5) eintretende Erstluft mit der Innenraumluft durch Induktion vermischt wird

[QUELLE: ISO 14644-4:2001, 3.6]

3.2.5
Wirkungsgrad der Fremdkörperbeseitigung
CRE
(en: contaminant removal effectiveness)
Verhältnis zwischen der gemessenen Partikelkonzentration in der Abluft/Zuluft und dem Mittelwert der Partikelkonzentration im Raum, wenn aus der gefilterten Zuluft eintretende Partikel ignoriert werden

[QUELLE: REHVA Guidebook No. 2]

3.2.6
Luftvolumenstrom
Zuluftvolumenstrom
Luftvolumen, das in eine Anlage von Endfiltern oder Luftkanälen je Zeiteinheit zugeführt wird

[QUELLE: ISO 14644-3:2005, 3.4.5, modifiziert — „Luftvolumenstrom“ wurde als Hauptbegriff hinzugefügt.]

3.2.7
Luftaustauscheffektivität
ACE
(en: air change effectiveness)
Verhältnis zwischen der Wiederfindungsrate eines Orts oder von Orten in einem *Reinraum* (3.1.4) und der Gesamtwiederfindungsrate eines Reinraums nach einer Verunreinigung.

Anmerkung 1 zum Begriff: Die Wiederfindungsrate wird in Übereinstimmung mit ISO 14644-3 [6] definiert und gemessen.

3.2.8
Herunterregeln
kontrollierte Reduzierung der Luftstromgeschwindigkeit in *Reinräumen* (3.1.4) mit *turbulenzarmer Verdrängungsströmung* (3.2.9) und *Reinraumgeräten* (3.1.3) oder Luftvolumenströmen in Reinräumen mit *turbulenter Verdünnungsströmung* (3.2.4), um Energie in Zeiträumen, in denen der Reinraum nicht in Betrieb ist, zu sparen

3.2.9
turbulenzarme Verdrängungsströmung
UDAF
(en: unidirectional airflow)
geregelte Luftströmung mit gleichförmiger Geschwindigkeit und nahezu parallelen Luftströmen über den gesamten Querschnitt eines *reinen Bereichs* (3.1.5)

Anmerkung 1 zum Begriff: Eine solche Luftströmung bewirkt einen gerichteten Transport von Partikeln aus dem reinen Bereich zum Ausgang.

[QUELLE: ISO 14644-4:2001, 3.11, modifiziert — In der Definition wurde „Stromlinien“ durch „Luftströmen“ ersetzt und „zum Ausgang“ wurde dem Ende von Anmerkung 1 zum Begriff hinzugefügt.]

3.2.10
Emission
Anzahl der Verunreinigungen, die von Objekten in die Luft des *Reinraums* (3.1.4) abgegeben werden

3.2.11
Quellstärke
Bemessungsbedingung, die die Anzahl der von einem Objekt emittierten Partikel oder koloniebildenden Einheiten je Zeiteinheit angibt

Anmerkung 1 zum Begriff: Eine Quelle kann eine Person, eine Einrichtung oder ein Objekt sein.

3.2.12
mikrobentragender Partikel
MCP
(en: microbe-carrying particle)
Partikel, auf dem ein Mikroorganismus getragen wird, normalerweise in die Raumluft dispergiert durch Personal als Hautzelle oder Fragment einer Hautzelle, auf der eine oder mehrere Hautmikroben getragen werden

3.3 Energieeffizienzbezogene Begriffe

3.3.1
Benchmarking
vergleichende Bewertung und/oder Analyse vergleichbarer betrieblicher Praktiken

3.3.2
Energiekosten
finanzielle Gesamtkosten der verbrauchten Energie in Bezug auf die untersuchte Fläche

3.3.3
Leistung
Zeitrate, mit der eine Arbeit geleistet oder Energie übertragen wird

Anmerkung 1 zum Begriff: Die SI-Einheit der Leistung ist Watt (W) oder Joule je Sekunde (J/s).

3.5 Abkürzungen

CFD	numerische Strömungsdynamik (en: computational fluid dynamics)
EMS	Umweltmanagementsystem (en: environmental management system)
FFU	Ventilatorfiltereinheit (en: fan filter unit)
HSE	Gesundheit, Sicherheit und Umwelt (en: health, safety and environment)
HVAC	Heizung, Lüftung und Klimatisierung (en: heating, ventilation and air conditioning)
RH	relative Luftfeuchte (en: relative humidity)
SFP	spezifische Ventilatorleistung (en: specific fan power)
URS	Spezifikation der Nutzungsanforderungen (en: user requirement specification)
VE	Lüftungseffektivität (en: ventilation effectiveness)

4 Prozess zur Bewertung und Implementierung der Energiereduzierung

4.1 Allgemeines

Der Energieverbrauch von Reinräumen, reinen Bereichen und SD-Modulen kann in Übereinstimmung mit 4.2 bis 4.13 unter Anwendung des in Bild 1 dargestellten Prozesses reduziert werden.

Bild 1 fasst den Prozess zusammen, der für ein übliches Luftstromsystem wie in Bild 2 verwendet werden kann. Der Prozess gilt für bestehende Reinräume im Betrieb, bestehende Reinräume, die umgebaut werden, und neu gebaute Reinräume in der Gestaltungsphase.

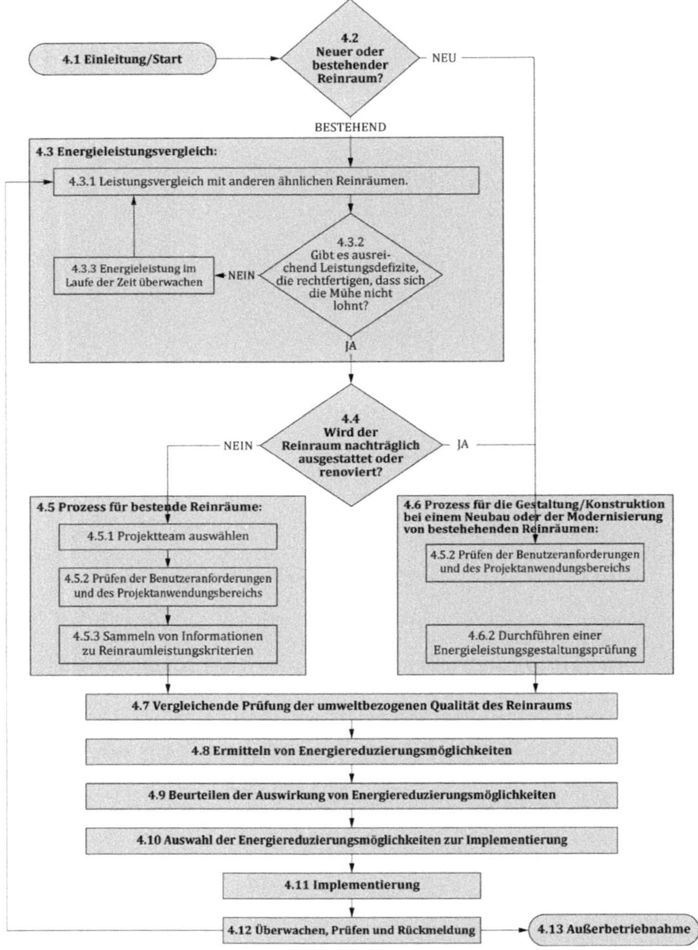

Bild 1 — Systematischer Ansatz zur Energieeinsparung— Projektarbeitsablauf

4.2 Neue oder bestehende Reinräume

Der Prozess der Reduzierung des Energieverbrauchs neuer und bestehender Reinräume unterscheidet sich, da der Ausgangspunkt und die verfügbaren Daten unterschiedlich sind.

Die Empfehlungen in 4.5 und 4.6 sollten je nachdem, ob ein neuer Reinraum gestaltet oder ein bestehender Reinraum zum Zwecke der Energiereduzierung bewertet wird, befolgt werden.

Wenn ein bestehender Reinraum saniert werden soll, können andere Möglichkeiten bestehen, den Energieverbrauch zu reduzieren, die in die Umbauten eingebunden werden können.

4.3 Energieleistungsvergleich

4.3.1 Allgemeines

Der Prozess der Reduzierung des Energieverbrauchs in bestehenden Reinräumen kann die Zeiteinbindung vieler Ressourcen erfordern und verursacht Kosten. Es ist daher wichtig, den wesentlichen Energieeinsatz (SEU, en: significant energy use) des Reinraums, der die Reduzierungsaktivität rechtfertigt, zu bestimmen (siehe ISO 50001).

4.3.2 Vergleich der Energieleistung

Die aktuelle Energieleistung des Reinraums wird beurteilt und mit einem geeigneten Komparator oder Benchmark verglichen. Beispiel-Komparatoren können eine andere vergleichbare Reinraumeinrichtung, frühere Inbetriebnahmedaten, bei denen die Energieleistung zuvor optimiert wurde, oder einen berechneten Komparator auf der Grundlage von Erfahrungswerten umfassen. Anleitungen zum Benchmarking der Energieleistung sind in Anhang D enthalten.

4.3.3 Bestimmen des Business Case

Es wird festgestellt, ob der Unterschied zwischen dem aktuellen Energieverbrauch und den Energiekosten des Reinraums und dem Komparator oder Benchmark signifikant ist und weiteren Zeit- und Ressourcenaufwand rechtfertigen würde.

4.3.4 Überwachung und Überprüfung

Wenn zu dem jeweiligen Zeitpunkt keine Rechtfertigung gegeben ist, wird die Energieleistung weiter regelmäßig überwacht und im Vergleich zum Benchmark neu beurteilt. Im Verlauf der Zeit können sich verschiedene Variablen ändern und zu einer anderen Beurteilung führen:

— Energieleistung und Energieeffizienz des Reinraums können sich verschlechtern;

— Energiestückkosten und Projektimplementierungskosten können sich ändern, was wiederum die wirtschaftlichen Gegebenheiten des Projekts verändern kann, und

— neue Technologien können verfügbar oder besser nutzbar sein.

4.4 Nachrüstung oder Renovierung eines bestehenden Reinraums

Die Gestaltung eines sanierten Reinraums sollte geprüft werden, um sicherzustellen, dass die Energieeffizienz bei der Gestaltung berücksichtigt wird. Ein Luftbehandlungs- und Luftverteilungssystem eines üblichen Raums ist unten abgebildet.

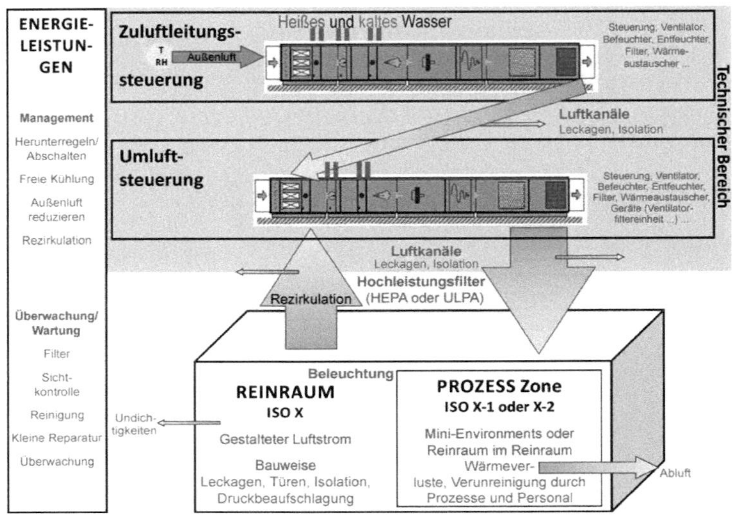

QUELLE: ASPEC-ADEME-EDF. Energy performance in clean zones (cleanrooms, controlled environments, safety areas)[5], Nachdruck mit freundlicher Genehmigung von ASPEC France.

Bild 2 — Betrachtung des Luftbehandlungs- und Luftverteilungssystems

Die Gestaltung sollte eine spätere Regelung und Optimierung der Energieleistung des Reinraums ermöglichen, z. B. durch die Installation von Regelantrieben für Ventilatormotoren.

4.5 Prozess für bestehende Reinräume

4.5.1 Auswahl des Projektteams

Die für das Projektteam ausgewählten Personen sollten ausreichend qualifiziert sein, Fachkenntnisse zu den folgenden Aspekten beizutragen: technische Bearbeitung und Instandhaltung von Reinraumeinrichtungen/Betriebsmitteln, Reinraumenergieverbrauch, Produktqualität, Validierung von Einrichtungen/Prozessen, Produktionsbetrieb und Gesundheit und Sicherheit.

Das Team kann aus einer beliebigen Anzahl an Mitgliedern bestehen.

4.5.2 Prüfen der Benutzeranforderungen und des Projektanwendungsbereichs

Das Projektteam sollte den Betrieb des Reinraums verstehen und den Anwendungsbereich des Energiereduzierungsprojekts dokumentieren. Dies kann Folgendes umfassen:

— allgemeiner Zweck des Reinraums;

— kritische Prozessparameter, die innerhalb des Reinraums aufrechterhalten werden.

BEISPIEL Temperatur- und relative Luftfeuchtebereiche, Anforderungen an die Reinheit des Raums, Rückgewinnungszeit und Druckdifferenzen zwischen angrenzenden Räumen mit unterschiedlicher Klassifizierung.

4.5.3 Sammeln von Informationen zu Reinraumleistungskriterien

Dokumente einschließlich Zeichnungen und Lastenhefte sowie Informationen, die die Reinraumleistungskriterien festlegen, sollten gesammelt werden, um:

a) die Kriterien mit Einfluss auf die Leistung zu identifizieren und die direkten und indirekten Auswirkungen möglicher Energiereduzierungsmaßnahmen zu berücksichtigen;

b) die Leistungskriterien des Reinraums zu identifizieren, um die Anforderungen an den Prozess, die Produkte und den Komfort und die Sicherheit des Personals zu erfüllen;

c) ein Profil der Energienutzung einschließlich der Beleuchtung, der Luftbehandlung, der Komfortheizung, der Kühlung und aller anderen signifikanten Energienutzungen zu erstellen oder, wo dies nicht möglich ist, fachgerecht abgeleitete Schätzungen zu verwenden;

d) die aktuelle Reinheitsleistung zu bestimmen (aus der Klassifizierung und Überwachung: Partikel, Chemikalien und Mikroorganismen);

e) den Luftvolumenstrom, die Luftstromgeschwindigkeit und die Druckbeaufschlagung zu bestimmen;

f) praktische Aspekte des Betriebs vor Ort, z. B. Zuverlässigkeit und Kontrolle, Layout, Alter, Zustand, Funktion, Instandhaltung zu identifizieren;

g) die Ergebnisse von Benchmarking-Aktivitäten, die die bestehende Gestaltung mit den besten Praktiken der Energienutzung im Hinblick auf den Energieverbrauch und die Kosten vergleichen sollten, zu bestimmen und

h) die Lebensdauerkosten und das Durchführen von Optimierungsstudien, soweit möglich, zu ermitteln.

4.6 Prozess für die Gestaltung/Konstruktion bei einem Neubau oder der Modernisierung von Reinräumen

4.6.1 Prüfen der Benutzeranforderungen und des Projektanwendungsbereichs

Die Leistungskriterien des Reinraums zur Erfüllung der Anforderungen an den Prozess, die Produkte und den Komfort des Personals sollten identifiziert werden.

ANMERKUNG Siehe Abschnitt 5.

4.6.2 Durchführen einer Energieleistungsdesignprüfung

Die Gestaltung des Reinraums sollte geprüft werden, um sicherzustellen, dass die folgenden Energieleistungsaspekte berücksichtigt werden:

a) die Gestaltungsleistung (im Sinne der Klassifizierung: Partikelkonzentration und andere Reinheitsmerkmale);

b) die Ergebnisse von Benchmarking-Aktivitäten, die bestätigen sollten, dass die neue Gestaltung die besten Praktiken im Hinblick auf den Energieverbrauch und die Kosten erfüllt.

Die Designprüfung sollte sich insbesondere auf die Energieleistung des Reinraums und die besten Schätzungen der erwarteten Energienutzung konzentrieren. Dies sollte die Beleuchtung, Luftbehandlung, Heizung, Kühlung und jede andere signifikante Energienutzung insbesondere für kleine Mini-Environments umfassen.

4.7 Vergleichende Prüfung der umweltbezogenen Qualität

Eine Prüfung sollte durchgeführt werden, um die umweltbezogene Qualität des gestalteten (neuen) Reinraums oder umgestalteten (bestehenden) Reinraums mit den Anforderungen an die umweltbezogene Qualität (des Prozesses, der Produkte und des Personalkomforts) zu vergleichen, um eine überzogene Gestaltung, z. B. Festlegen einer Reinheitsklassifizierung, die niedriger (reiner) als erforderlich ist, oder reine Bereiche, die größer als nötig sind, zu vermeiden.

4.8 Ermitteln von Energiereduzierungsmöglichkeiten

Das Projektteam sollte die Ergebnisse der vergleichenden Prüfung analysieren, potentielle Energiereduzierungsmöglichkeiten identifizieren und eine vorläufige Auswahl treffen. Dies kann mithilfe der in Anhang B enthaltenen Checkliste erfolgen.

Sobald die vorläufige Auswahl getroffen wurde, sollte sie als Teil des Entscheidungsfindungsprozesses beurteilt und ebenso wie die Gründe für Auswahl oder Nichtauswahl einer Möglichkeit dokumentiert werden.

Die Lebensdauerkosten von Energiereduzierungsmöglichkeiten sollten bewertet und in der Analyse berücksichtigt werden.

4.9 Beurteilen der Auswirkung von Energiereduzierungsmöglichkeiten

Sobald die potentiellen Energiesparmöglichkeiten identifiziert wurden (beispielsweise unter Verwendung der Tabelle in Anhang B), sollte eine vorläufige Auswahl vorgenommen werden. Ein ausführlicher Wirkungsbeurteilungsbericht sollte erstellt werden und alle identifizierten potentiellen Möglichkeiten enthalten sowie alle entsprechenden in Anhang B enthaltenen Empfehlungen und die folgenden betrieblichen Anforderungen berücksichtigen:

- Durchführbarkeit;
- Prozesskompatibilität und Produktqualitätsanforderungen;
- Sicherheit und Vorschriften;
- Kosten;
- Investitionsgewinn;
- Anreize (z. B. staatliche Initiativen);
- Implementierungszeitrahmen/Programm;
- Implementierungsressourcen und
- Betriebskontinuität.

4.10 Auswahl der Energiereduzierungsmöglichkeiten zur Implementierung

Die in dem Wirkungsanalysebericht (4.9) als weniger durchführbar oder problematischer identifizierten Energiereduzierungsmöglichkeiten sollten hinter den einfach und wirksam durchzuführenden Möglichkeiten neu priorisiert werden. Anschließend sollte ein endgültiges Priorisierungs- und Implementierungsprogramm erstellt werden.

Für die zu implementierenden Möglichkeiten sollten Lastenhefte und Leistungsbeschreibungen festgelegt werden. Sofern für bestimmte Industrien Normen oder Richtlinien bestehen, die Leistungsanforderungen festlegen, sollten alle Situationen, in denen eine oder mehrere Leistungsanforderungen in Konflikt zu einer bestimmten geplanten Energiereduzierungsmaßnahme stehen, identifiziert werden.

ANMERKUNG Solche Leistungsanforderungen können die Luftqualität (im Hinblick auf die Partikelkonzentration und andere Reinheitsmerkmale), den Filterwirkungsgrad, die Geschwindigkeit der turbulenzarmen Verdrängungsströmung, die Austauschrate des Zuluftvolumenstroms, die Rückgewinnungszeit, die Temperatur, die Luftfeuchte und die Druckdifferenzen zwischen angrenzenden Räumen unterschiedlicher Klassen umfassen.

Sobald diese Situationen identifiziert wurden, sollte eine ausführliche Begründung erstellt werden, um nachzuweisen, dass die Produktqualität durch die geplante Maßnahme nicht beeinträchtigt wird. Vor der Implementierung sollte die Zustimmung des Auftraggebers eingeholt werden.

4.11 Implementierung

Ein ausführlicher Implementierungsplan sollte erstellt und die Arbeiten sollten ausgeführt werden. Der Implementierungsplan sollte die erwarteten Ergebnisse für alle ausgewählten Elemente enthalten.

4.12 Überwachen, Prüfen und Rückmeldung

Das im Implementierungsplan festgelegte erwartete Ergebnis sollte zum Abschluss des Projekts und anschließend in regelmäßigen Intervallen überwacht und geprüft werden, um sicherzustellen, dass die Veränderungen wirksam bleiben. Die damit verbundenen Energiereduzierungen sollten überwacht, aufgezeichnet und analysiert werden. Die gesammelten Informationen sollten als Rückmeldung für die kontinuierliche Verbesserung genutzt werden.

4.13 Außerbetriebnahme

Wenn ein Reinraum das Ende seiner Lebensdauer erreicht hat und nicht mehr benötigt wird sollte eine Wirkungsanalyse durchgeführt werden, um zu bestimmen, ob er in einen Leerlaufzustand versetzt werden sollte, bevor er demontiert wird, um den Energieverbrauch zu minimieren. Die Auswirkung auf benachbarte oder verbundene Räume sollte bewertet werden. Der Leerlaufzustand kann Maßnahmen zum Herunterregeln und Abschalten enthalten.

5 Auswirkung der Spezifikation der Nutzeranforderungen (URS) auf den Energieverbrauch

5.1 Kurzbeschreibung

Die Spezifikation der Nutzeranforderungen (URS) ist ein wesentlicher Bestandteil der Dokumentation des Reinraumprojekts. Sie legt die grundlegenden Anforderungen an die neue oder renovierte Einrichtung in der frühesten Phase fest, sodass die in das Dokument aufgenommenen Informationen sorgfältig erwogen werden sollten.

Die Wissenschaft und das Verständnis der Reinräume haben sich wesentlich weiterentwickelt und ermöglichen Anforderungen, die über die einfache Festlegung einer Luftwechselzahl für eine bestimmte Reinraumklasse hinausgehen.

Die URS sollte die übliche und maximale Anzahl an erwartungsgemäß im Reinraum gleichzeitig anwesenden Personen sowie die erwartete Wärmebelastung der Prozesseinrichtungen angeben. Der akzeptable Bereich der Innentemperatur und die Luftfeuchteanforderungen in Verbindung mit den erwarteten äußerlichen Gegebenheiten, insbesondere zu bestimmten Jahreszeiten, hat einen wesentlichen Einfluss auf den allgemeinen Energieverbrauch der Einrichtung. Sie sollten sorgfältig erwägt werden, wobei die Bedürfnisse und der Komfort des Personals in Betracht zu ziehen sind. Ein Indikator für den erwarteten Außentemperatur- und Luftfeuchtebereich sollte ebenfalls, wo möglich, für den Bereich ermittelt werden, um die Auswirkungen des bevorstehenden Klimawandels miteinzubeziehen.

Darüber hinaus ist es wichtig, die Gesamtfläche der Einrichtung zu berücksichtigen. Sofern noch kein Layout erstellt oder noch kein Standort ermittelt wurde, sollte eine Anfrage zur Minimierung der Gesamtfläche der Einrichtung unter Berücksichtigung der räumlichen Standardanforderungen oder die geplante Anwendung einer Barrieretechnologie, wo angemessen, als Anforderungen eingebunden werden.

Zusätzliche Anforderungen können ebenfalls hinzugefügt werden, wie etwa die erwartete Quellstärke, die Isolierungsanforderungen, die minimalen Ventilatorwirkungsgrade oder andere spezifische Energiespareinrichtungen oder -verfahren.

Die Gestaltung sollte flexibel sein, um zukünftige Änderungen mit dem Ziel, die Energieeffizienz oder die Produktqualität weiter zu verbessern, zuzulassen.

Die Anwendung der in Anhang A bis Anhang F enthaltenen Informationen eröffnet weitere Energiereduzierungsmöglichkeiten, die der URS hinzugefügt werden können.

5.2 Kleidungsgrade

Der erforderliche Kleidungsgrad in Reinräumen sollte ebenfalls in der URS festgelegt werden, da er eine wichtige Rolle bei der Kontrolle der Partikelverunreinigung spielen kann. Der Personalpartikeldispersionsgrad variiert erheblich in Abhängigkeit von der Menge an Kleidung und bedeckter Haut, der Nutzung von Gesichtsmasken und Schuhüberzügen sowie der Art der Handschuhe. Wenn eine Reduzierung des Luftvolumenstroms in Betracht zu ziehen ist, sollten diese Kleidungsgrade kritisch in Verbindung mit der Art, Qualität und Waschhäufigkeit der zu verwendenden Kleidung geprüft werden. Die Verbesserung der Kleidung kann ebenfalls helfen, die erforderliche Luftzufuhrrate zu reduzieren (siehe Anhang A). Wenn dies vorgesehen ist, muss auf ein komfortables ausgewogenes Verhältnis zwischen Temperatur und Luftfeuchte des Raums für das Personal geachtet werden.

6 Luftvolumenstrom und Ausgleichsfaktoren

6.1 Frischluftversorgung

Die Frischluftversorgung sollte als Klimatisierung angesehen werden. Frischluft ist oftmals intensiver als konditionierte Abluft. Das Verunreinigungsniveau der externen Bedingungen sollte in Betracht gezogen werden.

6.2 Luftvolumenstrom

Die Bereitstellung des Luftvolumenstroms trägt erheblich zum Energieverbrauch in einem Reinraum bei. Eine Reduzierung der Zuluft kann einen wesentlichen Einfluss auf die gesamte Energiereduzierung haben. Es ist allgemein bekannt, dass höhere Luftvolumenströme bei turbulenter Verdünnungsströmung (Verdünnung) und Geschwindigkeiten (Verdrängung) bei turbulenzarmer Verdrängungsströmung zu einer geringeren Verunreinigung durch Schwebstoffe führen [siehe a) und b) unten]. Das sich durch einen Reinraum mit turbulenzarmer Verdrängungsströmung bewegende Luftvolumen ist wesentlich höher als bei einem Reinraum derselben Größe mit turbulenter Verdünnungsströmung. Gesetzliche Vorschriften und erwartete Praktiken für beide Reinraumtypen haben in einigen Fällen exzessive Luftströme vorgeschrieben. Ein besseres Verständnis der Reinraumgestaltung und der Entstehung von Verunreinigungen in Reinräumen bietet heute die Möglichkeit, den Luftstrom zu reduzieren und die Partikelkonzentration gleichzeitig auf ein akzeptables Maß zu beschränken.

a) Partikelverdrängung

Durch die gefilterte turbulenzarme Verdrängungsströmung werden Partikel aus kritischen Zonen entfernt, wenn diese für die ISO-Klasse 5 oder reiner verwendet wird, und sind geschwindigkeitsabhängig. Die Decke hat eine nahezu vollständige Abdeckung durch HEPA- oder ULPA-Filter für Zuluft und die Raumluft wird durch perforierte Doppelbodenpaneele oder niedrige Seitenwandgitter abgeleitet.

Die Luftströmungsrichtung kann vertikal nach unten oder horizontal gerichtet sein.

b) Partikelverdünnung

Durch die turbulente Mischung werden Partikel in gefilterter Luft verdünnt und aus kritischen Zonen für die ISO-Klasse 6 und weniger reinen Bereichen entfernt. Die Luft wird oftmals durch niedrige Seitenwandgitter abgeleitet, um den Wirkungsgrad des Luftaustauschs zu verbessern. Für diese Reinräume muss die Zuluftrate und dementsprechend die Luftwechselzahl nur ausreichend sein um die als Quellstärke bekannten erzeugten Partikel wirksam auf eine akzeptable Konzentration zu verdünnen.

Darüber hinaus sollten für die Verdrängungs- und die Verdünnungsgestaltung die Zuluftanforderungen für den Betriebs- und Ruhezustand betrachtet werden. Wesentliche Energieeinsparungen können durch das Herunterregeln in Zeiträumen der Inaktivität in dem Reinraum erzielt werden (siehe Abschnitt 7).

6.3 Berechnung der Quellstärke und des Luftvolumenstroms für Räume mit turbulenter Verdünnungsströmung

6.3.1 Bestimmung des Luftvolumenstroms

Die in [7], [8] und [9] angegebenen Emissionsdaten dürfen angewendet werden, um die Kontaminationsquellstärke *D* in Abhängigkeit von der Personalzahl, der verwendeten Kleidung und der Prozesseinrichtung einzuschätzen. Die Gleichung (A.1) kann anschließend angewendet werden, um die erforderliche Mindestzuluftrate zu berechnen. Die Berechnungen sollten nur als Richtwert verwendet werden und alle erforderlichen Kompensationsfaktoren enthalten. Der Gestalter sollte die aktuellen Lasten für bestehende Reinräume bestimmen und alle potentiellen Verunreinigungslasten abschätzen, die geeignet sind, den Prozess für neu gebaute Reinräume zu gefährden. Bei der Gestaltung sollte auf eine ausreichende Einstellbarkeit geachtet werden, um eine progressive Anpassung des Luftstroms nach Bild 3 zu ermöglichen.

Die produzierten Daten sollten nicht verwendet werden, um vertraglich vereinbarte oder vom Auftraggeber des Reinraums gewünschte Volumen oder Austauschraten zu ersetzen.

ANMERKUNG Die Gleichung A.2 berechnet die Luftwechselzahl, sofern dies vertraglich gefordert wird. Es besteht keine direkte oder unabhängige Korrelation zwischen der Luftwechselzahl (ACR, en: air change rate) und der Raumklassifizierung nach ISO 14644-1 [2]. Das heißt, dass die erforderliche Luftmenge für einen bestimmten Reinraum nicht vom Raumvolumen, sondern eher von der Art der Aktivitäten im Raum und der Gestaltung des Luftverteilungssystems abhängig ist. Die Luftwechselzahl ist ein nützlicher und wichtiger Faktor, aber nur ein Faktor von vielen.

Die Luftwechselzahl sollte nicht als unabhängiges Hauptabnahmekriterium für Reinräume verwendet werden, da sie nicht die Rate der Partikelgenerierung und andere Kontrollfaktoren berücksichtigt. So ist beispielsweise die Partikelemissionsrate für zwei Räume mit derselben Art von Aktivitäten und derselben Anzahl an Personal, von denen ein Raum die zweifache Deckenhöhe des anderen Raums hat, in beiden Räumen ähnlich. Daher sind in beiden Räumen, ungeachtet des Volumens, die erforderlichen Luftströme ähnlich.

6.3.2 Wirkungsgradindex der Entfernung von Verunreinigung und der Lüftung

Berechnungen der Zuluftrate sollten einen geeigneten Wirkungsgrad der Fremdkörperbeseitigung (CRE) oder des Luftaustauschwirkungsgrads (ACE) beinhalten, um sicherzustellen, dass der Reinraum die erforderlichen Partikelbedingungen während der meisten erwarteten Veränderungen der Quellstärke aufrechterhält. Diese Indizes werden in Anhang A erläutert und in dem Beispiel in Bild 3 verwendet [dargestellt als ε in Gleichung (A.1)].

Die numerische Strömungsdynamik (CFD) ist ein geeignetes Instrument für die Abänderung dieses Faktors bei der Vorhersage des Wirkungsgrads verschiedener Reinraumgestaltungen. Ihre Verwendung sollte zusätzlich zu den Standardberechnungen unter Berücksichtigung der Eignung des Computermodells erfolgen.

6.3.3 Kompensationsfaktoren (C_f)

Kompensationsfaktoren ermöglichen die Einbindung variabler Redundanzelemente in den berechneten Luftvolumenstrom (AFR) in der Gestaltungsphase. Hierbei ist zu beachten, dass diese Faktoren nur als unterstützendes Instrument für die Berechnungen dienen. Sie sind beliebig und sollten für jede Anwendung durch einen professionellen Reinraum-Ingenieur geschätzt werden.

Kompensationsfaktoren können allgemein auf die folgende Weise angegeben werden, um die Unsicherheit der Daten auszugleichen:

a) als Spanne für die Alarmgrenzwerte der Partikelkonzentration, z. B. beträgt der ISO-7-Klassengrenzwert C_{class} 352 000 Partikel/m^3 für Partikel ≥ 0,5 µm, aber der entsprechende Alarmgrenzwert C_{lim}, kann als 100 000 Partikel/m^3 oder sogar 50 000 Partikel/m^3 gewählt werden, und

b) als Spanne für den Wirkungsgrad der Partikelentfernung durch Absenken des prognostizierten CRE oder ACE auf Werte von weniger als 1,0, wenn die Luftverteilung als unzureichend gilt.

Gestaltung — Prüfung — Betrieb

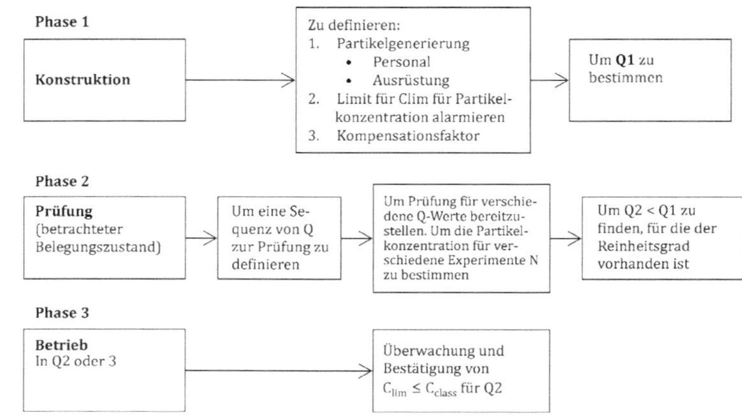

ANMERKUNG Q = Luftstromvolumen in m^3/s.

Bild 3 — Ablauf der Schritte zur Bestimmung der Luftvolumenströme bei Kontrolle der Partikelkonzentration

6.4 Flexibles Verfahren zur Schätzung des Luftstroms in Räumen mit turbulenter Verdünnungsströmung

6.4.1 Allgemeines

Das in 6.4.2 bis 6.4.4 festgelegte Verfahren sollte angewendet werden (basierend auf den Grundsätzen, die von Fedotov, A. in seinem Werk entwickelt wurden, das in den Literaturhinweisen unter [10] referenziert wird).

Das in 6.4 empfohlene Verfahren für die Schätzung des Luftvolumenstroms ist flexibel, da nur ungefähre Daten zur Partikelgenerierung in der Gestaltungsphase zur Verfügung stehen. Das Verfahren ermöglicht eine schrittweise Verbesserung der Schätzungsgenauigkeit durch die schrittweise Bewegung durch das Strömungskettendiagramm in Bild 3. Nach Abschluss jeder Phase stehen mehr Daten zur Verfügung.

6.4.2 Konstruktionsphase

Eine Alarmgrenze, C_{lim}, für die Partikelkonzentration festlegen, die unter dem Grenzwert C_{class} der Reinraumklasse liegt, unter Verwendung von Anfangsdaten der Spezifikation der Nutzeranforderungen bezüglich:

a) der erforderlichen Reinheitsklasse;

b) des Reinraumvolumens (wenn die Luftwechselzahl vom Auftraggeber vorgegeben wird), und

c) der Anzahl des Personals, der Art der Einrichtungen und der Art der Reinraumkleidung

Die Partikelgenerierung im Reinraum wird in D-Partikeln je Sekunde geschätzt (siehe 6.3.1).

Ein vorhergesagter *CRE*- oder *ACE*-Wirkungsgradindex wird aus der Gestaltungsstudie ε (siehe 6.3.2) vereinbart.

Ein geeigneter Kompensationsfaktor C_{lim} in Übereinstimmung mit 6.3.3 wird vereinbart.

Der Luftstrom Q_1 wird anhand der Gleichung (A.1) in m^3/s berechnet.

Der in der Gestaltung vorhergesagte Luftvolumenstrom wird in Übereinstimmung mit 6.4.3 geprüft.

6.4.3 Prüfphase

Die Energieeinsparungsprüfung dient dazu, die Eignung von Q_1 zu bestimmen und einen genaueren AFR-Wert zu bestimmen, bei dem Q_2 weniger als Q_1 beträgt.

Diese Prüfung sollte zusätzlich zu den Prüfungen in Übereinstimmung mit ISO 14644-1 [2], ISO 14644-2 [3] und ISO 14644-3 [6] durchgeführt werden, um die Fähigkeit des Reinraums, die erforderlichen Reinheitsanforderungen im Betrieb unter Verwendung des reduzierten Luftvolumenstroms von Q_2 bei einer geringen Partikelalarmrate $C_{lim} < C_{class}$ zu erfüllen, zu bestätigen.

Prüfungen mit verschiedenen Luftvolumenströmen können mit Belegung im „Ruhezustand" und/oder „Betriebszustand" nach Maßgabe ausgeführt werden. Zwei oder drei dieser Prüfungen sollten ausreichen, um fortzufahren.

Die Reduzierung des AFR sollte die Reinraumleistungsanforderungen wie etwa die Partikelkonzentration, den Druck, die Temperatur und Luftfeuchte oder andere Kontrollattribute nicht beeinträchtigen.

6.4.4 Betriebsphase

Q_2 sollte in dieser Phase zusammen mit den Anforderungen an den Betrieb mit reduziertem Luftvolumen in den Betrieb eingeführt werden und Schulung, Betrieb und Instandhaltung nach Abschnitt 12 bis Abschnitt 14 umfassen.

Ein typisches Anwendungsbeispiel aus diesem Verfahren ist in Anhang A dargestellt, um zu zeigen, wie diese Gleichungen und Daten genutzt werden können, um den Wirkungsgrad der Optimierungen des Luftstroms zu quantifizieren und zu bewerten. Siehe auch Literaturhinweis [10].

Statistische Verfahren für die Kontrolle der Verunreinigung wie etwa die Prozessfähigkeitsanalyse können ebenfalls angewendet werden, um die Volumenströme zu bestätigen.

6.5 Reduzierung der Luftgeschwindigkeit für Räume mit turbulenzarmer Verdrängungsströmung

Die Berechnungsverfahren aus 6.4 sind nicht auf Systeme mit turbulenzarmer Verdrängungsströmung anwendbar. Es sollten Maßnahmen zur Energiereduktion durch sorgfältige Beachtung der in A.5 genannten Parameter ergriffen werden. Durch eine sorgfältige Beachtung der in A.5 genannten Geschwindigkeit und verbundenen Gegenstände sollte eine Energiereduzierung herbeigeführt werden. Es hat sich gezeigt, dass geringe Geschwindigkeiten von 0,35 m/s zu geringen Schwebstoffkonzentrationen bei normaler Belegung und Aktivität für diese Art von Raum führen.

7 Energiemanagement: Herunterregeln, Abschalten und Wiederherstellung

7.1 Herunterregeln

Ein wesentliches Verfahren, das zur Energieeinsparung geprüft werden sollte, ist das Herunterregeln des Luftvolumenstroms und Zulassen der entsprechenden Erweiterung des Temperatur- und relativen Luftfeuchtebereichs (RH), wenn der Reinraum oder das Reinraumgerät sich im Ruhezustand befindet oder der Raum nicht besetzt ist. Nach Möglichkeit sollten regelbare Ventilatoren verwendet werden, um die Luftgeschwindigkeit zu regeln und die Energiebelastung zu reduzieren.

ANMERKUNG 1 Das Luftvolumen verhält sich grundsätzlich proportional zur dritten Potenz der Ventilatorleistung und der dritten Potenz des Luftvolumenstroms, sodass eine Halbierung des Luftvolumens die Ventilatorleistung vorbehaltlich der korrekten Bemaßung des Luftkanals um den Faktor acht reduzieren kann.

Bei allen neuen Anlagen sollte es möglich sein, die Zuluftgeschwindigkeit für UDAF und den Zuluftvolumenstrom für Nicht-UDAF auf ein vordefiniertes Niveau während Zeitspannen, in denen kein Betrieb stattfindet, herunterzuregeln. Motorisierte Regelklappen sollten an den Hauptabzweigleitungen der Kanäle angebracht werden, die in Verbindung mit dem Umrichter des Ventilatormotors ein nächtliches Herunterregeln während der außerbetrieblichen Stunden und geringere Differenzdrücke in Zeiträumen, in denen die Einrichtung nicht besetzt ist, ermöglichen.

ANMERKUNG 2 Unter heruntergeregelten Bedingungen, d. h. während der Reinraum nicht besetzt und nicht in Betrieb ist, sind die Verunreinigungsquellstärke und die Wärmezunahme im kontrollierten Raum wesentlich geringer als unter Bemessungsbetriebsbedingungen. Unter diesen Umständen kann eine Bedingung für das Herunterregeln in der Gestaltungsphase abgeschätzt und während der Inbetriebnahme oder Qualifizierung bestätigt werden.

Beim Herunterregeln sollten Leistungsparameter, Trennung, einschließlich physischer Barrieren oder eines Überdrucks im Reinraum, aufrechterhalten werden, um das Eindringen von Verunreinigungen aus der Umgebung in den Reinraum oder reinen Bereich zu verhindern. Geeignete sichtbare Hinweise, dass der Bereich heruntergeregelt wurde, sollten angezeigt und das gesamte Personal, einschließlich Instandhaltungsmitarbeitern und Hausmeister, sollte im Hinblick auf seinen Aufenthalt im und den Durchgang durch diesen Bereich während des heruntergeregelten Zustands geschult werden.

Zugangs- und Eintrittspunkte sollten während des Herunterregelns geschlossen werden, um jeden unbefugten Zugang, der zu einer Verunreinigung führen könnte, zu verhindern. Filtereinheiten sollten bei Reaktivierung des Bereichs nicht direkt auf die Höchstleistung eingestellt, sondern schrittweise hochgefahren werden. Bei Reaktivierung nach einem Herunterregeln sollten Luftbehandlungssysteme Schritt für Schritt mithilfe eines kontrollierten Verfahrens auf die höchste Leistung gestellt werden.

Die festgelegten Betriebsbedingungen sollten vor dem Beginn oder Wiederbeginn des normalen Betriebs wiederhergestellt werden. Jedes Herunterregeln sollte gemessen und kontrolliert und während der Inbetriebnahme validiert werden.

Zusätzlich zu all den Standardprüfungen einschließlich der Partikelzählung könnte auch die Visualisierung des Luftstroms während des Validierungsprozesses hilfreich sein.

7.2 Abschalten

Wenn geplant ist, Systeme im Rahmen eines vereinbarten Energiemanagementprogramms abzuschalten, sollte eine ausführliche Prozessauswirkungsbeurteilung dokumentiert werden, wie in der Standardverfahrensanweisung der Organisation festgelegt.

ANMERKUNG Die Konfiguration des Reinraums hat einen wesentlichen Einfluss auf abschaltbare Systeme, z. B. das Abschalten eines Reinluftgeräts mit turbulenzarmer Verdrängungsströmung in einem weniger reinen Reinraum oder das Abschalten einiger Ventilatorfiltermodule in einem großen Reinraum mit mehreren Modulen. Dies könnte Heiz- und Kühlsysteme bei gleichzeitiger Aufrechterhaltung des normalen oder heruntergeregelten Luftstroms beinhalten.

Um festzustellen, ob das Abschalten für die Produktqualität akzeptabel ist, sollten die folgenden Risiken berücksichtigt werden:

a) Eindringen von Verunreinigung durch Schwebstoffe aufgrund des Verlusts der Druckbeaufschlagung im klassifizierten Raum;

b) Ablagerungen von Verunreinigungen, die auf der reinen Seite der Hochleistungsendluftfilter aufgewirbelt werden, und

c) die Fähigkeit, die erforderlichen Reinheitsbedingungen bei einem Wiederanlauf des Systems innerhalb einer festgelegten Wiederherstellungszeit bezogen auf das Emissionsrisiko und die Abschaltdauer wiederherzustellen.

Zugangs- und Eintrittspunkte sollten während dieser Verfahren abgedichtet werden.

8 Adaptive Steuerung

Die aktive Steuerung des Raumluftstroms und/oder der Frischluft basiert auf der Rückmeldung von Sensoren oder Analyseinstrumenten im Reinraumbereich in Echtzeit. Dieser Ansatz entspricht einem der energieeffizientesten Steuerungsprogramme und beinhaltet die proportionale Anpassung des Luftstroms innerhalb eines Raums an die in Echtzeit durch die Sensoren gefühlte oder gemessene Partikelkonzentration im Reinraum. Die Filterung und Mittelwertbildung der Partikelzählsignale könnten erforderlich sein, um ein ausreichend stabiles Signal für die Steuerung des Reinraums zu erhalten. Die Höhe der erzielten Einsparungen wird durch die Variabilität der Partikelquelle im Raum beeinflusst. Räume, in denen kurzzeitig hohe Partikelkonzentrationen erzeugt werden, profitieren am meisten von diesem Ansatz.

Übliche adaptive Steuerungsprogramme nutzen Partikelzahlinformationen aus repräsentativen Standorten im Reinraum als Rückmeldung an das Steuerungssystem. Es stehen jedoch auch andere Programme zur Verfügung, die die Temperatur, die Luftfeuchte, gashaltige Verunreinigungen oder andere zu regelnde Parameter betrachten.

In der Biowissenschafts- und Medizinindustrie können das Erfordernis, überlebensfähige Schwebstoffe sowie die Gesamtpartikelzahl zu kontrollieren, um gesetzliche Anforderungen und Erwartungen zu erfüllen, die Anwendbarkeit dieses Steuerungsansatzes beeinflussen. Eine angemessene Verifizierung zum Nachweis der zuverlässigen und wiederholbaren Kontrolle überlebensfähiger Schwebstoffe durch adaptive Steuerungsprogramme ist eine Voraussetzung für die Implementierung dieses Ansatzes.

9 Heiz- und Kühllasten

Die Spezifikationen der Temperatur und der relativen Luftfeuchte innerhalb des Reinraums werden festgelegt, um den Komfort für die Bediener, die Kontrolle elektrostatischer Aufladung und die Erfüllung der Prozessanforderungen sicherzustellen. Diese haben einen wesentlichen Einfluss auf den Energieverbrauch und sollten nicht innerhalb eines engeren Bereichs als nötig kontrolliert werden.

In Situationen, in denen es keine spezifischen Anforderungen für stark kontrollierte Temperatur- und relative Luftfeuchtebedingungen gibt, sollte die Temperatur entsprechend des Personalkomforts angepasst werden können. Die relative Luftfeuchte (RH) sollte nach Umgebungsbedingungen, innerhalb eines Bereichs zwischen 30 % bis 70 %, je nach Komfort des Bedieners fließen dürfen.

Anhang E listet einige Möglichkeiten zur Begrenzung übermäßiger Heiz- und Kühlverluste oder -gewinne auf.

10 Ventilator- und Filterauswahl

10.1 Luftumwälzventilatoren

Luftumwälzventilatoren sollten so ausgewählt werden, dass der beste Ausgleich zwischen Energie und Luftzufuhr unter Berücksichtigung des Ventilator- und Antriebswirkungsgrads und der Ventilatoreigenschaften erzielt wird, um eine erhöhte Filterbelastung zu bewältigen. Ventilatoren sind mit einer Vielzahl unterschiedlicher Wirkungsgrade verfügbar und Ventilatoren mit hohem Wirkungsgrad sollten als Hauptmittel zur Reduzierung des Energieverbrauchs ausgewählt werden.

Direktantriebsventilatoren mit eingebautem Motor sind die energieeffizientesten Ventilatoren und die modernsten Direktantriebsventilatoren können einen Wirkungsgrad von mehr als 80 % erzielen. Die Energierückgewinnungszeit solcher Ventilatoren sollte berücksichtigt werden.

Ein bestehendes Ventilatorsystem mit einem separaten Motor sollte für eine Aufrüstung des Riemenantriebs in Betracht gezogen oder durch einen Direktantriebsventilator mit hocheffizientem Motor ersetzt werden, da der Riemenantrieb zwischen dem Motor und dem Ventilator 10 % bis 15 % der Motorenergie verbrauchen kann, bevor diese den Ventilator erreicht.

Die Verwendung von reibungsarmen Riemen und Zahnriemen kann die Energieverluste minimieren, wenn Riemen benutzt werden müssen. Direktantriebsventilatoren mit eingebautem Motor sollten für alle Neubauten erwogen werden.

Motoren sollten grundsätzlich Umrichter enthalten, die einen regelbaren Antrieb (VSD, en: variable speed drive) ermöglichen, um eine effiziente Steuerung und Flexibilität sicherzustellen. Der Ventilatorhersteller sollte konsultiert werden, um einen Ventilator mit leisem Betrieb mit dem erforderlichen statischen Druck am Kennlinienpunkt und mit dem niedrigsten Energieverbrauch auszuwählen.

10.2 Auswahl von Luftfiltern

Der Partikelentfernungswirkungsgrad von Endfiltern sollte nicht höher sein als erforderlich, um den festgelegten Reinheitsgrad im Reinraum zu erzielen. Die Gestaltung der Filtration sollte den Druckabfall des Filtrationssystems minimieren, um den Energiebedarf der Ventilatoren auf ein Minimum zu beschränken. Es sollten Endfilter ausgewählt werden, die einen minimalen Druckabfall aufweisen, um den erforderlichen Partikelentfernungswirkungsgrad zu erzielen. Filter mit einer größeren Menge an Filtermedien haben einen geringeren Druckabfall als Filter mit einer kleineren Menge. Durch die Erhöhung der Tiefe des Medienpakets einer hocheffizienten Luftfilterplatte von 66 mm bis 110 mm kann der Druckabfall beispielsweise um ungefähr 40 % reduziert und die Lebensdauer um das 2,5-Fache erhöht werden.

Die Endfilter sollten durch die Anwendung geeigneter Vorfilter vor häufigem Austausch geschützt werden. Ein robustes Reinigungs- oder Austauschprotokoll sollte für Vorfilter in der Rückluft oder rezirkulierten Luft angewendet werden, um eine Überlastung dieser Filter zu verhindern, die zu einem übermäßigen Druckabfall im System und einer erhöhten Partikelkonzentration im Reinraum führen kann. Energieeffiziente Vorfilter sollten mithilfe eines Energieklassifizierungsverfahrens, wie etwa durch Eurovent 4/11 [11] oder andere Tabellen vorgegeben, ausgewählt werden. Ein Betriebsdauerkostenmodell (LCC, en: life cycle costing) sollte in der Gestaltungsphase angewendet werden, um eine informierte Luftfilterauswahl, Filterbeschaffung, Energieeinsatz und Kostenkalkulation der Installation, Instandhaltung und Entsorgung zu ermöglichen, wie etwa die Eurovent-Tabelle [11].

11 Beleuchtungsstärken

Die Beleuchtung in dem Reinraum sollte der Kontrolle des Bedieners unterliegen oder von einer Bedarfsregeleinrichtung gesteuert werden, sodass die Beleuchtung ausgeschaltet wird, wenn der Raum nicht besetzt ist. Lokale LED-Beleuchtung sollte für komplexe Arbeiten erwogen werden, damit die Hintergrundbeleuchtung reduziert werden kann. Die Beleuchtung von Arbeitsplätzen sollte so gestaltet sein, dass die Arbeit erleichtert und Ermüdung reduziert wird.

12 Einweisung

Die Mitarbeiter sollten im Bedarfsfall im Hinblick auf Energiesparmöglichkeiten geschult werden.

Um diesen Prozess zu unterstützen, sollten die betrieblichen und gesetzlichen Beschränkungen vereinbart und verstanden werden.

Die Mitarbeiter sollten als Teil der Schulung über Folgendes informiert werden:

a) für die Organisation geltende aktuelle Normen, Vorschriften, Richtlinien und Verfahrensvorschriften für Reinräume;

b) bestimmte Einrichtungen und Prozesse, die besonders energieintensiv sind;

c) Heizung und Belüftung als spezifische Energieverbraucher in einem Reinraum;

d) Quellen der Partikelerzeugung in Reinräumen und

e) Zuluftraten und ihre Auswirkung auf den Energieverbrauch des Reinraums.

Hierbei sollte betont werden, dass die allgemeinen Zwecke der Hygiene, des Verhaltens und die Gesundheits- und Sicherheitsziele durch die Suche nach Energieeinsparungsmöglichkeiten nicht beeinträchtigt werden dürfen.

Wenn ein Energieeinsparungsprogramm in einer Organisation implementiert wird, sollten spezielle Schulungen im Betrieb der Einrichtung in verschiedenen HVAC-Modi, der Überwachung des Reinraums in verschiedenen Zuständen und dem Verhalten im Fall von Unregelmäßigkeiten durchgeführt werden.

Allgemeine Reinraumschulungen sollten einen Abschnitt zu Energieeinsparungen in Reinräumen enthalten.

13 Betrieb

13.1 Die Durchführbarkeit eines Arbeitens mit reduzierten Luftstromvolumina sollte in Echtzeit bestätigt werden, während Verfahren mit der korrekten Anzahl des spezifizierten Personals durchgeführt werden. Die korrekte Art von Kleidung sollte ordnungsgemäß getragen und die Reinigungspläne geprüft und verbessert werden (siehe ISO 14644-5 [12]).

13.2 Energieeinsparungsverfahren konzentrieren sich auf die Erkennung realistischer Parameter für den Luftvolumenstrom oder Zirkulationsraten, Reinraum-Rückgewinnungszeiten und den zuverlässigen Betrieb. Die folgenden drei Aufgaben sollten angewandt werden, um dies zu erzielen:

— Aufrechterhaltung der geplanten Redundanz für den Luftvolumenstrom;

— Erfüllung der betrieblichen Anforderungen an das Personal, die Reinigung und die Instandhaltung und

— gegebenenfalls Festlegung zusätzlicher Möglichkeiten zur Energieeinsparung.

13.3 Anweisungen sollten für Folgendes genehmigt werden:

— korrekter HVAC-Betrieb;

— Raumprüfung/-überwachung und

— Datenaufzeichnung.

13.4 Die im Fall einer Überschreitung der festgelegten Partikelkonzentration oder anderer Parameter wie etwa der Temperatur und Luftfeuchte zu treffenden Maßnahmen sollten Folgendes umfassen:

— die Bezeichnung des Reinraums;

— die Anzahl der Luftbehandlungsgeräte (AHU, en: air-handling units), die den Reinraum versorgen;

— Bestätigung des festgelegten Luftvolumenstroms durch Prüfung und Abnahme für den Betrieb, wenn dies zwingend vorgeschrieben ist;

— regelmäßige oder kontinuierliche Kontrolle der Partikelkonzentration;

— Prüfung der Warn- und Alarmgrenzen für alle Parameter;

— Tabelle oder Diagramm zur Aufzeichnung der Partikelkonzentrationen, des Luftstromvolumens und der Geschwindigkeit und

— die Meldung erhöhter Partikelkonzentration über den Warn- oder Alarmgrenzen.

13.5 Folgendes sollte im Fall einer Partikelerhöhung bekannt sein:

— wem die Erhöhung gegebenenfalls zu melden ist;

— zu treffende Maßnahmen, um die Abweichungen zu verstehen, und wer für die Implementierung verantwortlich ist, und

— Entscheidungen zur Verbesserung der Reinigung, zur Erhöhung der Luftvolumenströme oder zur Fortsetzung der Beobachtung.

14 Wartung

Reinräume sollten der allgemeinen Instandhaltung nach ISO 14644-5 [12] unterliegen. Die Häufigkeit der Inspektionen sollte in Abhängigkeit vom Alter der Einrichtung bestimmt werden.

Reduzierte Luftstromvolumen zu Energiesparzwecken können die folgenden zusätzlichen Vorsichtsmaßnahmen erfordern, um eine Erhöhung der Partikelkonzentration zu vermeiden:

— Anpassung der Überwachungsprogramme in Übereinstimmung mit ISO 14644-2 [3] und

— zusätzliche Instandhaltungsmaßnahmen in Übereinstimmung mit den Anweisungen des Herstellers, um den zuverlässigen Betrieb von HVAC-Systemen zu unterstützen.

Strengere Anforderungen können durch die Instandhaltungsanweisungen der Einrichtung festgelegt werden und sollten die regelmäßige Inspektion auf Durchrutschen des Antriebsriemens und Blockierung des Vorfilters umfassen.

Grundsätzlich sollten häufigere Kontrollen oder Prüfungen durchgeführt werden, um den möglichen Einfluss des reduzierten Luftvolumenstroms auszugleichen.

Die Instandhaltungsanforderungen können vereinfacht werden, wenn der Reinraum über längere Zeiträume intensiv genutzt wird. In diesem Fall können beispielsweise die Prüfintervalle erhöht werden. Wenn ein interaktives Gebäudemanagementsystem (GMS) verwendet wird, kann die Häufigkeit manueller Inspektionen reduziert werden.

Der Einfluss jahreszeitbedingter (Winter/Sommer) oder äußerer Partikelerzeugungsfaktoren, wie etwa Pollenproduktion im Frühjahr, sollte ebenfalls berücksichtigt werden.

15 Außerbetriebnahme

Wenn geplant ist, einen Reinraum für einen sehr langen Zeitraum außer Betrieb zu nehmen oder der Reinraum veraltet ist und/oder eine sehr geringe Effizienz hat, kann eine Außerbetriebnahme in Betracht gezogen werden. Mögliche negative Auswirkungen auf angrenzende Räume wie etwa Schwierigkeiten bei der Aufrechterhaltung der erforderlichen Umgebungsparameter sollten bewertet und Risikominderungsstrategien sollten implementiert werden.

Anhang A
(informativ)

Quellstärke: Luftvolumen und Anwendungsbeispiel

A.1 Berechnung der Zuluftrate in Reinräumen mit turbulenter Verdünnungsströmung

Der größte Einfluss auf die Partikelkonzentration in Reinräumen mit turbulenter Verdünnungsströmung entsteht durch die Zuluftrate und die Emissionsrate von Personal und Maschinen. Luftfilter können ebenfalls einen großen Einfluss haben, doch die Verwendung von üblicherweise in Reinräumen installierten Filtertypen stellt sicher, dass der Beitrag nur unwesentlich ist. Eine gute Schätzung der Konzentration der luftgetragenen Partikel können mit Gleichung (A.1) berechnet werden:

$$Q = \frac{D}{\varepsilon . C} \qquad \text{(A.1)}$$

Dabei ist

C die erforderliche luftgetragene Partikelkonzentration (Anzahl/m^3) im betrachteten Raum.

D die gesamte Partikelemissionsrate durch Personal und Maschinen (Anzahl/s);

Q die Zuluft (Volumenstrom) (m^3/s);

ε die Lüftungseffektivität (keine Maßeinheit).

ANMERKUNG 1 Gleichung (A.1) basiert auf der Bedingung der „perfekten Vermischung" der Partikel mit der Raumluft, die in tatsächlichen Räumen selten auftritt. Die Beseitigungseffektivität der Lüftung ε wird verwendet, um die Faktoren der Bedingung der „tatsächlichen Vermischung" und der Effektivität verschiedener Luftströmungsmuster einzubinden. Die Lüftungseffektivität kann als Luftaustauscheffektivität (ACE) oder Wirkungsgrad der Fremdkörperbeseitigung (CRE) ermittelt werden. Die Auswahl hängt von der Anwendung und von den verfügbaren oder erfassbaren Daten ab. Siehe auch Literaturhinweise [7], [8], [9], [13] und [14].

C und D sollten sich auf denselben Belegungszustand und die festgelegte betrachtete Partikelgröße beziehen. In einem bestehenden Reinraum können verschiedene Parameter gemessen und die Emissionsrate aus Verunreinigungsquellen kann bestimmt werden. Die erfassten Daten können genutzt werden, um die erforderliche Zuluft zu optimieren.

Wenn eine Luftwechselzahl erforderlich ist, kann sie aus dem physischen Volumen des Reinraums mit Gleichung (A.2) berechnet werden:

$$ACR = \frac{3\,600 . D}{\varepsilon . C . V} \qquad \text{(A.2)}$$

Dabei ist

ACR die Luftwechselzahl je Stunde;

C die erforderliche luftgetragene Partikelkonzentration (Anzahl/m^3) im betrachteten Raum;

D die gesamte Partikelemissionsrate durch Personal und Maschinen (Anzahl/s);

V das Raumvolumen (m^3).

ANMERKUNG 2 Die Konzentration luftgetragener Partikel in einem Reinraum ist von der Zuluftrate und nicht von der Luftwechselzahl abhängig.

A.2 Lüftungseffektivität

A.2.1 Lüftungseffektivitätsindizes

Zwei Arten von Lüftungseffektivitätsindizes ε können in Gleichung (A.1) verwendet werden. Diese sind die Luftwechseleffektivität *ACE* und der Wirkungsgrad der Fremdkörperbeseitigung *CRE* [4]. Die Messung der Lüftungseffektivität wird traditionell durch Spürgase bestimmt. In Reinräumen werden Spürgaskonzentrationen jedoch durch wieder in den Reinraum eintretende Gase beeinflusst und Luftprobensammler stehen zur Messung der Partikelkonzentration zur Verfügung, sodass Partikel genutzt werden können. Siehe auch die Arbeit von Whyte und Kollegen [18].

A.2.2 Luftwechseleffektivität (ACE)

Der Index der Luftwechseleffektivität *ACE* ist in ANSI/ASHRAE 129-1997 (RA 2002) [15] festgelegt als die Beziehung zwischen der Nennzeitkonstante und dem Alter der Luft an einem Standort. Jedoch haben Whyte et al. [18] gezeigt, dass bei vollständiger Vermischung von Luft und Verunreinigungen zu Beginn der Rückgewinnungsprüfung für einen Reinraum, die Gesamtrückgewinnungsrate für den Reinraum dieselbe ist, wie die Luftwechselzahl. Daher kann *ACE* in Reinräumen mit Gleichung (A.3) berechnet werden, die zeigt, wie viel reine Luft eine bestimmte Stelle im Vergleich zum Mittelwert im Reinraum erhält.

$$ACE = \frac{ACR_{\mathrm{m}}}{ACR_{\mathrm{tot}}} \qquad \text{(A.3)}$$

Dabei ist

ACR_{m} die Luftwechselzahl von Reinraumluft in der Umgebung am Messort, in Luftwechsel je Stunde;

ACR_{tot} die Gesamtluftwechselzahl der gesamten Reinraumluft in einem Raum, in Luftwechsel je Stunde.

Die Luftwechselzahl der Reinraumluft in der Umgebung um die Rückgewinnungsrate am Messort wird durch die Messung des Rückgangs einer Prüfverunreinigung am Standort in einer ähnlichen Weise wie die Rückgewinnungsrate nach ISO 14644-3 bestimmt. Die Gesamtluftwechselzahl kann aus der Zuluftrate und dem Volumen des Reinraums nach A.2 ermittelt werden.

Bei perfekter Luftmischung im Reinraum wird der *ACE*-Index 1 betragen. Wenn weniger reine Luft als der Mittelwert die Messstelle erreicht, wird der *ACE*-Index weniger als 1 betragen. Erreicht mehr Luft die Messstelle, wird der Index über 1 liegen. Geringere Werte für den *ACE*-Index können in der Gleichung (A.1) verwendet werden, um eine schlechtere Lüftung auszugleichen.

Der Wert der *ACE*-Indizes in bestehenden Reinräumen wird durch den Lufteintritt und den Luftabzug bestimmt. Wenn Diffusoren die Zuluft und Raumluft wirksam vermischen und der korrekte Bemessungswert mit geringem Abzug verwendet wird, beträgt der *ACE*-Index wahrscheinlich zwischen 0,7 und 1,3 (siehe Lenegan [16]).

Es sollte beachtet werden, dass der *ACE*-Index an einem oder mehreren Standorten gemessen werden kann. Ein Standort wird ausreichend sein, wenn die luftgetragene Verunreinigung hauptsächlich an diesem Standort auftritt. Tritt die Verunreinigung jedoch an mehreren Standorten auf, kann es notwendig sein, den niedrigsten *ACE*-Index zu bestimmen.

In den meisten Reinräumen wird das Hauptverunreinigungsproblem durch Personal, das sich frei durch den Raum bewegt, verursacht. In dieser Situation sollte das Ziel darin bestehen, sicherzustellen, dass ausreichend von Verunreinigungen freie Luft den/die kritischen Standort/e erreicht, um die erforderliche Konzentration der Verunreinigung zu erreichen.

A.2.3 Wirkungsgrad der Fremdkörperbeseitigung (*CRE*)

Ein alternativer Beitrag für die Lüftungseffektivität ist der Wirkungsgrad der Fremdkörperbeseitigung (*CRE*). Der *CRE*-Index misst den Wirkungsgrad der Beseitigung von Partikelverunreinigungen und wird in Gleichung (A.4) gezeigt:

$$CRE = \frac{C}{C_{\text{avg}}} \tag{A.4}$$

Dabei ist

C die Gesamtzahl von Partikeln mit einer Größe von 0,5 µm oder größer, die je m^3 an der Abführleitung des Reinraums gemessen wird;

C_{avg} die durchschnittliche Anzahl von Partikeln mit einer Größe von 0,5 µm oder größer, die je m^3 im Reinraum gemessen wird.

Der CRE-Index bezeichnet die Effektivität der Luftzufuhr des Reinraums in Bezug auf die Verdünnung von Verunreinigung im Reinraum und kann genutzt werden, um den zusätzlichen Luftbedarf zum Ausgleich in Räumen mit weniger reiner Luftzufuhr zu berechnen (siehe [4]). Der Wert liegt je nach Anwendung zwischen 0,3 und 1,0.

A.3 Partikelemissionsrate in Reinräumen

A.3.1 Allgemeines

Die Berechnung des erforderlichen Zuluftvolumens für einen Reinraum erfordert die Partikelemissionsrate im Reinraum. Partikel werden üblicherweise durch Personal sowie Maschinen und Einrichtungen dispergiert und die Emissionsraten dieser beiden Quellen sollten addiert werden.

A.3.2 Partikelemissionsrate von Personal in einem Reinraum

Die Partikelemission durch Personal ist üblicherweise die größte Quelle in einem Reinraum. Es ist schwierig, den genauen Wert der Emissionsrate zu bestimmen, da die Partikelemissionsrate von jeder einzelnen Person, der Gestaltung der Reinraumkleidung, der Verschlusseigenschaften des zur Herstellung der Kleidung verwendeten Gewebes und den Aktivitäten des Personals abhängt. Die Kleidung sollte als Luftfilter gegen von der Haut und Kleidung einer Person dispergierte Verunreinigung gesehen werden. Die beste Kleidung bedeckt das Personal vollständig und verwendet Gewebe, die nur ein Minimum an Partikel dispergieren und den Durchgang von Partikeln verhindern, z. B. dicht gewobenes Polyester. Kittel bieten eine schlechtere Leistung als Overalls, da die vom Personal emittierten Partikel unter dem Kittel durchgehen können. Eine hohe Aktivität des Personals führt zu sehr viel höherer Emission als geringe Aktivität.

Übliche Emissionsraten sind in den Literaturhinweisen [7] und [8] angegeben. Emissionsraten können jedoch erheblich von diesen Werten abweichen, sodass die tatsächlichen Raten durch Messungen in einem Reinraum anhand des in A.4 festgelegten Verfahrens gemessen werden sollten.

A.3.3 Emissionsrate von durch Maschinen generierten Partikeln

Die Emissionsrate von Partikeln durch Maschinen und andere Einrichtungen variiert je nach Typ und es wird empfohlen, Informationen zu der Emissionsrate vom Hersteller der Maschine oder Einrichtung anzufordern. Alternativ kann die Gesamtemissionsrate experimentell anhand des in ISO 14644-14 [17] festgelegten Verfahrens ermittelt werden.

Für die Annäherung an die Emissionsrate kann Gleichung (A.5) verwendet werden:

$$E = C \times Q \tag{A.5}$$

Dabei ist

- E die Emissionsrate der Partikel in Anzahl je Sekunde;
- C die durchschnittliche Partikelzahl im Raum je Kubikmeter;
- Q das Zuluftvolumen in Kubikmeter je Sekunde.

Dieses Verfahren kann außerdem verwendet werden, um das Personal, das die Maschinen bedient, und die erhaltene Gesamtemissionsrate aller Quellen im Reinraum zu berücksichtigen.

A.4 Beispiel für eine einfache Berechnung der Zuluftrate in einem Raum mit turbulenter Verdrängungsströmung

Ein Raum mit turbulenter Verdrängungsströmung mit den Maßen 10 m × 10 m × 3 m hoch (Volumen von 300 m^3) wurde für den Betrieb mit der ISO-Klasse 7 gestaltet. Für diese Einrichtung sind Konzentrationen mit Partikeln größer als 0,5 µm und größer als 5,0 µm von Bedeutung.

Die Einrichtung hat eine hohe Zuluftrate von 3,3 m^3/s (40 Wechsel je Stunde), der Raum überschreitet seine Klassifizierung regelmäßig und der Betrieb ist kostenintensiv. Maximal vier Personen arbeiten im Reinraum. Im Raum werden Prozesseinrichtungen betrieben.

Ein erfahrener Reinraumingenieur empfahl nach einer CFD-Simulation und Prüfung die folgenden Änderungen:

- Installation von Drallauslassen an den Versorgungsfiltern anstelle perforierter Filterscheiben;
- Verbesserung der Kleidungspraktiken, indem das Personal Ganzkörper-Overalls, Hauben, Gesichtsmasken und Handschuhe trägt und
- Verbesserung der Reinigungspraktiken.

Der Reinraum wurde nach der Implementierung dieser Verbesserungen erneut geprüft und erzielte wesentlich bessere Ergebnisse. Auf der Grundlage der CFD-Daten wurde ein Überwachungsplan über einen Zeitraum von 2 Wochen implementiert (ein typisches Beispiel für diese Anwendung ist in Bild 5.1 von *Energy performance in clean zones (cleanrooms, controlled environments, contained areas)* [5]) dargestellt.

Die Überwachungsdaten wurden analysiert, um die Quellstärke des Personals und der Einrichtungen im Reinraum zu bestimmen.

Die geschätzten Daten lauten:

- Partikel mit einer Größe von mindestens 0,5 µm = 150 000/s und
- Partikel mit einer Größe von mindestens 5 µm = 3 000/s.

Diese Zahlen gelten als maximale Emissionsrate während des Normalbetriebs, werden aber durch einen geeigneten Kompensationsfaktor erhöht, um sequentielle Prüfanpassungen, wie in Bild 3 und 6.4 erklärt, vorzunehmen.

Basierend auf den an der Einrichtung vorgenommenen Änderungen und den CFD-Prognosen wird ein Wert ε auf der Grundlage einer ACE von 0,7 in Gleichung (A.1) verwendet und ein Kompensationsfaktor von 1,5 vereinbart.

Die Anwendung der Gleichung (A.1) auf die Quellstärke für jede Partikelgröße und die Verwendung von $C = 352\ 000$ für Partikel größer als 0,5 µm und $C = 2\ 930$ für Partikel größer als 5,0 µm ergibt:

— $Q = 0{,}61$ für die 0,5-µm-Partikel und 1,46 für die 5-µm-Partikel, die Multiplikation dieser Zahlen mit dem Kompensationsfaktor 1,5 weist darauf hin, dass Folgendes in den progressiven Prüfungen verwendet werden kann;

— 0,93 m^3/s (11 AC/h) kann für den Raum für Partikel größer als 0,5 µm und

— 2,2 m^3/s (26 AC/h) kann für den Raum für Partikel größer als 5,0 µm verwendet werden.

Aus diesem Grund und basierend auf den Anforderungen eines höheren Luftstroms kann der Luftstrom für die Anwendung von 3,3 m^3/s bis 2,2 m^3/s (eine Reduzierung von 1,1 m^3/s) für die erste Anpassung in Verfahren 6.4 reduziert werden. Eine progressive Anpassung des Kompensationsfaktors wird vorgenommen, um ein optimales Ergebnis sicherzustellen, und eine Wirkungsanalyse wird vor der endgültigen Abnahme durchgeführt.

A.5 Berechnung des Luftstroms in Reinräumen mit turbulenzarmer Verdrängungsströmung

Die Reinheit eines Reinraums mit turbulenzarmer Verdrängungsströmung ist von der Luftgeschwindigkeit und nicht von der Zuluftrate oder der Luftwechselzahl abhängig. Um jedoch das Zuluftstromvolumen und somit den Energieverbrauch zu reduzieren, sollte entschieden werden, ob die durch eine turbulenzarme Verdrängungsströmung erzielten geringen Konzentrationen wirklich erforderlich sind oder ein System mit turbulenter Verdrängungsströmung geeignet wäre. Wenn eine turbulenzarme Verdrängungsströmung erforderlich ist, sollte die Größe des turbulenzarmen Bereichs auf die Abdeckung der kritischen Bereiche (Prozesskern) minimiert werden. Dies kann durch den Einsatz von Reinraumgeräten erreicht werden. Die Luftgeschwindigkeit sollte reduziert werden, während die festgelegten Konzentrationsgrenzen für Partikel oder mikrobentragende Partikel gleichzeitig aufrechterhalten werden. Je höher die Luftgeschwindigkeit, desto geringer ist im Allgemeinen die Konzentration der luftgetragenen Verunreinigung.

Die folgenden Variablen sollten berücksichtigt werden:

a) die Menge der durch Personen emittierten Verunreinigung;

b) Emissionen durch Maschinen;

c) andere Quellen luftgetragener Verunreinigung.

Das Personalmanagement sollte bei dem Streben nach einer geringeren Geschwindigkeit Folgendes berücksichtigen:

a) Minimieren der Anzahl des anwesenden Personals;

b) Minimieren des Anteils ihrer Körper in der turbulenzarmen Verdrängungsströmung;

c) Minimieren der Dauer des Aufenthalts in der turbulenzarmen Verdrängungsströmung und

d) Erhöhen des Abstands des Personals zum exponierten Produkt und Schutz des Produkts während das Produkt bewegt wird.

Störungen des Luftstroms durch Personal und Maschinen erhöhen die Konzentration der Verunreinigung im kritischen Bereich und sollten ebenfalls bewertet werden. Personalbewegungen und im Fall von Maschinen deren Bewegung, Wärmeemission und Blockierung des Luftstroms sollten berücksichtigt werden.

In Zeiträumen geringer Aktivität oder ohne Aktivitäten darf die Luftstromgeschwindigkeit auf einen Wert zwischen 0,2 m/s und 0,3 m/s mit vorheriger Genehmigung durch die Produktqualitätsabteilung hinsichtlich der Verifizierung dieser reduzierten Luftgeschwindigkeit reduziert werden. Die Kontrolle und Beseitigung des Partikeleindringens sollte durch die Partikelzählung während des Betriebs und Visualisierung des Luftstroms (siehe ISO 14644-3) [6] bestätigt werden.

Anhang B
(informativ)

Energiesparmöglichkeiten

Tabelle B.1 — Checkliste zu Energiesparmöglichkeiten

Implementierungsphase	Element	Möglichkeit	Erwägung	Mögliche negative Auswirkung	Risikominderungsstrategien/-tools	Siehe
Bewertung der Quellstärke	Verunreinigungsquellen	Übergestaltung vermeiden	Identifizieren aller relevanten Verunreinigungsquellen und Bewerten ihrer Stärke zur Optimierung des Luftstroms	Fehler bei der Bewertung der Quellen und/oder ihrer Stärke	Erweitern der Prozessstudie; Literatur, Planung von Experimenten	Anhang A
URS/ Spezifikation	Leistungsanforderungen	Überspezifikation vermeiden	Festlegen korrekter Betriebsparameter für den Prozess (d. h. Reinheitsklasse, Rückgewinnungszeit, Raumdruck-T/RH, Beleuchtungsstärken, Belegungsgrad usw.)	Verlust der Flexibilität für mögliche Prozessänderungen	Festlegen einer kleinen angemessenen Spanne, Differenzieren der Parameter für verschiedene Kritikalitäten	5.1, 6, 9
	Anforderungen an die Größe der Einrichtung	Überdimensionierung vermeiden	Festlegung der korrekten Abmessungen für die Prozessbereiche, der korrekten Belegungsgrade usw.	Verlust der Flexibilität für mögliche Prozessänderungen	Festlegen einer kleinen angemessenen Spanne, Berücksichtigen einer modularen Erweiterung der Bereiche und HVAC-Systeme	5.2, 6, Anhang F
	Belegungsgrade	Optimieren der Belegung	Optimieren der Personenzahl, um Platz zu sparen und Verunreinigung durch Partikel und mikrobentragende Partikel zu reduzieren	Betriebliche Aktivitäten können komplizierter werden	verbesserte Verfahren und Kontrolle	5.2, 13
	Anforderungen an die Kleidung	Minimieren der Emissionen durch Personen	Festlegung der korrekten Kleidungstypen auf der Grundlage der Prozessanforderungen	erhöhte Kosten und unkomfortabel für das Personal		5.2
	Prozesseinrichtungslasten	Reduzieren der Wärme- und Luftfeuchtelast der Prozesseinrichtungen	Erwägen der Reduzierung der Wärme- und Luftfeuchtelastwerte durch die Auswahl der Prozesseinrichtungen	keine	—	5.1, 9

Implementierungsphase	Element	Möglichkeit	Erwägung	Mögliche negative Auswirkung	Risikominderungsstrategien/-tools	Siehe
	Eignung der Prozesseinrichtungen	Reduzieren der Verunreinigung durch Prozesseinrichtungen	Festlegen der Eignung der Prozesseinrichtung für den Einsatz in Reinräumen (ISO 14644-14 [17])	keine	—	
	Nutzung von Barrieretechnologien	Minimieren der Bereiche mit hoher Klassifizierung	Erwägen der Möglichkeit der Nutzung von Barrieretechnologiekonzepten in der Festlegungsphase, um Bereiche mit hoher Klassifizierung zu minimieren	Verlust der Flexibilität, der Prozess kann komplizierter sein	—	5.1, Anhang F
Gestaltung, Umgestaltung, Konstruktion	Luftstrom: UDAF	Reduzieren der Luftgeschwindigkeit	Erwägen einer möglichen Reduzierung der Luftgeschwindigkeit bei gleichzeitiger Aufrechterhaltung der Verdrängungseffektivität in UDAF-geschützten Bereichen	erhöhtes Eindringen von Partikeln, reduzierte Partikelbeseitigung	Nutzung der CFD in der Gestaltung. Vorsehen einer kleinen angemessenen Spanne. Validierung durch Rauchstudien und anschließende Überwachung der Verunreinigungsgrade und Umgebungsdaten.	6, 7, 8 Anhang A
	Luftstrom: turbulente Verdünnungsströmung	Reduzieren des Luftvolumenstroms	Erwägen einer möglichen Reduzierung des Luftvolumenstroms durch Bewerten der Verunreinigungsquellen/ -stärken, der Lüftungseffektivität und der Wärmelasten	Unzureichende Partikelverdünnung, vorhandene fließtote Punkte und schlechte Raumtemperaturregelung. hoher Rückgewinnungszeitwert	Nutzung der CFD in der Gestaltung. Vorsehen einer kleinen angemessenen Spanne. Validierung und anschließende Überwachung der Verunreinigungsgrade und Umgebungsdaten	6, 7,1
	Zuluft	Reduzieren des Zuluftverbrauchs	Erwägen der Möglichkeit der Zuluftoptimierung durch sorgfältige Bewertung der HSE-Bedürfnisse, Prozessbedürfnisse (Abzugs-Nullpunkteinstellung), Raumluftundichtheiten	schlechte HSE-Bedingungen, schlechte Druckregelung	Vorsehen einer kleinen angemessenen Spanne. Validierung und anschließende Überwachung des Raumdrucks und der HSE-Daten	6, 10
	Abluftvolumenstrom	Reduzieren des Abluftvolumenstroms von Prozesseinrichtungen	Erwägen der Möglichkeit der Optimierung des Abluftstroms durch geeignete Gestaltung; daraus resultierende Reduzierung des Frischluftbedarfs.	schlechte HSE-Bedingungen	—	6, 10

Implementierungsphase	Element	Möglichkeit	Erwägung	Mögliche negative Auswirkung	Risikominderungsstrategien/-tools	Siehe
Gestaltung, Umgestaltung, Konstruktion	Beleuchtungssysteme	Auswahl hocheffizienter Beleuchtungssysteme	Gestaltung hocheffizienter Beleuchtungssysteme (LED, Hochfrequenz-Leuchtstofflampen); Steuerungssystem basierend auf Belegungssensoren, Tageslichtkompensation, Dimmer	keine	—	11
	Zentralisierte AHU im Vergleich zu FFU	Maximaler Lüftungswirkungsgrad	Je nach Anwendung Auswahl des korrekten Luftrezirkulationssystems, um den Energieverbrauch der Lüftung zu reduzieren	Maximieren der Ventilatorenergie und/oder Minimieren seines Verbrauchs	—	6, Anhang A, Anhang F
	Herunterregel-/Rücksetzfähigkeit	Reduzieren des Luftstroms während der Leerlaufzeiten	Erwägen einer möglichen Einbindung der Herunterregel-/Rücksetzfähigkeit in die HVAC-Gestaltung, um den Leerlaufbetrieb mit reduziertem Luftstrom zu ermöglichen	erhöhte Komplexität des HVAC- und Steuerungssystems; erhöhtes Ausfallrisiko	Nutzung der CFD in der Gestaltung. Vorsehen einer kleinen angemessenen Spanne. Validierung und anschließende Überwachung der Verunreinigungsgrade und Umgebungsdaten	6, 7.1
	Luftbehandlungsgeräte und HVAC-Komponenten	Nutzung von Komponenten mit hohem Wirkungsgrad und Optimieren der Leistung	Optimieren der Leistung von AHU und HVAC-Komponenten zur Reduzierung des Energieverbrauchs: Auswahl von Ventilatoren mit hohem Wirkungsgrad, Elektromotoren und Regelantrieben; Festlegen niedriger Druckverlustwerte durch Spulen, Filter und AHU-Abschnitte. Festlegen der *SFP*-Zielwerte.	Höhere Baukosten. Größere AHU-Abmessungen. Änderung der Kühlerleistung	Optimierte Dimensionierung in Übereinstimmung mit bestehenden Referenztabellen für die spezifische Ventilatorleistung (*SFP*) [Beispiel: Konformitätsleitfaden für nichthäusliche technische Gebäudeausrüstung (NBS), UK]	10
	Luftfilter	Geringerer Ausgangsdruckabfall	Optimieren der Filterleistung durch die Auswahl von Vorfiltern und Endfiltern nach dem „Luftfilterlebensdauer-Kostenmodell"	keine	Auswahl von Filtern in geeigneter Qualität; Beachten der Installationsrichtlinien des Herstellers	10
	HVAC-Verteilsystem	Optimieren des Druckabfalls durch die Gestaltung	Gestaltung von selbstausgleichenden Kanalsystemen mit geringem Druckabfall, um den Lüftungsenergieverbrauch zu reduzieren (alle Abzweigleitungen im Schrittbetrieb)	keine	Sicherstellen, dass Instrumente kalibriert sind	10, 14

Implementierungsphase	Element	Möglichkeit	Erwägung	Mögliche negative Auswirkung	Risikominderungsstrategien/-tools	Siehe
	Gebäudemanagementsystem (GMS)	Optimieren und Verbessern des Energiemanagements	Festlegen korrekter GMS-Sequenzen, um Konflikte im Energiebedarf zwischen Heizung/Kühlung, Befeuchtung/Entfeuchtung zu vermeiden	keine	Sicherstellen, dass Instrumente kalibriert und Regelkreise abgestimmt sind	14
	Umweltmanagementsysteme (EMS, PMS, MMS)	Überwachung der Umgebungsparameter zur Unterstützung der Energiereduzierungsmaßnahmen	Festlegen der Umweltüberwachungssysteme für T/RH/P (EMS), luftgetragene Partikelkonzentrationen (PMS) und luftgetragene mikrobielle Partikelkonzentrationen (MMS) zur Unterstützung der Energiereduzierungsmaßnahmen	Baukosten	Optimieren der Anzahl/ Standorte von Sensoren durch Risikobeurteilung und CFD-Studien	13 14
	adaptive Steuerung	Reduzieren des Luftvolumenstroms in Übereinstimmung mit dem Verunreinigungsbedarf	Erwägen einer möglichen Anwendung adaptiver Steuerungssysteme zur Implementierung bedarfsbasierter Energiereduzierungsmaßnahmen	Ausfall der lokalen Kontrolle der Verunreinigungsgrade und Umgebungsparameter	Auswahl der Anzahl/ Standorte von Sensoren durch Risikobeurteilung	8
Prüfung	Inbetriebnahme, Validierung	Verifizieren von Energiereduzierungsmaßnahmen durch Inbetriebnahme und/ oder Validierung	Nutzen der Ergebnisse der Inbetriebnahme/Validierung zur Verifizierung der Wirksamkeit der Energiereduzierungsmaßnahmen	keine	—	12, 6
	regelmäßige Prüfungen	Verifizieren von Energiereduzierungsmaßnahmen durch regelmäßige Prüfung	Nutzen der Ergebnisse der regelmäßigen Prüfungen über längere Zeiträume zur Verifizierung der Wirksamkeit der Energiereduzierungsmaßnahmen und Erkennung möglicher Restspannen	keine	—	12, 4.12

Implementierungsphase	Element	Möglichkeit	Erwägung	Mögliche negative Auswirkung	Risikominderungsstrategien/-tools	Siehe
Betrieb und Instandhaltung	Bediener-kompetenz (Schulung)	Verbesserung der Schulung des Personals im Hinblick auf die Reduzierung der Verunreinigungsstärke	Bedienerkompetenz hilft, die Stärke der luftgetragenen Verunreinigung im Reinraum zu reduzieren	keine	—	12
	Überwachung	Überwachung der Umgebungsparameter zur Verifizierung der Energiereduzierungsmaßnahmen	Umweltüberwachungssysteme für T/RH/P (EMS), die luftgetragene Partikelkonzentration (PMS) und die luftgetragene mikrobielle Partikelkonzentration (MMS) helfen, die Effektivität der Energiereduzierungsmaßnahmen kontinuierlich oder regelmäßig zu verifizieren	keine	—	13, 14
	Herunter-regeln/ Zurücksetzen Programme	Fahren des HVAC-Systems mit reduzierter Leistung außerhalb des Betriebs	Das HVAC-System kann mit reduziertem Luftvolumenstrom betrieben werden, wenn der Raum sich im Ruhezustand befindet und nicht besetzt ist.	unbefugtes Betreten des Raums	Verbesserung der Schulung des Personals, insbesondere der Instandhaltungs- und Reinigungsteams Implementieren effektiver Zugangskontroll- und Alarmsysteme	7.1
	Abschalten	dokumentiertes Abschalten von HVAC-Systemen, wenn der Reinraum nicht in Betrieb ist	Das HVAC-System kann abgeschaltet werden, wenn der Raum für lange Zeit nicht in Betrieb und nicht besetzt ist.	unbefugtes Betreten des Raums Risiko allgemeiner Verunreinigung, Partikelbewegung aus den Filtern bei Wiederanlauf und Erhöhung des Taupunkts	Verbesserung der Schulung des Personals, insbesondere der Instandhaltungs- und Reinigungsteams Implementieren effektiver Zugangskontroll- und Alarmsysteme Wirkungsanalysen und besondere Sorgfalt während des Anlaufens erforderlich	7.2
	Reinraum Luftleck	Sicherstellen der dauerhaften Druckdichtheit	Das Sicherstellen der dauerhaften Druckdichtheit hilft, einen Anstieg der Zuluft zu verhindern.	mögliche Instabilität der Druckregelung bei minimalem Leckage-Volumenstrom	Unterstützen eines minimalen Leckage-Volumenstroms (d. h. Entlastungs-Strömungsregler)	14

Implementierungsphase	Element	Möglichkeit	Erwägung	Mögliche negative Auswirkung	Risikominderungsstrategien/-tools	Siehe
	Instandhaltungsprogramme	Bewahren der Energieeffizienz von HVAC-Systemen durch Einrichtung geeigneter Instandhaltungsprogramme	Geeignete Wartungsprogramme helfen, den Druckabfall von Filtern zu minimieren und den Wirkungsgrad von HVAC-Komponenten zu maximieren	keine	—	14
	Ordnung und Sauberkeit	Reduzieren der Verunreinigungslast in Reinräumen durch Einrichten geeigneter Reinigungs- und Aufräumprogramme	Geeignete Reinigungs- und Aufräumprogramme helfen, die Verunreinigungslast im Reinraum zu reduzieren und können Energiereduzierungsstrategien unterstützen	keine	—	14
Entsorgung des Reinraums (Außerbetriebnahme)	Außerbetriebnahme	Beenden des Betriebs eines veralteten Reinraums und/oder Reinraums mit geringem Wirkungsgrad	Energieeinsparung durch die Außerbetriebnahme eines veralteten und/oder wenig effizienten Reinraums Die Auswirkung auf angrenzende oder angeschlossene Räume muss beurteilt werden.	Schwierigkeiten bei der Aufrechterhaltung der erforderlichen Parameter (Temperatur, Luftfeuchte, Druck) in angrenzenden Räumen	Sicherstellen einer geeigneten Gestaltung oder entsprechende Modifikation	15

Anhang C
(Informativ)

Wirkungsbeurteilung

Anhang B enthält eine Checkliste der als Möglichkeiten zur Energieoptimierung sowie der möglichen negativen Auswirkungen und Tools zur Minimierung der Auswirkungen von Änderungen zu berücksichtigenden Punkte.

Änderungen können Modifikationen von HVAC-Einrichtungen, Produktionskonfigurationen und Prozessabläufen, Betriebsarten sowie der Reinigung und Instandhaltung umfassen. Änderungen sollten dokumentiert werden, um sicherzustellen, dass die vorgesehenen Festlegungen erfüllt und nicht durch die vorgeschlagenen Änderungen an der Reinraumgestaltung beeinträchtigt werden.

Eine sorgfältige Beurteilung der Auswirkung und der Folgen vorgeschlagener Änderungen der Energieoptimierungen sollte sorgfältig in Zusammenhang mit den Grundsätzen der „Herstellung der Kontrolle" und dem anschließenden „Nachweis der Kontrolle" gehandhabt werden.

Die Beurteilungsfaktoren sollten Folgendes umfassen:

1) Verunreinigungen;

2) Variabilität und Unsicherheit der Personenzahl:

   — Personen sind eine hochvariable Quellstärke für Verunreinigungen und

   — die Personaldichte, die Kleidung und die Reinigung sind wichtige zu beachtende Faktoren;

3) Prozessvariabilität.

Instrumente zur Identifizierung kritischer Kontrollpunkte für die Verunreinigungskontrolle in einem Reinraum sind in den Literaturhinweisen [19], [20] und [28] enthalten.

Jede vorgeschlagene Änderung sollte dem Kunden ausdrücklich mitgeteilt und alle Änderungen sollten im Voraus vereinbart werden.

Anhang D
(informativ)

Benchmarking: Energieleistungsindikatoren für Reinräume

D.1 Messgröße — Allgemeines

Reinräume zählen zu den energieintensivsten Arten von Einrichtungen. Das liegt u. a. an hohen Luftströmen, hohen Filteranforderungen und der Nutzung von Lüftungsluft zur Druckbeaufschlagung. Die Energieeffizienz von Reinraumeinrichtungen variiert innerhalb von Industrien und zwischen Industrien erheblich. Facility Manager in Einrichtungen mit geringer Effizienz verfügen möglicherweise nicht über Mittel zur Messung der Energieeffizienz der Beseitigung von Verunreinigungen in ihren Reinraumeinrichtungen oder genauer gesagt, zur Identifizierung der Energiekosten der Beseitigung der Verunreinigung aus ihren Reinräumen durch das Luftbehandlungssystem. Anhang D beschreibt ein System für den Vergleich der Leistung von Reinraumeinrichtungen im Verlauf der Zeit oder im Verhältnis zueinander und vergleichbaren Einrichtungen mit denselben Reinheitsanforderungen.

Anhang D schlägt eine Skala für den Vergleich des Energieverbrauchs verschiedener Luftbehandlungssysteme in reinen Umgebungen mit vergleichbaren Anforderungen vor. Die angegebenen Energieleistungsindikatoren (EnPI, en: energy performance indicators) dienen als effektive Mittel zum Vergleich zwischen Einrichtungen und um die Energieeffizienz einer gegebenen Einrichtung im Verlauf der Zeit zu beurteilen, zu verfolgen und zu verwalten oder um Ziele für einen Neubau festzulegen. Der Anhang behandelt nur die für Reinräume spezifischen Punkte, d. h. die Beseitigung von Verunreinigungen, während die mechanische Heizung, Kühlung und Befeuchtung/Entfeuchtung Gegenstand allgemeiner HVAC-Normen und ihrer EnPI sind.

Die vorgeschlagenen EnPI wurden aus den vom Lawrence Berkeley National Laboratory identifizierten und im ASHRAE Journal v. 53, Ausgabe 10 [21], VDI 2083-4.2 [22] und BS 8568 [23] veröffentlichten sowie in ISO 50006 [24] festgelegten EnPI übernommen.

D.2 Anwendungsbereich der Messgrößen

Die Messgrößen gelten für alle in der Reihe ISO 14644 behandelten Produktionsreinräume.

Die im Rahmen dieses Systems betrachteten und bewerteten Räume umfassen nach ISO klassifizierte Räume, Bereiche und Einhausungen von Einrichtungen (z. B. Isolatoren, RABS, Rein-Werkbänke, Downflow-Kabinen, Kabinen und Arbeitsbereiche mit turbulenzarmer Verdrängungsströmung).

Ausgeschlossen sind Büroräume, Toiletten, Lager, Werkstätten, öffentliche Korridore und andere nichtreine Produktions- oder Forschungsflächen, auch wenn diese Flächen in klassifizierten Bereichen liegen.

D.3 Messgrößen und Ausgangswerte für Leistungsindikatoren

Das System ist in drei Hauptmessgrößen oder Energieleistungsindikatoren (EnPI) unterteilt:

1) Leistungsintensität für die Beseitigung von Verunreinigungen (*PICR*, en: power intensity for contamination removal): Gibt den unmittelbaren Energieverbrauch je Quadratmeter Bodenfläche für das Luftbehandlungssystem zur Beseitigung von Verunreinigungen an. Dies ist die Leistungsaufnahme des Ventilatorsystems im Betriebszustand (einschließlich Blindverluste von elektrischen Komponenten) geteilt durch die Bodenfläche des Reinraums. Diese Messgröße ist das Produkt aus zwei Untermessgrößen: der spezifischen Ventilatorleistung und des normalisierten Luftvolumenstroms (eine ausführliche Beschreibung des Berechnungsverfahrens ist in D.4 enthalten). Der Gesamt-*PICR* ist der Gesamtwert der *PICR* für alle Systeme oder Teile von Systemen, die den betreffenden Bereich versorgen.

2) Energieintensität für die Beseitigung von Verunreinigungen (en: energy intensity for contamination removal, *EICR*): Gibt den erforderlichen Energieeinsatz je Quadratmeter Bodenfläche auf jährlicher Basis zur Beseitigung von Verunreinigungen durch das Luftbehandlungssystem an. Diese Messgröße berücksichtigt Rücksetzungen, Herunterregeln und erweiterte Kontrollstrategien (eine ausführliche Beschreibung dieses Berechnungsverfahrens ist in D.4 enthalten).

3) Energieintensität der Einrichtung (EI, en: energy intensity): Gibt den erforderlichen Energieeinsatz je Quadratmeter Bodenfläche auf jährlicher Basis einschließlich für Heizung, Kühlung, Befeuchtung, Entfeuchtung, Beleuchtung usw. an. Diese Messgröße enthält den Wirkungsgrad von Erzeugungssystemen, die Auswirkung der Energierückgewinnung sowie die Auswirkungen der Konstruktion der Gebäudehülle, des Standorts und der äußeren Luftvorbehandlung. Diese Messgröße entspricht der Festlegung für alle Einrichtungstypen in ISO 50006 [24]. Für diese Anwendung umfasst die Messgröße jedoch nur die für die Reinräume eingesetzte Energie und ist durch die Reinraumklassifizierung organisiert.

Für die Überwachung einer Einrichtung sollte ein Bezugswert oder Energieausgangswert (EnB, en: energy baseline) bestimmt werden. Dies ist der Wert von EnPI zu einem bestimmten Zeitpunkt in der Vergangenheit für die Einrichtung. Ausgehend von diesem EnB können regelmäßige Prüfungen vorgenommen werden, um Veränderungen zu erkennen und neue Ziele für die Energiereduzierung zu setzen.

D.4 Leistungsintensität für die Beseitigung von Verunreinigungen (*PICR*)

Der *PICR*-Wert sollte für alle Luftbehandlungsgeräte, die den Reinraum, den reinen Bereich, die Umschließung eines reinen Bereichs usw. versorgen, bestimmt werden. Dies umfasst (ohne darauf beschränkt zu sein) Ablufteinheiten, Rezirkulationssysteme und Abluftgeräte.

Um diese Messgröße für einen bestimmten Teil des Systems zu bestimmen, sind der elektrische Leistungsverbrauch der Ventilatoren und die Bodenplattenfläche des Reinraums erforderlich. Die Leistungsintensität für die Beseitigung von Verunreinigungen [siehe Gleichung (D.1)] ergibt sich durch Teilen der Gesamtventilatorleistung durch die Fläche.

$$PICR = \frac{\sum P_e}{A} \qquad \text{(D.1)}$$

Dabei ist

A die Bodenplattenfläche des Reinraums (m^2);

$PICR$ die elektrische Ventilatorleistung für die Beseitigung von Verunreinigungen (kW/m^2);

ΣP_e die Summe der elektrischen Ventilatorleistung (kW).

Diese Messgröße kann ebenfalls durch zwei Untermessgrößen bestimmt werden: die spezifische Ventilatorleistung *SFP* und des normalisierten Luftstroms Q_N. Der Vorteil dieser Untermessgrößen besteht darin, dass sie den Wirkungsgrad und die Effektivität separat angeben. Der Wirkungsgrad wird durch die erforderliche Menge an Energie zur Bewegung von einem Kubikmeter Luft durch das Luftbehandlungssystem angegeben. Die Effektivität wird durch die Luftmenge angegeben, die erforderlich ist, um die Verunreinigungen aus einem Quadratmeter Reinraumbodenfläche zu entfernen. Für beide Messgrößen deutet ein geringerer Wert auf einen geringeren Energieverbrauch hin.

a) Spezifische Ventilatorleistung (*SFP*)

Der *SFP*-Wert sollte für alle Luftbehandlungsgeräte, die den Reinraum, den reinen Bereich, die Umschließung eines reinen Bereichs usw. versorgen, bestimmt werden. Dies umfasst (ohne darauf beschränkt zu sein) auch Zuluftgeräte, Rezirkulationsluftgeräte und Abluftgeräte. Der *SFP*-Wert wird durch Messung des Luftstroms und des Stromverbrauchs jedes Geräts im Betriebszustand bestimmt.

Der Volumenstrom sollte durch ein konsistentes und bewährtes Verfahren gemessen werden, um vergleichbare Ergebnisse sicherzustellen. Die Messung kann beispielsweise mit einem Pitotrohr und einem Differenzdruckinstrument, einem Thermo-Anemometer (Hitzdraht) oder Druckdifferenzmessungen am Ventilator unter Verwendung eines *K*-Faktors, der durch Bezugnahme auf die spezifische Ventilatorkurve ausgewählt wird, erfolgen.

Die Messung der Eingangsleistung kann direkt über ein Strom- oder Spannungsmessgerät erfolgen, um den Stromverbrauch zu bestimmen. Das Verhältnis zwischen Wirkleistung und Blindleistung, cos φ, das auf dem Typenschild des Motors für die Nennleistung angegeben ist, wird berücksichtigt. Wenn die Motorlast weniger als 70 % oder 80 % der Nennleistung entspricht, sollte cos φ spezifisch gemessen werden. Wenn der Ventilator mit einem Regelantrieb (VSD, en: variable speed drive) ausgestattet ist, kann die Leistung direkt auf der Anzeige am VSD abgelesen oder der Messwert kann im Energiemanagementsystem des Gebäudes aufgezeichnet werden.

Nachdem der Volumenstrom und die Leistung bestimmt wurden, kann der *SFP*-Wert durch Teilen der Leistung (in kW) durch den Volumenstrom (in m³/s) berechnet werden [siehe Gleichung (D.2)]:

$$SFP = \frac{P_e}{Q} \tag{D.2}$$

Dabei ist

P_e die elektrische Leistung des Ventilators bzw. der Ventilatoren, angegeben in (kW);

Q der Luftstrom, in (m^3/s);

SFP die spezifische Ventilatorleistung, in (kJ/m^3).

W/(l s) können verwendet werden, um kJ/m^3 zu ersetzen, wenn die Leistung in W und der Luftvolumenstrom in l/s angegeben sind.

ANMERKUNG Diese *SFP*-Messgröße stellt den gesamten Energieeinsatz des/der Ventilatorsystems/Ventilatorsysteme im Hinblick auf den Differenzdruck dar. Auch wenn diese Untermessgröße in Pascal (Druck) angegeben werden kann, ist es nicht möglich, nur den Druckabfall zwischen den Ventilatoren zu messen, um den *SFP*-Wert zu bestimmen. Würde nur der Differenzdruck des/der Ventilators/Ventilatoren gemessen, wären hierin nicht die Verluste im Antriebsstrang wie etwa in den Lagern, dem Riemenantrieb und dem Regelantrieb enthalten.

b) Normalisierter Luftvolumenstrom

Der *SFP*-Wert gibt an, wie effizient die Luft bewegt wird, jedoch nicht die verwendete Luftmenge zur Verdünnung und Beseitigung von Verunreinigungen im Reinraum. Aus diesem Grund wird eine normalisierte Zahl für den Luftstrom für einen Reinraum benötigt. Um eine konsistente Messgröße zu erhalten, entspricht der AFR-Wert je Quadratmeter dem Luftvolumenstrom geteilt durch die Bodenplattenfläche. Dies wird bestimmt, indem zunächst alle Zuluftpunkte in jedem Reinraum im Betriebszustand gemessen werden. Durch ISO-Reinraumklassifizierung unterteilt und Teilung des Gesamtluftstroms für jede Reinraumklasse durch die Bodenfläche, die durch diesen Luftstrom abgedeckt wird. Alternativ können die Luftausgleichsdaten aus der Prüfung als Verfahren zur Bestimmung verwendet werden. Dies führt zu einem normalisierten Luftstrom Q_N [siehe Gleichung (D.3)]:

$$Q_N = \frac{Q}{A} \tag{D.3}$$

Dabei ist

A die Bodenplattenfläche des Reinraums (m^2);

Q der Luftstrom (m^3/s);

Q_N der normalisierte Luftstrom [(m^3/s)/m^2].

D.5 Ventilatorenergieintensität für die Beseitigung von Verunreinigungen (*EICR*)

Der *PICR*-Wert unterstützt die Gestaltung effizienter Luftbehandlungssysteme, sodass der Energieeinsatz im Normalbetrieb gering sein wird. Der *PICR*-Wert ist nützlich für den Vergleich von Reinräumen im Betrieb unter Spitzenauslegungsbedingungen. Der *PICR*-Wert berücksichtigt jedoch nicht die Möglichkeiten der Energiereduzierung in Zeiten, in denen der Reinraum nicht in Betrieb oder im adaptiven Steuerungsmodus ist, entsprechend der Erzeugung von Verunreinigungen. Die Reduzierung der Luftvolumenströme in Zeiten, in denen keine Verdünnung von Verunreinigungen erforderlich ist, reduziert den Energieeinsatz erheblich. Dieses Prinzip kann für den Reinraum im Ruhezustand angewendet werden und ist das zentrale Prinzip der adaptiven Steuerung.

Ein vergleichbarer Ansatz wie für den *PICR*-Wert wird auch zur Bestimmung des *EICR*-Werts angewendet. Um diese Messgröße zu berechnen, wird der Energieeinsatz aller Ventilatorsysteme, die einen Reinraum, einen Bereich oder ein Gerät für den Zeitraum eines Jahres versorgen, summiert und durch die Bodenfläche des Reinraums, des Bereichs oder des Geräts dividiert.

Der Energieeinsatz für Ventilatoren kann auf verschiedene Arten gemessen werden. Mit einem Regelantrieb ausgestattete Ventilatoren können summierte Energiewerte liefern, die manuell oder durch das Energiemanagementsystem abgelesen werden können. Wenn kein Regelantrieb verfügbar ist und der Ventilator dauerhaft in Betrieb ist, beträgt der Energieeinsatz das 8 760-Fache (Stunden/Jahr) des im *SFP* angegebenen Werts. Wenn der Ventilator im Ein/Aus-Betrieb läuft, werden die Betriebsstunden überwacht, wenn der Ventilator nicht mit einem Energiemessgerät ausgestattet ist. Wenn die Ventilatorsteuerung variabel ist und unterschiedliche Volumenströme unter verschiedenen Bedingungen liefert, wird der Energieeinsatz gemessen und summiert, um den *EICR*-Wert zu bestimmen. Eine Messung im Jahr ist mindestens erforderlich, um diese Messgröße zu bestimmen, jedoch wird eine höhere Auflösung empfohlen, um eine bessere Genauigkeit zu erzielen.

Ungeachtet des Bestimmungsverfahrens wird der gesamte jährliche Energieeinsatz des Ventilators für die Beseitigung von Verunreinigungen durch die Bodenfläche des klassifizierten Bereichs geteilt, um diese Messgröße zu berechnen.

Der *EICR*-Wert kann mit denselben normalisierten Luftströmen Q_N, wie in D.4 b) angegeben, berechnet werden. Anstelle der spezifischen Ventilatorleistung wird jedoch der spezifische Energieverbrauch des Ventilators, *SFE*, verwendet [siehe Gleichung (D.4)]:

$$SFE = \frac{E_e}{Q} \qquad \text{(D.4)}$$

Dabei ist

E_e die elektrische Energie des Ventilators bzw. der Ventilatoren je Jahr, angegeben in (kWh);

Q der Zuluftvolumenstrom im Betrieb (m^3/s);

SFE der spezifische Energieverbrauch des Ventilators je Jahr [$kWh/(m^3/s)$].

Das Ersetzen von *SFP* mit *SFE* in der Gleichung (D.1) sorgt im *EICR*-Wert für dieselben Ergebnisse [siehe Gleichung (D.5)]:

$$EICR = SFE \times Q_N \qquad \text{(D.5)}$$

Dabei ist

EICR die zur Beseitigung von Verunreinigungen notwendige Ventilatorleistung (kWh/m^2);

Q_N der normalisierte Luftstrom [$(m^3/s)/m^2$];

SFE der spezifische Energieverbrauch des Ventilators je Jahr [$kWh/(m^3/s)$].

In der Praxis führt dies zur Bestimmung des *EICR*-Einflusses der verschiedenen Luftbehandlungssysteme auf einen bestimmten Bereich wie etwa der *EICR*-Wert des Zuluftsystems, des Rezirkulationssystems und des Abluftsystems bzw. der Abluftsysteme. Der hier festgelegte *EICR*-Wert ist die Summe aller *EICR*-Werte aller Subsysteme.

Wenn ein System mit konstanter Leistung rund um die Uhr läuft, kann der *EICR*-Wert durch Multiplikation des *PICR*-Werts mit (8 760 h/Jahr) bestimmt werden.

Ähnlich wie beim *PICR*-Wert ist es auch hier wichtig, die ISO-Klasse und die betreffende Industrie zu Vergleichszwecken anzugeben. Beispielsweise wäre die Gesamtleistung des Ventilators in kWh je Quadratmeter in einem Halbleiter-Reinraum der ISO-Klasse 6 als $EICR_{semicon@ISO6}$ gelistet.

Nicht-Reinräume, in denen die Luftbehandlungssysteme mit benutzt werden, wie Büros, Lager und andere Räume, haben separate Vermerke.

D.6 Energieintensität (EI)

Diese einfache Auslegungsmessgröße wird durch Summierung des jährlichen Energieflusses zur Konditionierung des betreffenden Reinraums, des reinen Bereichs oder des Reinraumgeräts und Teilen des Ergebnisses durch die versorgte Bodenfläche berechnet. Diese Daten werden anschließend nach der ISO-Klasse sortiert und die Art der Einrichtung wird dahinter angegeben. Dies dient dazu, einen Austausch von Ideen zwischen Industrien nach den ISO-Klassen 3 bis 9 („in Betrieb") zu fördern.

Wenn summierte Jahresenergiewerte für den Reinraum nicht vorliegen, stehen Verfahren zur Identifizierung dieser Flüsse aus Energierechnungsinformationen und dem leicht einzuschätzenden Energieeinsatz zur Verfügung. Der Leitfaden ASPEC-ADEME-EDF-Methodologie [5] bietet einen empfohlenen Ansatz zur Schätzung des EI-Werts für Reinraumeinrichtungen.

Diese Messgröße umfasst alle Faktoren und unterscheidet nicht nach Quellen des Energieeinsatzes. Die Messgröße veranlasst den Ingenieur und Facility Manager, Bereiche mit der größten Energieauswirkung zu finden und die Energieeffizienz dieser Bereiche sicherzustellen (die Hauptaufgabe des Ingenieurs). Alle Analysen gelten für 8 760 h/Jahr.

Für den Vergleich mit dem Energieausgangswert (EnB) werden Witterungseinflüsse berücksichtigt. Wo angemessen können Energiedaten mit Wetterdaten normalisiert werden (z. B. Heiz- und Kühlungsgrad/Stunden), was einen wesentlichen Einfluss auf das Zuluftsystem und den Luftvolumenstrom hat.

EnPI-Werte aus Vorjahren dürfen als EnB-Werte verwendet werden, wenn keine anderen Daten verfügbar sind.

Anhang E
(informativ)

Nützliche Maßnahmen zur Minimierung übermäßiger Heiz- und Kühlverluste oder -gewinne

E.1 Heizbetrieb

a) Verwenden einer energieeffizienten Luftrezirkulationsgestaltung für das HVAC-System des Reinraums.

b) Minimieren der Kühllasten in der HVAC-Gestaltung aus Prozesseinrichtungen.

c) Anzahl des Personals im Kontrollraum.

d) Reduzierung des Wärmegewinns in den Reinraum aus den folgenden Quellen:

— strukturelle Wärmegewinne aus der Bausubstanz (Böden, Trennwände und Decken);

— solare Wärmeeinträge durch ein Fenster direkt oder indirekt in der äußeren Gebäudestruktur;

— Wärmegewinne aus Einrichtungen durch Gegenstände im Reinraum;

— Beleuchtungswärmegewinne durch die im Reinraum verwendete Beleuchtung;

— geringe und latente Wärmegewinne durch im Reinraum arbeitende Bediener und

— Frischluftlasten.

e) Gegebenenfalls Isolierung der Reinraumstruktur.

f) Nutzung sonnenreflektierender Folien auf Glas oder externer Sonnenblenden.

g) Vollständige oder teilweise Positionierung warmer oder kalter Prozesseinrichtungen außerhalb des Raums.

h) Ausreichende Belüftung der im Raum verbleibenden Einrichtungen (siehe Literaturhinweis [26]).

i) Reduzieren des Frischluftvolumenstroms in Abhängigkeit von den äußeren Bedingungen und dem erforderlichen Raumdruck.

E.2 Kühlung

a) Reduzieren des Kühlwasserdurchflusses außerhalb der Spitzenkühlungszeiten.

b) Auswahl eines effizienten Kühlwasser- oder Direktexpansionssystems (DX). Hierbei wird darauf hingewiesen, dass kühlmittelbasierte DX-Systeme eine erhebliche Energiereduzierung für kleinere Reinräume und Krankenhäuser ermöglichen. (Siehe Literaturhinweis [27]).

c) Verwendung moderner regelbarer Schraubenkompressoren mit genauer Regelung, die einen geringen Energieverbrauch in Zeiträumen mit geringer Wärmelast mit guter Kontrolle bieten.

d) Wenn luftgekühlte Wasserkühler verwendet werden, Hinzufügen einer doppelten Wärmetauscher-Konfiguration für Freiluftkühlung, sodass das Kühlmittelkühlsystem umgangen werden kann, wenn die Außentemperatur gering genug ist.

e) Erwägen der Möglichkeit, die sensible Kühlung (Wärmegewinnbeseitigung) von der latenten Kühlung zu trennen, wenn die Luftfeuchte in großen Anlagen kontrolliert wird.

ANMERKUNG 1 Der Kühlwasserkreislauf der sensiblen Kühlung wird mit einer höheren Durchfluss- und Rücklauftemperatur betrieben als der Kühlwasserkreislauf der latenten Kühlung. Für Frischluftsysteme wird üblicherweise die Entfeuchtung durch latente Kühlung angewendet. Die Kühlschlangen müssen den Taupunkt erreichen, um die Feuchte aus der Luft zu kondensieren. Hierzu müssen die Kühlwassertemperaturen niedrig sein, z. B. 6 °C auf der Schlange und 12 °C außerhalb. Die Kühlung durch sensible Kühlung wird üblicherweise auf rezirkulierte Luft angewendet, da diese bereits konditioniert wurde und die Feuchte nicht mehr herauskondensiert werden muss und die Kühlschlangen deshalb mit höheren Temperaturen wie etwa 12 °C auf der Spule und 16 °C außerhalb betrieben werden können. Je höher die Temperatur der Kühlschlangen, desto höher sind die Kondensierungs- und Verdampfungstemperaturen des Kühlmittels und desto höher ist der Kühlleistungswirkungsgrad. Durch Minimierung der latenten Kühlung und Maximieren der sensiblen Kühlung kann so die Gesamtleistungszahl (CoP, en: coefficient of performance) der Kühleinrichtung optimiert und der Energieeinsatz reduziert werden.

ANMERKUNG 2 Die Wärmerückgewinnung aus Kondensatsystemen kann für Klimaanlagen sowie zur Wiederaufheizung, Raumheizung oder zum Vorerwärmen von Haushaltswasserleitungen verwendet werden.

ANMERKUNG 3 Ein DX-System beinhaltet vier grundlegende Komponenten: einen Verdunster, einen Kompressor, einen Dampfkondensator und eine Wärmedehnungsregeleinrichtung. Der Verdunster (im Zuluftkanal) absorbiert Wärme durch den Prozess der Verdunstung des hindurchfließenden Kühlmittels. Das Kühlmittel fließt anschließend in einen Kompressor, der es verdichtet und zwingt, im Kondensator zu kondensieren und die aus der Zuluft entfernte Wärme abzugeben. Das kondensierte flüssige Kühlmittel fließt anschließend durch die Wärmedehnungsregeleinrichtung, die den Durchfluss und den Druck des zurück in den Verdunster fließenden Kühlmittels regelt.

Anhang F
(informativ)

Beispiel für die Reduzierung eines kritischen Bereichs

Die durch die Überdimensionierung von Reinräumen verursachte Energiebelastung kann durch die Reduzierung der Größe kritischer Bereiche mit extrem hohen Reinheitsanforderungen minimiert werden. Das erforderliche Volumen ultrareiner Luft wird dann wesentlich reduziert. Dies umfasst Gestaltungsarbeit in neuen Anlagen und die Untersuchung bestehender Anlagen. Diese Studie befasst sich mit einer Flächenreduzierung dieser Art in einem pharmazeutischen Werk.

In einer herkömmlichen Reinraumanlage, die eine pharmazeutische Reinheitsklasse A für den innersten Produktionssektor erfordert, werden Luftschleusenfunktionen genutzt, um die verschiedenen pharmazeutischen Klassen A, B, C und D zu trennen. Diese Luftschleusen sind so gebaut, dass Personal und Material isoliert werden kann. Dies erfordert eine große Bodenfläche in jeder Luftschleuse.

Eine effizientere Lösung kann angewendet werden, wenn das aus dem unklassifizierten Bereich in einen Bereich der Klasse B zu transportierende Material verkleinert wird. Die in Bild F.1 dargestellte Lösung kombiniert eine belüftete Werkbank der Klasse C mit einer Luftschleuse der Klasse C/B.

Bild F.2 zeigt zum Vergleich eine herkömmliche Reinraumanlage.

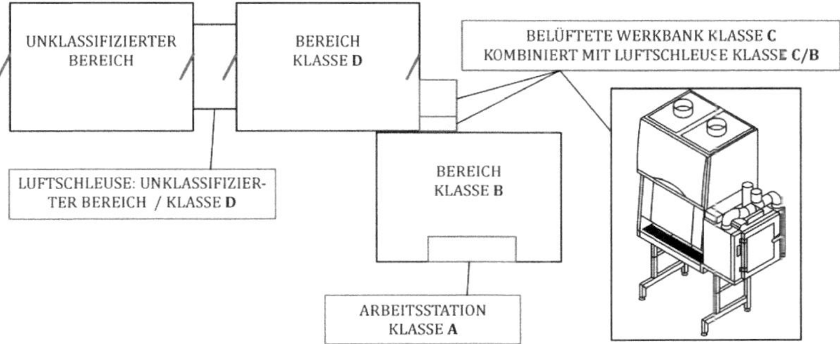

Bild F.1 — Belüftete Werkbank der Klasse C kombiniert mit Luftschleusen

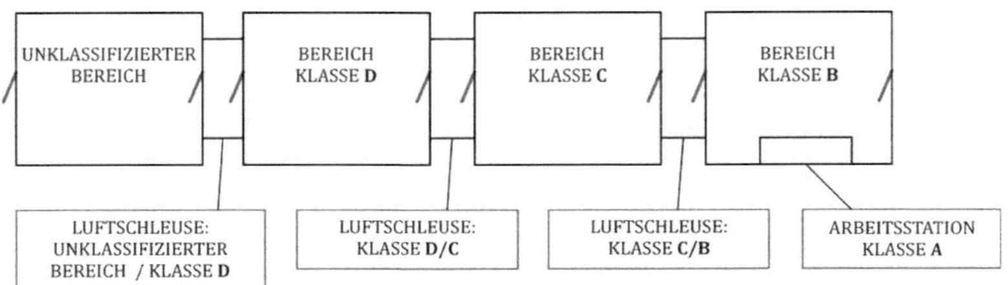

Bild F.2 — Herkömmliche Reinraumanlage

ANMERKUNG Die in diesem Anhang aufgeführten Maßnahmen sind einfache Empfehlungen und vor der Implementierung von Änderungen müssen alle technischen Konsequenzen bewertet werden. Siehe auch ASHRAE Journal 2008 [25] und EN 13053 [26].

Literaturhinweise

[1] ISO 14644-7:2004, *Cleanrooms and associated controlled environments — Part 7: Separative devices (clean air hoods, gloveboxes, isolators and mini-environments)*

[2] ISO 14644-1:2015, *Cleanrooms and associated controlled environments — Part 1: Classification of air cleanliness by particle concentration*

[3] ISO 14644-2, *Cleanrooms and associated controlled environments — Part 2: Monitoring to provide evidence of cleanroom performance related to air cleanliness by particle concentration*

[4] MUNDT, E., MATHISEN, H. M., NIELSEN, P. V. and MOSER, A. REHVA Guidebook No. 2: Ventilation Effectiveness, Brussels: Federation of European Heating, Ventilation and Air-conditioning Associations (REHVA), 2004

[5] ASPEC-ADEME-EDF Guide . Energy performance in clean zones (cleanrooms, controlled environments, contained areas), France: ASPEC-ADEME-EDF, December 2016

[6] ISO 14644-3, *Cleanrooms and associated controlled environments — Part 3: Metrology and Test methods*

[7] LJUNGQVIST, B. AND REINMULLER, B. *People as Contamination Source, Dispersal Chamber Evaluations of Clothing Systems for Cleanrooms & Ultraclean Operating rooms*, Gothenberg Sweden: Department of Energy and Environment Chalmers University of Technology, 2014 ref D2014:01

[8] ROMANO, F., LJUNGQVIST, B., REINMULLER, B., GUSTEN, J., JOPPOLO, C. M. *Performance test of technical cleanroom clothing systems.* Milan: Dipartimento di Energia, Politecnico di Milano, and Gothenburg: Chalmers University of Technology. 2016

[9] CAMFIL FARR. Clean Room Design Standards and Energy Optimization. Stockholm, Sweden: Camfil Farr. 2012

[10] FEDOTOV, A., (2016). *Air change rates for cleanrooms with non-unidirectional airflow.* Clean Air and Containment Review, April Ausgaben 26 and 34, Seiten 12-20

[11] EUROVENT. Eurovent 4/11: *Energy Efficiency Classification of Air Filters for General Ventilation Purposes,* Brussels: Eurovent, 2014

[12] ISO 14644-5, *Cleanrooms and associated controlled environments — Part 5: Operations*

[13] SUN, W. ed. *Development of Cleanroom Required Airflow Rate Model Based on Establishment of Theoretical Basis and Lab Validation.* ASHRAE Transactions. Atlanta, GA: ASHRAE. 2010

[14] WHYTE W., EATON T., WHYTE W.M., LENEGAN N. WARD S. and AGRICOLA K. (2017). *Calculation of air supply rates and concentrations of airborne contamination in non-UDAF cleanrooms.* European Journal of Pharmaceutical Sciences, 22(4), pp126-138. http://eprints.gla.ac.uk/157532/1/157532.pdf

[15] ANSI/ASHRAE Standard 129-1997 *(RA 2002). Measuring air-change effectiveness. American National Standards Institute, USA*

[16] LENEGAN N. (2014). Diffuser performance in cleanrooms. Clean Air and Containment Review, Ausgabe 18, Seiten 8-14

[17] ISO 14644-14, *Cleanrooms and associated controlled environments — Part 14: Assessment of suitability for use of equipment by airborne particle concentration*

[18] WHYTE W. WARD. S., WHYTE. W. M. and EATON, T. (2014). Decay of airborne contamination and ventilation effectiveness of cleanrooms. International Journal of Ventilation, 13 (3) Seiten 1-10. Verfügbar unter http://eprints.gla.ac.uk/100819/1/100819i.pdf

[19] INTERNATIONAL CONFERENCE OF HARMONISATION OF TECHNICAL REQUIREMENTS FOR REGISTRATION OF PHARMACEUTICALS FOR HUMAN USE (ICH). *Quality Guidelines: Q9 Quality Risk Management.* ICH. 2010

[20] ISO 31000:2018, *Risk management — Guidelines*

[21] MATTEW, P., TSCHUDI, W. SARTOR, D. and BEASLEY, J. Cleanroom Energy Efficiency: Metrics and Benchmarking. Veröffentlicht in ASHRAE Jounal, v. 53, Ausgabe 10, 2010

[22] VDI 2083-4-2-2011, *Reinraumtechnik — Energieeffizienz*

[23] BS 8568:2013, *Cleanroom energy — Code of practice for improving energy efficiency in cleanrooms and clean air devices*

[24] ISO 50006, *Energy management systems — Measuring energy performance using energy baselines (EnB) and energy performance indicators (EnPI) — General principles and guidance*

[25] Sun, W. *Conserving Fan Energy in Cleanrooms.* ASHRAE Journal. Atlanta, GA: ASHRAE. 2008

[26] EN 13053-A1:2011,*Lüftung von Gebäuden — Zentrale raumlufttechnische Geräte — Leistungskenndaten für Geräte, Komponenten und Baueinheiten*

[27] AMERICAN SOCIETY OF HEATING, REFRIGERATING AND AIR-CONDITIONING ENGINEERS INC. (ASHRAE). *ASHRAE Handbook — HVAC Applications.* Kapitel 18, Clean Spaces. Atlanta, Georgia, USA. 2015

[28] INSTITUTE OF ENVIRONMENTAL SCIENCE AND TECHNOLOGY (IEST). *RPCC012.3: Considerations in Cleanroom Design.* Schaumburg, Illinois, USA: IEST. 2015

Juni 2021

	DIN EN ISO 14644-17	

ICS 13.040.35

Reinräume und zugehörige Reinraumbereiche – Teil 17: Anwendungen zur Partikelabscheidungsrate (ISO 14644-17:2021); Deutsche Fassung EN ISO 14644-17:2021

Cleanrooms and associated controlled environments –
Part 17: Particle deposition rate applications (ISO 14644-17:2021);
German version EN ISO 14644-17:2021

Salles propres et environnements maîtrisés apparentés –
Partie 17: Applications de taux de dépôt de particules (ISO 14644-17:2021);
Version allemande EN ISO 14644-17:2021

Gesamtumfang 36 Seiten

DIN-Normenausschuss Heiz- und Raumlufttechnik sowie deren Sicherheit (NHRS)

Nationales Vorwort

Dieses Dokument (EN ISO 14644-17:2021) wurde vom Technischen Komitee ISO/TC 209 „Cleanrooms and associated controlled environments" in Zusammenarbeit mit dem Technischen Komitee CEN/TC 243 „Reinraumtechnologie" erarbeitet, dessen Sekretariat von BSI (Vereinigtes Königreich) gehalten wird.

Für die deutsche Mitarbeit ist der Arbeitsausschuss NA 041-02-21 AA „Reinraumtechnik (SpA CEN/TC 243 und ISO/TC 209)" im DIN-Normenausschuss Heiz- und Raumlufttechnik sowie deren Sicherheit (NHRS) verantwortlich.

Für die in diesem Dokument zitierten internationalen Dokumente wird im Folgenden auf die entsprechenden deutschen Dokumente hingewiesen:

ISO 14644-1:2015	siehe	DIN EN ISO 14644-1:2016-06
ISO 14644-2:2015	siehe	DIN EN ISO 14644-2:2016-05
ISO 14644-3:2019	siehe	DIN EN ISO 14644-3:2020-08
ISO 14644-9:2012	siehe	DIN EN ISO 14644-9:2012-12

Aktuelle Informationen zu diesem Dokument können über die Internetseiten von DIN (www.din.de) durch eine Suche nach der Dokumentennummer aufgerufen werden.

Nationaler Anhang NA
(informativ)

Literaturhinweise

DIN EN ISO 14644-1:2016-06, *Reinräume und zugehörige Reinraumbereiche — Teil 1: Klassifizierung der Luftreinheit anhand der Partikelkonzentration (ISO 14644-1:2015); Deutsche Fassung EN ISO 14644-1:2015*

DIN EN ISO 14644-2:2016-05, *Reinräume und zugehörige Reinraumbereiche — Teil 2: Überwachung zum Nachweis der Reinraumleistung bezüglich Luftreinheit anhand der Partikelkonzentration (ISO 14644-2:2015); Deutsche Fassung EN ISO 14644-2:2015*

DIN EN ISO 14644-3:2020-08, *Reinräume und zugehörige Reinraumbereiche — Teil 3: Prüfverfahren (ISO 14644-3:2019, korrigierte Fassung 2020-06); Deutsche Fassung EN ISO 14644-3:2019*

DIN EN ISO 14644-9:2012-12, *Reinräume und zugehörige Reinraumbereiche — Teil 9: Klassifizierung der partikulären Oberflächenreinheit (ISO 14644-9:2012); Deutsche Fassung EN ISO 14644-9:2012*

EUROPÄISCHE NORM
EUROPEAN STANDARD
NORME EUROPÉENNE

EN ISO 14644-17

Februar 2021

ICS 13.040.35

Deutsche Fassung

Reinräume und zugehörige Reinraumbereiche — Teil 17: Anwendungen zur Partikelabscheidungsrate (ISO 14644-17:2021)

Cleanrooms and associated controlled environments — Part 17: Particle deposition rate applications (ISO 14644-17:2021)

Salles propres et environnements maîtrisés apparentés — Partie 17: Applications de taux de dépôt de particules (ISO 14644-17:2021)

Diese Europäische Norm wurde vom CEN am 06. Januar 2021 angenommen.

Die CEN-Mitglieder sind gehalten, die CEN/CENELEC-Geschäftsordnung zu erfüllen, in der die Bedingungen festgelegt sind, unter denen dieser Europäischen Norm ohne jede Änderung der Status einer nationalen Norm zu geben ist. Auf dem letzten Stand befindliche Listen dieser nationalen Normen mit ihren bibliographischen Angaben sind beim CEN-CENELEC-Management-Zentrum oder bei jedem CEN-Mitglied auf Anfrage erhältlich.

Diese Europäische Norm besteht in drei offiziellen Fassungen (Deutsch, Englisch, Französisch). Eine Fassung in einer anderen Sprache, die von einem CEN-Mitglied in eigener Verantwortung durch Übersetzung in seine Landessprache gemacht und dem Management-Zentrum mitgeteilt worden ist, hat den gleichen Status wie die offiziellen Fassungen.

CEN-Mitglieder sind die nationalen Normungsinstitute von Belgien, Bulgarien, Dänemark, Deutschland, Estland, Finnland, Frankreich, Griechenland, Irland, Island, Italien, Kroatien, Lettland, Litauen, Luxemburg, Malta, den Niederlanden, Norwegen, Österreich, Polen, Portugal, der Republik Nordmazedonien, Rumänien, Schweden, der Schweiz, Serbien, der Slowakei, Slowenien, Spanien, der Tschechischen Republik, der Türkei, Ungarn, dem Vereinigten Königreich und Zypern.

EUROPÄISCHES KOMITEE FÜR NORMUNG
EUROPEAN COMMITTEE FOR STANDARDIZATION
COMITÉ EUROPÉEN DE NORMALISATION

CEN-CENELEC Management-Zentrum: Rue de la Science 23, B-1040 Brüssel

Ref. Nr. EN ISO 14644-17:2021 D

Inhalt

Europäisches Vorwort

Dieses Dokument (EN ISO 14644-17:2021) wurde vom Technischen Komitee ISO/TC 209 „Cleanrooms and associated controlled environments" in Zusammenarbeit mit dem Technischen Komitee CEN/TC 243 „Reinraumtechnologie" erarbeitet, dessen Sekretariat von BSI gehalten wird.

Diese Europäische Norm muss den Status einer nationalen Norm erhalten, entweder durch Veröffentlichung eines identischen Textes oder durch Anerkennung bis August 2021, und etwaige entgegenstehende nationale Normen müssen bis August 2021 zurückgezogen werden.

Es wird auf die Möglichkeit hingewiesen, dass einige Elemente dieses Dokuments Patentrechte berühren können. CEN ist nicht dafür verantwortlich, einige oder alle diesbezüglichen Patentrechte zu identifizieren.

Entsprechend der CEN-CENELEC-Geschäftsordnung sind die nationalen Normungsinstitute der folgenden Länder gehalten, diese Europäische Norm zu übernehmen: Belgien, Bulgarien, Dänemark, Deutschland, die Republik Nordmazedonien, Estland, Finnland, Frankreich, Griechenland, Irland, Island, Italien, Kroatien, Lettland, Litauen, Luxemburg, Malta, Niederlande, Norwegen, Österreich, Polen, Portugal, Rumänien, Schweden, Schweiz, Serbien, Slowakei, Slowenien, Spanien, Tschechische Republik, Türkei, Ungarn, Vereinigtes Königreich und Zypern.

Anerkennungsnotiz

Der Text von ISO 14644-17:2021 wurde von CEN als EN ISO 14644-17:2021 ohne irgendeine Abänderung genehmigt.

Vorwort

ISO (die Internationale Organisation für Normung) ist eine weltweite Vereinigung nationaler Normungsinstitute (ISO-Mitgliedsorganisationen). Die Erstellung von Internationalen Normen wird üblicherweise von Technischen Komitees von ISO durchgeführt. Jede Mitgliedsorganisation, die Interesse an einem Thema hat, für welches ein Technisches Komitee gegründet wurde, hat das Recht, in diesem Komitee vertreten zu sein. Internationale staatliche und nichtstaatliche Organisationen, die in engem Kontakt mit ISO stehen, nehmen ebenfalls an der Arbeit teil. ISO arbeitet bei allen elektrotechnischen Normungsthemen eng mit der Internationalen Elektrotechnischen Kommission (IEC) zusammen.

Die Verfahren, die bei der Entwicklung dieses Dokuments angewendet wurden und die für die weitere Pflege vorgesehen sind, werden in den ISO/IEC-Direktiven, Teil 1 beschrieben. Es sollten insbesondere die unterschiedlichen Annahmekriterien für die verschiedenen ISO-Dokumentenarten beachtet werden. Dieses Dokument wurde in Übereinstimmung mit den Gestaltungsregeln der ISO/IEC-Direktiven, Teil 2 erarbeitet (siehe www.iso.org/directives).

Es wird auf die Möglichkeit hingewiesen, dass einige Elemente dieses Dokuments Patentrechte berühren können. ISO ist nicht dafür verantwortlich, einige oder alle diesbezüglichen Patentrechte zu identifizieren. Details zu allen während der Entwicklung des Dokuments identifizierten Patentrechten finden sich in der Einleitung und/oder in der ISO-Liste der erhaltenen Patenterklärungen (siehe www.iso.org/patents).

Jeder in diesem Dokument verwendete Handelsname dient nur zur Unterrichtung der Anwender und bedeutet keine Anerkennung.

Für eine Erläuterung des freiwilligen Charakters von Normen, der Bedeutung ISO-spezifischer Begriffe und Ausdrücke in Bezug auf Konformitätsbewertungen sowie Informationen darüber, wie ISO die Grundsätze der Welthandelsorganisation (WTO, en: World Trade Organization) hinsichtlich technischer Handelshemmnisse (TBT, en: Technical Barriers to Trade) berücksichtigt, siehe www.iso.org/iso/foreword.html.

Dieses Dokument wurde vom Technischen Komitee ISO/TC 209, *Cleanrooms and associated controlled environments*, in Zusammenarbeit mit dem Europäischen Komitee für Normung (CEN), Technisches Komitee CEN/TC 243, *Reinraumtechnologie*, in Übereinstimmung mit der Vereinbarung zur technischen Zusammenarbeit zwischen ISO und CEN (Wiener Vereinbarung) erarbeitet.

Rückmeldungen oder Fragen zu diesem Dokument sollten an das jeweilige nationale Normungsinstitut des Anwenders gerichtet werden. Eine vollständige Auflistung dieser Institute ist unter www.iso.org/members.html zu finden.

Eine Auflistung aller Teile der Normenreihe ISO 14644 ist auf der ISO-Internetseite abrufbar.

Einleitung

Reinräume und zugehörige Reinraumbereiche dienen zur Kontrolle der Kontamination bis zu Reinheitsgraden, die für die Durchführung kontaminationsgefährdeter Tätigkeiten geeignet sind. Kontaminationskontrollen sind u. a. für Produkte und Prozesse der Raumfahrt-, Mikroelektronik-, Optik-, Nuklear-, Lebensmittel- und Medizingeräteindustrie, des Gesundheitswesens und der Pharmazeutik von Nutzen.

ISO 14644-1:2015 behandelt luftgetragene Partikel in Reinräumen und klassifiziert ihre Reinheit anhand maximal zulässiger Konzentrationen; sowohl ISO 14644-9:2012 als auch IEST-STD-CC1246E:2013 behandeln die Konzentration von Oberflächenpartikeln. Dieses Dokument behandelt die Rate der Partikelablagerung auf Oberflächen in Reinräumen und beruht auf der VCCN Guideline 9 [5]. Die Partikelablagerungsrate ist deshalb wichtig, weil die Wahrscheinlichkeit der Kontamination empfindlicher Oberflächen, wie z. B. den hergestellten Produkten, durch luftgetragene Partikel mit der Partikelablagerungsrate in direktem Bezug steht.

ISO 14644-3:2019 enthält einen Überblick über Verfahren zur Bestimmung der Ablagerung von Partikeln mit einer Größe von 0,1 µm oder größer. In diesem Dokument stehen die Ablagerungsrate von Makropartikeln mit einer Größe über 5 µm auf Oberflächen sowie die Nutzung dieser Informationen für die Kontaminationskontrolle in Reinräumen im Mittelpunkt.

In Reinräumen werden durch Personen, Maschinen, Geräte und Prozesse verschiedene Partikelgrößen erzeugt und durch die Luft im Reinraum verteilt. Nach ISO 14644-1 enthalten Reinräume und kontrollierte Bereiche mit einer Partikelklasse der Serie ISO 5 oder reiner keine oder sehr geringe Konzentrationen luftgetragener Partikel mit einer Größe über 5 µm. In betrieblichen Reinräumen werden jedoch auf Oberflächen viel mehr Partikel im Größenbereich von 5 µm bis 500 µm und darüber festgestellt, als durch die Klassifizierungsgrenzen der Partikelgrößen nach ISO 14644-1 zu erwarten wären. Hauptgrund dafür ist, dass die größten Partikel im Größenbereich von Makropartikeln von Partikelzählern nicht gezählt werden, weil es in den Probenröhrchen und am Eintritt in sowie in den Partikelzählern selbst zu Verlusten der Partikelablagerung kommt. Zudem wird aus demselben Grund nur ein Teil der kleineren Partikel in dem Größenbereich gemessen. In vielen Fällen verursachen große Partikel Kontaminationsprobleme. Ihre Anwesenheit und mögliche Ablagerung auf kontaminationsempfindlichen Oberflächen lassen sich am besten durch Messen der Partikelablagerungsrate auf den Oberflächen bestimmen.

Partikel, die kleiner als 5 µm sind, werden aus der Luft im Reinraum sehr wahrscheinlich durch die Lüftungsanlage entfernt, Partikel über 10 µm lagern sich jedoch zu über 50 % aus der Luft auf Oberflächen ab. Partikel über 40 µm lagern sich zu mehr 90 % ab (siehe Literaturhinweis [6]). Die Ablagerung von Partikeln dieser Größe erfolgt hauptsächlich durch Schwerkraft, aber auch Luftturbulenzen und elektrostatische Aufladung können eine Ablagerung verursachen (siehe Literaturhinweis [7]). Diese abgelagerten Partikel können durch die Bewegung von Personen und Reinigungsarbeiten erneut dispergiert werden, aber nicht durch die Luftströmungsgeschwindigkeiten, wie sie im Reinraum üblicherweise vorhanden sind. Solche Partikel müssen durch entsprechende Reinigung entfernt werden.

Das Vorhandensein und die Neuverteilung von Partikeln > 5 µm in Reinräumen steht in den meisten Fällen im Zusammenhang mit menschlicher oder mechanischer Aktivität. In einem Reinraum ohne Betrieb ist nur wenig Aktivität und nur eine geringe Partikeldispersion vorhanden, die Konzentration größerer Partikel als 5 µm ist daher nahe Null und die Partikelablagerung nicht signifikant. Aus diesem Grund sollte die Partikelablagerungsrate nur während des Betriebs des Reinraums betrachtet werden.

Die Partikelablagerungsrate ist ein Attribut eines Reinraums oder reinen Bereichs, das die wahrscheinliche Ablagerungsrate luftgetragener Partikel auf Oberflächen im Reinraum, wie z. B. im Produkt- oder Prozessbereich bestimmt. Mit Hilfe einer Risikobewertung kann der annehmbare Grad der Kontamination einer empfindlichen Oberfläche festgelegt und die Partikelablagerungsrate daraufhin ermittelt werden, wodurch sichergestellt wird, dass dieser Kontaminationsgrad nicht überschritten wird.

In diesem Dokument werden Verfahren für die Messung der Partikelablagerungsrate in einem Reinraum oder einem reinen Bereich beschrieben. Diese Verfahren werden während des Betriebs des Reinraums angewandt, um sicherzustellen, dass die erforderliche Partikelablagerungsrate erreicht wird, und um den Reinraum und die reinen Bereiche zu überwachen, um die kontinuierliche Kontrolle der Kontamination durch Partikel aus der Luft nachzuweisen. Die Überwachung der Partikelablagerungsrate ermöglicht auch die Herstellung einer Korrelation von Spitzen der Partikelablagerungsrate mit Aktivitäten im Reinraum, so dass Kontaminationsquellen erkannt werden und deutlich wird, wie Arbeitsverfahren verändert werden müssen, um das Kontaminationsrisiko zu mindern.

Die Partikelablagerungsrate ist die Rate der Partikelablagerung auf Oberflächen über Zeit und kann als Veränderung der Partikelkonzentration der Oberfläche je m^2 während der Dauer der Exposition in h berechnet und mit Gleichung (1) ausgedrückt werden:

$$R_{\mathrm{D}} = \frac{C_{f_{\mathrm{D}}} - C_{i_{\mathrm{D}}}}{t_f - t_i} \quad (1)$$

Dabei ist

R_{D} die Ablagerungsrate von Partikeln mit einer Größe von mindestens D (µm) je m^2 und h;

$C_{f_{\mathrm{D}}}$ die Partikelkonzentration der Oberfläche (Anzahl je m^2) von Partikeln mit einer Größe von mindestens D (µm) am Ende;

$C_{i_{\mathrm{D}}}$ die Partikelkonzentration der Oberfläche (Anzahl je m^2) von Partikeln mit einer Größe von mindestens D (µm) zu Beginn;

t_{f} die Expositionszeit am Ende (h);

t_{i} die Expositionszeit zu Beginn (h).

Wird die Partikelablagerungsrate auf oder in unmittelbarer Nähe zu einer empfindlichen Oberfläche wie z. B. einem Produkt bestimmt, kann ein Schätzwert der Ablagerung luftgetragener Partikel auf der Oberfläche durch Anwenden von Gleichung (2) ermittelt werden:

$$N_{\mathrm{D}} = R_{\mathrm{D}} \cdot t \cdot a \quad (2)$$

Dabei ist

N_{D} die Anzahl der abgelagerten Partikel mit einer Partikelgröße von mindestens D (µm);

t die Zeit, in der die Oberfläche der Partikelablagerung ausgesetzt ist, in h;

a die Fläche der Oberfläche, die der Kontamination durch luftgetragene Partikel ausgesetzt ist, in m^2.

In einigen Branchen werden optische Geräte und Komponenten wie Spiegel, Linsen und Solarpanels für die Luftfahrt in Reinräumen hergestellt. Die Qualität dieser Produkte hängt davon ab, wie viel Licht von Partikeln auf der Oberfläche absorbiert oder reflektiert wird. Daher behandelt dieses Dokument in Anhang C auch die partikuläre Trübungsrate exponierter Prüfflächen in Reinräumen. Mit Hilfe der Partikelablagerungsrate für verschiedene Partikelgrößen kann die partikuläre Trübungsrate luftgetragener Partikel, die sich auf einer Oberfläche ablagern und das Licht trüben, berechnet und ähnlich wie die Partikelablagerungsrate verwendet werden, um die Gefahr von Oberflächenkontamination zu verringern.

1 Anwendungsbereich

Dieses Dokument enthält Anweisungen für die Auswertung und Anwendung der Messergebnisse der Partikelablagerungsrate auf einer oder mehreren empfindlichen Oberflächen in einem Reinraum im Rahmen eines Programms zur Kontaminationskontrolle. Es umfasst ferner Anleitungen, wie die Partikelablagerungsrate beeinflusst und die Gefahr einer partikulären Kontamination auf empfindlichen Oberflächen verringert werden kann.

Dieses Dokument beschreibt, wie Nutzer eines Reinraums mit Hilfe der Messungen der Partikelablagerungsrate Grenzwerte festlegen können, die für Makropartikel auf empfindlichen Oberflächen gelten. Es umfasst ferner ein Verfahren zur Risikobewertung, mit dem ein annehmbares Risiko der Partikelablagerung auf empfindlichen Oberflächen in einem Reinraum ermittelt werden kann und, wenn dieses nicht erreicht wird, Verfahren, mit denen die Partikelablagerungsrate reduziert werden kann.

Eine Alternative zur Partikelablagerungsrate ist die partikuläre Trübungsrate, mit der die Anstiegsrate der Partikelansammlung auf einer bestimmten Fläche während einer bestimmten Zeit ermittelt werden kann. Die partikuläre Trübungsrate kann analog zur Partikelablagerungsrate angewandt werden, die erforderliche partikuläre Trübungsrate für eine bestimmte Oberfläche kann berechnet und das Risiko durch abgelagerte Partikel verringert werden.

Folgendes leistet dieses Dokument nicht:

— Bestimmung eines Verfahrens zur Klassifizierung eines Reinraums in Bezug auf die Partikelablagerungsrate oder partikuläre Trübungsrate;

— direkte Betrachtung der Ablagerung mikrobentragender Partikel (MCP, en: microbe-carrying particles), wenngleich diese als Partikel behandelt werden können;

— Betrachtung der Ablagerung auf Oberflächen durch Kontakt, zum Beispiel wenn Mitarbeiter ein Produkt berühren und eine Kontamination auf diese Weise übertragen wird.

2 Normative Verweisungen

Die folgenden Dokumente werden im Text in solcher Weise in Bezug genommen, dass einige Teile davon oder ihr gesamter Inhalt Anforderungen des vorliegenden Dokuments darstellen. Bei datierten Verweisungen gilt nur die in Bezug genommene Ausgabe. Bei undatierten Verweisungen gilt die letzte Ausgabe des in Bezug genommenen Dokuments (einschließlich aller Änderungen).

ISO 14644-3:2019, *Cleanrooms and associated controlled environments — Part 3: Test methods*

3 Begriffe

Für die Anwendung dieses Dokuments gelten die folgenden Begriffe.

ISO und IEC stellen terminologische Datenbanken für die Verwendung in der Normung unter den folgenden Adressen bereit:

— ISO Online Browsing Platform: verfügbar unter https://www.iso.org/obp

— IEC Electropedia: verfügbar unter http://www.electropedia.org/

3.1
Reinraum
Raum, in dem die Anzahlkonzentration luftgetragener Partikel geregelt und klassifiziert wird und der zur Regelung der Einschleppung, Entstehung und Ablagerung von Partikeln im Raum entsprechend konstruktiv geplant, baulich ausgeführt und betrieben wird

Anmerkung 1 zum Begriff: Die Klasse der Konzentration luftgetragener Partikel wird festgelegt.

Anmerkung 2 zum Begriff: Die Grade von weiteren Reinheitsmerkmalen, wie z. B. die chemischen Konzentrationen sowie die Konzentrationen von lebensfähigen oder nanoskaligen Partikeln in der Luft, aber auch die Oberflächenreinheit in Bezug auf Partikel-, Nanopartikel-, chemische Konzentrationen sowie auf Konzentrationen von lebensfähigen Partikeln, könnten festgelegt und geregelt werden.

Anmerkung 3 zum Begriff: Weitere relevante physikalische Parameter könnten auch, falls gefordert, geregelt werden, z. B. Temperatur, Feuchte, Druck, Schwingung und Elektrostatik.

[QUELLE: ISO 14644-1:2015, 3.1.1]

3.2
reiner Bereich
festgelegter Bereich, in dem die Konzentration luftgetragener Partikel geregelt wird und klassifiziert ist und der zur Regelung der Einschleppung, Entstehung und Ablagerung von Partikeln im Bereich entsprechend baulich ausgeführt und betrieben wird

Anmerkung 1 zum Begriff: Die Klasse der Konzentration luftgetragener Partikel wird festgelegt.

Anmerkung 2 zum Begriff: Die Grade von weiteren Reinheitsmerkmalen, wie z. B. die chemischen Konzentrationen sowie die Konzentrationen von lebensfähigen oder nanoskaligen Partikeln in der Luft, aber auch die Oberflächenreinheit in Bezug auf Partikel-, Nanopartikel-, chemische Konzentrationen sowie auf Konzentrationen von lebensfähigen Partikeln, könnten festgelegt und geregelt werden.

Anmerkung 3 zum Begriff: Ein reiner Bereich (reine Bereiche) kann (können) ein festgelegter Bereich (festgelegte Bereiche) in einem *Reinraum* (3.1) sein, oder er (sie) könnte(n) mit Hilfe eines SD-Moduls geschaffen werden. Dieses SD-Modul kann sich im Raum oder außerhalb eines Reinraumes befinden.

Anmerkung 4 zum Begriff: Weitere relevante physikalische Parameter könnten auch, falls gefordert, geregelt werden, z. B. Temperatur, Feuchte, Druck, Schwingung und Elektrostatik.

[QUELLE: ISO 14644-1:2015, 3.1.2]

3.3
kritische Partikelgröße
geringste *Partikelgröße* (3.7), die sich negativ auf die Produkt- oder Prozessqualität auswirken kann

3.4
kritische Stelle
Stelle, an der eine *empfindliche Oberfläche* (3.12) partikulärer Kontamination ausgesetzt ist

3.5
Fertigung
Betrieb
vereinbarter Zustand des in der festgelegten Betriebsart betriebenen *Reinraums* (3.1) oder *reinen Bereichs* (3.2) mit der Ausrüstung in Betrieb und mit der festgelegten Anzahl anwesender Personen

[QUELLE: ISO 14644-1:2015, 3.3.3]

3.6
Partikel
kleines Teil Materie mit physikalisch definierten Abgrenzungen

[QUELLE: ISO 14644-1:2015, 3.2.1]

3.7
Partikelgröße
Durchmesser einer Kugel oder Durchmesser einer Kugel (Kreis), die einen nicht-kugelförmigen Partikel umfasst, oder ein äquivalenter Durchmesser

Anmerkung 1 zum Begriff: Die Definition sollte mit Bezug auf das Messverfahren angegeben werden.

Anmerkung 2 zum Begriff: In ISO 14644-1 wird die streulichtbasierte Erkennung verwendet. Andere Messverfahren ergeben unterschiedliche Größenfestlegungen (siehe A.1).

3.8
Partikelablagerungsrate
PDR, en: particle deposition rate
Anzahl der Partikel, die sich während einer bestimmten Expositionszeit auf einem bestimmten Oberflächenbereich ablagern

Anmerkung 1 zum Begriff: Diese wird als Anzahl je m^2 und h ausgedrückt.

3.9
Grad der Partikelablagerungsrate
PDRL, en: particle deposition rate level
Grad der *Partikelablagerungsraten* (3.8) für einen Bereich von *Partikelgrößen* (3.7)

3.10
partikuläre Trübungsrate
POR, en: particle obscuration rate
Änderungsrate der partikulären Abdeckung eines Bereichs einer Oberfläche während der Expositionszeit

3.11
Prüffläche
Fläche eines bestimmten Bereichs und von bekannter Oberflächenreinheit, für die Sammlung von Partikeln, die sich innerhalb einer bestimmten Zeit aus der Luft absetzen

Anmerkung 1 zum Begriff: Eine Prüffläche wird in diesem Dokument zur Bestimmung der *Partikelablagerungsrate* (3.8) verwendet.

Anmerkung 2 zum Begriff: Eine Prüffläche kann eine Vergleichsplatte oder ein integraler Bestandteil eines Messgeräts sein.

3.12
empfindliche Oberfläche
Oberfläche, deren Funktionsfähigkeit gemindert wird, wenn Partikel vorhanden sind, die die kritische Größe überschreiten

3.13
Vergleichsplatte
saubere, flache Platte einer bestimmten Fläche für die Sammlung von Partikeln, die sich innerhalb einer bestimmten Zeit aus der Luft absetzen

Anmerkung 1 zum Begriff: Eine Vergleichsplatte wird neben einer *empfindlichen Oberfläche* (3.12) den Partikeln ausgesetzt, um die Partikelablagerungsrate an dieser Stelle zu ermitteln.

Anmerkung 2 zum Begriff: Eine Vergleichsplatte ist üblicherweise kein Bestandteil eines Messgeräts und sie wird nach der Exposition für die Zählung und Größenbestimmung der abgelagerten Partikel zu einem Messgerät verbracht.

4 Symbole

a	Produktfläche, in m^2
A	Fläche der Silhouette der beobachteten Partikel, in mm^2
C_D	Partikelkonzentration, in Anzahl Partikel $\geq D$ µm je m^2
D	Partikelgröße, in µm
F	partikuläre Trübungsrate
L	Grad der Partikelablagerungsrate
N_D	Anzahl der auf einer Oberfläche abgelagerten Partikel $\geq D$ µm
η	Effizienz des Erkennungsverfahrens
O	partikulärer Trübungsfaktor, in $mm^2 \cdot m^{-2}$
R_D	Partikelablagerungsrate, in Anzahl Partikel $\geq D$ µm je $m^2 \cdot h$
t	Expositionszeit

5 Vorgehensweise bezüglich der Partikelablagerungsrate

5.1 Allgemeines

Anhand der Daten zur Partikelablagerungsrate in einem Reinraum kann die Wahrscheinlichkeit der Ablagerung luftgetragener Partikel auf einer empfindlichen Oberfläche während der Exposition ermittelt und eine Vorgehensweise entwickelt werden, die die erforderliche Qualität eines Reinraums während des Betriebs unterstützt. Die Informationen in 5.2 und 5.3 beschreiben ein Verfahren, das zur Ermittlung der korrekten Reinheitsbedingungen in einem Reinraum und zugehörigen Reinraumbereichen in Bezug auf die Partikelablagerungsrate verwendet werden kann. Diese Informationen werden verwendet, um die kontinuierliche Kontrolle dieser Reinheitsbedingungen nachzuweisen. ISO 14644-2 muss als Leitfaden für die Entwicklung und Anwendung eines Überwachungsplans berücksichtigt werden.

5.2 Ermittlung der erforderlichen Partikelablagerungsrate für die Kontrolle der Partikelablagerung auf empfindlichen Oberflächen

Die Einrichtung einer Kontrolle der Makropartikel im Reinraumbereich mit Hilfe der Partikelablagerungsrate ist erforderlich, wenn eine neue Anlage konstruiert wird oder wenn sich die Reinheitsanforderungen in bestehenden Anlagen ändern. Eine Beurteilung der Produktmerkmale und der in dem Reinraum durchgeführten Prozessaktivitäten muss vorgenommen werden. Abhängig von dieser Beurteilung muss der erforderliche Grad der Kontrolle der partikulären Kontamination mit Hilfe der folgenden Schritte bestimmt werden:

1) Die Oberflächen im Reinraum oder in den zugehörigen Reinraumbereichen, die empfindlich gegenüber der Partikelablagerung sind, müssen ermittelt werden. Dies kann unter Berücksichtigung der Fertigung, die im Reinraum stattfindet, des Zustands der technischen Anlagen, der Produktionsausrüstung und der Arbeitsverfahren erfolgen.

2) Die kleinste Partikelgröße, die die Produkt- oder Produktionsqualität auf jeder empfindlichen Oberfläche beeinträchtigt (kritische Partikelgröße), muss bestimmt werden.

   ANMERKUNG 1 Unterschiede im Partikeltyp (metallisch oder nicht-metallisch, transparent oder opak, mikrobiell oder nicht-mikrobiell) können zu einem partikelspezifischen Ansatz führen.

3) Die maximale Anzahl an Partikeln der kritischen Größe, von der jede untersuchte empfindliche Oberfläche kontaminiert wird, muss bestimmt werden.

4) Wenn die maximale Anzahl an Partikeln einer kritischen Größe bekannt ist, die auf jeder Oberfläche annehmbar ist, muss die Partikelablagerungsrate oder der Grad der Partikelablagerungsrate (siehe Tabelle 1) für die kritische Partikelgröße bestimmt werden.

5) Die kritische Oberfläche mit den strengsten Anforderungen bezüglich der Partikelablagerungsrate und des Grades der Partikelablagerungsrate bestimmen die Partikelablagerungsrate und den Grad der Partikelablagerungsrate für die kritische Fläche.

6) Nach der Festlegung der Anforderungen für die maximale Partikelablagerungsrate oder den maximalen Grad der Partikelablagerungsrate für die kritische Fläche muss das Messverfahren ausgewählt und umgesetzt werden. Die Auswahl des Verfahrens kann auf der Empfindlichkeit, der erforderlichen Häufigkeit der Messung und anderen Faktoren wie zum Beispiel der Benutzerfreundlichkeit beruhen. ISO 14644-3 kann für Informationen über die Messverfahren herangezogen werden.

ANMERKUNG 2 Beispiele für das oben beschriebene Verfahren sind in Anhang E enthalten.

5.3 Partikelablagerungsrate zum Nachweis der Kontrolle der partikulären Kontamination

Der Nachweis der zeitlichen Kontrolle der Partikelablagerungsrate in einem Reinraum ist wichtig, um sicherzustellen, dass die Qualität der Anlage konstant bleibt. Zum Nachweis der Kontrolle der Partikelablagerungsrate muss nachgewiesen werden, dass die erforderlichen Grenzwerte der Partikelablagerungsrate weiterhin erreicht werden. Die Überwachung muss dort erfolgen, wo sich die empfindlichsten Oberflächen befinden, oder an einer Stelle, die in unmittelbarer Nähe liegt und repräsentativ für die Lage der empfindlichen Oberfläche ist.

Die erforderliche Überwachungshäufigkeit ist anhand der Kritikalität des Produkts, das hergestellt wird, und der verfügbaren Messausrüstung zu bestimmen (siehe Abschnitt 6).

Bei Nichterreichen des erforderlichen Grenzwerts der Partikelablagerungsrate kann eine Untersuchung notwendig sein, um die Ursache des Nichterreichens nachzuvollziehen. Abhängig von der Ursache des Nichterreichens können Verbesserungen bei den Arbeits-, Reinigungs- und Wartungsverfahren erforderlich sein. Falls erforderlich, können Änderungen an der Fertigungsausrüstung oder in Auslegung und Lüftung des Reinraums vorgenommen werden. Verfahren zur Verringerung der Kontaminationsgefahr aus der Luft werden in Anhang E behandelt.

6 Messung der Partikelablagerungsrate

Das Verfahren für die Messung der Partikelablagerungsrate beruht auf der Sammlung von Partikeln auf einer Prüffläche einer bekannten Größe über eine bestimmte Zeitspanne. Anschließend wird die Partikelablagerungsrate mit Hilfe von Gleichung (1) berechnet.

Die Partikelablagerungsrate muss während die Fertigungstätigkeit im Reinraum auf oder in unmittelbarer Nähe zu einer empfindlichen Oberfläche gemessen werden. Falls erforderlich, kann die Partikelablagerungsrate an mehreren Stellen gemessen werden. Mit Hilfe des Messergebnisses kann dann überprüft werden, ob an der Messstelle eine vorgegebene maximale Partikelablagerungsrate oder der maximale Grad der Partikelablagerungsrate für bestimmte kumulative Partikelgrößen eingehalten wird.

Die Verfahren für die Sammlung luftgetragener Partikel auf einer Oberfläche, die Größenbestimmung und Zählung dieser Partikel, müssen in Bezug auf ISO 14644-3 ausgewählt werden. Weitere Informationen sind ASTM E2088, ASTM 25 und ASTM F50 zu entnehmen. Bei der Wahl der Geräte für die Zählung und Größenbestimmung muss auf die Erkennung von Partikeln im relevanten Größenbereich geachtet werden. Der Bereich der Prüffläche muss ebenfalls beachtet werden, insbesondere wenn die Partikelablagerungsrate innerhalb einer bestimmten Zeit gemessen werden soll.

Die Vergleichsplatte oder das Messgerät müssen sich auf der gleichen Ebene und so nah wie möglich zu der empfindlichen Oberfläche befinden. Die Prüffläche muss das gleiche elektrische Potential haben. Die auf der Prüffläche gesammelten Partikel werden gezählt und in ihrer Größe bestimmt, um reproduzierbare Daten zu erhalten und sie werden verwendet, um die Partikelablagerungsrate neben der untersuchten empfindlichen Oberfläche zu ermitteln.

ANMERKUNG Prozessaktivitäten können durch Messausrüstung und Vergleichsplatten beeinträchtigt werden. Daher bedarf es einer sorgfältigen Auswahl der Stelle für die Überwachung.

Die Probensammlung darf nur während der laufenden Fertigung erfolgen, wenn das Produkt oder der Prozess einer Kontamination durch luftgetragene Partikel ausgesetzt ist. Der erwartete minimale Zählwert für die größte kritische Partikelgröße, die betrachtet wird, darf nicht kleiner als 1 sein, gewünscht ist ein Wert von 5. Werden zu wenige Partikel gezählt, ist die Zeit für die Messung der Partikelablagerungsrate während der Produktherstellung oder des Prozesses so zu verlängern, dass eine höhere Partikelzahl erreicht wird. Möglicherweise ist es erforderlich, über mehr als einen Fertigungszeitraum zu messen. Ein Verfahren zur Berechnung der Probenzeit ist in A.3.3 angegeben. Kann keine geeignete Probe erlangt werden, müssen alternative Messverfahren in Betracht gezogen werden.

7 Grad der Partikelablagerungsrate

Für einen festgelegten Partikelgrößenbereich kann die Partikelablagerungsrate als Grad der Partikelablagerungsrate L ausgedrückt werden. Der Grad der Partikelablagerungsrate gibt die Partikelablagerungsrate über einen Partikelgrößenbereich an, ähnlich dem, der in ISO 14644-9 verwendet wird, um die Partikelkonzentration der Oberfläche auszudrücken. Dies ermöglicht die Umwandlung der Konzentration von Partikeln einer Größe in eine Konzentration einer anderen Größe und kann beispielsweise verwendet werden, wenn die Partikelablagerungsrate für eine Partikelgröße gemessen wird, die kritische Partikelgröße jedoch eine andere ist.

Der Grad der Partikelablagerungsrate wird mit Hilfe typischer in dem Reinraum vorhandener Größenverteilungen ermittelt, die zeigen, dass die Partikelablagerungsrate direkt proportional zur kumulativen Partikelgröße ist. Eine typische Größenverteilung wird an anderer Stelle in Bild B.3 dargestellt. Die Grade der Partikelablagerungsrate werden mit Hilfe von Gleichung (3) berechnet, wobei eine lineare Verteilung und eine Referenzpartikelgröße von 10 µm angenommen wird.

$$L = \frac{R_D \cdot D}{10} \qquad (3)$$

Tabelle 1 enthält Beispiele für L über einen Bereich verschiedener Reinheitsgrade nach Größenordnungen.

Tabelle 1 — Grade der Partikelablagerungsrate nach Größenordnungen

Grad der Partikelablagerungsrate	Anzahl der Partikel je m² und h						
	≥ 5 µm	≥ 10 µm	≥ 20 µm	≥ 50 µm	≥ 100 µm	≥ 200 µm	≥ 500 µm
1	2,0	**1,0**	0,5	0,2	0,1	0,05	0,02
10	20	**10**	5	2	1	0,5	0,2
100	200	**100**	50	20	10	5	2
1 000	2 000	**1 000**	500	200	100	50	20
10 000	20 000	**10 000**	5 000	2 000	1 000	500	200
100 000	200 000	**100 000**	50 000	20 000	10 000	5 000	2 000
1 000 000	2 000 000	**1 000 000**	500 000	200 000	100 000	50 000	20 000

Falls die Partikelablagerungsrate für verschiedene Partikelgrößen bei Zwischenwerten von L gefordert wird, kann Gleichung (4) verwendet werden:

$$R_{\mathrm{D}} = \frac{10\,L}{D} \tag{4}$$

Falls die Partikelablagerungsrate für eine andere Partikelgröße bei demselben Grad der Partikelablagerungsrate gefordert wird, kann Gleichung (5) verwendet werden:

$$R_{D_{\mathrm{N}}} = R_{D_{\mathrm{O}}} \cdot \frac{D_{\mathrm{O}}}{D_{\mathrm{N}}} \tag{5}$$

Dabei ist

$R_{D_{\mathrm{O}}}$ die ursprüngliche Partikelablagerungsrate für die Partikelgröße D_{O};

$R_{D_{\mathrm{N}}}$ die neue Partikelablagerungsrate für die Partikelgröße D_{N};

D_{O} die ursprüngliche kumulative Partikelgröße, in µm;

D_{N} die neue kumulative Partikelgröße, in µm.

Der Grad der Partikelablagerungsrate ist abhängig von der Dispersionsrate der Partikel aus Kontaminationsquellen in der Luft und von der Effizienz der Partikelabsaugung durch die Lüftungsanlage. Der Grad der Partikelablagerungsrate kann durch Entfernen oder Verringern von Partikelquellen und/oder durch Verbessern der Absaugeffizienz der Lüftungsanlage verringert werden. Die Absaugeffizienz sinkt jedoch mit steigender Partikelgröße (siehe Literaturhinweis [6]).

Um die Kontrolle der partikulären Kontamination durch oberflächliche Ablagerung auf empfindlichen Flächen zu erhalten und sicherzustellen, müssen die Grenzwerte der Partikelablagerungsrate festgelegt werden, die nicht überschritten werden dürfen. Der Grenzwert der Partikelablagerungsrate ist abhängig von der annehmbaren Oberflächenkontamination, die durch eine Risikobewertung, den Bereich der empfindlichen Oberfläche, die kritische Partikelgröße und erwartete Expositionszeit bestimmt werden kann (Beispiel siehe A.3.3).

8 Dokumentation

Nach Vereinbarung zwischen dem Kunden und dem Lieferanten müssen folgende Informationen und Daten erfasst werden:

a) Name und Anschrift der Prüfstelle und das Datum, an dem die Messung durchgeführt wurde;

b) Art der Messungen und Messbedingungen;

c) eine Verweisung auf dieses Dokument (d. h. ISO 14644-17);

d) eindeutige Identitätskennzeichnung des Standorts des geprüften Reinraums oder reinen Bereichs (falls erforderlich, einschließlich Verweisung auf angrenzende Bereiche) und Koordinaten aller Probenahmeorte;

e) spezifizierte Bezeichnungskriterien für den Reinraum oder den reinen Bereich, einschließlich Klassifizierung nach ISO 14644-1, und relevante Aktivitäten, wenn der Reinraum in Betrieb ist;

f) Angaben zum Messgerät für die Bestimmung der Partikelablagerungsrate, einschließlich Kenndaten des Messgeräts, Angaben zu seinem aktuellen Kalibrierschein und besonderen Bedingungen, die für das Messverfahren gelten;

g) Angaben zur Art der verwendeten Prüffläche für Vergleichsplatte oder Messgerät;

h) anfängliche Zählung der Oberflächenreinheit von Prüfflächen bei Anwendung des Verfahrens mit Vergleichsplatten;

i) Angaben zur Expositionsdauer;

j) Protokoll mit planmäßigen und unplanmäßigen Aktivitäten und Vorfällen während der Exposition;

k) gemessene kumulative Partikelgröße(n);

l) Prüfergebnisse mit Hintergrundzählungen oder früheren Zählungen, nach Subtraktion;

m) Aussage zur Einhaltung mit der verlangten Bezeichnung des Grades der Partikelablagerungsrate;

n) alle weiteren besonderen Anforderungen, die für die Partikelablagerungsrate und den Grad der Partikelablagerungsrate relevant sind.

Anhang A
(informativ)

Messung der Partikelablagerungsrate

A.1 Allgemeines

Das Grundprinzip der Messung der Partikelablagerungsrate besteht in der Sammlung von Partikeln auf einer Vergleichsplatte oder einer Prüffläche eines Messgeräts, auf der die Partikel gezählt und gemessen werden.

Ein Verfahren mit Vergleichsplatte wird üblicherweise von einem Offline-Partikelanalyseverfahren begleitet. Messgeräte mit einer reinigungsfähigen oder austauschbaren Prüffläche besitzen eine Prüffläche und ein Messverfahren, die in einer Sensoreinheit integriert sind. So kann die Reinheit der Oberfläche online in häufigen Abständen gemessen werden.

A.2 Partikelgröße

Ein Partikel ist ein 3-dimensionales Objekt, dessen genaue Größe nur anhand des Durchmessers bestimmt werden kann, wenn es kugelförmig ist. Die auf einer Vergleichsplatte oder mit einem Messgerät gemessene Partikelgröße schwankt je nach dem angewandten Verfahren. Üblicherweise wird die Partikelgröße mikroskopisch oder mit einem gleichwertigen optischen Messsystem gemessen. In beiden Systemen wird eine 2-dimensionale Silhouette (projizierter Flächenbereich) des Partikels betrachtet.

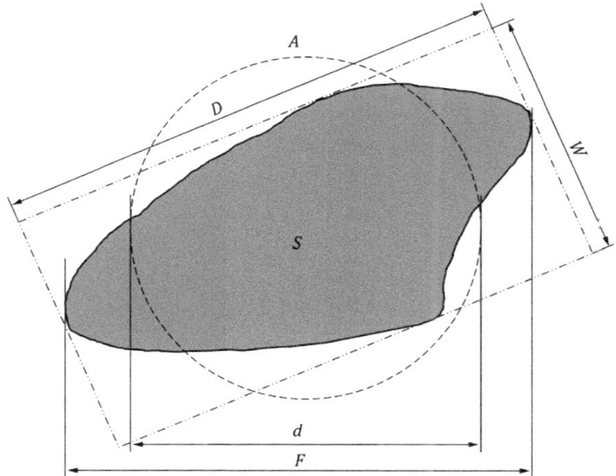

Legende

S Silhouette des Partikels
d äquivalenter Durchmesser
F Feret-Durchmesser
D Länge des Partikels
A flächengleicher Kreis
W Breite

Bild A.1 — Maße für die Messung der Partikelgröße

Alternative Verfahren zur Größenbestimmung sind in Bild A.1 dargestellt und werden wie folgt beschrieben:

— Äquivalenter Durchmesser, *D*: Dieser beruht üblicherweise auf den gemessenen physikalischen Eigenschaften wie zum Beispiel der Lichtstreuung, wobei die Menge des von einem Partikel gestreuten Lichts zur Größe des Partikels in Bezug steht. Alternativ kann der äquivalente Durchmesser aus der Größe der gemessenen Fläche *A* mit Gleichung (A.1) berechnet werden:

$$D = 2\sqrt{\frac{2A}{4\pi}} \qquad \text{(A.1)}$$

Dabei ist

D der äquivalente Partikeldurchmesser, in µm;

A die Fläche der Silhouette des beobachteten Partikels, in μm^2.

Wird die Partikelgröße mikroskopisch von einer Person bestimmt, kann die Partikelgröße durch Vergleich mit einer Reihe von Kreisen in einem graduierten Okular ermittelt werden. Ein anderer Ansatz besteht darin, die kleinsten Innen- und größten Außenkreise zu bestimmen, die die Partikelgrößen enthalten und den Mittelwert als äquivalenten Durchmesser zu verwenden.

— Größte Abmessung.

— Feret-Durchmesser (Taster-Durchmesser), dies ist die größte Abmessung in horizontaler oder vertikaler Richtung.

Die Wahl der gemessenen Partikelgröße wird hauptsächlich durch die Art des verwendeten Messgeräts bestimmt. Für die Überwachung ist es wichtig, dass für alle Messungen das gleiche Verfahren angewandt wird.

Die Partikelfläche kann aus dem äquivalenten Durchmesser oder aus der Länge und Breite des Partikels oder durch Messung der Anzahl der (Sub-)Pixel eines Detektors, die in die Silhouette des Partikels passen, berechnet werden.

A.3 Messungen der Partikelablagerungsrate

A.3.1 Effizienz der Messung

Wenn die Erkennungseffizienz des angewandten Messverfahrens nicht wie in Gleichung (2) angegeben bei 100 % liegt, kann die Gleichung durch Einführung von η abgeändert werden, um die Effizienz des Erkennungsverfahrens entsprechend Gleichung (A.2) zu erfassen, wodurch der Ausfall der Partikelzählung oder die Zählung nicht vorhandener Partikel zu korrigiert wird.

$$N_\mathrm{D} = \eta \cdot R_\mathrm{D} \cdot t \cdot a \qquad \text{(A.2)}$$

Wird eine Vergleichsplatte mit einem Mikroskop verwendet, liegt die Erkennungseffizienz wahrscheinlich bei nahezu 100 %. Ebenso können Messgeräte mit hoher Effizienz und Gleichung (A.2) üblicherweise ohne Zusatz von η verwendet werden. Ist die Effizienz der Messung jedoch bekannt, kann sie zu Gleichung (A.2) hinzugefügt werden, um die Genauigkeit zu erhöhen.

Ebenfalls zu berücksichtigen ist die Genauigkeit der Größenbestimmung, die bei einem Messgerät durch die Pixelgröße des digitalen Bildgebungssystems beeinflusst wird, das für die Bestimmung der Partikelgröße verwendet wird. Dies betrifft jedoch nur die kleinsten gemessenen Partikelgrößen und dieser Einfluss wird durch den kumulativen Größenansatz reduziert.

A.3.2 Messgeräte und Vergleichsplatten für die Messung der Partikelablagerung

Die Partikelablagerungsrate kann durch Messen und Zählen der Partikel, die sich auf einer Vergleichsplatte oder einer Prüffläche bei der Exposition während einer bekannten Zeit abgesetzt haben, bestimmt werden. Eine Vergleichsplatte kann unter einem Mikroskop von einer Person oder mit einem Mikroskop, das für Partikelanalysen durch Scannen und Bildverarbeitung ausgestattet ist, analysiert werden. Die Messung der Partikelablagerungsrate ist die Messung der Makropartikel (Partikel $\geq$ 5 µm) und wird üblicherweise mit kumulativen Größen dargestellt.

Messgeräte für die Partikelablagerung können Makropartikel mit einer geringeren Partikelgröße von 5 µm, 10 µm, 15 µm oder 20 µm und mehr messen. Messgeräte sollten im Hinblick auf ihre minimale Partikelgröße, das Messintervall und den messbaren Bereich der Prüffläche betrachtet werden. Typische Beispiele für solche Messgeräte sind in Literaturhinweisen [11], [12] und [13] beschrieben.

Die partikuläre Trübung(srate) von Partikeln (siehe Anhang C) kann durch Messen der Fläche eines Messgeräts bestimmt werden, auf der sich Partikel bei der Exposition über eine bekannte Zeit auf einer Vergleichsplatte oder Prüffläche abgesetzt haben. Die partikuläre Trübung wird als Verhältnis der gesamten Partikelfläche zur gemessenen Probenfläche in ppm (parts per million) oder als prozentuale Flächendeckung angegeben. Alternative Maßeinheiten sind $\mu m^2 \cdot mm^{-2}$, wobei μm^2 die gesamte Partikelfläche und mm^2 die beprobte Fläche darstellt.

A.3.3 Erforderliche Messdauer für die Partikelablagerungsrate

Es sollte eine ausreichend große Probe entnommen werden, um sicherzustellen, dass die benötigte Partikelgröße korrekt gezählt wird. Hierfür sollte ein Zählwert von mindestens 1, vorzugsweise jedoch 5 erreicht werden. Das folgende Beispiel zeigt, wie dies geschehen kann.

BEISPIEL Ein Produkt wird während der Montage jeweils für 12 min der Kontamination durch luftgetragene Partikel ausgesetzt. Die Partikelablagerungsrate wird mit einem Messgerät mit einer Prüffläche von 25 cm^2 bei einer Partikelgröße von ≥ 20 µm gemessen.

Der erforderliche Grad der Partikelablagerungsrate für die Kontrolle der Kontamination durch luftgetragene Partikel beträgt 2 000 Partikel ≥ 10 µm je m^2 und h, was nach der Berechnung mit Gleichung (5) einer zwischenzeitlichen Partikelablagerungsrate von 1 000 Partikeln ≥ 20 µm je m^2 und h entspricht.

Da bekannt ist, dass die maximale Partikelablagerungsrate 1 000 Partikel beträgt, die sich auf 1 m^2 (10 000 cm^2) je h absetzen, kann die Zeit für den Erhalt eines maximalen Zählwerts von 1 auf einer Prüffläche von 25 cm^2 wie folgt berechnet werden:

Frage: Wenn 1 000 Partikel 1 h benötigen, um sich auf 10 000 cm^2 abzusetzen, wie lange benötigt dann 1 Partikel, um sich auf 25 cm^2abzusetzen?

Antwort: $t = 1 \times \frac{1}{1\,000} \times \frac{10\,000}{25} = 0{,}4$ h oder 24 min

Wenn auf der Prüffläche mindestens 5 Partikel gezählt werden müssen, ist $t = 1 \times \frac{5}{1\,000} \times \frac{10\,000}{25} = 2$ h.

Ist das Produkt also der kontaminierten Luft 12 min ausgesetzt, sollte die Montage von mindestens 2 Produkten und vorzugsweise 10 Produkten gemessen werden.

Anhang B
(informativ)

Beispiele für Messungen der Partikelablagerungsrate

B.1 Beispiel für Messungen der Partikelablagerungsrate an einer kritischen Stelle

Als Prüffläche wurde eine Vergleichsplatte aus Glas mit einer Sammelfläche von 64 cm^2 ausgewählt und für 4 h an einer Stelle des Reinraums, die an eine empfindliche Fläche grenzt (kritische Stelle), Partikeln ausgesetzt. Für die Diagnose wurden die folgenden Partikelgrößen gemessen: ≥ 10 µm, ≥ 20 µm, ≥ 50 µm, ≥ 100 µm, ≥ 200 µm und ≥ 500 µm.

Es wurde die anfängliche Oberflächenreinheit der Vergleichsplatte vor der Exposition gemessen, d. h. der Hintergrundwert, und in Tabelle B.1 angegeben. Ebenfalls in Tabelle B.1 aufgeführt sind die Partikelmengen, die auf der Vergleichsplatte nach einer 4-stündigen Exposition gemessen wurden. Die Anzahl luftgetragener Partikel, die sich über 4 h auf der Vergleichsplatte absetzen, wird durch Subtrahieren des Hintergrundwerts vom Zählwert nach 4 h ermittelt.

Tabelle B.1 — Bestimmung der Partikelablagerungsrate und des Grades der Partikelablagerungsrate

Partikelgröße	**≥ 10 µm**	**≥ 20 µm**	**≥ 50 µm**	**≥ 100 µm**	**≥ 200 µm**	**≥ 500 µm**
Anfänglicher Zählwert für eine Vergleichsplatte mit 64 cm^2	3	1	0	0	0	0
Zählwert auf der Vergleichsplatte nach 4-stündiger Exposition	16	13	5	2	1	0
Auf 64 cm^2 in 4 h abgelagerte Partikelzahl	13	12	5	2	1	0
R (Partikel ≥ D µm je m^2 und h)	508	469	195	78	39	0
Grad der Partikelablagerungsrate aus Tabelle 1	1 000	1 000	1 000	1 000	1 000	0
$L = R_D\, D/10$ (berechnet)	508	938	977	781	781	0

Die Partikelablagerungsrate (Anzahl je m^2 und h) für jede betrachtete kumulative Partikelgröße wird daraufhin mit Gleichung (1) berechnet. Anschließend wird der Grad der Partikelablagerungsrate durch Vergleich der Werte der Partikelablagerungsrate jeder Partikelgröße mit den Graden der Partikelablagerungsrate in Tabelle 1 bestimmt. Der höchste Wert ist der Wert des Grades der Partikelablagerungsrate. In diesem Beispiel wird ein L-Wert von 1 000 für die kumulativen Partikelgrößen ≥ 10 µm, ≥ 20 µm, ≥ 50 µm, ≥ 100 µm und ≥ 200 µm ermittelt.

Alternativ kann der Grad der Partikelablagerungsrate für jede Partikelgröße mit Gleichung (3) berechnet werden, woraus sich $R_D\, D/10$ ergibt. Der höchste Wert (977) kann anschließend mit den L-Werten in Tabelle 1 verglichen werden, um einen L-Wert von 1 000 zu erhalten.

B.2 Beispiele für die Überwachung der Partikelablagerungsrate an einer kritischen Stelle

Aus der Risikobewertung kann eine kritische Stelle in einem Reinraum sowie die Zielrate der Partikelablagerung oder die Alarm- und Aktionsgrenzen der erforderlichen Partikelablagerungsrate oder des erforderlichen Grades der Partikelablagerungsrate ermittelt werden. Wenn R_D die Ziel- oder Aktionswerte übersteigt, können geeignete Kontrollmaßnahmen ergriffen werden, um R_D zu verringern.

Als Beispiel wird an jedem Arbeitstag die Partikelablagerungsrate über 4 h auf einer Vergleichsplatte von 50 cm^2 gemessen. Für jede Messung wird die Anzahl Partikel ≥ 10 µm je m^2 und h berechnet.

Bild B.1 zeigt ein Beispiel für die mittlere wöchentliche Partikelablagerungsrate für Partikel ≥ 10 µm über eine Zeitspanne von 20 Wochen. Die Partikelablagerungsrate ergibt sich aus der täglichen 4-stündigen Messung an einer empfindlichen Stelle in einem Reinraum. In diesem Beispiel wird eine Alarmgrenze von 1 750 ≥ 10 µm je m^2 und h gesetzt, um ein Überschreiten des erforderlichen Grades der Partikelablagerungsrate von 2 000 ≥ 10 µm je m^2 und h zu verhindern. In diesem Beispiel stellt dies ebenfalls die Aktionsgrenze dar.

Die Aktionsgrenze wurde während der Überwachung nicht überschritten und Maßnahmen zur Risikominderung wie in Anhang E angegeben mussten nicht angewandt werden. Die Alarmgrenze wird auf 1 750 ≥ 10 µm je m^2 und h gesetzt, um einen Alarm auszugeben, wenn sich der Grad der Partikelablagerungsrate dem Aktionswert nähert. Diese Alarmgrenze wurde zweimal überschritten und bei jedem Ereignis wurde eine verstärkte Überwachung der Ergebnisse der Partikelablagerungsrate ausgelöst.

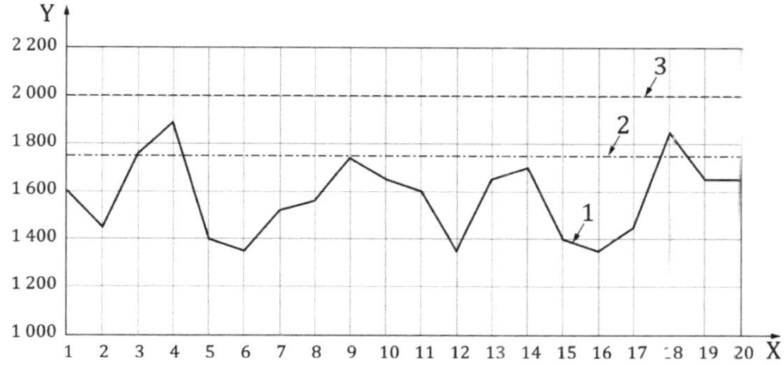

Legende

X Arbeitstage

Y Grad der Partikelablagerungsrate

1 Grad der täglichen Partikelablagerungsrate, in Anzahl Partikel ≥ 10 µm je m^2 und h

2 Alarmgrenze für Grad der Partikelablagerungsrate

3 Grenze für Grad der Partikelablagerungsrate, Aktionsgrenze für Grad der Partikelablagerungsrate

Bild B.1 — Beispiel für eine tägliche Überwachung des Grades der Partikelablagerungsrate mit einer Vergleichsplatte

Es gibt Messgeräte, mit denen die Partikelablagerungsrate in kurzen Intervallen gemessen werden kann (Echtzeit-Überwachung). Als Beispiel wird ein Sensor mit einer Prüffläche von 50 cm^2 und einer Probenzeit von 5 min verwendet. Bild B.2 zeigt ein Beispiel für eine Probenzeit von 72 h während des Betriebs des Reinraums. Es ist zu sehen, dass der Reinraum nur während des Tages genutzt wird. Dies bedeutet, dass die tatsächliche Betriebsdauer des Messgeräts etwa 36 h beträgt. Falls erforderlich, kann die Zeitspanne, in der es zu Ablagerung kommt, zu Aktivitäten im Reinraum in Bezug gesetzt werden, um mögliche Kontaminationsquellen zu erkennen.

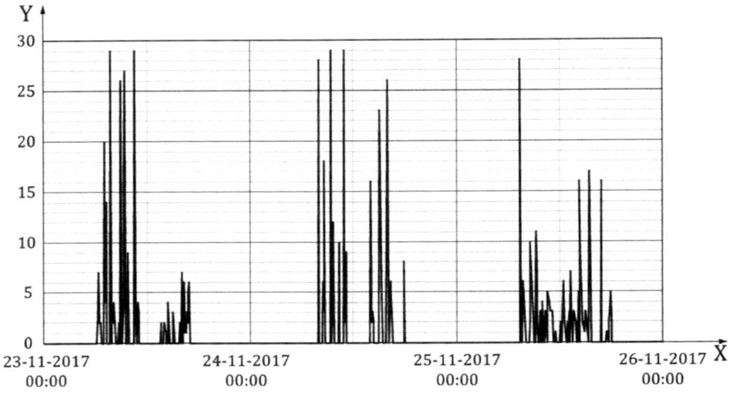

Legende

X Zeit

Y $R_{(10)}$ = Ablagerungsrate von Partikeln ≥ 10 µm je m^2 und 5 min Probenzeit

Bild B.2 — Beispiel für eine Echtzeit-Messung der Partikelablagerung

Falls erforderlich, können die Ergebnisse, die mit einer Vergleichsplatte oder einem Echtzeit-Sensor ermittelt wurden, für die Bestimmung der Partikelgrößenverteilung verwendet werden. Bild B.3 zeigt eine solche Verteilung, die aus dem vorhergehenden Beispiel ermittelt wurde, wenn der Echtzeit-Sensor für eine Probenzeit von 36 h verwendet wird. Bild B.3 zeigt ferner den *L*-Wert von 10 000.

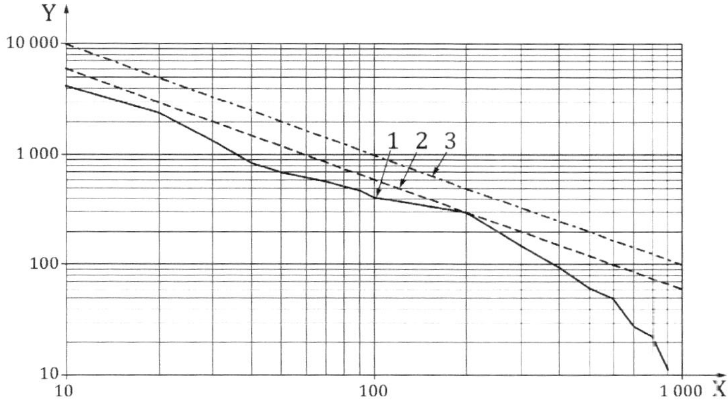

Legende

X kumulative Partikelgröße, in µm

Y Partikelablagerungsrate, in kumulativer Anzahl Partikel je $m^2 \cdot h$

1 R_D

2 gemessener Grad der Partikelablagerungsrate

3 nächster Grenzwert für Grad der Partikelablagerungsrate

Bild B.3 — Beispiel für die Partikelgrößenverteilung der Partikelablagerungsrate und des Grades der Partikelablagerungsrate

Anhang C
(informativ)

Messung der partikulären Trübung

C.1 Allgemeines

In manchen Branchen mit Reinraum-Fertigung wie beispielsweise der Herstellung optischer Bauteile oder Geräte und von Teilen für die Luft- und Raumfahrt wird die Qualität der Produkte wie Spiegel, Linsen und Solarpanels von der Lichtmenge bestimmt, die von Partikeln auf Oberflächen absorbiert oder reflektiert wird. In diesen Fällen ist es statt der Messung der Partikelablagerungsrate sinnvoller, den Teil der Oberfläche zu messen, der durch Partikel getrübt wird. IEST-STD-CC1246E:2013 beschreibt ein Verfahren für die Berechnung der Trübung der Oberfläche durch Messen der größten Länge eines Partikels und die Anwendung empirischer Umrechnungsfaktoren zur Berechnung der Größe der Partikelfläche. Das in diesem Anhang beschriebene Verfahren verwendet einen anderen Ansatz, mit dem es für äquivalente Partikelgrößen und somit Messgeräte besser anwendbar ist. Das Verfahren beruht auf einem in ECSS-Q-ST-70-50C:2011 beschriebenen Verfahren.

Bei dem in diesem Anhang beschriebenen Verfahren wird zuerst der partikuläre Trübungsfaktor gemessen und anschließend die partikuläre Trübungsrate berechnet [15].

Der partikuläre Trübungsfaktor wird mit Hilfe von Gleichung (C.1) berechnet:

$$O = \frac{A}{a} \tag{C.1}$$

Dabei ist

O der partikuläre Trübungsfaktor, in $mm^2{\cdot}m^{-2}$;

A die partikuläre Abdeckung einer Fläche, die Gesamtpartikelfläche, in mm^2;

a die beprobte Oberfläche, in m^2.

Durch Messung des partikulären Trübungsfaktors im Zeitverlauf kann die partikuläre Trübungsrate ermittelt werden; dies ist ein Index analog zur Partikelablagerungsrate [15] [siehe Gleichung (C.2)].

$$F = \frac{O}{t} \tag{C.2}$$

Dabei ist

F die partikuläre Trübungsrate (Partikelfläche in mm^2 je m^2 und h);

O der partikuläre Trübungsfaktor, in $mm^2 \cdot m^{-2}$;

t die Zeit, in der die Oberfläche der Partikelablagerung ausgesetzt ist, in h;

Es gibt Messgeräte, mit denen die Trübung direkt gemessen werden kann.

Wenn der Kunde und der Lieferant eine maximale Menge partikulärer Trübung auf einer Oberfläche in Form eines partikulären Trübungsfaktors vereinbaren, kann mit Hilfe der partikulären Trübungsrate eine geeignete Kontaminationskontrolle eingerichtet werden, mit der der vereinbarte partikuläre Trübungsfaktor erreicht wird.

Die partikuläre Trübungsrate kann auch für die Bestimmung der annehmbaren partikulären Abdeckung auf einer kritischen Oberfläche mit einer bekannten Größe nach der Exposition über eine bestimmte Zeit benutzt werden [siehe Gleichung (C.3)]:

$$A = F \cdot t \cdot a \tag{C.3}$$

Dabei ist

F die partikuläre Trübungsrate (Partikelfläche in mm^2 je m^2 und h);

t die Zeit, in der die Oberfläche der Partikelablagerung ausgesetzt ist, in h;

a die Fläche der Oberfläche, die der Kontamination durch luftgetragene Partikel ausgesetzt ist, in m^2.

C.2 Messung der partikulären Trübung

Der partikuläre Trübungsfaktor kann gemessen werden, indem eine Prüffläche luftgetragenen Partikeln ausgesetzt und Anzahl und Fläche der Partikel ermittelt werden, die sich aus der Luft auf der Prüffläche absetzen. Wenn die Veränderung des partikulären Trübungsfaktors im Zeitverlauf gemessen wird, ergibt sich die partikuläre Trübungsrate.

Größe und Anzahl der Partikel, die sich auf einer Fläche bekannter Größe abgesetzt haben, können durch mikroskopische Messung oder mit Messgeräten ermittelt werden. Zur Berechnung der Partikelflächen werden keine kumulativen Partikelzahlen, sondern Partikel innerhalb bestimmter Größenbereiche gemessen.

Die Partikelgrößen, die mit verschiedenen Messverfahren gemessen werden, sind in Anhang A beschrieben und dieses Verfahren des partikulären Trübungsfaktors beruht auf dem äquivalenten Durchmesser; dadurch wird die ungleiche Form der Partikel durch Ermittlung des Durchmessers einer Kugel mit der gleichen projizierten Fläche wie der Partikel berücksichtigt. Die Gesamtpartikelfläche, die der Fläche aller Partikel auf der Prüffläche entspricht, wird mit Gleichung (C.4) berechnet. Nach dieser Berechnung wird der partikuläre Trübungsfaktor mit Hilfe von Gleichung (C.1) ermittelt.

$$A = M + \sum_{i=1}^{n} N_i . \frac{\pi}{8} \left(d_i^2 + D_i^2 \right) \tag{C.4}$$

Dabei ist

A die Gesamtpartikelfläche;

M die Gesamtfläche der Partikel ≥ 100 µm;

i die Bereichszahl;

d_i die untere Grenze des *i*-ten Größenbereichs;

D_i die obere Grenze des *i*-ten Größenbereichs;

N_i die gezählte Partikelanzahl im *i*-ten Größenbereich einer differentiellen Partikelgrößenverteilung.

In Gleichung (C.4) sollte beachtet werden, dass die Partikelfläche für jede Partikelgröße aus dem Mittelwert der oberen und unteren Partikelgrößen ermittelt wird.

Die Größe von Partikeln ≥ 100 µm sollte einzeln ermittelt und ihre Fläche mit Gleichung (C.5) berechnet werden.

$$A_i = \frac{\pi}{4} D_i^2 \quad \text{(C.5)}$$

Dabei ist

A_i die Fläche eines einzelnen Partikels;

D_i der äquivalente Durchmesser dieses Partikels.

Tabelle C.1 enthält die Ergebnisse eines Beispiels, das zur Veranschaulichung der Berechnung des partikulären Trübungsfaktors verwendet wird.

Tabelle C.1 — Berechnung des partikulären Trübungsfaktors und der partikulären Trübungsrate

Partikelgröße (minimal)	**Partikelgröße** (maximal)	**Partikelanzahl**	**Partikelfläche** (µm²) $= N{\cdot}\pi/8(d^2 + D^2)$
5	15	4 000	392 699
15	25	500	166 897
25	50	150	184 078
50	100	50	245 437
100	—	2	15 710
250	—	1	49 094
520	—	1	212 399
750	—	1	441 964
1 100	—	1	950 455
Gesamtpartikelfläche (µm²) =			2 658 612
Gesamtpartikelfläche (mm²) =			2,66
Fläche der Probenahme = 0,000 4 m²		$F = 6\,650\ \text{mm}^2 \cdot \text{m}^{-2}$ $O = 665\ \text{mm}^2 \cdot \text{m}^{-2} \cdot \text{h}^{-1}$	

Die oberen und unteren Grenzen der Partikelgröße für jeden Bereich werden zusammen mit ihren Zählwerten auf der Prüffläche angegeben. Die Flächen aller Partikel in jedem Größenbereich unter 100 µm werden mit Gleichung (C.4) berechnet und sind in der letzten Spalte angegeben. Partikel mit einer Größe von 100 µm und mehr werden individuell bestimmt und ihre Fläche berechnet.

Das Zusammenzählen der Flächen aller Partikel in der letzten Spalte von Tabelle C.1 ergibt für die Gesamtfläche einen Wert von 2,66 mm². Da bekannt ist, dass der Prüfbereich 4 cm² (0,000 4 m²) beträgt, wird für den partikulären Trübungsfaktor mit Gleichung (C.1) ein Wert von 6 650 je $\text{mm}^2 \cdot \text{m}^{-2}$ berechnet. Da die Prüffläche 10 h exponiert war, ergibt sich eine partikuläre Trübungsrate von 665 je $\text{mm}^2 \cdot \text{m}^{-2} \cdot \text{h}^{-1}$.

Anhang D
(informativ)

Beziehung zwischen der Partikelablagerungsrate und der Konzentration luftgetragener Partikel

Tabelle 1 kann dazu verwendet werden, den Grad der Partikelablagerungsrate für Partikel, die sich aus der Luft auf einer empfindlichen Oberfläche ablagern, festzulegen. Wenn diese Grenzwerte festgelegt sind, muss möglicherweise ein neuer oder modifizierter Reinraum oder reiner Bereich mit einer Lüftungsanlage bereitgestellt werden, die sicherstellt, dass der Grad der Partikelablagerungsrate voraussichtlich nicht überschritten wird. Lüftungsanlagen können jedoch nicht auf Grund des Wissens über den Grad der Partikelablagerungsrate ausgelegt werden, sondern erfordern Informationen über die Konzentration luftgetragener Partikel (Klasse nach ISO 14644-1), damit die Zuluftvolumenströme berechnet werden können (siehe Literaturhinweis [16]).

Die Beziehung zwischen der Partikelablagerungsrate und der Konzentration von Partikeln ≥ 5 μm/m^3 wurde für eine große Anzahl von Reinraumklassen untersucht (siehe Literaturhinweis [17]). Weitere Forschungen haben die Richtigkeit dieser Informationen bestätigt (siehe Literaturhinweis [18]). Anhand dieser Beziehung kann diejenige Klasse nach ISO 14644-1, die ungefähr einem Bereich von Graden der Partikelablagerungsrate entspricht, bestimmt werden. Diese Werte sind in Tabelle D.1 angegeben.

Tabelle D.1 — Beziehung zwischen dem Grad der Partikelablagerungsrate und der Konzentration luftgetragener Partikel ≥ 5 μm und den Klassengrenzen nach ISO 14644-1

Grad der Partikelablagerungsrate	**1**	**10**	**100**	**1 000**	**10 000**	**100 000**	**1 000 000**
Maximale Partikelablagerungsrate von Partikeln ≥ 5 μm (Anzahl je m^2 und h)	2	20	200	2 000	20 000	200 000	2 000 000
Klasse nach ISO 14644-1 – im Betrieb	1,5	3,0	4,0	5,5	7,0	8,0	9,0

Die in Tabelle D.1 dargestellte Beziehung zwischen dem Grad der Partikelablagerungsrate und den Klassengrenzen nach ISO 14644-1 sollte nicht als genau angenommen werden, da sie wahrscheinlich je nach Luftbedingungen und Größenverteilung luftgetragener Partikel in einem Reinraum oder einem reinen Bereich schwankt. Zudem stellt die Konzentration von Partikeln unter 200 Partikeln ≥ 5 μm je m^2 und h eine Hochrechnung aus den in ISO 14644-1 enthaltenen Informationen dar (siehe Literaturhinweis [19]).

Tabelle D.1 sollte daher nur für die Auslegung von Reinräumen verwendet werden, wenn keine eigentlichen Daten zur Verfügung stehen.

Anhang E
(informativ)

Beurteilung und Kontrolle der Partikelablagerung

E.1 Allgemeines

Eine Vorgehensweise zur Einrichtung einer Kontrolle der Kontamination durch luftgetragene Partikel in einem Reinraum mit Hilfe der Partikelablagerungsrate ist in 5.2 enthalten. Diese Vorgehensweise beruht auf einer Risikobewertung (siehe Literaturhinweis [20]), bei der das Risiko der partikulären Kontamination in einem Reinraum durch eine Kombination des Schweregrads des Risikos und seines Auftretens bewertet werden kann (siehe Literaturhinweise [21] und [22]).

Für einen Reinraum, für den die Auswirkung einer Ablagerung luftgetragener Partikel auf einer kritischen Oberfläche, wie etwa auf einem Produkt oder bei einem Prozess, bewertet wird, kann das Risiko mit Gleichung (E.1) berechnet werden:

$$N_{\mathrm{D}} = R_{\mathrm{D}} \cdot a \cdot t \qquad \text{(E.1)}$$

ANMERKUNG Bei der Ausfallarten- und Wirkungsanalyse (FMEA, en: failure mode and effect analysis) wird der Schweregrad in Bezug zur Kundenunzufriedenheit oder zu den Schäden an der Ausrüstung von Personen gesetzt und auf andere Weise bewertet.

Gleichung (E.1) kann umgeformt werden, um die Partikelablagerungsrate zu berechnen, die für einen annehmbaren Grad der Kontamination durch die Partikelablagerung erforderlich ist.

$$R_{\mathrm{D}} = \frac{N_{\mathrm{D}}}{a \cdot t} \qquad \text{(E.2)}$$

Zur Berechnung des Risikos für Produkte durch die Ablagerung von Partikeln kann Gleichung E.1 verwendet werden, und Gleichung E.2 kann angewandt werden, um die Luftbedingungen der Partikelablagerungsrate, die zur Risikominderung auf einen annehmbaren Grad erforderlich ist, zu bestimmen.

Zur Ermittlung der für die Berechnung des Risikos erforderlichen Informationen sollten die ersten drei Schritte, die in 5.3 angegeben sind, verwendet werden. Diese lauten wie folgt:

1) die Oberflächen im Reinraum oder in den zugehörigen Reinraumbereichen, die empfindlich gegenüber der Partikelablagerung sind, müssen bestimmt werden;

2) die kleinste Partikelgröße, die die Produkt- oder Produktionsqualität auf jeder empfindlichen Oberfläche beeinträchtigt (kritische Partikelgröße), muss bestimmt werden;

3) die maximale Anzahl an Partikeln der kritischen Größe, die die Kontamination auf jeder untersuchten empfindlichen Oberfläche verursacht, muss bestimmt werden.

Diese drei Schritte erfordern die Kenntnis der empfindlichen Oberfläche und Einblick in die Ursachen des Ausfalls durch partikuläre Kontamination. Diese Informationen können mittels der Durchführung von Folgendem ermittelt werden:

— eine Analyse der Auswirkung von Kontamination der Oberfläche auf die (zukünftige) Funktion eines Produkts oder eines Prozesses, bei dem die empfindliche Oberfläche verwendet wird;

— Prüfungen oder Simulationen mit verschiedenen Reinheitsklassen der untersuchten empfindlichen Oberfläche; und/oder

— eine Analyse der Kontamination, die Ausfall oder Qualitätsverlust zur Folge hatte.

Die Anzahl der Partikel, die sich auf einer empfindlichen Oberfläche mit einer bekannten Fläche absetzen, die für eine bekannte Zeit den Partikeln ausgesetzt ist, kann mit Gleichung (E.1) berechnet werden und wird durch ein Beispiel in E.2 verdeutlicht:

Das Risiko für eine empfindliche Oberfläche kann auch mit anderen Eigenschaften der Partikel als deren Größe zusammenhängen. Wenn Partikel, die eine unerwünschte Eigenschaft aufweisen, festgestellt werden und ihre Partikelablagerungsrate ermittelt ist, können diese Partikel mit dem in diesem Anhang beschriebenen Verfahren auf die gleiche Weise wie kumulative Partikelgrößen behandelt werden.

Die Bestimmung der maximalen Anzahl und Größe von Partikeln hängt in hohem Maße von der Oberfläche ab und sollte für jede einzelne Oberflächenart durchgeführt werden. Bei Prozessänderungen wird empfohlen, die Risiken erneut zu bewerten.

Der zweite Teil der in 5.2 beschriebenen Vorgehensweise dient der Berechnung der Partikelablagerungsrate (oder des Grades der Partikelablagerungsrate) in einem Reinraum für einen annehmbaren Grad der Partikelablagerung auf empfindlichen Oberflächen. Gleichung (E.2) kann verwendet werden und ein Beispiel für die Anwendung dieses Verfahrens ist in E.3 angegeben. Wird festgestellt, dass die Partikelablagerungsrate zu hoch ist, kann mit den in E.4 beschriebenen Verfahren das Risiko durch einen oder mehrere Risikofaktoren, die zur Partikelablagerung beitragen, gemindert werden.

E.2 Beispiel für die Berechnung des Risikos durch Partikelablagerung auf einer empfindlichen Oberfläche

Die Ablagerungsmenge luftgetragener Partikel auf einer empfindlichen Oberfläche kann anhand der Partikelablagerungsrate (siehe Literaturhinweise [22] und [23]) berechnet werden; dieses Verfahren wird mit einem Beispiel veranschaulicht.

Ein in einem Reinraum hergestelltes Produkt hat eine empfindliche Oberfläche mit einer Fläche von 10 cm^2 (10^{-3} m^2) und ist während der Produktion im Reinraum 5 h einer Kontamination durch luftgetragene Partikel ausgesetzt. Unter Berücksichtigung der Eigenschaften, die zusammen mit der Größe die Zuverlässigkeit beeinträchtigen, wurde angenommen, dass die Zuverlässigkeit des Produkts durch Partikel ≥ 20 µm beeinträchtigt wird. $R_{(20)}$ wurde neben dem Produkt mit einem Messgerät oder einer Vergleichsplatte mit einer Messungseffizienz nahe 100 % gemessen. Dabei wurde ein Wert von 1 000/m^2/h festgestellt. Die Anzahl der Partikel ≥ 20 µm, die sich auf der Produktoberfläche ablagern, kann daher mit Gleichung (E.1) wie folgt berechnet werden:

$$N_{(20)} = R_{(20)} \cdot a \cdot t = 1\,000 \times 10^{-3} \times 5 = 5 \qquad \text{(E.3)}$$

Es wurde angenommen, dass ein Teil dieser Partikelanzahl zu einem fehlerhaften Produkt führt, und das Risiko durch Partikelablagerung wird in diesem Beispiel als zu hoch erachtet. In Abschnitt E.4 wird betrachtet, wie das Risiko gemindert werden kann.

E.3 Beispiel für die Berechnung der erforderlichen Partikelablagerungsrate für den Erhalt eines annehmbaren Grads der Partikelkontamination auf Oberflächen

Wenn die Anzahl an Partikeln einer bestimmten kumulativen Größe bekanntermaßen zu unannehmbaren Problemen führt, sobald sich diese auf einem Produkt oder bei einem Prozess ablagern, kann die erforderliche Partikelablagerungsrate oder der erforderliche Grad der Partikelablagerungsrate in einem Reinraum oder einem reinen Bereich berechnet werden.

BEISPIEL Ausgehend von dem in E.2 betrachteten Beispiel und unter Berücksichtigung der Anzahl und Größe der Partikel, die die Zuverlässigkeit des Produkts beeinträchtigen, sowie der Prozessökonomie (Kosten für Ertragsverlust bezogen auf die Zusatzkosten für Präventivmaßnahmen), wurde abschließend festgestellt, dass die Partikelablagerung auf dem Produkt nicht größer als 1 Partikel ≥ 20 µm sein sollte. Das Produkt hat eine empfindliche horizontale Oberfläche mit einer Fläche von 10 cm^2 (10^{-3} m^2) und ist 5 h der Luft im Reinraum ausgesetzt. Die Partikelablagerungsrate für Partikel ≥ 20 µm, die nicht überschritten werden darf, kann nun mit Gleichung (E.2) berechnet werden und beträgt 200/m^2 · h:

$$R_{(\geq 20\ \mu\text{m})} = \frac{N_\text{D}}{a \cdot t} = \frac{1}{0{,}001 \times 5} = 200/\text{m}^2 \cdot \text{h}$$

Unter Bezugnahme auf Tabelle 1 wird festgestellt, dass eine $R_{(\geq 20\ \mu\text{m})}$ von 200/m^2 · h äquivalent zu einem Grad der Partikelablagerungsrate von 1 000 ist.

Alternativ kann der Grad der Partikelablagerungsrate auch wie folgt mit Gleichung (3) berechnet werden:

$$\frac{200 \times 20}{10} = 400$$

Wenn die in einem Reinraum gemessene $R_{(\geq 20\ \mu\text{m})}$ nicht gleich oder kleiner als 200 je m^2 · h ist, sind Verbesserungen an Arbeitsweisen und Kontrollverfahren erforderlich (siehe E.4.1). Wenn ein neuer Reinraum geplant oder ein bestehender Reinraum aufgerüstet wird, sollte die Lüftungsanlage so ausgelegt werden, dass eine $R_{(\geq 20\ \mu\text{m})}$ von 200/m^2 · h erreicht wird (siehe E.4.2).

Obige Berechnung geht davon aus, dass die kritische Oberfläche frei von oberflächlicher Kontamination ist, wenn sie der Kontamination durch luftgetragene Partikel ausgesetzt wird. Oberflächenpartikel können jedoch beim Reinigen nur ungenügend entfernt oder die Flächen gar nicht von Partikeln gereinigt worden sein. In diesem Fall kann obige Berechnung wie folgt geändert werden:

Wenn die Gesamtzahl der kritischen Partikelgröße auf der kritischen Oberfläche, bevor diese der Kontamination durch luftgetragene Partikel ausgesetzt wird, 0,2 je Produkt entspricht, sind die Partikel, die sich aus der Luft ablagern, 1 − 0,2 = 0,8. Die Partikelablagerungsrate wird dann mit dem gleichen Verfahren wie oben beschrieben mit Gleichung (E.2) berechnet.

$$R_{(\geq 20\ \mu\text{m})} = \frac{N_\text{D}}{a \cdot t} = \frac{0{,}8}{0{,}001 \times 5} = 160/\text{m}^2 \cdot \text{h}$$

Unter Bezugnahme auf Tabelle 1 wird festgestellt, dass eine $R_{(\geq 20\ \mu\text{m})}$ von 160/m^2 · h äquivalent zu einem Grad der Partikelablagerungsrate von 1 000 ist.

Alternativ kann ein Zwischenwert für den Grad der Partikelablagerungsrate wie folgt mit Gleichung (3) berechnet werden:

$$\frac{160 \times 20}{10} = 320$$

E.4 Verringerung des Risikos oberflächlicher Kontamination durch Partikelablagerung

E.4.1 Verringerung des Risikos oberflächlicher Kontamination durch Verbesserung der Reinraum-Verfahren

Wird die Partikelablagerungsrate in einem Reinraum gemessen, der in Betrieb ist, und wird sie als unbefriedigend bewertet, kann die Partikelablagerungsrate verringert werden, indem die Werte eines oder mehrerer der drei in Gleichung (E.1) dargestellten Risikofaktoren, nämlich Expositionszeit, exponierte Fläche und Partikelablagerungsrate, gesenkt werden. Die ersten beiden Risikofaktoren erfordern in der Regel eine Veränderung des Herstellverfahrens, um diese Risikofaktoren zu senken; solche Veränderungen in der Produktion sind jedoch anwendungsabhängig und liegen daher außerhalb des Anwendungsbereichs dieses Dokuments. Dieser Anhang konzentriert sich auf die Verringerung des Risikos für Produkte durch eine Senkung der Partikelablagerungsrate während der Herstellung.

Die Überwachung der zeitlichen Entwicklung der Partikelablagerungsrate an einer Stelle im Bereich der empfindlichen Oberfläche liefert Ergebnisse der Partikelablagerungsrate der in Bild B.2 gezeigten Art. Kontaminationsquellen können festgestellt werden, indem beobachtet wird, welche Verfahren mit Spitzen der Partikelablagerungsrate verknüpft sind. Mögliche Quellen luftgetragener Kontamination und Verfahren zur Verringerung der luftgetragenen Dispersion sind beispielsweise die folgenden:

1) Personal: weniger Personen und weniger Aktivität, wodurch eine geringere Dispersion luftgetragener Partikel verursacht wird;
2) Kleidung des Personals: Verbesserungen in Ausführung und Stoffen, die mit einer Minimierung der Dispersion luftgetragener Kontamination in Bezug stehen;
3) Veränderung von Verfahren und Auslegung der Umkleideräume, um Querkontamination durch Oberflächen im Umkleideraum sowie zwischen Personen, die den Reinraum betreten oder verlassen, zu begrenzen oder zu kontrollieren;
4) Reinigungshäufigkeit der Kleidungsstücke;
5) Arbeitsmethoden und Verhalten des Personals, um Aktivität und Partikeldispersion zu verringern;
6) Verfahren für Zutritt und Verlassen der Anlage;
7) Programm zur Oberflächenreinigung und Reinigungsverfahren für Böden, Arbeitsflächen, Geräte und Ausrüstung;
8) Reinigung eingehender Waren;
9) Wegeführung für Personen und Waren (Logistik).

Diese und alle weiteren möglichen Kontaminationsquellen durch luftgetragene Partikel sollten untersucht werden, um die Hauptkontaminationsquellen eindeutig festzustellen. Anschließend sollten Verhaltensweisen und Kontrollverfahren eingeführt oder verbessert werden, um die Dispersion von Partikeln in die Reinraumluft und die Auswirkung auf die festgestellte Partikelablagerungsrate zu reduzieren. Weitere Informationen über Verhaltensweisen und Kontrollverfahren in Reinräumen zur Reduzierung der Kontamination aus der Luft sind verfügbar (siehe Literaturhinweise [21], [23] und [24]).

In dem in E.2 betrachteten Beispiel wurde die $R_{(\geq 20\ \mu m)}$ während der Herstellung gemessen und betrug $1\,000/m^2 \cdot h$. Dies wurde als zu hoch erachtet, da die Berechnung in E.2 gezeigt hatte, dass eine Partikelablagerungsrate von etwa $200/m^2 \cdot h$ der erwünschte Wert ist. Die Wirksamkeit und die Häufigkeit der Reinigung der Reinraumoberflächen wurden verbessert und die Kleidung im Reinraum wurde von Arbeitskitteln auf Ganzkörper-Overalls aus Stoffen, die körpereigene Emissionen wirksam filtern, aufgerüstet. Es wurde festgestellt, dass durch diese Veränderungen die $R_{(\geq 20\ \mu m)}$ von $1\,000/m^2 \cdot h$ auf $100/m^2 \cdot h$ verringert werden kann. Mit Gleichung (E.1) kann berechnet werden, dass das Risiko durch Partikelablagerung von etwa 5 auf 0,5 Partikel je Produkt verringert wird; diese Verbesserung wurde als annehmbar bewertet.

E.4.2 Beispiel für die Konstruktion und Aufrüstung der Lüftung, um einen korrekten Grad der Partikelablagerungsrate zu erhalten

Wenn die Partikelablagerungsrate durch verbesserte Betriebsverfahren nicht ausreichend verringert werden kann, kann eine Verbesserung der Lüftungsanlage erforderlich sein, indem ein neuer Reinraum angelegt oder ein bestehender Reinraum aufgerüstet wird. Dieser Abschnitt beschreibt, wie die Lüftungsanlage für eine bestimmte Partikelablagerungsrate oder einen bestimmten Grad der Partikelablagerungsrate ausgelegt werden kann. Dieses Verfahren ist erfolgreicher bei der Reduzierung kleinerer Makropartikel, die durch die Abluft entfernt werden, bevor sie sich auf Oberflächen absetzen, als bei größeren Partikeln, die sich schneller auf Oberflächen absetzen und durch Reinigen entfernt werden müssen.

Das übliche Verfahren für die Auslegung einer Lüftungsanlage, damit die erforderliche Reinheit eines Reinraums erreicht wird, erfordert Informationen über die Partikelkonzentrationen in der Luft, d. h. die Klassengrenzen nach ISO 14644-1. Anhang D zeigt den Zusammenhang des Grades der Partikelablagerungsrate mit der Klassifizierung nach ISO 14644-1. Dieser Zusammenhang kann als Grundlage für die Auslegung verwendet werden.

In dem in E.4.1 betrachteten Beispiel wurde festgestellt, dass eine $R_{(\geq 20\ \mu m)}$ von $200/m^2 \cdot h$ erforderlich ist, um einen annehmbaren Grad der Oberflächenkontamination zu erreichen; diese Forderung wird hier zugrunde gelegt. Diese Forderung sollte jedoch mit Gleichung (E.4) in die erforderliche $R_{(\geq 5\ \mu m)}$ mit dem gleichen Grad der Partikelablagerungsrate umgerechnet werden:

$$R_{(\geq 5\ \mu m)} = R_{\geq (20\ \mu m)} \cdot \frac{D_{(20)}}{D_{(5)}} = 200 \cdot \frac{20}{5} = 800 \qquad (E.4)$$

Die verlangte Partikelablagerungsrate bei $\geq 5\ \mu m$ beträgt daher $800/m^2 \cdot h$. Diese Anforderung kann nun in die erforderliche Konzentration luftgetragener Partikel entsprechend der Reinraum-Klassifizierung nach ISO 14644-1 umgerechnet werden.

Mit Hilfe von Tabelle D.1 wird ersichtlich, dass dieser Grad der Luftreinheit

— innerhalb der extrapolierten Grenze der ISO-Klasse 5 (29 Partikel $\geq 5\ \mu m$ je m^3) liegt und

— der Reinheitsklassifizierung nach ISO 14644-1 entspricht, die als Grundlage für die Auslegung dienen sollte.

Es sollte beachtet werden, dass die Beziehung zwischen der Konzentration luftgetragener Partikel $\geq 5\ \mu m$ und der Partikelablagerungsrate abhängig von den Luftströmungsbedingungen im Reinraum und der Größenverteilung der luftgetragenen Partikel ist. Die Berechnung der Klasse nach ISO 14644-1 kann zusätzlich eine Extrapolation der Klassengrenzen nach ISO 14644-1 bei $\geq 5\ \mu m$ erfordern. Mit obigem Verfahren wird daher ein ungefähres Ergebnis erreicht und es sollte nur als Hilfe bei der Auslegung von Reinräumen und reinen Bereichen verwendet werden.

E.4.3 Überwachung der Partikelablagerungsrate

Die erforderliche Partikelablagerungsrate, die nach der Einführung von Risikokontrollmaßnahmen erforderlich ist, sollte anschließend während der Produktion überwacht werden, um sicherzustellen, dass der Grenzwert zeitstabil eingehalten wird. Die Überwachung der Partikelablagerungsrate wird in B.2 behandelt.

Literaturhinweise

[1] ISO 14644-1:2015, *Cleanrooms and associated controlled environments — Part 1: Classification of air cleanliness by particle concentration*

[2] ISO 14644-2:2015, *Cleanrooms and associated controlled environments — Part 2: Monitoring to provide evidence of cleanroom performance related to air cleanliness by particle concentration*

[3] ISO 14644-9:2012, *Cleanrooms and associated controlled environments — Part 9: Classification of surface cleanliness by particle concentration*

[4] IEST-STD-CC1246E:2013. *Product cleanliness levels-applications, requirements, and determination.* Institute of Environmental Sciences and Technology, Arlington Heights, USA

[5] VCCN Guideline 9. Particle deposition in cleanrooms and associated controlled environments. Vereniging Contamination Control Nederland, The Netherlands, 2014

[6] WHYTE W., AGRICOLA K. Comparison of the loss of macroparticles and MCPs in cleanrooms by surface deposition and mechanical ventilation. Clean Air and Containment Review. 2018, Issue 35, pp. 4–10. Verfügbar unter: http://eprints.gla.ac.uk/167850/1/167850.pdf

[7] WHYTE W., AGRICOLA K., DERKS M.. Airborne particle deposition in cleanrooms: Deposition mechanisms. Clean Air and Containment Review. 2015, Issue 24, pp. 4–9. Verfügbar unter: https://eprints.gla.ac.uk/111678/1/111678.pdf

[8] ASTM E2088-06, *Standard Practice for Selecting, Preparing, Exposing, and Analyzing Witness Surfaces for Measuring Particle Deposition in Cleanrooms and Associated Controlled Environments*

[9] ASTM F25/F25M. *Standard Test Method for Sizing And Counting Airborne Particulate Contamination In Cleanrooms and Other Dust-Controlled Areas*

[10] ASTM F50. *Standard Practice for Continuous Sizing and Counting of Airborne Particles in Dust-Controlled areas and Cleanrooms Using Instruments Capable of Detecting Single Sub-Micrometre and Larger Particles*

[11] AGRICOLA K. Real-time particle deposition monitoring of operational cleanroom quality. Journal of the IEST. 2016, 59 (1), pp. 1–13

[12] AGRICOLA K. Practical experiences in practical deposition monitoring. Clean Air and Containment Review. 2015, Issue 21, pp. 4–8

[13] TOVENA PECAULT I. GODEFROY P., ESCOUBAS L. Qualification testing of an innovative system for monitoring particle contamination fall out. Sensors and Actuators: A. Physical. 2017, 253, pp. 181–187

[14] ECSS-Q-ST-70-50C. *Space product assurance: Particles contamination monitoring for spacecraft systems and cleanrooms.* European Cooperation for Space Standardization (ECSS) Secretariat, ESA-ESTEC, Requirements and Standards Division, Noordwijk, the Netherlands, 2011

[15] AGRICOLA K. Real time obscuration monitoring. *SPIE Proceedings.* 2016, 9952: Systems Contamination: Prediction, Control, and Performance, doi: 10.1117/12.2237260

[16] WHYTE W., EATON T., WHYTE W. M., EATON T., LENEGAN N., WARD S., AGRICOLA K. Calculation of air supply rates and concentration of airborne contamination in non-UDAF-cleanrooms. European Journal of Parenteral and Pharmaceutical Sciences. 2017, 22 (4), pp. 126–138. Verfügbar unter: https://eprints.gla.ac.uk/157532/1/157532.pdf

[17] HAMBERG O. Particle fallout predictions for clean rooms. The Journal of Environmental Sciences. 1982, 25, pp. 15–20

[18] PASASURAMAN D. K., KEMPS A. A. M., VEEKE H. P. M., LODEWIJKS G. Prediction model for particle fallout in cleanrooms. Journal of the IEST. 2012, 55 (1), pp. 1–9

[19] WHYTE W., AGRICOLA K., DERKS M. Airborne particle deposition in cleanrooms: Calculation of product contamination and required cleanroom class. Clean Air and Containment Review. 2016, Issue 26, pp. 4–10. Verfügbar unter: https://eprints.gla.ac.uk/119089/1/119089.pdf

[20] IEC 60812:2018, *Failure modes and effects analysis (FMEA and FMECA)*

[21] VAN der DONCK J. C. J. Contamination Control – A systems approach. In *Developments in Surface Contamination and Cleaning, Part 2: Particle Deposition, Control and Removal*, Elsevier. 2010, ISBN 131-978-1-4377-7830-4

[22] WHYTE W. Advances in cleanroom technology. Euromed Communications, 2018, ISBN 978-0-9956666-6-5

[23] AGRICOLA K. Product oriented contamination control (POCC), Clean Air and Containment Review. 2015, Issue 24, pp. 10–17

[24] WHYTE W. Operating a cleanroom: managing the risk from contamination. In 'Cleanroom technology-fundamentals of design, testing and operation (second edition)'. John Wiley and Sons, Chichester, UK, 2010. ISBN 978-0-470-74806-0

Januar 2024

DIN EN ISO 14644-18

ICS 13.040.35

Reinräume und zugehörige Reinraumbereiche – Teil 18: Bewertung der Reinraumtauglichkeit von Verbrauchsgegenständen (ISO 14644-18:2023); Deutsche Fassung EN ISO 14644-18:2023

Cleanrooms and associated controlled environments – Part 18: Assessment of suitability of consumables (ISO 14644-18:2023); German version EN ISO 14644-18:2023

Salles propres et environnements maîtrisés apparentés – Partie 18: Évaluation de l’aptitude à l’emploi des consommables (ISO 14644-18:2023); Version allemande EN ISO 14644-18:2023

Gesamtumfang 54 Seiten

DIN-Normenausschuss Heiz- und Raumlufttechnik sowie deren Sicherheit (NHRS)

Nationales Vorwort

Dieses Dokument (EN ISO 14644-18:2023) wurde vom Technischen Komitee ISO/TC 209 „Cleanrooms and associated controlled environments“ in Zusammenarbeit mit dem Technischen Komitee CEN/TC 243 „Reinraumtechnologie“ erarbeitet, dessen Sekretariat von BSI (Vereinigtes Königreich) gehalten wird.

Das zuständige deutsche Normungsgremium ist der Arbeitsausschuss NA 041-02-21 AA „Reinraumtechnik (SpA CEN/TC 243 und ISO/TC 209)“ im DIN-Normenausschuss Heiz- und Raumlufttechnik sowie deren Sicherheit (NHRS).

Für die in diesem Dokument zitierten Dokumente wird im Folgenden auf die entsprechenden deutschen Dokumente hingewiesen:

ISO 9000:2015	siehe	DIN EN ISO 9000:2015-11
ISO 9073-10	siehe	DIN EN ISO 9073-10
ISO 9237	siehe	DIN EN ISO 9237
ISO 14644-1	siehe	DIN EN ISO 14644-1
ISO 14644-4	siehe	DIN EN ISO 14644-4
ISO 14644-5	siehe	DIN EN ISO 14644-5
ISO 14644-8:2022	siehe	DIN EN ISO 14644-8:2022-10
ISO 14644-9	siehe	DIN EN ISO 14644-9
ISO 14644-10:2022	siehe	DIN EN ISO 14644-10:2022-10
ISO 14644-13:2017	siehe	DIN EN ISO 14644-13:2017-11
ISO 14644-14	siehe	DIN EN ISO 14644-14
ISO 14644-15	siehe	DIN EN ISO 14644-15
ISO 14644-17	siehe	DIN EN ISO 14644-17
ISO 18369-1:2017	siehe	DIN EN ISO 18369-1:2018-04

Aktuelle Informationen zu diesem Dokument können über die Internetseiten von DIN (www.din.de) durch eine Suche nach der Dokumentennummer aufgerufen werden.

Nationaler Anhang NA
(informativ)

Literaturhinweise

DIN EN ISO 9000:2015-11, *Qualitätsmanagementsysteme — Grundlagen und Begriffe (ISO 9000:2015); Deutsche und Englische Fassung EN ISO 9000:2015*

DIN EN ISO 9073-10, *Textilien — Prüfverfahren für Vliesstoffe — Teil 10: Analyse von Faserfragmenten und anderen Partikeln im trockenen Zustand*

DIN EN ISO 9237, *Textilien — Bestimmung der Luftdurchlässigkeit von textilen Flächengebilden*

DIN EN ISO 14644-1, *Reinräume und zugehörige Reinraumbereiche — Teil 1: Klassifizierung der Luftreinheit anhand der Partikelkonzentration*

DIN EN ISO 14644-4, *Reinräume und zugehörige Reinraumbereiche — Teil 4: Planung, Ausführung und Erst-Inbetriebnahme*

DIN EN ISO 14644-5, *Reinräume und zugehörige Reinraumbereiche — Teil 5: Betrieb*

DIN EN ISO 14644-08:2022-10, *Reinräume und zugehörige Reinraumbereiche — Teil 8: Bewertung der chemischen Luftreinheit (ACC) (ISO 14644-8:2022); Deutsche Fassung EN ISO 14644-8:2022*

DIN EN ISO 14644-9, *Reinräume und zugehörige Reinraumbereiche — Teil 9: Bewertung der partikulären Oberflächenreinheit*

DIN EN ISO 14644-10:2022-10, *Reinräume und zugehörige Reinraumbereiche — Teil 10: Bewertung der chemischen Oberflächenreinheit (ISO 14644-10:2022); Deutsche Fassung EN ISO 14644-10:2022*

DIN EN ISO 14644-13:2017-11, *Reinräume und zugehörige Reinraumbereiche — Teil 13: Reinigung von Oberflächen zur Erreichung definierter Reinheitsgrade hinsichtlich Partikel- und Chemikalienklassifikationen (ISO 14644-13:2017); Deutsche Fassung EN ISO 14644-13:2017*

DIN EN ISO 14644-14, *Reinräume und zugehörige Reinraumbereiche — Teil 14: Bewertung der Reinraumtauglichkeit von Geräten durch Partikelkonzentration in der Luft*

DIN EN ISO 14644-15, *Reinräume und zugehörige Reinraumbereiche — Teil 15: Bewertung der Reinraumtauglichkeit von Ausrüstungsgegenständen und Materialien anhand der chemischen Luft- und Oberflächenkonzentration*

DIN EN ISO 14644-17, *Reinräume und zugehörige Reinraumbereiche — Teil 17: Anwendungen zur Partikelabscheidungsrate*

DIN EN ISO 18369-1:2018-04, *Augenoptik — Kontaktlinsen — Teil 1: Begriffe, Einteilung von Kontaktlinsenmaterialien und Empfehlungen für die Schreibweise von Kontaktlinsenspezifikationen (ISO 18369-1:2017, korrigierte Fassung 2017-10-01); Deutsche Fassung EN ISO 18369-1:2017*

– Leerseite –

EUROPÄISCHE NORM

EUROPEAN STANDARD

NORME EUROPÉENNE

EN ISO 14644-18

Oktober 2023

ICS 13.040.35

Deutsche Fassung

Reinräume und zugehörige Reinraumbereiche — Teil 18: Bewertung der Reinraumtauglichkeit von Verbrauchsgegenständen (ISO 14644-18:2023)

Cleanrooms and associated controlled environments — Part 18: Assessment of suitability of consumables (ISO 14644-18:2023)

Salles propres et environnements maîtrisés apparentés — Partie 18: Évaluation de l'aptitude à l'emploi des consommables (ISO 14644-18:2023)

Diese Europäische Norm wurde vom CEN am 17. September 2023 angenommen.

Die CEN-Mitglieder sind gehalten, die CEN/CENELEC-Geschäftsordnung zu erfüllen, in der die Bedingungen festgelegt sind, unter denen dieser Europäischen Norm ohne jede Änderung der Status einer nationalen Norm zu geben ist. Auf dem letzten Stand befindliche Listen dieser nationalen Normen mit ihren bibliographischen Angaben sind beim CEN-CENELEC-Management-Zentrum oder bei jedem CEN-Mitglied auf Anfrage erhältlich.

Diese Europäische Norm besteht in drei offiziellen Fassungen (Deutsch, Englisch, Französisch). Eine Fassung in einer anderen Sprache, die von einem CEN-Mitglied in eigener Verantwortung durch Übersetzung in seine Landessprache gemacht und dem Management-Zentrum mitgeteilt worden ist, hat den gleichen Status wie die offiziellen Fassungen.

CEN-Mitglieder sind die nationalen Normungsinstitute von Belgien, Bulgarien, Dänemark, Deutschland, Estland, Finnland, Frankreich, Griechenland, Irland, Island, Italien, Kroatien, Lettland, Litauen, Luxemburg, Malta, den Niederlanden, Norwegen, Österreich, Polen, Portugal, der Republik Nordmazedonien, Rumänien, Schweden, der Schweiz, Serbien, der Slowakei, Slowenien, Spanien, der Tschechischen Republik, der Türkei, Ungarn, dem Vereinigten Königreich und Zypern.

EUROPÄISCHES KOMITEE FÜR NORMUNG
EUROPEAN COMMITTEE FOR STANDARDIZATION
COMITÉ EUROPÉEN DE NORMALISATION

CEN-CENELEC Management-Zentrum: Rue de la Science 23, B-1040 Brüssel

Ref. Nr. EN ISO 14644-18:2023 D

Inhalt

Tabellen

Europäisches Vorwort

Dieses Dokument (EN ISO 14644-18:2023) wurde vom Technischen Komitee ISO/TC 209 „Cleanrooms and associated controlled environments“ in Zusammenarbeit mit dem Technischen Komitee CEN/TC 243 „Reinraumtechnologie“ erarbeitet, dessen Sekretariat von BSI gehalten wird.

Diese Europäische Norm muss den Status einer nationalen Norm erhalten, entweder durch Veröffentlichung eines identischen Textes oder durch Anerkennung bis April 2024, und etwaige entgegenstehende nationale Normen müssen bis April 2024 zurückgezogen werden.

Es wird auf die Möglichkeit hingewiesen, dass einige Elemente dieses Dokuments Patentrechte berühren können. CEN ist nicht dafür verantwortlich, einige oder alle diesbezüglichen Patentrechte zu identifizieren.

Rückmeldungen oder Fragen zu diesem Dokument sollten an das jeweilige nationale Normungsinstitut des Anwenders gerichtet werden. Eine vollständige Liste dieser Institute ist auf den Internetseiten von CEN abrufbar.

Entsprechend der CEN-CENELEC-Geschäftsordnung sind die nationalen Normungsinstitute der folgenden Länder gehalten, diese Europäische Norm zu übernehmen: Belgien, Bulgarien, Dänemark, Deutschland, die Republik Nordmazedonien, Estland, Finnland, Frankreich, Griechenland, Irland, Island, Italien, Kroatien, Lettland, Litauen, Luxemburg, Malta, Niederlande, Norwegen, Österreich, Polen, Portugal, Rumänien, Schweden, Schweiz, Serbien, Slowakei, Slowenien, Spanien, Tschechische Republik, Türkei, Ungarn, Vereinigtes Königreich und Zypern.

Anerkennungsnotiz

Der Text von ISO 14644-18:2023 wurde von CEN als EN ISO 14644-18:2023 ohne irgendeine Abänderung genehmigt.

Vorwort

ISO (die Internationale Organisation für Normung) ist eine weltweite Vereinigung nationaler Normungsinstitute (ISO-Mitgliedsorganisationen). Die Erstellung von Internationalen Normen wird üblicherweise von Technischen Komitees von ISO durchgeführt. Jede Mitgliedsorganisation, die Interesse an einem Thema hat, für welches ein Technisches Komitee gegründet wurde, hat das Recht, in diesem Komitee vertreten zu sein. Internationale staatliche und nichtstaatliche Organisationen, die in engem Kontakt mit ISO stehen, nehmen ebenfalls an der Arbeit teil. ISO arbeitet bei allen elektrotechnischen Normungsthemen eng mit der Internationalen Elektrotechnischen Kommission (IEC) zusammen.

Die Verfahren, die bei der Entwicklung dieses Dokuments angewendet wurden und die für die weitere Pflege vorgesehen sind, werden in den ISO/IEC Directives, Teil 1, beschrieben. Es sollten insbesondere die unterschiedlichen Annahmekriterien für die verschiedenen ISO-Dokumentenarten beachtet werden. Dieses Dokument wurde in Übereinstimmung mit den Gestaltungsregeln der ISO/IEC Directives, Teil 2, erarbeitet (siehe www.iso.org/directives).

ISO weist auf die Möglichkeit hin, dass die Anwendung dieses Dokuments mit der Verwendung eines oder mehrerer Patente verbunden sein kann. ISO bezieht jedoch in dieser Hinsicht keinerlei Stellung bezüglich Nachweis, Gültigkeit oder Anwendbarkeit jeglicher beanspruchten Patentrechte. Zum Zeitpunkt der Veröffentlichung dieses Dokuments lag ISO keine Mitteilung über ein Patent bzw. mehrere Patente vor, welche/s zur Umsetzung dieses Dokuments erforderlich sein könnte/n. Anwender werden jedoch darauf hingewiesen, dass dies möglicherweise nicht der aktuelle Informationsstand ist. Dieser kann jedoch der Patentdatenbank unter www.iso.org/patents entnommen werden. ISO ist nicht dafür verantwortlich, einige oder alle diesbezüglichen Patentrechte zu identifizieren.

Jeder in diesem Dokument verwendete Handelsname dient nur zur Unterrichtung der Anwender und bedeutet keine Anerkennung.

Für eine Erläuterung des freiwilligen Charakters von Normen, der Bedeutung ISO-spezifischer Begriffe und Ausdrücke in Bezug auf Konformitätsbewertungen sowie Informationen darüber, wie ISO die Grundsätze der Welthandelsorganisation (WTO, en: World Trade Organization) hinsichtlich technischer Handelshemmnisse (TBT, en: Technical Barriers to Trade) berücksichtigt, siehe www.iso.org/iso/foreword.html.

Dieses Dokument wurde vom Technischen Komitee ISO/TC 209, *Cleanrooms and associated controlled environments*, in Zusammenarbeit mit dem Europäischen Komitee für Normung (CEN), Technisches Komitee CEN/TC 243, *Reinraumtechnologie*, in Übereinstimmung mit der Vereinbarung zur technischen Zusammenarbeit zwischen ISO und CEN (Wiener Vereinbarung) erarbeitet.

Eine Auflistung aller Teile der Normenreihe ISO 14644 ist auf der ISO-Internetseite abrufbar.

Rückmeldungen oder Fragen zu diesem Dokument sollten an das jeweilige nationale Normungsinstitut des Anwenders gerichtet werden. Eine vollständige Auflistung dieser Institute ist unter www.iso.org/members.html zu finden.

Einleitung

Reinräume und zugehörige Reinraumbereiche dienen dazu, die Kontamination auf ein Niveau zu bringen, welches für die Durchführung kontaminationssensibler Aktivitäten geeignet ist.

Von der Kontaminationskontrolle profitieren Produkte und Prozesse, u. a. der Raumfahrt-, Mikroelektronik- und Optikbranche, der Nuklear-, Mikromechanik-, Konsumgüter-, und der Kosmetik-Industrie sowie der Life Sciences (z. B. Pharmazeutika, Medizingeräte, Nahrungsmittel). Die Kontaminationskontrolle im Bereich des Gesundheitswesens nutzt den Patienten, indem sie ihnen Zugang zu Produkten bietet, die frei von potenziell schädlichen Partikeln sind.

Verbrauchsgegenstände werden häufig während der Vorbereitung und des Betriebs in Reinräumen, reinen Bereichen oder kontrollierten Bereichen verwendet, um den Reinheitsgrad der Luft oder der Oberflächen in dem Reinraum aufrechtzuerhalten, indem die Kontaminationsquelle oder ein anfälliges Objekt abgeschirmt oder die Kontamination von einer Oberfläche entfernt wird. Für Überwachungs- und Prüfzwecke können Verbrauchsgegenstände für die Messung der Kontamination verwendet werden. Verbrauchsgegenstände müssen sorgfältig ausgewählt und geeignet verwendet werden, um Reinheitsgrade aufrechtzuerhalten und Risiken für Prozesse und Produkte zu mindern.

Verbrauchsgegenstände werden nur für einen begrenzten Zeitraum verwendet. Sie stellen keinen Teil des Endprodukts dar.

Dieses Dokument behandelt die Bewertung der Tauglichkeit von Verbrauchsgegenständen für die Verwendung in Reinräumen, reinen Bereichen oder kontrollierten Bereichen im Hinblick auf die Luft- und Oberflächenkontamination durch:

— Partikel;

— Chemikalien;

— Mikroorganismen.

Kunden oder Anwender müssen die Möglichkeit haben, einen gegebenen Verbrauchsgegenstand zu bewerten, indem sie ihre Anforderungen an die bestimmungsgemäße Verwendung mit den vorgesehen Verwendungsdaten des Lieferanten übereinbringen. Dies kann durch zusätzliche Prüfung ergänzt werden. Diese Übereinstimmung von bestimmungsgemäßer Verwendung und vorgesehener Verwendung wird als geeignete Verwendung bezeichnet.

Je nach Verwendungsfall kann eine Bewertung der Auswirkung der Art und akzeptablen Menge der Kontamination von Verbrauchsgegenständen aus Vergleichsbewertungen (Benchmarking) der Anforderungen mit Hinblick auf die Emission von Kontaminanten abgeleitet werden.

Dieses Dokument wurde für Lieferanten (Hersteller von Verbrauchsgegenständen oder Vertriebshändler) und Kunden (als Anwender der Verbrauchsgegenstände) verfasst, um die Reinraumtauglichkeit von Verbrauchsgegenständen zu bewerten.

Die Bewertung der Reinraumtauglichkeit muss von einer Beschreibung der Verwendung, den aufgrund der Art des Verbrauchsgegenstands erforderlichen technischen Daten und den Prüfergebnissen begleitet sein. Eine einzelne Erklärung wie etwa „tauglich für die Reinraumklasse ISO 5“ ist aufgrund der Vielfalt und Komplexität der Verwendungsfälle und der Wahrscheinlichkeit, dass eine Bewertung der Reinraumtauglichkeit nicht nur allein auf Prüfdaten in Bezug auf luftgetragene Partikelemissionen basieren würde, nicht vorgesehen.

1 Anwendungsbereich

Dieses Dokument bietet eine Anleitung für die Bewertung persönlicher und nicht persönlicher Verbrauchsgegenstände für ihre geeignete Verwendung in Reinräumen, reinen Bereichen oder kontrollierten Bereichen auf der Grundlage der Produkt- und Prozessanforderungen, der Reinheitsattribute und der funktionalen Leistungseigenschaften. Die behandelten Reinheitsattribute sind Partikel oder Chemikalien in der Luft oder auf Oberflächen. Biokontamination (lebensfähige Partikel/Mikroorganismen oder Pyrogene) gilt als besondere Eigenschaft von Verbrauchsgegenständen. Die Identifizierung der damit verbundenen Risiken wird berücksichtigt.

Dieses Dokument ergänzt den in ISO 14644-5 beschriebenen Reinraumbetrieb.

Dieses Dokument bietet eine Anleitung für:

— die Bestimmung der Reinraumtauglichkeit von Verbrauchsgegenständen im Allgemeinen;

— die Spezifikation von Anforderungen an die bestimmungsgemäße Verwendung eines Verbrauchsgegenstandes durch den Kunden im Hinblick auf die funktionalen Leistungseigenschaften, Reinheitsattribute und besondere Eigenschaften;

— die Spezifikation von Eigenschaften für eine vorgesehene Verwendung eines Verbrauchsgegenstandes durch den Lieferanten;

— die Bewertung eines Verbrauchsgegenstandes für eine geeignete Verwendung;

— die Dokumentation.

Informative Anhänge werden verwendet, um Beispiele für persönliche und nicht persönliche Verbrauchsgegenstände, Überprüfungsverfahren für Reinheitsattribute und die potenzielle Auswirkung von Verbrauchsgegenständen auf einen Reinraum aufzuführen.

Reinigungsmittel, Desinfektionsmittel und Schmierstoffe werden im Hinblick auf ihre Verpackung als Verbrauchsgegenstände betrachtet, da an ihre Verpackung wahrscheinlich die gleichen Reinheitsanforderungen bestehen, wie für alle Verbrauchsgegenstände.

Dieses Dokument ist nicht anwendbar für:

— Gestaltungsdetails von Verbrauchsgegenständen;

— die Prüfung der funktionalen Leistungseigenschaften von Materialien, z. B. Barriereeigenschaften von Handschuhen, Verschleiß- und Rutschfestigkeit von Bodenbelag;

— Gesundheits- und Sicherheitsanforderungen; in bestimmten Ländern können gesetzliche Anforderungen gelten;

— Reinigungsfähigkeit;

— (Roh-) Materialien, die innerhalb des Produktionsprozesses als Inhaltsstoffe hinzugefügt werden;

— Leistungs- oder Funktionsprüfungen;

— Transportbehälter;

— Prozessmittel wie Gase oder Flüssigkeiten;

— die funktionalen Leistungseigenschaften von Reinigungsmitteln, Desinfektionsmitteln und Schmierstoffen.

2 Normative Verweisungen

Die folgenden Dokumente werden im Text in solcher Weise in Bezug genommen, dass einige Teile davon oder ihr gesamter Inhalt Anforderungen des vorliegenden Dokuments darstellen. Bei datierten Verweisungen gilt nur die in Bezug genommene Ausgabe. Bei undatierten Verweisungen gilt die letzte Ausgabe des in Bezug genommenen Dokuments (einschließlich aller Änderungen).

ISO 14644-1, *Cleanrooms and associated controlled environments — Part 1: Classification of air cleanliness by particle concentration*

ISO 14644-8:2022, *Cleanrooms and associated controlled environments — Part 8: Assessment of air cleanliness by chemical concentration (ACC)*

ISO 14644-9, *Cleanrooms and associated controlled environments — Part 9: Assessment of surface cleanliness for particle concentration*

ISO 14644-10:2022, *Cleanrooms and associated controlled environments — Part 10: Assessment of surface cleanliness for chemical contamination*

3 Begriffe

Für die Anwendung dieses Dokuments gelten die folgenden Begriffe.

ISO und IEC stellen terminologische Datenbanken für die Verwendung in der Normung unter den folgenden Adressen bereit:

— ISO Online Browsing Platform: verfügbar unter https://www.iso.org/obp

— IEC Electropedia: verfügbar unter https://www.electropedia.org/

3.1
chemische Luftreinheit
ACC, en: air cleanliness by chemical concentration
Menge der in der Luft erkannten Chemikalien, angegeben als ISO-ACC-Stufe N, die den Höchstwert der zulässigen Konzentration eines bestimmten chemischen Stoffs oder einer Gruppe von chemischen Stoffen darstellt

Anmerkung 1 zum Begriff: Einheiten: g/m^3.

Anmerkung 2 zum Begriff: Diese Definition berücksichtigt keine Makromoleküle biologischen Ursprungs, die als Partikel beurteilt werden.

[QUELLE: ISO 14644-8:2022, 3.1.2, modifiziert — Einheiten in Anmerkung zum Begriff verschoben.]

3.2
geeignete Verwendung
Anwendung, in der *vorgesehene Verwendung* (3.12) und *bestimmungsgemäße Verwendung* (3.13) innerhalb akzeptabler Grenzen übereinstimmen

Anmerkung 1 zum Begriff: Diese Verwendung wird üblicherweise vom Kunden des *Verbrauchsgegenstands* (3.9) angegeben.

3.3
chemische Kontamination
nicht teilchenförmige Substanzen, die eine schädliche Wirkung auf das Produkt, den Prozess oder die Ausrüstung haben können

[QUELLE: ISO 14644-8:2022, 3.1.1]

3.4
Reinheit
Zustand, der ein bestimmtes Niveau der *Verunreinigung* (3.10) nicht überschreitet

Anmerkung 1 zum Begriff: In diesem Dokument bezieht sich *Verunreinigung* (3.10) auf Partikel, Chemikalien oder lebensfähige Partikel.

[QUELLE: ISO 14644-14:2016, 3.1, modifiziert — Anmerkung zum Begriff hinzugefügt.]

3.5
Reinraum
Raum, in dem die Anzahlkonzentration luftgetragener Partikel geregelt und klassifiziert wird und der zur Regelung der Einschleppung, Entstehung und Ablagerung von Partikeln im Raum entsprechend konstruktiv geplant, baulich ausgeführt und betrieben wird

Anmerkung 1 zum Begriff: Die Klasse der Konzentration der luftgetragenen Partikel wird festgelegt.

Anmerkung 2 zum Begriff: Die Grade von weiteren Reinheitsmerkmalen, wie z. B. die chemischen Konzentrationen sowie die Konzentrationen von lebensfähigen oder nanoskaligen Partikeln in der Luft, aber auch die Oberflächenreinheit, in Bezug auf Partikel-, Nanopartikel-, chemische Konzentrationen sowie auf Konzentrationen von lebensfähigen Partikeln, könnten festgelegt und geregelt werden.

Anmerkung 3 zum Begriff: Weitere relevante physikalische Parameter können auch, falls gefordert, geregelt werden, z. B. Temperatur, Feuchte, Druck, Vibration und Elektrostatik.

[QUELLE: ISO 14644-1:2015, 3.1.1]

3.6
Reinraumtauglichkeit
Fähigkeit, die wichtigen Kontrolleigenschaften oder Bedingungen jedes *reinen Bereichs* (3.7) bei bestimmungsgemäßer Anwendung aufrechtzuerhalten

[QUELLE: ISO 14644-14:2016, 3.3, modifiziert — Anmerkung 1 zum Begriff gelöscht.]

3.7
reiner Bereich
Reinbereich
festgelegter Bereich, in dem die Konzentration luftgetragener Partikel geregelt wird und klassifiziert ist und der zur Regelung der Einschleppung, Entstehung und Ablagerung von Partikeln im Bereich entsprechend baulich ausgeführt und betrieben wird

Anmerkung 1 zum Begriff: Die Klasse der Konzentration der luftgetragenen Partikel wird festgelegt.

Anmerkung 2 zum Begriff: Die Grade von weiteren Reinheitsmerkmalen, wie z. B. die chemischen Konzentrationen sowie die Konzentrationen von lebensfähigen oder nanoskaligen Partikeln in der Luft, aber auch die Oberflächenreinheit, in Bezug auf Partikel-, Nanopartikel-, chemische Konzentrationen sowie auf Konzentrationen von lebensfähigen Partikeln, können festgelegt und geregelt werden.

Anmerkung 3 zum Begriff: Ein reiner Bereich (reine Bereiche) kann (können) ein festgelegter Bereich (festgelegte Bereiche) in einem *Reinraum* (3.5) sein, oder er (sie) könnte(n) mithilfe eines SD-Moduls geschaffen werden. Dieses SD-Modul kann sich im Raum oder außerhalb eines *Reinraumes* (3.5) befinden.

Anmerkung 4 zum Begriff: Weitere relevante physikalische Parameter können auch, falls gefordert, geregelt werden, z. B. Temperatur, Feuchte, Druck, Vibration und Elektrostatik.

[QUELLE: ISO 14644-1:2015, 3.1.2]

3.8
Kompatibilität
Zustand, in dem mindestens zwei Dinge ohne schädliche Einflüsse existieren können

Anmerkung 1 zum Begriff: Alle Arten von *Kontamination* (3.10), die von den betrachteten Verbrauchsgegenstände ausgehen und eine Auswirkung auf die Qualität des Produkts oder Prozesses haben könnten, müssen berücksichtigt werden.

3.9
Verbrauchsgegenstand
Gegenstand, der für eine vorgeschriebene Verwendung und Entsorgung, sofern zutreffend, in *Reinräumen* (3.5) und Reinraumbereichen bestimmt ist

3.10
Kontamination
unerwünschtes Material an einem unerwünschten Ort

[QUELLE: ISO 14644-13:2017, 3.4]

3.11
kontrollierter Bereich
zugewiesener Bereich, in dem die Konzentration wenigstens einer Kontaminantengruppe (Partikel, Chemikalien, Biokontamination) in der Luft und/oder auf Oberflächen kontrolliert und spezifiziert wird und der so konstruiert ist und in einer Weise verwendet wird, dass die Einbringung und die Auswirkung von Verunreinigung minimiert wird

Anmerkung 1 zum Begriff: Attribute des Reinheitsgrads wie chemische und lebensfähige Konzentrationen in der Luft oder Reinheit bezüglich Partikeln, chemischer und lebensfähiger Konzentrationen auf Oberflächen können festgelegt werden.

Anmerkung 2 zum Begriff: Andere relevante Parameter wie z. B. Temperatur, Luftfeuchte, Druck, Vibration und Elektrostatik, können nach Bedarf ebenfalls kontrolliert werden.

Anmerkung 3 zum Begriff: Ein kontrollierter Bereich kann ein festgelegter Bereich innerhalb eines *Reinraums* (3.5) sein oder durch ein separierendes Reinraummodul geschaffen werden. Solch ein Modul kann sich innerhalb oder außerhalb eines *Reinraums* (3.5) befinden.

[QUELLE: ISO 14644-15:2017, 3.9, modifiziert — in Anmerkung 1 zum Begriff wurde „durch (eine) Klasse(n)" gestrichen.]

3.12
vorgesehene Verwendung
Anwendung, wie für einen festgelegten Zweck und die *Haltbarkeitsdauer* (3.17) vorgesehen

Anmerkung 1 zum Begriff: Diese wird üblicherweise durch den Hersteller oder Lieferanten des Verbrauchsgegenstands (3.9) angegeben.

3.13
bestimmungsgemäße Verwendung
Anwendung entsprechend einem festgelegten Zweck

Anmerkung 1 zum Begriff: Diese wird üblicherweise durch den Anwender, den Kunden oder eine dritte Partei des *Verbrauchsgegenstands* (3.9) angegeben.

3.14
Material
einzelne Substanz oder Verbundstoff

Anmerkung 1 zum Begriff: Um die Prüfung zu ermöglichen, kann es notwendig sein, Material in repräsentativer Form zur Verfügung zu stellen.

[QUELLE: ISO 14644-15:2017, 3.13]

3.15
persönlicher Verbrauchsgegenstand
Verbrauchsgegenstand (3.9), der von einer Person getragen wird

3.16
Verwendungsdauer
Zeitraum oder Anzahl der Zyklen, über die ein Verbrauchsgegenstand verwendungstauglich ist

Anmerkung 1 zum Begriff: Die Verwendungsdauer hängt von der *geeigneten Verwendung* (3.2) ab.

3.17
Haltbarkeitsdauer
Lagerdauer
festgelegte Zeitspanne vom Herstelldatum eines Produktes bis zum ausgewiesenen Verfallsdatum

[QUELLE: ISO 18369-1:2017, 3.1.9.10]

3.18
Verifizierung
Bestätigung durch Bereitstellung eines objektiven Nachweises, dass festgelegte Anforderungen erfüllt worden sind

Anmerkung 1 zum Begriff: Der für eine Verifizierung erforderliche objektive Nachweis kann das Ergebnis einer Prüfung oder anderer Formen der Bestimmung sein, z. B. Durchführen alternativer Berechnungen oder Überprüfen von Dokumenten.

Anmerkung 2 zum Begriff: Die für die Verifizierung ausgeführten Tätigkeiten werden manchmal als Qualifizierungsprozess bezeichnet.

Anmerkung 3 zum Begriff: Die Benennung „verifiziert“ wird zur Bezeichnung des entsprechenden Status verwendet.

[QUELLE: ISO 9000:2015, 3.8.12]

4 Beschreibung und Eigenschaften der Reinraumtauglichkeit von Verbrauchsgegenständen

4.1 Arten von Verbrauchsgegenständen

Es gibt 2 Arten von Verbrauchsgegenständen:

a) Persönliche Verbrauchsgegenstände: Gegenstände, die von Personal getragen werden, hauptsächlich, um das Produkt und den Prozess vor Kontamination durch die Träger zu schützen, siehe Abschnitt A.2. Persönliche Verbrauchsgegenstände können auch eine spezielle Funktion haben, um die Person, die sie trägt, zu schützen. Passform, Funktion und Komfort sind wichtige Aspekte persönlicher Verbrauchsgegenstände.

b) Nicht persönliche Verbrauchsgegenstände, siehe Abschnitt A.3.

In Anhang A werden Beispiele für übliche Verbrauchsgegenstände beschrieben.

4.2 Eigenschaften von Verbrauchsgegenständen

4.2.1 Allgemeines

Verbrauchsgegenstände werden betrieblich in einer reinen kontrollierten Umgebung verwendet, um die Reinheit dieser Umgebung aufrechtzuerhalten und den Produktherstellungsprozess zu unterstützen. Aufgrund ihrer hohen Verwendungsrate und der Nähe zu dem Prozess und dem Produkt können Verbrauchsgegenstände jedoch auch ein hohes Risiko einer Kontamination mit Partikeln, Chemikalien oder Materialien biologischer Natur wie Mikroorganismen oder Pyrogenen darstellen. Je nach Art können Verbrauchsgegenstände entweder nach einmaliger Verwendung entsorgt oder zur mehrmaligen Verwendung in einem Reinraum bis zu der erforderlichen Qualität wiederaufbereitet werden.

Verbrauchsgegenstände können grundsätzlich auf der Grundlage von drei Haupteigenschaften ausgewählt werden:

a) funktionale Leistungseigenschaften;

b) Reinheitsattribute;

c) besondere Eigenschaften.

Diese Eigenschaften und Attribute können allgemein oder spezifisch sein und für persönliche und nicht persönliche Verbrauchsgegenstände gelten.

4.2.2 Funktionale Leistungseigenschaften

Funktionale Eigenschaften sind der Ausgangspunkt für die Auswahl von Verbrauchsgegenständen für die Verwendung in einem Reinraum, reinen Bereich oder kontrollierten Bereich. Alle notwendigen funktionalen Leistungseigenschaften für einen Verbrauchsgegenstand müssen berücksichtigt werden. Die folgende Liste kann als Hilfe bei den Überlegungen verwendet werden:

a) Reinigungseigenschaften;

b) Sorption;

c) physikalische Eigenschaften;

d) chemische Kompatibilität;

e) Atmungsaktivität, sofern zutreffend;

f) Barriere zum Schutz des Reinraums oder Reinraumbereich oder Prozess;

g) Barriere zum Schutz des Personals;

h) Auftrag von Flüssigkeiten auf Oberflächen;

i) Oberflächenschutz;

j) Abriebfestigkeit.

4.2.3 Reinheitsattribute

Reinheitsattribute beziehen sich auf die betrachtete Kontaminante und darauf, wie die Implementierung eines persönlichen oder nicht persönlichen Verbrauchsgegenstands den allgemeinen Reinheitsgrad beeinflusst, wenn er in einem Reinraum oder einem Reinraumbereich verwendet wird. Um die Reinraumtauglichkeit eines Verbrauchsgegenstands beurteilen zu können, muss festgelegt werden, welche Kontaminanten wie

Partikel, Fasern, Chemikalien und Mikroorganismen von Interesse sind. Die Reinheitsattribute müssen daher mindestens erfasst werden durch:

a) die betrachtete Kontaminante (siehe Abschnitt 5);

b) die maximale Konzentration der betrachteten Kontaminanten bei den beobachteten Luftströmungsbedingungen;

c) die (direkte oder indirekte) Übertragung von Kontamination.

Biokontamination kann als besondere Eigenschaft entweder als Sterilität oder Biobelastung (Anzahl der Kontaminanten und Spezies) betrachtet werden. Zusätzlich können gegebenenfalls Pyrogene bewertet werden.

4.2.4 Besondere Eigenschaften

Beispiele für besondere Eigenschaften in Verbindung mit der Reinraumtauglichkeit sind:

a) antistatische oder statische Dissipationseigenschaften;

b) Lieferkettenmanagement und -logistik:

   1) Qualitätsmanagementsysteme;

   2) Chargen- oder Lot-Informationen oder Zertifizierung(en);

c) biokontaminationsanfällige Prozesse:

   1) spezifische Sterilisationsverfahren, Verpackungskennzeichnung usw.;

   2) Kompatibilität des Materials mit Sterilisationsprozessen;

   3) Biobelastung oder Sterilität;

   4) Pyrogene;

   5) Reinigungs- oder Desinfektions-Verbrauchsgegenstände;

      i) Partikelfilterung;

      ii) Anforderungen an Rückstände;

d) Erscheinungsbild und Textur (z. B. Webstoff oder Vliesstoff);

e) trocken oder nass verwendet;

f) Recycling.

4.3 Bestimmungsgemäße Verwendung

Die bestimmungsgemäße Verwendung muss vom Kunden zusammen mit der Beschreibung des Verbrauchsgegenstands dokumentiert werden. Sie muss die funktionalen Leistungseigenschaften, die Reinheitsattribute und die besonderen Eigenschaften, sofern zutreffend, berücksichtigen. Eine klare Beschreibung der bestimmungsgemäßen Verwendung ermöglicht den am besten geeigneten Verbrauchsgegenstand für die Bewertung auszuwählen. Falls bekannt, sollte auf die entsprechende ISO-Klassifizierung des Reinraumbereichs einschließlich der Reinraumbelüftung, in der ein Verbrauchsgegenstand verwendet wird, verwiesen werden.

4.4 Verwendung des Verbrauchsgegenstands

4.4.1 Einmalige Verwendung

Verbrauchsgegenstände zur einmaligen Verwendung sind dafür vorgesehen, einmal verwendet und dann entsorgt zu werden. Hinsichtlich der Entsorgung sollte der Verbrauchsgegenstand so weit wie möglich auf Recyclingfähigkeit ausgelegt sein. Verbrauchsgegenstände zur einmaligen Verwendung werden in einer einzelnen Prozessphase oder für einen festgelegten Zeitraum verwendet und dann entsorgt. Ein Verbrauchsgegenstand dient üblicherweise zur einmaligen Verwendung.

4.4.2 Mehrmalige Verwendung

Verbrauchsgegenstände zur mehrmaligen Verwendung sind dafür vorgesehen, mehrmalig über einen begrenzten Zeitraum verwendet und dann entsorgt zu werden. Hinsichtlich der Entsorgung sollte der Verbrauchsgegenstand so weit wie möglich auf Recyclingfähigkeit ausgelegt sein. Verbrauchsgegenstände zur mehrmaligen Verwendung können wieder für die erneute Verwendung aufbereitet und bei Bedarf erneut sterilisiert werden. Wenn eine mehrmalige Verwendung vorgesehen ist, kann eine vollständige Ökobilanz durchgeführt werden, um eine geeignete nachhaltige Option zu wählen.

Die Wiederaufbereitung muss sicherstellen, dass der Verbrauchsgegenstand auch weiterhin die funktionalen, Reinheits- und besonderen Anforderungen erfüllt; dies muss durch regelmäßige Bewertung oder Prüfung kontrolliert werden. Die Anzahl der möglichen Wiederaufbereitungszyklen für einen Verbrauchsgegenstand muss festgelegt und überwacht werden. Die dauerhafte Konformität mit den Anforderungen und den Wiederaufbereitungszyklen muss dokumentiert werden.

5 Betrachtete Kontamination

5.1 Allgemeines

Ein Verbrauchsgegenstand kann Kontamination durch Partikel (einschließlich Mikroorganismen), Pyrogene oder chemische Kontamination durch Emission in die Luft des Reinraumbereichs oder durch Kontaktübertragung oder Ablagerung auf eine Oberfläche verursachen. Anhang B enthält Verfahren, die verwendet werden können, um die akzeptable Kontamination durch einen Verbrauchsgegenstand einzuschätzen.

Kontamination innerhalb eines Verbrauchsgegenstands oder auf seiner Oberfläche kann in eine Flüssigkeit übertragen werden und durch anschließende Ablagerung als Rückstand auf einer Oberfläche verbleiben.

5.2 Emission von Kontaminanten in die Luft

Partikel nach ISO 14644-1 oder größere Partikel nach ISO 14644-17 können durch verschiedene Mechanismen vom Verbrauchsgegenstand abgegeben werden. Einheiten und Konzentrationen können ISO 14644-1 entnommen werden.

Chemische Spezies nach ISO 14644-8 können durch verschiedene Mechanismen vom Verbrauchsgegenstand abgegeben werden. Beispiele für chemische Spezies und Konzentrationen können ISO 14644-8 entnommen werden.

5.3 Oberflächenkontamination durch Kontaktübertragung

Ein Verbrauchsgegenstand kann Partikel oder Chemikalien durch Kontakt auf Oberflächen in dem Reinraum übertragen. Einheiten, chemische Spezies und Konzentrationen können ISO 14644-9 und ISO 14644-10 entnommen werden.

5.4 Oberflächenkontamination durch Flüssigkeiten

Verbrauchsgegenstände können Flüssigkeiten mit Partikeln oder Chemikalien kontaminieren. Kontaminierte Flüssigkeiten können Oberflächen kontaminieren. Beispiele für Chemikalien können ISO 14644-10 entnommen werden.

6 Voraussetzungen für die Bewertung der Reinraumtauglichkeit

6.1 Allgemeines

Dieser Abschnitt beschreibt die Schritte und Überlegungen, die von einem Kunden und einem Lieferanten vorgenommen werden müssen, um die Reinraumtauglichkeit eines Verbrauchsgegenstands zu bewerten. Die während dieser Aktivität gesammelten dokumentierten Daten ermöglichen eine effektive vergleichsbasierte Bewertung. Ein Verbrauchsgegenstand kann dann auf der Grundlage seiner Reinraumtauglichkeit für einen bestimmungsgemäßen Verwendungsfall ausgewählt werden.

Dieser Abschnitt behandelt nicht die zahlreichen verfügbaren formalen Risiko- und Gefährdungsbewertungssituationen. Sie dient dazu, Überlegungen herauszustellen, die sich negativ auf die Bewertung der Reinraumtauglichkeit eines Verbrauchsgegenstands auswirken könnten, wenn sie ignoriert werden.

6.2 Überlegungen

Der Kunde muss die Anforderungen an den Verbrauchsgegenstand unter Berücksichtigung von 4.1 bis 4.4 und Abschnitt 5 sowie eine Erklärung seiner bestimmungsgemäßen Verwendung vorlegen. Übliche Kundenanforderungen an den Verbrauchsgegenstand sind in Abschnitt 7 beschrieben.

Der Lieferant muss auf Anfrage eine Beschreibung und die Daten für die vorgesehene Verwendung des Verbrauchsgegenstands vorlegen, wie etwa funktionale Leistungseigenschaften und Reinheitsattribute. Diese Informationen werden üblicherweise in Datenblättern zur Verfügung gestellt.

6.3 Verbundene Risiken

Der Anwender muss bei jeder Bewertung der Reinraumtauglichkeit einschätzen, wie kritisch der erforderliche Verbrauchsgegenstand für seinen Reinraum oder Reinraumbereich und die Produktqualität ist. Diese risikobasierte Einschätzung kann die Tiefe der Erfassung der Anforderungen und die Strenge der Bewertung beeinflussen und möglicherweise eine weitere Überprüfung erforderlich machen, sollte sich die vergleichsbasierte Bewertung allein als unzureichend erweisen. Diese Einschätzung kann nach der Bewertung der Reinraumtauglichkeit und vor dem Einsatz des Verbrauchsgegenstands aktualisiert werden, da sie den Umfang der abschließenden Überprüfung beeinflussen kann.

Separat hierzu kann bei der Verringerung von persönlichen Sicherheitsgefährdungen die Gestaltung von Verbrauchsgegenständen in Form persönlicher Schutzausrüstung (PSA) eine verbundene Kontaminationsquelle darstellen. Die Auswahl eines Verbrauchsgegenstands aufgrund seiner PSA-Funktion muss ebenfalls eine Bewertung des Kontaminationspotentials im Hinblick auf seine bestimmungsgemäße Verwendung beinhalten. Diese Bewertung kann zu Maßnahmen zur Minimierung der Auswirkung dieser Kontaminationsquelle führen.

6.4 Anforderungen, Eigenschaften und Reinheitsattribute

Kunden müssen für die bestimmungsgemäße Verwendung eines Verbrauchsgegenstands ihre Anforderungen an Folgendes angeben:

a) funktionale Leistungseigenschaften;

b) Reinheitsattribute;

c) besondere Eigenschaften.

Die Spezifikation muss Abschnitt 7 entsprechen.

ANMERKUNG Es wird erwartet, dass, je kritischer ein Verbrauchsgegenstand für den Reinraum oder den Reinraumbereich ist, desto umfangreicher sind die Anforderungen und die verbundene Dokumentation.

Lieferanten legen Informationen zu den Eigenschaften eines Verbrauchsgegenstands wie in Abschnitt 8 beschrieben vor, um einen Vergleich zwischen den Kundenanforderungen und den bereitgestellten Lieferantendaten zu ermöglichen. Sollten zusätzliche Daten für die Bewertung der Reinraumtauglichkeit des Kunden erforderlich sein, kann der Lieferant diese Daten bereitstellen, wenn sie direkt verfügbar sind. Alternativ können neue Daten durch spezifische Prüfungen des Verbrauchsgegenstands erstellt werden.

Die endgültige Bewertung der Reinraumtauglichkeit (siehe Abschnitt 9) ist ein Vergleich der vom Kunden (Abschnitt 7) und dem Lieferanten (Abschnitt 8) bereitgestellten Informationen.

6.5 Nachhaltigkeit

Aufgrund ihres hohen Nutzungsvolumens und der vornehmlich einmaligen Verwendung müssen an der Erstellung, dem Vertrieb und der Verwendung von Verbrauchsgegenständen beteiligte Organisationen sich mit der Nachhaltigkeit befassen und so ihre Umweltauswirkung reduzieren.

a) Hersteller sollten ein formales Umweltmanagementprogramm implementieren, das die Minderung der Auswirkung von der Energie- und Abfallreduzierung über den Ressourcenerhalt im Allgemeinen bis zur optimalen Auswahl und Wiederverwertung von Materialien behandelt.

b) An dem Vertrieb von Verbrauchsgegenständen beteiligte Unternehmen sollten Abfälle und Energieverbrauch durch effiziente Logistik reduzieren. Darüber hinaus sollten sie Materialrückgabeprozesse ermöglichen.

c) Anwenderunternehmen sollten einem formalen Umweltmanagementprogramm folgen. Alle Anwender sollten Abfallmaterialien an der Quelle trennen, um die Umnutzung oder Wiederverwertung der Materialien zu ermöglichen. Recyclinginitiativen sollten ebenfalls durch die vorgelagerte Lieferkette („recyclinggerechte Gestaltung") ermöglicht werden.

d) Die Nachhaltigkeit eines Verbrauchsgegenstands sollte auf der Grundlage eines ganzheitlichen Ansatzes betrachtet werden. Von der Produktion, der Wiederaufbereitung, der Verwendung bis zur endgültigen Entsorgung oder dem Recycling.

7 Anforderungen des Kunden

7.1 Allgemeines

Um den anschließenden bewertenden Vergleich der Reinraumtauglichkeit eines Verbrauchsgegenstands zu ermöglichen, ist die Erfassung und Dokumentation der Anforderungen des Kunden (Anwenders) ein wichtiger Schritt. Der Inhalt dieses Abschnitts dient dazu, die bestehenden Auswahl- und Genehmigungsprozesse zu ergänzen, die z. B. als Teil des Qualitätsmanagementsystems des Kunden vorhanden sein können.

7.2 Beschreibung und bestimmungsgemäße Verwendung

Der Kunde muss den Verbrauchsgegenstand für die Verwendung innerhalb eines Reinraums oder eines Reinraumbereichs beschreiben. Vor allem muss auch die bestimmungsgemäße Verwendung des Verbrauchsgegenstands so dokumentiert werden, dass alle potenziellen Lieferanten geeignete Verbrauchsgegenstände und die zugehörigen Daten für den Vergleich liefern können.

7.3 Anforderungen an die Bewertung von Verbrauchsgegenständen

7.3.1 Funktionale Leistungseigenschaften

Die folgenden Anforderungen (in zufälliger Reihenfolge) an funktionale Leistungseigenschaften müssen berücksichtigt und die Ergebnisse dokumentiert werden:

a) Hauptfunktion und Nebenfunktionen (sofern zutreffend);

b) verwendete Materialen, wichtige Gestaltungs- und Fertigungsattribute;

c) relevante Funktionsprüfverfahren und -kriterien, soweit bekannt, siehe Anhang C;

d) einmalige oder mehrmalige Verwendung;

e) erwartete Verwendungszyklen (z. B. viermaliges Falten des Wischtuchs);

f) erwartete Verwendungsdauer;

g) Haltbarkeitsdauer;

h) alle zusätzlichen Leistungsattribute;

i) Passform, Funktion und Komfort persönlicher Verbrauchsgegenstände;

j) Anforderungen an die chemische Kompatibilität;

k) Verpackungskonzept.

Alle zusätzlichen spezifischen Anforderungen an funktionale Leistungseigenschaften müssen ebenfalls dokumentiert werden.

7.3.2 Reinheitsattribute

Die folgenden Anforderungen (in zufälliger Reihenfolge) an Reinheitsattribute müssen berücksichtigt und die Ergebnisse dokumentiert werden:

a) vorgesehener Reinraum oder Reinraumbereich, unter Bezugnahme auf Internationale Normen;

b) betrachtete Kontaminanten;

c) relevante Reinheitsprüfverfahren, Abnahmekriterien und verfügbare Prüfergebnisse, siehe Anhang C;

d) Beurteilung der Kritikalität des Verbrauchsgegenstands für die Aufrechterhaltung der vom Kunden angegebenen Reinheitsgrade;

e) Hauptverpackung;

f) Unterverpackung, sofern zutreffend.

Alle zusätzlichen spezifischen Anforderungen an Reinheitsattribute müssen ebenfalls dokumentiert werden.

7.3.3 Besondere Eigenschaften

Die folgenden Anforderungen (in zufälliger Reihenfolge) an besondere Eigenschaften müssen berücksichtigt und die Ergebnisse dokumentiert werden:

a) Sterilität einschließlich Anforderungen an spezifische Sterilisationsverfahren;

b) Biobelastung und Bezeichnung der Spezies;

c) Pyrogene;

d) regulatorische Anforderungen;

e) antistatische oder statisch dissipative Eigenschaften;

f) Anforderungen an die Wiederaufbereitung, sofern anwendbar;

g) Persönliche Schutzfunktion;

h) Verpackungsmaterial(ien);

i) Logistik;

j) Chargenkennzeichnung oder -informationen;

k) erforderliche Zertifikate;

l) Lieferketteninformationen.

Alle zusätzlichen spezifischen Anforderungen an besondere Eigenschaften müssen ebenfalls dokumentiert werden.

8 Vom Lieferanten ausgelegte Eigenschaften von Verbrauchsgegenständen

8.1 Allgemeines

Um die Bewertung der Reinraumtauglichkeit eines Verbrauchsgegenstands zu unterstützen, muss der Lieferant die Gestaltungs- und relevanten Anwendungseigenschaften für denselben vorlegen.

ANMERKUNG Allgemeine Lieferanteninformationen werden üblicherweise in Form von Datenblättern bereitgestellt.

8.2 Beschreibung und vorgesehene Verwendung

Der Lieferant muss den Verbrauchsgegenstand und seine ausgelegte(n) Verwendung(en) für die Verwendung innerhalb eines Reinraums oder eines Reinraumbereichs beschreiben.

8.3 Eigenschaften und Attribute von Verbrauchsgegenständen

8.3.1 Funktionale Leistungseigenschaften

Die folgenden funktionalen Leistungseigenschaften von Verbrauchsgegenständen (in zufälliger Reihenfolge) müssen berücksichtigt werden:

a) Ausgelegte Funktionen;

b) verwendete Materialen, wichtige Gestaltungs- und Verarbeitungsattribute;

c) Leistungseigenschaften und verbundene Prüfverfahren, siehe Anhang C;

d) Barriereeigenschaften, sofern zutreffend;

e) Größe und Passform, sofern zutreffend;

f) Begrenzungen des Verwendungszyklus;

g) erwartete Verwendungsdauer;

h) Haltbarkeitsdauer;

i) Lagerbedingungen;

j) chemische Kompatibilität;

k) Verpackung.

Weitere funktionale Leistungseigenschaften können für spezifische Gestaltungen und Anwendungen von Verbrauchsgegenständen bestehen. Wenn diese in die Betrachtung einbezogen werden, müssen sie ebenfalls dokumentiert werden.

8.3.2 Reinheitsattribute

Die folgenden Reinheitsattribute von Verbrauchsgegenständen (in zufälliger Reihenfolge) müssen berücksichtigt werden:

a) Fertigungs-Reinraum oder Reinraumbereich, in Übereinstimmung mit ISO 14644-1, ISO 14644-8, ISO 14644-9, ISO 14644-10;

b) betrachtete Kontaminanten;

c) relevante Reinheitsprüfverfahren, Abnahmekriterien und verfügbare Prüfergebnisse, siehe Anhang C;

d) Angaben zur Haupt- und Unterverpackung, sofern zutreffend.

ANMERKUNG Bei Partikeln können die Größen von Interesse sein.

Weitere Reinheitsattribute können für spezifische Gestaltungen und Anwendungen von Verbrauchsgegenständen bestehen. Wenn diese in die Betrachtung einbezogen werden, müssen sie ebenfalls dokumentiert werden.

8.3.3 Besondere Eigenschaften

Die folgenden besonderen Eigenschaften von Verbrauchsgegenständen (in zufälliger Reihenfolge) müssen berücksichtigt werden.

a) Sterilisationsverfahren und Kompatibilität von Materialien mit Sterilisationsverfahren;

b) Biobelastung und Bezeichnung der Spezies;

c) Pyrogene;

d) antistatische oder statisch dissipative Eigenschaften;

e) Wiederaufbereitungsinformationen und damit verbundene Logistik für Verbrauchsgegenstände zur mehrmaligen Verwendung;

f) persönliche Schutzfunktionen oder Ausschlüsse;

g) Verpackungsmaterial;

h) allgemeine Logistik;

i) Chargenkennzeichnung oder -informationen;

j) erforderliche Zertifikate;

k) Lieferketteninformationen;

l) regulatorische Anforderungen.

Weitere besondere Eigenschaften können für die Gestaltung und Anwendung spezifischer Verbrauchsgegenstände bestehen. Wenn diese in die Betrachtung einbezogen werden, müssen sie ebenfalls dokumentiert werden.

8.4 Qualitätsdokumentation des Lieferanten

Elemente des Qualitätsmanagementsystems und die damit verbundene Einhaltung der Konformität können Teil der Kundenanforderungen im Hinblick auf eine Bewertung der Reinraumtauglichkeit sein. Darüber hinaus können im Verlauf der Bewertung unterstützende Dokumente von Unterlieferanten gefordert werden.

Nach einer erfolgreichen Bewertung kann es erforderlich sein, die Dokumentation des Lieferanten zu aktualisieren. Diese Aktualisierungen können Folgendes umfassen:

a) Betriebs- und Logistikdokumentation;

b) Qualitätsdaten und Zertifizierungen von Unterlieferanten;

c) Prüfergebnis-Datenbanken;

d) technische und Anwendungsdatenblätter.

ANMERKUNG Die betrieblichen Aktivitäten können die Fertigung, die gesamte Lieferkette und die Qualitätskontrolle umfassen.

9 Bewertung

9.1 Allgemeines

Die Bewertung des Verbrauchsgegenstands ist hauptsächlich ein Vergleich zwischen den dokumentierten Kundenanforderungen und den vom Lieferanten bereitgestellten Daten für einen Verbrauchsgegenstand, wie in Abschnitt 7 und Abschnitt 8 beschrieben.

Eine Bewertung kann:

— ein einfacher Vergleich der Kundenanforderungen mit den veröffentlichten Daten des Lieferanten sein (siehe 9.2);

— durch die Bereitstellung zusätzlicher Daten für funktionale Leistungseigenschaften, Reinheitsattribute oder besondere Eigenschaften ergänzt werden (siehe 9.3);

— einen Überprüfungsschritt beinhalten, um nachzuweisen, dass die auf den vorgelegten Daten basierende Bewertung anwendbar ist, und alle damit verbundenen Risiken, die in Verbindung mit der geeigneten Verwendung des Verbrauchsgegenstands identifiziert wurden, zu quantifizieren und zu mindern (siehe 6.3).

Daten des Lieferanten können mit veröffentlichten Daten verglichen werden, wenn die Prüfverfahren bekannt sind. Eine ausreichende Prüfmethodik muss bereitgestellt werden, um reproduzierbare Prüfergebnisse zu ermöglichen.

ANMERKUNG Der beste Vergleich kann durch direkte Gegenüberstellung erzielt werden.

Für Praxisbeispiele siehe Anhang D.

9.2 Erster Vergleich

Nach der Identifizierung und Dokumentation seiner Anforderungen zusammen mit einer Beschreibung des Verbrauchgegenstands und seiner bestimmungsgemäßen Verwendung muss der Kunde einen Vergleich seiner Anforderungen mit den verfügbaren Designeigenschaften des Verbrauchsgegenstands vornehmen. Wenn keine Informations- oder Datenlücken festgestellt werden, darf der Kunde die Bewertung an diesem Punkt beenden und somit einen Verbrauchsgegenstand auswählen (siehe 9.4).

9.3 Ausführlicher Vergleich

Falls Vergleichslücken identifiziert wurden, kann es unter Umständen nicht möglich sein, einen Verbrauchsgegenstand nach dem ersten Vergleich der Anforderungen auszuwählen. In diesem Fall ist eine Bewertung weiterer Lieferantendaten erforderlich. Dies könnten beispielsweise die Ergebnisse einer spezifischen Reinheitsprüfung sein. Diese zusätzlichen Daten müssen entweder vom Lieferanten auf Anfrage bereitgestellt oder, sofern sie nicht existieren, können sie durch Prüfung eines Verbrauchsgegenstands erzeugt werden. Diese Prüfung darf vom Lieferanten, dem Kunden oder einer unabhängigen dritten Partei durchgeführt werden.

9.4 Bewertung der Reinraumtauglichkeit

Verbrauchsgegenstände werden als für einen Verwendungsfall geeignet angesehen, wenn eine Bewertung ergeben hat, dass bei angemessener Verwendung des Verbrauchsgegenstands die Reinheitsanforderungen oder -spezifikationen für einen Prozess oder ein Produkt nicht beeinträchtigt werden.

Nach dem Ende des ersten oder ausführlichen Vergleichs darf der Kunde die Bewertung für einen bestimmungsgemäßen Verwendungsfall abschließen und einen Verbrauchsgegenstand auswählen.

Es kann für die Auswahl eines Verbrauchsgegenstands erforderlich sein, einen Kompromiss zwischen den funktionalen Leistungseigenschaften, den Reinheitsattributen und den besonderen Eigenschaften einzugehen. Jeder Kompromiss, der die Bewertung der Reinraumtauglichkeit beeinflusst, muss dokumentiert werden. Jede vorherige Analyse verbundener Risiken muss überprüft werden.

Eine Erklärung der Schlussfolgerung muss den Verbrauchsgegenstand, seine bestimmungsgemäße Verwendung und die Anforderungsvergleichsdaten beschreiben. Nur der Kunde oder die dritte Partei darf diese Schlussfolgerung erstellen und dokumentieren.

9.5 Implementierung

Wenn eine Einschätzung der mit der bestimmungsgemäßen Verwendung des Verbrauchsgegenstands verbundenen Risiken hohe Risiken ergibt, muss der Verbrauchsgegenstand vor der vollständigen Implementierung mit seiner bestimmungsgemäßen Verwendung verglichen werden. Der Überprüfungsprozess kann je nach persönlichen oder nicht persönlichen Verbrauchsgegenständen variieren und dient dazu, zu quantifizieren, ob während der geeigneten Verwendung negative Auswirkungen auf die Reinheit entstehen. Negative Auswirkungen könnten durch die Emission von Kontaminanten aus dem Verbrauchsgegenstand entstehen oder mit der Leistung einer Barrierefunktion verbunden sein.

Die Erkenntnisse aus jeder vorherigen Bewertung der verbundenen Risiken sollten berücksichtigt werden.

Die Erklärung der Bewertung der Reinraumtauglichkeit kann anschließend eine Aktualisierung erfordern.

10 Dokumentation

10.1 Allgemeines

Die Dokumentation muss alle erforderlichen Informationen für einen dokumentierten Nachweis der abschließenden Bewertung der Reinraumtauglichkeit beinhalten. Dies beginnt mit dem Verwendungsfall und der festgelegten bestimmungsgemäßen Verwendung des Kunden, beinhaltet die Dokumentation des Lieferanten für diesen oder einen ähnlichen Verwendungsfall (vorgesehene Verwendung) und endet mit der Dokumentation der Bewertung der Reinraumtauglichkeit durch den Kunden oder eine dritte Partei.

10.2 Ausgangsdokumentation des Kunden

Die Dokumentation des Kunden muss die Informationen und Anforderungen enthalten, die zur Beschreibung des Verwendungsfalls (bestimmungsgemäße Verwendung) verwendet wurden, und beschreiben, wie sich die Bewertung der Reinraumtauglichkeit auf den Verwendungsfall eines Kunden bezieht.

Die Dokumentation besteht mindestens, aber nicht ausschließlich, aus Folgendem:

a) Beschreibung des Verbrauchsgegenstands;

b) der Beschreibung der bestimmungsgemäßen Verwendung einschließlich des Verwendungsorts, z. B. an einem Werkzeug, einer Oberfläche oder einem Produkt;

c) den Anforderungen an die funktionalen Leistungseigenschaften für die bestimmungsgemäße Verwendung;

d) den Anforderungen an die Reinheitsattribute für die bestimmungsgemäße Verwendung (siehe Abschnitt 5);

e) den Anforderungen an die besonderen Eigenschaften für die bestimmungsgemäße Verwendung;

f) den Anforderungen an Prüfergebnisse und verbundene Verfahren, sofern zutreffend;

g) Verweisung auf anzuwendende Normen oder Richtlinien;

h) dem Namen des Kunden;

i) der/den Person(en), die die Anforderungen angibt/angeben;

j) dem Datum, zu dem die Anforderungen angegeben wurden.

10.3 Dokumentation des Lieferanten

Die Dokumentation des Lieferanten muss ausreichende Informationen enthalten, um eine Bewertung in zwei Phasen nach 9.2 und 9.3 zu ermöglichen.

Die folgenden Informationen müssen bereitgestellt werden:

a) Beschreibung des Verbrauchsgegenstands;

b) Beschreibung des vorgesehenen Verwendungsfalls;

c) Bild des Verbrauchsgegenstands im Originalzustand;

d) Bild(er) des Verbrauchsgegenstands in seiner Hauptverpackung und Unterverpackung, sofern zutreffend;

e) funktionale Leistungseigenschaften für den vorgesehenen Verwendungsfall;

f) Reinheitsattribute für den vorgesehenen Verwendungsfall (siehe Abschnitt 5);

g) technische Datenblätter, einschließlich verwendete Materialen;

h) Lieferant, Hersteller und Produktionsstandort;

i) Person(en) und Funktion, die die Informationen bereitstellt/-stellen;

j) Datum, zu dem die Informationen angegeben wurden.

10.4 Dokumentation der Bewertung

Die Dokumentation der Bewertung muss die Nachverfolgung der vom Lieferanten oder Kunden bereitgestellten Informationen und, sofern zutreffend, für jede spezifische Gestaltung oder jeden Verwendungsfall enthalten. Sie muss einen dokumentierten Nachweis der Reinraumtauglichkeit eines Verbrauchsgegenstands bei geeigneter Verwendung bieten.

Die Dokumentation besteht mindestens, aber nicht ausschließlich, aus Folgendem:

a) Beschreibung des Verbrauchsgegenstands;

b) Bild des Verbrauchsgegenstands in dem zur Bewertung vorgelegten Zustand;

c) Bild des Verbrauchsgegenstands in seiner Hauptverpackung und seiner endgültigen Verpackung;

d) Proben- oder Chargennummer, einschließlich der verwendeten Probengröße, des für die Bewertung verwendeten Verbrauchsgegenstands;

e) beteiligte Parteien (Kunde, Lieferant);

f) die für die Bewertung verwendete Dokumentation:

   1) vom Kunden bereitgestellt;

   2) vom Lieferanten bereitgestellt;

   3) alle zusätzlichen Prüfungen, einschließlich Prüfergebnisse und Beschreibung;

g) Bewertung der Lieferkette, sofern zutreffend;

h) Bewertung des Fertigungsprozesses, sofern zutreffend;

i) Ergebnisse der Lückenanalyse und Begründung für die Schlussfolgerung nach dem ersten Vergleich oder auf der Grundlage des ausführlichen Vergleichs, wie in 9.2 und 9.3 festgelegt;

j) Beschreibung der geeigneten Verwendung;

k) Schlussfolgerung der Bewertung, einschließlich der mit der geeigneten Verwendung des Verbrauchsgegenstands verbundenen Restrisiken;

l) Name(n) der Person(en), die die Bewertung durchführen;

m) Organisation(en) der Person(en), die die Bewertung vorgenommen hat;

n) das Datum der Bewertung.

Anhang A
(informativ)

Persönliche und nicht persönliche Verbrauchsgegenstände

A.1 Allgemeines

In diesem Anhang werden Beispiele für übliche Verbrauchsgegenstände beschrieben. Die Verbrauchsgegenstände sind in persönliche und nicht persönliche Verbrauchsgegenstände unterteilt.

Persönliche Verbrauchsgegenstände werden von Reinraumpersonal getragen und sind üblicherweise in verschiedenen Größen für Männer und Frauen erhältlich. Sie erfüllen eine Barrierefunktion, um den Reinraum oder Reinraumbereich oder den Prozess vor Kontamination durch die Person zu schützen. Einige persönliche Verbrauchsgegenstände dienen dazu, die Person vor der Umgebung oder vor mit dem Prozess verbundenen Materialien (chemische Substanzen) zu schützen.

Nicht persönliche Verbrauchsgegenstände werden üblicherweise von einer Person verwendet, um eine bestimmte Funktion zu erfüllen. Diese Verbrauchsgegenstände können Massen- oder Spezialanfertigungen sein.

Jeder Verbrauchsgegenstand besitzt eine Reihe funktionaler Leistungseigenschaften, Reinheitsattribute und besonderer Eigenschaften, die als Anforderungen festgelegt werden können. Dieses Dokument befasst sich vornehmlich mit ihrer Auswirkung auf Reinheitsattribute.

A.2 Persönliche Verbrauchsgegenstände

A.2.1 Bekleidung

Bekleidung kann zur einmaligen oder mehrmaligen Verwendung sein. Es wird erwartet, dass die Bekleidung die Anforderungen nach jeder durchlaufenen Dekontamination erfüllt. Bekleidung hat eine Barrierefunktion und sollte die Person nach Bedarf bedecken. Ihre Reinraumtauglichkeit sinkt nach der Verwendung, da die Person die Bekleidung kontaminiert. Bekleidung zur mehrmaligen Verwendung kann sich durch Verschleiß und Beschädigung verschlechtern. Die Wiederaufbereitungszyklen sind daher begrenzt.

Es bestehen zahlreiche Prüfungen für physikalische Eigenschaften, Haltbarkeit und Komfort der Bekleidung. Die Barrierefunktion und die Reinheit sind im Hinblick auf die Kontamination von Bedeutung.

A.2.2 Handschuhe

Reinraum-Handschuhe werden verwendet um den Reinraum oder Reinraumbereich vor Hautpartikeln, Mikroorganismen und Fingerabdrücken zu schützen. Bei einigen Anwendungen werden Handschuhe verwendet, um den Anwender vor den negativen Auswirkungen chemischer oder biologischer Materialien oder extremen Temperaturen zu schützen. Handschuhe dienen in der Regel zur einmaligen Verwendung. In einigen Fällen dienen Handschuhe zur mehrmaligen Verwendung und können wiederaufbereitet werden.

Handschuhe schränken das Tastgefühl und die Genauigkeit der Handhabung ein. Aus diesem Grund ist die Auswahl eine Optimierung verschiedener Anforderungen. Manchmal werden zwei Paar Handschuhe verwendet. Die Barrierefunktion und die Reinheit sowie die Unversehrtheit der Handschuhe sind im Hinblick auf die Reinraumtauglichkeit von Bedeutung.

A.2.3 Gesichtsmaske

Eine Gesichtsmaske schirmt den Reinraum oder Reinraumbereich vor Gesichtskontamination wie etwa durch Hautschuppen, Haare, Speichel und Aerosole ab. Einige Gesichtsmaskengestaltungen enthalten einen Atemfilter, um den Anwender vor schädlichen Dämpfen oder mikrobiologischer Kontamination zu schützen. Das Material der Gesichtsmaske kann die Kontamination beeinflussen. Gesichtsmasken dienen in der Regel zur einmaligen Verwendung, es gibt jedoch auch Gesichtsmasken, die wiederaufbereitet werden können.

A.2.4 Bedeckungen

Kopf- und Bartbedeckungen bilden eine Barriere zwischen haariger Haut und dem Reinraum oder Reinraumbereich. Die Hauptfunktion besteht darin, zu verhindern, dass Haare in den Reinraum oder Reinraumbereich gelangen. Aus diesem Grund ist es wichtig, dass alle mit Haaren bedeckten Teile der Haut, einschließlich des Bartes, vollständig bedeckt sind. Kopf- und Bartbedeckungen dienen zur einmaligen Verwendung.

Schuhbedeckungen bilden eine Barriere zwischen einem Schuh und dem Reinraum oder Reinraumbereich. Die Hauptfunktion besteht darin, zu verhindern, dass Sand, Haare, Fasern und andere Partikel in den Reinraum oder Reinraumbereich gelangen. Die Stärke einer Schuhbedeckung ist wichtig, da sie viele Partikel abgeben kann, wenn sie während der Verwendung beschädigt wird. Schuhbedeckungen dienen zur einmaligen Verwendung. Statisch ableitende Schuhbedeckungen sind erhältlich.

A.2.5 Schutzbrillen

Schutzbrillen schützen den Reinraum oder Reinraumbereich vor Gesichtskontamination. Diese enthalten Partikel und Mikroorganismen. Schutzbrillen können auch zum Schutz der Augen verwendet werden. Schutzbrillen bestehen üblicherweise aus ablösungsfreiem Material.

A.3 Nicht persönliche Verbrauchsgegenstände

A.3.1 Wischtücher

Ein Wischtuch ist ein Wischmaterial, das verwendet werden kann, um eine Oberfläche zu reinigen, verschüttete Flüssigkeit zu entfernen oder Desinfektionsmittel aufzutragen. Es gibt Wischtücher aus Schaum, Vliesstoff, Strickstoff und Webstoff. Die Anwendung bestimmt das verwendete Material. Das Material kann ebenfalls eine Kontaminationsquelle sein. Bei kritischen Anwendungen ist die Oberflächenqualität der Kanten wichtig für die Reduzierung der Freisetzung größerer Partikel und Fasern. Kanten können ultraschall- oder lasergeschnitten und abgedichtet sein. Bei einigen Anwendungen sollte die Emission und Extraktionsfähigkeit von Chemikalien berücksichtigt werden. Es ist zu beachten, dass Wischtücher aus bestimmten Materialien Rückstände auf der gereinigten Oberfläche hinterlassen, die anschließend Kontaminanten freisetzen können.

A.3.2 Tupfer

Ein Tupfer kann als ein Stück Wischmaterial an einem Stäbchen mit einem flexiblen Halter betrachtet werden. Ein Tupfer kann entweder verwendet werden, um eine Stelle von Partikel-, mikrobiologischen oder chemischen Kontaminanten zu befreien oder eine Oberflächenprobe zu nehmen. Es gibt Tupfer aus Schaum, Vliesstoff und Strickgewebe. Die Anwendung bestimmt das verwendete Material des Tupferkopfs. Das Material kann ebenfalls eine Kontaminationsquelle sein. Bei kritischen Anwendungen ist die Oberflächenqualität der Kanten wichtig für die Reduzierung der Freisetzung größerer Partikel und Fasern. Bei einigen Anwendungen sollte die Emission und Extraktionsfähigkeit von Chemikalien berücksichtigt werden.

A.3.3 Mopp

Ein Reinraum-Mopp wird verwendet, um flache Oberflächen wie Böden, Wände und Decken zu reinigen. Sie sind zu Reinigungszwecken für eine effiziente Aufnahme von Partikeln und Fasern ausgelegt. Zu Desinfektionszwecken besitzen sie die Fähigkeit, verschiedene Reinigungsmittel auf die Oberfläche aufzutragen. Mopps können zur einmaligen oder mehrmaligen Verwendung dienen und aus Schaumstoff, Strickstoff, Vliesstoff oder Webstoff bestehen. Sie können komplexe Strukturen aufweisen, insbesondere wenn Mikrofasern verwendet werden, und daher nur schwer wirksam wiederaufzubereiten sein. Bei der Verwendung von Mopps sind die potenzielle Wiederabgabe von Partikeln und der Extraktionswirkungsgrad von Chemikalien wichtige Aspekte, insbesondere nach einer Wiederaufbereitung.

A.3.4 Andere

Es gibt viele weitere Verbrauchsgegenstände in einem Reinraum, wie etwa Klebebänder, Schreibutensilien (Papier oder Stifte), Verpackungsmaterial und verpackte Verbrauchsgegenstände, wie etwa Prüfmittel, z. B. Agar-Platten, Kontaktplatten oder Nachweisplatten.

Anhang B
(informativ)

Auswirkung von Verbrauchsgegenständen auf Reinheitsgrade in Reinräumen

B.1 Allgemeines

Verbrauchsgegenstände können helfen, die erforderlichen Reinheitsgrade zu erreichen, indem sie eine Barrierefunktion erfüllen oder Oberflächenkontamination während des Reinigens aufnehmen. Sie können jedoch auch durch übermäßige Emission unerwünschter Kontaminanten in die Luft und Kontaktübertragung auf Oberflächen zu Kontamination beitragen. Dieser Anhang behandelt die potenzielle negative Auswirkung von Verbrauchsgegenständen. Die vorgeschlagenen Gleichungen und Berechnungen bieten ein vereinfachtes Verfahren zur Schätzung der akzeptablen Auswirkung von Verbrauchsgegenständen. Hinsichtlich der Luftreinheit wird ein separater Ansatz für persönliche und nicht persönliche Verbrauchsgegenstände vorgeschlagen.

B.2 Luftreinheit

B.2.1 Luftreinheit anhand der chemischen Konzentration (ACC)

Für die Auswirkung von Verbrauchsgegenständen auf die Luftreinheit durch chemische Konzentration (ACC) siehe ISO 14644-15.

B.2.2 Luftreinheit anhand der Partikelkonzentration (ACP)

Die Auswirkung von Verbrauchsgegenständen auf die Luftreinheit anhand der Partikelkonzentration (ACP) wird bestimmt durch:

— die Übertragung von Kontaminanten je Gesamtoberfläche eines Verbrauchsgegenstands angewendet je m^2 Reinraumfläche;

— die zeitabhängige Emission von Kontaminanten je Oberfläche des Verbrauchsgegenstands.

Die betrachteten Kontaminanten sind Partikelzahlen (Partikel $\geq 0{,}5\ \mu m$ und $\geq 5\ \mu m$ sowie Fasern mit einer Länge $\geq 100\ \mu m$) und die Masse unerwünschter chemischer Spezies (in Gramm).

Zeit kann in Sekunden, Minuten oder Stunden ausgewählt werden. S könnte auch als die während der Gestaltung des Reinraums verwendete maximale Quellenstärke angesehen werden.

Die erreichte Luftreinheit C in einem gegebenen Reinraum wird durch die gesamte Kontaminationsquelle S und die effektive Belüftung mit reiner Luft $\varepsilon \cdot Q$, wie in Gleichung (B.1) dargestellt, für turbulente Verdünnungsströmung (siehe ISO 14644-4:2022, B.3.1) berechnet:

$$C = \frac{S}{\varepsilon \cdot Q} \quad \text{(B.1)}$$

Dabei ist

C der Luftreinheitsgrenzwert in Kontaminationskonzentration, angegeben als Anzahl der Partikel je m^3;

S die Quellenstärke während des Betriebs, angegeben als Partikelanzahl je min;

ε der Lüftungswirkungsgrad;

Q die Menge reiner Zuluft, angegeben in m^3 je min.

ANMERKUNG Die Emission und Verdünnung durch Zuluft variiert in Dauer und Position in Bezug auf einen Verbrauchsgegenstand.

In einem guten Reinraum mit turbulenter Verdünnungsströmung beträgt der Lüftungswirkungsgrad $\varepsilon = 0{,}7$. In einer Analyse des ungünstigsten Falls kann ein Lüftungswirkungsgrad $\varepsilon = 0{,}5$ für die Berechnung verwendet werden. Bei einer turbulenzarmen Verdrängungsströmung ist der Wert von 0,5 oftmals im Vergleich zu dem tatsächlichen Lüftungswirkungsgrad zu gering.

Für die Bewertung im ungünstigsten Fall ist die Veränderung der Luftreinheit durch Kontamination aus einem Verbrauchsgegenstand S_{cons} und die effektive Belüftung mit Reinluft $\varepsilon \cdot Q$, wobei $\varepsilon = 0{,}5$ ist, durch die Gleichung (B.2) gegeben.

$$\Delta C = \frac{2 \cdot S_{\text{cons}}}{Q} \quad \text{(B.2)}$$

Dabei ist

ΔC der Anstieg der luftgetragenen Partikelkonzentration durch den Verbrauchsgegenstand, angegeben als Partikelanzahl je m^3;

S_{cons} die durch den Verbrauchsgegenstand verursachte Quellenstärke, angegeben in Partikel je min.

Falls die akzeptable Erhöhung der luftgetragenen Partikelkonzentration bekannt ist, kann die maximale Emission des Verbrauchsgegenstands mit Gleichung (B.3) bestimmt werden.

$$S_{\text{cons}} = \frac{\Delta C \cdot Q}{2} \quad \text{(B.3)}$$

Der erwartete Anstieg der Partikelkonzentration ist durch die allgemeinen Luftreinheitsanforderungen begrenzt.

Um den Einfluss eines Verbrauchsgegenstands zu schätzen, kann der Zustand mit und ohne Verbrauchsgegenstand geschätzt werden. Dies erfolgt in den meisten Fällen lokal. Der Lüftungswirkungsgrad kann lokal geringer sein als der allgemeine Lüftungswirkungsgrad und kleiner als 0,5 sein.

Gleichung (B.1), Gleichung (B.2) und Gleichung (B.3) können für den betrachteten Ort verwendet werden, in dem sie in einen Ausdruck je m^2 übertragen werden. Dann ist die mittlere lokale Quellenstärke und die mittlere lokale Luftzufuhr S_a und Q_a je m^2. Diese Werte können mit der betrachteten Fläche multipliziert werden.

Die Quellenstärke des Verbrauchsgegenstands in der betrachteten Fläche wird zu einem Zustand ohne den betrachteten Verbrauchsgegenstand addiert. Die Gleichung (B.4) ergibt die lokale Schätzung:

$$S_{\text{cons}} = \frac{\Delta C_a \cdot Q_a}{2} \quad \text{(B.4)}$$

Dabei ist

S_{cons} die Quellenstärke des Verbrauchsgegenstands, angegeben als Kontamination je min je m^2;

C_a der Luftreinheitsgrenzwert an dem betrachteten Ort als Kontaminationskonzentration, angegeben als Partikelanzahl je m^3;

Q_a die Menge an reiner Zuluft, angegeben in m^3 je min je m^2.

Der erwartete Anstieg der luftgetragenen Konzentration ist durch die lokalen Luftreinheitsanforderungen begrenzt.

Die im nachfolgenden Abschnitt beschriebenen Bewertung zu verwendenden Daten hängen vom zu betrachtenden Verbrauchsgegenstand ab.

B.3 Persönliche Verbrauchsgegenstände

Persönliche Verbrauchsgegenstände bestehen aus Reinraumbekleidung, Gesichtsmasken und Handschuhen. Die Auswirkung der Reinraumbekleidung wird in diesem Unterabschnitt behandelt. Um die Auswirkung anderer persönlicher Verbrauchsgegenstände zu analysieren, wird der Zustand mit und ohne diese Verbrauchsgegenstände betrachtet.

Im Fall der Reinraumbekleidung kann der gesamte Reinraum und die gesamte Anzahl an Personen berücksichtigt werden. In diesem Fall wird die Quellenstärke ohne Personal genommen. Der Wert kann durch Messen der Luftreinheit bei laufender Ausrüstung, aber ohne Personal gemessen werden.

Anschließend kann der akzeptable Anstieg der luftgetragenen Partikelkonzentration mittels Gleichung (B.5) bestimmt werden.

$$\Delta C = C - C_{\text{equip}} \tag{B.5}$$

Dabei ist

C der Luftreinheitsgrenzwert an dem betrachteten Ort als Kontaminationskonzentration, angegeben als Partikelanzahl je m^3;

C_{equip} die erreichte Luftreinheit an dem betrachteten Ort bei laufender Ausrüstung ohne Personal, angegeben als Partikelanzahl je m^3.

Der akzeptable Beitrag durch Personal S_{pers} kann anhand der Gleichung (B.6) bestimmt werden.

S_{pers} wird durch die Anzahl der Personen, ihre Aktivität und ihre resultierende Emission, den Wirkungsgrad der Barrierefunktion der Reinraumbekleidung und die Emission durch die Reinraumbekleidung bestimmt, siehe Gleichung (B.6).

$$S_{\text{pers}} = N \cdot (P \cdot f + E) \tag{B.6}$$

Dabei ist

S_{pers} die Quellenstärke;

N die Anzahl der Personen;

P die mittlere Partikeldispersion je Person ohne Reinraumbekleidung, angegeben als Partikelanzahl je min;

f der Filterwirkungsgrad (Verhältnis zwischen eintretenden und austretenden Partikeln);

E die Anzahl der abgegebenen Partikel der Reinraumbekleidung je min je Satz.

$(P \cdot f + E)$ kann durch eine Dispersionskammerprüfung ermittelt werden. Diese Analyse ist für größere Partikel, die nicht durch Luftströmung entfernt werden können, nicht anwendbar.

Der Filterwirkungsgrad und die Emissionsrate sind mit der Bekleidung verbundene Parameter. Die mittlere Dispersion einer Person kann anhand veröffentlichter Daten geschätzt werden.

Da die Auswirkung von Personal auf die Luftreinheit sehr hoch ist, kann die Auswirkung des Personals während der Bestimmung des erforderlichen Zuluftvolumenstroms in der Gestaltungsphase ermittelt werden.

B.4 Nicht persönliche Verbrauchsgegenstände

Da ein nicht persönlicher Verbrauchsgegenstand lokal verwendet wird, kann die Gleichung (B.7) zur Bestimmung des akzeptablen Beitrags durch den betrachteten Verbrauchsgegenstand S_{cons} verwendet werden. Die lokale Zuluft und der akzeptable Anstieg der luftgetragenen Konzentration an dem betrachteten Standort können bestimmt werden.

Wenn die Emissionsdaten und die verwendete Verbrauchsgegenstandfläche bekannt sind wird der Beitrag zu der Quellenstärke mittels Gleichung (B.7) ermittelt.

$$d = \frac{S_{cons}}{A_{cons}} \tag{B.7}$$

Dabei ist

d die Emissionsrate während der bestimmungsgemäßen Verwendung, angegeben als Kontamination je min;

A_{cons} die verwendete Verbrauchsgegenstandfläche je m^2 Reinraumfläche.

B.5 Oberflächenreinheit

Faktoren, die die Oberflächenreinheit beeinflussen, werden bestimmt durch:

— die angewendete Gesamtfläche des Verbrauchsgegenstands je m^2 Oberfläche;

— die inhärente Reinheit des Verbrauchsgegenstands;

— die Freisetzung von Kontaminanten während des Kontakts;

— die Übertragungsrate und Oberflächenreinheit des Verbrauchsgegenstands.

Die betrachteten Kontaminanten sind Partikelzahlen (Partikel ≥ 0,5 µm und ≥ 5 µm sowie Fasern mit einer Länge ≥ 100 µm) und die Masse unerwünschter chemischer Spezies (in Gramm).

Die Auswirkung auf die Oberflächenreinheit hängt von der Art des Kontakts ab. Wenn es sich nur um einen stationären Kontakt handelt, wird die Oberflächenkontamination durch die Differenz der Oberflächenreinheit und den Übertragungswirkungsgrad bestimmt.

Der Übertragungswirkungsgrad für Partikel liegt zwischen 2 % und 20 % je nach Art der Oberfläche und der angewendeten Kraft. In einer Analyse des ungünstigsten Falls dürfen 20 % verwendet werden. Wenn die Übertragung nicht gemessen werden kann, dürfen 10 % als Ausgangsschätzung verwendet werden.

Falls Kontamination durch Reibung freigesetzt wird, können 20 % der freigesetzten Kontamination zu der Oberflächenreinheit hinzugefügt werden. Der Lieferant kann diesen Beitrag reduzieren, indem er eine Oberflächenreinheit liefert, die mindestens der SCP-Klasse, Niveau 4 entspricht (Oberflächenreinheitsgrad anhand der Partikelkonzentration, siehe ISO 14644-9).

Anhang C
(informativ)

Prüfverfahren

C.1 Allgemeines

Die Prüfverfahren können angewendet werden, um die Oberflächenreinheit von Verbrauchsgegenständen und die Emission von Partikeln oder Chemikalien eines Verbrauchsgegenstands bei bestimmungsgemäßer Verwendung zu messen. Für Emissionsprüfungen sind verschiedene industrie- und verbrauchsgegenstandspezifische Prüfverfahren verfügbar. Es ist wichtig, dass die Prüfbedingungen die bestimmungsgemäße Verwendung wiedergeben (z. B. durch genormtes mechanisches oder thermisches Verwirbeln). Derzeit ist nur eine begrenzte Anzahl an Prüfverfahren verfügbar, die entweder speziell für Verbrauchsgegenstände formuliert wurden oder die für in Reinräumen zu verwendende Verbrauchsgegenstände angewendet werden können.

Es obliegt dem Kunden, zu prüfen, ob die Prüfverfahren korrekt angewendet werden und die angegebenen Ergebnisse angemessen für die Bewertung der Reinraumtauglichkeit für den bestimmungsgemäßen Verwendungsfall angewendet werden können.

Für die Bewertung von Attributen mit Einfluss auf die Reinheitsgrade enthält Tabelle C.1 Informationen zu Normen oder Richtlinien, die die Prüfmethodiken oder Eingangsinformationen für die Bewertung in Abhängigkeit von der betrachteten Kontaminante beschreiben. Diese Tabelle erhebt keinen Anspruch auf Vollständigkeit. Prüfverfahren für funktionale Leistungseigenschaften und besondere Eigenschaften werden nicht behandelt.

Tabelle C.1 — Übliche Bewertungsverfahren für Verbrauchsgegenstände für Reinheitsattribute

Beispiel für Verbrauchsgegenstand	Beschreibung	Verweisung	Ergebnis	Bemerkung
Bekleidung Kopfbedeckungen Schuhbedeckungen	Prüfverfahren zur Messung der Fasern von Vliesstoffen im trockenen Zustand	ISO 9073-10	Partikel oder Fasern je m^3	Prüfung modifiziert für die Freisetzung von Partikeln und Fasern durch mechanische Beanspruchung (modifizierte Gelboflex-Prüfung). Die Prüfung kann auf andere flexible Gewebe angewendet werden, ist für nicht persönliche Verbrauchsgegenstände aber möglicherweise ungeeignet.
Bekleidung Kopfbedeckungen	Partikelaufnahmevermögen oder Dichtheit (luftgetragene Partikel)	VDI 3926 Blatt 1:2004, 1.2	Masse (g) je Filtermembran und Partikelkonzentration in einem Luftvolumen (Partikelanzahl je m^3)	Verfahren zur Bewertung der Barrierefunktion von Textilien (funktionale Leistung mit Beeinflussung der Reinheitsgrade).
Bekleidung Kopfbedeckungen	Standard-Prüfverfahren für Größe und Anzahl von Partikelkontamination in und auf Reinraumbekleidung	ASTM F51/F51M-20	Partikel oder Fasern je 0,1 m^2 Gewebe	Das Prüfverfahren für Partikelgrößen und Partikelzahlen auf Bekleidung ist zerstörungsfrei und kann angewendet werden, um den Grad der Kontamination mit Fasern und Partikeln auf und in Reinraumbekleidung zu bewerten. Die Prüfung kann angewendet werden, um die Reinheitsgrade neuer oder gereinigter Bekleidung zu bewerten. Das Prüfverfahren beinhaltet das Absaugen von Partikeln und Fasern von der Oberfläche eines Gewebes.

Tabelle C.1 (*fortgesetzt*)

Beispiel für Verbrauchsgegenstand	Beschreibung	Verweisung	Ergebnis	Bemerkung
Bekleidung Kopfbedeckungen	Berücksichtigung von Bekleidungssystemen für Reinräume und andere Reinraumbereiche	IEST-RP-CC003.4:2011, B2.4	Emissionen in Partikelanzahl je min	Die Prüfkammer ist so ausgelegt, dass Luft in eine Richtung von oben nach unten strömt und die Partikel über den Rückluftkanal gemessen werden. Diese Prüfung misst die Freisetzung von Partikeln in den kleinsten Kanal des Partikelzählers. Partikeldispersionsprüfung (Dispersionskammer): Diese Prüfung verwendete eine festgelegte Prüfkammer (1,22 m × 1,22 m × 2,44 m) zur Messung der von einer Person durch Ausführen einer Reihe simulierter Reinraumaktionen dispergierten Partikel.
		IEST-RP-CC003.4, B2.5	Emission in Partikelanzahl je min	Der Helmke-Drum-Test unterscheidet nicht zwischen Fasern und Partikeln und wird verwendet, um Partikel kleiner als 5,0 µm zu messen. Bekleidung wird in die Kategorien 1 bis 3 je nach Anzahl der freigesetzten Partikel (0,3 µm oder 0,5 µm)/min Schleudern unterteilt. Helmke Drum: Die geprüfte Bekleidung (üblicherweise mittlere Größe) wird sorgfältig in eine Edelstahltrommel mit festgelegter Größe platziert. Die Trommel wird gedreht, um den Artikel zu schleudern. Ein Aerosol-Partikelzähler wird verwendet, um die Luft über der geschleuderten Bekleidung über einen Zeitraum von 10 min zu messen. Die Prüfung kann angewendet werden, um die Emission durch neue oder gereinigte Bekleidung zu bewerten.

Tabelle C.1 (*fortgesetzt*)

Beispiel für Verbrauchs-gegenstand	Beschreibung	Verweisung	Ergebnis	Bemerkung
Handschuhe	Handschuhe und Fingerlinge für Reinräume und andere Reinraumbereiche	IEST-RP-CC005.4:2013, 16.2 bis 16.4	Partikel oder Fasern je m^2	Partikel oder Fasern werden mit Wasser durch orbitales Schütteln extrahiert. Bezifferung durch Zählen von kleinen Partikeln in Flüssigkeit und von Fasern durch optische Mikroskopie.
		IEST-RP-CC005.4:2013, Abschnitt 17	µg/g oder µg/cm^2	Extrahierbares Material, anorganische und organische Kategorien. Extrahiert durch ein gewähltes Lösemittel im Ruhezustand bei 22 °C ± 5 °C. Analyse durch gewähltes Analyseverfahren.
		IEST-RP-CC005.4:2013, 17.5	µg/g oder µg/cm^2	Für nichtflüchtige Chemikalien durch Extraktion. Der Handschuh wird mit einem festgelegten Lösemittel extrahiert. Das Extraktionsmittel wird bei 110 °C ± 10 °C getrocknet.
Wischtücher[a]	Bewertung von Wischmaterialien, die in Reinräumen und anderen Reinraumbereichen verwendet werden	IEST-RP-CC004.4:2019, 7.1.4 und 7.2.1	Anzahl der Partikel je 23 cm × 23 cm Wischtuch	Für Partikelgrößen 0,5 µm bis 20 µm, 20 µm bis 100 µm. Extrahiert durch orbitales Schütteln in einem quadratischen Behälter. Bezifferung durch Zählen in Flüssigkeit.
		IEST-RP-CC004.4:2019, 7.2.2	Fasern je 23 cm × 23 cm Wischtuch	Für Partikel und Fasern >100 µm, je Wischtuch. Gefiltertes Extrakt. Bezifferung durch optische Mikroskopie.
		IEST-RP-CC004.4:2019, 8.1	Masse je 23 cm × 23 cm Wischtuch	Für extrahierbare Stoffe. Extraktion mithilfe eines festgelegten Lösemittels. Das Extrakt wird getrocknet und gewogen.
		IEST-RP-CC004.4:2019, 8.2.2	ppm basierend auf 23 cm × 23 cm Wischtuchgewicht	Für extrahierbare oder auslaugbare Ionen. Extraktion durch Wasser oder andere wasserbasierte Lösungen, z. B. säurehaltige Lösungen, je nachdem, ob es sich um Ionen oder Metall handelt. Quantifizierung durch Ionenchromatographie.

Tabelle C.1 (*fortgesetzt*)

Beispiel für Verbrauchs-gegenstand	**Beschreibung**	**Verweisung**	**Ergebnis**	**Bemerkung**
Wischtücher[a]	Kontamination durch Wischen oder Übertragen chemischer Rückstände	ECSS-Q-ST-70-05C:2019, Anhang G	g oder g/cm^2	NVR-Messung durch Kontakt: Enthält ein Verfahren zur Messung der Kontaminationsübertragung von Materialien, die in Kontakt mit Hardware kommen können.
		ECSS-Q-ST-70-05C:2019, Anhang H	g oder g/cm^2	NVR-Messung durch Eintauchen: Enthält ein Verfahren zur Messung der potenziellen extrahierbaren Kontamination aus Materialien mit Lösemitteln.
Wischtücher[a]	Standard test method for size-differentiated counting of particles and fibres released from cleanroom wipers using optical and scanning electron microscopy	ASTM E2090-12(2020), 10.6 bis 10.9, Abschnitt 11	Partikelanzahl je m^2	Enthält ein Verfahren für die Extraktion von Partikeln und Fasern (0,5 µm/m^2 bis 5 µm/m^2, 5 µm/m^2 bis 100 µm/m^2 und >100 µm Fasern) in Wasser. Das Wischtuch wird mit einer Wasserlösung durch orbitales Schütteln extrahiert. Das Extrakt wird gefiltert. Der Filter wird auf der Halterung eines Rasterelektronenmikroskops (REM) platziert. Kleinere Partikelgrößenbereiche werden durch REM gefiltert.
		ASTM E2090-12(2020), 10.1 bis 10.5, Abschnitt 11	Partikelanzahl je m^2	Partikel und Fasern > 100 µm/m^2 gezählt durch optische Mikroskopie.
Schutzbrillen Schuhe Verschiedene	Bewertung der Reinraumtauglichkeit von Ausrüstungsgegenständen und Materialien anhand der chemischen Luft- und Oberflächenkonzentration	ISO 14644-15	Spezifische Emissionsrate von Chemikalien in g/(m^2·s)	Die Verfahren können auch für Verbrauchsgegenstände angewendet werden.
Schutzbrillen Schuhe Verschiedene	Bewertung der chemischen Oberflächenreinheit	ISO 14644-10:2022, Anhang D	g/m^2	Verfahren zur Messung von Chemikalien auf Oberflächen, die für Verbrauchsgegenstände angepasst werden können.

Tabelle C.1 (*fortgesetzt*)

Beispiel für Verbrauchs-gegenstand	Beschreibung	Verweisung	Ergebnis	Bemerkung
Verpackungs-materialien	Flexible Verpackungsmaterialien für den Einsatz in Reinräumen und anderen Reinraumbereichen	IEST-RP-CC032.1:2009, A1.2	Anzahl der Partikel je Oberfläche des Verbrauchsgegenstands	Enthält Prüfverfahren für die Partikelfreisetzung und die mikroskopische Analyse.
		IEST-RP-CC032.1:2009, A1.1	Anzahl der Partikel je geprüftem Verbrauchsgegenstand (z. B. Beutel)	Enthält Prüfverfahren für die Partikelfreisetzung und die quantitative Analyse.
		IEST-RP-CC032.1:2009 A4.2	µg (mg. usw.) je Flächeneinheit des Verbrauchsgegenstands (z. B. je g oder m^2)	Enthält ein Verfahren zur Sammlung und Messung organischer und anorganischer extrahierbarer Stoffe und nichtflüchtiger Reststoffe.
Verschiedene	Standardverfahren für die Probenahme von Partikelkontamination mit Hilfe von Klebebändern	ASTM E1216-11 (kombiniert mit ASTM F312-08)	Größenverteilung und Menge von Partikeln, 5 µm und größer	Verfahren für die Probenahme von Oberflächen zur Bestimmung der Anwesenheit von Partikelkontamination 5 µm und größer.
Verschiedene	Kompatibilität von Materialien mit der erforderlichen Reinheit – Partikelemission	VDI 2083 Blatt 17:2013, 6.2	Partikelemission in Partikelanzahl je m^3	Verfahren zur Messung der Partikelemission von Materialien, das für Verbrauchsgegenstände angepasst werden kann.
Verschiedene	Kompatibilität von Materialien mit der erforderlichen Reinheit – chemische Emission	VDI 2083 Blatt 17:2013, 6.3	Emission von Chemikalien in g/m^3	Verfahren zur Messung der chemischen Emission von Materialien, das für Verbrauchsgegenstände angepasst werden kann.

[a] Zurzeit gibt es keine Prüfverfahren für Mopps. Es ist möglich die Prüfverfahren für Wischtücher für Mopps anzuwenden.

C.2 Persönliche Verbrauchsgegenstände

C.2.1 Bekleidung

Die Partikelemission einer Person, die Bekleidung trägt, kann in einer Dispersionskammer mithilfe eines Zählers für luftgetragene Partikel oder eines Partikelabsetzungsmonitors geprüft werden. Die freigesetzten Mikroorganismen können gesammelt und nach Wachstum gezählt werden.

ANMERKUNG 1 Die gemessene Emission hängt von der Partikelemission der Person in der Reinraumbekleidung ab. Dies kann je nach Person und Tag variieren.

ANMERKUNG 2 Die Dispersionskammermessung wird durch die Position des/der Partikelzähler(s) im Verhältnis zur Dispersionskammer und den Verlusten in den Probenahmeröhrchen speziell für Partikel ≥ 5 µm beeinflusst.

Der Helmke-Drum-Test ist ein Verfahren zur Messung der Partikelfreisetzung einer gewaschenen Bekleidung. Die Bekleidung wird in einer rotierenden Trommel geschleudert. Die Freisetzung von Partikeln mit einer Größe ≥ 0,3 µm und ≥ 0,5 µm wird mit einem Aerosol-Zähler gemessen. Siehe IEST-RP-CC003.4.

C.2.2 Handschuhe

Neben der Prüfung der Barrierefunktion und der Oberflächenreinheit ist die Emission von Chemikalien in bestimmten Anwendungen wichtig. Siehe EN 455-2 und EN 455-3 und IEST-RP-CC005.4.

C.2.3 Gesichtsmaske

Gesichtsmasken können auf der Grundlage von ASTM F2101 und ASTM F2299 bewertet werden.

C.2.4 Kopfbedeckungen

Es können die gleichen Prüfverfahren für Bekleidung zur einmaligen oder mehrmaligen Verwendung angewendet werden.

C.2.5 Schutzbrillen

Für Schutzbrillen wird auf die anzuwendenden Normen für den persönlichen Schutz verwiesen.

C.2.6 Schuhe

Für Schuhe bestehen keine bekannten genormten Prüfverfahren. Für allgemeine Prüfverfahren siehe ISO 14644-14 und ISO 14644-15.

C.2.7 Schuhbedeckungen

Siehe ISO 9073-10.

C.3 Nicht persönliche Verbrauchsgegenstände

C.3.1 Wischtücher

Bei einigen Prüfverfahren wird Rühren eingesetzt, um die Partikel freizusetzen. Extraktion wird verwendet, um die Freisetzung von Chemikalien und Spurenelementen in Flüssigkeiten oder auf Oberflächen zu bestimmen.

IEST-RP-CC004.4 enthält ein Verfahren zur Entfernung von Partikeln aus einem Wischtuch zum anschließenden Zählen mit einem laserbasierten Flüssigpartikelzähler (LPC) oder optischer Mikroskopie. Dieses Verfahren beinhaltet das Eintauchen des Wischtuchs in entionisiertes (EI) Wasser und Rühren mit einem Kreisschüttler.

C.3.2 Tupfer

Bei einigen Prüfverfahren wird Rühren eingesetzt, um die Partikel freizusetzen. Extraktion wird verwendet, um die Freisetzung von Chemikalien und Spurenelementen in Flüssigkeiten oder auf Oberflächen zu bestimmen.

C.3.3 Mopp

Es können die gleichen Verfahren wie für Wischtücher angewendet werden.

C.3.4 Verpackungsmaterialien

Siehe Tabelle C.1 für die Bewertung des Verpackungsmaterials.

C.3.5 Papier

Siehe IEST-RP-CC020.2 für die Bewertung von Papier.

C.3.6 Andere

Für Krankenhausbedeckungen sind Normen hinsichtlich der Biokontamination verfügbar. Für viele andere nicht persönliche Verbrauchsgegenstände bestehen keine genormten Messverfahren und somit keine Daten. In solchen Fällen kann eine Selbstprüfung durch repräsentatives Rühren durchgeführt werden, sofern zutreffend. Die Freisetzung von Partikeln kann mit einem Partikelzähler gemessen werden. Extraktionsverfahren können verwendet werden, um die Oberflächenreinheit und die potenzielle Freisetzung von Chemikalien zu messen.

Anhang D
(informativ)

Praxisbeispiele

D.1 Persönliche Verbrauchsgegenstände

D.1.1 Allgemeines

Dieses Praxisbeispiel verwendet die Anforderung an ein Kleidungssystem für Reinräume zur mehrmaligen Verwendung, um den Auswahlprozess für persönliche Verbrauchsgegenstände für einen gegebenen Verwendungsfall zu verdeutlichen. Das in diesem Anhang beschriebene Kleidungssystem besteht aus 3 Teilen: einer Kapuze, einem Schutzanzug und Stiefeln. Auch wenn die einzelnen Verbrauchsgegenstände einigen Bewertungen der Reinraumtauglichkeit unterzogen werden können, kann der Einfluss des Kleidungssystems auf die Luft- und Oberflächenreinheit nicht für einen einzelnen Verbrauchsgegenstand bewertet werden. Es wird angenommen, dass die 3 Teile aus dem gleichen Material und in derselben Weise konstruiert wurden, mit Ausnahme der Schuhsohle.

Um die Praxisbeispiele kurz und prägnant zu halten, wurden nur einige der potenziellen Anforderungen und Merkmale aller funktionalen Leistungseigenschaften, der Reinheitsattribute und der besonderen Eigenschaften berücksichtigt. Der Komfort hat Einfluss auf die Emission von Partikeln, Fasern und Mikroorganismen.

Auch der Dekontaminationsaufwand ist bei der Auswahl des Kleidungssystems wichtig. Dekontamination erfolgt durch Waschen. Waschen kann sich auf die Struktur und den Wirkungsgrad der Barrierefunktion auswirken. Diese Auswirkung hängt von der Material- und Konstruktionsqualität des Kleidungssystems ab. Die in dem Waschprozess verwendeten Chemikalien können sich auf die Wirksamkeit der Dekontamination und die Anforderungen an die chemische Reinheit auswirken.

Die folgenden funktionalen Leistungseigenschaften beeinflussen die Luftreinheit:

— Barrierefunktion, die beeinflusst wird durch:

  — den Filtrationswirkungsgrad oder die Partikelpenetration des Gewebes;

  — die mittlere Porengröße;

  — das Partikelaufnahmevermögen;

  — die Konstruktionsqualität;

  — die mit der Größe und Gestaltung verbundene Passform;

— Komfort, der verbunden ist mit:

  — der Luftdurchlässigkeit;

  — der Wasserdampfdurchlässigkeit;

  — Wärmetransmission;

— Dauerhaftigkeit der Konstruktion und des Gewebes während des Waschens und der Verwendung (Tragen).

Als besondere Eigenschaften sind die Emission von Mikroorganismen und die Sterilisationsfähigkeit zu berücksichtigen.

Wichtige Eigenschaften oder Parameter werden verwendet, um die Kundenanforderungen sowie die Lieferantendaten und Merkmale zu vergleichen. Verschiedene Lieferanten veröffentlichen unterschiedliche Daten. IEST-RP-CC003.4 und VDI 2083 Blatt 9.2 beschreiben eine Reihe von Prüfungen für Reinraumbekleidung:

- Partikeleindringprüfung (Barrierefunktion, Filterwirkungsgrad in %);
- mikrobielle Eindringprüfung (cfu-Filterwirkungsgrad in %);
- Porendurchmesserprüfung (µm);
- Dispersionskammerprüfung (mittlere Partikelanzahl ≥ 0,5 und 5 µm je Person je min);
- Helmke-Drum-Test (Partikelanzahl ≥ 0,3 und 0,5 µm je m^2 je min in den ersten 10 Minuten);
- Oberflächenreinheitsprüfung nach ASTM F51/F51M-20 (Partikelanzahl ≥ 5 µm oder Faseranzahl je 0,1 m^2).

Eine Prüfung des Kleidungssystems für die bestimmungsgemäße Verwendung in dem vorgesehenen Reinraum in Kombination mit Messungen der Luftreinheit und der Partikelabsetzrate würde mehr Überprüfungsdaten zur Bestimmung der Reinraumtauglichkeit liefern, wenn die Bewertung der verbundenen Risiken durch den Kunden zu dieser Schlussfolgerung gelangt.

D.1.2 Zusammenfassung der Anforderungen

Die Klasse des Reinraums oder Reinraumbereichs für den bestimmungsgemäßen Verwendungsfall ist ISO Klasse 6 für Partikel ≥ 5 µm im Betrieb und weniger als 20 cfu/m^3. Die mittlere Anzahl der Personen, die in den Reinräumen arbeiten, beträgt 60 je Woche und 12 je Schicht, 50 % Männer und 50 % Frauen. Die Arbeit wird meistens stehend ausgeführt und beinhaltet langsames Gehen zu einer bestimmten Stelle. Die Reinraumtemperatur beträgt 20 ± 2 °C. Kleidungssysteme werden täglich getragen (4 Wechsel). Es wird keine Reinraum-Unterbekleidung verwendet.

Um einen effektiven Lieferantendialog und eine anschließende Auswahl eines Verbrauchsgegenstands zu ermöglichen, werden die folgenden Kundenaktivitäten im Vorfeld berücksichtigt:

- Festlegung der wesentlichen Anforderungen (Abschnitt 4);
- die betrachtete Kontaminante (Abschnitt 5);
- Voraussetzungen für die Bewertung der Reinraumtauglichkeit (Abschnitt 6);
- Analyse der verfügbaren Prüfverfahren und Daten;
- eine Prüfung und Bewertung der Inhalte der Kundenanforderungen (Abschnitt 7) und der Lieferanten-Spezifikationen (Abschnitt 8).

Die gesammelten und bewerteten Daten können verwendet werden, um die Reinraumtauglichkeit des Kleidungssystems für den vorgesehenen Reinraum und die vorgesehenen Aktivitäten zu bewerten. Der endgültigen Auswahl des Verbrauchsgegenstands geht ein Vergleich der Anforderungen des Kunden und der Bemessungseigenschaften und Spezifikationen des Lieferanten voraus.

Der Kunde dokumentiert unter Bezugnahme auf die Bewertung die Anforderungen im Vergleich zu den Attributen. Im Anschluss an den Dialog mit dem/den Lieferanten kann der Lieferant die Bemessungseigenschaften der Verbrauchsgegenstände dokumentieren.

In Abschnitt 9 wird die Bewertung beschrieben, um einen ersten Vergleich zu ermöglichen.

D.1.3 Bewertung der Reinraumtauglichkeit

D.1.3.1 Allgemeines

Für einen komplexen persönlichen Verbrauchsgegenstand wie etwa ein Kleidungssystem kann es unmöglich sein, eine Bewertung der Reinraumtauglichkeit allein auf der Grundlage des Vergleichs der Anforderungen des Kunden mit den Bemessungseigenschaften des Lieferanten abzuschließen. Wenn angenommen wird, dass ein Risiko für den akzeptablen Reinheitsgrad mit der Implementierung eines Kleidungssystems auf der Grundlage eines ersten Datenvergleichs allein besteht, darf der Kunde eine Überprüfung der Reinheitsleistung innerhalb des vorgesehenen Reinraums fordern.

D.1.3.2 Erster Vergleich — Kunde

Zusätzlich zu den Reinheitsattributen können verschiedene funktionale Eigenschaften in Kombination das Potential einer Kontaminationsemission während der Verwendung mindern. Aus diesem Grund kann ein Vergleich der Reinheits- und funktionalen Leistungsdaten von verschiedenen Lieferanten verwendet werden, um einen ersten Vergleich des Kleidungssystems zu ziehen.

Zusätzlich zu der Barrierefunktion können andere Gestaltungsattribute, die den Komfort beeinflussen, wie etwa Sicherungsverfahren und die Einfachheit des Wechsels der Bekleidung, in die Kundenanforderungen einbezogen werden. Darüber hinaus können dem allgemeinen Vergleich Dauerhaftigkeitsattribute des Kleidungssystems, die die Wirksamkeit des Waschprozesses ermöglichen, hinzugefügt werden. Tabelle D.1 enthält signifikante, funktionale und Reinheitsanforderungen des Anwenders sowie Beispiele für Lieferanteneigenschaften.

Tabelle D.1 — Funktionale Leistungseigenschaften und Reinheitsattribute

Attribut	Einheiten	Akzeptanzgrenze	Ergebnisse Lieferant 1	Ergebnisse Lieferant 2	Verfahren	Anmerkungen
Funktionale Leistungseigenschaften in Bezug auf die Reinraumtauglichkeit						
Filterwirkungsgrad für Partikel ≥ 0,5 µm	%	≥ 85	75	80	VDI 3926 Blatt 1	100 – (100 · nachgelagerte Konzentration / vorgelagerte Konzentration)
Filterwirkungsgrad für Partikel ≥ 5 µm	%	≥ 95	95	95	VDI 3926 Blatt 1	100 – (100 · nachgelagerte Konzentration / vorgelagerte Konzentration)
Porengröße	µm	< 25	25	25	ASTM F316-03	Bestimmt die größte Porengröße
Luftdurchlässigkeit; (Luftporosität)	$dm^3 \cdot min$	> 28	29,2	24	ISO 9237	bei 200 Pa
Reinheit nach Dekontamination						
Partikelemission (≥ 0,5 µm)	Anzahl je Schutzanzug	< 500	460	450	IEST-RP-CC003.4, Helmke Drum	Partikel / min

Tabelle D.1 (*fortgesetzt*)

Attribut	Einheiten	Akzeptanzgrenze	Ergebnisse Lieferant 1	Ergebnisse Lieferant 2	Verfahren	Anmerkungen
Oberflächenreinheit Partikel (≥ 5 µm)	Anzahl je 0,1 m^2	< 999	638	Keine Daten	ASTM F51/ F51M-20	Klasse A
Oberflächenreinheit Fasern (≥ 100 µm)	Anzahl je 0,1 m^2	< 10	3	Keine Daten	ASTM F51/ F51M-20	Klasse A

Weitere funktionale Eigenschaften, die berücksichtigt werden können, sind:

— Wasserdampfdiffusionswiderstand;

— antistatische Eigenschaften;

— Festigkeitseigenschaften;

— Dauerhaftigkeit;

— Sterilisationsfähigkeit;

— Konstruktionseigenschaften, die sich auf die allgemeine Barrierefunktion, den Komfort und den Pumpeffekt auswirken.

D.1.3.3 Ausführlicher Vergleich

Weitere Leistungs-, Reinheitsattributs- oder besondere Eigenschaftsdaten können in dieser Phase notwendig sein. In diesem Praxisbeispiel standen teilweise Dispersionskammer- und Mikrobenkontaktplattendaten zur Verfügung. Siehe Tabelle D.2.

Tabelle D.2 — Besondere Eigenschaft — Dispersionskammer- und Mikrobenkontaktplattendaten

Attribut	Einheiten	Akzeptanzgrenze	Ergebnisse Lieferant 1	Ergebnisse Lieferant 2	Verfahren	Anmerkungen
Partikelemission während der Verwendung (≥ 0,5 µm, 1 µm und 5 µm)	Partikelanzahl je m^3 je min	< 120 000 < 50 000 < 1 000	107 000 33 000 860	110 000 31 000 810	IEST-RP-CC003.4, Dispersionskammer	Mittlere Emission einer gehenden Person (10 Mal)
Mikrobielle Emission	cfu/(m^3 · min)	< 50	27	?	IEST-RP-CC003.4, Dispersionskammer	Mittlere Emission einer gehenden Person (10 Mal)
Mikrobielle Oberflächenkontamination	cfu/dm^2	< 2	1,4	?	Kontaktprobe	5 Mal, 24 cm^2

D.1.3.4 Überprüfung

Die Emission von Kontamination in den Reinraum oder Reinraumbereich kann während der Prüfung des vorgesehenen Reinraums bestimmt werden. Mit einer bekannten Belüftungseinstellung kann die mittlere Auswirkung berechnet werden. Vor der Implementierung (siehe 9.5) können jetzt nur Kleidungssystemproben von Lieferant 1 (Lieferant 2 hat nur Teildaten vorgelegt) für eine Überprüfungsbewertung (siehe Anhang B) ausgewählt werden.

D.1.3.5 Schlussfolgerung der Bewertung der Reinraumtauglichkeit

Die Kombination aus dem Vergleich der folgenden Anforderungs- und Eigenschaftsdaten und der Überprüfungsbewertung führte zur Auswahl eines Kleidungssystems des Lieferanten 1:

— ein erster Vergleich der funktionalen Leistungseigenschaften und der Reinheitsattribute, siehe Tabelle D.1;

— ein ausführlicher Vergleich der Dispersionskammerdaten für Partikel und lebensfähige Partikel in Tabelle D.2;

— ein akzeptables Ergebnis der Überprüfungsaktivitäten des Kunden zur Bewertung der Auswirkung des Kleidungssystems auf die Reinheitsgrade in dem/den vorgesehenen Reinraum/Reinräumen.

Für den beschriebenen Verwendungsfall wurde ein Kleidungssystem zur Implementierung ausgewählt. Die Anforderungen an funktionale Leistungseigenschaften und Reinheitsattribute wurden für akzeptabel befunden. Darüber hinaus wurde das Ergebnis der Überprüfung durch den Kunden für akzeptabel befunden.

D.1.4 Dokumentation

Die Bewertung der Reinraumtauglichkeit wird in Übereinstimmung mit Abschnitt 10 dokumentiert.

D.2 Nicht persönliche Verbrauchsgegenstände

D.2.1 Allgemeines

Dieses Praxisbeispiel verwendet die Anforderungen an ein Wischtuch, um den Auswahlprozess für nicht persönliche Verbrauchsgegenstände für einen gegebenen Verwendungsfall zu verdeutlichen. Der endgültigen Auswahl des Verbrauchsgegenstands geht ein Vergleich der Anforderungen des Kunden (Anwenders) und der Bemessungseigenschaften (oder Spezifikationen) des Lieferanten voraus. Dieses Beispiel erfordert einen ersten und einen ausführlichen Vergleich, um die Bewertung der Reinraumtauglichkeit abzuschließen.

Um die Praxisbeispiele kurz und prägnant zu halten, wurden nur einige der potenziellen Anforderungen und Merkmale aller funktionalen Leistungseigenschaften, der Reinheitsattribute und der besonderen Eigenschaften berücksichtigt.

Um einen effektiven Lieferantendialog und eine anschließende Auswahl eines Verbrauchsgegenstands zu ermöglichen, werden die folgenden Kundenaktivitäten im Vorfeld empfohlen:

— eine interdisziplinäre Konsultation, um wichtige Anforderungen festzulegen und zu vereinbaren, z. B. Konsultation zwischen Beschaffung, dem Betrieb des Herstellers und der Qualitätssicherung;

— eine erste Analyse der verfügbaren technischen Literatur des Lieferanten;

— eine Überprüfung und Bewertung des Inhalts der Kundenanforderungen (Abschnitt 7) im Vergleich zu den ursprünglich verfügbaren Lieferantendaten.

D.2.2 Zusammenfassung der Anforderungen

D.2.2.1 Allgemeines

Die Anforderung betrifft ein Wischtuch aus einem Verbundstoff oder einem einzelnen Material für nicht-sterile Reinraumanwendungen wie etwa Oberflächenreinigung mithilfe von Lösemitteln. Der betreffende Industriesektor ist hauptsächlich die Mikroelektronik. Der Reinraum für den bestimmungsgemäßen Verwendungsfall ist ISO Klasse 5, in Übereinstimmung mit ISO 14644-1 für Partikel ≥ 0,5 µm im Betrieb. Die zu reinigenden Oberflächen sind metallisch, polymerbasiert und glatt. Die Reinigung erfolgt hauptsächlich mit einer Lösung aus 70 % Isopropylalkohol (IPA) und 30 % Wasserlösung in einem Temperaturbereich von 18 °C bis 23 °C. Das Wischtuch ist nur für Reinigungszwecke vorgesehen und wird in kritischen Prozessbereichen in der Nähe eines Produkts in einem anfälligen Zustand verwendet. Das Wischtuch dient zur einmaligen Verwendung und wird nach viermaligem Falten entsorgt.

Die betrachteten funktionalen Eigenschaften sind:

— Absorptionsvermögen;

— Absorptionsrate.

Reinheitsattribute und vorgeschlagene Prüfverfahren sind:

— Flüssigkeitsextraktion und Partikelzählen sowie Faserzählung in Bereichen von 20 µm bis 100 µm und > 100 µm;

— Flüssigkeitsextraktion und Ionenchromatographie für Ionen, die Lithium enthalten;

— Lösemittelextraktion und gravimetrische Bestimmung nichtflüchtiger Rückstände (NVR);

— Emission luftgetragener Partikel.

Es könnten weitere durch den Verwendungsfall bestimmte Eigenschaften bestehen. Um eine robuste Bewertung (Abschnitt 9) zu ermöglichen, dokumentiert der Kunde weiterhin seine Anforderungen im Vergleich zu den in 7.3 enthaltenen Attributen. Im Anschluss an den Dialog mit dem/den Lieferanten kann der Lieferant die Bemessungseigenschaften der Verbrauchsgegenstände dokumentieren, siehe Abschnitt 8, um einen ersten Vergleich und eine Lückenanalyse zu ermöglichen.

D.2.2.2 Anforderungen des Kunden (Anwenders) und Verbrauchsgegenstandseigenschaften des Lieferanten

Tabelle D.3 fasst Beispiel-Anwenderanforderungen und Eigenschaften des Verbrauchsgegenstands eines Lieferanten, die einen ersten Vergleich ermöglichen, zusammen. Für eine ausführlichere Beschreibung der Dokumentation in Verbindung mit den Kundenanforderungen und den Bemessungseigenschaften des Lieferanten siehe 10.2 und 10.3.

Tabelle D.3 — Spezifikation, funktionale Leistungseigenschaften, Reinheitsattribute und besondere Eigenschaften

Reinraumtauglichkeitsattribute	Anwenderanforderungen	Lieferant – Eigenschaften oder Spezifikation für einen Verbrauchsgegenstand
Spezifikation des benötigten Verbrauchsgegenstands		
Materialzusammensetzung	Polyester	Vliesstoff – nicht empfohlen Strickstoff – empfohlen
Größe (Abmessungen)	200 mm^2 bis 250 mm^2	Standardgröße 230 mm × 230 mm Andere Größen sind verfügbar
Kantenkonfiguration (Laserschnitt, gesäumt)	Nicht festgelegt, Optionen erforderlich	Schnittkante versiegelte Kante gesäumt versiegelte Kante – empfohlen
Funktionale Leistungseigenschaften		
Absorptionsvermögen	Nicht festgelegt	Absorptionsvermögen = 320 ml/m^2

Tabelle D.3 (*fortgesetzt*)

Reinraumtauglichkeitsattribute	**Anwenderanforderungen**	**Lieferant – Eigenschaften oder Spezifikation für einen Verbrauchsgegenstand**
Absorptionsrate	Nicht festgelegt	0,75 s
Chemische Beständigkeit	Kompatibilität 70 % IPA/ 30 % Wasserlösung	Ja, kompatibel
Auftrag/Entfernung (Reinigung, Mikrofaser)	Entfernung von Partikeln, Fasern, Chemikalien	Ja
Reinheitsattribute		
Makropartikel	Für Fasern erforderliche Daten: weniger als 300 Partikel je m^2, die > 100 µm sind	Daten verfügbar
	Vorgeschlagene maximale Konzentration: 1 000 Partikel je m^2 im Bereich von 20 µm bis 100 µm[a]	Keine Daten verfügbar, daher wird Drittanbieter-Prüfung vorgeschlagen
Oberflächenpartikel > 0,5 µm	< 4,0 Partikel × $10^6/m^2$	Daten verfügbar
Luftgetragene Partikel > 0,5 µm	< 500 Partikel/m^3	Daten verfügbar
Chemische Konzentrationen (Extrahierbare Stoffe)		
— Nichtflüchtige Rückstände (NVR)	< 0,03 g/m^2 (IPA-Extraktion)	Daten verfügbar
— Ionenrückstände – Lithium[a]	0,08 ppm	Keine Lieferantendaten in einem direkt verfügbaren Format, aber eine übliche Chargen-Probenahme und Analyse kann bereitgestellt werden
Besondere Eigenschaften		
Ausgasung	Nicht zutreffend	
Sterilität	Nicht zutreffend	
Haltbarkeitsdauer/ Verwendungsdauer (sofern festgelegt)	Mindesthaltbarkeitsdauer > 2 Jahre ab Herstellungsdatum	5 Jahre ab Herstellungsdatum
Biobelastung	Nicht zutreffend	
Antistatische/statische Dissipationseigenschaften	Nicht zutreffend	
Verarbeitungsumgebung	Nicht festgelegt	ISO Klasse 5 für Partikel ≥ 0,5 µm
Verpackungsumgebung	Besser als ISO Klasse 6	ISO Klasse 5 für Partikel ≥ 0,5 µm
Chargenkennzeichnung	Standard	Vereinbarung über Standardkennzeichnungsinformationen, Format usw. anstreben
Zertifizierung(en)	Konformitätsbescheinigung	Verfügbar

[a] Vom Kunden geforderte spezifische zusätzliche Daten.

D.2.3 Bewertung der Reinraumtauglichkeit

D.2.3.1 Allgemeines

Die erforderlichen Vergleichsdaten für den Abschluss einer Bewertung der Reinraumtauglichkeit können entweder direkt eingeholt werden oder einen wiederholten Dialog und Datenaustausch zwischen dem Kunden und dem Lieferanten erfordern.

D.2.3.2 Erster Vergleich — Kunde

Aufgrund des ersten Vergleichs der Kundenanforderungen und der Bemessungseigenschaften des Verbrauchsgegenstands des Lieferanten wurde festgestellt, dass eine Auswahl eines Wischtuchs und eines Lieferanten aufgrund fehlender Daten zu diesem Zeitpunkt nicht möglich ist:

— Fasern im Bereich zwischen 20 µm und 100 µm;

— Lithium-Ionen-Konzentrationen.

D.2.3.3 Ausführlicher Vergleich

Der Kunde und der Lieferant haben vereinbart, dass zusätzliche Informationen durch eine Drittanbieter-Prüfstelle für Fasern erstellt werden sollen und bestehende Lieferantendaten zur Lithium-Ionen-Konzentration geteilt werden könnten. Chargeninformationen und die Kennzeichnung von den zu prüfenden Verbrauchsgegenständen für die Proben für zusätzliche Prüfung standen allen Parteien zur Verfügung. Die zusätzlichen Prüfergebnisse wurden den aus der ersten Vergleichsphase verfügbaren Daten hinzugefügt.

Eine Zusammenfassung der betrachteten Reinheitsattribute und bereitgestellten Prüfdaten ist in Tabelle D.4 enthalten.

Tabelle D.4 — Übersicht der Reinheitsattribute

Attribut	Einheiten	Akzeptanzgrenze	Bewertungsergebnisse	Verfahren	Anmerkungen
Oberflächenpartikel > 0,5 µm	Partikelanzahl je m^2	Nicht festgelegt	$3,1 \times 10^6$	IEST-RP-CC004.4	Flüssigpartikelzählung
Luftgetragene Partikel > 0,5 µm	Partikelanzahl je m^3	< 500 Partikel je m^3	< 350 Partikel je m^3	Basierend auf ISO 9073-10	LSAPC
Fasern > 100 µm	Fasern je m^2	< 300	155	IEST-RP-CC004.4	Optische Mikroskopie
Fasern > 20 µm bis 100 µm	Fasern je m^2	< 1 000	535	ASTM E2090-12	Von der Prüfstelle generierte Ergebnisse
Nicht-flüchtiger Rückstand, IPA-Extrakt	g/m^2	< 0,03	0,02	IEST-RP-CC004.4	Gravimetrische Analyse, mit IPA als Extraktionslösemittel
Ionen	Alle ppm			IEST-RP-CC004.4	
Natrium		< 0,20	0,12		
Kalium		< 0,06	0,03	IEST-RP-CC004.4	
Chlorid		< 0,20	0,15		
Calcium		0,06	0,04		
Magnesium		0,05	0,02		
Lithium[a]		0,08	0,06		Für den Kunden akzeptables Ergebnis

[a] Vom Kunden geforderte spezifische zusätzliche Daten.

D.2.3.4 Überprüfung

Eine Einschätzung der potenziellen negativen Auswirkung auf die Reinheit in Verbindung mit dem bestimmungsgemäßen Verwendungsfall des ausgewählten Wischtuchs (siehe 9.5) zeigte, dass eine Überprüfung vor der Implementierung nicht erforderlich war.

D.2.3.5 Schlussfolgerung der Bewertung der Reinraumtauglichkeit

Alle relevanten Reinraumtauglichkeitsattribute wurden zur Verfügung gestellt und verglichen. Der Kunde kann nun einen Verbrauchsgegenstand auswählen (siehe Abschnitt 9) basierend auf den zusätzlichen Informationen der Prüfstelle bezüglich Fasern im Bereich zwischen 20 µm bis 100 µm sowie den Lieferantendaten zu Lithium-Ionen-Konzentrationen.

Die Bewertung der Reinraumtauglichkeit ergab keine neuen Risikofaktoren, die eine Überprüfung vor der Implementierung erfordern würden.

Für den beschriebenen Verwendungsfall des Reinigens von Reinraumoberflächen mit Lösemitteln wurde ein Wischtuch mit versiegelter Kante aus 100 % Polyester ausgewählt. Das Wischtuch erfüllt die Anforderungen an die Reinheitsattribute und ist mit der vorgesehenen Lösemittelmischung für die Verwendung kompatibel. Die funktionalen Anforderungen wie etwa das Grundgewicht und die Absorptionseigenschaften waren akzeptabel.

D.2.4 Dokumentation

Die Bewertung der Reinraumtauglichkeit wird in Übereinstimmung mit Abschnitt 10 dokumentiert.

Literaturhinweise

[1] ISO 9000:2015, *Quality management systems — Fundamentals and vocabulary*

[2] ISO 9073-10, *Textiles — Test methods for nonwovens — Part 10: Lint and other particles generation in the dry state*

[3] ISO 9237, *Textiles — Determination of the permeability of fabrics to air*

[4] ISO 14644-4, *Cleanrooms and associated controlled environments — Part 4: Design, construction and start-up*

[5] ISO 14644-5, *Cleanrooms and associated controlled environments — Part 5: Operations*

[6] ISO 14644-13:2017, *Cleanrooms and associated controlled environments — Part 13: Cleaning of surfaces to achieve defined levels of cleanliness in terms of particle and chemical classifications*

[7] ISO 14644-14, *Cleanrooms and associated controlled environments — Part 14: Assessment of suitability for use of equipment by airborne particle concentration*

[8] ISO 14644-15, *Cleanrooms and associated controlled environments — Part 15: Assessment of suitability for use of equipment and materials by airborne chemical concentration*

[9] ISO 14644-17, *Cleanrooms and associated controlled environments — Part 17: Particle deposition rate applications*

[10] ISO 14698-1, *Cleanrooms and associated controlled environments — Biocontamination control — Part 1: General principles and methods*

[11] ISO 14698-2, *Cleanrooms and associated controlled environments — Biocontamination control — Part 2: Evaluation and interpretation of biocontamination data*

[12] ISO 18369-1:2017, *Ophthalmic optics — Contact lenses — Part 1: Vocabulary, classification system and recommendations for labelling specifications*

[13] EN 455-2, *Medizinische Handschuhe zum einmaligen Gebrauch — Teil 2: Anforderungen und Prüfung der physikalischen Eigenschaften*

[14] EN 455-3, *Medizinische Handschuhe zum einmaligen Gebrauch — Teil 3: Anforderungen und Prüfung für die biologische Bewertung*

[15] EN 17141, *Reinräume und zugehörige Reinraumbereiche — Biokontaminationskontrolle*

[16] ASTM E1216-11, *Standard Practice for Sampling for Particulate Contamination by Tape Lift*

[17] ASTM E2090-12(2020), *Standard Test Method for Size-Differentiated Counting of Particles and Fibres Released from Cleanroom Wipers Using Optical and Scanning Electron Microscopy*

[18] ASTM F51/F51M-20, *Standard Test Method for Sizing and Counting Particulate Contaminant In and On Clean Room Garments. West Conshohocken, PA: American Society for Testing and Materials*

[19] ASTM F312-08, *Standard Test Methods for Microscopical Sizing and Counting Particles from Aerospace Fluids on Membrane Filters*

[20] ASTM F316-03, *Standard Test Methods for Pore Size Characteristics of Membrane Filters by Bubble Point and Mean Flow Pore Test*

[21] ASTM F2101, *Standard Test Method for Evaluating the Bacterial Filtration Efficiency (BFE) of Medical Face Mask Materials, Using a Biological Aerosol of Staphylococcus aureus*

[22] ASTM F2299, *Standard Test Method for Determining the Initial Efficiency of Materials Used in Medical Face Masks to Penetration by Particulates Using Latex Spheres*

[23] ECSS-Q-ST-70-05C:2019, *Detection of organic contamination on surfaces by IR spectroscopy*

[24] IEST-RP-CC003.5:2023, *Garment System Considerations for Cleanrooms and Other Controlled Environments*

[25] IEST-RP-CC004.4:2019, *Evaluating Wiping Materials Used in Cleanrooms and Other Controlled Environments*

[26] IEST-RP-CC005.4:2013, *Gloves and Finger Cots Used in Cleanrooms and Other Controlled Environments*

[27] IEST-RP-CC020.2, *Substrates and Forms for Documentation in Cleanrooms*

[28] IEST-RP-CC032.1:2009, *Flexible Packaging Materials for Use in Cleanrooms and Other Controlled Environments*

[29] VDI 2083 Blatt 9.2, *Reinraumtechnik — Verbrauchsmaterialien im Reinraum*

[30] VDI 2083 Blatt 17:2013, *Reinraumtechnik — Reinheitstauglichkeit von Werkstoffen*

[31] VDI 3926 Blatt 1:2004, *Prüfung von Filtermedien für Abreinigungsfilter — Standardprüfung zur vergleichenden Bewertung von abreinigbaren Filtermedien*

Service-Angebote von DIN Media

DIN und DIN Media

DIN Media ist eine Tochtergesellschaft von DIN Deutsches Institut für Normung e. V. – gegründet im April 1924 in Berlin.

Neben den Gründungsgesellschaftern DIN und VDI (Verein Deutscher Ingenieure) haben im Laufe der Jahre zahlreiche Institutionen aus Wirtschaft, Wissenschaft und Technik ihre verlegerische Arbeit an DIN Media übertragen. Seit 1993 sind auch das Österreichische Normungsinstitut (ASI) und die Schweizerische Normen-Vereinigung (SNV) Teilhaber der DIN Media GmbH.

Nicht nur im deutschsprachigen Raum nimmt DIN Media damit als Fachverlag eine führende Rolle ein: DIN Media ist einer der größten Technikverlage Europas. Von den Synergien zwischen DIN und DIN Media profitieren heute über 178.000 Kundinnen und Kunden weltweit.

Normen und mehr

Die Kernkompetenz von DIN Media liegt in ihrem Angebot an Fachinformationen rund um das Thema Normung. In diesem Bereich hat sich in den letzten Jahren ein rasanter Medienwechsel vollzogen – die Mehrheit der DIN-Normen wird mittlerweile als PDF-Datei genutzt. Auch DIN-Taschenbücher sind als PDF-E-Books beziehbar.

Als moderner Anbieter technischer Fachinformationen stellt DIN Media Produkte nach Möglichkeit medienübergreifend zur Verfügung. Besondere Aufmerksamkeit gilt dabei den Online-Entwicklungen. Im Webshop unter www.dinmedia.de sind bereits heute 900.000 Titel lieferbar. Ein Großteil davon ist auch im Download erhältlich und kann von den Anwendenden innerhalb weniger Minuten digital eingesehen und eingesetzt werden.

Von der Pflege individuell zusammengestellter Normensammlungen für Unternehmen bis hin zu maßgeschneiderten Recherchedaten bietet DIN Media ein breites Spektrum an Dienstleistungen an.

So erreichen Sie uns

DIN Media GmbH
Am DIN-Platz
Burggrafenstraße 6
10787 Berlin

Telefon +49 30 588 857 00-70
kundenservice@dinmedia.de
www.dinmedia.de

Ihre Ansprechpartner*innen in den verschiedenen Bereichen von DIN Media finden Sie auf der Seite „Kontakt“ unter www.dinmedia.de.

Stichwortverzeichnis

Die hinter den Stichwörtern stehenden Nummern sind DIN-Nummern der abgedruckten Normen.